昆明准静止锋年鉴

(2016—2020)

云南省气象科学研究所　编著

气象出版社
China Meteorological Press

昆明准静止锋年鉴2016—2020

KUNMING ZHUNJINGZHIFENG NIANJIAN

内 容 简 介

昆明准静止锋是极地南下冷气团遇青藏高原和云贵高原阻挡后与西南暖气团对峙而形成，是中国西南地区东部云贵高原上冬季经常出现的主要天气系统。本书包括2016—2020年1—4月和11—12月出现的昆明准静止锋个例，提供昆明准静止锋个例概况，包含锋面位置、移动路径、环流形势、卫星云图，以及昆明准静止锋影响时云南最高气温的24 h变温、过程总降水量及平均日照时数等分布图。

本书可为气象、航空、水文、水利、农业、林业、军事、民政等方面的科技人员提供参考，也可作为相关专业教师、研究生、本科生的基础学习资料。

图书在版编目（CIP）数据

昆明准静止锋年鉴 ： 2016—2020 / 云南省气象科学研究所编著. -- 北京 ： 气象出版社， 2023.8
ISBN 978-7-5029-7902-7

Ⅰ. ①昆… Ⅱ. ①云… Ⅲ. ①静止锋—昆明—2016-2020—年鉴 Ⅳ. ①P441-54

中国国家版本馆CIP数据核字(2023)第015208号

昆明准静止锋年鉴(2016—2020)

KUNMING ZHUNJINGZHIFENG NIANJIAN(2016—2020)

出版发行：气象出版社
地　　址：北京市海淀区中关村南大街46号　　**邮政编码**：100081
电　　话：010-68407112(总编室)　010-68408042(发行部)
网　　址：http://www.qxcbs.com　　**E-mail**：qxcbs@cma.gov.cn
责任编辑：黄红丽　　**终　　审**：张　斌
责任校对：张硕杰　　**责任技编**：赵相宁
封面设计：博雅锦
印　　刷：北京建宏印刷有限公司
开　　本：889 mm×1194 mm　1/16　　**印　　张**：27
字　　数：772千字
版　　次：2023年8月第1版　　**印　　次**：2023年8月第1次印刷
定　　价：268.00元

编委会

主　编：张万诚

副主编：陶　云

编　委：周秀美　张精华　叶文群　王　燕　钱　媛　段雪梅
郑建萌　朱　莉　段梦云　苗　蓉　沙文生　马　涛
周明刚　许迎杰　陈小华

序　一

昆明准静止锋是极地南下冷气团遇青藏高原和云贵高原阻挡后与西南暖气团对峙而形成，是中国西南地区东部云贵高原上冬季经常出现的主要天气系统，造成云南东部、四川东南部、贵州及广西等地冬春季持续低温雨雪冰冻天气及强对流天气。因此，对昆明准静止锋的研究有重要意义。半个多世纪以来，气象研究者不仅创立了昆明准静止锋天气学概念，还对昆明准静止锋天气系统的时空变化特征、锋面结构、锋面识别等进行分析研究，获得许多有价值的成果。

《昆明准静止锋年鉴》是目前第一部昆明准静止锋天气影响个例集，统计分析了1—4月和11—12月出现的昆明准静止锋天气过程，内容包含锋面位置、移动路径、影响区域、环流形势、卫星云图，以及昆明准静止锋影响时云南最高气温的24 h变温、过程总降水量及平均日照时数等分布图。昆明准静止锋个例由准静止锋影响区域的州（市）级预报员和云南省气象局的相关专家，根据北京时间14时的温、压、湿、风以及天气现象等指标挑选，并结合卫星云图确定准静止锋的位置，具有客观性和实用性。该书出版对开展昆明准静止锋活动特征及机理研究提供了一套可靠、实用的数据集，对于该领域进一步的研究有很好的支撑和推动作用。

中国工程院院士　李泽椿

2022年11月

序 二

昆明准静止锋是冷季影响我国西南地区的主要天气系统之一，是极地南下冷气团遇青藏高原阻挡后与低纬西南暖气团对峙而形成的产物。昆明准静止锋锋后的云南东部、四川东南部、贵州及广西等地冬春季经常出现低温雨雪寡照天气。因此，我国气象工作者对昆明准静止锋开展了长期研究，获得了昆明准静止锋天气学概念、时空变化特征、影响区域等许多有意义的成果。但至今缺少系统性、权威性总结昆明准静止锋活动个例的年鉴。

为弥补这一不足，云南省气象科学研究所主持编撰的《昆明准静止锋年鉴》首次系统整编了昆明准静止锋天气过程，提供了昆明准静止锋个例概况，包含锋面位置、移动路径、环流形势、卫星云图，以及昆明准静止锋影响时云南最高气温的 24 h 变温、过程总降水量及平均日照时数等分布图。总体上，年鉴的文字描述正确反映了昆明准静止锋的锋面生消特征和过程、移速移向、地形影响等。并且，个例的分析较细致，天气特征和移速移向以及地形的影响等也正确，文字表述恰当，通俗易懂，适合预报员等业务和研究人员阅读和理解。

作为首部关于昆明准静止锋天气影响个例集的年鉴，该书对昆明准静止锋监测仪器布点的试验以及进一步开展机理研究提供了可靠、权威、实用的基础性资料，相信对该领域乃至横断山区灾害性天气的研究以及西南地区气象业务能力提升都有很好的支撑和推动作用。

中国工程院院士 丁一汇

2022 年 11 月

前　言

昆明准静止锋是冬季中高纬南下减弱的冷空气与西风带绕青藏高原南侧形成的低纬西南暖气流在云贵高原相遇，在地形作用下形成的准南北向锋面。由于冬季冷空气活跃并能到达低纬地区，所以昆明准静止锋是冬季经常出现在中国西南地区东部的主要天气系统。早在20世纪40年代，张丙辰在《科学》上最早系统研究和总结昆明准静止锋，发表了《吾国西南之气团及准静止面》(1947年)和《昆明准静止锋面之再探讨》(1949年)两篇论文摘要。1956年，樊平在《天气月刊》上发表论文《昆明准静止锋》，首次定量描述了昆明准静止锋天气系统，并进一步验证和充实了昆明准静止锋天气系统的存在、影响区域和平均地理位置。昆明准静止锋通常位于四川宜宾、贵州兴仁和云南广南一带，呈准南北向，存在白天东退、夜间西进的日变化。1960年，杨鉴初等指出，昆明准静止锋是高原东部特殊地形的产物，是北方寒潮与高原南支西风间的界面。它的维持、增强西进和减弱东退不仅与地形阻挡有关，还与锋后冷空气的强度、锋前暖气团的强度等有密切关系。此后，气象科技工作者在前人创立的昆明准静止锋天气学概念基础上，对昆明准静止锋天气系统的时空变化特征、锋面结构、锋面识别等进行分析研究，获得许多有价值的成果。

昆明准静止锋锋后的云南东部、四川东南部、贵州及广西冬季经常持续低温雨雪寡照天气，不利于农作物的生长。当有较强冷空气南下补充时，准静止锋西进影响范围扩大，云南中东部、贵州、广西出现低温雨雪冰冻天气，给生产生活、交通等方面造成严重影响。当南支西风上有低槽东移时，孟加拉湾南支槽增强，来自海面的槽前暖湿气流在准静止锋上爬升，形成大范围雨雪降温天气及强对流天气。因此，对昆明准静止锋的研究有重要意义。针对昆明准静止锋的客观识别，学者们用不同的公式或方法对锋面位置进行识别探讨。昆明准静止锋的云系较浅薄，夜间锋前晴空区的地表辐射降温明显，所以卫星云图上锋前锋后的亮温差别不大。午后锋前晴空区接收太阳辐射后气温升高明显，卫星云图上锋前锋后的亮温差别较大，锋面明显。因此，本年鉴确定的昆明准静止锋个例均由预报员根据温、压、风以及天气现象等指标，并结合卫星云图定义的，具有客观性和业务实用性。

为了满足气象事业高质量发展的需要，中国气象局横断山区(低纬高原)灾害性天气研究中心和云南省气象科学研究所组织完成本年鉴的编写。承蒙云南省气象台、红河州气象局、曲靖市气象局以及昭通市气象局的领导、专家的大力支持和协助，使得本年鉴编写顺利完成，在此致以诚挚感谢。

《昆明准静止锋年鉴(2016—2020)》编撰工作由云南省气象科学研究所张万诚、陶云组织及策划，红河州气象局周秀美、叶文群、钱媛、段梦云、苗蓉，曲靖市气象局张精华、王燕、段雪梅，昭通市气象局马涛对个例进行分析，陶云、郑建萌、朱莉、张万诚正高级工程师对个例进行审核。降水量、温度、日照分布图由沙文生、周明刚绘制。许迎杰负责数据整理。杨家康提供封面图片。本年鉴由国家自然科学基金项目(42075013、41965005)共同资助。

编委会

2022年10月

说　明

1. 昆明准静止锋识别标准

(1)锋面位于昆明与贵阳之间,南下冷空气补充使锋面西进越过昆明、但不过楚雄,且越过昆明的时间不超过 1 d。

(2)锋面维持时间至少 2 d。

(3)锋面位置采用卫星云图与地面天气图综合判断。云图上静止锋活动区附近,晴空少云区与云系覆盖区的界限,地面图上站点的气温和湿度的差异、风向的切变,海平面气压场上等压线的相对密集区。

(4)锋面位置为北京时每天 14 时的位置。

2. 多年平均值:30 a(1981—2010 年)的气候平均值。

3. 昆明准静止锋降水

(1)昆明准静止锋和其他天气系统共同造成的降水,列入本年鉴统计范围。

(2)"日降水量"指前一日 20 时—当日 20 时的降水总量(mm)。

(3)"总降水量"指一次昆明准静止锋过程云南区域的降水累计总量(mm)。

4. 昆明准静止锋过程日照时数

(1)昆明准静止锋和其他天气系统共同影响的日照时数,列入本年鉴统计范围。

(2)"日日照时数"指前一日 20 时—当日 20 时的日照时数总数(h)。

(3)"总日照时数"指一次昆明准静止锋过程云南区域的日照时数总量(h)。

(4)"平均日照时数"指一次昆明准静止锋过程云南区域的日照时数平均值(h)。

5. 卫星云图

根据云南省气象台提供的 FY-2 卫星红外云图资料绘制。

6. 地面气象观测资料

由云南省气象台提供。地面图和海平面气压场图中:蓝曲线表示海平面气压(hPa);地面填图包含气温(℃)、露点(℃)、现在天气、云量(成)、6 h 降水量(mm)和风(风速单位为 m/s)。

7. 高空资料

由云南省气象台提供。高空图中:蓝曲线表示位势高度(dagpm);红虚线表示气温(℃);高空填图包含气温(℃)、露点(℃)、位势高度(dagpm)和风(风速单位为 m/s)。

目　录

第1章 昆明准静止锋天气概述

1.1 2016—2020年昆明准静止锋天气变化规律

统计2016—2020年逐年(1—4月及11—12月)昆明准静止锋的日数,分析5 a间昆明准静止锋的变化特征(图1.1.1、图1.1.2、表1.1.1)。2016—2020年昆明准静止锋天气共有503 d,昆明准静止锋天气过程为77次,最短过程为2 d,最长过程为29 d,昆明准静止锋天气过程主要维持2~6 d(占总过程数的67.5%)。

从2016—2020年5 a平均的昆明准静止锋天气逐月变化看(图1.1.1),昆明准静止锋天气主要出现在1月、2月、3月、11月及12月。其中1月最多,平均每年出现23.4 d;4月最少,平均每年出现11.6 d。从表1.1.1可进一步看出,每年的月际变化有着自身变化的特殊性,如2016年昆明准静止锋天气主要出现在1—4月,每个月都在14 d以上,1月和4月最多,出现了19 d;最少的月份出现在11月,为7 d,其次是12月,为10 d。2020年昆明准静止锋天气主要出现在1月和12月,每个月出现20 d以上,12月最多,出现了25 d;最少的月份出现在2月,为11 d,其次是4月,为12 d。

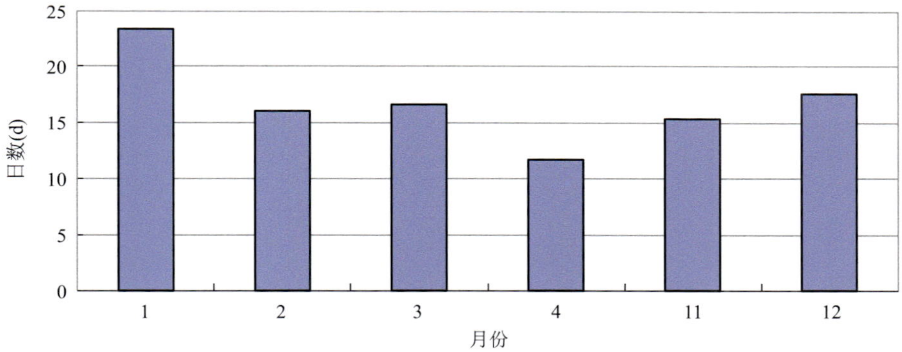

图1.1.1 2016—2020年5 a平均昆明准静止锋天气逐月变化

从2016—2020年逐年昆明准静止锋天气变化看(图1.1.2),昆明准静止锋天气存在明显的年际变化。出现昆明准静止锋天气最多的年份是2019年,为125 d,较5 a平均值多24.4 d(5 a平均值为100.6 d);最少出现在2016年,仅有84 d,较5 a平均值少16.6 d。昆明准静止锋天数大于100 d的年份有2 a(2018年及2019年)。昆明准静止锋年日数近5 a间有增加趋势,但未通过显著性检验。

从2016—2020年逐年昆明准静止锋天气过程频次变化看(图1.1.2),昆明准静止锋天气过程频次也存在明显的年际变化。出现昆明准静止锋天气过程最多的年份是2016年、2017年及2018年,皆为17次,较5 a平均值多1.6次(5 a平均值为15.4次);最少出现在2019年,为12次,较5 a平均值少3.4次。昆明准静止锋过程年频次近5 a间有显著减少趋势,平均每年减少1.1次,减少趋势通过95%显著性检验。

从 2016—2020 年昆明准静止锋天气过程持续时间分布变化看(图 1.1.3),昆明准静止锋天气过程的持续时间在 2～29 d 之间,主要持续时间是 2～6 d,出现频次都在 8 次以上,持续 3 d 的过程最多,出现频次为 17 次。2～6 d 出现频次占过程总次数的 67.5%。持续最长的时间是 29 d,出现在 2019 年 1 月 1—29 日。次长持续时间是 28 d,出现在 2020 年 11 月 21 日—12 月 18 日。

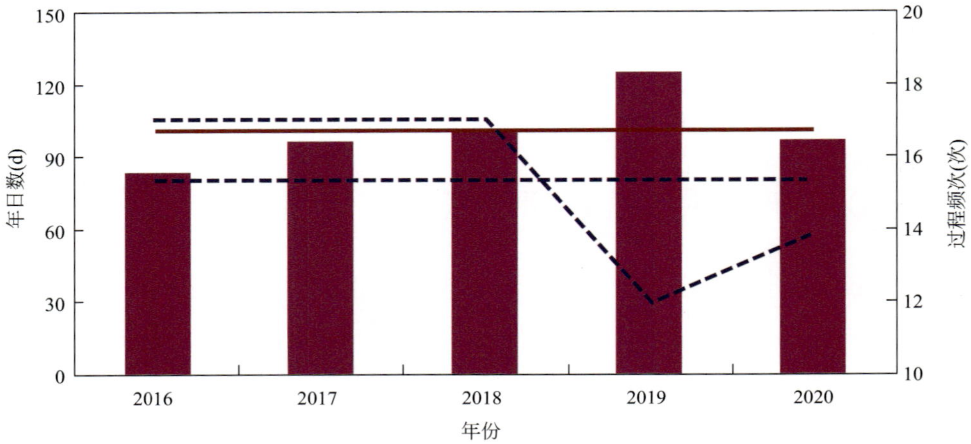

图 1.1.2 2016—2020 年昆明准静止锋天气逐年变化(红柱形:年日数;红直线:年日数 5 a 平均值;单位:d;蓝折虚线:过程频次;蓝直虚线:过程年频次 5 a 平均值;单位:次)

表 1.1.1 2016—2020 年昆明准静止锋天气出现日数(单位:d)

年份	1 月	2 月	3 月	4 月	11 月	12 月	年	过程数(次)
2016 年	19	15	14	19	7	10	84	17
2017 年	25	17	20	7	15	13	97	17
2018 年	20	13	15	9	19	24	100	17
2019 年	30	24	20	11	24	16	125	12
2020 年	23	11	14	12	12	25	97	14
5 a 合计	117	80	83	58	77	88	503	77

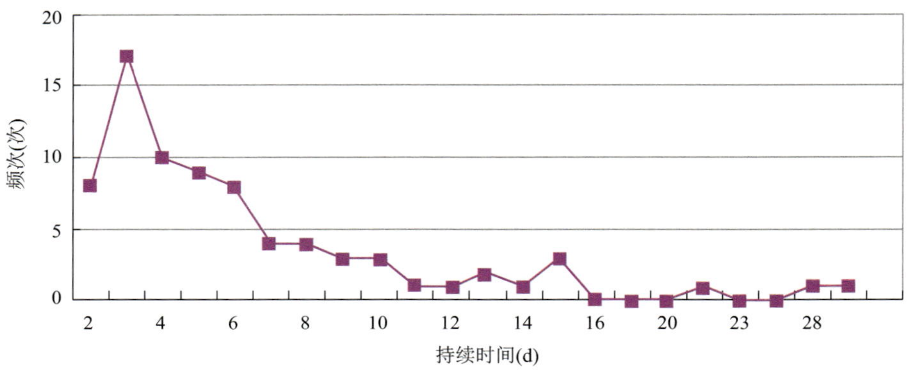

图 1.1.3 2016—2020 年昆明准静止锋天气持续时间分布变化

1.2 2011—2020 年昆明准静止锋天气变化规律

统计 2011—2020 年逐年(1—4 月及 11—12 月)昆明准静止锋的日数,分析 10 a 间昆明准静止锋的变化特征(图 1.2.1、图 1.2.2、表 1.2.1)。2011—2020 年昆明准静止锋天气共有 1053 d,昆明准静止锋天气过程为 140 次,最短过程为 2 d,最长过程为 80 d,昆明准静止锋天气过程主要维持 2～6 d(占总过程数的 64.3%)。

从 2011—2020 年 10 a 平均的昆明准静止锋天气逐月变化看(图 1.2.1),昆明准静止锋天气主要出现在 1 月、2 月及 12 月,3 个月总和占全年总和的 57.1%。其中 1 月最多,平均每年出现 22.3 d;4 月最少,平均每年出现 12.1 d。从表 1.2.1 可进一步看出,每年的月际变化有着自身变化的特殊性,如 2014 年昆明准静止锋天气主要出现在 2 月、3 月、4 月及 11 月,每个月都 20 d 以上,11 月最多,出现了 29 d;最少的月份出现在 1 月,为 14 d。2020 年昆明准静止锋天气主要出现在 1 月和 12 月,每个月出现 20 d 以上,12 月最多,出现了 25 d;最少的月份出现在 2 月,为 11 d。

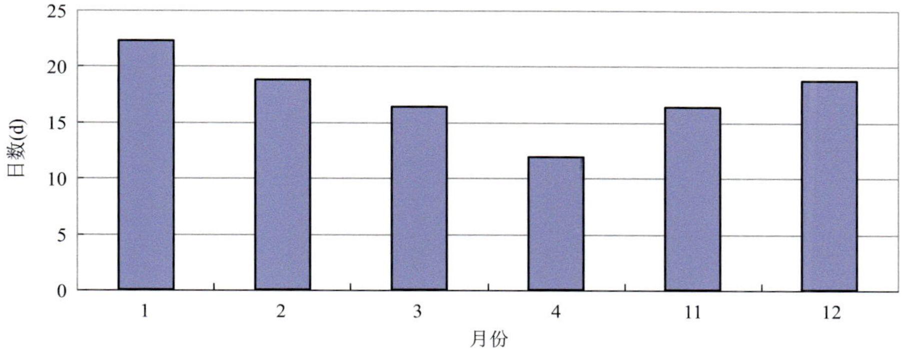

图 1.2.1　2011—2020 年 10 a 平均昆明准静止锋天气逐月变化

从 2011—2020 年逐年昆明准静止锋天气变化看(图 1.2.2),昆明准静止锋天气存在明显的年际变化。出现昆明准静止锋天气最多的年份是 2012 年,为 130 d,较 10 a 平均值多 24.7 d(10 a 平均值为 105.3 d),其次是 2014 年,为 128 d;最少出现在 2013 年,仅有 78 d,较 10 a 平均值少 27.3 d,其次是 2016 年,为 84 d。昆明准静止锋天数大于 120 d 的年份有 3 a(2012 年、2014 年及 2019 年),昆明准静止锋天数少于 100 d 的年份有 4 a(2013 年、2016 年、2017 年及 2020 年)。昆明准静止锋年日数近 10 a 间没有明显的变化趋势,以振荡为主。

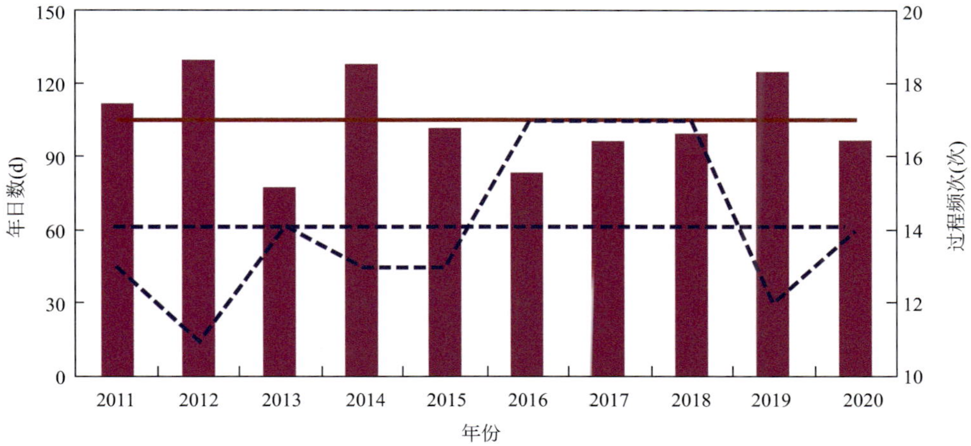

图 1.2.2　2011—2020 年昆明准静止锋天气逐年变化(红柱形:年日数;红直线:年日数 10 a 平均值;单位:d;蓝折虚线:过程频次;蓝直虚线:过程年频次 10 a 平均值;单位:次)

从 2011—2020 年逐年昆明准静止锋天气过程频次变化看(图 1.2.2),昆明准静止锋天气过程频次也存在明显的年际变化。出现昆明准静止锋天气过程最多的年份是 2016 年、2017 年及 2018 年,皆为

17 次，较 10 a 平均值多 2.9 次(10 a 平均值为 14.1 次)；最少出现在 2012 年，为 11 次，较 10 a 平均值少 3.1 次，其次是 2019 年，为 12 次。昆明准静止锋过程年频次近 10 a 间有增多趋势，平均每年增加 0.3 次，增加趋势未通过显著性检验。

从 2011—2020 年昆明准静止锋天气过程持续时间分布变化看(图 1.2.3)，昆明准静止锋天气过程的持续时间在 2～80 d 之间，主要持续时间是 2～6 d，出现频次都在 13 次以上，持续 3 d 的过程最多，出现频次为 28 次。2～6 d 出现频次占过程总次数的 64.3%。持续最长的时间是 80 d，出现在 2011 年 12 月 12 日—2012 年 2 月 29 日；次长持续时间是 29 d，出现在 2019 年 1 月 1—29 日。第三长持续时间是 28 d，出现在 2020 年 11 月 21 日—12 月 18 日。

表 1.2.1　2011—2020 年昆明准静止锋天气出现日数(单位:d)

年份	1 月	2 月	3 月	4 月	11 月	12 月	年	过程数(次)
2011 年	27	20	18	17	4	26	112	13
2012 年	31	29	19	6	24	21	130	11
2013 年	15	16	7	8	18	14	78	14
2014 年	14	24	22	21	29	18	128	13
2015 年	19	20	16	11	14	22	102	13
2016 年	19	15	14	19	7	10	84	17
2017 年	25	17	20	7	15	13	97	17
2018 年	20	13	15	9	19	24	100	17
2019 年	30	24	20	11	24	16	125	12
2020 年	23	11	14	12	12	25	97	14
10 a 合计	223	189	165	121	166	189	1053	141

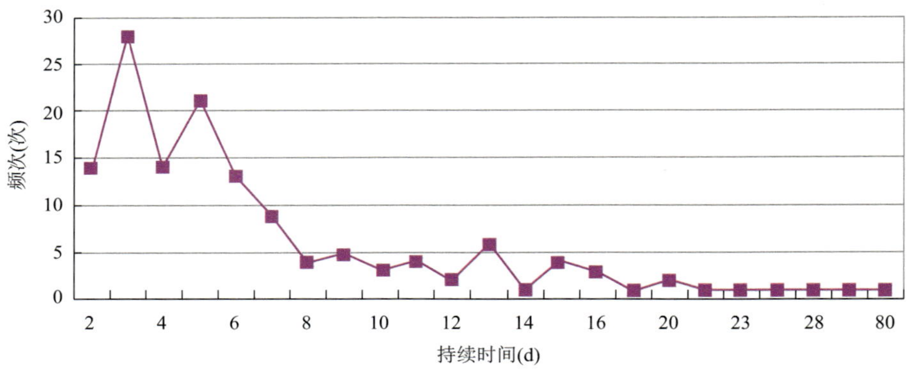

图 1.2.3　2011—2020 年昆明准静止锋天气持续时间分布变化

1.3　2016—2020 年昆明准静止锋过程纪要表(表 1.3.1)

表 1.3.1　2016—2020 年昆明准静止锋天气过程纪要表

序号	起讫日期	过程日最低气温最低值	过程日最高气温最大降温幅度	过程降雨(雪)落区	持续时间(d)	过程结束形势	最西位置
1	2016 年 1 月 6—10 日	1 月 6 日鲁甸日最低气温为−0.7 ℃	1 月 6 日镇雄日最高气温降温幅度为−12.3 ℃	滇东出现降雨	5	减弱东退	美姑、昭通、普安、隆林及那坡一线

续表

序号	起讫日期	过程日最低气温最低值	过程日最高气温最大降温幅度	过程降雨(雪)落区	持续时间(d)	过程结束形势	最西位置
2	2016年1月12—16日	1月12日昭通日最低气温为－1.6 ℃	1月16日昭通日最高气温降温幅度为－12.6 ℃	滇东出现降雨	5	减弱东退	布拖、宣威、盘县、广南及富宁一线
3	2016年1月18—22日	1月18日昭通日最低气温为－2.3 ℃	1月21日罗平日最高气温降温幅度为－12.4 ℃	滇东出现降雨；滇东北出现降雪	5	西进增强为冷锋	布拖、富源、广南及那坡
4	2016年1月28日—2月2日	1月29日鲁甸日最低气温为－5.0 ℃	1月31日昭通日最高气温降温幅度为－15.3 ℃	滇中及以东以南出现降雨；滇东北和滇东出现降雪	6	减弱消散	元谋、峨山、金平一线
5	2016年2月3—5日	2月4日鲁甸日最低气温为－2.7 ℃	2月4日沾益日最高气温降温幅度为－14.6 ℃	滇中以东出现降雨；滇东北出现降雪	3	西进增强为冷锋	禄劝、晋宁、江川、个旧及屏边一线
6	2016年2月13—19日	2月15日会泽日最低气温为－4.5 ℃	2月15日丘北日最高气温降温幅度为－21.3 ℃	滇中以东出现降雨；滇东北出现降雪	7	西进增强为冷锋	会宁、安宁、玉溪、建水及金平一线
7	2016年2月21—23日	2月22日鲁甸日最低气温为－1.2 ℃	2月22日宣威日最高气温降温幅度为－16.3 ℃	滇中及以东出现降雨；滇东北和滇东出现降雪	3	西进增强为冷锋	盐边、禄劝、昆明、华宁及河口一线
8	2016年3月9—17日	3月11日昭通日最低气温为0.6 ℃	3月10日广南日最高气温降温幅度为－15.7 ℃	滇中以东出现降雨；镇雄出现降雪	9	减弱消散	攀枝花、安宁、华宁、个旧及屏边一线
9	2016年3月21—23日	3月23日武定日最低气温为4.6 ℃	3月23日鲁甸日最高气温降温幅度为－13.6 ℃	滇中及以东出现降雨	3	西进增强为冷锋	会理、昆明、弥勒及河口一线
10	2016年3月28—29日	3月28日富源日最低气温为4.7 ℃	3月29日会泽日最高气温降温幅度为－9.6 ℃	滇中及以东出现降雨	2	减弱东退	布拖、宣威、盘县、兴义及那坡一线
11	2016年4月7—14日	4月13日鲁甸日最低气温为8.5 ℃	4月7日巧家日最高气温降温幅度为－8.8 ℃	滇东北和滇东出现降雨	8	减弱消散	普格、会泽、富源、兴义及田东一线
12	2016年4月20—30日	4月24日鲁甸日最低气温为7.2 ℃	4月20日会泽日最高气温降温幅度为－9.3 ℃	滇中及以东以南出现降雨	11	减弱消散	会东、嵩明、弥勒及马关一线
13	2016年11月12—14日	11月12日鲁甸日最低气温为4.8 ℃	11月12日镇雄日最高气温降温幅度为－8.9 ℃	滇东北出现降雨	3	减弱东退	永善、彝良、威宁、兴义及富宁一线
14	2016年11月22—25日	11月25日昭通日最低气温为－0.8 ℃	11月23日镇雄日最高气温降温幅度为－14.5 ℃	滇东北和滇东南出现降雨	4	西进增强为冷锋	雷波、威宁、盘县及广南一线
15	2016年12月2—3日	12月2日昭通日最低气温为1.6 ℃	12月2日镇雄日最高气温降温幅度为－3.7 ℃	滇东北和滇东出现降雨	2	减弱消散	布拖、宣威、盘县、隆林及田林一线

续表

序号	起讫日期	过程日最低气温最低值	过程日最高气温最大降温幅度	过程降雨(雪)落区	持续时间(d)	过程结束形势	最西位置
16	2016年12月12—15日	12月12日鲁甸日最低气温为2.2℃	12月14日镇雄日最高气温降温幅度为−10.7℃	滇中以东出现降雨	4	西进增强为冷锋	元谋、禄丰、峨山及金平一线
17	2016年12月23—26日	12月26日鲁甸日最低气温为−0.9℃	12月26日宣威日最高气温降温幅度为−13.2℃	滇东北出现降雨	4	西进增强为冷锋	会东、寻甸、陆良、丘北及西畴一线
18	2017年1月2—3日	1月2日昭通日最低气温为0.5℃	1月2日镇雄日最高气温降温幅度为−9.0℃	滇中以东出现降雨	2	减弱东退	布拖、沾益、罗平、富宁一线
19	2017年1月7—8日	1月7日鲁甸日最低气温为0.6℃	1月7日镇雄日最高气温降温幅度为−8.5℃	滇东北边缘出现降雨	2	减弱消散	雷波、昭通、沾益、广南、那坡及平果一线
20	2017年1月10—13日	1月12日鲁甸日最低气温为−2.7℃	1月12日会泽日最高气温降温幅度为−13.3℃	滇中及以东以南出现降雨；滇东北出现降雪	4	减弱消散	东川、寻甸、弥勒、屏边一线
21	2017年1月14—25日	1月15日鲁甸日最低气温为−1.3℃	1月19日昭通日最高气温降温幅度为−12.9℃	滇东北和滇东南出现降雨；滇东北出现降雪	12	减弱消散	会理、呈贡、开远、河口一线
22	2017年1月26—27日	1月26日鲁甸日最低气温为−1.4℃	1月26日彝良日最高气温降温幅度为−7.2℃	滇东北和滇东边缘出现降雨	2	减弱消散	金阳、鲁甸、富源、西林及靖西一线
23	2017年1月29日—2月3日	2月3日鲁甸日最低气温为−1.3℃	1月29日镇雄日最高气温降温幅度为−13.6℃	滇东北出现降雨	6	减弱东退	雷波、威宁、兴义、富宁一线
24	2017年2月6—14日	2月10日昭通和鲁甸日最低气温为−2.6℃	2月7日昭通日最高气温降温幅度为−16.3℃	滇中以东出现降雨	9	减弱东退	盐边、峨山、金平一线
25	2017年2月21—25日	2月25日会泽和鲁甸日最低气温为−2.6℃	2月23日罗平日最高气温降温幅度为−17.6℃	滇中及以东出现降雨；滇东北出现降雪	5	西进增强为冷锋	米易、武定、通海、个旧及河口一线
26	2017年3月2—11日	3月7日昭通日最低气温为0.8℃	3月6日广南日最高气温降温幅度为−15.2℃	滇中及以东以南出现降雨	10	减弱东退	布拖、巧家、嵩明、蒙自及金平一线
27	2017年3月13—18日	3月15日鲁甸日最低气温为−0.3℃	3月16日罗平日最高气温降温幅度为−11.8℃	滇东出现降雨	6	减弱消散	美姑、昭通、兴义、威宁及广南一线
28	2017年3月19—22日	3月19日昭通日最低气温为3.2℃	3月21日广南日最高气温降温幅度为−7.4℃	滇东出现降雨	4	减弱东退	雷波、昭通、富源及广南一线

续表

序号	起讫日期	过程日最低气温最低值	过程日最高气温最大降温幅度	过程降雨(雪)落区	持续时间(d)	过程结束形势	最西位置
29	2017年4月10—12日	4月12日会泽日最低气温为5.2 ℃	4月12日罗平日最高气温降温幅度为−13.7 ℃	滇东北和滇东南出现降雨	3	西进增强为冷锋	会东、嵩明、弥勒及马关一线
30	2017年4月25—28日	4月25日会泽日最低气温为5.5 ℃	4月27日文山日最高气温降温幅度为−7.1 ℃	滇中及以东以南出现降雨	4	减弱消散	华坪、永仁、玉溪、个旧及金平一线
31	2017年11月10—15日	11月12日昭通日最低气温为4.9 ℃	11月10日威信日最高气温降温幅度为−9.6 ℃	滇东北出现降雨	6	减弱东退	金阳、鲁甸、盘县、隆林及天等一线
32	2017年11月17—22日	11月22日会泽日最低气温为0.6 ℃	11月22日沾益日最高气温降温幅度为−16.2 ℃	滇中以东以南出现降雨	6	西进增强为冷锋	盐边、禄劝、昆明、江川、个旧及河口一线
33	2017年11月28日—12月7日	12月3日昭通日最低气温为1.1 ℃	11月30日昭通日最高气温降温幅度为−12.6 ℃	滇中以东出现降雨;昭通出现降雪	10	西进增强为冷锋	布拖、寻甸、弥勒、文山及马关一线
34	2017年12月10—15日	12月15日鲁甸日最低气温为0.9 ℃	12月14日丘北日最高气温降温幅度为−11.0 ℃	滇中以东出现降雨	6	西进增强为冷锋	盐边、昆明、河口一线
35	2018年1月1—9日	1月9日镇雄日最低气温为−5.8 ℃	1月9日弥勒日最高气温降温幅度为−19.3 ℃	滇中及以东以南出现降雨;滇东北出现降雪	9	西进增强为冷锋	盐边、富民、江川、个旧及金平一线
36	2018年1月18—20日	1月18日昭通和鲁甸日最低气温为−0.5 ℃	1月19日宣威日最高气温降温幅度为−10.1 ℃	滇东北局部出现降雨	3	减弱东退	西昌、会泽、曲靖、西畴一线
37	2018年1月23—30日	1月29日鲁甸日最低气温为−4.6 ℃	1月29日砚山日最高气温降温幅度为−18.9 ℃	滇中以东出现降雨;滇东北出现降雪	8	西进增强为冷锋	会东、安宁、通海、建水、金平一线
38	2018年2月8—13日	2月8日会泽日最低气温为−2.8 ℃	2月10日富源日最高气温降温幅度为−14.7 ℃	滇中及以东出现降雨	6	减弱消散	寻甸、弥勒、马关一线
39	2018年2月19—22日	2月19日鲁甸日最低气温为0.2 ℃	2月22日师宗和富宁日最高气温降温幅度为−14.4 ℃	滇东北出现降雨	4	减弱东退	布拖、巧家、马龙、丘北及西畴一线
40	2018年2月24—26日	2月25日会泽日最低气温为1.0 ℃	2月24日昭通日最高气温降温幅度为−9.8 ℃	滇东北和滇东南局部出现降雨	3	减弱东退	金阳、鲁甸、富源、广南一线
41	2018年3月5—7日	3月7日昭通日最低气温为3.5 ℃	3月7日鲁甸日最高气温降温幅度为−13.9 ℃	滇东北和滇东出现降雨	3	西进增强为冷锋	巧家、会泽、沾益、广南及那坡一线
42	2018年3月18—22日	3月20日富源日最低气温为0.5 ℃	3月21日富源日最高气温降温幅度为−13.8 ℃	滇中及以东出现降雨	5	减弱东退	德昌、会东、寻甸及马关一线

续表

序号	起讫日期	过程日最低气温最低值	过程日最高气温最大降温幅度	过程降雨(雪)落区	持续时间(d)	过程结束形势	最西位置
43	2018年3月24—28日	3月24日陆良日最低气温为6.3℃	3月26日彝良日最高气温降温幅度为−8.0℃	滇中及以东以南出现降雨	5	减弱东退	攀枝花、安宁、华宁、开远及河口一线
44	2018年3月30日—4月1日	3月30日会泽日最低气温为6.8℃	3月30日大关日最高气温降温幅度为−6.0℃	滇东北和滇东南出现降雨	3	减弱消散	昭觉、沾益、罗平、广南及那坡一线
45	2018年4月13—15日	4月15日会泽日最低气温为2.5℃	4月14日鲁甸日最高气温降温幅度为−18.9℃	滇中及以东以南出现降雨	3	减弱消散	会东、嵩明、弥勒、文山及马关一线
46	2018年4月23—27日	4月27日会泽日最低气温为8.2℃	4月26日沾益日最高气温降温幅度为−12.7℃	滇中及以东以南出现降雨	5	减弱消散	华坪、大姚、楚雄、元江及绿春一线
47	2018年11月4—7日	11月7日昭通日最低气温为1.9℃	11月4日镇雄日最高气温降温幅度为−11.0℃	滇东北出现降雨	4	西进增强为冷锋	普格、巧家、会泽、沾益、兴义及大新一线
48	2018年11月9—21日	11月21日鲁甸日最低气温为1.9℃	11月21日鲁甸日最高气温降温幅度为−13.3℃	滇东北和滇东南出现降雨	13	西进增强为冷锋	会东、寻甸、陆良、丘北及麻栗坡一线
49	2018年11月29日—12月1日	11月29日鲁甸日最低气温为1.2℃	11月30日鲁甸日最高气温降温幅度为−10.8℃	滇东北边缘出现降雨	3	减弱东退	永善、彝良、安龙、德保及大新一线
50	2018年12月3—17日	12月10日鲁甸日最低气温为−3.2℃	12月11日鲁甸日最高气温降温幅度为−14.2℃	滇中及以东以南出现降雨；滇东北出现降雪	15	减弱东退	会东、昆明、通海、个旧及金平一线
51	2018年12月21—28日	12月27日陆良日最低气温为−1.0℃	12月28日宣威日最高气温降温幅度为−14.2℃	滇东北和滇东南局部出现降雨；滇东北出现降雪	8	西进增强为冷锋	西昌、巧家、马龙、丘北及麻栗坡一线
52	2019年1月1—29日	1月4日昭通日最低气温为−3.7℃	1月15日宣威日最高气温降温幅度为−15.0℃	滇中及以东以南出现降雨；滇东北和滇东出现降雪	29	减弱东退	攀枝花、元谋、易门、石屏及金平一线
53	2019年1月31日—2月1日	1月31日昭通日最低气温为−1.7℃	2月1日西畴日最高气温降温幅度为−2.2℃	滇东北边缘出现降雨；永善出现降雪	2	减弱消散	雷波、水城、安龙、那坡及凭祥一线
54	2019年2月3—4日	2月4日鲁甸日最低气温为0.6℃	2月3日镇雄日最高气温降温幅度为−17.5℃	威信出现降雨	2	减弱消散	雷波、大关、贞丰及田阳一线
55	2019年2月8—28日	2月13日鲁甸日最低气温为−1.5℃	2月10日镇雄日最高气温降温幅度为−17.2℃	滇中及以东以南出现降雨；滇东北出现降雪	21	减弱东退	巧家、东川、陆良、丘北及麻栗坡一线
56	2019年3月5—18日	3月6日鲁甸日最低气温为1.8℃	3月6日罗平日最高气温降温幅度为−14.8℃	滇中及以东以南出现降雨；滇东北出现降雪	14	减弱消散	盐边、禄劝、昆明、华宁及河口一线

续表

序号	起讫日期	过程日最低气温最低值	过程日最高气温最大降温幅度	过程降雨（雪）落区	持续时间（d）	过程结束形势	最西位置
57	2019年3月22—26日	3月24日鲁甸日最低气温为0.7 ℃	3月23日会泽日最高气温降温幅度为－16.3 ℃	滇中及以东出现降雨；滇东北出现降雪	5	减弱消散	会理、嵩明、弥勒、文山及马关一线
58	2019年3月31日—4月5日	4月4日寻甸日最低气温为4.9 ℃	4月3日罗平日最高气温降温幅度为－13.5 ℃	滇中及以东以南出现降雨；镇雄出现降雪	6	减弱消散	盐边、禄劝、昆明、华宁、屏边及河口一线
59	2019年4月14—16日	4月15日寻甸日最低气温为9.0 ℃	4月14日鲁甸日最高气温降温幅度为－15.1 ℃	滇中及以东以南出现降雨；镇雄出现降雪	3	减弱消散	会理、嵩明、丘北及麻栗坡一线
60	2019年4月28—30日	4月30日寻甸日最低气温为11.0 ℃	4月28日盐津日最高气温降温幅度为－13.1 ℃	滇中及以东以南出现降雨；镇雄出现降雪	3	减弱东退	盐边、禄劝、弥勒、砚山及麻栗坡一线
61	2019年11月1—10日	11月3日昭通日最低气温为6.0 ℃	11月2日鲁甸日最高气温降温幅度为－10.6 ℃	滇中及以东以南出现降雨；镇雄出现降雪	10	减弱消散	华坪、楚雄、新平、红河及绿春一线
62	2019年11月17日—12月1日	12月1日镇雄日最低气温为－0.1 ℃	11月24日昭通日最高气温降温幅度为－14.8 ℃	滇中以东出现降雨；滇东北出现降雪	15	西进增强为冷锋	宁蒗、大姚、双柏、新平及金平一线
63	2019年12月17—31日	12月30日鲁甸日最低气温为－2.2 ℃	12月26日鲁甸日最高气温降温幅度为－15.8 ℃	滇中以东以南出现降雨；滇东北出现降雪	15	减弱东退	会理、禄丰、易门、红河及绿春一线
64	2020年1月2—4日	1月3日鲁甸日最低气温为0.4 ℃	1月2日镇雄日最高气温降温幅度为－16.3 ℃	滇东北出现降雨	3	减弱东退	金阳、威宁、晴隆、田林及崇左一线
65	2020年1月8—11日	1月11日鲁甸日最低气温为0.5 ℃	1月8日镇雄日最高气温降温幅度为－12.9 ℃	滇中及以东出现降雨	4	减弱东退	会理、寻甸、丘北及麻栗坡一线
66	2020年1月13—20日	1月15日昭通日最低气温为－1.7 ℃	1月19日丘北日最高气温降温幅度为－16.1 ℃	滇东北和滇东南出现降雨	8	减弱东退	宁南、嵩明、开远、屏边及河口一线
67	2020年1月22—24日	1月23日鲁甸日最低气温为－1.4 ℃	1月24日昭通日最高气温降温幅度为－10.3 ℃	滇东北和滇东出现降雨；昭通出现降雪	3	西进增强为冷锋	布拖、沾益、罗平、广南及那坡一线
68	2020年1月27日—2月8日	1月29日南华日最低气温为－2.4 ℃	2月3日富源日最高气温降温幅度为－13.3 ℃	滇中及以东出现降雨；滇东北和滇东出现降雪	13	西进增强为冷锋	华坪、楚雄、新平及绿春一线
69	2020年2月20—22日	2月20日鲁甸日最低气温为1.1 ℃	2月20日镇雄日最高气温降温幅度为－13.8 ℃	滇东北和滇东南出现降雨	3	减弱东退	宁南、东川、寻甸、陆良、丘北及麻栗坡一线
70	2020年3月1—3日	3月3日会泽日最低气温为2.7 ℃	3月3日昭通日最高气温降温幅度为－13.7 ℃	滇中以东出现降雨	3	西进增强为冷锋	金阳、鲁甸、宣威、西林、德保及扶绥一线

续表

序号	起讫日期	过程日最低气温最低值	过程日最高气温最大降温幅度	过程降雨(雪)落区	持续时间(d)	过程结束形势	最西位置
71	2020年3月13—19日	3月18日镇雄日最低气温为3.4 ℃	3月17日富源日最高气温降温幅度为−15.3 ℃	滇中以东出现降雨	7	减弱消散	会东、昆明、华宁、个旧及金平一线
72	2020年3月27—30日	3月30日镇雄日最低气温为5.2 ℃	3月29日鲁甸日最高气温降温幅度为−14.4 ℃	滇东北出现降雨	4	减弱消散	昭觉、富源、广南及那坡一线
73	2020年4月2—8日	4月5日昭通日最低气温为2.8 ℃	4月4日丘北日最高气温降温幅度为−14.7 ℃	滇中及以东以南出现降雨；沾益出现降雪	7	减弱消散	攀枝花、禄丰、峨山、元阳及金平一线
74	2020年4月19—23日	4月23日鲁甸日最低气温为3.4 ℃	4月22日富源日最高气温降温幅度为−15.2 ℃	滇中及以东以南出现降雨；沾益出现降雪	5	西进增强为冷锋	会理、昆明、澄江、开远及河口一线
75	2020年11月5—6日	11月5日鲁甸日最低气温为6.3 ℃	11月6日富源日最高气温降温幅度为−9.2 ℃	滇东北和滇东南出现降雨	2	减弱消散	宁南、东川、陆良、砚山及麻栗坡一线
76	2020年11月21日—12月18日	12月18日鲁甸日最低气温为−3.1 ℃	12月14日宣威日最高气温降温幅度为−17.1 ℃	滇中及以东以南出现降雨；滇东北出现降雪	28	西进增强为冷锋	盐边、禄丰、峨山、石屏及绿春一线
77	2020年12月23—29日	12月28日昭通日最低气温为−2.0 ℃	12月29日宣威日最高气温降温幅度为−15.1 ℃	滇中以东出现降雨；镇雄、大关出现降雪	7	西进增强为冷锋	会东、东川、师宗、广南及那坡一线

第 2 章　2016—2020 年逐个昆明准静止锋概述

2.1　2016 年 1 月 6—10 日昆明准静止锋过程

2.1.1　过程概况

2016 年 1 月 6 日在云贵高原出现了昆明准静止锋天气系统，呈准西北—东南向，贯穿四川、云南、贵州及广西四省(区)，锋面位于美姑、水城、都安及上林一线。7 日昆明准静止锋西南移至布拖、普安、百色及南宁一线。8 日昆明准静止锋北段东退，南段西进，转为准南北向，锋面位于美姑、威宁、普安、隆林及靖西一线。9 日昆明准静止锋稍东退，10 日昆明准静止锋略西进，位于美姑、昭通、普安、隆林及那坡一线。之后，锋面东退至贵阳以东地区。1 月 6—10 日过程期间昆明准静止锋移动路径如图 2.1.1，活动范围见表 2.1.1。

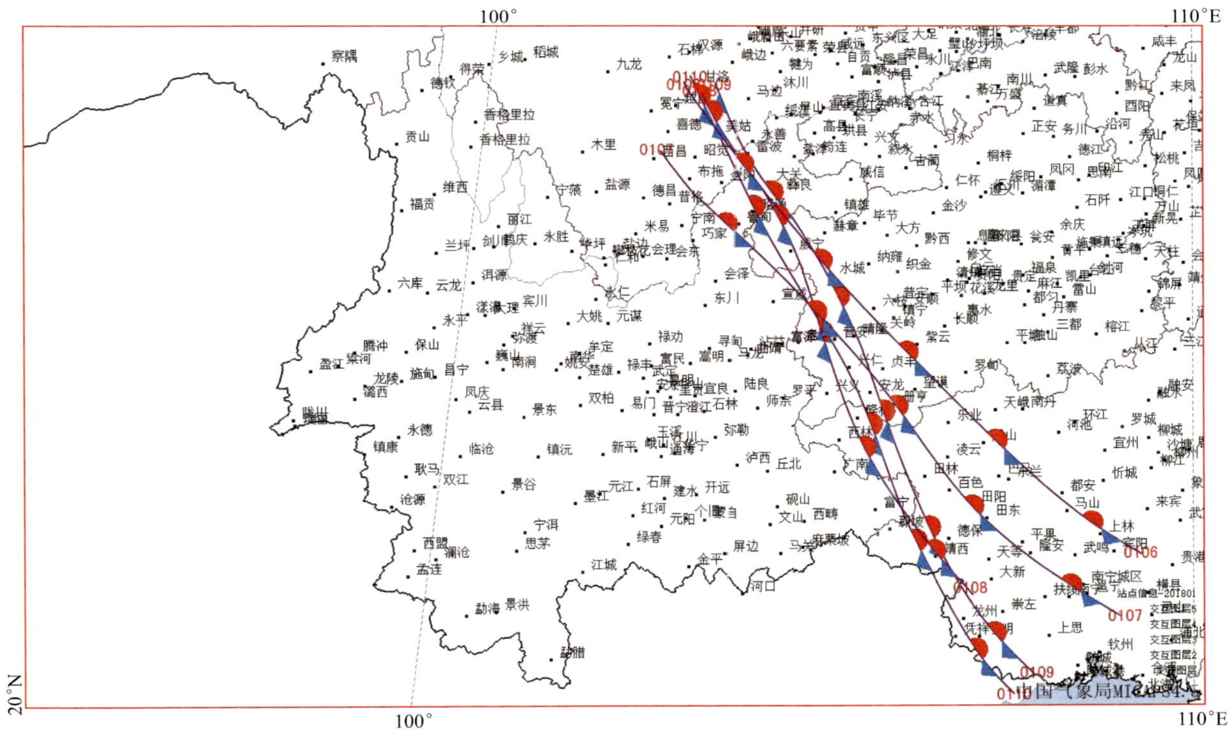

图 2.1.1　2016 年 1 月 6—10 日昆明准静止锋移动路径

表 2.1.1　2016 年 1 月 6—10 日昆明准静止锋位置

日期	昆明准静止锋位置
1 月 6 日	美姑—水城—上林
1 月 7 日	布拖—百色—南宁
1 月 8 日	美姑—威宁—靖西
1 月 9 日	雷波—安龙—靖西
1 月 10 日	美姑—普安—那坡

受昆明准静止锋影响，1 月 6 日滇东北出现日最高气温负变温区，最大变温在镇雄县，为－12.3 ℃；7—8 日由于天空云量增多，云南大部分地区为负变温，但降温幅度较小；9—10 日随着昆明准静止锋的东退，滇东部分地区转为正变温（图 2.1.2）。

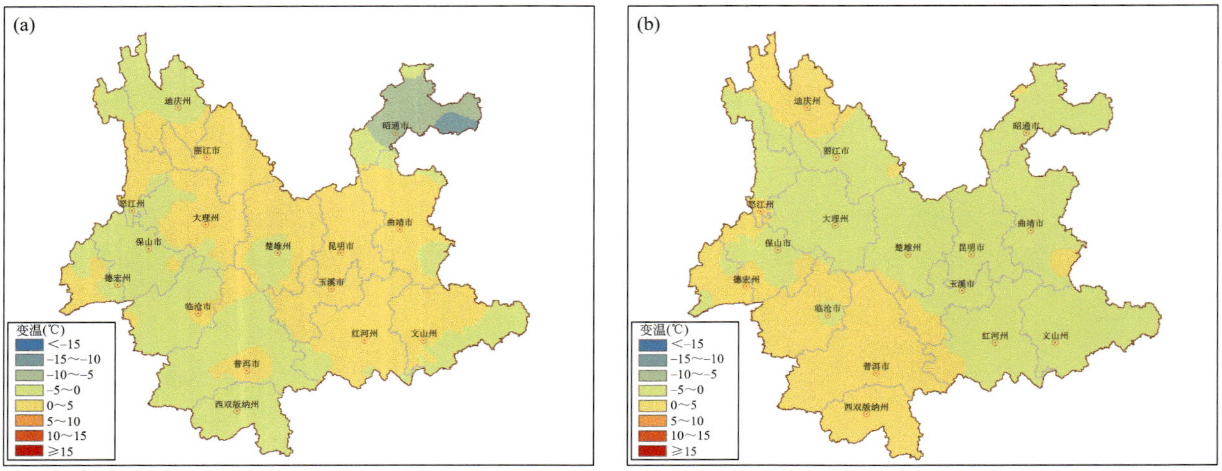

图 2.1.2　云南 2016 年 1 月 6 日(a)、7 日(b)最高气温 24 h 变温图

受昆明准静止锋和短波槽影响，2016 年 1 月 6—10 日（20 时—20 时）滇东北、滇东南、滇西共有 29 个县市出现降水。除滇西北贡山总降水量（21.2 mm）大于 10 mm 外，其余大部地区总降水量都小于 10 mm。昆明准静止锋主要影响区域（滇东）共有 12 个县市出现降水，总降水量都小于 5 mm（图 2.1.3a）。

受昆明准静止锋影响，2016 年 1 月 6—10 日云南共有 28 个县市总日照时数不足 40 h。其中日照时数少于 10 h 的县市有 7 个，最少的是绥江县，仅为 1.8 h，其次是盐津县，为 5.4 h（图略）。与常年同

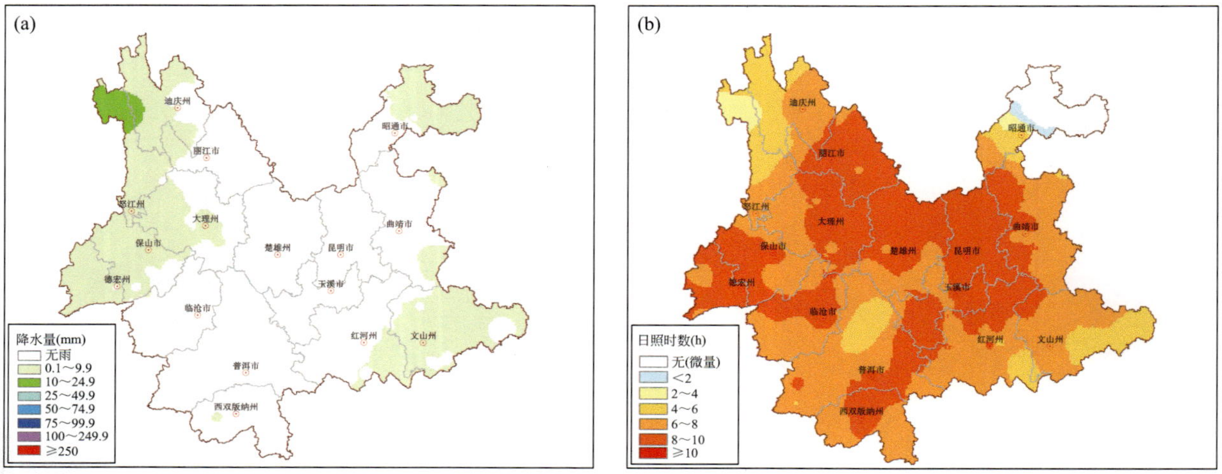

图 2.1.3　云南 2016 年 1 月 6—10 日累计降水量(a)和平均日照时数(b)

期相比，有 19 个县市日照时数偏少，其中有 6 个县市日照时数偏少 20%以上，绥江偏少最多，为 79.3%，其次为彝良，偏少 43.2%。图 2.1.3b 是昆明准静止锋影响期间的平均日照时数。

2.1.2 环流背景

（1）地面图

图 2.1.4 是 2016 年 1 月 6 日 14 时地面图和海平面气压场。图 2.1.5 是 2016 年 1 月 10 日 20 时地面图和海平面气压场。

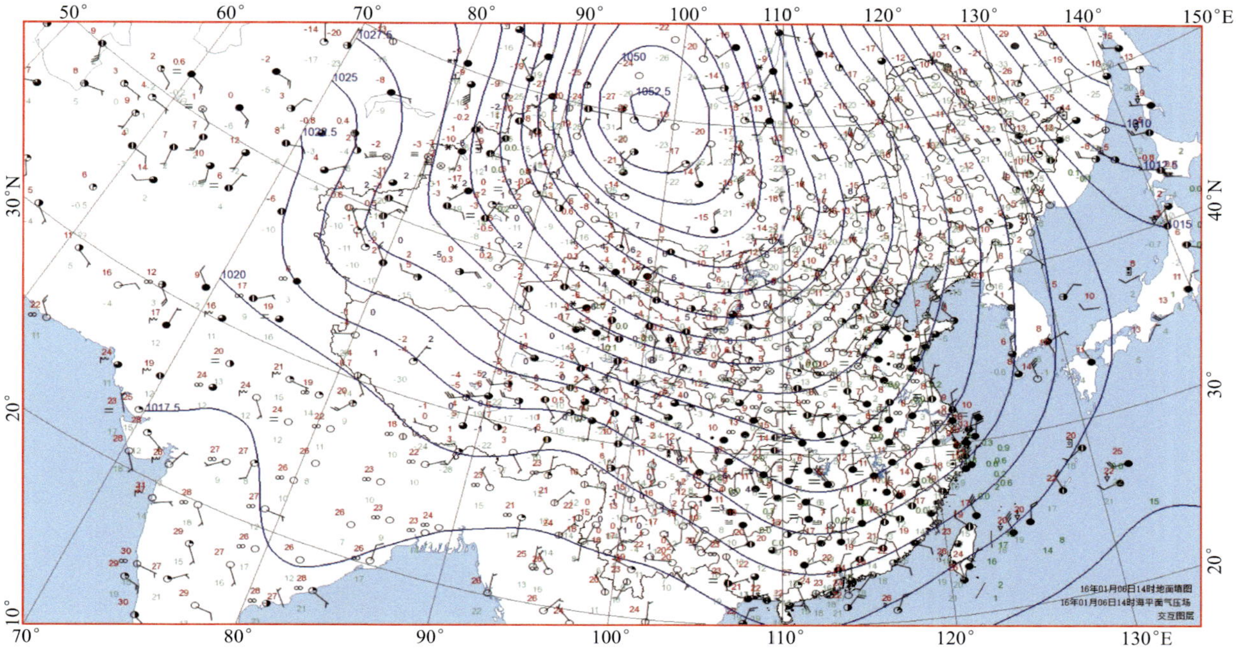

图 2.1.4　2016 年 1 月 6 日 14 时地面图和海平面气压场

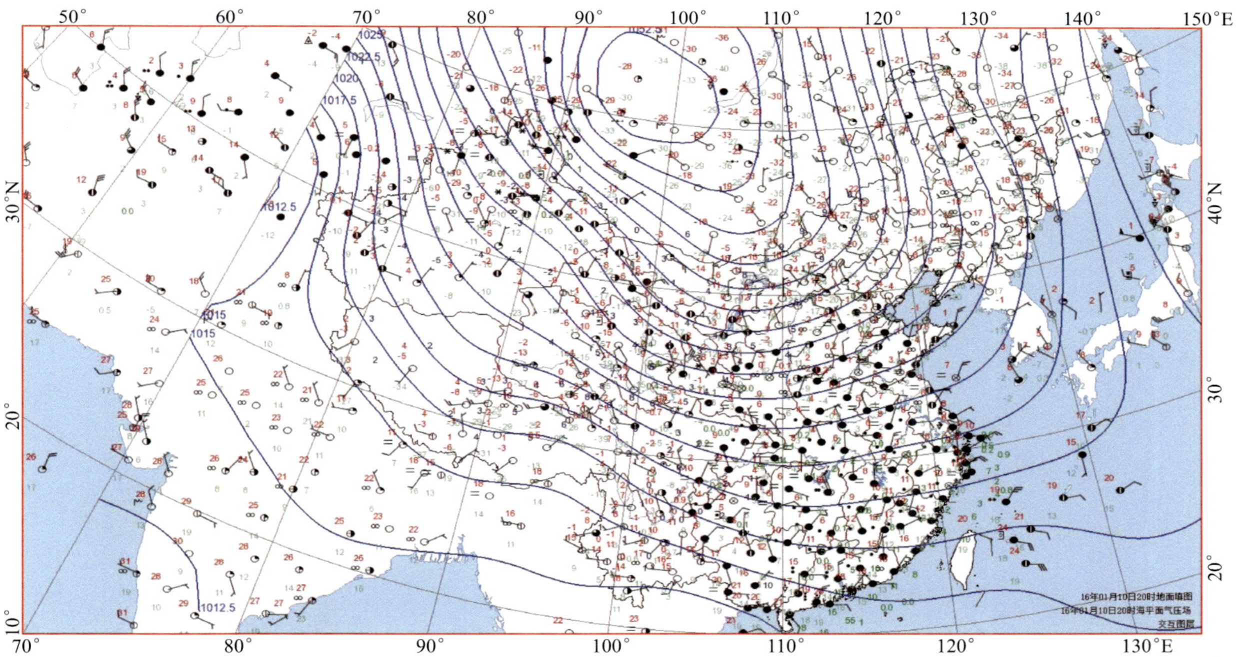

图 2.1.5　2016 年 1 月 10 日 20 时地面图和海平面气压场

(2)高空图

图 2.1.6 是 2016 年 1 月 6 日 08 时 850 hPa 高空图。图 2.1.7 是 2016 年 1 月 10 日 08 时 850 hPa 高空图。图 2.1.8 是 2016 年 1 月 6 日 08 时 500 hPa 高空图。图 2.1.9 是 2016 年 1 月 10 日 08 时 500 hPa 高空图。

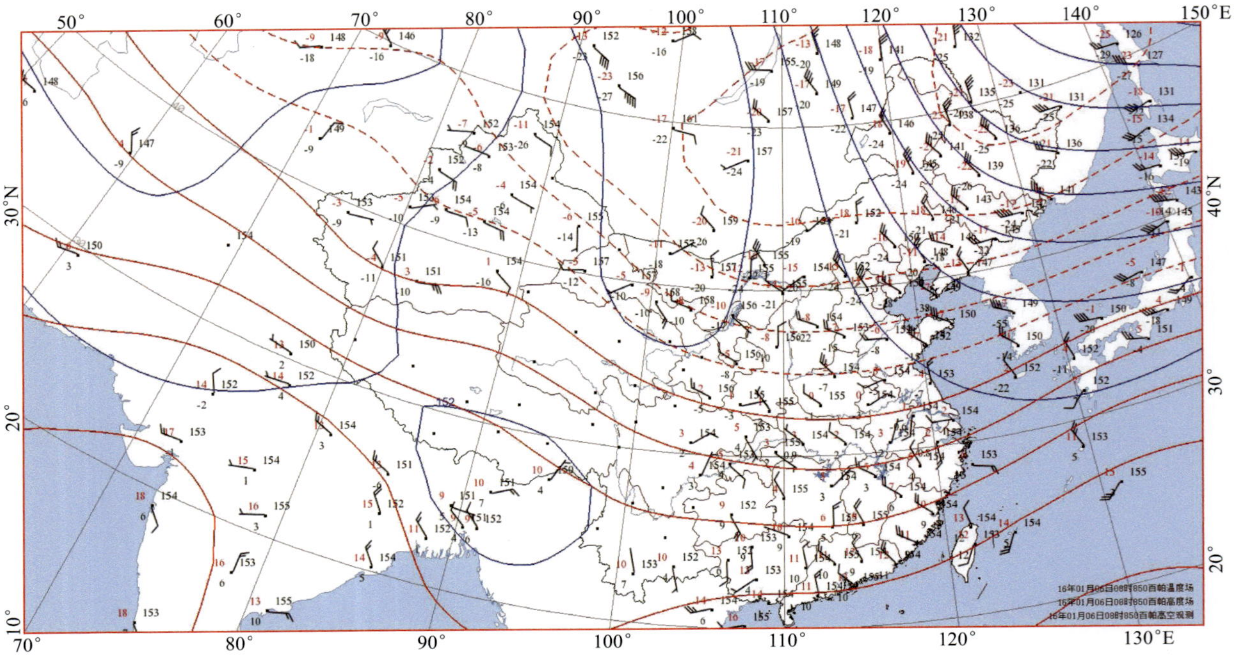

图 2.1.6 2016 年 1 月 6 日 08 时 850 hPa 高空图

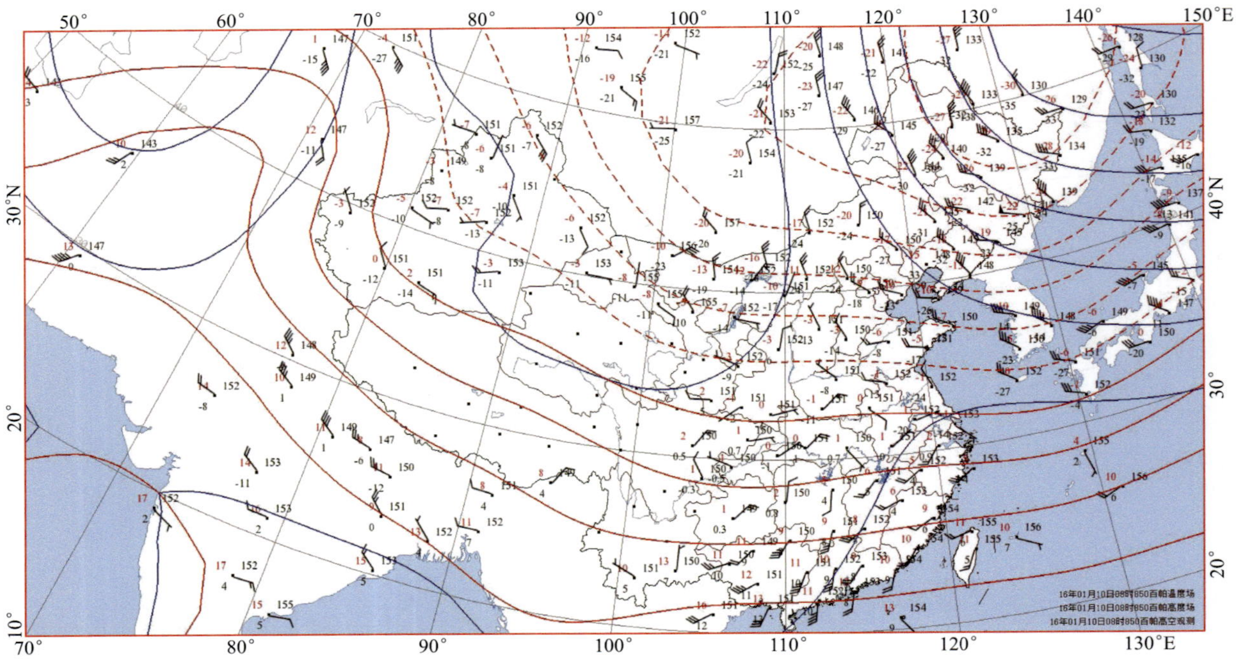

图 2.1.7 2016 年 1 月 10 日 08 时 850 hPa 高空图

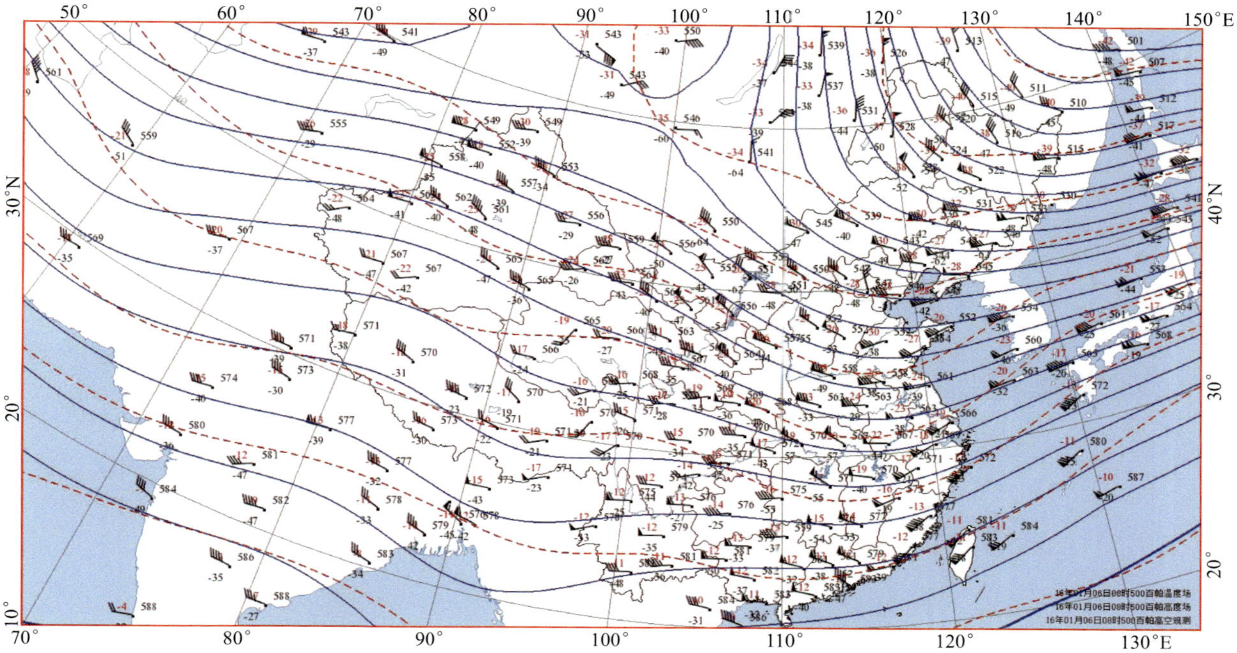

图 2.1.8　2016 年 1 月 6 日 08 时 500 hPa 高空图

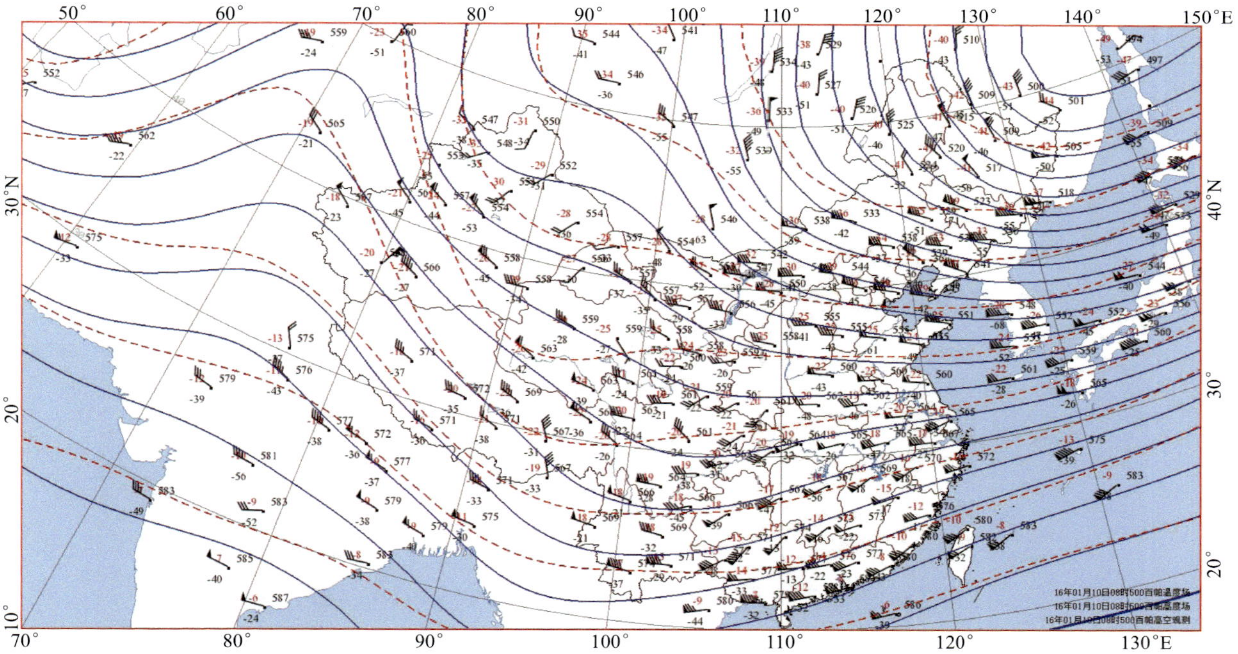

图 2.1.9　2016 年 1 月 10 日 08 时 500 hPa 高空图

2.1.3　卫星云图

图 2.1.10 是 2016 年 1 月 8 日 14 时、10 日 14 时卫星云图。

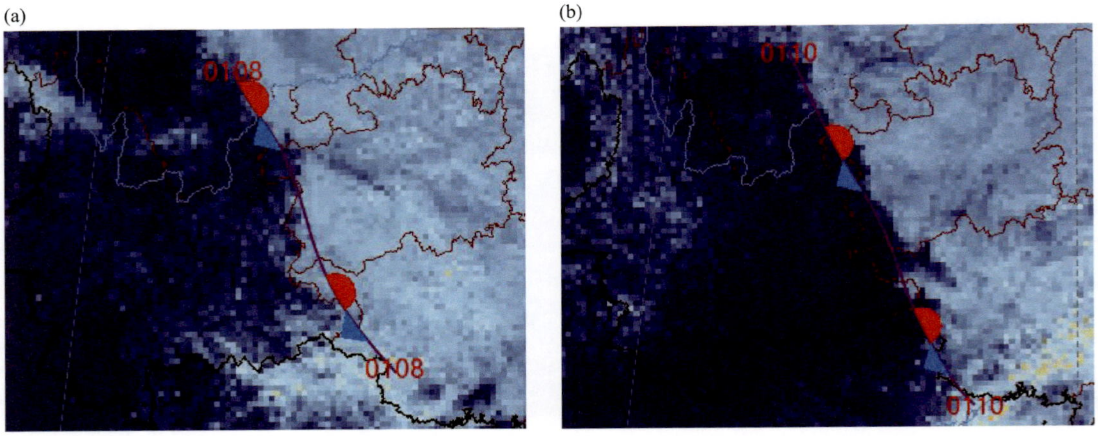

图 2.1.10　2016 年 1 月 8 日 14 时(a)、10 日 14 时(b)卫星云图

2.2　2016 年 1 月 12—16 日昆明准静止锋过程

2.2.1　过程概况

2016 年 1 月 12 日在云贵高原出现了昆明准静止锋天气系统，呈准南北向，贯穿四川、云南、贵州及广西四省(区)，锋面位于美姑、昭通、威宁、兴仁及那坡一线。13 日昆明准静止锋稍西进，位于布拖、宣威、盘县、广南及富宁一线，14—15 日昆明准静止锋少动。16 日昆明准静止锋东退，位于昭通、威宁、普安、靖西及龙州一线。之后，锋面东退至贵阳以东地区。1 月 12—16 日过程期间昆明准静止锋移动路径如图 2.2.1，活动范围见表 2.2.1。

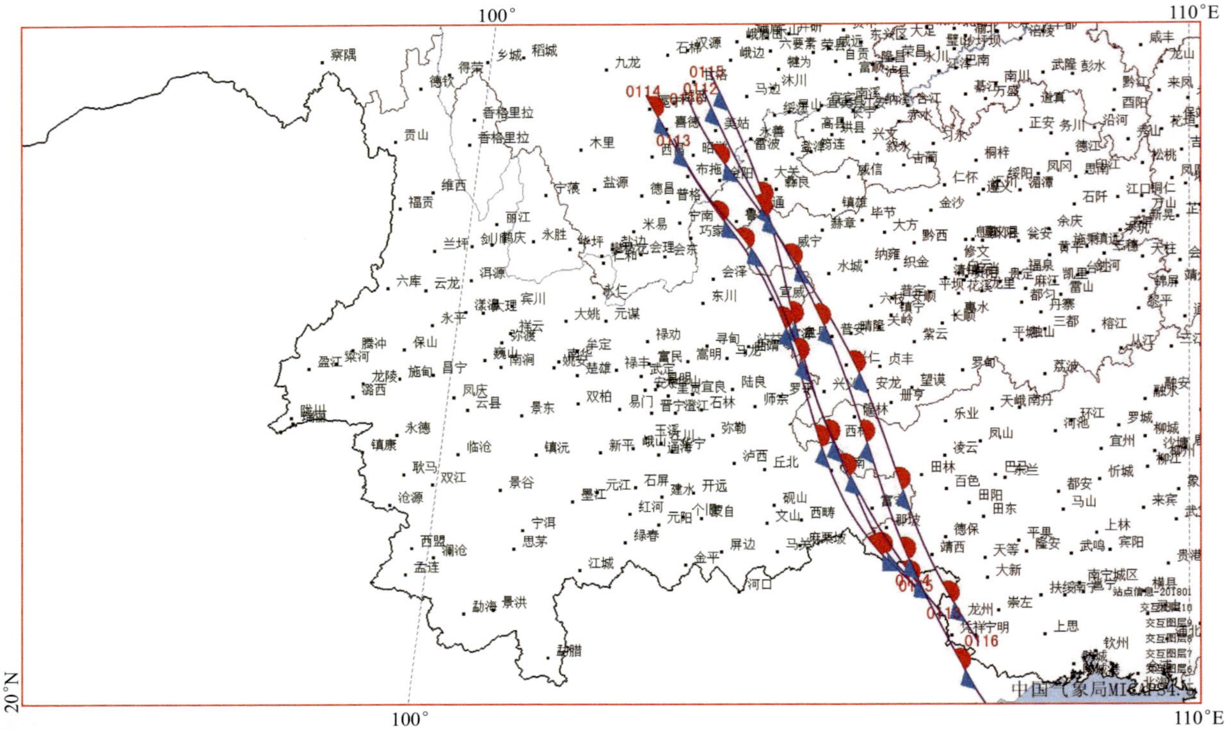

图 2.2.1　2016 年 1 月 12—16 日昆明准静止锋移动路径

表 2.2.1　2016 年 1 月 12—16 日昆明准静止锋位置

日期	昆明准静止锋位置
1 月 12 日	美姑—威宁—那坡
1 月 13 日	布拖—盘县—富宁
1 月 14 日	布拖—宣威—广南
1 月 15 日	雷波—盘县—广南
1 月 16 日	昭通—威宁—靖西

受昆明准静止锋影响，1 月 12 日滇东北出现日最高气温负变温区，最大变温在镇雄县，为－10.9 ℃；13 日云南大部为弱负变温区，14 日转为弱正变温；15 日随着昆明准静止锋北段东退，滇东北气温回升明显；16 日随着昆明准静止锋北段南压，滇东北再次出现负变温区，最大变温在昭通市，为－12.6 ℃（图 2.2.2）。

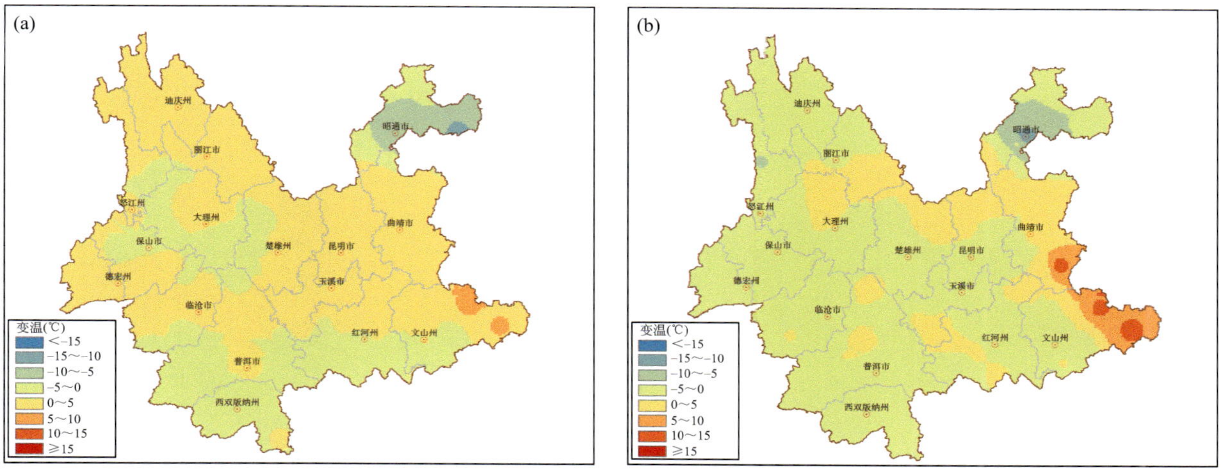

图 2.2.2　云南 2016 年 1 月 12 日(a)、16 日(b)最高气温 24 h 变温图

受昆明准静止锋影响，2016 年 1 月 12—16 日（20 时—20 时）滇东边缘共有 9 个县市出现降水，总降水量最大在盐津，为 8.6 mm（图 2.2.3a）。

受昆明准静止锋影响，2016 年 1 月 12—16 日滇东共有 17 个县市总日照时数不足 40 h。其中日照时数少于 20 h 的县市有 8 个，盐津、永善、威信、绥江 4 个县日照时数在 10 h 以内，最少的是盐津县，仅

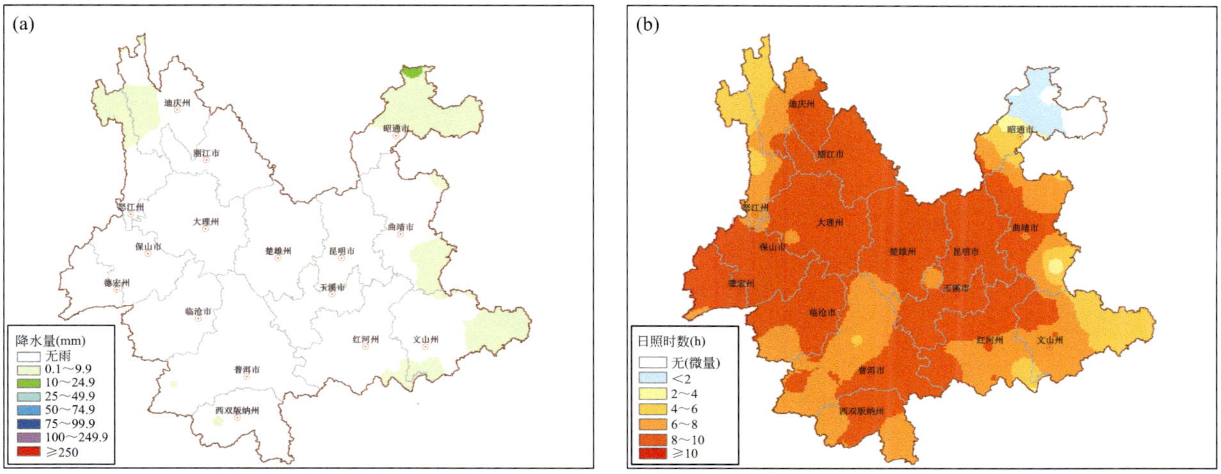

图 2.2.3　云南 2016 年 1 月 12—16 日累计降水量(a)和平均日照时数(b)

为 1.8 h，其次是永善县，为 2.6 h（图略）。与常年同期相比，有 7 个县市日照时数偏少，永善偏少最多，为 73.5%，其次为盐津，偏少 71.4%，罗平次之，偏少 19.7%。图 2.2.3b 是昆明准静止锋影响期间的平均日照时数。

2.2.2 环流背景

（1）地面图

图 2.2.4 是 2016 年 1 月 12 日 14 时地面图和海平面气压场。图 2.2.5 是 2016 年 1 月 16 日 20 时地面图和海平面气压场。

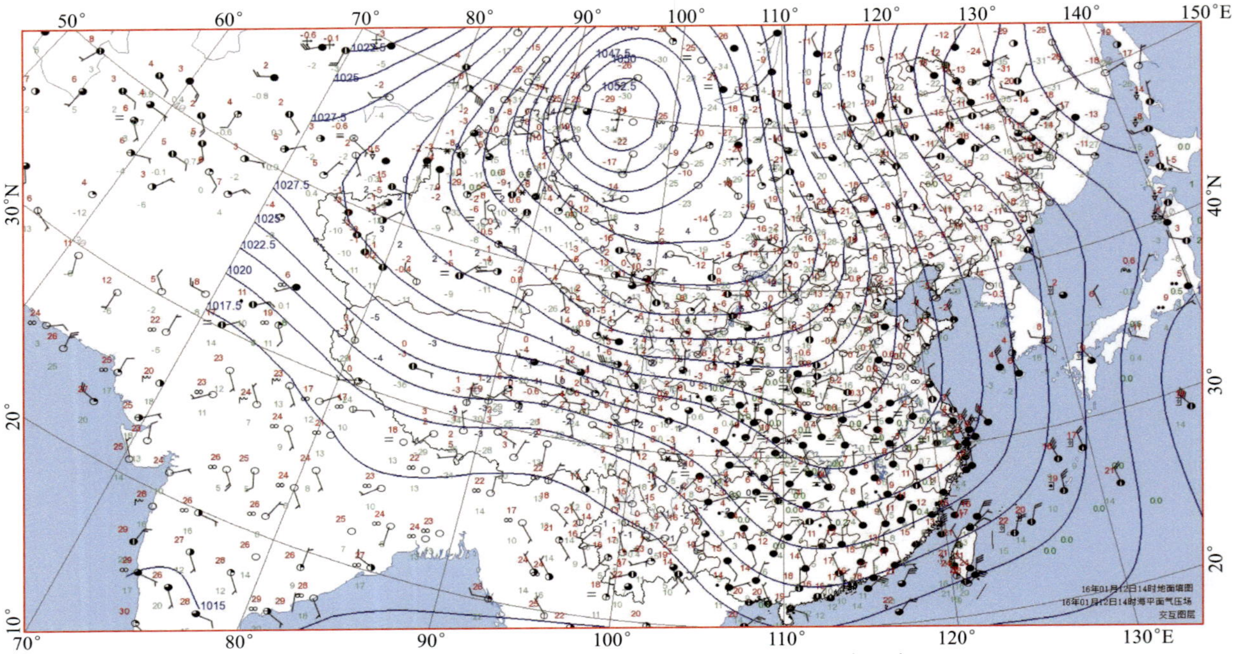

图 2.2.4 2016 年 1 月 12 日 14 时地面图和海平面气压场

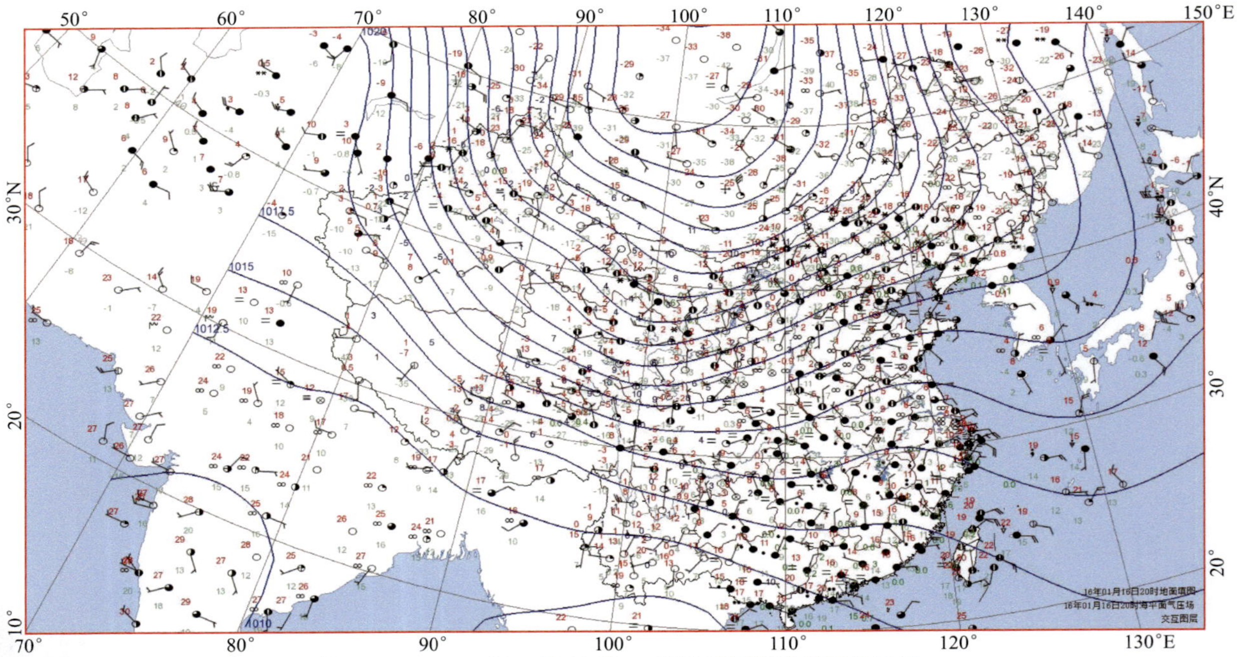

图 2.2.5 2016 年 1 月 16 日 20 时地面图和海平面气压场

(2)高空图

图 2.2.6 是 2016 年 1 月 12 日 08 时 850 hPa 高空图。图 2.2.7 是 2016 年 1 月 16 日 08 时 850 hPa 高空图。图 2.2.8 是 2016 年 1 月 12 日 08 时 500 hPa 高空图。图 2.2.9 是 2016 年 1 月 16 日 08 时 500 hPa 高空图。

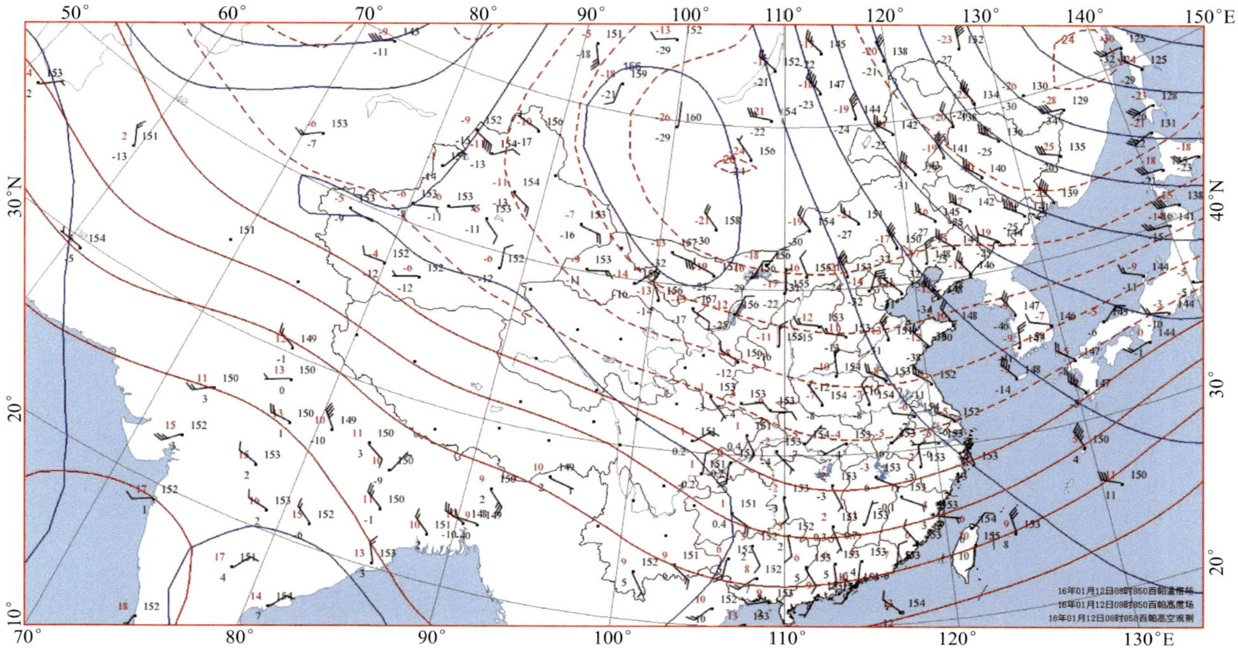

图 2.2.6 2016 年 1 月 12 日 08 时 850 hPa 高空图

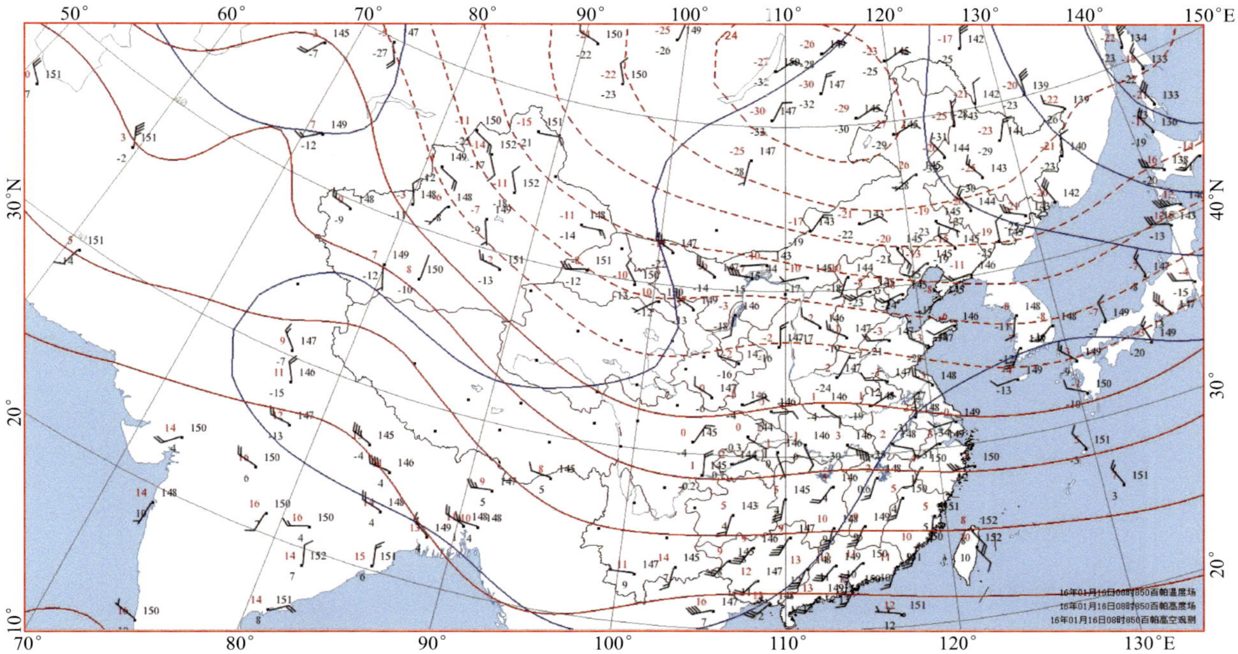

图 2.2.7 2016 年 1 月 16 日 08 时 850 hPa 高空图

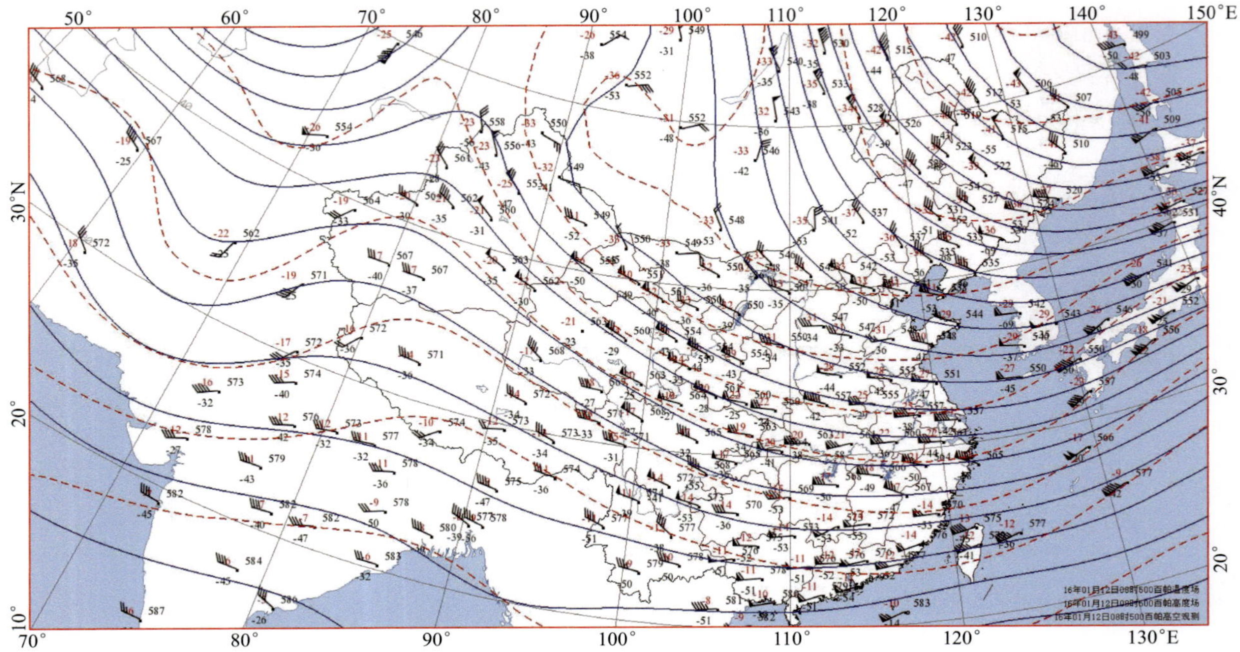

图 2.2.8　2016 年 1 月 12 日 08 时 500 hPa 高空图

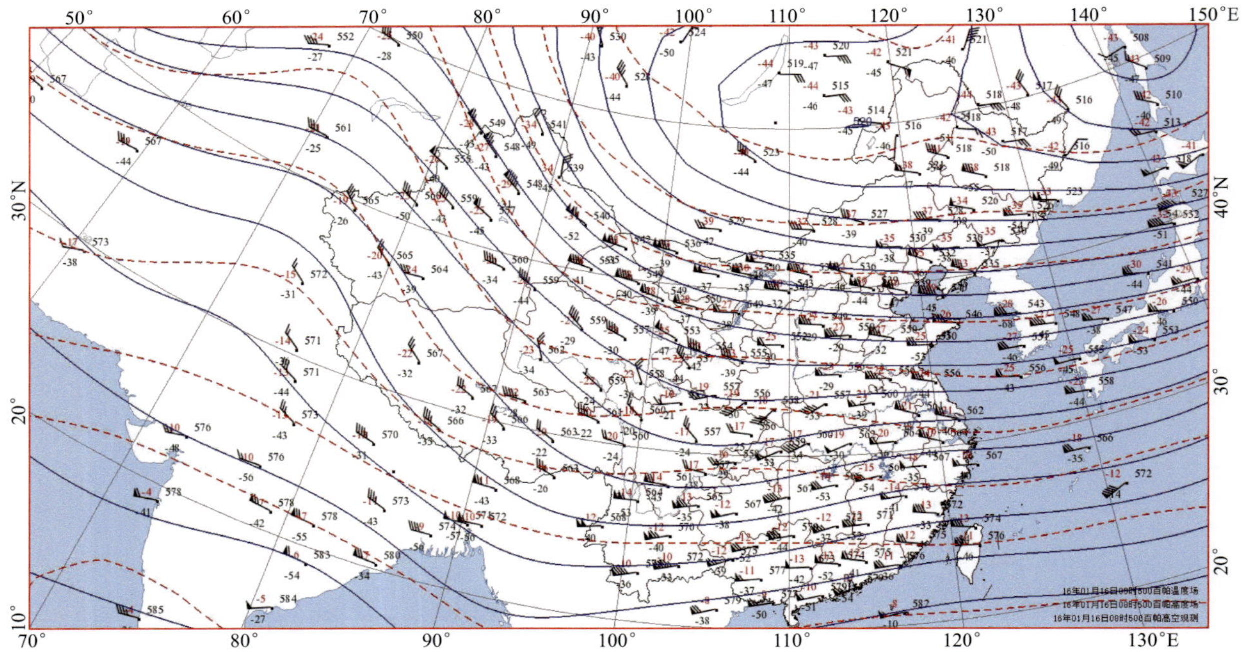

图 2.2.9　2016 年 1 月 16 日 08 时 500 hPa 高空图

2.2.3　卫星云图

图 2.2.10 是 2016 年 1 月 12 日 14 时、13 日 14 时卫星云图。

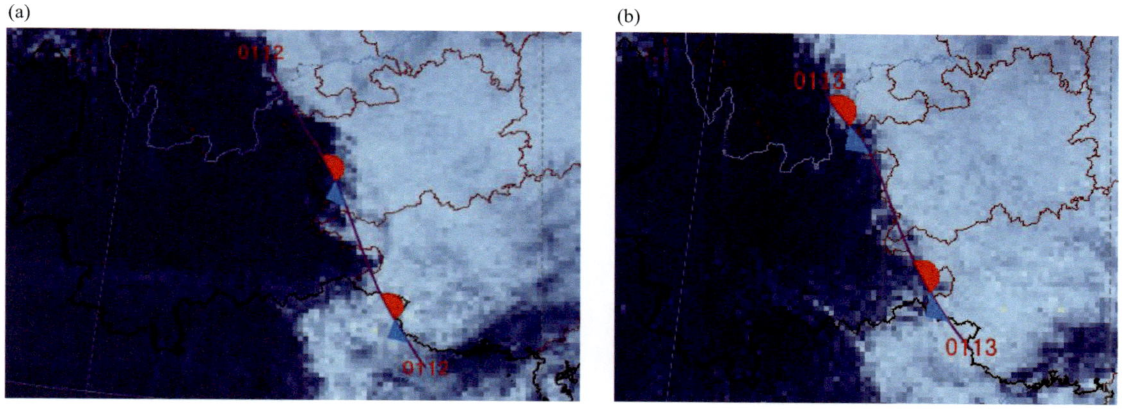

图 2.2.10　2016 年 1 月 12 日 14 时(a)、13 日 14 时(b)卫星云图

2.3　2016 年 1 月 18—22 日昆明准静止锋过程

2.3.1　过程概况

2016 年 1 月 18 日在云贵高原出现了昆明准静止锋天气系统，呈准西北—东南向，贯穿四川、云南、贵州及广西四省(区)，锋面位于美姑、威宁、普安及靖西一线。19 日昆明准静止锋略西进，位于昭通、盘县、兴义、富宁及靖西一线。20 日昆明准静止锋东退，位于雷波、水城、贞丰、凌云及平果一线。21 日昆明准静止锋再次西进，位于布拖、富源、广南及那坡一线，22 日昆明准静止锋位置维持少动。23 日昆明准静止锋加强为冷锋，向西推进到达哀牢山附近。1 月 18—22 日过程期间昆明准静止锋移动路径如图 2.3.1，活动范围见表 2.3.1。

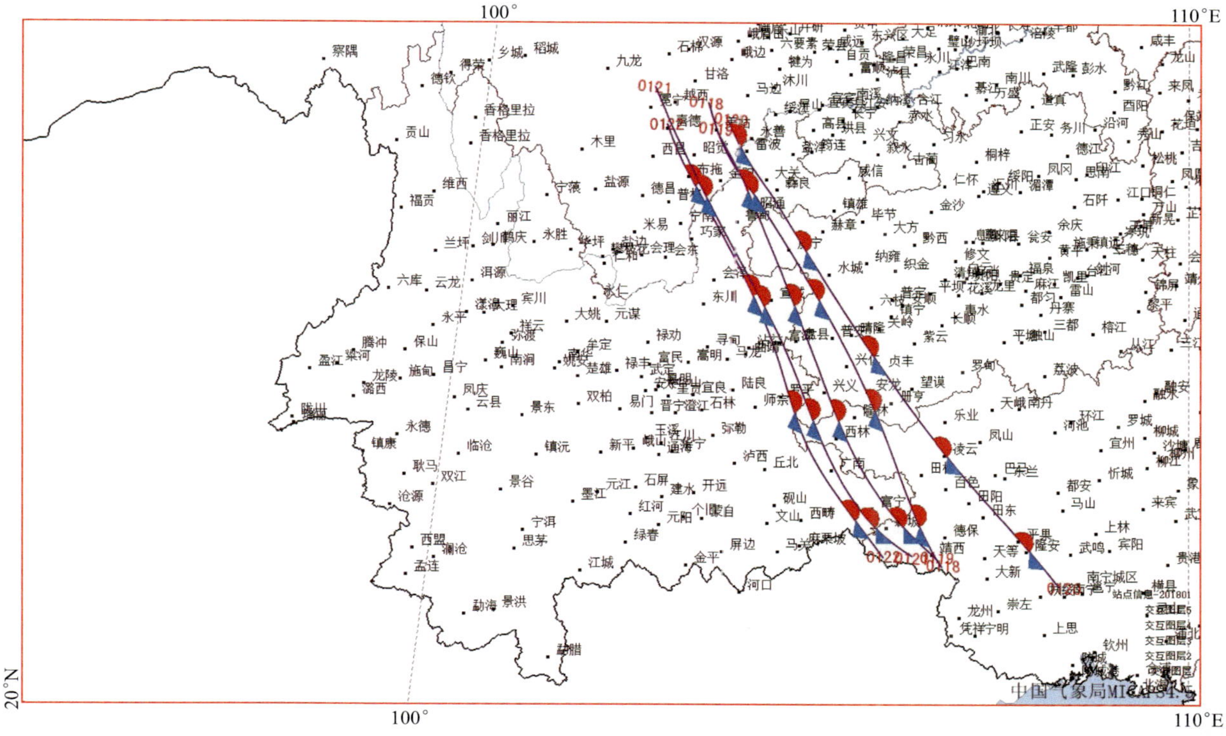

图 2.3.1　2016 年 1 月 18—22 日昆明准静止锋移动路径

表 2.3.1　2016 年 1 月 18—22 日昆明准静止锋位置

日期	昆明准静止锋位置
1 月 18 日	美姑—威宁—靖西
1 月 19 日	昭通—盘县—靖西
1 月 20 日	雷波—凌云—平果
1 月 21 日	布拖—富源—广南
1 月 22 日	布拖—罗平—广南

受昆明准静止锋影响，1 月 18 日滇东北出现日最高气温负变温区，最大变温在镇雄县，为－9.9 ℃；19 日随着昆明准静止锋略西进，滇东出现负变温，最大变温在罗平，为－7.3 ℃；20 日昆明准静止锋东退，滇东北有弱负变温，其余地区转为正变温；21 日昆明准静止锋再次加强西进，云南东部负变温加强，最大变温在罗平，为－12.4 ℃；22 日昆明准静止锋维持少动，变温减弱。降温幅度大于 10 ℃的县市有 3 个：罗平、巧家、广南（图 2.3.2）。

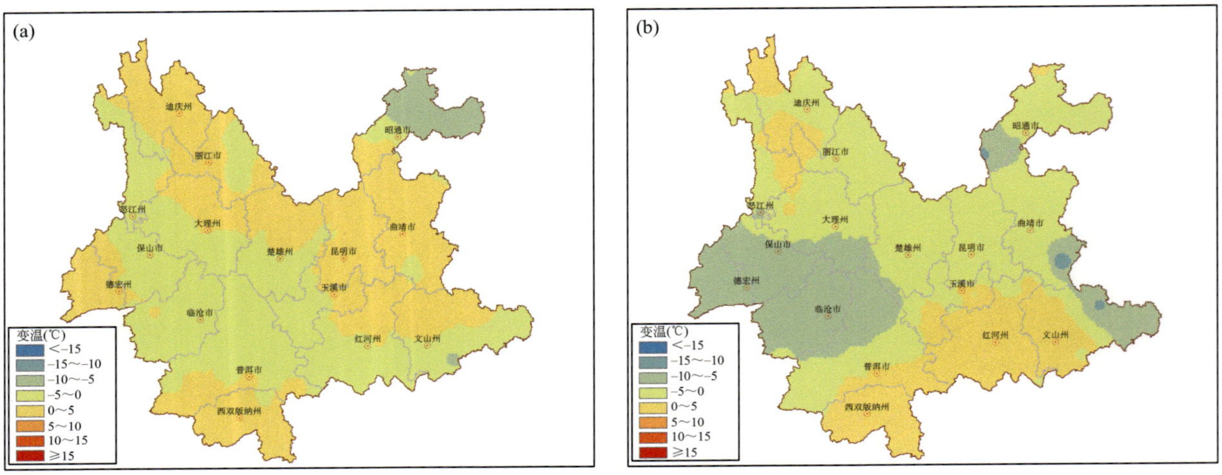

图 2.3.2　云南 2016 年 1 月 18 日(a)、21 日(b)最高气温 24 h 变温图

受昆明准静止锋和西南暖湿气流影响，滇西、滇南和滇东北出现降雨，2016 年 1 月 18—22 日（20 时—20 时）总降水量共有 5 站大于 10 mm，最大在贡山 38.8 mm，其余小于 10 mm（图 2.3.3a）。

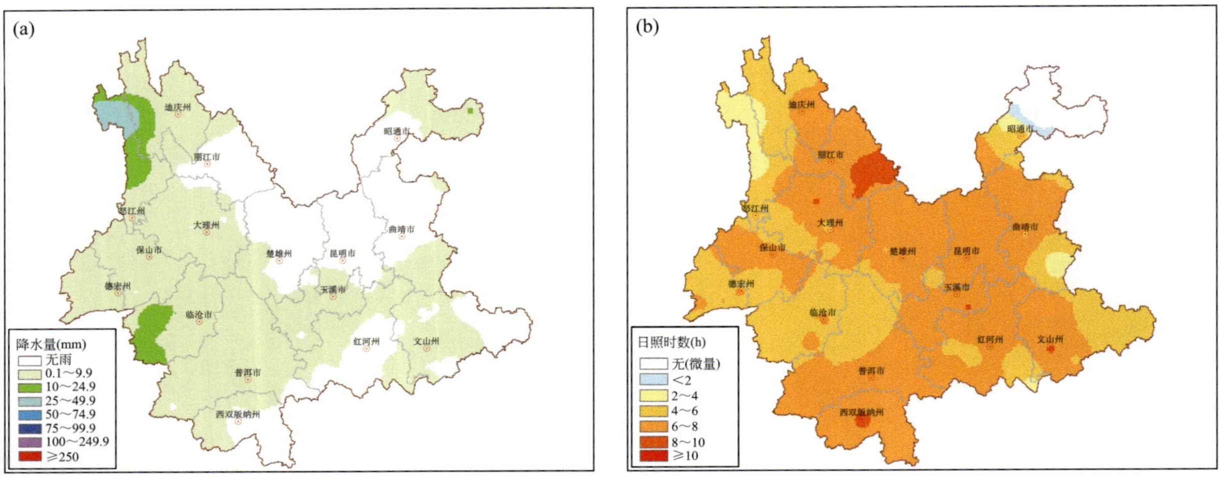

图 2.3.3　云南 2016 年 1 月 18—22 日累计降水量(a)和平均日照时数(b)

受昆明准静止锋和西南暖湿气流影响，2016 年 1 月 18—22 日云南总日照时数滇东共有 11 站不足 20 h。其中日照时数少于 10 h 的县市有 7 个，均集中在昭通地区，最少的是彝良县，仅为 4.3 h(图略)。与常年同期相比，彝良日照时数偏少 62.9%，永善偏少 30.2%，大关偏少 9%，曲靖偏少 1%，滇东其余县市较常年同期偏多。滇西受西南气流影响，日照时数较常年同期偏少。图 2.3.3b 是昆明准静止锋影响期间的平均日照时数。

2.3.2 环流背景

(1)地面图

图 2.3.4 是 2016 年 1 月 18 日 14 时地面图和海平面气压场。图 2.3.5 是 2016 年 1 月 22 日 20 时地面图和海平面气压场。

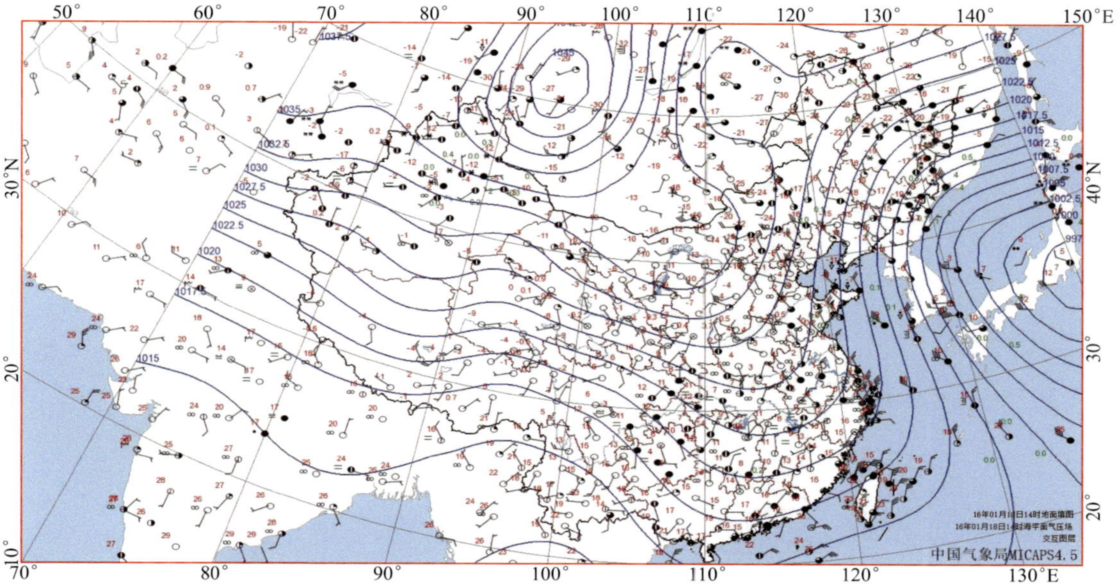

图 2.3.4　2016 年 1 月 18 日 14 时地面图和海平面气压场

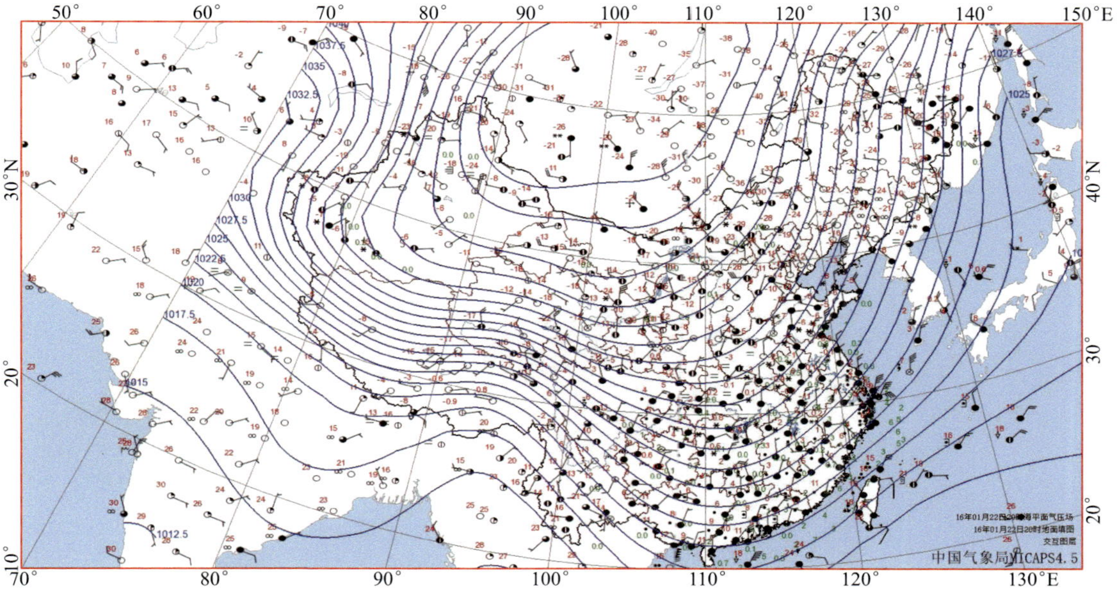

图 2.3.5　2016 年 1 月 22 日 20 时地面图和海平面气压场

(2)高空图

图 2.3.6 是 2016 年 1 月 18 日 08 时 850 hPa 高空图。图 2.3.7 是 2016 年 1 月 22 日 08 时 850 hPa 高空图。图 2.3.8 是 2016 年 1 月 18 日 08 时 500 hPa 高空图。图 2.3.9 是 2016 年 1 月 22 日 08 时 500 hPa 高空图。

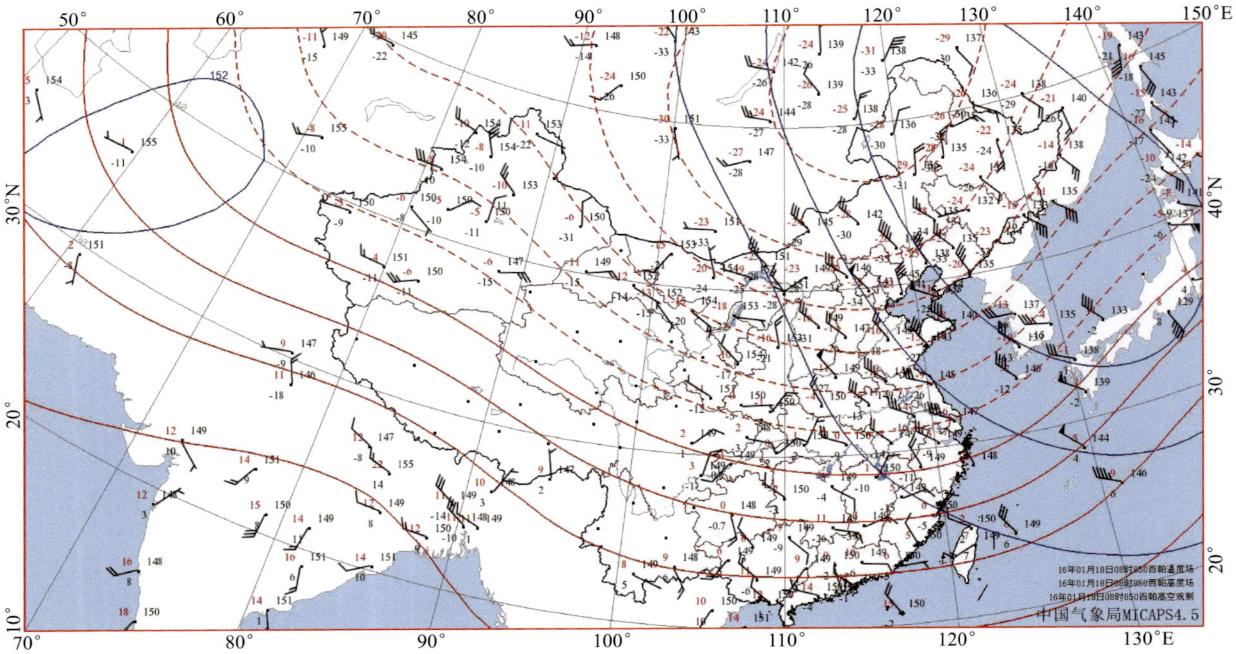

图 2.3.6　2016 年 1 月 18 日 08 时 850 hPa 高空图

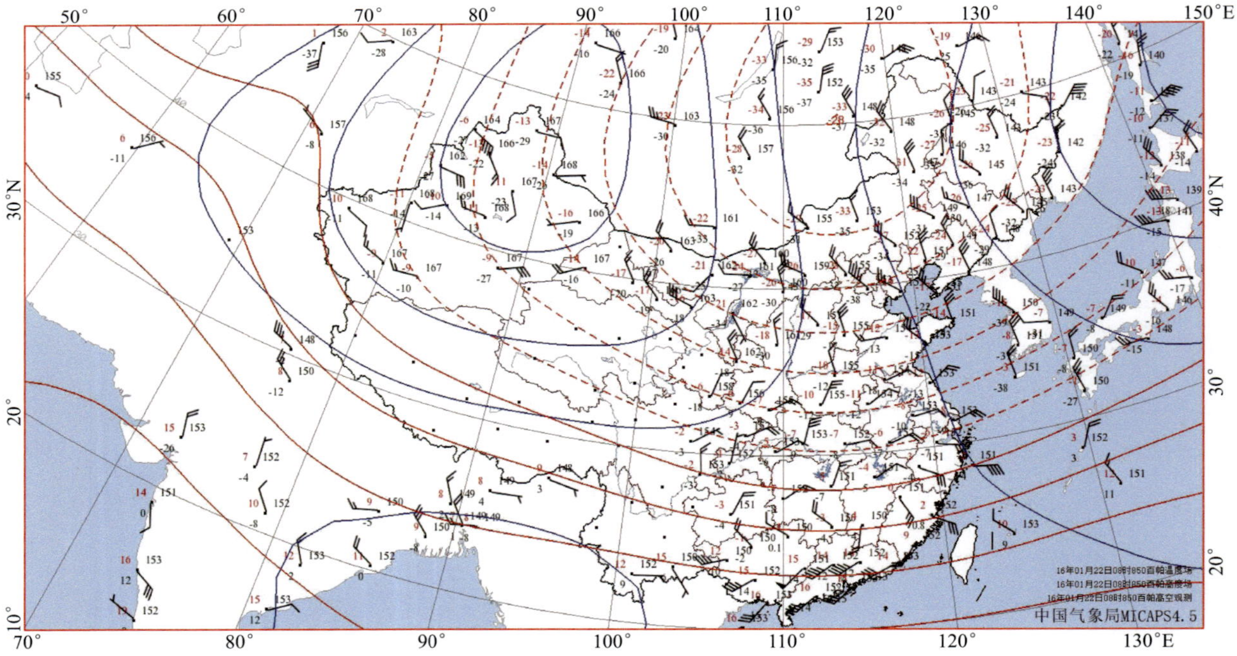

图 2.3.7　2016 年 1 月 22 日 08 时 850 hPa 高空图

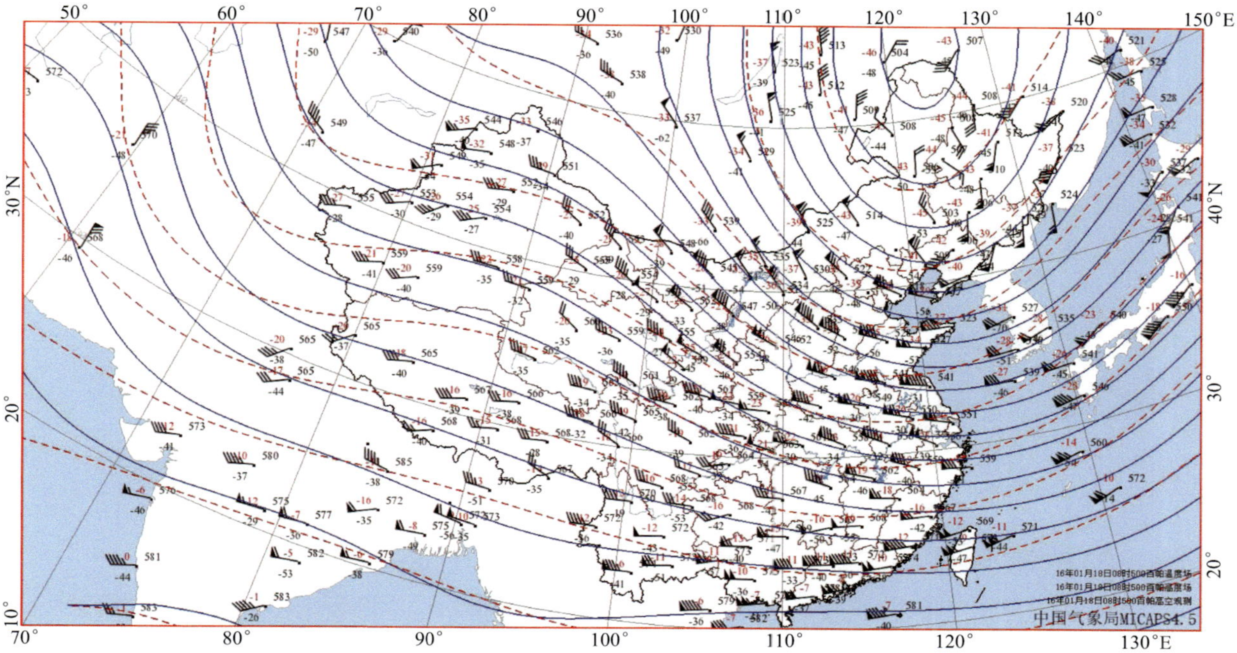

图 2.3.8　2016 年 1 月 18 日 08 时 500 hPa 高空图

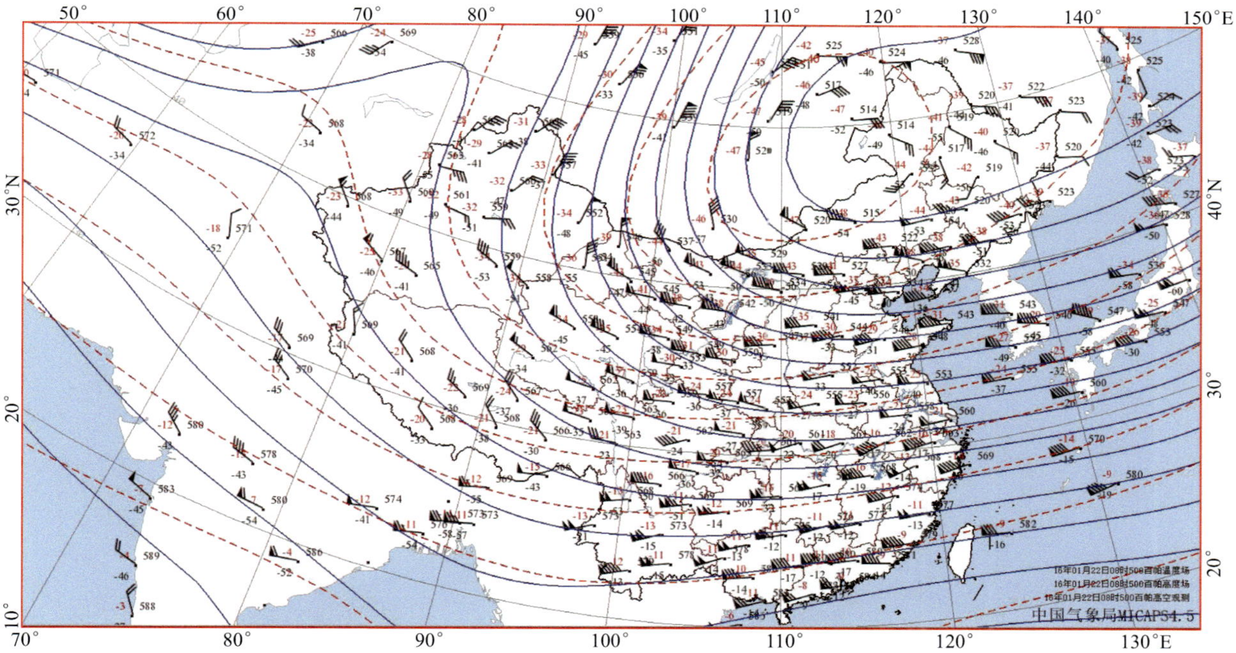

图 2.3.9　2016 年 1 月 22 日 08 时 500 hPa 高空图

2.3.3　卫星云图

图 2.3.10 是 2016 年 1 月 19 日 14 时、22 日 14 时卫星云图。

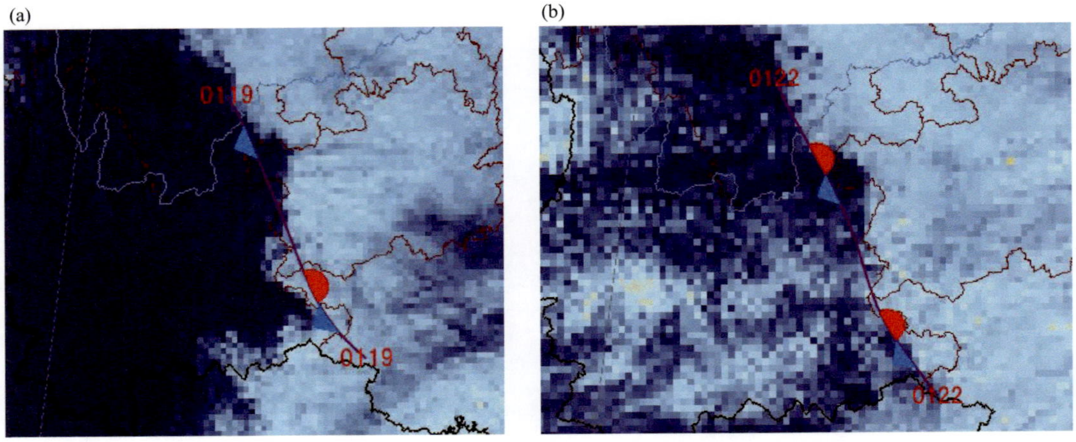

图 2.3.10　2016 年 1 月 19 日 14 时(a)、22 日 14 时(b)卫星云图

2.4　2016 年 1 月 28 日—2 月 2 日昆明准静止锋过程

2.4.1　过程概况

2016 年 1 月 28 日在云贵高原出现了昆明准静止锋天气系统，呈西北—东南向，贯穿四川、云南、贵州及广西四省(区)，位于金阳、昭通、威宁、南丹及来宾一线。29 日昆明准静止锋转竖西进，位于盐津、威宁、兴义、西林及富宁一线。30 日昆明准静止锋略东退维持，位于雷波、水城、兴仁及德保一线。31 日昆明准静止锋加强西进，位于德昌、东川、罗平及那坡一线。2 月 1 日昆明准静止锋继续加强西进至昆明附近，位于元谋、玉溪、个旧及屏边一线，2 月 2 日昆明准静止锋维持少动。2 月 3 日锋面东退至滇东边缘地区。1 月 28 日—2 月 2 日过程期间昆明准静止锋移动路径如图 2.4.1，活动范围见表 2.4.1。

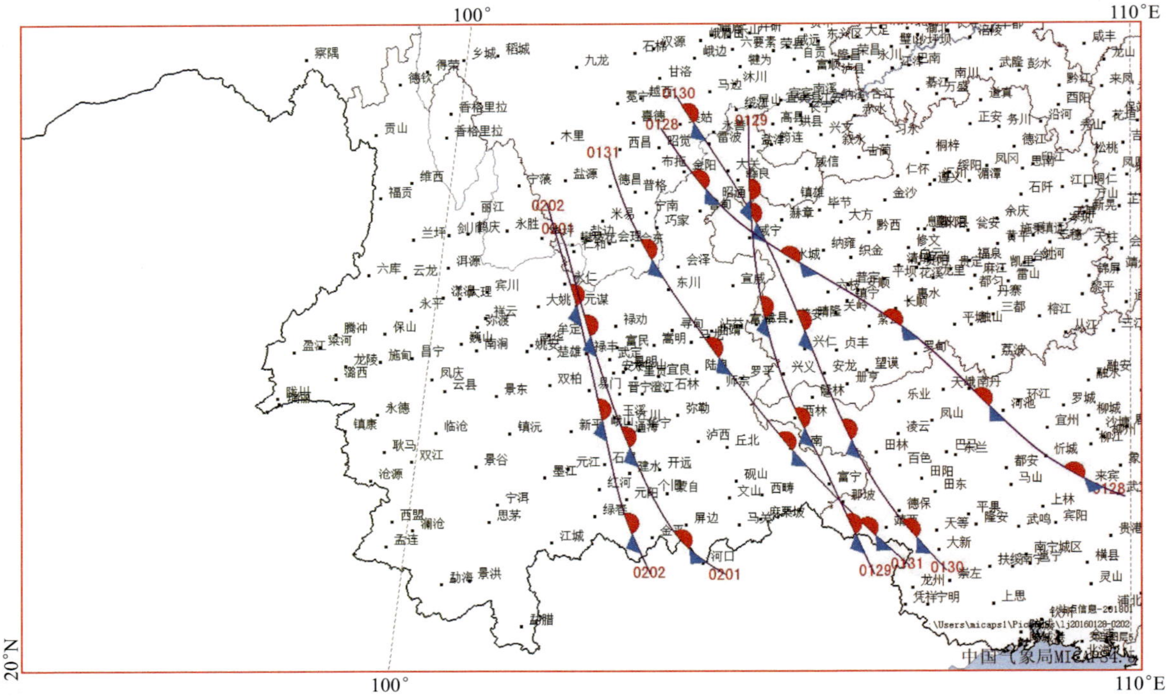

图 2.4.1　2016 年 1 月 28 日—2 月 2 日昆明准静止锋移动路径

表 2.4.1　2016 年 1 月 28 日—2 月 2 日昆明准静止锋位置

日期	昆明准静止锋位置
1 月 28 日	金阳—威宁—来宾
1 月 29 日	盐津—兴义—富宁
1 月 30 日	雷波—兴仁—德保
1 月 31 日	德昌—东川—那坡
2 月 1 日	元谋—玉溪—屏边
2 月 2 日	元谋—峨山—金平

受昆明准静止锋影响，1 月 28 日滇东北出现弱的日最高气温负变温区，最大变温在镇雄县，为 −4.7 ℃；29—30 日随着昆明准静止锋北段东退，南段西进，滇东北转为正变温，滇东南转为负变温区，最大变温在西畴，为 −8.7 ℃；31 日—2 月 1 日随着昆明准静止锋加强西进，滇中以东均为负变温区，最大变温在昭通，为 −15.3 ℃；2 日随着昆明准静止锋减弱，滇东气温回升。降温幅度大于 10 ℃的县市有 10 个，主要集中在昭通、曲靖、昆明(图 2.4.2)。

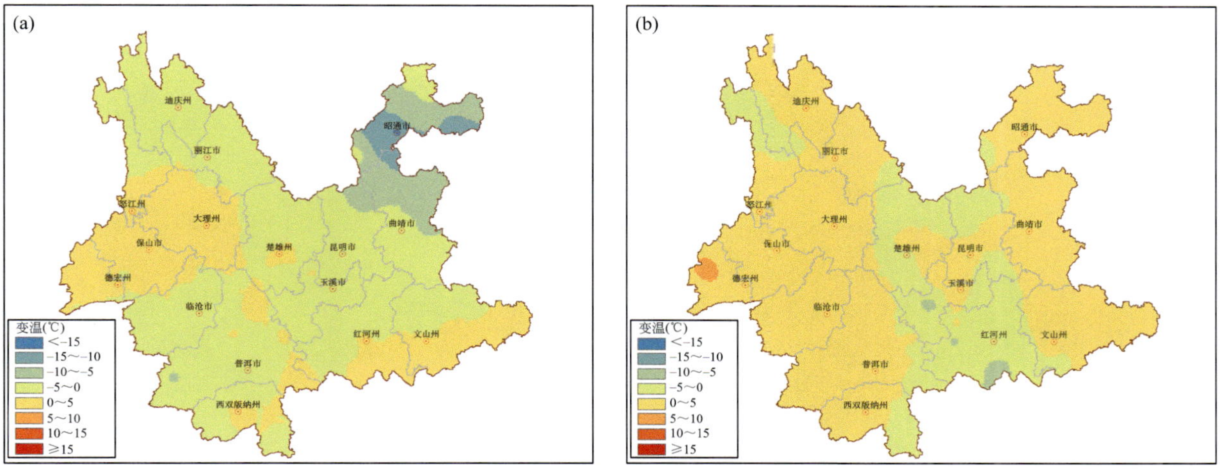

图 2.4.2　云南 2016 年 1 月 31 日(a)、2 月 2 日(b)最高气温 24 h 变温图

受昆明准静止锋和高原槽影响，2016 年 1 月 28 日—2 月 2 日(20 时—20 时)云南大部分地区出现降水，总降水量在曲靖、红河共有 5 个县市大于 10 mm，其余大部地区总降水量都小于 10 mm，曲靖的罗平总降水量最大，为 13.9 mm(图 2.4.3a)。

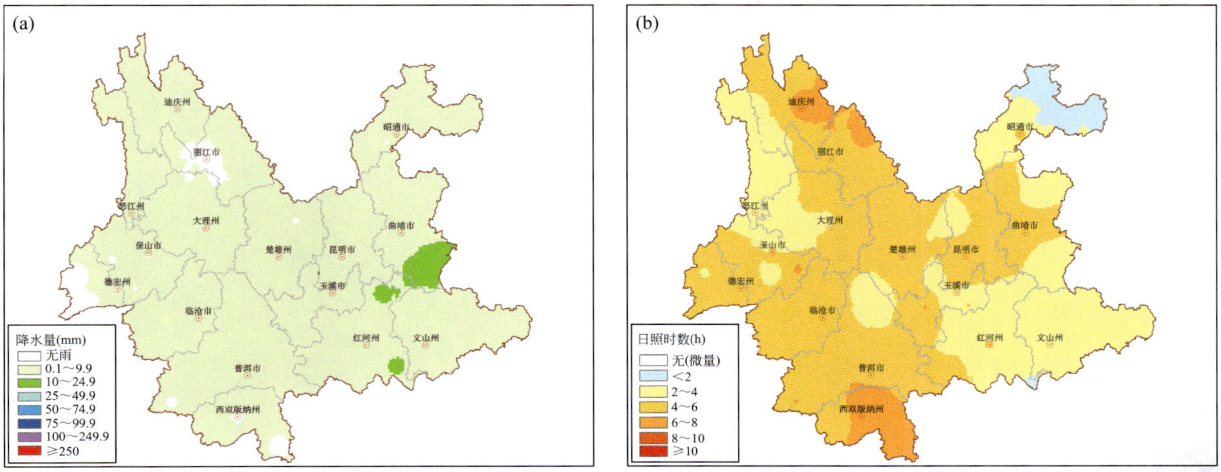

图 2.4.3　云南 2016 年 1 月 28 日—2 月 2 日累计降水量(a)和平均日照时数(b)

受昆明准静止锋和高原槽影响，2016 年 1 月 28 日—2 月 2 日云南总日照时数全省皆不足 46 h。其中日照时数少于 30 h 的县市有 64 个，最少的是威信县仅为 3.6 h，其次是盐津县为 5.3 h。威信、盐津、河口、绥江 4 个县日照时数在 9 h 以内（图略）。与常年同期相比，有 96 个县市日照时数偏少 20％以上，其中有 18 个县市偏少 50％以上，大理永平偏少最多，为 75.4％，滇中以东玉溪易门偏少最多，为 58.7％。有 3 个县市突破同期日照时数的历史最少纪录（永平、盈江、腾冲）。图 2.4.3b 是昆明准静止锋影响期间的平均日照时数。

2.4.2 环流背景

（1）地面图

图 2.4.4 是 2016 年 1 月 28 日 14 时地面图和海平面气压场。图 2.4.5 是 2016 年 2 月 2 日 20 时地面图和海平面气压场。

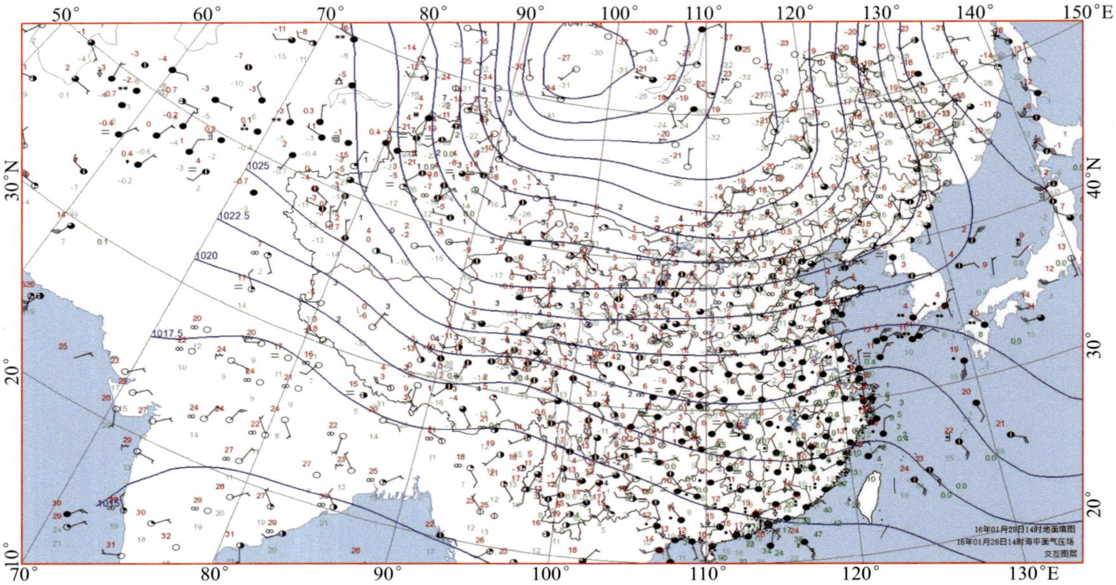

图 2.4.4 2016 年 1 月 28 日 14 时地面图和海平面气压场

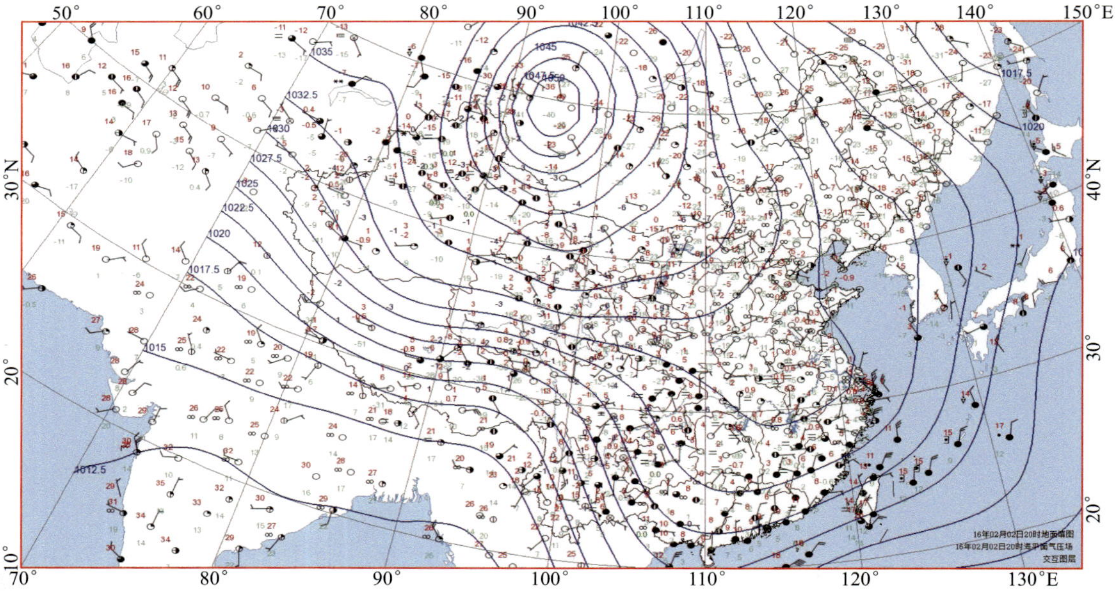

图 2.4.5 2016 年 2 月 2 日 20 时地面图和海平面气压场

(2)高空图

图 2.4.6 是 2016 年 1 月 28 日 08 时 850 hPa 高空图。图 2.4.7 是 2016 年 2 月 2 日 08 时 850 hPa 高空图。图 2.4.8 是 2016 年 1 月 28 日 08 时 500 hPa 高空图。图 2.4.9 是 2016 年 2 月 2 日 08 时 500 hPa 高空图。

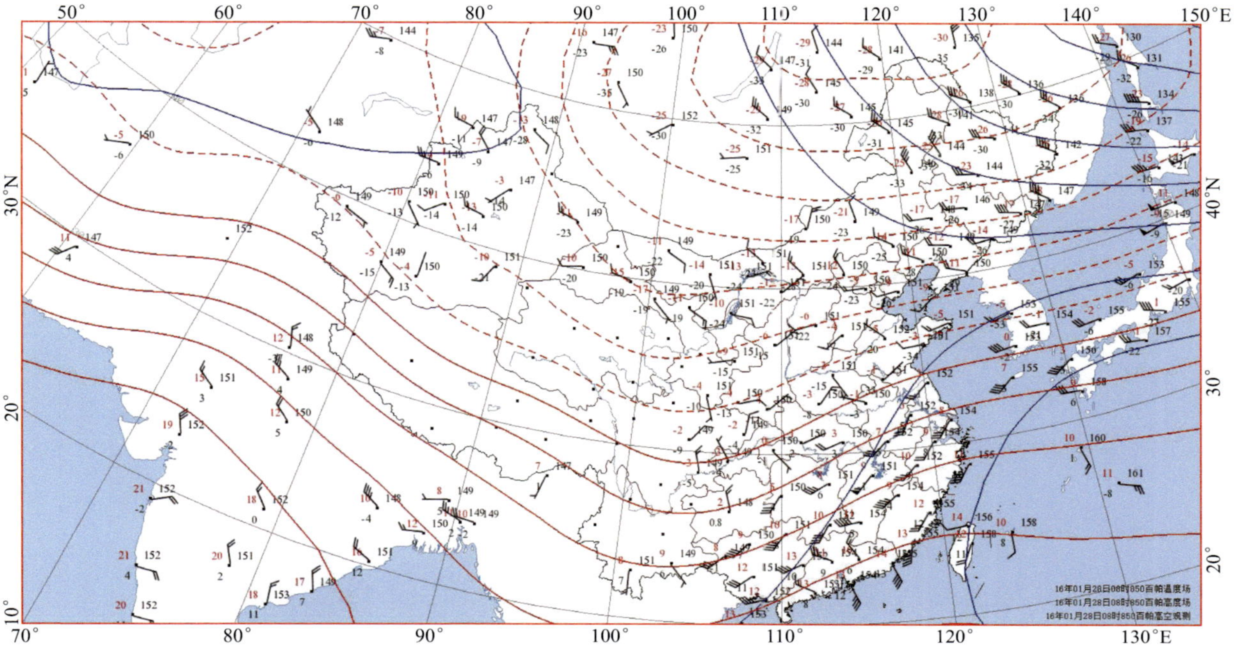

图 2.4.6　2016 年 1 月 28 日 08 时 850 hPa 高空图

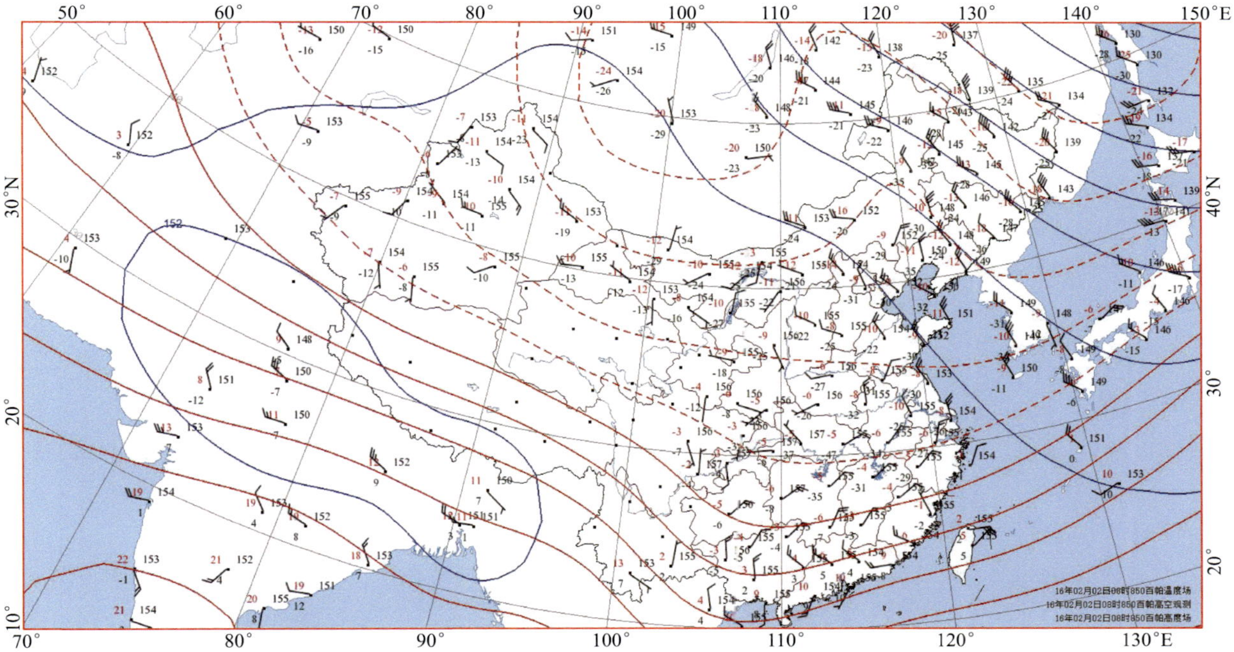

图 2.4.7　2016 年 2 月 2 日 08 时 850 hPa 高空图

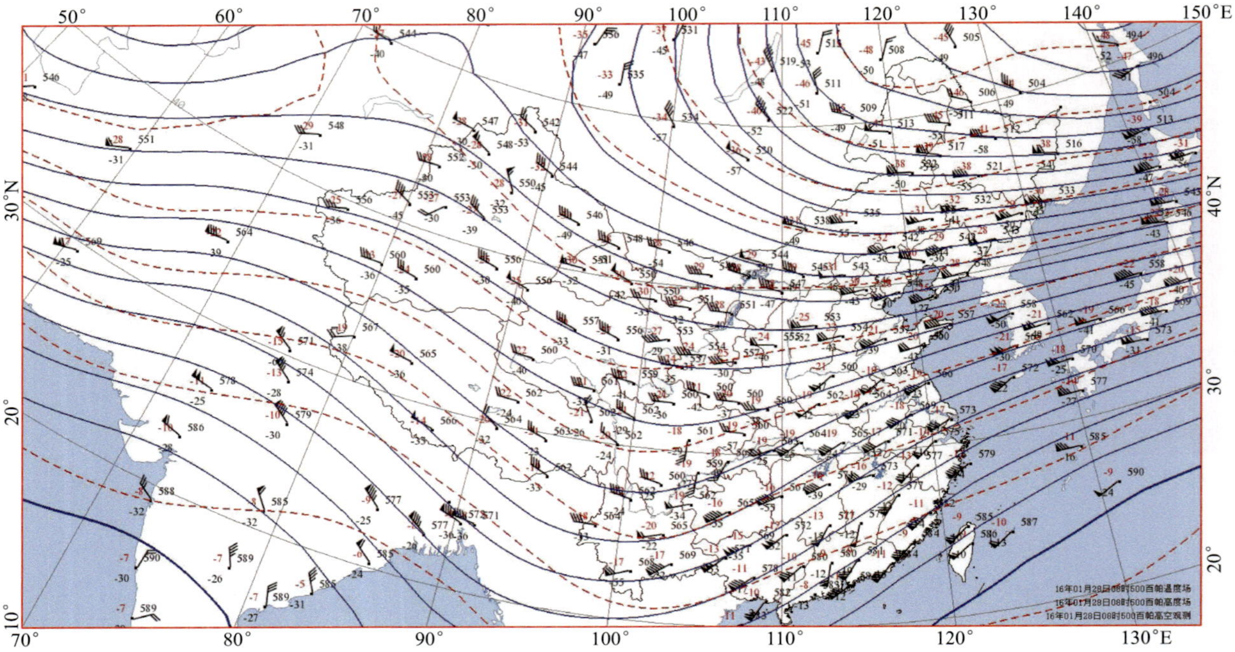

图 2.4.8　2016 年 1 月 28 日 08 时 500 hPa 高空图

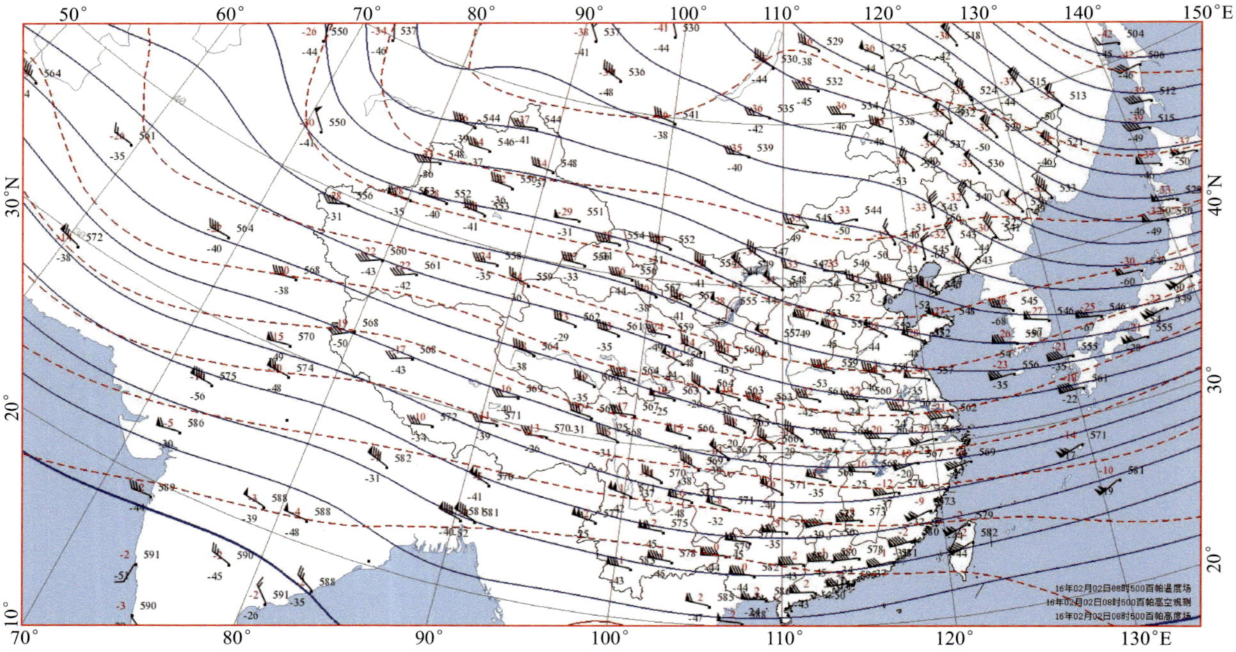

图 2.4.9　2016 年 2 月 2 日 08 时 500 hPa 高空图

2.4.3　卫星云图

图 2.4.10 是 2016 年 1 月 29 日 14 时、2 月 2 日 14 时卫星云图。

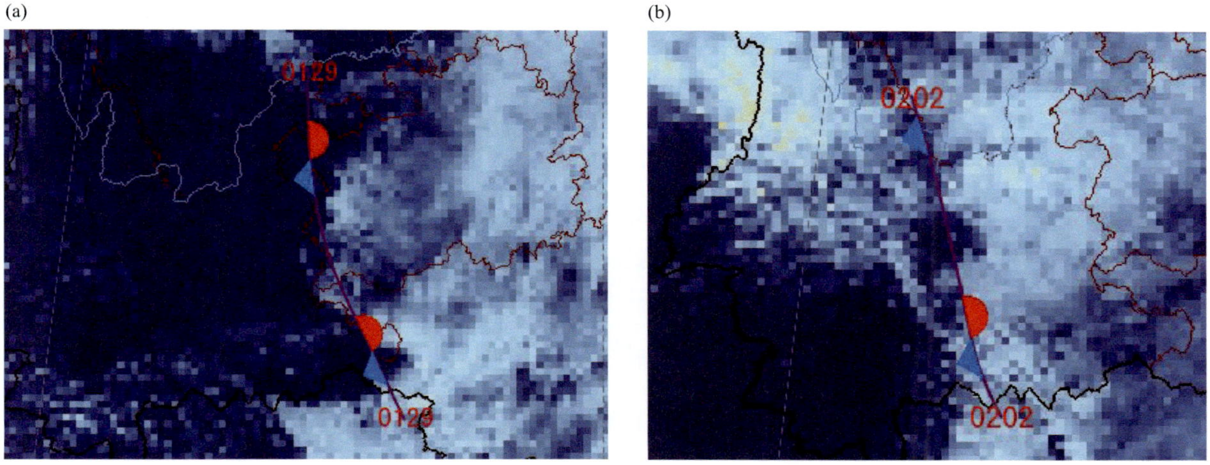

图 2.4.10　2016 年 1 月 29 日 14 时(a)、2 月 2 日 14 时(b)卫星云图

2.5　2016 年 2 月 3—5 日昆明准静止锋过程

2.5.1　过程概况

2016 年 2 月 3 日在云贵高原出现了昆明准静止锋天气系统，呈准南北向，贯穿四川、云南、贵州及广西四省(区)，位于布拖、宣威、罗平及广南一线。4 日昆明准静止锋加强西进，位于会东、彝良、弥勒及马关一线。5 日昆明准静止锋继续西进至禄劝、晋宁、江川、个旧及屏边一线。之后，昆明准静止锋加强为冷锋，越过哀牢山。2 月 3—5 日过程期间昆明准静止锋移动路径如图 2.5.1，活动范围见表 2.5.1。

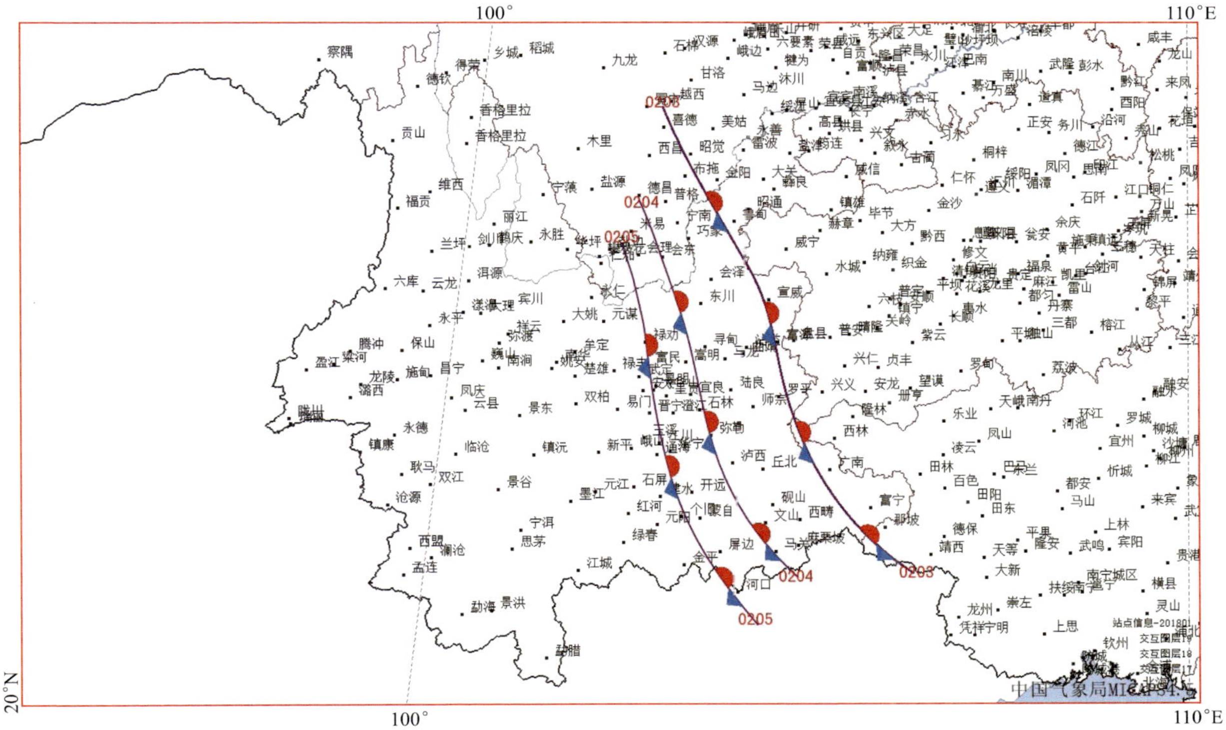

图 2.5.1　2016 年 2 月 3—5 日昆明准静止锋移动路径

表 2.5.1　2016 年 2 月 3—5 日昆明准静止锋位置

日期	昆明准静止锋位置
2 月 3 日	宣威—罗平—广南
2 月 4 日	会东—弥勒—马关
2 月 5 日	禄劝—江川—屏边

受昆明准静止锋影响，2 月 3 日滇东北出现日最高气温负变温区，最大变温在盐津县，为−3.6 ℃；4 日随着昆明准静止锋加强西进，滇中、滇东南出现降温明显，日最高气温最大变温出现在沾益，为−14.6 ℃；5 日滇中地区降温幅度较大，最大变温在石屏，为−9.1 ℃。降温幅度大于 10 ℃的县市有 13 个，主要集中在曲靖市、昆明市、红河州和文山州 4 个州市。（图 2.5.2）

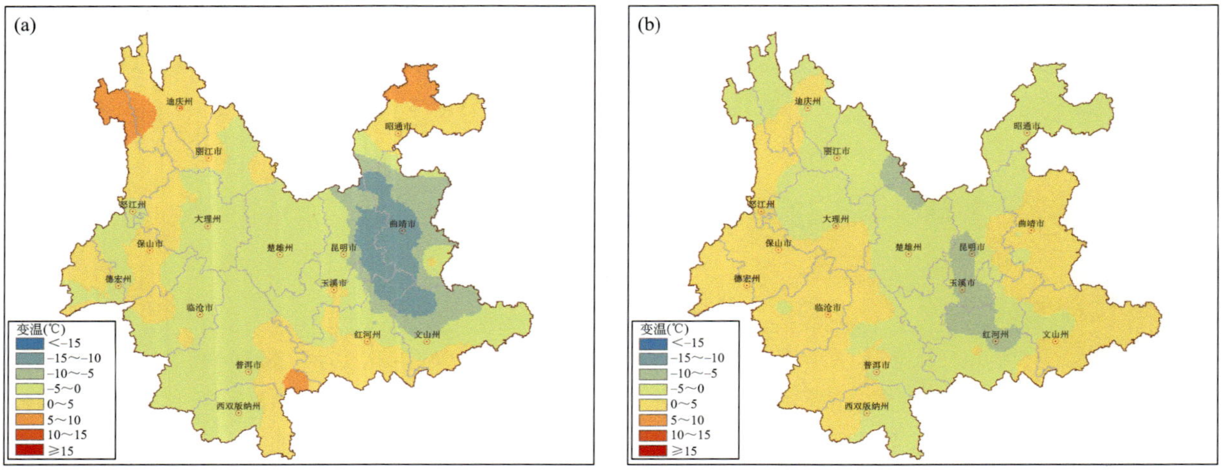

图 2.5.2　云南 2016 年 2 月 4 日(a)、5 日(b)最高气温 24 h 变温图

受昆明准静止锋影响，2016 年 2 月 3—5 日（20 时—20 时）滇中以东共有 23 个县市出现降水，总降水量均小于 3 mm，最大为昭通威信 2.8 mm（图 2.5.3a）。

受昆明准静止锋影响，2016 年 2 月 3—5 日云南有 97 个县市总日照时数不足 30 h。其中日照时数少于 10 h 的县市有 40 个，鲁甸、彝良、镇雄、罗平、屏边、金平、马关 7 个县市日照时数为 0 h（图略）。与常年同期相比，有 84 个县市日照时数偏少 20%以上，有 45 个县市偏少 50%以上，日照时数为 0 h 的县

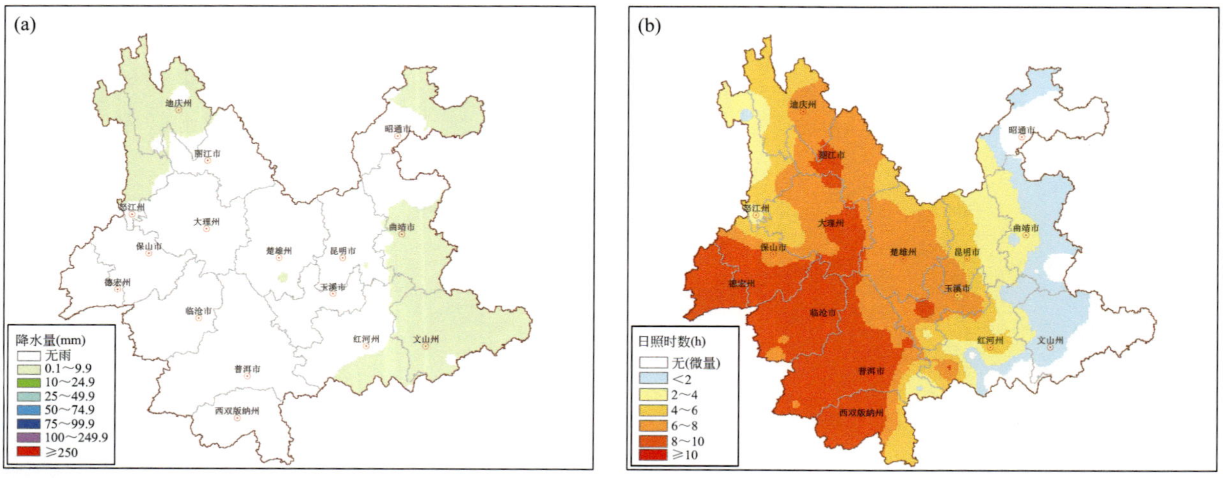

图 2.5.3　云南 2016 年 2 月 3—5 日累计降水量(a)和平均日照时数(b)

市偏少 100%，其次为昭通市，偏少 98.5%。图 2.5.3b 是昆明准静止锋影响期间的平均日照时数。

2.5.2 环流背景

（1）地面图

图 2.5.4 是 2016 年 2 月 3 日 14 时地面图和海平面气压场。图 2.5.5 是 2016 年 2 月 5 日 20 时地面图和海平面气压场。

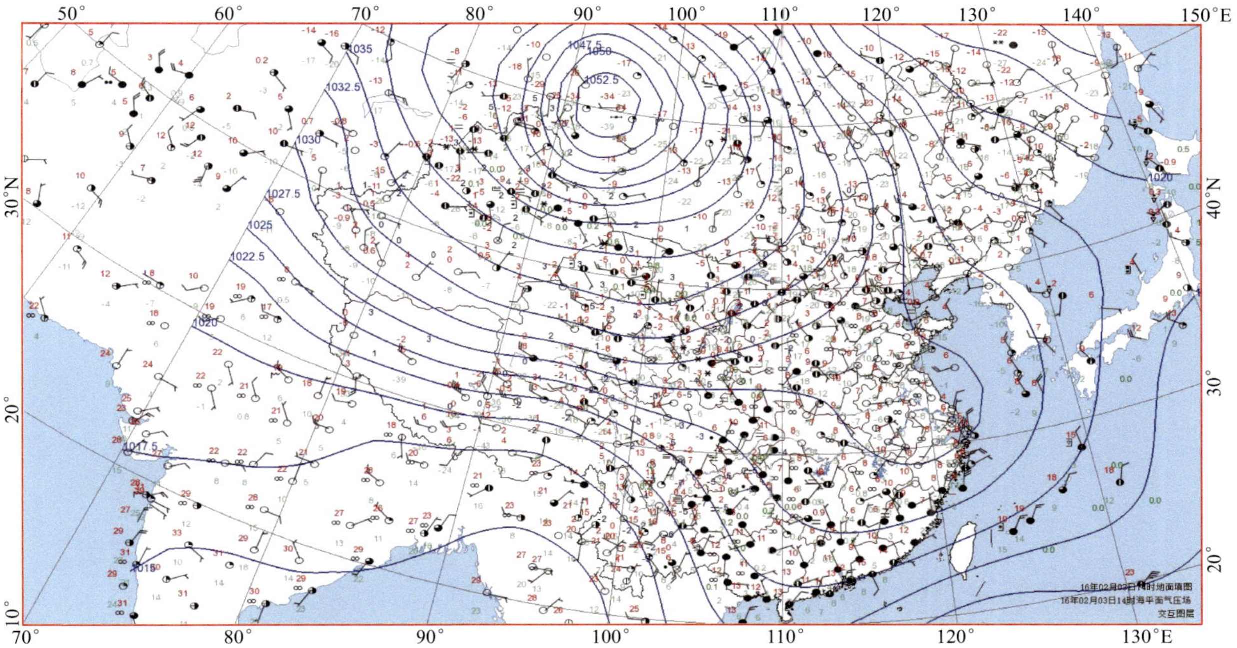

图 2.5.4　2016 年 2 月 3 日 14 时地面图和海平面气压场

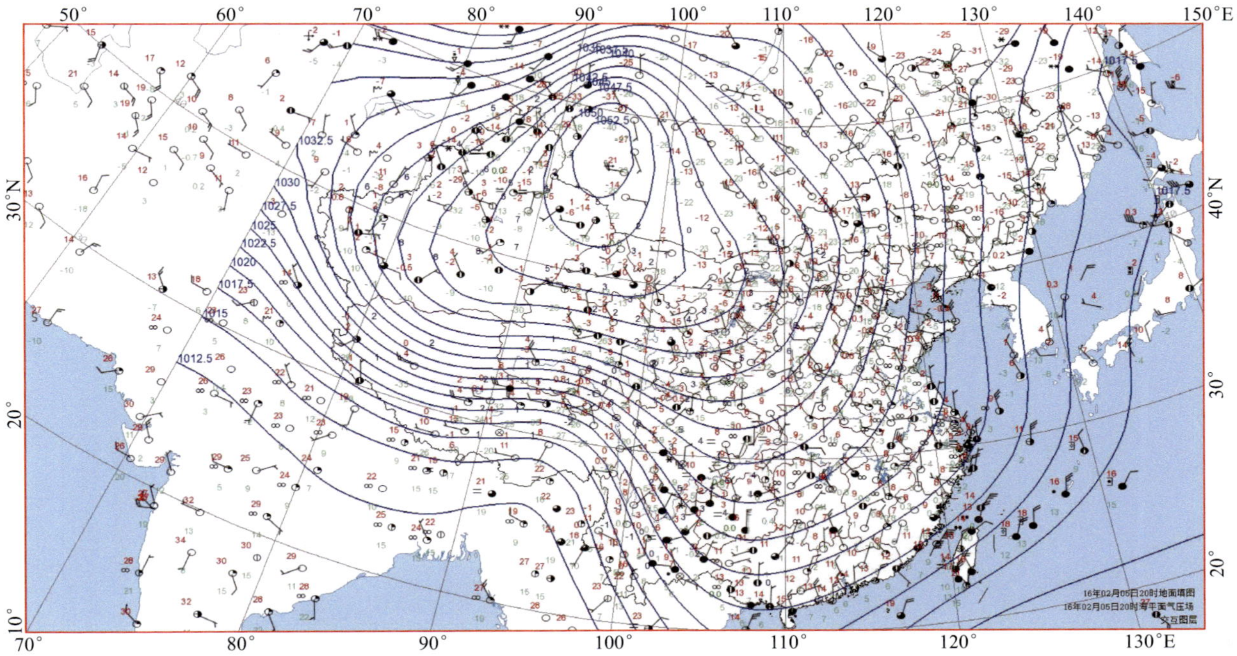

图 2.5.5　2016 年 2 月 5 日 20 时地面图和海平面气压场

(2)高空图

图 2.5.6 是 2016 年 2 月 3 日 08 时 850 hPa 高空图。图 2.5.7 是 2016 年 2 月 5 日 08 时 850 hPa 高空图。图 2.5.8 是 2016 年 2 月 3 日 08 时 500 hPa 高空图。图 2.5.9 是 2016 年 2 月 5 日 08 时 500 hPa 高空图。

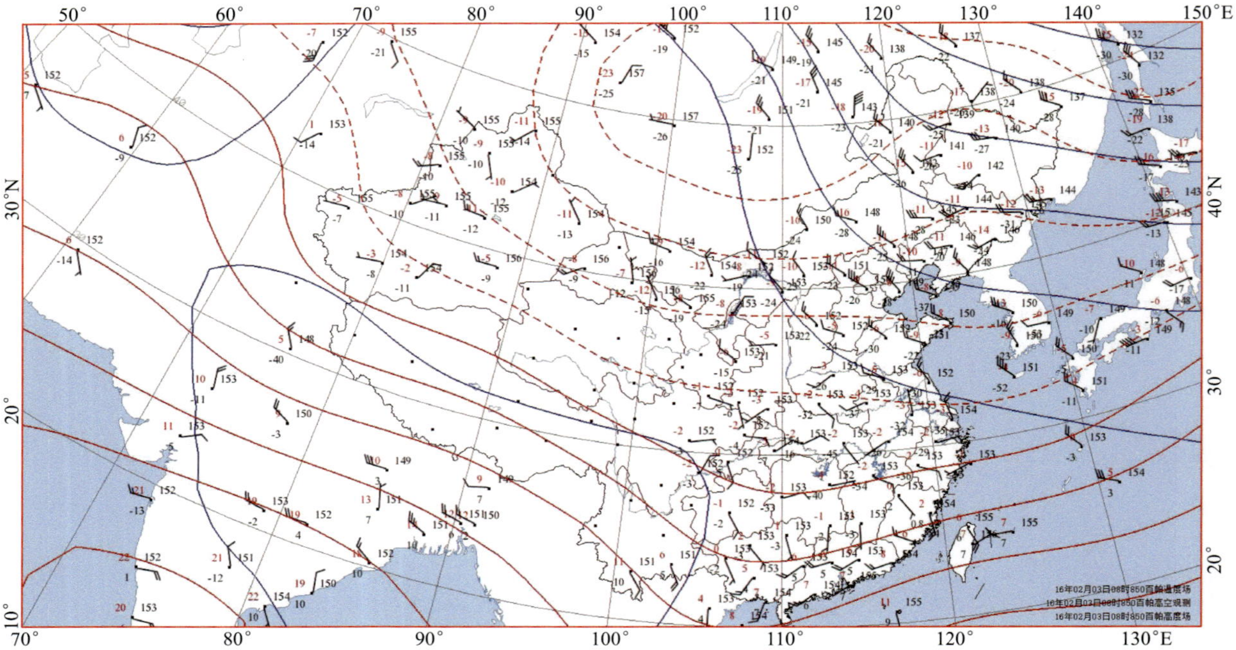

图 2.5.6　2016 年 2 月 3 日 08 时 850 hPa 高空图

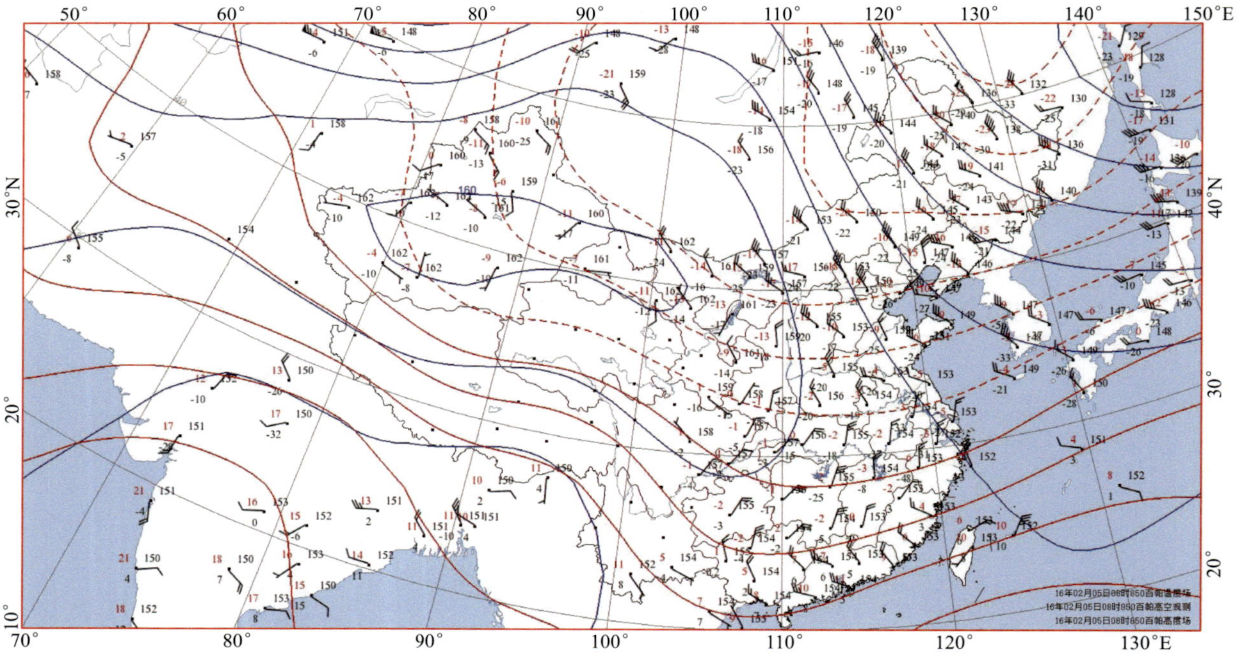

图 2.5.7　2016 年 2 月 5 日 08 时 850 hPa 高空图

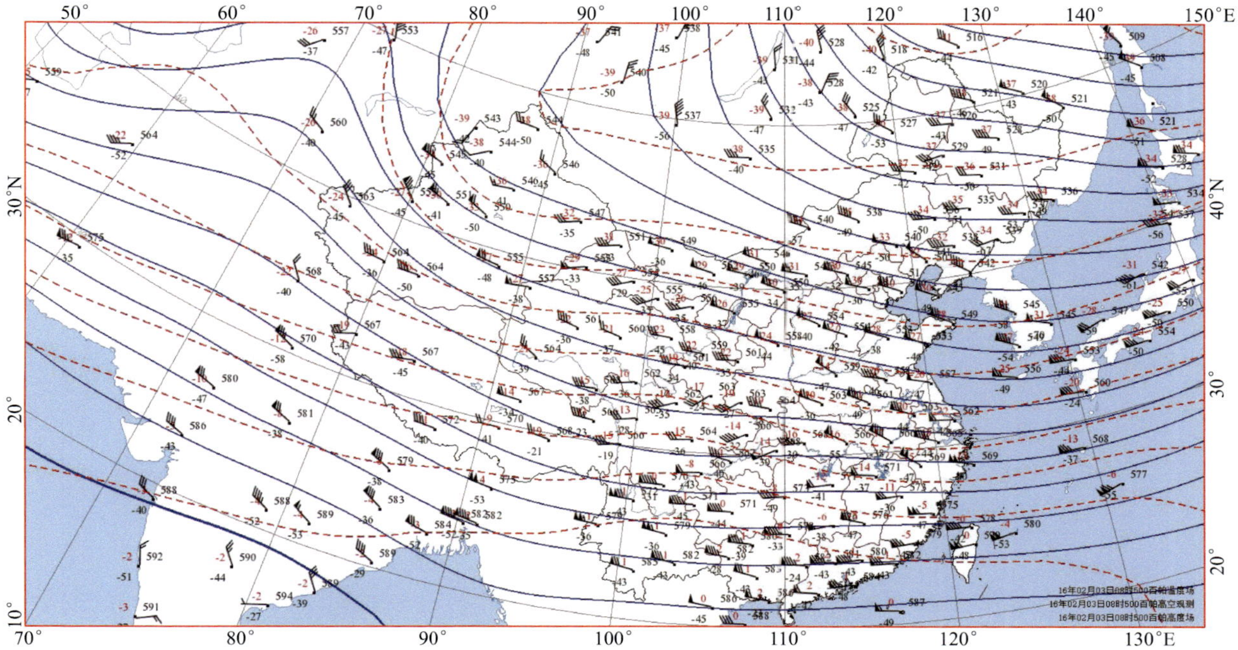

图 2.5.8　2016 年 2 月 3 日 08 时 500 hPa 高空图

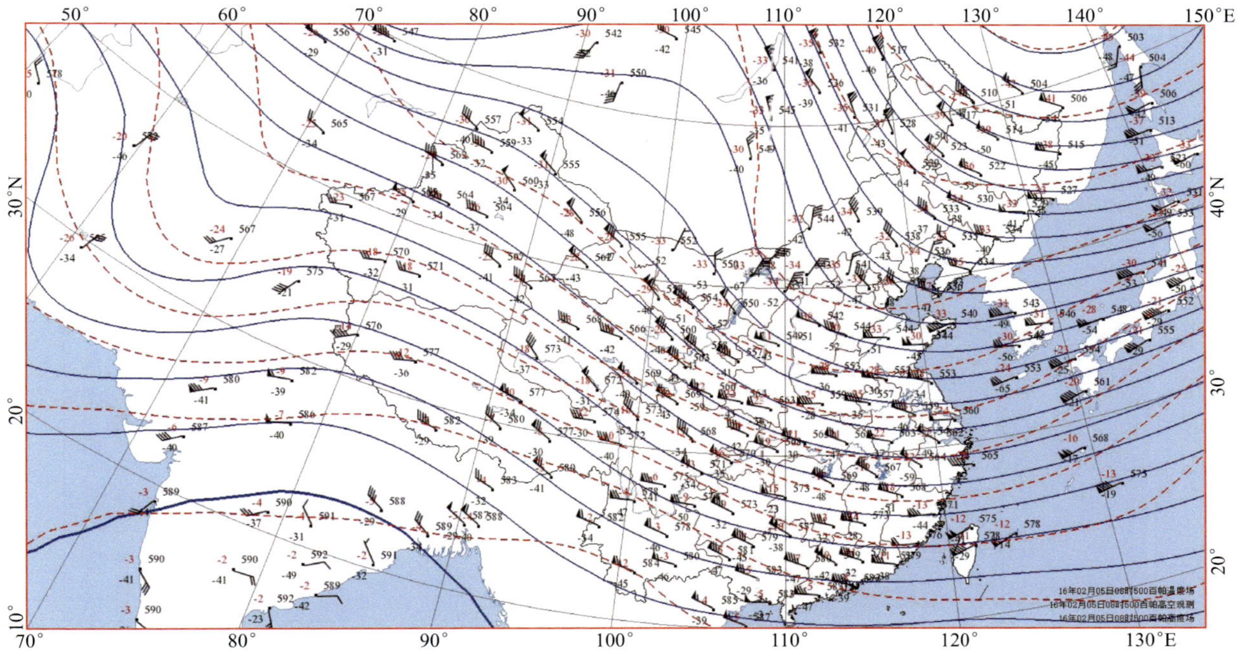

图 2.5.9　2016 年 2 月 5 日 08 时 500 hPa 高空图

2.5.3　卫星云图

图 2.5.10 是 2016 年 2 月 3 日 14 时、4 日 14 时卫星云图。

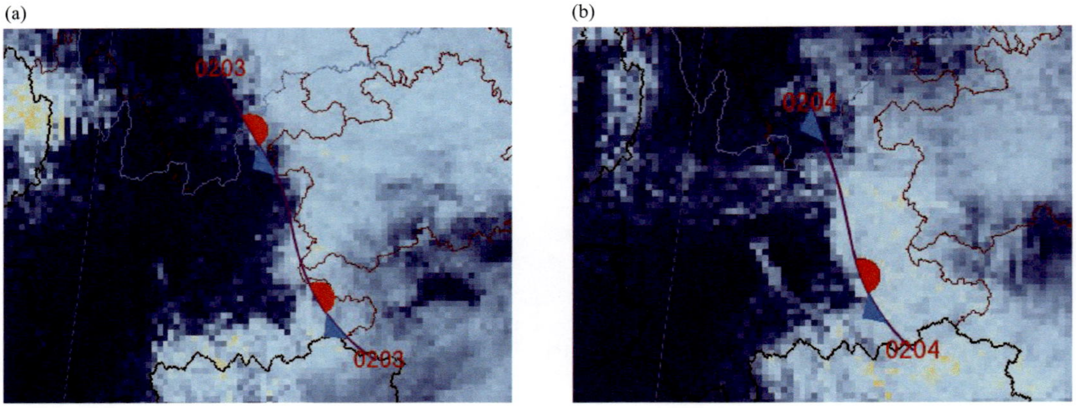

图 2.5.10　2016 年 2 月 3 日 14 时(a)、4 日 14 时(b)卫星云图

2.6　2016 年 2 月 13—19 日昆明准静止锋过程

2.6.1　过程概况

2016 年 2 月 13 日在云贵高原出现了昆明准静止锋天气系统，呈西北—东南向，贯穿四川、云南、贵州及广西四省(区)，锋面位于美姑、彝良、纳雍、平塘及融安一线。14 日昆明准静止锋加强西南移，位于布拖、沾益、罗平、广南及那坡一线。15 日昆明准静止锋继续西进，位于会宁、安宁、玉溪、建水及金平一线。16 日昆明准静止锋东退，位于布拖、会泽、马龙、丘北及马关一线，17 日维持少动。18 日昆明准静止锋略西进，位于会东、澄江、开远及金平一线。19 日昆明准静止锋继续加强西进，与 15 日位置基本重合。之后，昆明准静止锋加强为冷锋，向西越过哀牢山。2 月 13—19 日过程期间昆明准静止锋移动路径如图 2.6.1，活动范围见表 2.6.1。

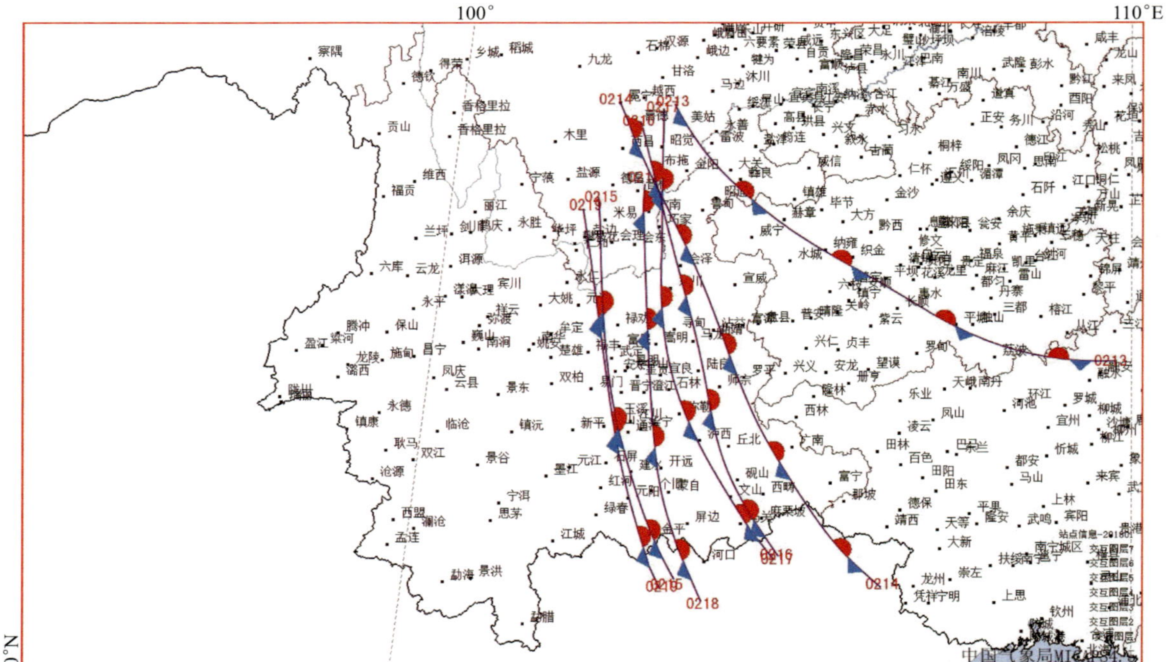

图 2.6.1　2016 年 2 月 13—19 日昆明准静止锋移动路径

表 2.6.1　2016 年 2 月 13—19 日昆明准静止锋位置

日期	昆明准静止锋位置
2 月 13 日	美姑—纳雍—融安
2 月 14 日	布拖—沾益—广南
2 月 15 日	会宁—安宁—金平
2 月 16 日	布拖—会泽—马关
2 月 17 日	昭觉—寻甸—马关
2 月 18 日	会东—澄江—金平
2 月 19 日	盐边—玉溪—金平

受昆明准静止锋影响，2 月 13 日滇东北出现日最高气温负变温区，最大变温在盐津县，为－8.5 ℃；14 日随着昆明准静止锋加强，降温范围扩大，幅度加强，最大变温在鲁甸，为－19.6 ℃；15 日滇东北转为正变温，滇中以东降温幅度增大，最大变温在丘北，为－21.3 ℃，其次砚山，为－20.4 ℃；16—17 日随着昆明准静止锋东退，云南开始升温；18 日在滇中昆明准静止锋附近出现弱的负变温；19 日昆明准静止锋再次加强西进，滇中以东以北地区再次转为负变温，最大变温在鲁甸，为－10.1 ℃。此次过程降温幅度大于 10 ℃的县市有 33 个，主要集中在昭通、曲靖、文山、红河、昆明 4 个州市，其中丘北、砚山降温幅度大于 20 ℃(图 2.6.2)。

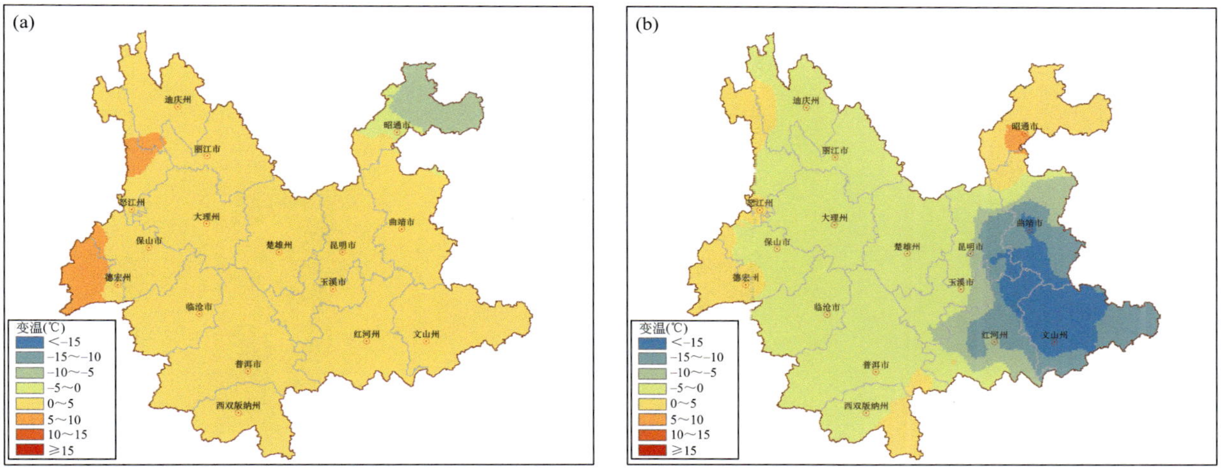

图 2.6.2　云南 2016 年 2 月 13 日(a)、15 日(b)最高气温 24 h 变温图

受昆明准静止锋影响，2016 年 2 月 13—19 日(20 时—20 时)滇东共有 21 个县市出现降雨，总降水量均小于 5 mm，最大在罗平 4.3 mm(图 2.6.3a)。

受昆明准静止锋影响，2016 年 2 月 13—19 日云南总日照时数共有 52 站不足 60 h。其中日照时数少于 20 h 的县市有 9 个，贡山、盐津、彝良 3 县不足 10 h，最少的是贡山县，仅为 2.7 h，其次是盐津 7.3 h、彝良 8.2 h(图略)。与常年同期相比，有 28 个县市偏少 20%以上，贡山、宣威、彝良、富源、镇雄偏少 50%以上，贡山偏少最多，为 89.6%，其次为宣威，偏少 64.5%。图 2.6.3b 是昆明准静止锋影响期间的平均日照时数。

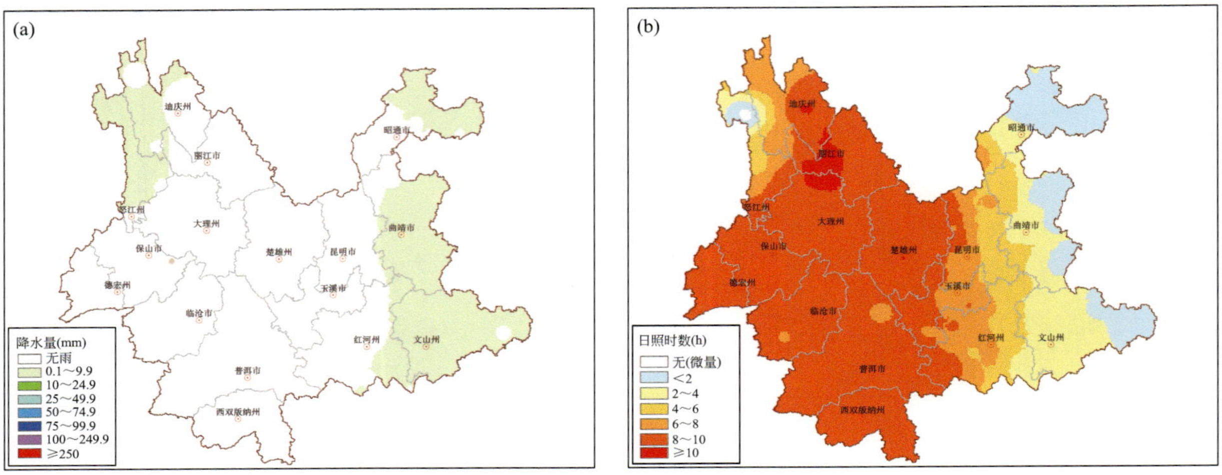

图 2.6.3　云南 2016 年 2 月 13—19 日累计降水量(a)和平均日照时数(b)

2.6.2　环流背景

(1)地面图

图 2.6.4 是 2016 年 2 月 13 日 14 时地面图和海平面气压场。图 2.6.5 是 2016 年 2 月 19 日 20 时地面图和海平面气压场。

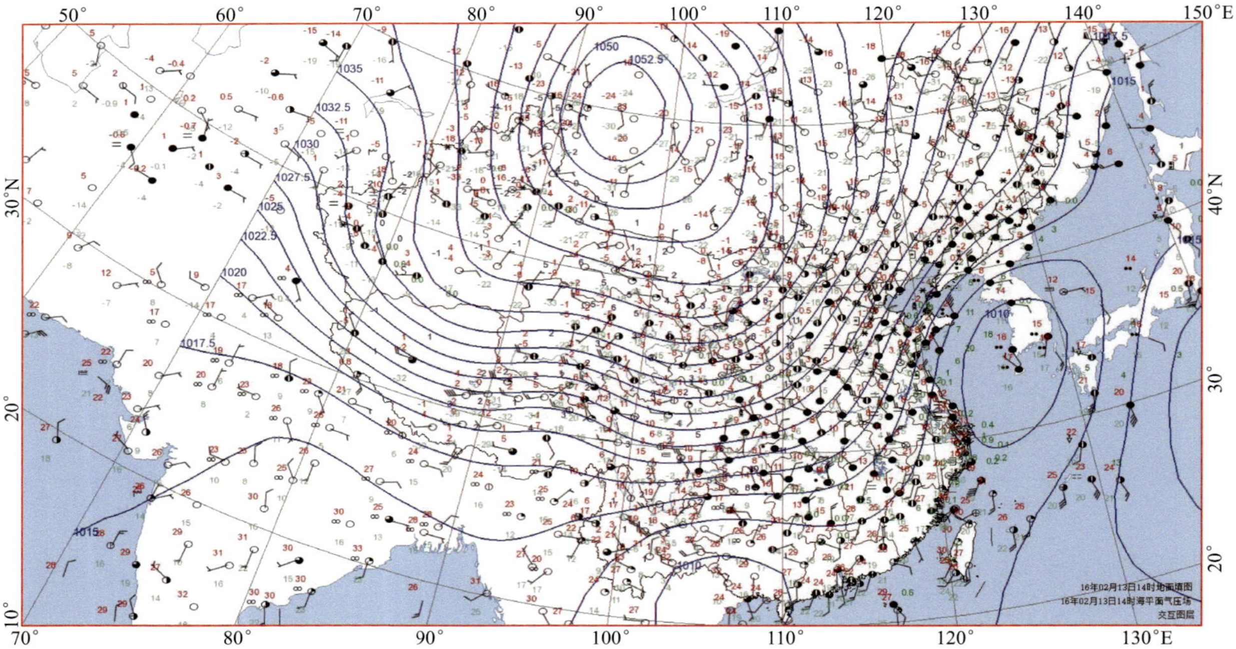

图 2.6.4　2016 年 2 月 13 日 14 时地面图和海平面气压场

(2)高空图

图 2.6.6 是 2016 年 2 月 13 日 08 时 850 hPa 高空图。图 2.6.7 是 2016 年 2 月 19 日 08 时 850 hPa 高空图。图 2.6.8 是 2016 年 2 月 13 日 08 时 500 hPa 高空图。图 2.6.9 是 2016 年 2 月 19 日 08 时 500 hPa 高空图。

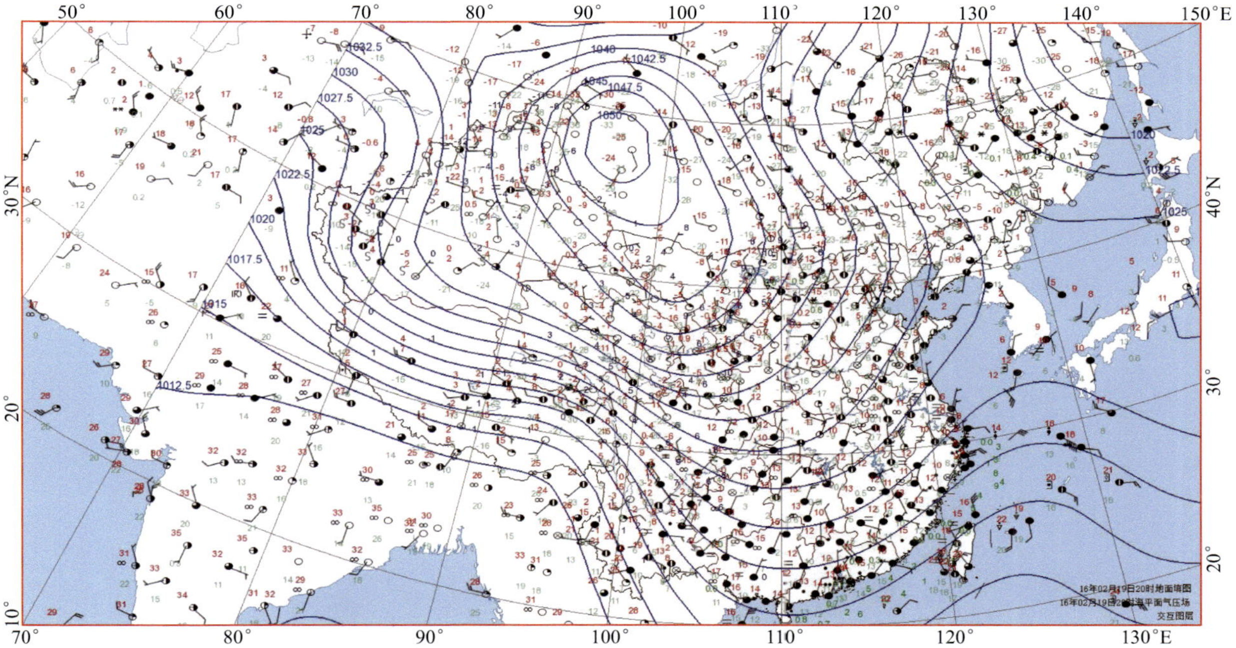

图 2.6.5　2016 年 2 月 19 日 20 时地面图和海平面气压场

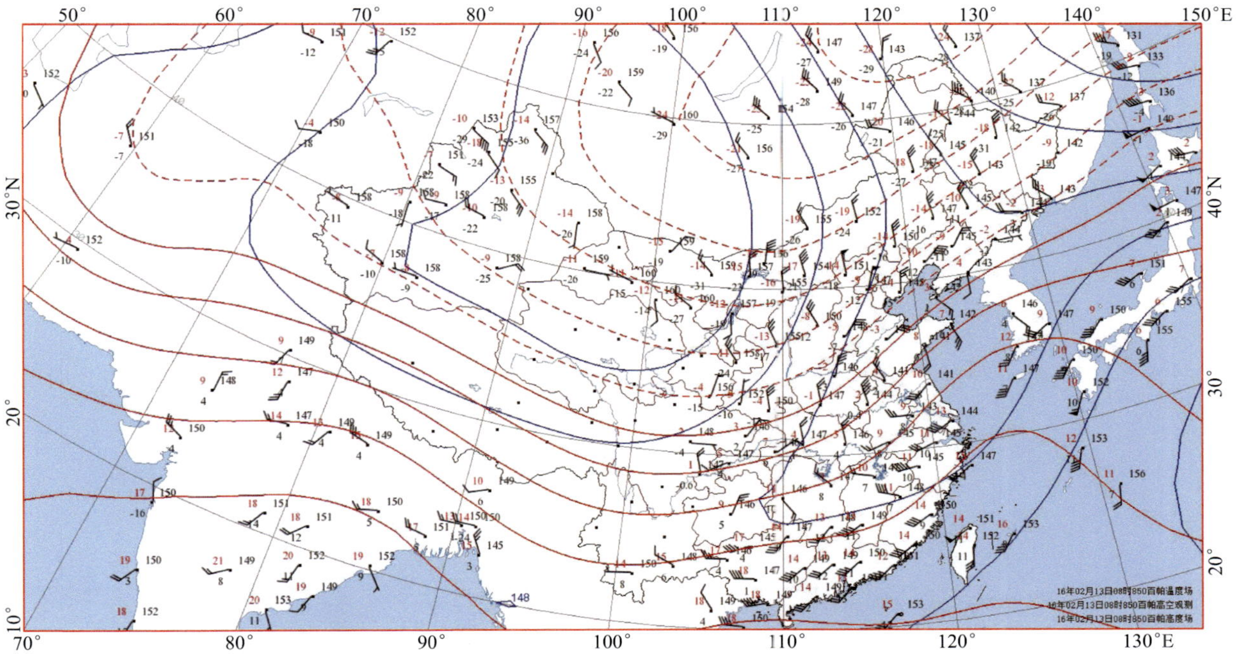

图 2.6.6　2016 年 2 月 13 日 08 时 850 hPa 高空图

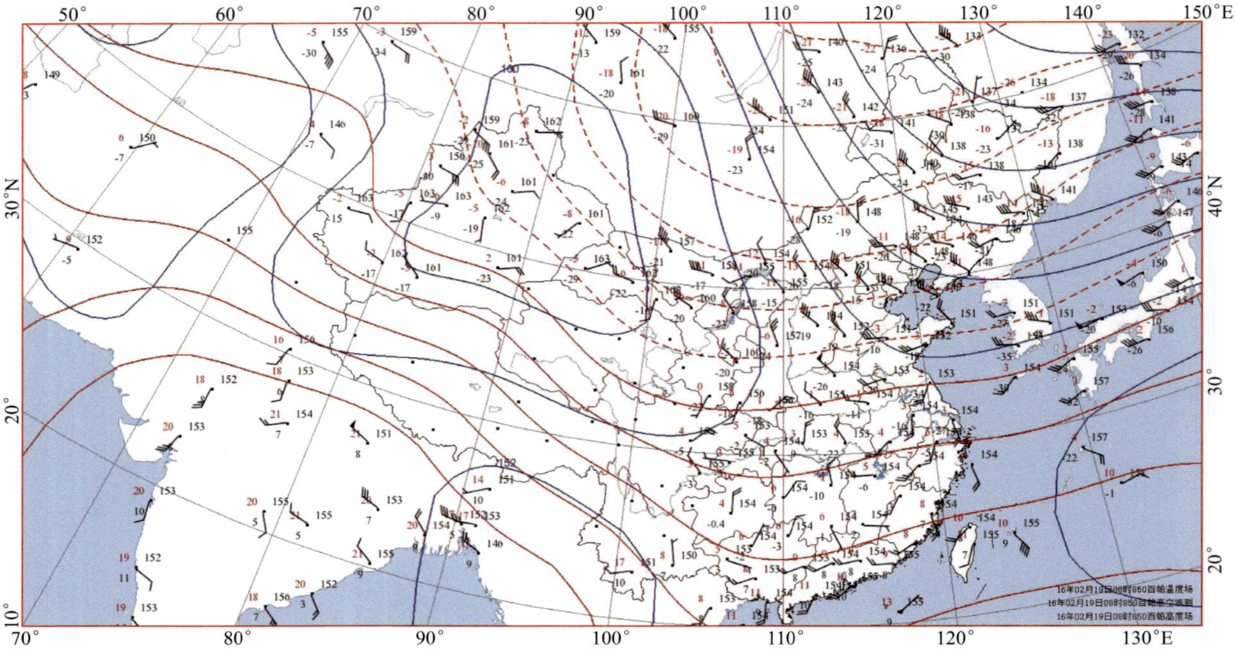

图 2.6.7　2016 年 2 月 19 日 08 时 850 hPa 高空图

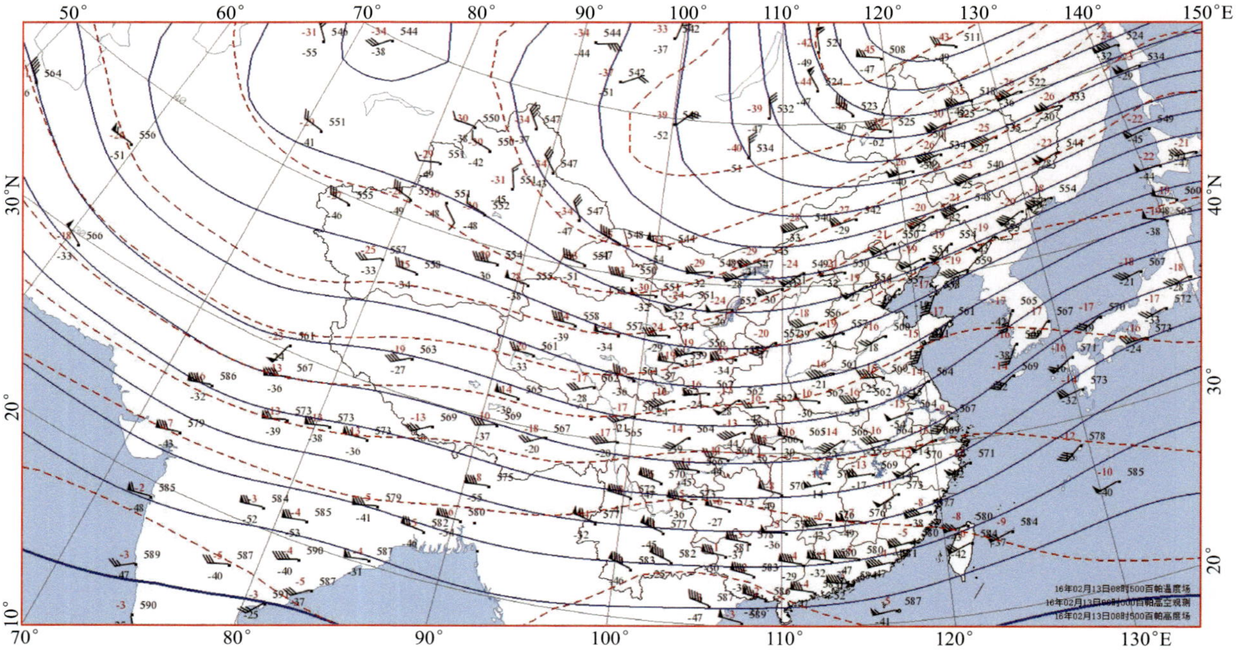

图 2.6.8　2016 年 2 月 13 日 08 时 500 hPa 高空图

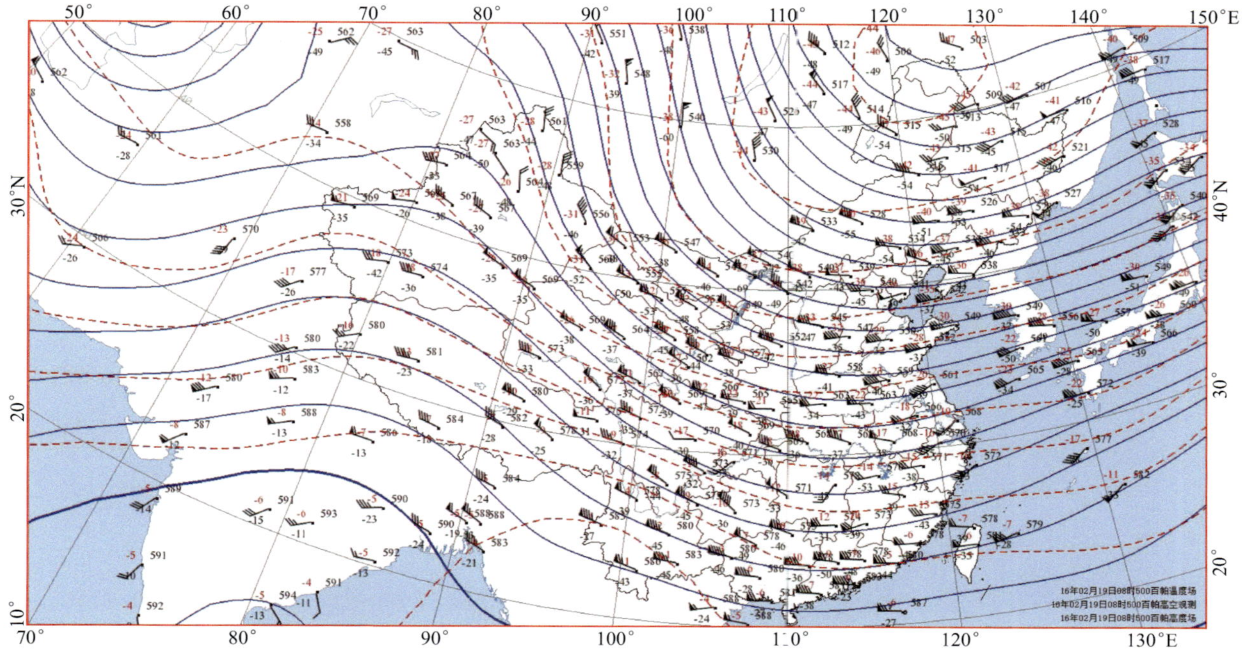

图 2.6.9　2016 年 2 月 19 日 08 时 500 hPa 高空图

2.6.3　卫星云图

图 2.6.10 是 2016 年 2 月 14 日 14 时、16 日 14 时卫星云图。

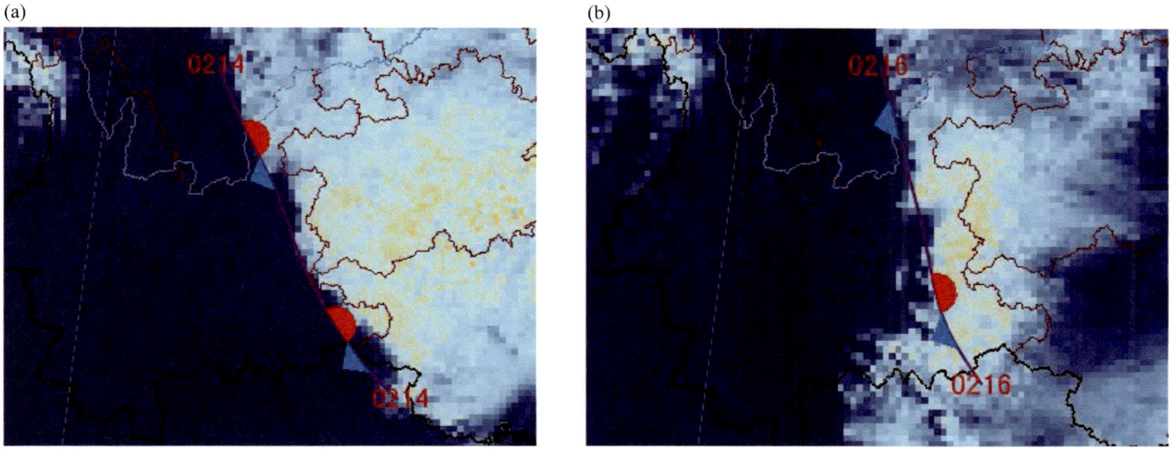

图 2.6.10　2016 年 2 月 14 日 14 时(a)、16 日 14 时(b)卫星云图

2.7　2016 年 2 月 21—23 日昆明准静止锋过程

2.7.1　过程概况

2016 年 2 月 21 日在云贵高原出现了昆明准静止锋天气系统，贯穿四川、云南、贵州及广西四省(区)，锋面位于美姑、昭通、隆林及天等一线。22 日昆明准静止锋加强西进，位于会理、彝良、弥勒及文山一线。23 日昆明准静止锋略西进至盐边、禄劝、昆明、华宁及河口一线。之后，昆明准静止锋加强为冷锋，越过哀牢山。2 月 21—23 日过程期间昆明准静止锋移动路径如图 2.7.1，活动范围见表 2.7.1。

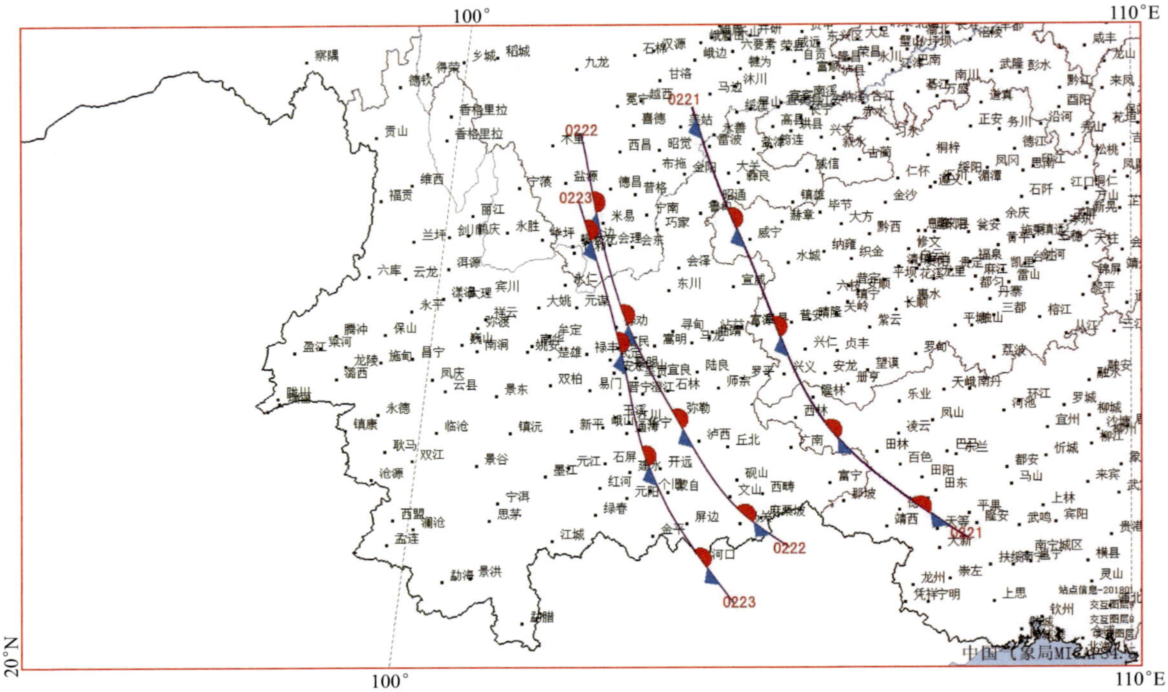

图 2.7.1　2016 年 2 月 21—23 日昆明准静止锋移动路径

表 2.7.1　2016 年 2 月 21—23 日昆明准静止锋位置

日期	昆明准静止锋位置
2 月 21 日	美姑—昭通—隆林
2 月 22 日	会理—彝良—文山
2 月 23 日	盐边—昆明—河口

受昆明准静止锋影响，2 月 21 日滇东北出现日最高气温负变温区，最大变温在盐津县，为－5.6 ℃；22 日随着昆明准静止锋加强西进，负变温范围增大，滇东日最高气温降幅增大，最大变温出现在宣威市，为－16.3 ℃；23 日降温范围进一步扩大，滇中以东均为负变温，最大变温在大关，为－8.9 ℃。降温幅度大于 10 ℃的县市有 7 个，主要集中在昭通、曲靖和昆明(图 2.7.2)。

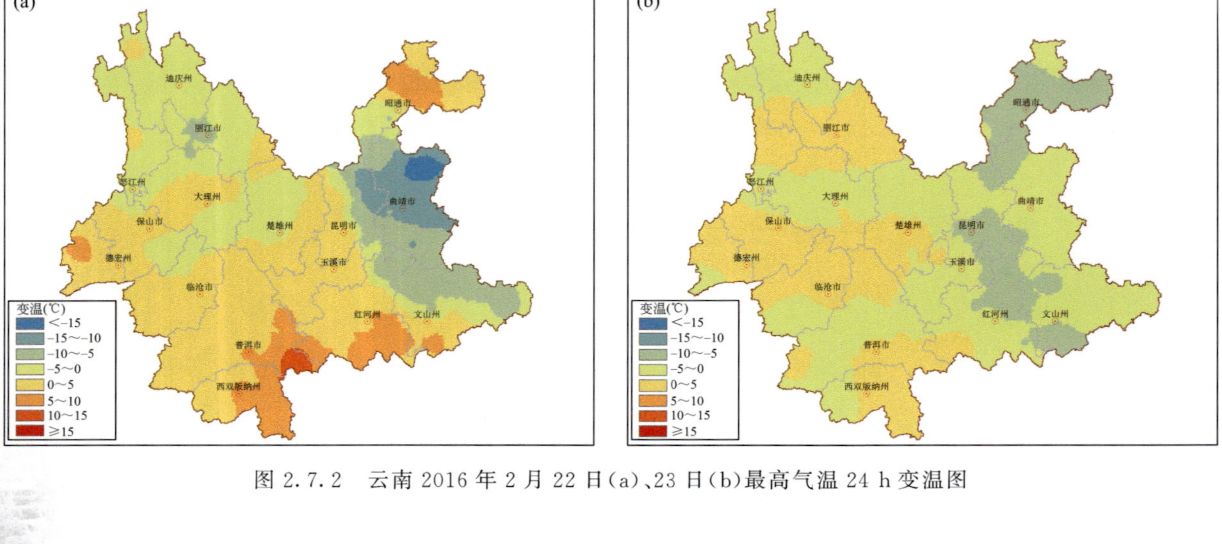

图 2.7.2　云南 2016 年 2 月 22 日(a)、23 日(b)最高气温 24 h 变温图

受昆明准静止锋和高原槽影响，2016 年 2 月 21—23 日（20 时—20 时）除了滇西南，云南其余大部分地区出现降水，除滇西北有 5 个县市总降水量大于 20 mm 外，其余大部分地区总降水量都小于 10 mm。昆明准静止锋主要影响区域（滇中以东）总降水量都小于 10 mm，昭通威信最大为 9.6 mm（图 2.7.3a）。

受昆明准静止锋影响，2016 年 2 月 21—23 日云南总日照时数 91 个县市不足 20 h。其中日照时数少于 10 h 的县市有 43 个，最少的是绥江、盐津、贡山 3 个县市，日照时数为 0 h。共有 16 个县市日照时数在 5 h 以内（图略）。与常年同期相比，有 113 个县市日照时数偏少 20%以上，有 64 个县市偏少 50%以上，日照时数为 0 h 的县市偏少 100%，其次为金平，偏少 98.3%。图 2.7.3b 是昆明准静止锋影响期间的平均日照时数。

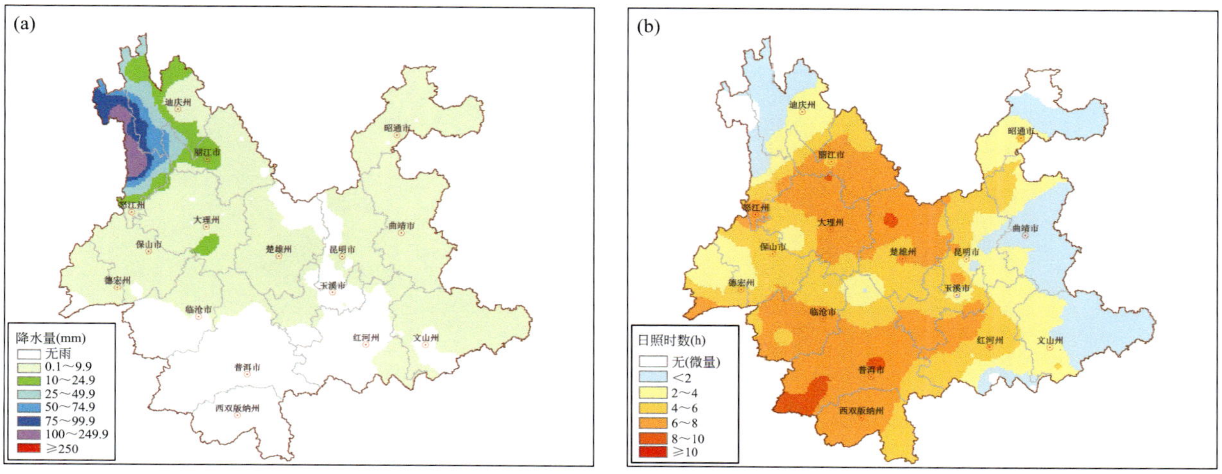

图 2.7.3 云南 2016 年 2 月 21—23 日累计降水量（a）和平均日照时数（b）

2.7.2 环流背景

（1）地面图

图 2.7.4 是 2016 年 2 月 21 日 14 时地面图和海平面气压场。图 2.7.5 是 2016 年 2 月 23 日 20 时地面图和海平面气压场。

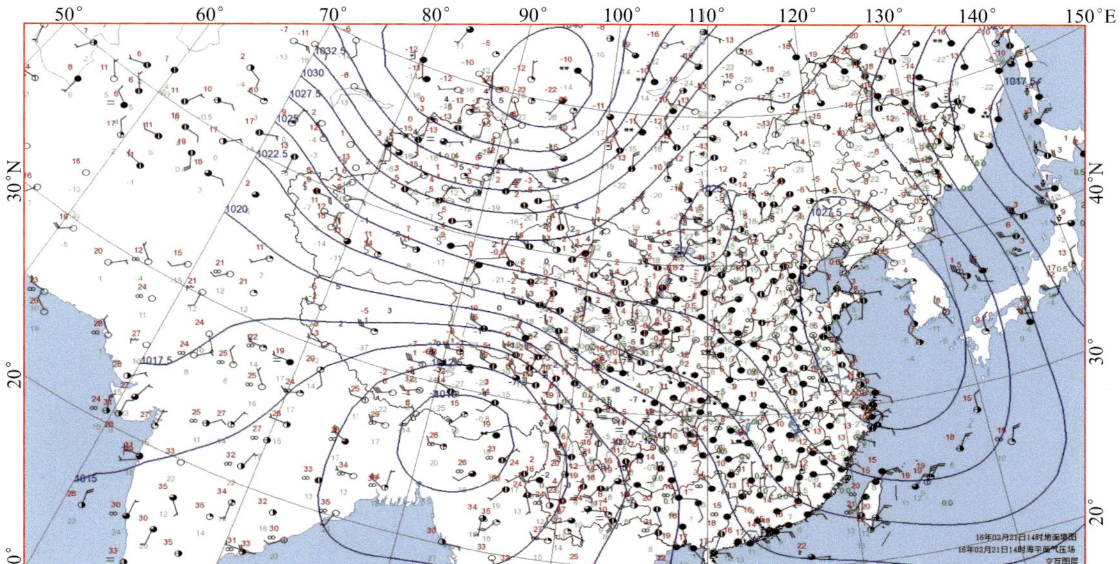

图 2.7.4 2016 年 2 月 21 日 14 时地面图和海平面气压场

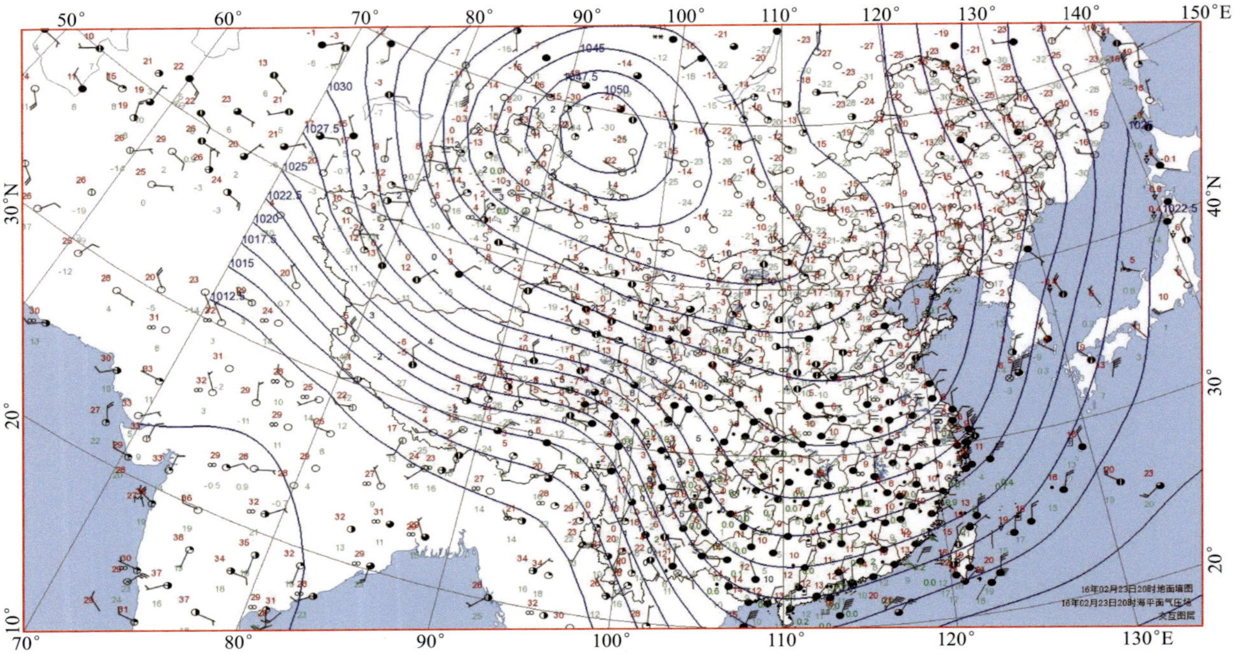

图 2.7.5　2016 年 2 月 23 日 20 时地面图和海平面气压场

(2)高空图

图 2.7.6 是 2016 年 2 月 21 日 08 时 850 hPa 高空图。图 2.7.7 是 2016 年 2 月 23 日 08 时 850 hPa 高空图。图 2.7.8 是 2016 年 2 月 21 日 08 时 500 hPa 高空图。图 2.7.9 是 2016 年 2 月 23 日 08 时 500 hPa 高空图。

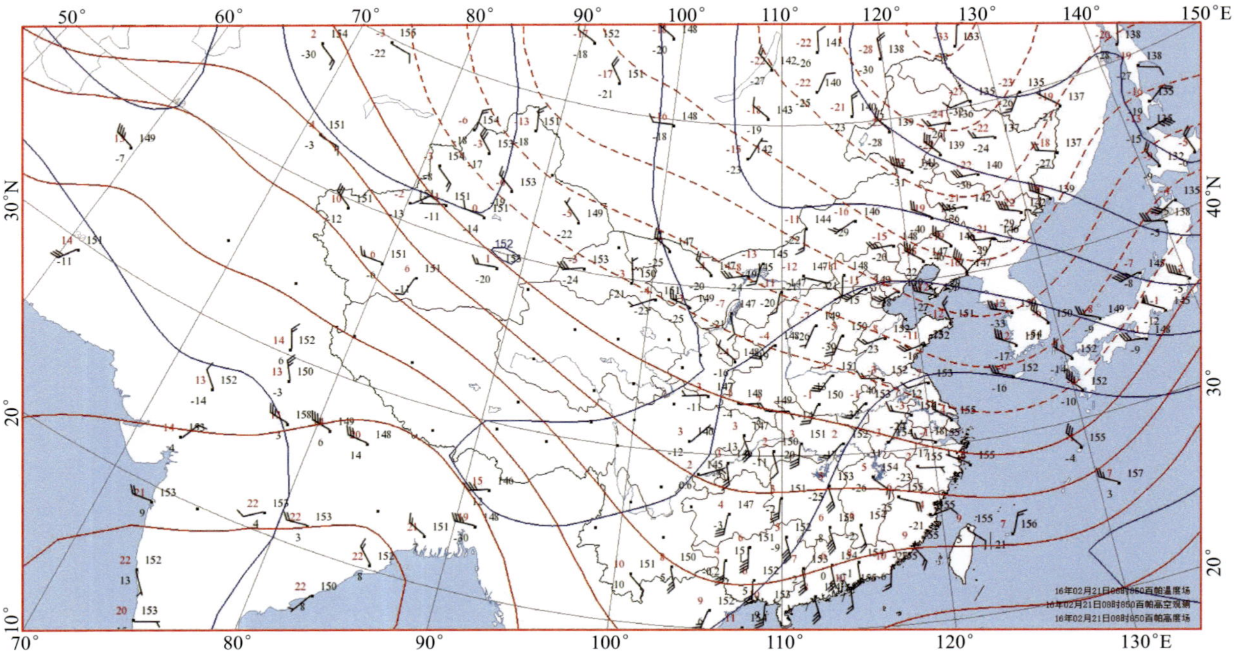

图 2.7.6　2016 年 2 月 21 日 08 时 850 hPa 高空图

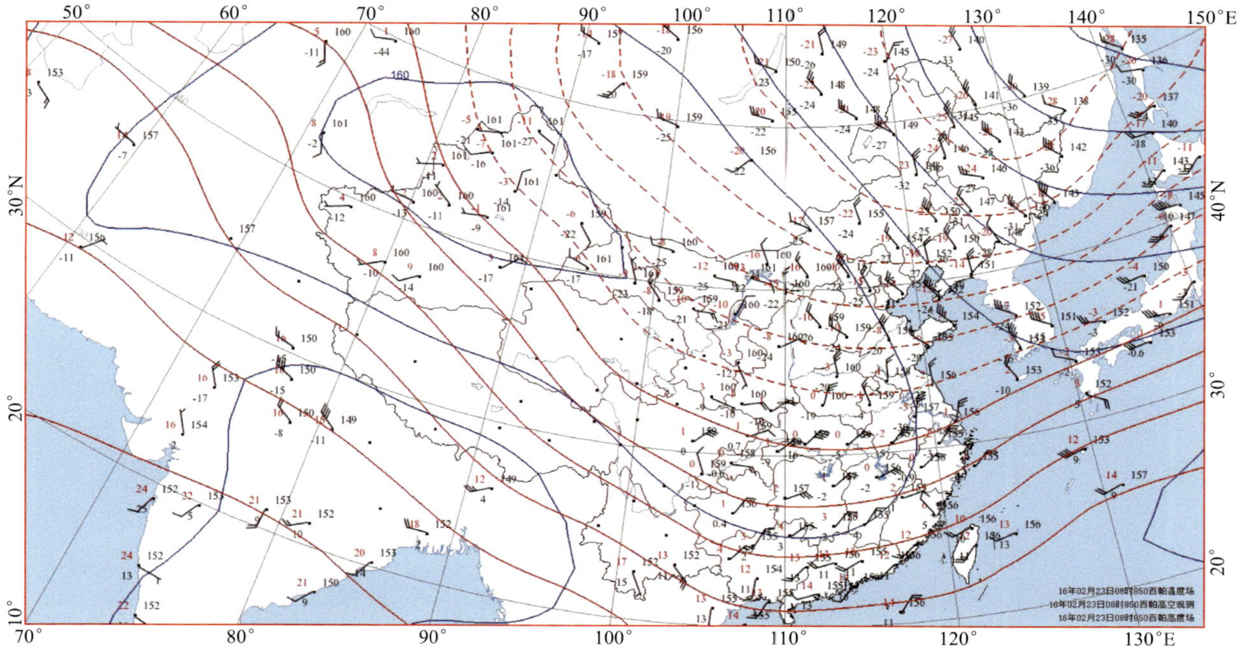

图 2.7.7　2016 年 2 月 23 日 08 时 850 hPa 高空图

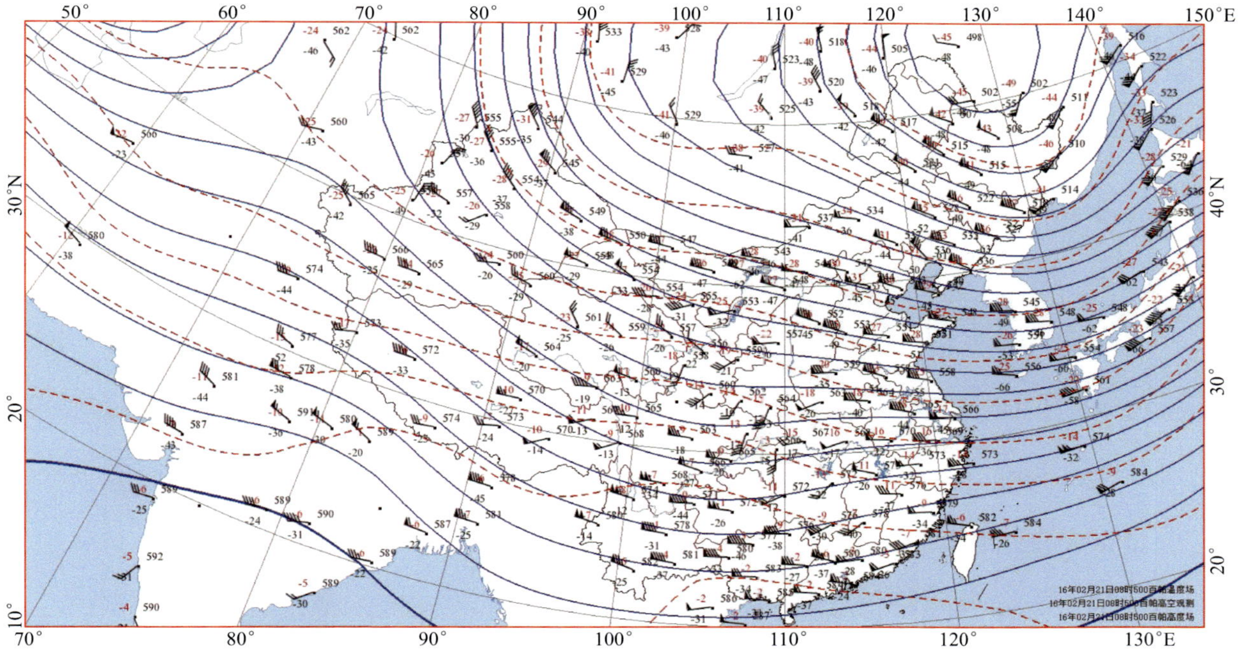

图 2.7.8　2016 年 2 月 21 日 08 时 500 hPa 高空图

2.7.3　卫星云图

图 2.7.10 是 2016 年 2 月 22 日 14 时、23 日 14 时卫星云图。

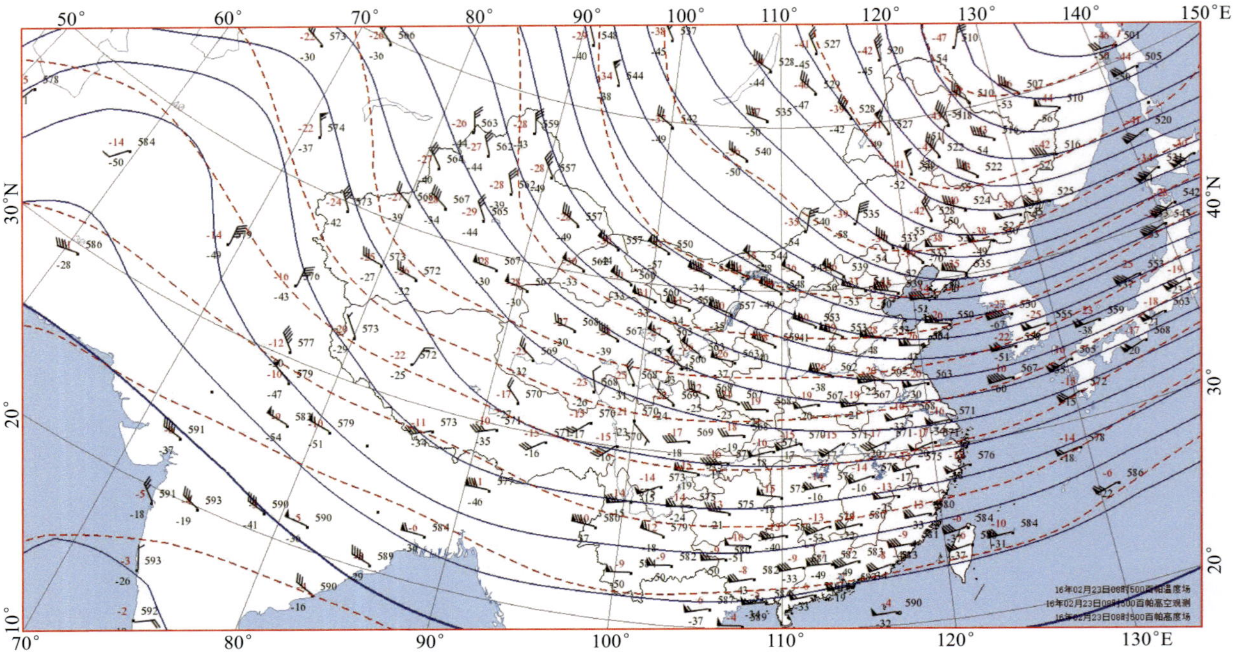

图 2.7.9　2016 年 2 月 23 日 08 时 500 hPa 高空图

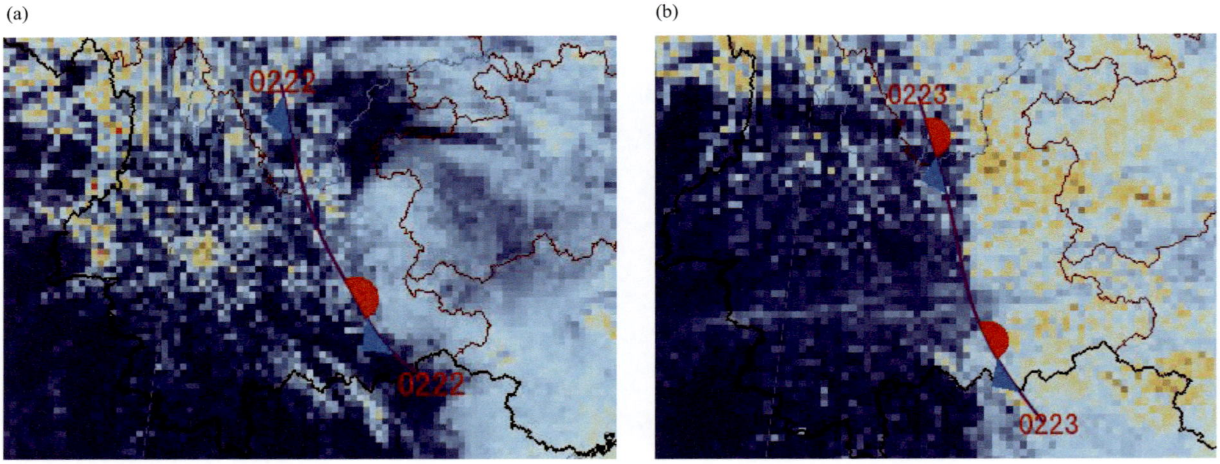

图 2.7.10　2016 年 2 月 22 日 14 时(a)、23 日 14 时(b)卫星云图

2.8　2016 年 3 月 9—17 日昆明准静止锋过程

2.8.1　过程概况

2016 年 3 月 9 日在云贵高原出现了昆明准静止锋天气系统，呈准南北向，贯穿四川、云南、贵州及广西四省(区)，锋面位于美姑、威宁、贞丰、凌云及南宁一线。10 日昆明准静止锋加强西进，位于攀枝花、安宁、华宁、个旧及屏边一线。11 日昆明准静止锋东退至雷波、昭通、沾益、丘北及马关一线。12 日昆明准静止锋继续东退至滇东边缘，位于雷波、威宁、兴义、那坡及靖西一线。13 日昆明准静止锋再次西进至布拖、会泽、陆良、丘北及麻栗坡一线。14 日昆明准静止锋略东退，15 日昆明准静止锋东退至威信、普安、兴仁、隆林及那坡一线。16—17 日昆明准静止锋北段西进，南段继续东退，锋面位于美姑、六枝、

望谟、靖西及宁明一线。18 日锋面减弱消失。3 月 9—17 日过程期间昆明准静止锋移动路径如图 2.8.1,活动范围见表 2.8.1。

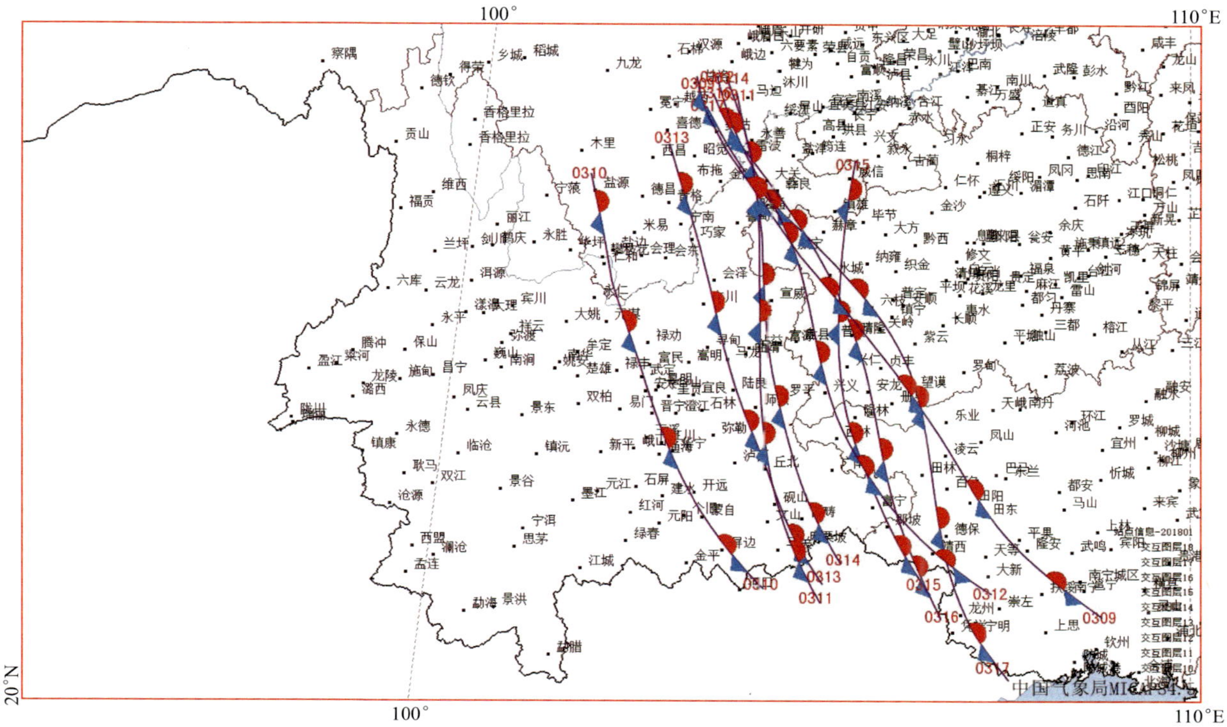

图 2.8.1　2016 年 3 月 9—17 日昆明准静止锋移动路径

表 2.8.1　2016 年 3 月 9—17 日昆明准静止锋位置

日期	昆明准静止锋位置
3 月 9 日	美姑—威宁—凌云—南宁
3 月 10 日	攀枝花—安宁—屏边
3 月 11 日	雷波—沾益—马关
3 月 12 日	雷波—威宁—靖西
3 月 13 日	布拖—陆良—麻栗坡
3 月 14 日	昭通—罗平—西畴
3 月 15 日	威信—兴仁—那坡
3 月 16 日	彝良—水城—那坡
3 月 17 日	美姑—望谟—靖西

受昆明准静止锋影响,3 月 9 日滇东北出现日最高气温负变温区,最大变温在昭通市,为－9.1 ℃;10 日随着昆明准静止锋加强西进,云南大部转为负变温,滇东降温幅度增大,最大变温在广南县,为－15.7 ℃;11—12 日随着昆明准静止锋东退,云南气温回升;13 日随着昆明准静止锋再次西进,滇东再次出现明显负变温区,日最高气温最大变温出现在昭通市,为－15.3 ℃。14—16 日降温减弱,15 日滇东气温回升;17 日再次出现负变温,幅度较小。降温幅度大于 10 ℃的县市有 26 个,主要集中在昭通市、曲靖市、昆明市、红河州和文山州 5 个州市(图 2.8.2)。

受昆明准静止锋和高原槽影响,2016 年 3 月 9—17 日(20 时—20 时)云南中部以北地区出现降水,滇西北有 2 个县市总降水量(贡山、福贡)大于 100 mm,最大福贡 118.4 mm。昆明准静止锋主要影响

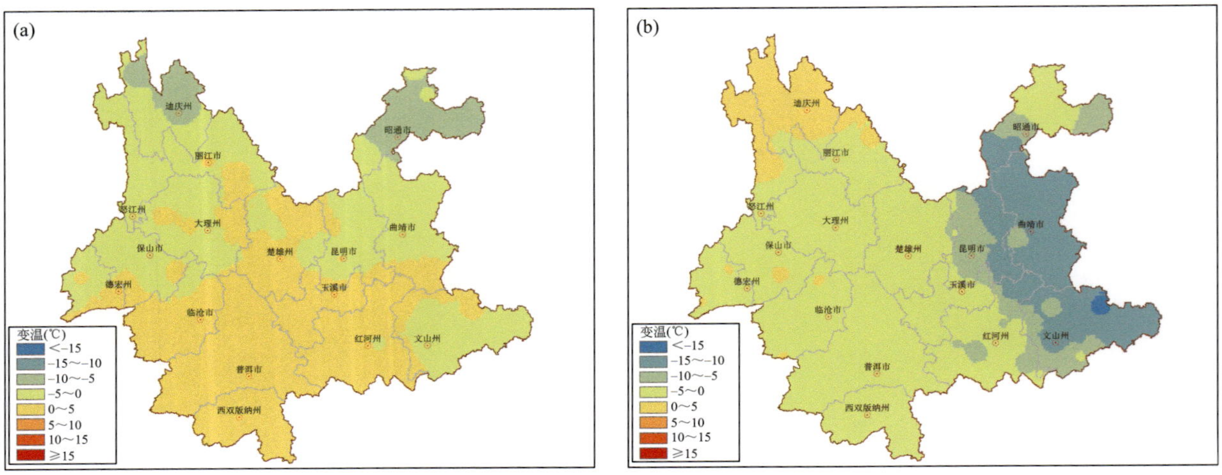

图 2.8.2　云南 2016 年 3 月 9 日(a)、10 日(b)最高气温 24 h 变温图

区域(滇中以东)有 5 个县市总降水量大于 10 mm，都集中在昭通市，昭通威信总降水量最大，为 30.4 mm(图 2.8.3a)。

受昆明准静止锋和西南暖湿气流影响，2016 年 3 月 9—17 日云南总日照时数有 56 个县市不足 80 h。其中日照时数少于 50 h 的县市有 15 个，盐津、大关、威信、贡山、绥江日照时数小于 10 h，最少的是盐津县，仅为 4.6 h(图略)。与常年同期相比，有 14 个县市日照时数偏少 20%以上，有 8 个县市偏少 50%以上，大关偏少最多，为 80.5%。迪庆的维西突破同期日照时数的历史最少纪录。图 2.8.3b 是昆明准静止锋影响期间的平均日照时数。

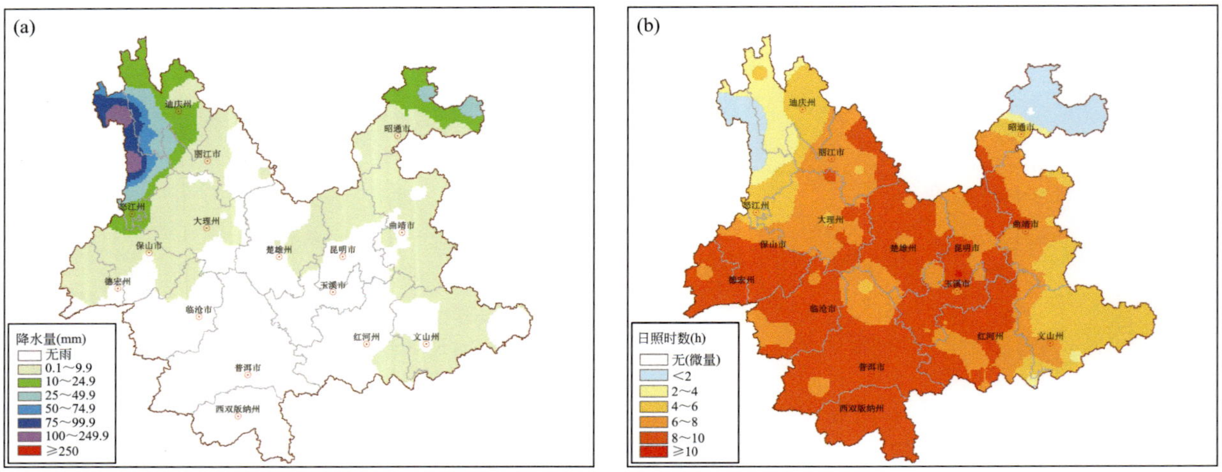

图 2.8.3　云南 2016 年 3 月 9—17 日累计降水量(a)和平均日照时数(b)

2.8.2　环流背景

(1)地面图

图 2.8.4 是 2016 年 3 月 9 日 14 时地面图和海平面气压场。图 2.8.5 是 2016 年 3 月 17 日 20 时地面图和海平面气压场。

(2)高空图

图 2.8.6 是 2016 年 3 月 9 日 08 时 850 hPa 高空图。图 2.8.7 是 2016 年 3 月 17 日 08 时 850 hPa

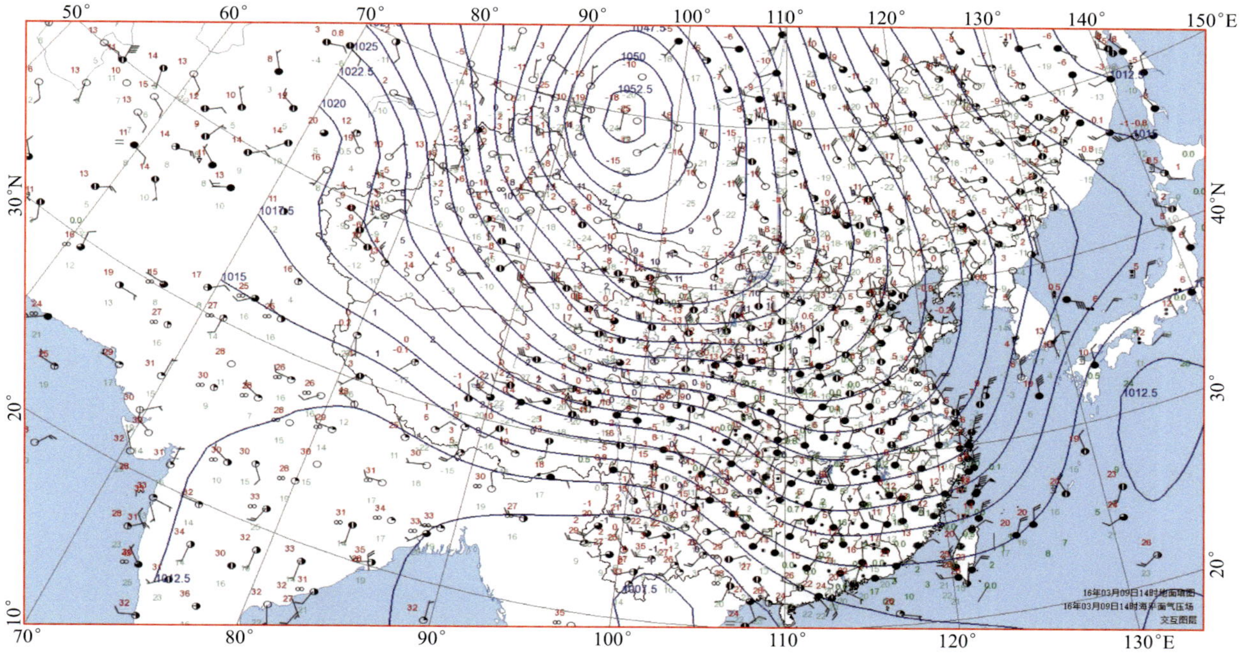

图 2.8.4　2016 年 3 月 9 日 14 时地面图和海平面气压场

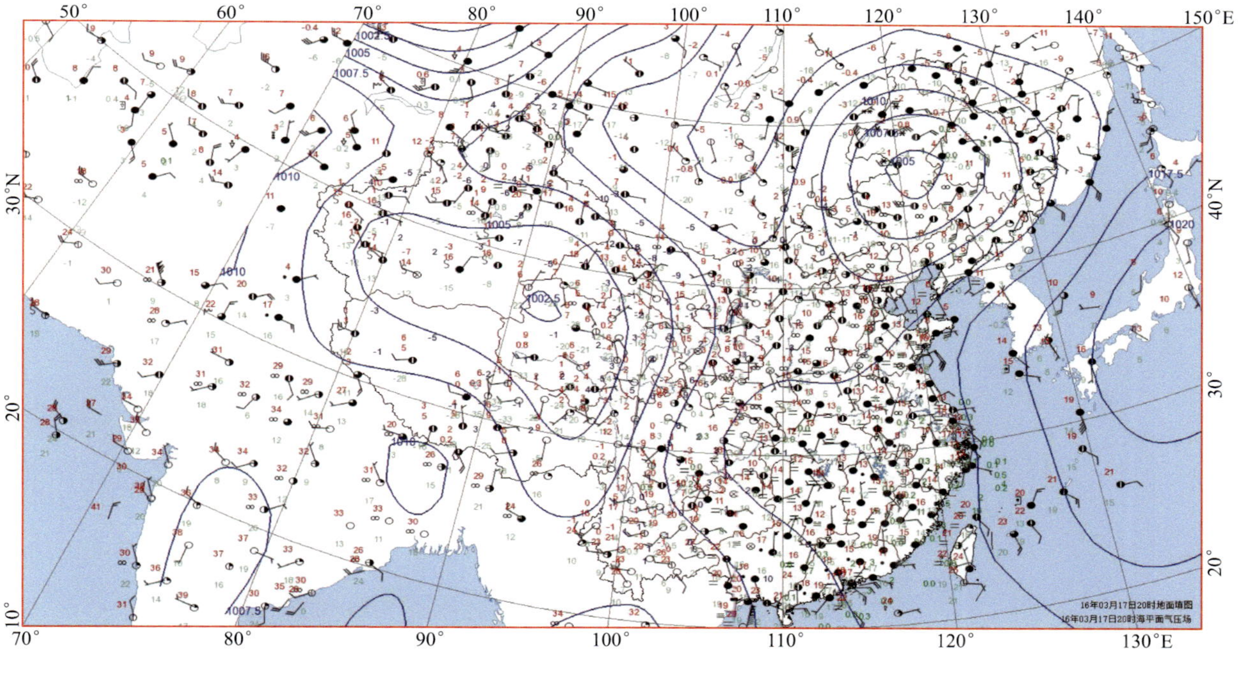

图 2.8.5　2016 年 3 月 17 日 20 时地面图和海平面气压场

高空图。图 2.8.8 是 2016 年 3 月 9 日 08 时 500 hPa 高空图。图 2.8.9 是 2016 年 3 月 17 日 08 时 500 hPa 高空图。

2.8.3　卫星云图

图 2.8.10 是 2016 年 3 月 9 日 14 时、14 日 14 时卫星云图。

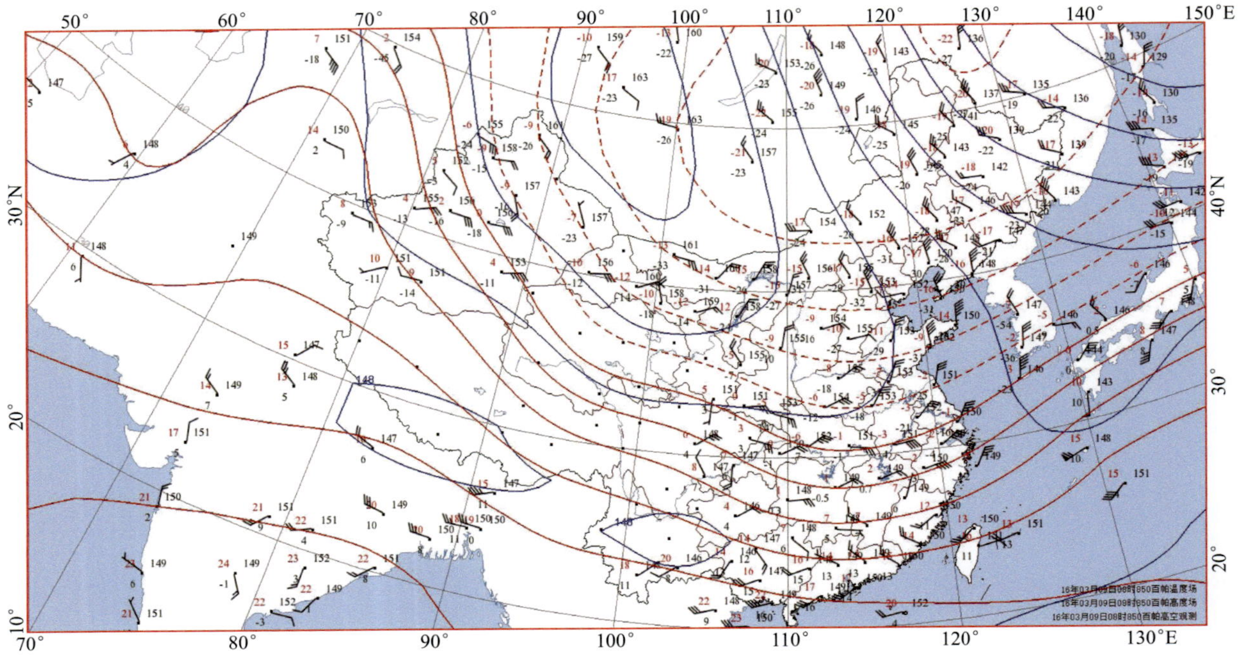

图 2.8.6　2016 年 3 月 9 日 08 时 850 hPa 高空图

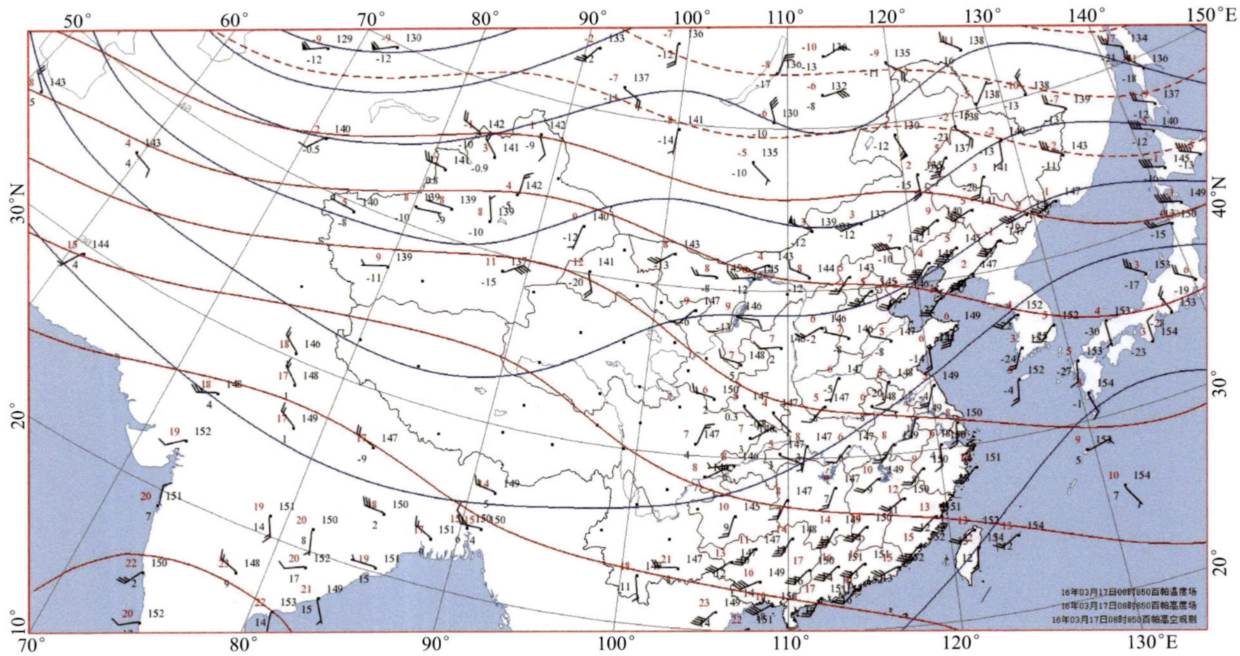

图 2.8.7　2016 年 3 月 17 日 08 时 850 hPa 高空图

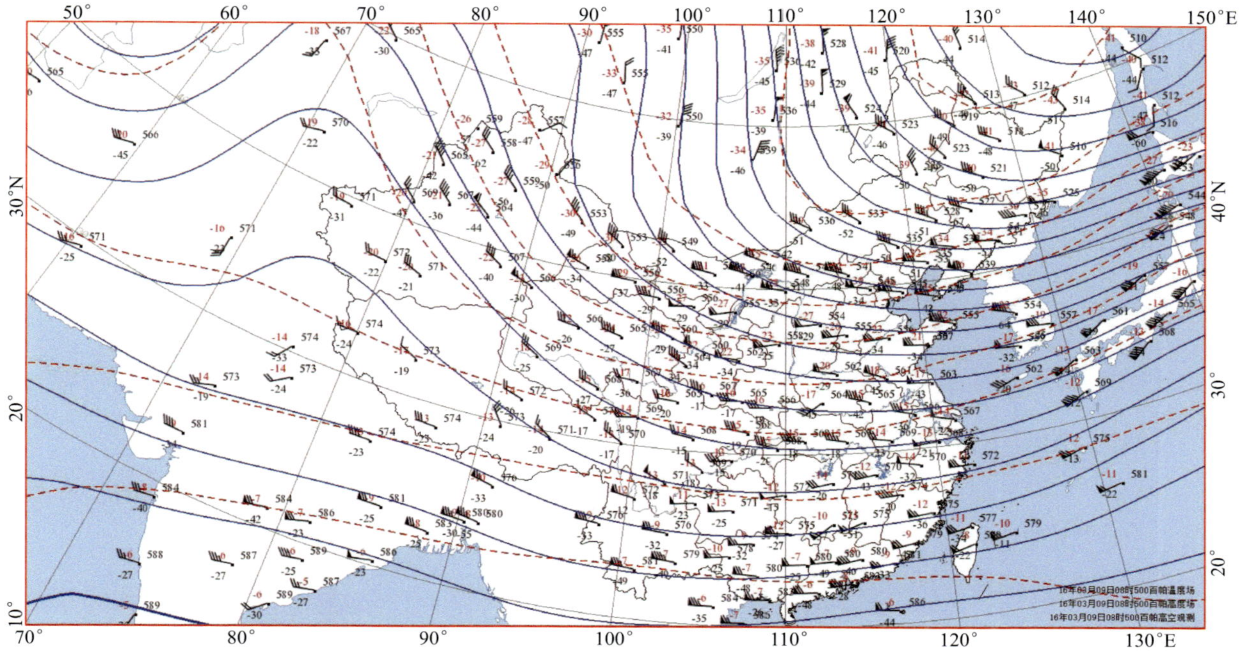

图 2.8.8　2016 年 3 月 9 日 08 时 500 hPa 高空图

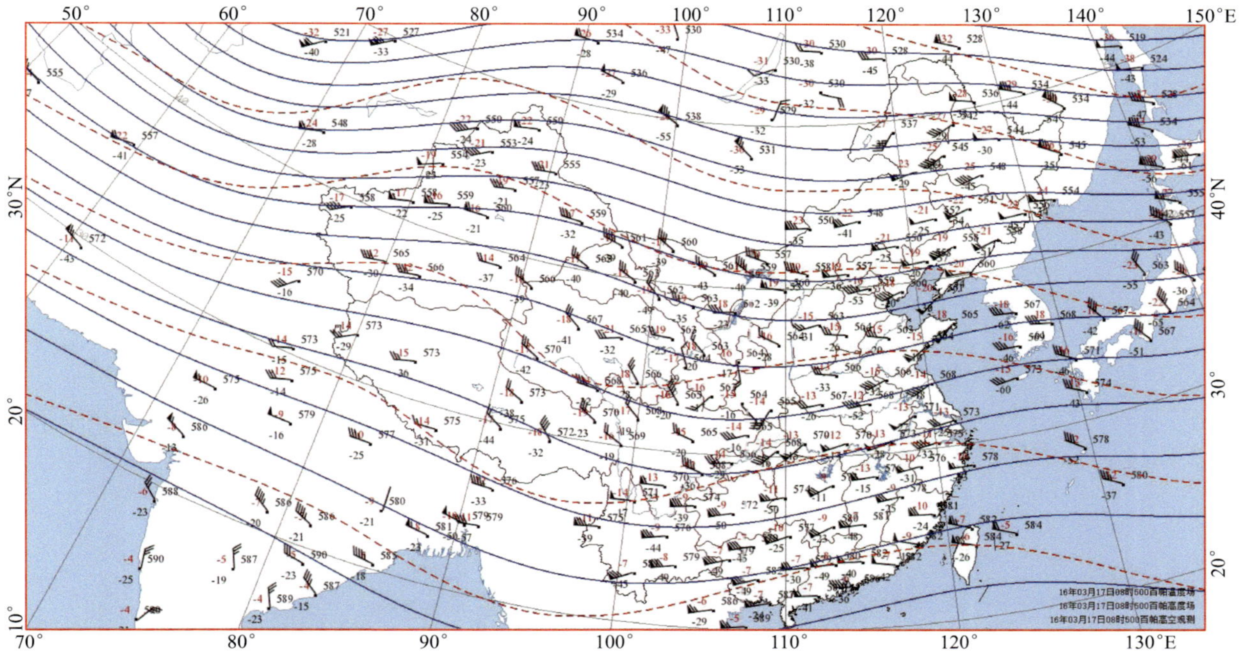

图 2.8.9　2016 年 3 月 17 日 08 时 500 hPa 高空图

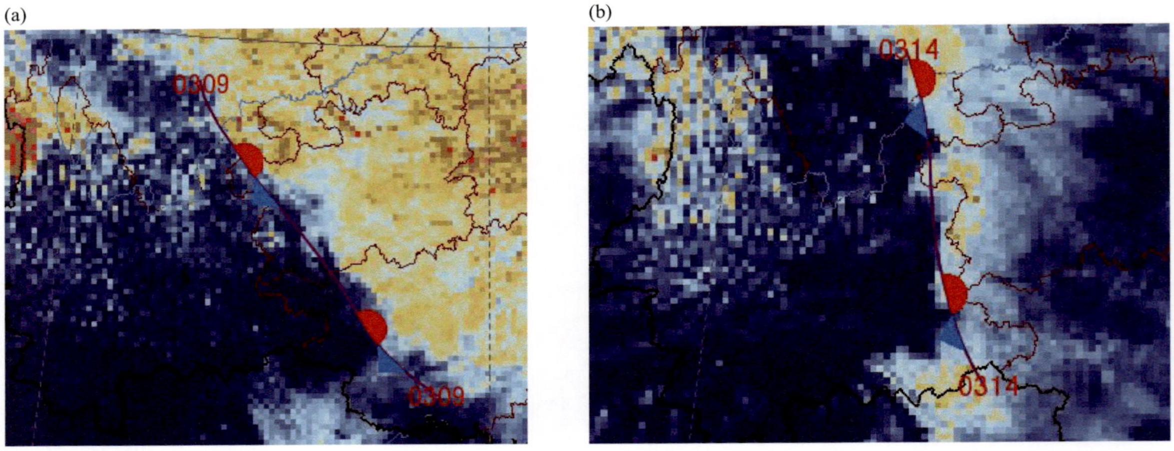

图 2.8.10 2016 年 3 月 9 日 14 时(a)、14 日 14 时(b)卫星云图

2.9 2016 年 3 月 21—23 日昆明准静止锋过程

2.9.1 过程概况

2016 年 3 月 21 日在云贵高原出现了昆明准静止锋天气系统，呈西北—东南向，贯穿四川、云南、贵州及广西四省(区)，锋面位于金阳、昭通、兴仁、百色及南宁一线。22 日昆明准静止锋北段略东退，位于雷波、威宁、贞丰、凌云及南宁一线。23 日昆明准静止锋加强西进至会理、彝良、弥勒及河口一线。之后，昆明准静止锋加强为冷锋，到达哀牢山附近。3 月 21—23 日过程期间昆明准静止锋移动路径如图 2.9.1，活动范围见表 2.9.1。

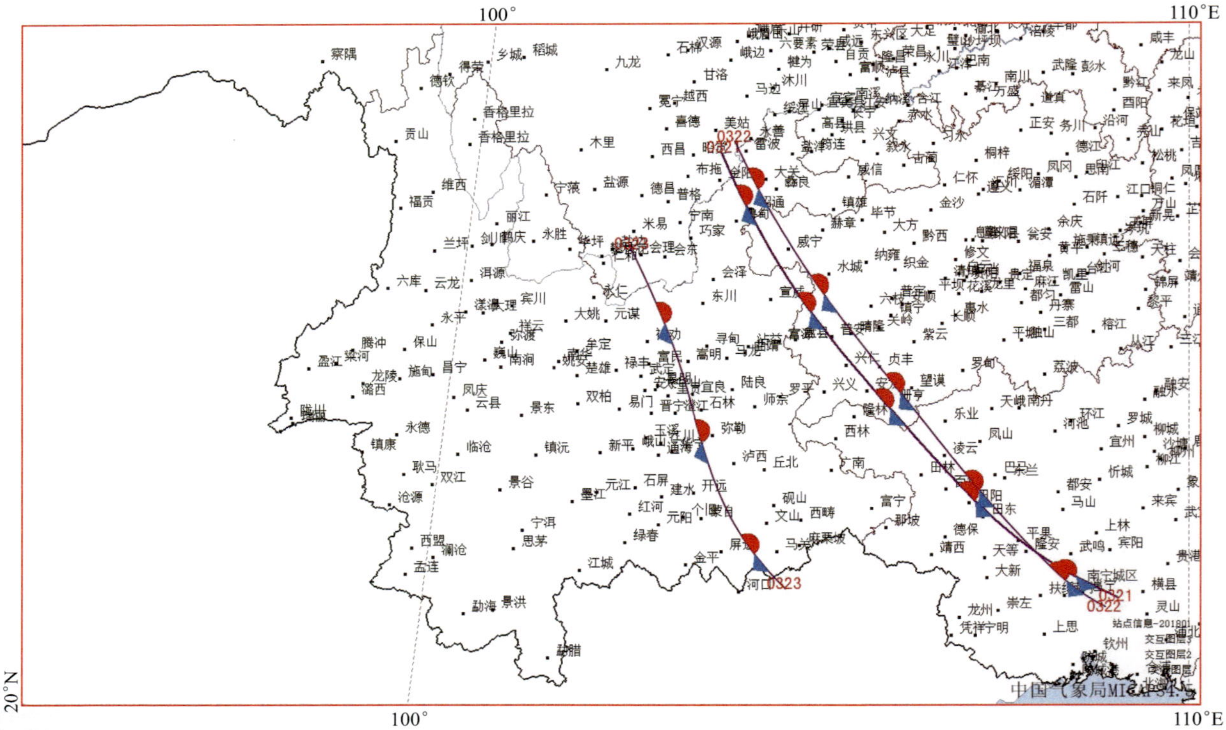

图 2.9.1 2016 年 3 月 21—23 日昆明准静止锋移动路径

表 2.9.1　2016 年 3 月 21—23 日昆明准静止锋位置

日期	昆明准静止锋位置
3 月 21 日	昭通—兴仁—南宁
3 月 22 日	雷波—威宁—南宁
3 月 23 日	会理—彝良—河口

受昆明准静止锋影响，3 月 21 日滇东北出现日最高气温负变温区，最大变温在威信县，为－4.6 ℃；22 日滇东北降温幅度增大，最大变温在永善，为－8.1 ℃；23 日随着昆明准静止锋加强西进，降温范围扩大，降温幅度增强，最大变温在滇东北的鲁甸，为－13.6 ℃。降温幅度大于 10 ℃的县市有 6 个，主要出现在 23 日，集中在昭通市、曲靖市（图 2.9.2）。

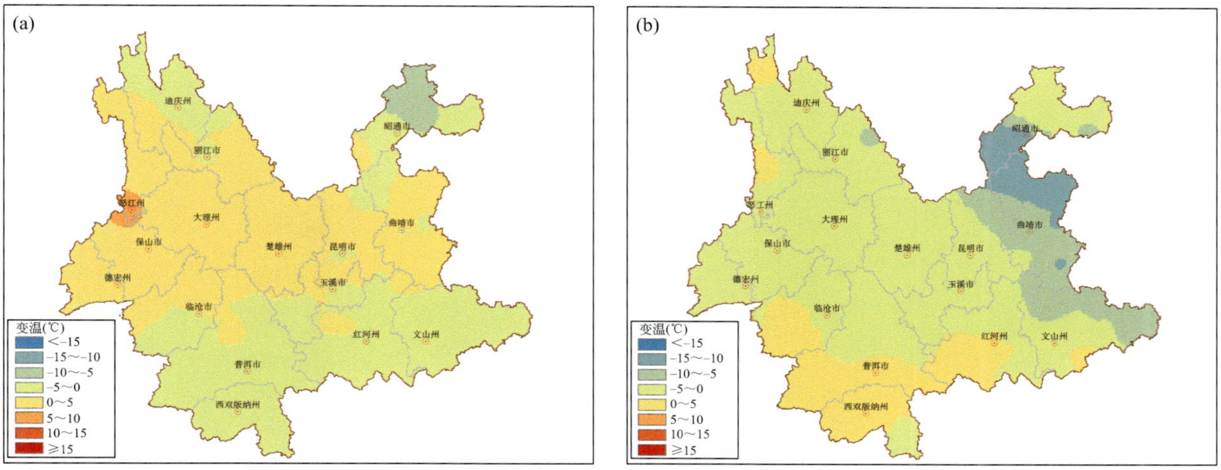

图 2.9.2　云南 2016 年 3 月 22 日(a)、23 日(b)最高气温 24 h 变温图

受昆明准静止锋和西南暖湿气流影响，2016 年 3 月 21—23 日（20 时—20 时）滇东、滇西总降水量共有 10 站大于 10 mm，最大在福贡，为 52.4 mm，其余大部地区总降水量小于 10 mm。昆明准静止锋主要影响区域（滇中以东）有 6 个县市总降水量大于 25 mm，昭通威信总降水量最大，为 20.7 mm（图 2.9.3a）。

受昆明准静止锋影响，2016 年 3 月 21—23 日云南总日照时数少于 30 h 的县市有 82 个，其中有 8 个县市日照时数少于 10 h，最少的是威信县，仅为 2.1 h，其次是盐津县，为 2.3 h（图略）。与常年同期相

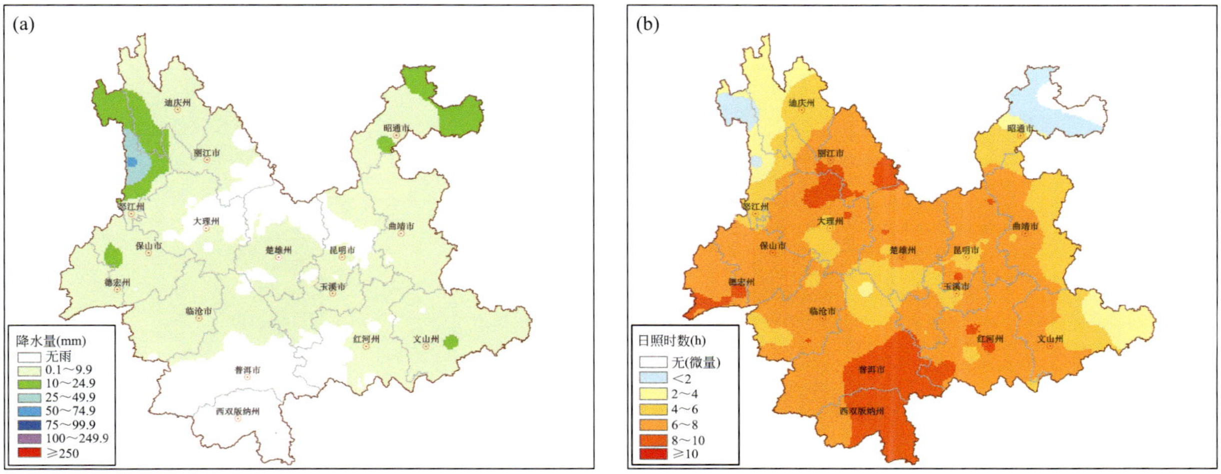

图 2.9.3　云南 2016 年 3 月 21—23 日累计降水量(a)和平均日照时数(b)

比，云南省有 27 个县市日照时数偏少 20%以上，有 8 个县市偏少 50%以上，威信偏少最多，为 77.9%。图 2.9.3b 是昆明准静止锋影响期间的平均日照时数。

2.9.2 环流背景

(1)地面图

图 2.9.4 是 2016 年 3 月 21 日 14 时地面图和海平面气压场。图 2.9.5 是 2016 年 3 月 23 日 20 时地面图和海平面气压场。

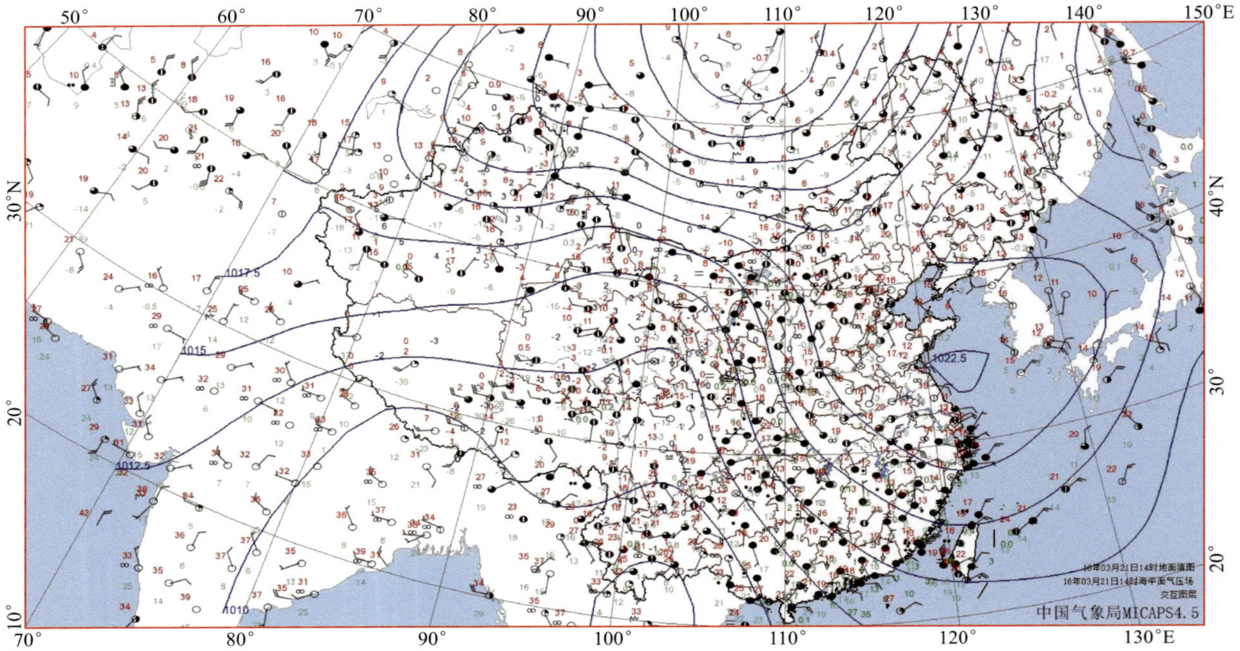

图 2.9.4　2016 年 3 月 21 日 14 时地面图和海平面气压场

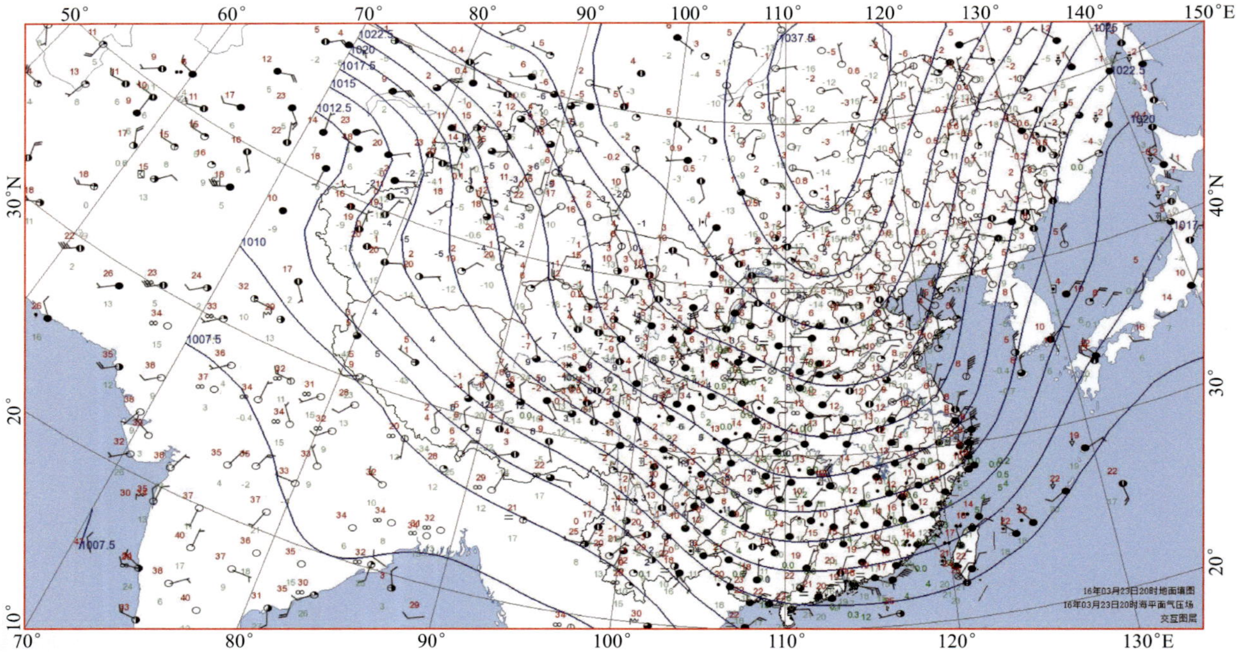

图 2.9.5　2016 年 3 月 23 日 20 时地面图和海平面气压场

(2)高空图

图 2.9.6 是 2016 年 3 月 21 日 08 时 850 hPa 高空图。图 2.9.7 是 2016 年 3 月 23 日 08 时 850 hPa 高空图。图 2.9.8 是 2016 年 3 月 21 日 08 时 500 hPa 高空图。图 2.9.9 是 2016 年 3 月 23 日 08 时 500 hPa 高空图。

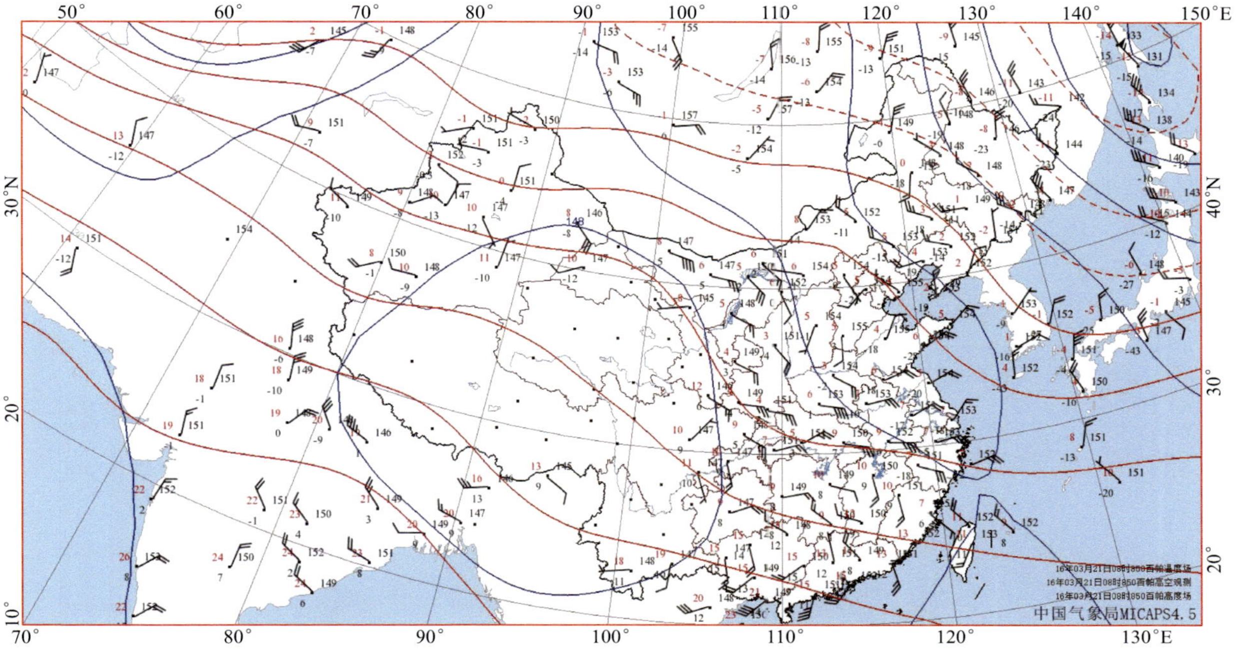

图 2.9.6　2016 年 3 月 21 日 08 时 850 hPa 高空图

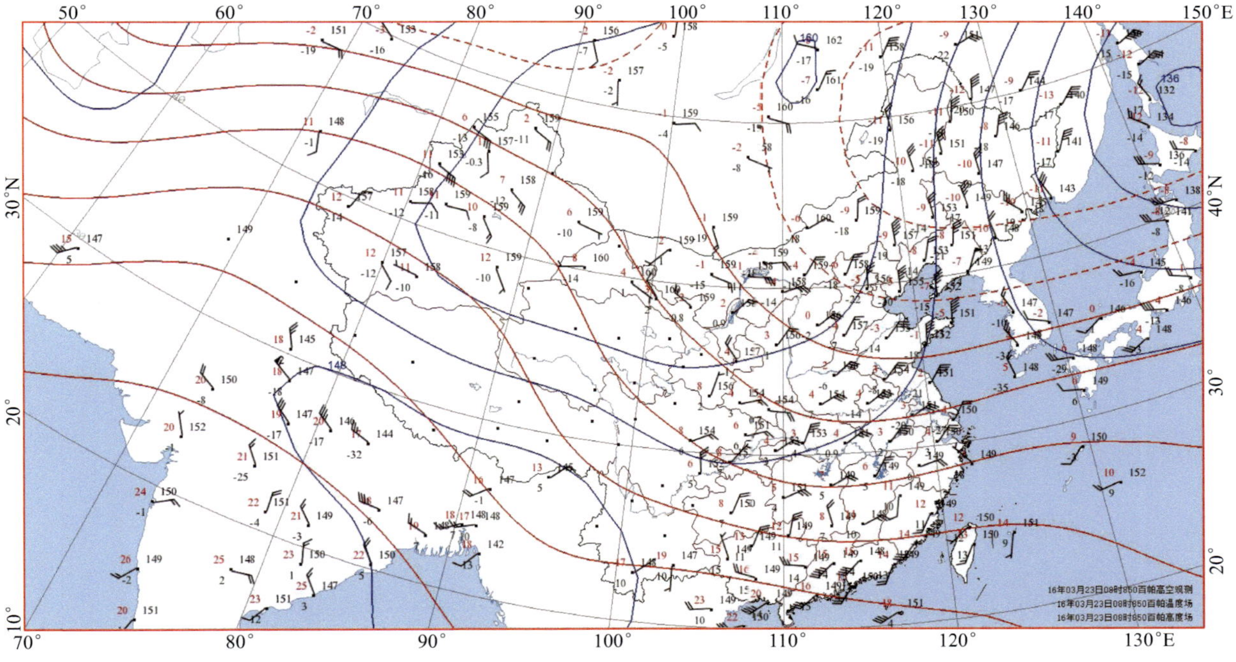

图 2.9.7　2016 年 3 月 23 日 08 时 850 hPa 高空图

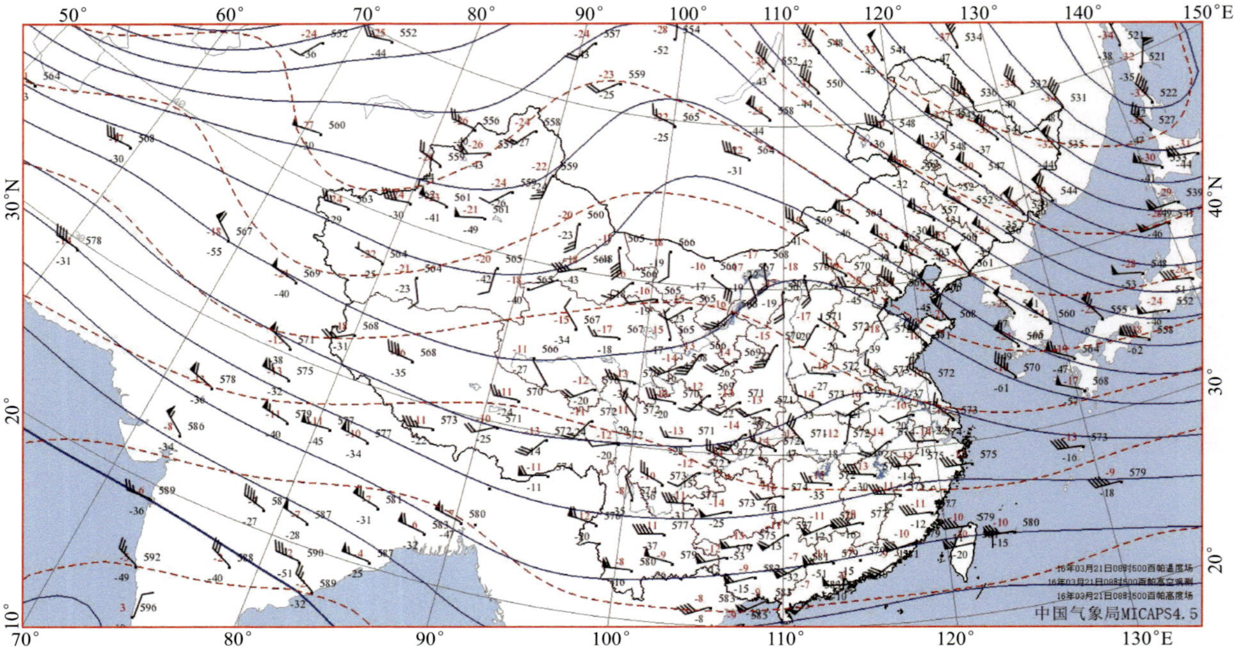

图 2.9.8　2016 年 3 月 21 日 08 时 500 hPa 高空图

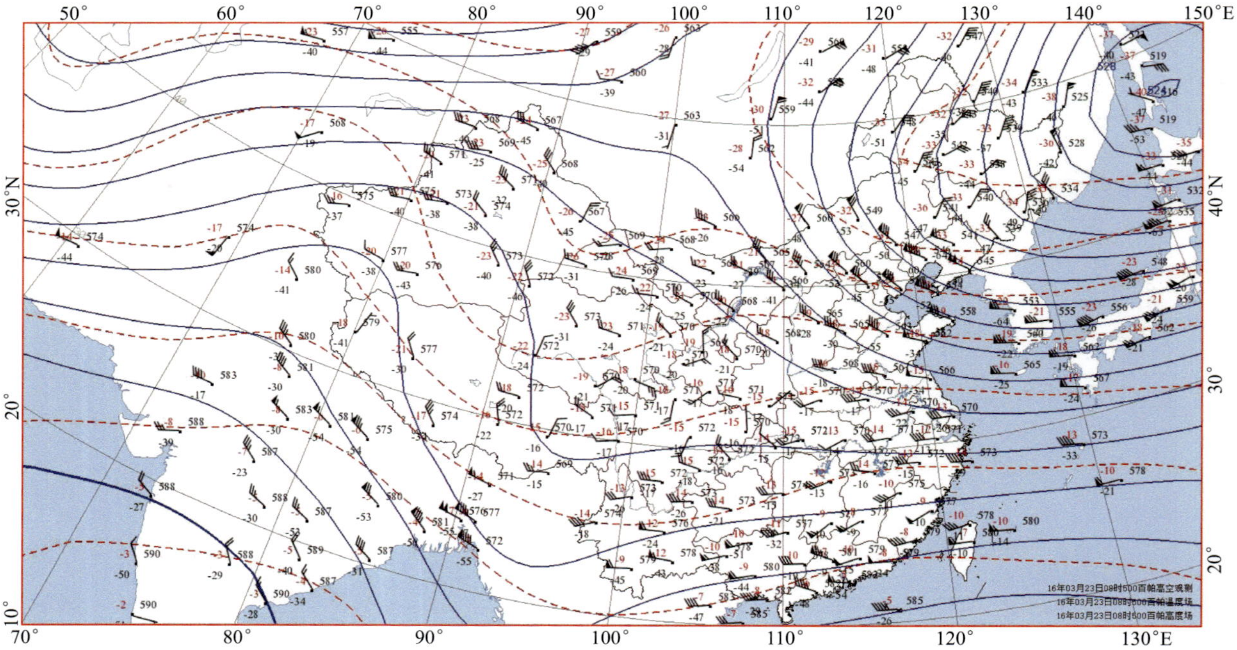

图 2.9.9　2016 年 3 月 23 日 08 时 500 hPa 高空图

2.9.3　卫星云图

图 2.9.10 是 2016 年 3 月 22 日 14 时、23 日 14 时卫星云图。

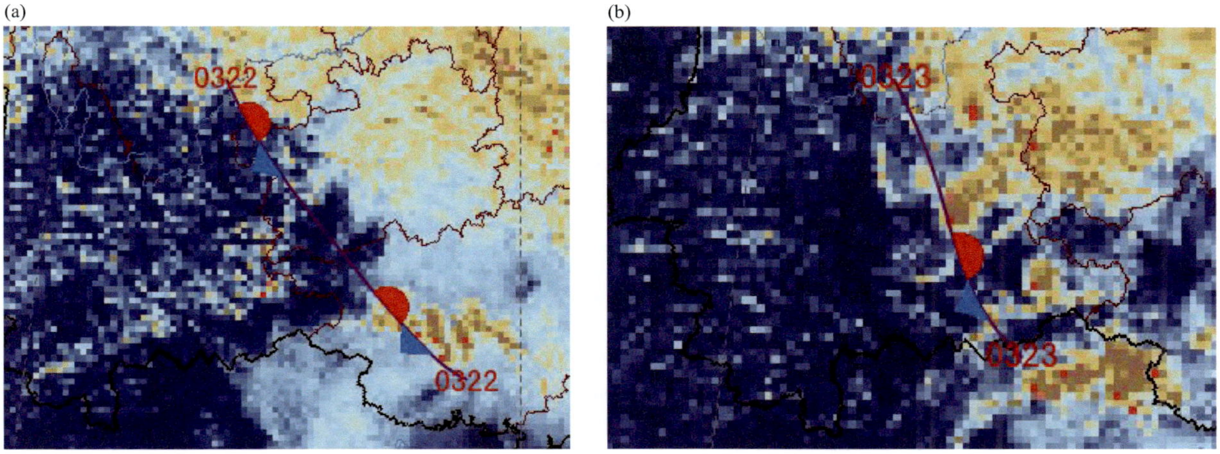

图 2.9.10　2016 年 3 月 22 日 14 时(a)、23 日 14 时(b)卫星云图

2.10　2016 年 3 月 28—29 日昆明准静止锋过程

2.10.1　过程概况

2016 年 3 月 28 日在云贵高原出现了昆明准静止锋天气系统，呈准南北向，贯穿四川、云南、贵州及广西四省(区)，锋面位于美姑、昭通、威宁、兴仁及那坡一线。29 日昆明准静止锋北段西进，南段稍东退，位于布拖、宣威、盘县、兴义及那坡一线。之后，锋面减弱东退至贵阳以东地区。3 月 28—29 日过程期间昆明准静止锋移动路径如图 2.10.1，活动范围见表 2.10.1。

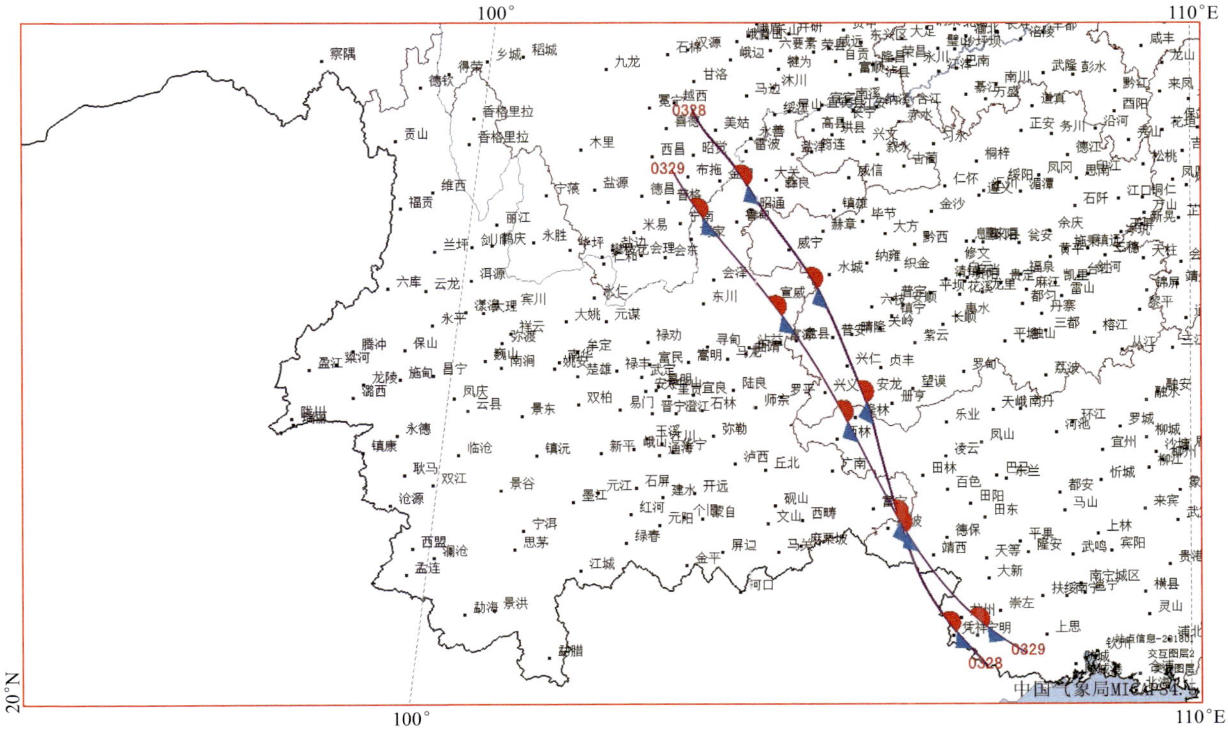

图 2.10.1　2016 年 3 月 28—29 日昆明准静止锋移动路径

表 2.10.1　2016 年 3 月 28—29 日昆明准静止锋位置

日期	昆明准静止锋位置
3 月 28 日	美姑—昭通—那坡
3 月 29 日	布拖—盘县—那坡

由于前期影响云南的冷锋东退形成昆明准静止锋，3 月 28 日云南大部分地区气温回升，为正变温；29 日随着昆明准静止锋北段西进，滇东北出现日最高气温负变温，最大变温出现在会泽，为－9.6 ℃（图 2.10.2）。

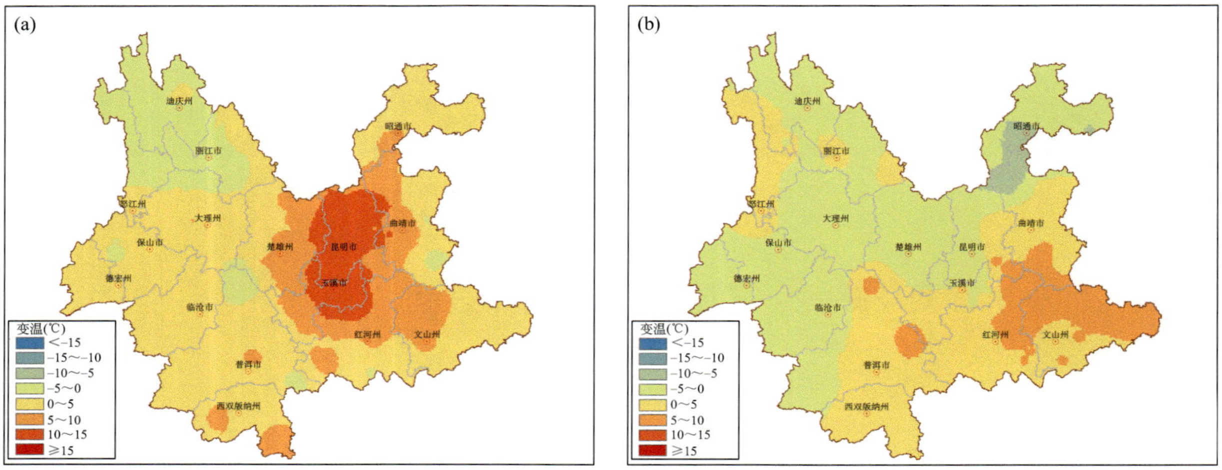

图 2.10.2　云南 2016 年 3 月 28 日(a)、29 日(b)最高气温 24 h 变温图

受昆明准静止锋影响，2016 年 3 月 28—29 日（20 时—20 时）除滇西有 5 个县市总降水量大于 10 mm 外，其余大部分地区总降水量都小于 10 mm。昆明准静止锋主要影响区域（滇中以东）有 31 个县市出现降水，总降水量都小于 3 mm（图 2.10.3a）。

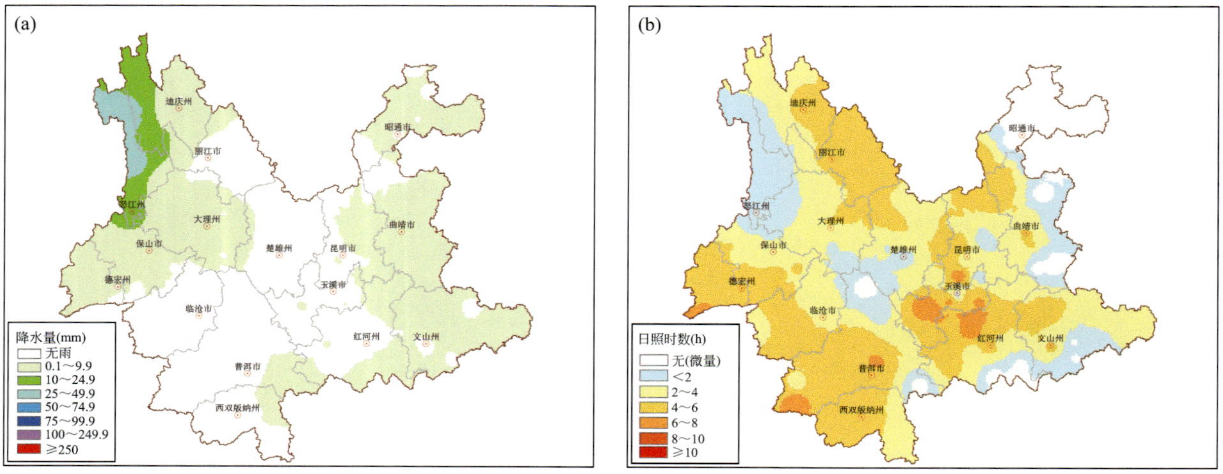

图 2.10.3　云南 2016 年 3 月 28—29 日累计降水量(a)和平均日照时数(b)

受昆明准静止锋影响，2016 年 3 月 28—29 日云南总日照时数有 108 个县市不足 15 h。其中日照时数少于 10 h 的县市有 77 个，昭通、曲靖、红河共有 12 个县市日照时数为 0 h，普洱有两个站点日照时数为 0 h（图略）。与常年同期相比，有 119 个县市日照时数偏少 20％以上，有 91 个县市偏少 50％以上，除日照时数为 0 h 的 14 个县市偏少 100％外，偏少最多的是屏边县，为 97.3％。六库、澄江、玉溪、巍山、云龙、蒙自 6 个

县市突破同期日照时数的历史最少纪录。图 2.10.3b 是昆明准静止锋影响期间的平均日照时数。

2.10.2 环流背景

(1)地面图

图 2.10.4 是 2016 年 3 月 28 日 14 时地面图和海平面气压场。图 2.10.5 是 2016 年 3 月 29 日 20 时地面图和海平面气压场。

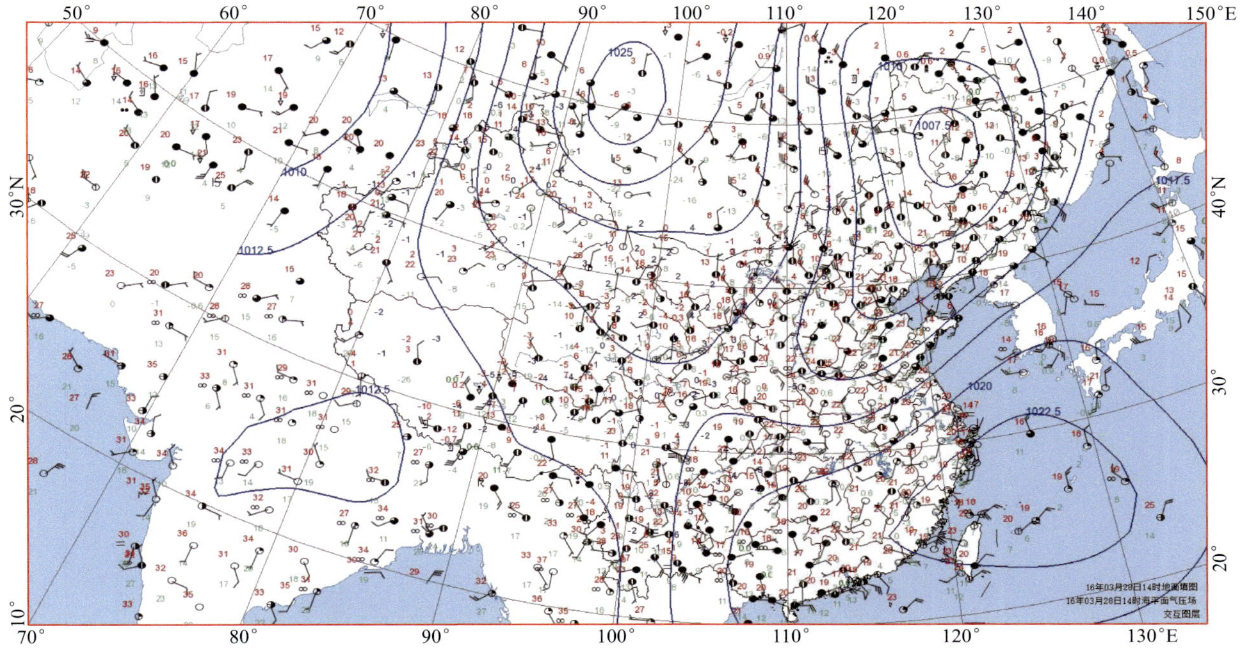

图 2.10.4 2016 年 3 月 28 日 14 时地面图和海平面气压场

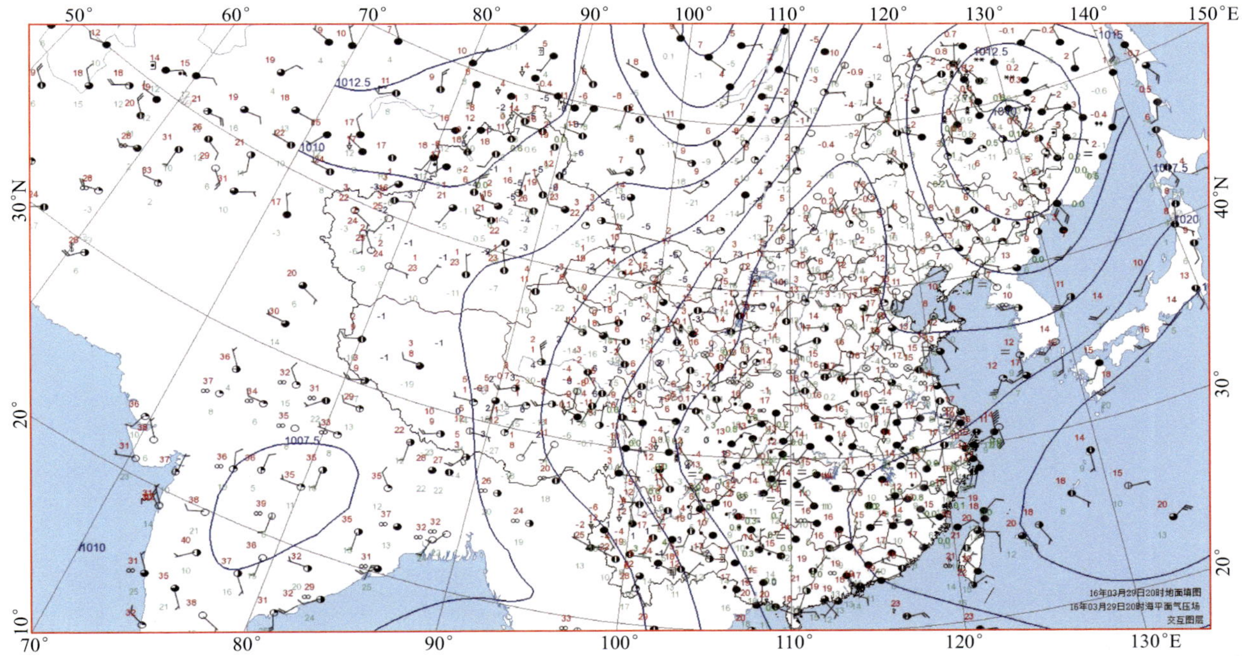

图 2.10.5 2016 年 3 月 29 日 20 时地面图和海平面气压场

(2)高空图

图 2.10.6 是 2016 年 3 月 28 日 08 时 850 hPa 高空图。图 2.10.7 是 2016 年 3 月 29 日 08 时 850 hPa 高空图。图 2.10.8 是 2016 年 3 月 28 日 08 时 500 hPa 高空图。图 2.10.9 是 2016 年 3 月 29 日 08 时 500 hPa 高空图。

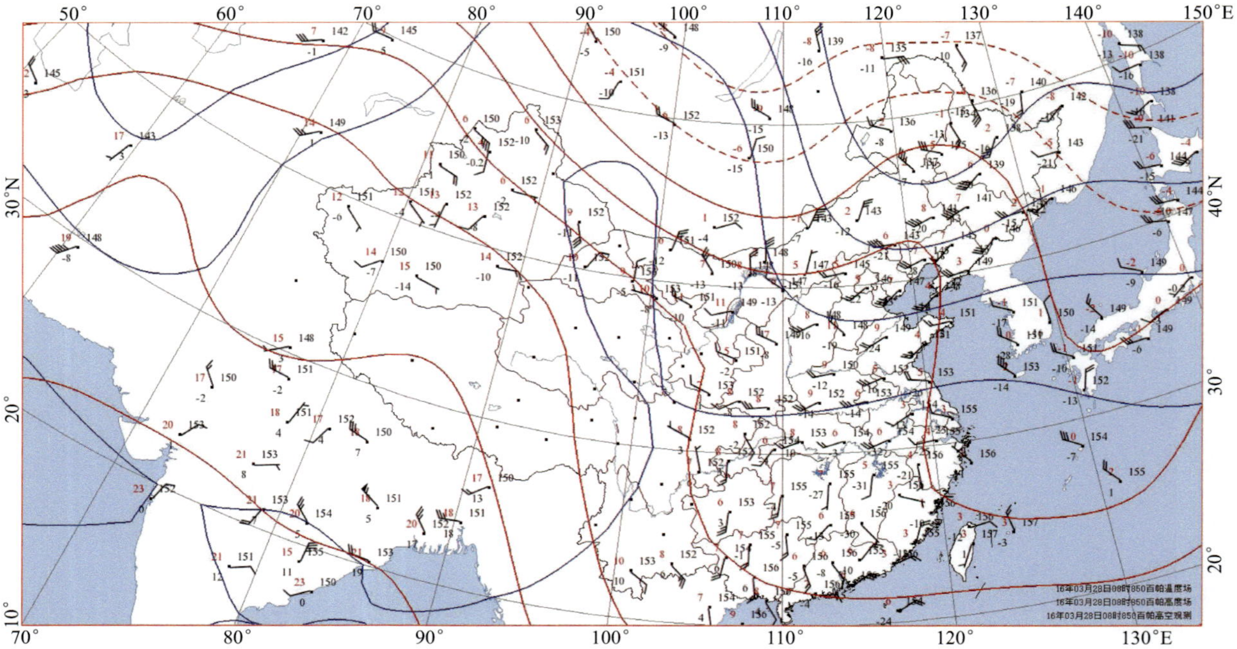

图 2.10.6　2016 年 3 月 28 日 08 时 850 hPa 高空图

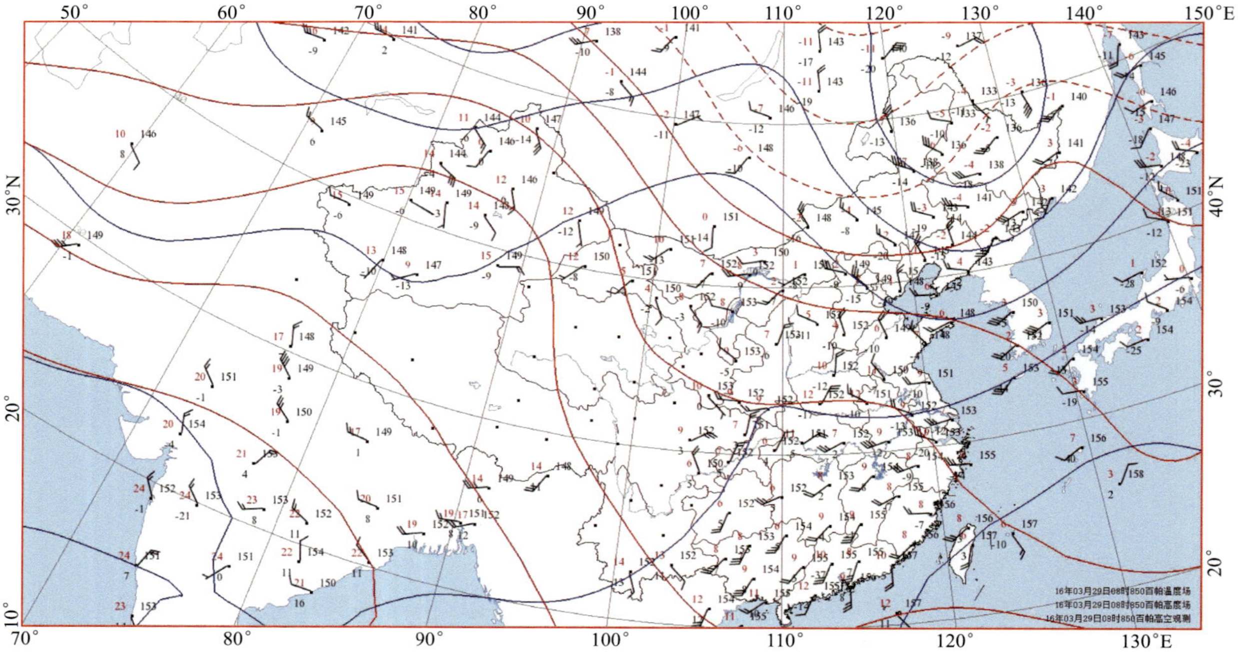

图 2.10.7　2016 年 3 月 29 日 08 时 850 hPa 高空图

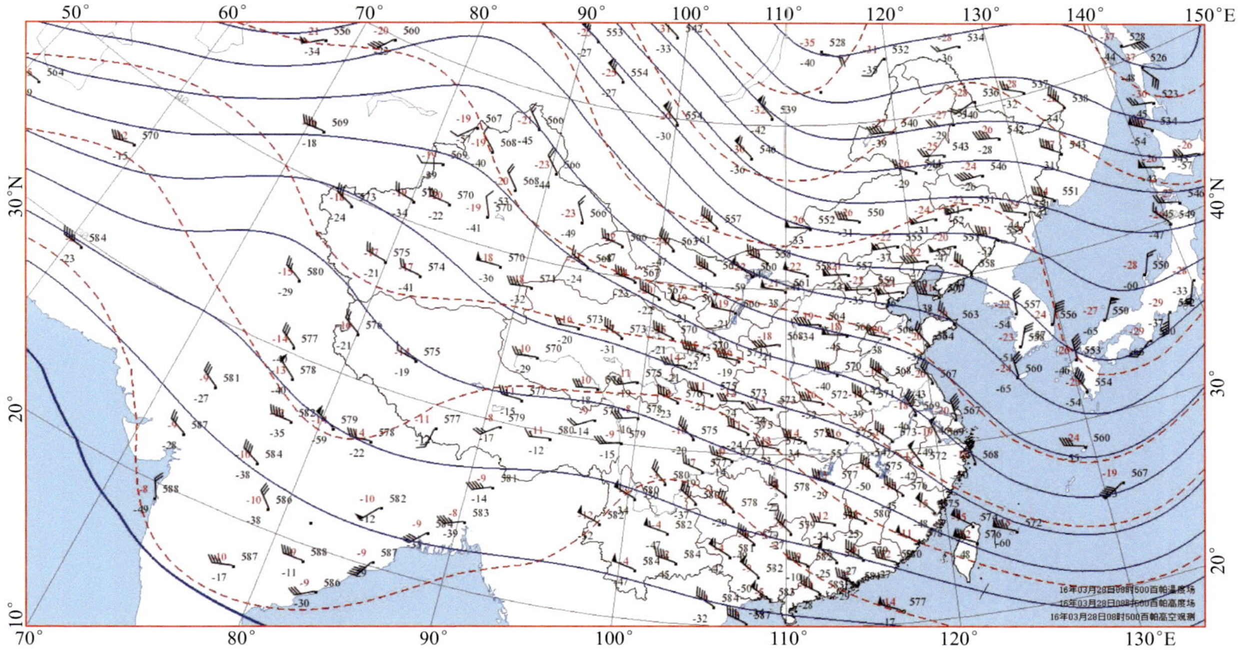

图 2.10.8　2016 年 3 月 28 日 08 时 500 hPa 高空图

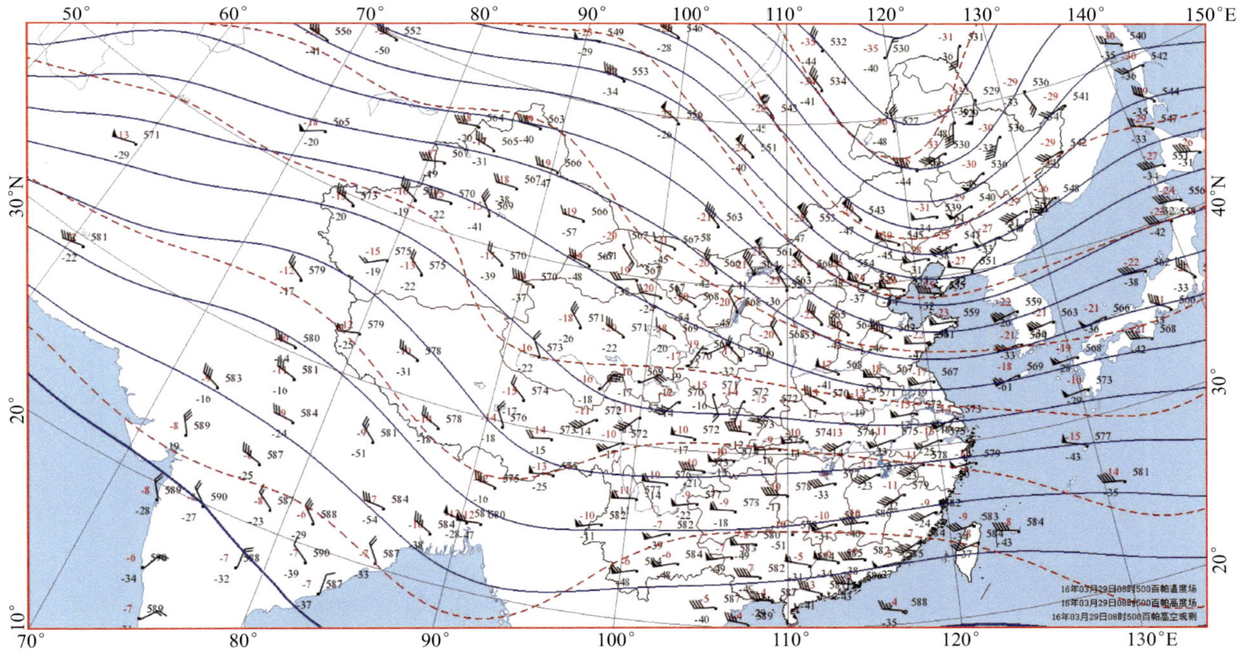

图 2.10.9　2016 年 3 月 29 日 08 时 500 hPa 高空图

2.10.3　卫星云图

图 2.10.10 是 2016 年 3 月 28 日 14 时、29 日 14 时卫星云图。

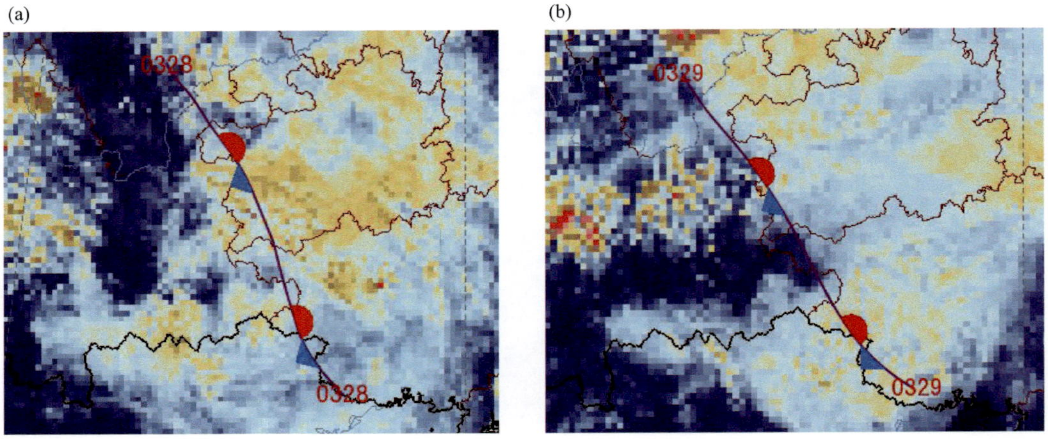

图 2.10.10　2016 年 3 月 28 日 14 时(a)、29 日 14 时(b)卫星云图

2.11　2016 年 4 月 7—14 日昆明准静止锋过程

2.11.1　过程概况

2016 年 4 月 7 日在云贵高原出现了昆明准静止锋天气系统，呈西北—东南向，贯穿四川、云南、贵州及广西四省(区)，锋面位于普格、会泽、富源、兴义及田东一线。8 日昆明准静止锋稍东退，9 日昆明准静止锋继续东退至昭觉、昭通、织金、荔波及柳城一线。10 日昆明准静止锋北段略东退，南段西进，锋面位于美姑、彝良、紫云及武鸣一线。11 日昆明准静止锋北段继续东退，南段继续西进，呈南北向，锋面位于盐津、威宁、盘县、兴义及富宁一线。12 日昆明准静止锋北段南压，南段东退，锋面位于布拖、鲁甸、贞丰、都安及贵港一线。13 日昆明准静止锋北段东退，南段西进，锋面位于永善、赫章、六枝、乐业及平果一线。14 日昆明准静止锋北段稍南压，南段略东退。之后，锋面减弱消失。4 月 7—14 日过程期间昆明准静止锋移动路径如图 2.11.1，活动范围见表 2.11.1。

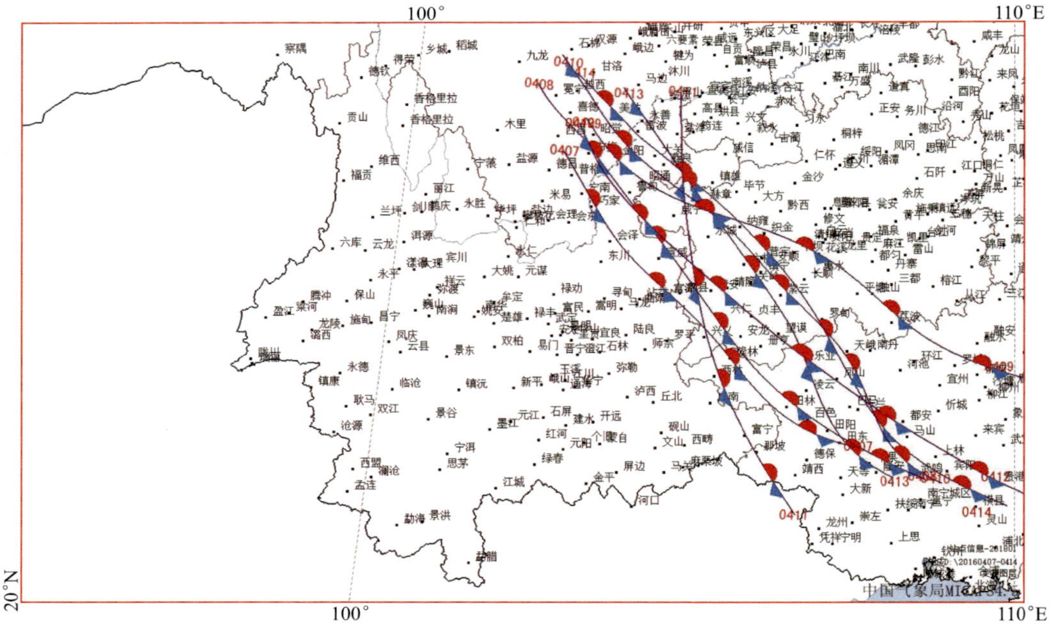

图 2.11.1　2016 年 4 月 7—14 日昆明准静止锋移动路径

表 2.11.1　2016 年 4 月 7—14 日昆明准静止锋位置

日期	昆明准静止锋位置
4 月 7 日	会泽—富源—田东
4 月 8 日	布拖—宣威—百色
4 月 9 日	昭通—荔波—柳城
4 月 10 日	美姑—彝良—紫云—武鸣
4 月 11 日	盐津—盘县—富宁
4 月 12 日	布拖—贞丰—贵港
4 月 13 日	永善—六枝—平果
4 月 14 日	雷波—罗甸—宾阳

受昆明准静止锋影响，4 月 7 日在准静止锋附近滇东边缘出现日最高气温负变温区，最大变温在巧家县，为−8.8 ℃；8—9 日随着昆明准静止锋东退，滇东气温回升；10—11 日在准静止锋附近有弱的负变温；12 日随着昆明准静止锋北段南压，滇东北负变温明显，最大变温在大关县，为−6 ℃；13 日云南大部气温回升，14 日滇东北再次出现小范围负变温(图 2.11.2)。

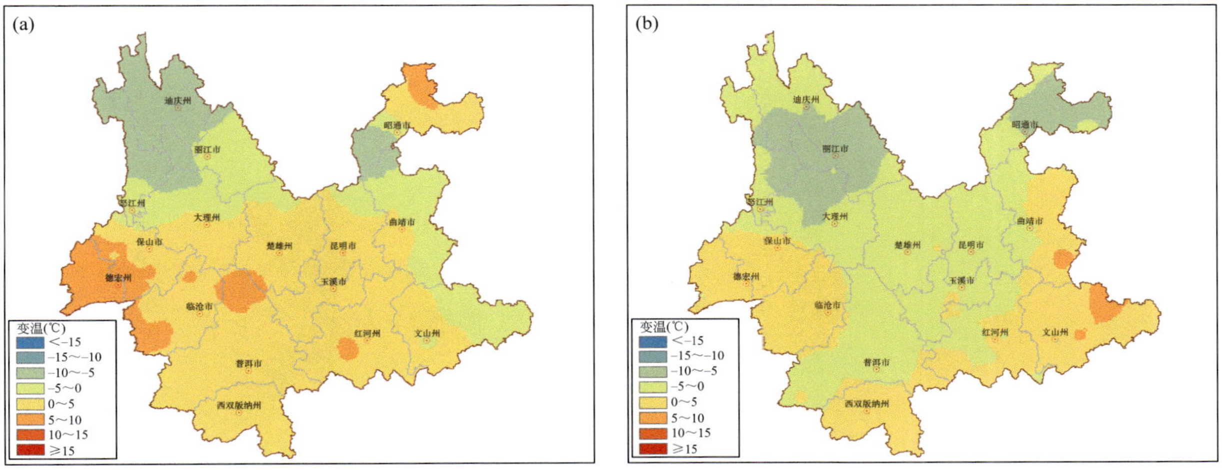

图 2.11.2　云南 2016 年 4 月 7 日(a)、12 日(b)最高气温 24 h 变温图

受昆明准静止锋和西南暖湿气流影响，2016 年 4 月 7—14 日(20 时—20 时)滇西北有 16 站总降水量大于 20 mm，最大为福贡 221.1 mm，滇东有 11 个县市大于 20 mm，其余大部地区总降水量都小于 20 mm，曲靖的宣威总降水量最大，为 67.3 mm(图 2.11.3a)。

受昆明准静止锋和西南暖湿气流影响，2016 年 4 月 7—14 日云南总日照时数有 53 个县市不足 70 h。其中日照时数少于 20 h 的县市有 9 个，最少的是福贡县，仅为 10.4 h，其次是威信县，为 10.6 h(图略)。与常年同期相比，有 23 个县市日照时数偏少 20%以上，福贡、永善、威信、彝良、贡山、镇雄 6 个县市偏少 50%以上，福贡偏少最多，为 66%，其次是永善，偏少 65.9%。图 2.11.3b 是昆明准静止锋影响期间的平均日照时数。

2.11.2　环流背景

(1)地面图

图 2.11.4 是 2016 年 4 月 7 日 14 时地面图和海平面气压场。图 2.11.5 是 2016 年 4 月 14 日 20 时

地面图和海平面气压场。

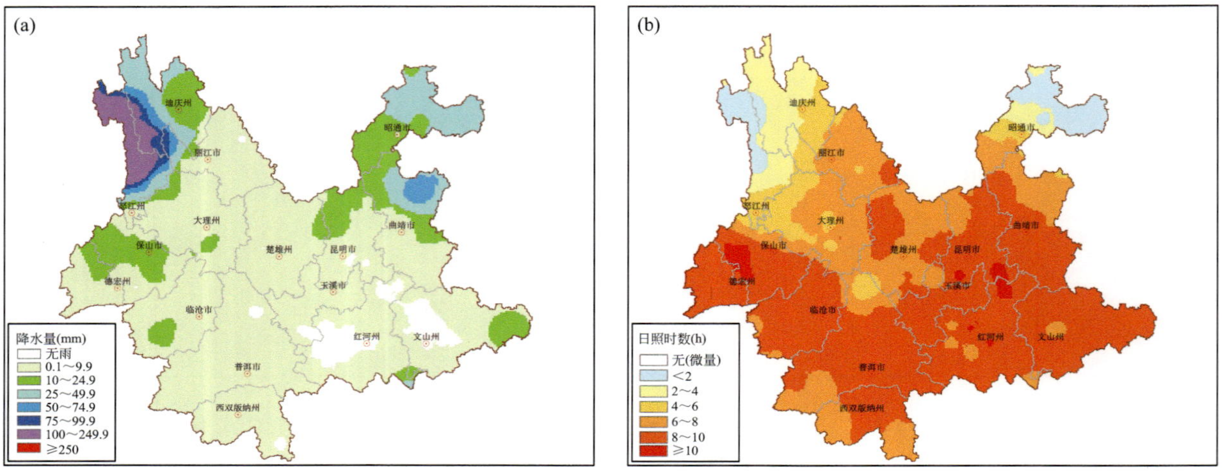

图 2.11.3　云南 2016 年 4 月 7—14 日累计降水量(a)和平均日照时数(b)

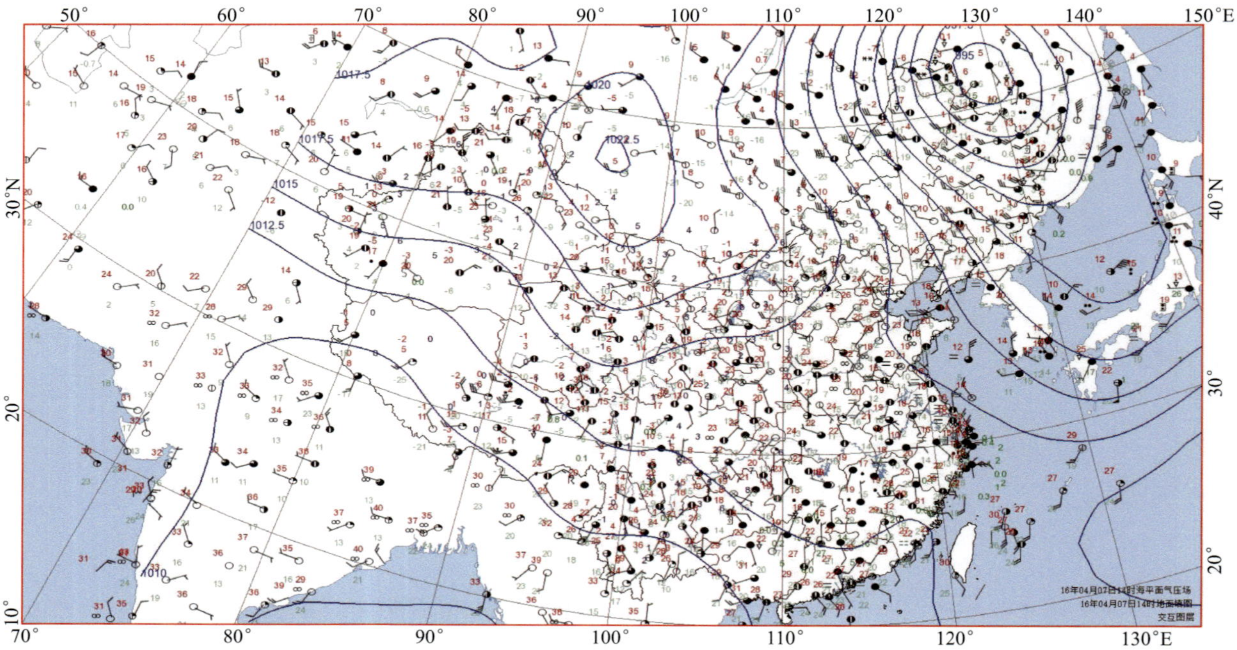

图 2.11.4　2016 年 4 月 7 日 14 时地面图和海平面气压场

(2)高空图

图 2.11.6 是 2016 年 4 月 7 日 08 时 850 hPa 高空图。图 2.11.7 是 2016 年 4 月 14 日 08 时 850 hPa 高空图。图 2.11.8 是 2016 年 4 月 7 日 08 时 500 hPa 高空图。图 2.11.9 是 2016 年 4 月 14 日 08 时 500 hPa 高空图。

2.11.3　卫星云图

图 2.11.10 是 2016 年 4 月 11 日 14 时、14 日 14 时卫星云图。

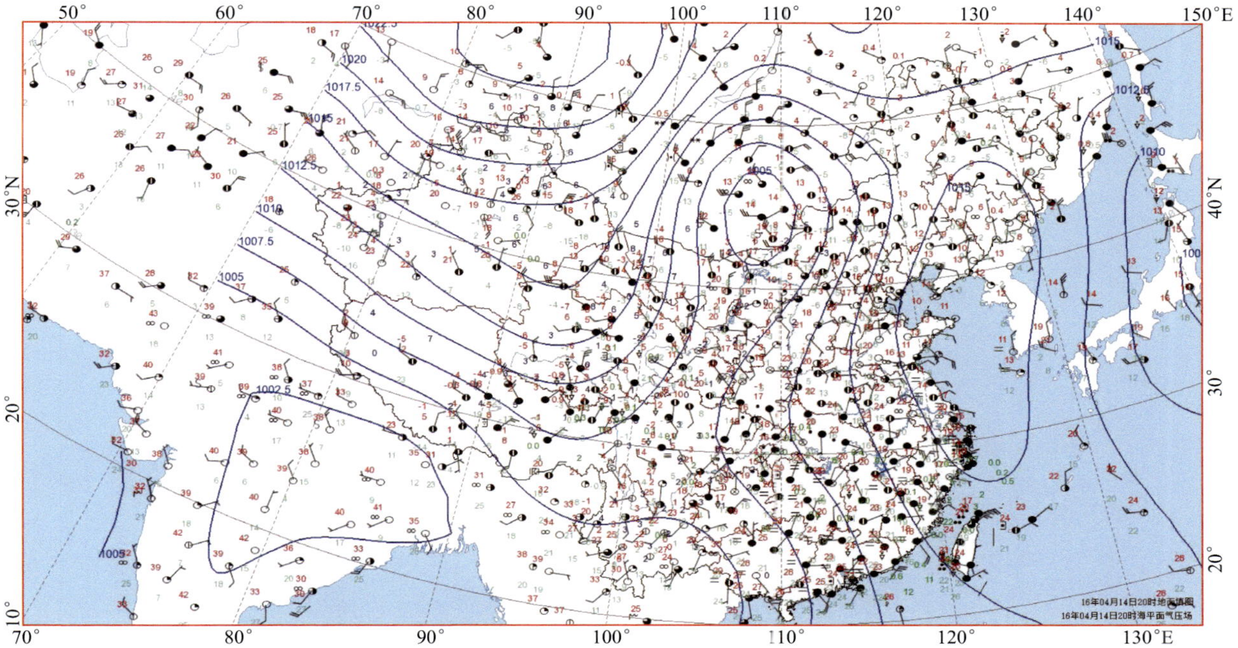

图 2.11.5　2016 年 4 月 14 日 20 时地面图和海平面气压场

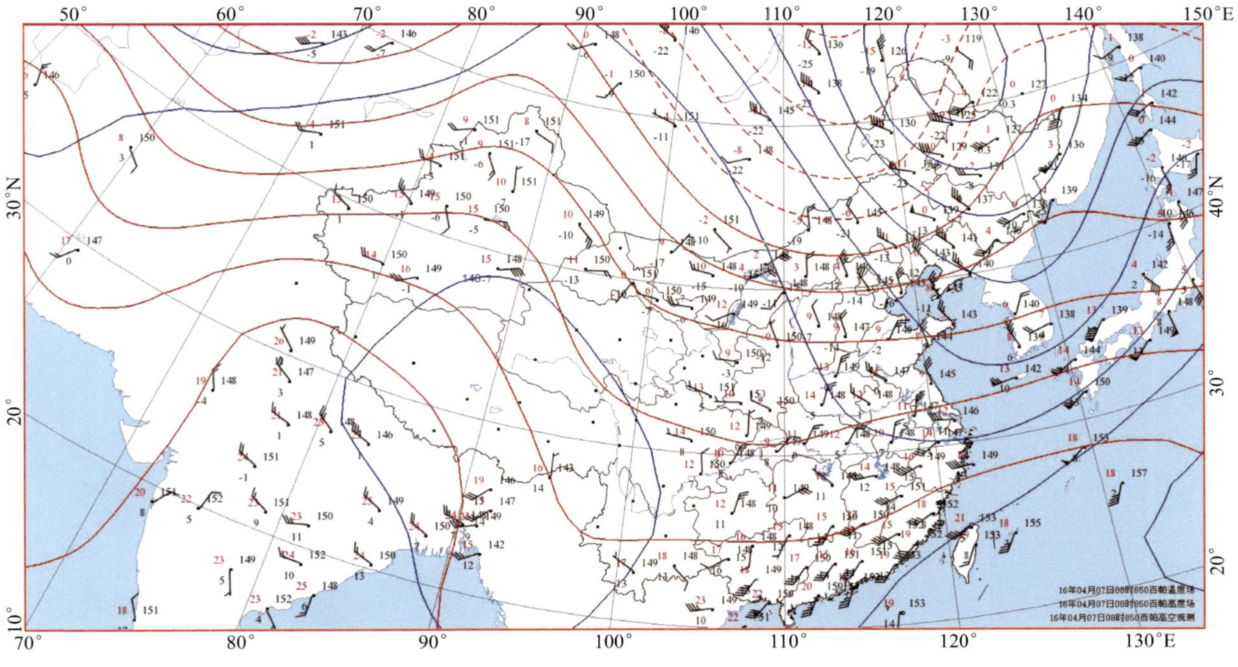

图 2.11.6　2016 年 4 月 7 日 08 时 850 hPa 高空图

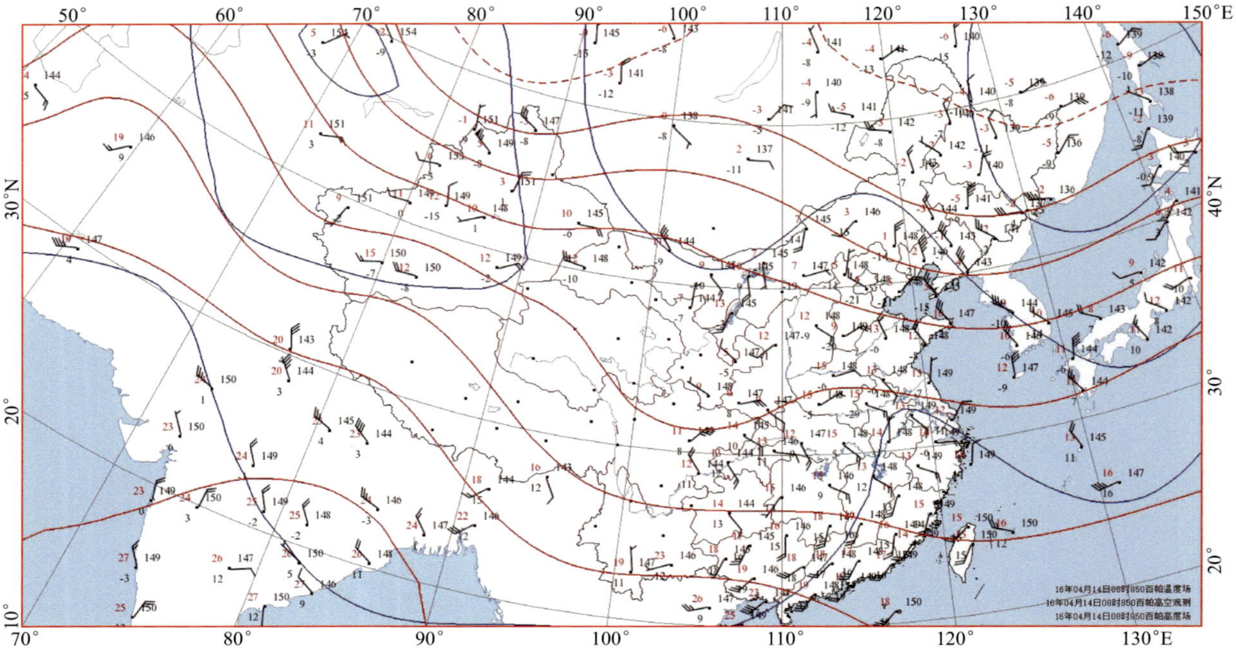

图 2.11.7　2016 年 4 月 14 日 08 时 850 hPa 高空图

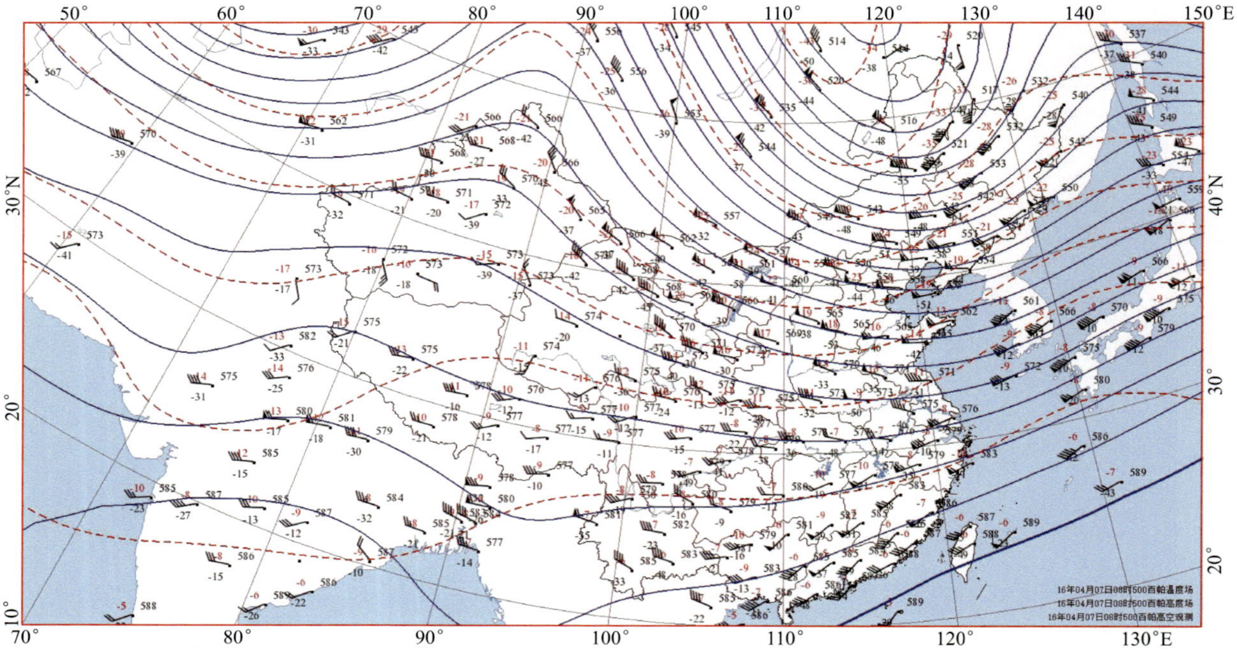

图 2.11.8　2016 年 4 月 7 日 08 时 500 hPa 高空图

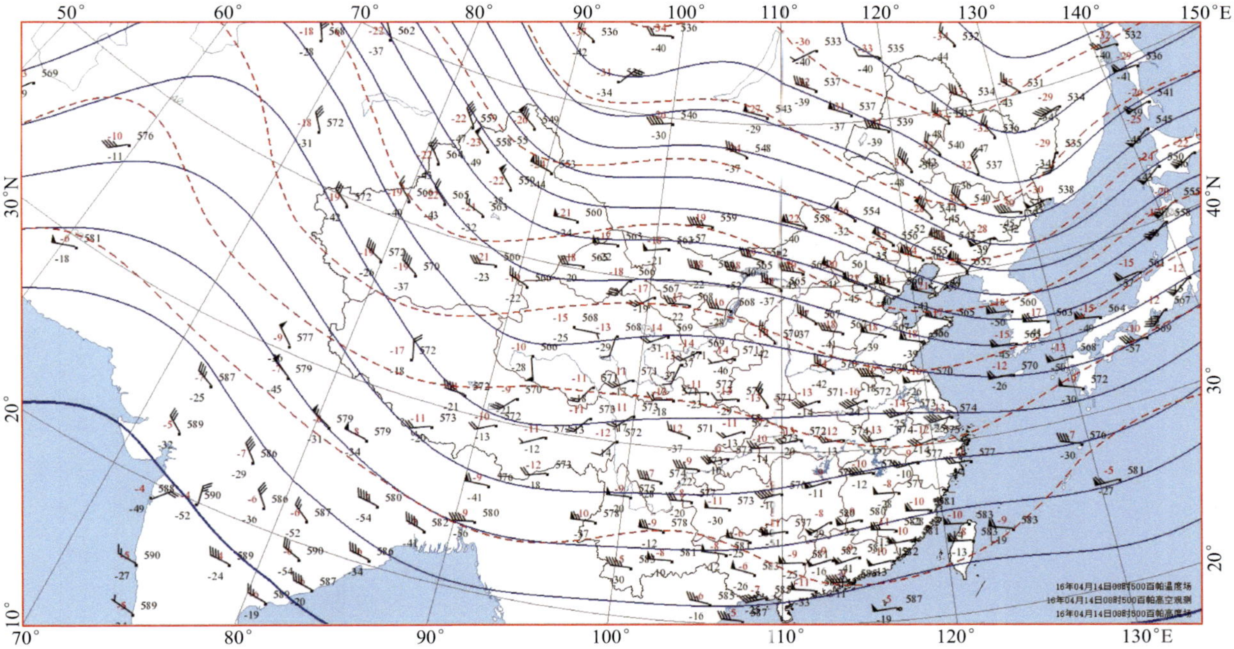

图 2.11.9　2016 年 4 月 14 日 08 时 500 hPa 高空图

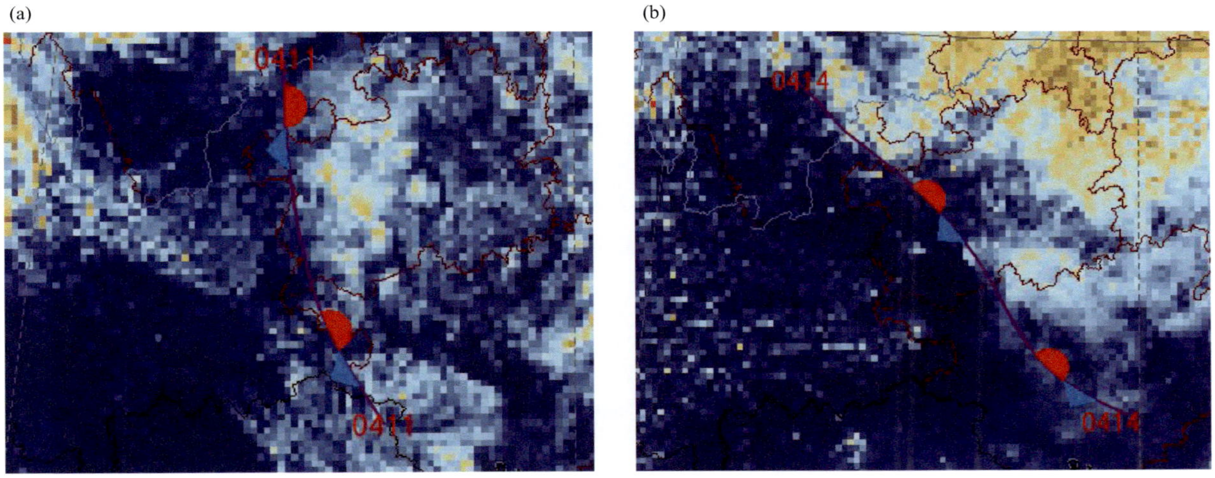

图 2.11.10　2016 年 4 月 11 日 14 时(a)、14 日 14 时(b)卫星云图

2.12　2016 年 4 月 20—30 日昆明准静止锋过程

2.12.1　过程概况

2016 年 4 月 20 日在云贵高原出现了昆明准静止锋天气系统，呈西北—东南向，贯穿四川、云南、广西三省(区)，锋面位于盐边、嵩明、广南及富宁一线。21 日昆明准静止锋略东退，22 日昆明准静止锋继续东退至滇东边缘地区，位于布拖、宣威、盘县、隆林及德保一线。23 日昆明准静止锋西进至会东、东川、曲靖、广南及富宁一线。24 日昆明准静止锋少动，25 日明显东退，位于永善、水城、贞丰、凌云及平果一线。26 日昆明准静止锋西进，27 日继续西进至会东、嵩明、弥勒及马关一线，28 日昆明准静止锋北段

维持，南段略东退。29 日昆明准静止锋东退至普格、会泽、沾益、罗平、广南及那坡一线，30 日继续东退至雷波、昭通、盘县、兴义、隆林及靖西一线。之后，锋面减弱消失。4 月 20—30 日过程期间昆明准静止锋移动路径如图 2.12.1，活动范围见表 2.12.1。

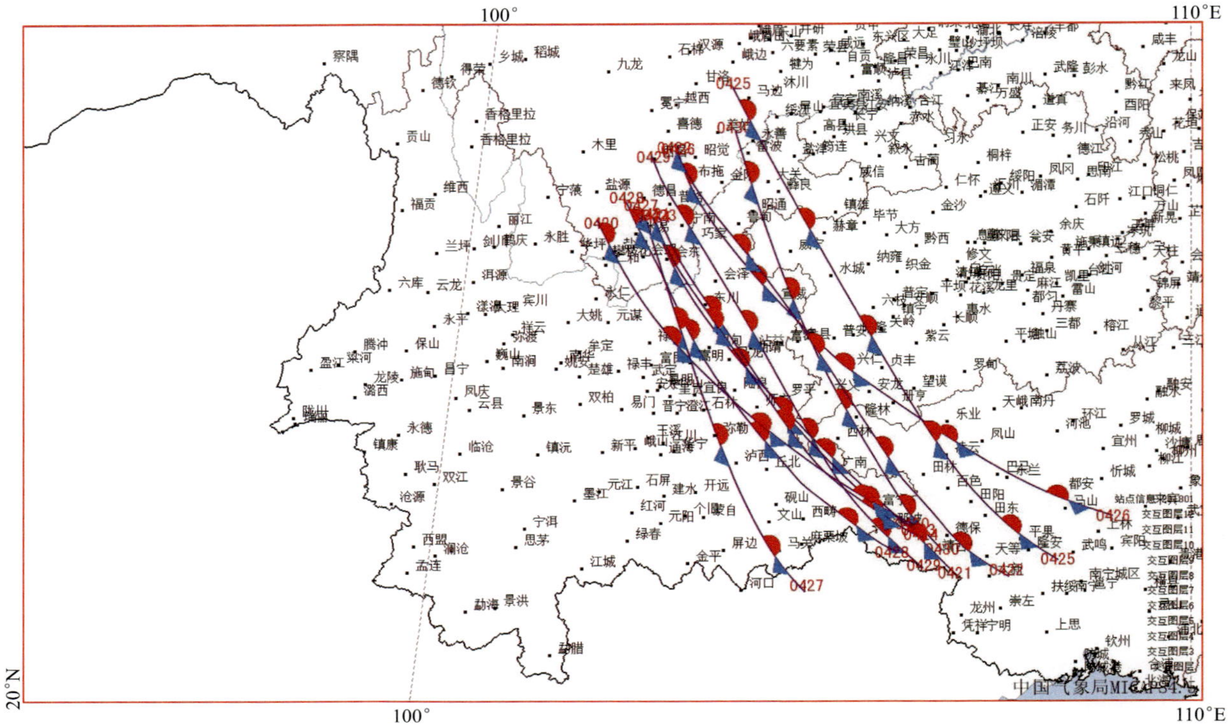

图 2.12.1　2016 年 4 月 20—30 日昆明准静止锋移动路径

表 2.12.1　2016 年 4 月 20—30 日昆明准静止锋位置

日期	昆明准静止锋位置
4 月 20 日	盐边—嵩明—富宁
4 月 21 日	会东—罗平—富宁
4 月 22 日	布拖—宣威—隆林
4 月 23 日	会东—曲靖—富宁
4 月 24 日	会东—马龙—富宁
4 月 25 日	永善—贞丰—平果
4 月 26 日	布拖—兴仁—都安
4 月 27 日	会东—嵩明—马关
4 月 28 日	米易—嵩明—西畴
4 月 29 日	普格—会泽—沾益—那坡
4 月 30 日	雷波—昭通—兴义—隆林

受昆明准静止锋影响，4 月 20 日滇东出现日最高气温负变温区，最大变温在会泽县，为−9.3 ℃；21—22 日滇东负变温范围缩小，幅度减弱；23—24 日负变温范围增大，变温幅度不大，25—26 日云南大部为正变温；27 日随着昆明准静止锋西进，滇东大部转为负变温，最大变温在会泽县，为−8 ℃；28 日负变温范围缩小至滇东北，29—30 日随着昆明准静止减弱东退，云南逐渐转为正变温区(图 2.12.2)。

受昆明准静止锋和西南暖湿气流影响，2016 年 4 月 20—30 日(20 时—20 时)云南共有 93 站总降水量大于 10 mm，其中有 36 站大于 50 mm，怒江州的福贡总降水量最大为 300.9 mm。昆明准静止锋主

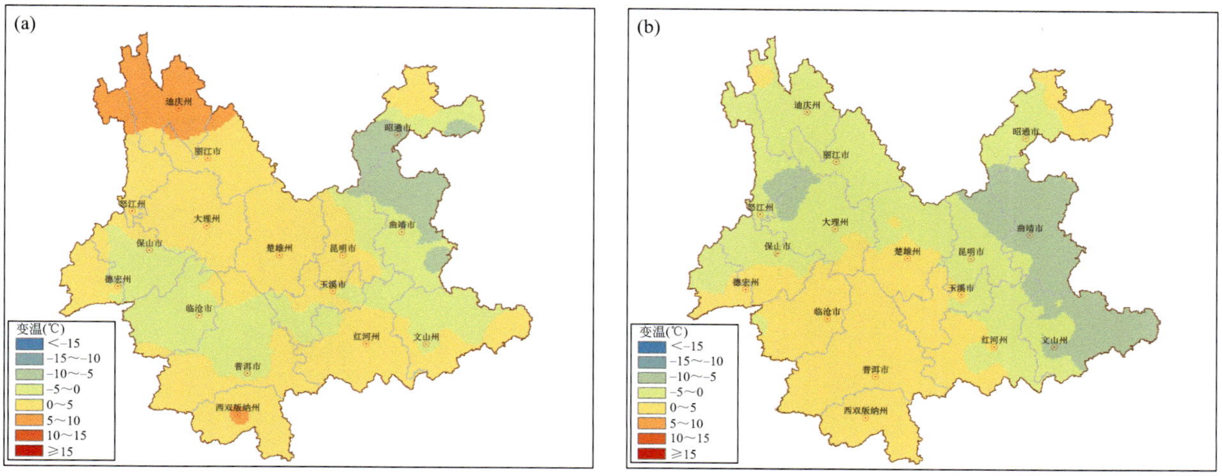

图 2.12.2　云南 2016 年 4 月 20 日(a)、27 日(b)最高气温 24 h 变温图

要影响区域(昭通、曲靖、文山、昆明)有 27 个县市总降水量大于 10 mm,其中西畴、广南、富宁、盐津、马关 5 个县市大于 50 mm,文山州西畴县总降水量最大,为 67.7 mm(图 2.12.3a)。

受昆明准静止锋影响和西南气流影响,2016 年 4 月 20—30 日滇东北、滇西北总日照时数共有 44 站少于 70 h,其中有 17 站小于 50 h。昭通、曲靖、文山共有 18 站日照时数小于 70 h,其中 10 站小于 50 h,最少的是永善县,为 19.8 h,其次为大关县 20 h(图略)。与常年同期相比,昭通、曲靖、文山、昆明共有 17 个县市日照时数偏少 20%以上,永善、彝良、大关、昭通、鲁甸 5 个县市偏少 50%以上,永善偏少最多,为 60.6%,其中大关、昭通突破同期历史最少纪录。图 2.12.3b 是昆明准静止锋影响期间的平均日照时数。

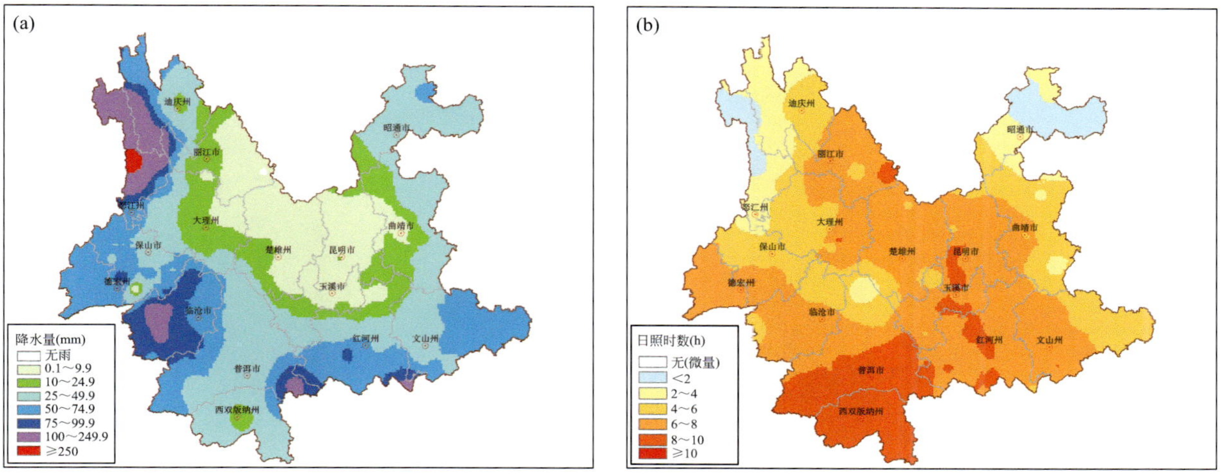

图 2.12.3　云南 2016 年 4 月 20—30 日累计降水量(a)和平均日照时数(b)

2.12.2　环流背景

(1)地面图

图 2.12.4 是 2016 年 4 月 20 日 14 时地面图和海平面气压场。图 2.12.5 是 2016 年 4 月 30 日 20 时地面图和海平面气压场。

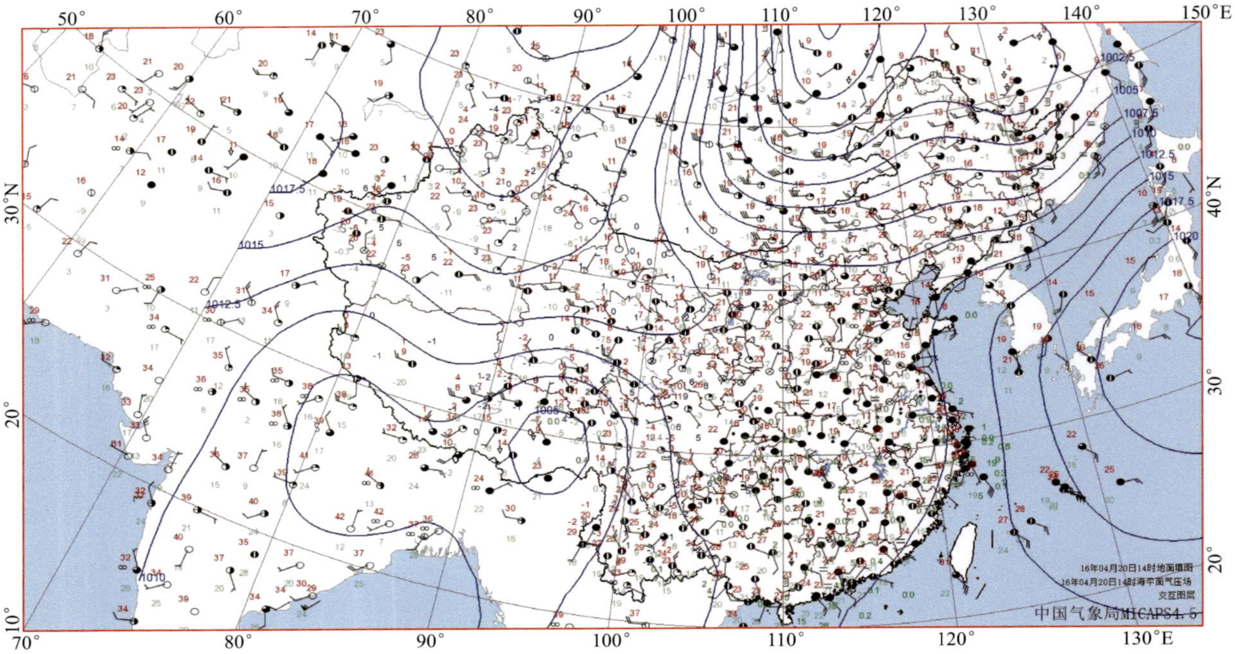

图 2.12.4　2016 年 4 月 20 日 14 时地面图和海平面气压场

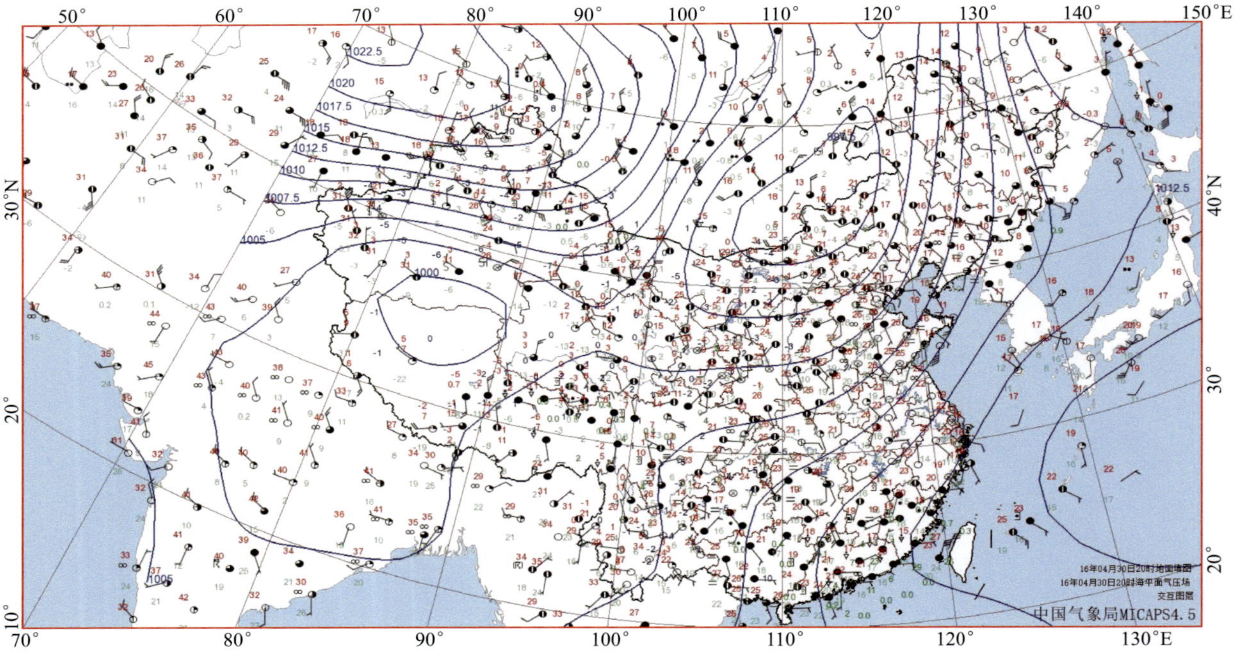

图 2.12.5　2016 年 4 月 30 日 20 时地面图和海平面气压场

(2)高空图

图 2.12.6 是 2016 年 4 月 20 日 08 时 850 hPa 高空图。图 2.12.7 是 2016 年 4 月 30 日 08 时 850 hPa 高空图。图 2.12.8 是 2016 年 4 月 20 日 08 时 500 hPa 高空图。图 2.12.9 是 2016 年 4 月 30 日 08 时 500 hPa 高空图。

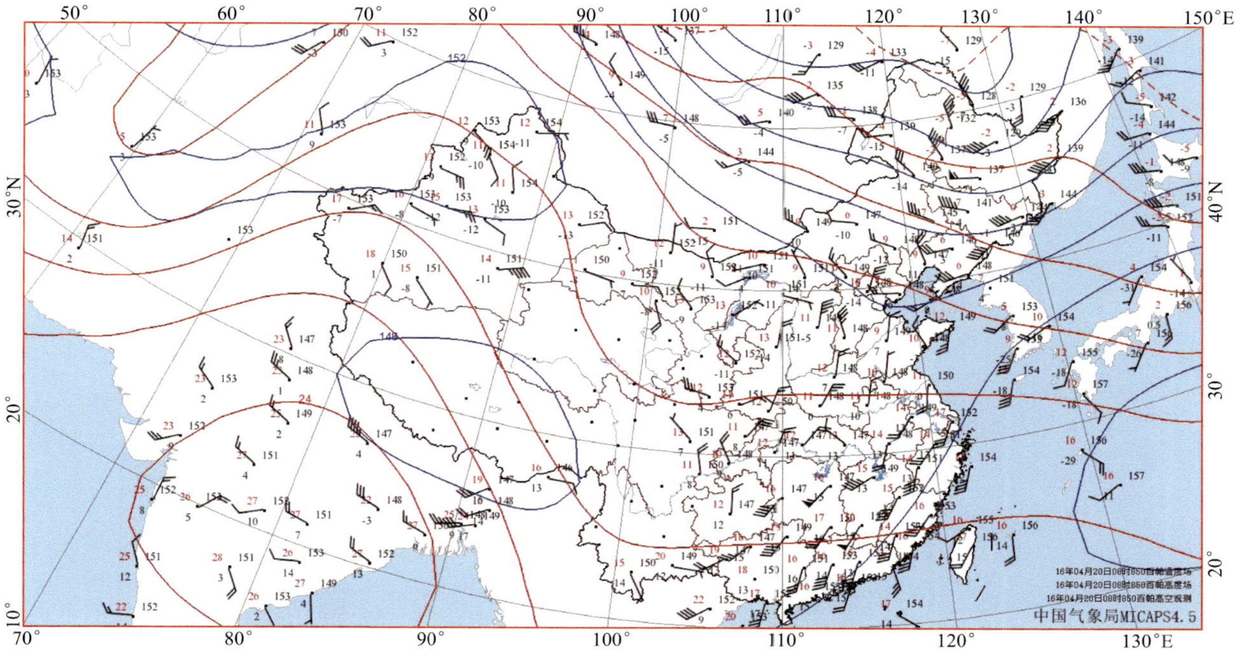

图 2.12.6　2016 年 4 月 20 日 08 时 850 hPa 高空图

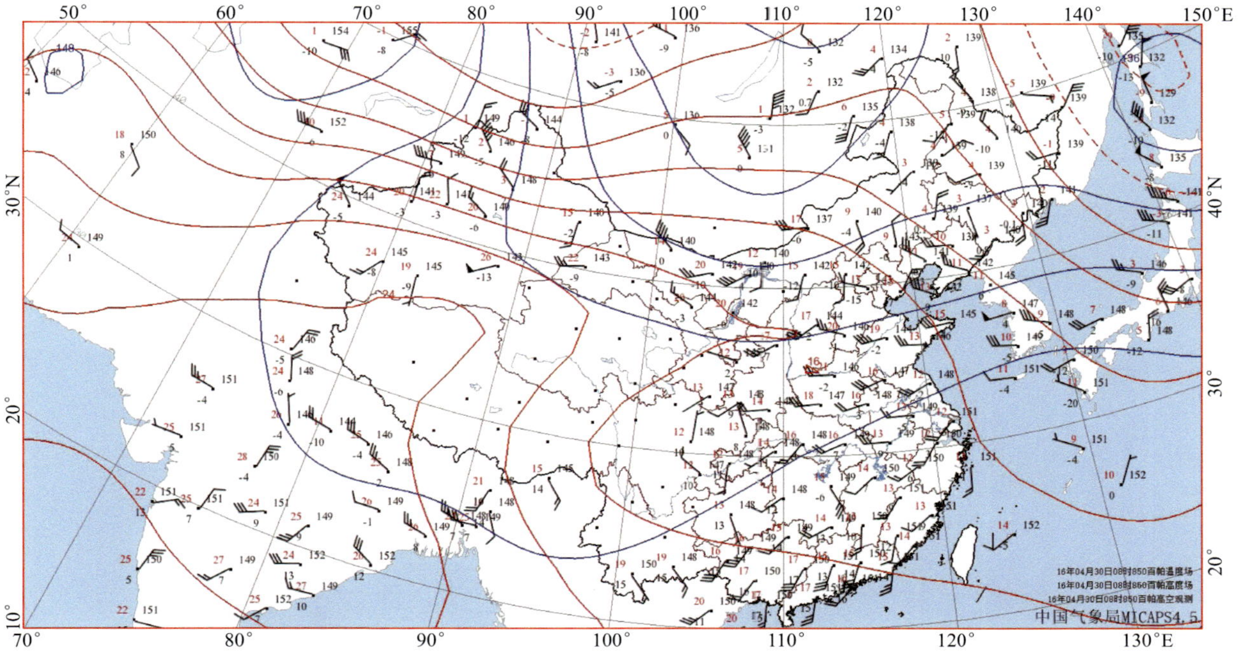

图 2.12.7　2016 年 4 月 30 日 08 时 850 hPa 高空图

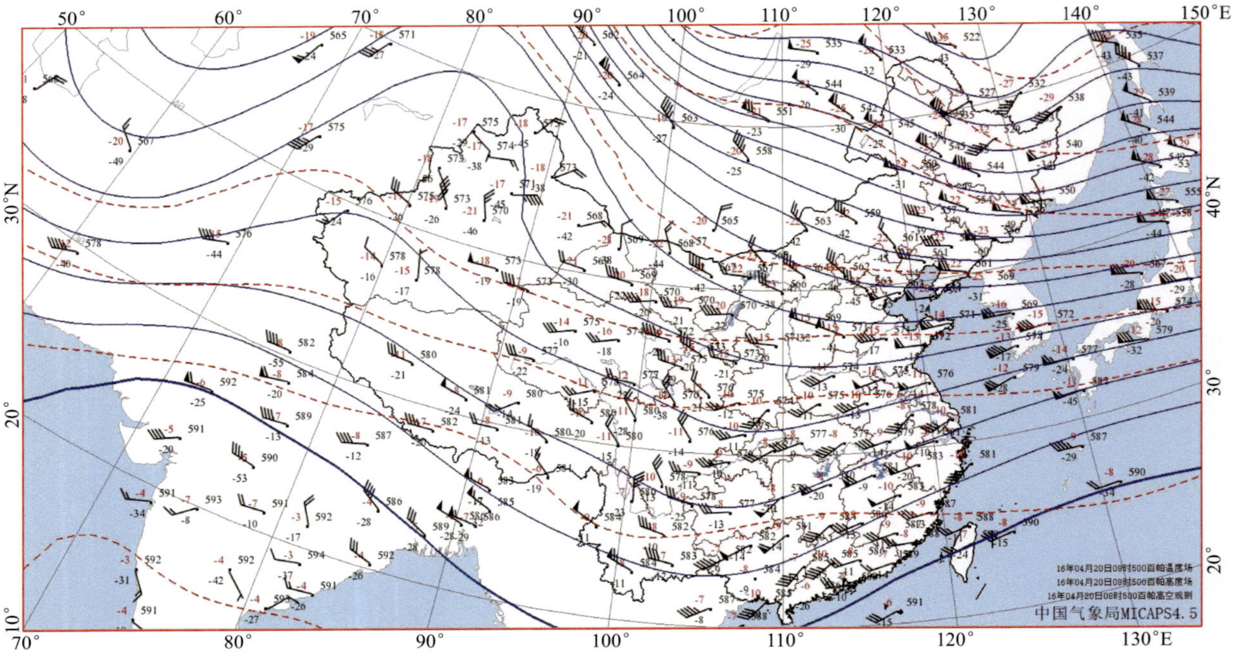

图 2.12.8　2016 年 4 月 20 日 08 时 500 hPa 高空图

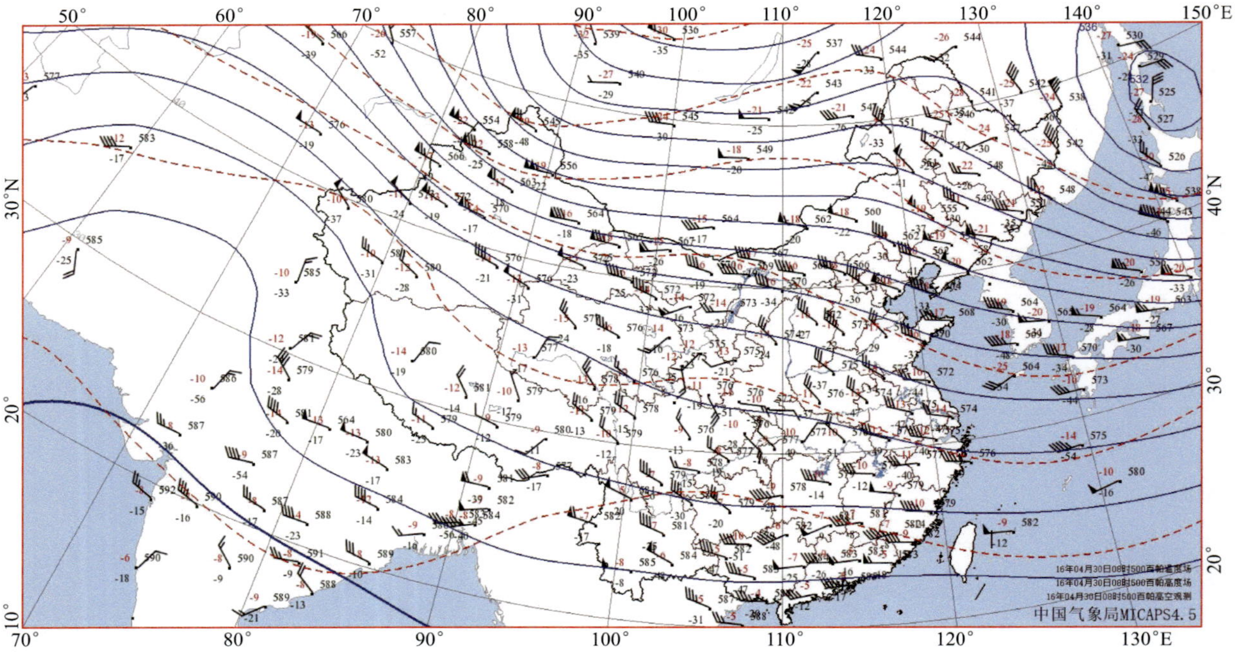

图 2.12.9　2016 年 4 月 30 日 08 时 500 hPa 高空图

2.12.3　卫星云图

图 2.12.10 是 2016 年 4 月 25 日 14 时、30 日 14 时卫星云图。

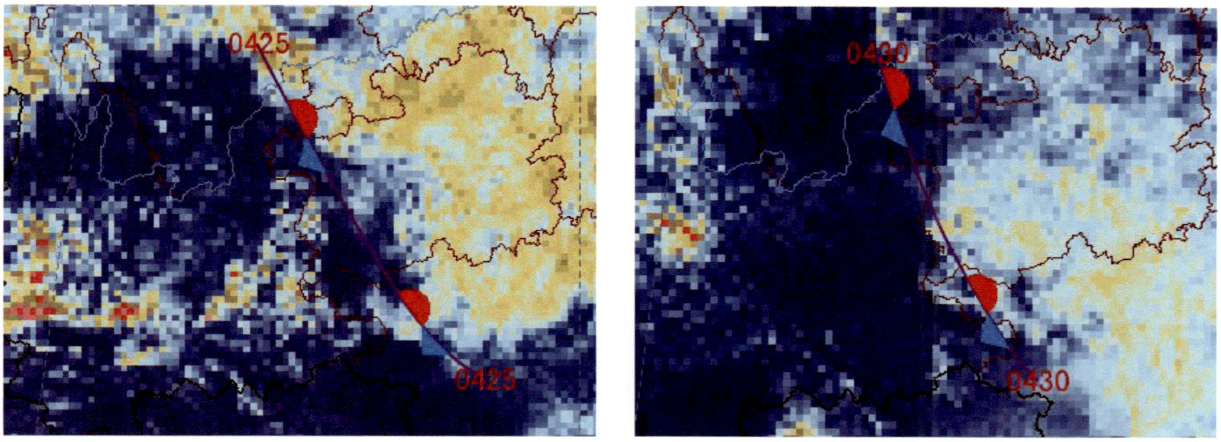

图 2.12.10　2016 年 4 月 25 日 14 时(a)、30 日 14 时(b)卫星云图

2.13　2016 年 11 月 12—14 日昆明准静止锋过程

2.13.1　过程概况

2016 年 11 月 12 日在云贵高原出现了昆明准静止锋天气系统，呈准南北向，贯穿四川、云南、贵州及广西四省(区)，锋面位于永善、彝良、威宁、兴义及富宁一线。13 日昆明准静止锋略东退，位于彝良、兴仁、那坡及凭祥一线。14 日昆明准静止锋减弱东退至西昌、巧家、宣威、罗甸及从江一线。之后，锋面减弱东退至贵阳以东地区。11 月 12—14 日过程期间昆明准静止锋移动路径如图 2.13.1，活动范围见表 2.13.1。

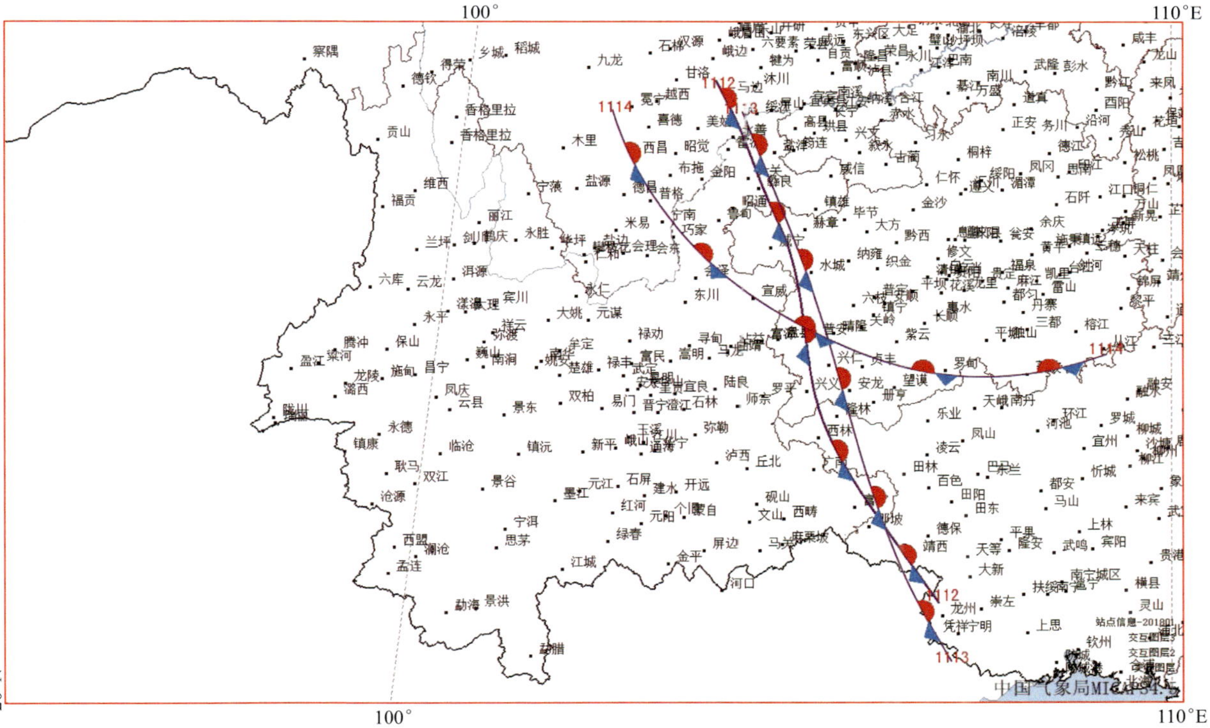

图 2.13.1　2016 年 11 月 12—14 日昆明准静止锋移动路径

表 2.13.1 2016 年 11 月 12—14 日昆明准静止锋位置

日期	昆明准静止锋位置
11 月 12 日	永善—威宁—富宁
11 月 13 日	彝良—兴仁—那坡
11 月 14 日	西昌—宣威—从江

受昆明准静止锋影响，11 月 12 日滇东北出现日最高气温负变温区，最大变温在镇雄县，为−8.9 ℃；13 日随着昆明准静止锋稍减弱东退，滇东北降温范围缩小，幅度减弱；14 日随着昆明准静止锋北段南压，滇东北再次出现负变温，最大变温在会泽，为−5 ℃(图 2.13.2)。

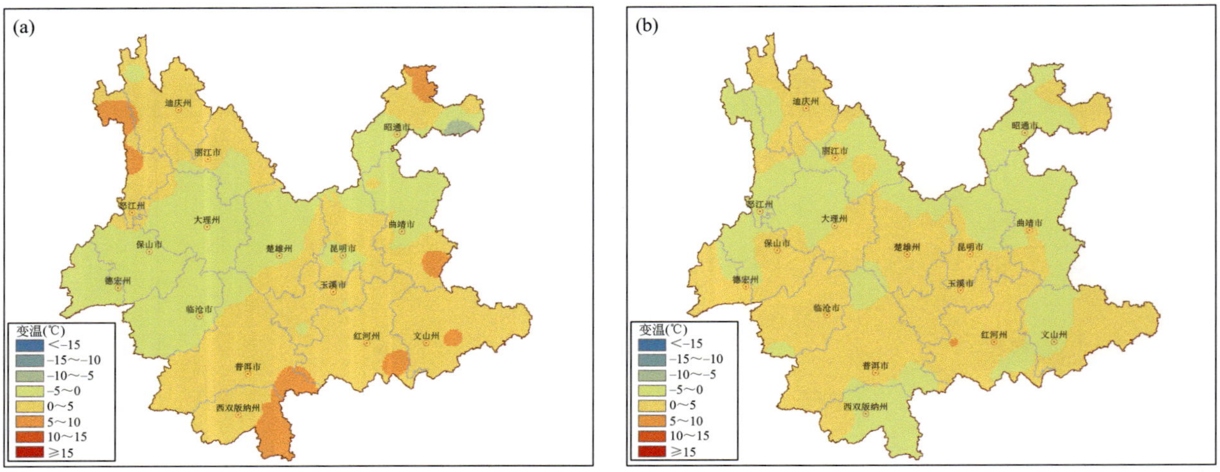

图 2.13.2 云南 2016 年 11 月 12 日(a)、14 日(b)最高气温 24 h 变温图

受昆明准静止锋影响，2016 年 11 月 12—14 日(20 时—20 时)滇东北、滇东南共有 7 个县市出现小雨，总降水量均小于 2 mm(图 2.13.3a)。

受昆明准静止锋影响，2016 年 11 月 12—14 日云南总日照时数有 52 个县市不足 30 h。其中日照时数少于 20 h 的县市有 22 个，威信、大关、盐津、镇雄、永善、彝良 6 个县市少于 8 h，最少的是威信县，为 0 h，其次大关县，为 0.3 h(图略)。与常年同期相比，有 25 日县市日照时数偏少，13 个县市日照时数偏少 20%以上，威信、大关、盐津、镇雄偏少 50%以上，威信偏少 100%，其次为大关，偏少 97%。图 2.13.3b 是昆明准静止锋影响期间的平均日照时数。

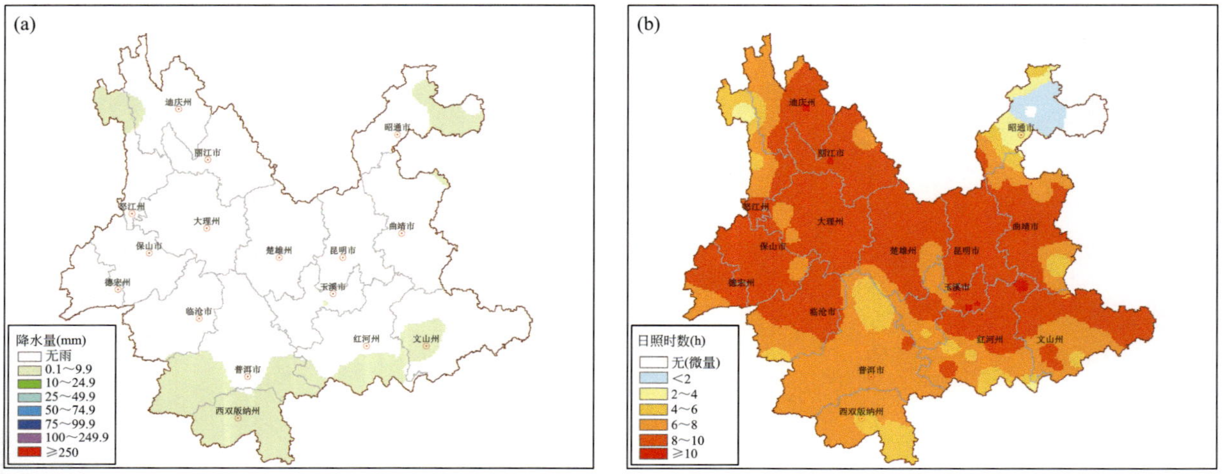

图 2.13.3 云南 2016 年 11 月 12—14 日累计降水量(a)和平均日照时数(b)

2.13.2 环流背景

(1)地面图

图 2.13.4 是 2016 年 11 月 12 日 14 时地面图和海平面气压场。图 2.13.5 是 2016 年 11 月 14 日 20 时地面图和海平面气压场。

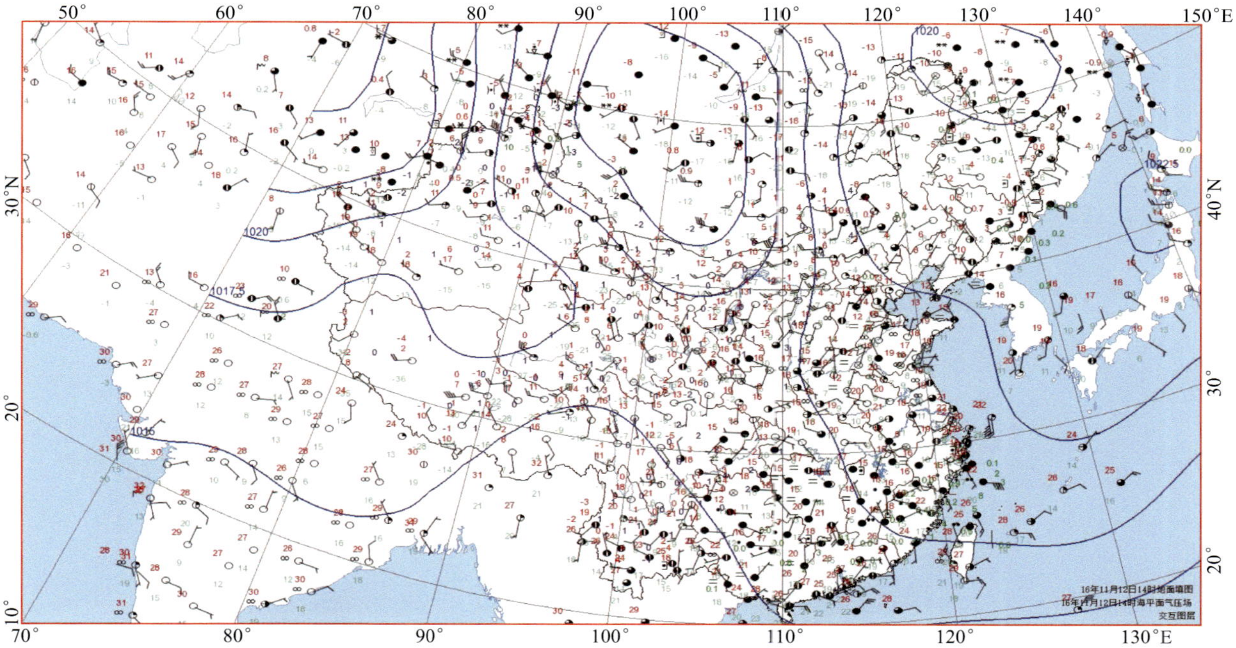

图 2.13.4 2016 年 11 月 12 日 14 时地面图和海平面气压场

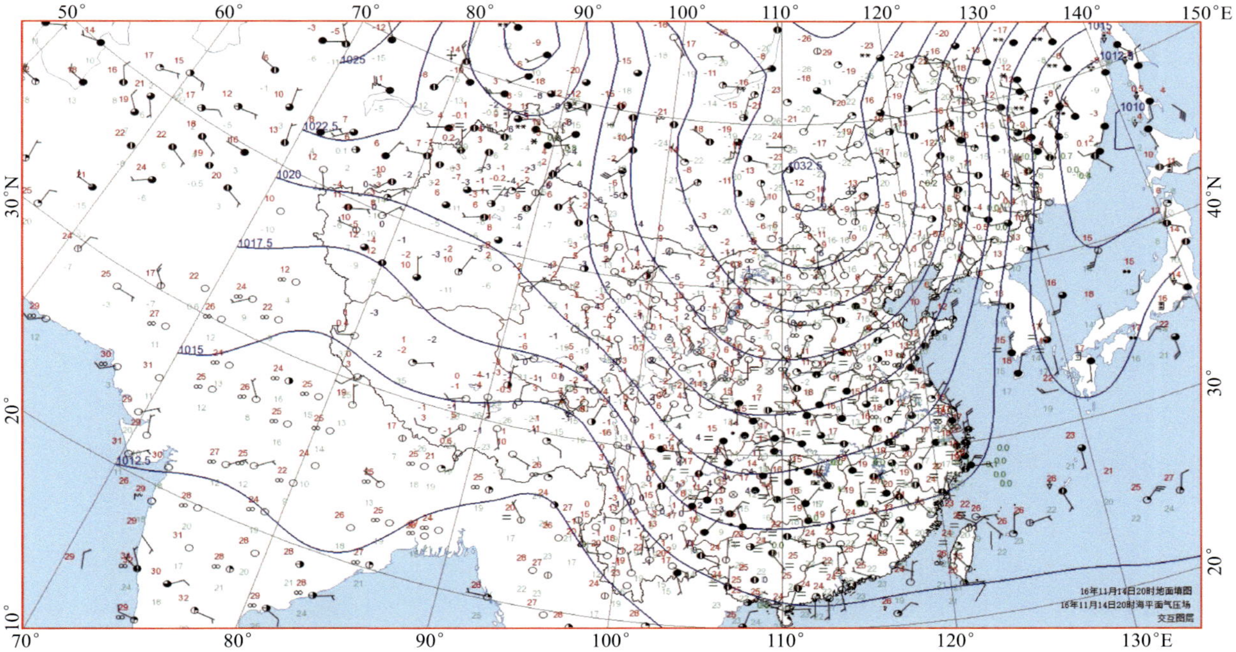

图 2.13.5 2016 年 11 月 14 日 20 时地面图和海平面气压场

(2)高空图

图 2.13.6 是 2016 年 11 月 12 日 08 时 850 hPa 高空图。图 2.13.7 是 2016 年 11 月 14 日 08 时 850 hPa 高空图。图 2.13.8 是 2016 年 11 月 12 日 08 时 500 hPa 高空图。图 2.13.9 是 2016 年 11 月 14 日 08 时 500 hPa 高空图。

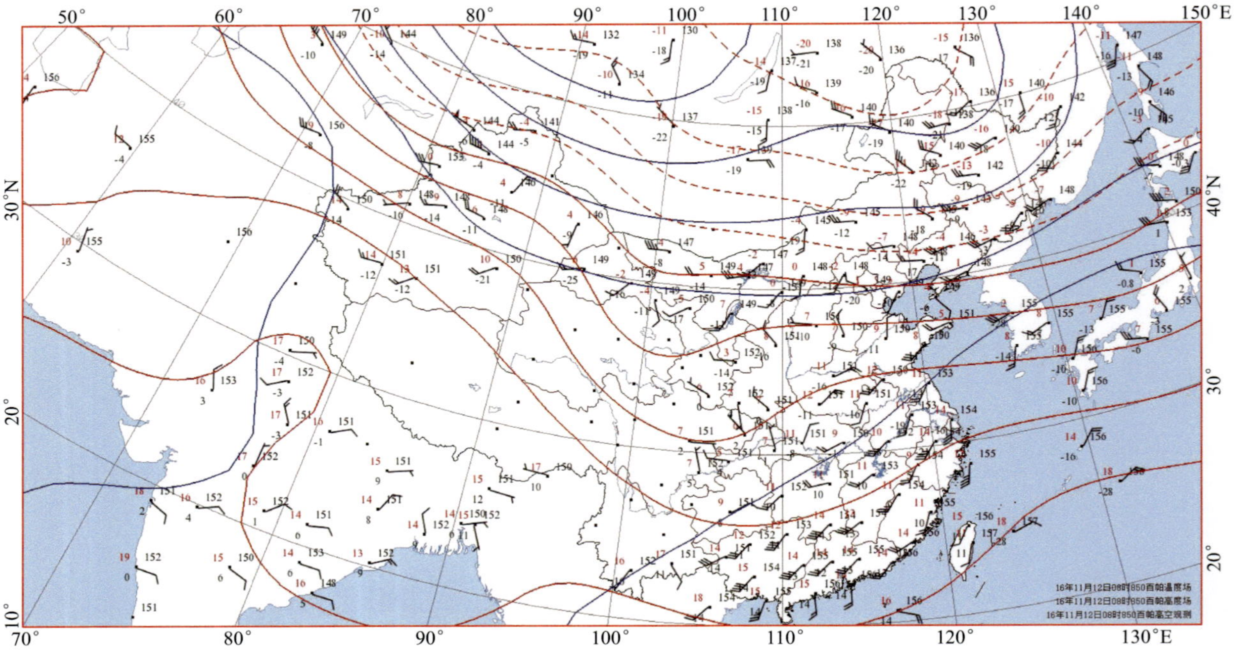

图 2.13.6　2016 年 11 月 12 日 08 时 850 hPa 高空图

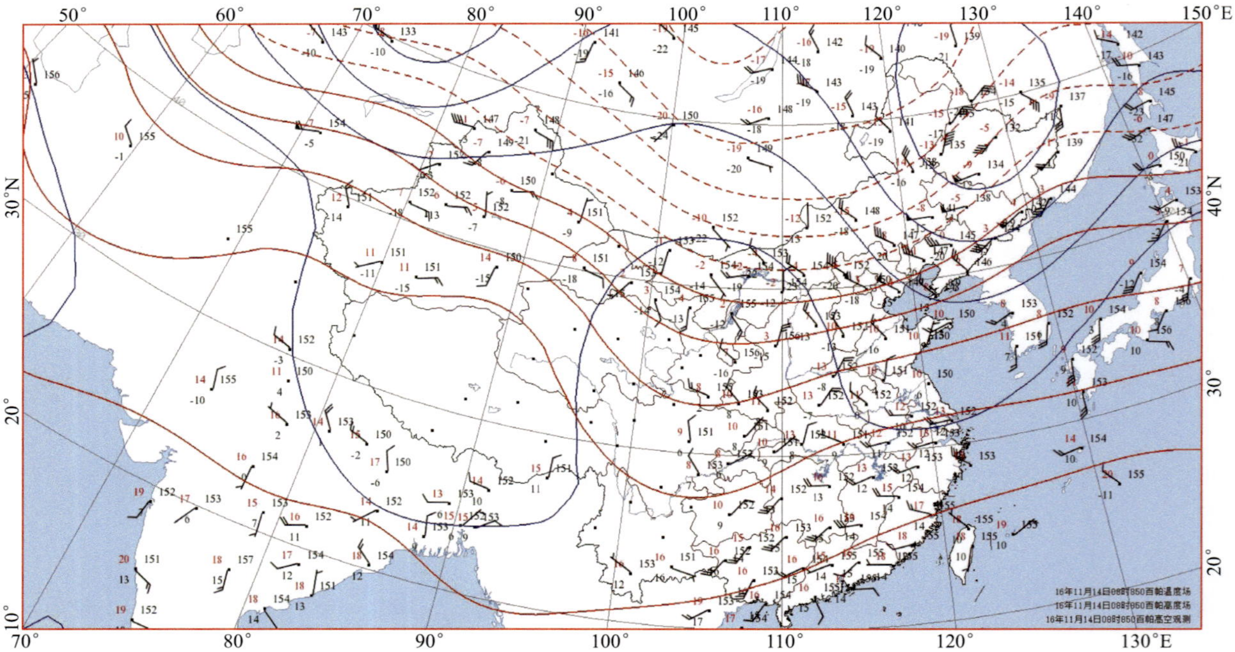

图 2.13.7　2016 年 11 月 14 日 08 时 850 hPa 高空图

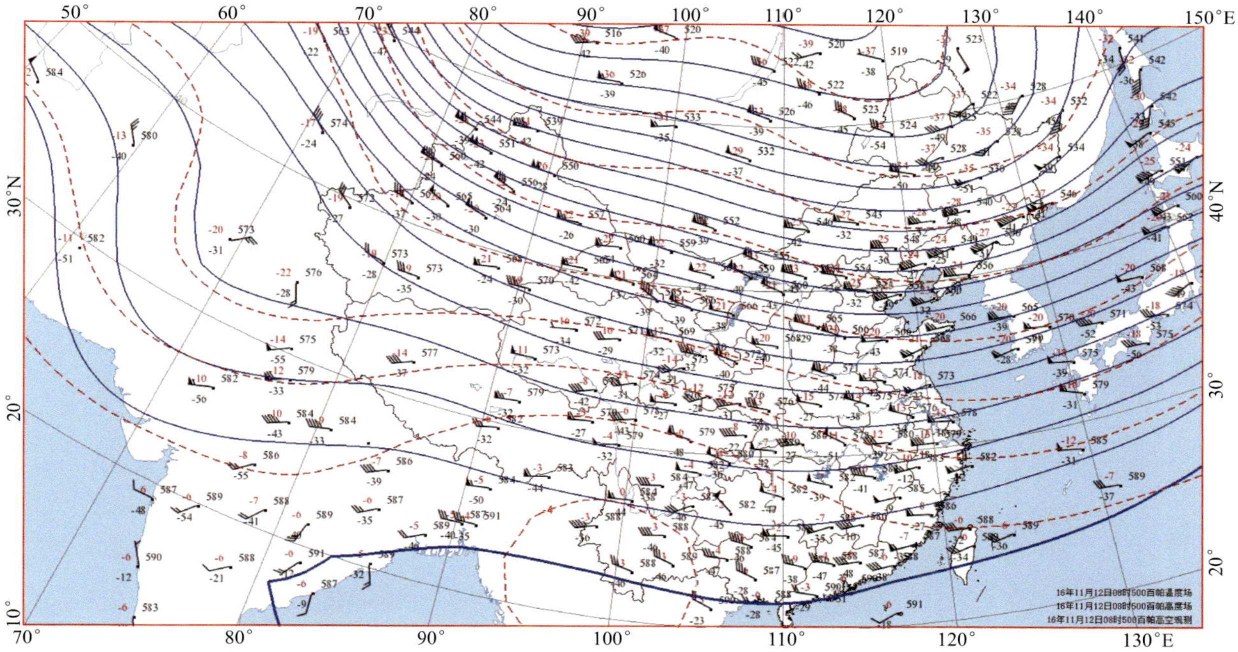

图 2.13.8　2016 年 11 月 12 日 08 时 500 hPa 高空图

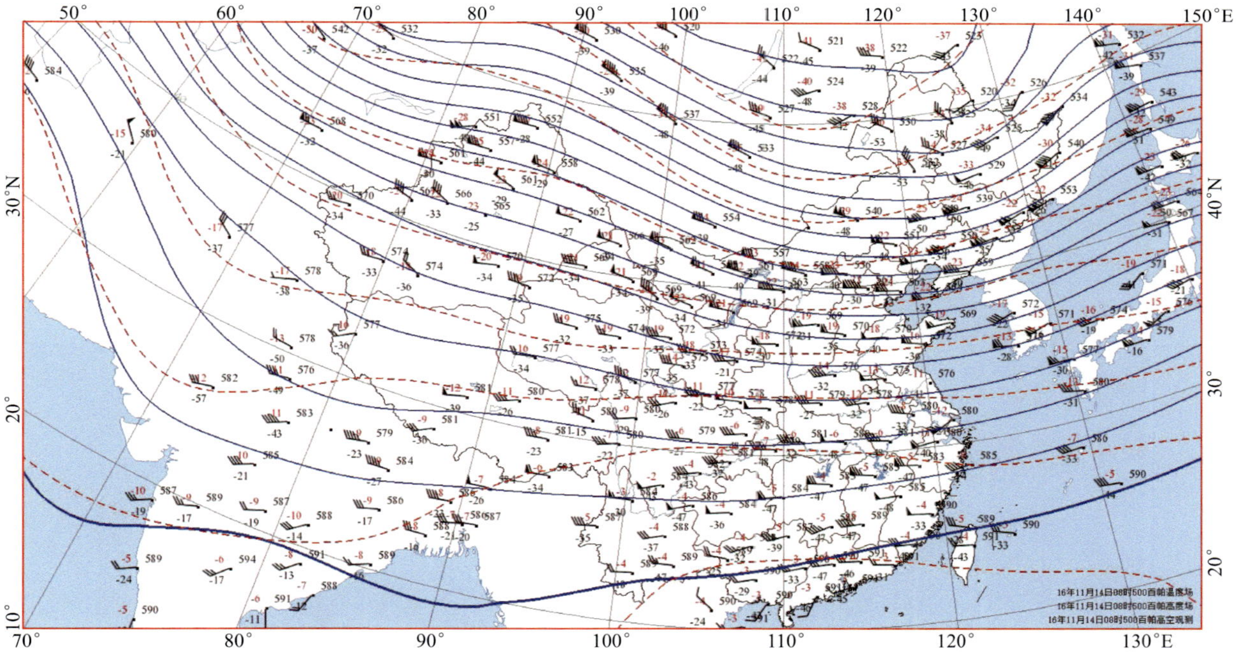

图 2.13.9　2016 年 11 月 14 日 08 时 500 hPa 高空图

2.13.3　卫星云图

图 2.13.10 是 2016 年 11 月 12 日 14 时、13 日 14 时卫星云图。

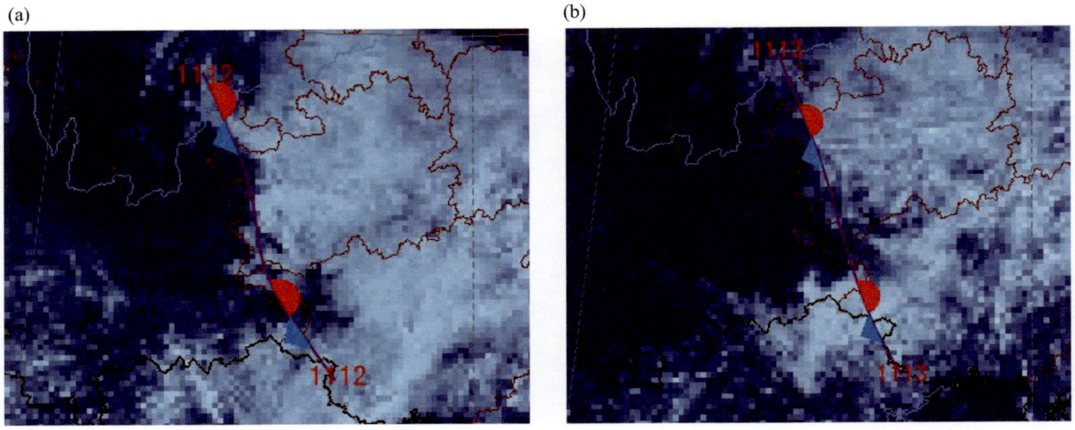

图 2.13.10　2016 年 11 月 12 日 14 时(a)、13 日 14 时(b)卫星云图

2.14　2016 年 11 月 22—25 日昆明准静止锋过程

2.14.1　过程概况

2016 年 11 月 22 日在云贵高原出现了昆明准静止锋天气系统，贯穿四川、云南、贵州及广西四省(区)，锋面位于马边、威信、平塘、南丹、马山及浦北一线。23 日昆明准静止锋西进，位于布拖、鲁甸、兴义及富宁一线。24 日昆明准静止锋略东退至雷波、彝良、水城、安龙及龙州一线。25 日昆明准静止锋略西进至雷波、威宁、盘县及广南一线。之后，昆明准静止锋加强为冷锋，越过哀牢山。11 月 22—25 日过程期间昆明准静止锋移动路径如图 2.14.1，活动范围见表 2.14.1。

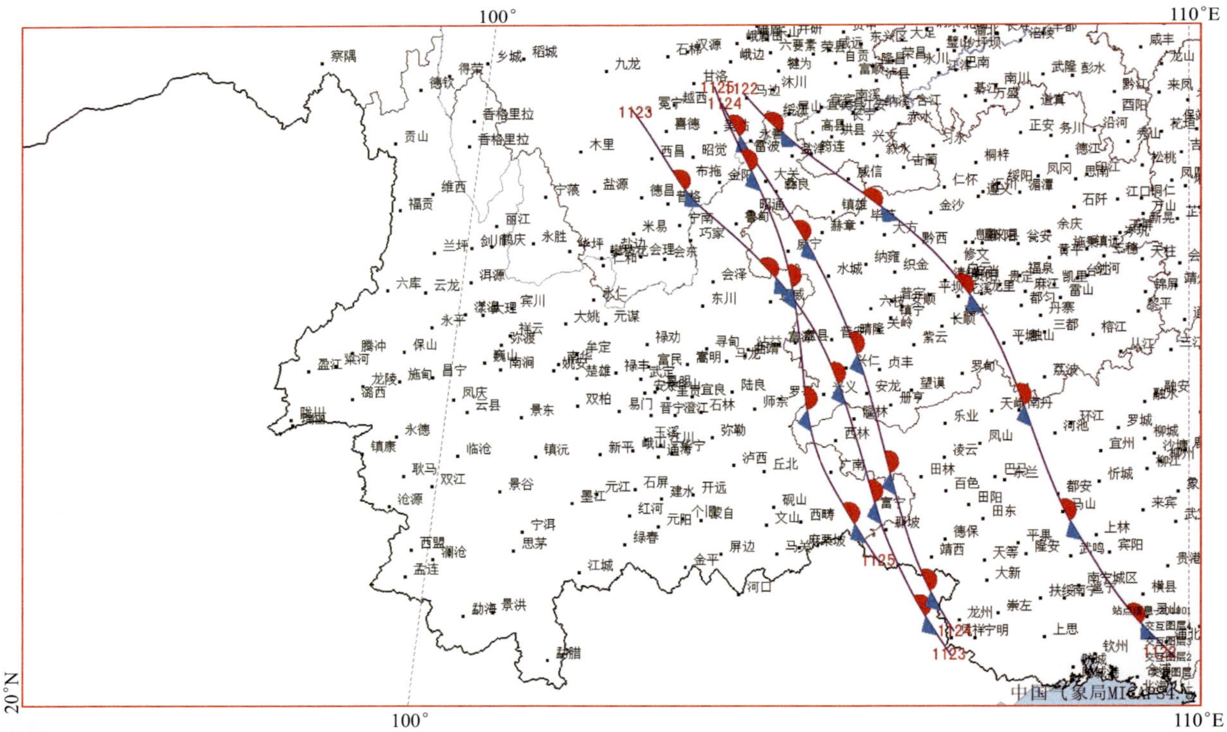

图 2.14.1　2016 年 11 月 22—25 日昆明准静止锋移动路径

表 2.14.1　2016 年 11 月 22—25 日昆明准静止锋位置

日期	昆明准静止锋位置
11 月 22 日	威信—平塘—马山
11 月 23 日	布拖—鲁甸—富宁
11 月 24 日	雷波—彝良—安龙
11 月 25 日	雷波—威宁—广南

受昆明准静止锋影响，11 月 22 日滇中以东为日最高气温负变温区，最大变温在盐津县，为－5.3 ℃；23 日滇东北降温幅度增大，最大变温在镇雄，为－14.5 ℃；24 日滇东北降温减弱，滇东南降温增强，最大变温在文山富宁，为－13.2 ℃；25 日降温范围缩小，最大变温在昭通市，为－8.8 ℃。22—25 日降温幅度大于 10 ℃的县市有 8 个，主要集中在昭通市、曲靖市和文山州（图 2.14.2）。

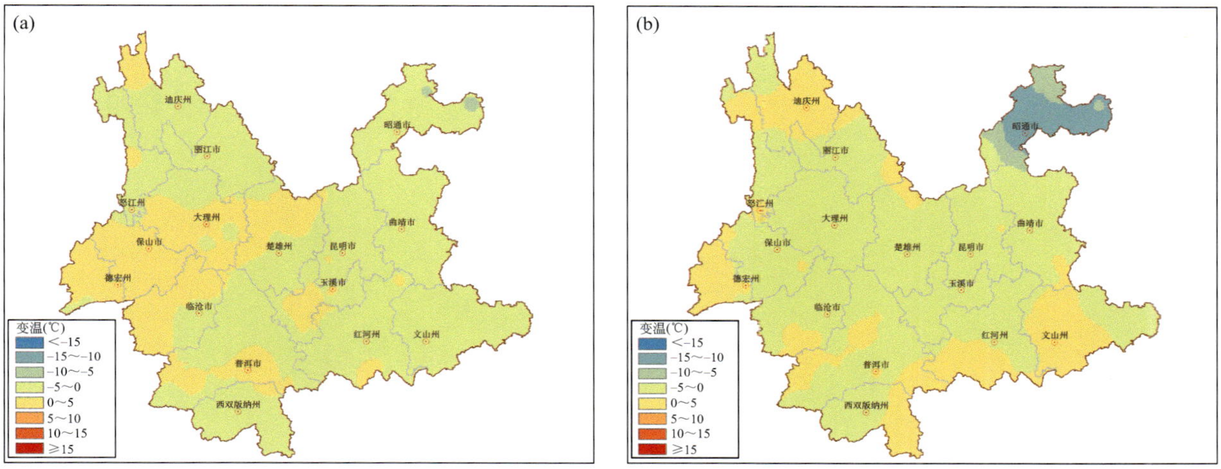

图 2.14.2　云南 2016 年 11 月 22 日(a)、23 日(b)最高气温 24 h 变温图

受昆明准静止锋影响，2016 年 11 月 22—25 日(20 时—20 时)滇东北、滇东南共有 11 站出现降雨，总降水量均小于 5 mm(图 2.14.3a)。

受昆明准静止锋影响，2016 年 11 月 22—25 日云南总日照时数少于 30 h 的县市有 20 个，其中滇东有 17 个，最少的是绥江县，仅为 2.1 h，其次是盐津县，为 4.6 h。绥江、盐津、威信、彝良 4 个县日照时

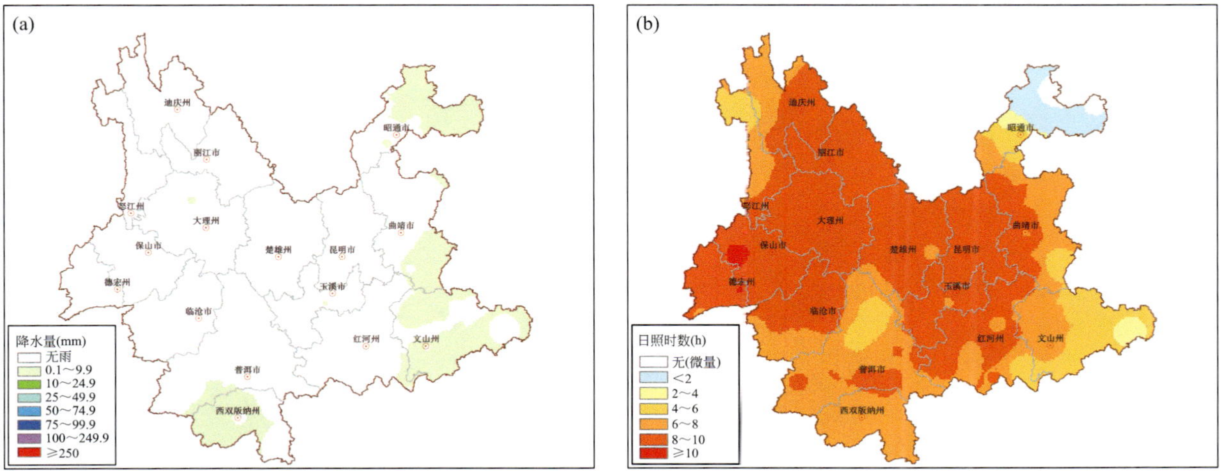

图 2.14.3　云南 2016 年 11 月 22—25 日累计降水量(a)和平均日照时数(b)

数在 10 h 以内(图略)。与常年同期相比，滇东的绥江、彝良、盐津、威信 4 个县市日照时数偏少，分别偏少 70.4%、36.2%、25.8%、6.5%。图 2.14.3b 是昆明准静止锋影响期间的平均日照时数。

2.14.2 环流背景

(1)地面图

图 2.14.4 是 2016 年 11 月 22 日 14 时地面图和海平面气压场。图 2.14.5 是 2016 年 11 月 25 日 20 时地面图和海平面气压场。

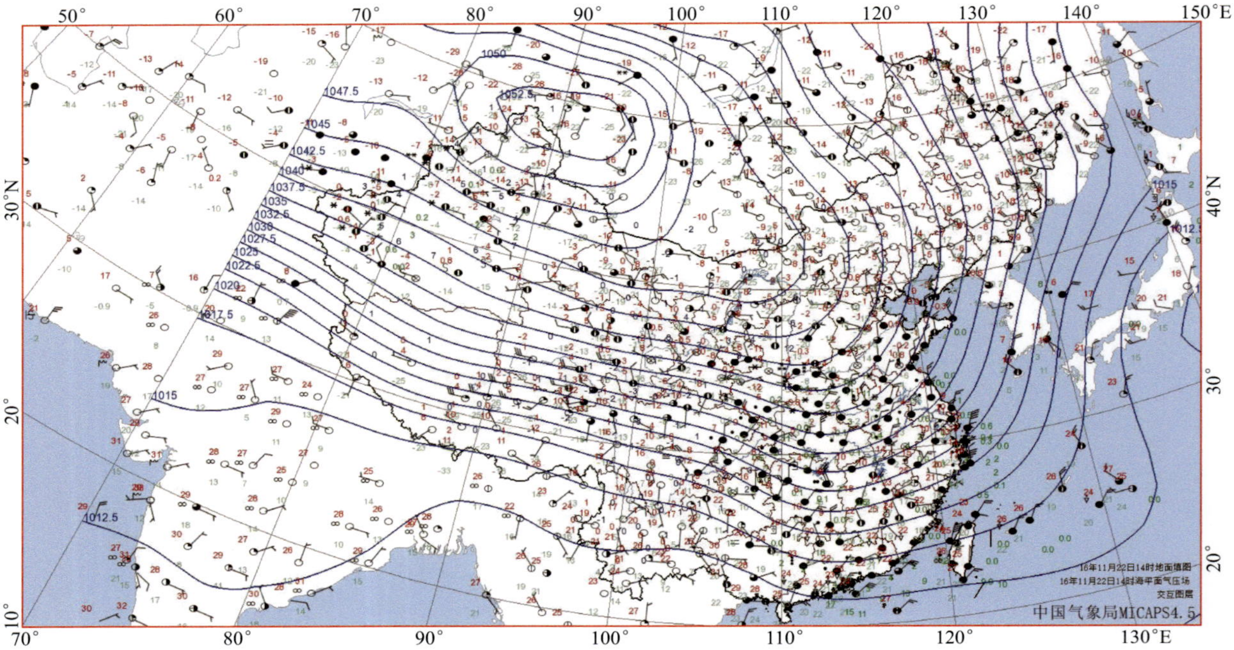

图 2.14.4 2016 年 11 月 22 日 14 时地面图和海平面气压场

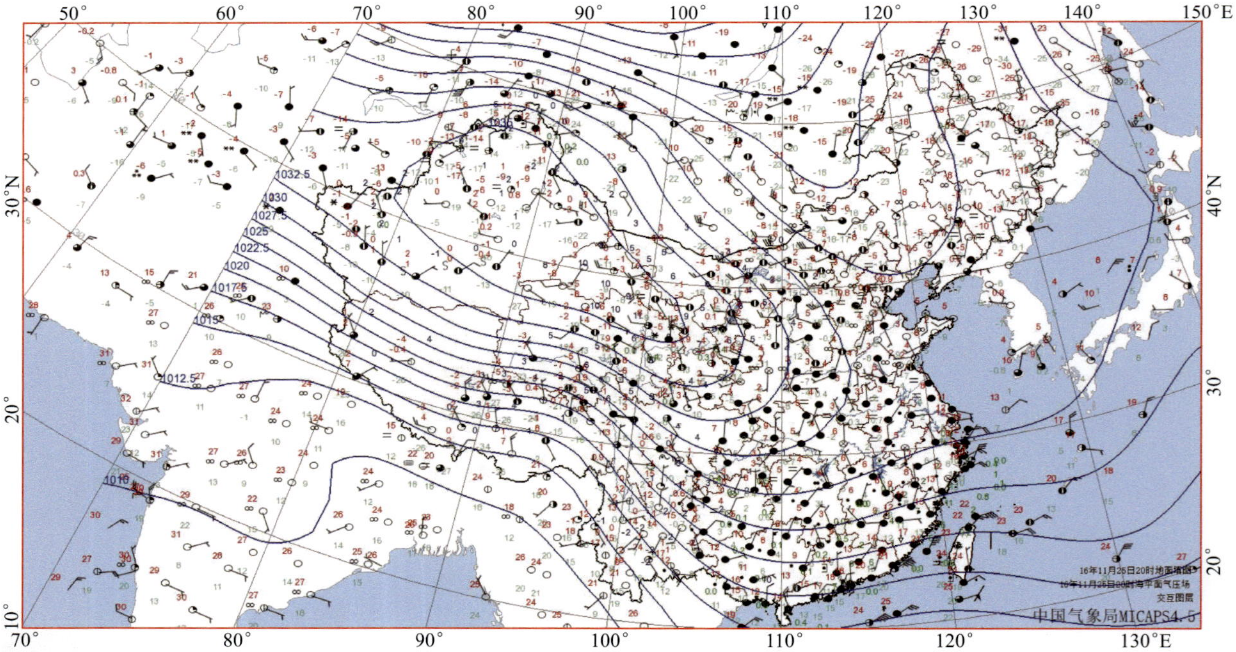

图 2.14.5 2016 年 11 月 25 日 20 时地面图和海平面气压场

(2)高空图

图 2.14.6 是 2016 年 11 月 22 日 08 时 850 hPa 高空图。图 2.14.7 是 2016 年 11 月 25 日 08 时 850 hPa 高空图。图 2.14.8 是 2016 年 11 月 22 日 08 时 500 hPa 高空图。图 2.14.9 是 2016 年 11 月 25 日 08 时 500 hPa 高空图。

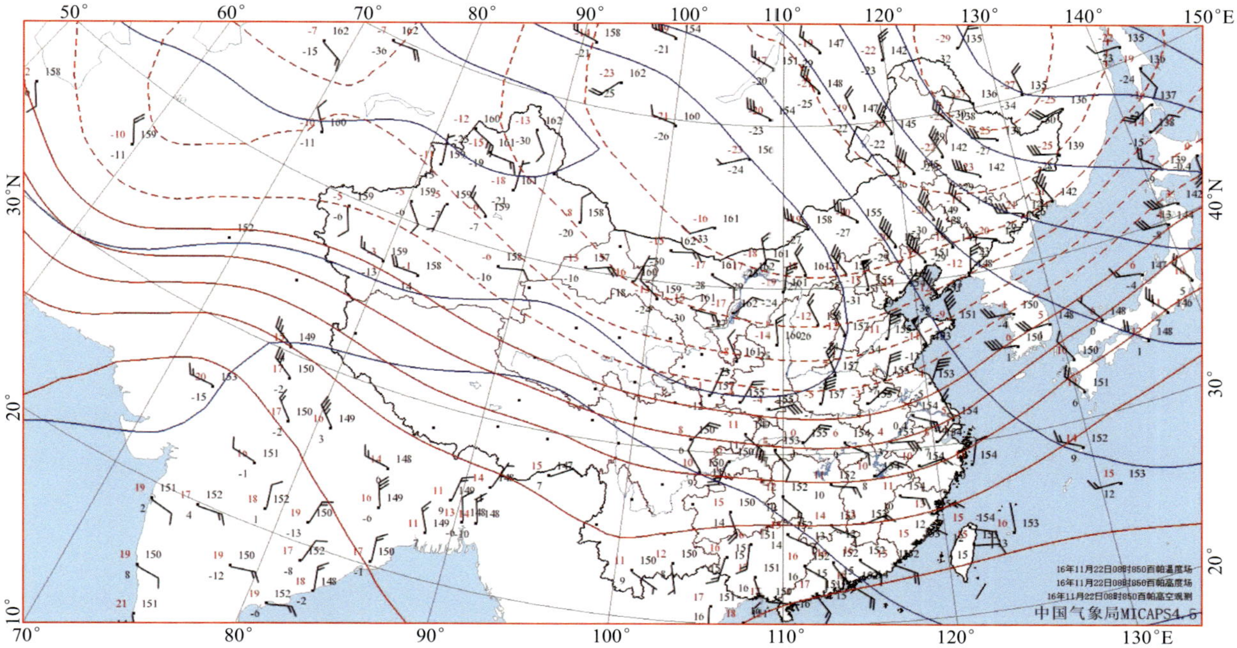

图 2.14.6　2016 年 11 月 22 日 08 时 850 hPa 高空图

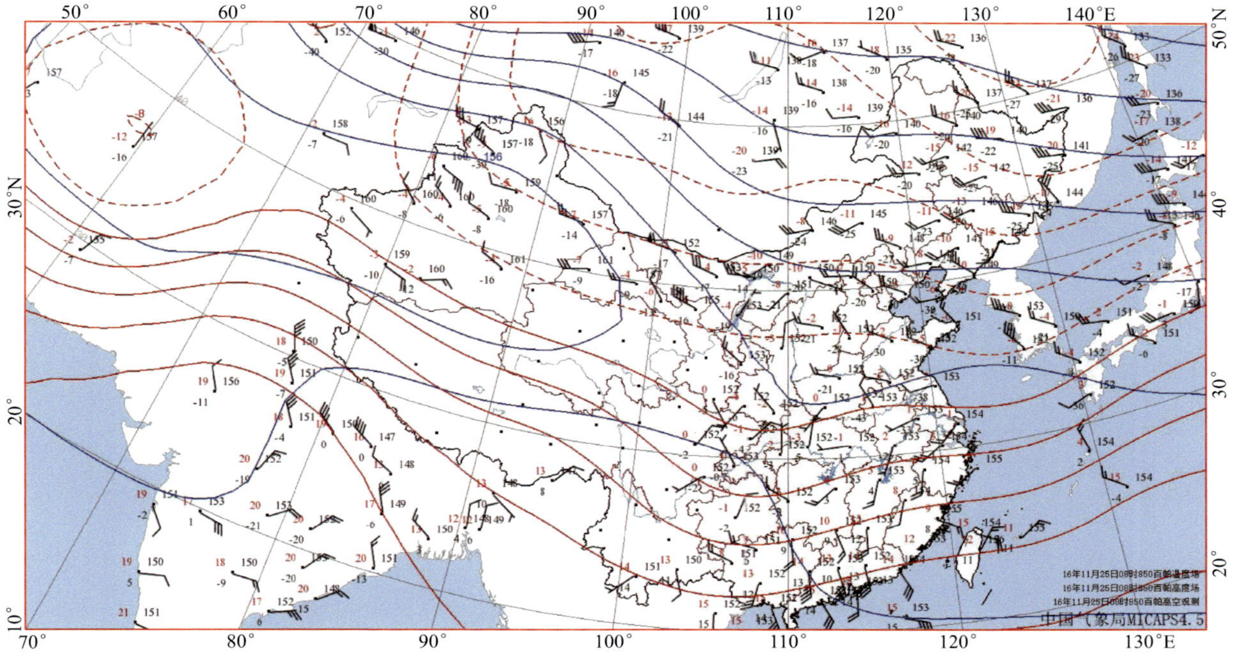

图 2.14.7　2016 年 11 月 25 日 08 时 850 hPa 高空图

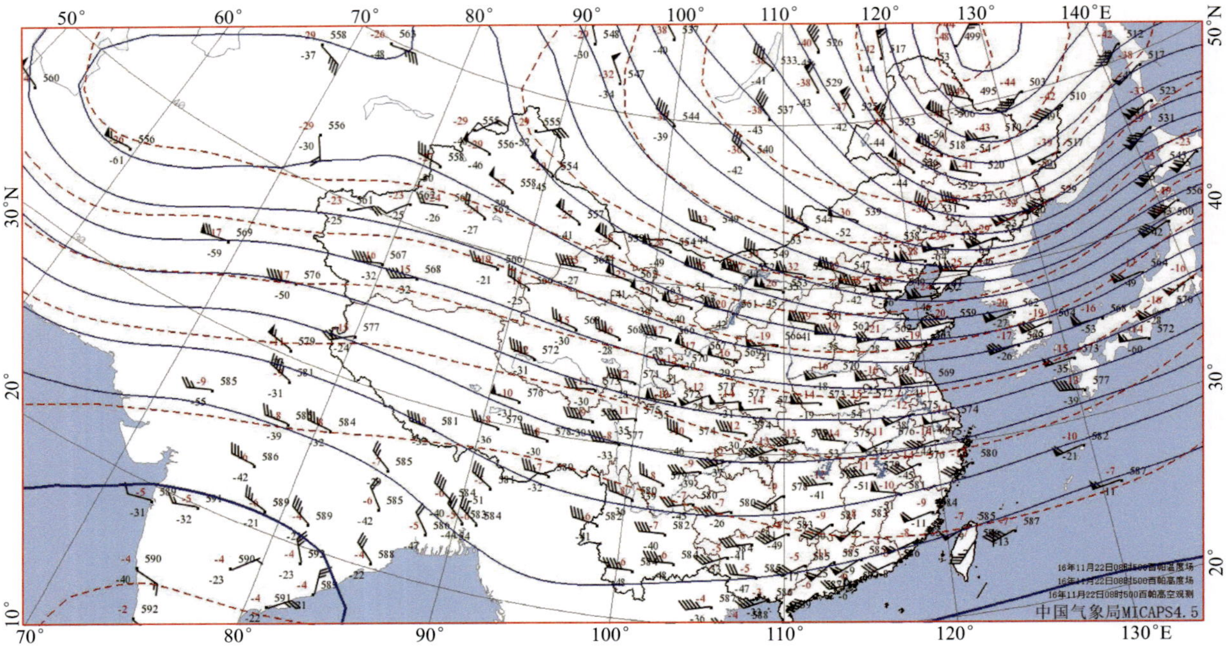

图 2.14.8　2016 年 11 月 22 日 08 时 500 hPa 高空图

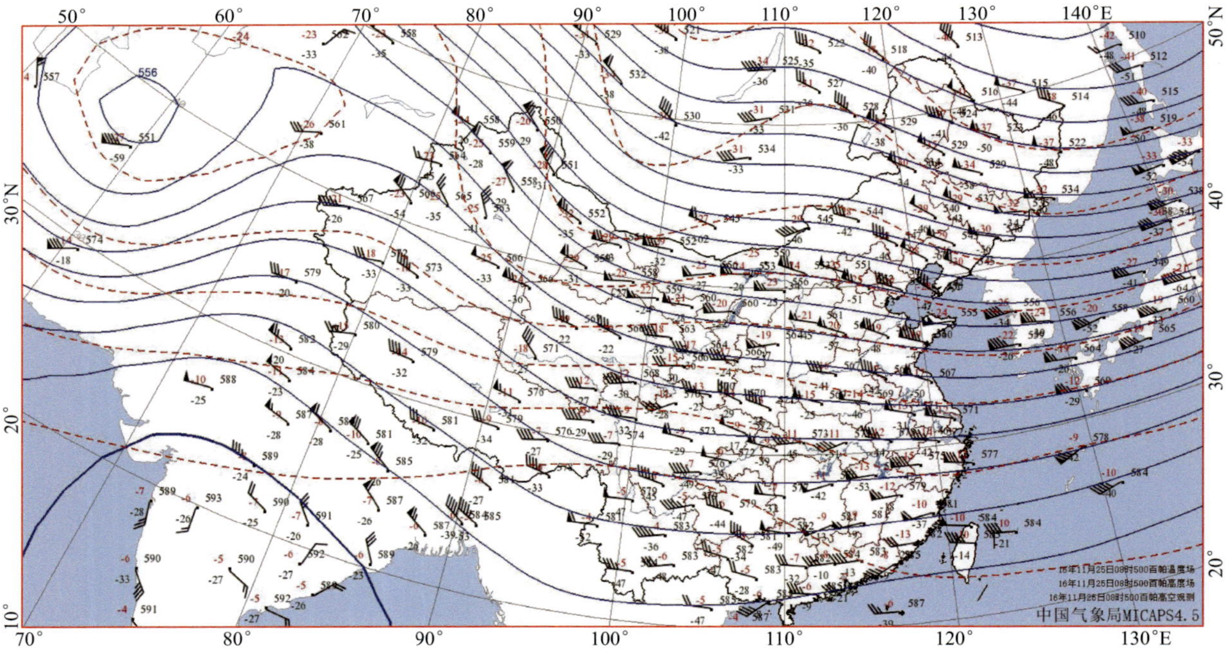

图 2.14.9　2016 年 11 月 25 日 08 时 500 hPa 高空图

2.14.3　卫星云图

图 2.14.10 是 2016 年 11 月 23 日 14 时、25 日 14 时卫星云图。

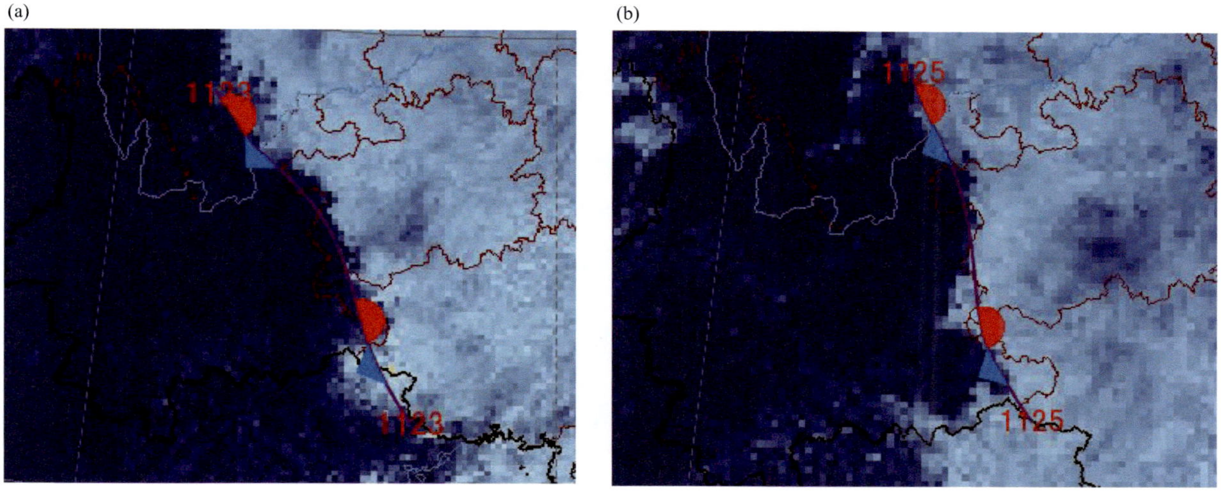

图 2.14.10　2016 年 11 月 23 日 14 时(a)、25 日 14 时(b)卫星云图

2.15　2016 年 12 月 2—3 日昆明准静止锋过程

2.15.1　过程概况

2016 年 12 月 2 日在云贵高原出现了昆明准静止锋天气系统，呈准南北向，贯穿四川、云南、贵州及广西四省(区)，锋面位于昭觉、鲁甸、普安及隆林一线。3 日昆明准静止锋稍西进，位于布拖、宣威、盘县、隆林及田林一线。之后，昆明准静止锋减弱消失。12 月 2—3 日过程期间昆明准静止锋移动路径如图 2.15.1，活动范围见表 2.15.1。

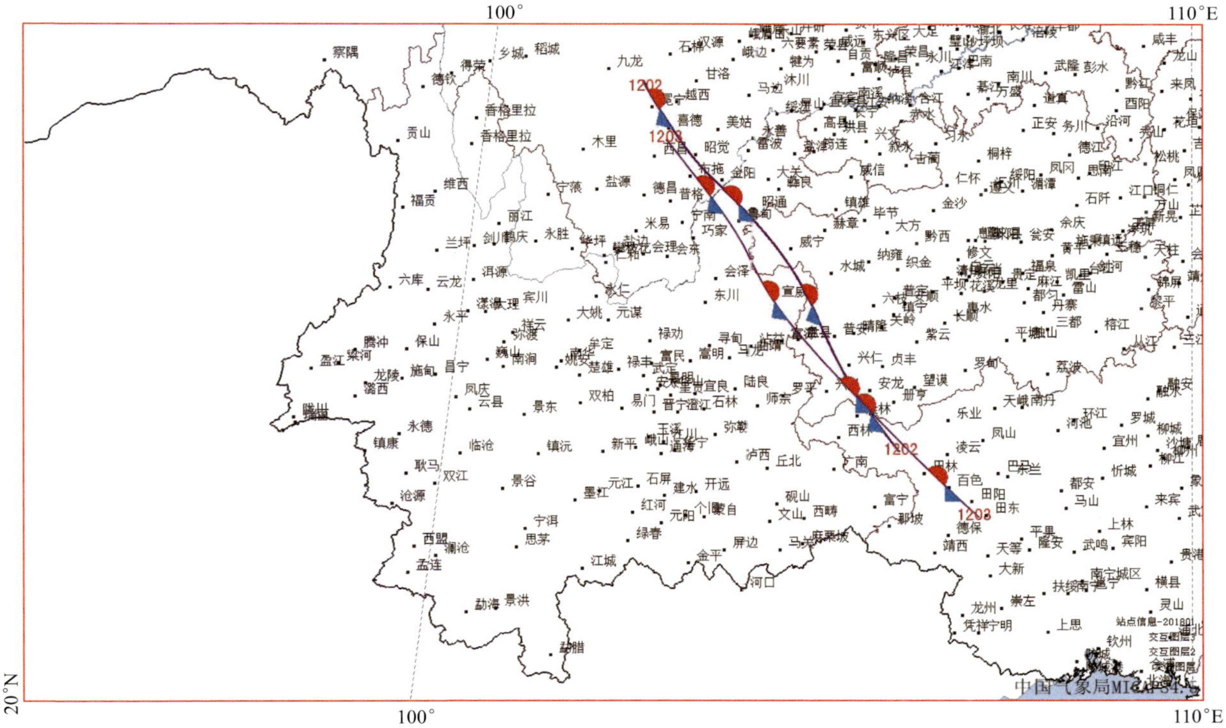

图 2.15.1　2016 年 12 月 2—3 日昆明准静止锋移动路径

表 2.15.1　2016 年 12 月 2—3 日昆明准静止锋位置

日期	昆明准静止锋位置
12 月 2 日	昭觉—鲁甸—隆林
12 月 3 日	布拖—盘县—田林

受昆明准静止锋影响，12 月 2 日滇东北出现日最高气温负变温区，最大变温在镇雄县，为−3.7 ℃；3 日昆明准静止锋位置变化不大，滇东北降温范围缩小(图 2.15.2)。

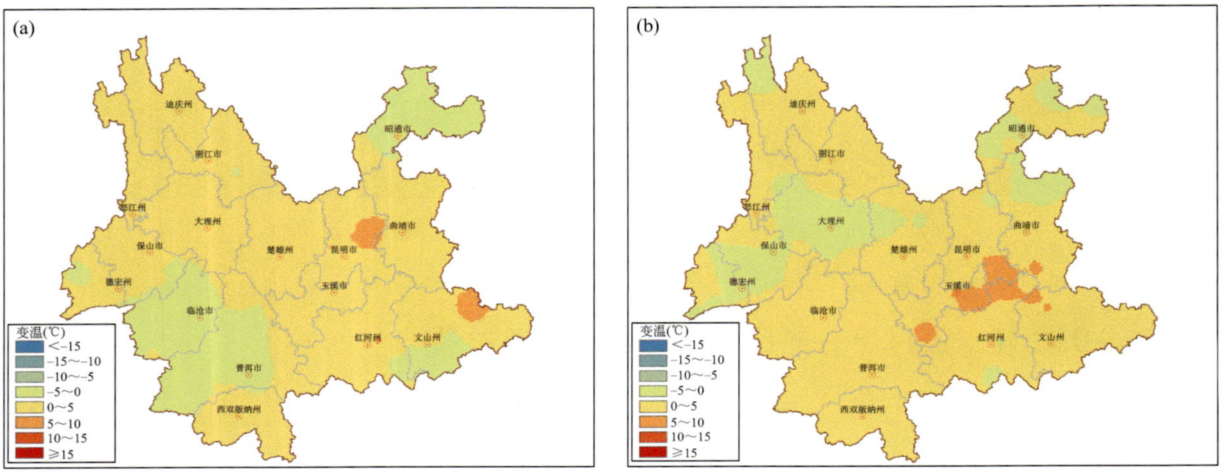

图 2.15.2　云南 2016 年 12 月 2 日(a)、3 日(b)最高气温 24 h 变温图

受昆明准静止锋和偏南气流影响，2016 年 12 月 2—3 日(20 时—20 时)滇东北、滇西南、滇中一带出现降水，除沧源(17.5 mm)总降水量大于 10 mm 外，其余县市总降水量均小于 10 mm，滇东北最大降水出现在鲁甸，为 9.3 mm(图 2.15.3a)。

受昆明准静止锋和偏南气流影响，2016 年 12 月 2—3 日云南总日照时数有 99 个县市不足 20 h。其中日照时数少于 10 h 的县市有 61 个，昭通、曲靖共有 10 个县市日照时数为 0 h(图略)。与常年同期相比，有 87 个县市日照时数偏少 20%以上，有 52 个县市偏少 50%以上，日照时数为 0 h 的 10 个县市偏少 100%。图 2.15.3b 是昆明准静止锋影响期间的平均日照时数。

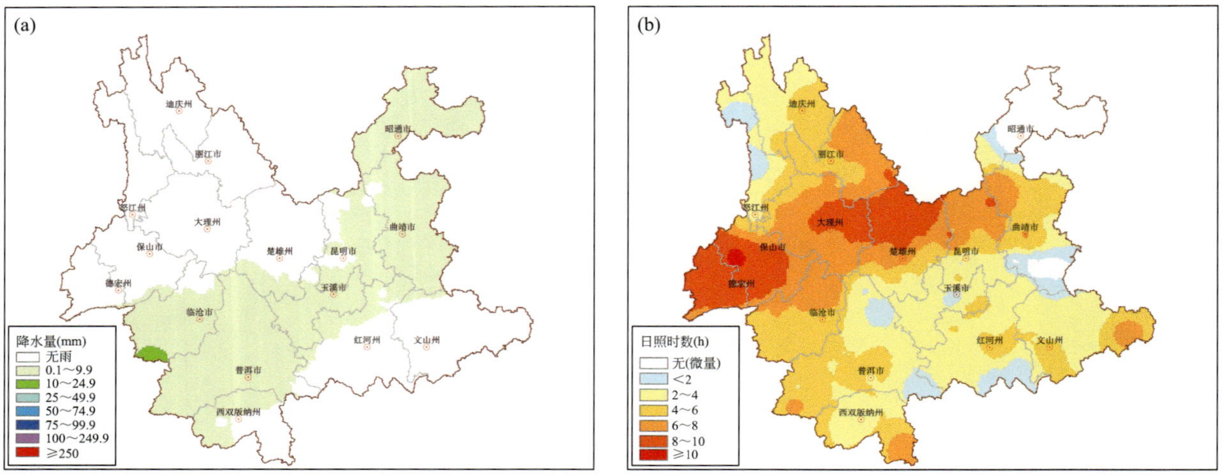

图 2.15.3　云南 2016 年 12 月 2—3 日累计降水量(a)和平均日照时数(b)

2.15.2 环流背景

(1)地面图

图 2.15.4 是 2016 年 12 月 2 日 14 时地面图和海平面气压场。图 2.15.5 是 2016 年 12 月 3 日 20 时地面图和海平面气压场。

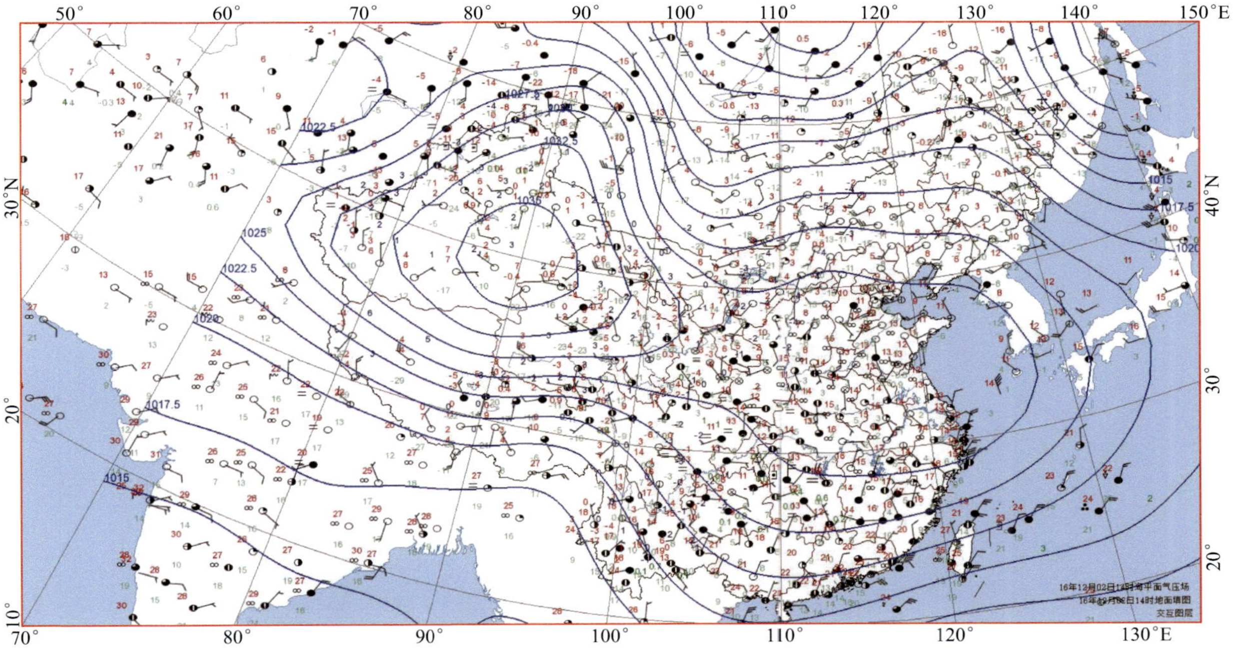

图 2.15.4 2016 年 12 月 2 日 14 时地面图和海平面气压场

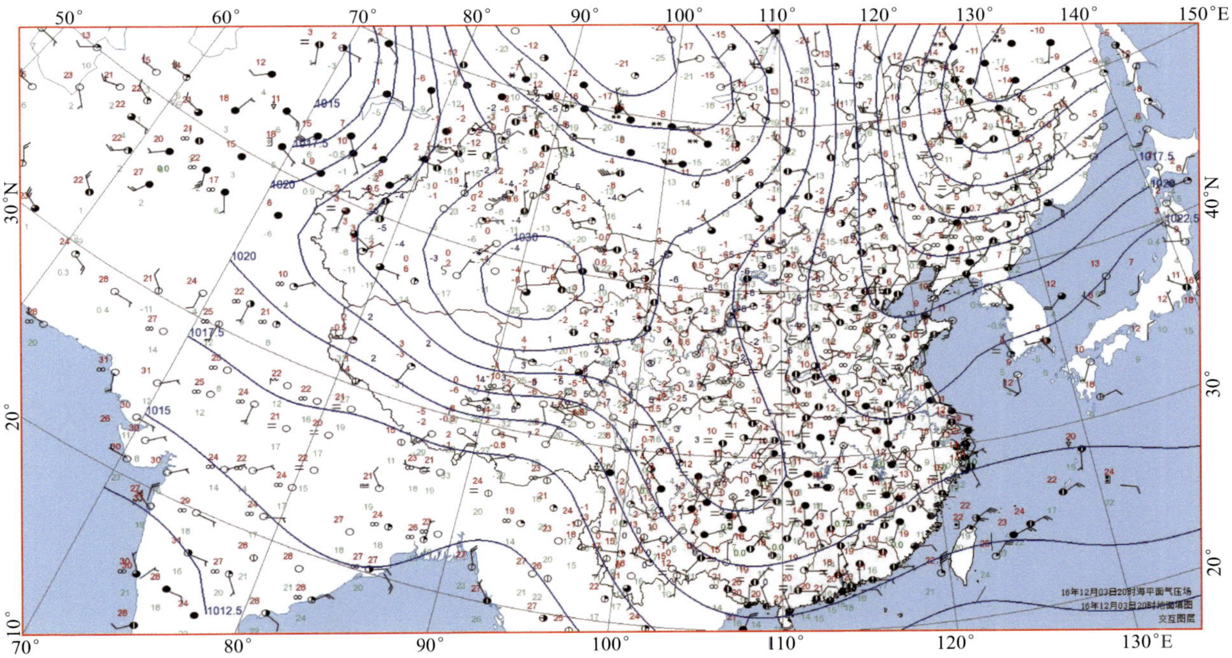

图 2.15.5 2016 年 12 月 3 日 20 时地面图和海平面气压场

(2)高空图

图 2.15.6 是 2016 年 12 月 2 日 08 时 850 hPa 高空图。图 2.15.7 是 2016 年 12 月 3 日 08 时 850 hPa 高空图。图 2.15.8 是 2016 年 12 月 2 日 08 时 500 hPa 高空图。图 2.15.9 是 2016 年 12 月 3 日 08 时 500 hPa 高空图。

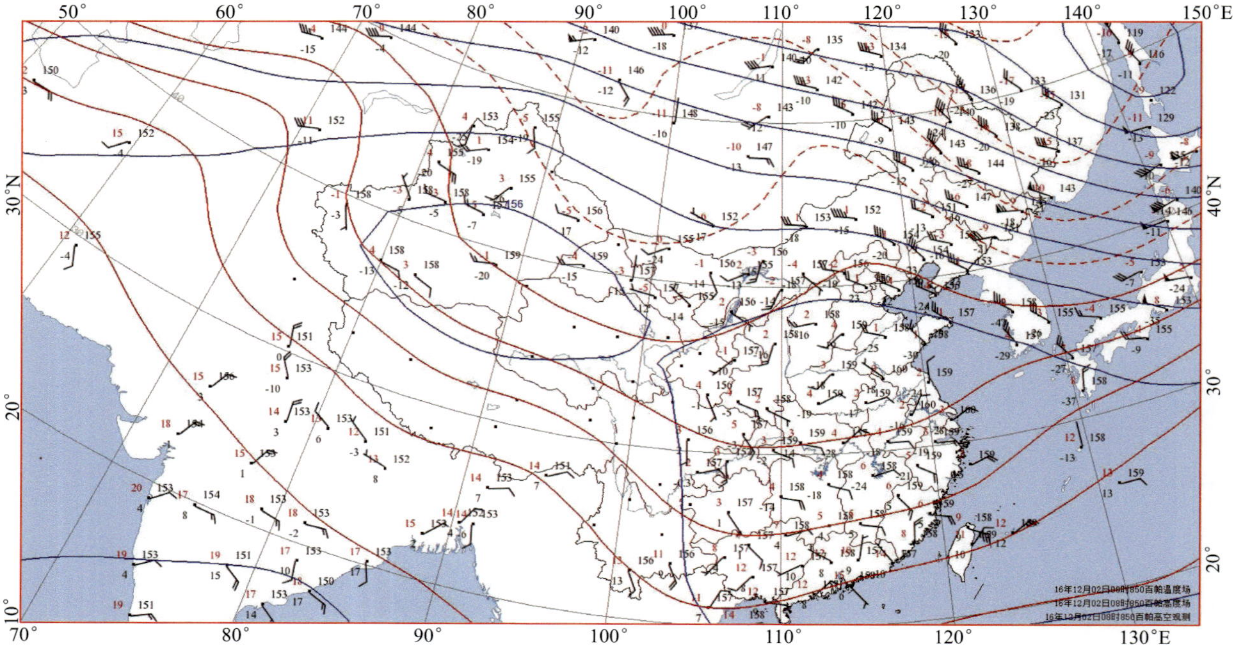

图 2.15.6　2016 年 12 月 2 日 08 时 850 hPa 高空图

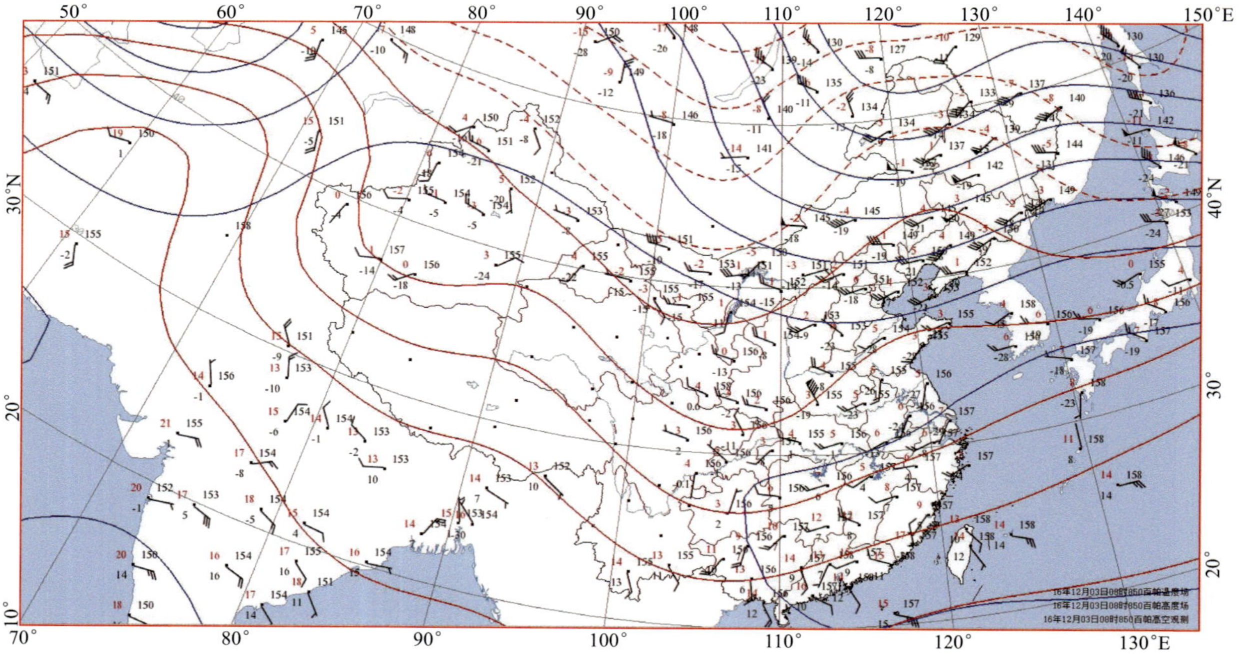

图 2.15.7　2016 年 12 月 3 日 08 时 850 hPa 高空图

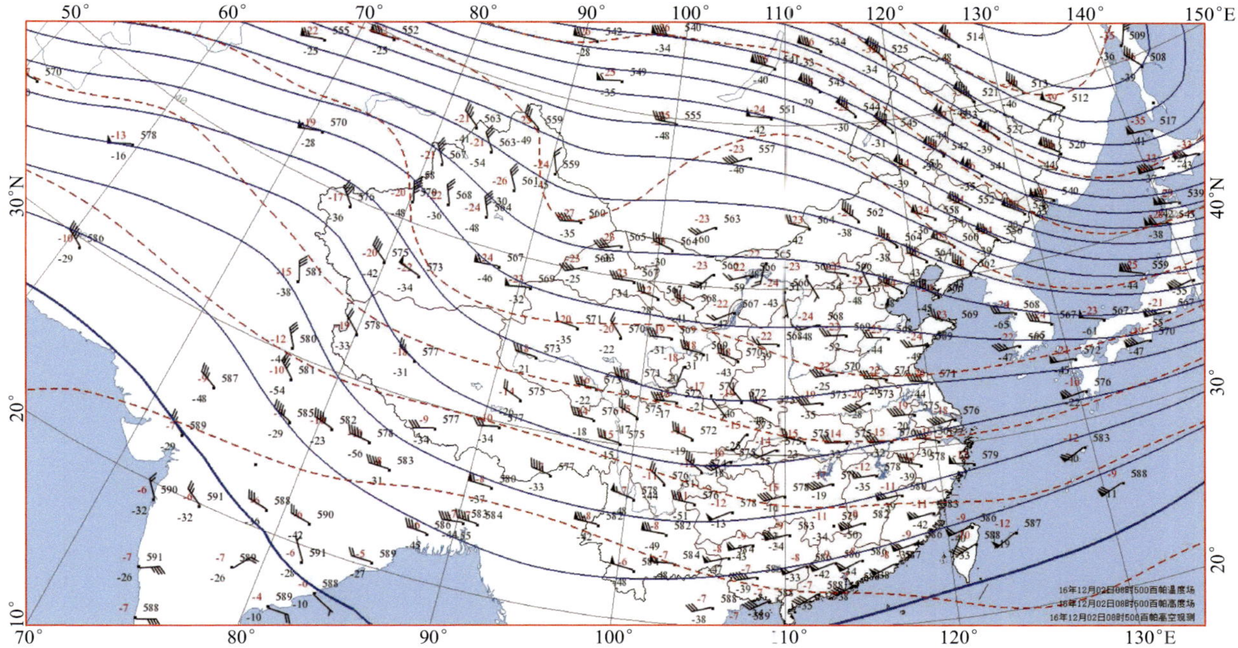

图 2.15.8　2016 年 12 月 2 日 08 时 500 hPa 高空图

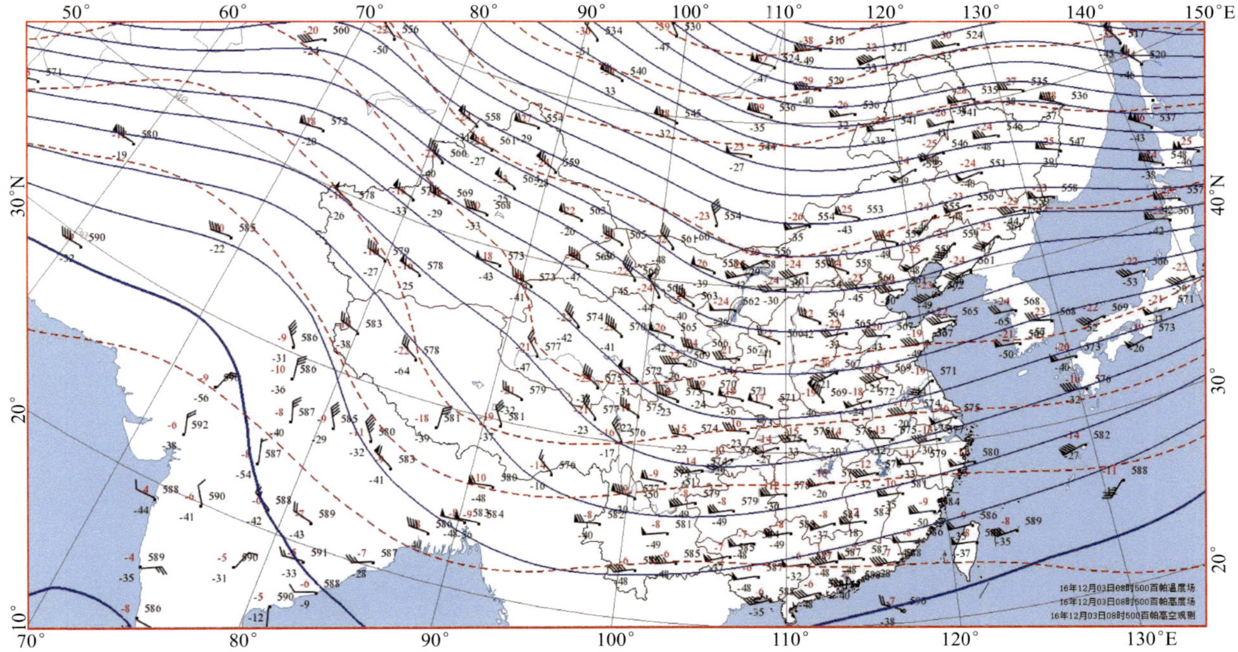

图 2.15.9　2016 年 12 月 3 日 08 时 500 hPa 高空图

2.15.3　卫星云图

图 2.15.10 是 2016 年 12 月 2 日 14 时、3 日 14 时卫星云图。

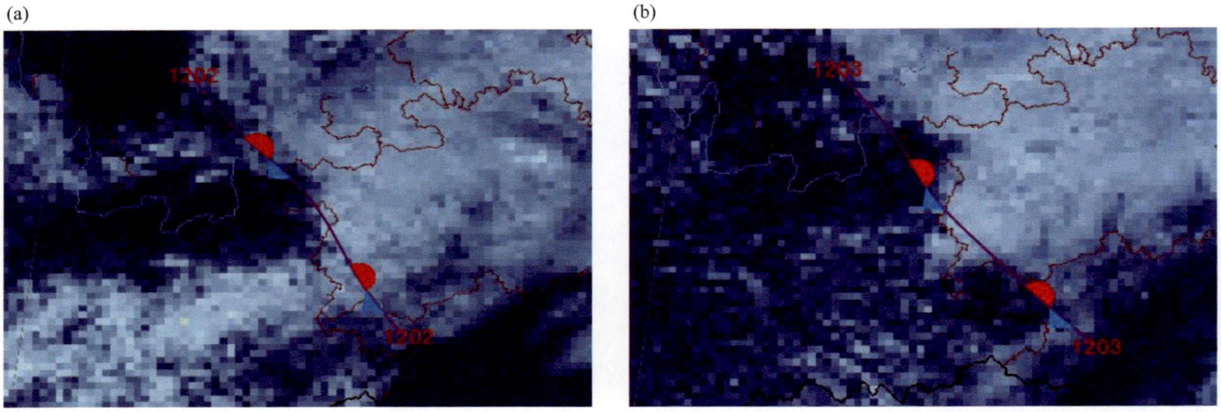

图 2.15.10　2016 年 12 月 2 日 14 时(a)、3 日 14 时(b)卫星云图

2.16　2016 年 12 月 12—15 日昆明准静止锋过程

2.16.1　过程概况

2016 年 12 月 12 日在云贵高原出现了昆明准静止锋天气系统，贯穿四川、云南、贵州及广西四省(区)，呈西北—东南向，锋面位于金阳、宣威、盘县、田林及南宁一线。13 日昆明准静止锋西进，位于会泽、沾益、罗平及那坡一线。14 日昆明准静止锋西进至会理、嵩明、弥勒及马关一线。15 日昆明准静止锋继续西进至元谋、禄丰、峨山及金平。之后，昆明准静止锋加强为冷锋，越过哀牢山。12 月 12—15 日过程期间昆明准静止锋移动路径如图 2.16.1，活动范围见表 2.16.1。

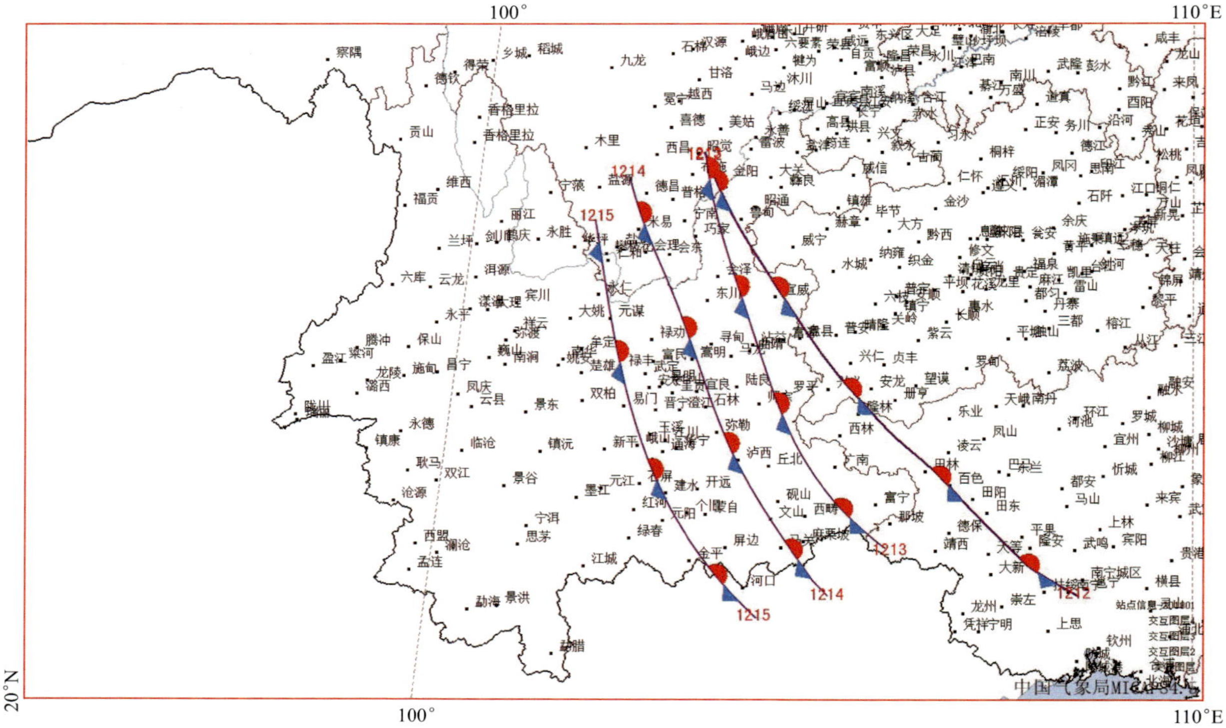

图 2.16.1　2016 年 12 月 12—15 日昆明准静止锋移动路径

表 2.16.1　2016 年 12 月 12—15 日昆明准静止锋位置

日期	昆明准静止锋位置
12 月 12 日	金阳—宣威—田林
12 月 13 日	会泽—沾益—罗平
12 月 14 日	会理—嵩明—马关
12 月 15 日	元谋—峨山—金平

受昆明准静止锋影响，12 月 12 日滇东北出现日最高气温负变温区，最大变温在昭通市，为－9.6 ℃；13 日天空云量增多，云南大部为负变温，滇东降温幅度较大，最大变温在文山广南，为－8.6 ℃；14 日随着静止锋加强西进，滇东北降温幅度增大，最大变温在镇雄，为－10.7 ℃；15 日滇东北负变温减弱，昆明准静止锋南段影响的地区降温幅度增大，最大变温在弥勒，为－8.8 ℃（图 2.16.2）。

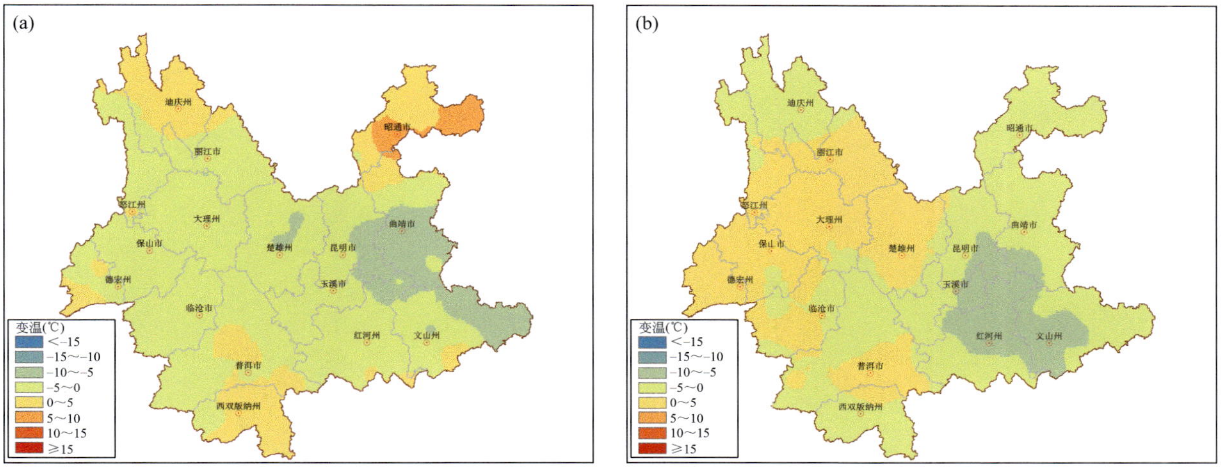

图 2.16.2　云南 2016 年 12 月 13 日(a)、15 日(b)最高气温 24 h 变温图

受昆明准静止锋和西南暖湿气流影响，2016 年 12 月 12—15 日(20 时—20 时)云南共有 28 站出现降水，主要集中在滇东昭通、曲靖、文山一带，总降水量都小于 10 mm，最大为文山州富宁县 9.4 mm（图 2.16.3a）。

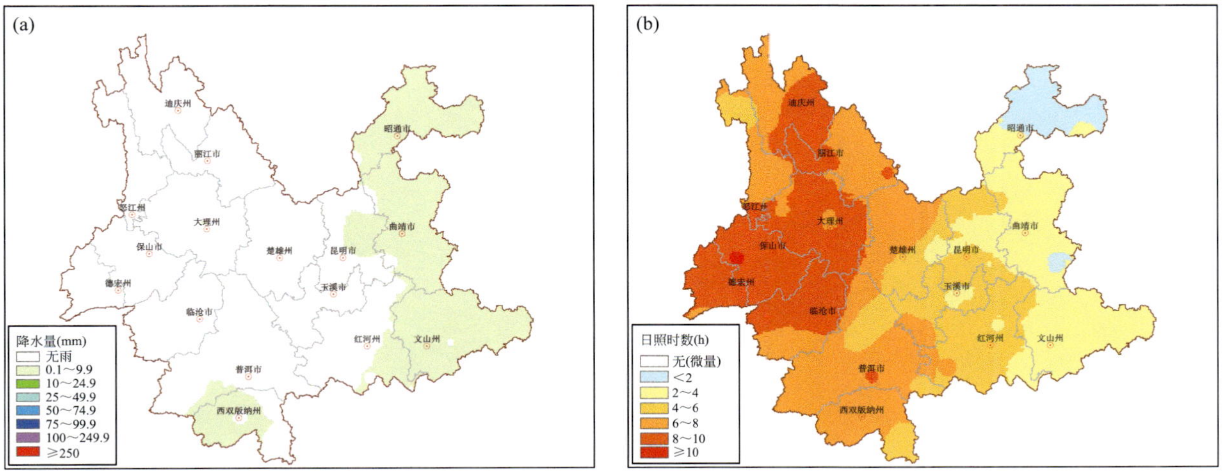

图 2.16.3　云南 2016 年 12 月 12—15 日累计降水量(a)和平均日照时数(b)

受昆明准静止锋和西南暖湿气流影响，2016 年 12 月 12—15 日滇东有 20 个县市总日照时数不足 20 h，集中在昭通、曲靖、文山。其中日照时数少于 10 h 的县市有 6 个，分别是绥江、盐津、威信、大关、永

善、彝良，最少的是绥江县，仅为 2.8 h(图略)。与常年同期相比，有 16 个县市日照时数偏少 20%以上，有 1 个县市偏少 50%以上，即绥江偏少 56.2%。图 2.16.3b 是昆明准静止锋影响期间的平均日照时数。

2.16.2 环流背景

(1)地面图

图 2.16.4 是 2016 年 12 月 12 日 14 时地面图和海平面气压场。图 2.16.5 是 2016 年 12 月 15 日 20 时地面图和海平面气压场。

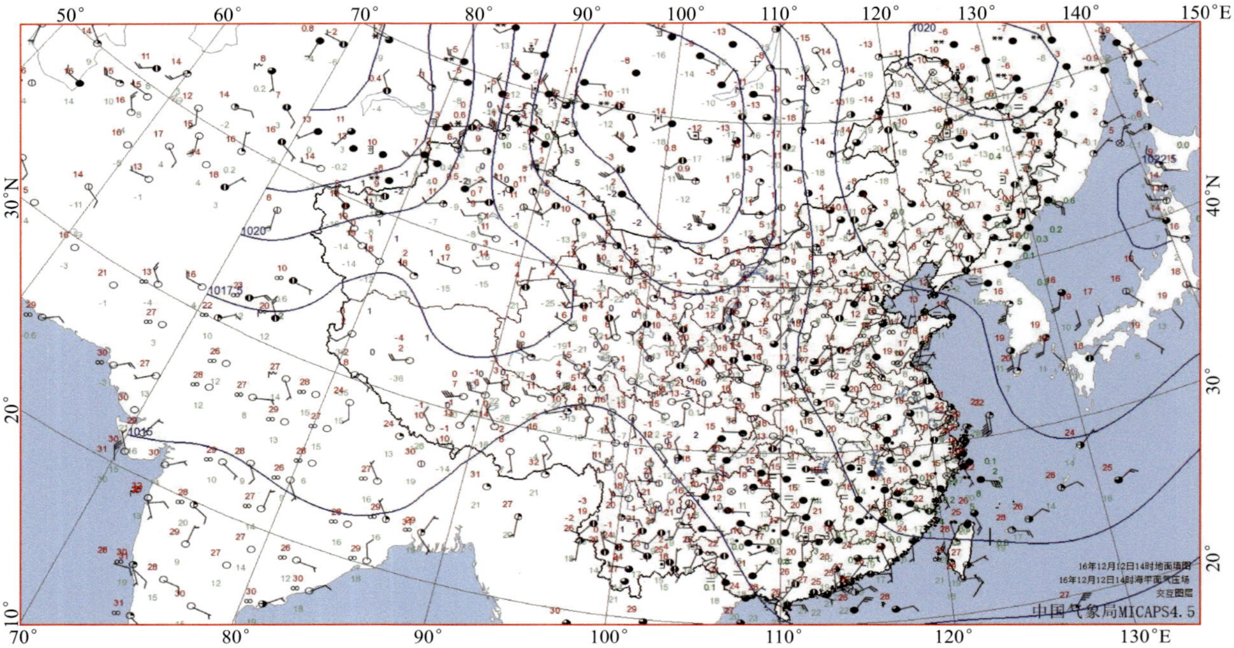

图 2.16.4 2016 年 12 月 12 日 14 时地面图和海平面气压场

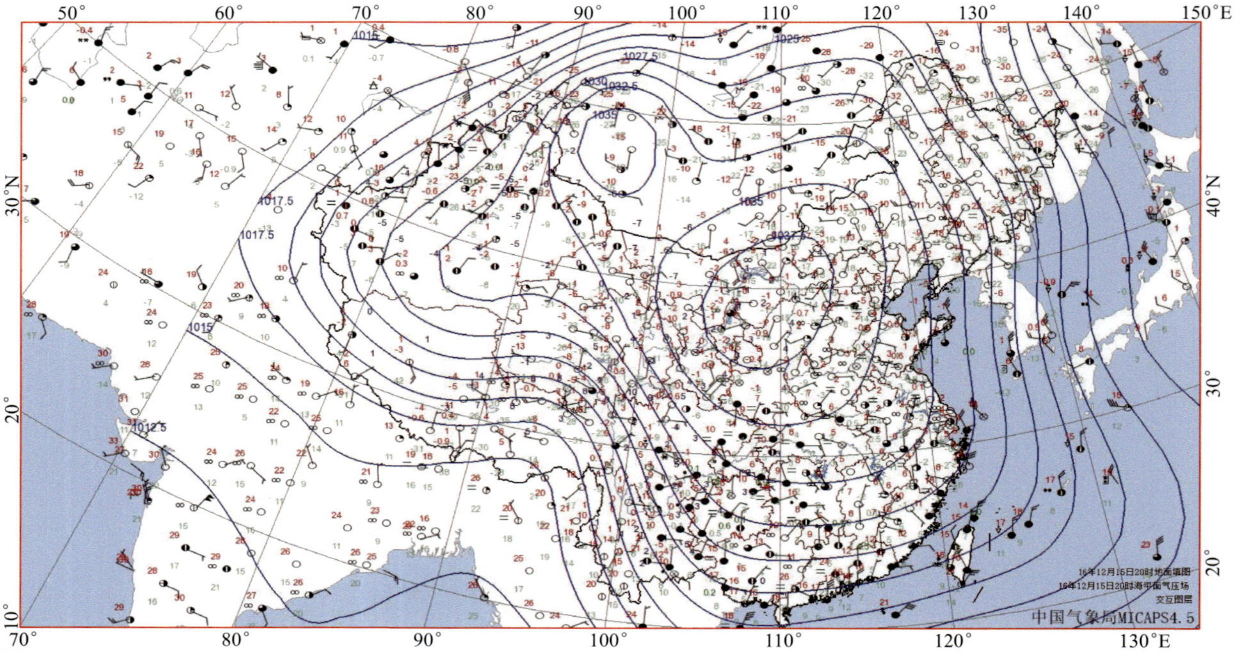

图 2.16.5 2016 年 12 月 15 日 20 时地面图和海平面气压场

(2)高空图

图 2.16.6 是 2016 年 12 月 12 日 08 时 850 hPa 高空图。图 2.16.7 是 2016 年 12 月 15 日 08 时 850 hPa 高空图。图 2.16.8 是 2016 年 12 月 12 日 08 时 500 hPa 高空图。图 2.16.9 是 2016 年 12 月 15 日 08 时 500 hPa 高空图。

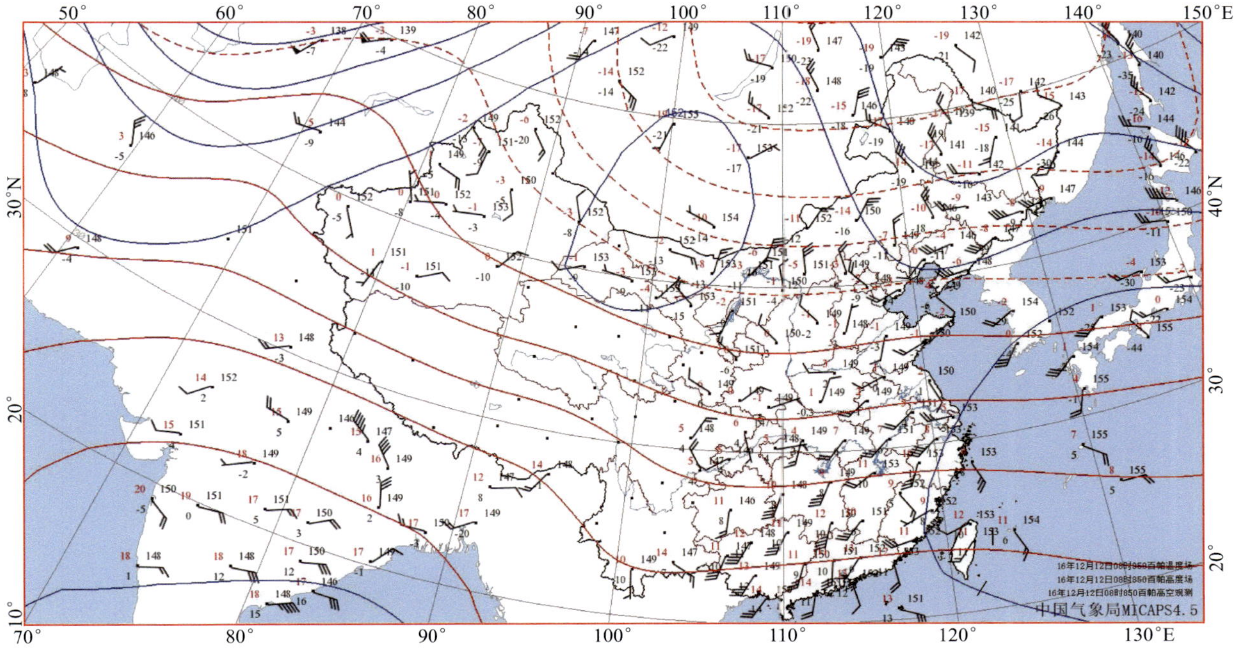

图 2.16.6　2016 年 12 月 12 日 08 时 850 hPa 高空图

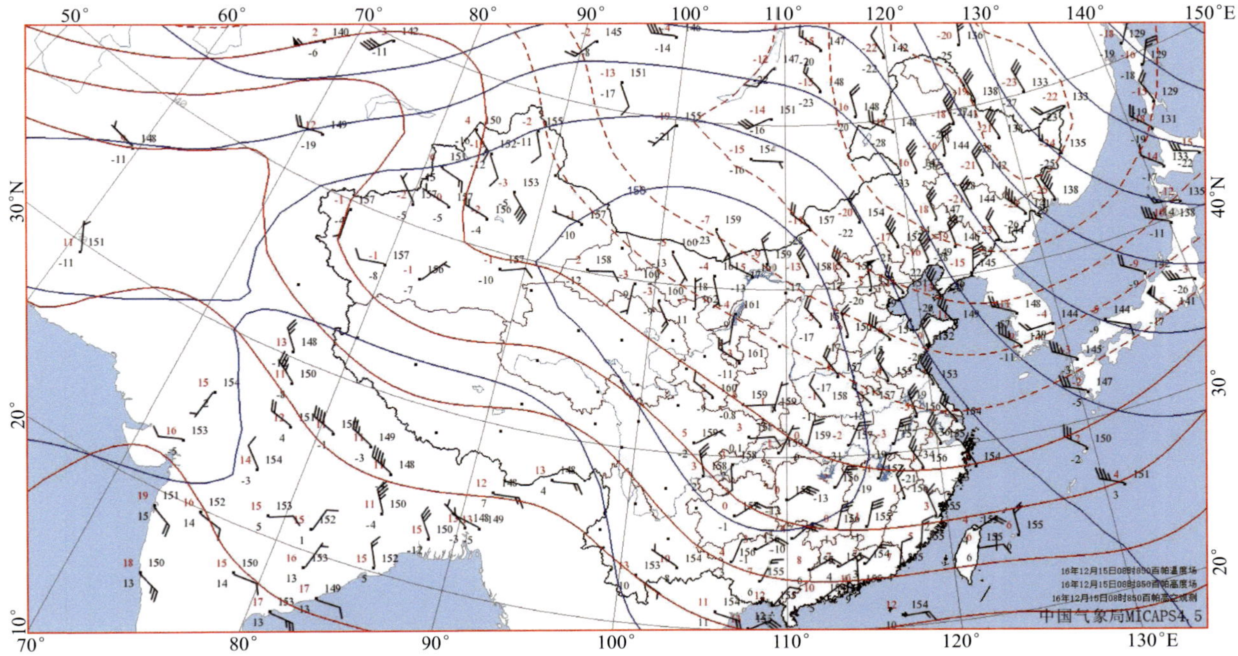

图 2.16.7　2016 年 12 月 15 日 08 时 850 hPa 高空图

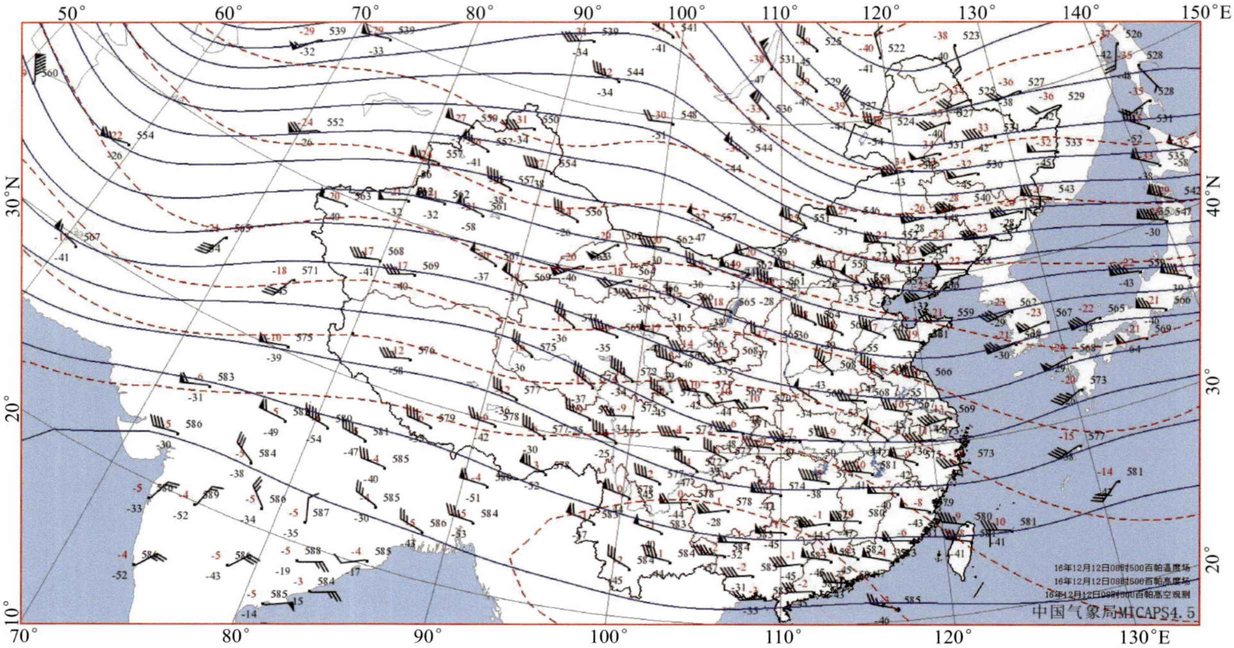

图 2.16.8　2016 年 12 月 12 日 08 时 500 hPa 高空图

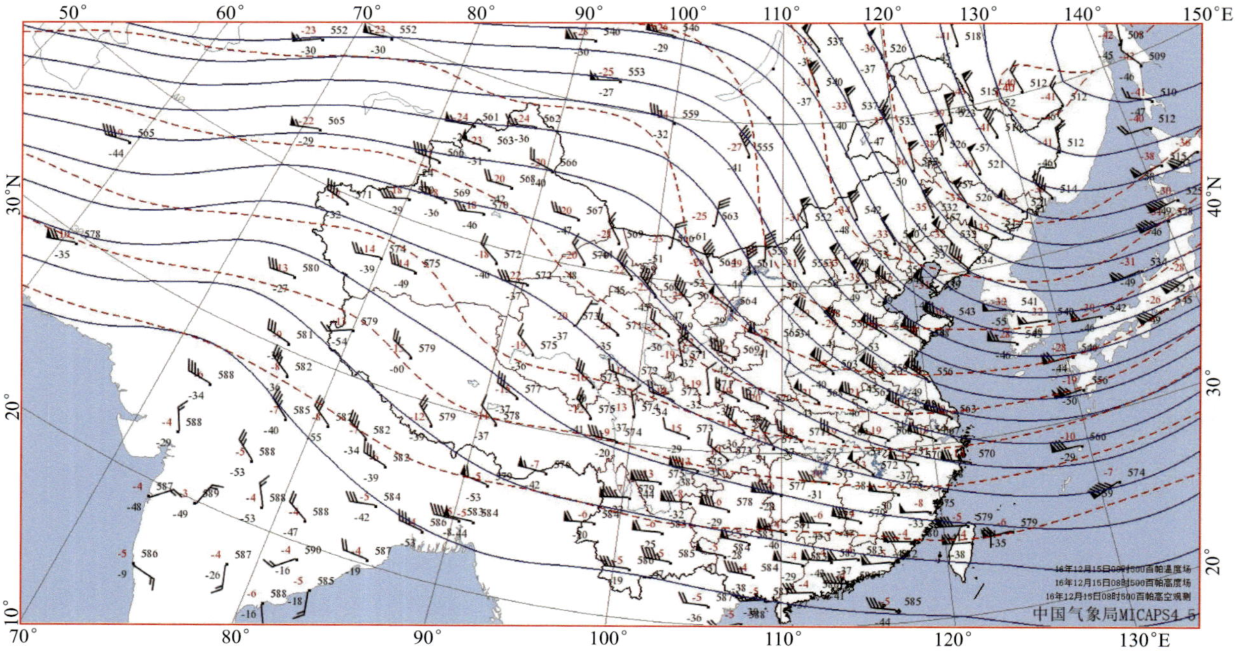

图 2.16.9　2016 年 12 月 15 日 08 时 500 hPa 高空图

2.16.3　卫星云图

图 2.16.10 是 2016 年 12 月 14 日 14 时、15 日 14 时卫星云图。

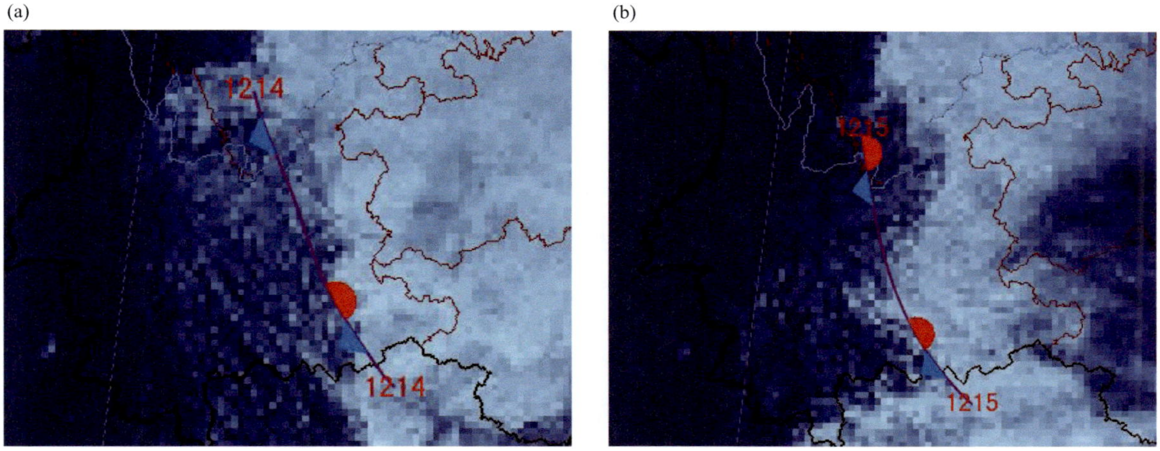

图 2.16.10　2016 年 12 月 14 日 14 时(a)、15 日 14 时(b)卫星云图

2.17　2016 年 12 月 23—26 日昆明准静止锋过程

2.17.1　过程概况

2016 年 12 月 23 日在云贵高原出现了昆明准静止锋天气系统，贯穿四川、云南、贵州及广西四省(区)，呈准南北向，锋面位于雷波、威宁、盘县、兴义及靖西一线。24 日昆明准静止锋东退，位于雷波、水城、六枝、乐业及武鸣一线。25 日昆明准静止锋位置少动，26 日昆明准静止锋加强西进，位于会东、寻甸、陆良、丘北及西畴一线。27 日昆明准静止锋加强为冷锋，快速压过滇中地区，位于华坪、双柏、绿春一线。12 月 23—26 日过程期间昆明准静止锋移动路径如图 2.17.1，活动范围见表 2.17.1。

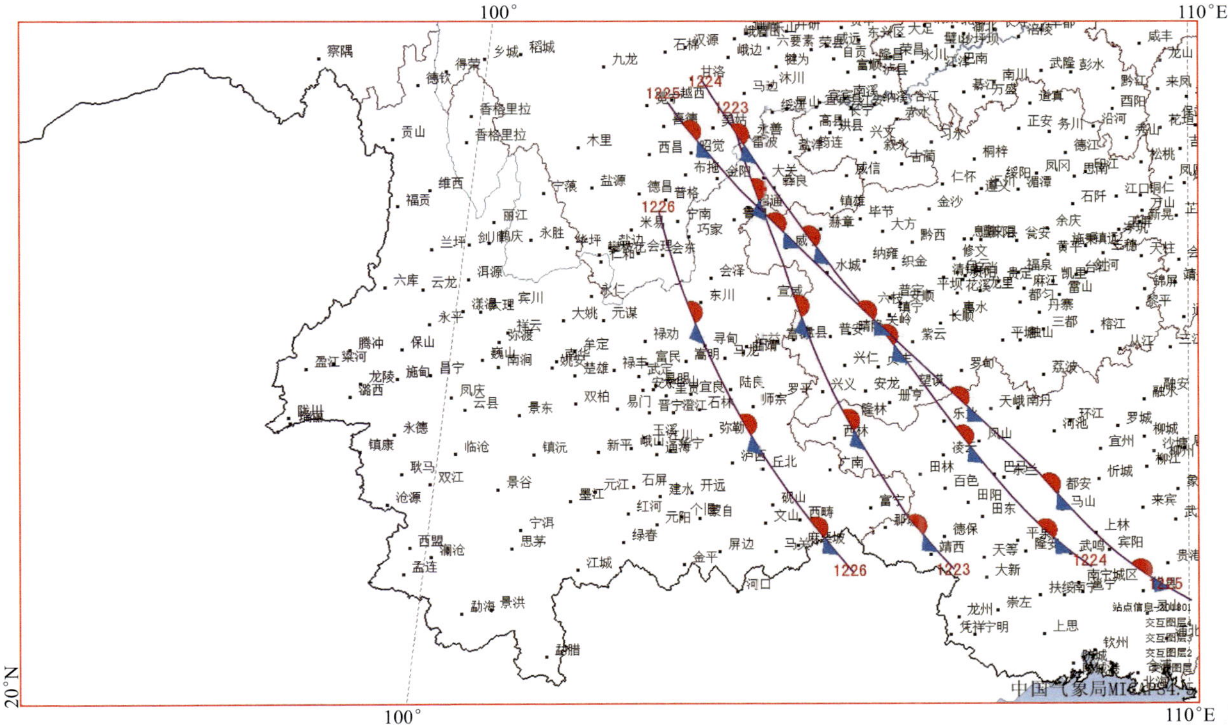

图 2.17.1　2016 年 12 月 23—26 日昆明准静止锋移动路径

表 2.17.1　2016 年 12 月 23—26 日昆明准静止锋位置

日期	昆明准静止锋位置
12 月 23 日	雷波—盘县—靖西
12 月 24 日	雷波—六枝—武鸣
12 月 25 日	昭通—紫云—宾阳
12 月 26 日	会东—寻甸—西畴

受昆明准静止锋影响，12 月 23 日滇东北出现日最高气温负变温区，最大变温在彝良县，为−8.1 ℃；24 日随着昆明准静止锋东退，滇东北转为正变温；25 日昆明准静止锋北段加强南下，滇东北再次出现负变温，最大变温在昭通市，为−4.6 ℃；26 日随着昆明准静止锋加强西进，滇东、滇中以北转为负变温，日最高气温最大变温出现在宣威市，为−13.2 ℃。降温幅度大于 10 ℃的县市有 5 个，主要集中在曲靖市和文山州(图 2.17.2)。

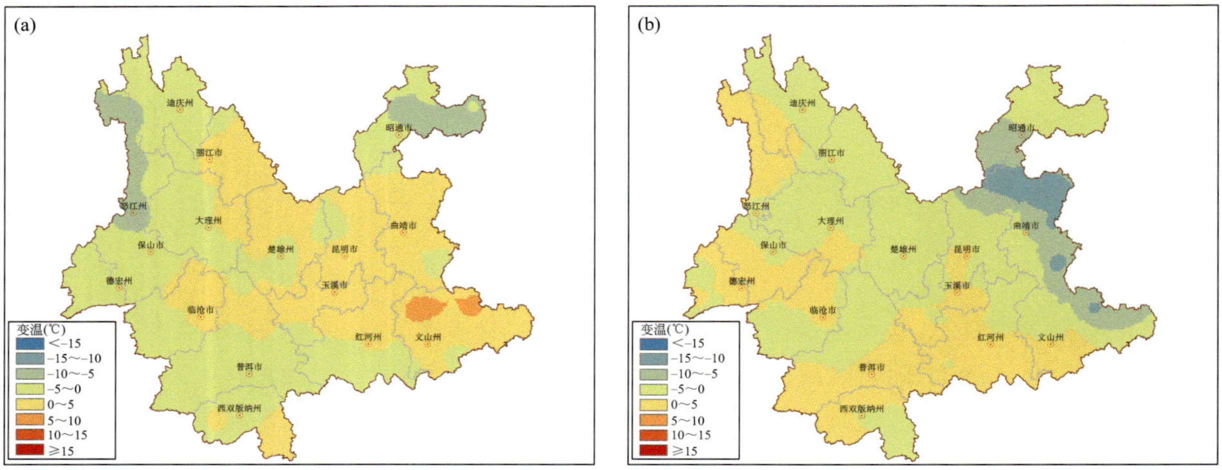

图 2.17.2　云南 2016 年 12 月 23 日(a)、26 日(b)最高气温 24 h 变温图

受昆明准静止锋影响，2016 年 12 月 23—26 日(20 时—20 时)云南共有 18 站出现降水，总降水量均小于 10 mm，最大降水在威信 8.7 mm(图 2.17.3a)。

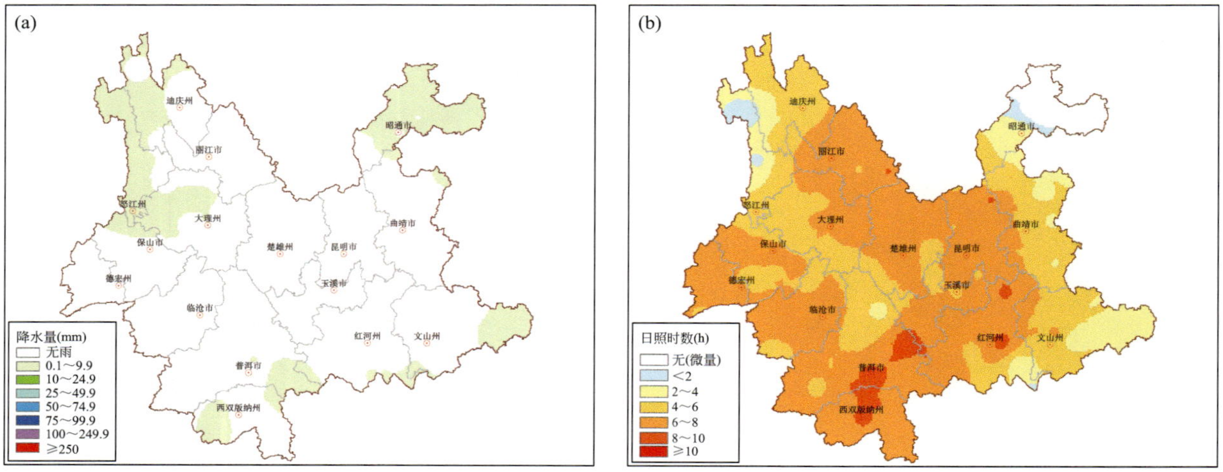

图 2.17.3　云南 2016 年 12 月 23—26 日累计降水量(a)和平均日照时数(b)

受昆明准静止锋影响，2016 年 12 月 23—26 日滇东共有 19 县市总日照时数不足 20 h，集中在昭通市、曲靖市、文山州和红河州，其中日照时数少于 10 h 的县市有 8 个，最少的是盐津县，仅为 1.3 h，其次是威信县，为 1.4 h(图略)。与常年同期相比，滇中以东有 41 个县市日照偏少，其中 15 个县市日照时数

偏少 20%以上，有 6 个县市偏少 50%以上，分别是威信、盐津、彝良、镇雄、永善、河口，威信偏少最多，为 78.5%。图 2.17.3b 是昆明准静止锋影响期间的平均日照时数。

2.17.2 环流背景

（1）地面图

图 2.17.4 是 2016 年 12 月 23 日 14 时地面图和海平面气压场。图 2.17.5 是 2016 年 12 月 26 日 20 时地面图和海平面气压场。

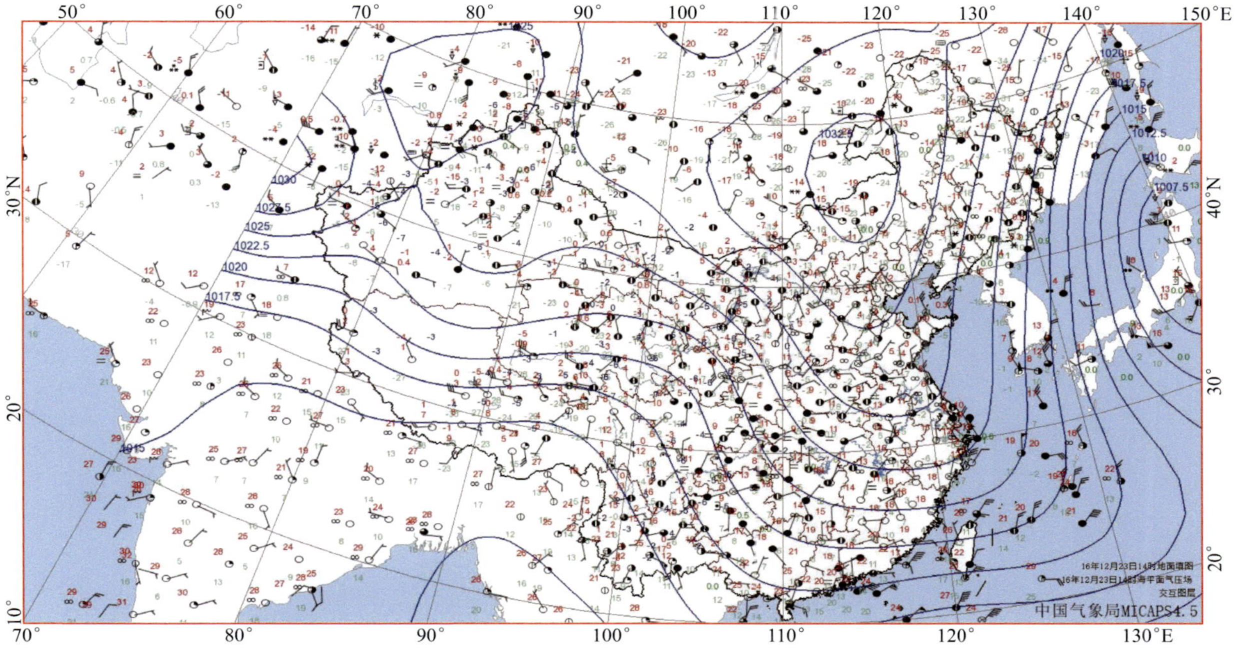

图 2.17.4　2016 年 12 月 23 日 14 时地面图和海平面气压场

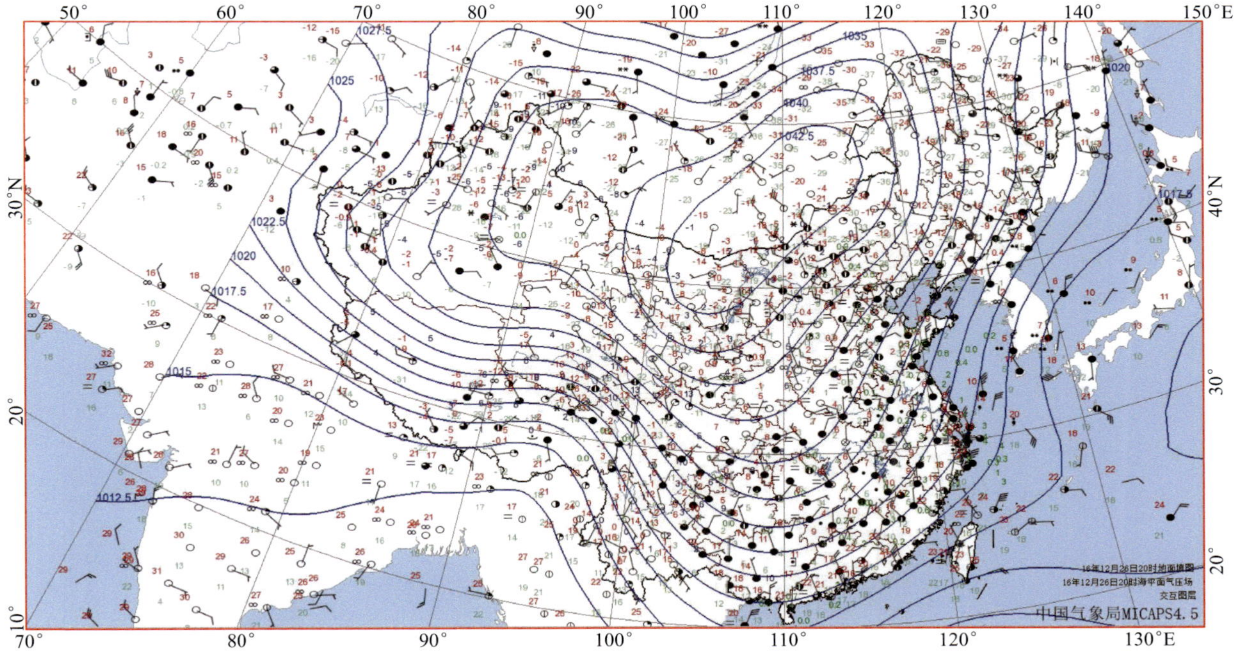

图 2.17.5　2016 年 12 月 26 日 20 时地面图和海平面气压场

(2)高空图

图 2.17.6 是 2016 年 12 月 23 日 08 时 850 hPa 高空图。图 2.17.7 是 2016 年 12 月 26 日 08 时 850 hPa 高空图。图 2.17.8 是 2016 年 12 月 23 日 08 时 500 hPa 高空图。图 2.17.9 是 2016 年 12 月 26 日 08 时 500 hPa 高空图。

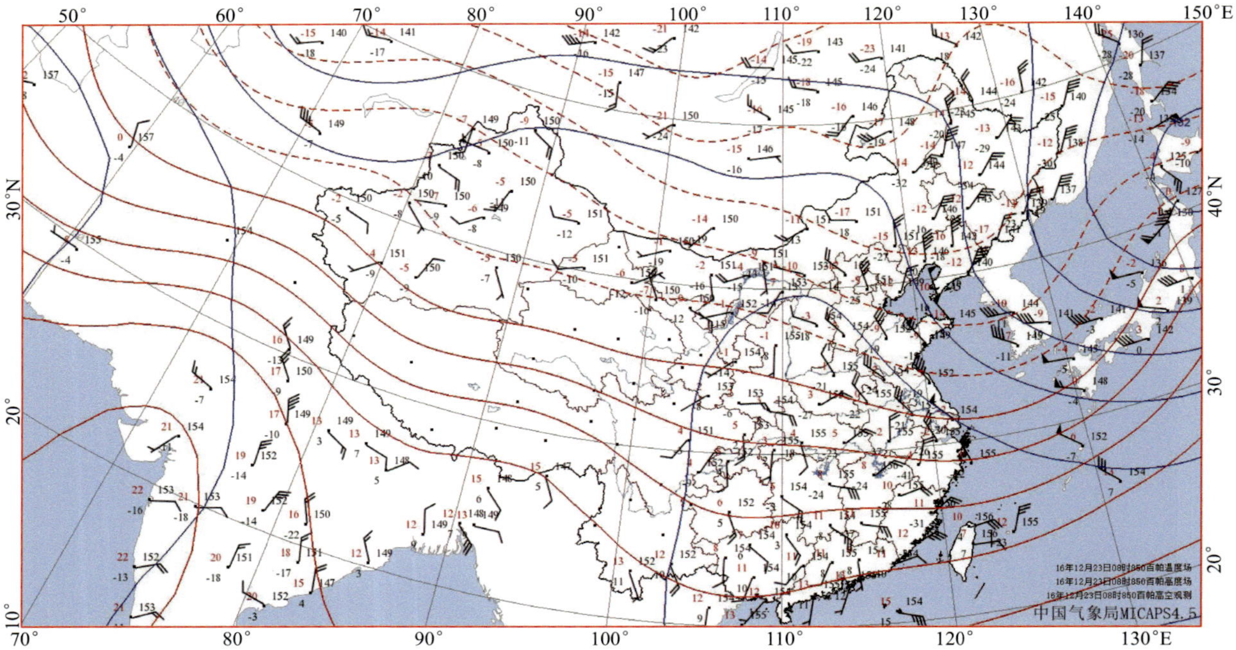

图 2.17.6　2016 年 12 月 23 日 08 时 850 hPa 高空图

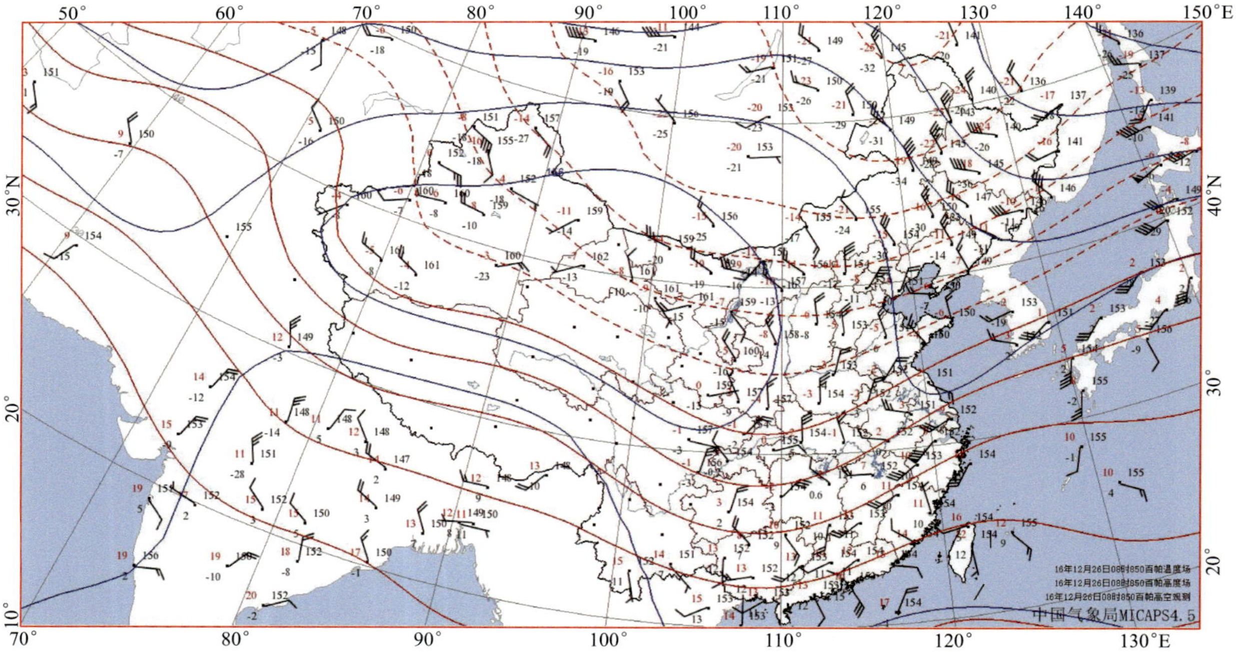

图 2.17.7　2016 年 12 月 26 日 08 时 850 hPa 高空图

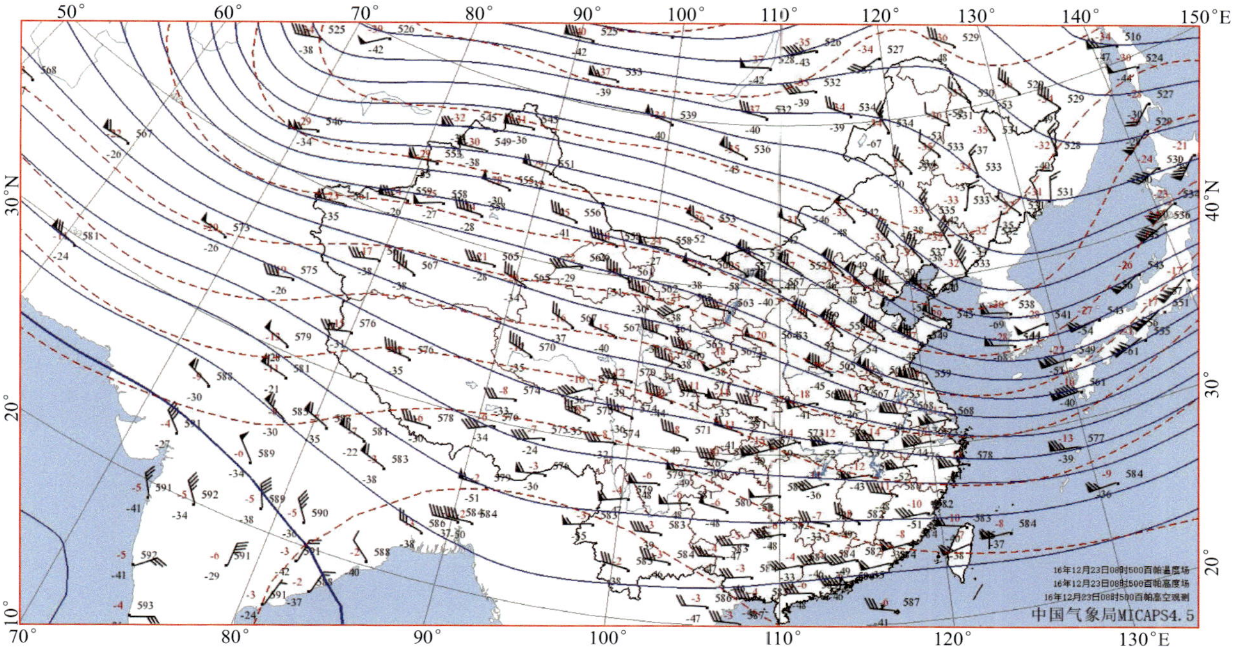

图 2.17.8　2016 年 12 月 23 日 08 时 500 hPa 高空图

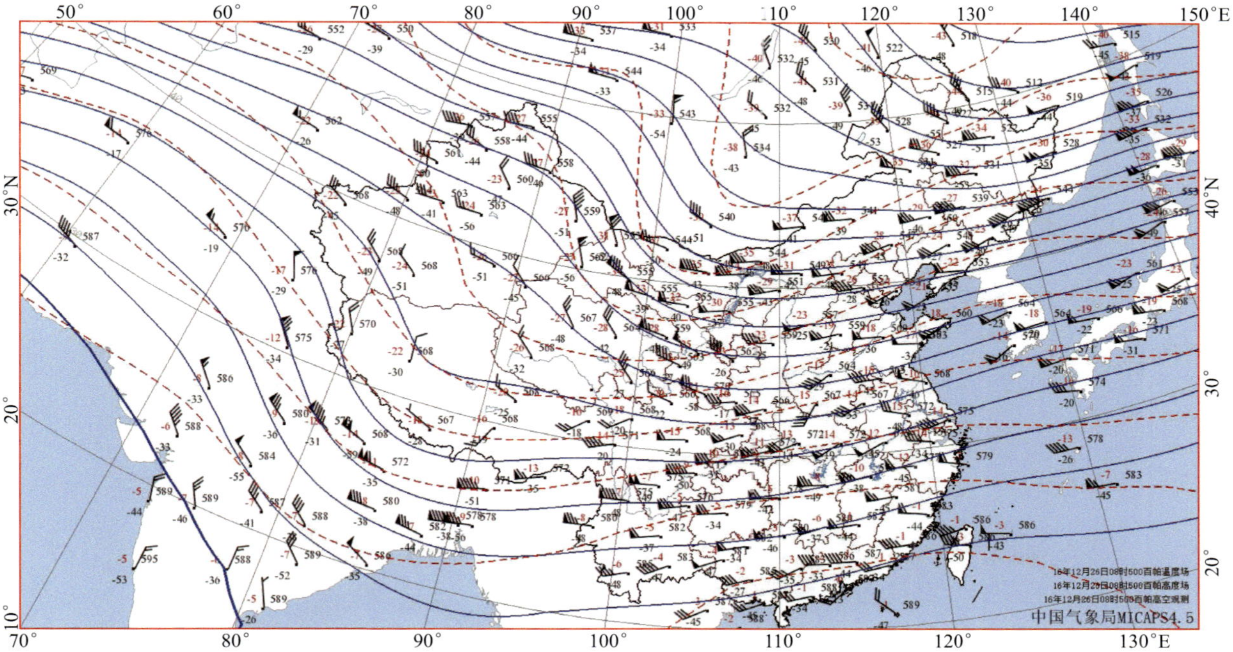

图 2.17.9　2016 年 12 月 26 日 08 时 500 hPa 高空图

2.17.3　卫星云图

图 2.17.10 是 2016 年 12 月 25 日 14 时、26 日 14 时卫星云图。

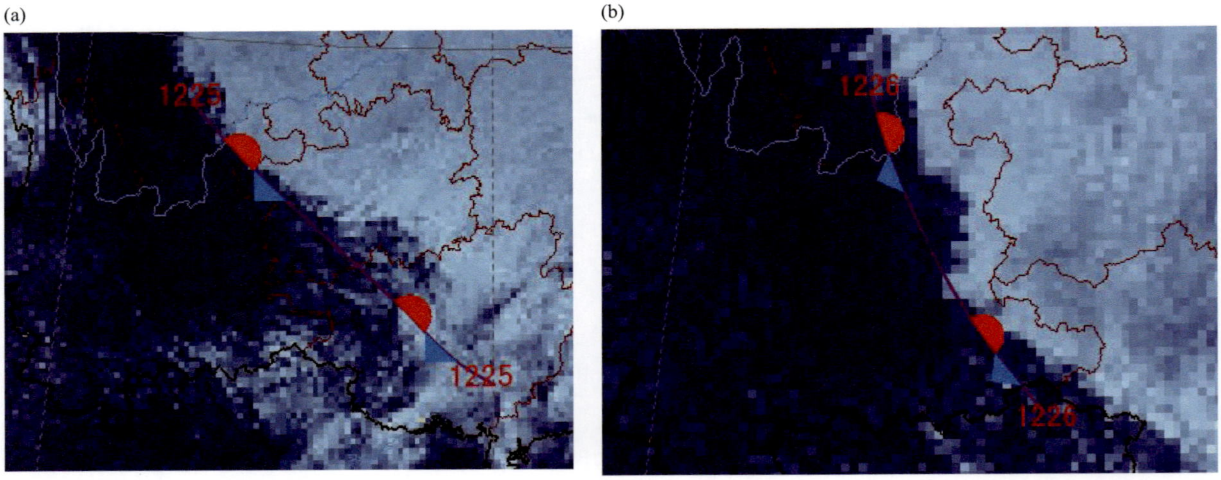

图 2.17.10　2016 年 12 月 25 日 14 时(a)、26 日 14 时(b)卫星云图

2.18　2017 年 1 月 2—3 日昆明准静止锋过程

2.18.1　过程概况

2017 年 1 月 2 日在云贵高原出现了昆明准静止锋天气系统，呈准南北向，贯穿四川、云南、贵州及广西四省(区)，位于盐津、威宁、盘县、兴义及广南一线。3 日昆明准静止锋北段西进，南段东退，锋面位于布拖、沾益、罗平、富宁一线。之后，锋面减弱东退至贵阳以东。1 月 2—3 日过程期间昆明准静止锋移动路径如图 2.18.1，活动范围见表 2.18.1。

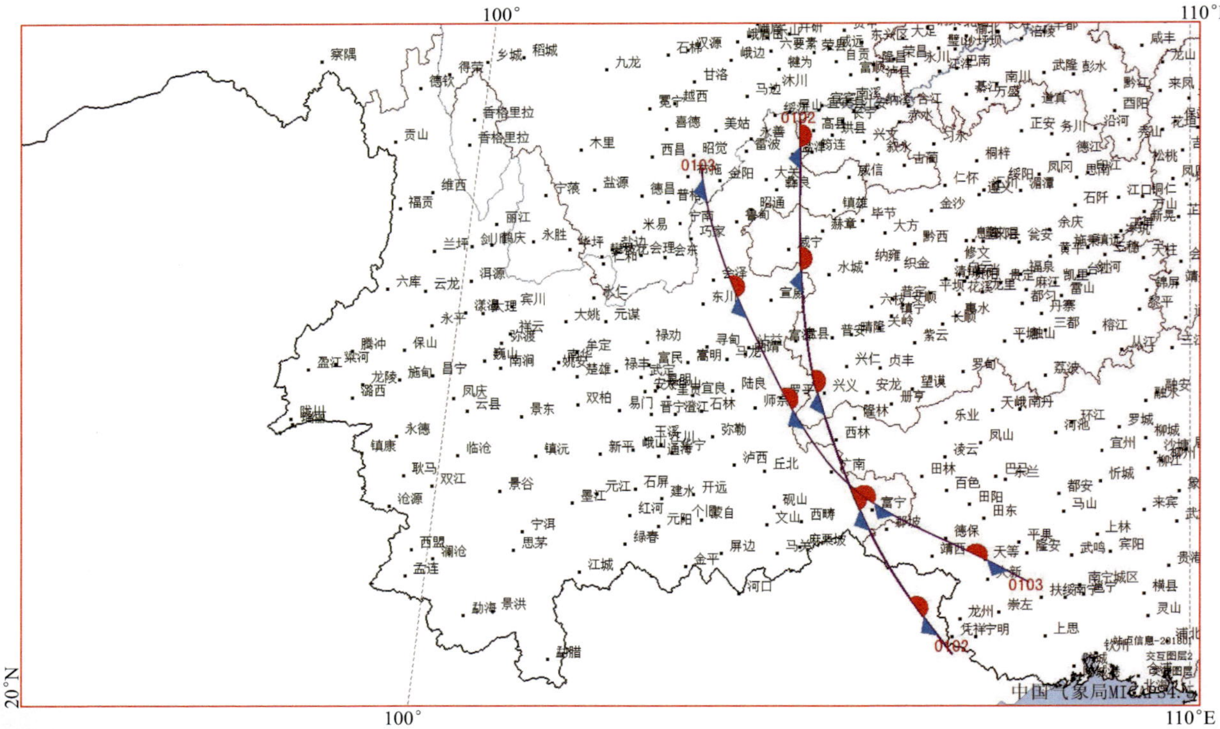

图 2.18.1　2017 年 1 月 2—3 日昆明准静止锋移动路径

表 2.18.1　2017 年 1 月 2—3 日昆明准静止锋位置

日期	昆明准静止锋位置
1 月 2 日	盐津—兴义—广南
1 月 3 日	右拖—沾益—富宁

受昆明准静止锋影响，1 月 2 日滇东、滇中出现日最高气温负变温区，最大变温在镇雄县，为 −9 ℃；3 日云南大部地区转为负变温区。昆明准静止锋影响区域大部降温幅度在 5 ℃以下(图 2.18.2)。

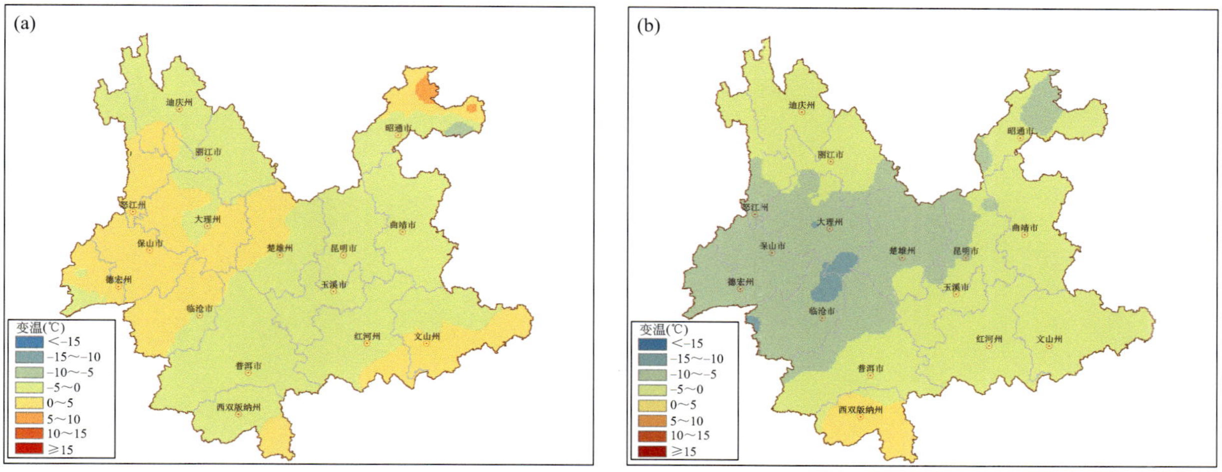

图 2.18.2　云南 2017 年 1 月 2 日(a)、3 日(b)最高气温 24 h 变温图

受昆明准静止锋及西南暖湿气流共同影响，2017 年 1 月 2—3 日(20 时—20 时)除滇东北外，云南大部地区有降水。滇西南及滇南大部地区降水量在 20 mm 以上，其余地区累计降水量都小于 20 mm。昆明准静止锋主要影响区域(滇东北、滇中及滇东南)累计降水量均小于 20 mm，文山州的丘北县累计降水量最大，为 19.9 mm(图 2.18.3a)。

受昆明准静止锋和西南暖湿气流影响，2017 年 1 月 2—3 日云南总日照时数小于 16 h 的县市有 92 个，其中日照时数为 0 h 的县市有 11 个，8 个(元阳、金平、屏边、砚山、广南、丘北、西畴和富宁)位于滇东(图略)。与常年同期相比，有 105 个县市偏少 20%以上，有 47 个县市偏少 50%以上。图 2.18.3b 是昆明准静止锋影响期间的平均日照时数。

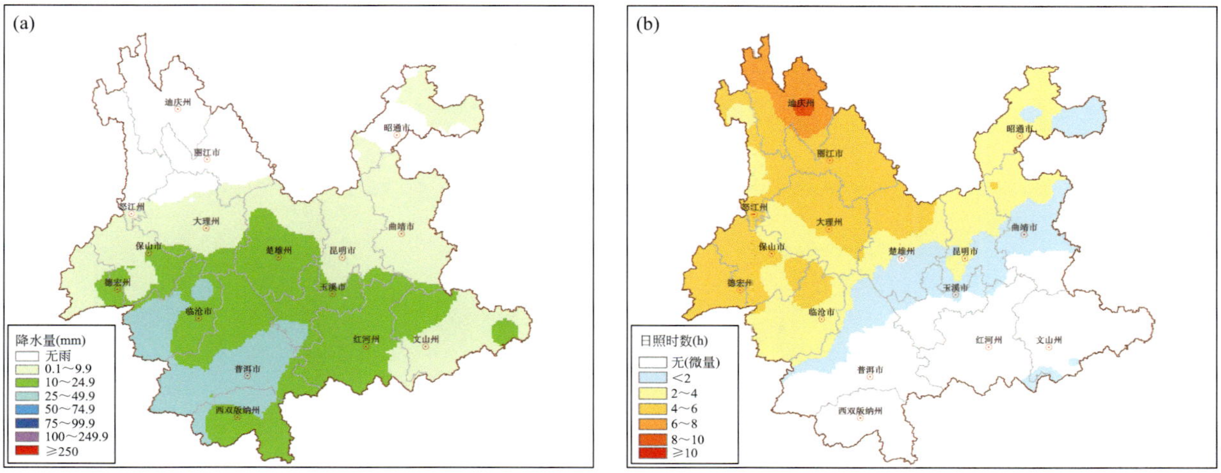

图 2.18.3　云南 2017 年 1 月 2—3 日累计降水量(a)和平均日照时数(b)

2.18.2 环流背景

(1)地面图

图 2.18.4 是 2017 年 1 月 2 日 14 时地面图和海平面气压场。图 2.18.5 是 2017 年 1 月 3 日 20 时地面图和海平面气压场。

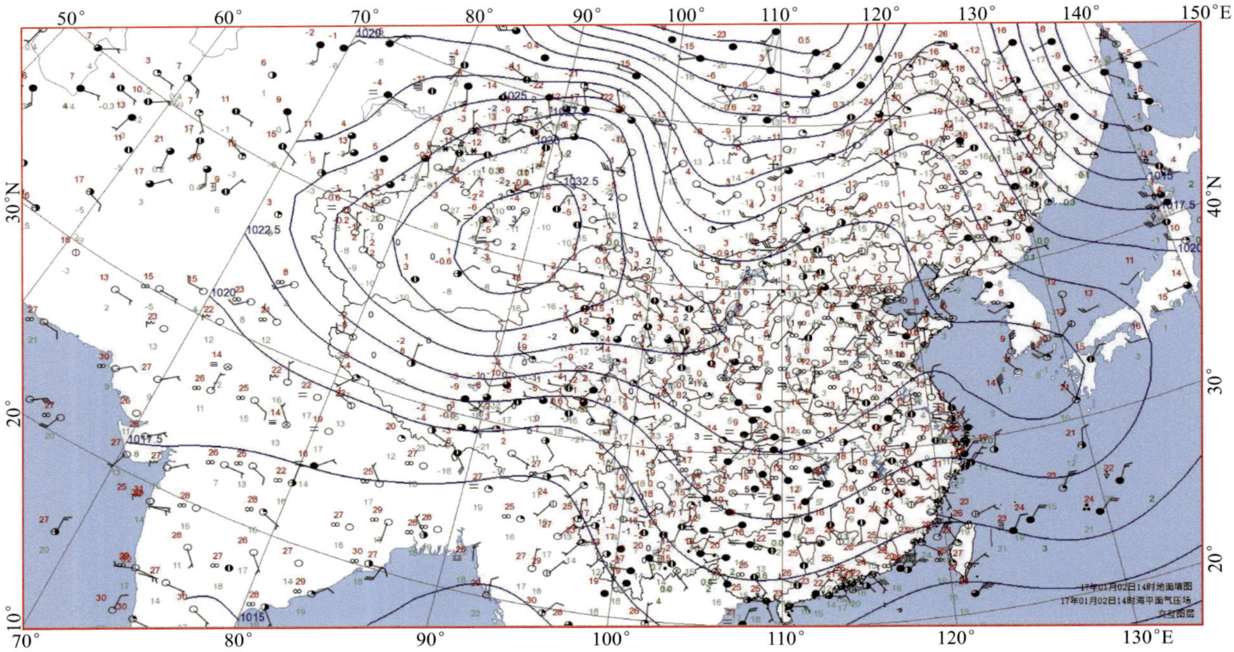

图 2.18.4 2017 年 1 月 2 日 14 时地面图和海平面气压场

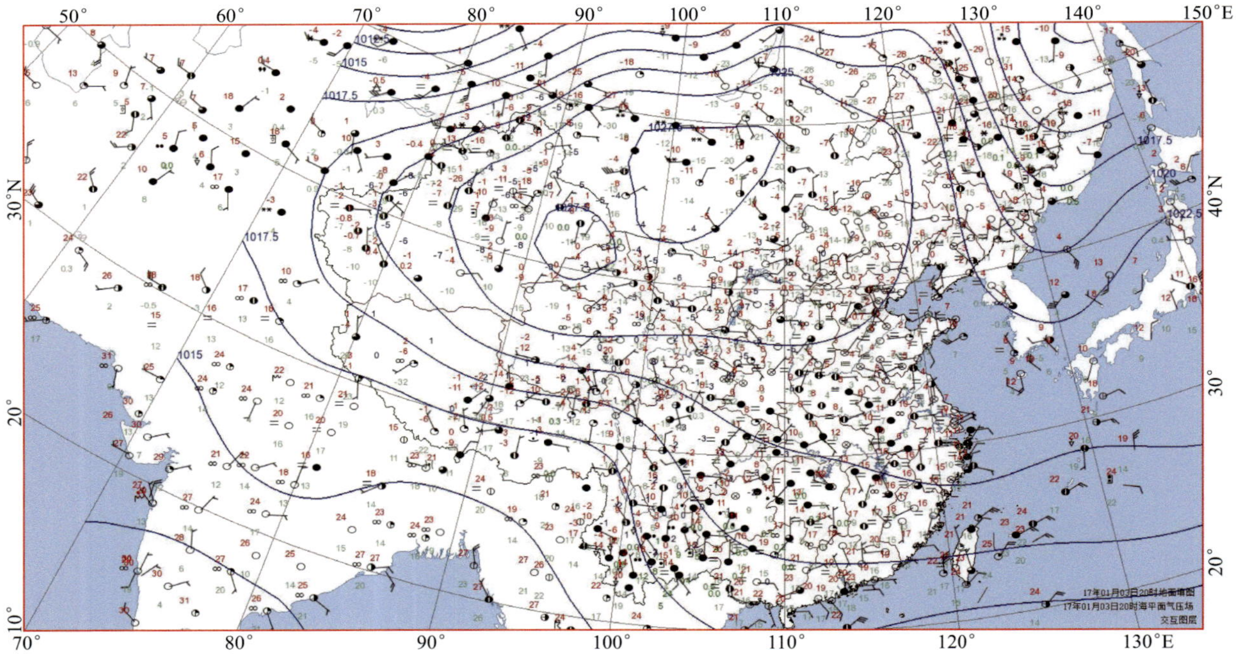

图 2.18.5 2017 年 1 月 3 日 20 时地面图和海平面气压场

(2)高空图

图 2.18.6 是 2017 年 1 月 2 日 08 时 850 hPa 高空图。图 2.18.7 是 2017 年 1 月 3 日 08 时 850 hPa 高空图。图 2.18.8 是 2017 年 1 月 2 日 08 时 500 hPa 高空图。图 2.18.9 是 2017 年 1 月 3 日 08 时 500 hPa 高空图。

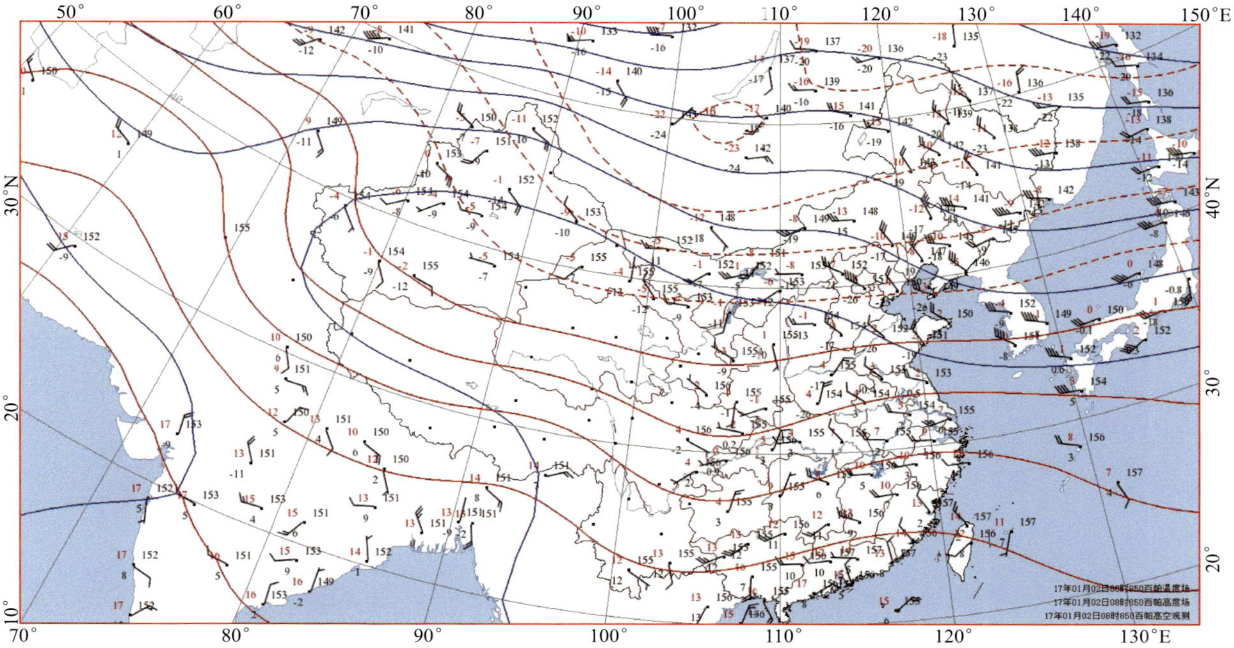

图 2.18.6　2017 年 1 月 2 日 08 时 850 hPa 高空图

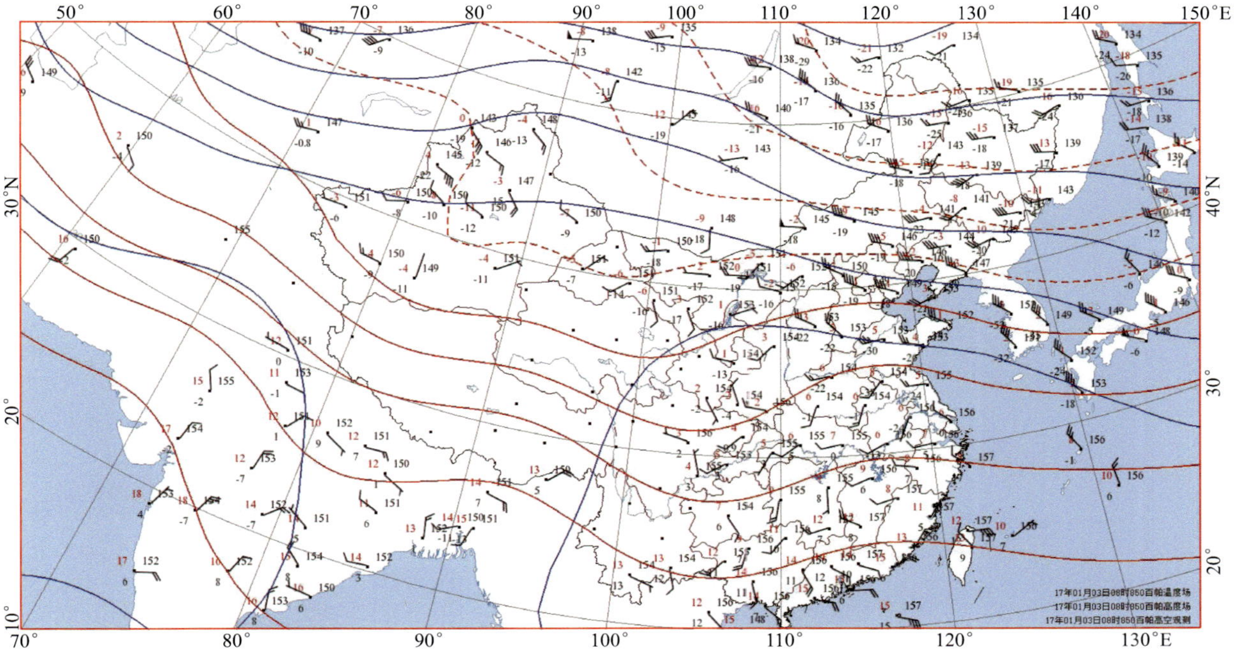

图 2.18.7　2017 年 1 月 3 日 08 时 850 hPa 高空图

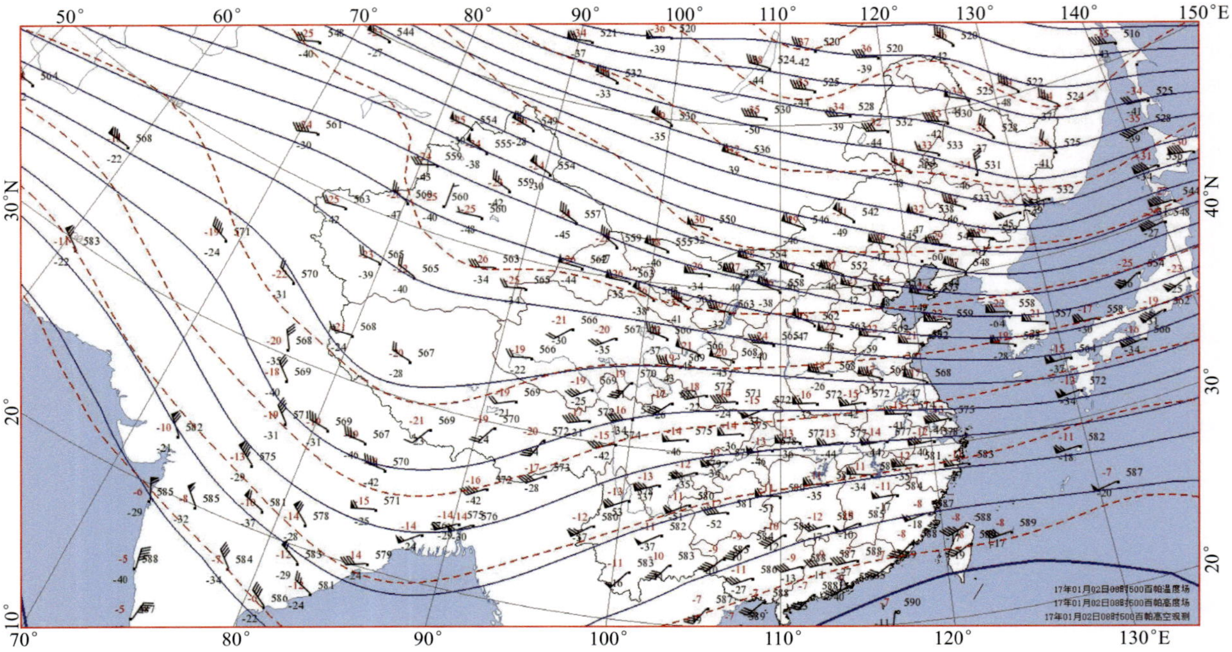

图 2.18.8　2017 年 1 月 2 日 08 时 500 hPa 高空图

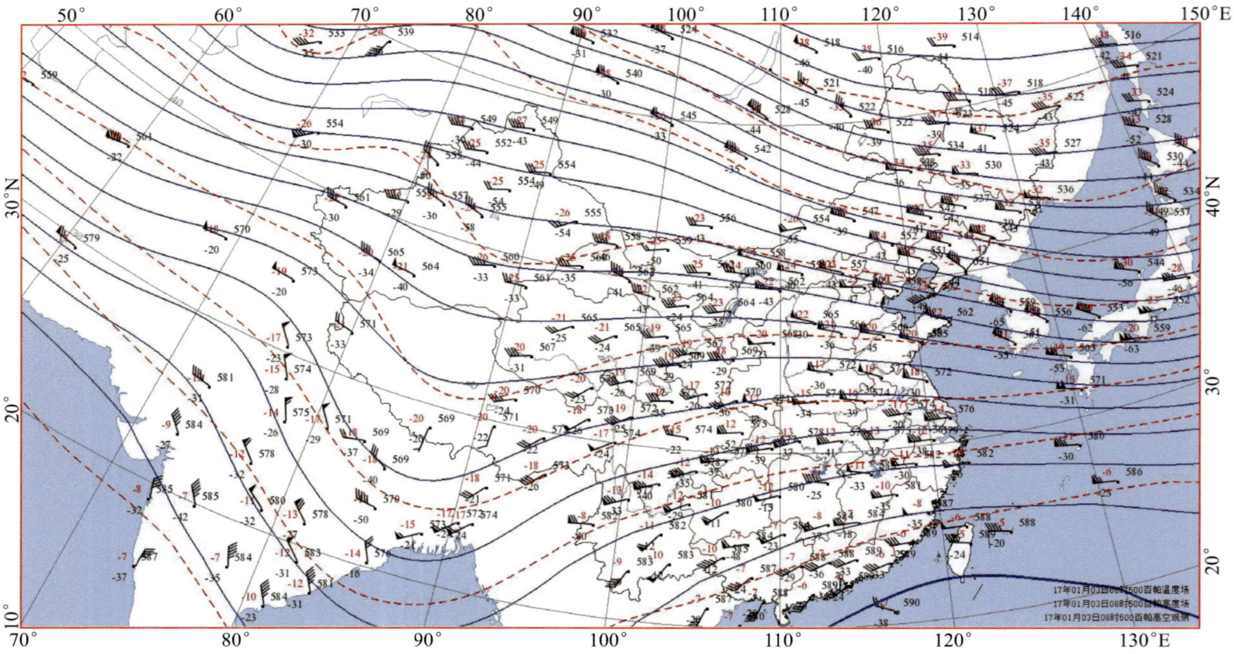

图 2.18.9　2017 年 1 月 3 日 08 时 500 hPa 高空图

2.18.3　卫星云图

图 2.18.10 是 2017 年 1 月 2 日 14 时、3 日 14 时卫星云图。

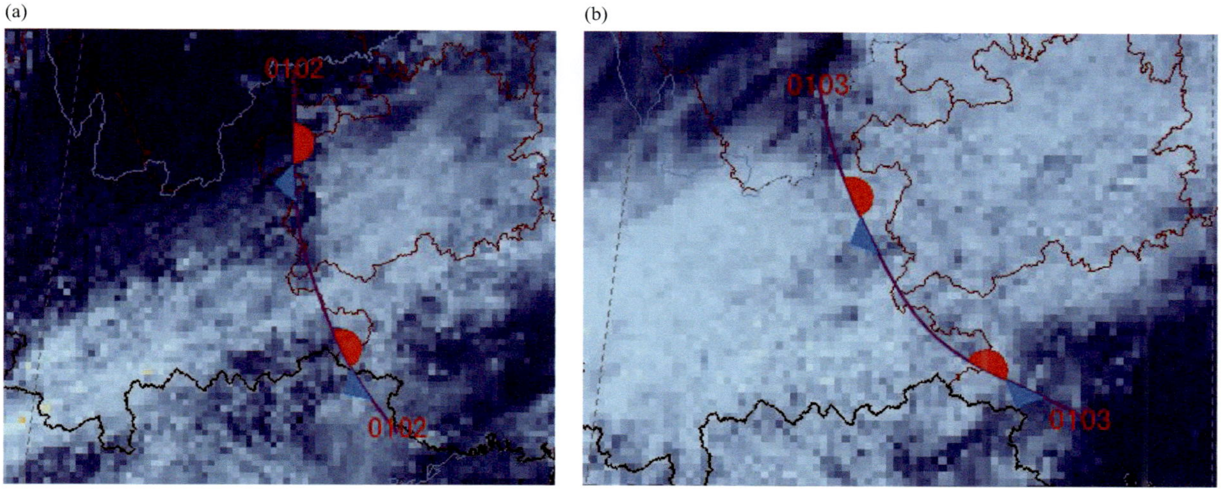

图 2.18.10　2017 年 1 月 2 日 14 时(a)、3 日 14 时(b)卫星云图

2.19　2017 年 1 月 7—8 日昆明准静止锋过程

2.19.1　过程概况

2017 年 1 月 7 日在云贵高原出现了昆明准静止锋天气系统，呈西北东南向，贯穿云南、贵州及广西三省(区)，位于雷波、威宁、盘县、凤山及柳城一线。8 日昆明准静止锋北段维持，南段西伸，锋面位于雷波、昭通、沾益、广南、那坡及平果一线。之后，锋面减弱消失。1 月 7—8 日过程期间昆明准静止锋移动路径如图 2.19.1，活动范围见表 2.19.1。

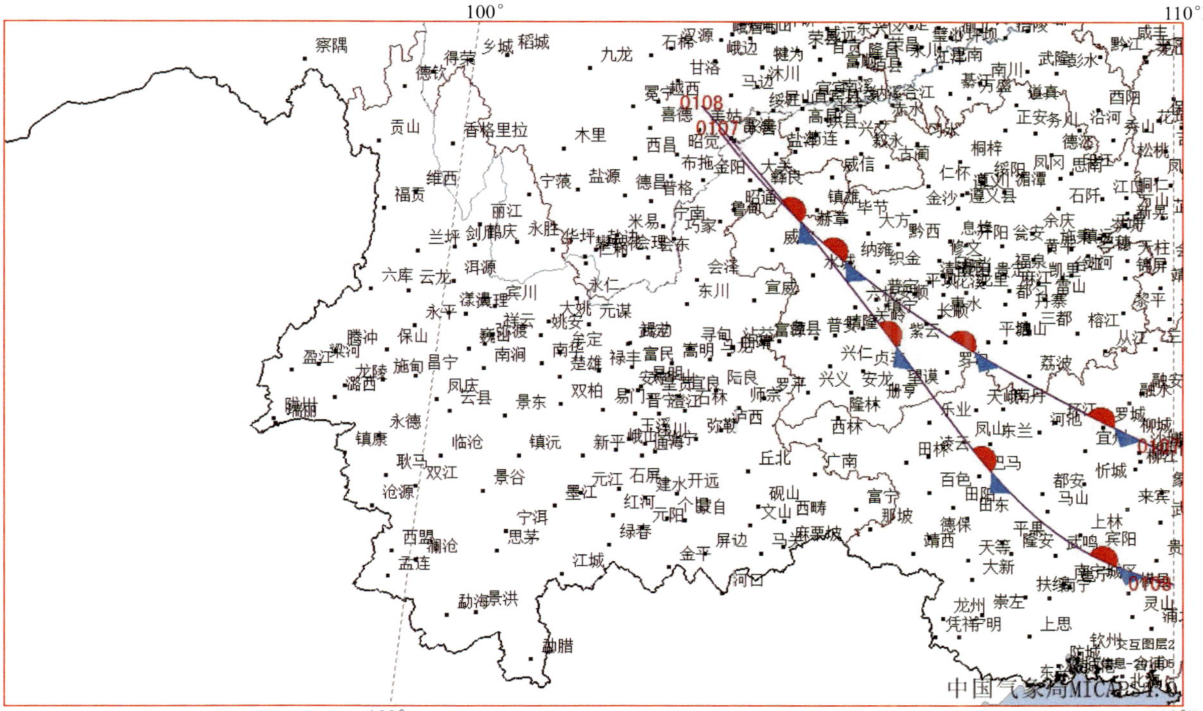

图 2.19.1　2017 年 1 月 7—8 日昆明准静止锋移动路径

表 2.19.1　2017 年 1 月 2—3 日昆明准静止锋位置

日期	昆明准静止锋位置
1 月 7 日	雷波—盘县—柳城
1 月 8 日	雷波—沾益—那坡

受昆明准静止锋影响，1 月 7 日滇东北出现日最高气温负变温区，最大变温在镇雄县，为－8.5 ℃；8 日滇东北负变温区域面积及幅度减小，最大变温在镇雄县，为－4.3 ℃（图 2.19.2）。

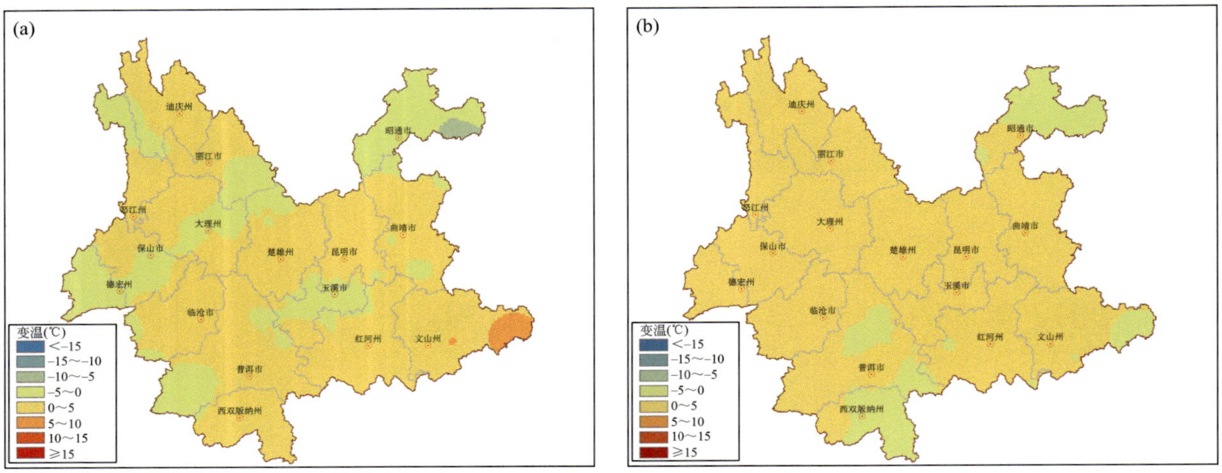

图 2.19.2　云南 2017 年 1 月 7 日(a)、8 日(b)最高气温 24 h 变温图

2017 年 1 月 7—8 日(20 时—20 时)云南中部和西南、东南部共有 16 个县市出现降水，降水量均小于 3 mm。昆明准静止锋主要影响区域滇东北，最大降水量为绥江和盐津，为 2.1 mm(图 2.19.3a)。

受昆明准静止锋影响，2017 年 1 月 7—8 日滇东北北部总日照时数不足 10 h，绥江和盐津两县日照时数为 0 h(图略)。与常年同期相比，云南省有 30 个县市日照时数偏少，7 个县市偏少 20%以上，绥江和盐津偏少最多，为 100%，其次是威信，偏少 45.5%。图 2.19.3b 是昆明准静止锋影响期间的平均日照时数。

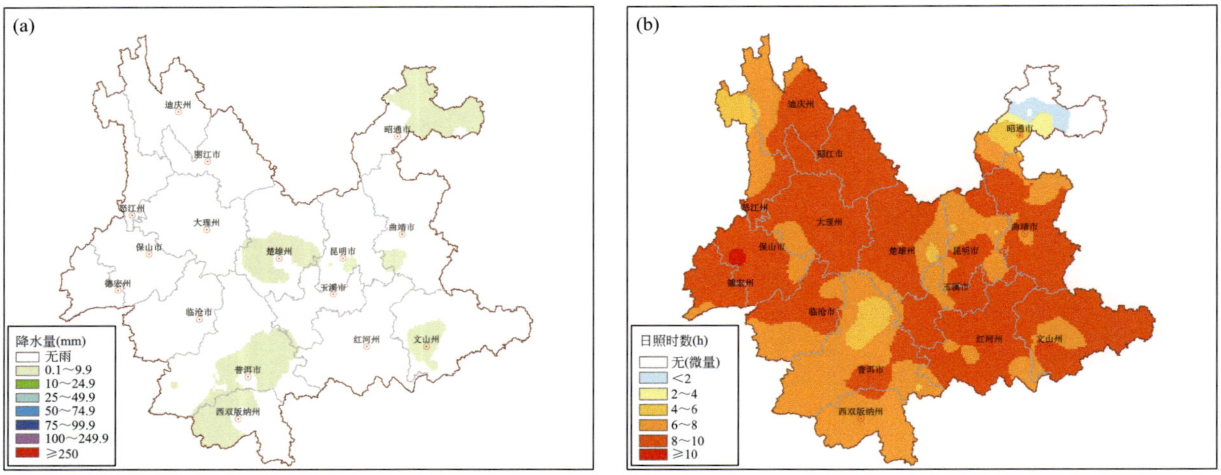

图 2.19.3　云南 2017 年 1 月 7—8 日累计降水量(a)和平均日照时数(b)

2.19.2 环流背景

(1)地面图

图 2.19.4 是 2017 年 1 月 7 日 14 时地面图和海平面气压场。图 2.19.5 是 2017 年 1 月 8 日 20 时地面图和海平面气压场。

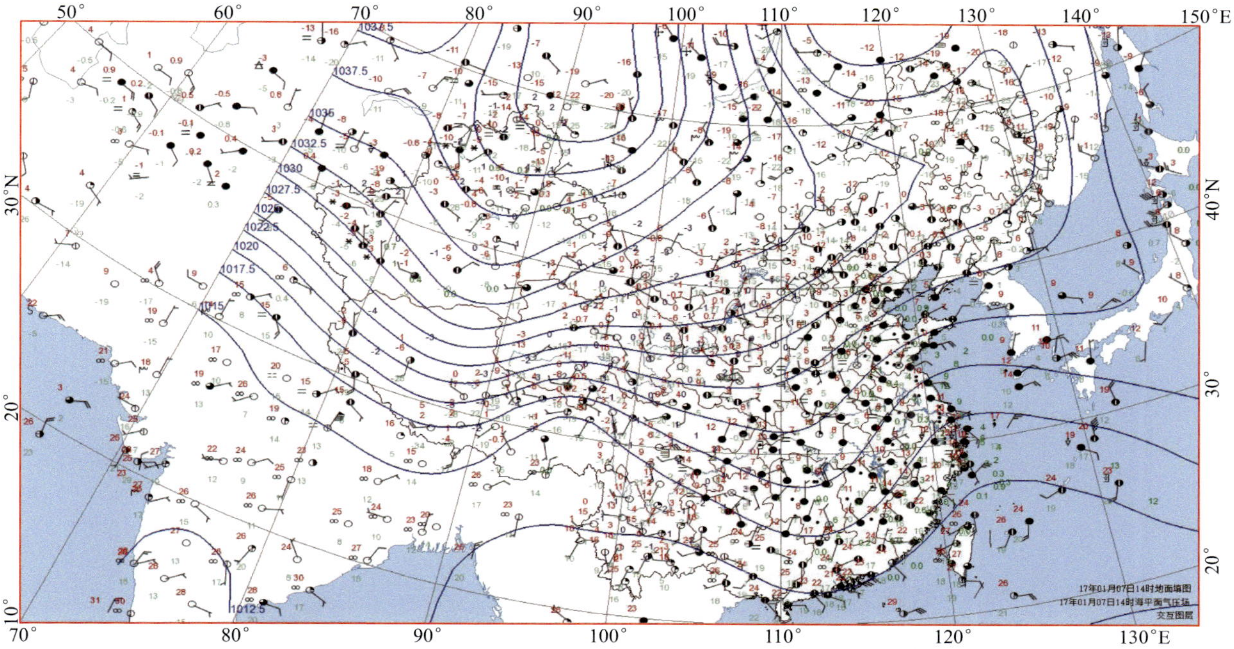

图 2.19.4 2017 年 1 月 7 日 14 时地面图和海平面气压场

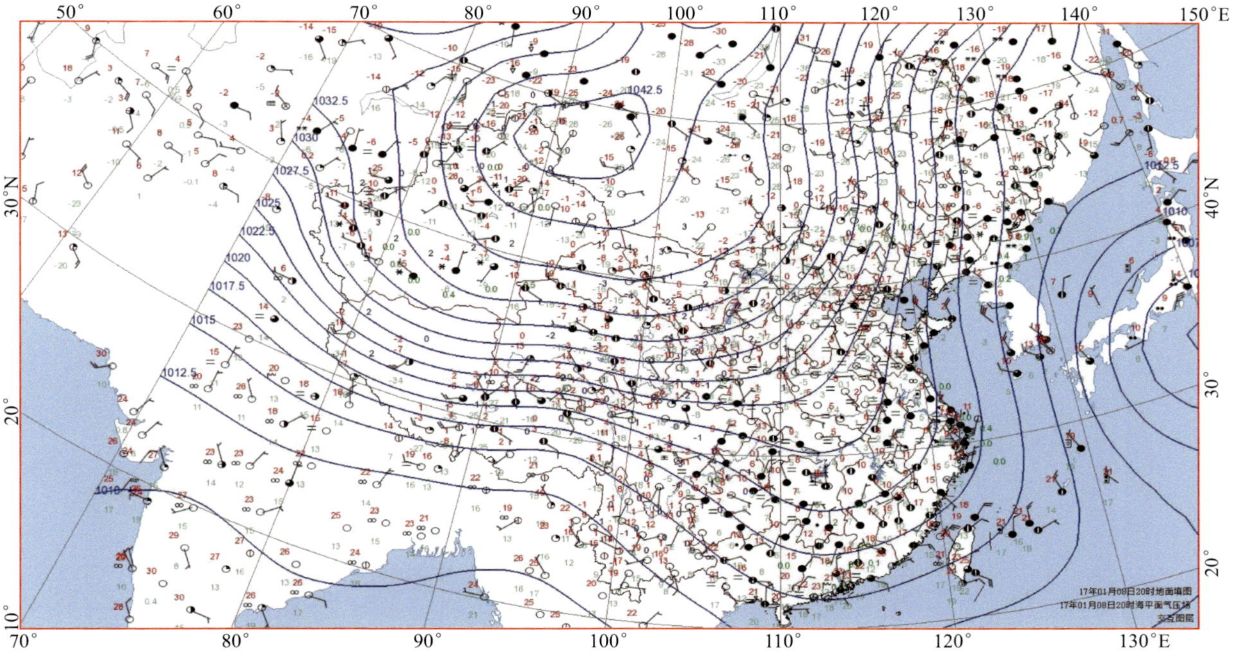

图 2.19.5 2017 年 1 月 8 日 20 时地面图和海平面气压场

(2)高空图

图 2.19.6 是 2017 年 1 月 7 日 08 时 850 hPa 高空图。图 2.19.7 是 2017 年 1 月 8 日 08 时 850 hPa 高空图。图 2.19.8 是 2017 年 1 月 7 日 08 时 500 hPa 高空图。图 2.19.9 是 2017 年 1 月 8 日 08 时 500 hPa 高空图。

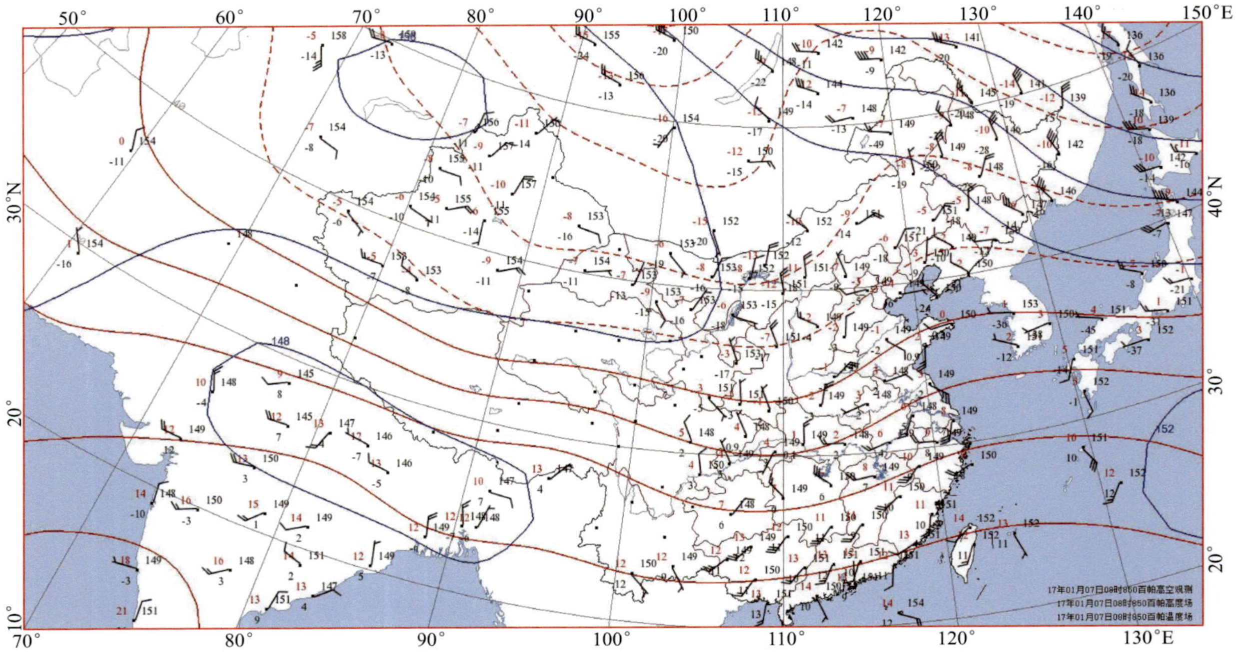

图 2.19.6　2017 年 1 月 7 日 08 时 850 hPa 高空图

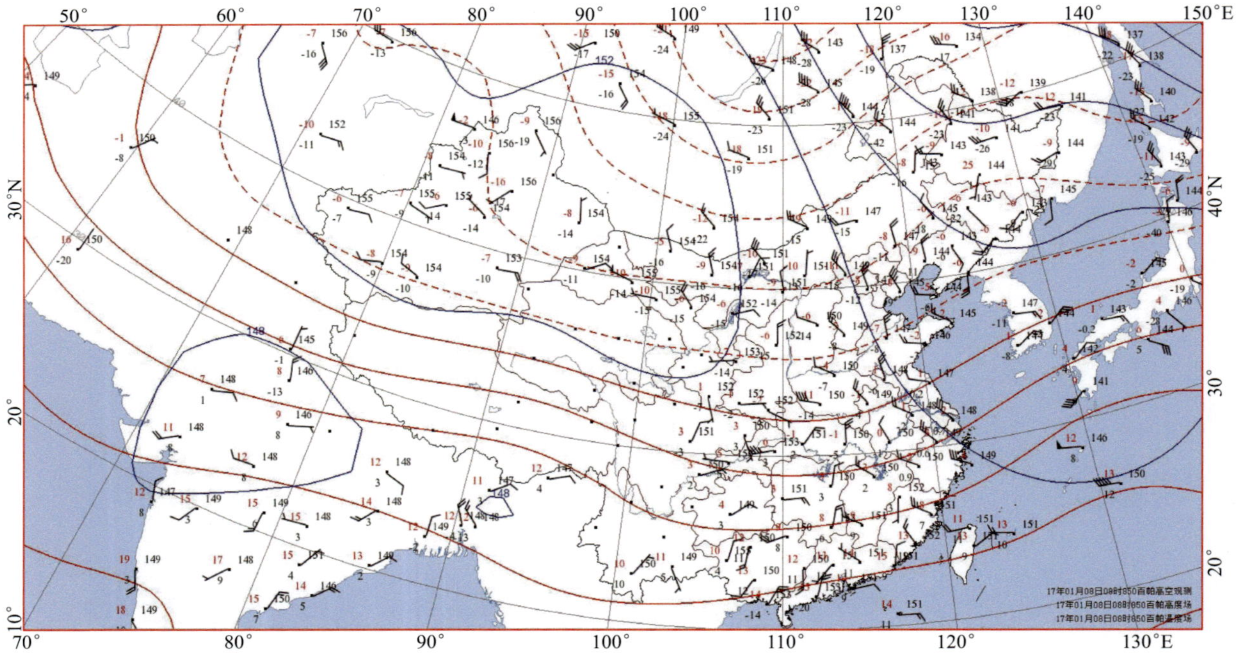

图 2.19.7　2017 年 1 月 8 日 08 时 850 hPa 高空图

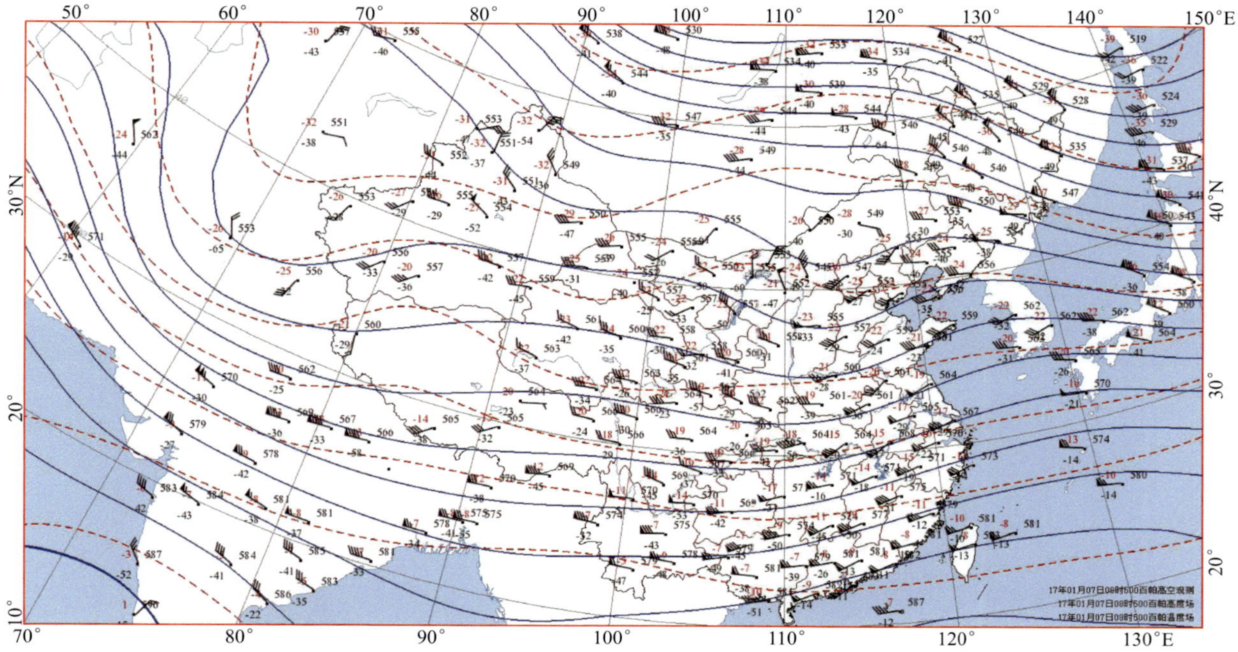

图 2.19.8　2017 年 1 月 7 日 08 时 500 hPa 高空图

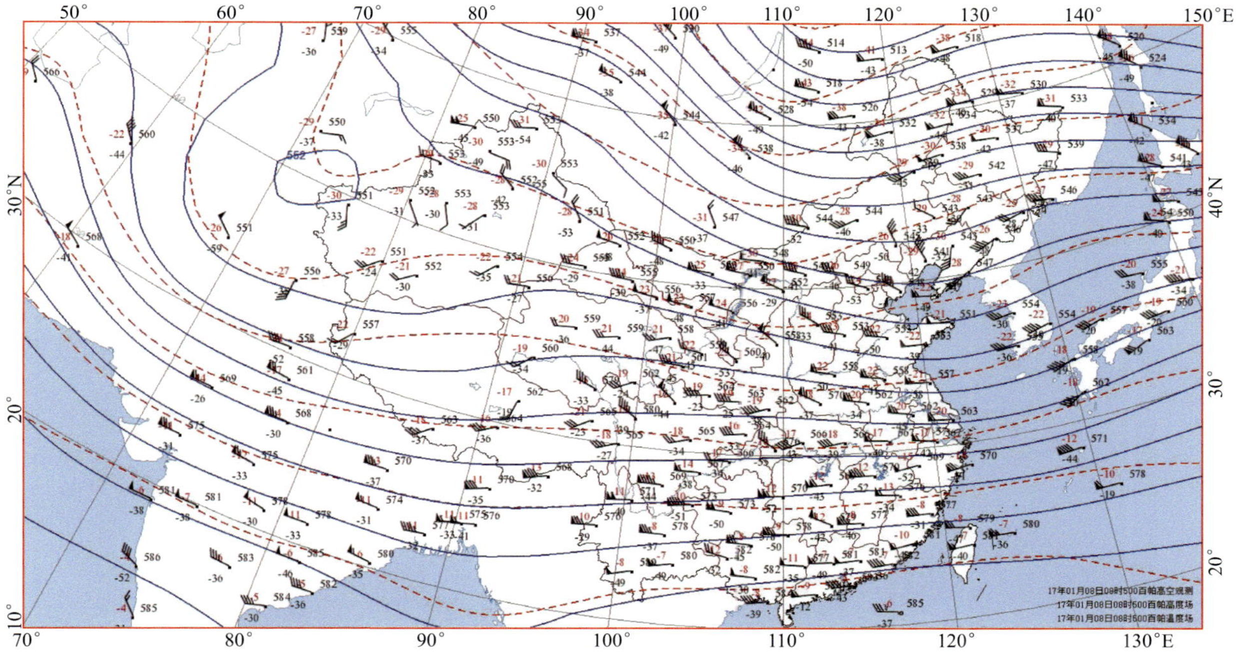

图 2.19.9　2017 年 1 月 8 日 08 时 500 hPa 高空图

2.19.3　卫星云图

图 2.19.10 是 2017 年 1 月 7 日 14 时、8 日 14 时卫星云图。

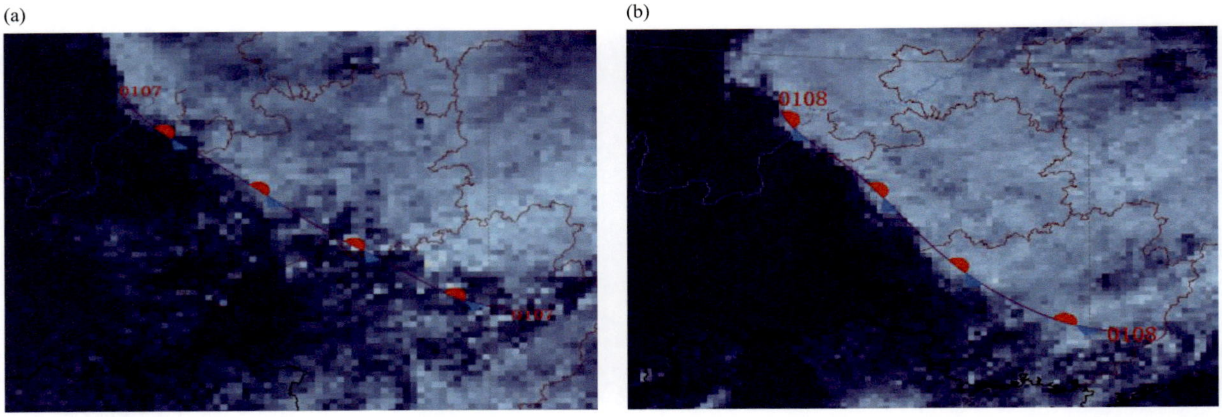

图 2.19.10　2017 年 1 月 7 日 14 时(a)、8 日 14 时(b)卫星云图

2.20　2017 年 1 月 10—13 日昆明准静止锋过程

2.20.1　过程概况

2017 年 1 月 10 日在云贵高原出现了昆明准静止锋天气系统，呈准南北向，贯穿四川、云南、贵州及广西四省(区)，位于泸定、赫章、紫云、都安及贵港一线。11 日昆明准静止锋西进，位于越西、宣威、罗平、广南一线。12 日昆明准静止锋继续西进至布拖、会泽、曲靖、丘北、马关一线。13 日昆明准静止锋稍西进至东川、寻甸、弥勒、屏边一线，之后减弱消失。1 月 10—13 日过程期间昆明准静止锋移动路径如图 2.20.1，活动范围见表 2.20.1。

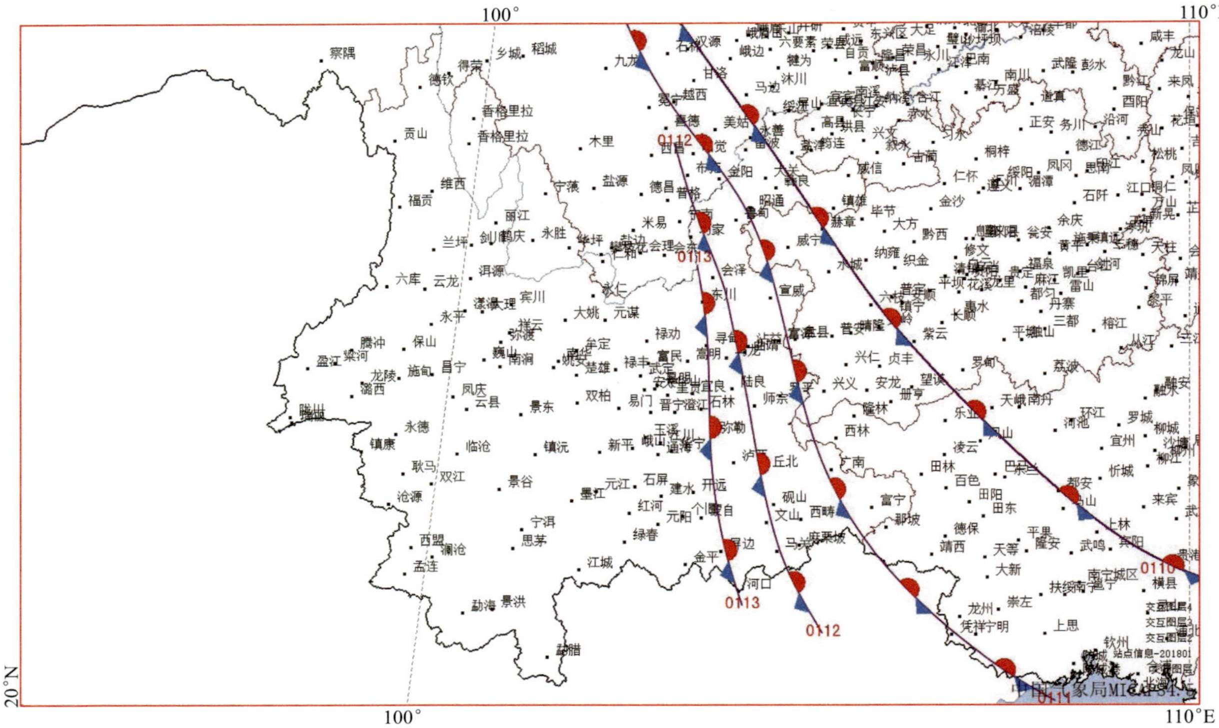

图 2.20.1　2017 年 1 月 10—13 日昆明准静止锋移动路径

表 2.20.1　2017 年 1 月 10—13 日昆明准静止锋位置

日期	昆明准静止锋位置
1 月 10 日	泸定—紫云—贵港
1 月 11 日	越西—宣威—广南
1 月 12 日	布拖—曲靖—马关
1 月 13 日	东川—弥勒—屏边

受昆明准静止锋影响，1 月 10 日滇东北出现日最高气温负变温区，最大变温在彝良县，为−4.2 ℃；11 日随着昆明准静止锋西进，负变温区扩大至滇东至滇中，最大负变温在昭通，为−12.4 ℃；12 日昆明准静止锋影响区西进至滇东地区，最大变温出现在会泽，为−13.3 ℃，昭通北部气温回升。13 日降温幅度减弱，滇东北和滇东边沿地区气温回升。10—13 日降温幅度超过 10 ℃的县市有 4 个，集中在昭通市和曲靖市(图 2.20.2)。

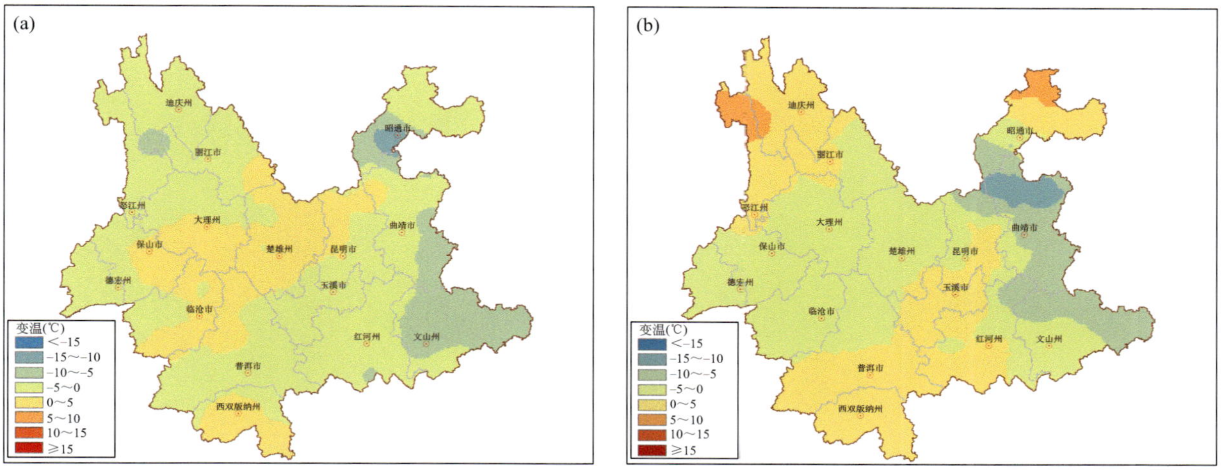

图 2.20.2　云南 2017 年 1 月 11 日(a)、12 日(b)最高气温 24 h 变温图

受昆明准静止锋及西南暖湿气流影响，2017 年 1 月 10—13 日(20 时—20 时)除滇东南边缘的 5 个县市总降水量超过 25 mm 外，云南其余大部地区总降水量都小于 20 mm。红河州河口县总降水量最大，为 57.4 mm(图 2.20.3a)。

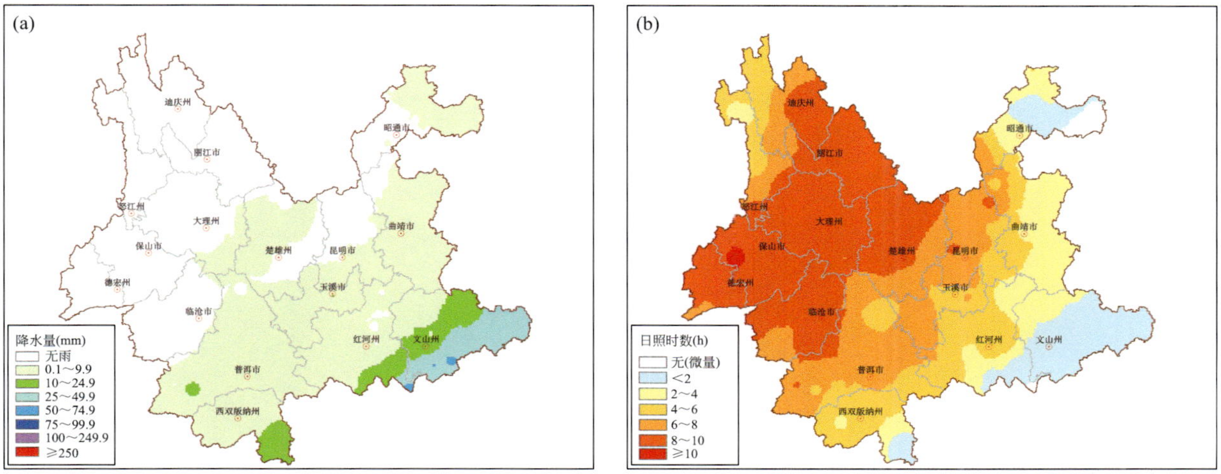

图 2.20.3　云南 2017 年 1 月 10—13 日累计降水量(a)和平均日照时数(b)

受昆明准静止锋影响，2017 年 1 月 10—13 日滇东北、滇东、滇中及滇东南总日照时数大部地区少于 30 h，最少的是镇雄县，仅为 0 h，其次是威信县和大关县，为 1.9 h 和 2.7 h。河口、彝良和盐津 3 个

县日照时数也不足 10 h(图略)。与常年同期相比,云南省有 53 个县市日照时数偏少,有 19 个县市偏少 20%以上,镇雄、大关、勐腊、威信、河口 5 个县市偏少 50%以上,镇雄偏少最多,为 100%,其次为大关,偏少 65.8%。图 2.20.3b 是昆明准静止锋影响期间的平均日照时数。

2.20.2 环流背景

(1)地面图

图 2.20.4 是 2017 年 1 月 10 日 14 时地面图和海平面气压场。图 2.20.5 是 2017 年 1 月 13 日 20 时地面图和海平面气压场。

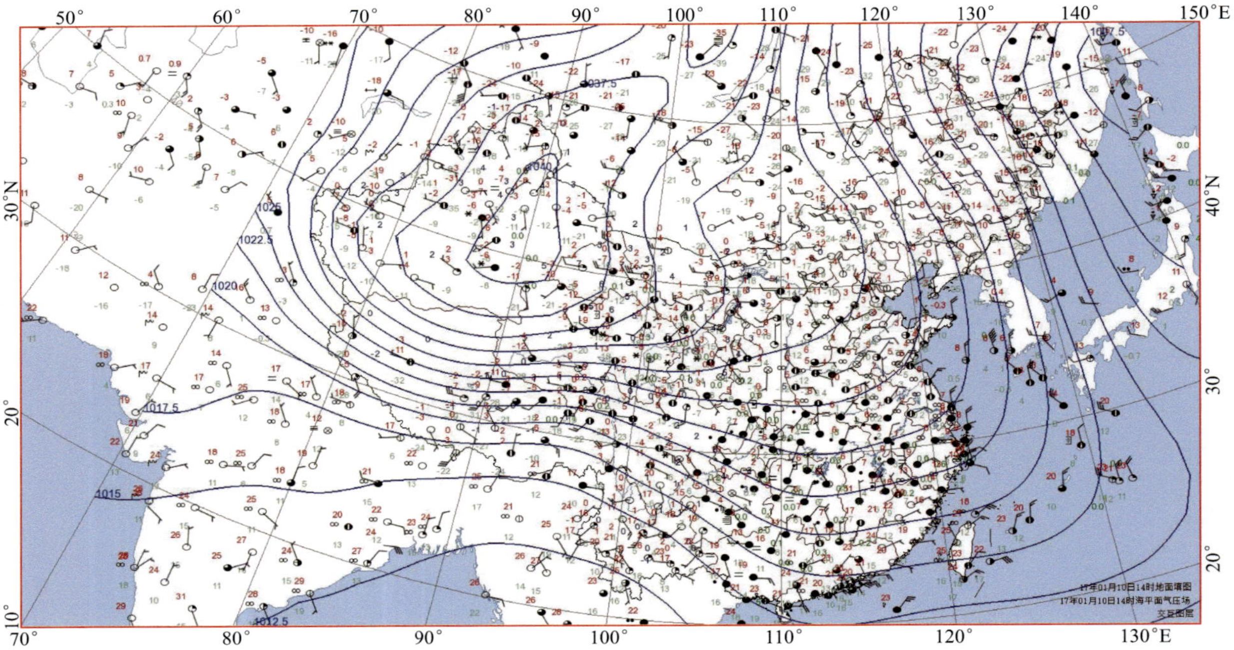

图 2.20.4 2017 年 1 月 10 日 14 时地面图和海平面气压场

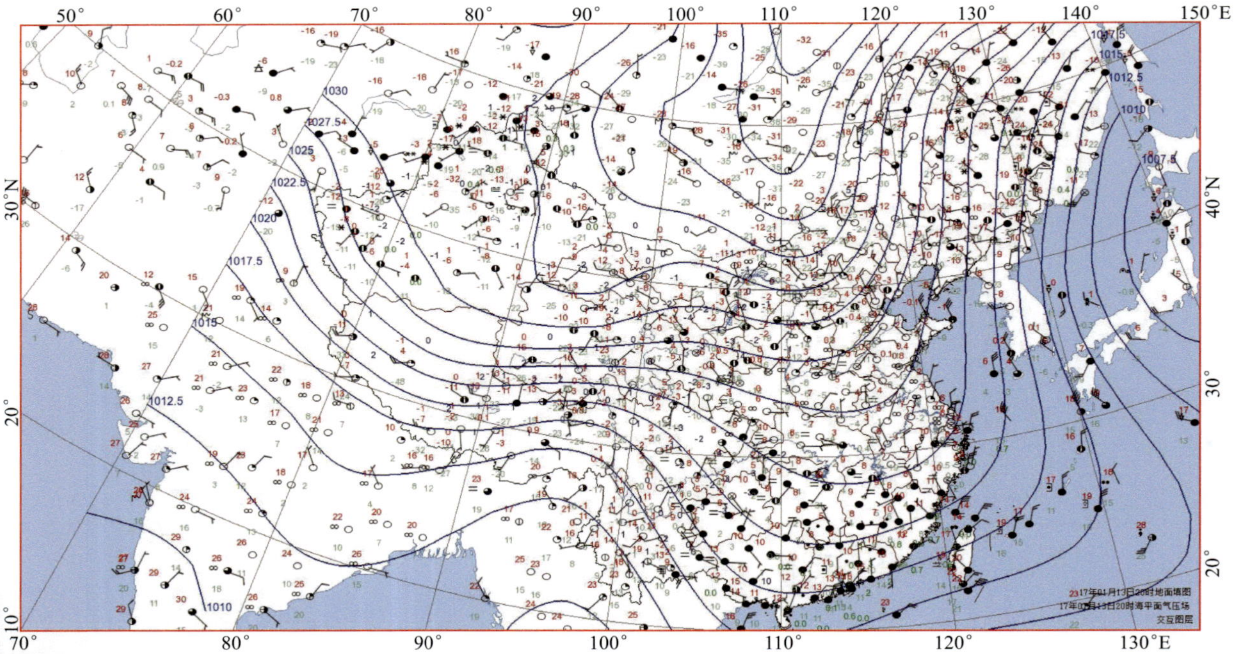

图 2.20.5 2017 年 1 月 13 日 20 时地面图和海平面气压场

(2)高空图

图 2.20.6 是 2017 年 1 月 10 日 08 时 850 hPa 高空图。图 2.20.7 是 2017 年 1 月 13 日 08 时 850 hPa 高空图。图 2.20.8 是 2017 年 1 月 10 日 08 时 500 hPa 高空图。图 2.20.9 是 2017 年 1 月 13 日 08 时 500 hPa 高空图。

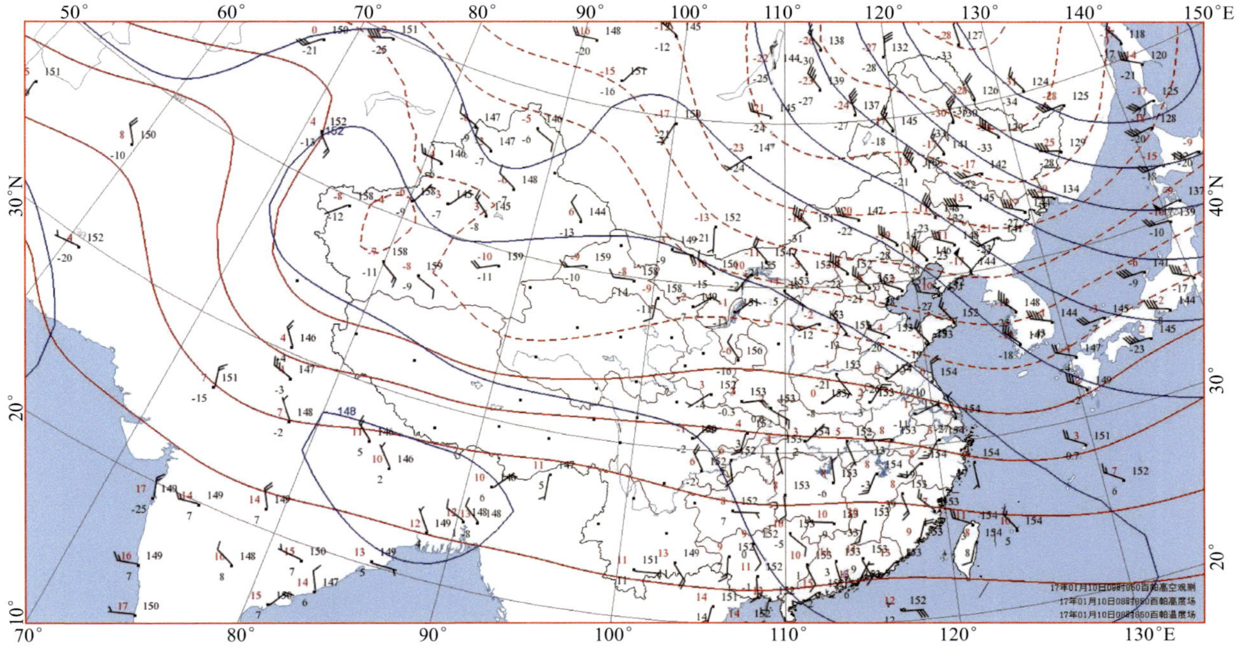

图 2.20.6　2017 年 1 月 10 日 08 时 850 hPa 高空图

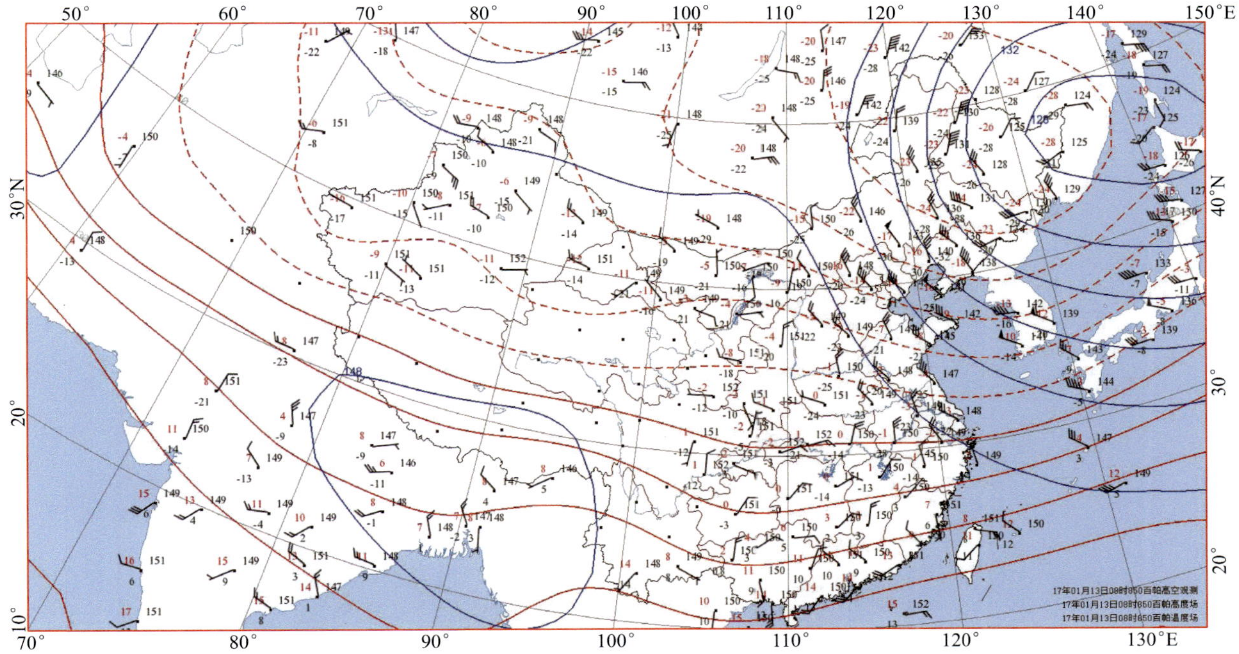

图 2.20.7　2017 年 1 月 13 日 08 时 850 hPa 高空图

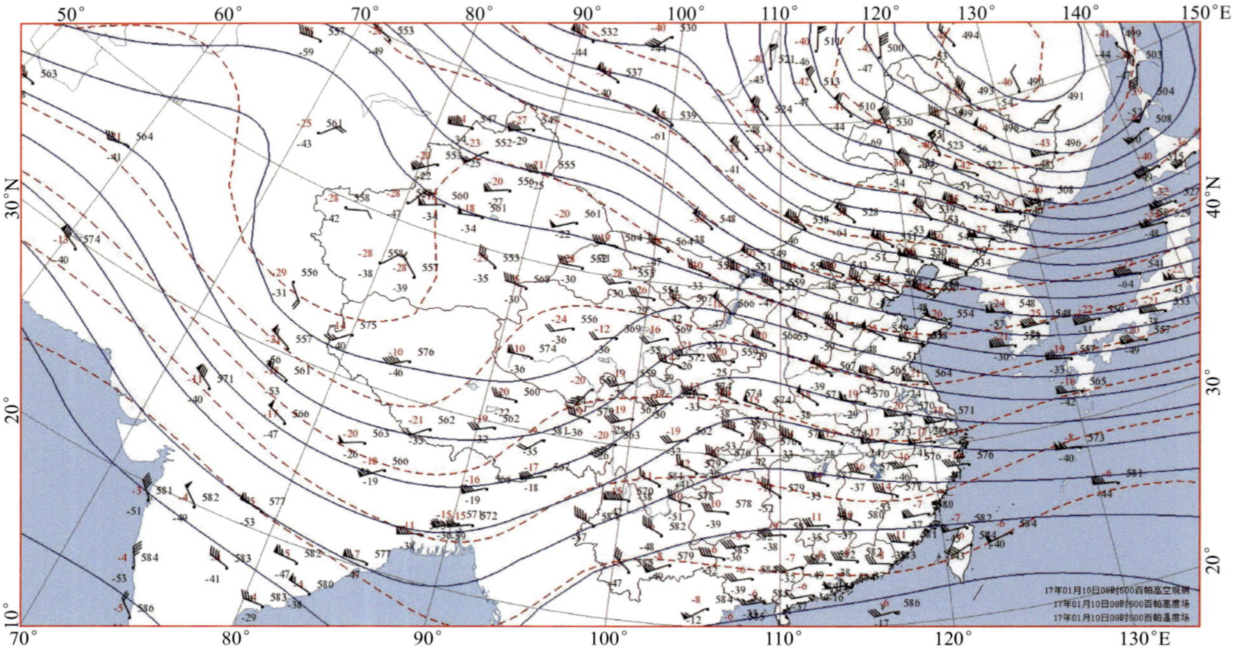

图 2.20.8　2017 年 1 月 10 日 08 时 500 hPa 高空图

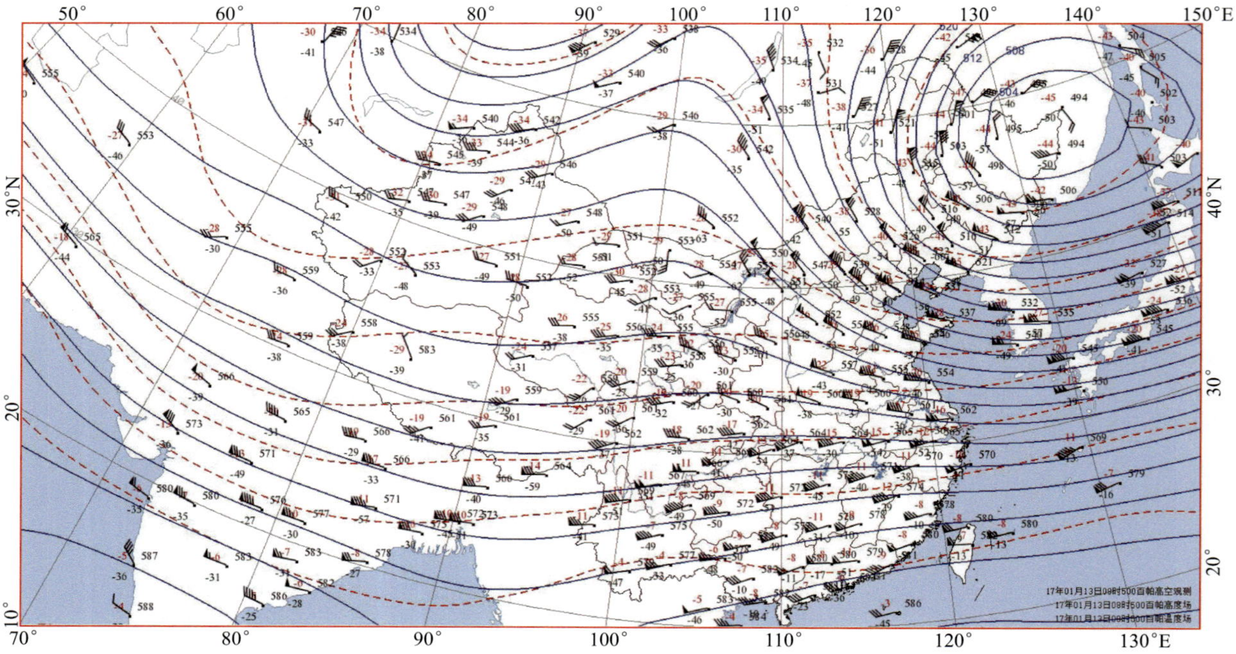

图 2.20.9　2017 年 1 月 13 日 08 时 500 hPa 高空图

2.20.3　卫星云图

图 2.20.10 是 2017 年 1 月 11 日 14 时、12 日 14 时卫星云图。

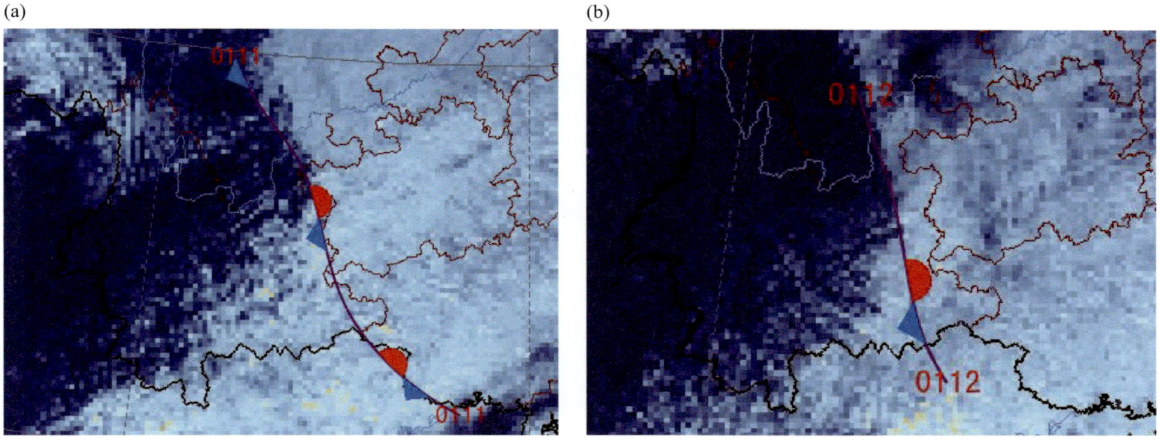

图 2.20.10　2017 年 1 月 11 日 14 时(a)、12 日 14 时(b)卫星云图

2.21　2017 年 1 月 14—25 日昆明准静止锋过程

2.21.1　过程概况

2017 年 1 月 14 日在云贵高原出现了昆明准静止锋天气系统，呈准南北向，贯穿四川、云南、贵州三省，位于金阳、昭通、富源、西畴一线。15 日昆明准静止锋西进至普格、东川、马龙、丘北及麻栗坡一线。16—20 日昆明准静止锋在雷波、威宁、兴义及那坡以西地区摆动。21 日昆明准静止锋再次西进至会理、呈贡、开远、河口一线。22—25 日昆明准静止锋东退维持在滇东边缘地区，并小幅摆动，之后逐渐减弱消失。1 月 14—25 日过程期间昆明准静止锋移动路径如图 2.21.1，活动范围见表 2.21.1。

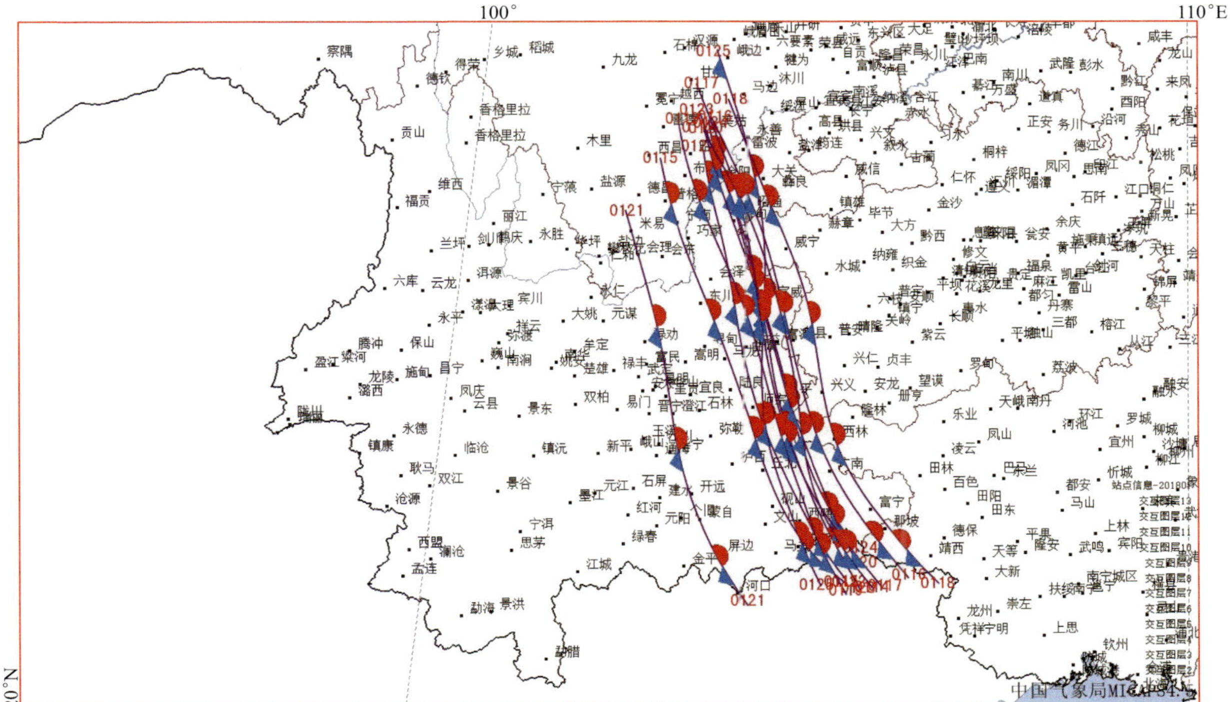

图 2.21.1　2017 年 1 月 14—25 日昆明准静止锋移动路径

表 2.21.1　2017 年 1 月 14—25 日昆明准静止锋位置

日期	昆明准静止锋位置
1 月 14 日	金阳—富源—西畴
1 月 15 日	普格—东川—麻栗坡
1 月 16 日	昭通—盘县—广南
1 月 17 日	鲁甸—罗平—西畴
1 月 18 日	雷波—兴义—那坡
1 月 19 日	布拖—沾益—西畴
1 月 20 日	金阳—罗平—西畴
1 月 21 日	会理—呈贡—河口
1 月 22 日	金阳—曲靖—西畴
1 月 23 日	鲁甸—富源—西畴
1 月 24 日	鲁甸—富源—西畴
1 月 25 日	雷波—宣威—麻栗坡

受昆明准静止锋影响，1 月 14 日滇东北出现日最高气温负变温区，最大变温在镇雄县，为－5.3 ℃；15—17 日昆明准静止锋维持在滇东边沿，滇东持续降温，最大负变温出现在 15 日富源，为－12.7 ℃；18 日随着昆明准静止锋东退，云南气温回升。19—20 日昆明准静止锋西进，负变温区自滇东扩展至滇中，最大变温在 19 日昭通，为－12.9 ℃；21 日昆明准静止锋继续西进，最大变温在宣威，为－12.5 ℃；22—25 日随着昆明准静止锋东退，云南省降温范围缩小，集中在滇东至滇东北，降温幅度减小，大部地区气温逐步回升。整个过程有 10 个县市降温幅度大于 10 ℃，集中在昭通市、曲靖市、文山州、昆明市 4 个州市(图 2.21.2)。

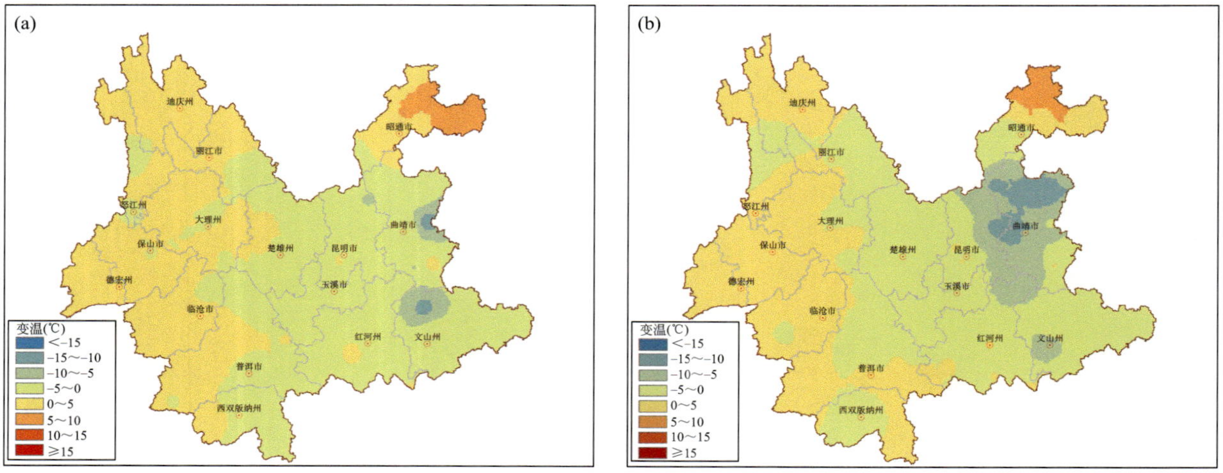

图 2.21.2　云南 2017 年 1 月 15 日(a)、21 日(b)最高气温 24 h 变温图

受昆明准静止锋影响，2017 年 1 月 14—25 日(20 时—20 时)云南在静止锋影响区域共有 17 个县市出现降水，绥江、罗平降水量在 10 mm 以上，其余均小于 10 mm，最大为绥江 15.3 mm(图 2.21.3a)。

受昆明准静止锋影响，2017 年 1 月 14—25 日云南总日照时数少于 96 h 的县市有 44 个，最少的是罗平县，仅为 0 h，其次是镇雄县和河口县，为 3.7 h 和 4 h。威信、屏边、彝良 3 个县日照时数也不足 15 h（图略）。与常年同期相比，有 25 个县市日照时数偏少，有 11 个县市偏少 20%以上，有 6 个县市偏少 50%以上，罗平偏少最多，为 100%，其次为河口，偏少 85.7%。图 2.21.3b 是昆明准静止锋影响期间的平均日照时数。

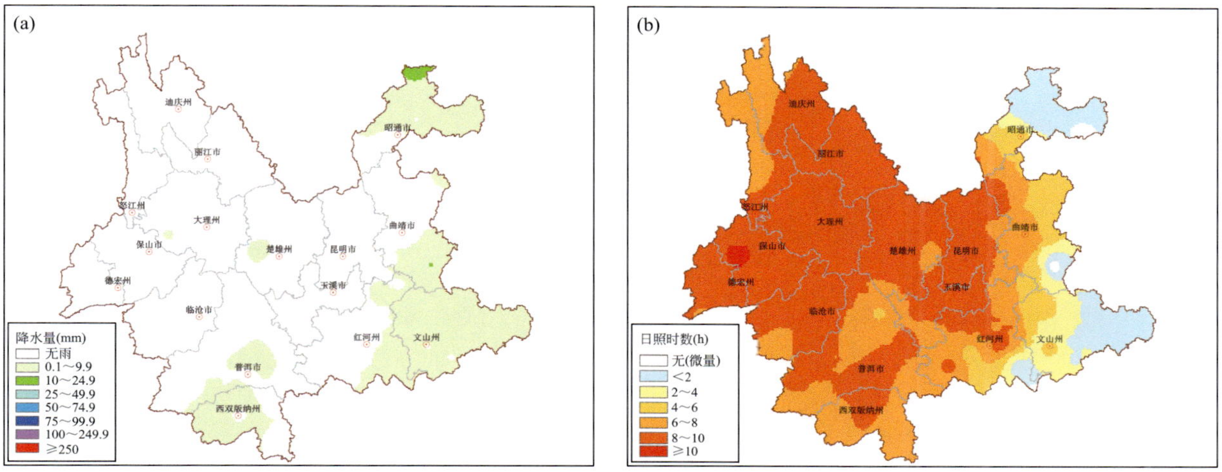

图 2.21.3　云南 2017 年 1 月 14—25 日累计降水量(a)和平均日照时数(b)

2.21.2　环流背景

（1）地面图

图 2.21.4 是 2017 年 1 月 14 日 14 时地面图和海平面气压场。图 2.21.5 是 2017 年 1 月 25 日 20 时地面图和海平面气压场。

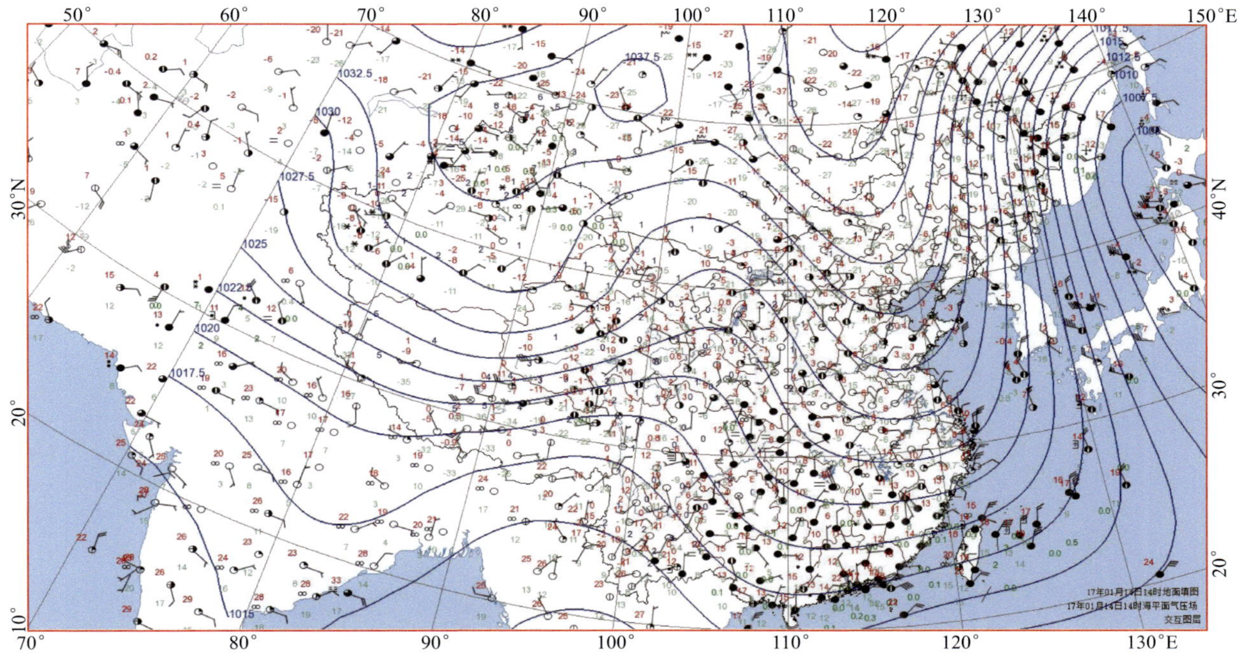

图 2.21.4　2017 年 1 月 14 日 14 时地面图和海平面气压场

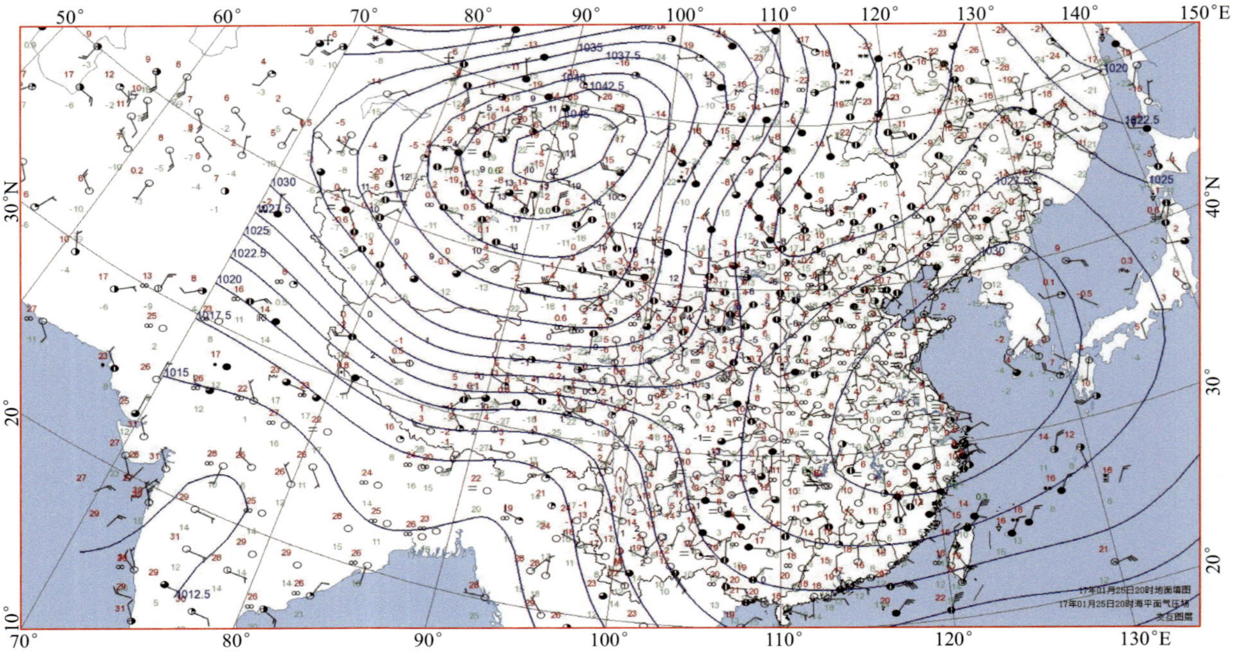

图 2.21.5　2017 年 1 月 25 日 20 时地面图和海平面气压场

(2)高空图

图 2.21.6 是 2017 年 1 月 14 日 08 时 850 hPa 高空图。图 2.21.7 是 2017 年 1 月 25 日 08 时 850 hPa 高空图。图 2.21.8 是 2017 年 1 月 14 日 08 时 500 hPa 高空图。图 2.21.9 是 2017 年 1 月 25 日 08 时 500 hPa 高空图。

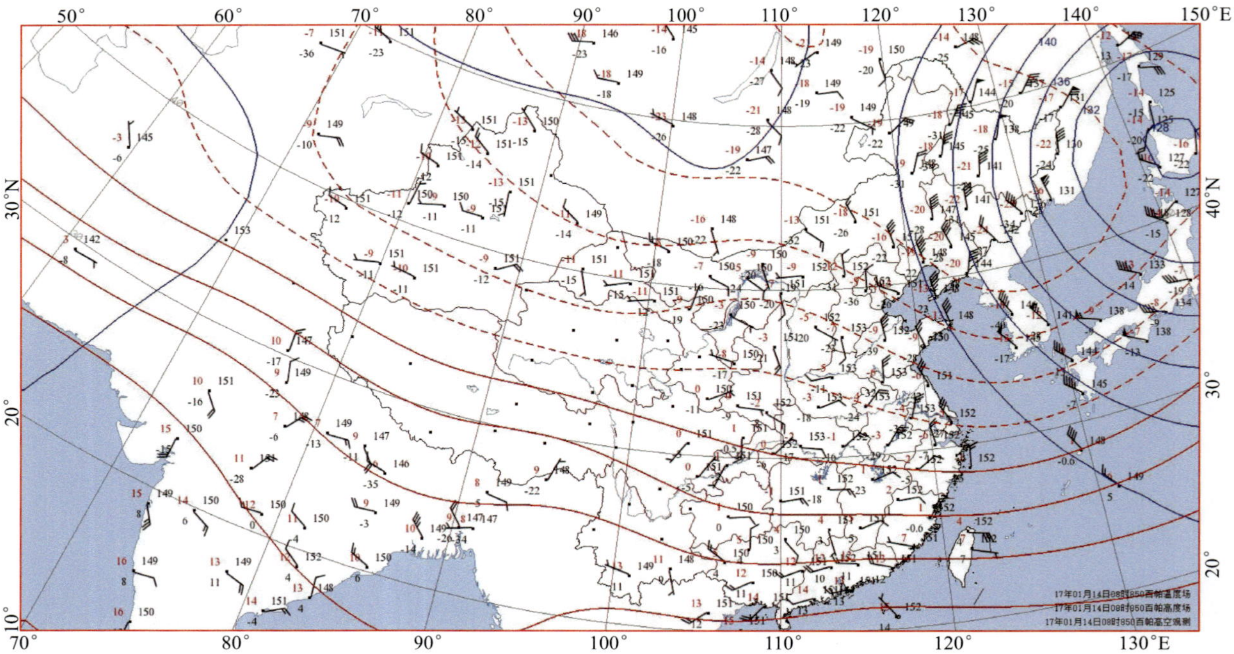

图 2.21.6　2017 年 1 月 14 日 08 时 850 hPa 高空图

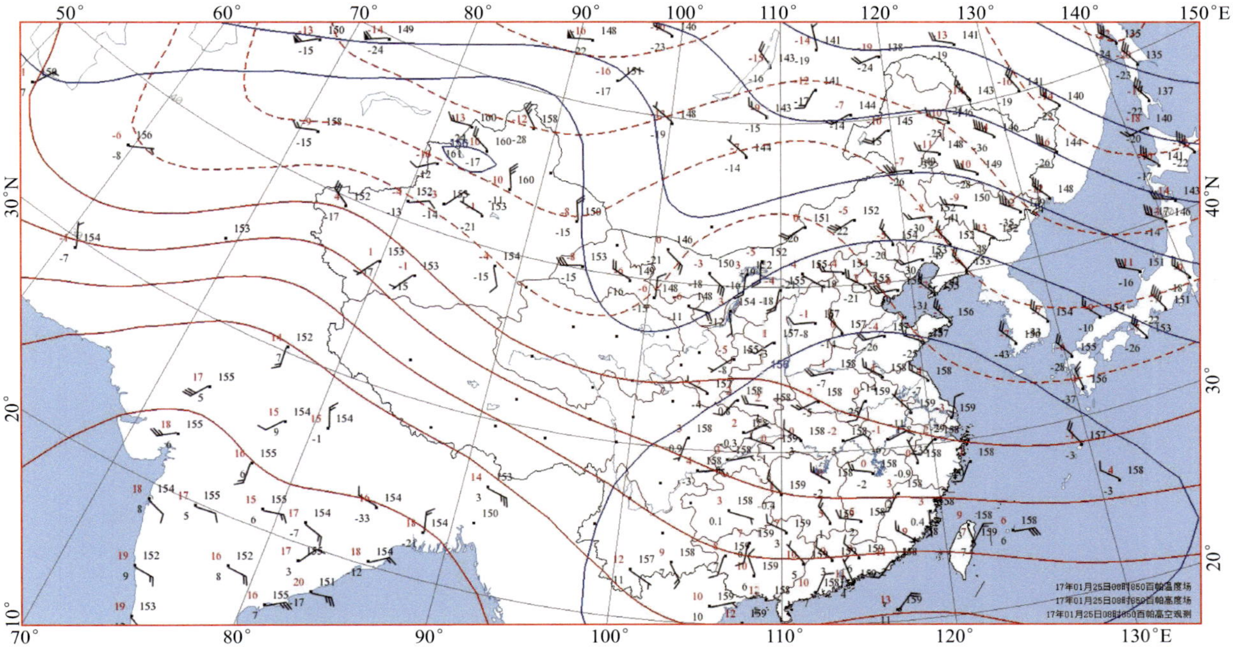

图 2.21.7　2017 年 1 月 25 日 08 时 850 hPa 高空图

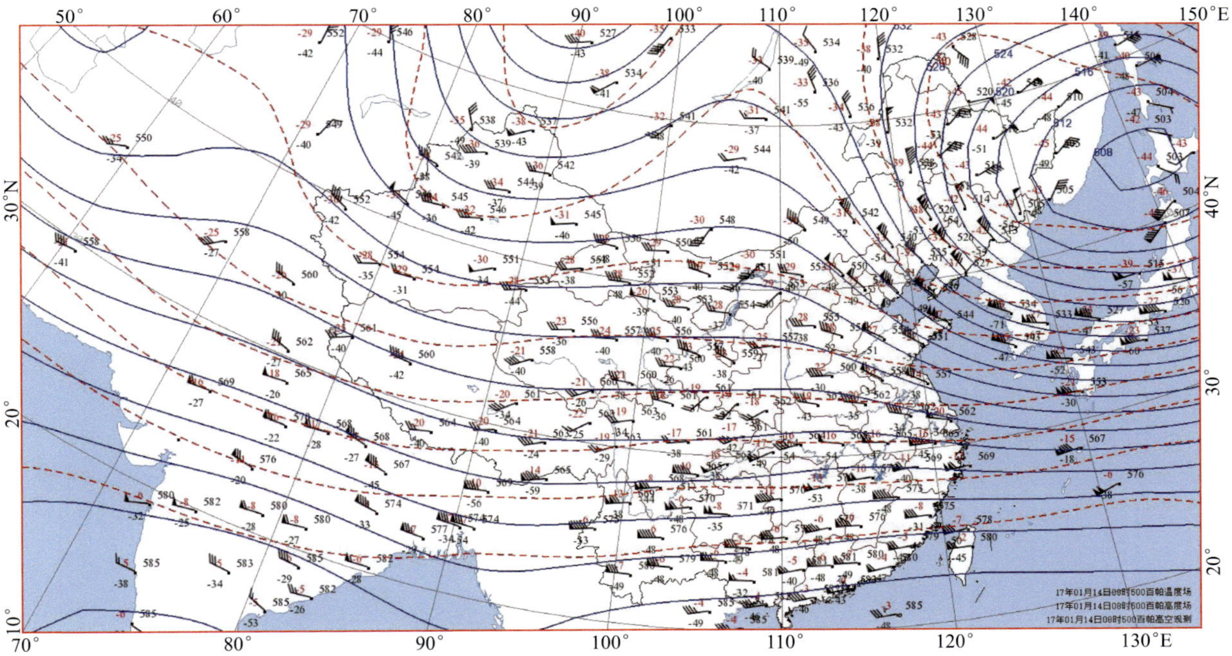

图 2.21.8　2017 年 1 月 14 日 08 时 500 hPa 高空图

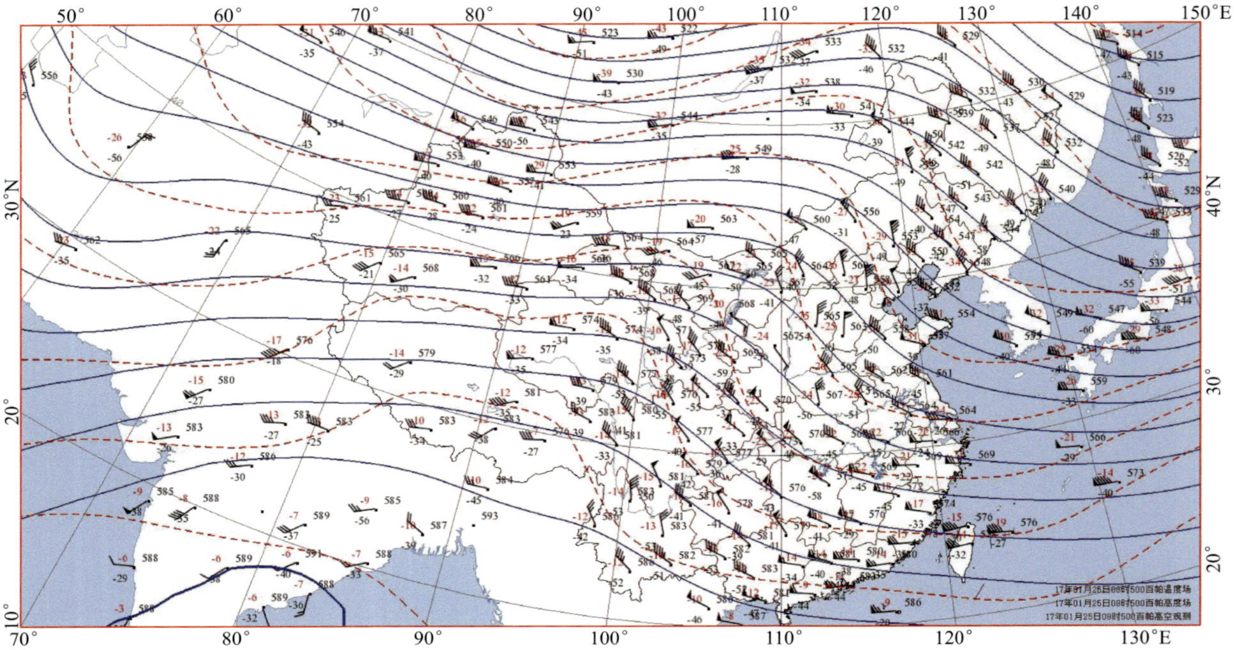

图 2.21.9　2017 年 1 月 25 日 08 时 500 hPa 高空图

2.21.3　卫星云图

图 2.21.10 是 2017 年 1 月 14 日 14 时、17 日 14 时卫星云图。

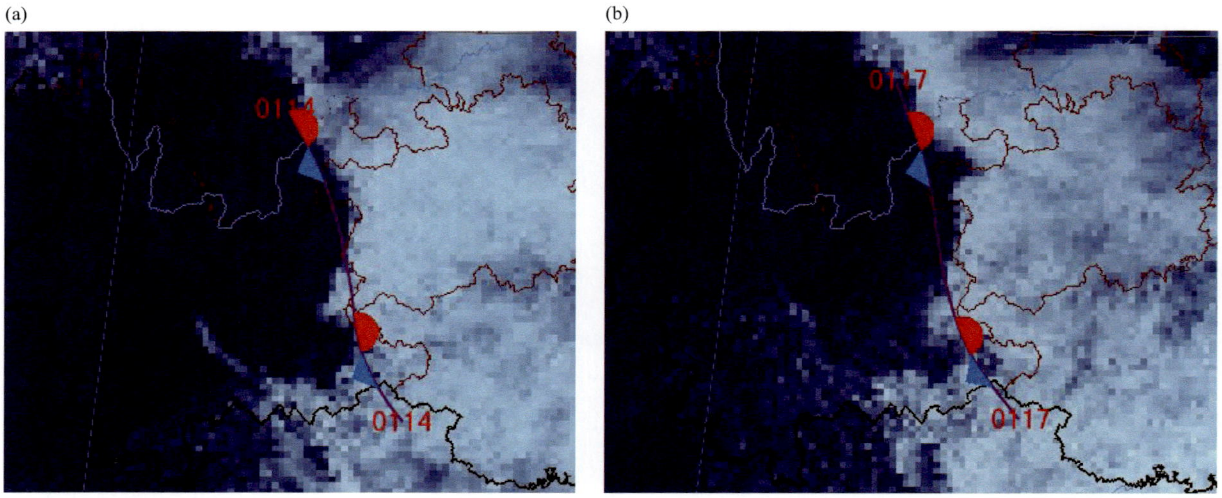

图 2.21.10　2017 年 1 月 14 日 14 时(a)、17 日 14 时(b)卫星云图

2.22　2017 年 1 月 26—27 日昆明准静止锋过程

2.22.1　过程概况

2017 年 1 月 26 日在云贵高原出现了昆明准静止锋天气系统，呈准南北向，贯穿四川、云南、贵州、广西四省(区)，位于金阳、鲁甸、富源、西林及靖西一线。27 日昆明准静止锋东退，位于彝良、威宁、隆林

及田阳一线。之后，锋面减弱消失。1 月 26—27 日过程期间昆明准静止锋移动路径如图 2.22.1，活动范围见表 2.22.1。

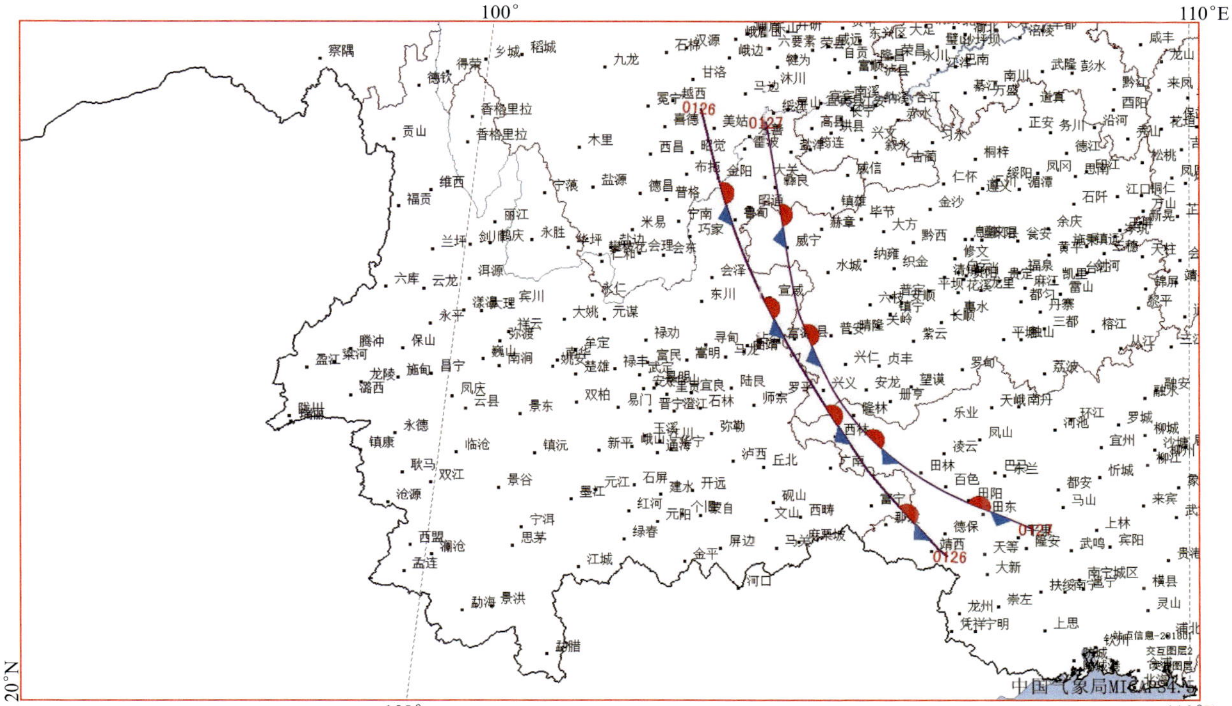

图 2.22.1　2017 年 1 月 26—27 日昆明准静止锋移动路径

表 2.22.1　2017 年 1 月 26—27 日昆明准静止锋位置

日期	昆明准静止锋位置
1 月 26 日	金阳—富源—靖西
1 月 27 日	彝良—隆林—田阳

受昆明准静止锋影响，1 月 26 日滇东北出现日最高气温负变温区，最大变温在彝良县，为−7.2 ℃；27 日昆明准静止锋东退，滇东北转为正变温区（图 2.22.2）。

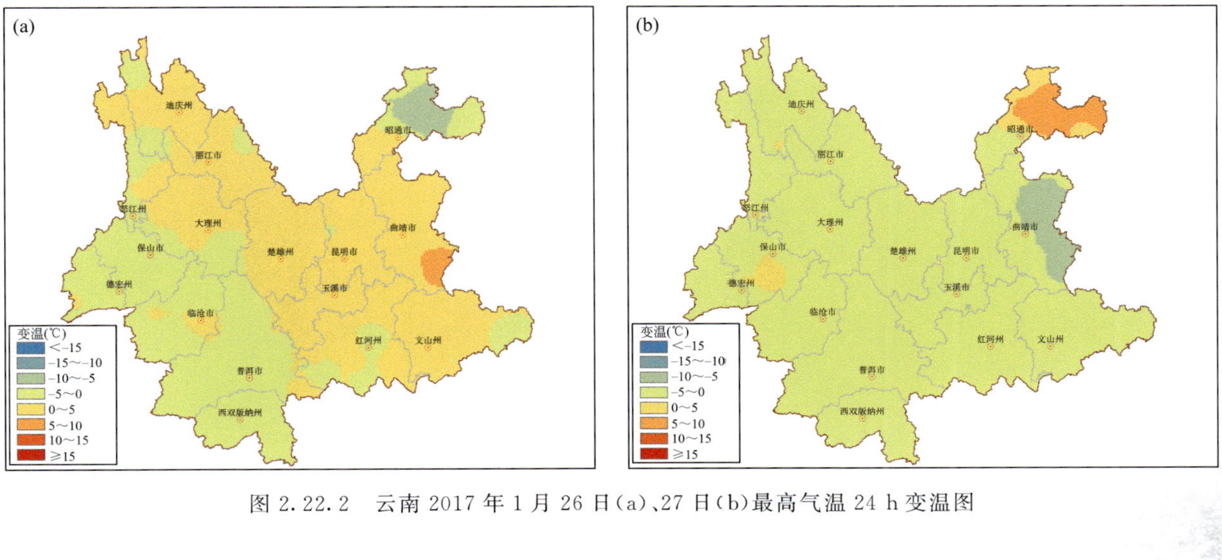

图 2.22.2　云南 2017 年 1 月 26 日(a)、27 日(b)最高气温 24 h 变温图

受昆明准静止锋影响，2017 年 1 月 26—27 日(20 时—20 时)滇东边缘共有 6 个县市出现小雨，总降水量都小于 5 mm(图 2.22.3a)。

受昆明准静止锋影响，2017 年 1 月 26—27 日云南总日照时数少于 16 h 的县市有 33 个，最少的是麻栗坡县，仅为 0 h。西畴和屏边两个县日照时数在 5 h 以内(图略)。与常年同期相比，有 20 个县市日照时数偏少 20%以上，麻栗坡、屏边、砚山、西畴 4 个县市偏少 50%以上，麻栗坡偏少最多，为 100%，屏边次之，偏少 80.4%。图 2.22.3b 是昆明准静止锋影响期间的平均日照时数。

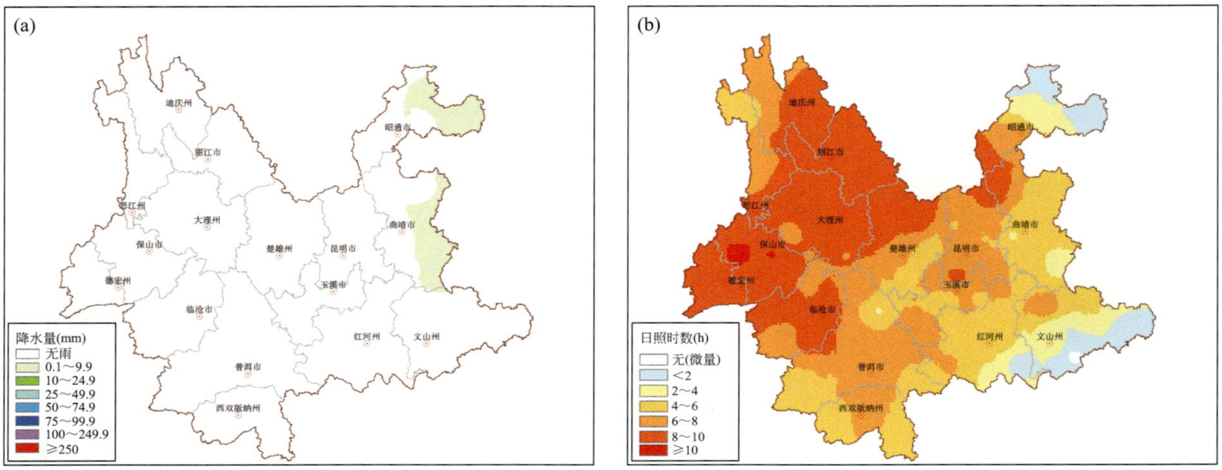

图 2.22.3　云南 2017 年 1 月 26—27 日累计降水量(a)和平均日照时数(b)

2.22.2　环流背景

(1)地面图

图 2.22.4 是 2017 年 1 月 26 日 14 时地面图和海平面气压场。图 2.22.5 是 2017 年 1 月 27 日 20 时地面图和海平面气压场。

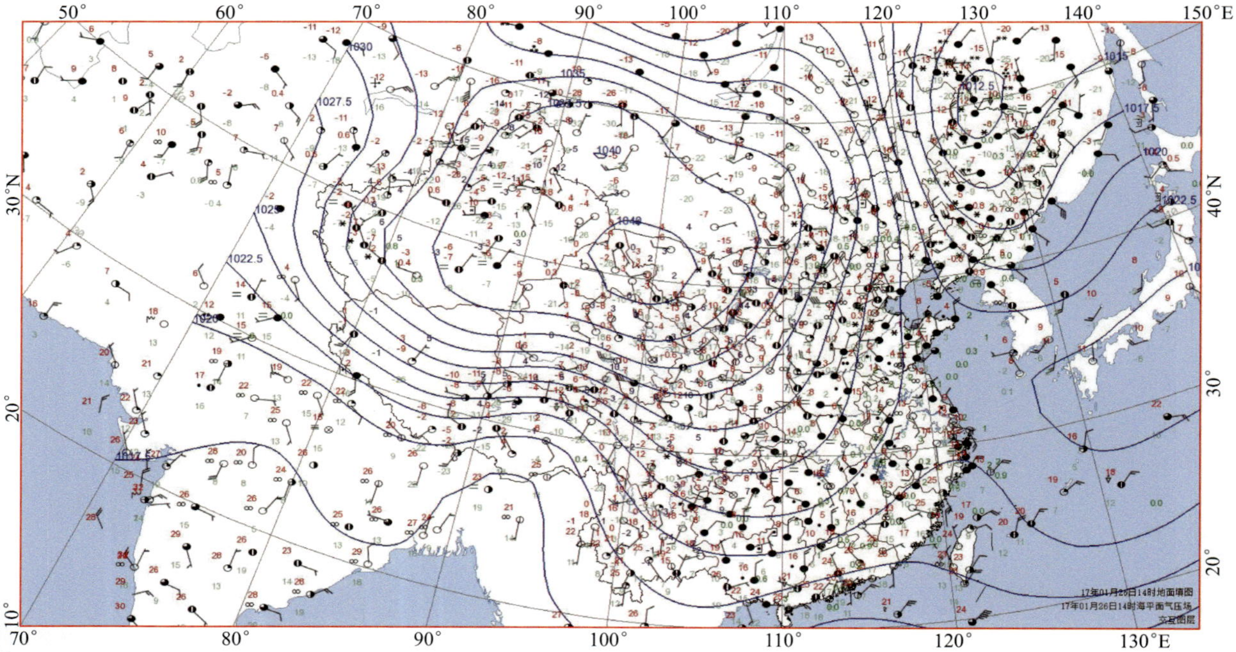

图 2.22.4　2017 年 1 月 26 日 14 时地面图和海平面气压场

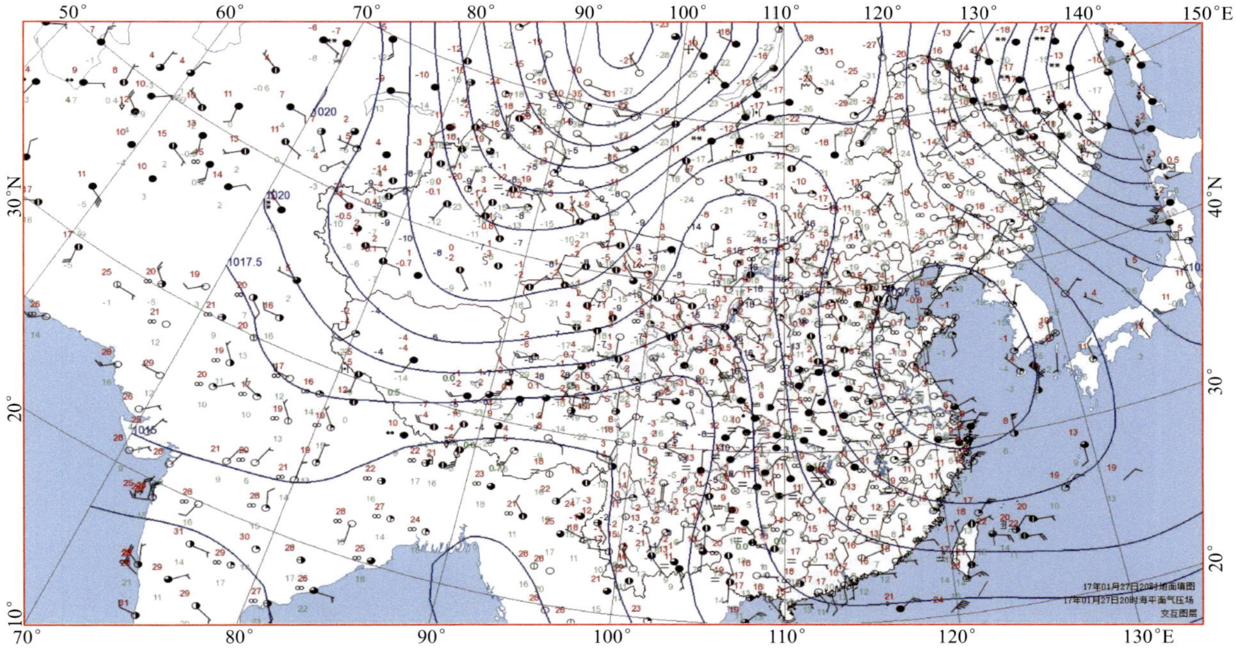

图 2.22.5　2017 年 1 月 27 日 20 时地面图和海平面气压场

(2)高空图

图 2.22.6 是 2017 年 1 月 26 日 08 时 850 hPa 高空图。图 2.22.7 是 2017 年 1 月 27 日 08 时 850 hPa 高空图。图 2.22.8 是 2017 年 1 月 26 日 08 时 500 hPa 高空图。图 2.22.9 是 2017 年 1 月 27 日 08 时 500 hPa 高空图。

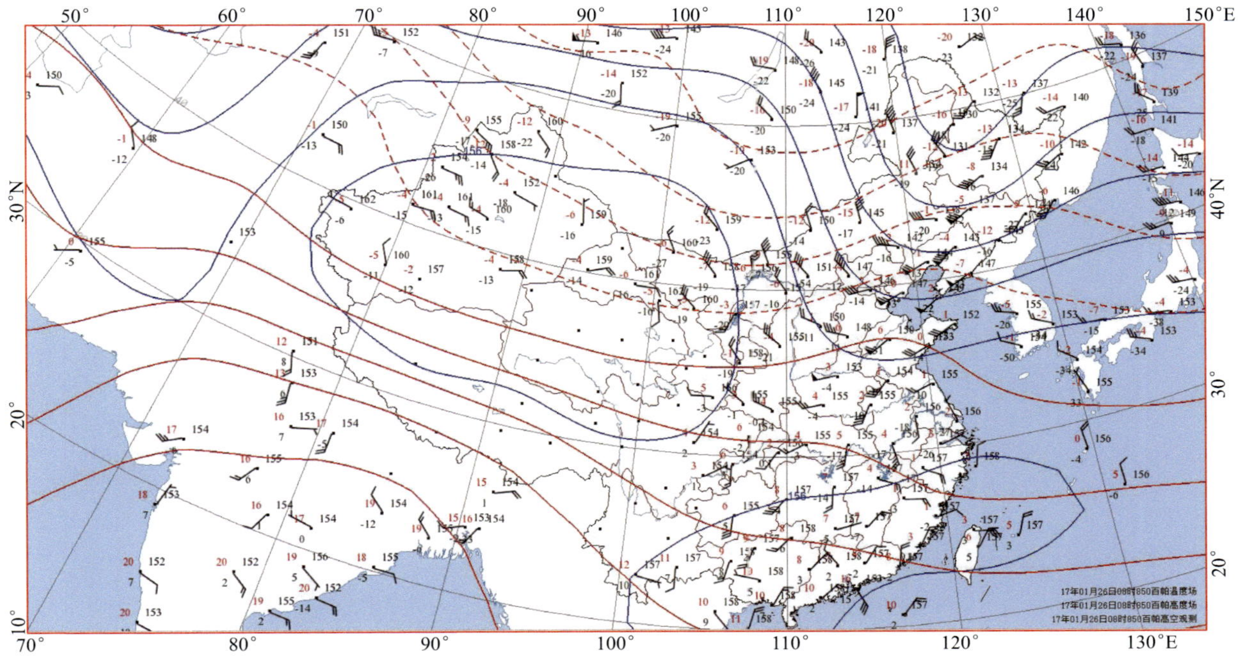

图 2.22.6　2017 年 1 月 26 日 08 时 850 hPa 高空图

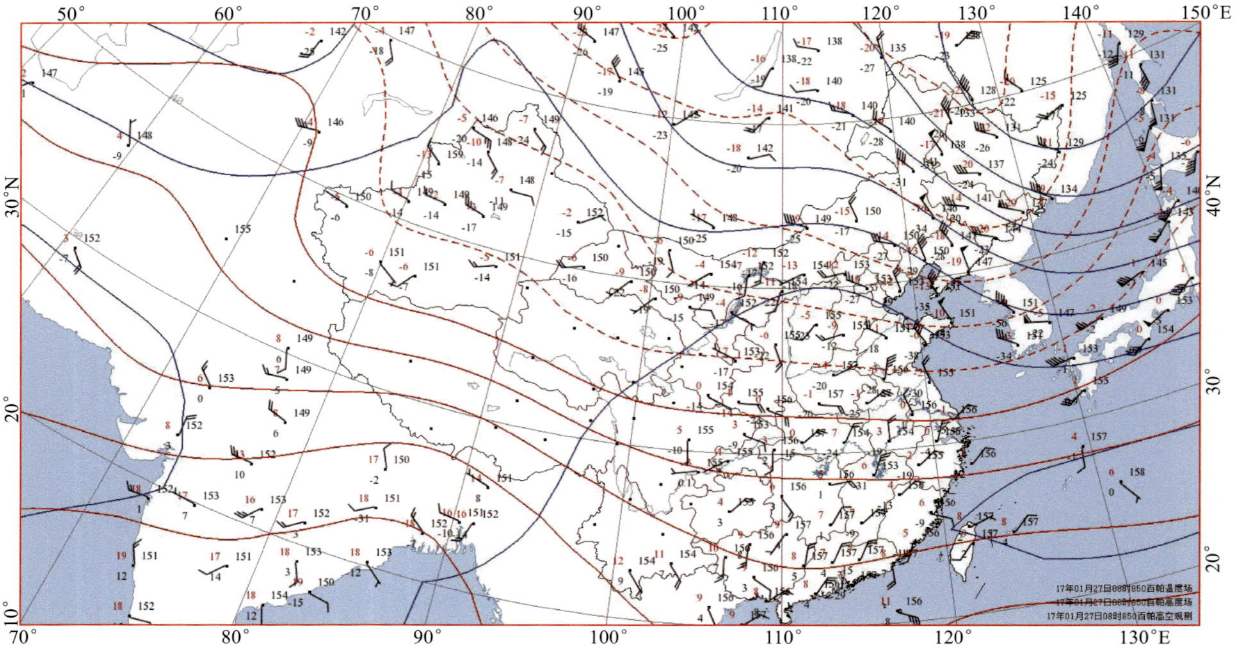

图 2.22.7　2017 年 1 月 27 日 08 时 850 hPa 高空图

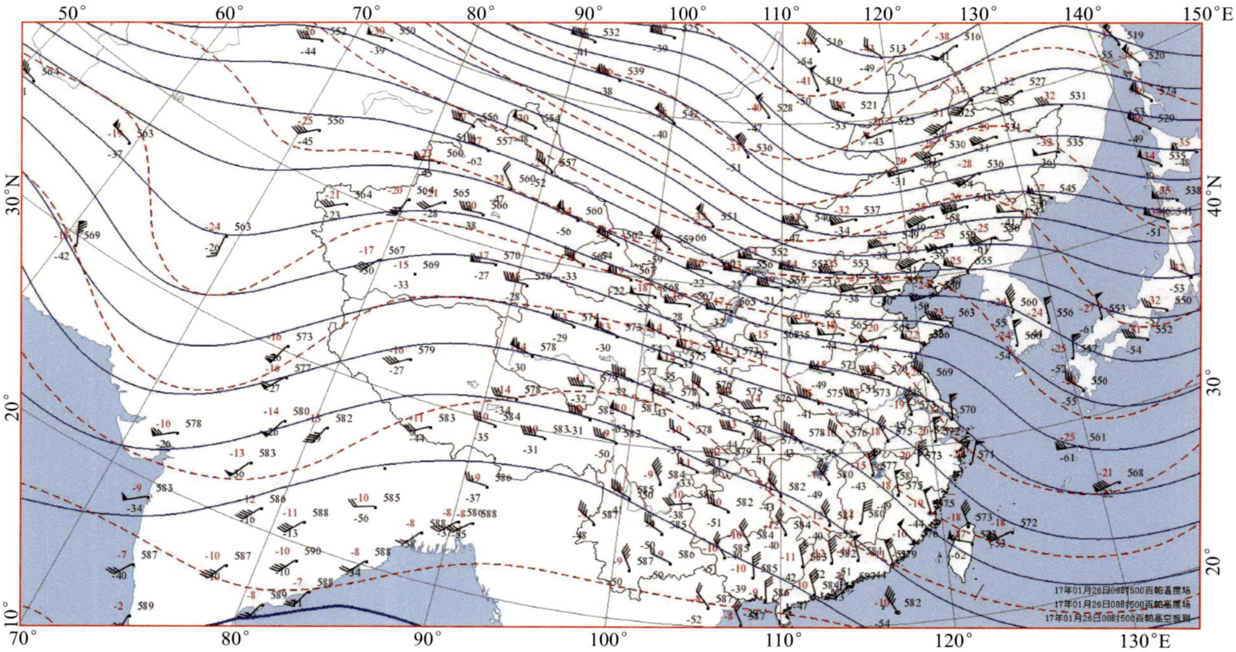

图 2.22.8　2017 年 1 月 26 日 08 时 500 hPa 高空图

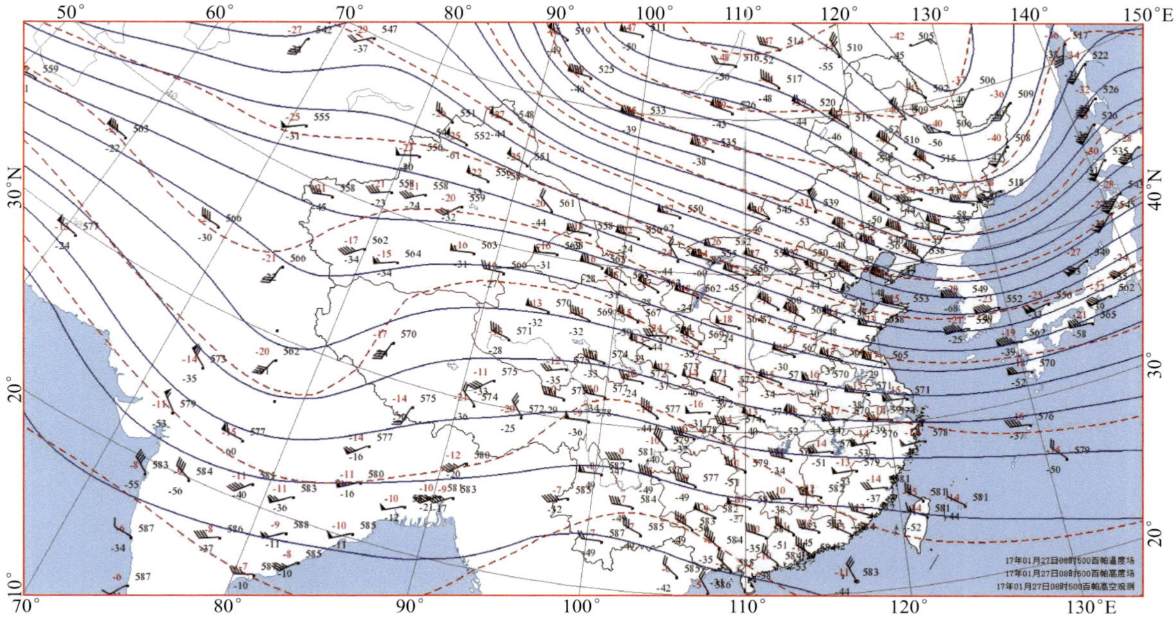

图 2.22.9　2017 年 1 月 27 日 08 时 500 hPa 高空图

2.22.3　卫星云图

图 2.22.10 是 2017 年 1 月 26 日 14 时、27 日 14 时卫星云图。

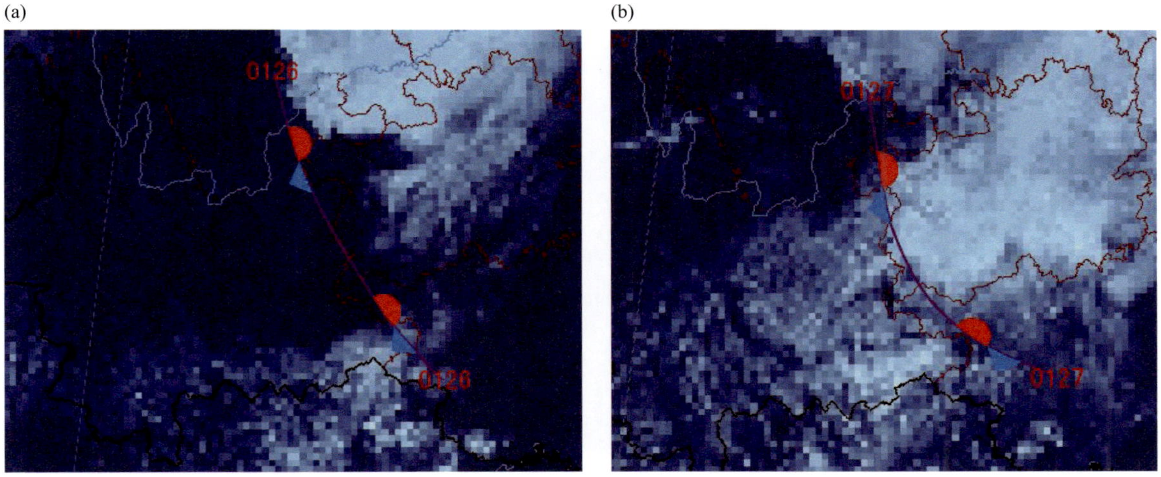

图 2.22.10　2017 年 1 月 26 日 14 时(a)、27 日 14 时(b)卫星云图

2.23　2017 年 1 月 29 日—2 月 3 日昆明准静止锋过程

2.23.1　过程概况

2017 年 1 月 29 日在云贵高原出现了昆明准静止锋天气系统，呈准东西向，贯穿四川、云南、贵州及广西四省(区)，位于普格、会泽、富源、兴义、凌云及忻城一线。30 日昆明准静止锋北段东退，南段西伸，转为准南北向，锋面位于雷波、威宁、兴义、富宁一线。31 日—2 月 2 日昆明准静止锋在滇东边缘小幅摆动，2 月 3 日位于美姑、威宁、安龙、百色及南宁一线。之后，锋面减弱东退出贵州省。1 月 29 日—2 月 3

日过程期间昆明准静止锋移动路径如图 2.23.1，活动范围见表 2.23.1。

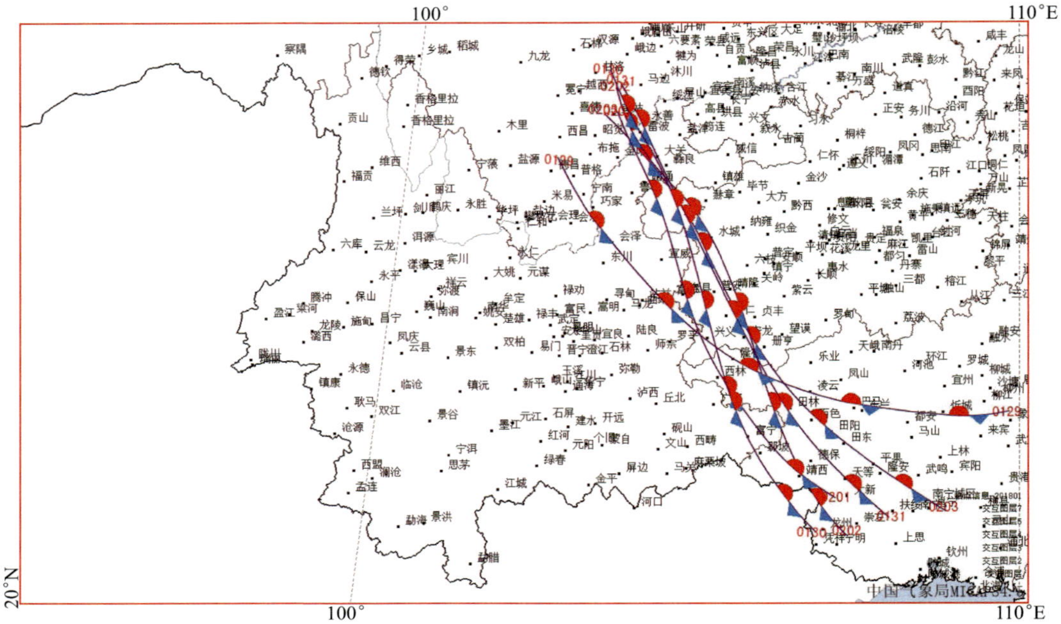

图 2.23.1　2017 年 1 月 29 日—2 月 3 日昆明准静止锋移动路径

表 2.23.1　2017 年 1 月 29 日—2 月 3 日昆明准静止锋位置

日期	昆明准静止锋位置
1 月 29 日	普格—兴义—忻城
1 月 30 日	雷波—兴义—富宁
1 月 31 日	雷波—安龙—天等
2 月 1 日	昭通—盘县—靖西
2 月 2 日	彝良—安龙—靖西
2 月 3 日	美姑—百色—南宁

受昆明准静止锋影响，1 月 29 日滇东北出现日最高气温负变温区，最大变温在镇雄县，为－13.6 ℃，其次昭通，为－11.8 ℃；30 日滇东北降温升温，滇中、滇南及滇东南出现日最高气温负变温区；1 月 31 日—2 月 3 日随着昆明准静止锋东退，云南气温回升(图 2.23.2)。

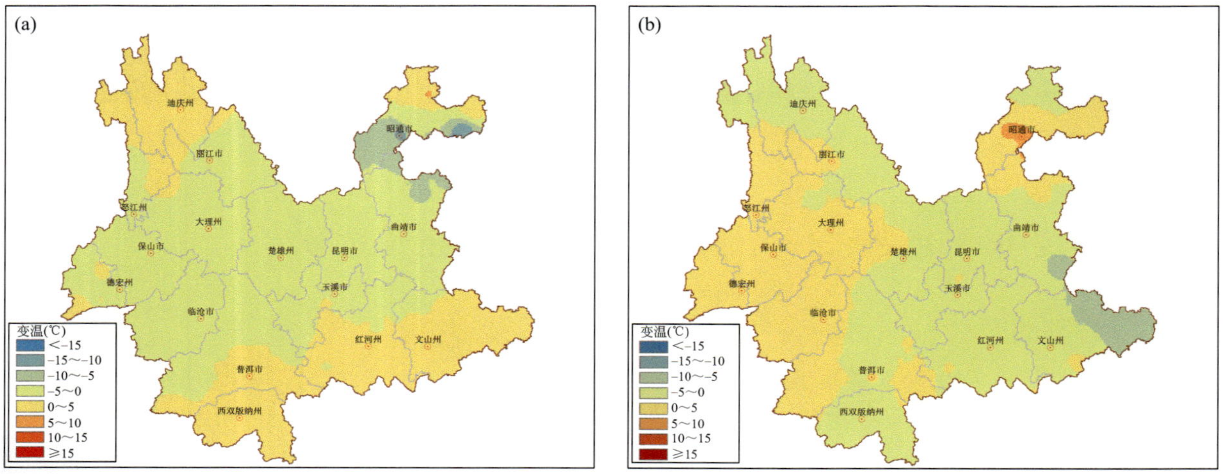

图 2.23.2　云南 2017 年 1 月 29 日(a)、30 日(b)最高气温 24 h 变温图

受昆明准静止锋和西南暖湿气流影响，2017 年 1 月 29 日—2 月 3 日(20 时—20 时)云南有 3 个县市总降水量大于 25 mm，其余大部地区总降水量都小于 20 mm。昆明准静止锋影响区域过程总降水量大部在 10 mm 以内(图 2.23.3)。

受昆明准静止锋和西南暖湿气流影响，2017 年 1 月 29 日—2 月 3 日云南总日照时数少于 56 h 的县市有 58 个，最少的是盐津县，为 3.6 h。大关、绥江、威信 3 个县日照时数在 8 h 以内(图略)。与常年同期相比，有 23 个县市日照时数偏少，威信、盐津、大关、屏边、砚山 5 个县市日照时数偏少 20%以上，威信县偏少最多，为 47.5%。图 2.23.3b 是昆明准静止锋影响期间的平均日照时数。

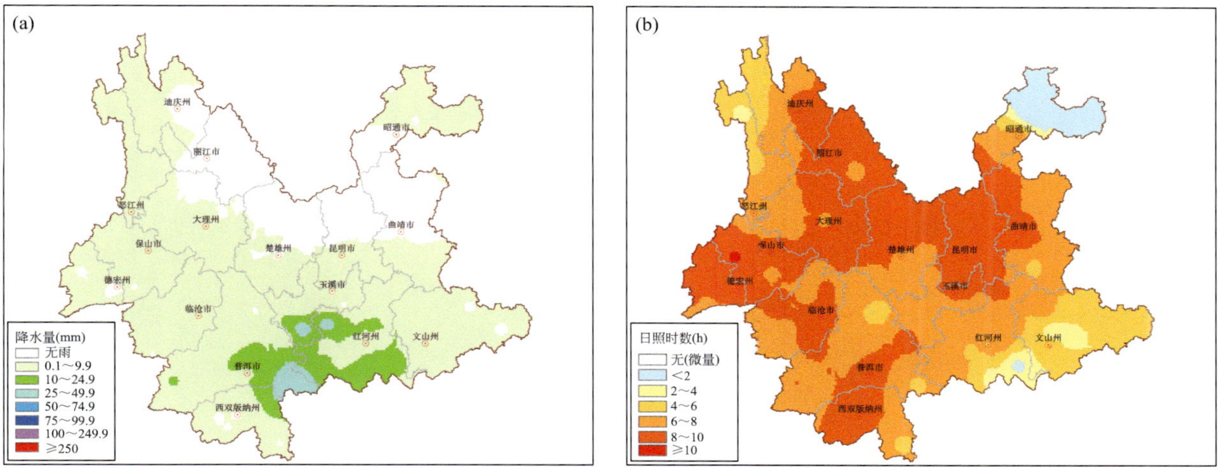

图 2.23.3 云南 2017 年 1 月 29 日—2 月 3 日累计降水量(a)和平均日照时数(b)

2.23.2 环流背景

(1)地面图

图 2.23.4 是 2017 年 1 月 29 日 14 时地面图和海平面气压场。图 2.23.5 是 2017 年 2 月 3 日 20 时地面图和海平面气压场。

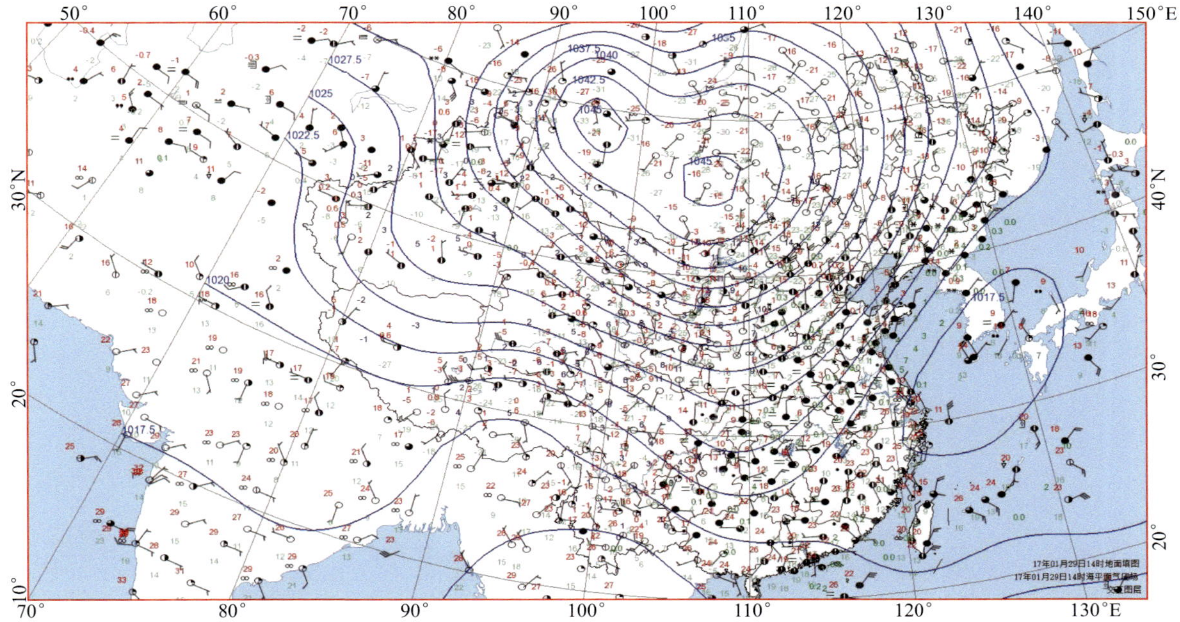

图 2.23.4 2017 年 1 月 29 日 14 时地面图和海平面气压场

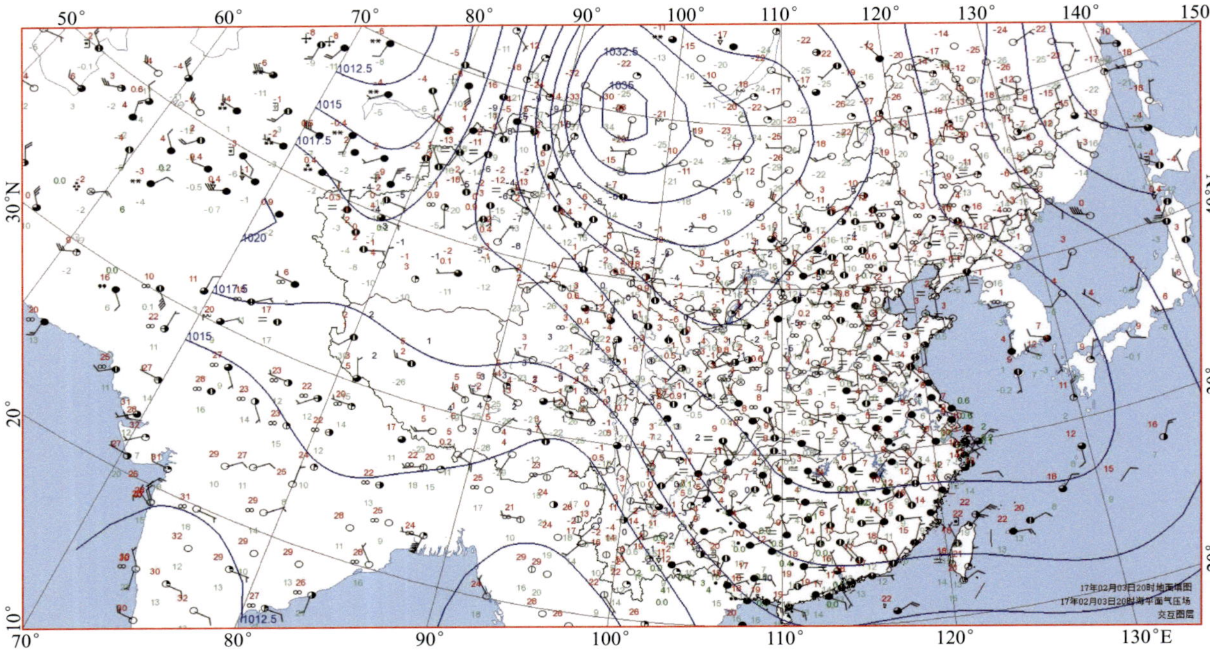

图 2.23.5　2017 年 2 月 3 日 20 时地面图和海平面气压场

(2)高空图

图 2.23.6 是 2017 年 1 月 29 日 08 时 850 hPa 高空图。图 2.23.7 是 2017 年 2 月 3 日 08 时 850 hPa 高空图。图 2.23.8 是 2017 年 1 月 29 日 08 时 500 hPa 高空图。图 2.23.9 是 2017 年 2 月 3 日 08 时 500 hPa 高空图。

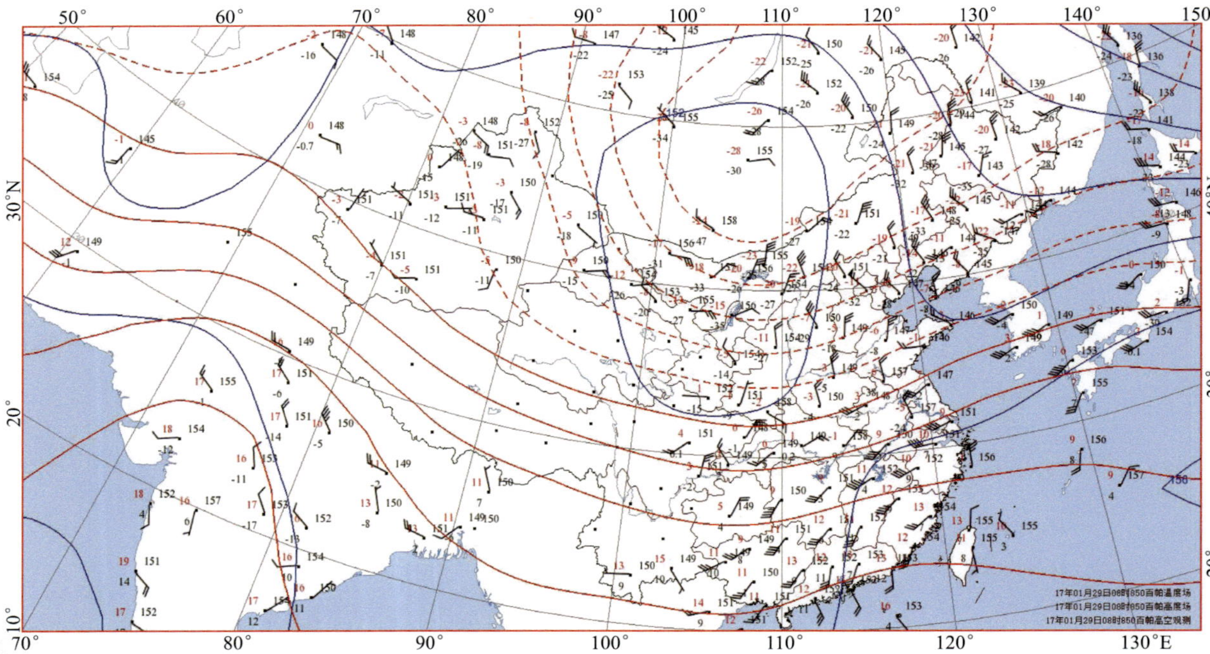

图 2.23.6　2017 年 1 月 29 日 08 时 850 hPa 高空图

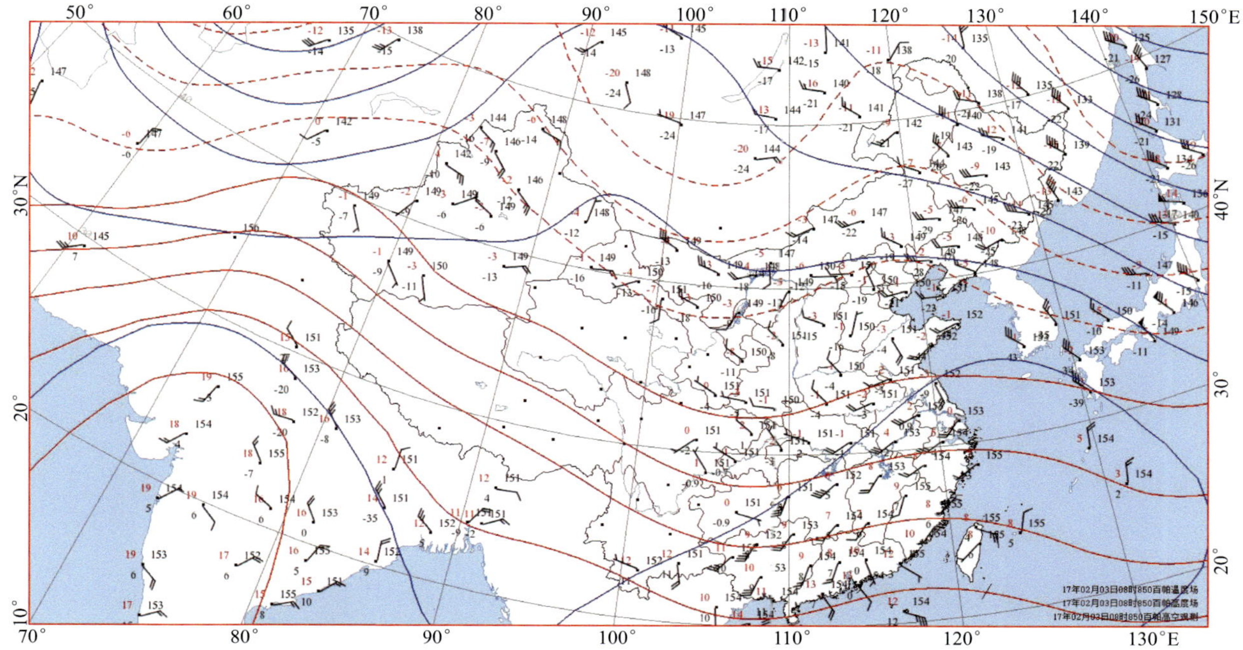

图 2.23.7　2017 年 2 月 3 日 08 时 850 hPa 高空图

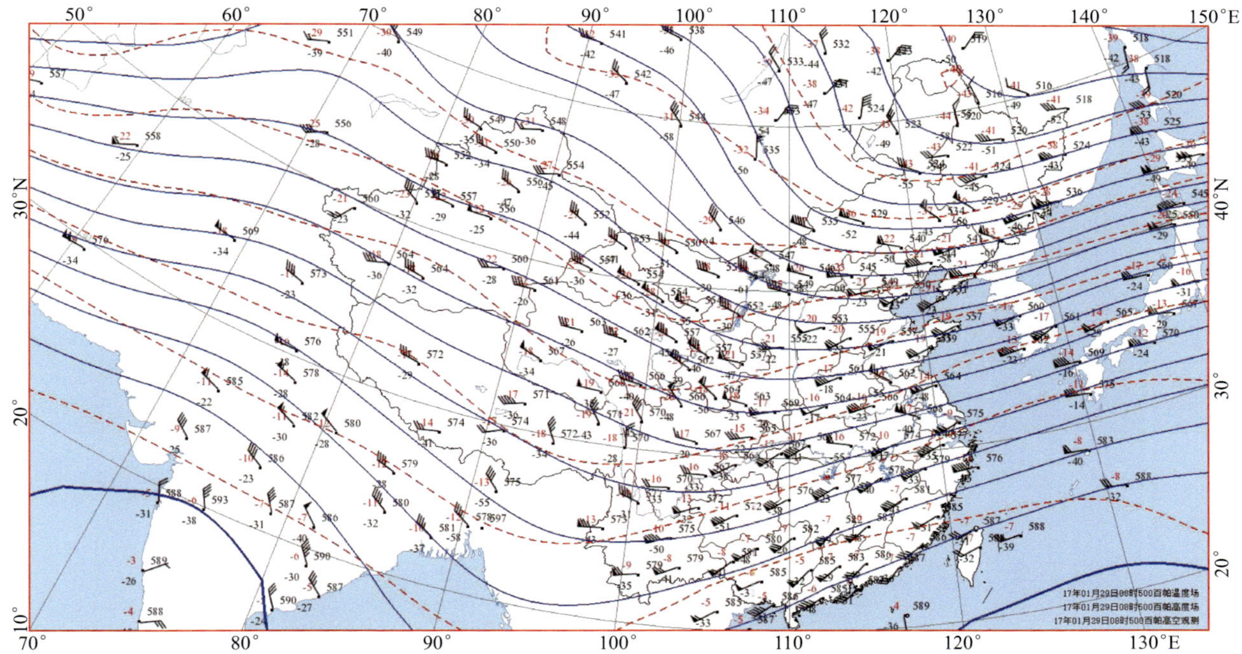

图 2.23.8　2017 年 1 月 29 日 08 时 500 hPa 高空图

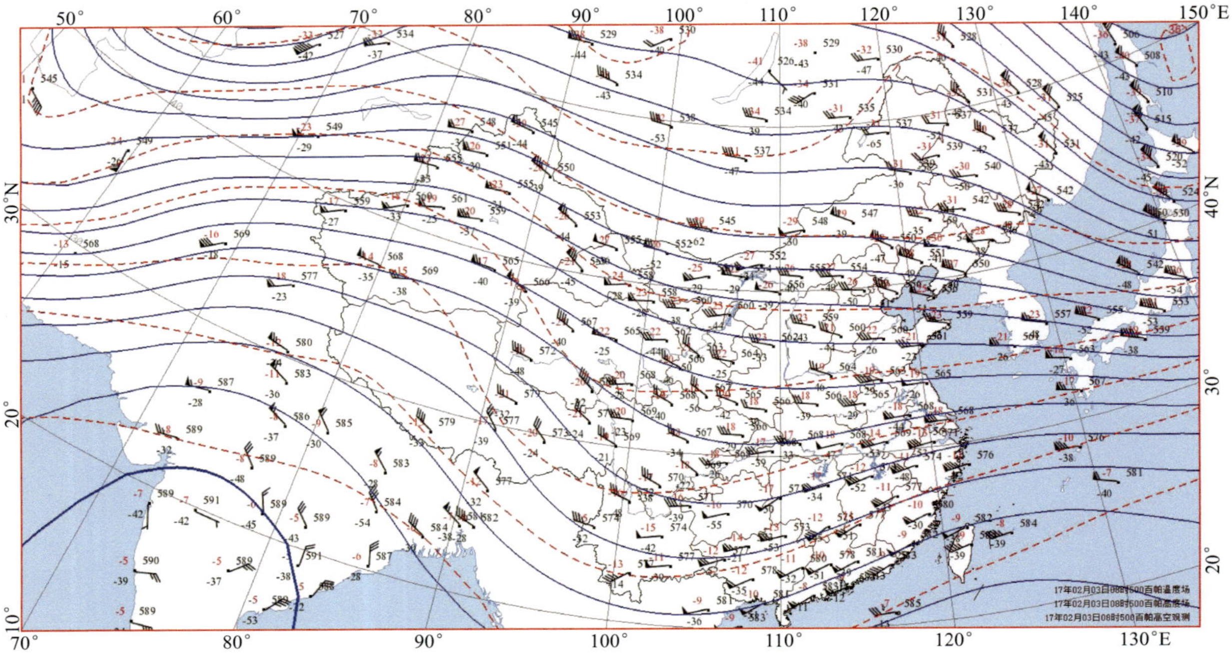

图 2.23.9　2017 年 2 月 3 日 08 时 500 hPa 高空图

2.23.3　卫星云图

图 2.23.10 是 2017 年 2 月 1 日 14 时、3 日 14 时卫星云图。

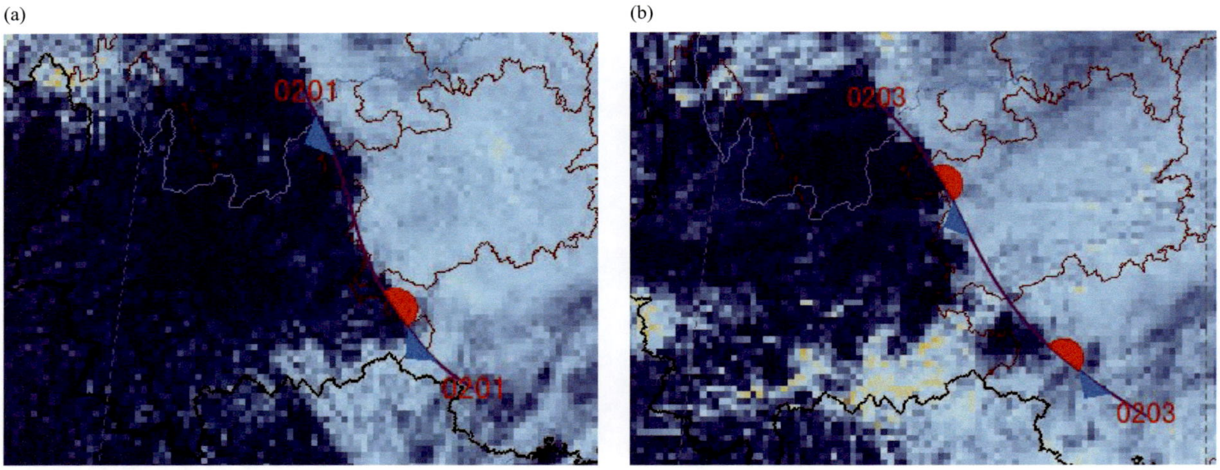

图 2.23.10　2017 年 2 月 1 日 14 时(a)、3 日 14 时(b)卫星云图

2.24　2017 年 2 月 6—14 日昆明准静止锋过程

2.24.1　过程概况

2017 年 2 月 6 日在云贵高原出现了昆明准静止锋天气系统，呈准南北向，贯穿四川、云南、贵州及广西四省(区)，位于雷波、大关、晴隆、百色及扶绥一线。7 日昆明准静止锋北段略南压，南段略东退。8 日昆明准静止锋西伸至会理、嵩明、开远、屏边一线。9 日昆明准静止锋继续西进，位于攀枝花、武定、玉

溪及金平一线。10—11 日昆明准静止锋在昆明附近摆动。12—13 日昆明准静止锋东退至滇东边缘地区，14 日昆明准静止锋略西进位于布拖、沾益、师宗及西畴一线。之后，锋面减弱东退。2 月 6—14 日过程期间昆明准静止锋移动路径如图 2.24.1，活动范围见表 2.24.1。

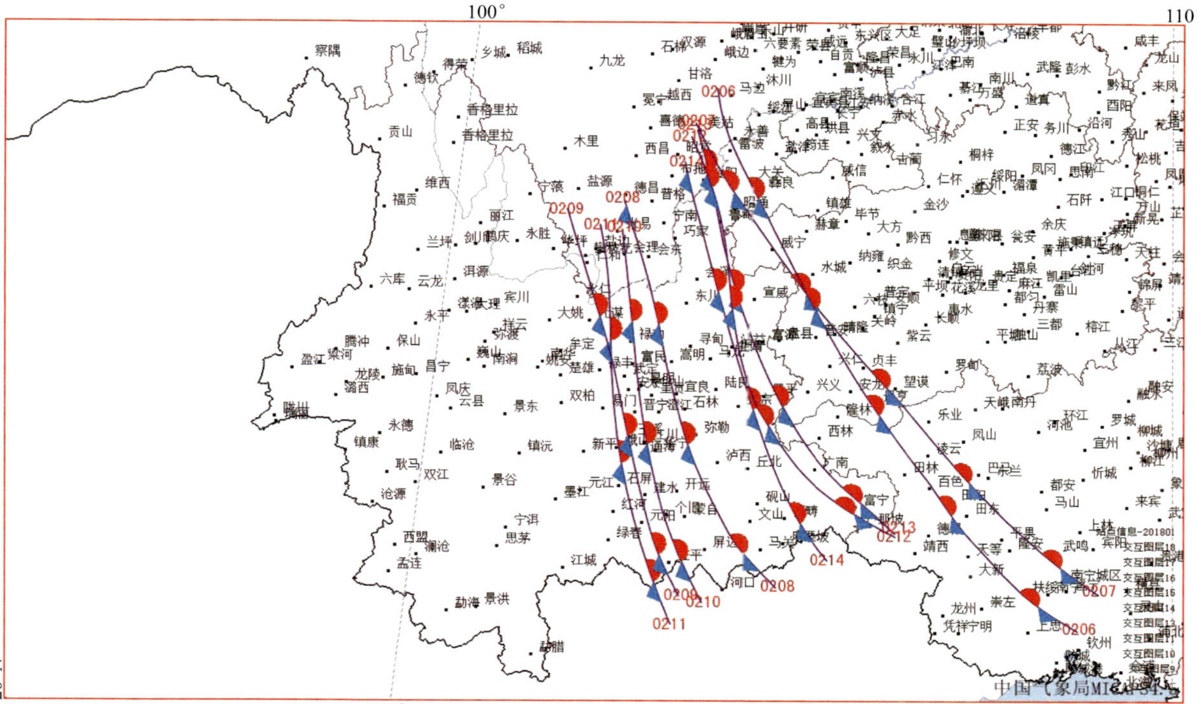

图 2.24.1　2017 年 2 月 6—14 日昆明准静止锋移动路径

表 2.24.1　2017 年 2 月 6—14 日昆明准静止锋位置

日期	昆明准静止锋位置
2 月 6 日	雷波—大关—百色
2 月 7 日	昭通—贞丰—南宁
2 月 8 日	会理—嵩明—屏边
2 月 9 日	攀枝花—武定—金平
2 月 10 日	会理—昆明—金平
2 月 11 日	盐边—峨山—金平
2 月 12 日	鲁甸—沾益—那坡
2 月 13 日	鲁甸—富源—富宁
2 月 14 日	布拖—沾益—西畴

受昆明准静止锋影响，2 月 6 日滇东出现日最高气温负变温区，降温幅度较小，2 月 7 日滇东北负变温加强，最大变温在昭通市，为 −16.3 ℃；8 日随着昆明准静止锋西进，滇东北降温幅度减弱，滇东及滇东南出现负变温区，最大变温在富源，为 −12.9 ℃；9—11 日随着昆明准静止锋西进，滇中及滇南降温幅度增大；12—13 日昆明准静止锋东退，云南气温回升。14 日昆明准静止锋后部冷空气加强，滇东北降温明显，最大变温在鲁甸，为 −12 ℃。此次过程降温幅度大于 10 ℃的县市有 11 个，主要集中在昭通市、

曲靖市、昆明市和文山州 4 个州市(图 2.24.2)。

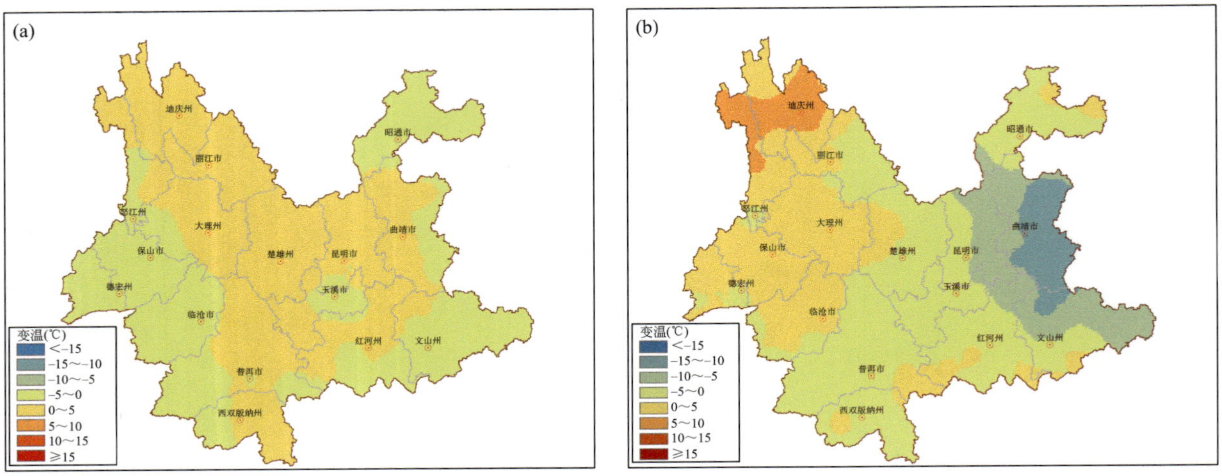

图 2.24.2　云南 2017 年 2 月 6 日(a)、8 日(b)最高气温 24 h 变温图

受昆明准静止锋影响，2017 年 2 月 6—14 日(20 时—20 时)云南共有 34 个县市出现降水，主要集中在滇中、滇东北、滇东及滇东南。除威信、罗平总降水量大于 10 mm 外，其余县市均小于 10 mm(图 2.24.3a)。

受昆明准静止锋影响，2017 年 2 月 6—14 日云南总日照时数少于 72 h 的县市有 56 个，最少的是威信县，为 3.1 h，其次是盐津县和大关县，分别为 3.3 h 和 4 h(图略)。与常年同期相比，有 35 个县市日照时数偏少 20%以上，有 6 个县市偏少 50%以上，大关县偏少最多，为 80.6%。图 2.24.3b 是昆明准静止锋影响期间的平均日照时数。

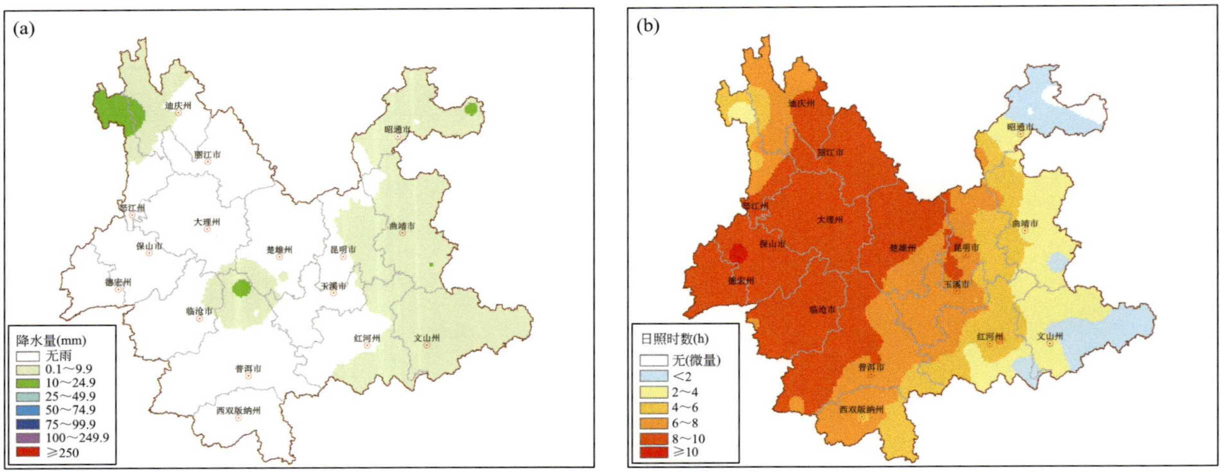

图 2.24.3　云南 2017 年 2 月 6—14 日累计降水量(a)和平均日照时数(b)

2.24.2　环流背景

(1)地面图

图 2.24.4 是 2017 年 2 月 6 日 14 时地面图和海平面气压场。图 2.24.5 是 2017 年 2 月 14 日 20 时地面图和海平面气压场。

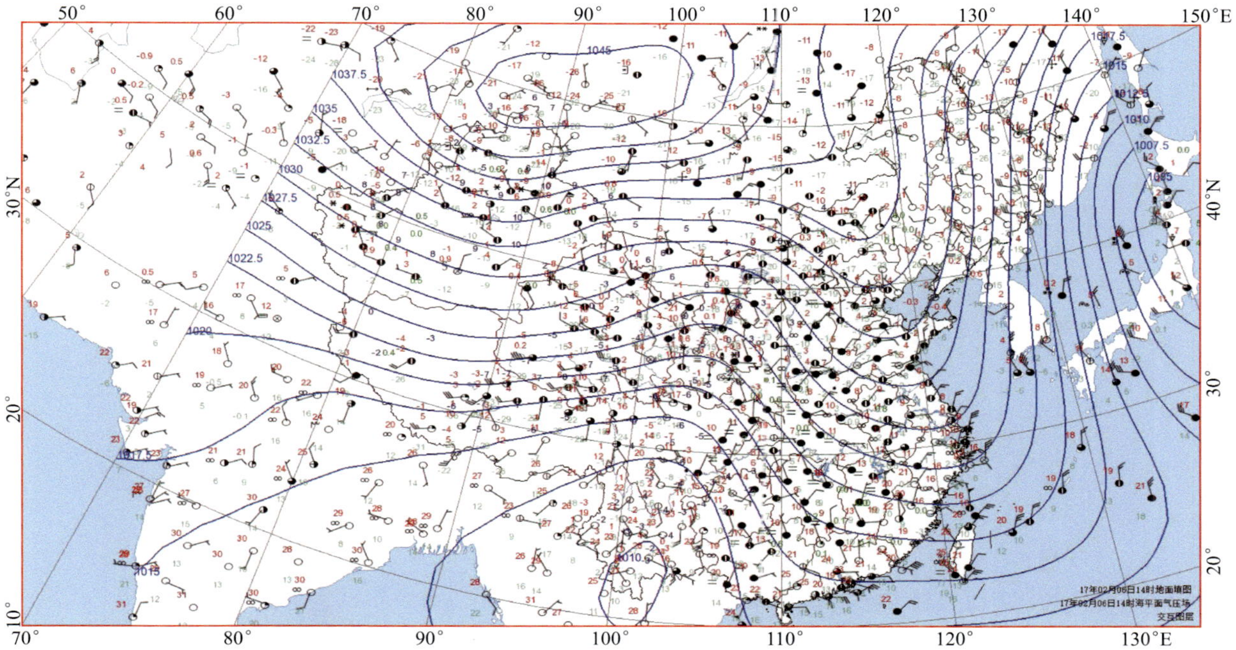

图 2.24.4　2017 年 2 月 6 日 14 时地面图和海平面气压场

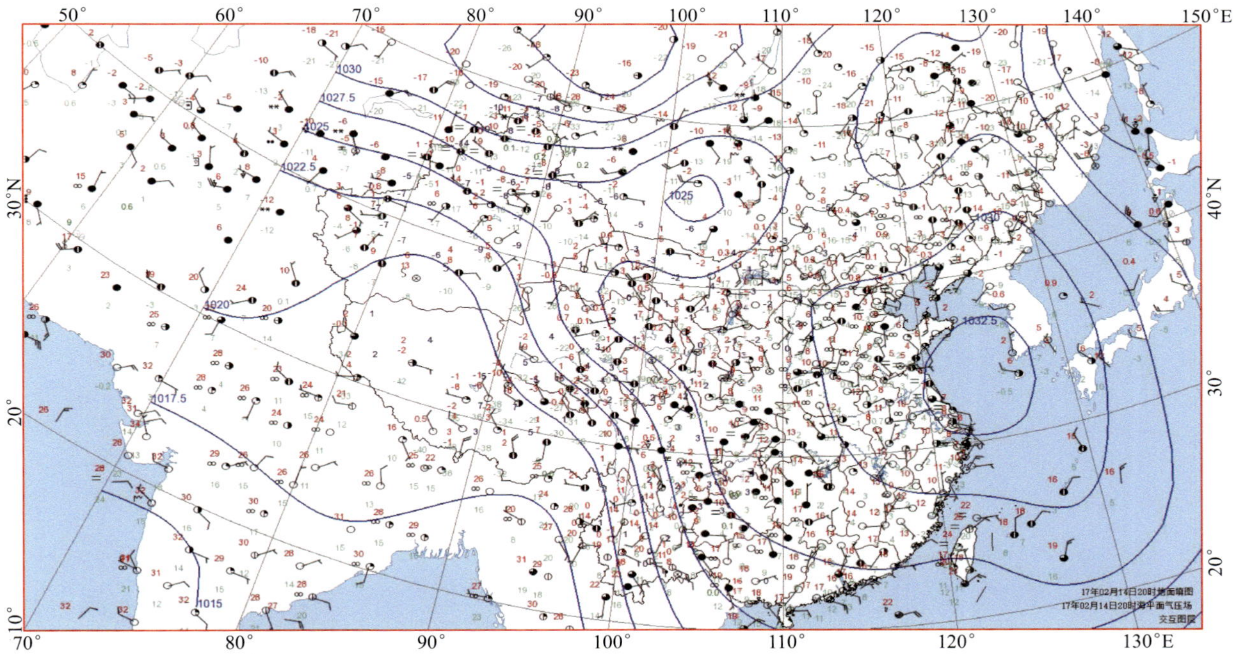

图 2.24.5　2017 年 2 月 14 日 20 时地面图和海平面气压场

(2)高空图

图 2.24.6 是 2017 年 2 月 6 日 08 时 850 hPa 高空图。图 2.24.7 是 2017 年 2 月 14 日 08 时 850 hPa 高空图。图 2.24.8 是 2017 年 2 月 6 日 08 时 500 hPa 高空图。图 2.24.9 是 2017 年 2 月 14 日 08 时 500 hPa 高空图。

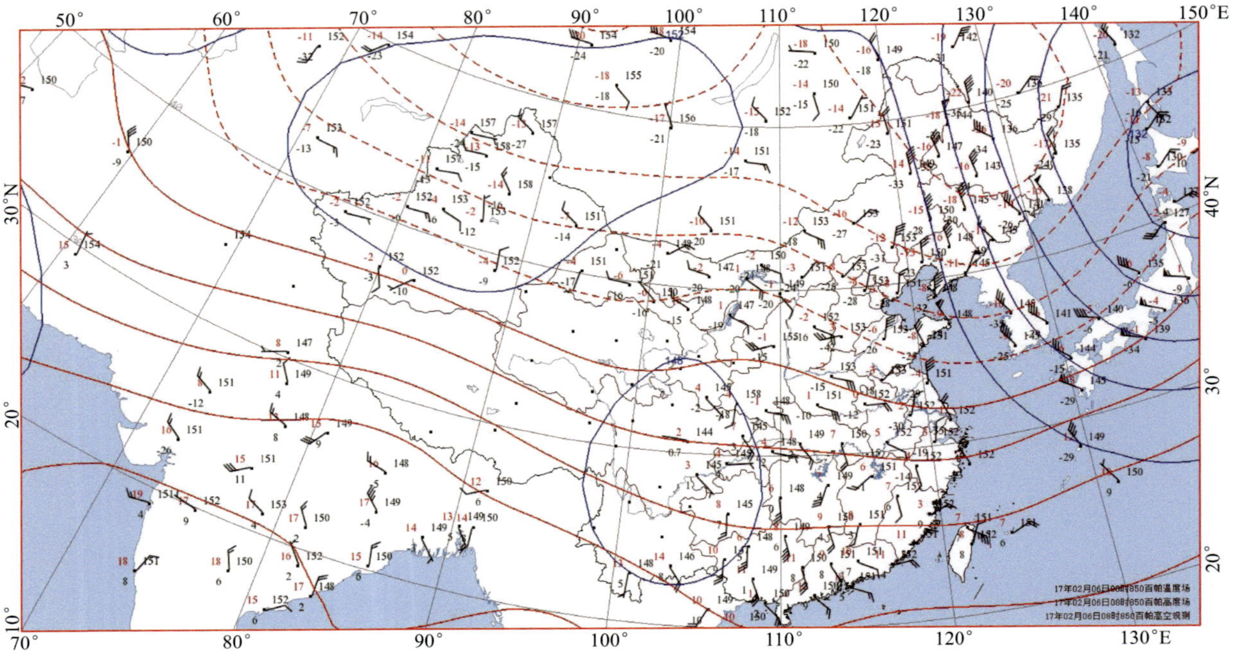

图 2.24.6　2017 年 2 月 6 日 08 时 850 hPa 高空图

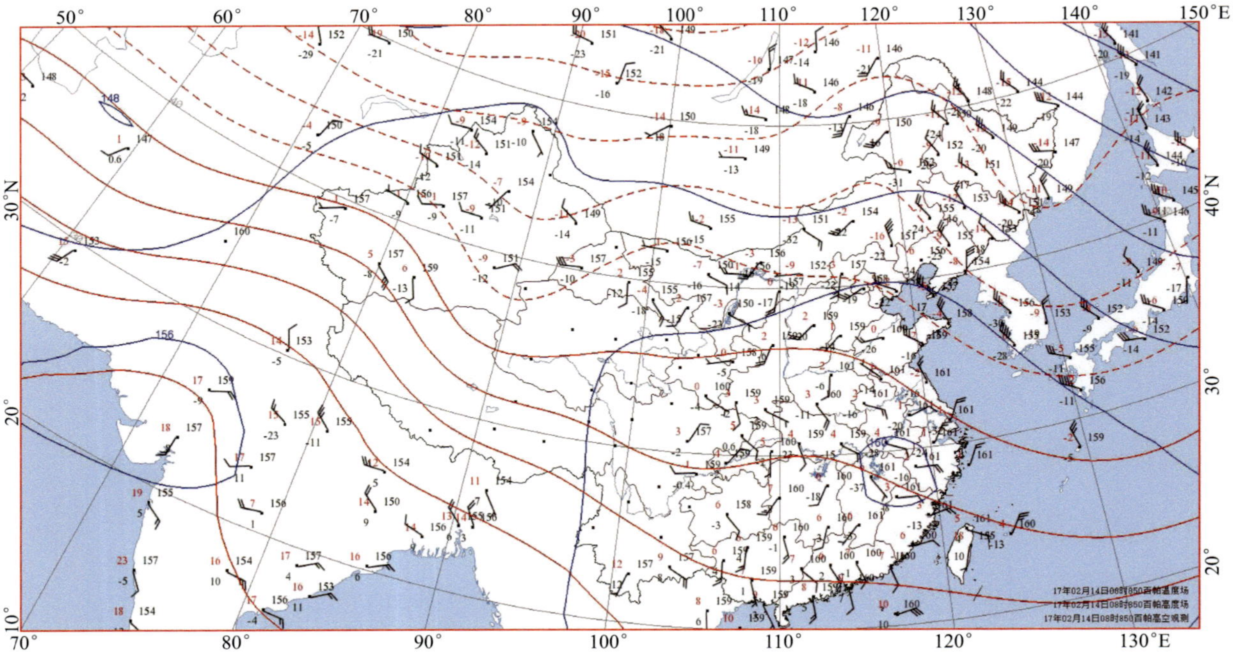

图 2.24.7　2017 年 2 月 14 日 08 时 850 hPa 高空图

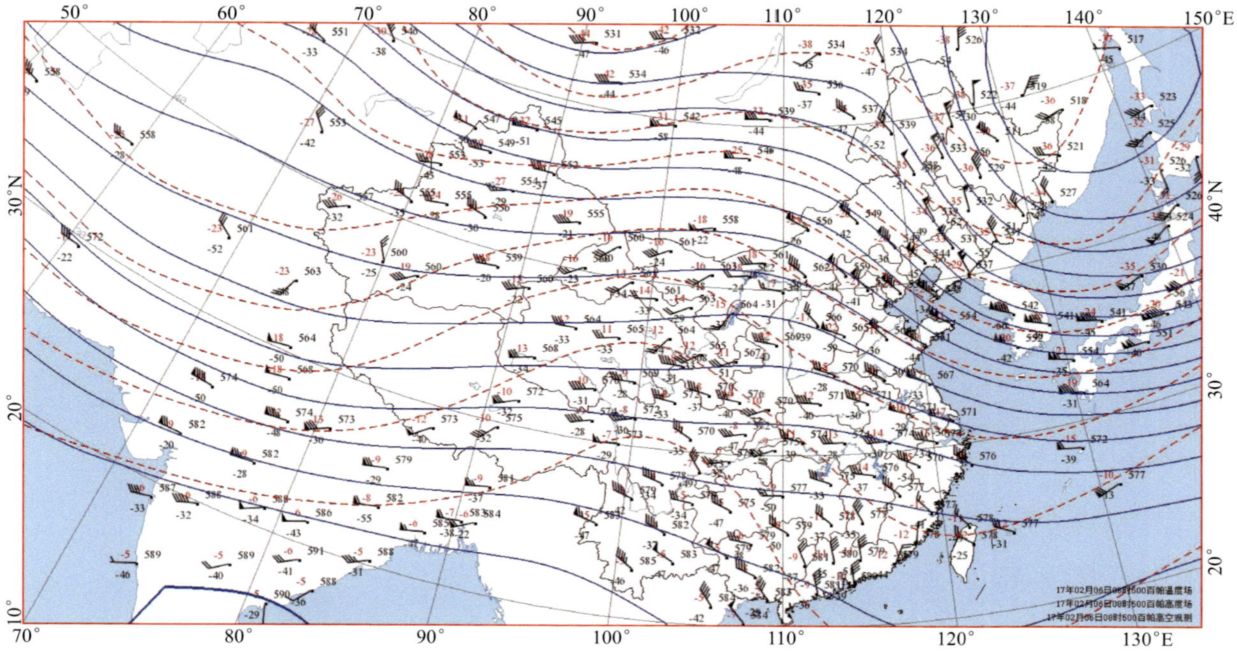

图 2.24.8 2017 年 2 月 6 日 08 时 500 hPa 高空图

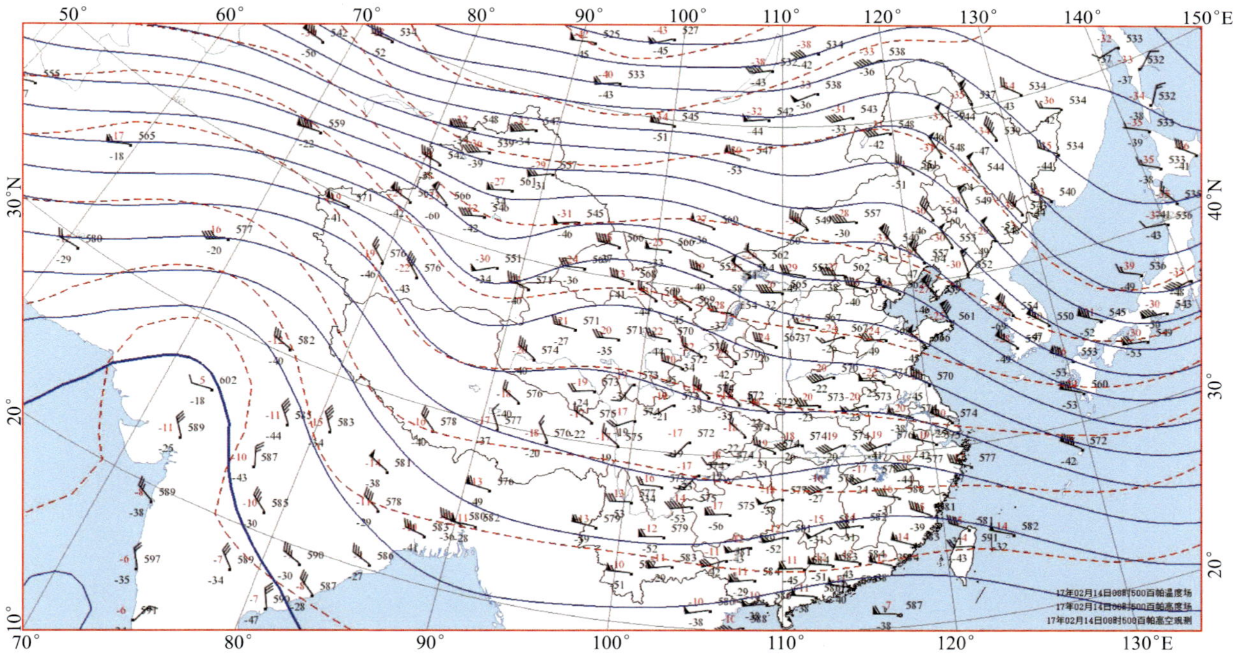

图 2.24.9 2017 年 2 月 14 日 08 时 500 hPa 高空图

2.24.3 卫星云图

图 2.24.10 是 2017 年 2 月 8 日 14 时、14 日 14 时卫星云图。

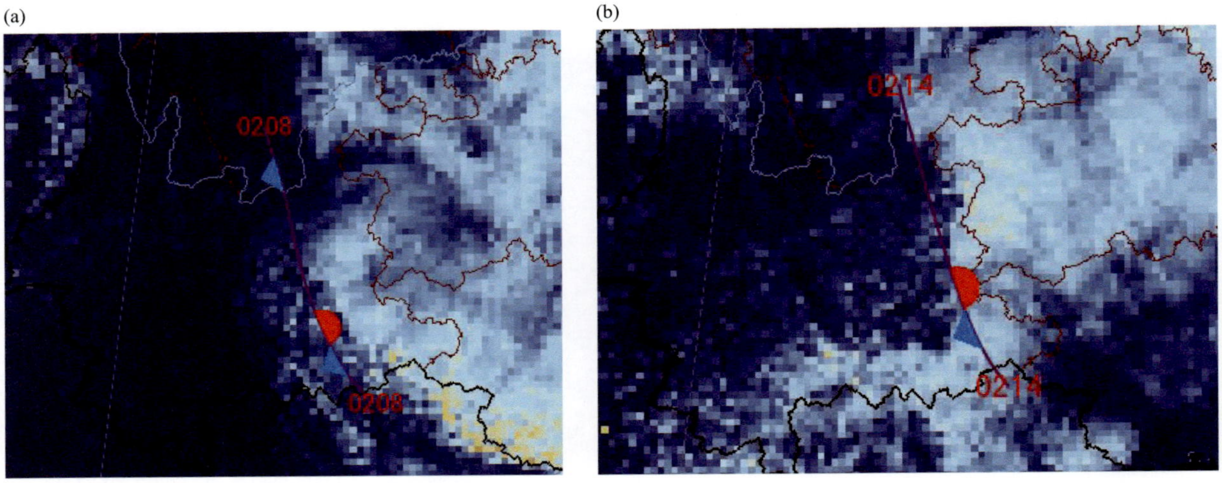

图 2.24.10　2017 年 2 月 8 日 14 时(a)、14 日 14 时(b)卫星云图

2.25　2017 年 2 月 21—25 日昆明准静止锋过程

2.25.1　过程概况

2017 年 2 月 21 日在云贵高原出现了昆明准静止锋天气系统，呈准东西向，贯穿四川、云南、贵州三省，位于美姑、彝良、大方、遵义及瓮安一线。22 日昆明准静止锋西南移，逐渐转为西北—东南向，到达西昌、宣威、兴仁、巴马及上林一线，23 日昆明准静止锋向西推进至会理、宜良、弥勒、文山及马关一线。24 日昆明准静止锋继续西进至米易、武定、通海、个旧及河口一线，25 日昆明准静止锋维持少动。26 日昆明准静止锋加强为冷锋，西进至哀牢山附近。2 月 21—25 日过程期间昆明准静止锋移动路径如图 2.25.1，活动范围见表 2.25.1。

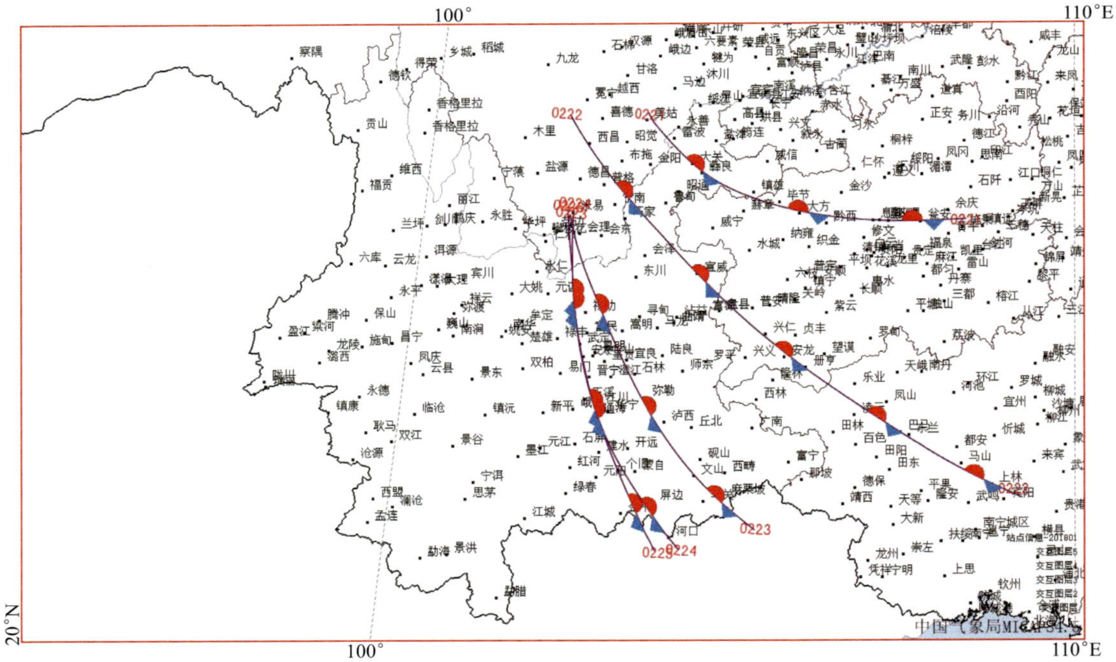

图 2.25.1　2017 年 2 月 21—25 日昆明准静止锋移动路径

表 2.25.1　2017 年 2 月 21—25 日昆明准静止锋位置

日期	昆明准静止锋位置
2 月 21 日	美姑—大方—瓮安
2 月 22 日	西昌—兴仁—上林
2 月 23 日	会理—宜良—马关
2 月 24 日	米易—武定—河口
2 月 25 日	武定—通海—金平

受昆明准静止锋影响，2 月 21 日滇东北出现日最高气温负变温区，最大变温在巧家县，为－3.6 ℃；22 日随着昆明准静止锋西进及转向，滇东北降温幅度增大，最大变温出现在昭通市，为－14.7 ℃；23 日昆明准静止锋继续西移，滇东、滇中及滇东南出现日最高气温负变温区，最大变温在罗平县，为－17.6 ℃；24 日随着昆明准静止锋的继续西进，滇中及滇南降温幅度增大，最大变温在石林县，为－15.6 ℃；25 日昆明准静止锋附近为负变温，其余地区气温开始回升。整个过程日最高气温降温幅度大于 10 ℃的县市有 29 个，集中在昭通市、曲靖市、昆明市、玉溪市、红河州和文山州 6 个州市(图 2.25.2)。

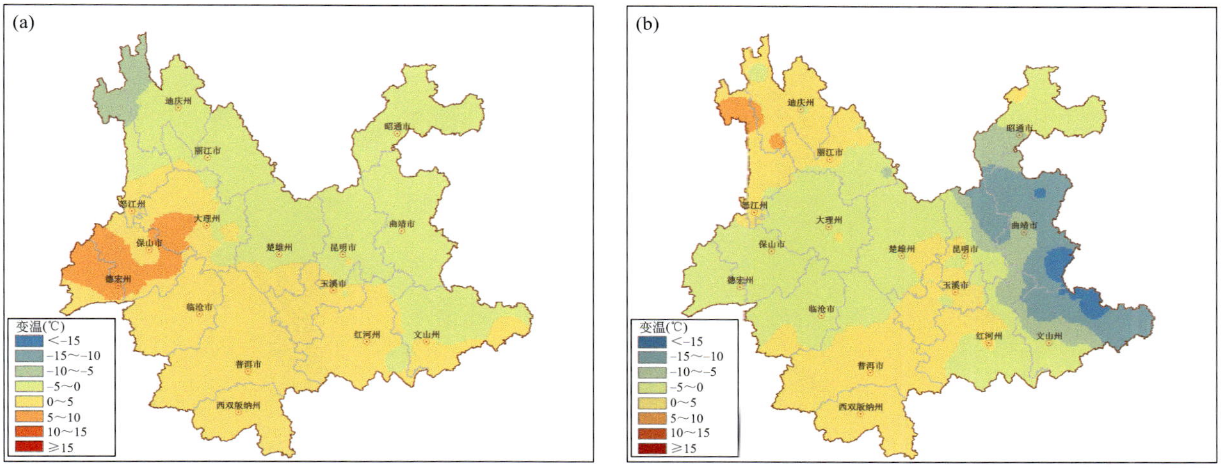

图 2.25.2　云南 2017 年 2 月 21 日(a)、23 日(b)最高气温 24 h 变温图

受昆明准静止锋和西南暖湿气流影响，2017 年 2 月 21—25 日(20 时—20 时)滇西北有 3 个县市总降水量大于 100 mm，3 个县市大于 25 mm，云南其余大部地区总降水量都小于 25 mm。昆明准静止锋主要影响区域(滇中以东)有 5 个县市总降水量大于 10 mm，其余县市均小于 10 mm，昭通市鲁甸县总降水量最大，为 18.8 mm(图 2.25.3a)。

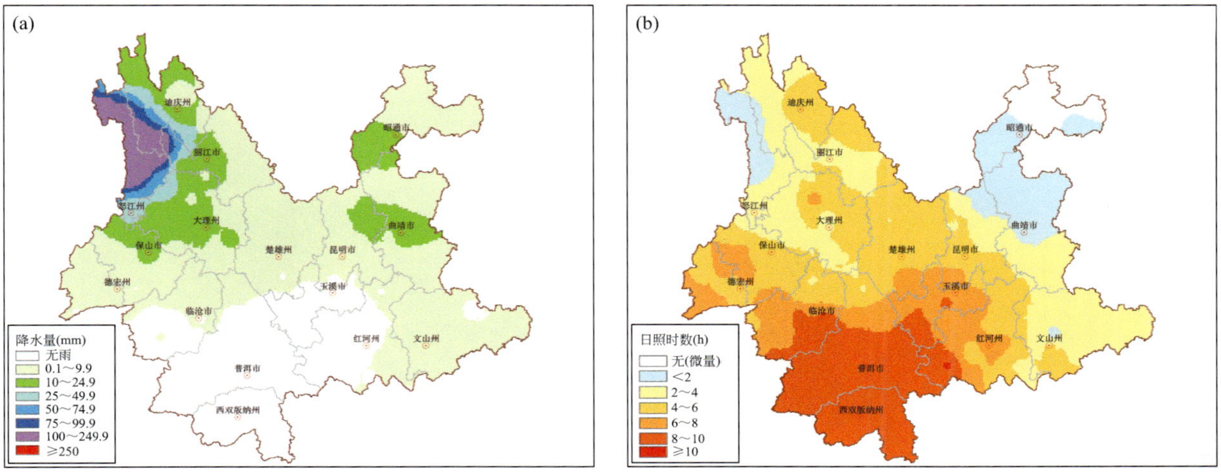

图 2.25.3　云南 2017 年 2 月 21—25 日累计降水量(a)和平均日照时数(b)

受昆明准静止锋和西南暖湿气流影响，2017 年 2 月 21—25 日云南总日照时数少于 50 h 的县市有 115 个，永善、盐津、大关、威信 4 个县日照时数为 0 h，另外有 6 个县市日照时数在 10 h 以内(图略)。与常年同期相比，有 84 个县市日照时数偏少 20%以上，其中 36 个县市偏少 50%以上，日照时数为 0 h 的 4 个县市偏少 100%，其次是绥江为 92.4%。图 2.25.3b 是昆明准静止锋影响期间的平均日照时数。

2.25.2 环流背景

(1)地面图

图 2.25.4 是 2 月 21 日 14 时地面图和海平面气压场。图 2.25.5 是 2017 年 2 月 25 日 20 时地面图和海平面气压场。

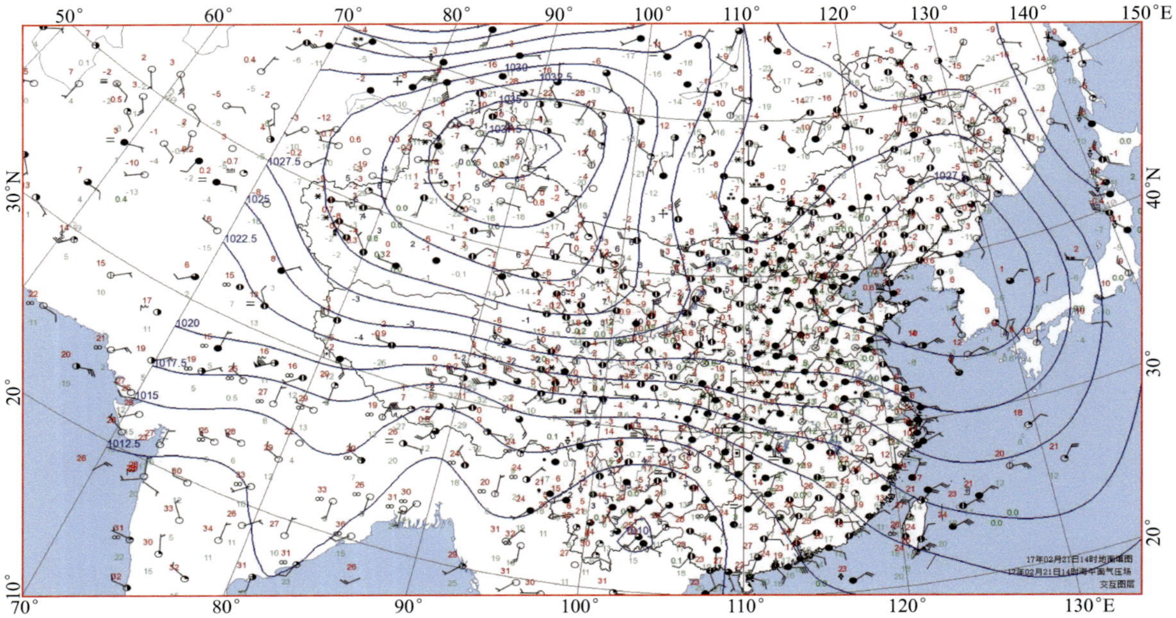

图 2.25.4 2017 年 2 月 21 日 14 时地面图和海平面气压场

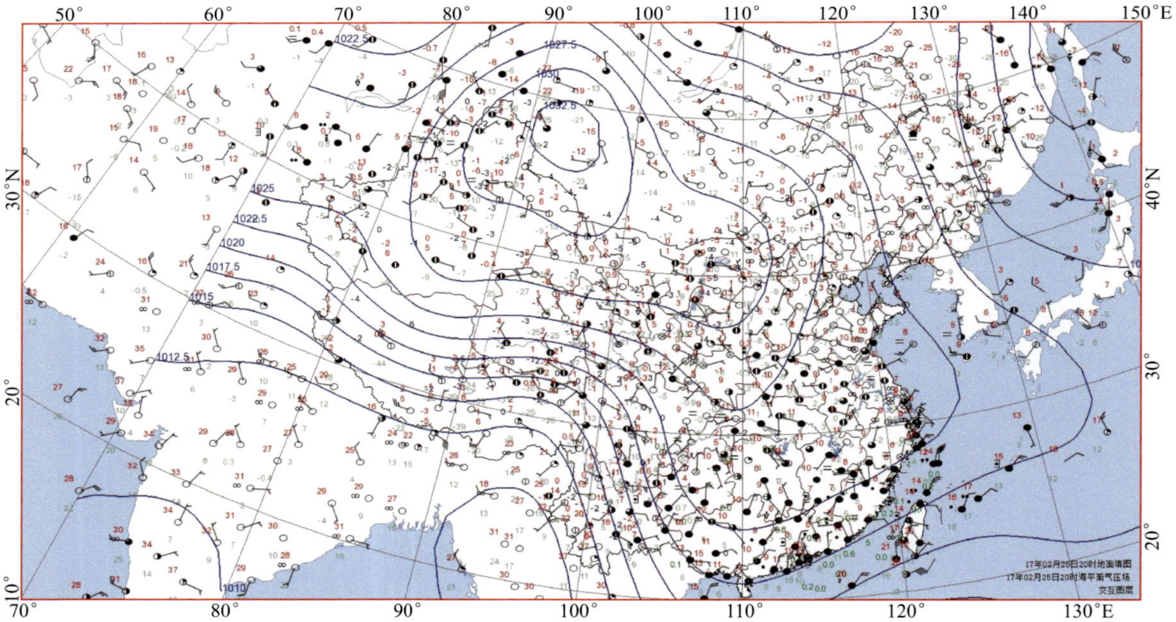

图 2.25.5 2017 年 2 月 25 日 20 时地面图和海平面气压场

（2）高空图

图 2.25.6 是 2017 年 2 月 21 日 08 时 850 hPa 高空图。图 2.25.7 是 2017 年 2 月 25 日 08 时 850 hPa 高空图。图 2.25.8 是 2017 年 2 月 21 日 08 时 500 hPa 高空图。图 2.25.9 是 2017 年 2 月 25 日 08 时 500 hPa 高空图。

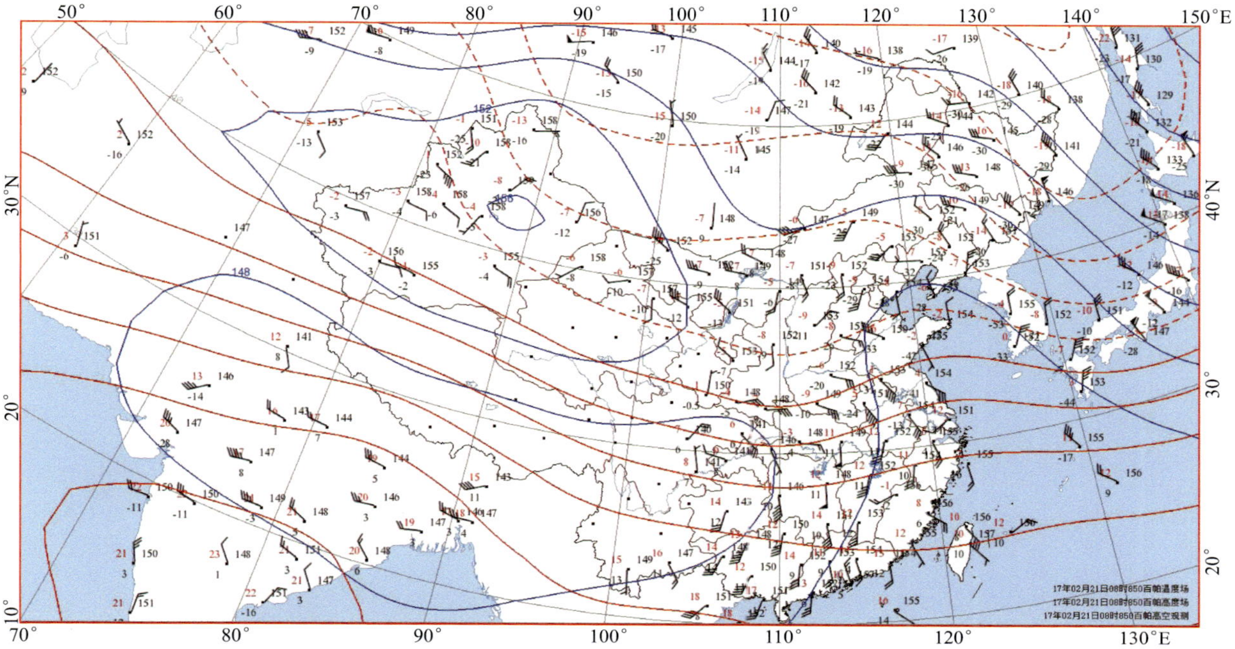

图 2.25.6　2017 年 2 月 21 日 08 时 850 hPa 高空图

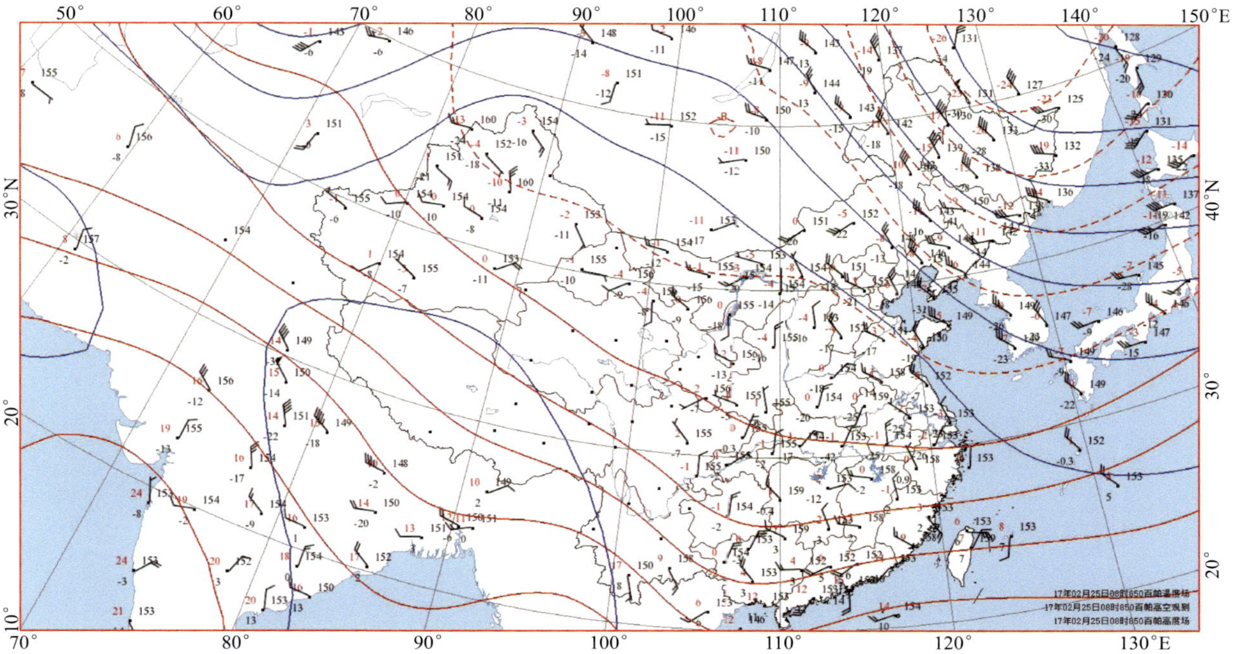

图 2.25.7　2017 年 2 月 25 日 08 时 850 hPa 高空图

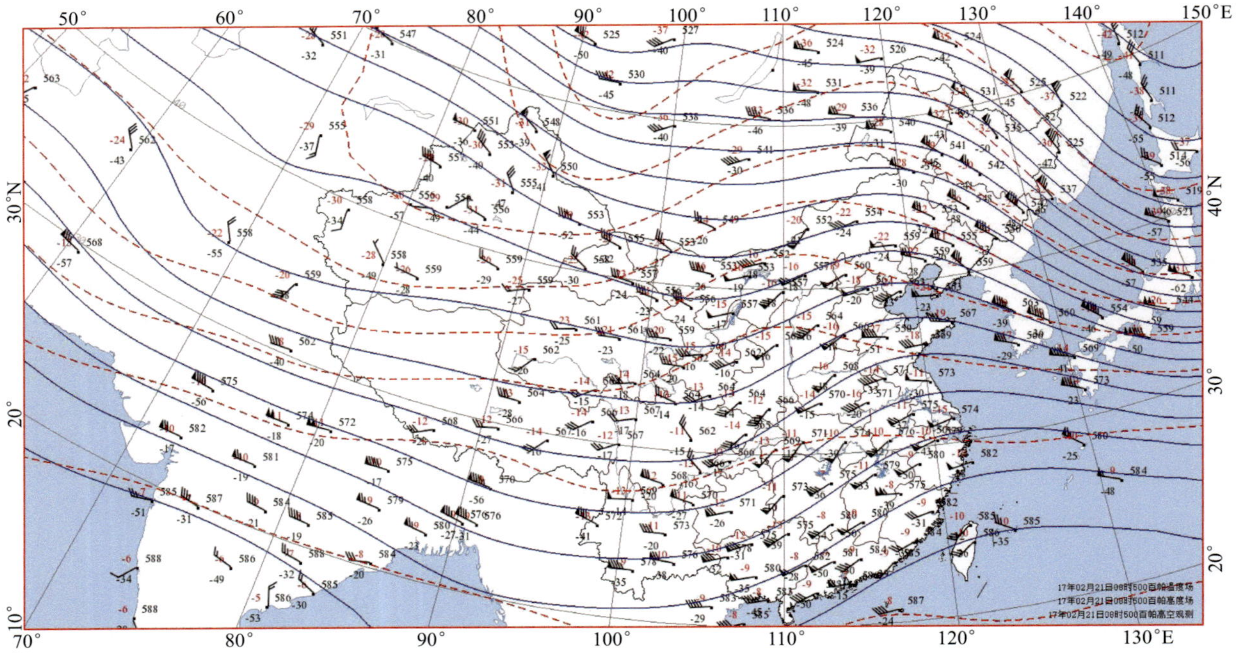

图 2.25.8　2017 年 2 月 21 日 08 时 500 hPa 高空图

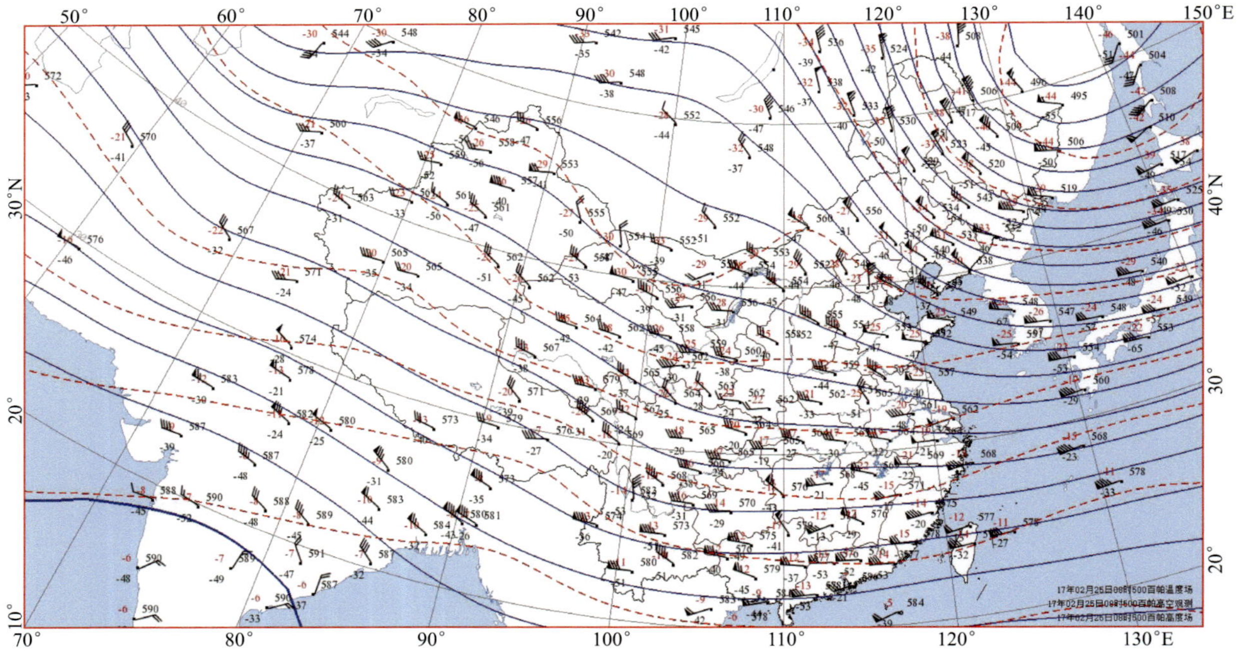

图 2.25.9　2017 年 2 月 25 日 08 时 500 hPa 高空图

2.25.3　卫星云图

图 2.25.10 是 2017 年 2 月 22 日 14 时、23 日 14 时卫星云图。

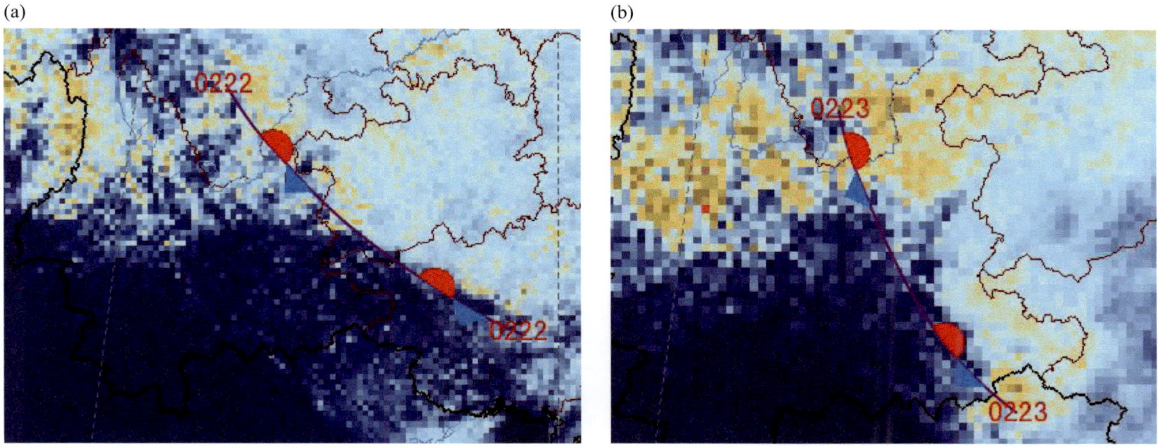

图 2.25.10　2017 年 2 月 22 日 14 时(a)、23 日 14 时(b)卫星云图

2.26　2017 年 3 月 2—11 日昆明准静止锋过程

2.26.1　过程概况

2017 年 3 月 2 日在云贵高原出现了昆明准静止锋天气系统，呈准南北向，贯穿四川、云南、贵州及广西四省(区)，位于美姑、昭通、盘县、兴义及富宁一线。3 日昆明准静止锋稍东退，位于雷波、彝良、水城、巴马及宾阳一线。4 日昆明准静止锋维持少动。5 日昆明准静止锋西南移至西昌、宣威、兴仁及都安一线。6 日昆明准静止锋继续西移至德昌、会泽、曲靖、师宗及砚山一线，7 日稍东退维持。8 日昆明准静止锋北段东退，位于布拖、巧家、嵩明、蒙自及金平一线。9 日昆明准静止锋明显东退，位于昭通、盘县、兴义、那坡一线。10—11 日，昆明准静止锋在滇东边缘至广西、贵州西部边缘之间摆动。之后，锋面减弱东退至贵阳以东地区。3 月 2—11 日过程期间昆明准静止锋移动路径如图 2.26.1，活动范围见表 2.26.1。

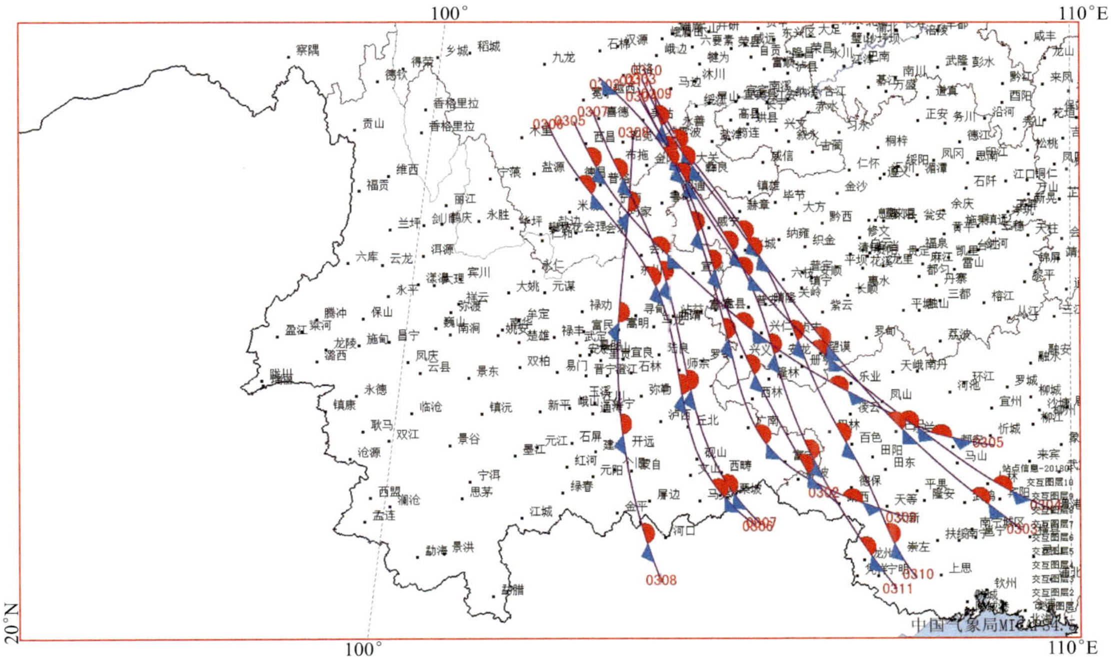

图 2.26.1　2017 年 3 月 2—11 日昆明准静止锋移动路径

表 2.26.1　2017 年 3 月 2—11 日昆明准静止锋位置

日期	昆明准静止锋位置
3 月 2 日	昭通—兴义—富宁
3 月 3 日	彝良—水城—巴马
3 月 4 日	威宁—望谟—宾阳
3 月 5 日	宣威—兴仁—都安
3 月 6 日	会泽—曲靖—砚山
3 月 7 日	布拖—沾益—西畴
3 月 8 日	巧家—嵩明—金平
3 月 9 日	昭通—兴义—那坡
3 月 10 日	大关—贞丰—百色
3 月 11 日	大关—兴仁—靖西

由于 3 月 1 日影响云南大部的冷锋减弱东退，3 月 2—4 日云南大部为正变温；5 日，随着昆明准静止锋的西进，滇东北出现明显日最高气温负变温区，最大变温在鲁甸县，为−13.7 ℃；6—7 日滇东北降温幅度减弱，滇东及滇东南降温幅度增大，最大变温在广南县，为−15.2 ℃；8 日随着昆明准静止锋东退，云南气温回升；9 日，昆明准静止继续东退，受西南暖湿气流影响，云南大部出现降雨，气温下降；10—11 日，随着昆明准静止锋的东退，云南大部气温回升。整个过程日最高气温降温明显时段出现在 5—7 日，幅度大于 10 ℃的县市有 12 个，主要集中在昭通市、昆明市、普洱市、文山州 4 个州市（图 2.26.2）。

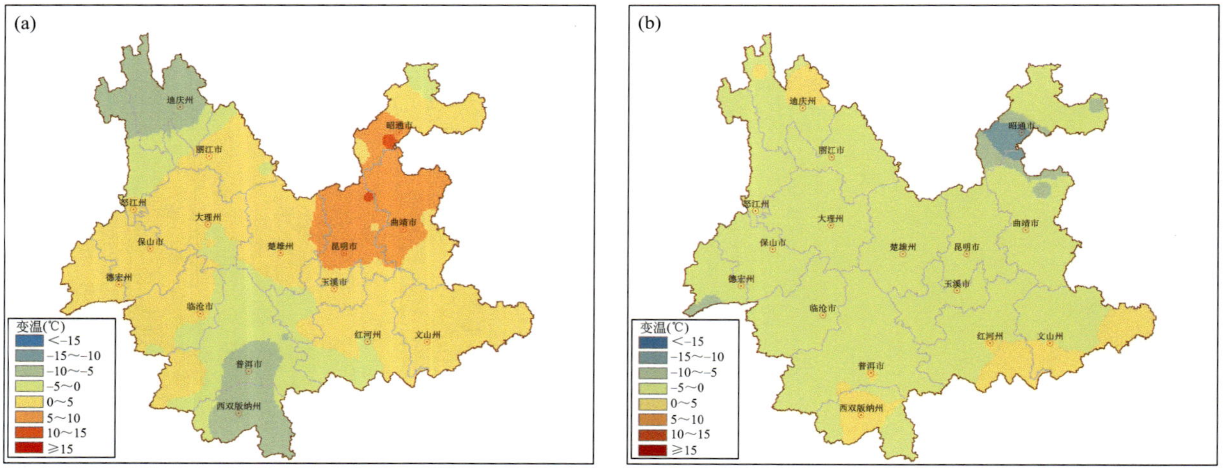

图 2.26.2　云南 2017 年 3 月 2 日(a)、5 日(b)最高气温 24 h 变温图

受昆明准静止锋和西南暖湿气流影响，2017 年 3 月 2—11 日（20 时—20 时）滇西有 3 个县市总降水量超过 100 mm，4 个县市超过 25 mm，云南其余大部分地区总降水量都小于 25 mm。昆明准静止锋主要影响区域（滇中以东）总降水量均小于 25 mm，红河州金平县总降水量最大，为 21.3 mm（图 2.26.3a）。

受昆明准静止锋和西南暖湿气流影响，2017 年 3 月 2—11 日云南总日照时数少于 80 h 的县市有 107 个，最少的是威信和镇雄县，仅为 1.8 h，其次是大关县，为 1.9 h。有 8 个县日照时数在 10 h 以内

（图略）。与常年同期相比，有 66 个县市日照时数偏少 20％以上，有 10 个县市偏少 50％以上，镇雄偏少最多，为 94.9％。永善、砚山、德钦 3 个县市突破同期日照时数历史最少纪录。图 2.26.3b 是昆明准静止锋影响期间的平均日照时数。

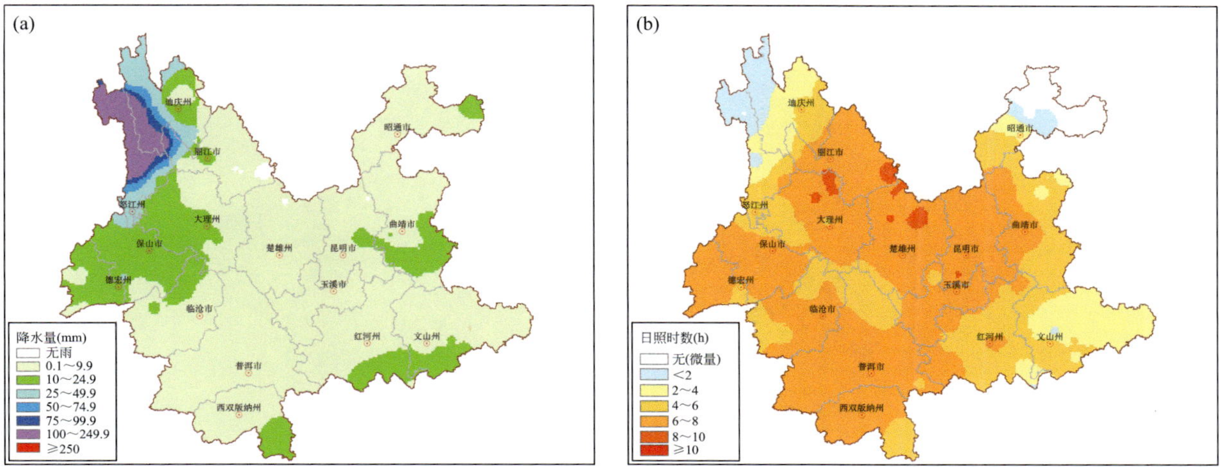

图 2.26.3　云南 2017 年 3 月 2—11 日累计降水量(a)和平均日照时数(b)

2.26.2　环流背景

（1）地面图

图 2.26.4 是 2017 年 3 月 2 日 14 时地面图和海平面气压场。图 2.26.5 是 2017 年 3 月 11 日 20 时地面图和海平面气压场。

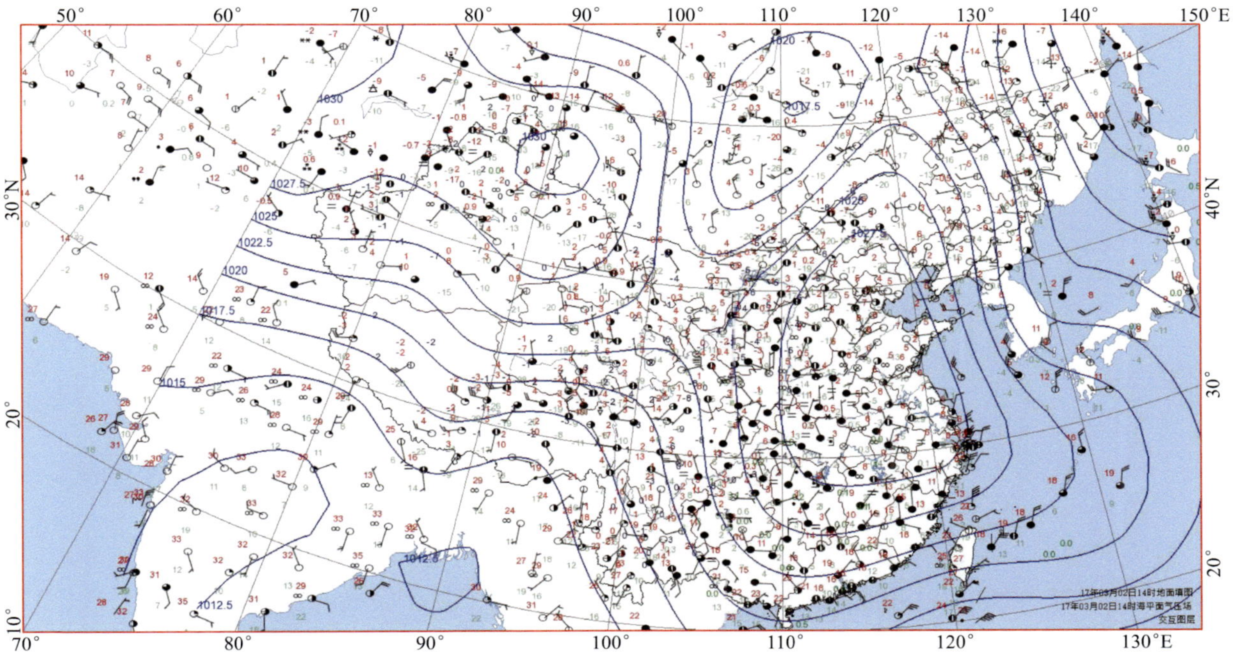

图 2.26.4　2017 年 3 月 2 日 14 时地面图和海平面气压场

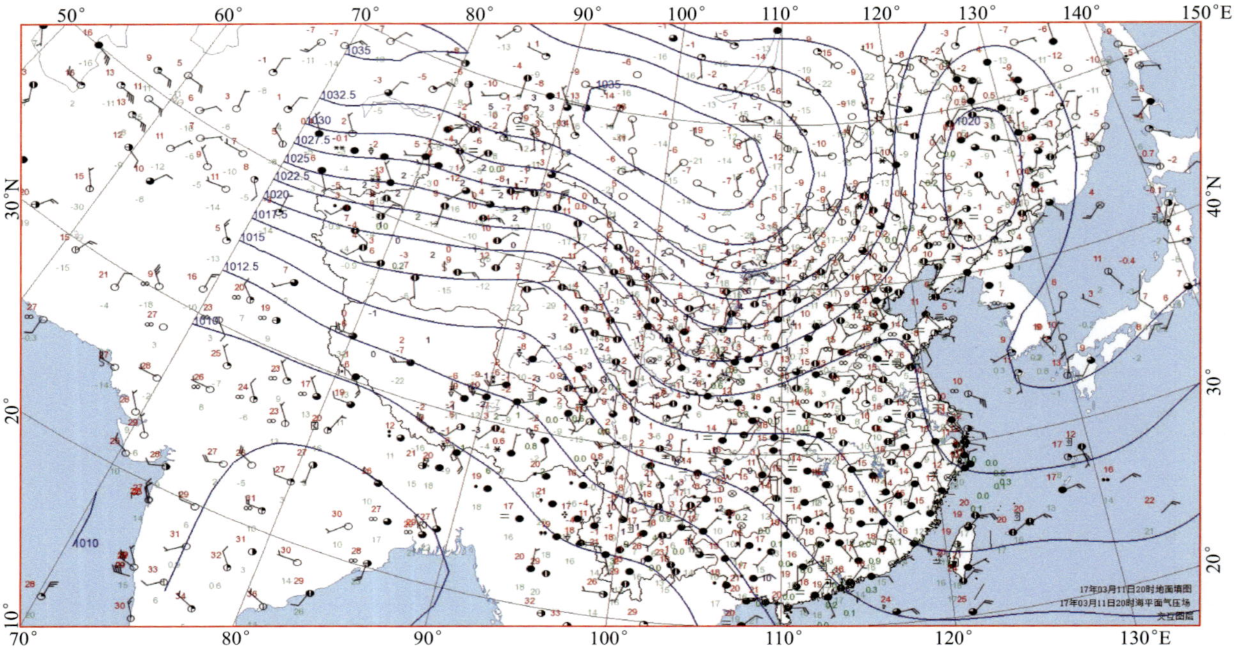

图 2.26.5　2017 年 3 月 11 日 20 时地面图和海平面气压场

（2）高空图

图 2.26.6 是 2017 年 3 月 2 日 08 时 850 hPa 高空图。图 2.26.7 是 2017 年 3 月 11 日 08 时 850 hPa 高空图。图 2.26.8 是 2017 年 3 月 2 日 08 时 500 hPa 高空图。图 2.26.9 是 2017 年 3 月 11 日 08 时 500 hPa 高空图。

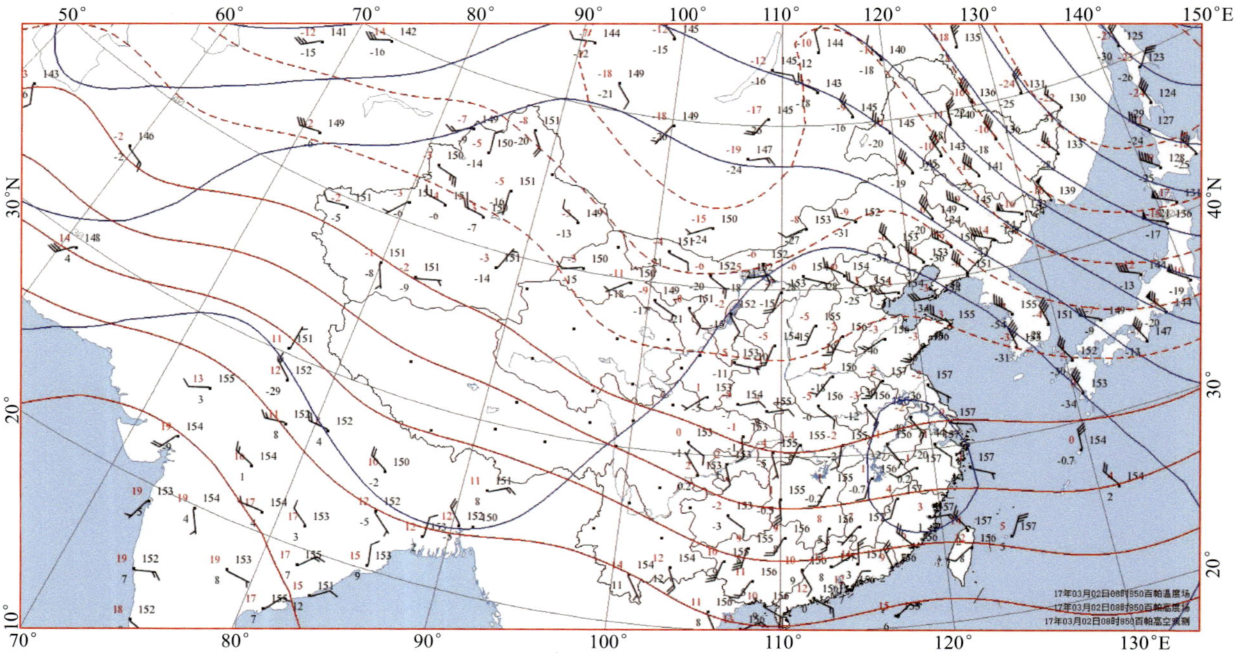

图 2.26.6　2017 年 3 月 2 日 08 时 850 hPa 高空图

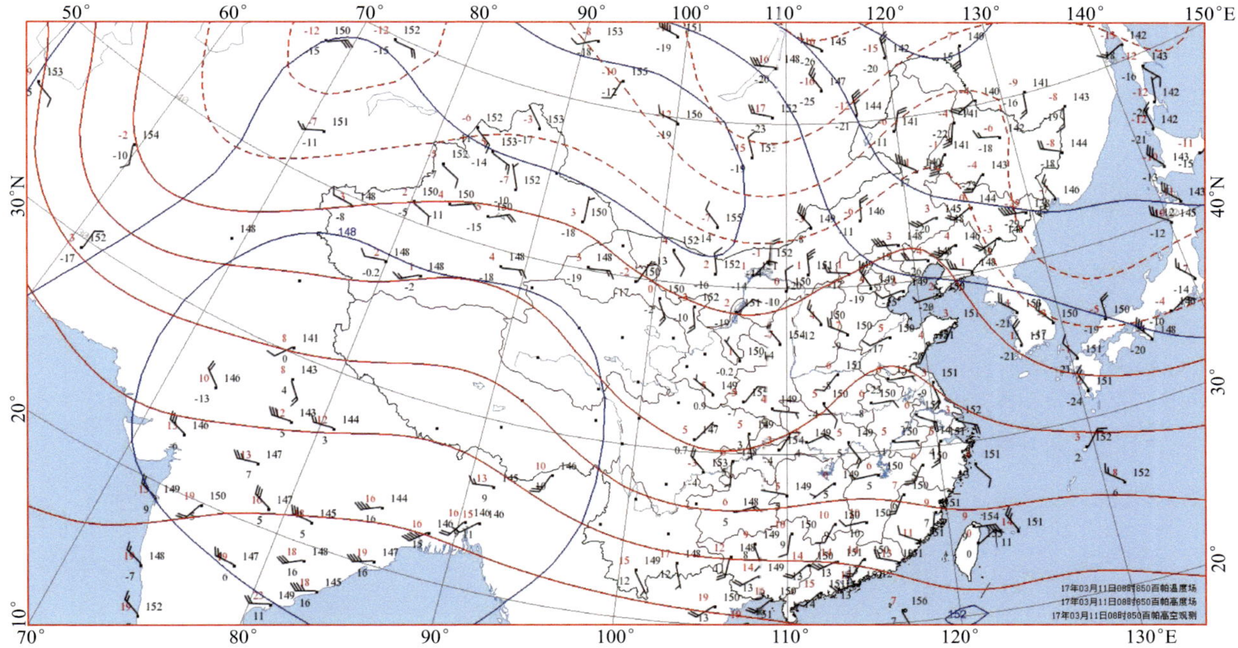

图 2.26.7　2017 年 3 月 11 日 08 时 850 hPa 高空图

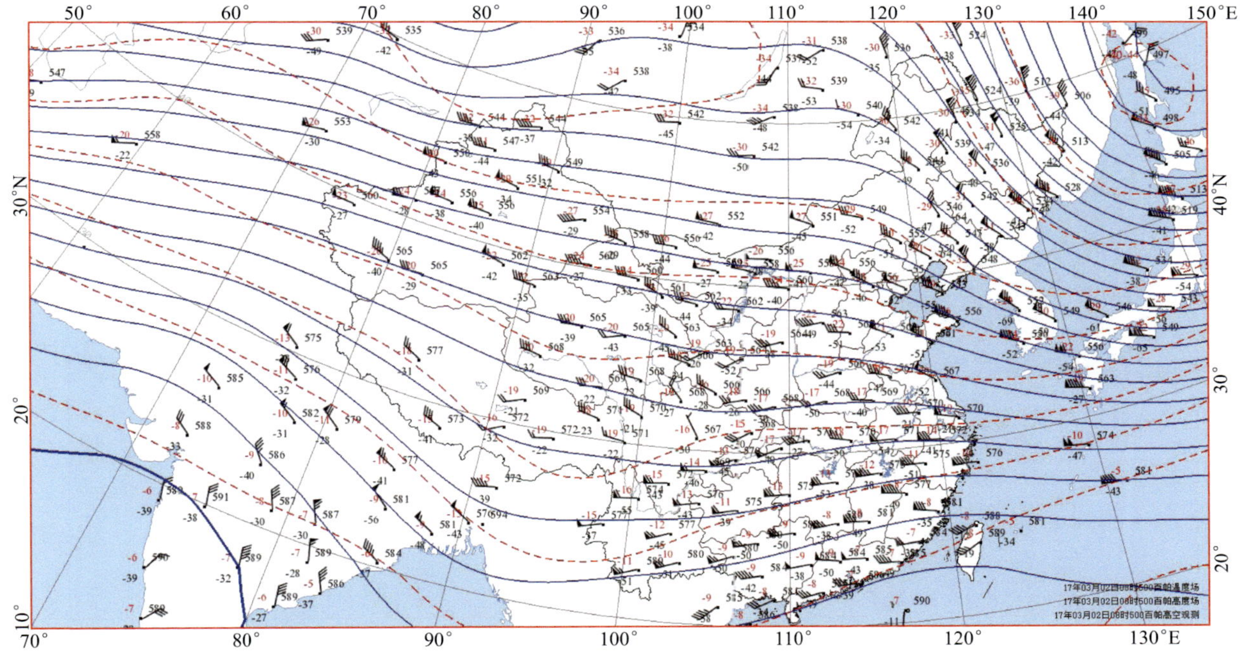

图 2.26.8　2017 年 3 月 2 日 08 时 500 hPa 高空图

2.26.3　卫星云图

图 2.26.10 是 2017 年 3 月 7 日 14 时、11 日 14 时卫星云图。

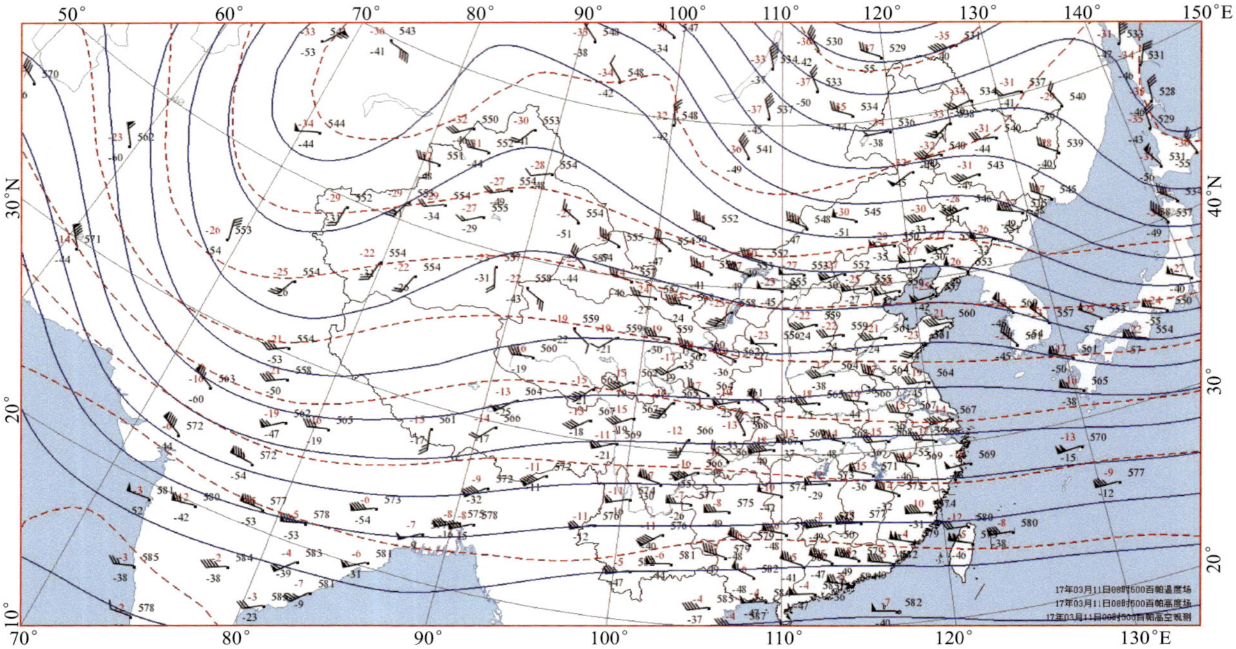

图 2.26.9　2017 年 3 月 11 日 08 时 500 hPa 高空图

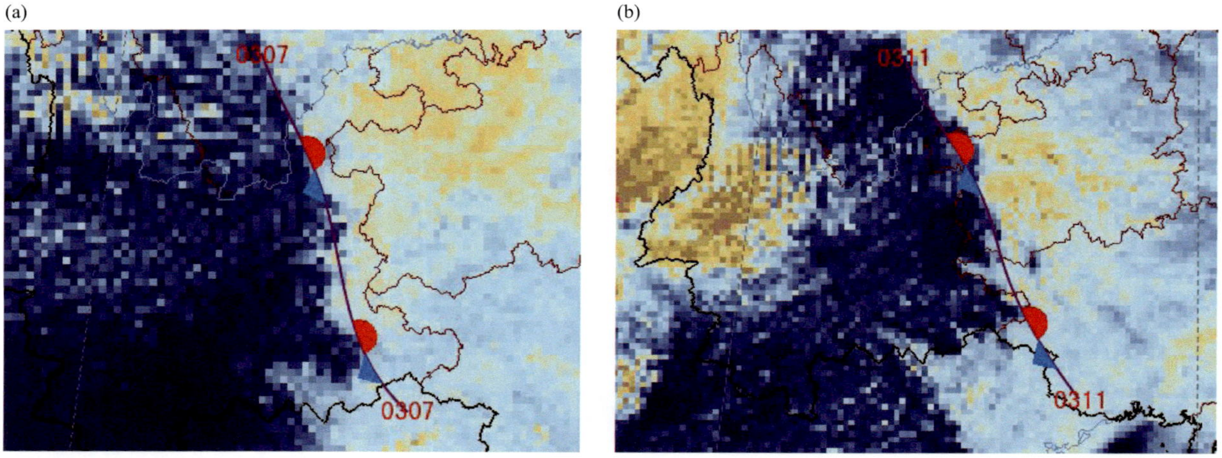

图 2.26.10　2017 年 3 月 7 日 14 时(a)、11 日 14 时(b)卫星云图

2.27　2017 年 3 月 13—18 日昆明准静止锋过程

2.27.1　过程概况

2017 年 3 月 13 日在云贵高原出现了昆明准静止锋天气系统，呈西北—东南向，贯穿四川、云南、贵州及广西四省(区)，位于昭觉、昭通、长顺、融水一线。14 日昆明准静止锋北段东退，南段西进，转为准南北向，位于美姑、昭通、兴义、威宁及广南一线。15 日昆明准静止锋略东退至雷波、赫章、安龙、靖西一线。16—18 日昆明准静止锋在滇东边缘、黔西及桂西之间小幅摆动。3 月 13—18 日过程期间昆明准静止锋移动路径如图 2.27.1，活动范围见表 2.27.1。

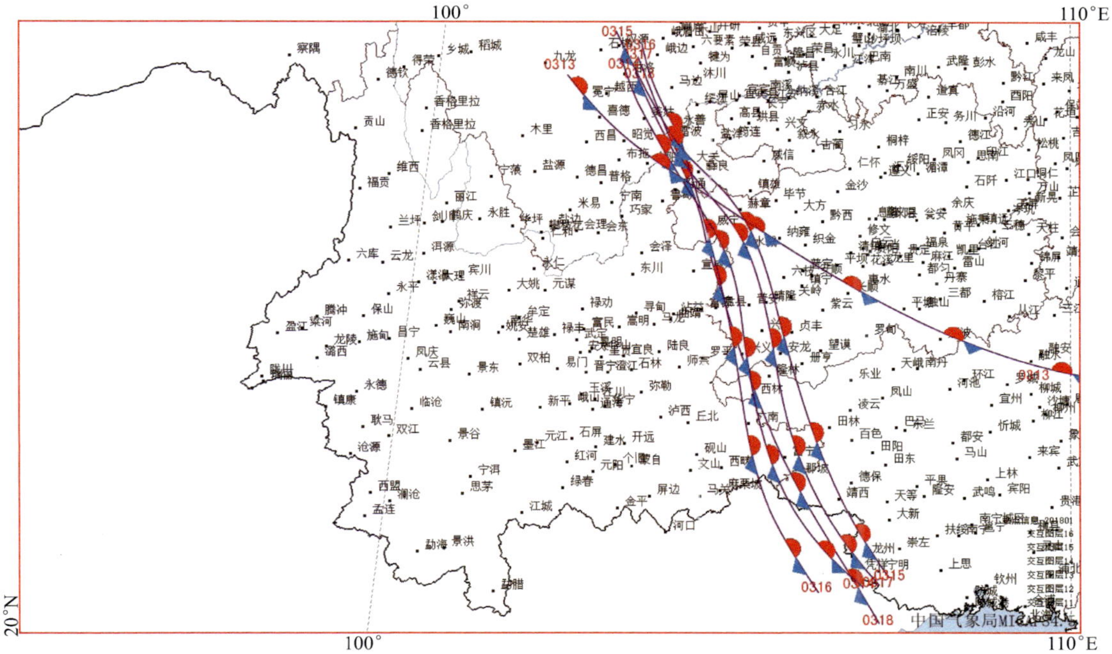

图 2.27.1　2017 年 3 月 13—18 日昆明准静止锋移动路径

表 2.27.1　2017 年 3 月 13—18 日昆明准静止锋位置

日期	昆明准静止锋位置
3 月 13 日	昭通—长顺—融水
3 月 14 日	昭通—兴义—广南
3 月 15 日	雷波—安龙—靖西
3 月 16 日	大关—兴义—广南
3 月 17 日	大关—晴隆—那坡
3 月 18 日	威宁—兴义—富宁

受昆明准静止锋影响，3 月 13 日滇东北出现日最高气温负变温区，最大变温在镇雄县，为－4.6 ℃；14 日随着昆明准静止锋转向，滇东南出现日最高气温负变温区，滇东北降温幅度增强，15 日变温减弱，16 日滇东南负变温明显，最大变温在罗平，为－11.8 ℃；17 日受西南气流影响，云南大部转为负变温；18 日随着昆明准静止锋东退，云南降温幅度减弱，滇东北及滇东南升温(图 2.27.2)。

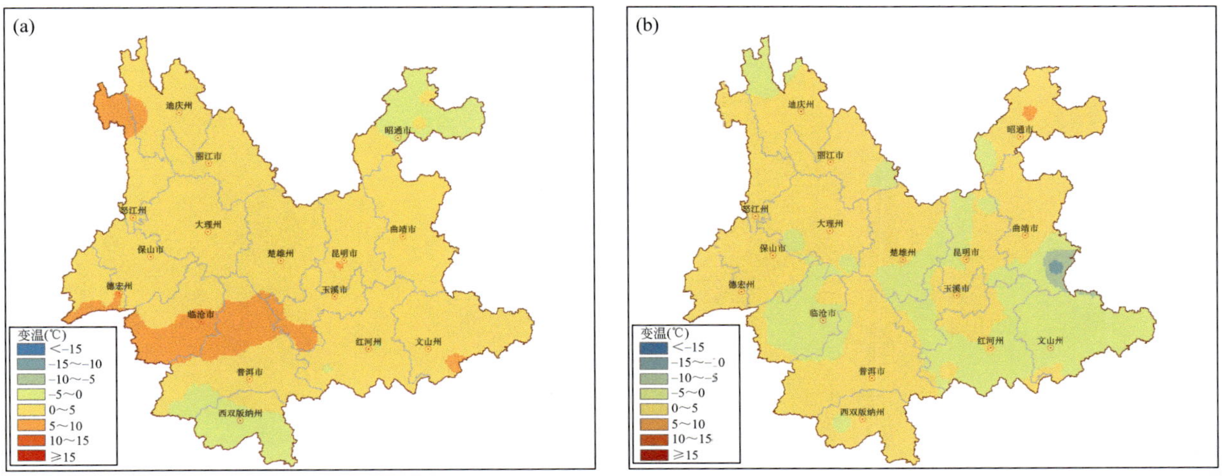

图 2.27.2　云南 2017 年 3 月 13 日(a)、16 日(b)最高气温 24 h 变温图

受昆明准静止锋和西南暖湿气流影响，2017 年 3 月 13—18 日(20 时—20 时)云南大部地区出现降水。昆明准静止锋主要影响区域(滇东地区)总降水量共有 8 个县市大于 10 mm，红河州河口县总降水量最大，为 37.9 mm(图 2.27.3a)。

受昆明准静止锋和西南暖湿气流影响，2017 年 3 月 13—18 日云南总日照时数少于 48 h 的县市有 25 个，其中有 7 个县市日照时数在 8 h 以内，都集中在昭通。最少的是威信和盐津县，为 0 h，其次是永善县和镇雄县，分别为 1.6 h 和 1.8 h(图略)。与常年同期相比，有 8 个县市日照时数偏少 20%以上，有 7 个县市偏少 50%以上，盐津和威信县偏少 100%，其次为永善，偏少 93.1%。图 2.27.3b 是昆明准静止锋影响期间的平均日照时数。

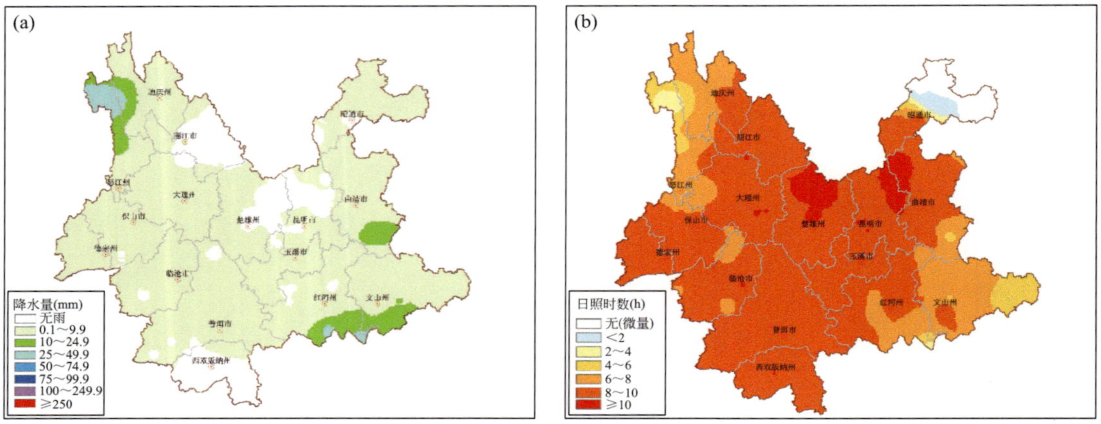

图 2.27.3 云南 2017 年 3 月 13—18 日累计降水量(a)和平均日照时数(b)

2.27.2 环流背景

(1)地面图

图 2.27.4 是 2017 年 3 月 13 日 14 时地面图和海平面气压场。图 2.27.5 是 2017 年 3 月 18 日 20 时地面图和海平面气压场。

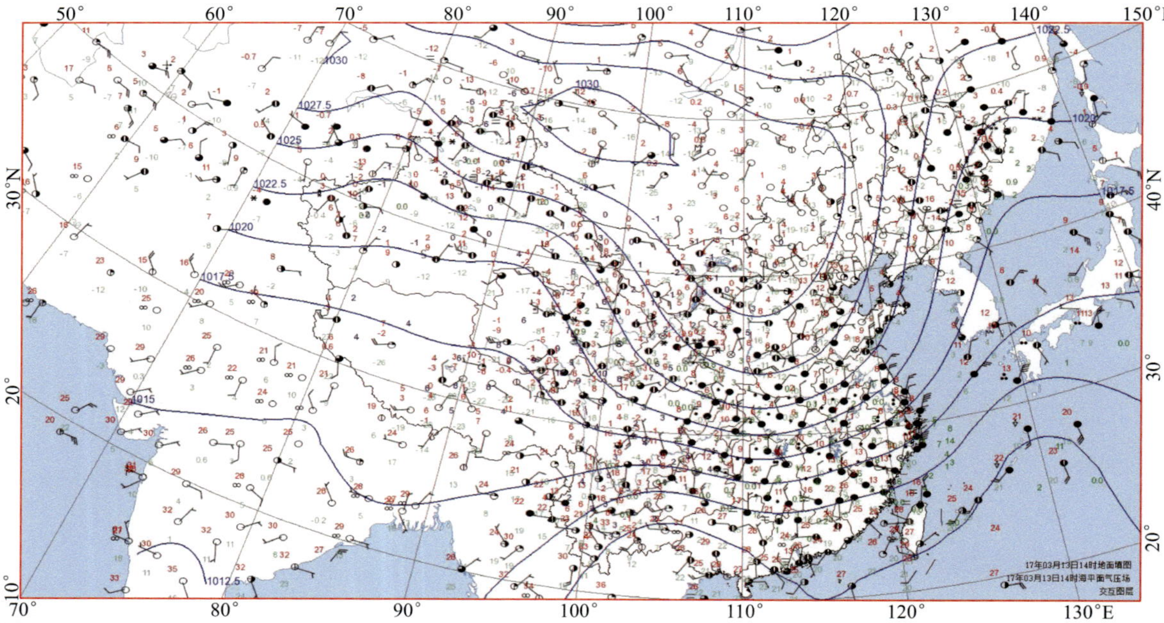

图 2.27.4 2017 年 3 月 13 日 14 时地面图和海平面气压场

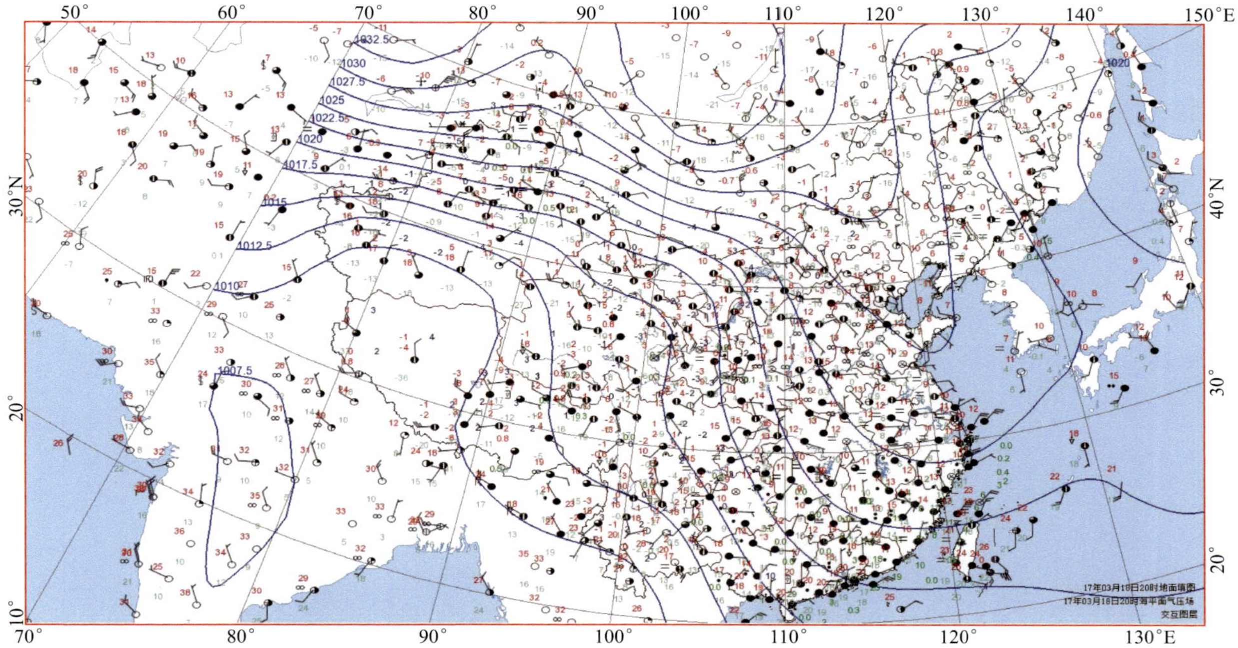

图 2.27.5　2017 年 3 月 18 日 20 时地面图和海平面气压场

(2)高空图

图 2.27.6 是 2017 年 3 月 13 日 08 时 850 hPa 高空图。图 2.27.7 是 2017 年 3 月 18 日 08 时 850 hPa 高空图。图 2.27.8 是 2017 年 3 月 13 日 08 时 500 hPa 高空图。图 2.27.9 是 2017 年 3 月 18 日 08 时 500 hPa 高空图。

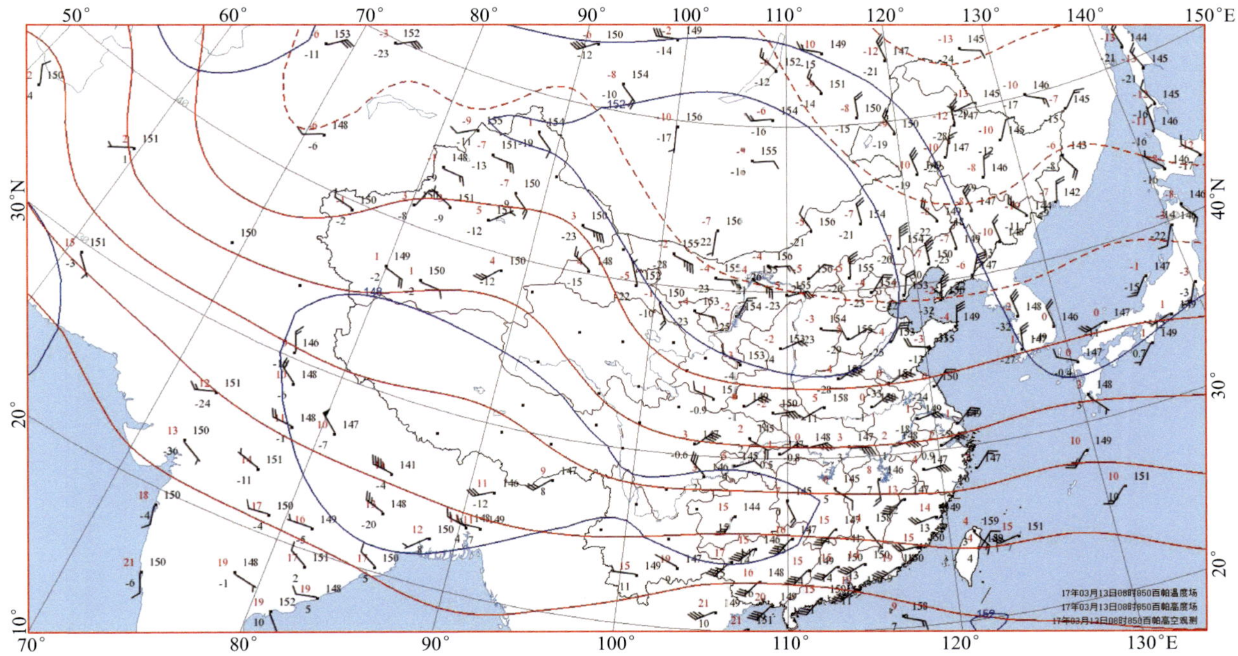

图 2.27.6　2017 年 3 月 13 日 08 时 850 hPa 高空图

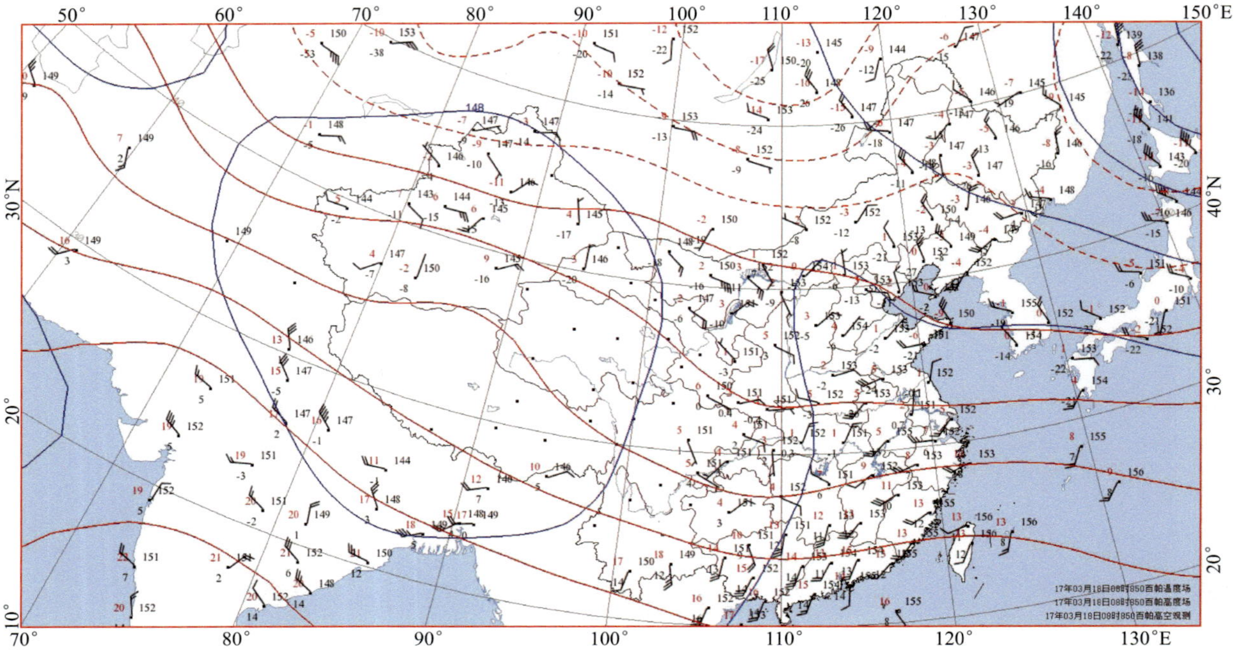

图 2.27.7　2017 年 3 月 18 日 08 时 850 hPa 高空图

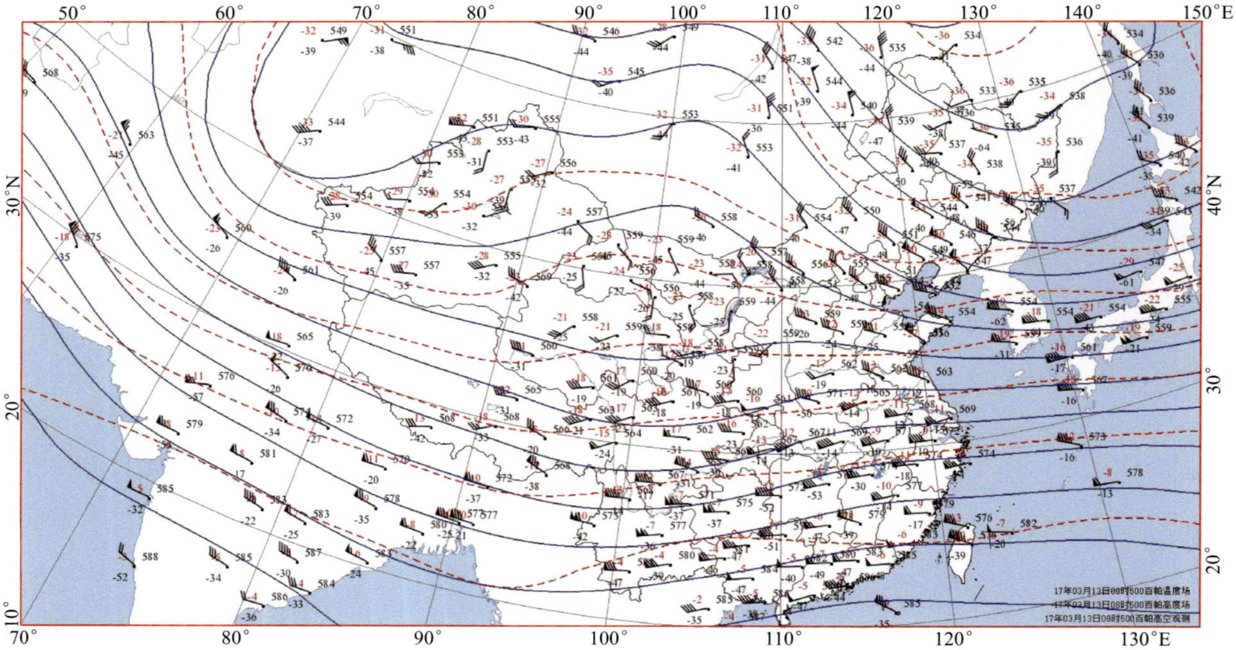

图 2.27.8　2017 年 3 月 13 日 08 时 500 hPa 高空图

2.27.3　卫星云图

图 2.27.10 是 2017 年 3 月 15 日 14 时、16 日 14 时卫星云图。

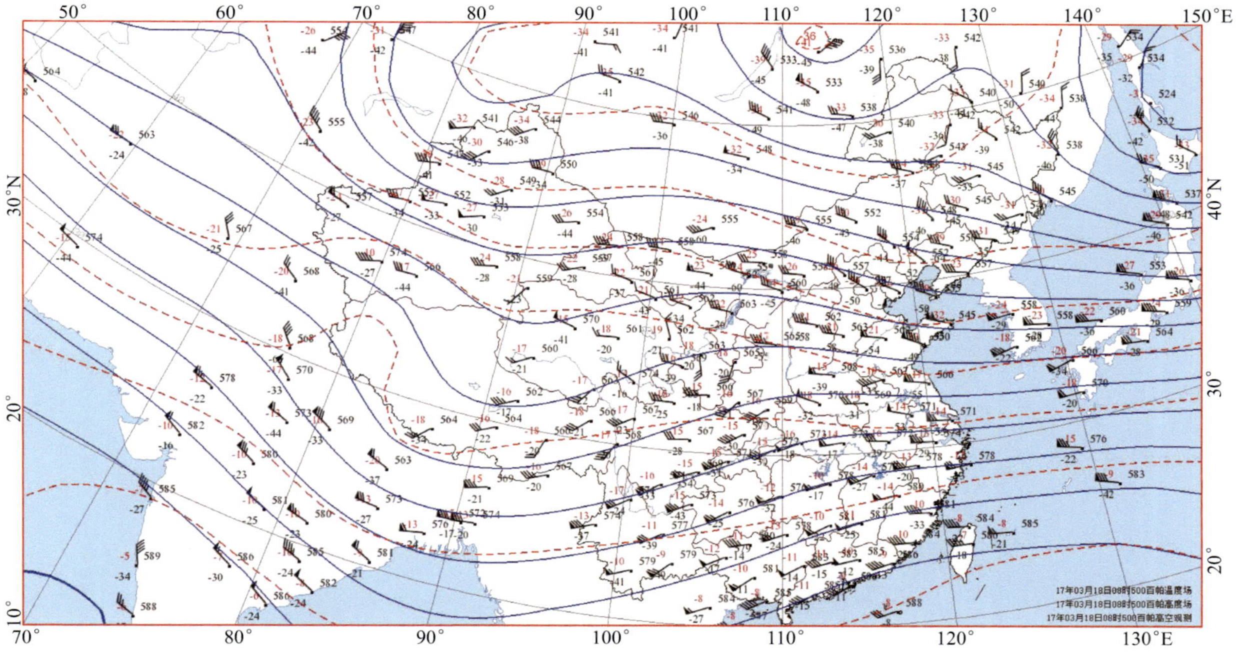

图 2.27.9 2017 年 3 月 18 日 08 时 500 hPa 高空图

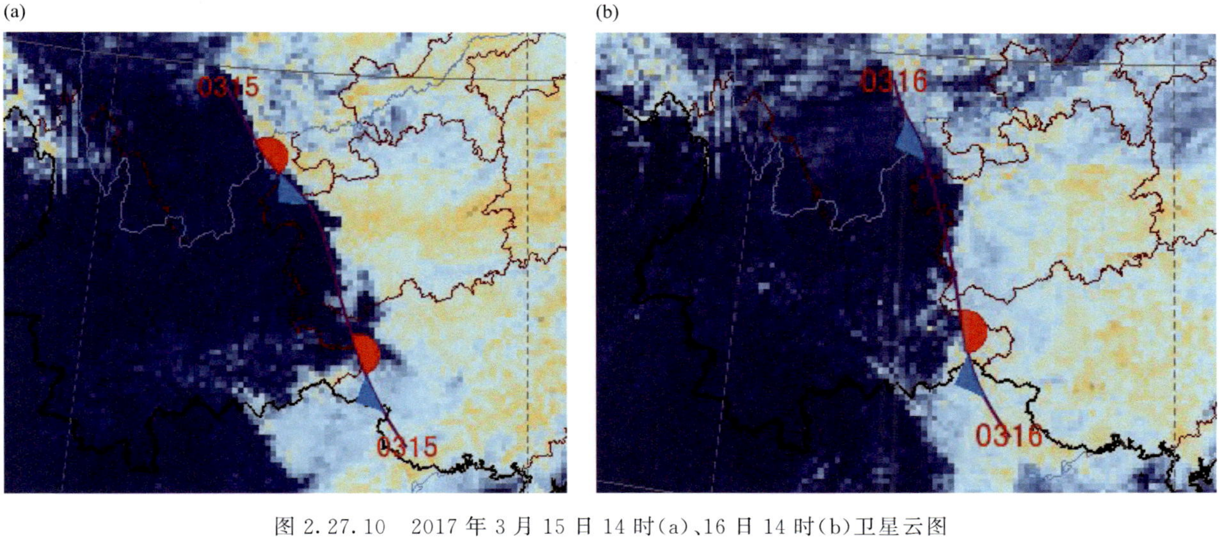

图 2.27.10 2017 年 3 月 15 日 14 时(a)、16 日 14 时(b)卫星云图

2.28 2017 年 3 月 19—22 日昆明准静止锋过程

2.28.1 过程概况

2017 年 3 月 19 日在云贵高原出现了昆明准静止锋天气系统，呈准南北向，贯穿四川、云南、贵州及广西四省(区)，位于盐津、水城、百色及南宁一线。20 日昆明准静止锋西进，位于鲁甸、盘县、兴义及那坡一线。21 日昆明准静止锋北段略东退，南段略西进，位于雷波、昭通、富源及广南一线。22 日昆明准静止锋东退至盐津、水城、兴仁、田林及崇左一线。之后，锋面减弱东退至贵阳以东地区。3 月 19—22 日过程期间昆明准静止锋移动路径如图 2.28.1，活动范围见表 2.28.1。

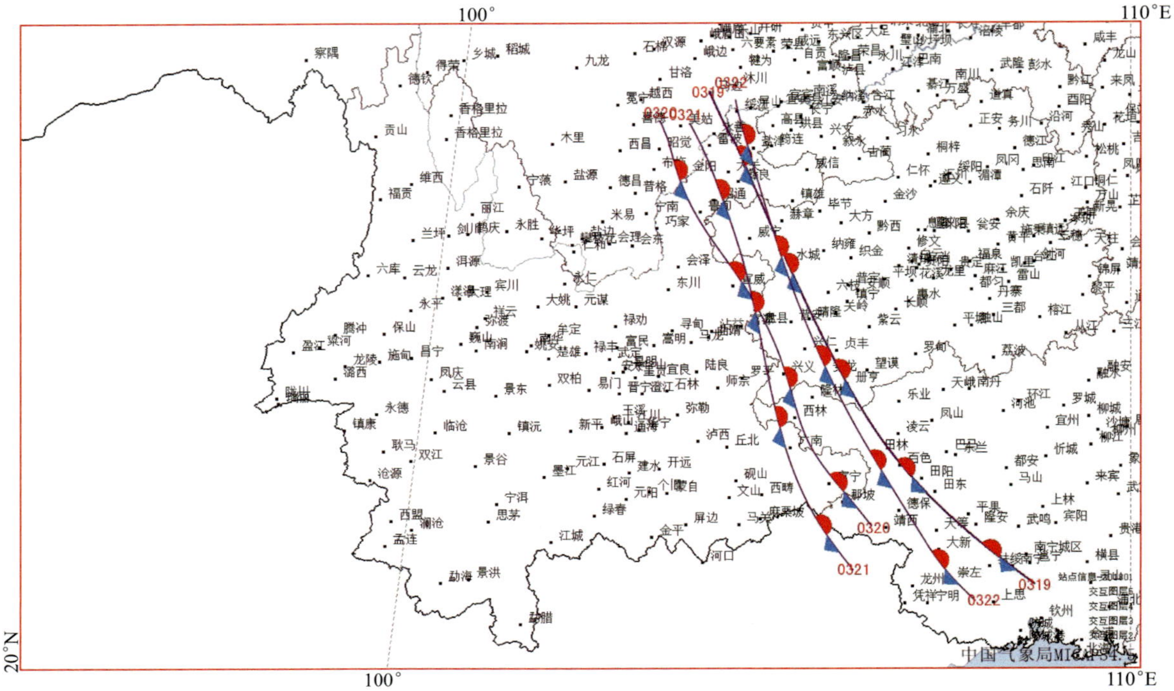

图 2.28.1　2017 年 3 月 19—22 日昆明准静止锋移动路径

表 2.28.1　2017 年 3 月 19—22 日昆明准静止锋位置

日期	昆明准静止锋位置
3 月 19 日	盐津—水城—南宁
3 月 20 日	鲁甸—盘县—那坡
3 月 21 日	雷波—昭通—广南
3 月 22 日	盐津—兴仁—崇左

由于昆明准静止锋位置偏东，3 月 19 日云南大部分地区虽为弱降温区，但降温与昆明准静止锋关系不大，主要由于天空云量较多造成；3 月 20 日云南大部最高气温小幅上升；3 月 21 日昆明准静止锋西进至滇东边缘，天空云量增多，云南大部为负变温区，滇东气温降幅较大，最大变温在广南县，为−7.4 ℃；22 日随着昆明准静止锋东退，云南气温回升（图 2.28.2）。

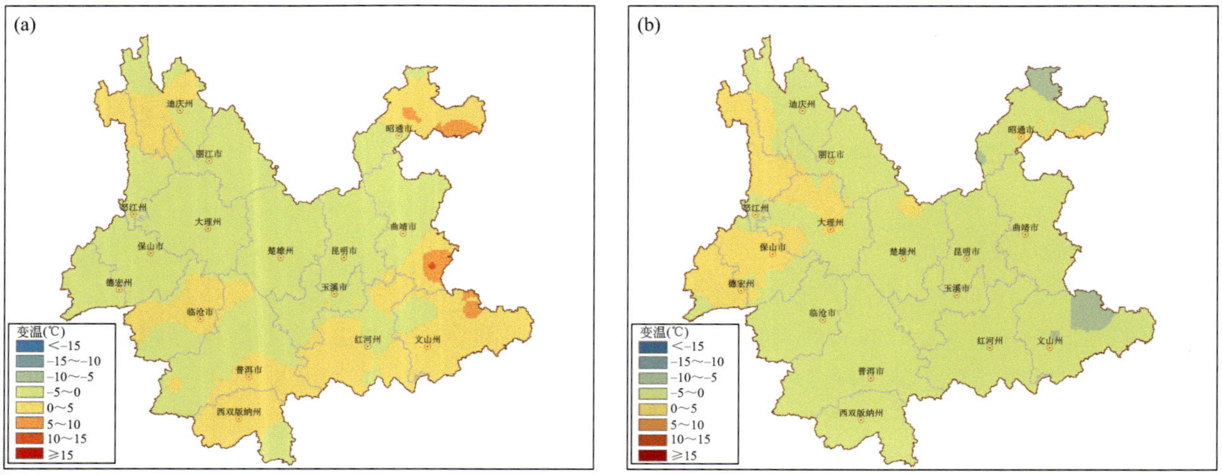

图 2.28.2　云南 2017 年 3 月 19 日(a)、21 日(b)最高气温 24 h 变温图

受昆明准静止锋和西南暖湿气流影响，2017 年 3 月 19—22 日(20 时—20 时)云南大部地区出现降水，共有 30 个县市总降水量大于 10 mm，其中滇中以东有 16 个县市大于 10 mm，文山州西畴县总降水量最大，为 31.5 mm，其次是富宁县，为 27.5 mm(图 2.28.3a)。

受昆明准静止锋和西南暖湿气流影响，2017 年 3 月 19—22 日云南共有 48 个县市总日照时数小于 36 h，最少的是绥江县，为 10.2 h(图略)。与常年同期相比，有 9 个县市日照时数偏少 20%以上，禄丰县偏少最多，为 37.1%。图 2.28.3b 是昆明准静止锋影响期间的平均日照时数。

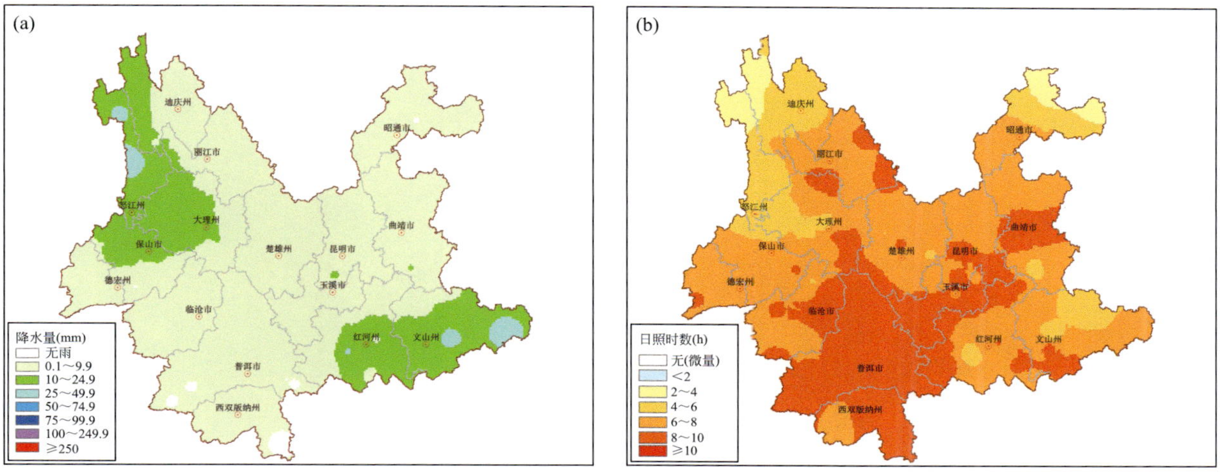

图 2.28.3　云南 2017 年 3 月 19—22 日累计降水量(a)和平均日照时数(b)

2.28.2　环流背景

(1)地面图

图 2.28.4 是 2017 年 3 月 19 日 14 时地面图和海平面气压场。图 2.28.5 是 2017 年 3 月 22 日 20 时地面图和海平面气压场。

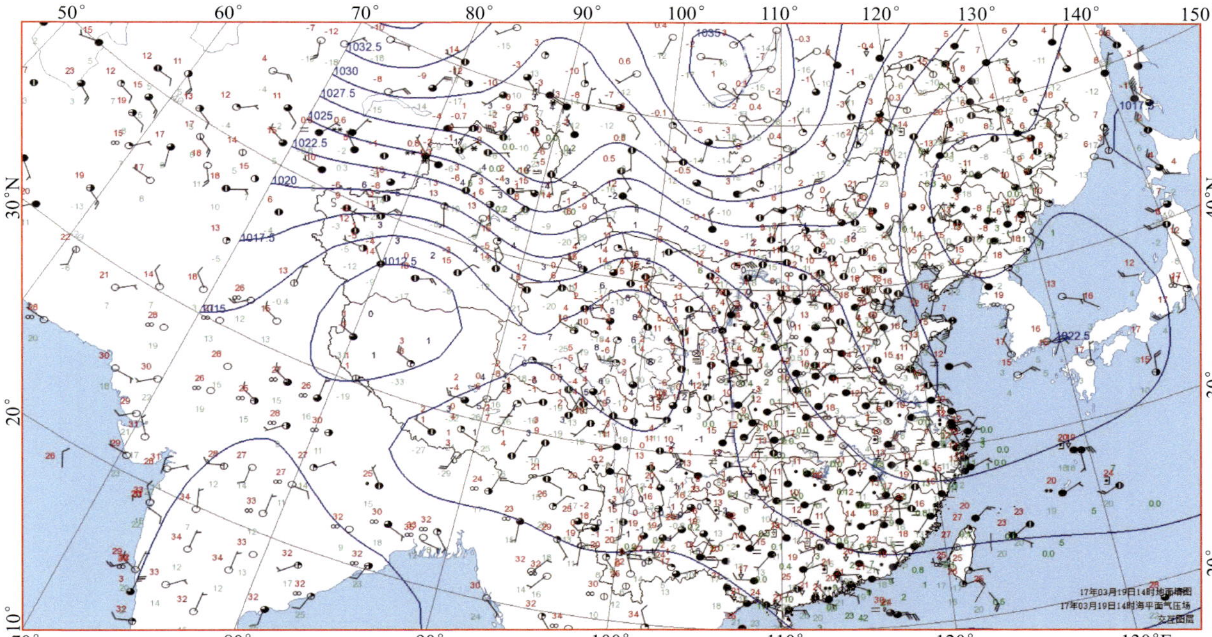

图 2.28.4　2017 年 3 月 19 日 14 时地面图和海平面气压场

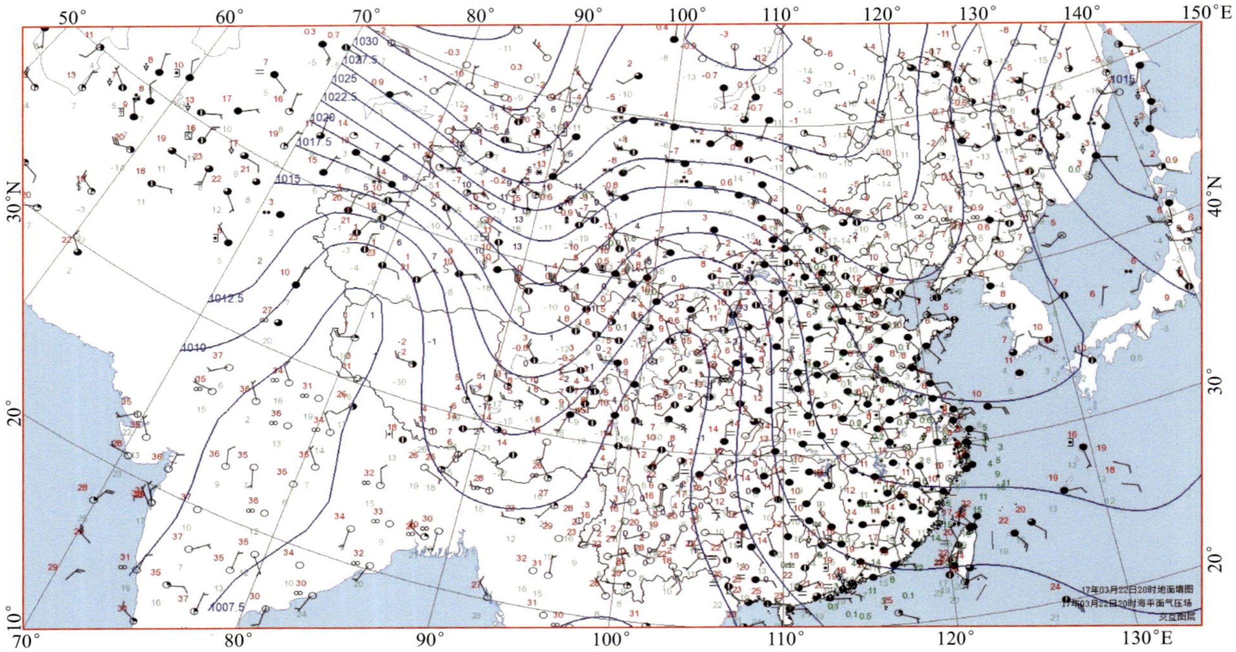

图 2.28.5　2017 年 3 月 22 日 20 时地面图和海平面气压场

(2)高空图

图 2.28.6 是 2017 年 3 月 19 日 08 时 850 hPa 高空图。图 2.28.7 是 2017 年 3 月 22 日 08 时 850 hPa 高空图。图 2.28.8 是 2017 年 3 月 19 日 08 时 500 hPa 高空图。图 2.28.9 是 2017 年 3 月 22 日 08 时 500 hPa 高空图。

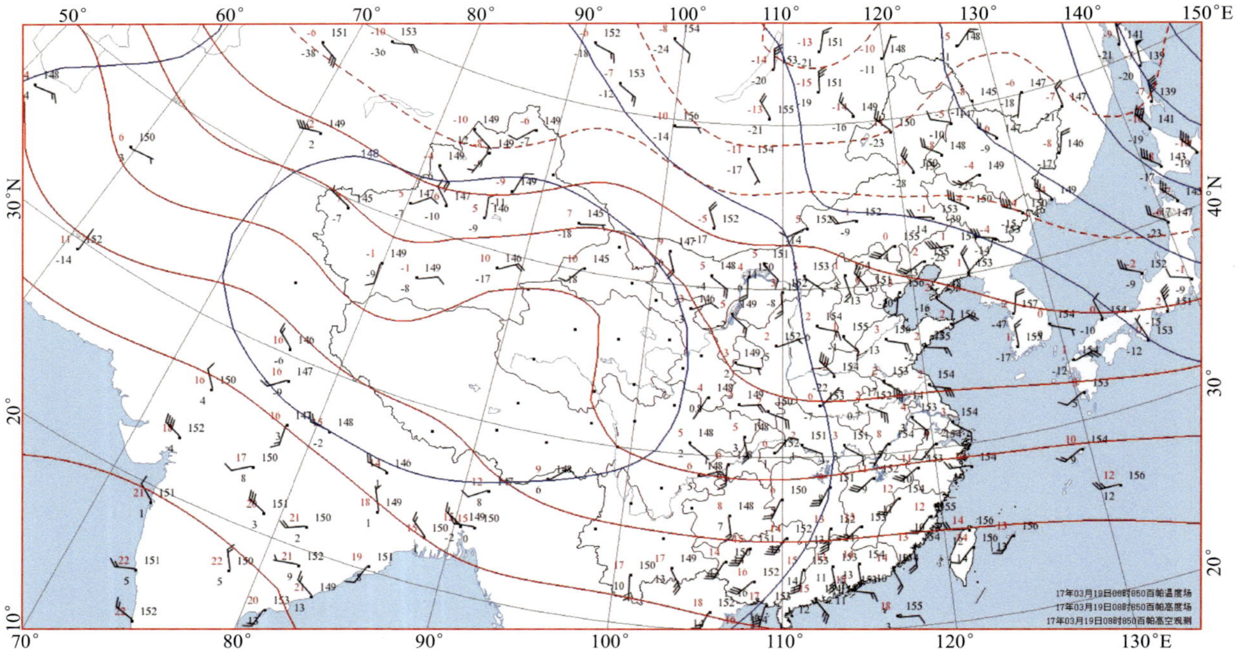

图 2.28.6　2017 年 3 月 19 日 08 时 850 hPa 高空图

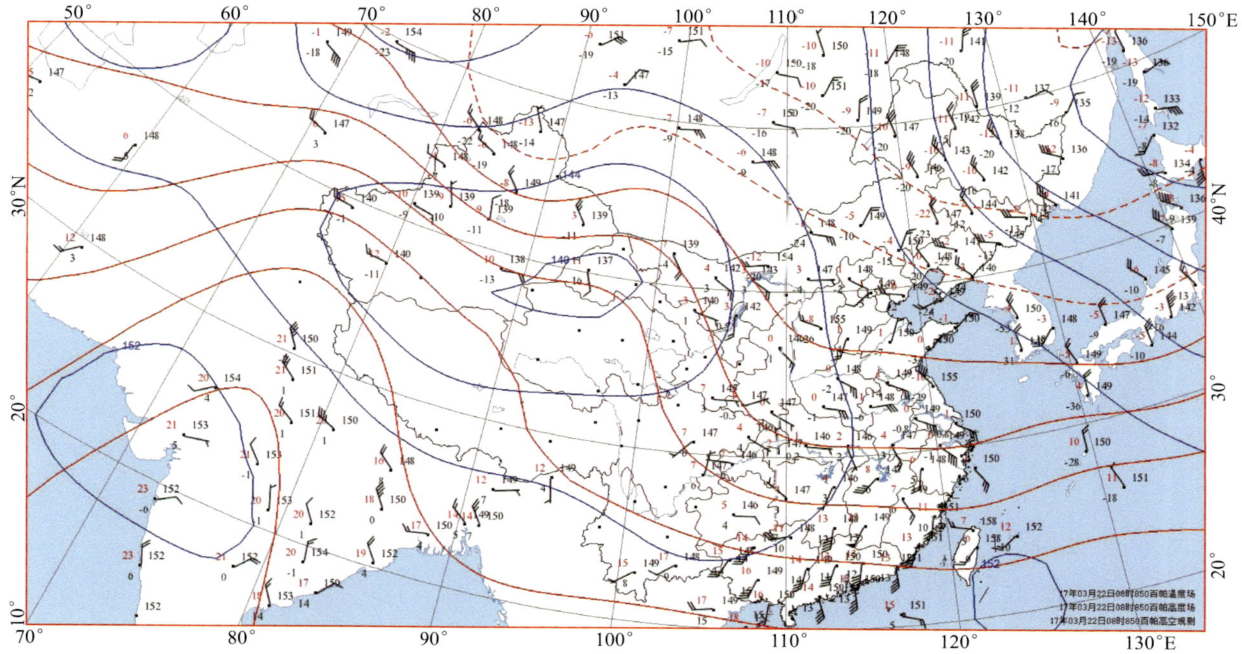

图 2.28.7　2017 年 3 月 22 日 08 时 850 hPa 高空图

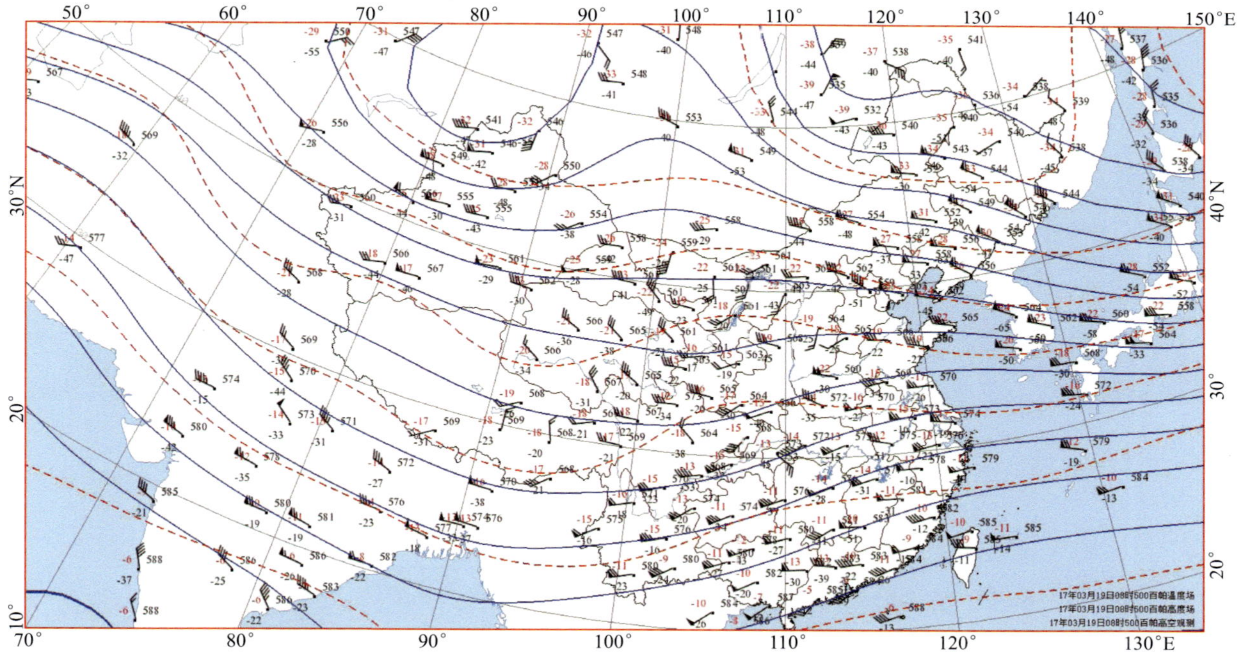

图 2.28.8　2017 年 3 月 19 日 08 时 500 hPa 高空图

2.28.3　卫星云图

图 2.28.10 是 2017 年 3 月 21 日 14 时、22 日 14 时卫星云图。

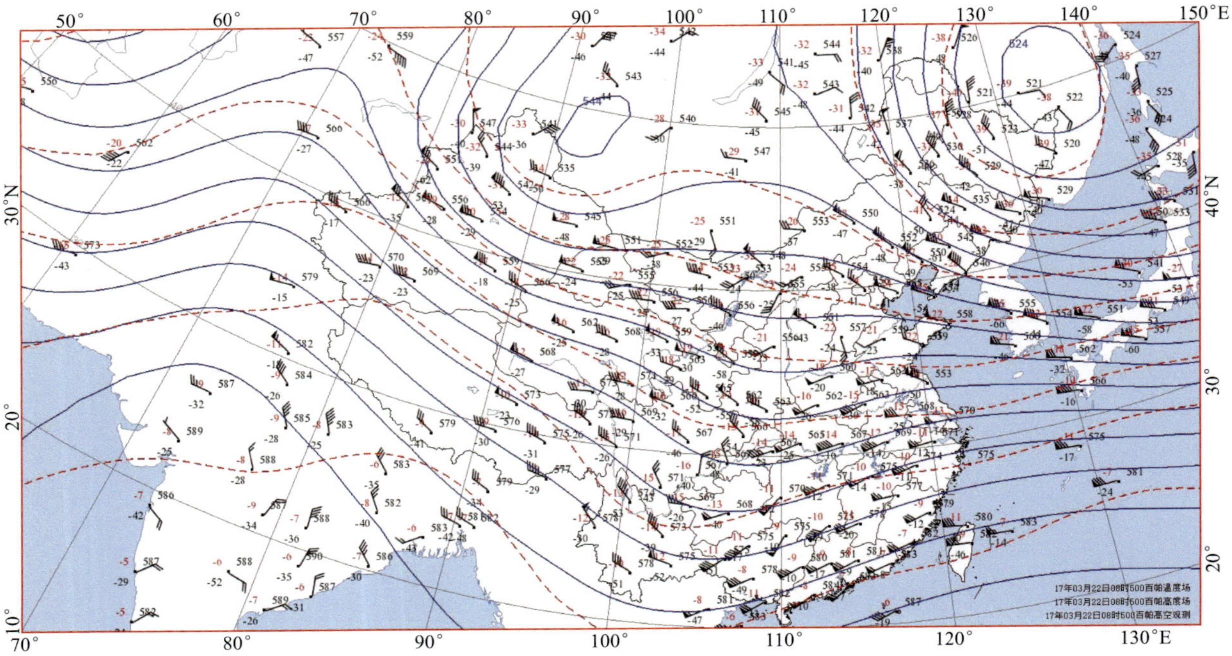

图 2.28.9　2017 年 3 月 22 日 08 时 500 hPa 高空图

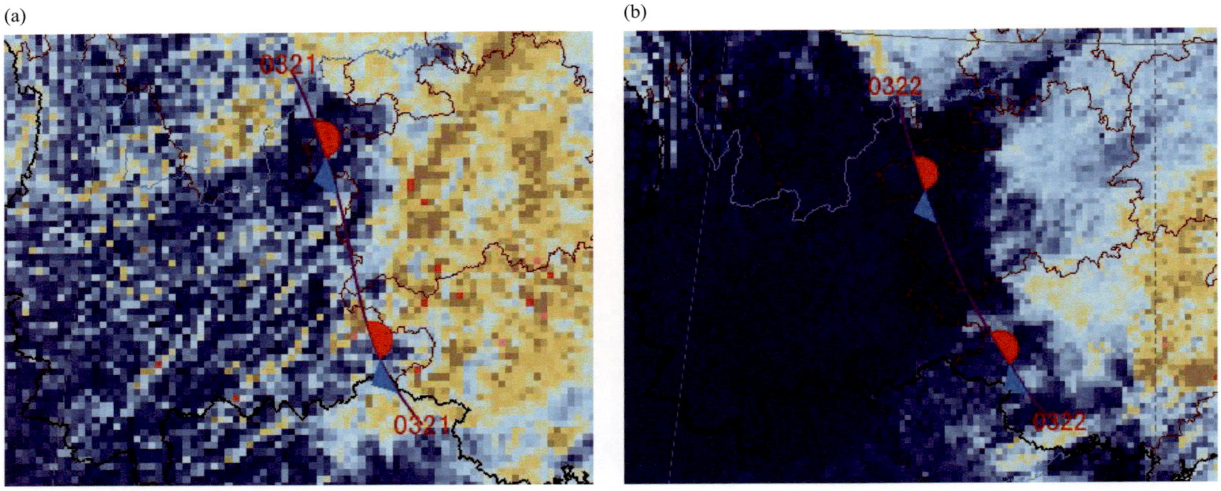

图 2.28.10　2017 年 3 月 21 日 14 时(a)、22 日 14 时(b)卫星云图

2.29　2017 年 4 月 10—12 日昆明准静止锋过程

2.29.1　过程概况

2017 年 4 月 10 日在云贵高原出现了昆明准静止锋天气系统，呈西北—东南向，贯穿四川、云南、贵州及广西四省(区)，位于昭通、普定、环江及柳州一线。11 日昆明准静止锋西南移至布拖、盘县、兴义及那坡一线。12 日昆明准静止锋继续西移至会东、嵩明、弥勒及马关一线。之后，昆明准静止锋加强为冷锋，向西推进到达哀牢山附近。4 月 10—12 日过程期间昆明准静止锋移动路径如图 2.29.1，活动范围见表 2.29.1。

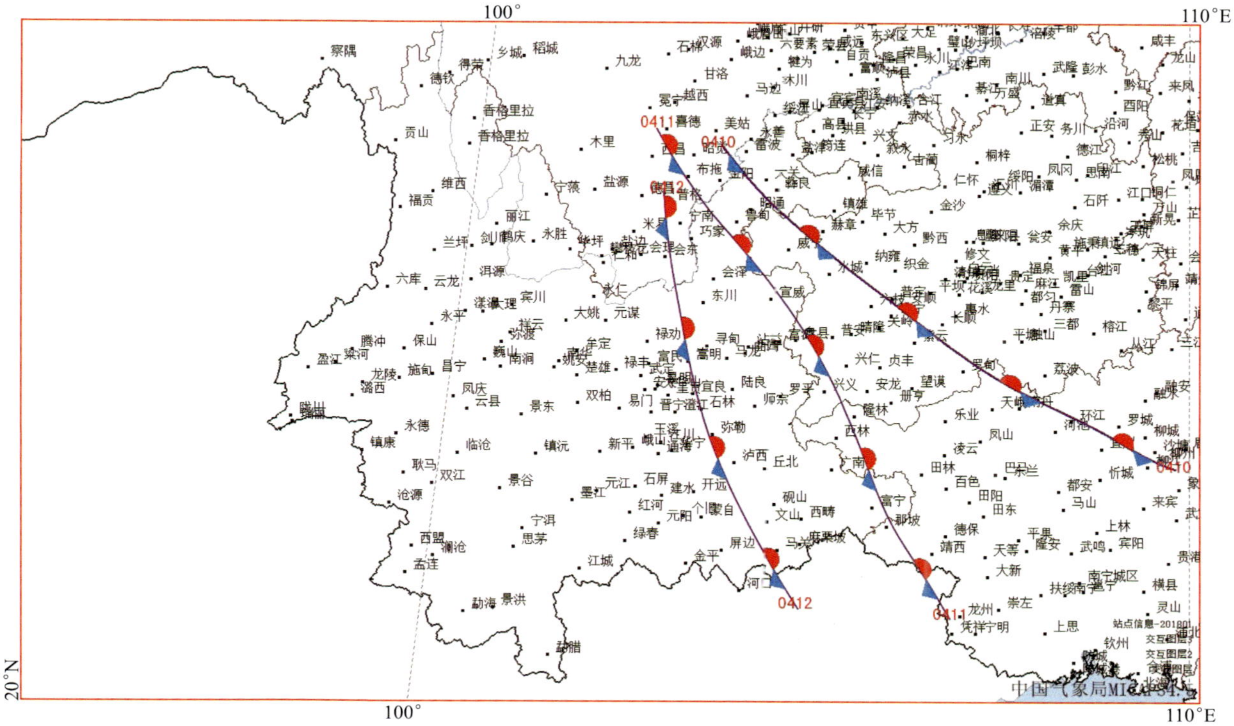

图 2.29.1　2017 年 4 月 10—12 日昆明准静止锋移动路径

表 2.29.1　2017 年 4 月 10—12 日昆明准静止锋位置

日期	昆明准静止锋位置
4 月 10 日	昭通—普定—柳州
4 月 11 日	布拖—盘县—那坡
4 月 12 日	会东—嵩明—马关

受昆明准静止锋影响，4 月 10 日滇中以东出现日最高气温负变温区，滇东北降温幅度较大，最大变温在镇雄县，为－12.5 ℃；11 日随着昆明准静止锋西进，滇东北降温幅度减弱；12 日随着昆明准静止锋加强西进，滇东降温幅度增大，最大变温在罗平县，为－13.7 ℃。整个过程降温幅度大于 10 ℃的县市有 15 个，主要集中在昭通市、曲靖市、红河州和文山州 4 个州市（图 2.29.2）。

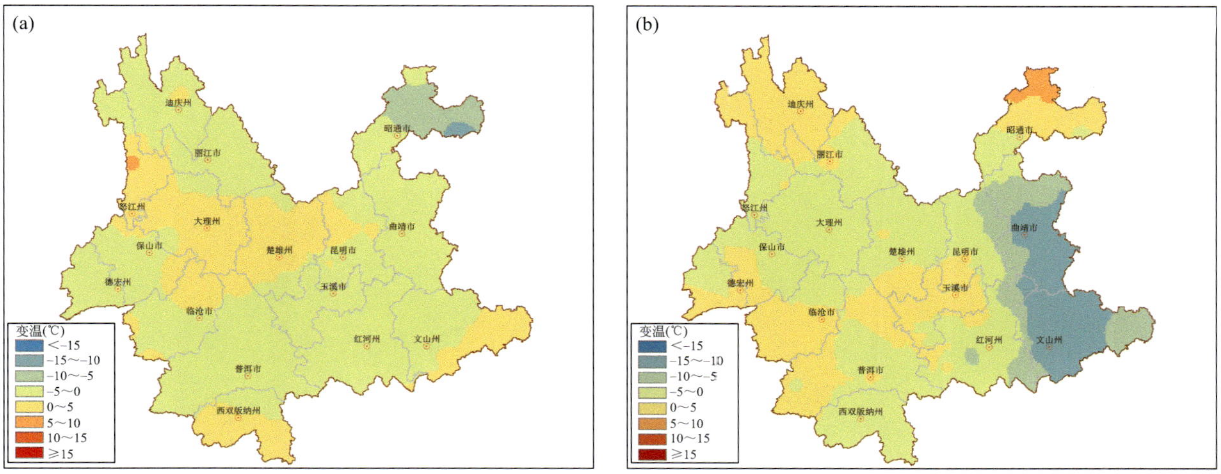

图 2.29.2　云南 2017 年 4 月 10 日(a)、12 日(b)最高气温 24 h 变温图

受昆明准静止锋影响，2017 年 4 月 10—12 日(20 时—20 时)云南大部地区总降水量都小于 10 mm。昆明准静止锋主要影响区域(滇东)，除麻栗坡外，总降水量均小于 10 mm，文山州麻栗坡县总降水量最大，为 24.2 mm(图 2.29.3a)。

受昆明准静止锋影响，2017 年 4 月 10—12 日云南有 11 个县市日照时数少于 27 h，其中威信、永善、绥江、镇雄、盐津、大关 6 个县日照时数不足 10 h，最少的是威信县，仅为 3.3 h(图略)。与常年同期相比，有 9 个县市日照时数偏少，有 8 个县市日照时数偏少 20%以上，2 个县市偏少 50%以上，威信偏少最多，为 74.4%，其次为大关，偏少 65.6%。图 2.29.3b 是昆明准静止锋影响期间的平均日照时数。

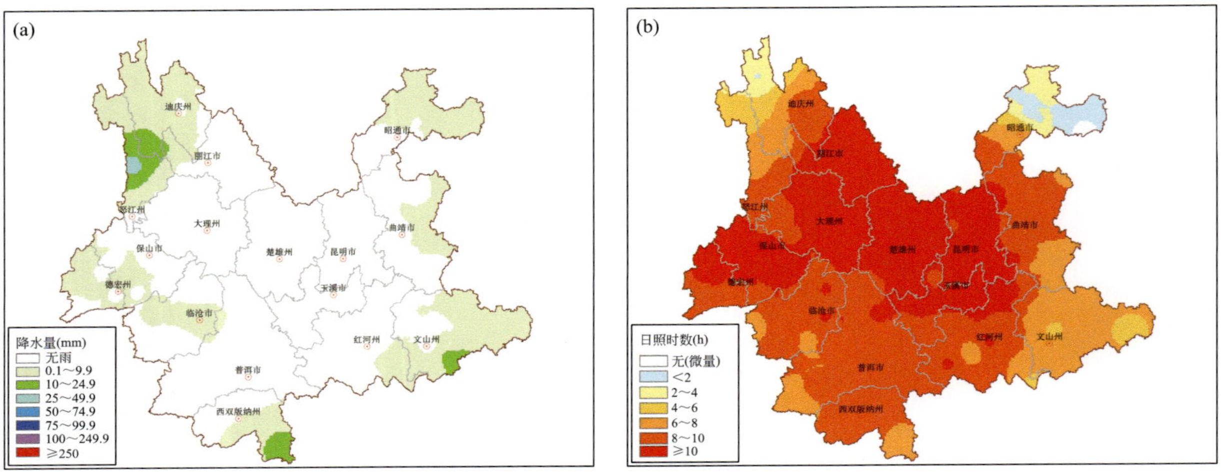

图 2.29.3　云南 2017 年 4 月 10—12 日累计降水量(a)和平均日照时数(b)

2.29.2　环流背景

(1)地面图

图 2.29.4 是 2017 年 4 月 10 日 14 时地面图和海平面气压场。图 2.29.5 是 2017 年 4 月 12 日 20 时地面图和海平面气压场。

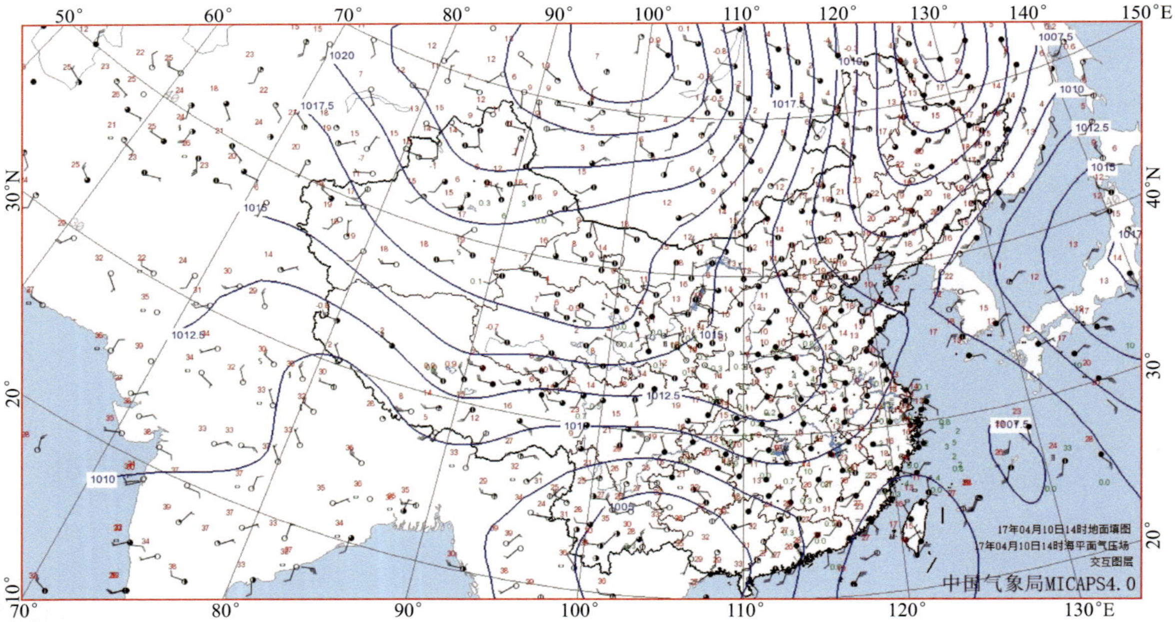

图 2.29.4　2017 年 4 月 10 日 14 时地面图和海平面气压场

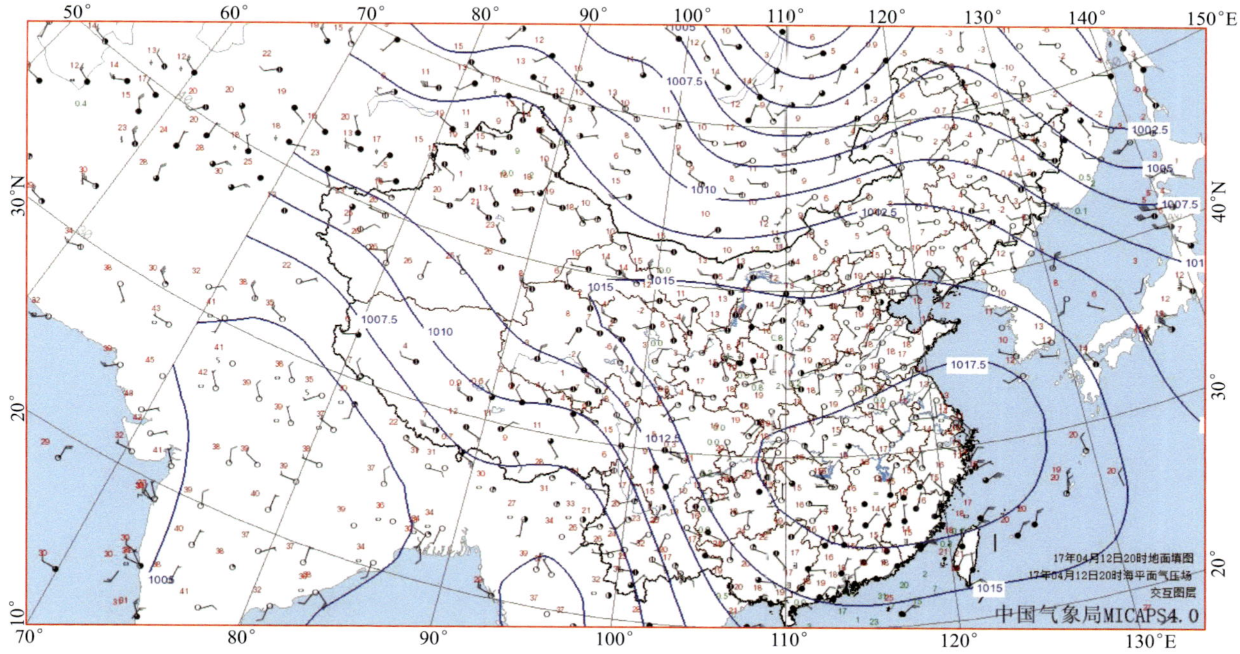

图 2.29.5　2017 年 4 月 12 日 20 时地面图和海平面气压场

(2)高空图

图 2.29.6 是 2017 年 4 月 10 日 08 时 850 hPa 高空图。图 2.29.7 是 2017 年 4 月 12 日 08 时 850 hPa 高空图。图 2.29.8 是 2017 年 4 月 10 日 08 时 500 hPa 高空图。图 2.29.9 是 2017 年 4 月 12 日 08 时 500 hPa 高空图。

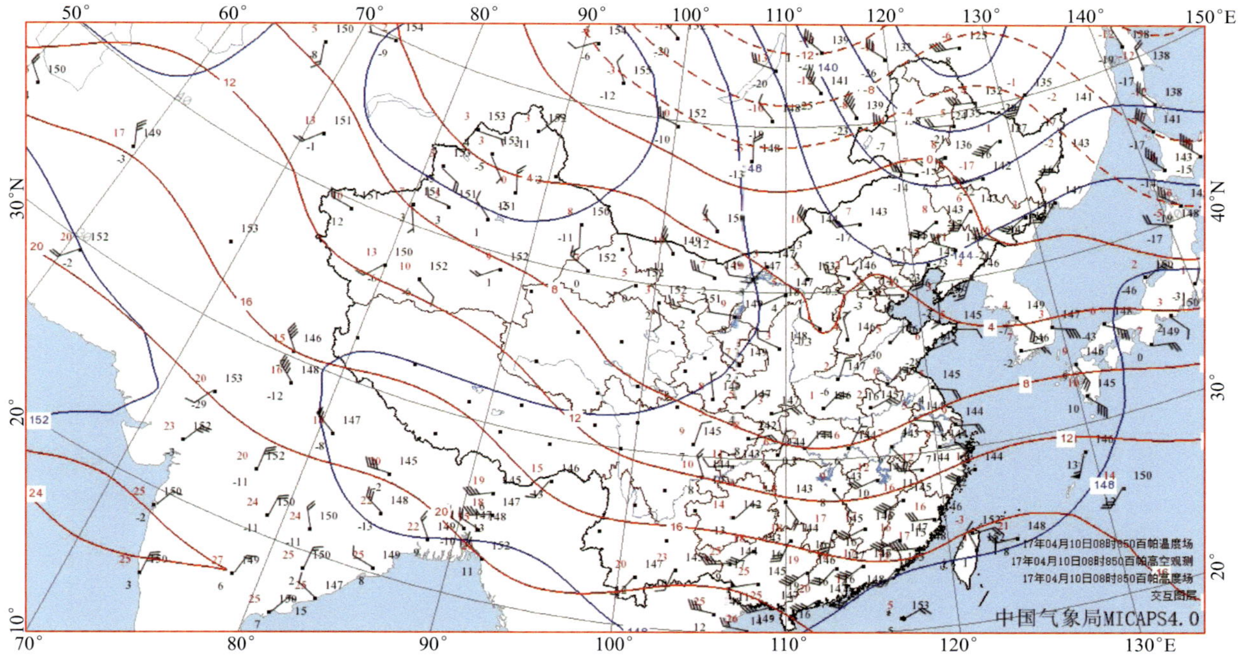

图 2.29.6　2017 年 4 月 10 日 08 时 850 hPa 高空图

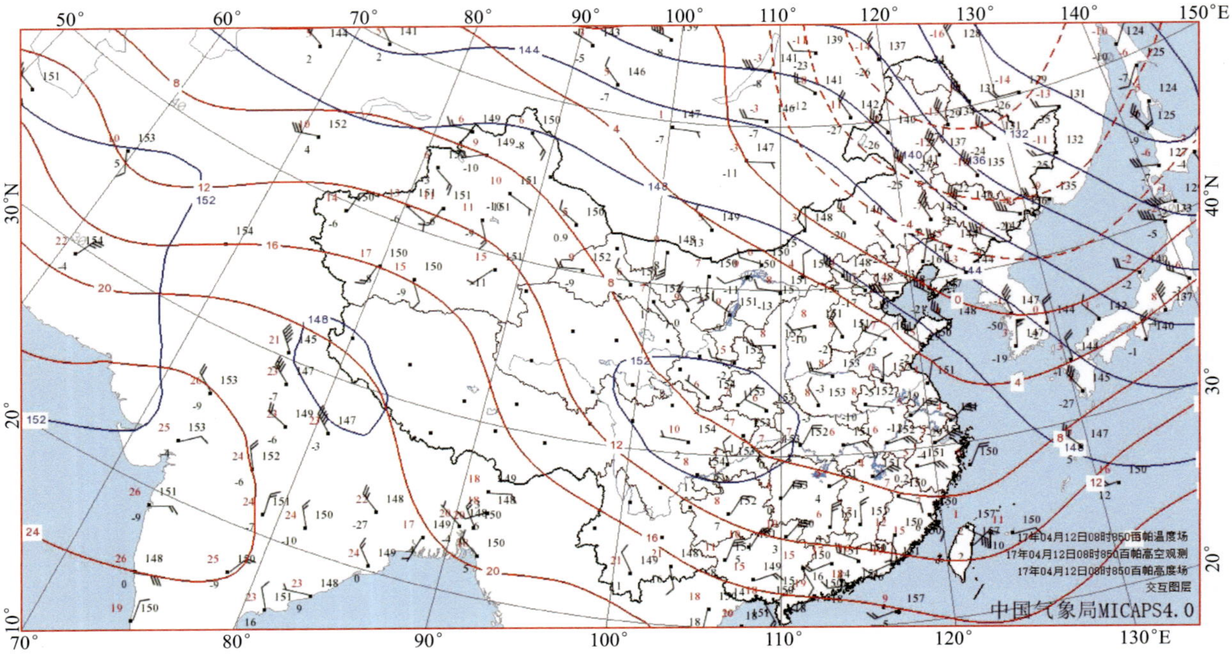

图 2.29.7　2017 年 4 月 12 日 08 时 850 hPa 高空图

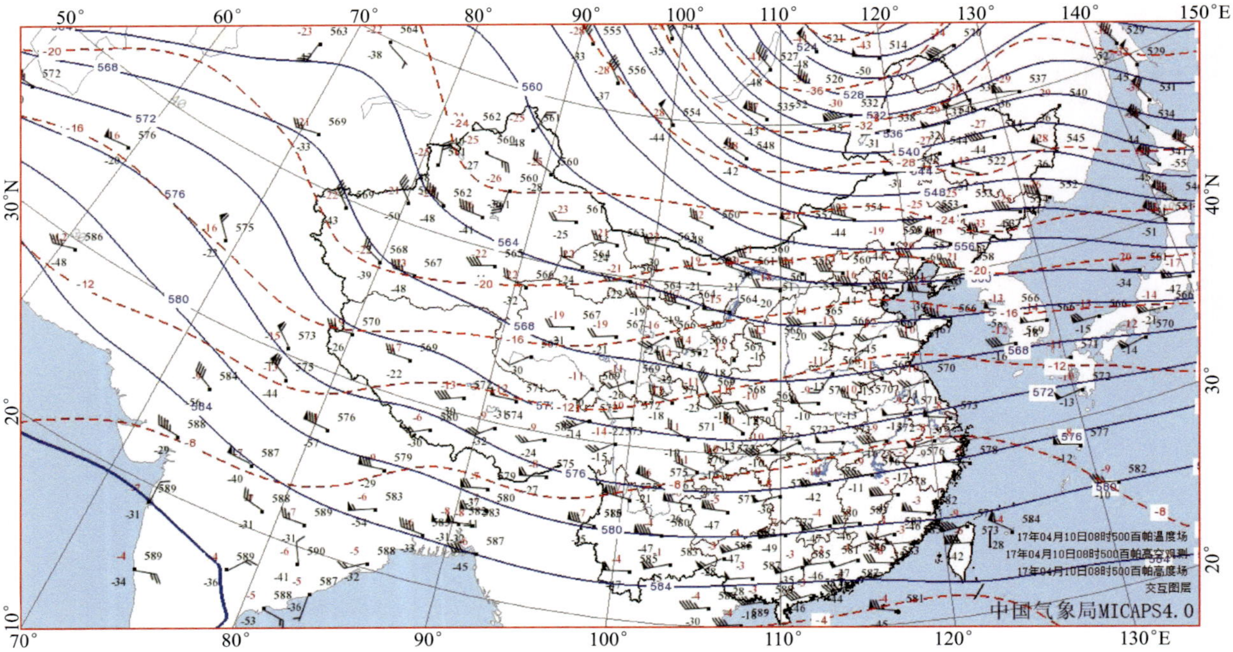

图 2.29.8　2017 年 4 月 10 日 08 时 500 hPa 高空图

2.29.3　卫星云图

图 2.29.10 是 2017 年 4 月 10 日 14 时、11 日 14 时卫星云图。

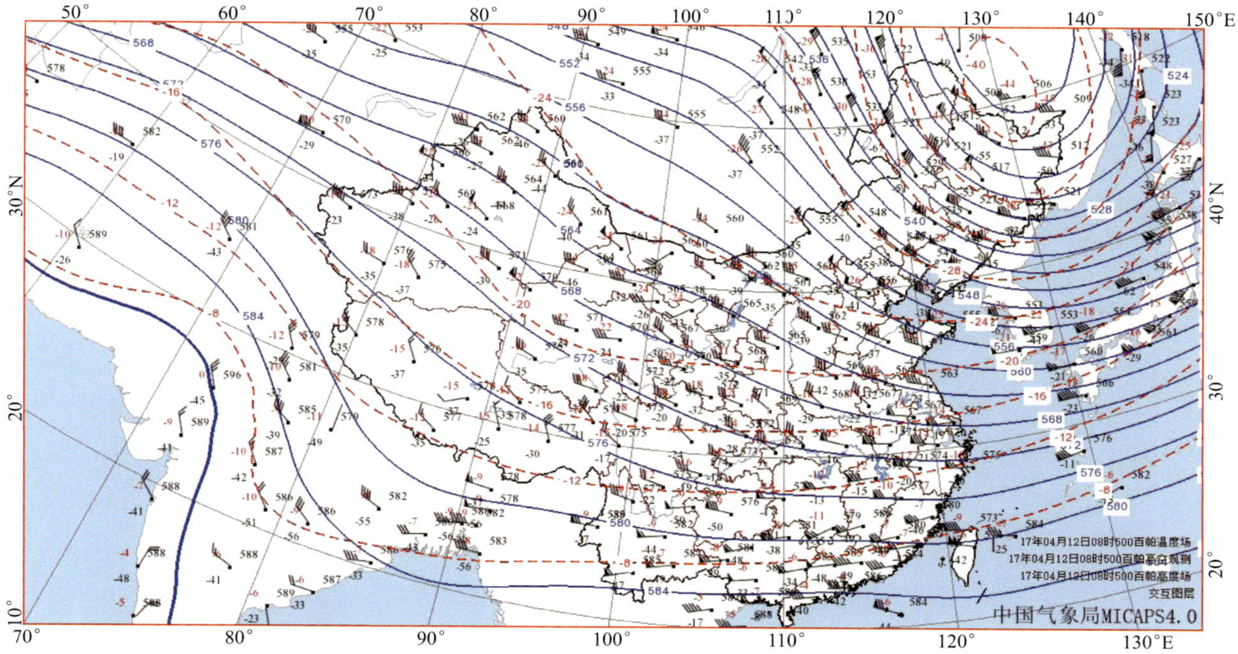

图 2.29.9　2017 年 4 月 12 日 08 时 500 hPa 高空图

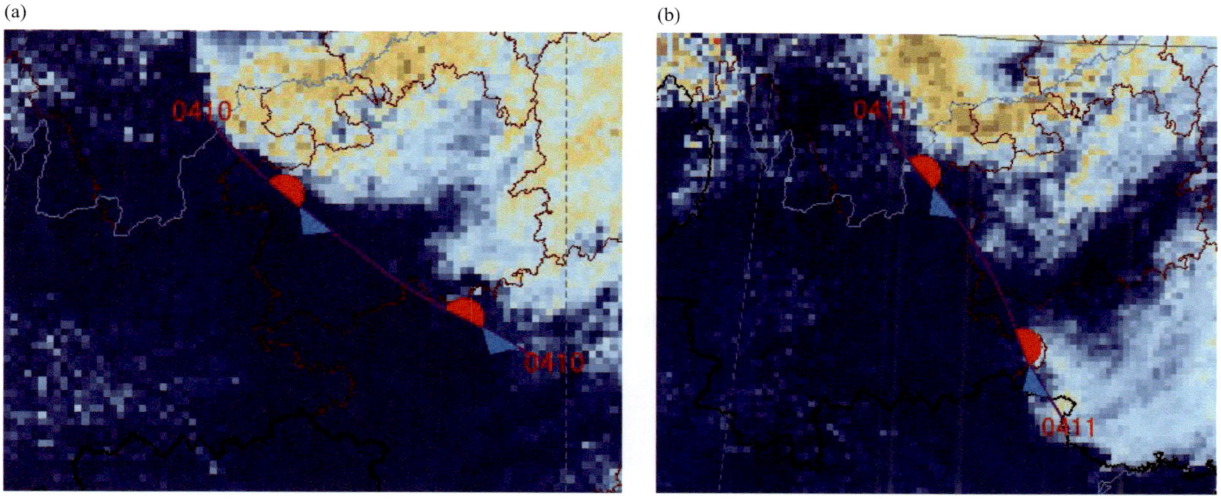

图 2.29.10　2017 年 4 月 10 日 14 时(a)、11 日 14 时(b)卫星云图

2.30　2017 年 4 月 25—28 日昆明准静止锋过程

2.30.1　过程概况

2017 年 4 月 25 日在云贵高原出现了昆明准静止锋天气系统，呈准东西向，贯穿四川、云南、贵州三省，位于会东、会泽、普安、平塘一线。26 日昆明准静止锋西南移，转为准南北向，位于盐源、会理、寻甸、陆良及丘北一线。27 日昆明准静止锋继续西移至华坪、永仁、玉溪、个旧及金平一线。28 日昆明准静止锋明显东退，位于会东、寻甸、陆良及西畴一线。之后，锋面减弱消失。4 月 25—28 日过程期间昆明准静止锋移动路径如图 2.30.1，活动范围见表 2.30.1。

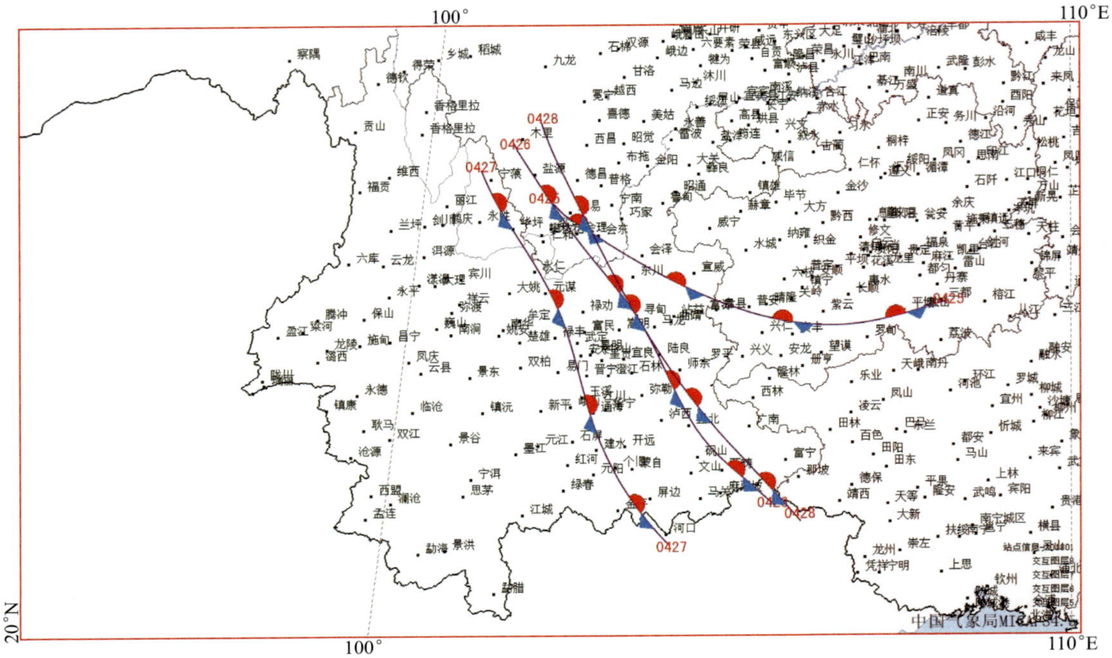

图 2.30.1　2017 年 4 月 25—28 日昆明准静止锋移动路径

表 2.30.1　2017 年 4 月 25—28 日昆明准静止锋位置

日期	昆明准静止锋位置
4 月 25 日	会东—普安—平塘
4 月 26 日	会理—寻甸—丘北
4 月 27 日	华坪—玉溪—金平
4 月 28 日	会东—寻甸—西畴

受昆明准静止锋影响，4 月 25 日滇东北出现日最高气温负变温区域，26 日滇东日最高气温负变温区扩大，降温幅度增强，最大变温在富源县，为−5.5 ℃；27 日随着昆明准静止锋西进，滇东北降温幅度减弱，滇中出现日最高气温负变温区，最大变温在文山，为−7.1 ℃；28 日随着昆明准静止锋东退，云南气温回升（图 2.30.2）。

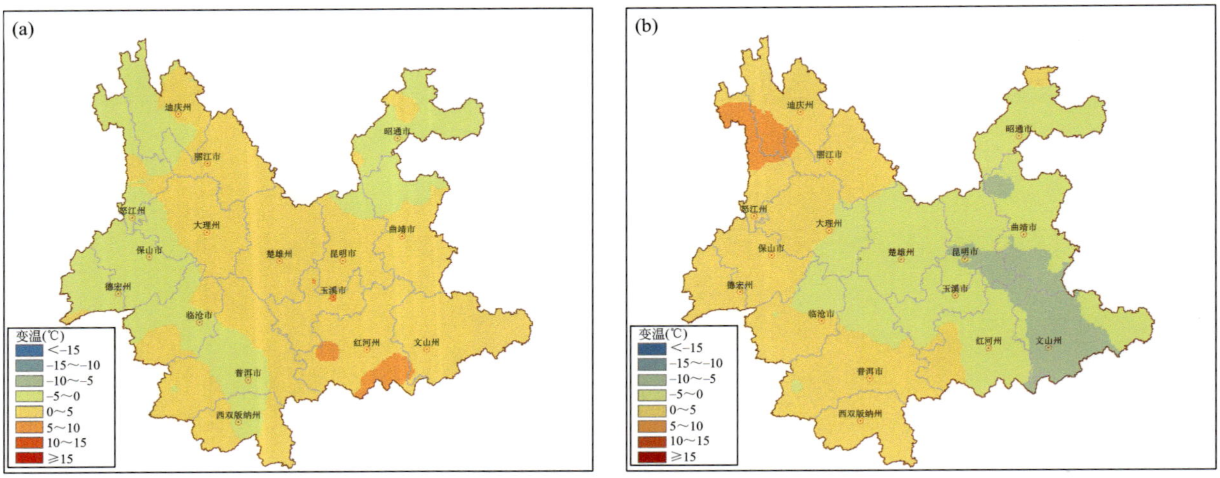

图 2.30.2　云南 2017 年 4 月 25 日(a)、27 日(b)最高气温 24 h 变温图

受昆明准静止锋和低涡切变线影响，2017 年 4 月 25—28 日（20 时—20 时）滇西及滇东北共有 11 站

总降水量大于 25 mm，最大为福贡 70.3 mm。昆明准静止锋主要影响区域（滇中以东）共有 21 个县市总降水量大于 10 mm，曲靖市罗平县总降水量最大，为 48 mm，其次为威信县，为 42.4 mm（图 2.30.3a）。

受昆明准静止锋和低涡切变线影响，2017 年 4 月 25—28 日云南有 116 个县市总日照时数少于 32 h，有 46 个县市总日照时数低于 10 h，其中威信、镇雄、彝良、绥江、大关、盐津、永善和昭通 8 个县市总日照时数为 0 h（图略）。与常年同期相比，有 112 个县市日照时数偏少 20%以上，有 68 个县市偏少 50%以上。有 21 个县市突破同期日照时数历史最少纪录，其中滇中以东地区有 18 个。图 2.30.3b 是昆明准静止锋影响期间的平均日照时数。

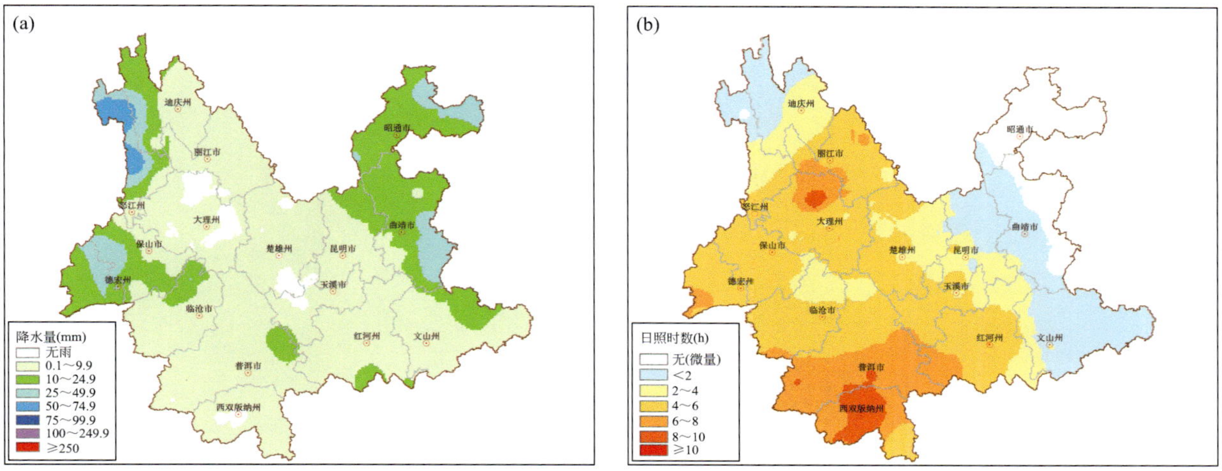

图 2.30.3　云南 2017 年 4 月 25—28 日累计降水量(a)和平均日照时数(b)

2.30.2　环流背景

（1）地面图

图 2.30.4 是 2017 年 4 月 25 日 14 时地面图和海平面气压场。图 2.30.5 是 2017 年 4 月 28 日 20 时地面图和海平面气压场。

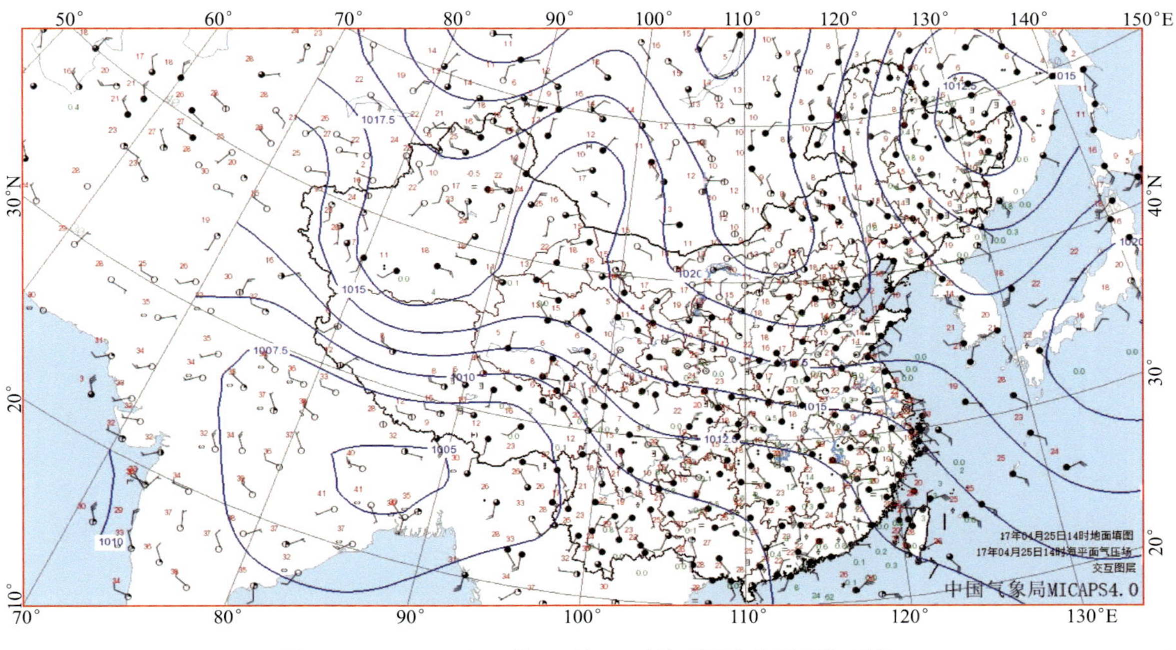

图 2.30.4　2017 年 4 月 25 日 14 时地面图和海平面气压场

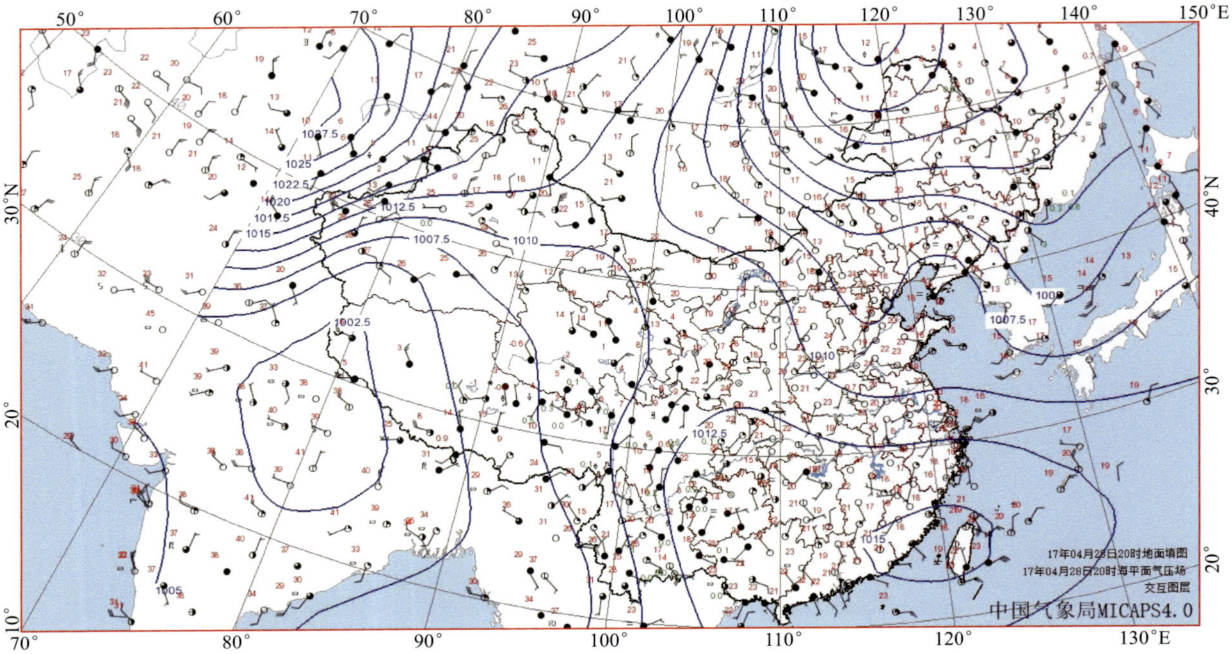

图 2.30.5　2017 年 4 月 28 日 20 时地面图和海平面气压场

(2)高空图

图 2.30.6 是 2017 年 4 月 25 日 08 时 850 hPa 高空图。图 2.30.7 是 2017 年 4 月 28 日 08 时 850 hPa 高空图。图 2.30.8 是 2017 年 4 月 25 日 08 时 500 hPa 高空图。图 2.30.9 是 2017 年 4 月 28 日 08 时 500 hPa 高空图。

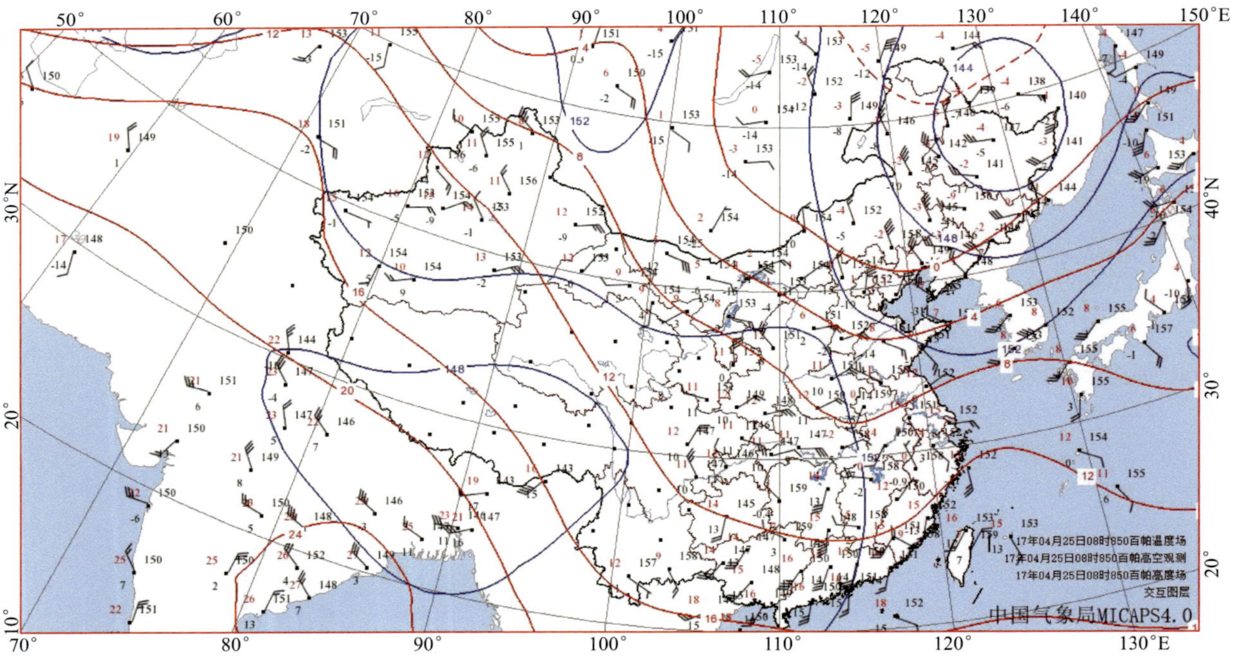

图 2.30.6　2017 年 4 月 25 日 08 时 850 hPa 高空图

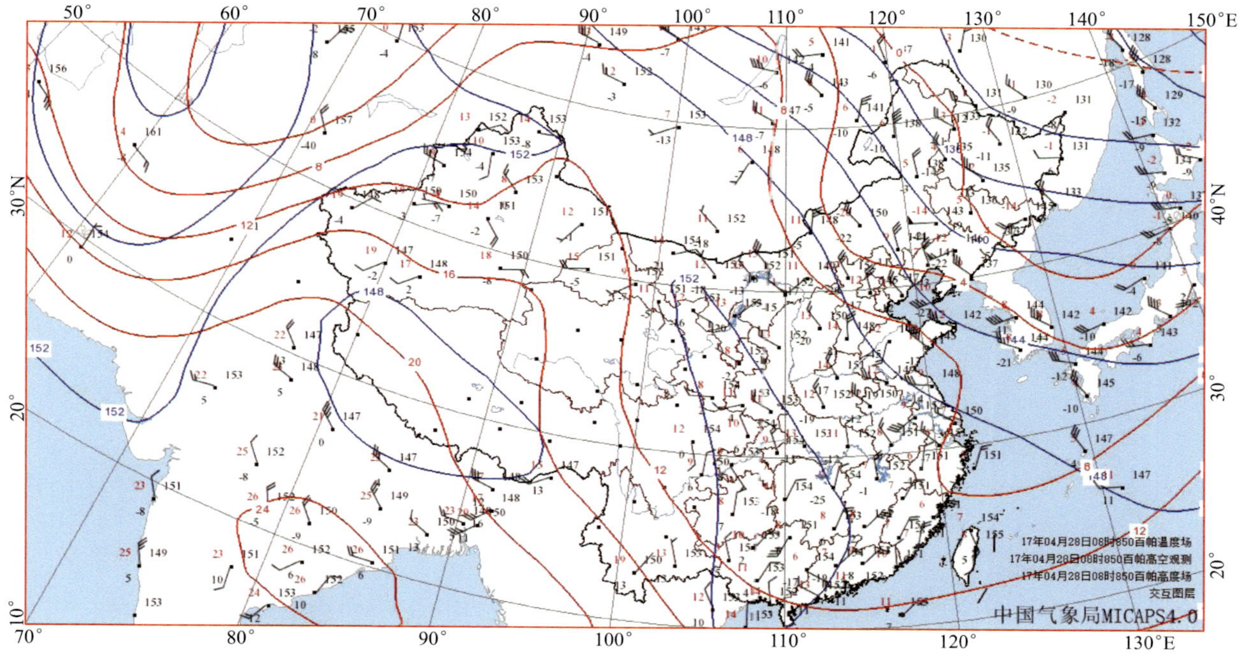

图 2.30.7　2017 年 4 月 28 日 08 时 850 hPa 高空图

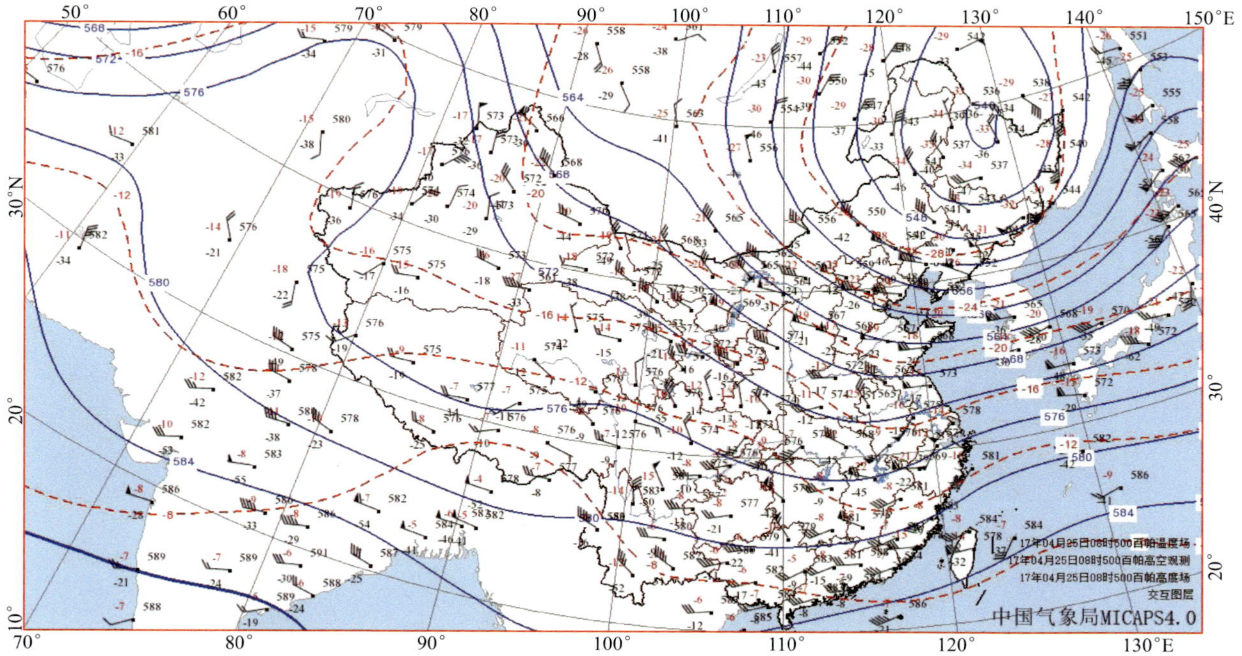

图 2.30.8　2017 年 4 月 25 日 08 时 500 hPa 高空图

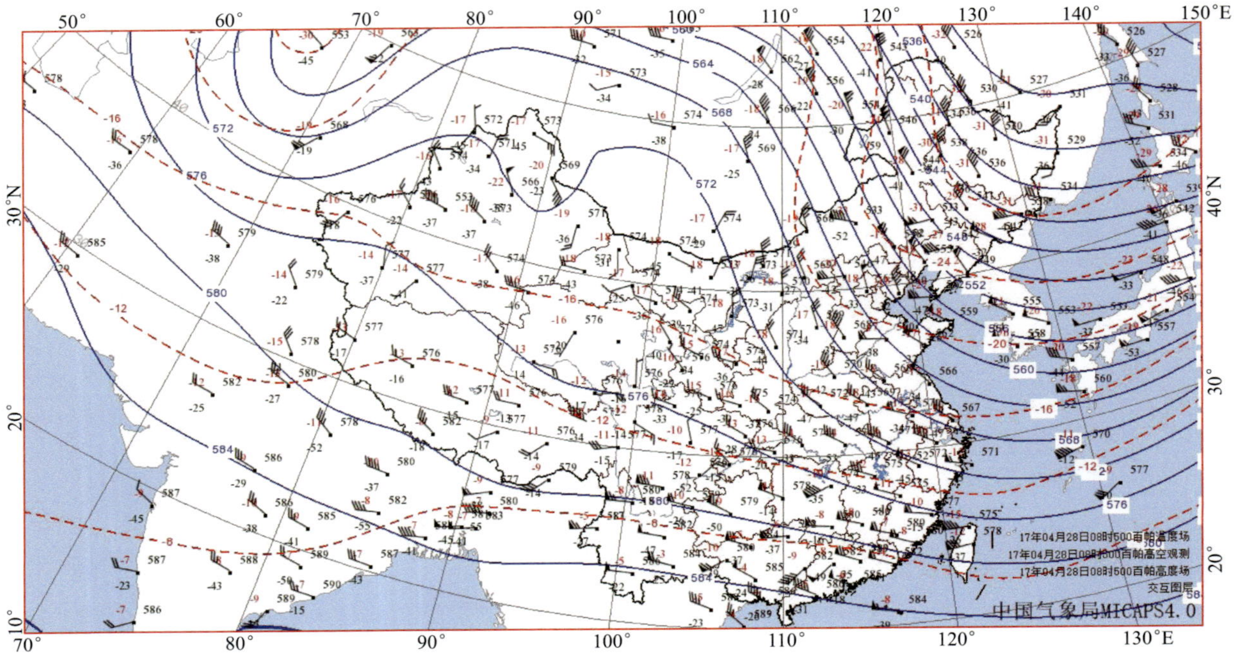

图 2.30.9　2017 年 4 月 28 日 08 时 500 hPa 高空图

2.30.3　卫星云图

图 2.30.10 是 2017 年 4 月 27 日 14 时、28 日 14 时卫星云图。

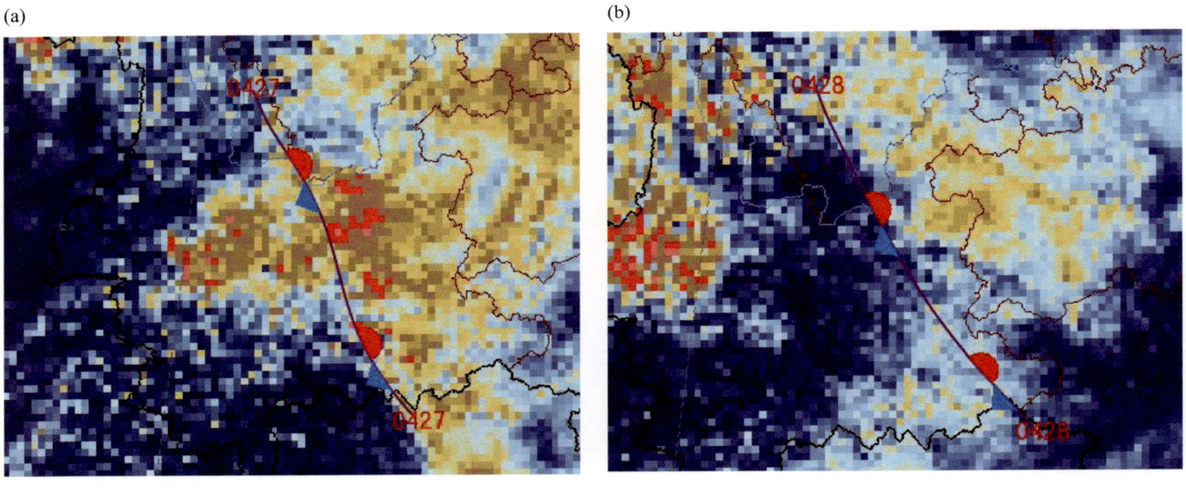

图 2.30.10　2017 年 4 月 27 日 14 时(a)、28 日 14 时(b)卫星云图

2.31　2017 年 11 月 10—15 日昆明准静止锋过程

2.31.1　过程概况

2017 年 11 月 10 日在云贵高原出现了昆明准静止锋天气系统，呈西北—东南向，贯穿四川、云

南、贵州、广西四省(区),位于雷波、水城、六枝及都安一线。11 日昆明准静止锋略东退,位于永善、赫章、普定、罗甸、天峨一线。12 日昆明准静止锋维持少动,13 日昆明准静止锋西进至金阳、鲁甸、盘县、隆林及天等一线,14 日昆明准静止锋少动,15 日略东退至彝良、普安、隆林、靖西及宁明一线。16 日锋面东退至贵阳以东地区。11 月 10—15 日过程期间昆明准静止锋移动路径如图 2.31.1,活动范围见表 2.31.1。

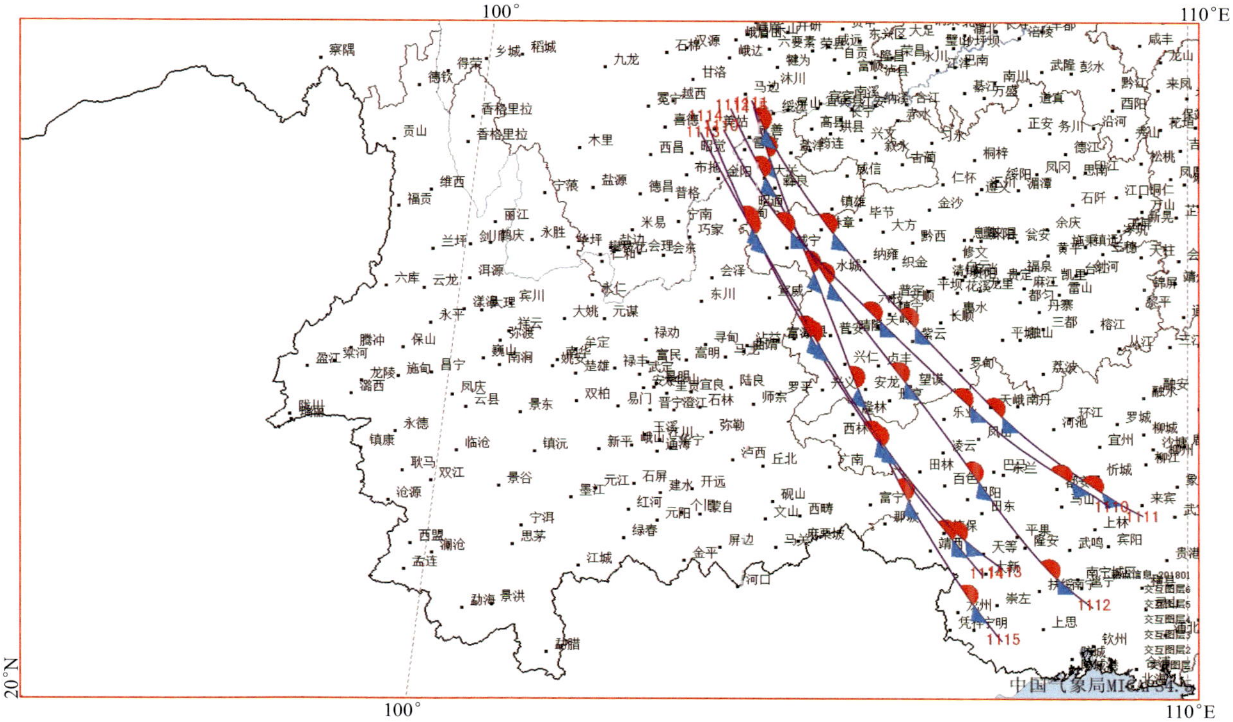

图 2.31.1 2017 年 11 月 10—15 日昆明准静止锋移动路径

表 2.31.1 2017 年 11 月 10—15 日昆明准静止锋位置

日期	昆明准静止锋位置
11 月 10 日	雷波—水城—都安
11 月 11 日	永善—普定—天峨
11 月 12 日	大关—望谟—平果
11 月 13 日	金阳—鲁甸—天等
11 月 14 日	昭通—盘县—德保
11 月 15 日	彝良—普安—靖西

受昆明准静止锋影响,11 月 10 日滇东北出现日最高气温负变温区,最大变温在威信县,为 −9.6 ℃;11—12 日随着昆明准静止锋东退,滇东北降温幅度减弱;13—14 日随着昆明准静止锋的西进,滇东北锋面附近降温幅度再次增大;15 日,随着昆明准静止锋东退,云南开始升温(图 2.31.2)。

受昆明准静止锋影响,2017 年 11 月 10—15 日(20 时—20 时)滇东北、滇东南地区出现小于 10 mm 降水(图 2.31.3a)。

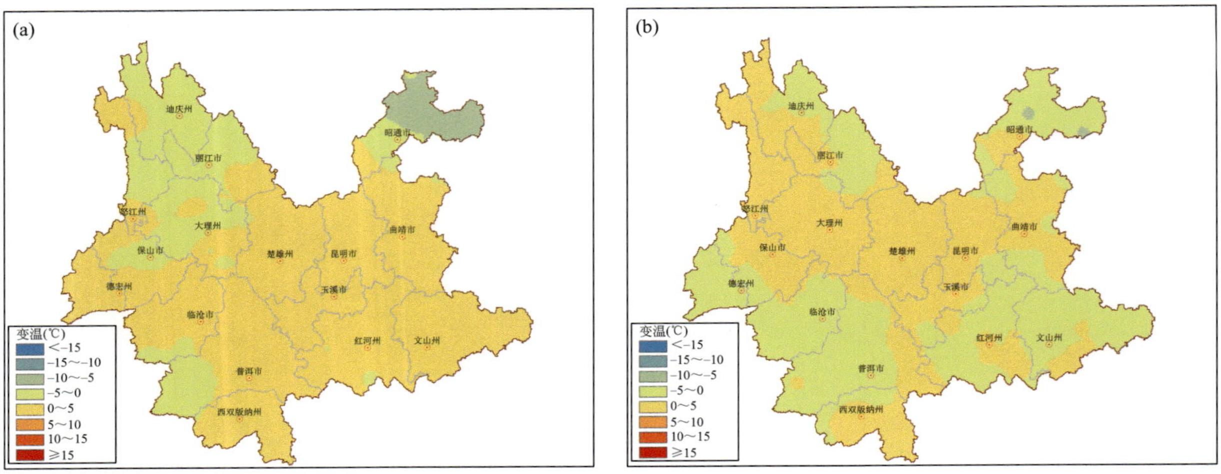

图 2.31.2　云南 2017 年 11 月 10 日(a)、14 日(b)最高气温 24 h 变温图

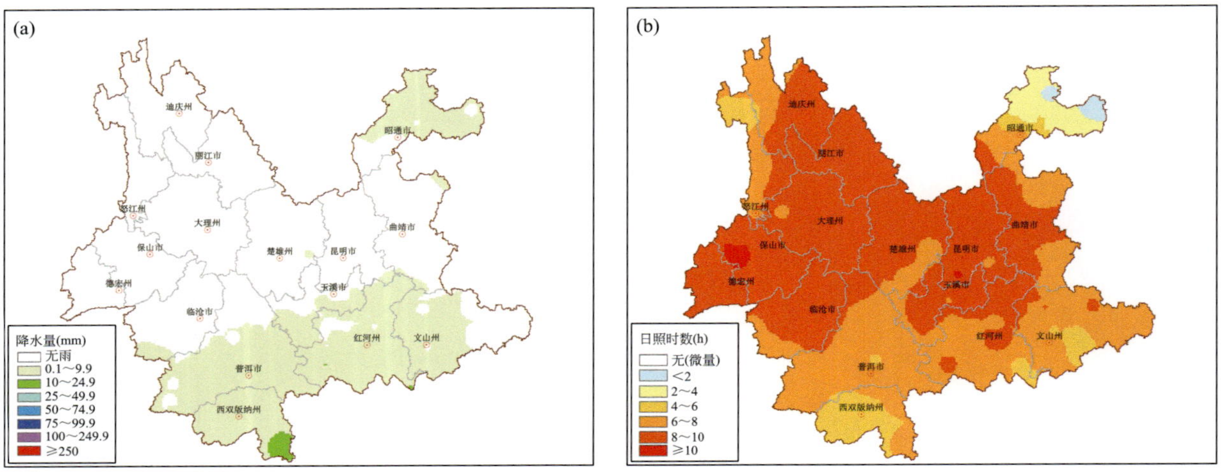

图 2.31.3　云南 2017 年 11 月 10—15 日累计降水量(a)和平均日照时数(b)

受昆明准静止锋影响，2017 年 11 月 10—15 日云南有 43 个县市总日照时数少于 50 h，最少的是盐津县，为 12.5 h(图略)。与常年同期相比，有 7 个县市日照时数较同期偏少，昆明准静止锋影响区域镇雄偏少最多，偏少 10.4%。图 2.31.3b 是昆明准静止锋影响期间的平均日照时数。

2.31.2　环流背景

(1)地面图

图 2.31.4 是 2017 年 11 月 10 日 14 时地面图和海平面气压场。图 2.31.5 是 2017 年 11 月 15 日 20 时地面图和海平面气压场。

(2)高空图

图 2.31.6 是 2017 年 11 月 10 日 08 时 850 hPa 高空图。图 2.31.7 是 2017 年 11 月 15 日 08 时 850 hPa 高空图。图 2.31.8 是 2017 年 11 月 10 日 08 时 500 hPa 高空图。图 2.31.9 是 2017 年 11 月 15 日 08 时 500 hPa 高空图。

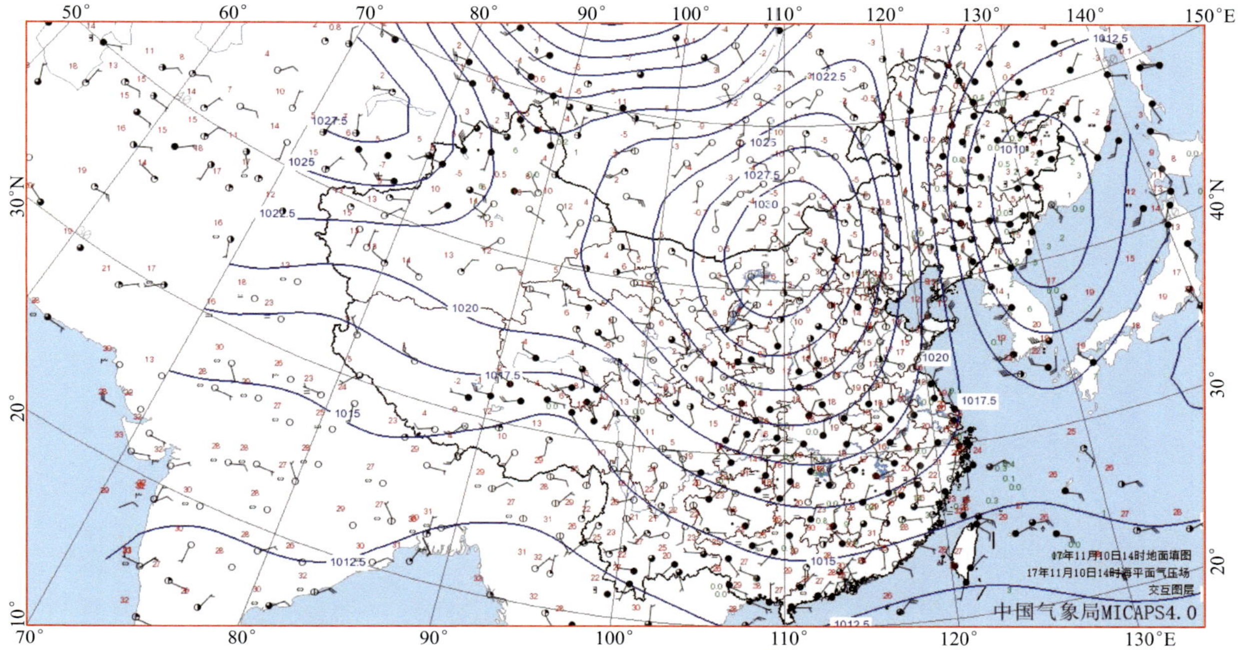

图 2.31.4　2017 年 11 月 10 日 14 时地面图和海平面气压场

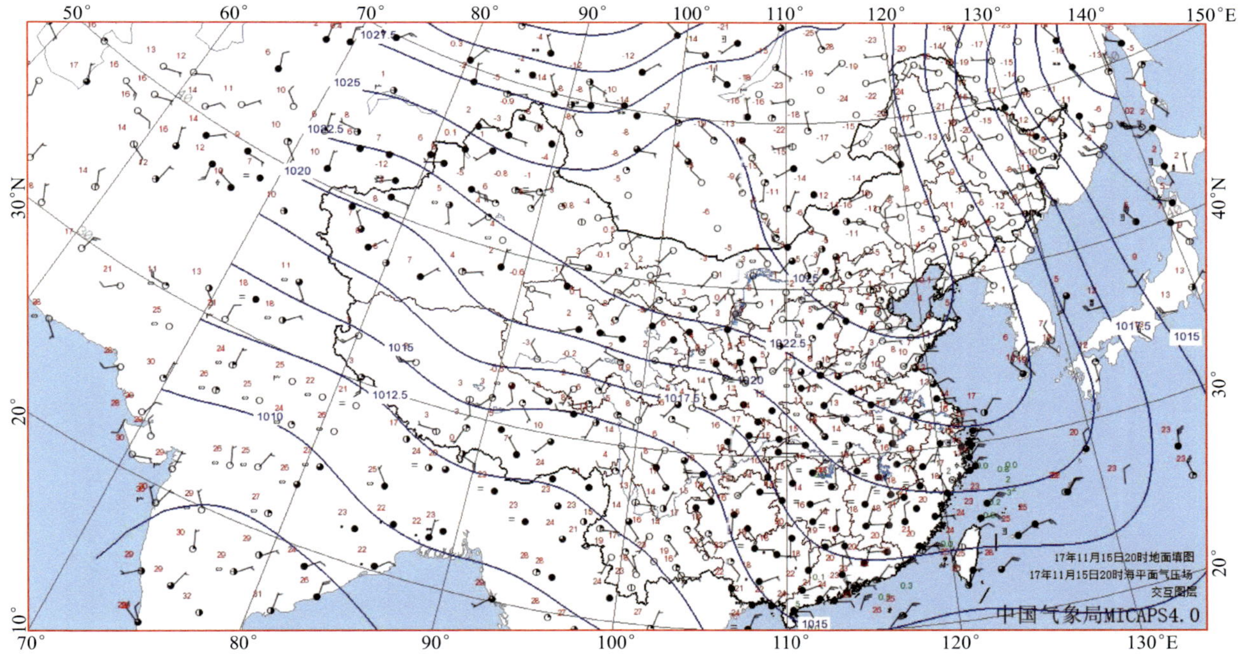

图 2.31.5　2017 年 11 月 15 日 20 时地面图和海平面气压场

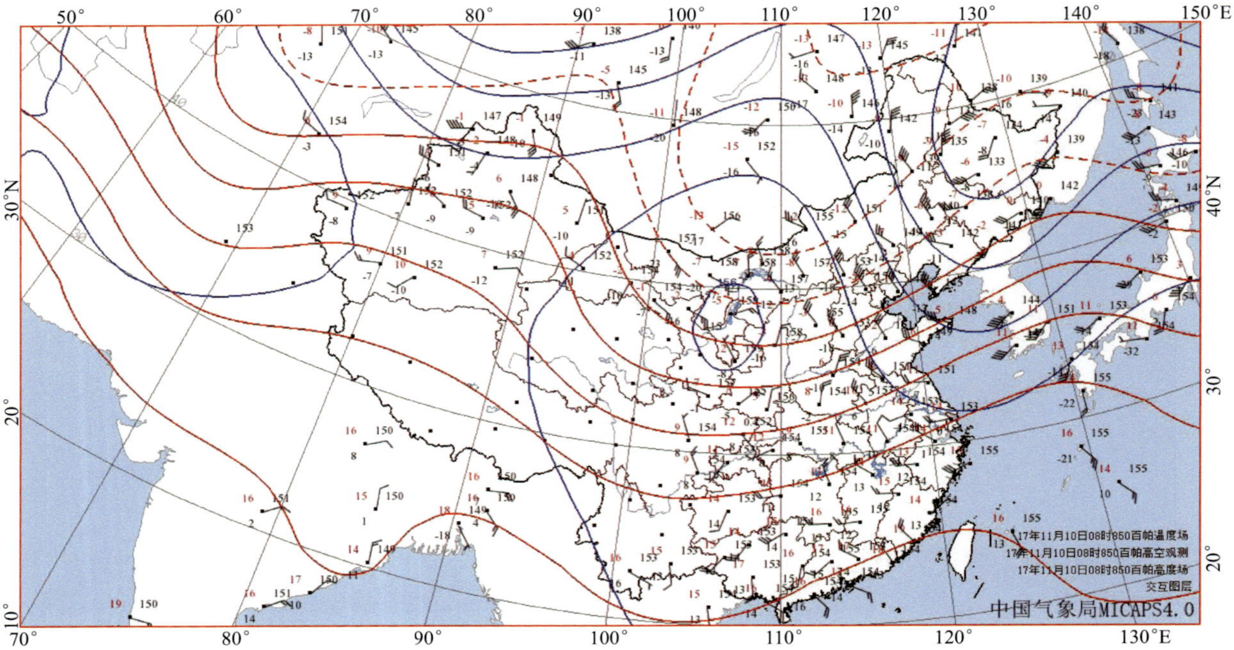

图 2.31.6　2017 年 11 月 10 日 08 时 850 hPa 高空图

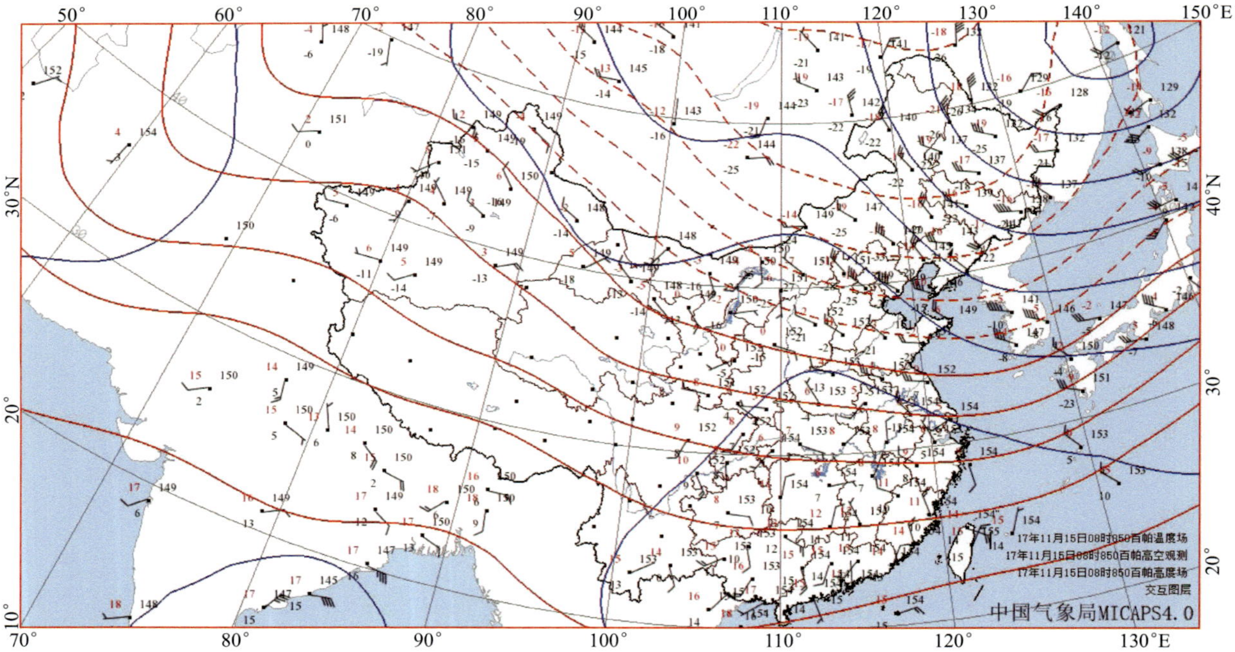

图 2.31.7　2017 年 11 月 15 日 08 时 850 hPa 高空图

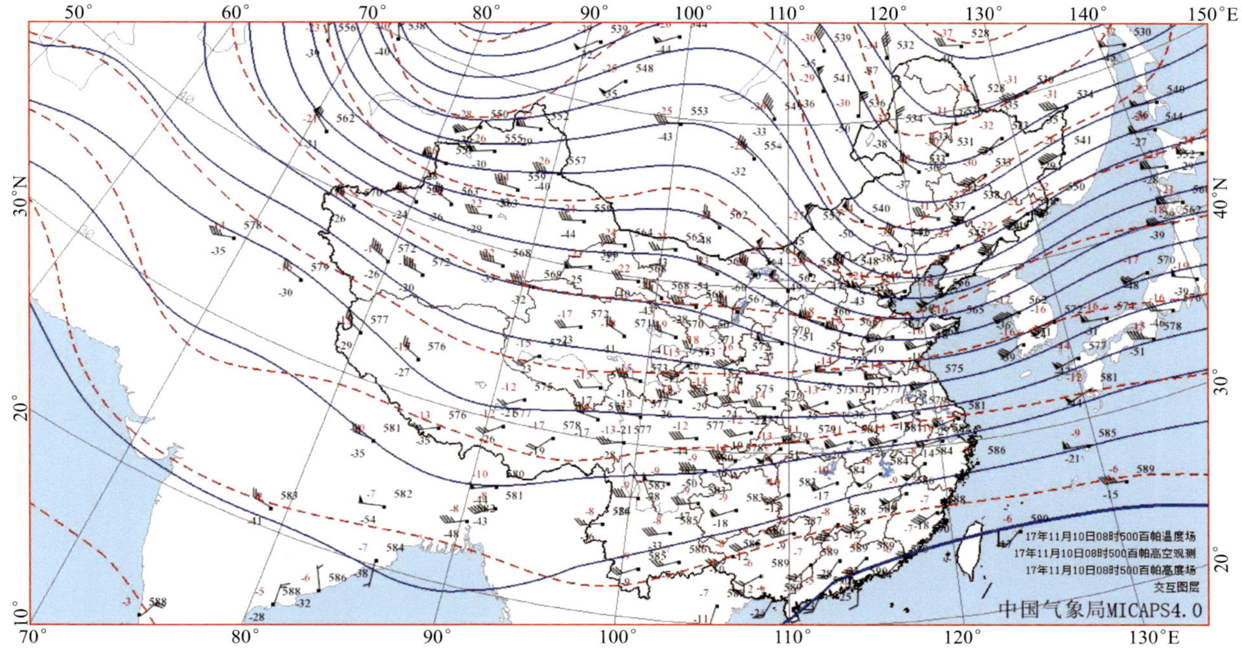

图 2.31.8　2017 年 11 月 10 日 08 时 500 hPa 高空图

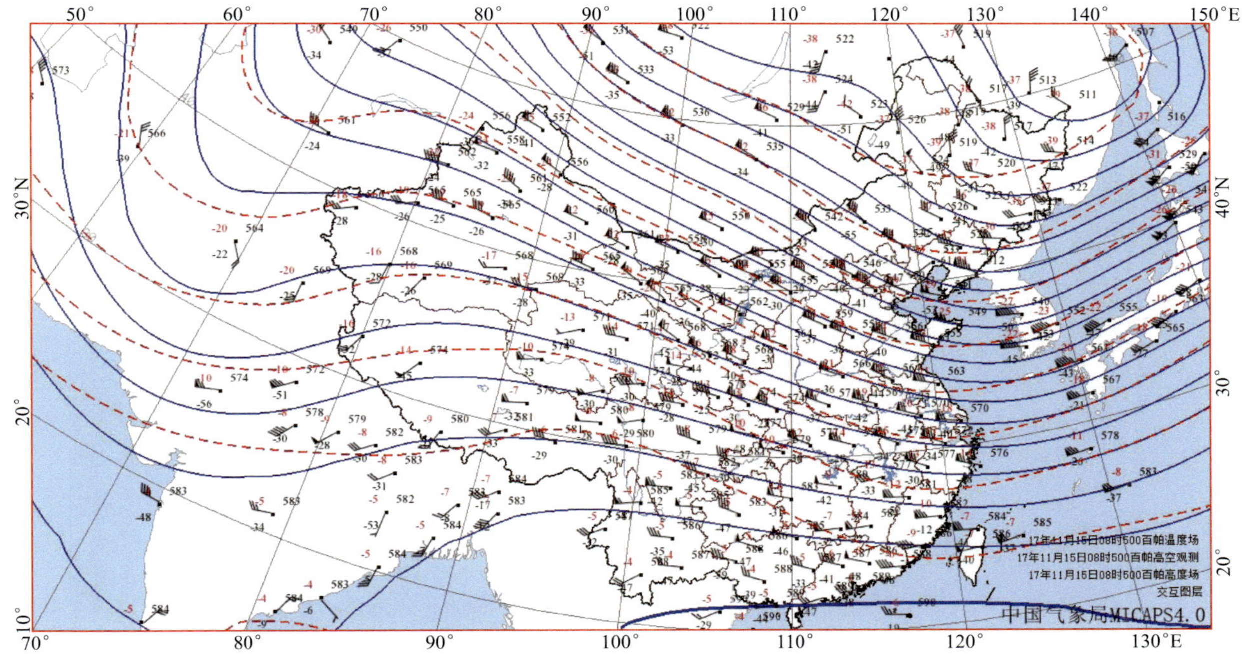

图 2.31.9　2017 年 11 月 15 日 08 时 500 hPa 高空图

2.31.3　卫星云图

图 2.31.10 是 2017 年 11 月 11 日 14 时、15 日 14 时卫星云图。

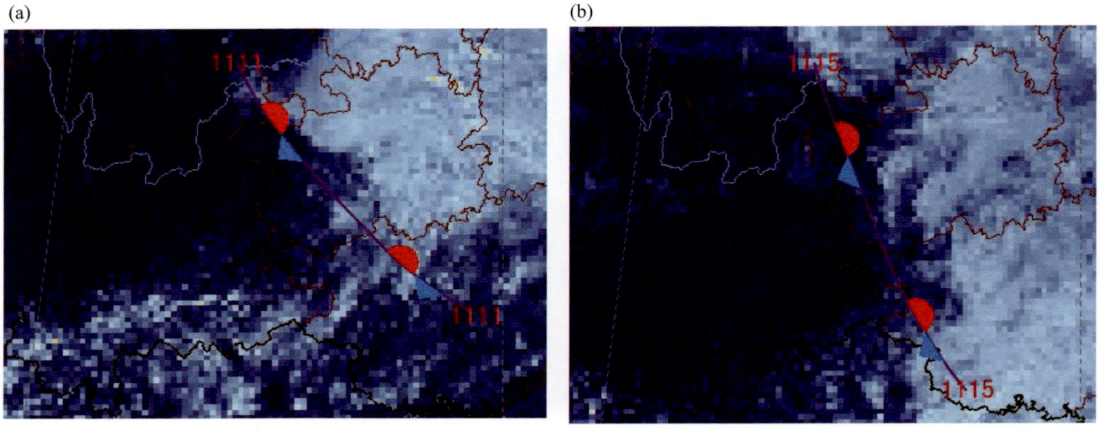

图 2.31.10　2017 年 11 月 11 日 14 时(a)、15 日 14 时(b)卫星云图

2.32　2017 年 11 月 17—22 日昆明准静止锋过程

2.32.1　过程概况

2017 年 11 月 17 日在云贵高原出现了昆明准静止锋天气系统，呈西北—东南向，贯穿四川、云南、贵州及广西四省(区)，位于昭觉、鲁甸、普安、望谟及柳江一线。18 日后昆明准静止锋调整为准南北向，向西移动，位于盐边、富民、开远及屏边一线。19 日昆明准静止锋东退至金阳、鲁甸、宣威、西林及那坡一线。20 日昆明准静止锋再次西进，位于米易、富民、江川、个旧及河口一线。21 日昆明准静止锋东退，位于巧家、会泽、沾益、罗平、广南及那坡一线。22 日昆明准静止锋再次西进至盐边、禄劝、昆明、江川、个旧及河口一线。之后，昆明准静止锋加强为冷锋，向西越过哀牢山。11 月 17—22 日过程期间昆明准静止锋移动路径如图 2.32.1，活动范围见表 2.32.1。

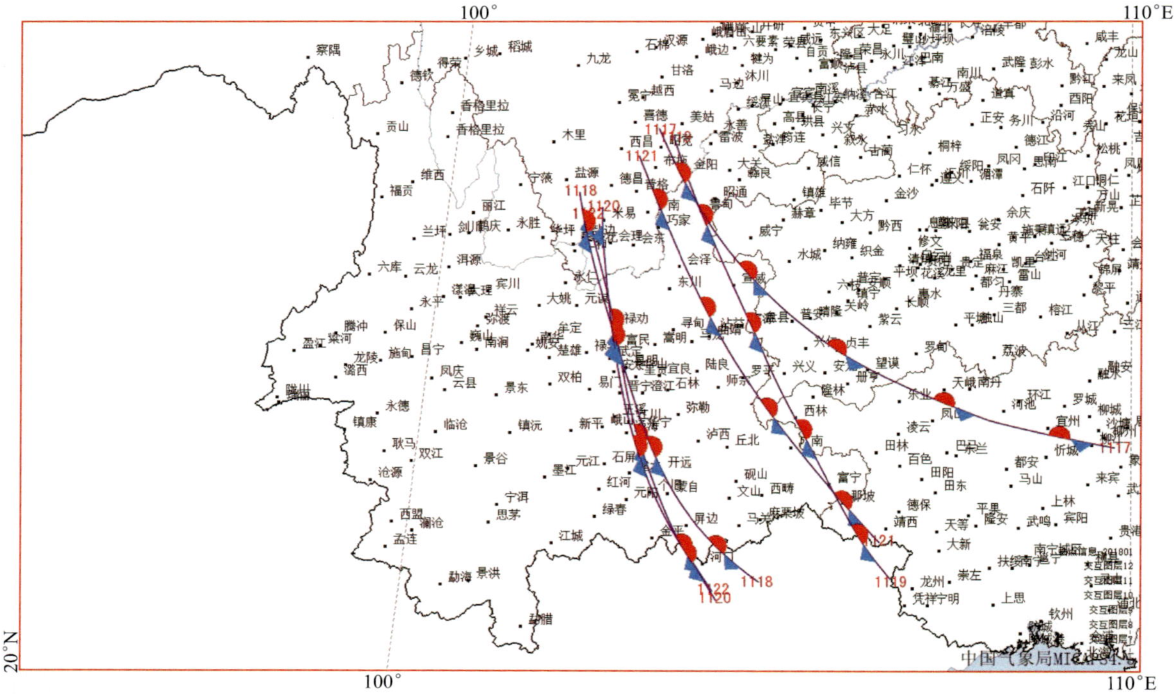

图 2.32.1　2017 年 11 月 17—22 日昆明准静止锋移动路径

表 2.32.1　2017 年 11 月 17—22 日昆明准静止锋位置

日期	昆明准静止锋位置
11 月 17 日	昭觉—望谟—柳江
11 月 18 日	盐边—富民—屏边
11 月 19 日	金阳—宣威—那坡
11 月 20 日	兴易—富民—河口
11 月 21 日	巧家—沾益—那坡
11 月 22 日	盐边—昆明—河口

受昆明准静止锋影响，11 月 17 日滇东北出现日最高气温负变温区，最大变温在昭通，为－8.6 ℃；18 日随着昆明准静止锋的西进，滇中以东出现转为负变温，最大变温在宣威，为－14.8 ℃；19 日昆明准静止锋东退，滇东北降温幅度减弱，滇中及滇东升温；20 日，滇中以东地区再次出现明显降温，最大变温在宣威，为－15.9 ℃；21 日气温回升，22 日随着昆明准静止锋增强西进，滇中降温明显，最大变温在沾益，为－16.2 ℃。整个过程日最高气温降温幅度大于 10 ℃的县市共有 38 个，主要集中在昭通市、曲靖市、昆明市、玉溪市、红河州和文山州 5 个州市（图 2.32.2）。

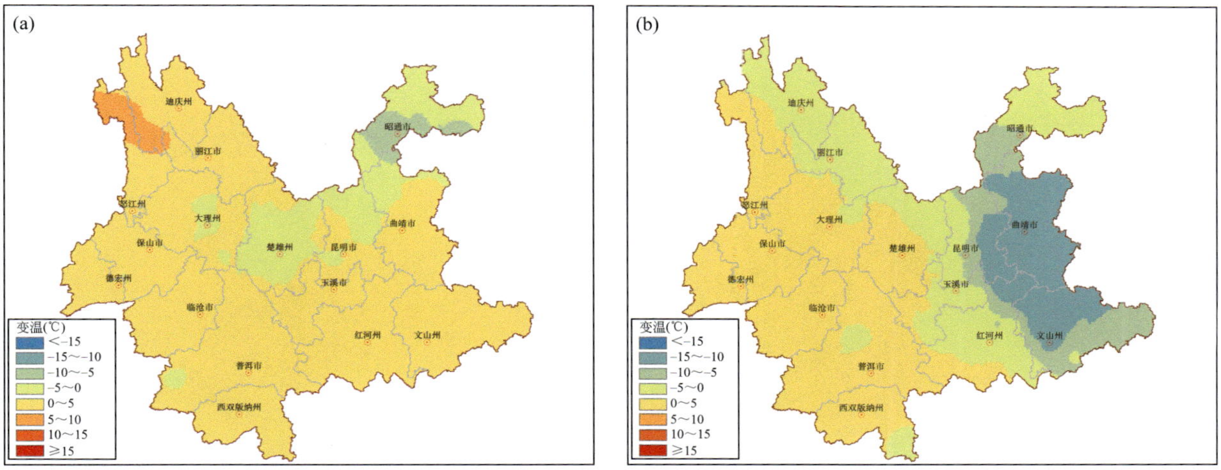

图 2.32.2　云南 2017 年 11 月 17 日（a）、18 日（b）最高气温 24 h 变温图

受昆明准静止锋和西南暖湿气流影响，2017 年 11 月 17—22 日（20 时—20 时）云南南部、东部出现降水，总降水量共有 8 个县市大于 10 mm，其中江城、绿春大于 25 mm，其余县市总降水量都小于 10 mm。普洱市江城县总降水量最大，为 35.8 mm，其次为红河州绿春县，为 26.4 mm（图 2.32.3a）。

受昆明准静止锋和西南暖湿气流影响，2017 年 11 月 17—22 日云南有 71 个县市总日照时数小于 50 h，有 7 个县市日照时数低于 8 h，永善、威信、绥江和盐津，日照时数为 0 h，其次是镇雄县，为 1.9 h（图略）。与常年同期相比，有 39 个县市日照时数偏少 20%以上，有 9 个县市偏少 50%以上，威信、绥江和盐津偏少最多，为 100%，其次为镇雄，偏少 89.7%。图 2.32.3b 是昆明准静止锋影响期间的平均日照时数。

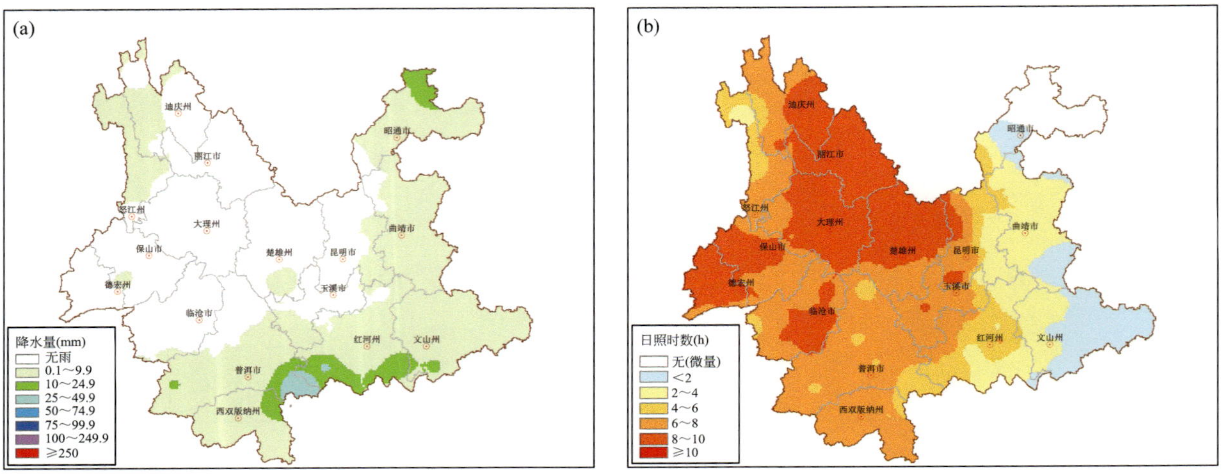

图 2.32.3　云南 2017 年 11 月 17—22 日累计降水量(a)和平均日照时数(b)

2.32.2　环流背景

(1)地面图

图 2.32.4 是 2017 年 11 月 17 日 14 时地面图和海平面气压场。图 2.32.5 是 2017 年 11 月 22 日 20 时地面图和海平面气压场。

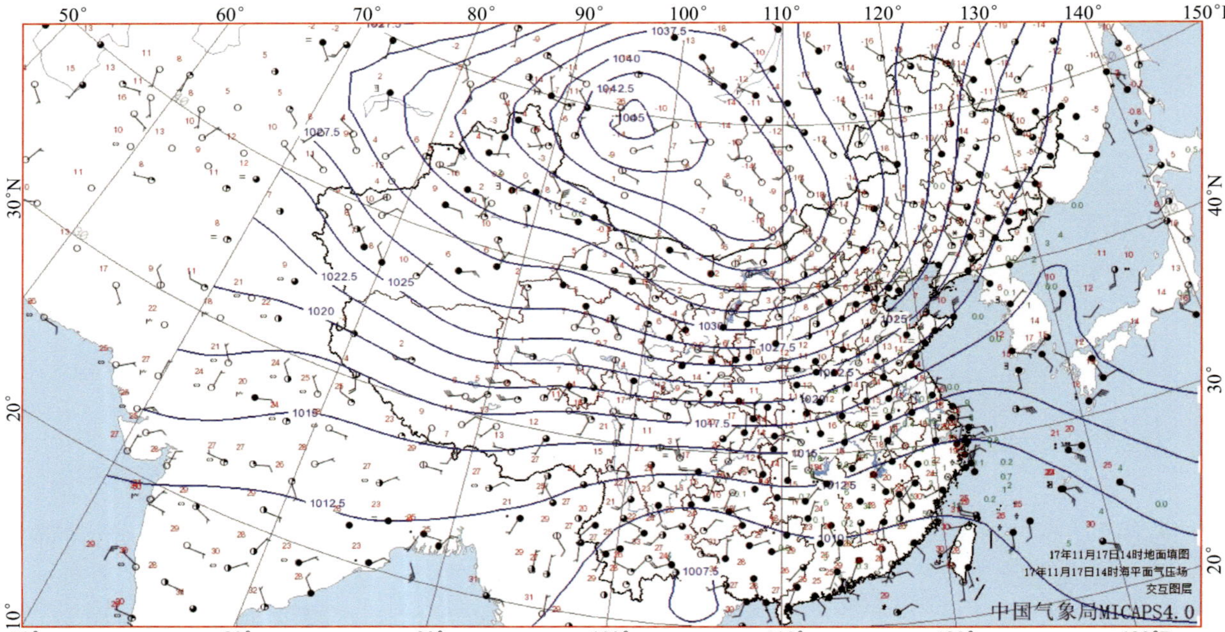

图 2.32.4　2017 年 11 月 17 日 14 时地面图和海平面气压场

(2)高空图

图 2.32.6 是 2017 年 11 月 17 日 08 时 850 hPa 高空图。图 2.32.7 是 2017 年 11 月 22 日 08 时 850 hPa 高空图。图 2.32.8 是 2017 年 11 月 17 日 08 时 500 hPa 高空图。图 2.32.9 是 2017 年 11 月 22 日 08 时 500 hPa 高空图。

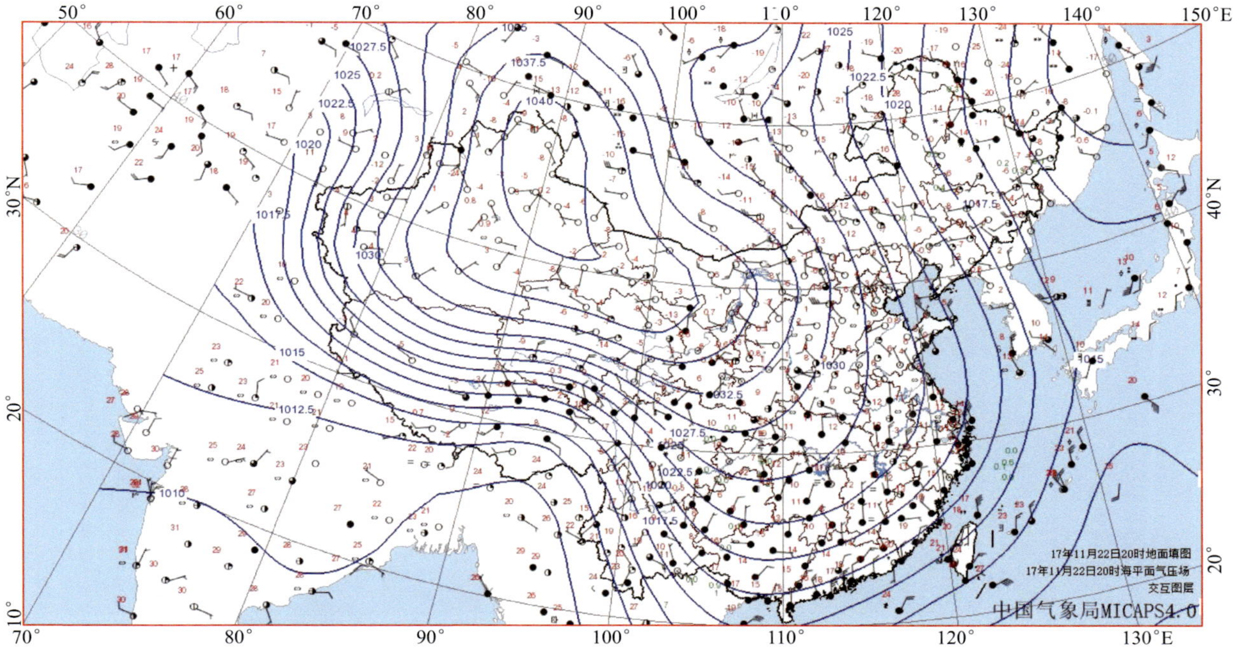

图 2.32.5　2017 年 11 月 22 日 20 时地面图和海平面气压场

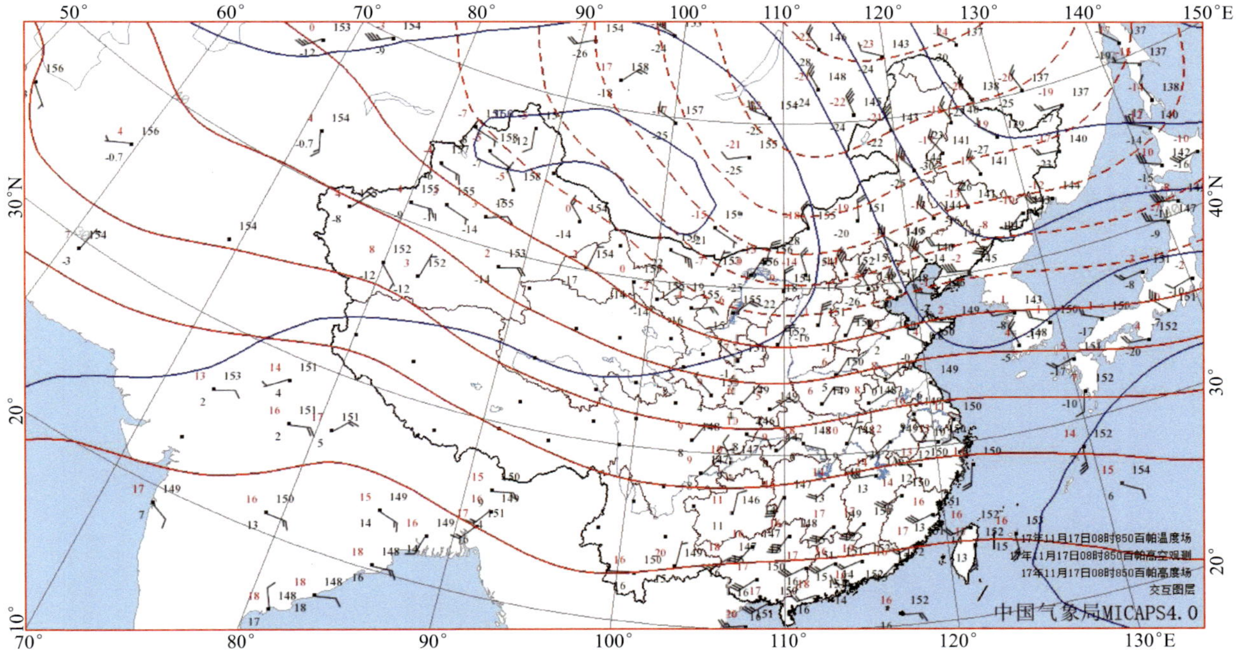

图 2.32.6　2017 年 11 月 17 日 08 时 850 hPa 高空图

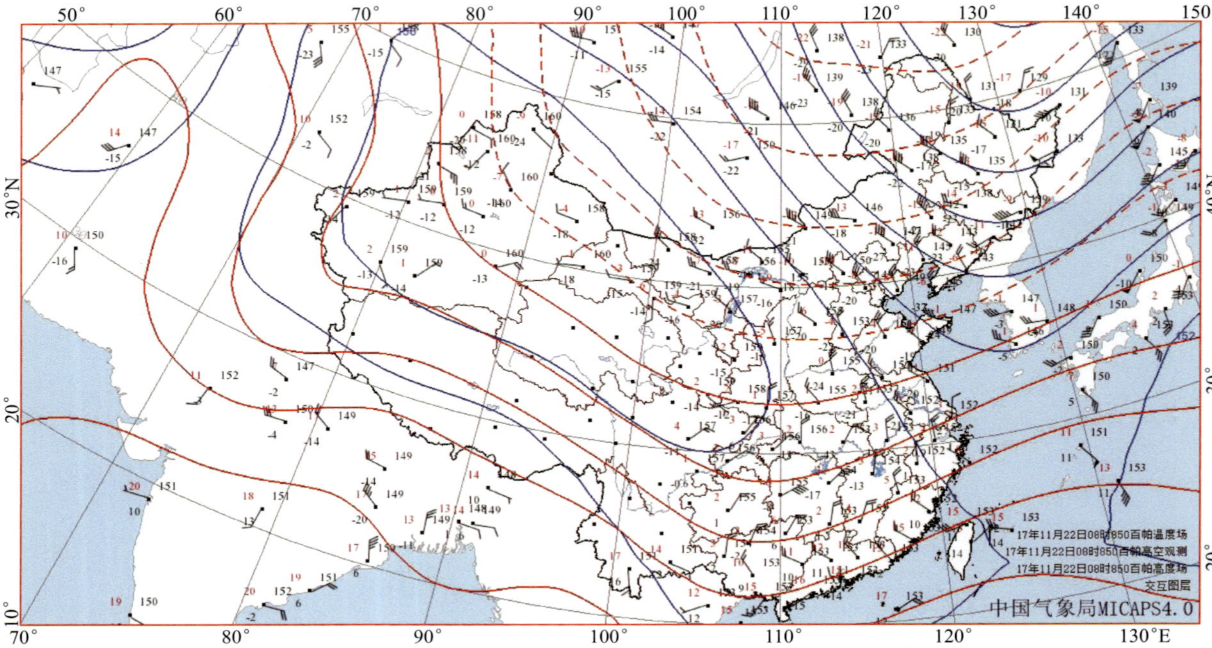

图 2.32.7　2017 年 11 月 22 日 08 时 850 hPa 高空图

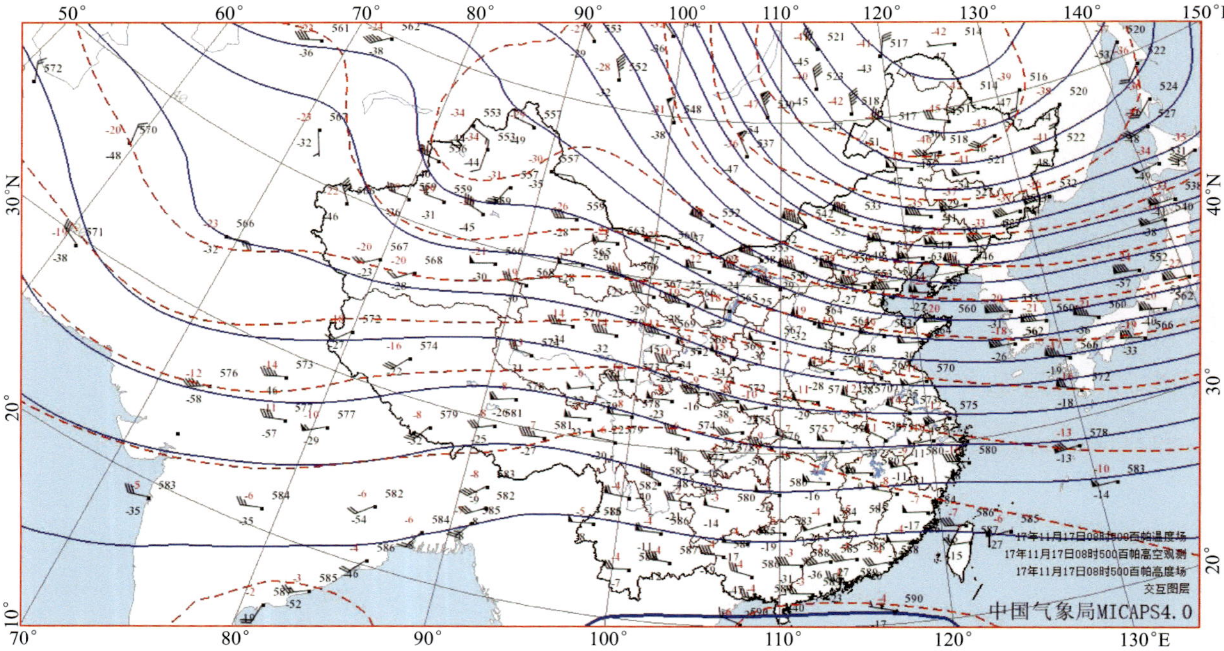

图 2.32.8　2017 年 11 月 17 日 08 时 500 hPa 高空图

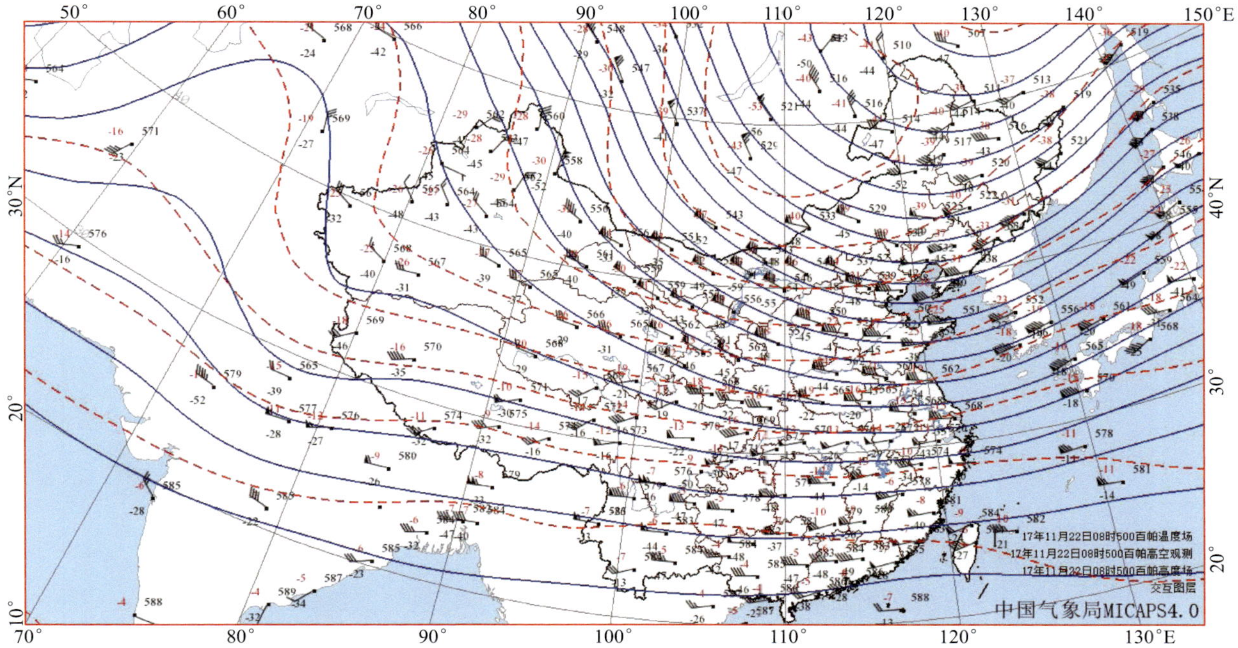

图 2.32.9　2017 年 11 月 22 日 08 时 500 hPa 高空图

2.32.3　卫星云图

图 2.32.10 是 2017 年 11 月 18 日 14 时、22 日 14 时卫星云图。

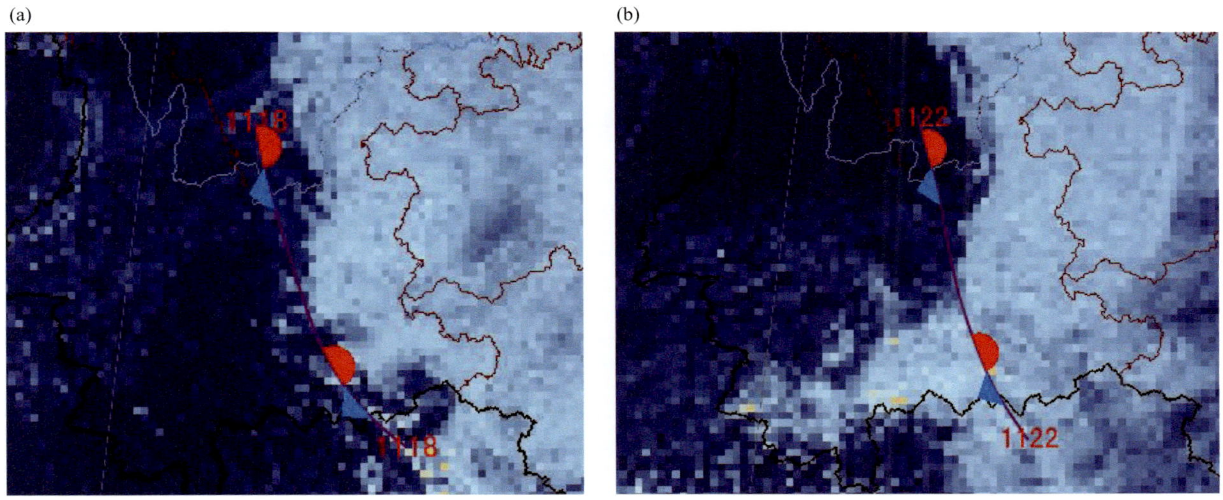

图 2.32.10　2017 年 11 月 18 日 14 时(a)、22 日 14 时(b)卫星云图

2.33　2017 年 11 月 28 日—12 月 7 日昆明准静止锋过程

2.33.1　过程概况

2017 年 11 月 28 日在云贵高原出现了昆明准静止锋天气系统，呈西北—东南向，贯穿四川、云南、贵州及广西四省(区)，位于金阳、昭通、水城及河池一线。29 日昆明准静止锋稍东退，位于金阳、

昭通、水城、紫云、河池及柳江一线。30 日昆明准静止锋西进至布拖、沾益、罗平及那坡一线。12 月 1—3 日昆明准静止锋东退至滇东边缘并小幅摆动。12 月 4 日，昆明准静止锋西进至布拖、寻甸、弥勒、文山及马关一线。12 月 5—7 日东退至滇东边缘来回摆动。之后，昆明准静止锋加强为冷锋，西推至哀牢山附近。11 月 28 日—12 月 7 日过程期间昆明准静止锋移动路径如图 2.33.1，活动范围见表 2.33.1。

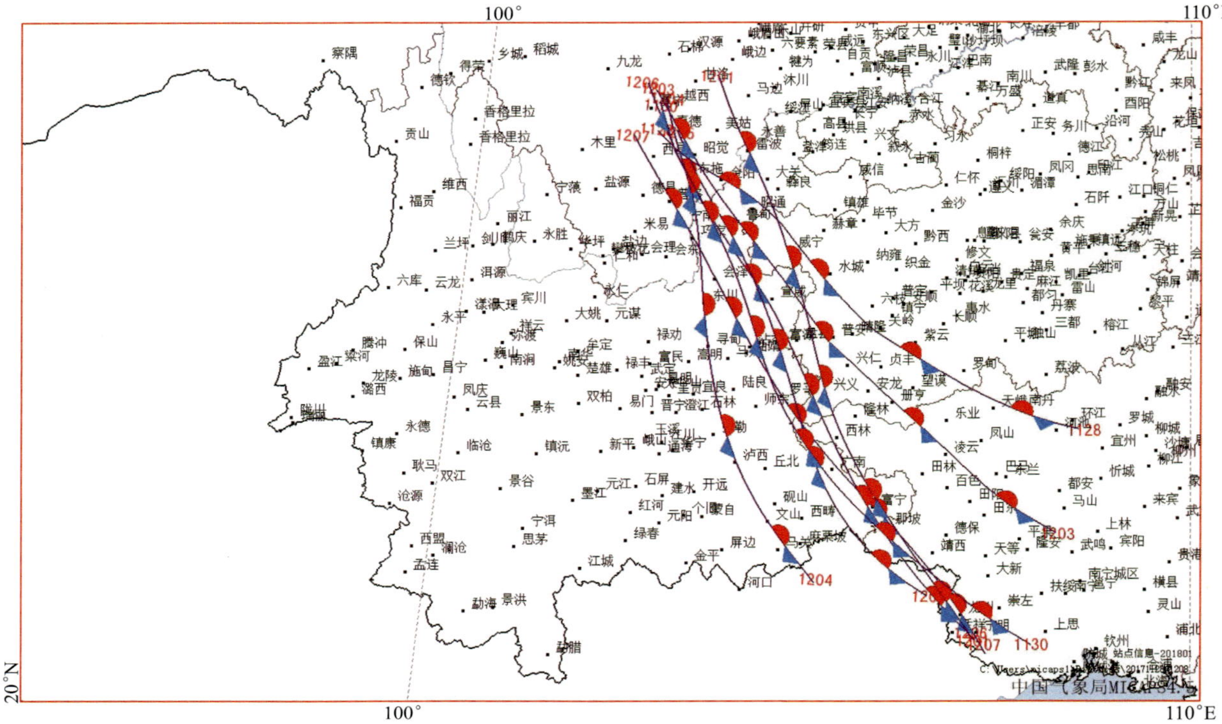

图 2.33.1　2017 年 11 月 28 日—12 月 7 日昆明准静止锋移动路径

表 2.33.1　2017 年 11 月 28 日—12 月 7 日昆明准静止锋位置

日期	昆明准静止锋位置
11 月 28 日	昭通—水城—河池
11 月 29 日	昭通—紫云—柳江
11 月 30 日	布拖—沾益—那坡
12 月 1 日	大关—兴义—富宁
12 月 2 日	雷波—兴义—那坡
12 月 3 日	鲁甸—兴仁—凌云
12 月 4 日	布拖—寻甸—马关
12 月 5 日	布拖—宣威—广南
12 月 6 日	布拖—宣威—富宁
12 月 7 日	巧家—沾益—那坡

受昆明准静止锋影响，11 月 28 日滇东北出现日最高气温负变温区，最大变温在昭通，为−7 ℃；29 日随着昆明准静止锋东退，滇东北开始升温；30 日昆明准静止锋增强西进，滇东降温明显，最大变

温在昭通，为－12.6 ℃；12 月 1—3 日昆明准静止锋在滇东边缘摆动，滇东气温随之升降；4 日滇中以东降温明显，最大变温在丘北，为－10.5 ℃；5—7 日昆明准静止锋在滇东边缘摆动，滇东气温随之升降。整个过程降温幅度大于 10 ℃的县市有 6 个，主要集中在昭通市、曲靖市和文山州 3 个州市（图 2.33.2）。

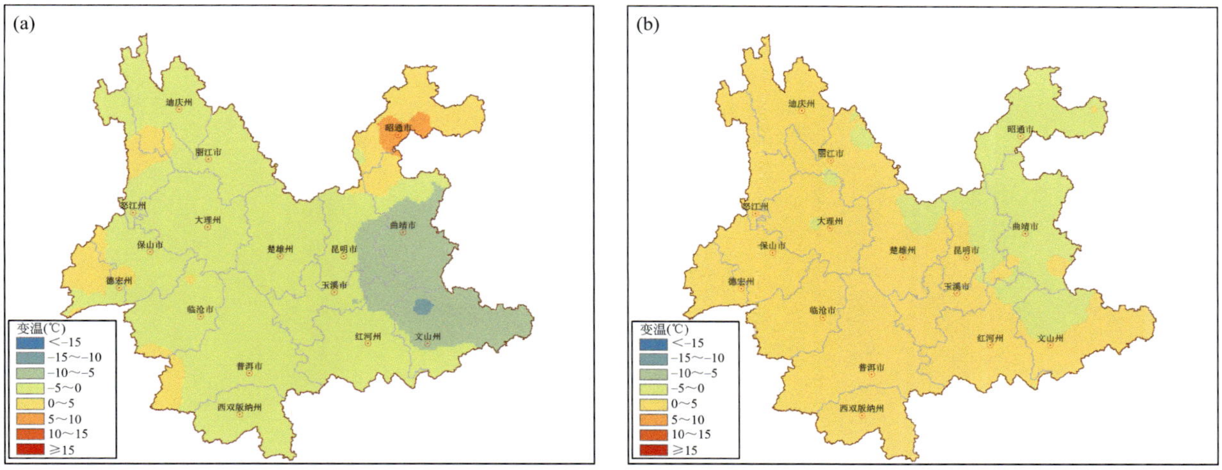

图 2.33.2 云南 2017 年 12 月 4 日(a)、7 日(b)最高气温 24 h 变温图

受昆明准静止锋影响，2017 年 11 月 28 日—12 月 7 日(20 时—20 时)滇东北、滇东南和滇东出现降水，大部地区总降水量都小于 10 mm。威信和罗平 2 个县总降水量超过 10 mm，分别为 12.5 mm 和 11.6 mm(图 2.33.3a)。

受昆明准静止锋影响，2017 年 11 月 28 日—12 月 7 日云南总日照时数少于 90 h 的县市有 87 个，有 7 个县市日照时数低于 10 h，都集中在昭通，最少的是镇雄和盐津县，仅为 0 h，其次是威信县，为 0.8 h(图略)。与常年同期相比，有 10 个县市日照时数偏少 20%以上，有 8 个县市偏少 50%以上，盐津和镇雄偏少最多，为 100%，其次为威信，偏少 94.2%。永善突破同期日照时数历史最少纪录。图 2.33.3b 是昆明准静止锋影响期间的平均日照时数。

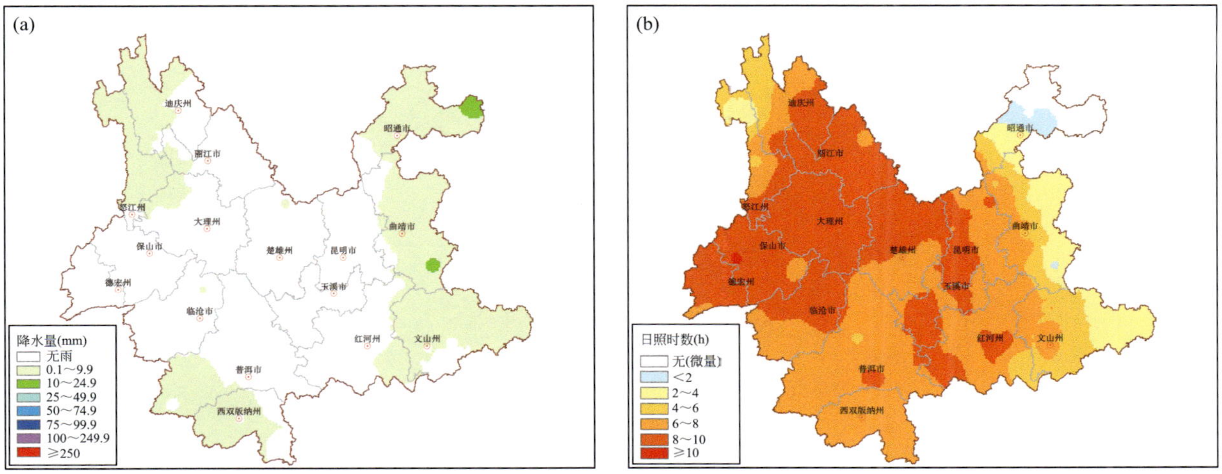

图 2.33.3 云南 2017 年 11 月 28 日—12 月 7 日累计降水量(a)和平均日照时数(b)

2.33.2 环流背景

(1)地面图

图 2.33.4 是 2017 年 11 月 28 日 14 时地面图和海平面气压场。图 2.33.5 是 2017 年 12 月 7 日 20 时地面图和海平面气压场。

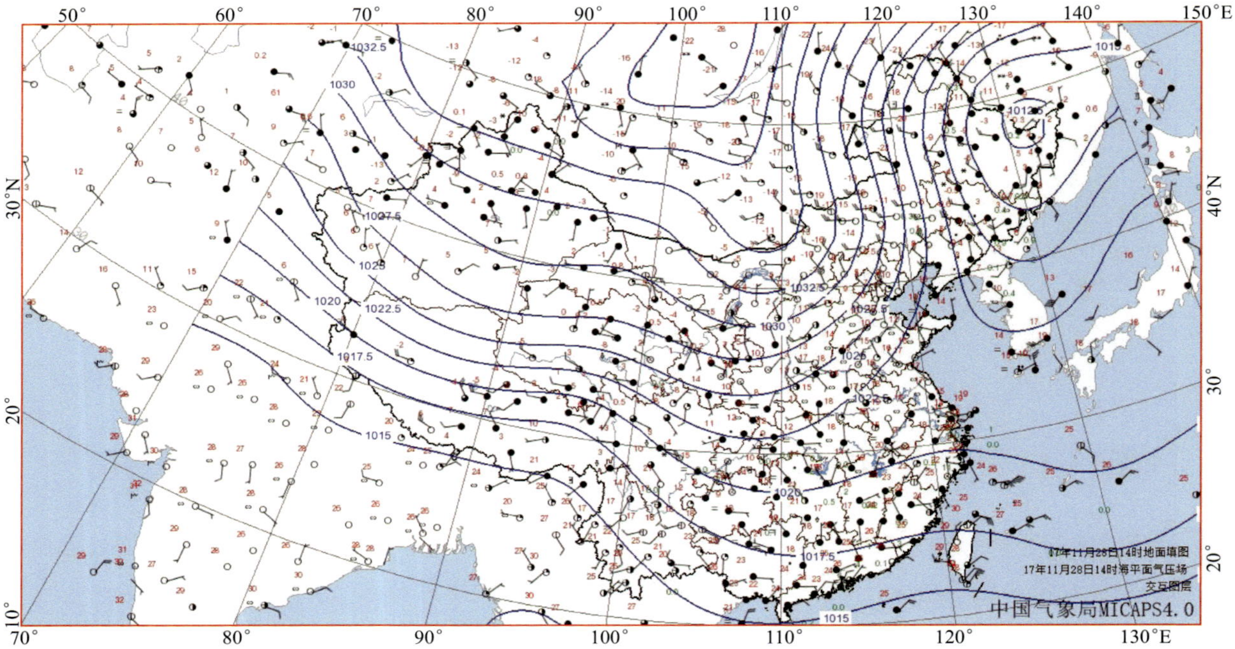

图 2.33.4 2017 年 11 月 28 日 14 时地面图和海平面气压场

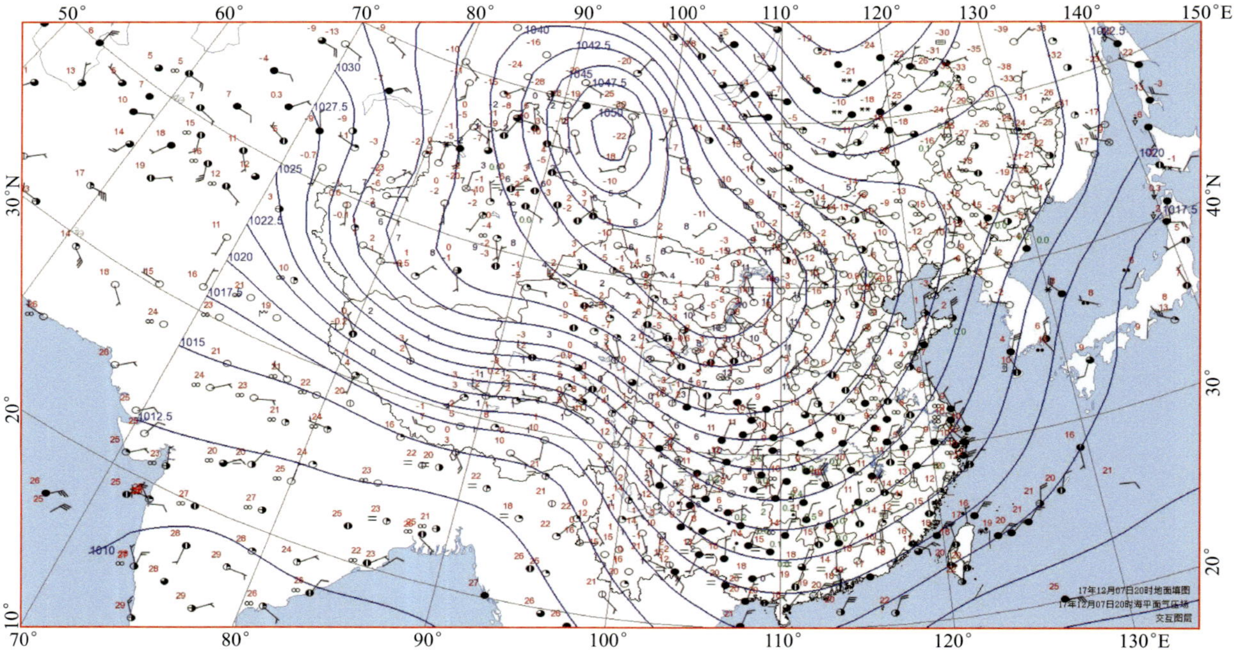

图 2.33.5 2017 年 12 月 7 日 20 时地面图和海平面气压场

(2)高空图

图 2.33.6 是 2017 年 11 月 28 日 08 时 850 hPa 高空图。图 2.33.7 是 2017 年 12 月 7 日 08 时 850 hPa 高空图。图 2.33.8 是 2017 年 11 月 28 日 08 时 500 hPa 高空图。图 2.33.9 是 2017 年 12 月 7 日 08 时 500 hPa 高空图。

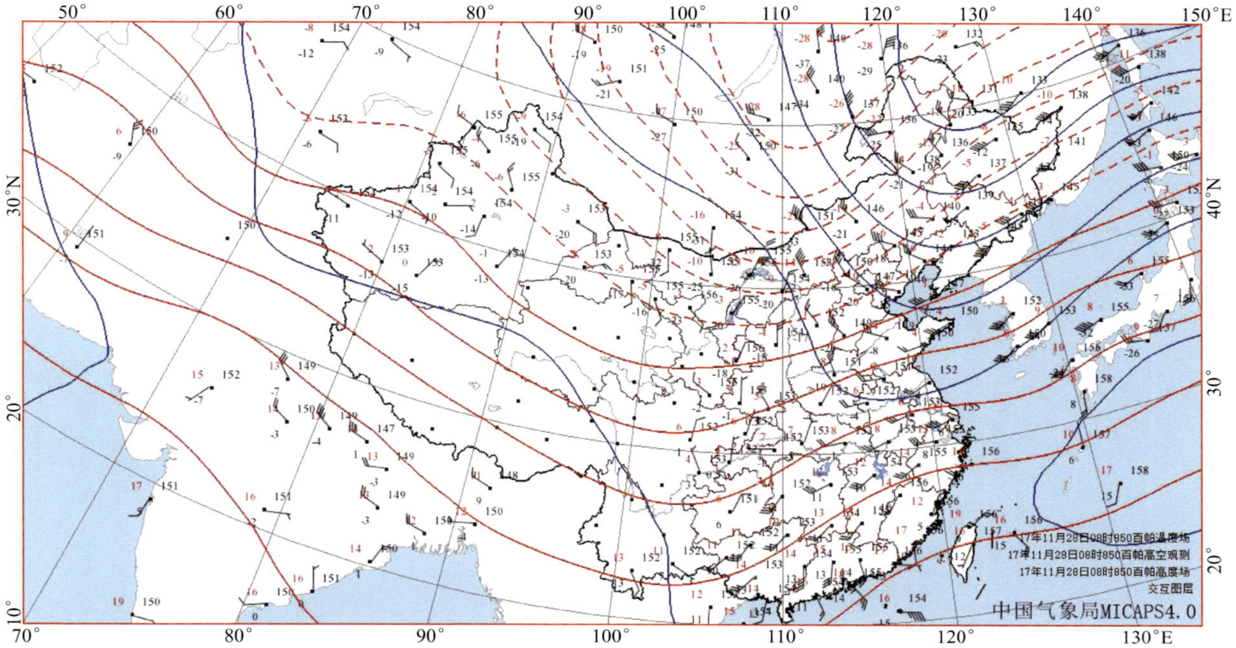

图 2.33.6　2017 年 11 月 28 日 08 时 850 hPa 高空图

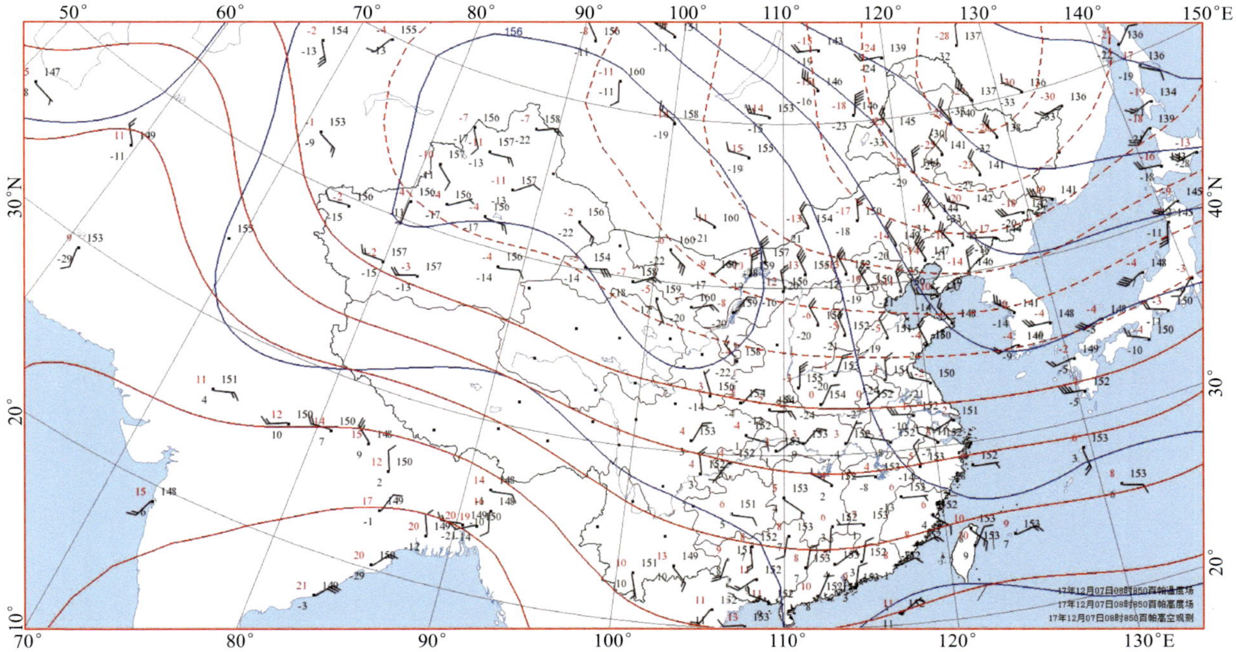

图 2.33.7　2017 年 12 月 7 日 08 时 850 hPa 高空图

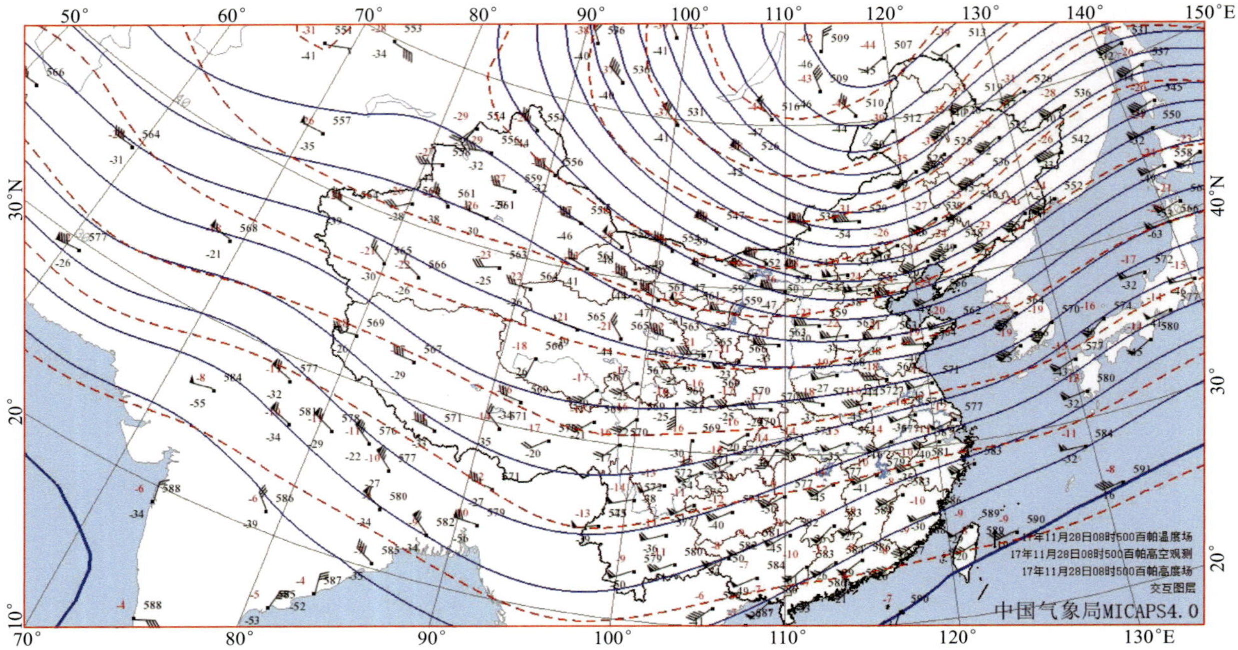

图 2.33.8　2017 年 11 月 28 日 08 时 500 hPa 高空图

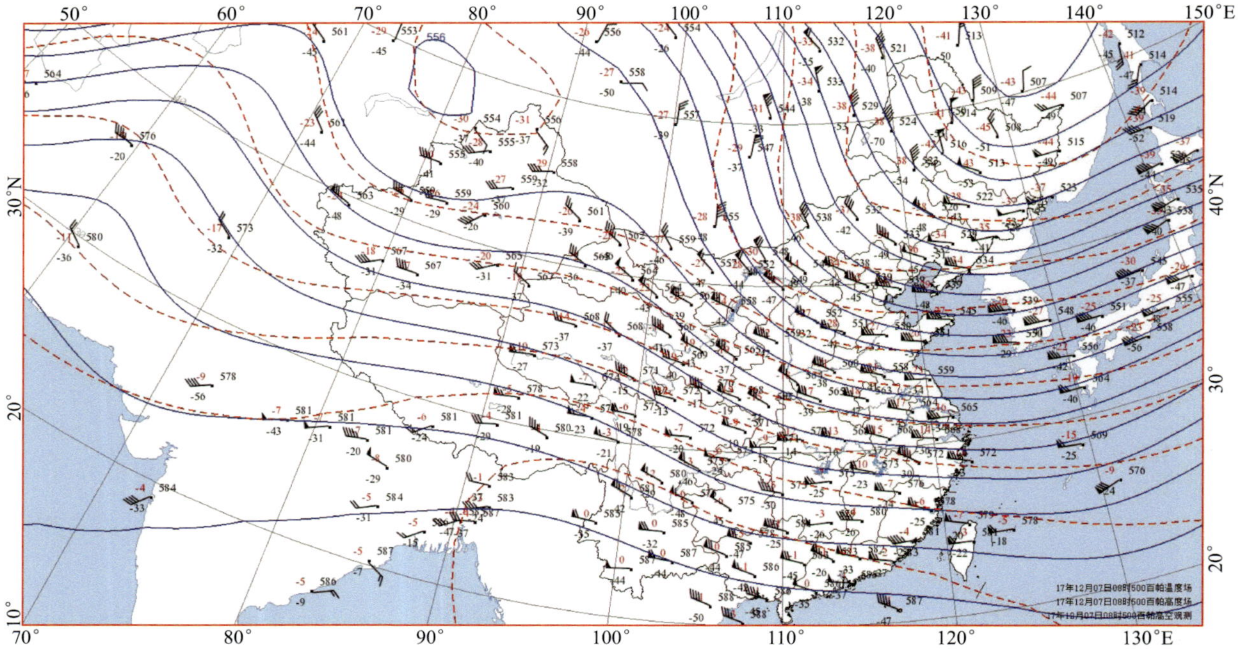

图 2.33.9　2017 年 12 月 7 日 08 时 500 hPa 高空图

2.33.3　卫星云图

图 2.33.10 是 2017 年 11 月 30 日 14 时、12 月 7 日 14 时卫星云图。

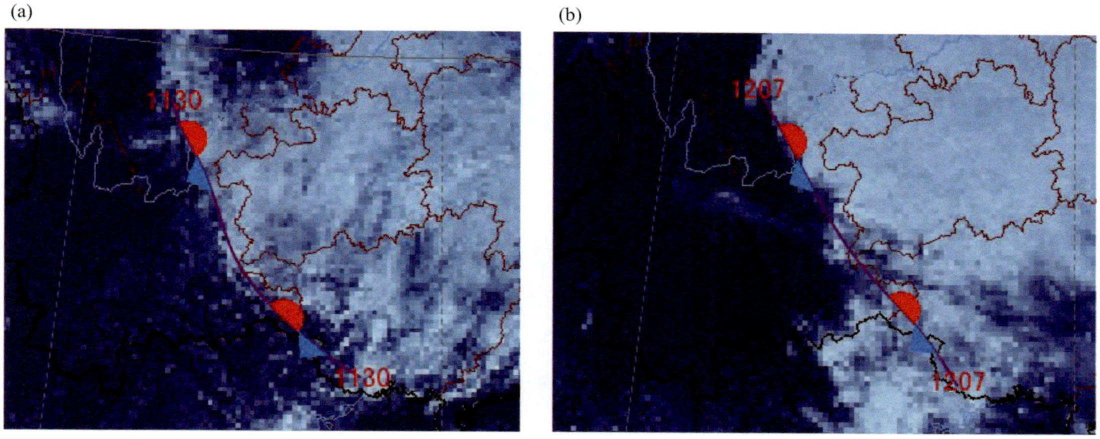

图 2.33.10　2017 年 11 月 30 日 14 时(a)、12 月 7 日 14 时(b)卫星云图

2.34　2017 年 12 月 10—15 日昆明准静止锋过程

2.34.1　过程概况

2017 年 12 月 10 日在滇东出现了昆明准静止锋天气系统，呈准南北向，贯穿四川、云南两省，位于会理、嵩明、蒙自及河口一线。11 日昆明准静止锋稍西进，12 日东退至布拖、曲靖、师宗、丘北及麻栗坡一线。13 日，昆明准静止锋继续东退至布拖、宣威、西林及那坡一线。14 日昆明准静止锋稍西进，15 日之继续西进至普格、寻甸、丘北、麻栗坡一线。之后，昆明准静止锋加强为冷锋，向西推进到达哀牢山附近。12 月 10—15 日过程期间昆明准静止锋移动路径如图 2.34.1，活动范围见表 2.34.1。

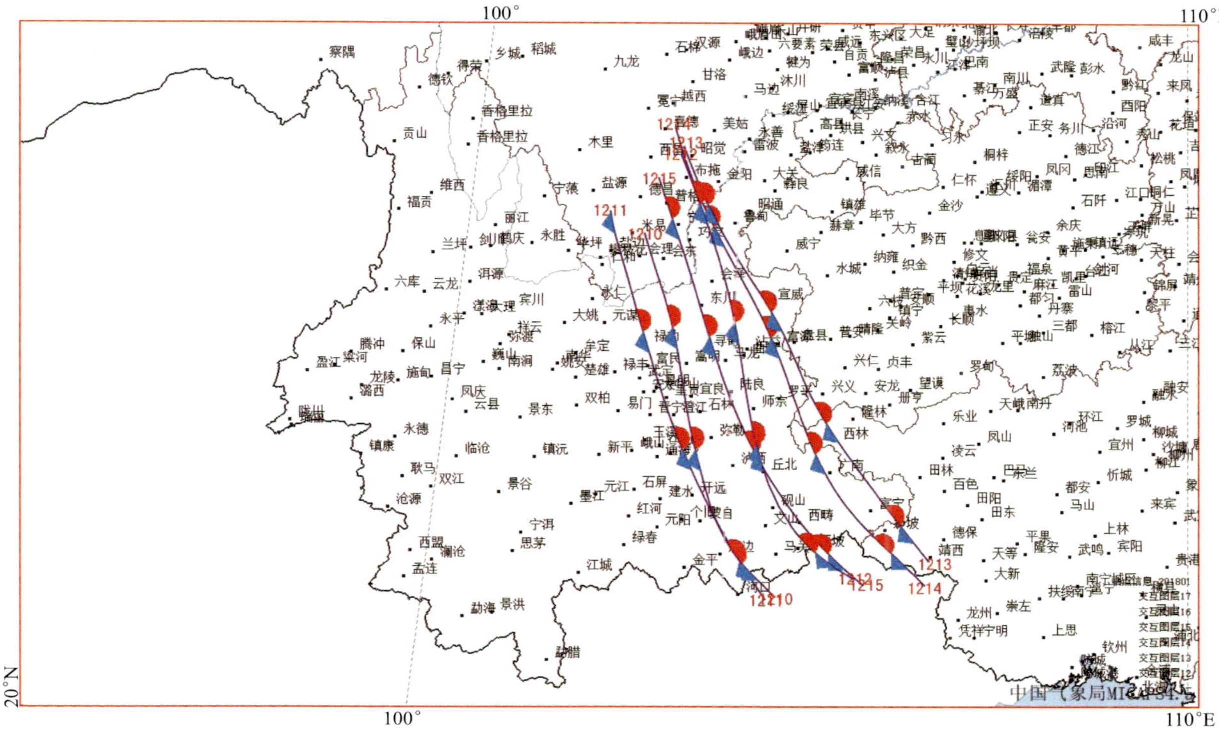

图 2.34.1　2017 年 12 月 10—15 日昆明准静止锋移动路径

表 2.34.1　2017 年 12 月 10—15 日昆明准静止锋位置

日期	昆明准静止锋位置
12 月 10 日	会理—嵩明—河口
12 月 11 日	盐边—昆明—河口
12 月 12 日	布拖—曲靖—麻栗坡
12 月 13 日	布拖—宣威—那坡
12 月 14 日	布拖—富源—广南
12 月 15 日	普格—寻甸—麻栗坡

受昆明准静止锋影响，12 月 10 日滇东北、滇东和滇东南出现日最高气温负变温区，最大变温在大关县，为－8.2 ℃；11 日负变温区稍西进；12 日滇东气温回升，滇东北降温幅度减小；13 日滇东气温继续回升。14—15 日随着昆明准静止锋西进，云南大部转为负变温，降温大值区在滇中以东地区，最大变温在丘北和会泽，分别为－11 ℃和－10.9 ℃(图 2.34.2)。

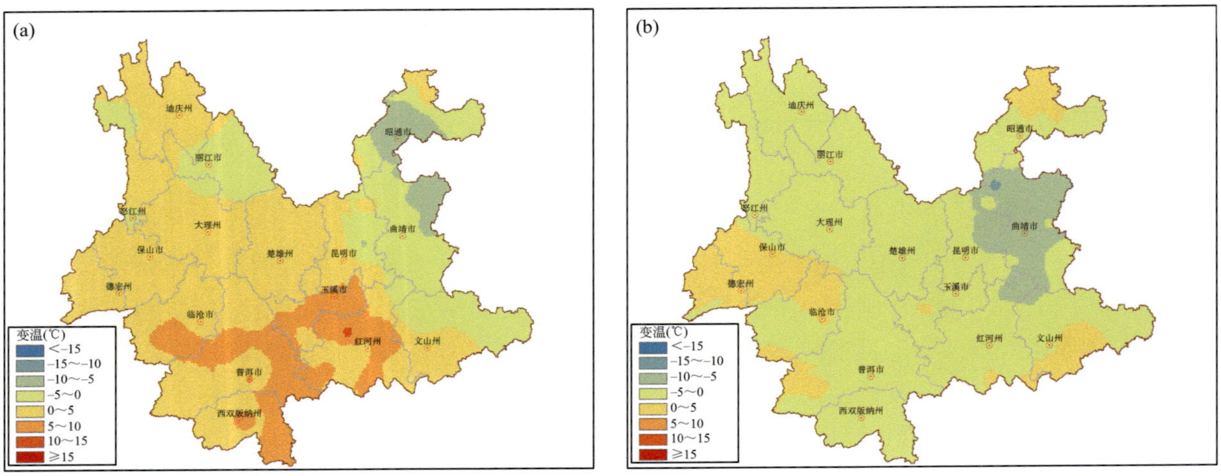

图 2.34.2　云南 2017 年 12 月 10 日(a)、15 日(b)最高气温 24 h 变温图

受昆明准静止锋影响，2017 年 12 月 10—15 日(20 时—20 时)滇东北、滇东及滇东南共有 25 个县市出现降水，总降水量都小于 10 mm，昭通威信总降水量最大，为 9.4 mm(图 2.34.3a)。

受昆明准静止锋影响，2017 年 12 月 10—15 日云南总日照时数有 100 个县市低于 50 h，其中有 19 个县市在 10 h 以内，最少的是罗平及富宁县，仅为 0 h，其次是屏边，为 2.1 h(图略)。与常年同期相比，

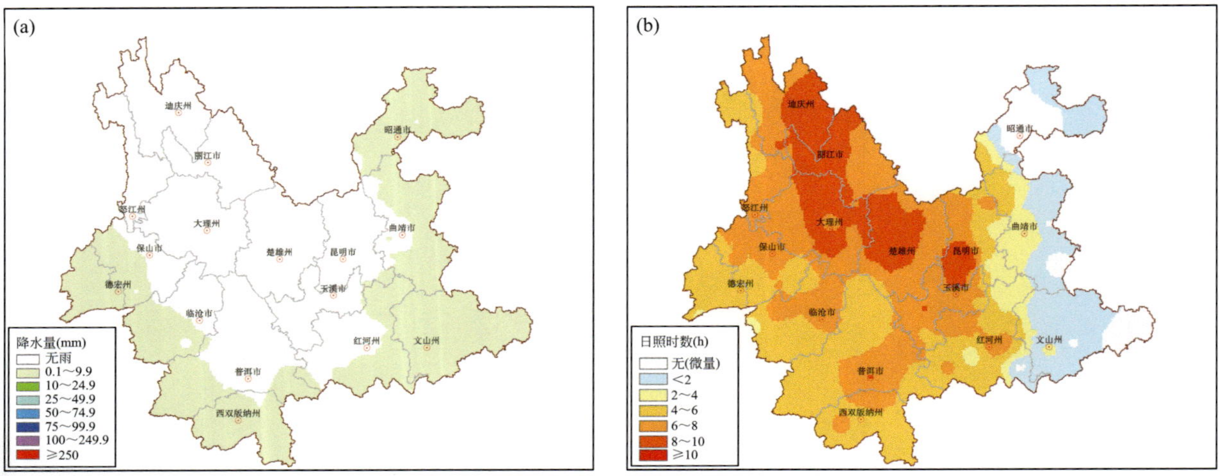

图 2.34.3　云南 2017 年 12 月 10—15 日累计降水量(a)和平均日照时数(b)

有 55 个县市日照时数偏少 20%以上，有 22 个县市偏少 50%以上，富宁及罗平偏少最多，为 100%，其次是西畴，偏少 91.1%。图 2.34.3b 是昆明准静止锋影响期间的平均日照时数。

2.34.2 环流背景

(1)地面图

图 2.34.4 是 2017 年 12 月 10 日 14 时地面图和海平面气压场。图 2.34.5 是 2017 年 12 月 15 日 20 时地面图和海平面气压场。

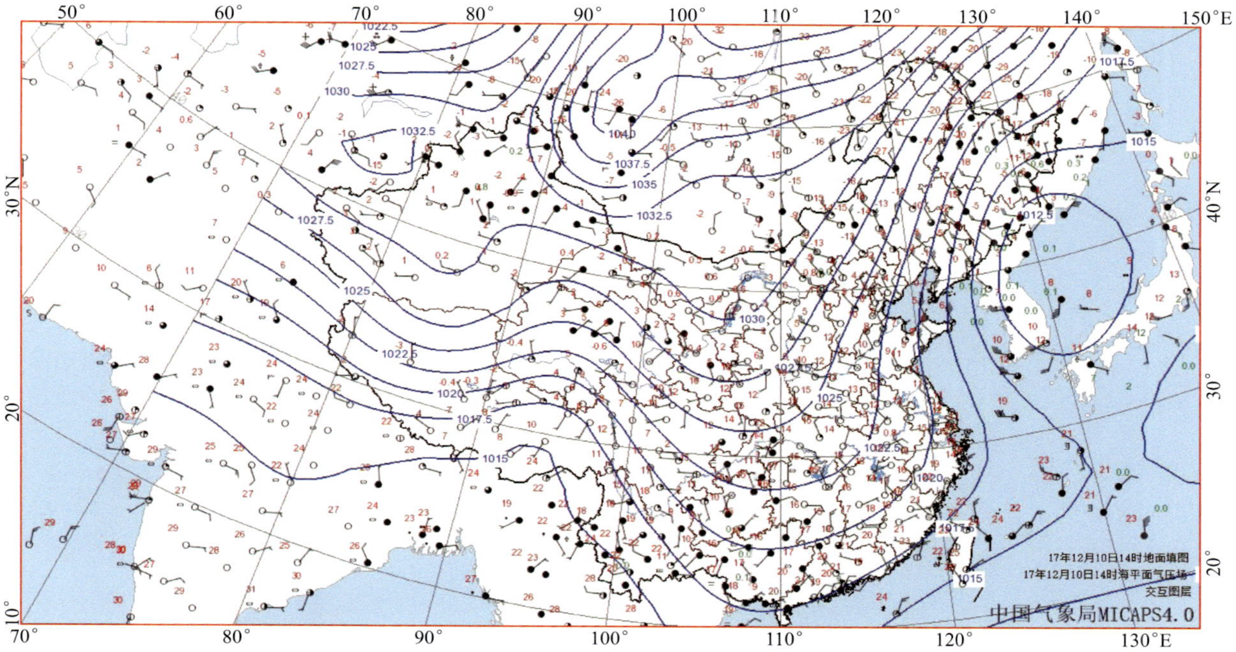

图 2.34.4 2017 年 12 月 10 日 14 时地面图和海平面气压场

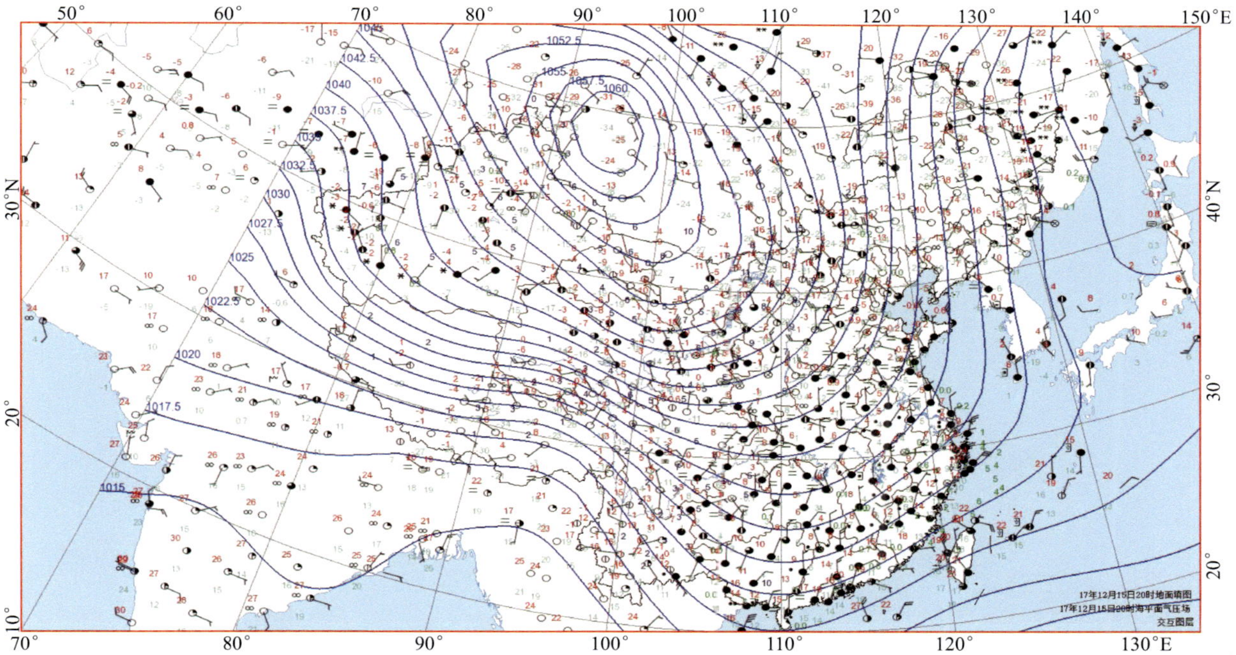

图 2.34.5 2017 年 12 月 15 日 20 时地面图和海平面气压场

(2)高空图

图 2.34.6 是 2017 年 12 月 10 日 08 时 850 hPa 高空图。图 2.34.7 是 2017 年 12 月 15 日 08 时 850 hPa 高空图。图 2.34.8 是 2017 年 12 月 10 日 08 时 500 hPa 高空图。图 2.34.9 是 2017 年 12 月 15 日 08 时 500 hPa 高空图。

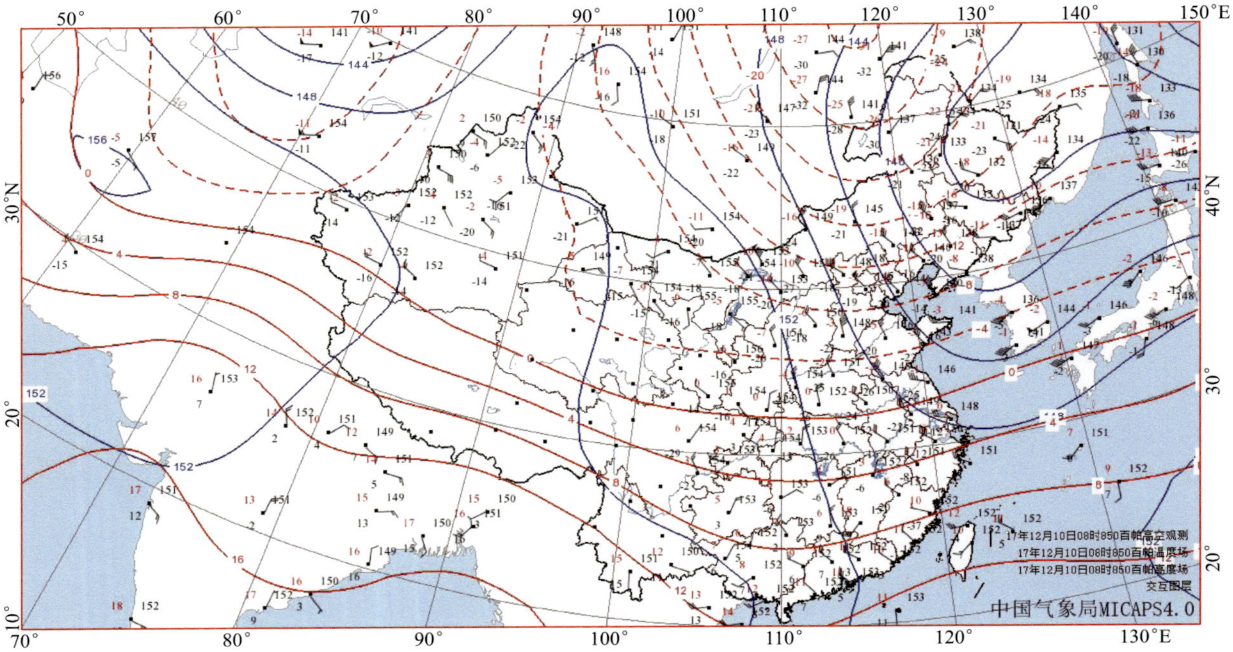

图 2.34.6　2017 年 12 月 10 日 08 时 850 hPa 高空图

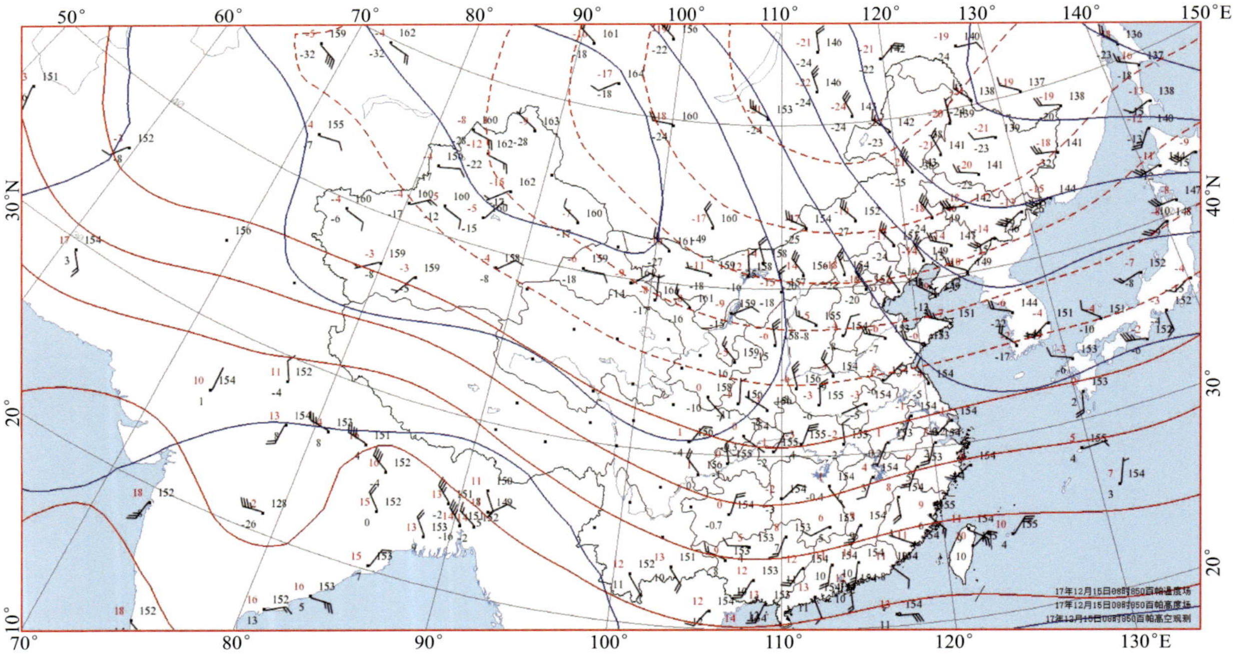

图 2.34.7　2017 年 12 月 15 日 08 时 850 hPa 高空图

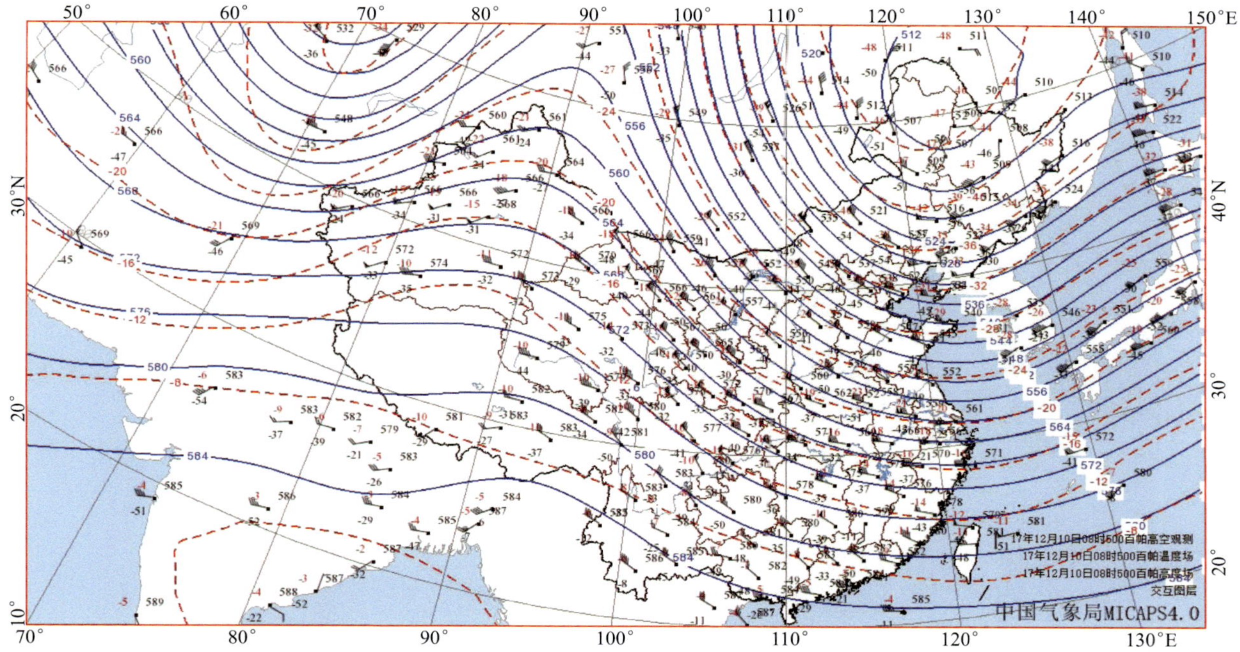

图 2.34.8 2017 年 12 月 10 日 08 时 5C0 hPa 高空图

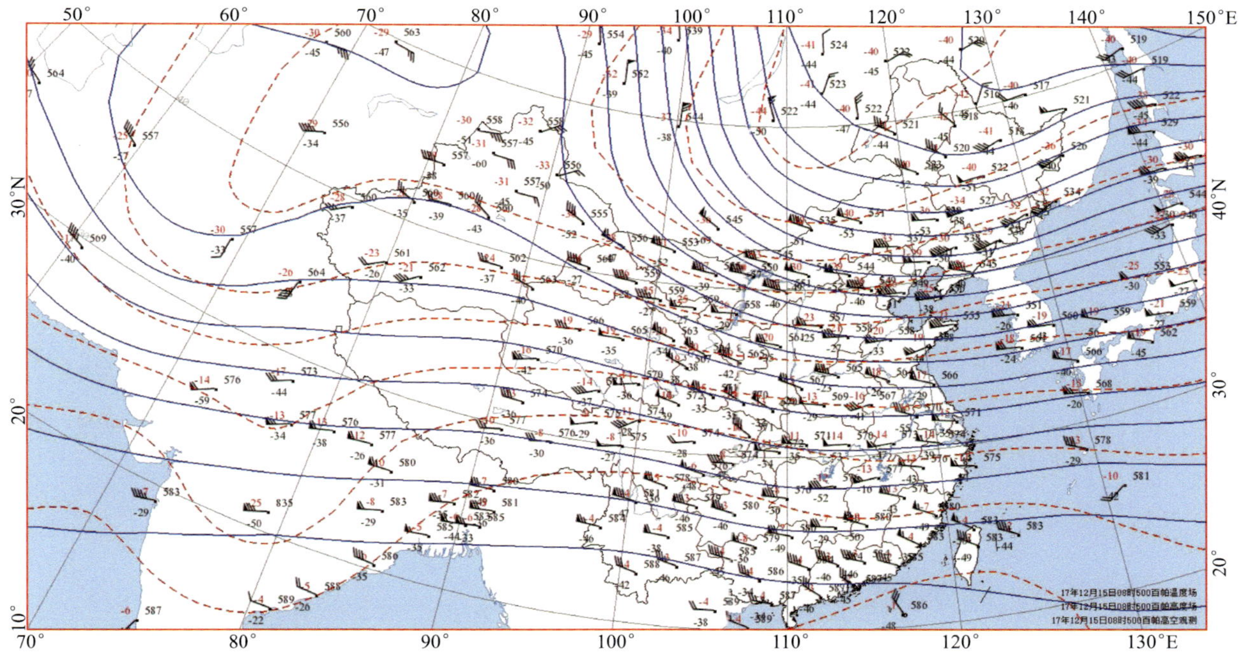

图 2.34.9 2017 年 12 月 15 日 08 时 500 hPa 高空图

2.34.3 卫星云图

图 2.34.10 是 2017 年 12 月 12 日 14 时、13 日 14 时卫星云图。

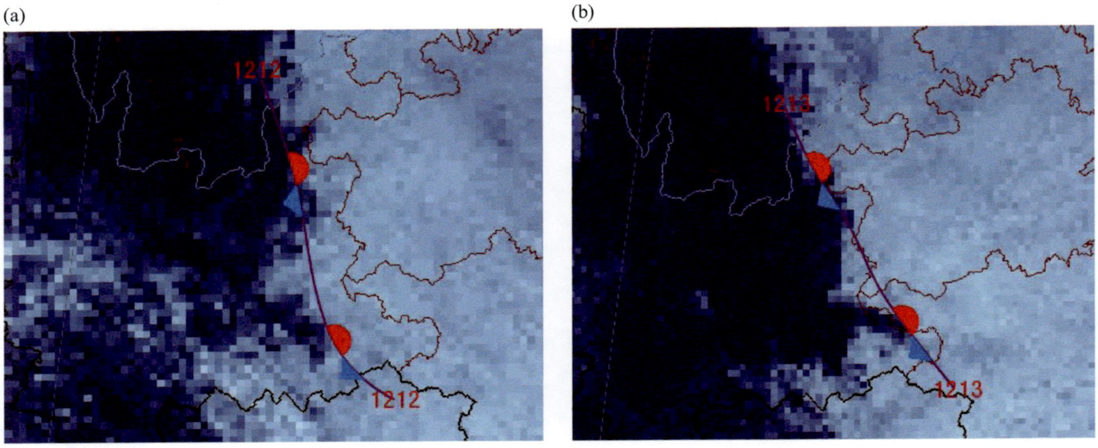

图 2.34.10　2017 年 12 月 12 日 14 时(a)、13 日 14 时(b)卫星云图

2.35　2018 年 1 月 1—9 日昆明准静止锋过程

2.35.1　过程概况

2018 年 1 月 1 日在云贵高原出现了昆明准静止锋天气系统，呈准南北向，贯穿四川、云南、贵州及广西四省(区)，位于雷波、彝良、盘县、兴义、富宁及那坡一线。2 日昆明准静止锋北段维持，南段东退，位于美姑、威宁、兴仁、田林及天等一线。3 日昆明准静止锋西伸至普格、会泽、沾益及西畴一线。4 日昆明准静止锋东退，5—7 日昆明准静止锋南段西伸，北段维持或东退，8—9 日昆明准静止锋明显西进，9 日昆明准静止锋位于盐边、富民、江川、个旧及金平一线，之后，昆明准静止锋加强为冷锋，向西推进到哀牢山附近。1 月 1—9 日过程期间昆明准静止锋移动路径如图 2.35.1，活动范围见表 2.35.1。

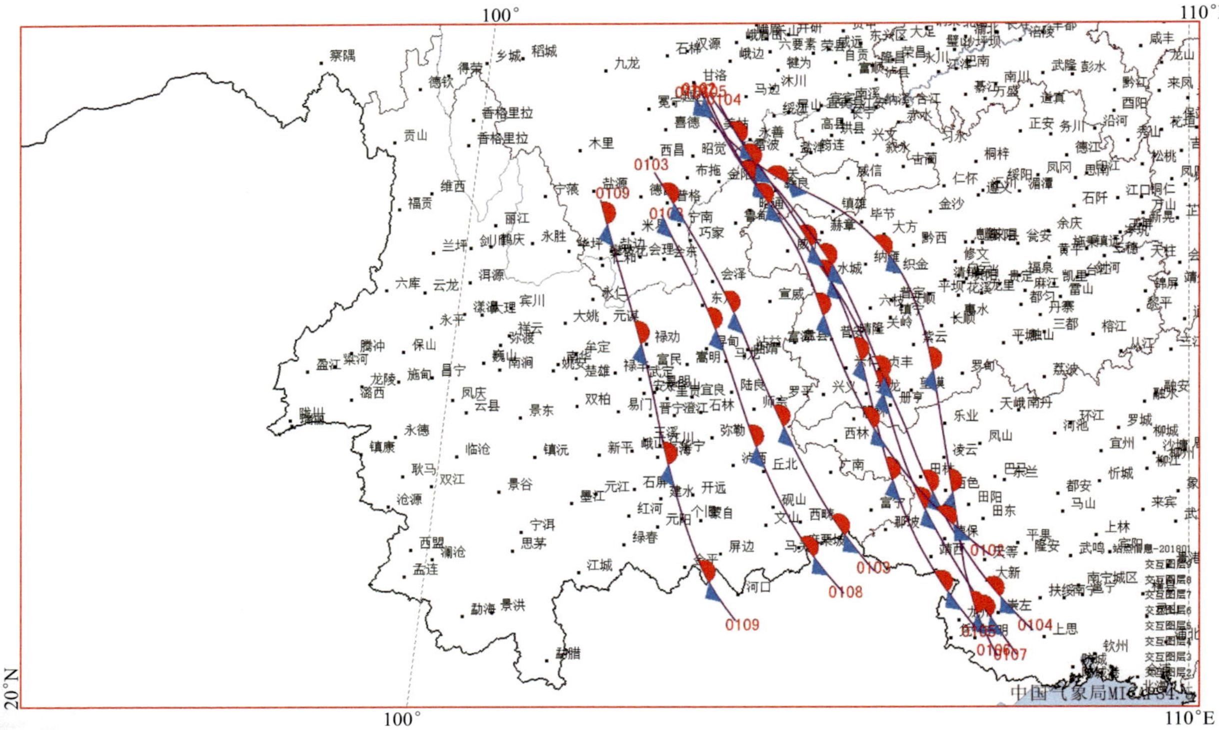

图 2.35.1　2018 年 1 月 1—9 日昆明准静止锋移动路径

表 2.35.1　2018 年 1 月 1—9 日昆明准静止锋位置

日期	昆明准静止锋位置
1 月 1 日	雷波—彝良—兴义—那坡
1 月 2 日	美姑—兴仁—田林
1 月 3 日	普格—沾益—西畴
1 月 4 日	彝良—贞丰—崇左
1 月 5 日	彝良—安龙—靖西
1 月 6 日	雷波—织金—凌云—宁明
1 月 7 日	雷波—贞丰—崇左
1 月 8 日	东川—陆良—麻栗坡
1 月 9 日	盐边—富民—金平

受昆明准静止锋影响，1 月 1 日滇东北出现日最高气温负变温区，最大变温在镇雄县，为－6.6 ℃；2 日随着昆明准静止锋东退，滇东北降温幅度减弱；3 日滇东边缘为昆明准静止锋影响，最大变温在滇东北的昭通和鲁甸，为－15.7 ℃；4 日随着昆明准静止锋东退，云南气温回升；5—9 日随着昆明准静止锋的西进，云南受昆明准静止锋影响的范围不断增大，9 日昆明准静止锋影响到了滇中、滇东南一带，日最高气温最大变温出现在弥勒，为－19.3 ℃。此次过程日最高气温降温幅度大于 10 ℃的县市有 26 个，主要集中在曲靖市、昆明市、玉溪市、红河州和文山州 5 个州市(图 2.35.2)。

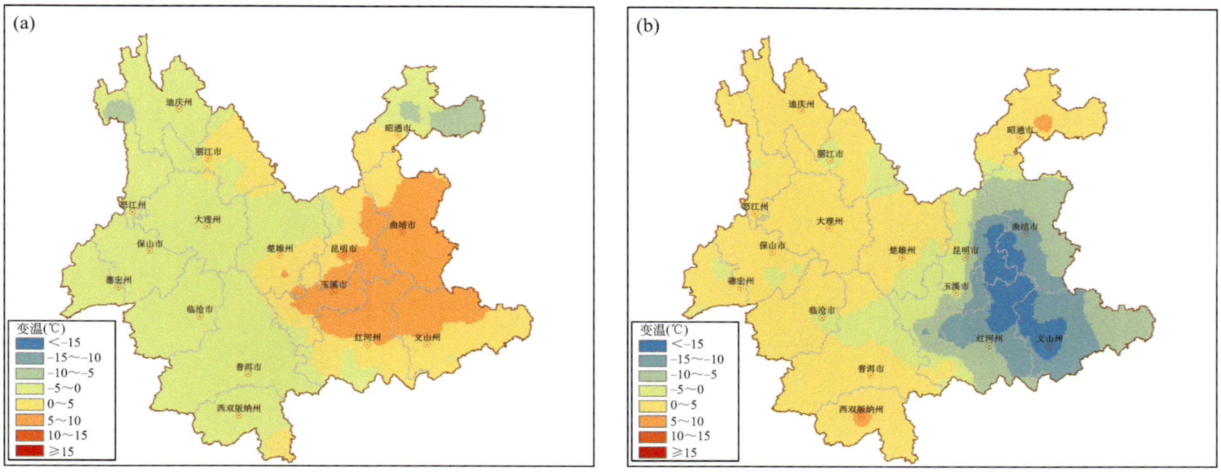

图 2.35.2　云南 2018 年 1 月 1 日(a)、9 日(b)最高气温 24 h 变温图

受昆明准静止锋和西南暖湿气流影响，2018 年 1 月 1—9 日(20 时—20 时)除滇西北和滇东北总降水量小于 10 mm 外，云南其余大部地区总降水量都大于 20 mm。昆明准静止锋主要影响区域(滇中及滇东南)有 29 个县市总降水量大于 25 mm，红河州绿春县总降水量最大，为 66.8 mm，其次是文山州马关县，为 51.2 mm(图 2.35.3a)。

受昆明准静止锋和西南暖湿气流影响，2018 年 1 月 1—9 日云南总日照时数全省皆不足 70 h。其中日照时数少于 50 h 的县市有 66 个，最少的是威信县，仅为 0.8 h，其次是盐津县和元阳县，分别为 3.2 h 和 3.8 h。河口、大关、麻栗坡、西畴及永善 5 个县日照时数在 8 h 以内(图略)。与常年同期相比，有 60 个县市日照时数偏少 20%以上，有 19 个县市偏少 50%以上，威信偏少最多，为 94%。有 15 个县市突破同期日照时数的历史最少纪录。图 2.35.3b 是昆明准静止锋影响期间的平均日照时数。

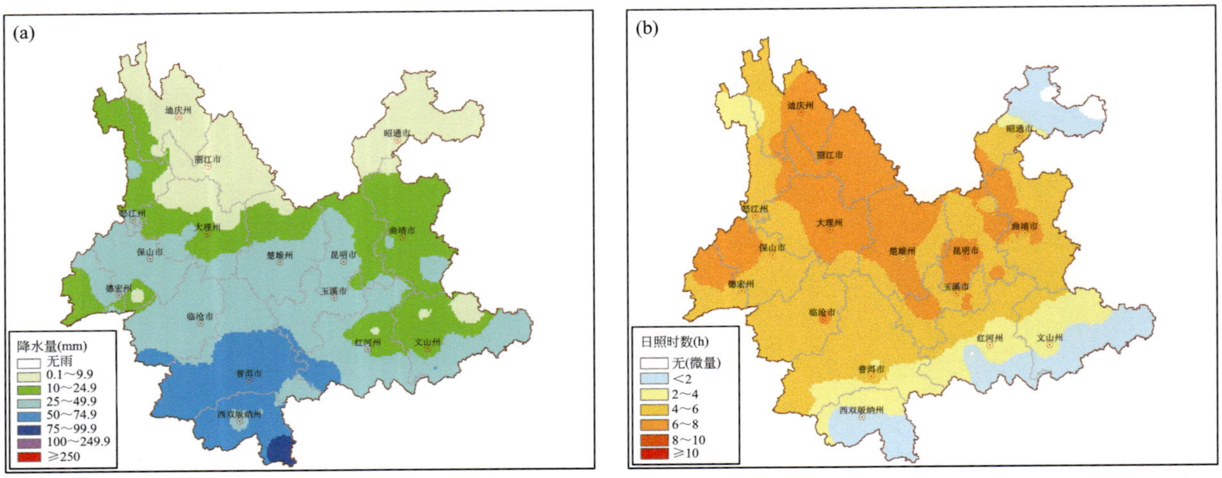

图 2.35.3　云南 2018 年 1 月 1—9 日累计降水量(a)和平均日照时数(b)

2.35.2　环流背景

(1)地面图

图 2.35.4 是 2018 年 1 月 1 日 14 时地面图和海平面气压场。图 2.35.5 是 2018 年 1 月 9 日 20 时地面图和海平面气压场。

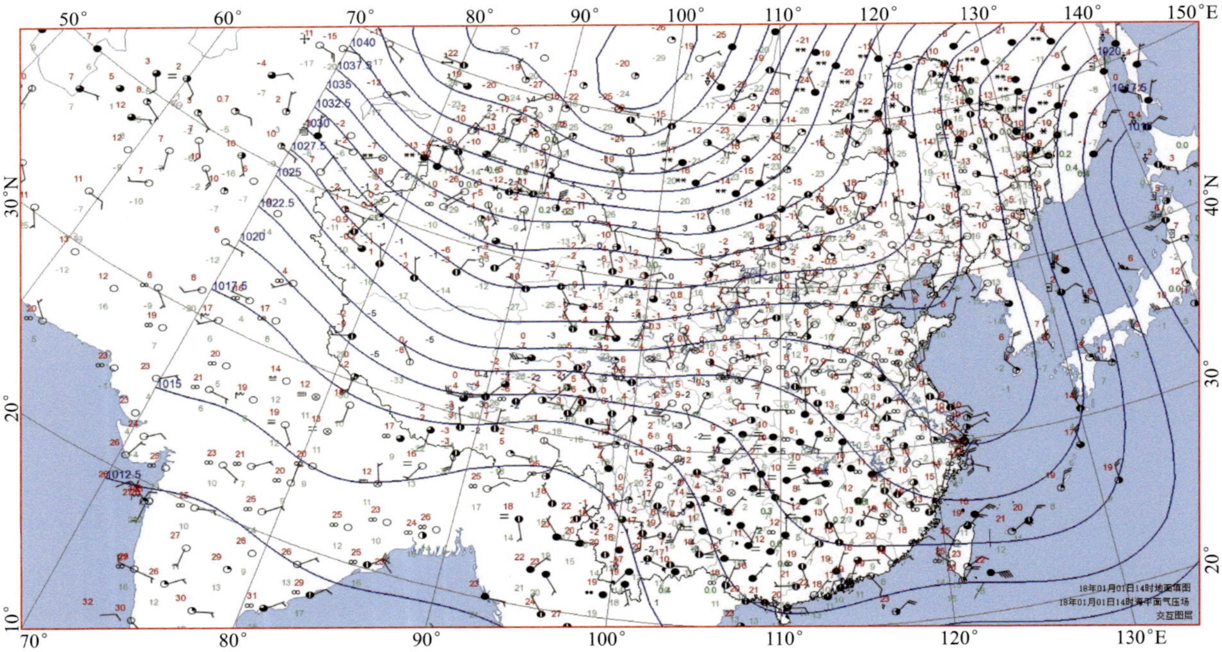

图 2.35.4　2018 年 1 月 1 日 14 时地面图和海平面气压场

(2)高空图

图 2.35.6 是 2018 年 1 月 1 日 08 时 850 hPa 高空图。图 2.35.7 是 2018 年 1 月 9 日 08 时 850 hPa 高空图。图 2.35.8 是 2018 年 1 月 1 日 08 时 500 hPa 高空图。图 2.35.9 是 2018 年 1 月 9 日 08 时 500 hPa 高空图。

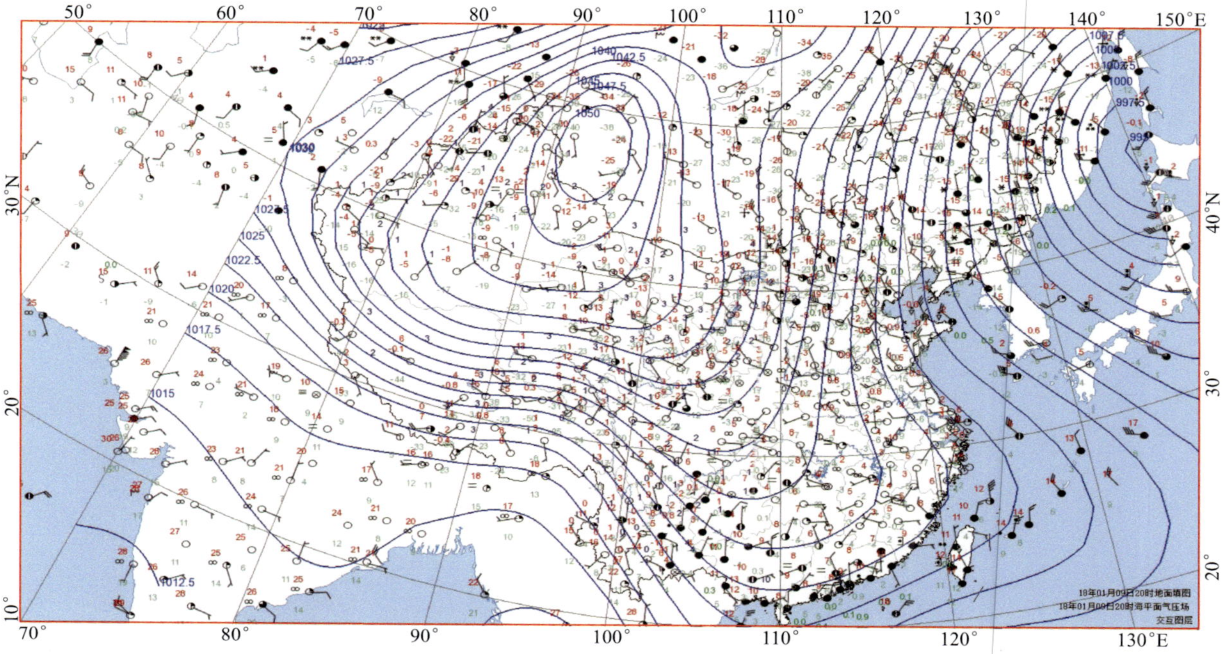

图 2.35.5 2018 年 1 月 9 日 20 时地面图和海平面气压场

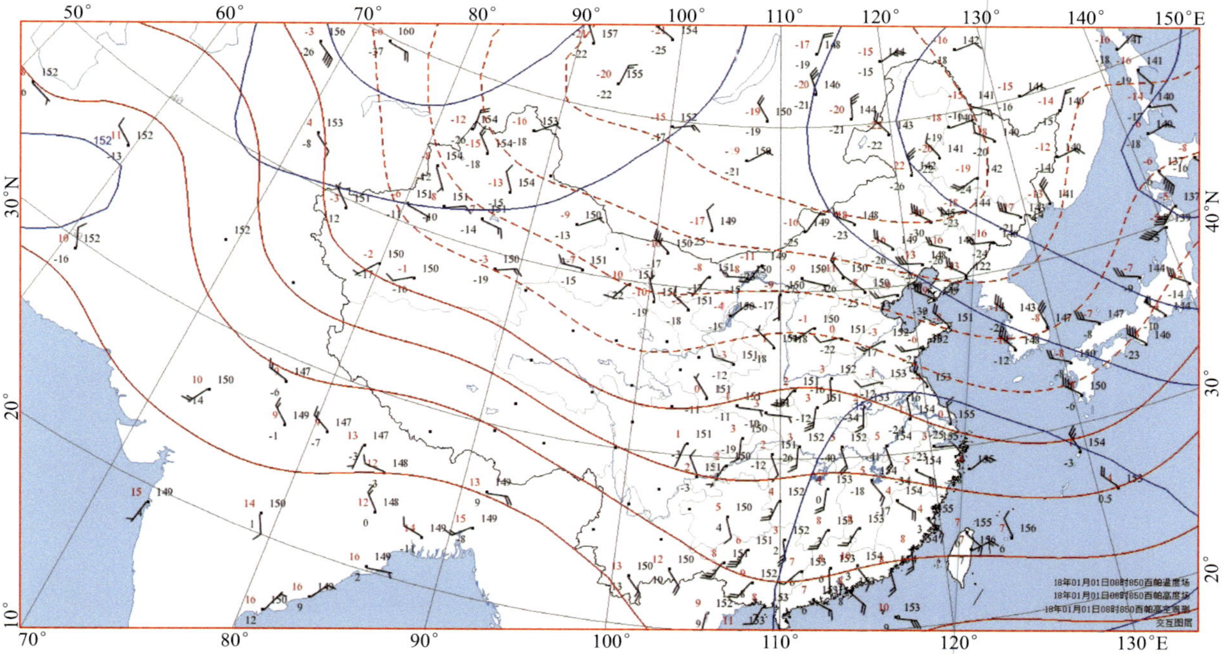

图 2.35.6 2018 年 1 月 1 日 08 时 850 hPa 高空图

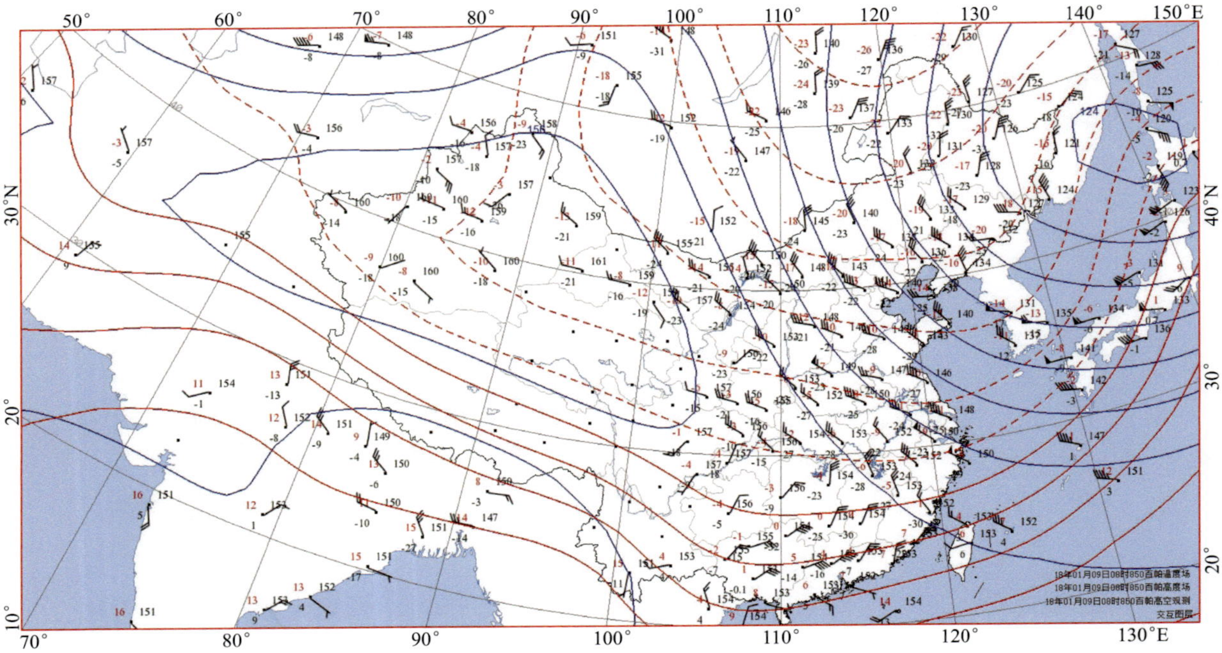

图 2.35.7　2018 年 1 月 9 日 08 时 850 hPa 高空图

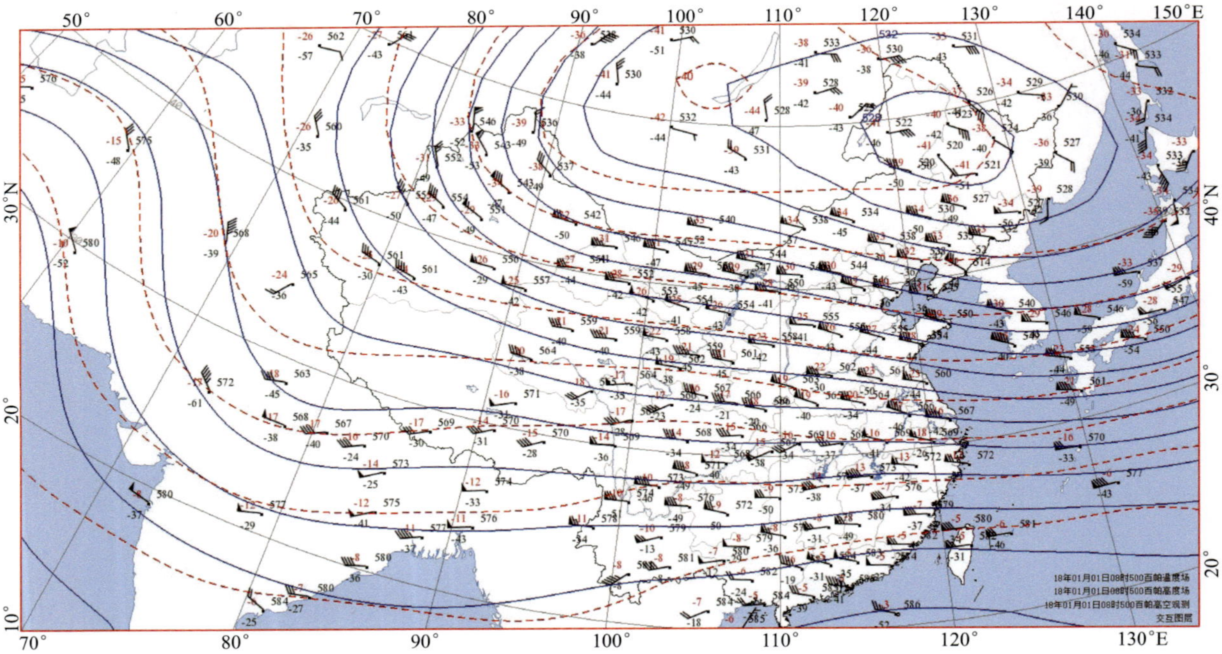

图 2.35.8　2018 年 1 月 1 日 08 时 500 hPa 高空图

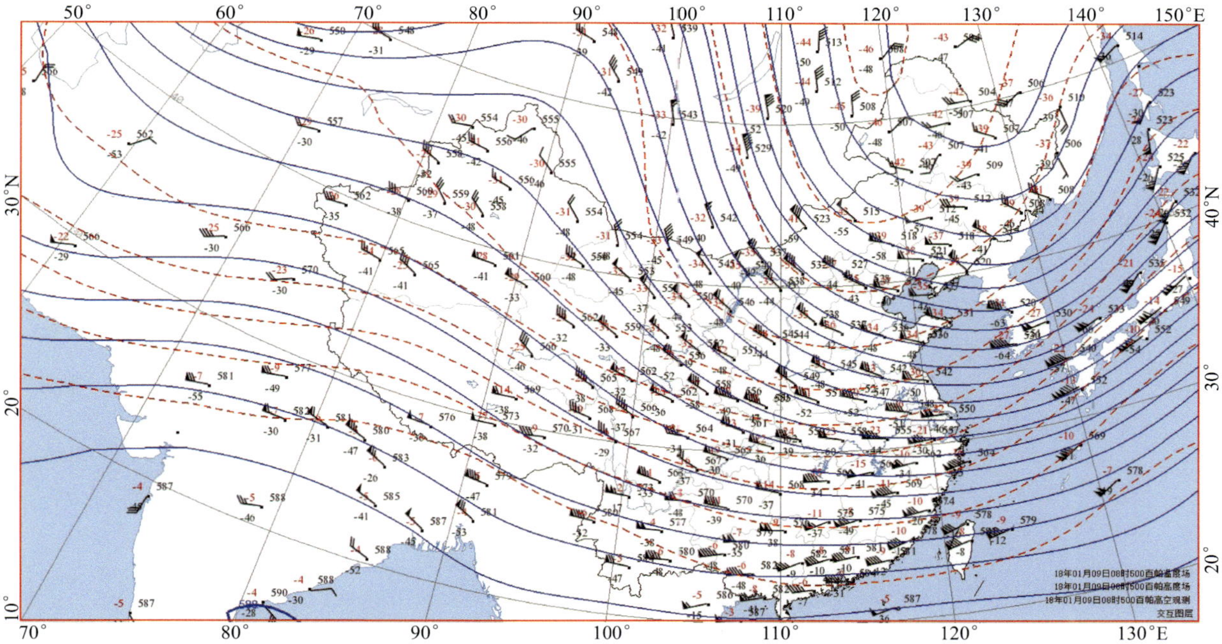

图 2.35.9　2018 年 1 月 9 日 08 时 500 hPa 高空图

2.35.3　卫星云图

图 2.35.10 是 2018 年 1 月 1 日 14 时、8 日 14 时卫星云图。

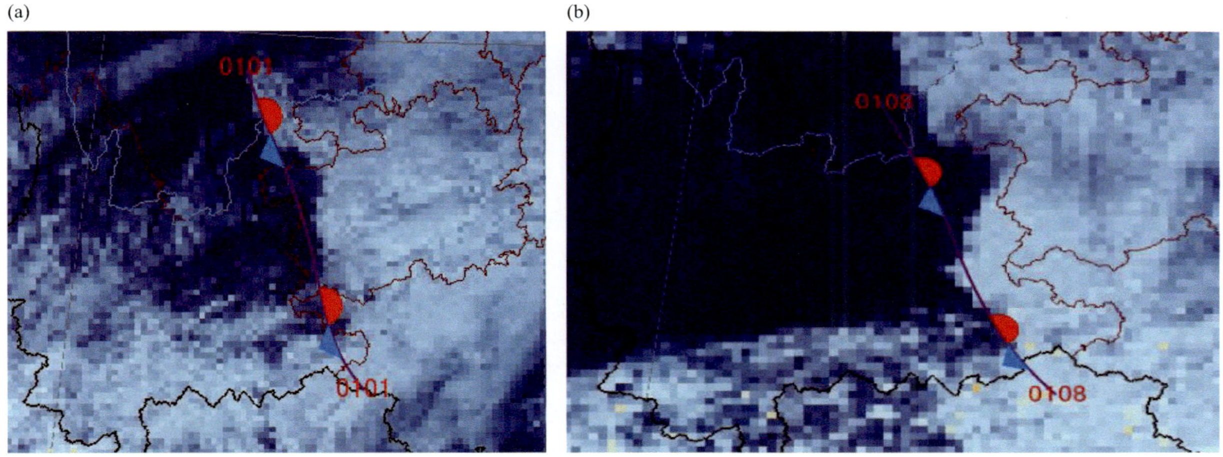

图 2.35.10　2018 年 1 月 1 日 14 时(a)、8 日 14 时(b)卫星云图

2.36　2018 年 1 月 18—20 日昆明准静止锋过程

2.36.1　过程概况

2018 年 1 月 18 日在云贵高原出现了昆明准静止锋天气系统，呈准南北向，贯穿四川、云南、贵州及广西四省(区)，位于美姑、昭通、威宁、普安及德保一线。19 日昆明准静止锋西伸至西昌、会泽、曲靖、西畴一线。20 日，昆明准静止锋略东退至布拖、罗平、广南、那坡一线。之后，锋面减弱东退至贵阳以东地区。1 月 18—20 日过程期间昆明准静止锋移动路径如图 2.36.1，活动范围见表 2.36.1。

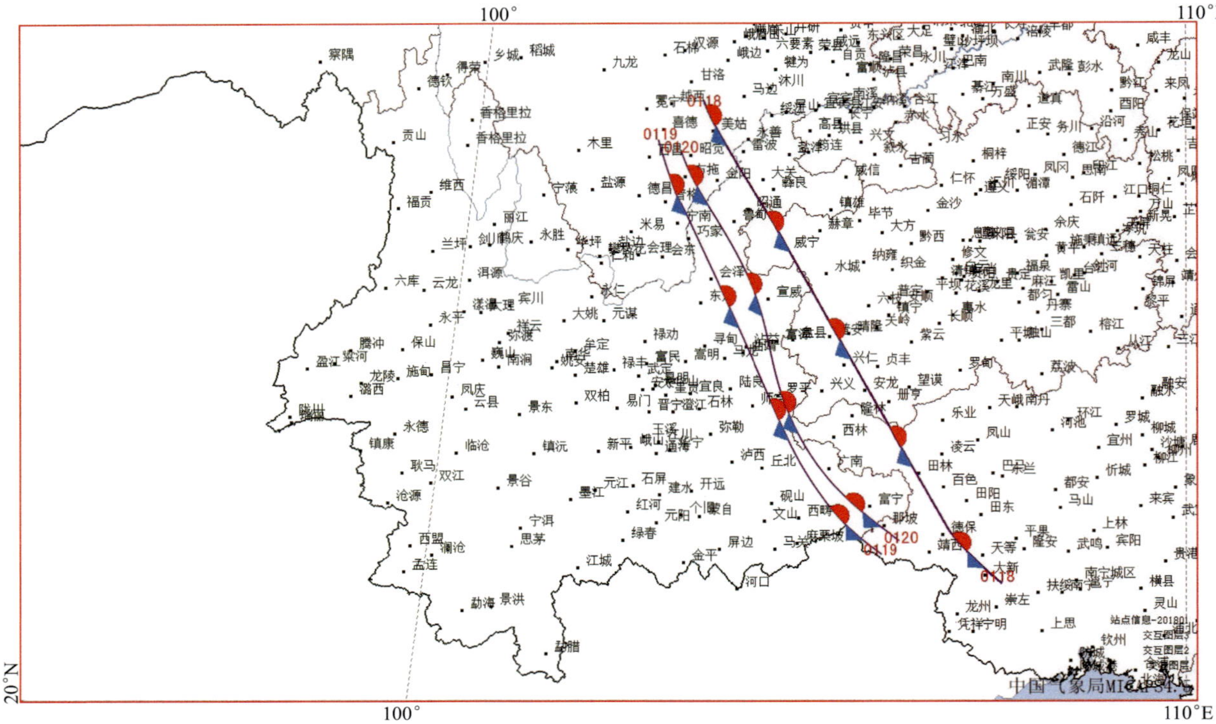

图 2.36.1　2018 年 1 月 18—20 日昆明准静止锋移动路径

表 2.36.1　2018 年 1 月 18—20 日昆明准静止锋位置

日期	昆明准静止锋位置
1 月 18 日	美姑—威宁—普安
1 月 19 日	西昌—曲靖—西畴
1 月 20 日	布拖—罗平—那坡

受昆明准静止锋影响，1 月 18 日云南大部为日最高气温负变温区，最大变温出现在昭通市，为－10 ℃；19 日昆明准静止锋主要影响滇东一带，日最高气温最大变温出现在宣威市，为－10.1 ℃；20 日，昆明准静止锋东退至滇东边缘，云南气温回升（图 2.36.2）。

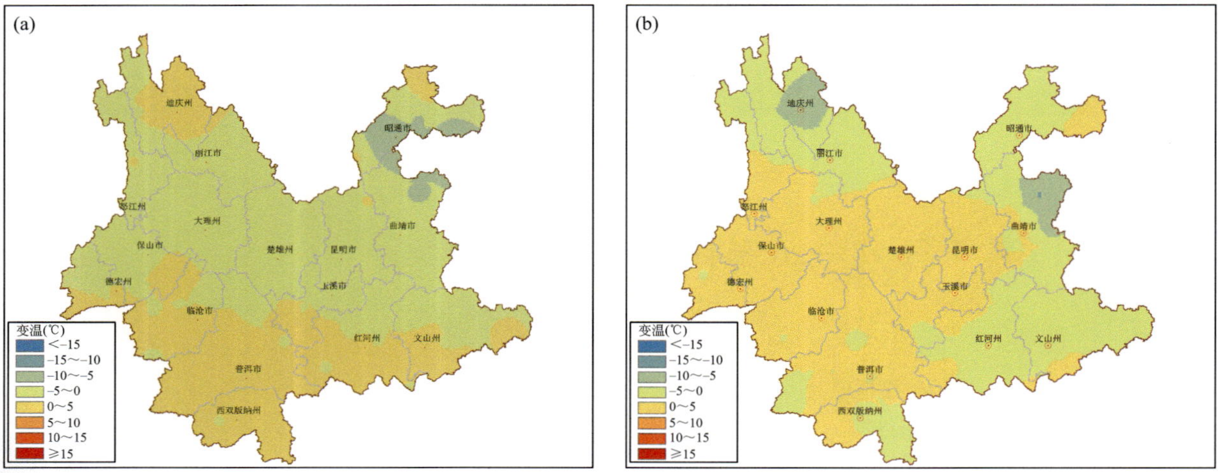

图 2.36.2　云南 2018 年 1 月 18 日(a)、19 日(b)最高气温 24 h 变温图

受昆明准静止锋影响，2018 年 1 月 18—20 日（20 时—20 时）云南仅有 4 个县市出现降水，总降水量威信 1.1 mm，大关 0.3 mm，河口 3.2 mm，勐海 0.2 mm（图 2.36.3a）。

受昆明准静止锋影响，2018 年 1 月 18—20 日云南总日照时数有 45 个县市少于 30 h，其中日照时数少于 20 h 的县市有 15 个，威信、盐津、彝良、永善、镇雄 5 个县市少于 10 h，最少的是威信县，仅为 0.9 h，其次是盐津和彝良，分别为 2.9 h 和 4.3 h（图略）。与常年同期相比，威信、盐津、彝良、福贡偏少 20%以上，威信偏少最多，为 76.9%。图 2.36.3b 是昆明准静止锋影响期间的平均日照时数。

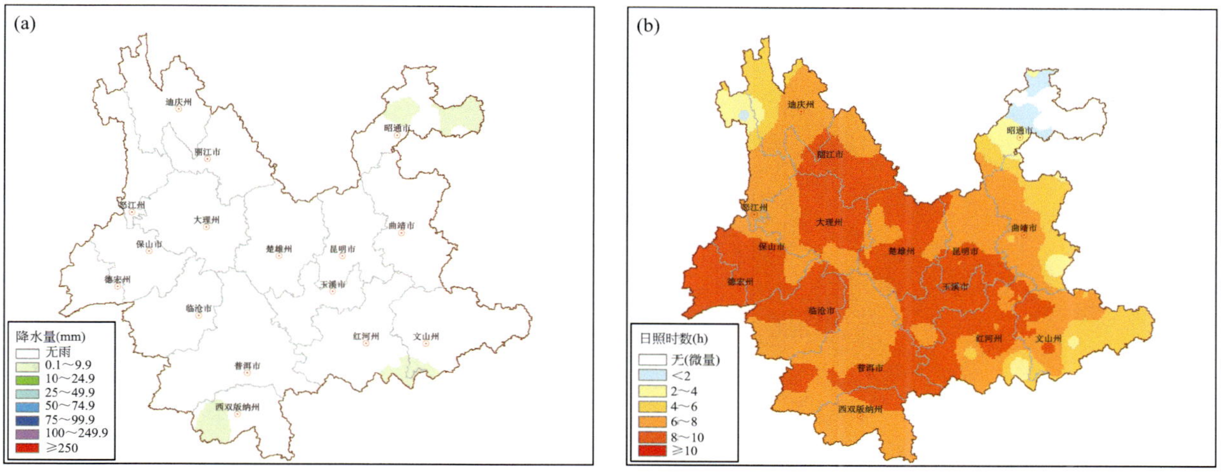

图 2.36.3　云南 2018 年 1 月 18—20 日累计降水量(a)和平均日照时数(b)

2.36.2　环流背景

（1）地面图

图 2.36.4 是 2018 年 1 月 18 日 14 时地面图和海平面气压场。图 2.36.5 是 2018 年 1 月 20 日 20 时地面图和海平面气压场。

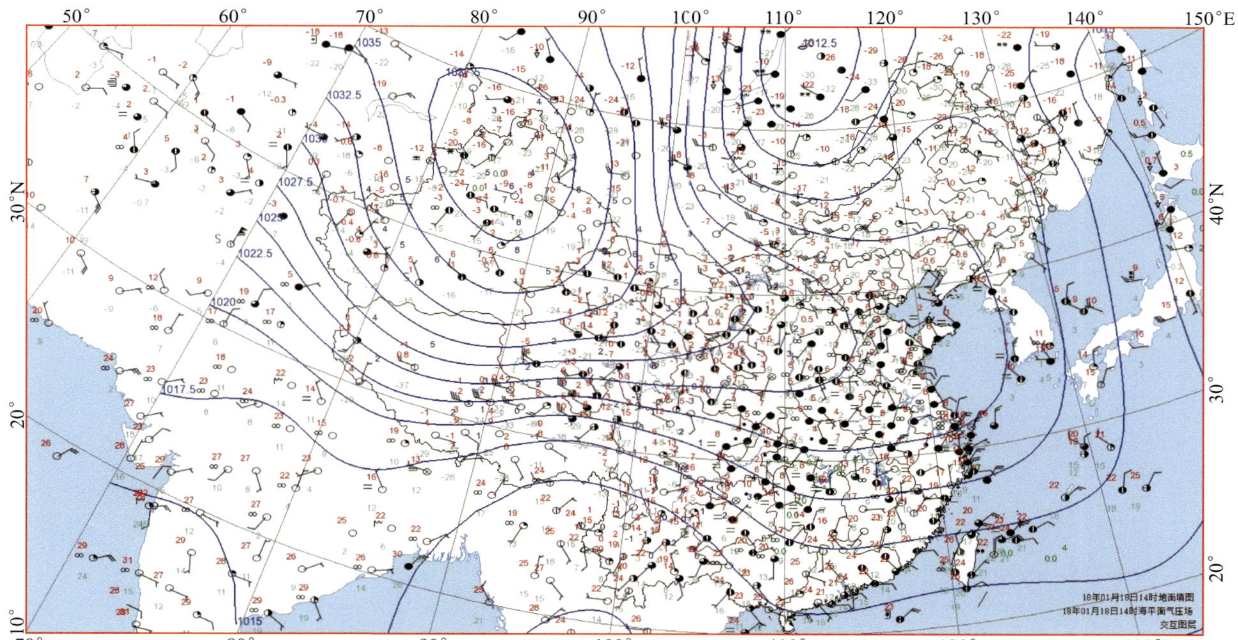

图 2.36.4　2018 年 1 月 18 日 14 时地面图和海平面气压场

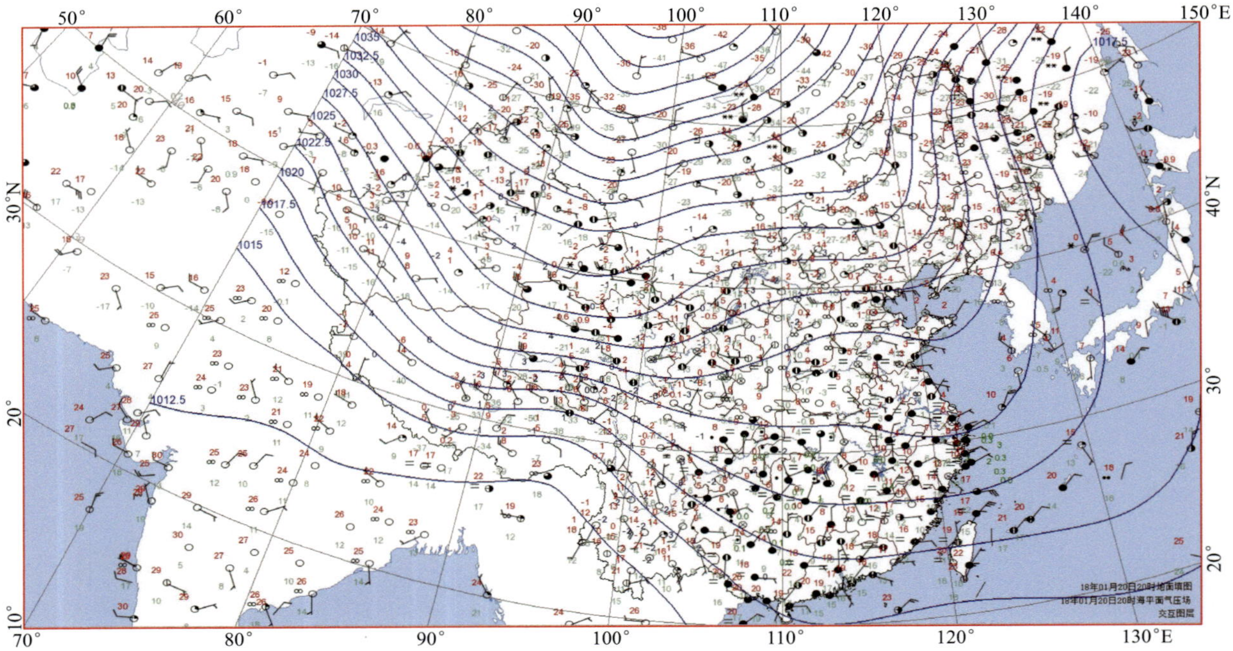

图 2.36.5　2018 年 1 月 20 日 20 时地面图和海平面气压场

(2)高空图

图 2.36.6 是 2018 年 1 月 18 日 08 时 850 hPa 高空图。图 2.36.7 是 2018 年 1 月 20 日 08 时 850 hPa 高空图。图 2.36.8 是 2018 年 1 月 18 日 08 时 500 hPa 高空图。图 2.36.9 是 2018 年 1 月 20 日 08 时 500 hPa 高空图。

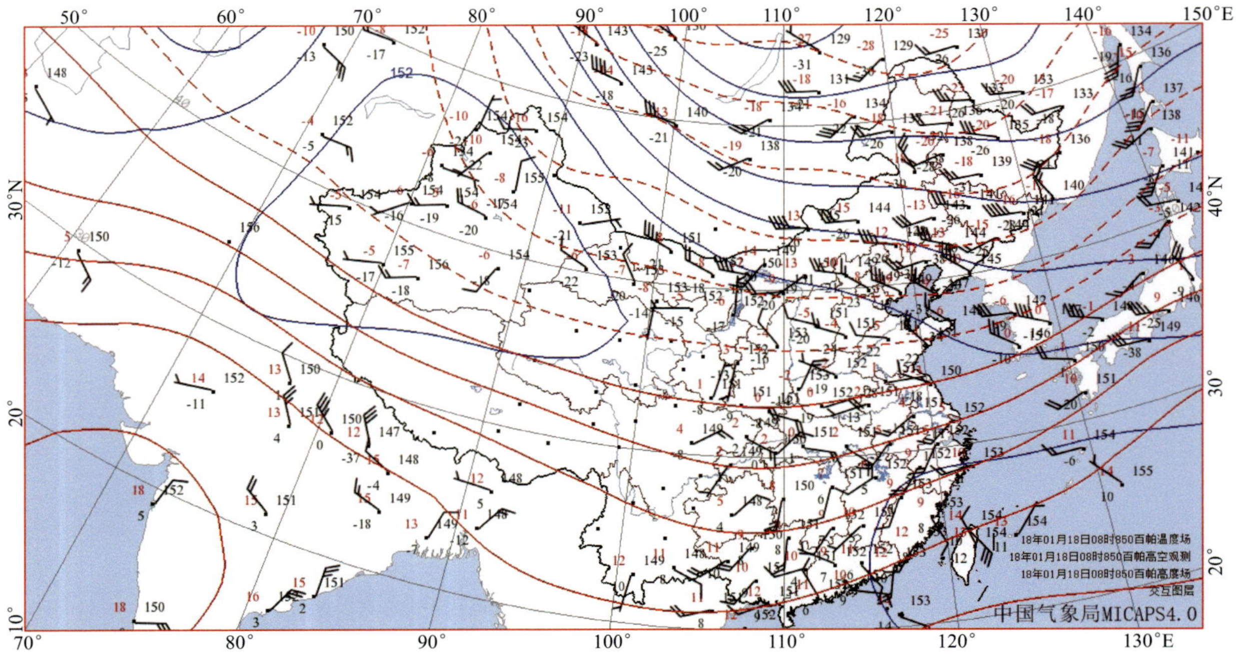

图 2.36.6　2018 年 1 月 18 日 08 时 850 hPa 高空图

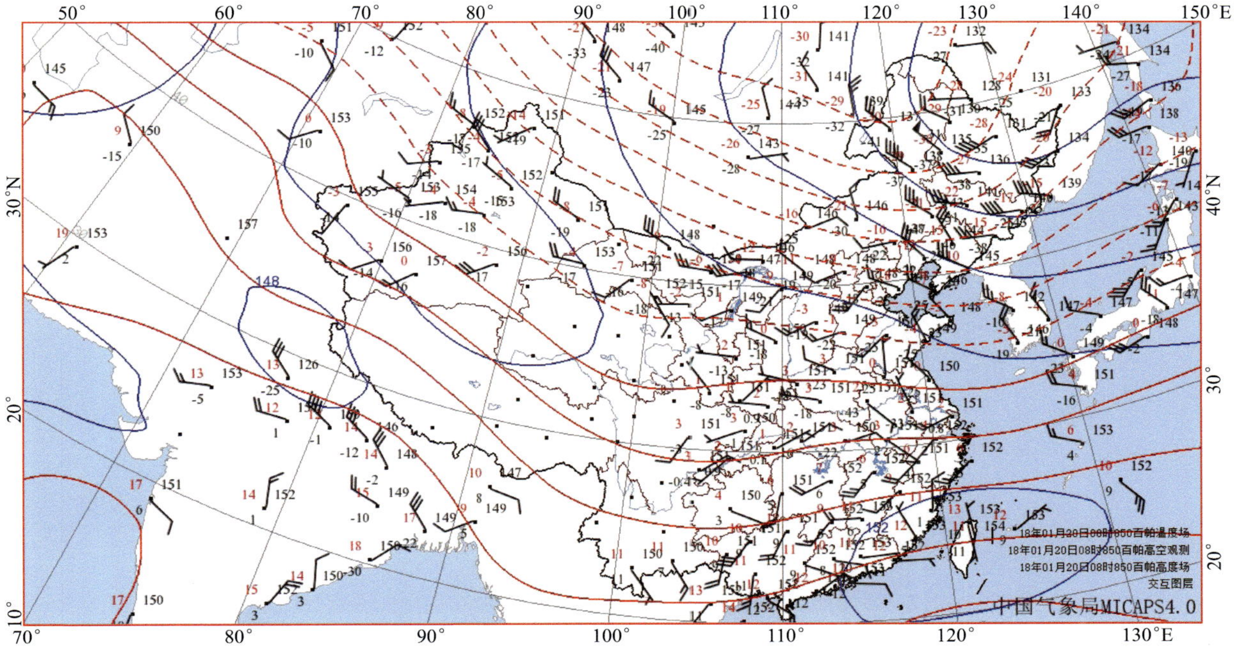

图 2.36.7　2018 年 1 月 20 日 08 时 850 hPa 高空图

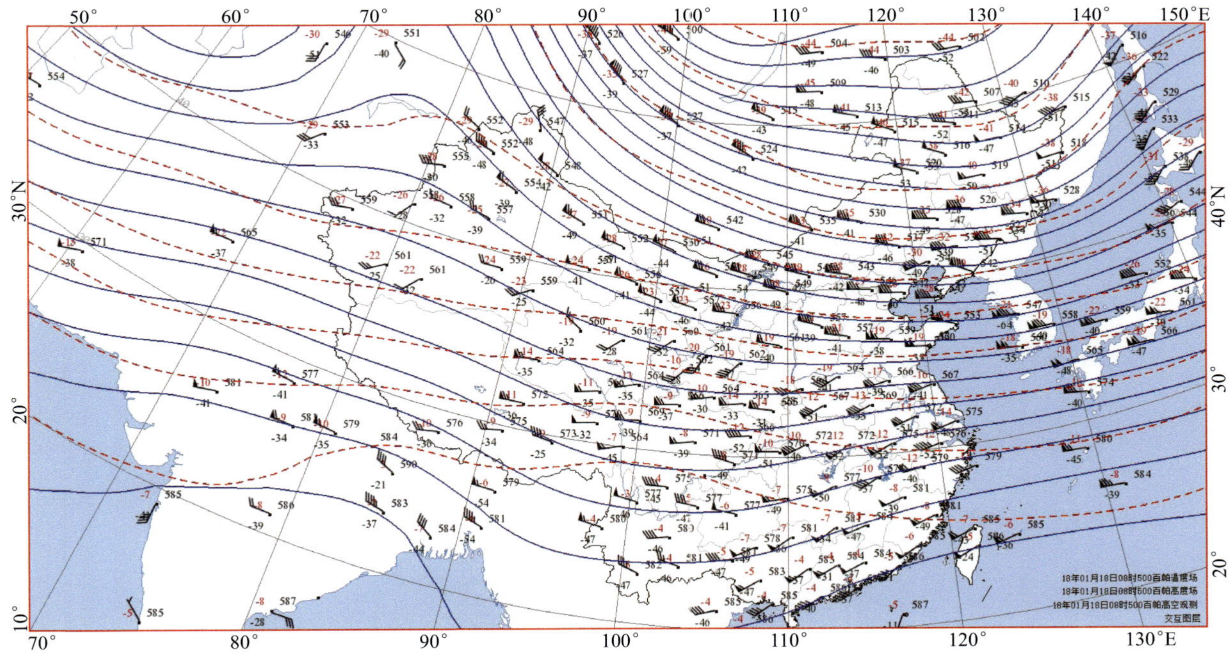

图 2.36.8　2018 年 1 月 18 日 08 时 500 hPa 高空图

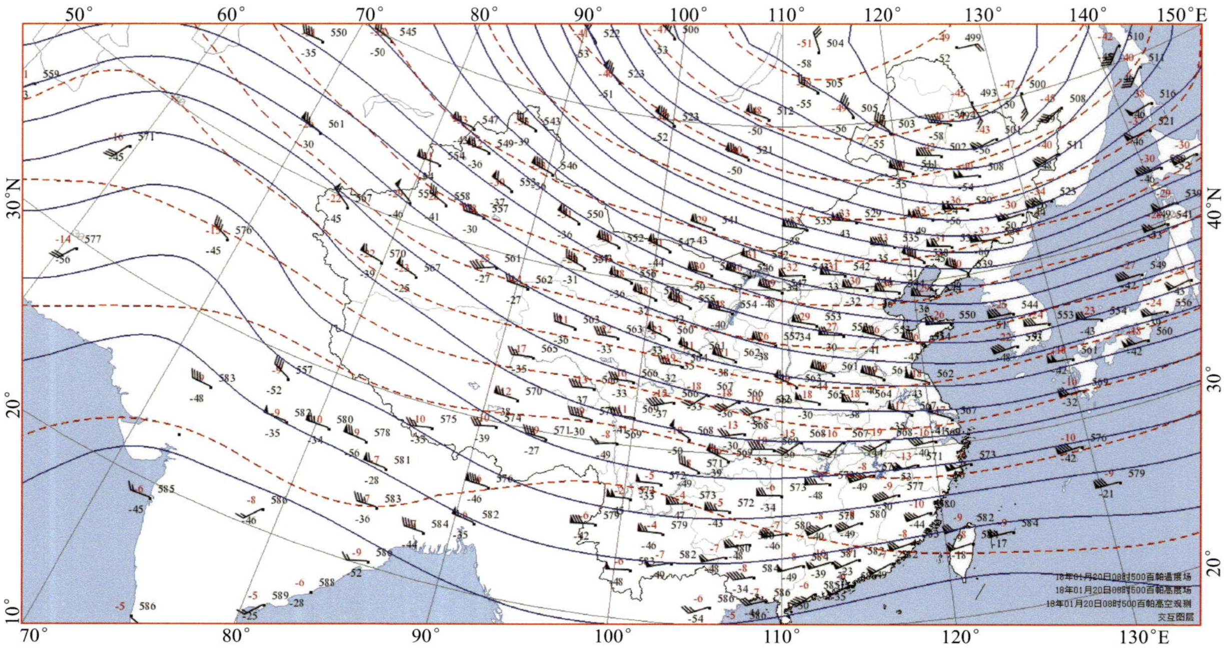

图 2.36.9　2018 年 1 月 20 日 08 时 500 hPa 高空图

2.36.3　卫星云图

图 2.36.10 是 2018 年 1 月 19 日 14 时、20 日 14 时卫星云图。

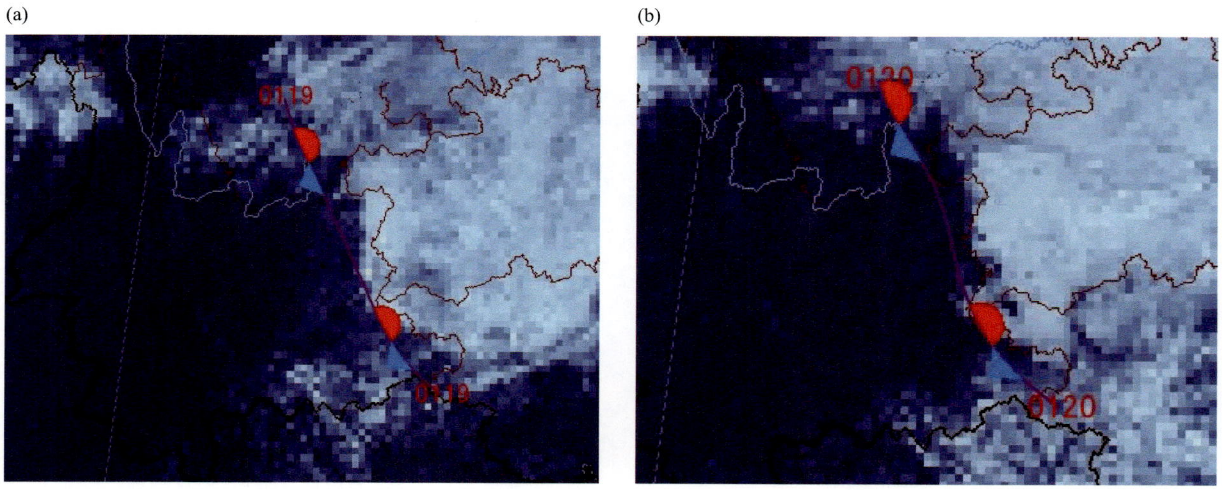

图 2.36.10　2018 年 1 月 19 日 14 时(a)、20 日 14 时(b)卫星云图

2.37　2018 年 1 月 23—30 日昆明准静止锋过程

2.37.1　过程概况

2018 年 1 月 23 日在云贵高原出现了昆明准静止锋天气系统，呈准南北向，贯穿四川、云南、贵州及广西四省(区)，位于雷波、水城、贞丰、百色及天等一线。24 日昆明准静止锋位置少动，25 日昆明准静止

锋北段维持，南段东退，锋面位于昭通、水城、紫云、天峨及忻城一线。26 日昆明准静止锋北段维持，南段西伸，锋面位于美姑、昭通、盘县、广南及麻栗坡一线。27 日昆明准静止锋略东退，28 日昆明准静止锋西进至布拖、沾益、罗平及麻栗坡一线。29 日昆明准静止锋加强西进至昆明附近，锋面位于会东、安宁、通海、建水、金平一线附近。30 日昆明准静止锋略东退，维持在昆明附近。之后，昆明准静止锋加强为冷锋，越过哀牢山。1 月 23—30 日过程期间昆明准静止锋移动路径如图 2.37.1，活动范围见表 2.37.1。

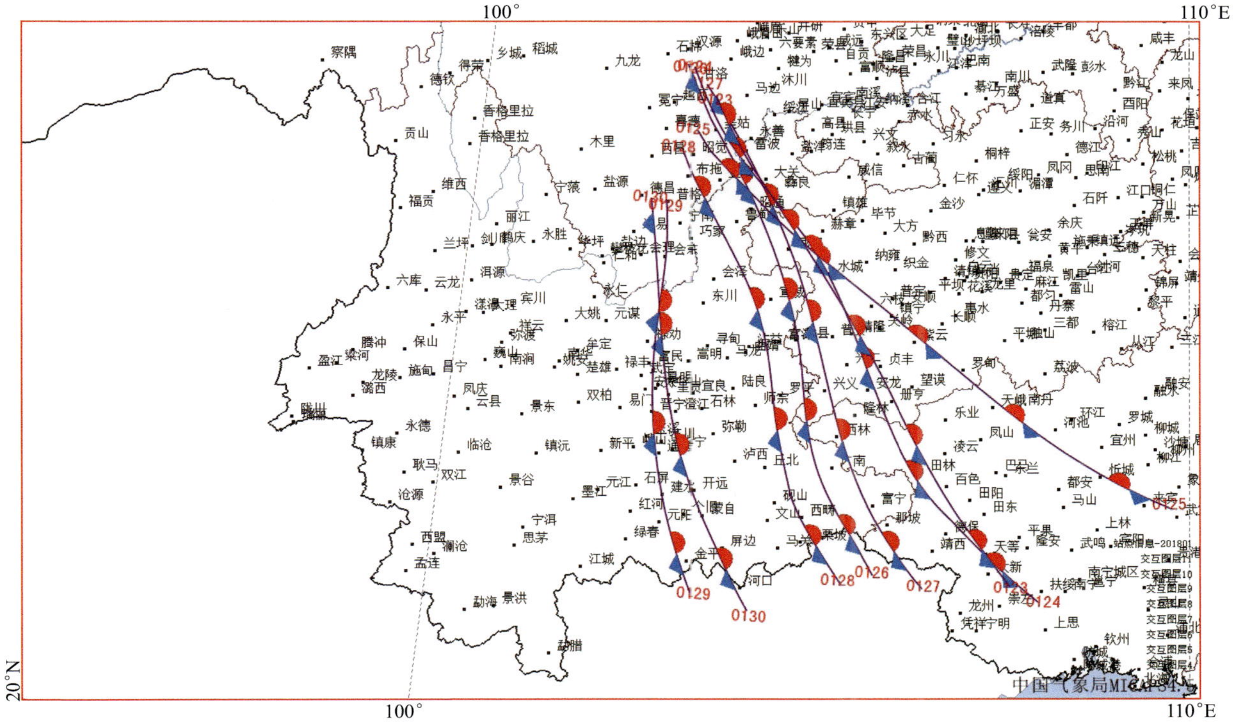

图 2.37.1　2018 年 1 月 23—30 日昆明准静止锋移动路径

表 2.37.1　2018 年 1 月 23—30 日昆明准静止锋位置

日期	昆明准静止锋位置
1 月 23 日	雷波—水城—百色—天等
1 月 24 日	美姑—安龙—天等
1 月 25 日	昭通—紫云—忻城
1 月 26 日	昭通—盘县—麻栗坡
1 月 27 日	雷波—兴义—富宁
1 月 28 日	布拖—沾益—麻栗坡
1 月 29 日	会东—安宁—金平
1 月 30 日	会东—昆明—屏边

受昆明准静止锋影响，1 月 23 日滇东出现日最高气温负变温区，最大变温在镇雄县，为−10.6 ℃；24 日，随着昆明准静止锋东退，昭通北部为最高气温负变温区；25 日滇东北气温降幅加大，最大变温在镇雄，为−9.6 ℃；26 日滇东南降温幅度增大，27 日降温减弱；28—29 日，随着昆明准静止锋加强西进，

滇中以东降温幅度增大，最大变温出现在砚山县，为－18.9 ℃；30 日，昆明准静止锋东退，云南气温回升，昭通北部为负变温区。此次过程降温幅度大于 10 ℃的县市有 28 个，主要出现在 28—29 日，集中在昭通市、曲靖市、昆明市、玉溪市、红河州和文山州 6 个州市(图 2.37.2)。

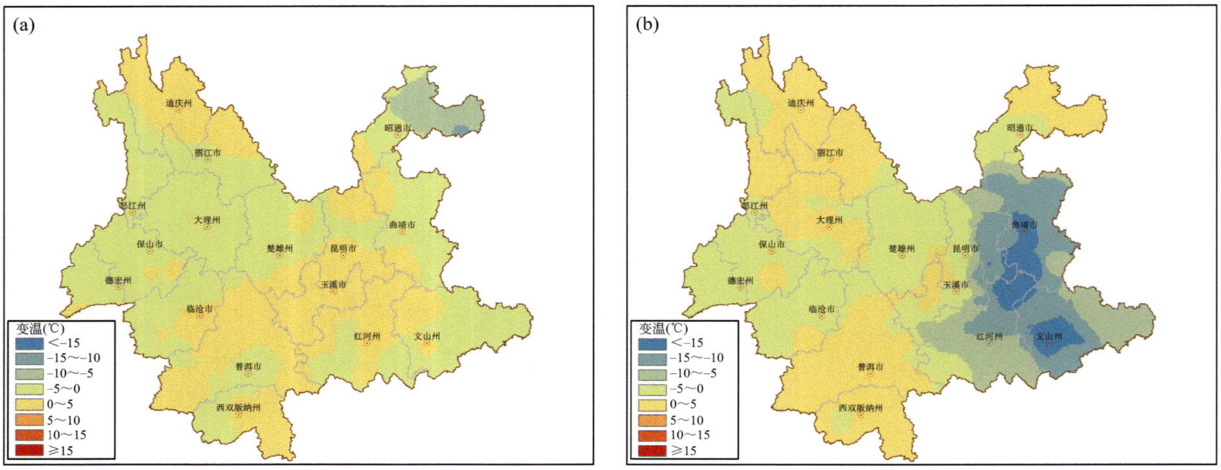

图 2.37.2　云南 2018 年 1 月 23 日(a)、29 日(b)最高气温 24 h 变温图

受昆明准静止锋影响，2018 年 1 月 23—30 日(20 时—20 时)滇东出现小于 10 mm 的降水，最大在昭通盐津 5.8 mm(图 2.37.3a)。

受昆明准静止锋影响，2018 年 1 月 23—30 日云南有 66 个县市总日照时数不足 80 h，其中有 36 个县市少于 70 h，盐津、威信、永善、大关、绥江、彝良总日照时数不足 10 h，最少的是盐津 4.8 h，其次是威信 6.8 h(图略)。与常年同期相比，有 9 个县市日照时数偏少，其中有 7 个县市偏少 20%以上，永善偏少最多，为 53.8%，其次为大关，偏少 43.6%。图 2.37.3b 是昆明准静止锋影响期间的平均日照时数。

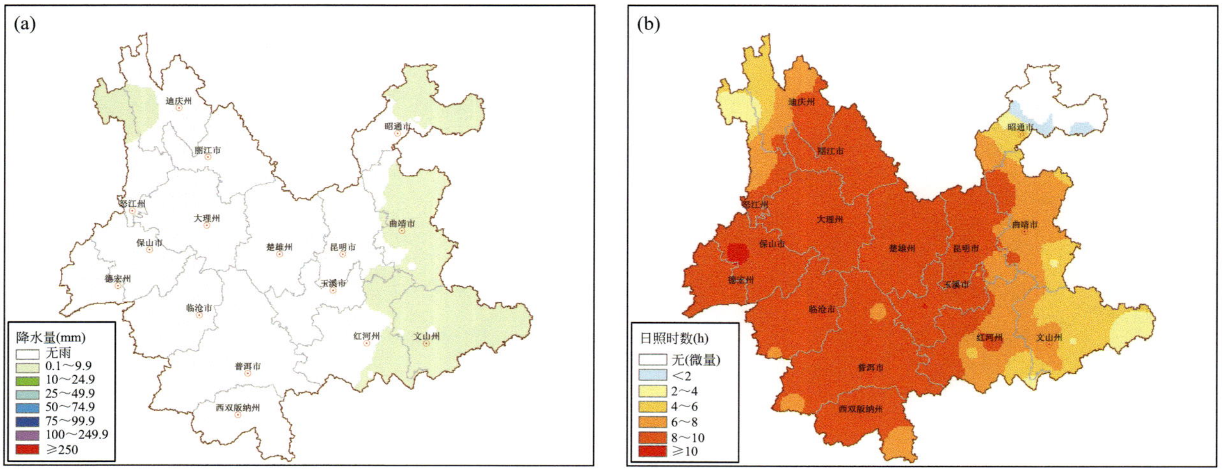

图 2.37.3　云南 2018 年 1 月 23—30 日累计降水量(a)和平均日照时数(b)

2.37.2　环流背景

(1)地面图

图 2.37.4 是 2018 年 1 月 23 日 14 时地面图和海平面气压场。图 2.37.5 是 2018 年 1 月 30 日 20

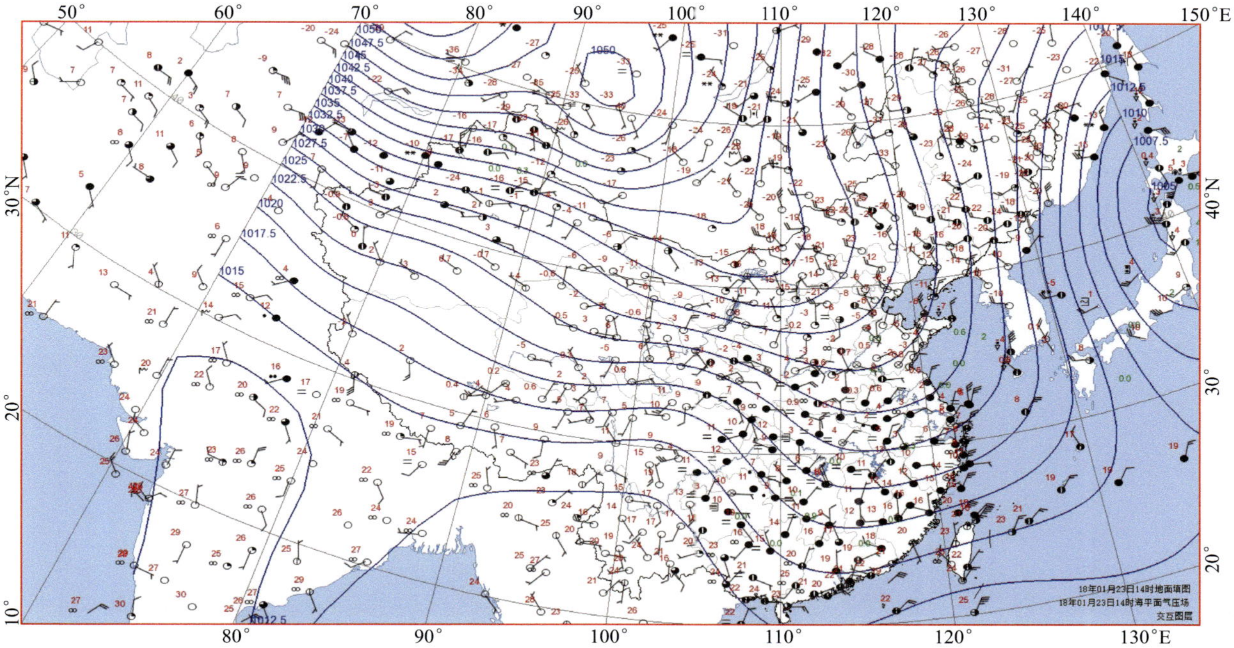

图 2.37.4　2018 年 1 月 23 日 14 时地面图和海平面气压场

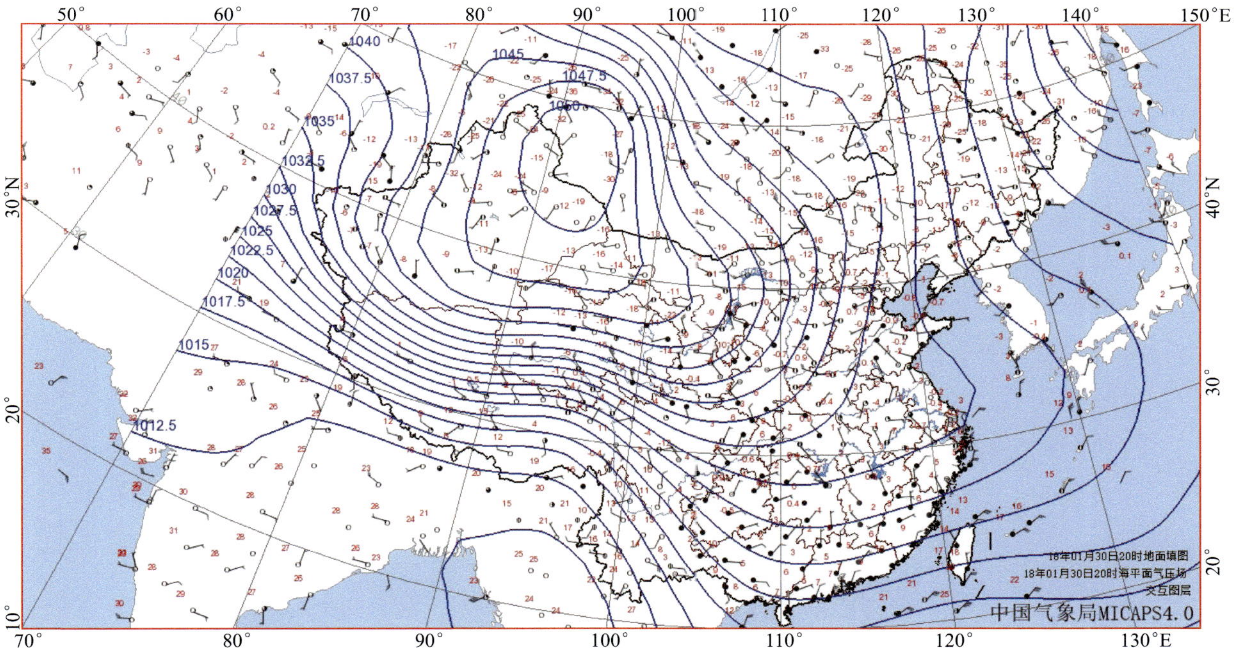

图 2.37.5　2018 年 1 月 30 日 20 时地面图和海平面气压场

时地面图和海平面气压场。

(2)高空图

图 2.37.6 是 2018 年 1 月 23 日 08 时 850 hPa 高空图。图 2.37.7 是 2018 年 1 月 30 日 08 时 850 hPa 高空图。图 2.37.8 是 2018 年 1 月 23 日 08 时 5C0 hPa 高空图。图 2.37.9 是 2018 年 1 月 30 日 08 时 500 hPa 高空图。

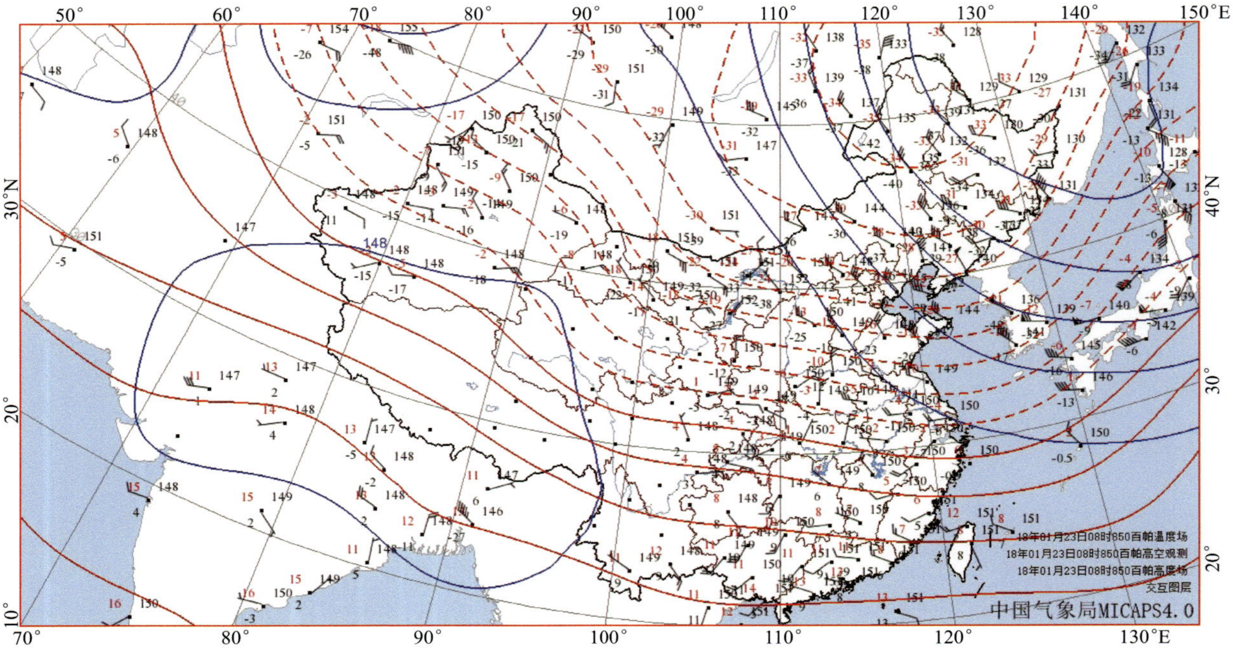

图 2.37.6　2018 年 1 月 23 日 08 时 850 hPa 高空图

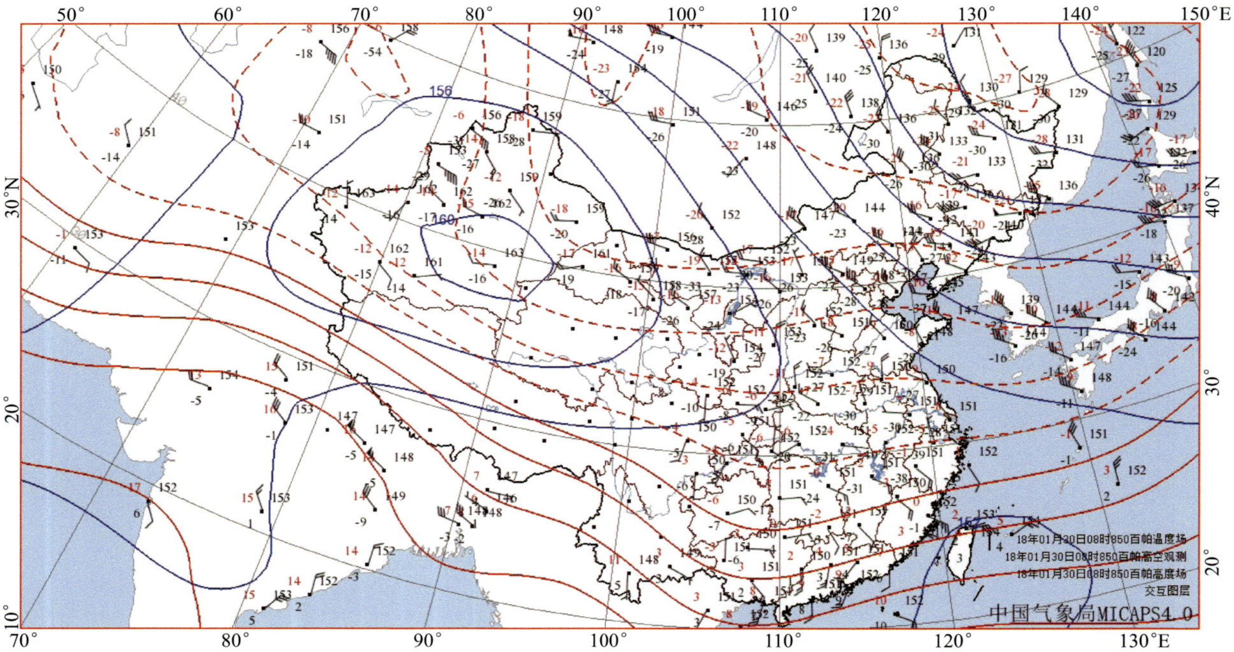

图 2.37.7　2018 年 1 月 30 日 08 时 850 hPa 高空图

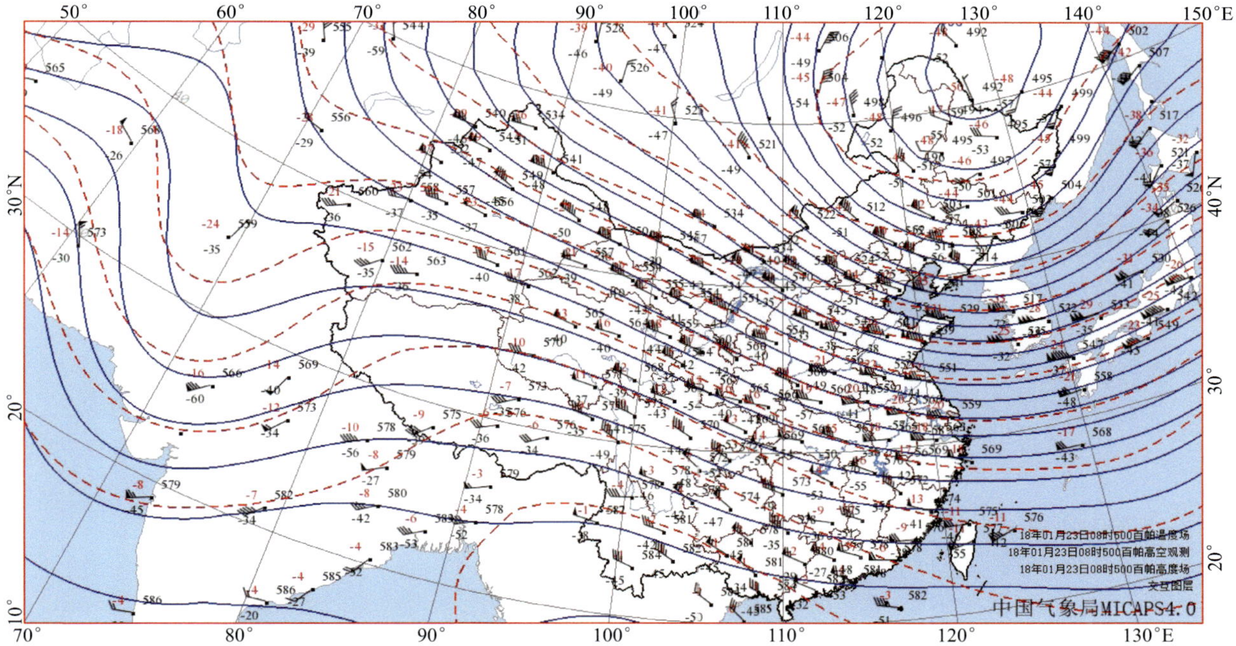

图 2.37.8　2018 年 1 月 23 日 08 时 500 hPa 高空图

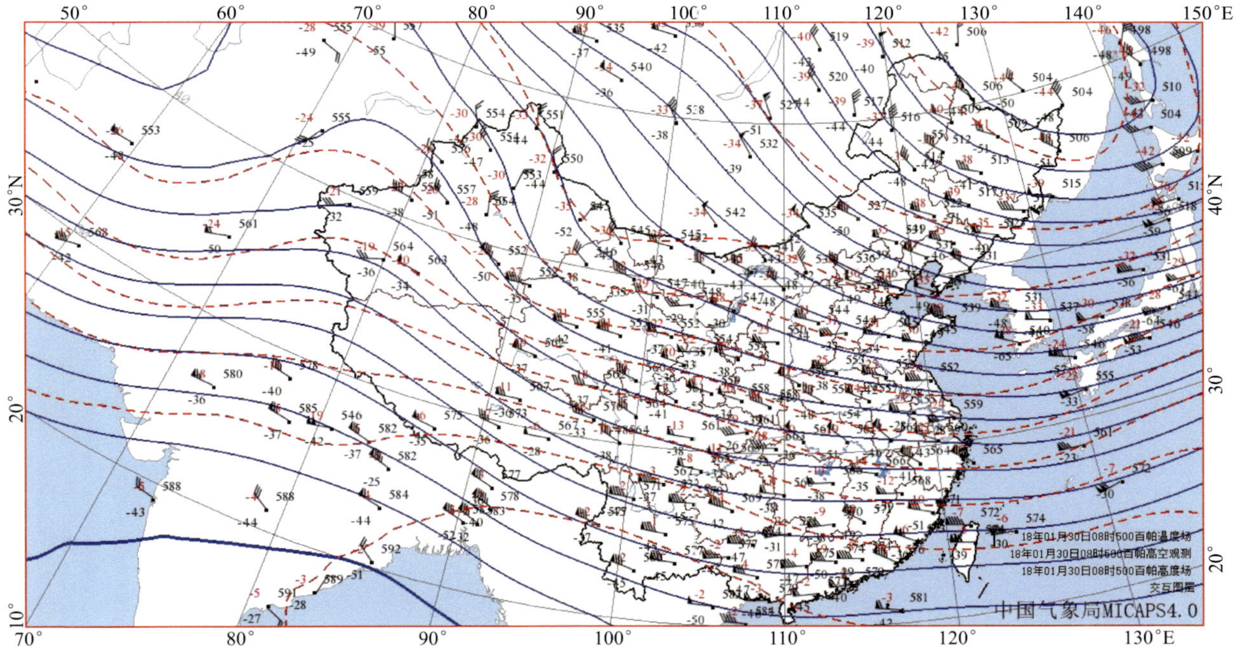

图 2.37.9　2018 年 1 月 30 日 08 时 500 hPa 高空图

2.37.3　卫星云图

图 2.37.10 是 2018 年 1 月 23 日 14 时、29 日 14 时卫星云图。

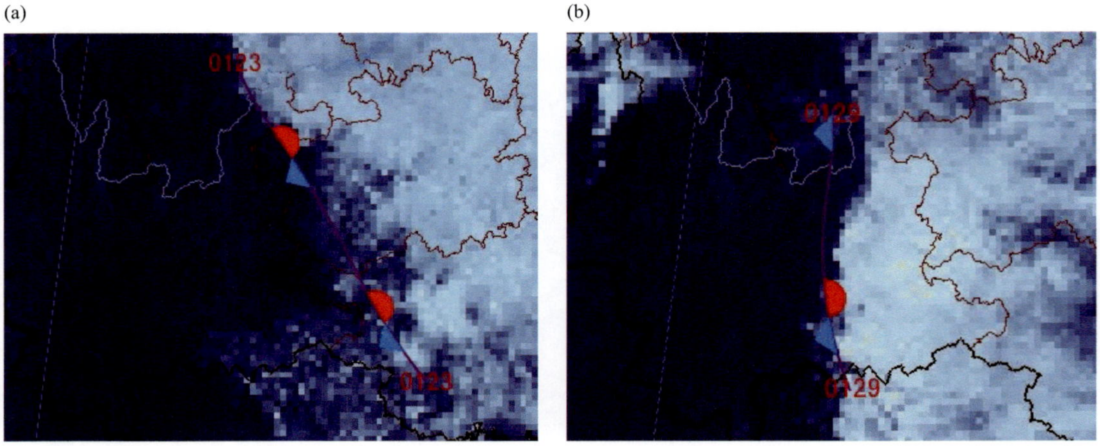

图 2.37.10　2018 年 1 月 23 日 14 时(a)、29 日 14 时(b)卫星云图

2.38　2018 年 2 月 8—13 日昆明准静止锋过程

2.38.1　过程概况

2018 年 2 月 8 日在云贵高原出现了昆明准静止锋天气系统，呈准南北向，位于普格、巧家、马龙、丘北及马关一线。9 日昆明准静止锋东退至布拖、宣威、安龙、凌云及武鸣一线。10 日昆明准静止锋西伸至宁南、东川、陆良、丘北及麻栗坡一线。11—12 日昆明准静止锋在寻甸附近小幅摆动，13 日昆明准静止锋东退到美姑、昭通、宣威、罗平及麻栗坡一线。之后，锋面减弱消失。2 月 8—13 日过程期间昆明准静止锋移动路径如图 2.38.1，活动范围见表 2.38.1。

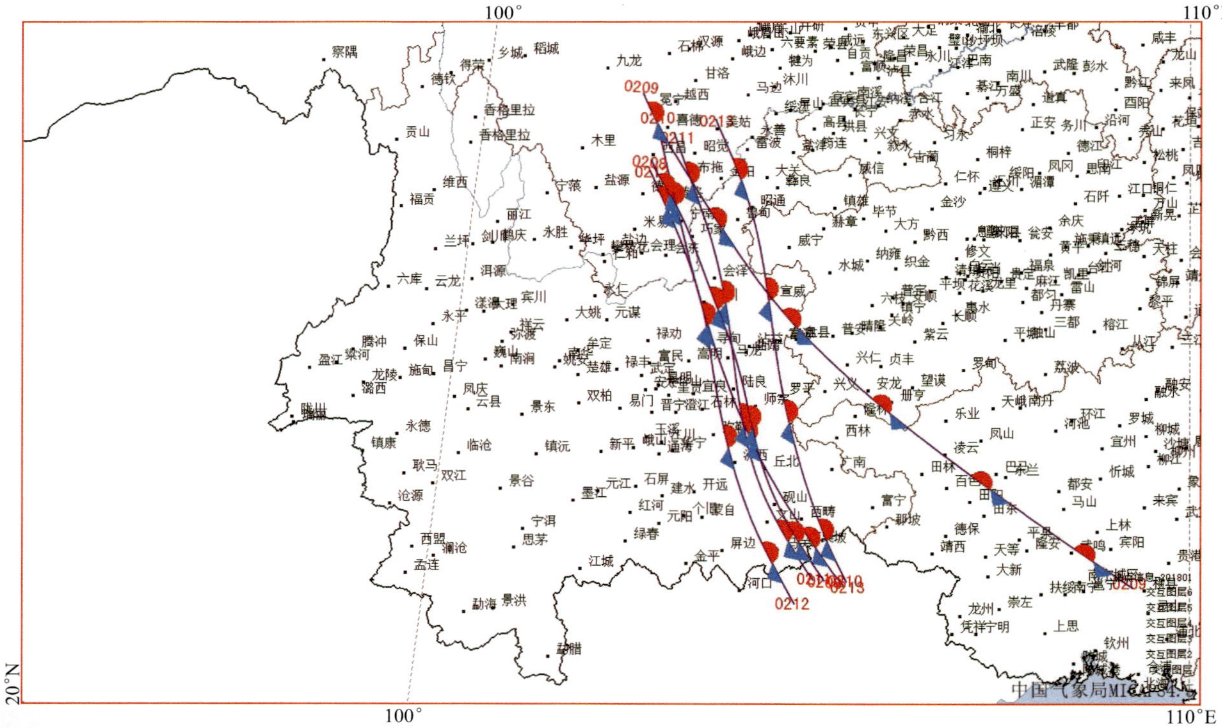

图 2.38.1　2018 年 2 月 8—13 日昆明准静止锋移动路径

表 2.38.1　2018 年 2 月 8—13 日昆明准静止锋位置

日期	昆明准静止锋位置
2 月 8 日	普格—马龙—马关
2 月 9 日	布拖—宣威—武鸣
2 月 10 日	宁南—陆良—麻栗坡
2 月 11 日	布拖—陆良—砚山
2 月 12 日	寻甸—弥勒—马关
2 月 13 日	美姑—宣威—麻栗坡

前期影响云南的冷锋减弱东退，在滇东形成昆明准静止锋，2 月 8 日滇中及以东为最高气温正变温区；9 日随着昆明准静止锋后部冷空气加强，滇东北为最高气温负变温区，最大变温在镇雄县，为－5.5 ℃；10 日随着昆明准静止锋加强西伸，滇东均为负变温区，最大变温在曲靖富源县，为－14.7 ℃；11—12 日，滇东北开始升温，滇东南为最高气温负变温区，最大变温在屏边县，为－10.3 ℃；13 日随着昆明准静止锋东退，云南气温回升(图 2.38.2)。

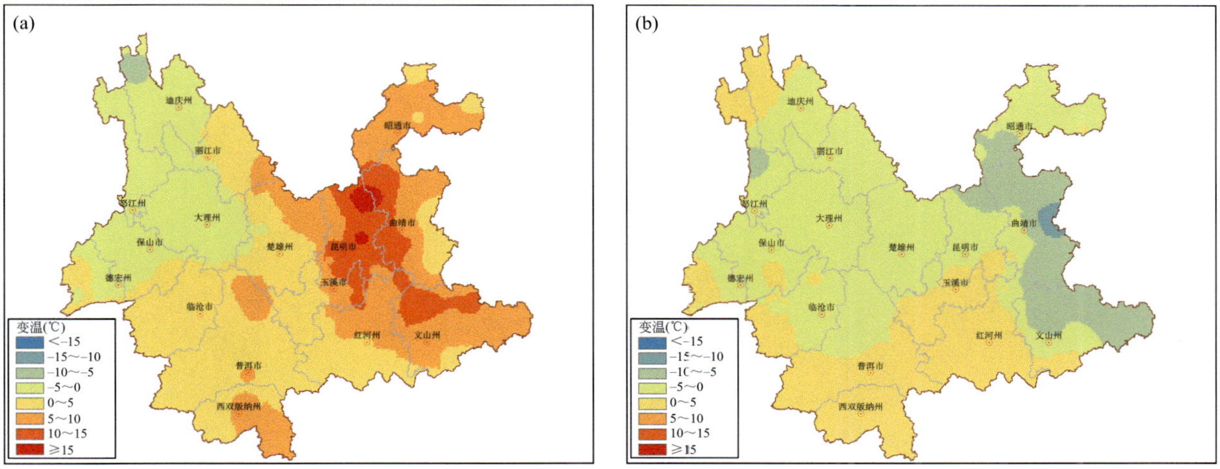

图 2.38.2　云南 2018 年 2 月 8 日(a)、10 日(b)最高气温 24 h 变温图

受昆明准静止锋天气系统和短波槽影响，2 月 8—13 日(20 时—20 时)滇东、滇西北出现降雨。昆明准静止锋主要影响区域(滇中及滇东)出现 5 mm 以内降水(图 2.38.3a)。

受昆明准静止锋和短波槽影响，2018 年 2 月 8—13 日云南总日照时数有 113 个县市不足 60 h。其中日照时数少于 50 h 的县市有 55 个，有 8 个县市日照时数低于 4 h。大关县、彝良县、威信县为 0 h，其次是盐津县，为 0.6 h(图略)。与常年同期相比，有 30 个县市日照时数偏少 20%以上，其中 15 个县市偏少 50%以上，日照时数为 0 h 的县市偏少 100%，其次为永善，偏少 98.8%。图 2.38.3b 是昆明准静止锋影响期间的平均日照时数。

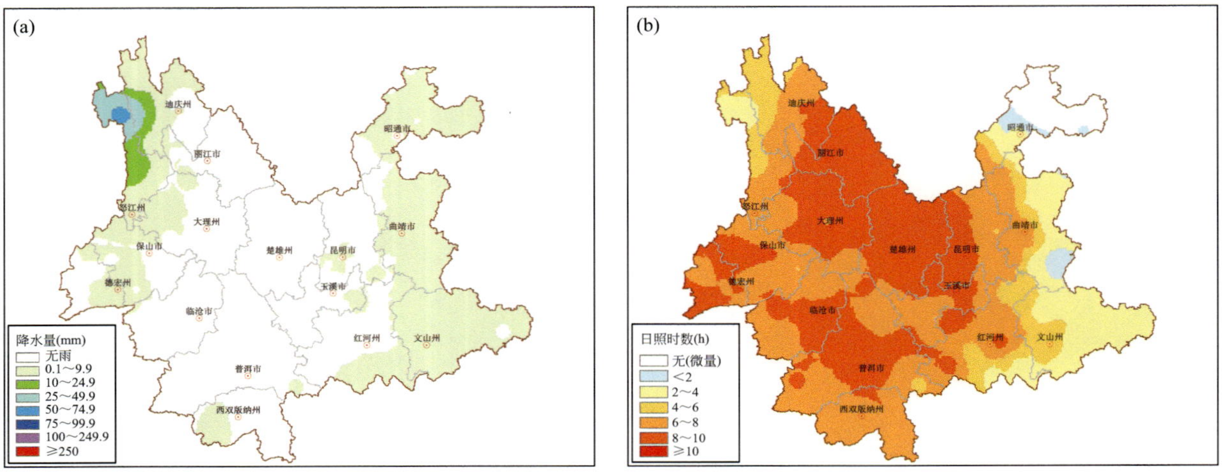

图 2.38.3　云南 2018 年 2 月 8—13 日累计降水量(a)和平均日照时数(b)

2.38.2　环流背景

(1)地面图

图 2.38.4 是 2018 年 2 月 8 日 14 时地面图和海平面气压场。图 2.38.5 是 2018 年 2 月 13 日 20 时地面图和海平面气压场。

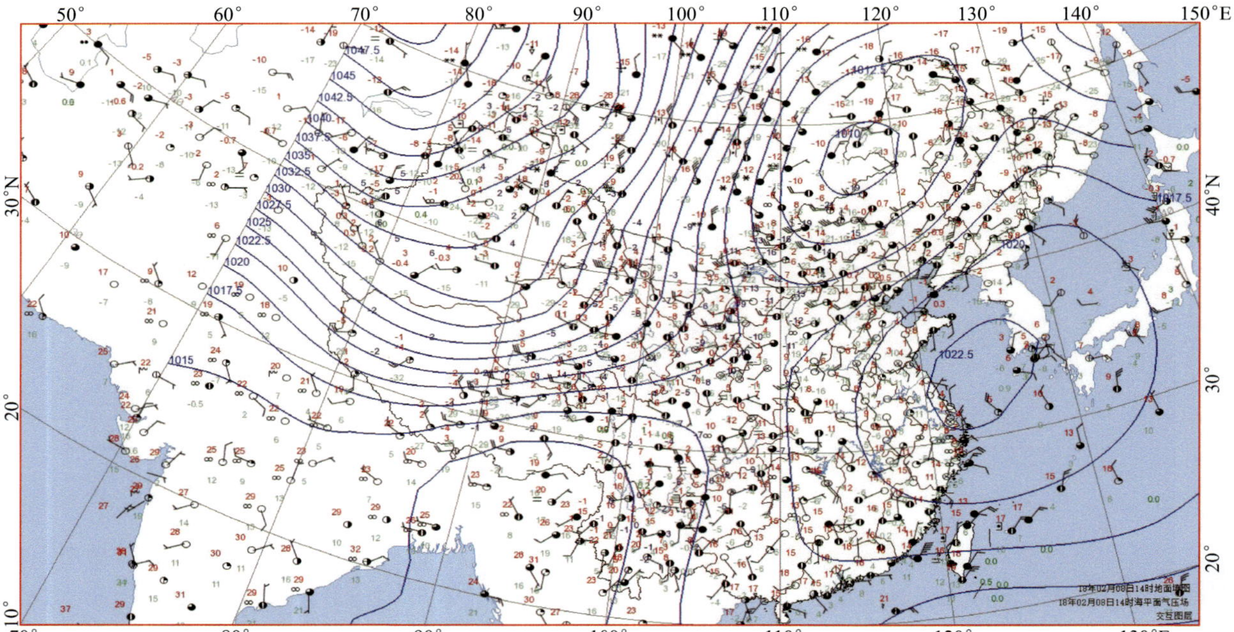

图 2.38.4　2018 年 2 月 8 日 14 时地面图和海平面气压场

(2)高空图

图 2.38.6 是 2018 年 2 月 8 日 08 时 850 hPa 高空图。图 2.38.7 是 2018 年 2 月 13 日 08 时 850 hPa 高空图。图 2.38.8 是 2018 年 2 月 8 日 08 时 500 hPa 高空图。图 2.38.9 是 2018 年 2 月 13 日 08 时 500 hPa 高空图。

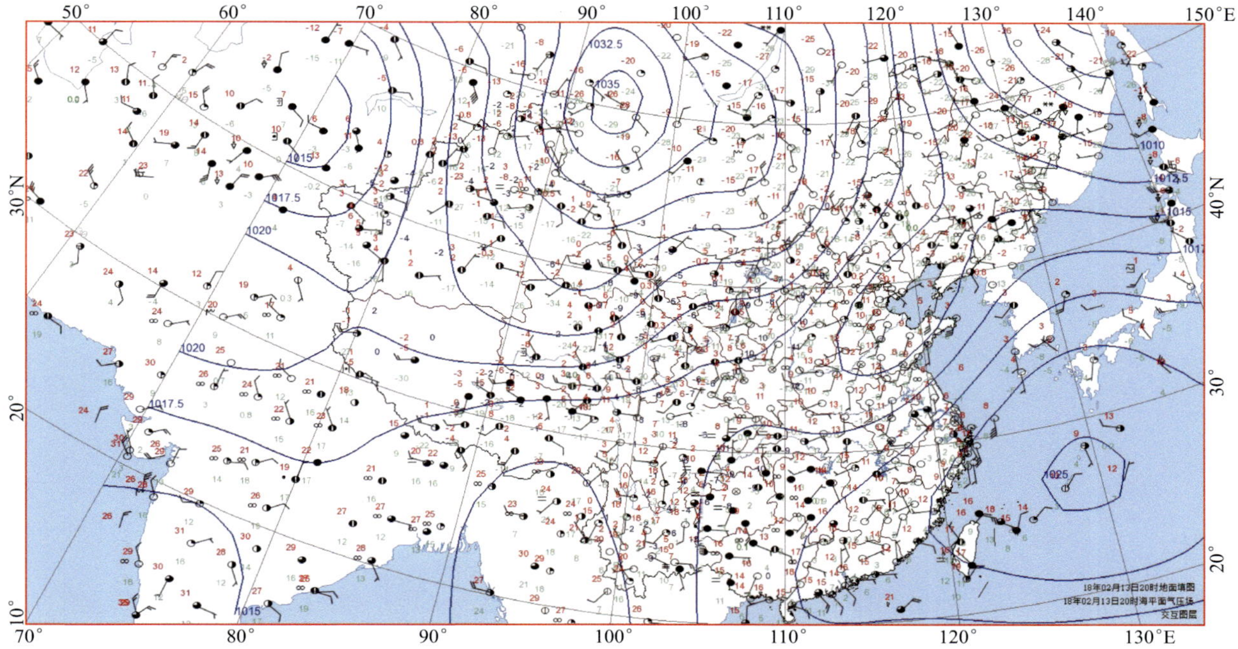

图 2.38.5　2018 年 2 月 13 日 20 时地面图和海平面气压场

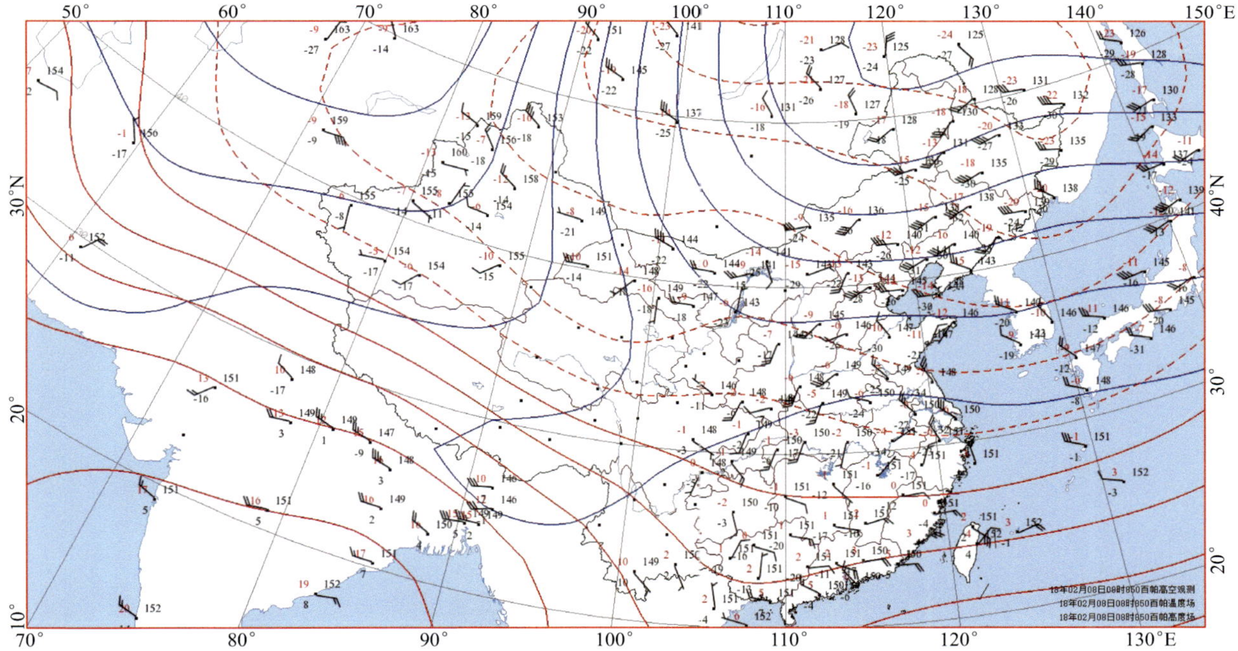

图 2.38.6　2018 年 2 月 8 日 08 时 850 hPa 高空图

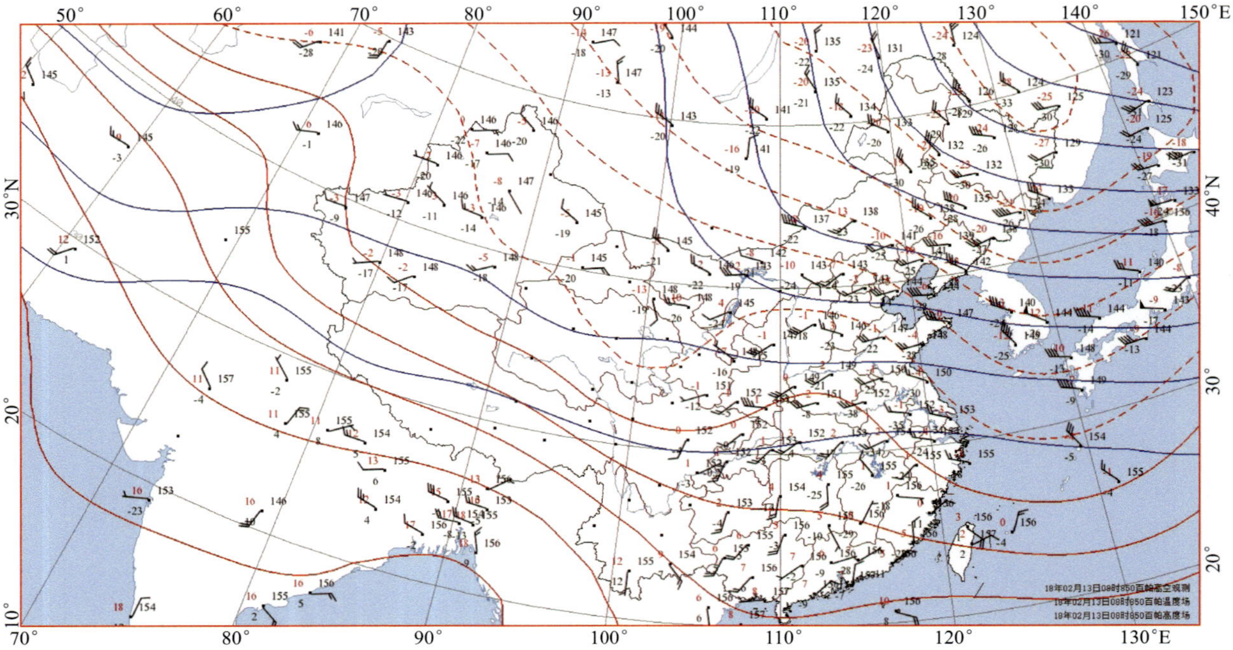

图 2.38.7　2018 年 2 月 13 日 08 时 850 hPa 高空图

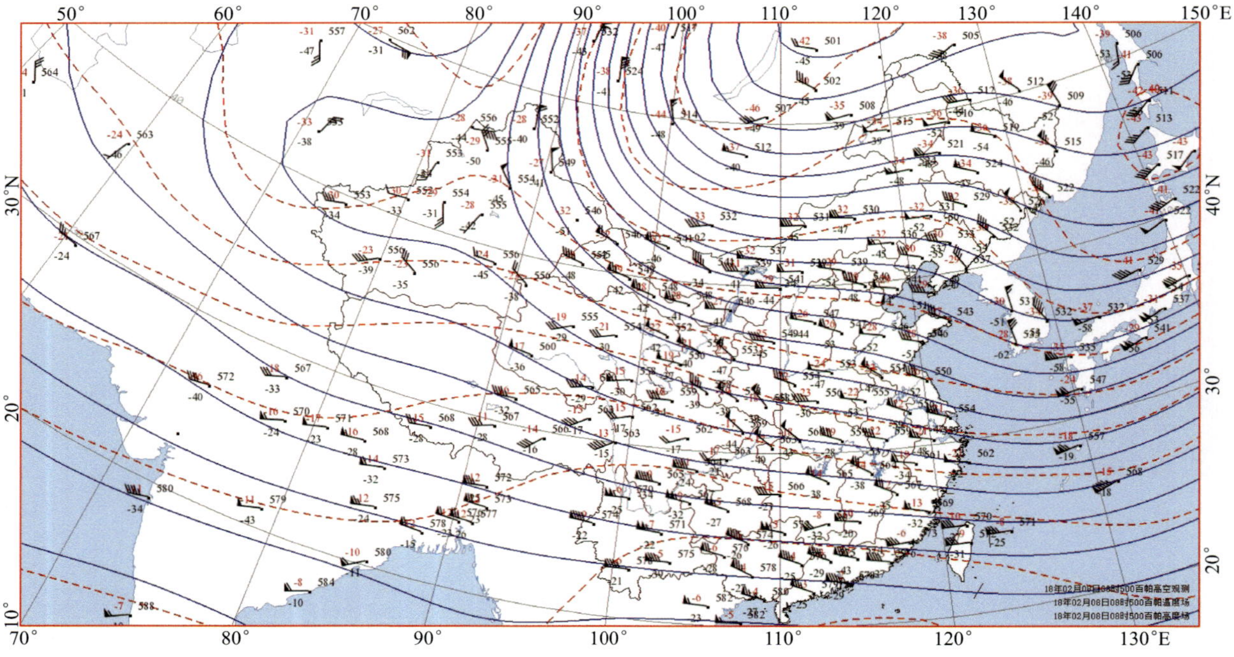

图 2.38.8　2018 年 2 月 8 日 08 时 500 hPa 高空图

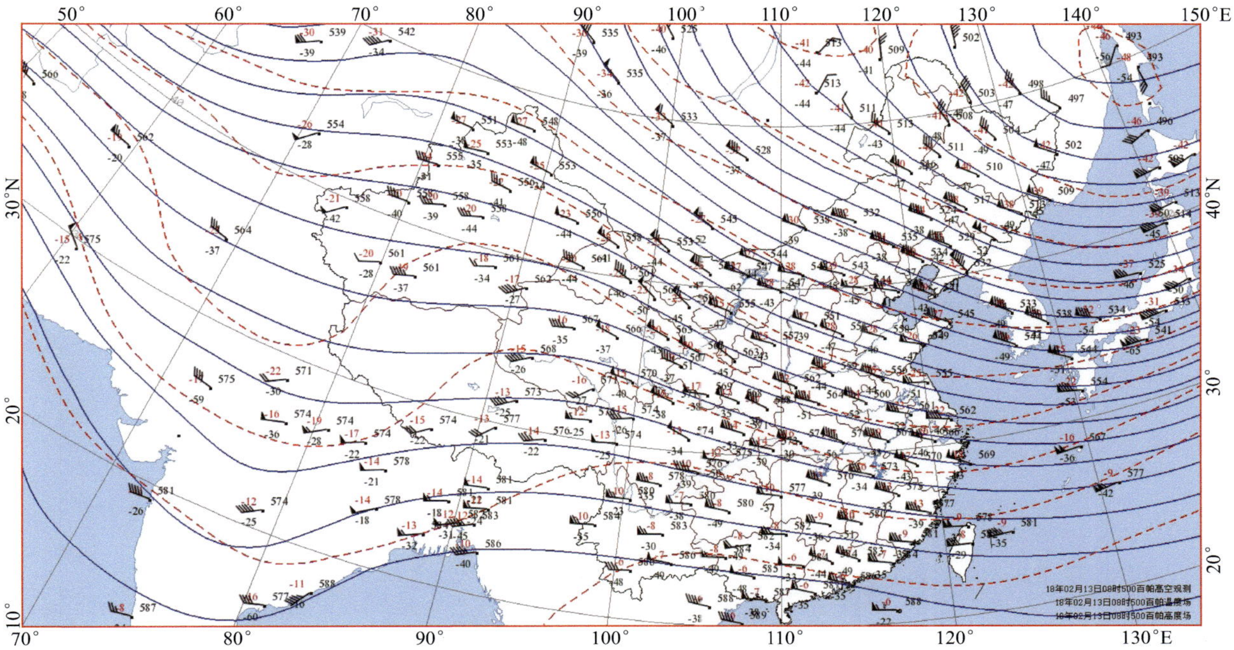

图 2.38.9　2018 年 2 月 13 日 08 时 500 hPa 高空图

2.38.3　卫星云图

图 2.38.10 是 2018 年 2 月 12 日 14 时、13 日 14 时卫星云图。

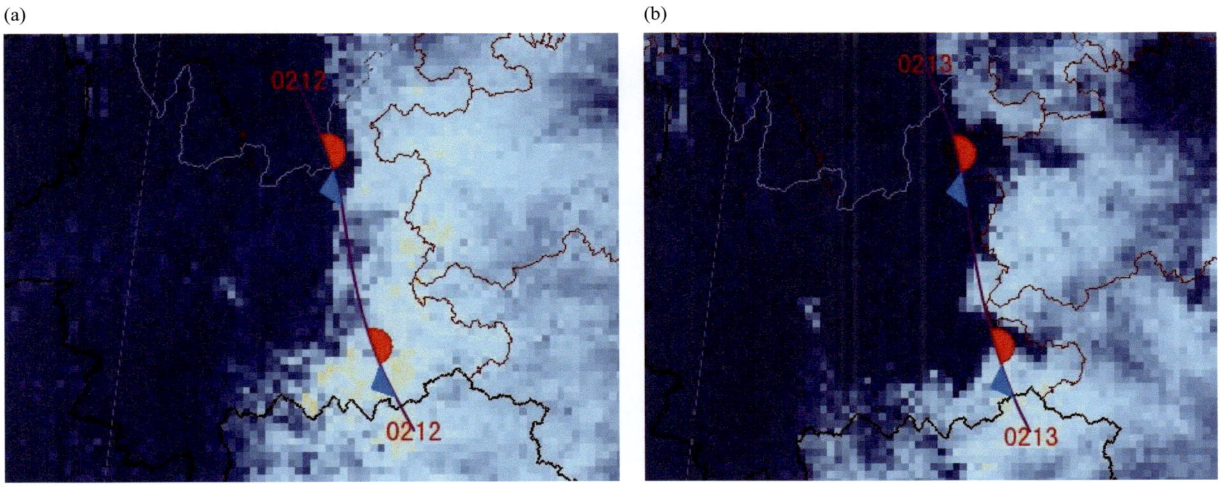

图 2.38.10　2018 年 2 月 12 日 14 时(a)、13 日 14 时(b)卫星云图

2.39　2018 年 2 月 19—22 日昆明准静止锋过程

2.39.1　过程概况

2018 年 2 月 19 日在云贵高原出现了昆明准静止锋天气系统，呈准南北向，贯穿四川、云南、贵州及

广西四省(区),位于雷波、威宁、普安、凌云及平果一线。20 日昆明准静止锋东退,位于威信、纳雍、关岭、凌云及南宁一线。21 日昆明准静止锋西进至美姑、鲁甸、富源、西林及那坡一线。22 日昆明准静止锋继续西进至布拖、巧家、马龙、丘北及西畴一线。之后,锋面减弱东退出贵州。2 月 19—22 日过程期间昆明准静止锋移动路径如图 2.39.1,活动范围见表 2.39.1。

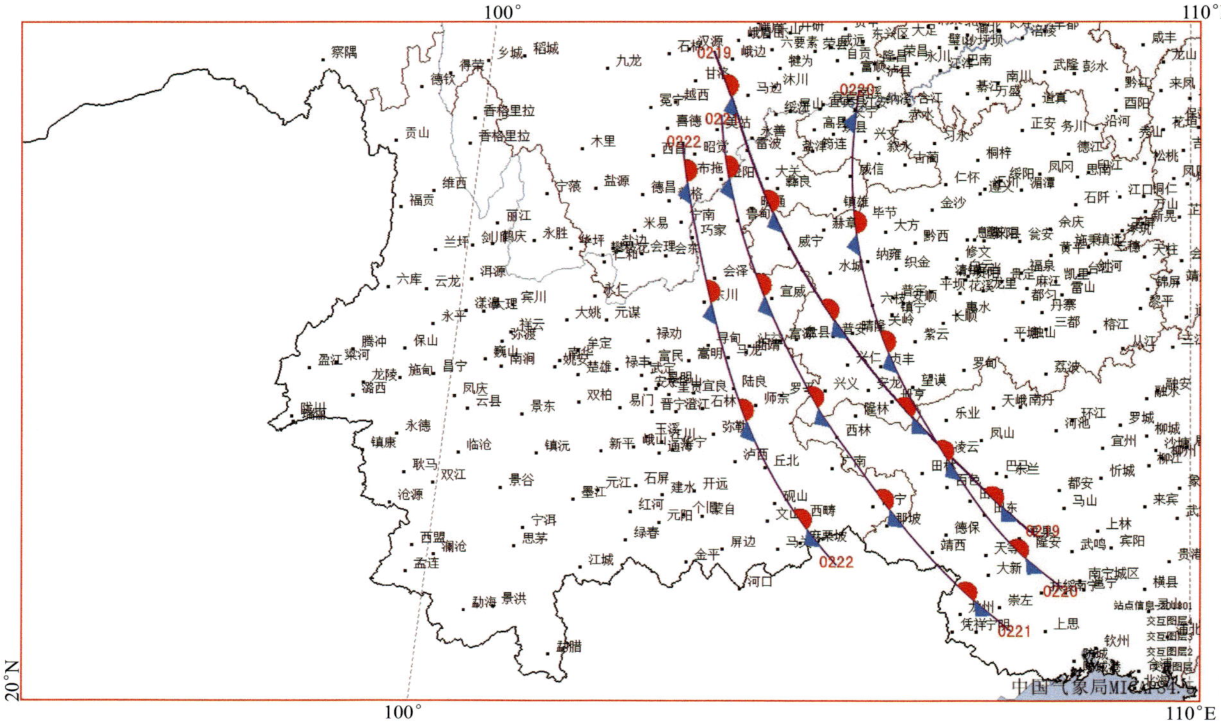

图 2.39.1　2018 年 2 月 19—22 日昆明准静止锋移动路径

表 2.39.1　2018 年 2 月 19—22 日昆明准静止锋位置

日期	昆明准静止锋位置
2 月 19 日	雷波—普安—平果
2 月 20 日	威信—关岭—南宁
2 月 21 日	美姑—富源—那坡
2 月 22 日	布拖—马龙—西畴

受昆明准静止锋影响,2 月 19 日滇东出现日最高气温负变温区,降温均小于 3 ℃;20 日随着昆明准静止锋东退,云南气温回升;21 日随着昆明准静止锋西进,滇东北负变温加强,日最高气温最大变温出现在昭通市,为−11.5 ℃。22 日昭通、曲靖、文山、红河一线降温幅度增大,最大变温出现在师宗县和富宁县,均为−14.4 ℃。此次过程降温幅度大于 10 ℃的县市有 10 个,主要集中在昭通市、曲靖市和文山州(图 2.39.2)。

受昆明准静止锋影响,2018 年 2 月 19—22 日(20 时—20 时)滇东边缘有 7 个县市出现 4 mm 以内降雨(图 2.39.3a)。

受昆明准静止锋影响,2018 年 2 月 19—22 日云南总日照时数少于 40 h 的县市有 25 个,主要集

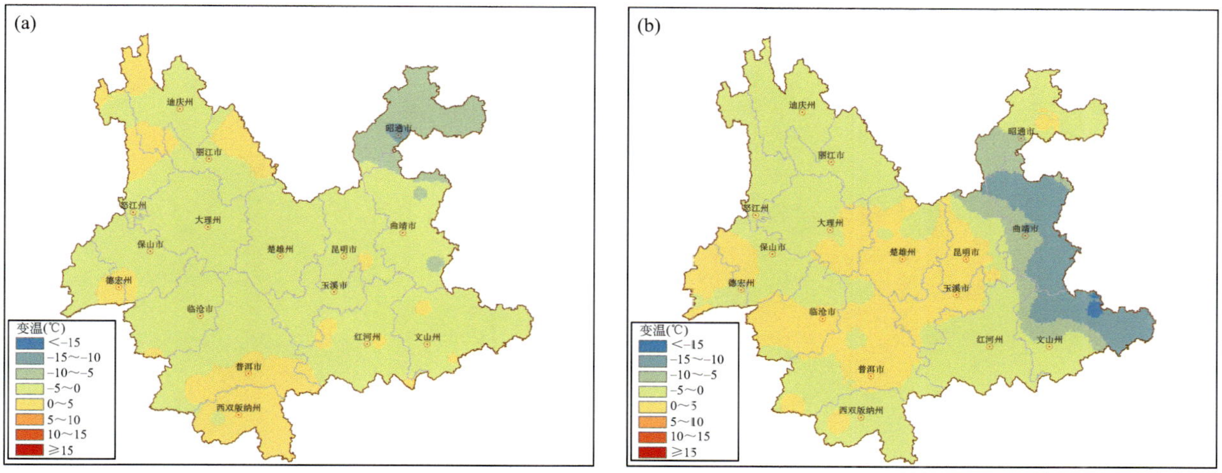

图 2.39.2　云南 2018 年 2 月 21 日(a)、22 日(b)最高气温 24 h 变温图

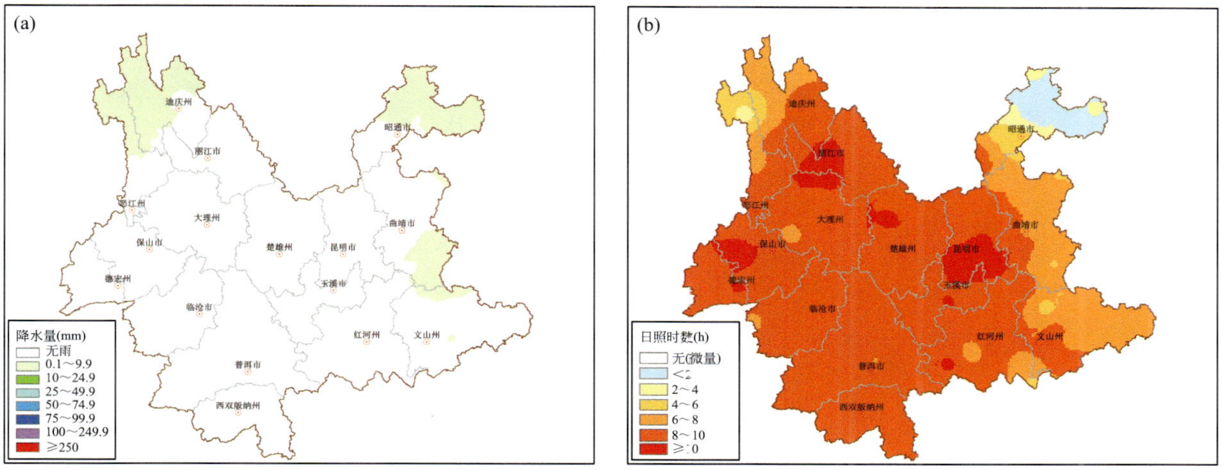

图 2.39.3　云南 2018 年 2 月 19—22 日累计降水量(a)和平均日照时数(b)

中在滇东地区，有 5 个县市少于 9 h，都集中在昭通，最少的是大关县，仅为 5.7 h，其次是盐津县和永善县，分别为 5.9 h 和 7.2 h(图略)。与常年同期相比，有 3 个县市偏少 20%以上，分别是大关(53.7%)、永善(47.4%)、盐津(22.4%)。图 2.39.3b 是昆明准静止锋影响期间的平均日照时数。

2.39.2　环流背景

(1)地面图

图 2.39.4 是 2018 年 2 月 19 日 14 时地面图和海平面气压场。图 2.39.5 是 2018 年 2 月 22 日 20 时地面图和海平面气压场。

(2)高空图

图 2.39.6 是 2018 年 2 月 19 日 08 时 850 hPa 高空图。图 2.39.7 是 2018 年 2 月 22 日 08 时 850 hPa 高空图。图 2.39.8 是 2018 年 2 月 19 日 08 时 500 hPa 高空图。图 2.39.9 是 2018 年 2 月 22 日 08 时 500 hPa 高空图。

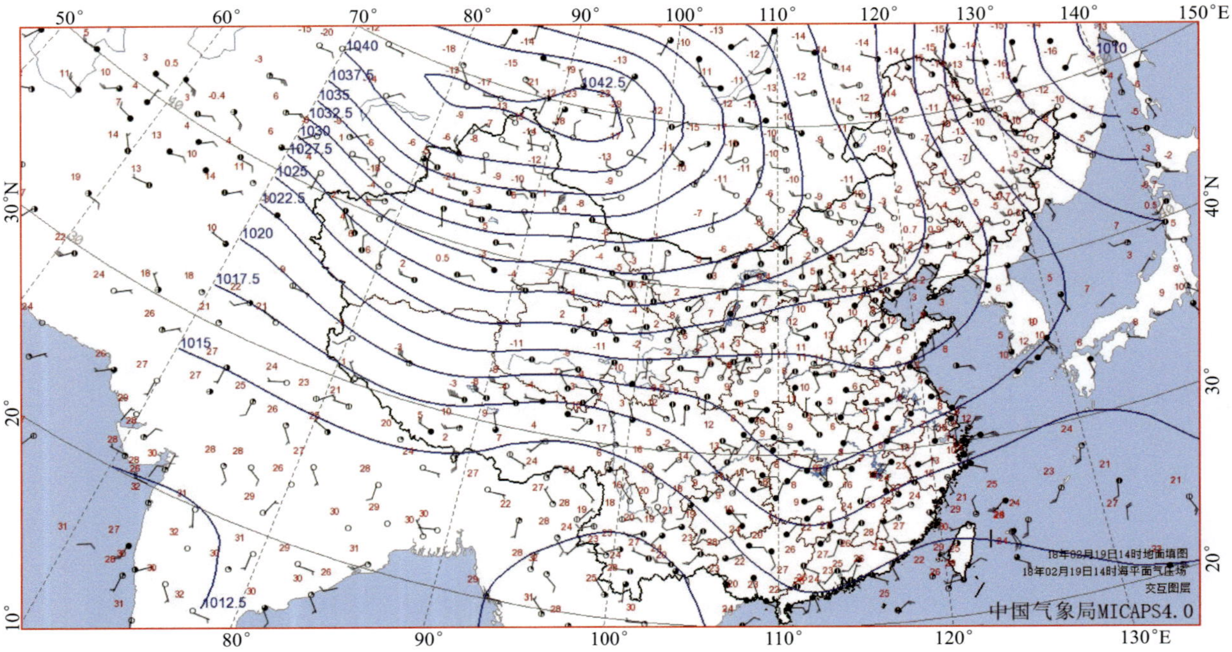

图 2.39.4　2018 年 2 月 19 日 14 时地面图和海平面气压场

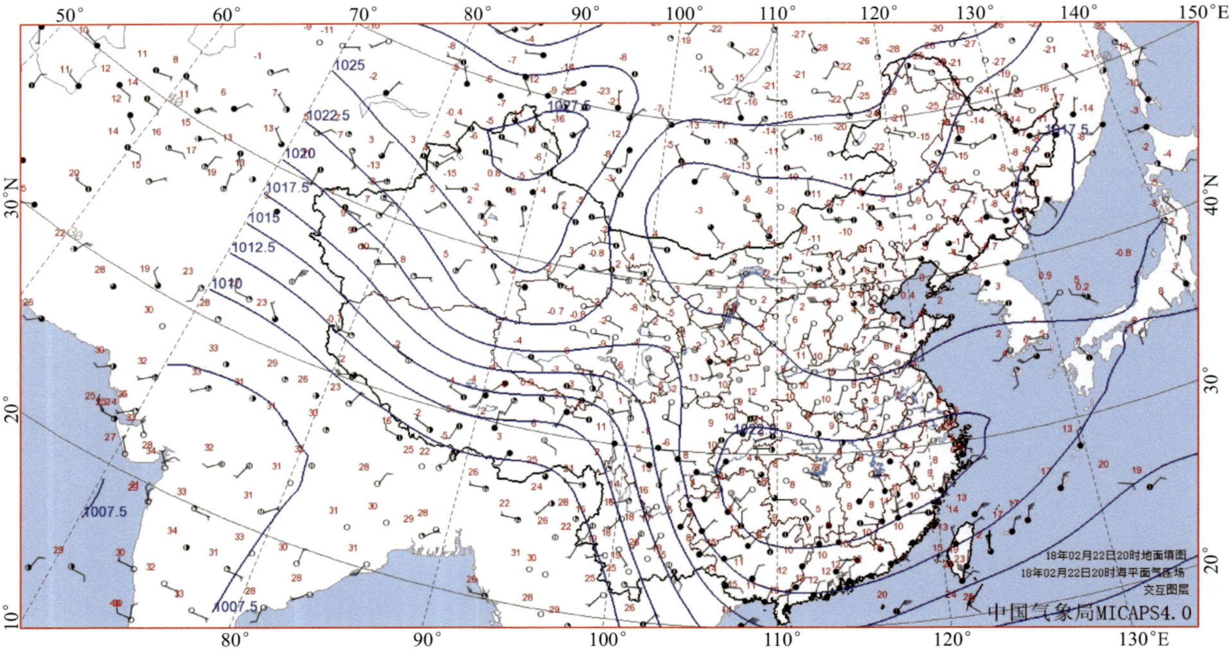

图 2.39.5　2018 年 2 月 22 日 20 时地面图和海平面气压场

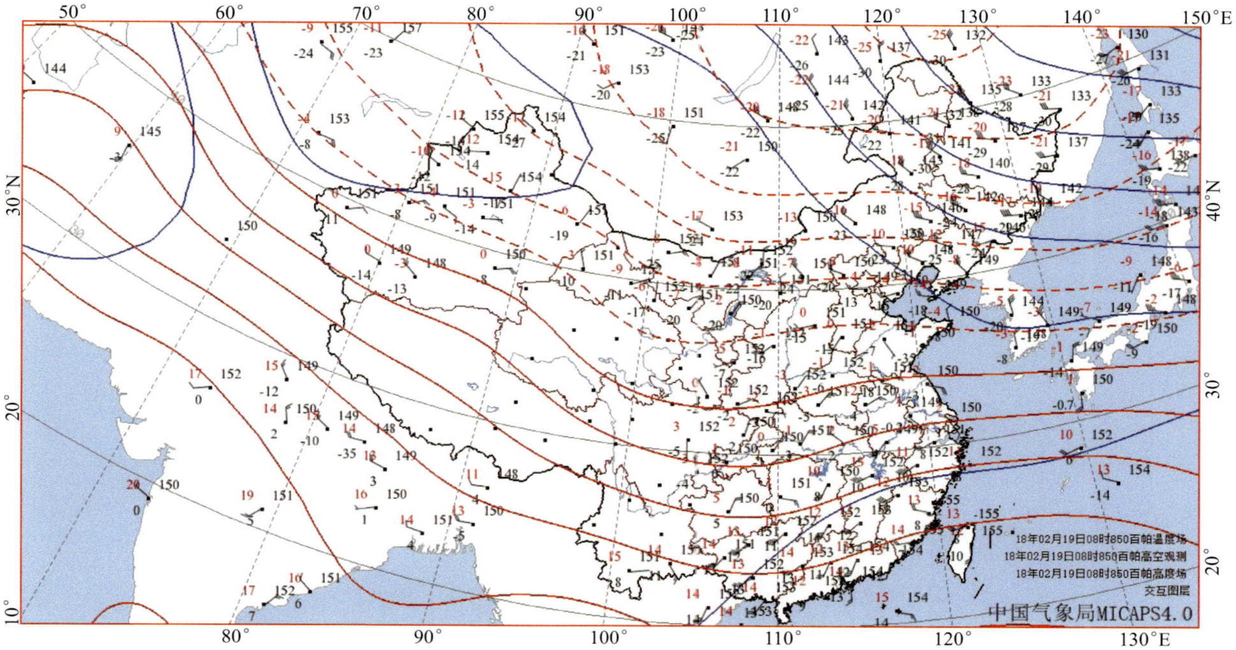

图 2.39.6　2018 年 2 月 19 日 08 时 850 hPa 高空图

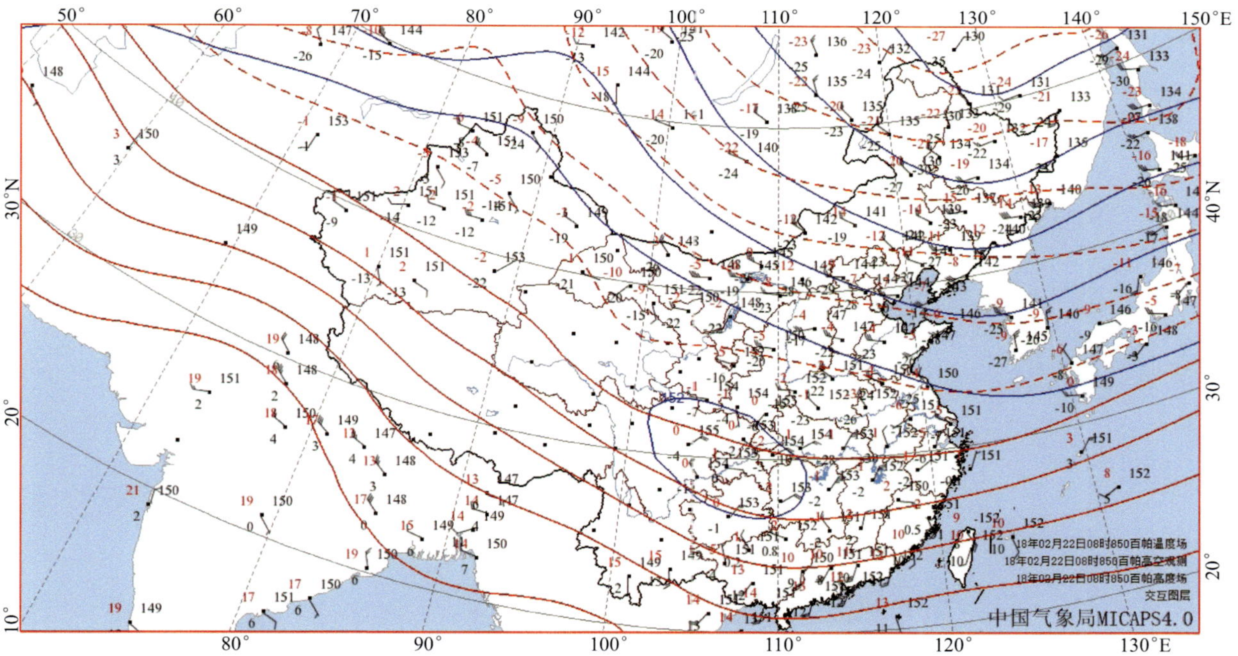

图 2.39.7　2018 年 2 月 22 日 08 时 850 hPa 高空图

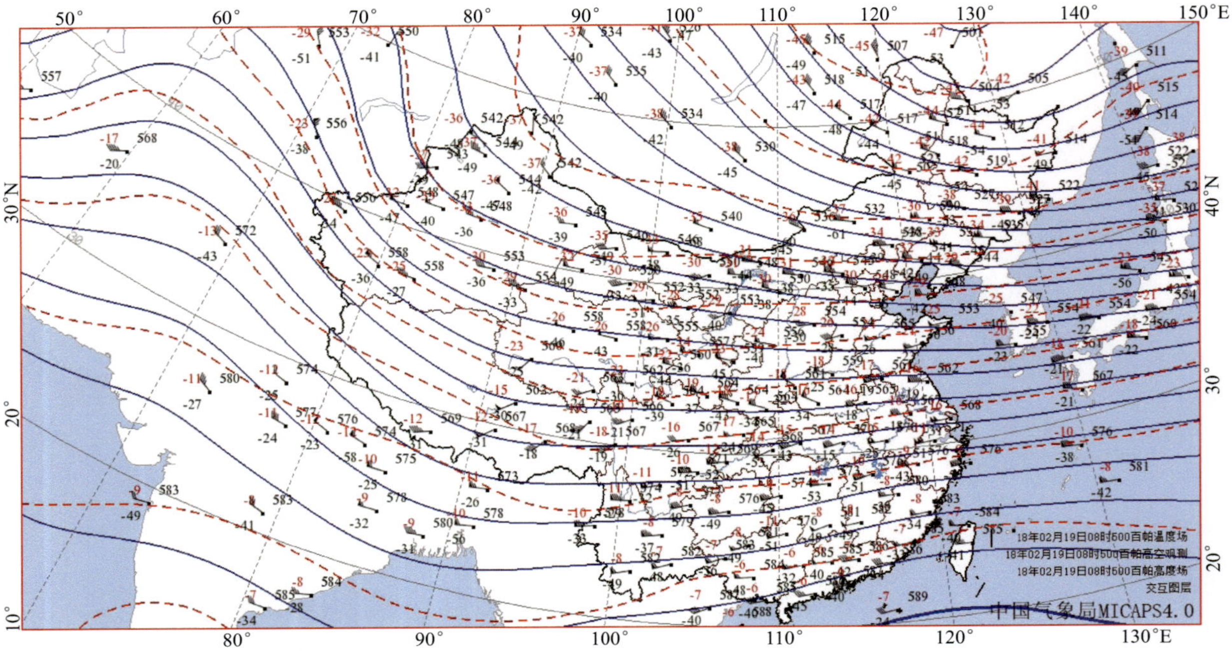

图 2.39.8 2018 年 2 月 19 日 08 时 500 hPa 高空图

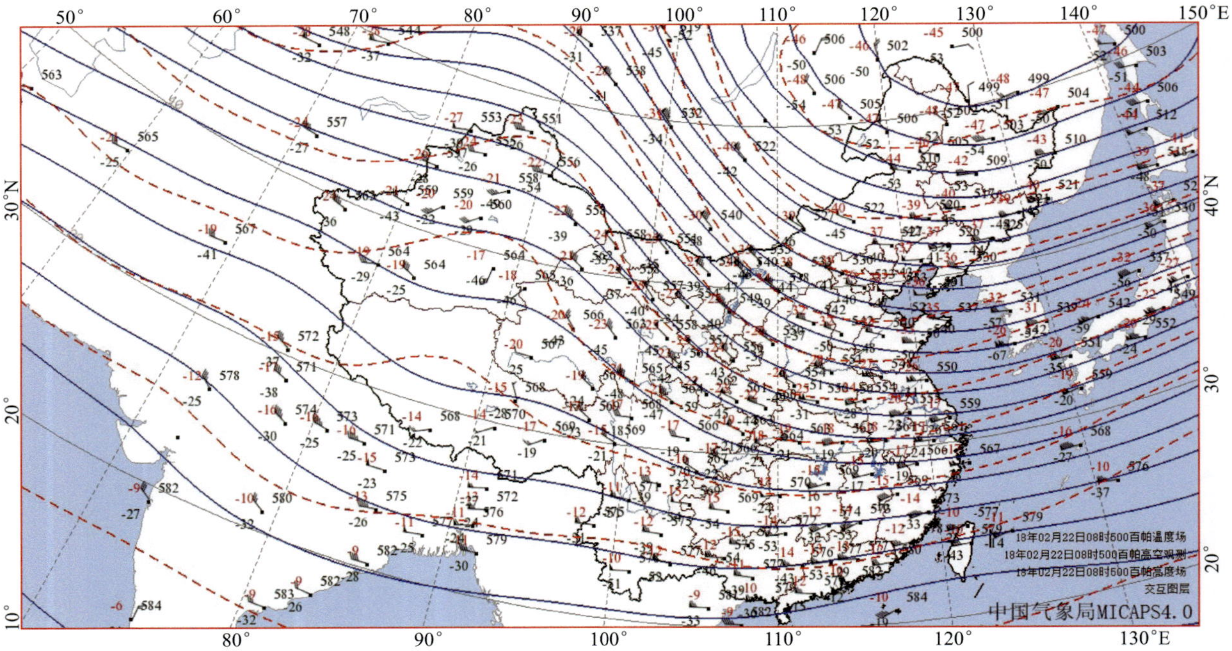

图 2.39.9 2018 年 2 月 22 日 08 时 500 hPa 高空图

2.39.3 卫星云图

图 2.39.10 是 2018 年 2 月 21 日 14 时、22 日 14 时卫星云图。

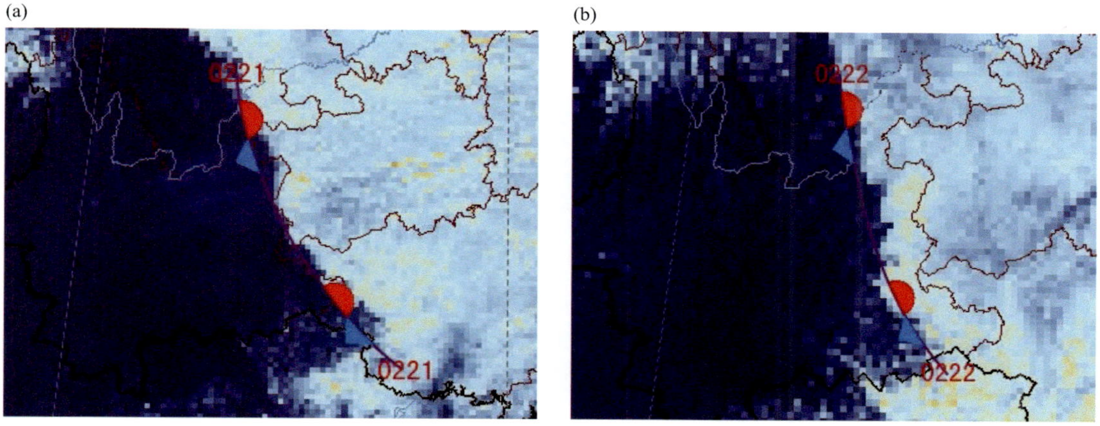

图 2.39.10　2018 年 2 月 21 日 14 时(a)、22 日 14 时(b)卫星云图

2.40　2018 年 2 月 24—26 日昆明准静止锋过程

2.40.1　过程概况

2018 年 2 月 24 日在云贵高原出现了昆明准静止锋天气系统，呈准南北向，贯穿四川、云南、贵州及广西四省(区)，位于布拖、富源、西林及德保一线。25 日昆明准静止锋北段东退，南段西进，锋面位于金阳、鲁甸、富源、广南一线。26 日昆明准静止锋东退至雷波、大关、威宁、兴义及那坡一线。之后，锋面减弱东退出贵州。2 月 24—26 日过程期间昆明准静止锋移动路径如图 2.40.1，活动范围见表 2.40.1。

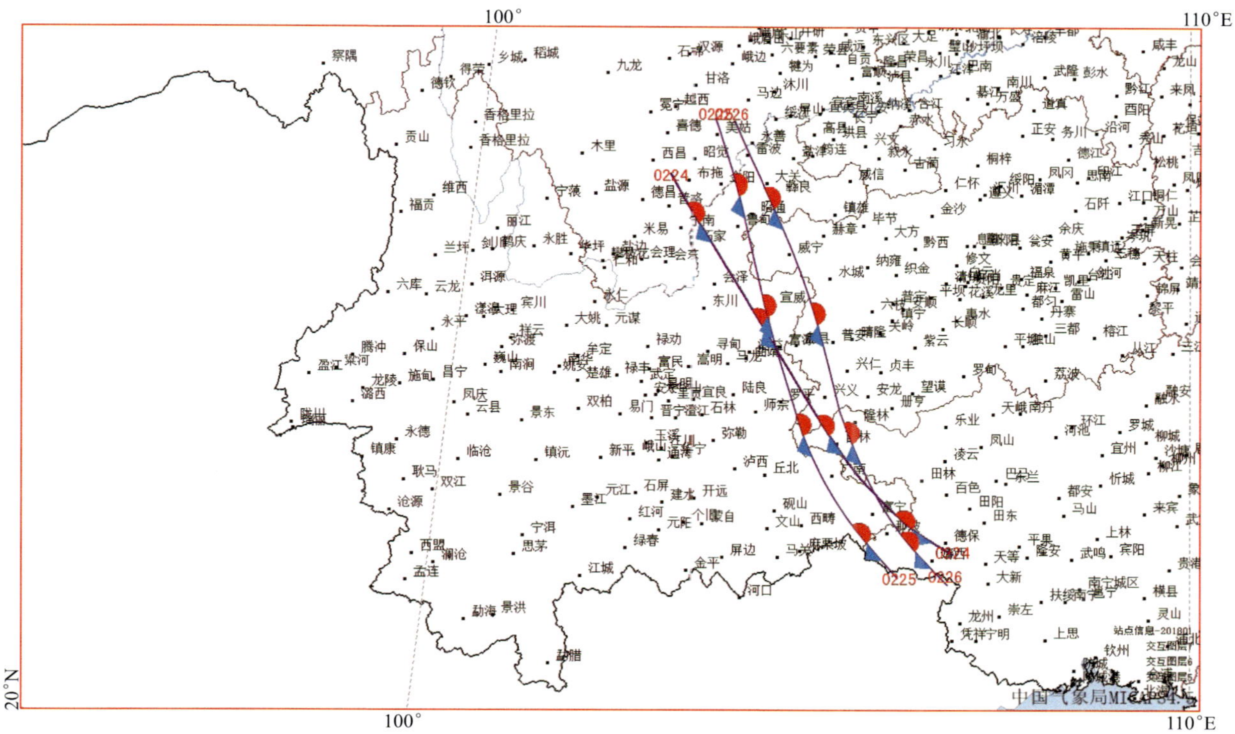

图 2.40.1　2018 年 2 月 24—26 日昆明准静止锋移动路径

表 2.40.1　2018 年 2 月 24—26 日昆明准静止锋位置

日期	昆明准静止锋位置
2 月 24 日	布拖—富源—德保
2 月 25 日	金阳—富源—广南
2 月 26 日	雷波—威宁—那坡

受昆明准静止锋影响，2 月 24 日滇东北出现日最高气温负变温区，最大变温在昭通市，为－9.8 ℃；25 日随着昆明准静止锋西进，曲靖、文山、红河转为最高气温负变温区；26 日昆明准静止锋东退，昭通北部地区为最高气温负变温区，其余地区气温回升(图 2.40.2)。

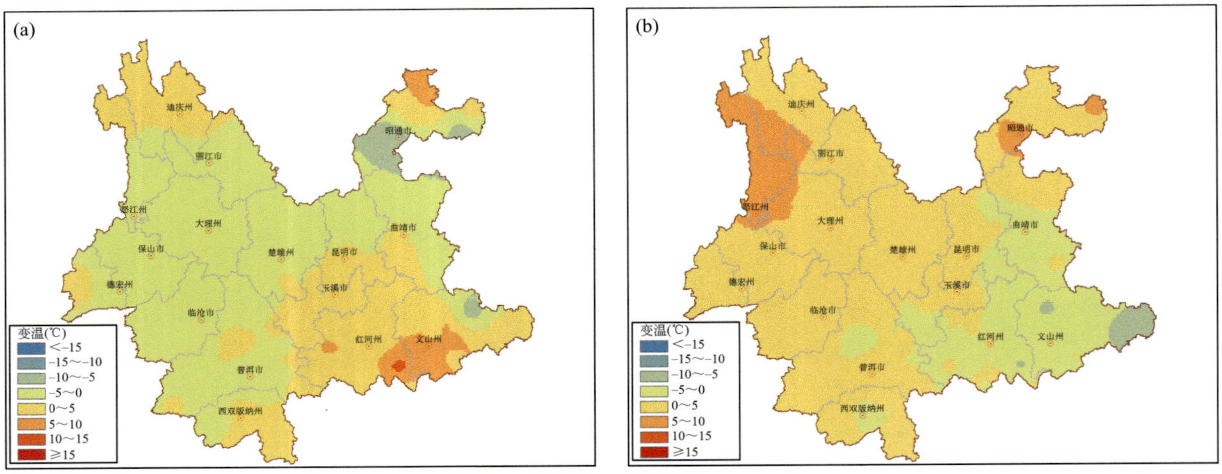

图 2.40.2　云南 2018 年 2 月 24 日(a)、25 日(b)最高气温 24 h 变温图

受昆明准静止锋影响，2018 年 2 月 24—26 日(20 时—20 时)云南东北部、东南部有 9 个县市出现 2 mm 以下降水(图 2.40.3a)。

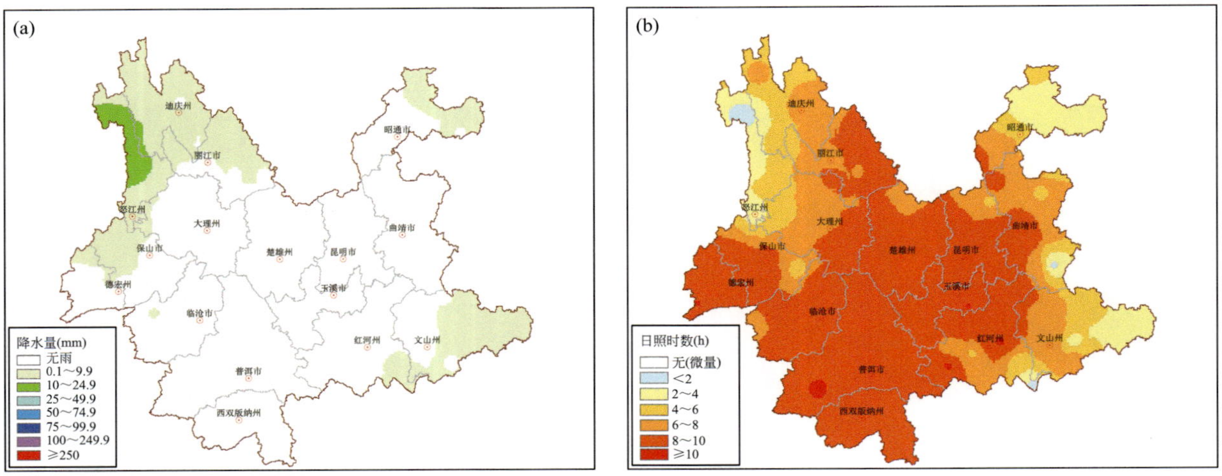

图 2.40.3　云南 2018 年 2 月 24—26 日累计降水量(a)和平均日照时数(b)

受昆明准静止锋和短波槽影响，2018 年 2 月 24—26 日云南总日照时数小于 30 h 的县市有 43 个，其中 17 个县市少于 20 h，河口、贡山、罗平、盐津 4 个县市日照时数在 10 h 以内。最少的是河口县，仅为 2.3 h，其次是贡山县和罗平县，分别为 3.7 h 和 9.1 h(图略)。与常年同期相比，有 11 个县市日照时

数偏少 20%以上，其中 3 个县市偏少 50%以上，河口偏少最多，为 80.8%。图 2.40.3b 是昆明准静止锋影响期间的平均日照时数。

2.40.2　环流背景

（1）地面图

图 2.40.4 是 2018 年 2 月 24 日 14 时地面图和海平面气压场。图 2.40.5 是 2018 年 2 月 26 日 20 时地面图和海平面气压场。

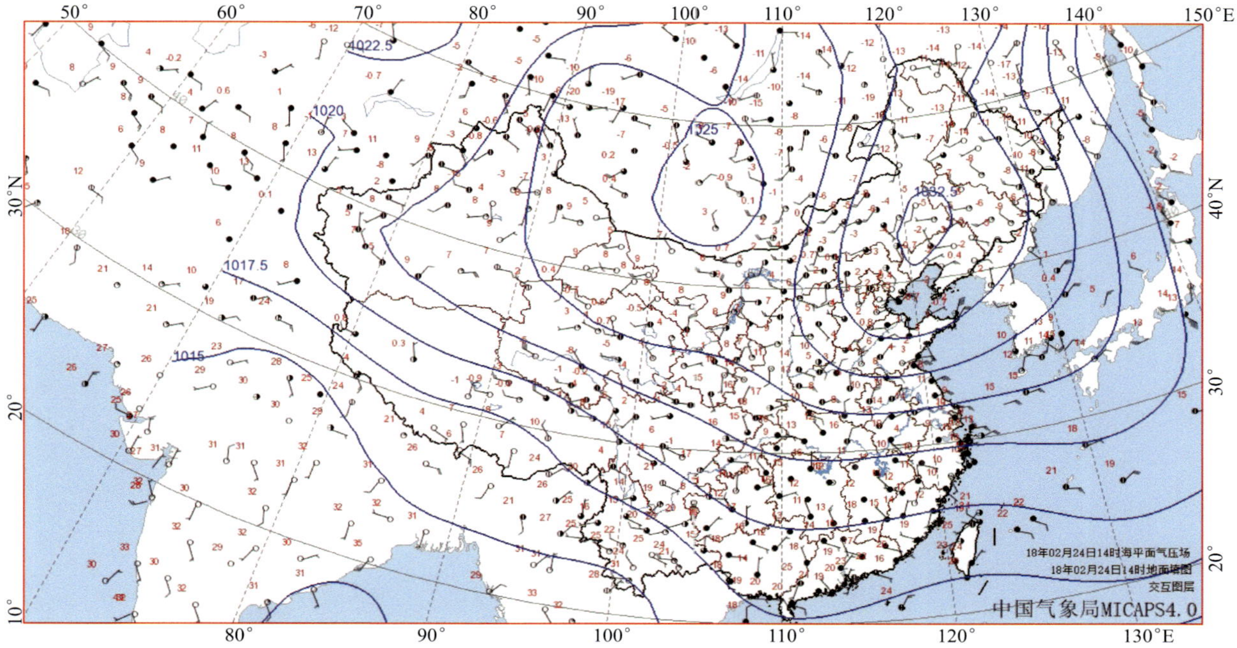

图 2.40.4　2018 年 2 月 24 日 14 时地面图和海平面气压场

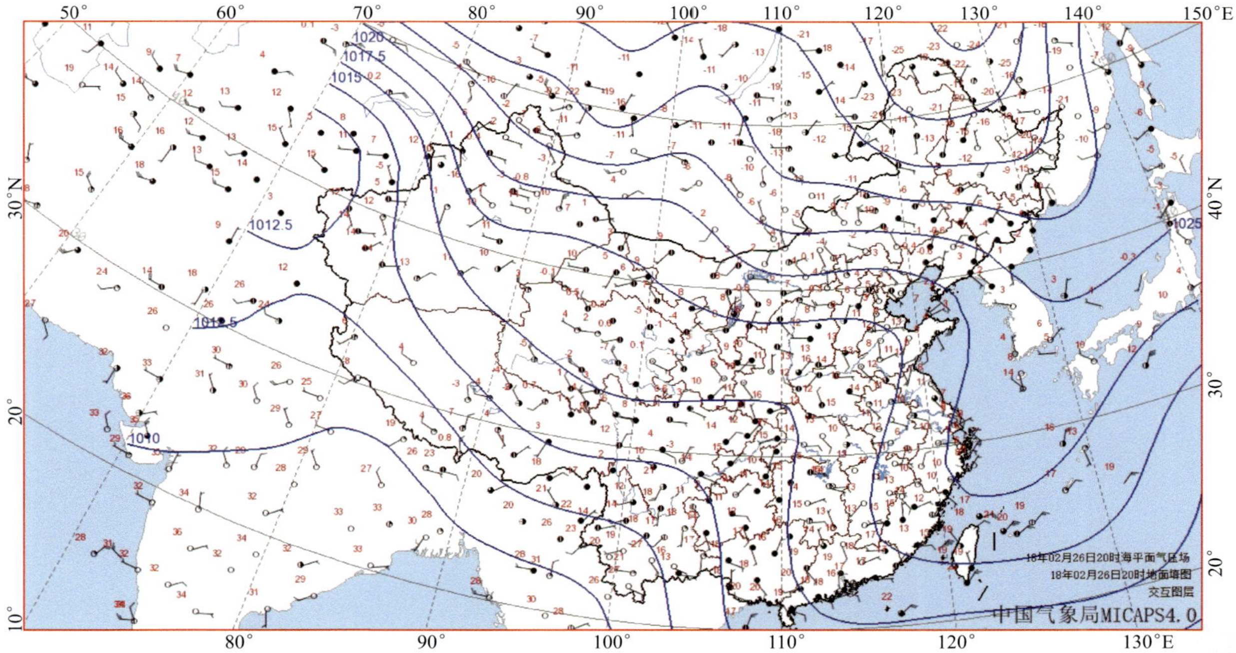

图 2.40.5　2018 年 2 月 26 日 20 时地面图和海平面气压场

（2）高空图

图 2.40.6 是 2018 年 2 月 24 日 08 时 850 hPa 高空图。图 2.40.7 是 2018 年 2 月 26 日 08 时 850 hPa 高空图。图 2.40.8 是 2018 年 2 月 24 日 08 时 500 hPa 高空图。图 2.40.9 是 2018 年 2 月 26 日 08 时 500 hPa 高空图。

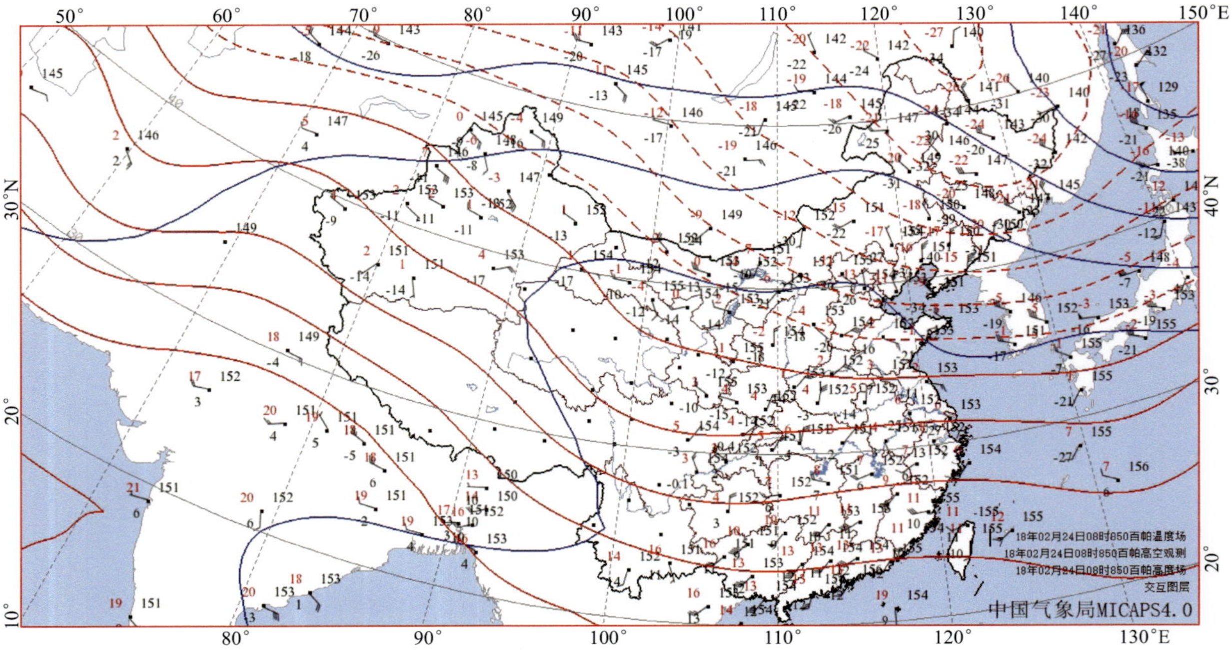

图 2.40.6　2018 年 2 月 24 日 08 时 850 hPa 高空图

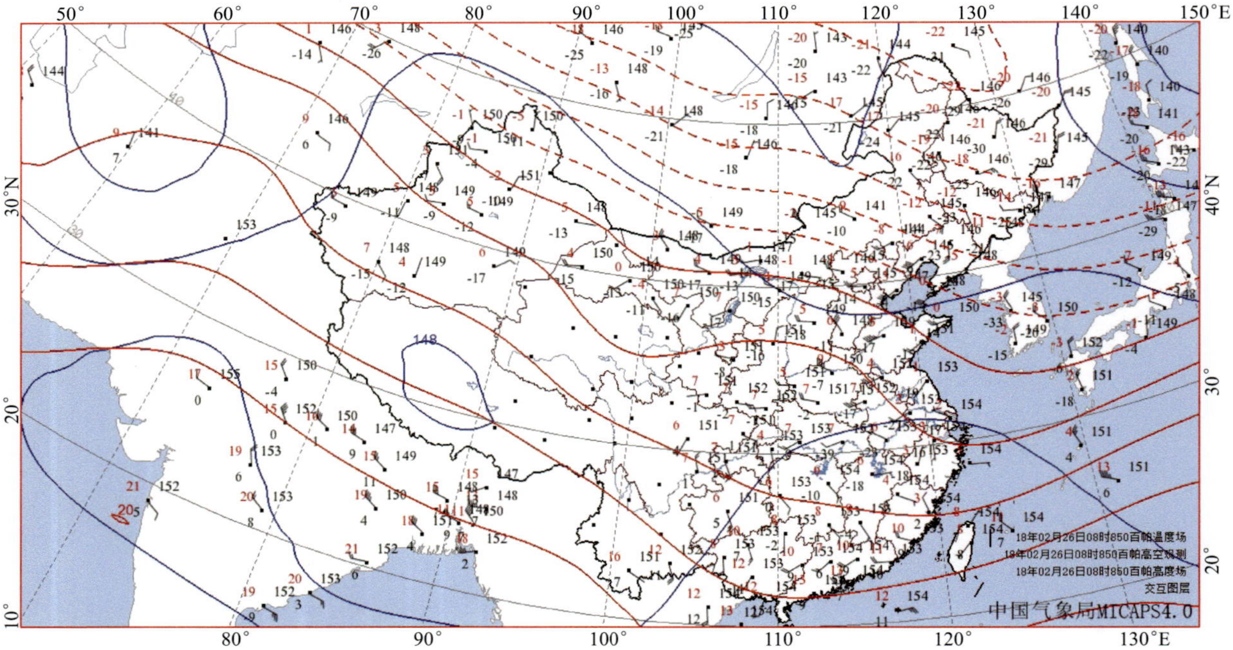

图 2.40.7　2018 年 2 月 26 日 08 时 850 hPa 高空图

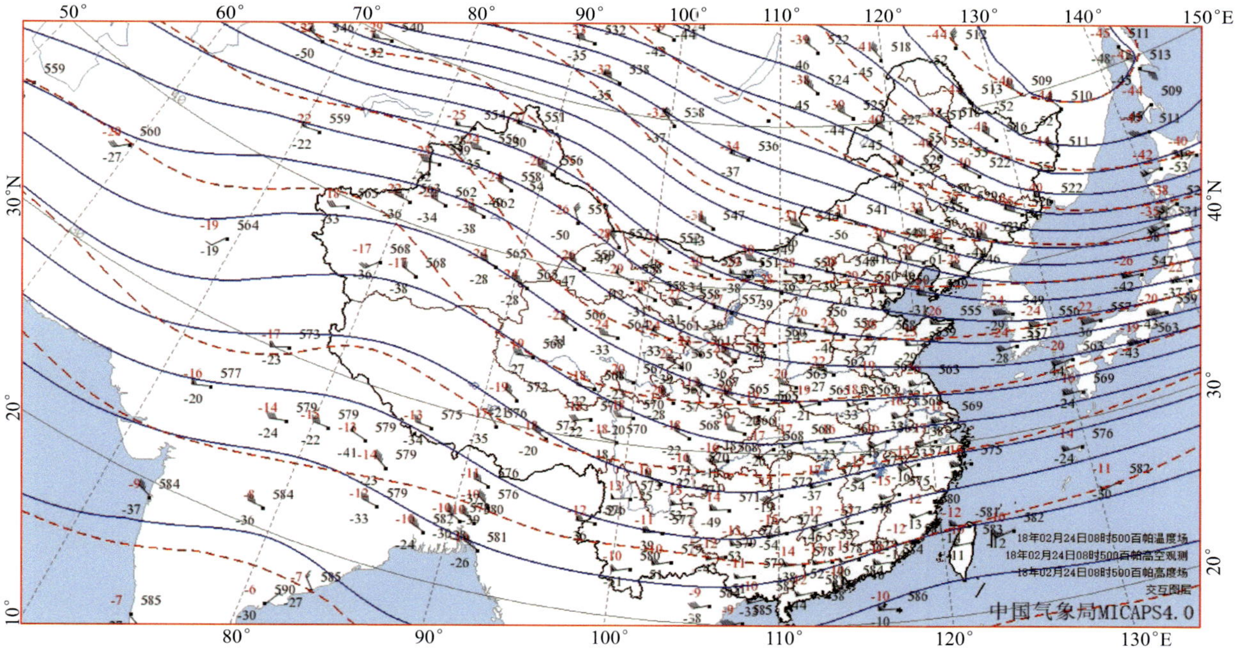

图 2.40.8　2018 年 2 月 24 日 08 时 500 hPa 高空图

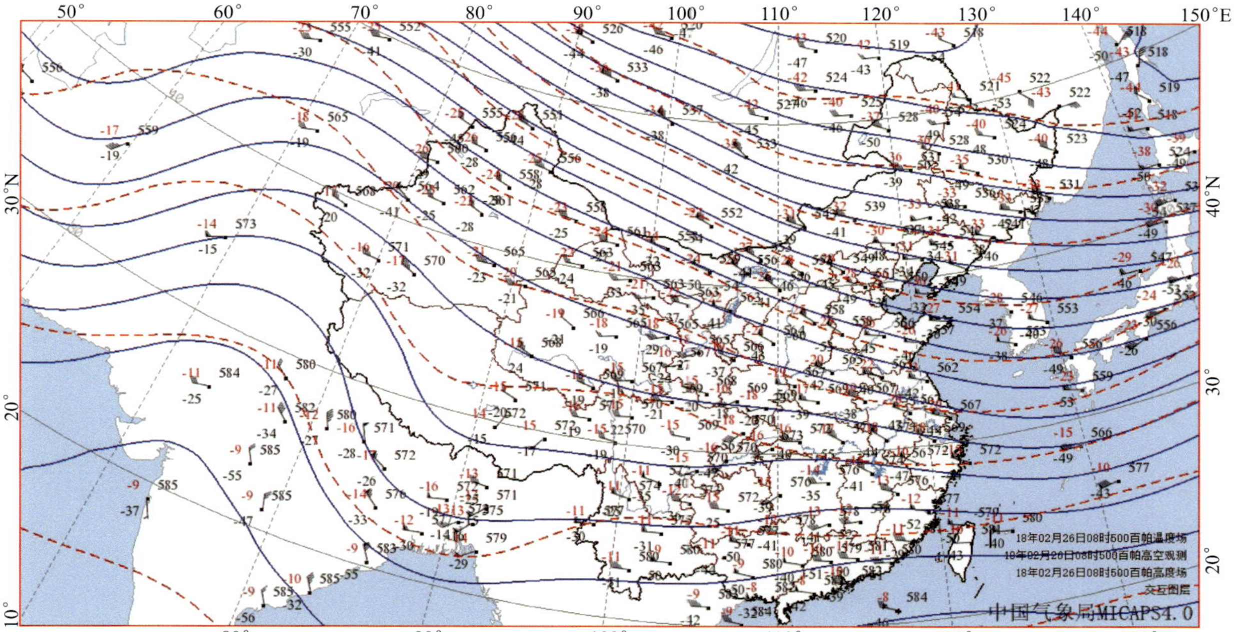

图 2.40.9　2018 年 2 月 26 日 08 时 500 hPa 高空图

2.40.3　卫星云图

图 2.40.10 是 2018 年 2 月 24 日 14 时、26 日 14 时卫星云图。

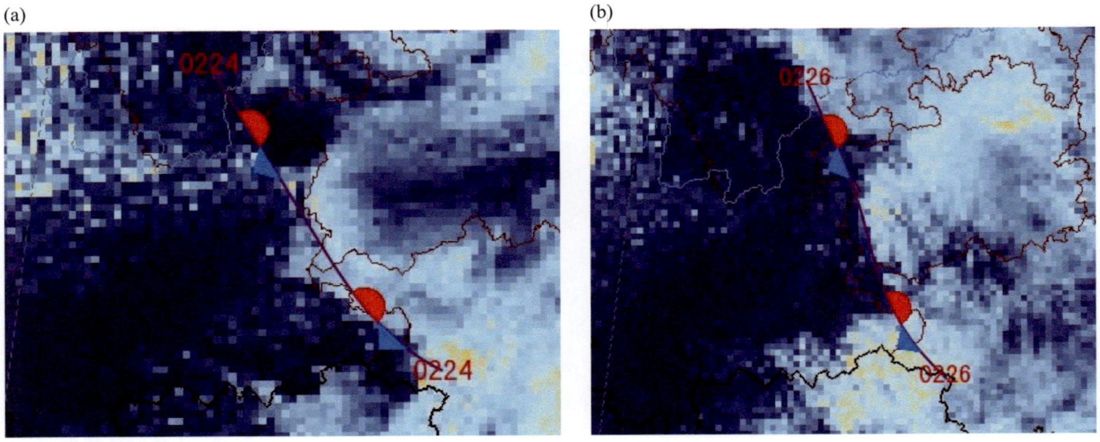

图 2.40.10　2018 年 2 月 24 日 14 时(a)、26 日 14 时(b)卫星云图

2.41　2018 年 3 月 5—7 日昆明准静止锋过程

2.41.1　过程概况

2018 年 3 月 5 日在云贵高原出现了昆明准静止锋天气系统，呈准南北向，贯穿四川、云南、贵州及广西四省(区)，位于雷波、大关、水城、紫云、都安及贵港一线。6 日昆明准静止锋略西进，位于昭通、威宁、普安、田阳及隆安一线。7 日昆明准静止锋继续西进至巧家、会泽、沾益、广南及那坡一线。之后，昆明准静止锋加强为冷锋，西推至哀牢山附近。3 月 5—7 日过程期间昆明准静止锋移动路径如图 2.41.1，活动范围见表 2.41.1。

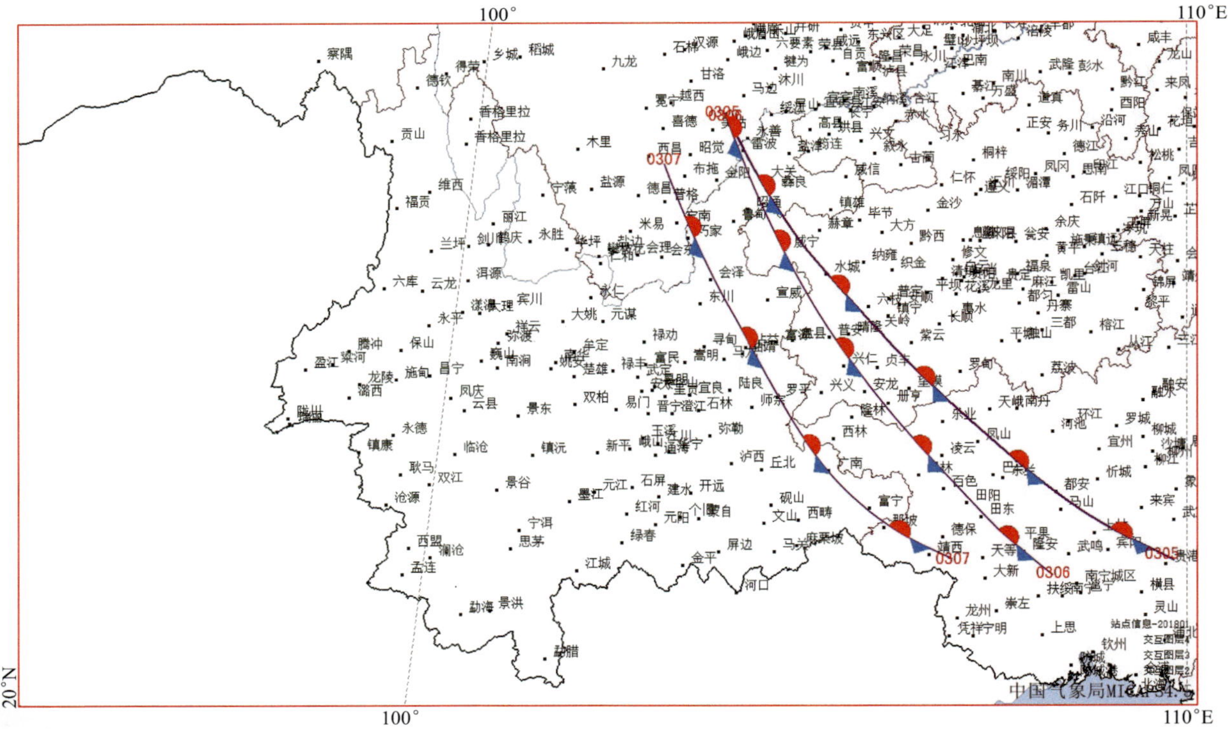

图 2.41.1　2018 年 3 月 5—7 日昆明准静止锋移动路径

表 2.41.1　2018 年 3 月 5—7 日昆明准静止锋位置

日期	昆明准静止锋位置
3 月 5 日	雷波—大关—都安
3 月 6 日	昭通—威宁—隆安
3 月 7 日	巧家—沾益—那坡

受昆明准静止锋和高原波动影响，3 月 5 日滇东北和滇西北北部出现日最高气温负变温区，最大变温在大关县，为−12.9 ℃；6 日云南大部为负变温，滇东北降温幅度较大；7 日昭通南部、曲靖降温幅度增大，最大变温在鲁甸，为−13.9 ℃。此次过程昆明准静止锋主要影响区降温幅度大于 10 ℃的县市有 6 个，主要集中在昭通市和曲靖市(图 2.41.2)。

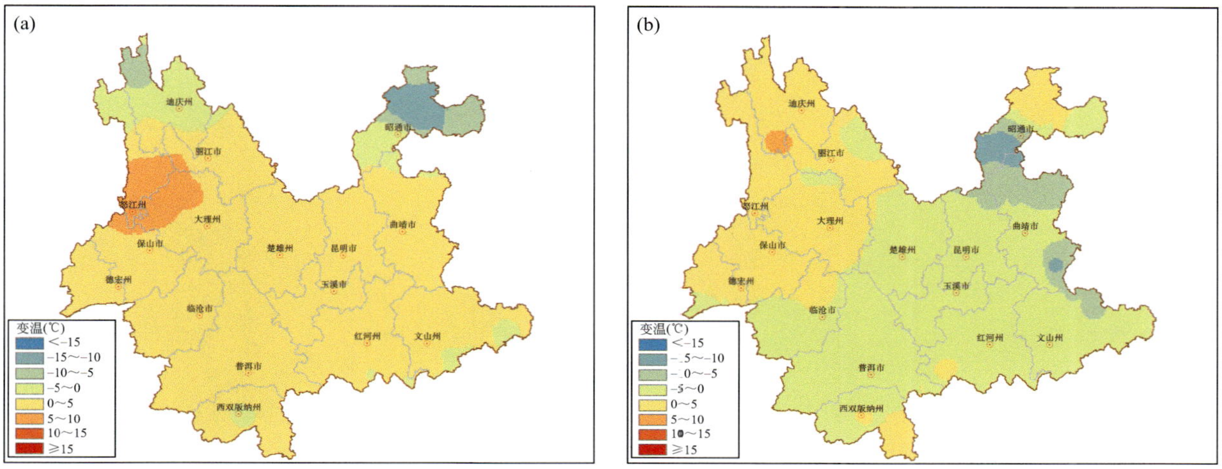

图 2.41.2　云南 2018 年 3 月 5 日(a)、7 日(b)最高气温 24 h 变温图

受昆明准静止锋和高原波动影响，2018 年 3 月 5—7 日(20 时—20 时)滇东北、滇中、滇西北出现降水。昆明准静止锋主要影响区域(滇东)总降水量均有小于 10 mm，最大为威信县 5.8 mm(图 2.41.3a)。

受昆明准静止锋和高原波动影响，2018 年 3 月 5—7 日云南总日照时数少于 30 h 的县市有 29 个，其中少于 10 h 的 8 个，最少的是贡山县，仅为 2 h，其次盐津县和永善县，分别为 3.8 h 和 5.1 h(图略)。与常年

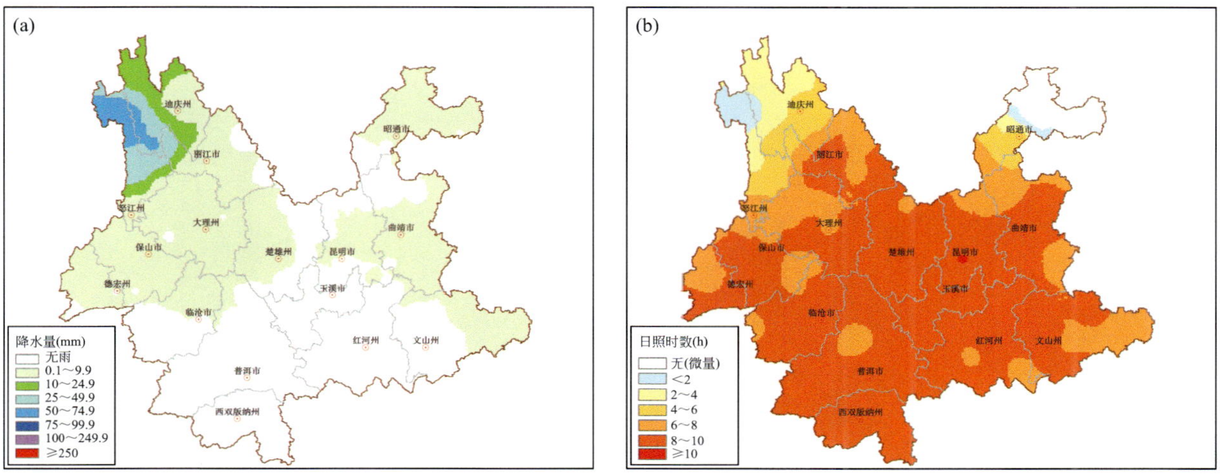

图 2.41.3　云南 2018 年 3 月 5—7 日累计降水量(a)和平均日照时数(b)

同期相比，有16个县市日照时数偏少20%以上，其中3个县市偏少50%以上，贡山偏少最多，为82.4%，其次为永善，偏少59.5%。图2.41.3b是昆明准静止锋影响期间的平均日照时数。

2.41.2 环流背景

（1）地面图

图2.41.4是2018年3月5日14时地面图和海平面气压场。图2.41.5是2018年3月7日20时地面图和海平面气压场。

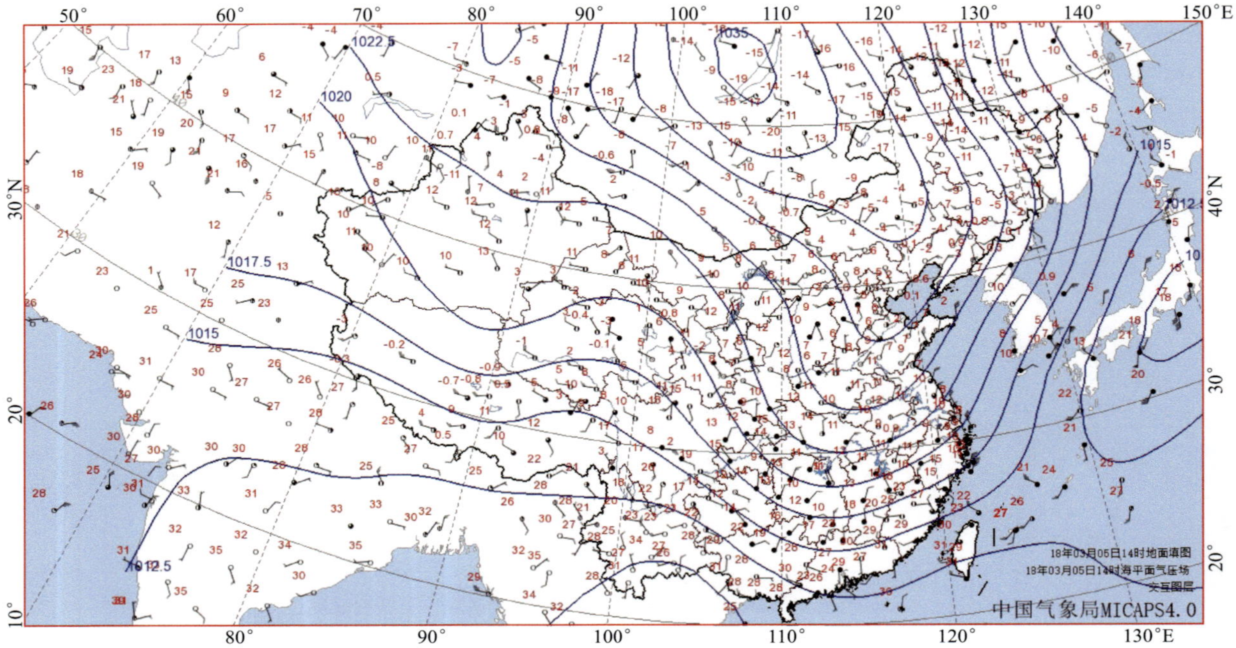

图2.41.4 2018年3月5日14时地面图和海平面气压场

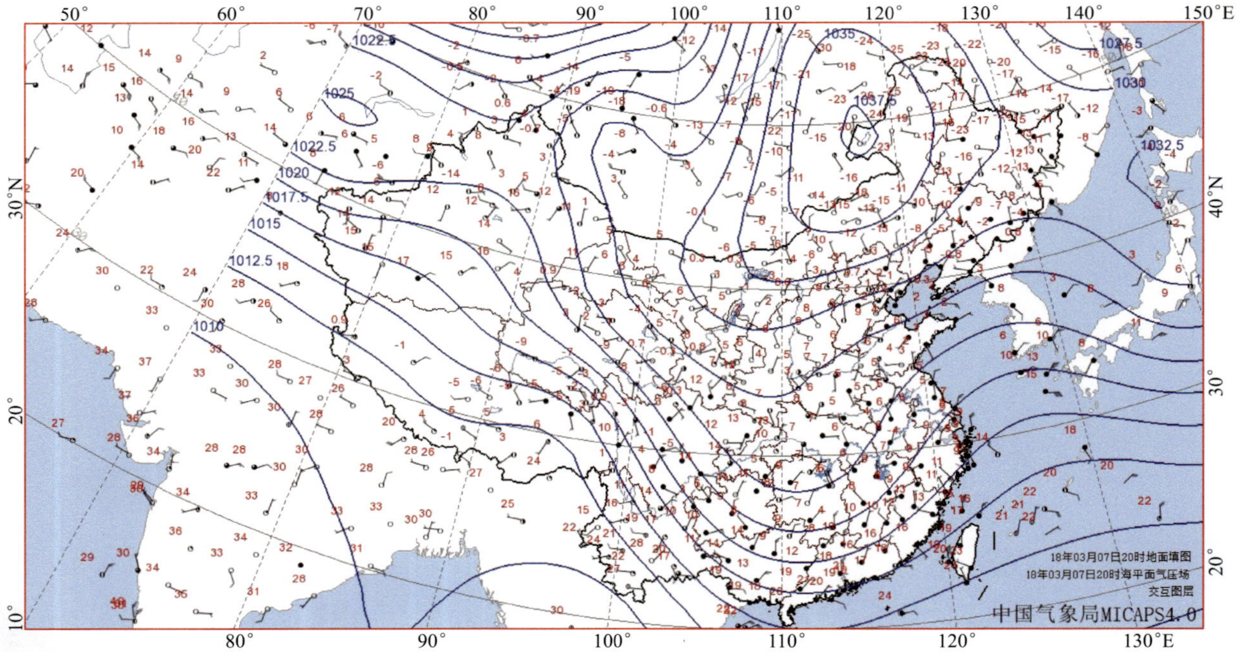

图2.41.5 2018年3月7日20时地面图和海平面气压场

(2)高空图

图 2.41.6 是 2018 年 3 月 5 日 08 时 850 hPa 高空图。图 2.41.7 是 2018 年 3 月 7 日 08 时 850 hPa 高空图。图 2.41.8 是 2018 年 3 月 5 日 08 时 500 hPa 高空图。图 2.41.9 是 2018 年 3 月 7 日 08 时 500 hPa 高空图。

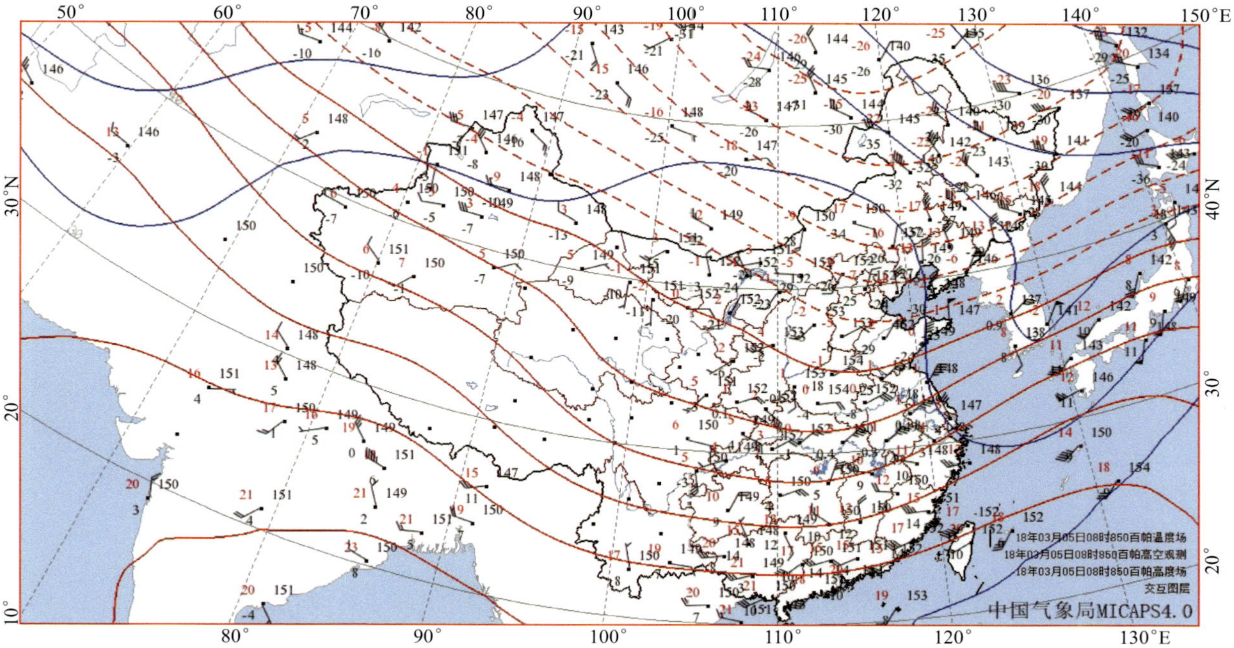

图 2.41.6　2018 年 3 月 5 日 08 时 850 hPa 高空图

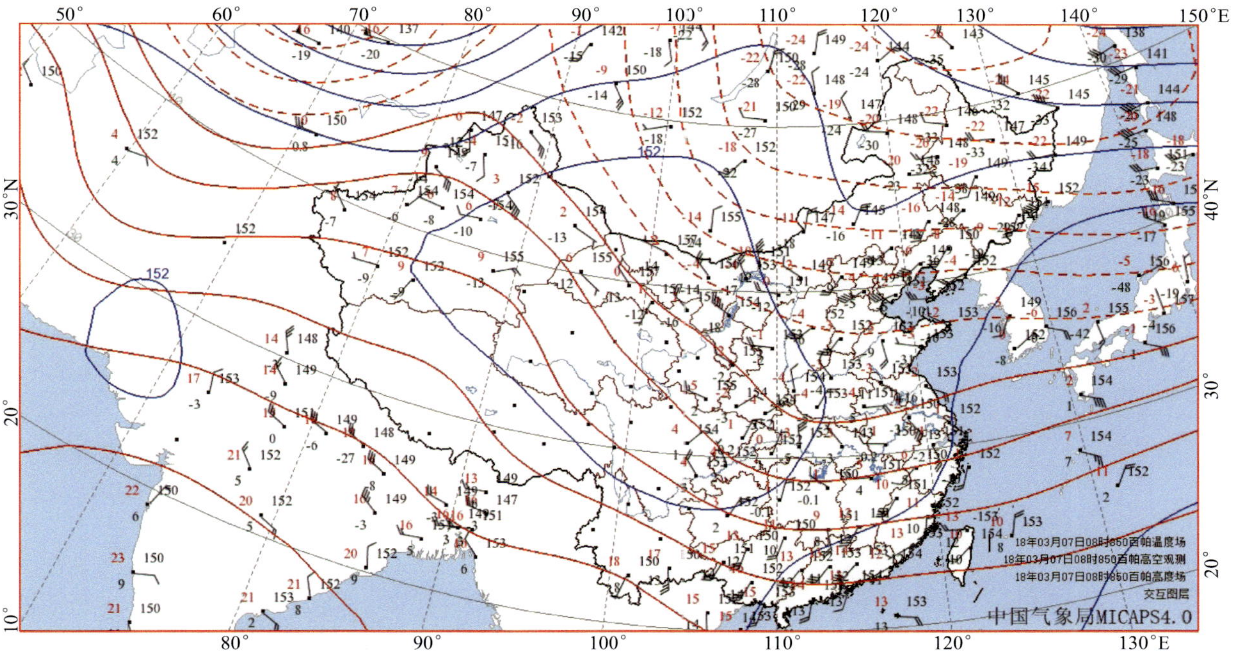

图 2.41.7　2018 年 3 月 7 日 08 时 850 hPa 高空图

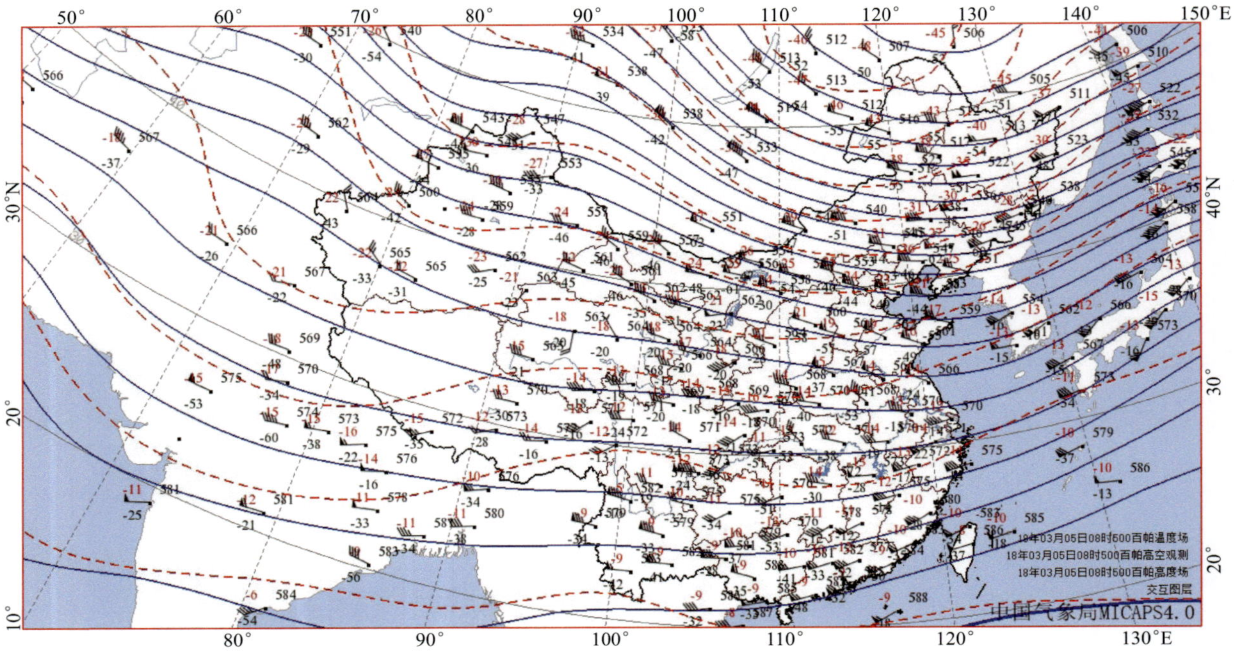

图 2.41.8 2018 年 3 月 5 日 08 时 500 hPa 高空图

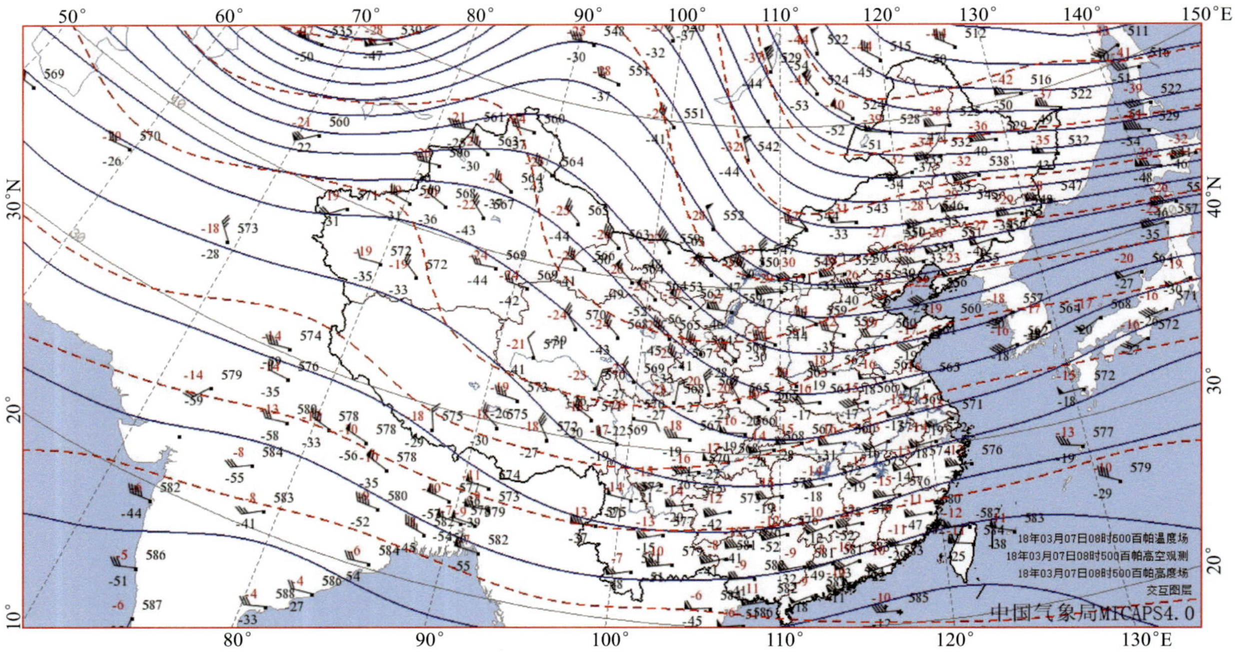

图 2.41.9 2018 年 3 月 7 日 08 时 500 hPa 高空图

2.41.3 卫星云图

图 2.41.10 是 2018 年 3 月 6 日 14 时、7 日 14 时卫星云图。

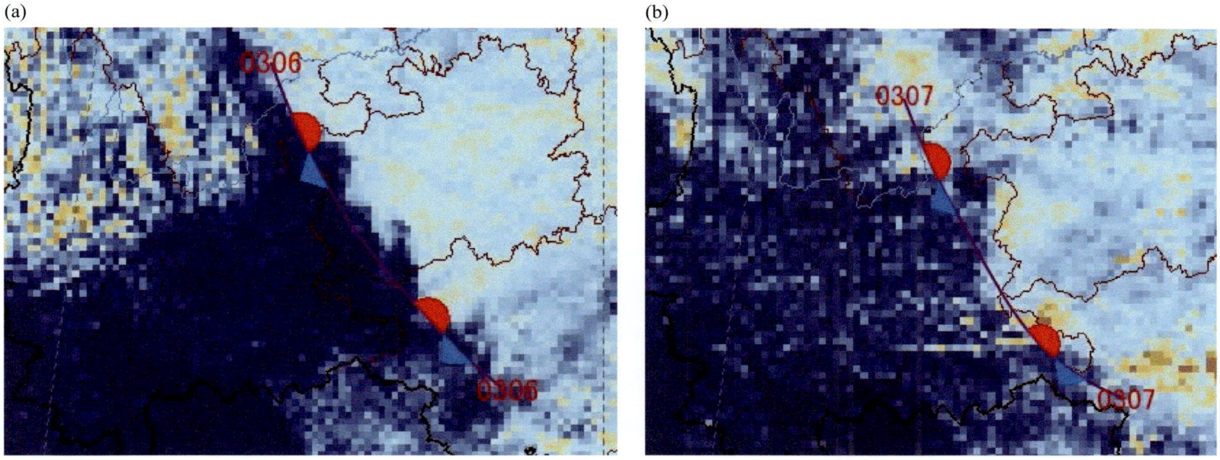

图 2.41.10　2018 年 3 月 6 日 14 时(a)、7 日 14 时(b)卫星云图

2.42　2018 年 3 月 18—22 日昆明准静止锋过程

2.42.1　过程概况

2018 年 3 月 18 日在云贵高原出现了昆明准静止锋天气系统，呈西北—东南向，贯穿四川、云南、贵州三省，锋面位于彝良、镇雄、黔西、修文及黎平一线。19 日昆明准静止锋增强西进，位于会理、嵩明、丘北及那坡一线。20 日昆明准静止锋东退至金阳、鲁甸、宣威、兴义、隆林及大新一线。21 日昆明准静止锋西进至德昌、会东、寻甸及马关一线，22 日昆明准静止锋维持少动。之后，锋面减弱东退出贵州。3 月 18—22 日过程期间昆明准静止锋移动路径如图 2.42.1，活动范围见表 2.42.1。

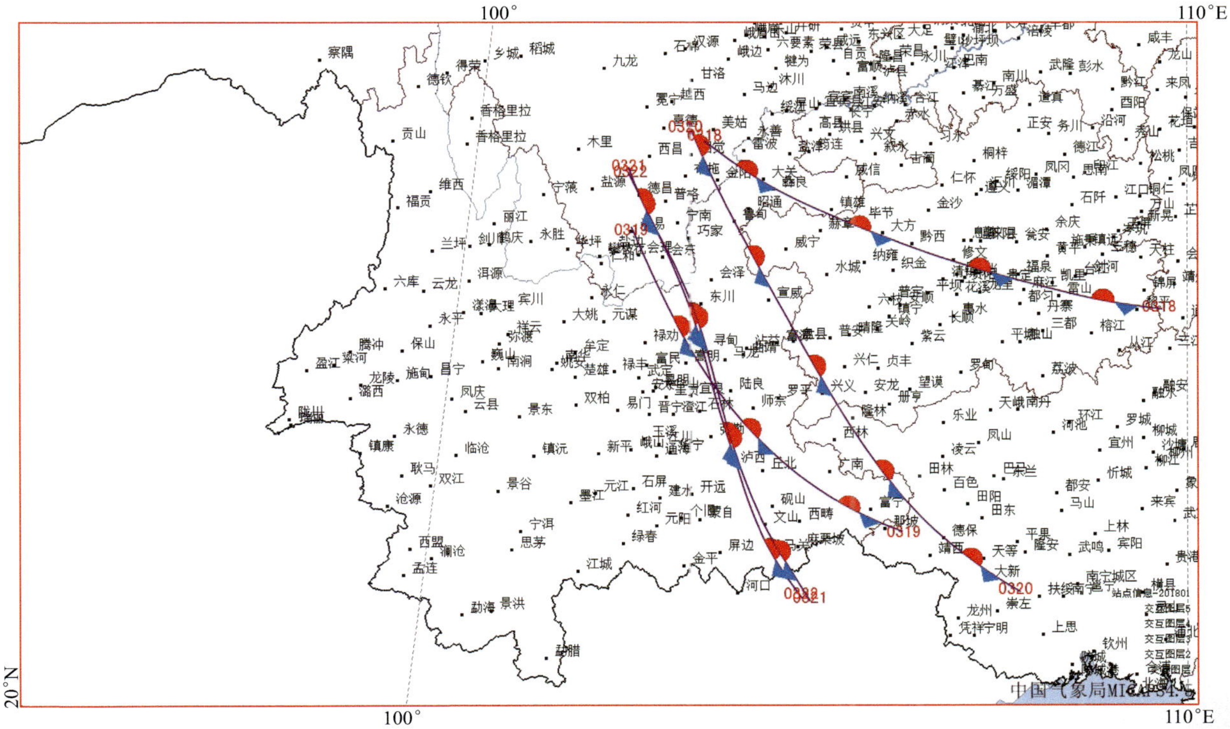

图 2.42.1　2018 年 3 月 18—22 日昆明准静止锋移动路径

表 2.42.1　2018 年 3 月 18—22 日昆明准静止锋位置

日期	昆明准静止锋位置
3 月 18 日	彝良—黔西—黎平
3 月 19 日	会理—嵩明—那坡
3 月 20 日	金阳—宣威—大新
3 月 21 日	德昌—寻甸—马关
3 月 22 日	德昌—寻甸—马关

受昆明准静止锋影响，3 月 18 日滇东北出现日最高气温负变温区，最大变温在彝良县，为−10.1 ℃；19 日随着昆明准静止锋西进，负变温扩大到滇中地区，最大变温在昭通，为−9.3 ℃；20 日随着昆明准静止锋东退，云南气温回升；21 日随着昆明准静止锋西进，云南大部为日最高气温负变温区，滇东降温幅度较大，最大变温在富源县，为−13.8 ℃。22 日昆明准静止锋减弱维持，锋面附近为弱负变温，滇东开始升温。此次过程降温幅度大于 10 ℃的有 7 个县市，主要集中在昭通市和曲靖市(图 2.42.2)。

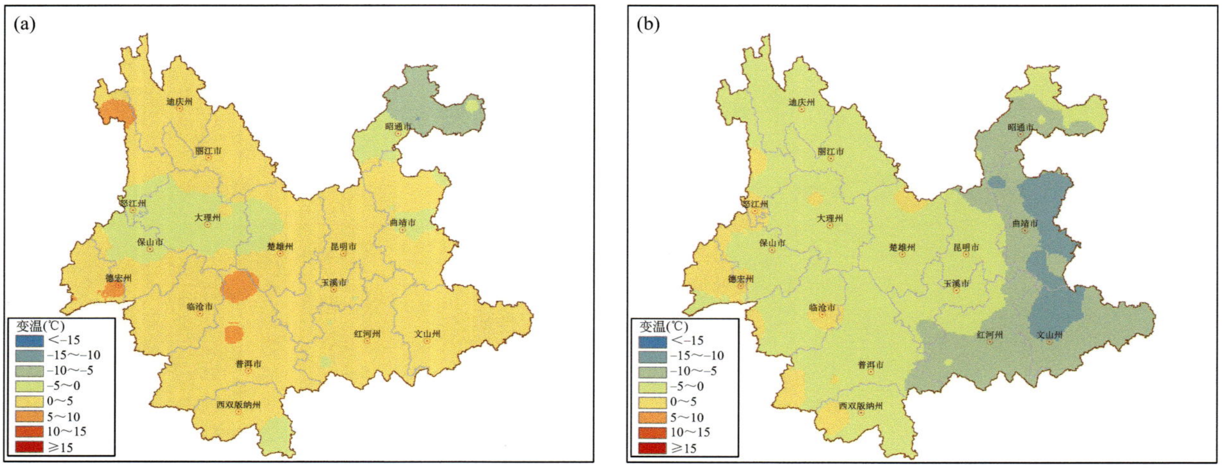

图 2.42.2　云南 2018 年 3 月 18 日(a)、21 日(b)最高气温 24 h 变温图

受昆明准静止锋和南支槽影响，2018 年 3 月 18—22 日(20 时—20 时)云南有 3 个县市总降水量大于 25 mm，其余大部地区总降水量都小于 5 mm。昆明准静止锋主要影响区域(滇中以东)有 3 个县市总降水量大于 25 mm，红河州绿春县总降水量最大，为 28.1 mm，其次是河口县，为 27.6 mm(图 2.42.3a)。

受昆明准静止锋和南支槽影响，2018 年 3 月 18—22 日云南总日照时数有 39 站少于 40 h，其中少于 30 h 的县市有 14 个，最少的是昭通盐津县，仅为 11.4 h，其次是红河元阳县和昭通威信县，分别为 14.9 h 和 17.9 h(图略)。与常年同期相比，有 7 个县市日照时数偏少 20%以上，元阳偏少最多，为 54.3%。图 2.42.3b 是昆明准静止锋影响期间的平均日照时数。

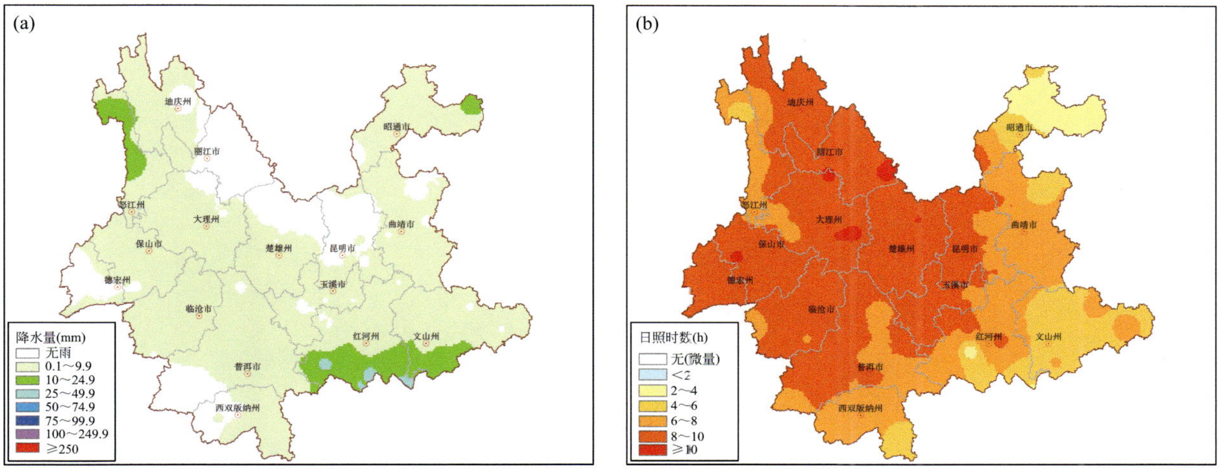

图 2.42.3　云南 2018 年 3 月 18—22 日累计降水量(a)和平均日照时数(b)

2.42.2　环流背景

(1)地面图

图 2.42.4 是 2018 年 3 月 18 日 14 时地面图和海平面气压场。图 2.42.5 是 2018 年 3 月 22 日 20 时地面图和海平面气压场。

(2)高空图

图 2.42.6 是 2018 年 3 月 18 日 08 时 850 hPa 高空图。图 2.42.7 是 2018 年 3 月 22 日 08 时 850 hPa 高空图。图 2.42.8 是 2018 年 3 月 18 日 08 时 500 hPa 高空图。图 2.42.9 是 2018 年 3 月 22 日 08 时 500 hPa 高空图。

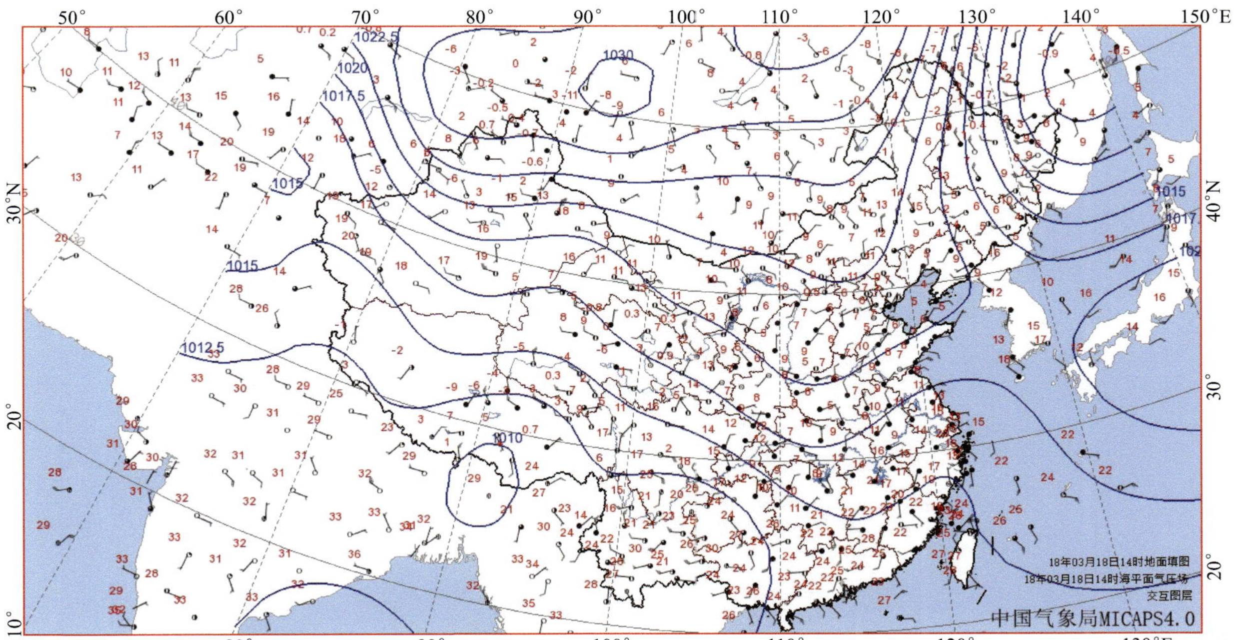

图 2.42.4　2018 年 3 月 18 日 14 时地面图和海平面气压场

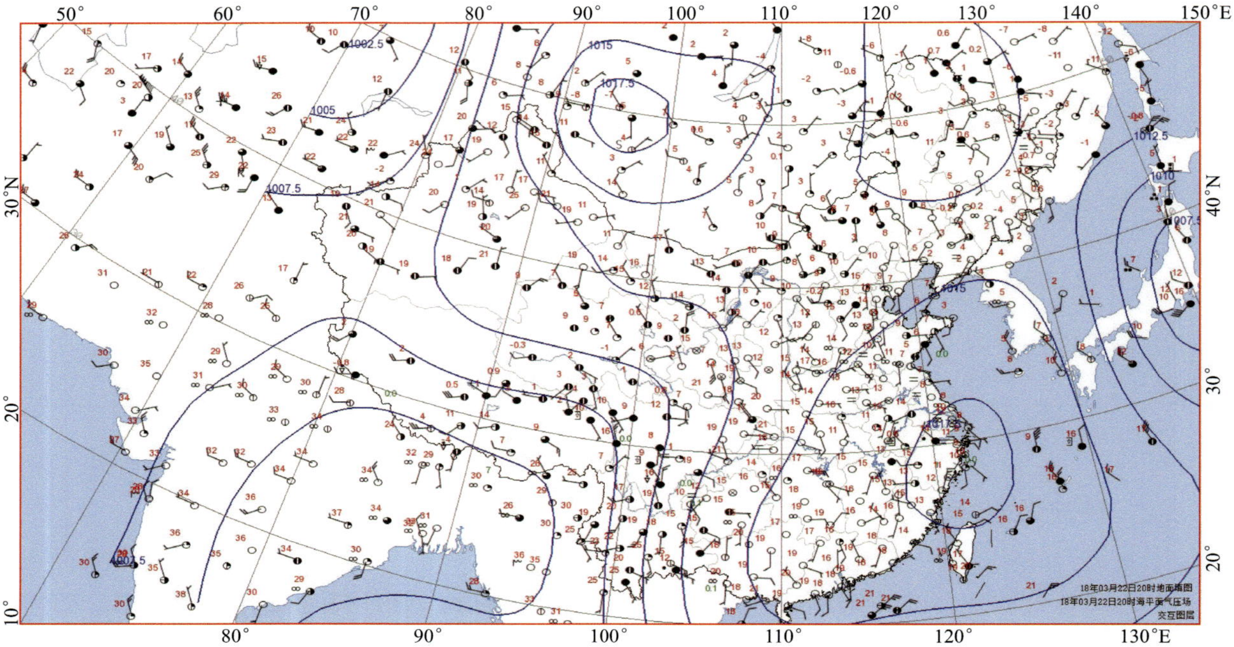

图 2.42.5　2018 年 3 月 22 日 20 时地面图和海平面气压场

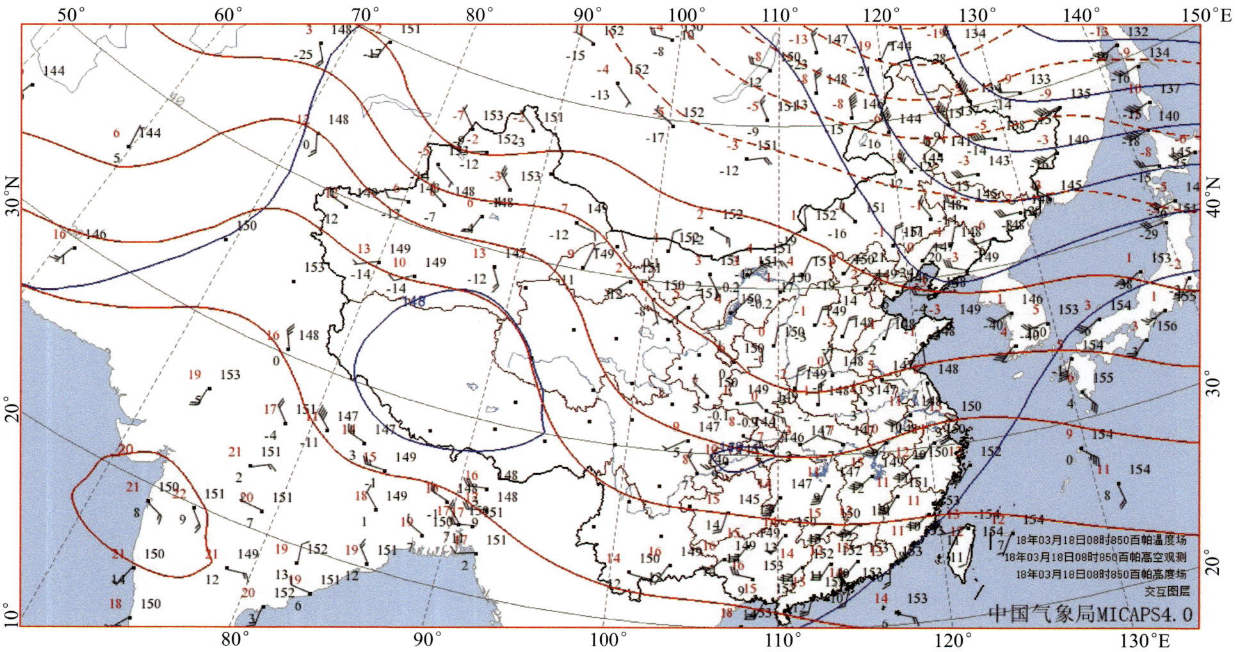

图 2.42.6　2018 年 3 月 18 日 08 时 850 hPa 高空图

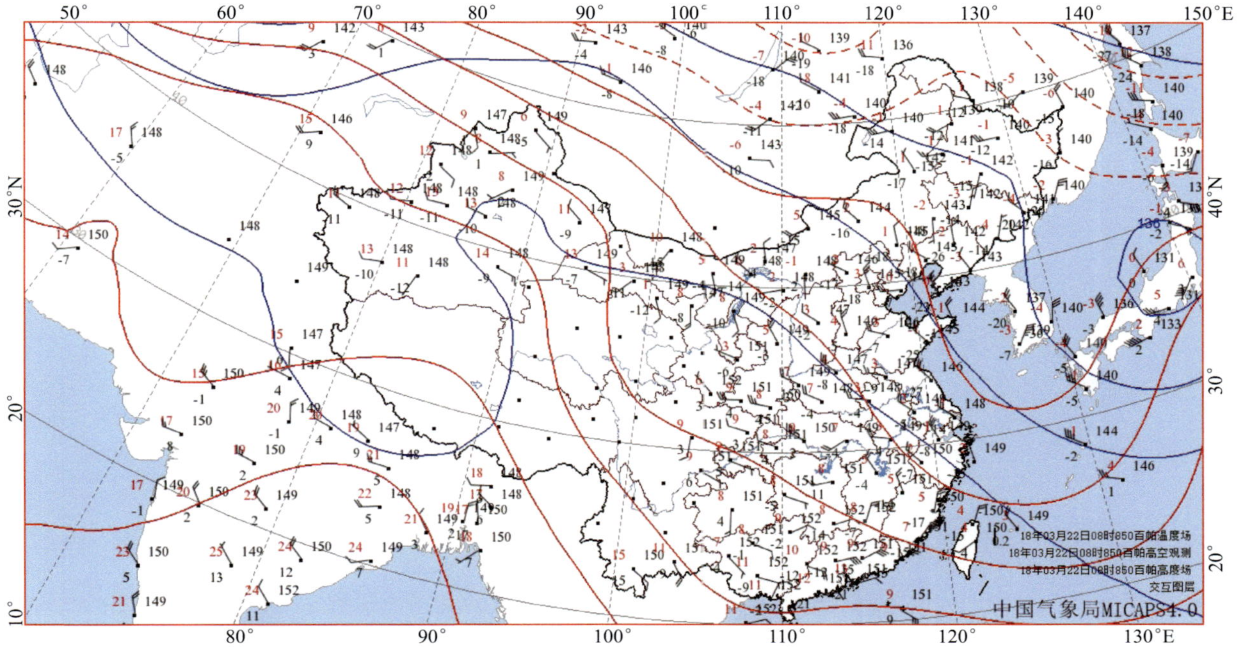

图 2.42.7　2018 年 3 月 22 日 08 时 850 hPa 高空图

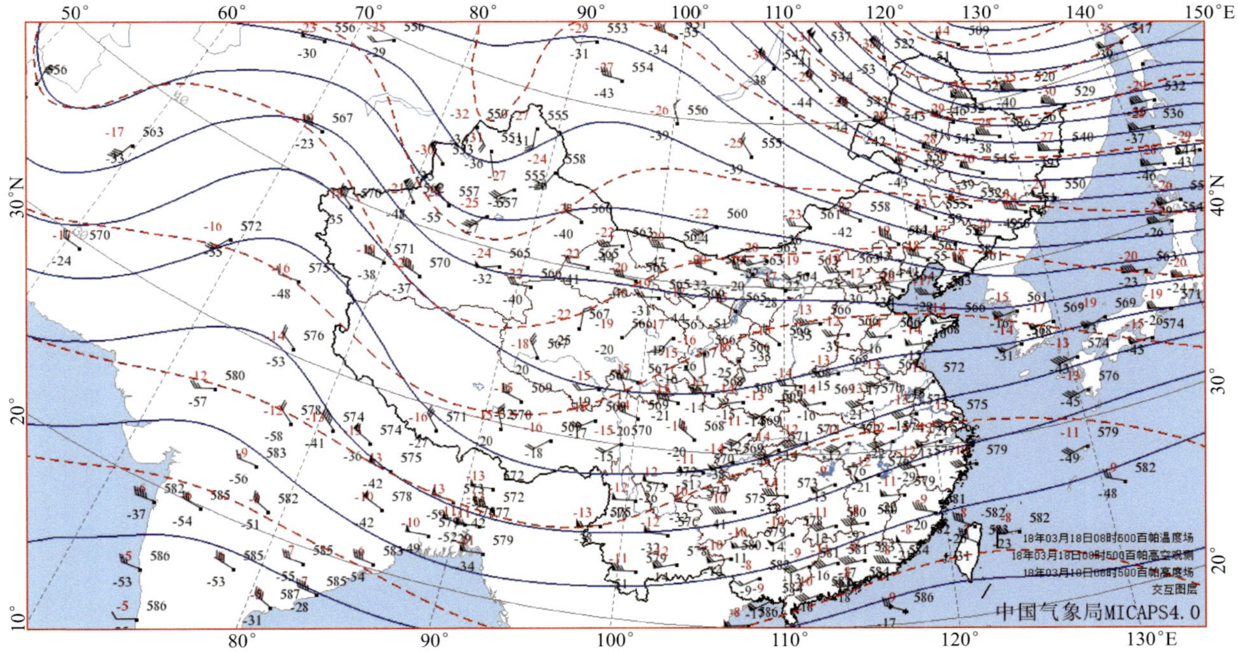

图 2.42.8　2018 年 3 月 18 日 08 时 500 hPa 高空图

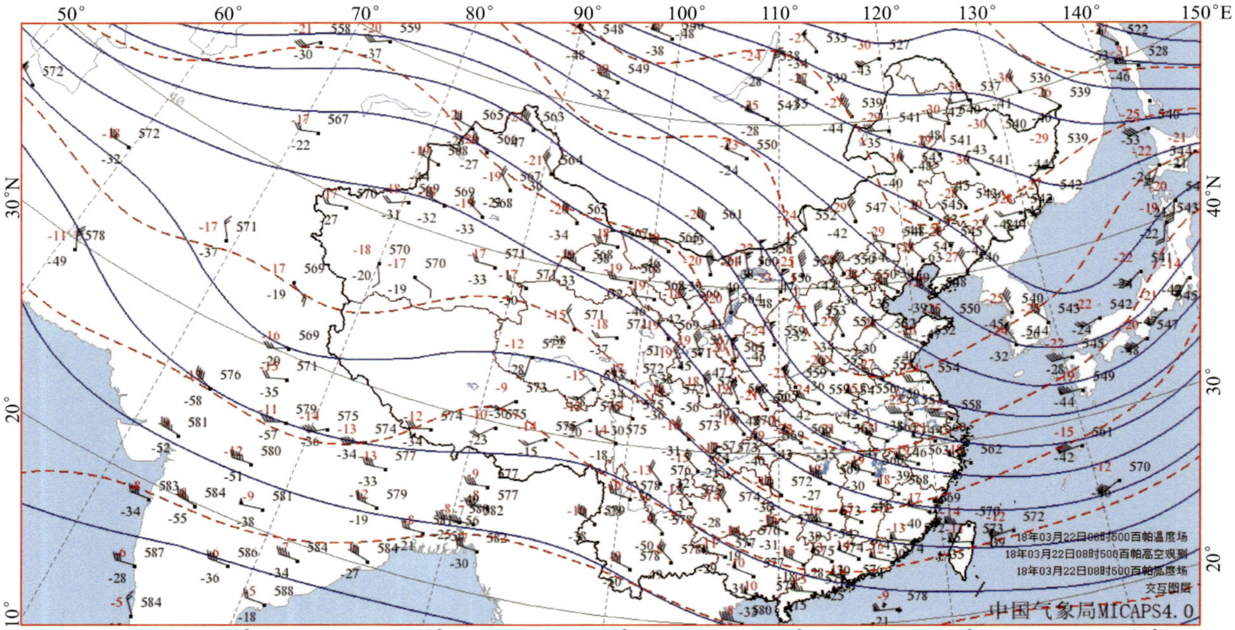

图 2.42.9　2018 年 3 月 22 日 08 时 500 hPa 高空图

2.42.3　卫星云图

图 2.42.10 是 2018 年 3 月 18 日 14 时、19 日 14 时卫星云图。

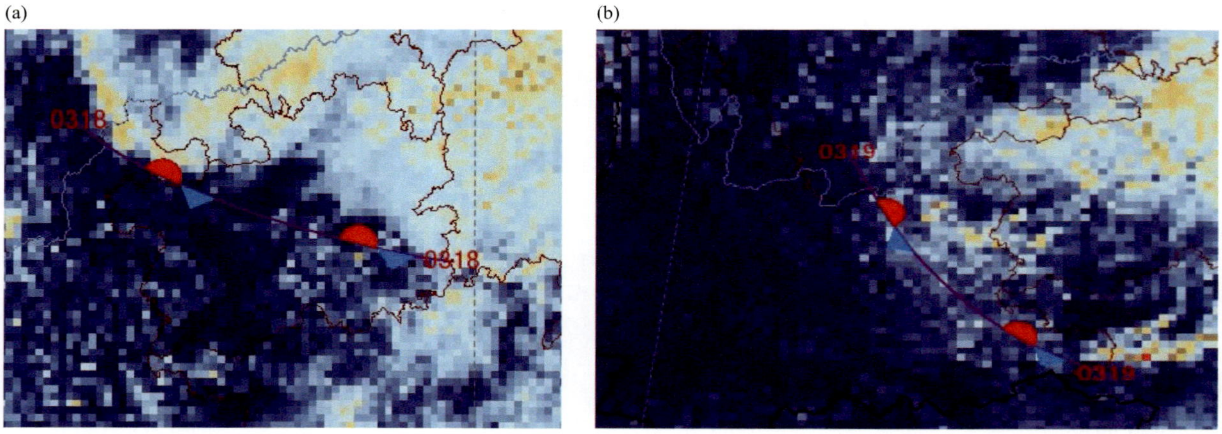

图 2.42.10　2018 年 3 月 18 日 14 时(a)、19 日 14 时(b)卫星云图

2.43　2018 年 3 月 24—28 日昆明准静止锋过程

2.43.1　过程概况

2018 年 3 月 24 日在云贵高原出现了昆明准静止锋天气系统，呈准南北向，贯穿四川、云南、贵州及广西四省(区)，锋面位于昭觉、富源、西林、富宁及靖西一线。25—27 日昆明准静止锋逐渐西进到攀枝花、安宁、华宁、开远及河口一线。28 日昆明准静止锋减弱东退至金阳、沾益、罗平、广南及那坡一线。

之后，锋面减弱东退至贵阳以东地区。3月24—28日过程期间昆明准静止锋移动路径如图2.43.1，活动范围见表2.43.1。

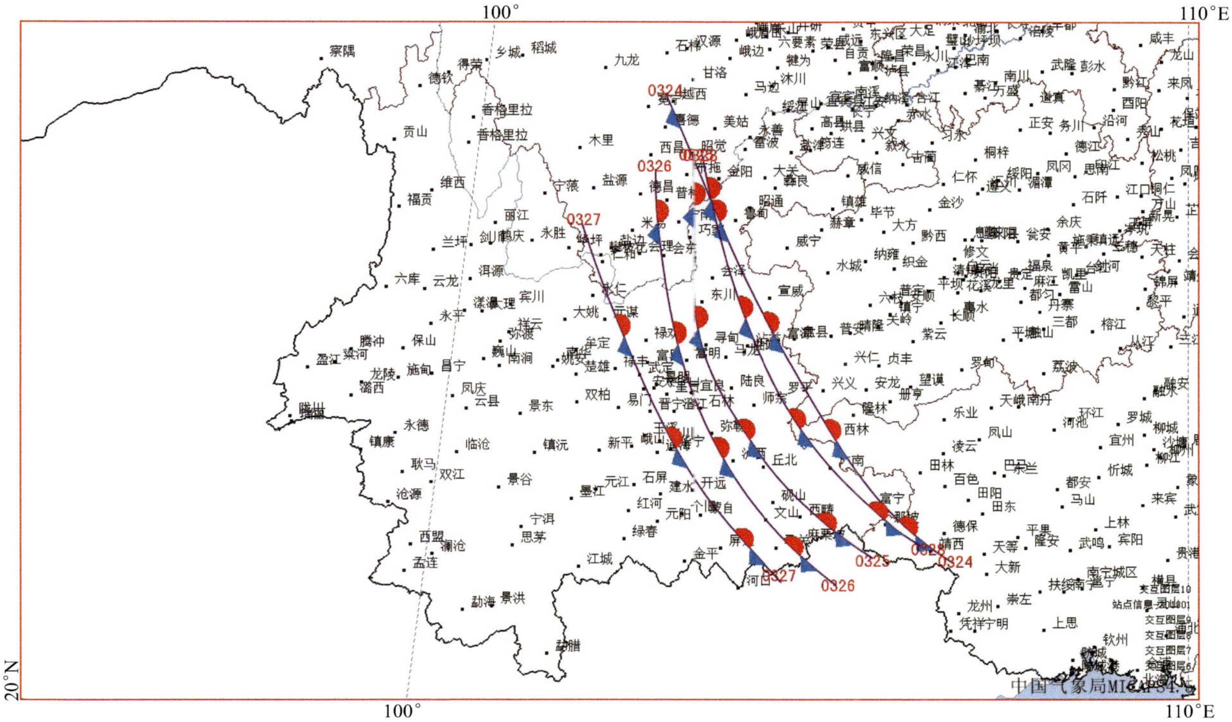

图2.43.1　2018年3月24—28日昆明准静止锋移动路径

表2.43.1　2018年3月24—28日昆明准静止锋位置

日期	昆明准静止锋位置
3月24日	昭觉—富源—靖西
3月25日	布拖—寻甸—西畴
3月26日	会理—嵩明—马关
3月27日	攀枝花—安宁—河口
3月28日	金阳—罗平—那坡

受昆明准静止锋影响，3月24日滇东北出现日最高气温负变温区，最大变温在鲁甸县，为−5.4 ℃；25日随着昆明准静止锋西南移，昭通气温回升，负变温区南移至曲靖、文山北部、红河北部，最大变温在师宗，为−5.2 ℃；26日昭通再次出现负变温，最大变温在彝良，为−8 ℃；27日受昆明准静止锋和西南气流影响，云南大部为负变温，最大变温出现在滇西；28日昆明准静止锋东退，云南开始升温(图2.43.2)。

受昆明准静止锋和西南暖湿气流影响，2018年3月24—28日(20时—20时)云南共有83个县市总降水量大于10 mm，其中有7个县市50 mm，28个县市25～50 mm。昆明准静止锋主要影响区域(滇中以东)普降中到大雨，大于50 mm的7个县市出现在曲靖、文山、玉溪3个州市，罗平县总降水量最大，为65.3 mm，其次是广南县，为60.9 mm(图2.43.3a)。

受昆明准静止锋和西南暖湿气流影响，2018年3月24—28日云南总日照时数有123个县市不足

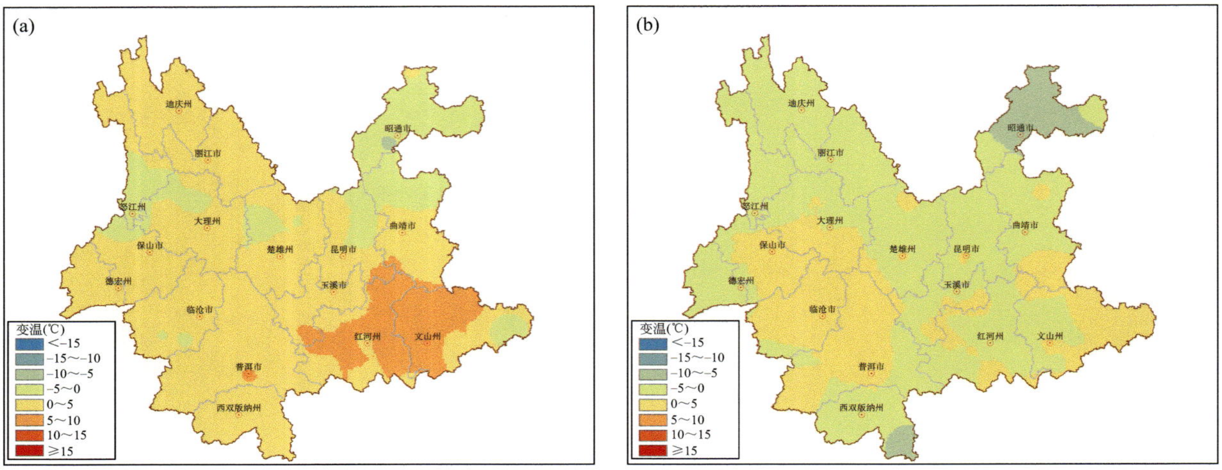

图 2.43.2 云南 2018 年 3 月 24 日(a)、26 日(b)最高气温 24 h 变温图

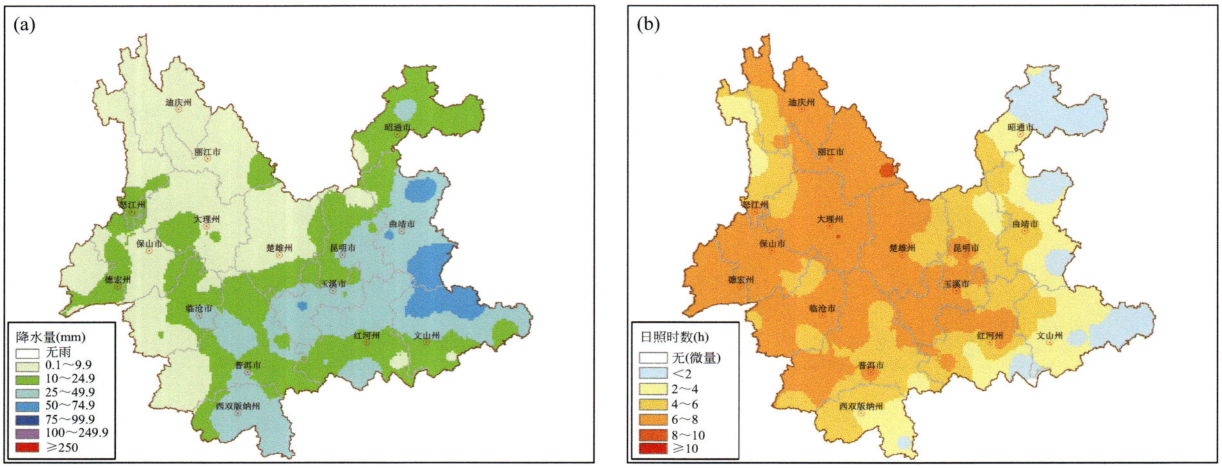

图 2.43.3 云南 2018 年 3 月 24—28 日累计降水量(a)和平均日照时数(b)

50 h,其中日照时数少于 30 h 的县市有 39 个,有 13 个县日照时数在 10 h 以内,最少的是河口县,为 0 h,其次是彝良县,为 1.8 h(图略)。与常年同期相比,有 70 个县市日照时数偏少 20%以上,有 21 个县市偏少 50%以上,河口偏少最多,为 100%,其次为彝良偏少 91.8%。图 2.43.3b 是昆明准静止锋影响期间的平均日照时数。

2.43.2 环流背景

(1)地面图

图 2.43.4 是 2018 年 3 月 24 日 14 时地面图和海平面气压场。图 2.43.5 是 2018 年 3 月 28 日 20 时地面图和海平面气压场。

(2)高空图

图 2.43.6 是 2018 年 3 月 24 日 08 时 850 hPa 高空图。图 2.43.7 是 2018 年 3 月 28 日 08 时 850 hPa 高空图。图 2.43.8 是 2018 年 3 月 24 日 08 时 500 hPa 高空图。图 2.43.9 是 2018 年 3 月 28 日 08 时 500 hPa 高空图。

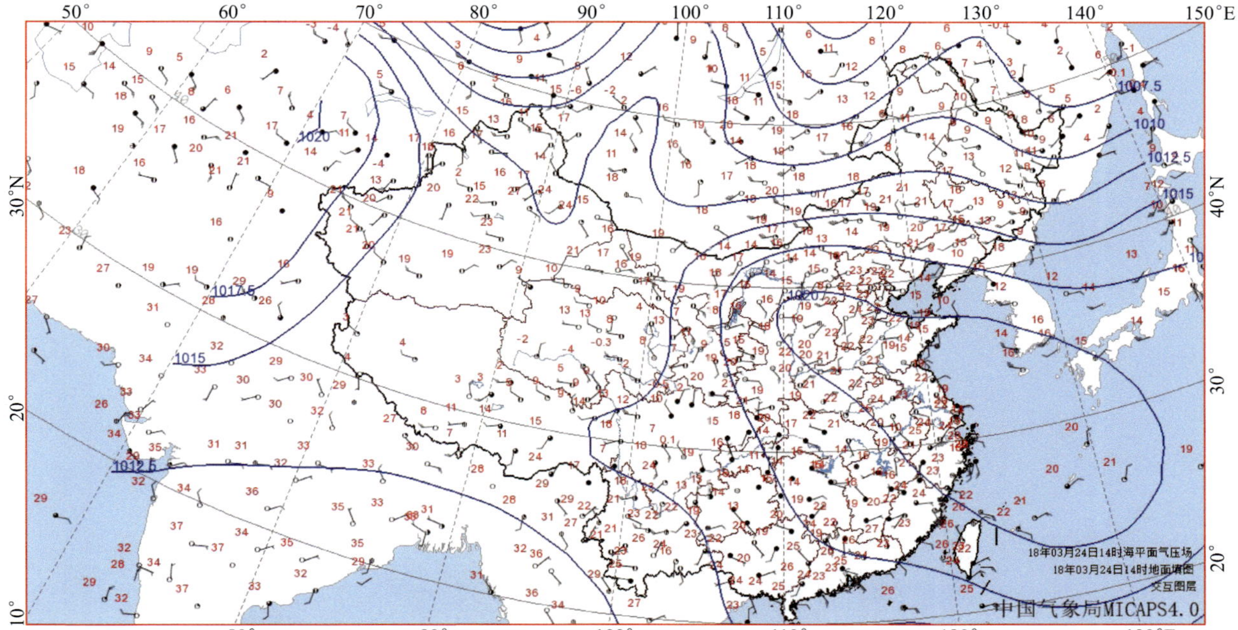

图 2.43.4　2018 年 3 月 24 日 14 时地面图和海平面气压场

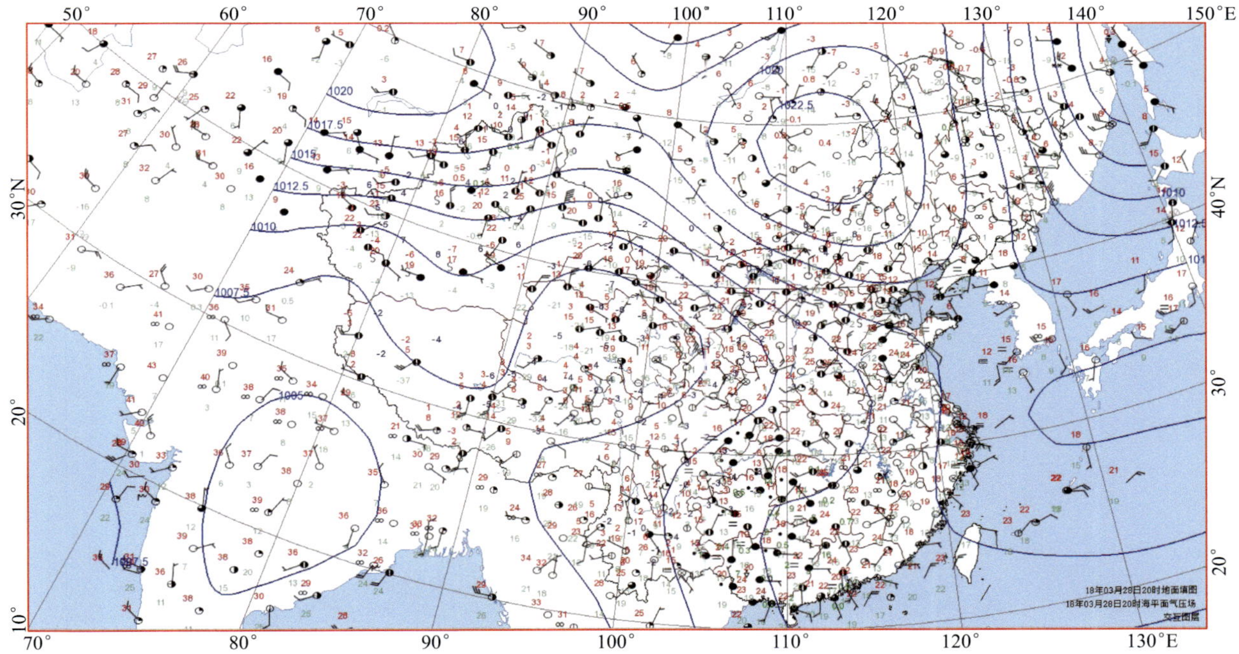

图 2.43.5　2018 年 3 月 28 日 20 时地面图和海平面气压场

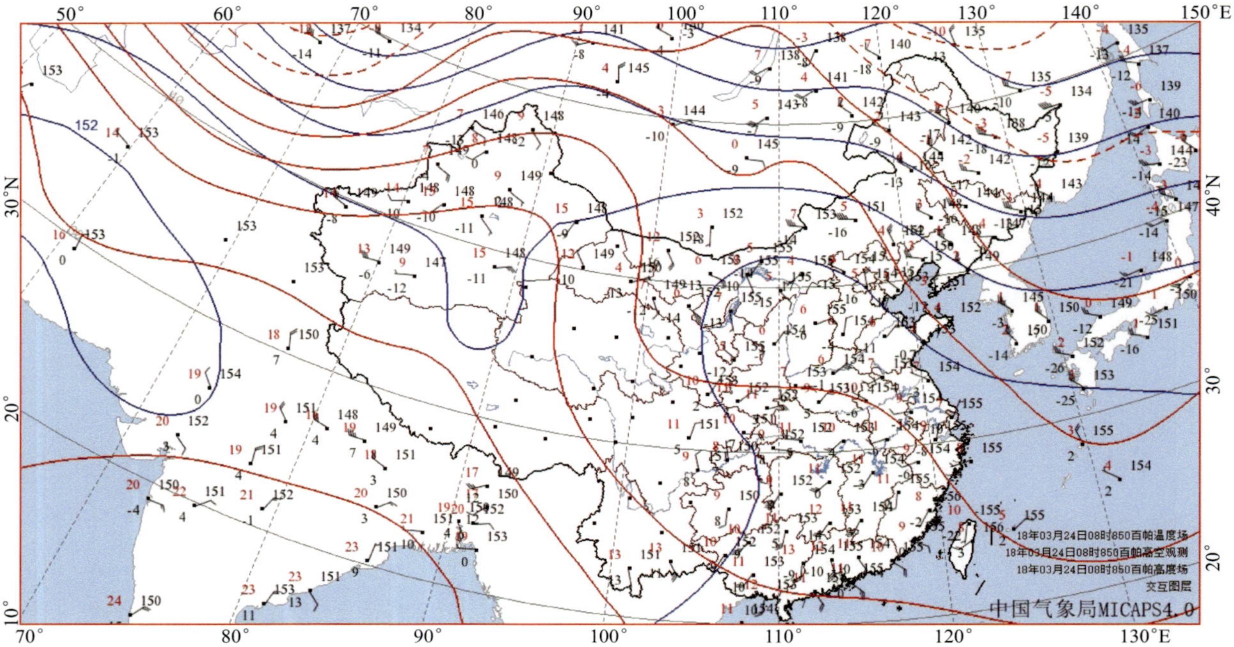

图 2.43.6　2018 年 3 月 24 日 08 时 850 hPa 高空图

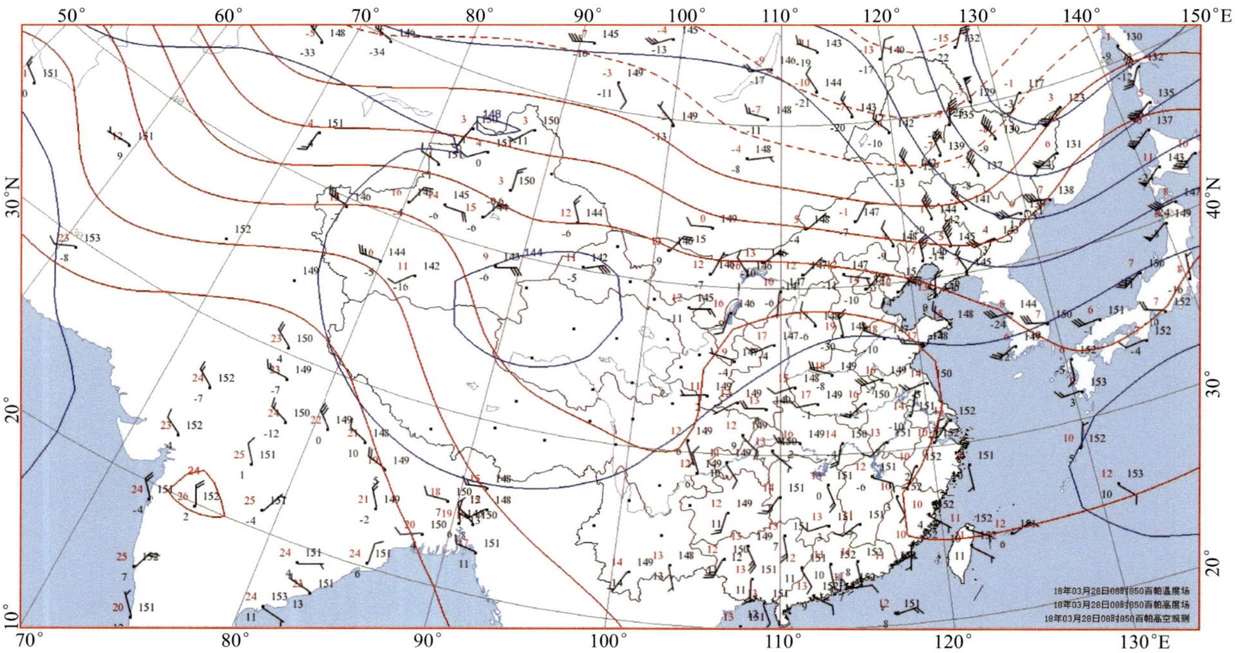

图 2.43.7　2018 年 3 月 28 日 08 时 850 hPa 高空图

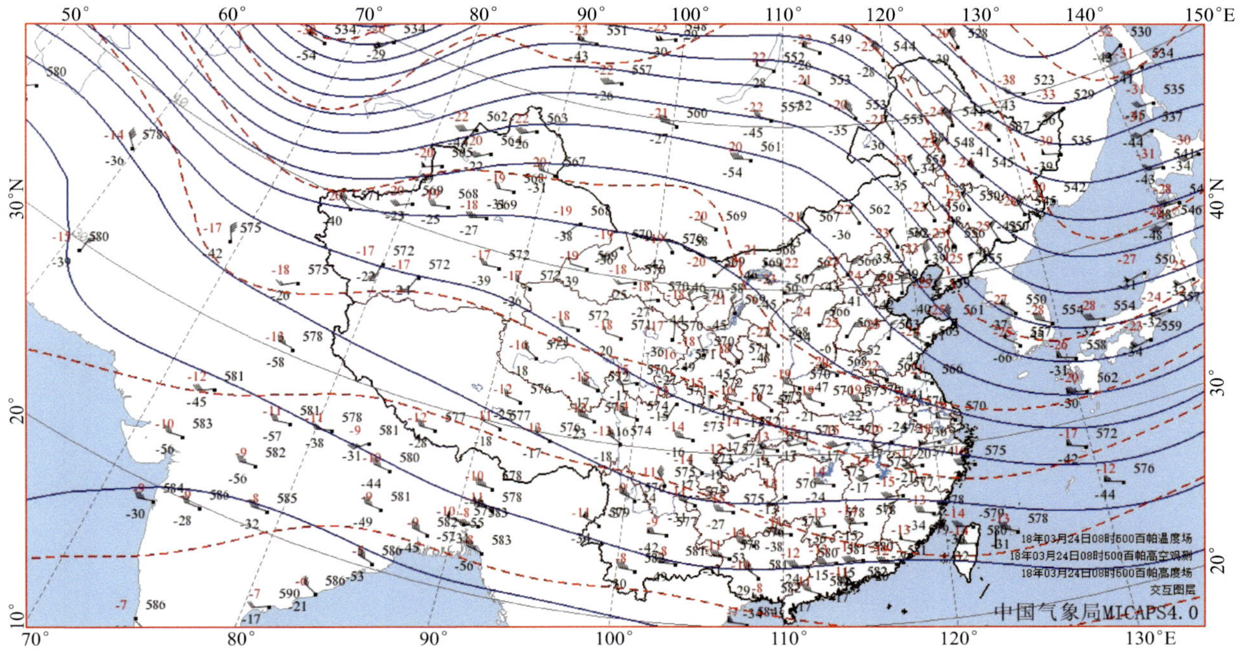

图 2.43.8　2018 年 3 月 24 日 08 时 500 hPa 高空图

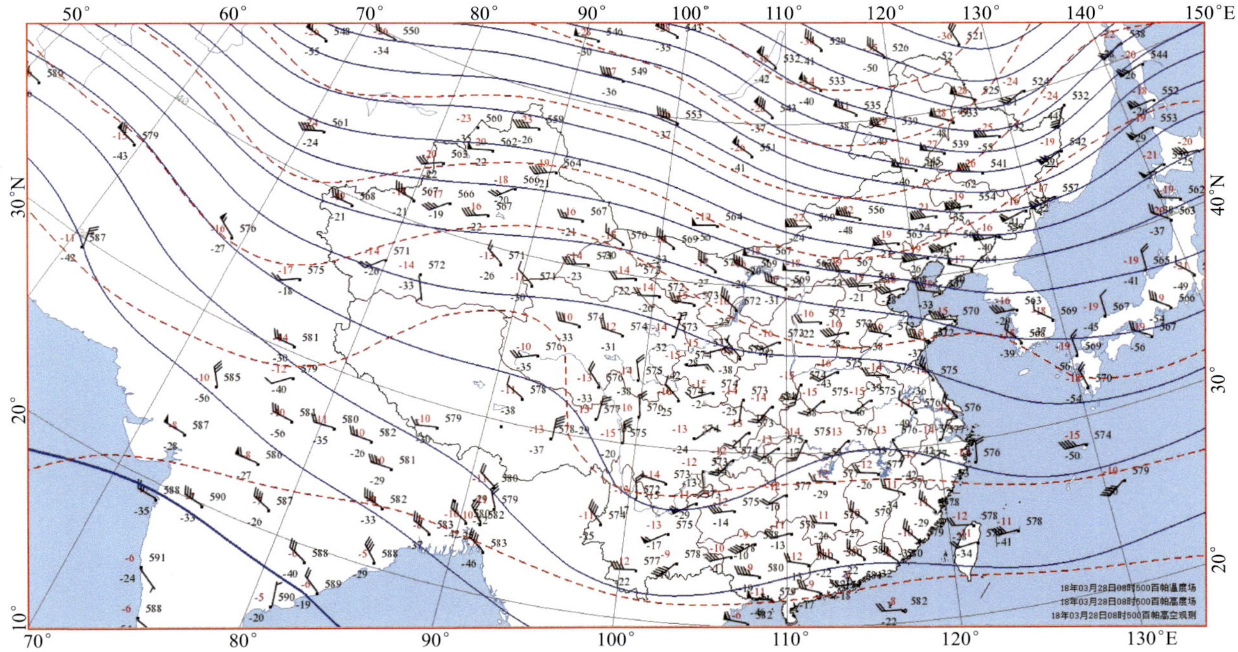

图 2.43.9　2018 年 3 月 28 日 08 时 500 hPa 高空图

2.43.3　卫星云图

图 2.43.10 是 2018 年 3 月 24 日 14 时、25 日 14 时卫星云图。

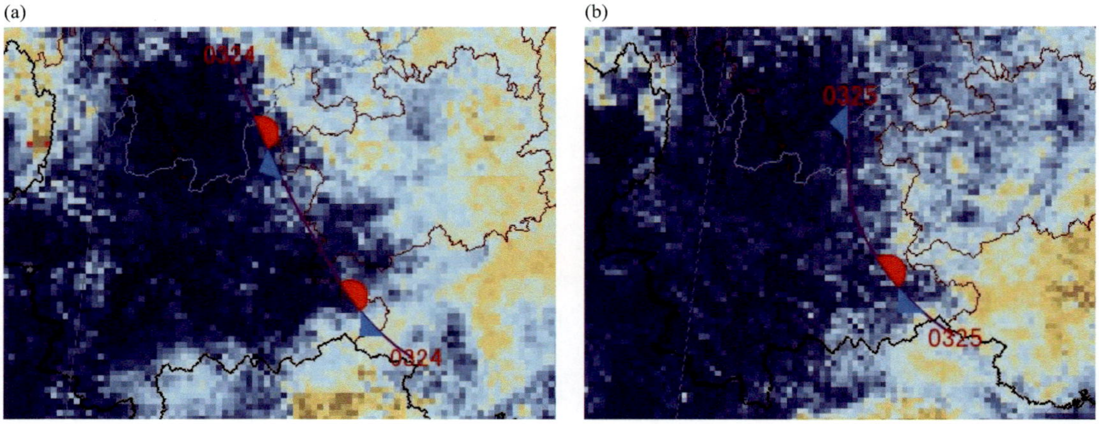

图 2.43.10　2018 年 3 月 24 日 14 时(a)、25 日 14 时(b)卫星云图

2.44　2018 年 3 月 30 日—4 月 1 日昆明准静止锋过程

2.44.1　过程概况

2018 年 3 月 30 日在云贵高原出现了昆明准静止锋天气系统，呈准南北向，贯穿四川、云南、贵州及广西四省(区)，位于昭觉、沾益、罗平、广南及那坡一线。31 日昆明准静止锋略东退，位于雷波、昭通、盘县、兴义及德保一线。4 月 1 日昆明准静止锋北段西进，南段东退，位于布拖、宣威、富源、兴义、百色及平果一线。之后，锋面减弱消失。3 月 30 日—4 月 1 日过程期间昆明准静止锋移动路径如图 2.44.1，活动范围见表 2.44.1。

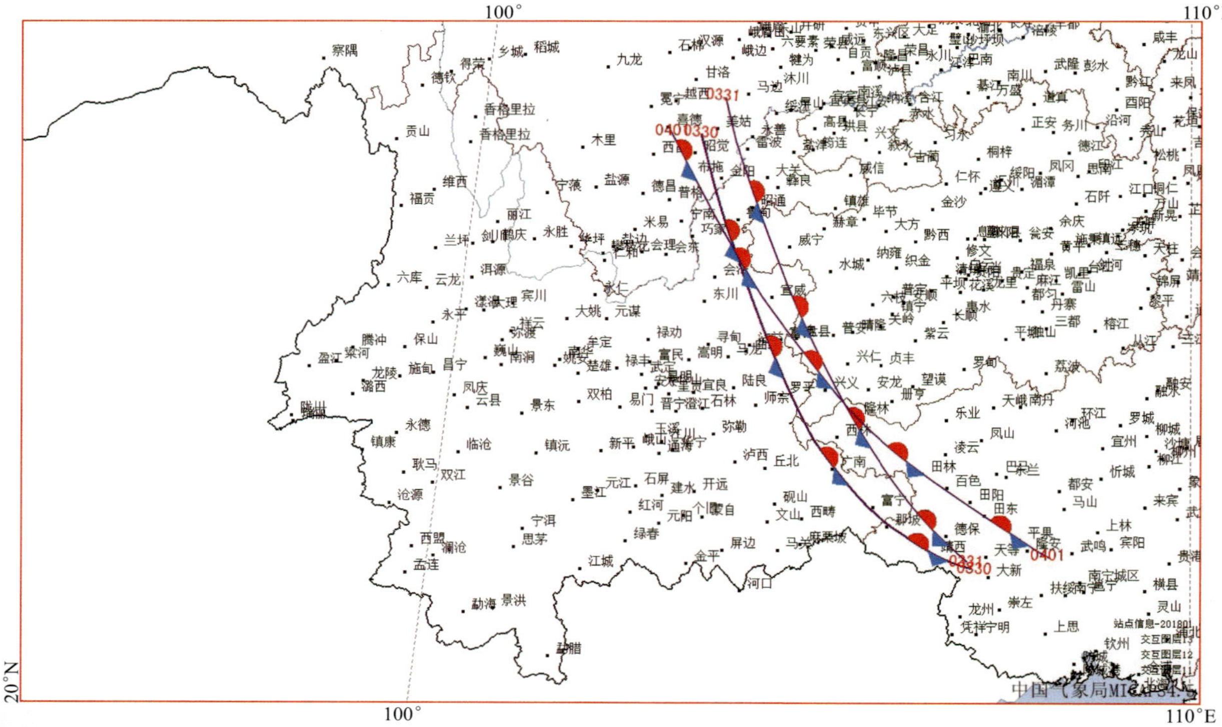

图 2.44.1　2018 年 3 月 30 日—4 月 1 日昆明准静止锋移动路径

表 2.44.1　2018 年 3 月 30 日—4 月 1 日昆明准静止锋位置

日期	昆明准静止锋位置
3 月 30 日	昭觉—沾益—那坡
3 月 31 日	雷波—盘县—德保
4 月 1 日	布拖—富源—平果

受昆明准静止锋影响，3 月 30 日滇东北和滇东南出现日最高气温负变温区，最大变温在大关县，为 −6 ℃；31 日滇东北和滇东南维持弱的负变温；4 月 1 日随着昆明准静止锋北段西进，锋后昭通北部转为正变温，昭通南部、曲靖为负变温区，最大变温在会泽，为 −2.6 ℃（图 2.44.2）。

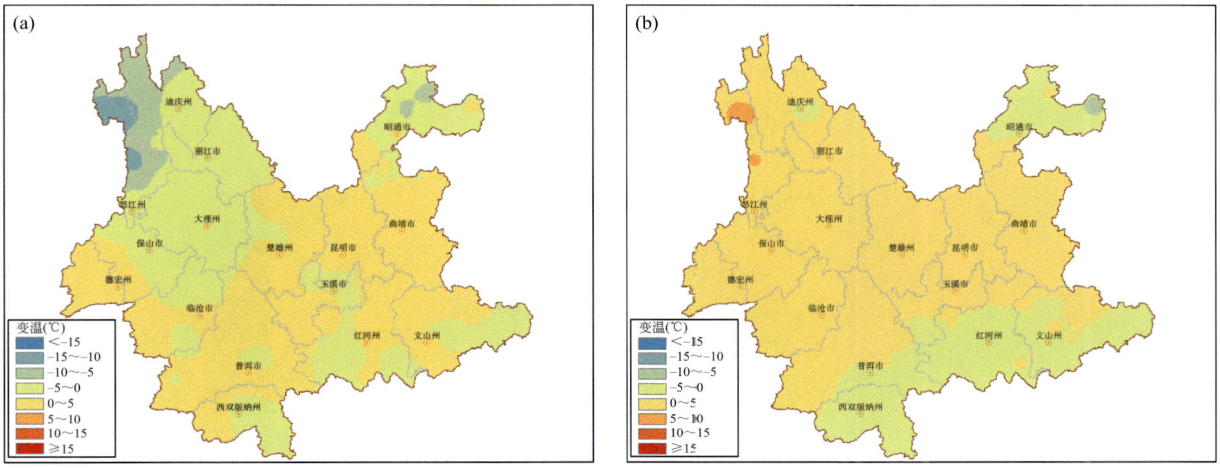

图 2.44.2　云南 2018 年 3 月 30 日(a)、31 日(b)最高气温 24 h 变温图

受昆明准静止锋影响，2018 年 3 月 30 日—4 月 1 日（20 时—20 时）滇东北和滇东南有 13 个县市出现降水。盐津县总降水量最大，为 13 mm，其次是金平县，为 10.1 mm，其余县市均小于 10 mm（图 2.44.3a）。

受昆明准静止锋影响，2018 年 3 月 30 日—4 月 1 日云南总日照时数少于 30 h 的县市有 33 个，最少的是昭通盐津县，仅为 12.3 h，其次是红河河口县和昭通永善县，分别为 12.8 h 和 14.7 h（图略）。与常

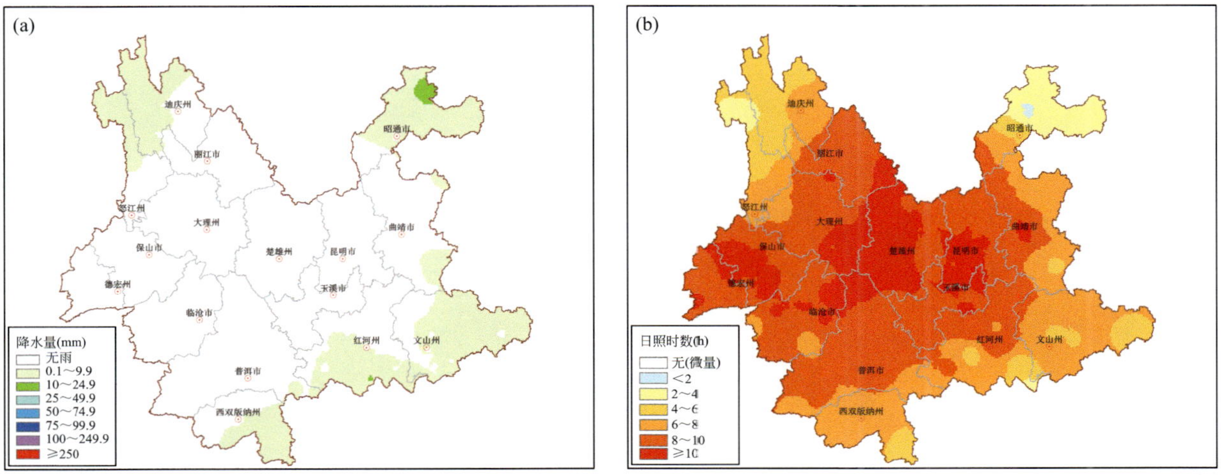

图 2.44.3　云南 2018 年 3 月 30 日—4 月 1 日累计降水量(a)和平均日照时数(b)

年同期相比，勐腊、河口、宣威、砚山、双江5个县市日照时数偏少，偏少最多的是勐腊，为13.7%，其次是河口，偏少8.6%。图2.44.3b是昆明准静止锋影响期间的平均日照时数。

2.44.2 环流背景

(1)地面图

图2.44.4是2018年3月30日14时地面图和海平面气压场。图2.44.5是2018年4月1日20时地面图和海平面气压场。

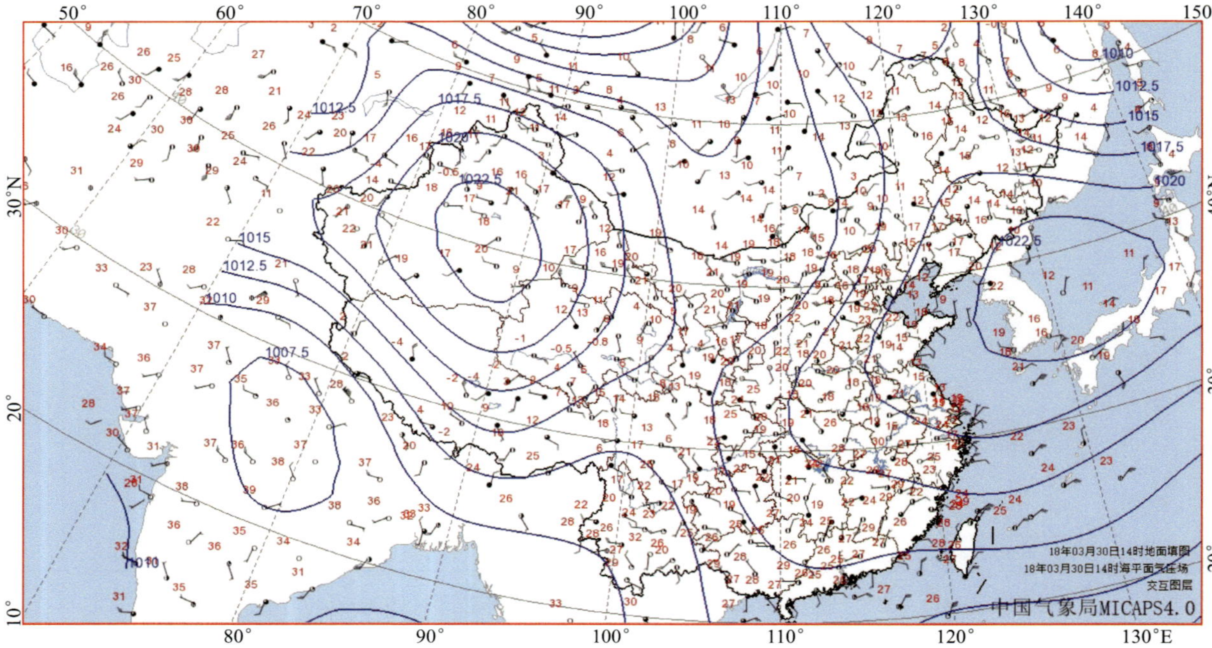

图2.44.4 2018年3月30日14时地面图和海平面气压场

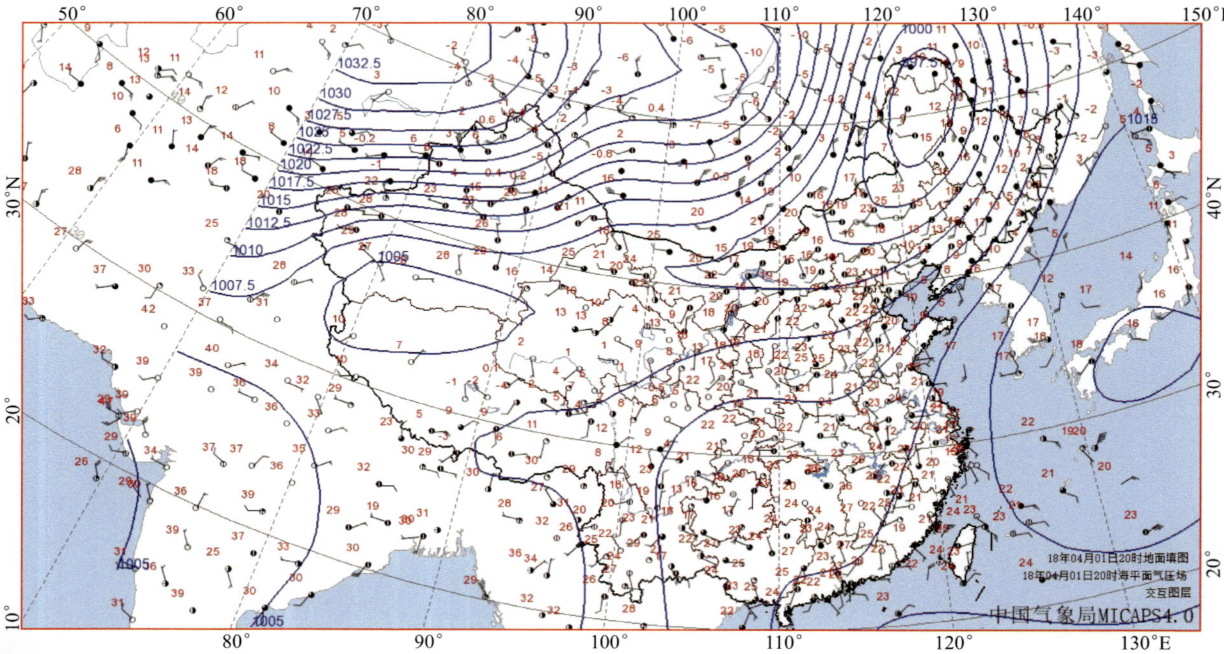

图2.44.5 2018年4月1日20时地面图和海平面气压场

(2)高空图

图 2.44.6 是 2018 年 3 月 30 日 08 时 850 hPa 高空图。图 2.44.7 是 2018 年 4 月 1 日 08 时 850 hPa 高空图。图 2.44.8 是 2018 年 3 月 30 日 08 时 500 hPa 高空图。图 2.44.9 是 2018 年 4 月 1 日 08 时 500 hPa 高空图。

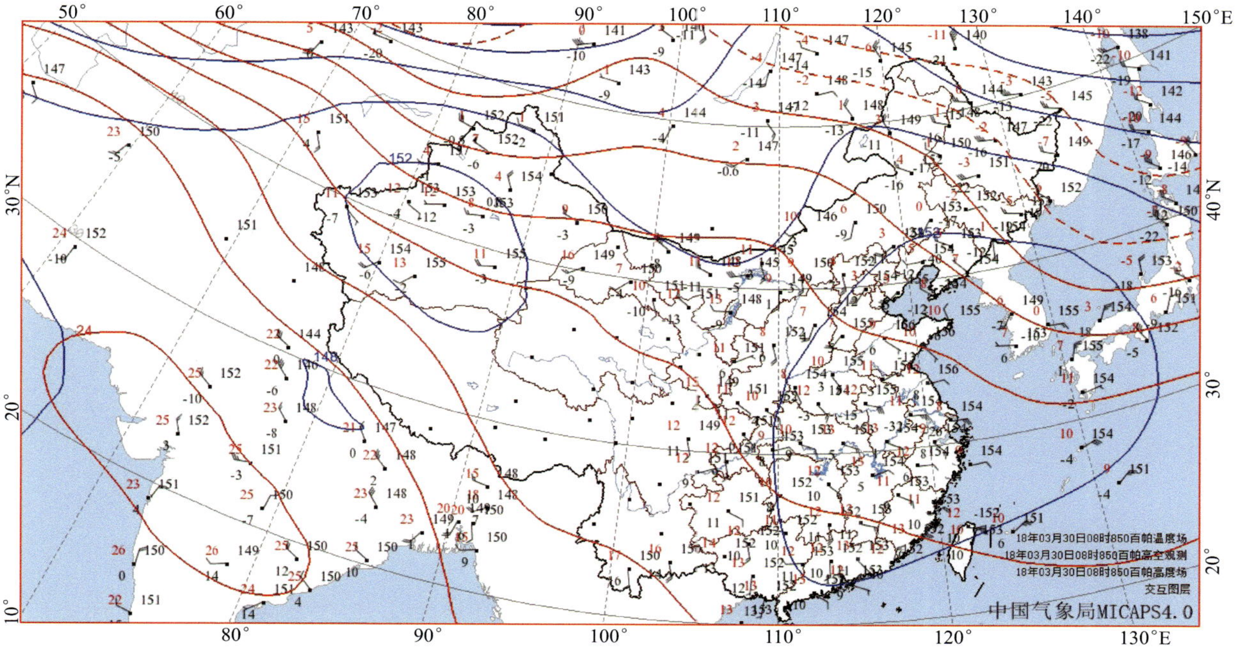

图 2.44.6　2018 年 3 月 30 日 08 时 850 hPa 高空图

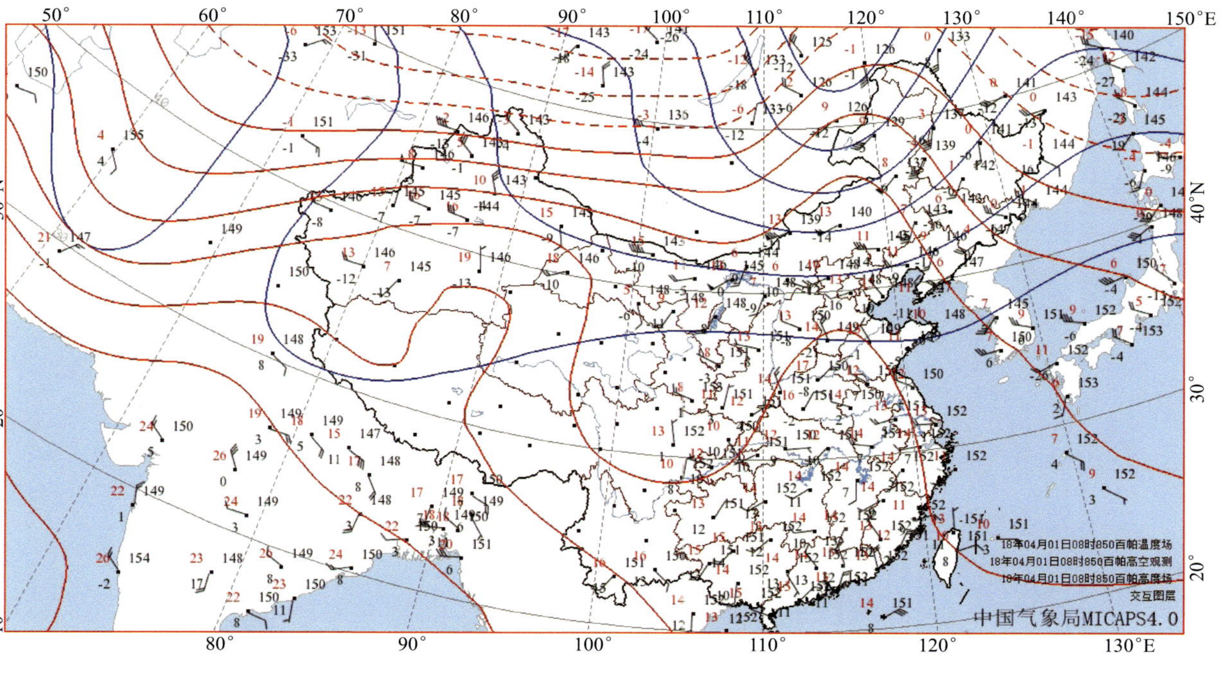

图 2.44.7　2018 年 4 月 1 日 08 时 850 hPa 高空图

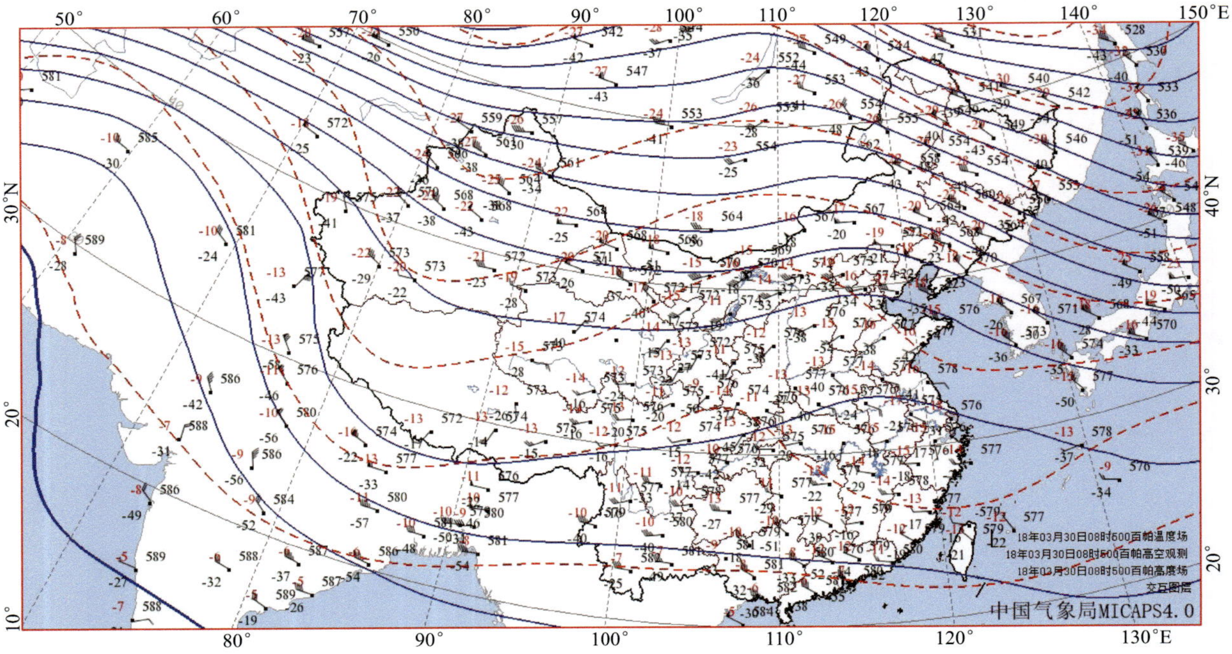

图 2.44.8　2018 年 3 月 30 日 08 时 500 hPa 高空图

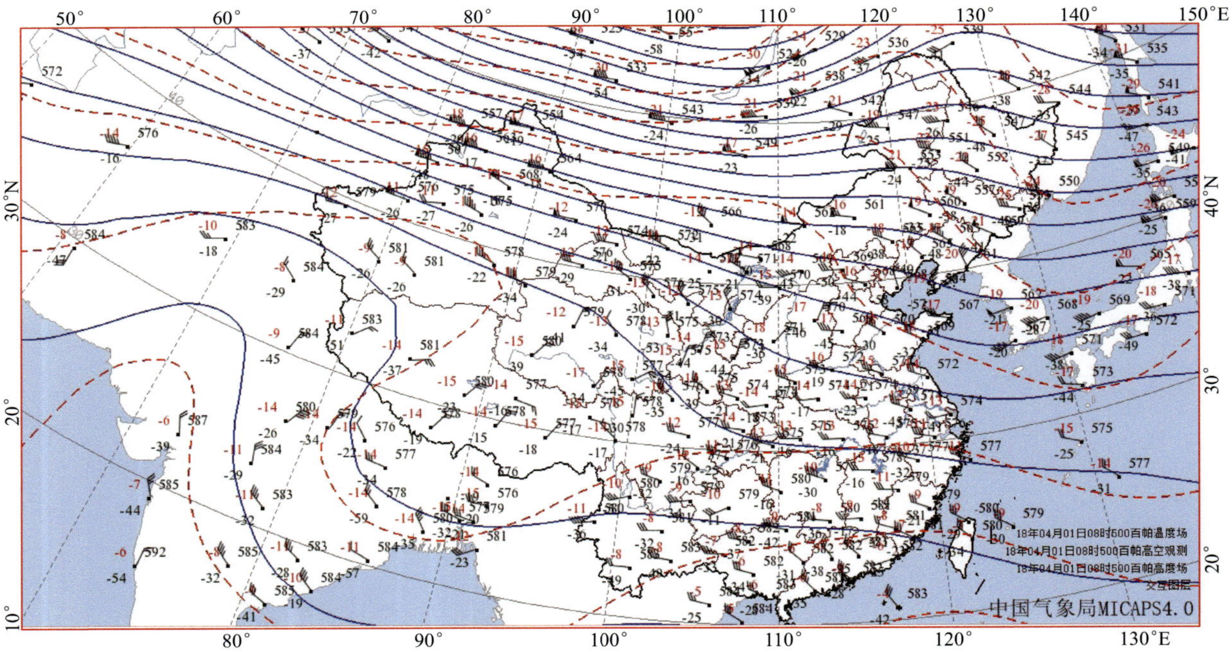

图 2.44.9　2018 年 4 月 1 日 08 时 500 hPa 高空图

2.44.3　卫星云图

图 2.44.10 是 2018 年 3 月 30 日 14 时、31 日 14 时卫星云图。

(a) (b)

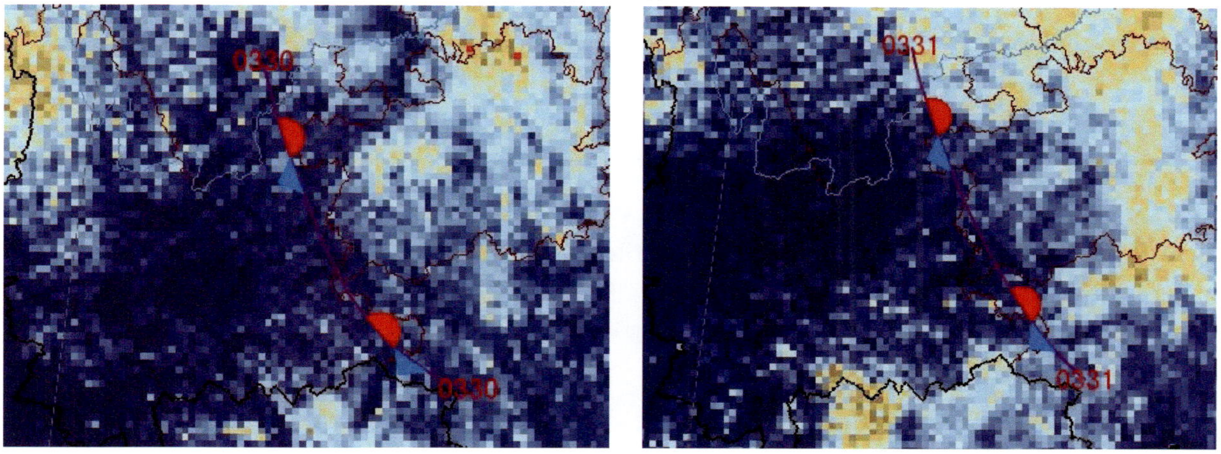

图 2.44.10　2018 年 3 月 30 日 14 时(a)、31 日 14 时(b)卫星云图

2.45　2018 年 4 月 13—15 日昆明准静止锋过程

2.45.1　过程概况

2018 年 4 月 13 日在云贵高原出现了昆明准静止锋天气系统，呈准东西向，贯穿四川、云南、贵州三省，位于金阳、赫章、黔西、遵义及瓮安一线。14 日昆明准静止锋转竖西进，位于布拖、沾益、罗平、广南及那坡一线。15 日昆明准静止锋西进至会东、嵩明、弥勒、文山及马关一线。之后，锋面减弱消失。4 月 13—15 日过程期间昆明准静止锋移动路径如图 2.45.1，活动范围见表 2.45.1。

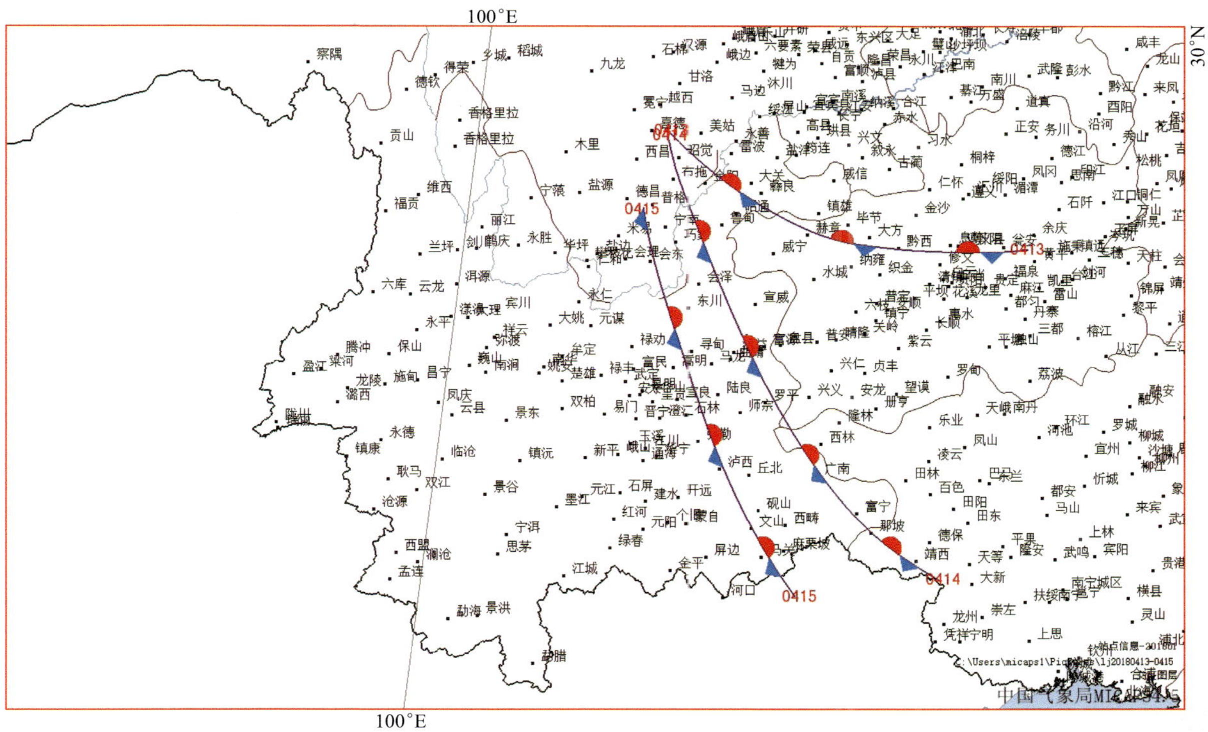

图 2.45.1　2018 年 4 月 13—15 日昆明准静止锋移动路径

表 2.45.1 2018 年 4 月 13—15 日昆明准静止锋位置

日期	昆明准静止锋位置
4 月 13 日	金阳—黔西—瓮安
4 月 14 日	布拖—沾益—那坡
4 月 15 日	会东—嵩明—马关

受昆明准静止锋影响，4 月 13 日滇东北出现日最高气温负变温区，最大变温在盐津县，为－10.4 ℃；14 日随着昆明准静止锋增强西进，云南负变温范围增大，滇东北变温幅度增大，最大变温在鲁甸县，为－18.9 ℃。15 日云南大部为日最高气温负变温区，曲靖、文山、昆明、红河降温幅度较大，最大变温在丘北县，为－16.3 ℃，昭通转为日最高气温正变温区。此次过程降温幅度大于 10 ℃的县市有 21 个，主要集中在昭通市、曲靖市、文山、红河 4 个州市(图 2.45.2)。

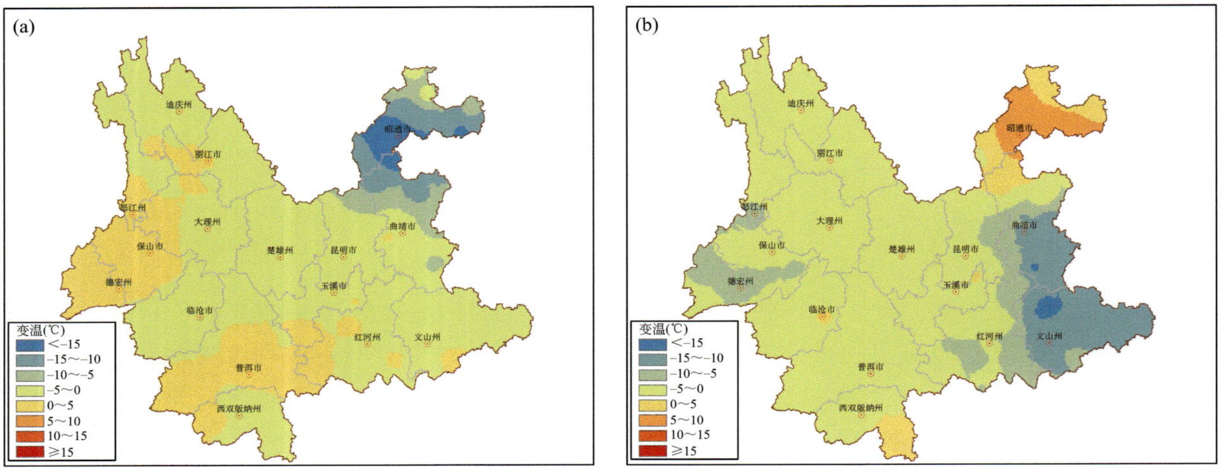

图 2.45.2 云南 2018 年 4 月 14 日(a)、15 日(b)最高气温 24 h 变温图

受昆明准静止锋和西南暖湿气流影响，2018 年 4 月 13—15 日(20 时—20 时)总降水量除滇西北的贡山、福贡超过 25 mm 外，云南其余大部地区总降水量都小于 10 mm。昆明准静止锋主要影响区域有 6 个县市总降水量大于 10 mm，文山州西畴县总降水量最大，为 20.3 mm，其次是文山州麻栗坡县，为 18.3 mm(图 2.45.3a)。

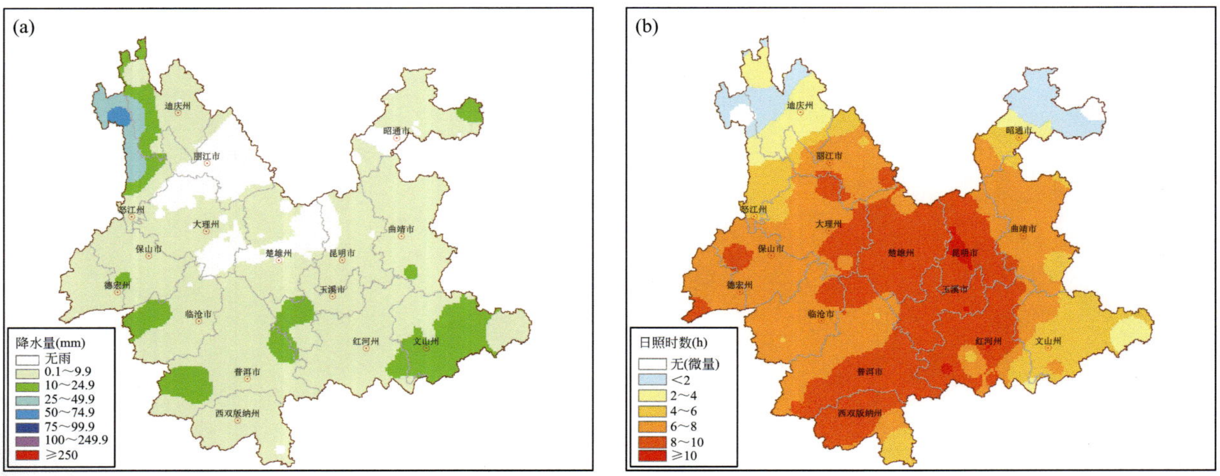

图 2.45.3 云南 2018 年 4 月 13—15 日累计降水量(a)和平均日照时数(b)

受昆明准静止锋和西南暖湿气流影响，2018 年 4 月 13—15 日云南总日照时数少于 30 h 的县市有 54 个，贡山、威信、盐津、绥江 4 个县市少于 10 h，最少的是贡山县，仅为 1.5 h，其次是威信县和盐津县，分别为 5.8 h 和 8.6 h(图略)。与常年同期相比，有 16 个县市偏少 20%以上，其中 2 个县市偏少 50%以上，分别为贡山偏少 86.6%、威信偏少 57.4%。图 2.45.3b 是昆明准静止锋影响期间的平均日照时数。

2.45.2 环流背景

(1)地面图

图 2.45.4 是 2018 年 4 月 13 日 14 时地面图和海平面气压场。图 2.45.5 是 2018 年 4 月 15 日 20 时地面图和海平面气压场。

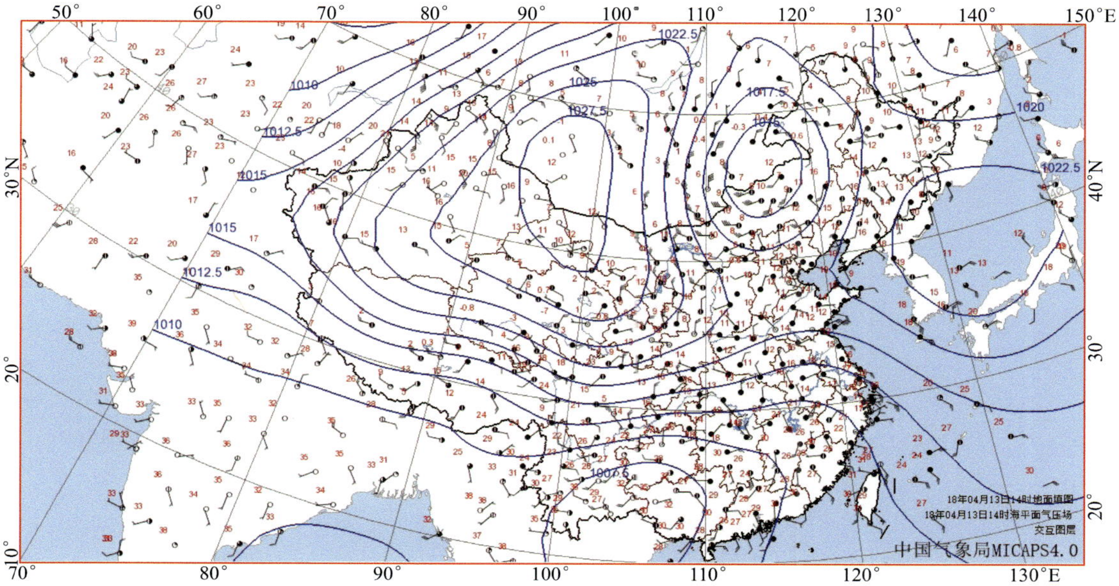

图 2.45.4　2018 年 4 月 13 日 14 时地面图和海平面气压场

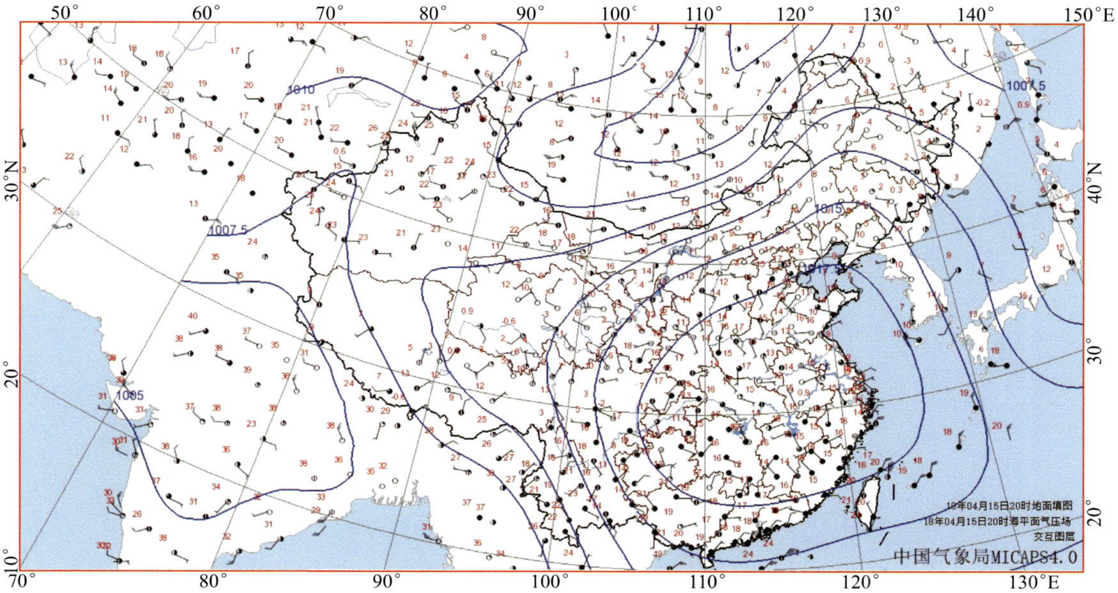

图 2.45.5　2018 年 4 月 15 日 20 时地面图和海平面气压场

(2)高空图

图 2.45.6 是 2018 年 4 月 13 日 08 时 850 hPa 高空图。图 2.45.7 是 2018 年 4 月 15 日 08 时 850 hPa 高空图。图 2.45.8 是 2018 年 4 月 13 日 08 时 500 hPa 高空图。图 2.45.9 是 2018 年 4 月 15 日 08 时 500 hPa 高空图。

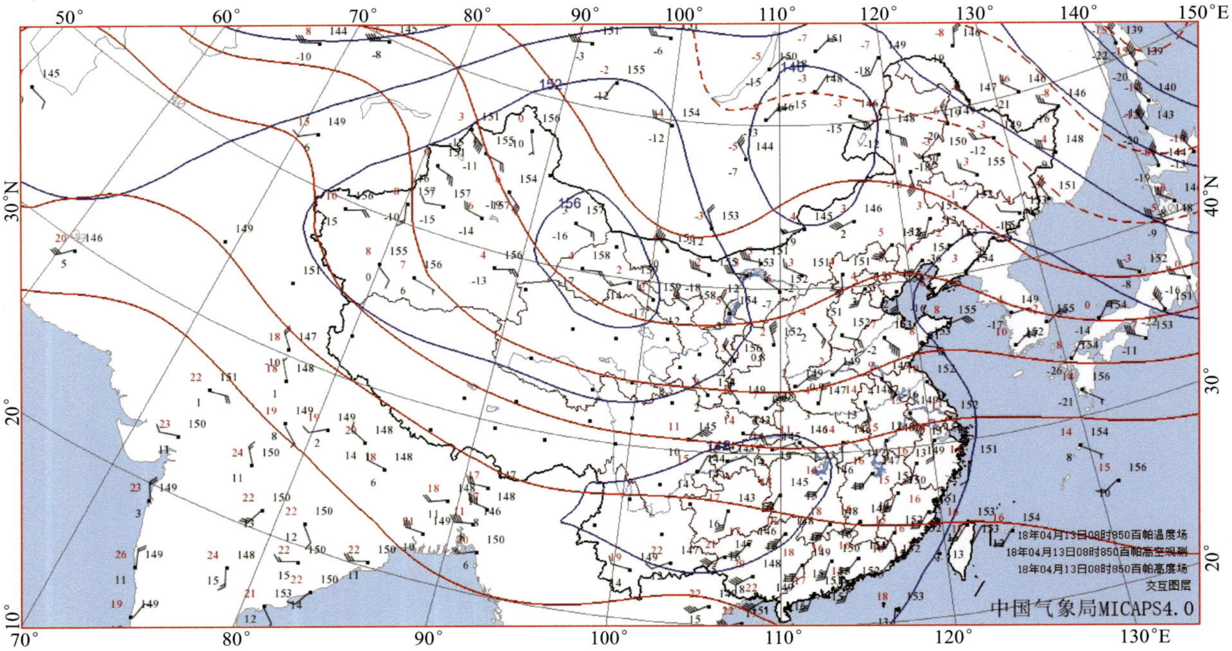

图 2.45.6　2018 年 4 月 13 日 08 时 850 hPa 高空图

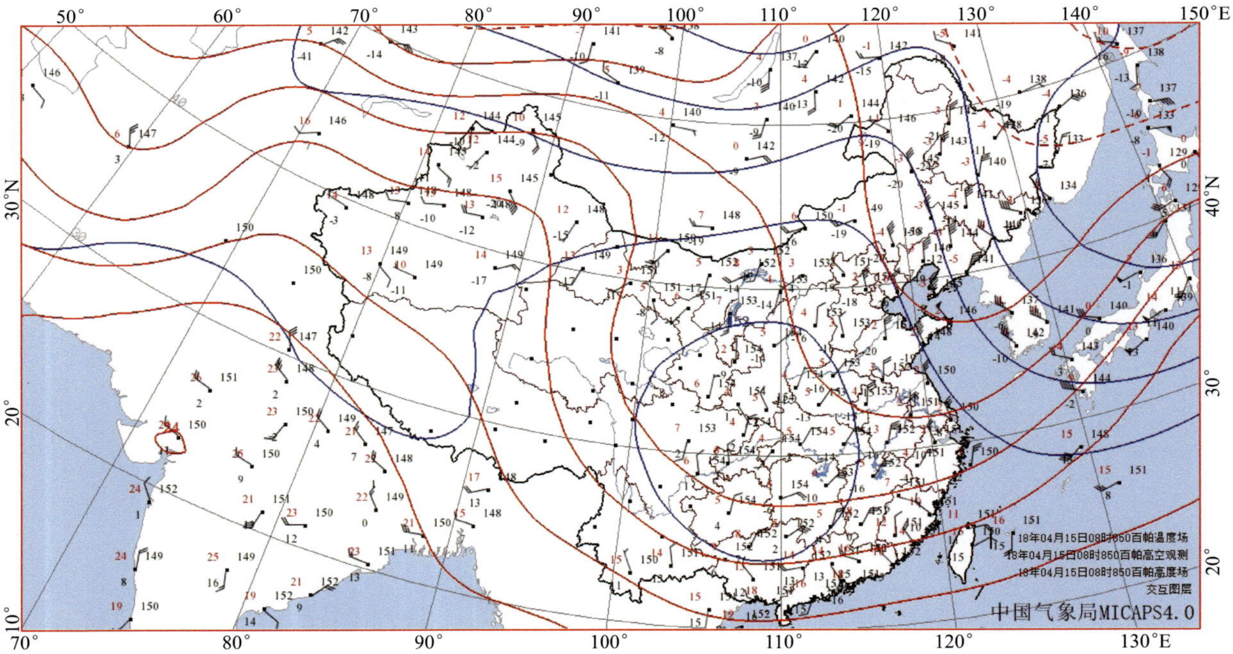

图 2.45.7　2018 年 4 月 15 日 08 时 850 hPa 高空图

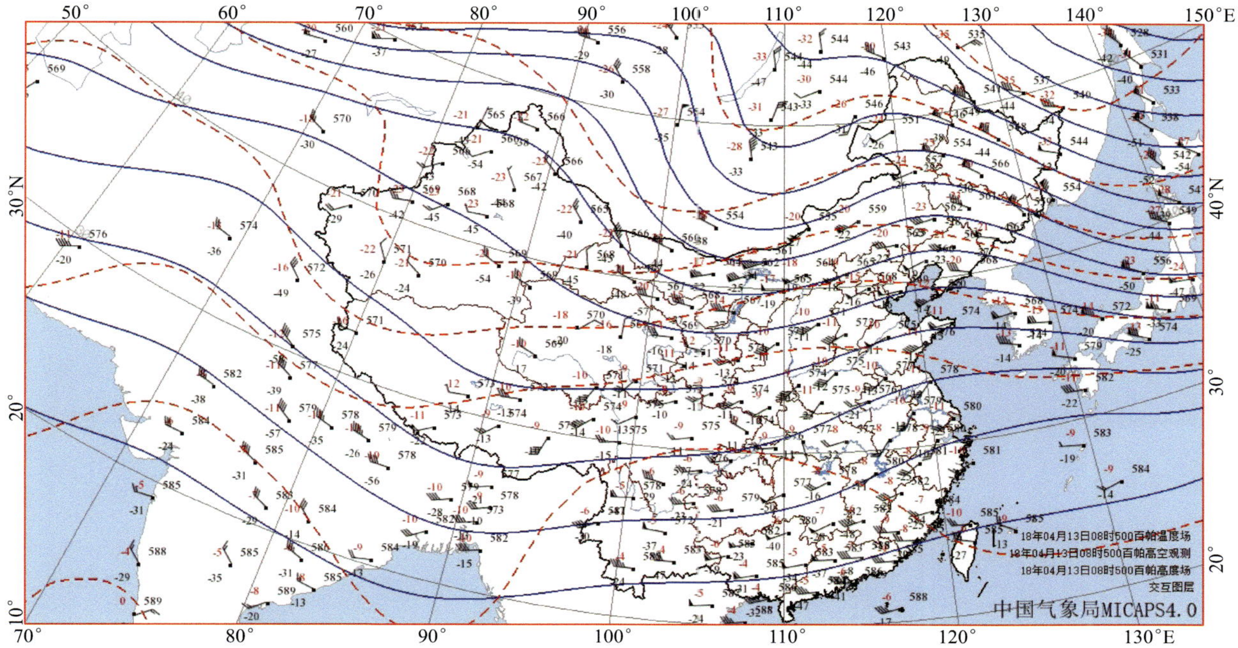

图 2.45.8　2018 年 4 月 13 日 08 时 500 hPa 高空图

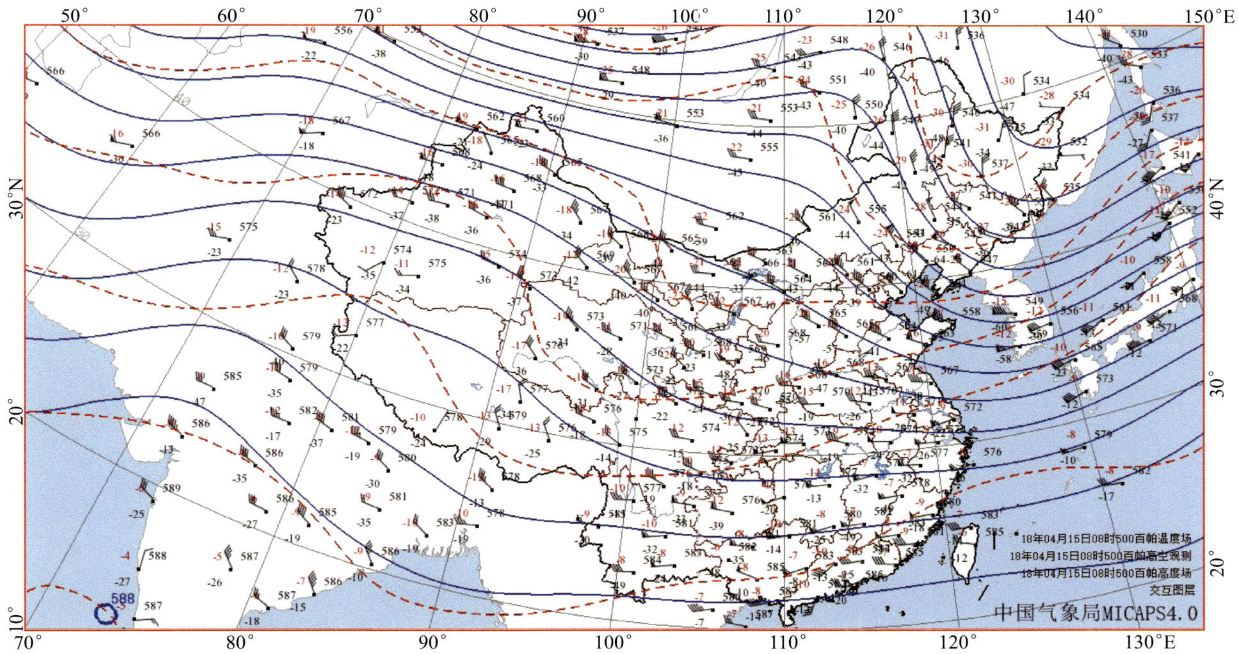

图 2.45.9　2018 年 4 月 15 日 08 时 500 hPa 高空图

2.45.3　卫星云图

图 2.45.10 是 2018 年 4 月 13 日 13 时 30 分、14 日 13 时 30 分卫星云图。

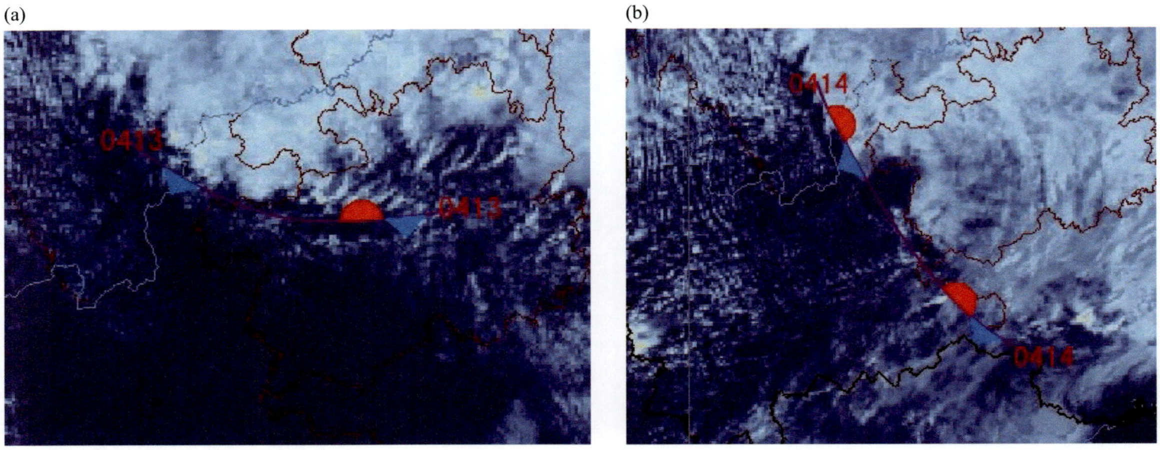

图 2.45.10　2018 年 4 月 13 日 13 时 30 分(a)、14 日 13 时 30 分(b)卫星云图

2.46　2018 年 4 月 23—27 日昆明准静止锋过程

2.46.1　过程概况

2018 年 4 月 23 日在云贵高原出现了昆明准静止锋天气系统，呈准南北向，贯穿四川、云南、贵州及广西四省(区)，位于布拖、会泽、沾益、西林及天等一线。24—25 日昆明准静止锋维持少动，26 日昆明准静止锋增强西进至会理、昆明、开远、屏边及河口一线。27 日昆明准静止锋继续西进，位于华坪、大姚、楚雄、元江及绿春一线。之后，锋面减弱消失。4 月 23—27 日过程期间昆明准静止锋移动路径如图 2.46.1，活动范围见表 2.46.1。

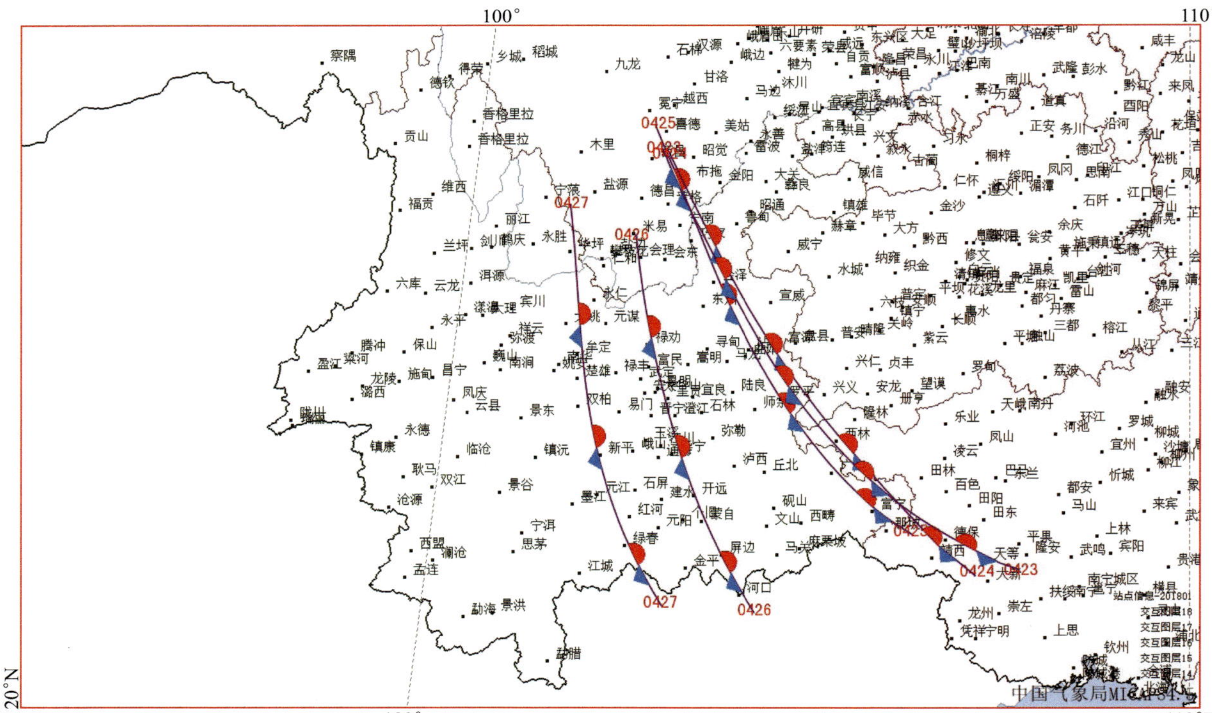

图 2.46.1　2018 年 4 月 23—27 日昆明准静止锋移动路径

表 2.46.1　2018 年 4 月 23—27 日昆明准静止锋位置

日期	昆明准静止锋位置
4 月 23 日	布拖—沾益—天等
4 月 24 日	布拖—富源—德保
4 月 25 日	会泽—罗平—富宁
4 月 26 日	会理—昆明—河口
4 月 27 日	华坪—元江—绿春

受昆明准静止锋影响，4 月 23 日滇东北出现日最高气温负变温区，最大变温在盐津，为 −5.6 ℃；24 日滇中以东为负变温区，滇东北降温幅度较大，最大变温在彝良，为 −7.3 ℃；25 日云南大部为负变温，滇东边缘降温幅度较大，最大变温在罗平，为 −8.5 ℃；26 日随着昆明准静止锋西进，云南大部为负变温，昆明、曲靖降温幅度较大，最大变温在沾益，为 −12.7 ℃；27 日昆明准静止锋继续西进，降温幅度大值区位于昆明、红河、玉溪地区，最大变温在禄劝，为 −10.2 ℃，锋后滇东边缘转为正变温区。此次过程降温幅度大于 10 ℃ 的县市有 6 个，位于曲靖市、昆明市和文山州（图 2.46.2）。

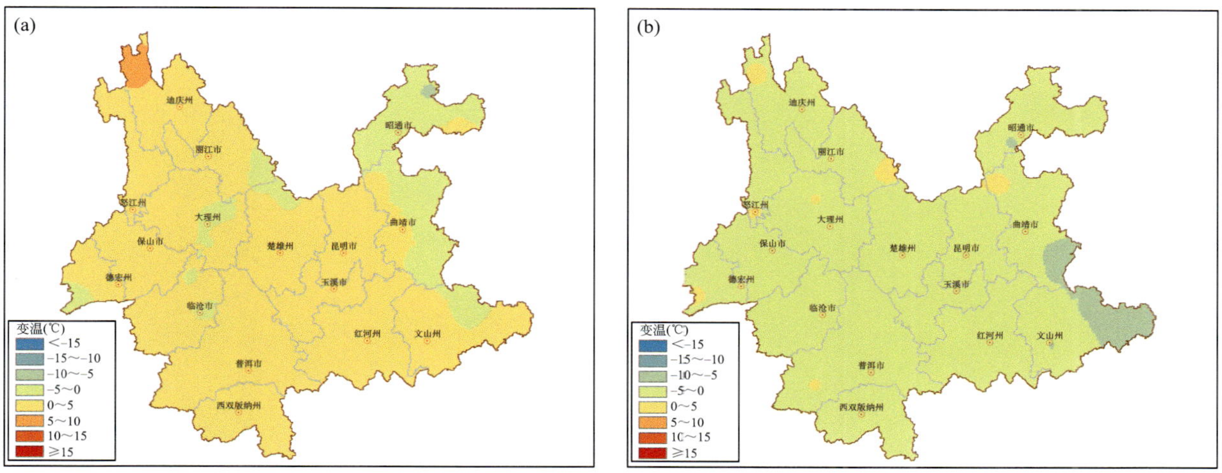

图 2.46.2　云南 2018 年 4 月 23 日(a)、25 日(b)最高气温 24 h 变温图

受昆明准静止锋和西南暖湿气流影响，2018 年 4 月 23—27 日（20 时—20 时）云南共有 38 个县市总降水量超过 10 mm，集中在滇中以东地区，滇西、边缘有分散性的 3 mm 以内降水。昆明准静止锋主要影响区域有 8 个县市总降水量大于 25 mm，其中有 2 个县市大于 50 mm，红河州绿春县总降水量最大，为 55.8 mm，其次是曲靖沾益县，为 51.1 mm（图 2.46.3a）。

受昆明准静止锋和西南暖湿气流影响，2018 年 4 月 23—27 日云南有 73 个县市总日照时数少于 50 h。其中日照时数少于 10 h 的县市有 6 个，都集中在昭通市，最少的是威信县，仅为 3.9 h，其次是大关县和盐津县，分别为 4.5 h 和 5.7 h（图略）。与常年同期相比，有 21 个县市日照时数偏少 20%以上，其中 8 个县市偏少 50%以上，威信偏少最多，为 83.4%。图 2.46.3b 是昆明准静止锋影响期间的平均日照时数。

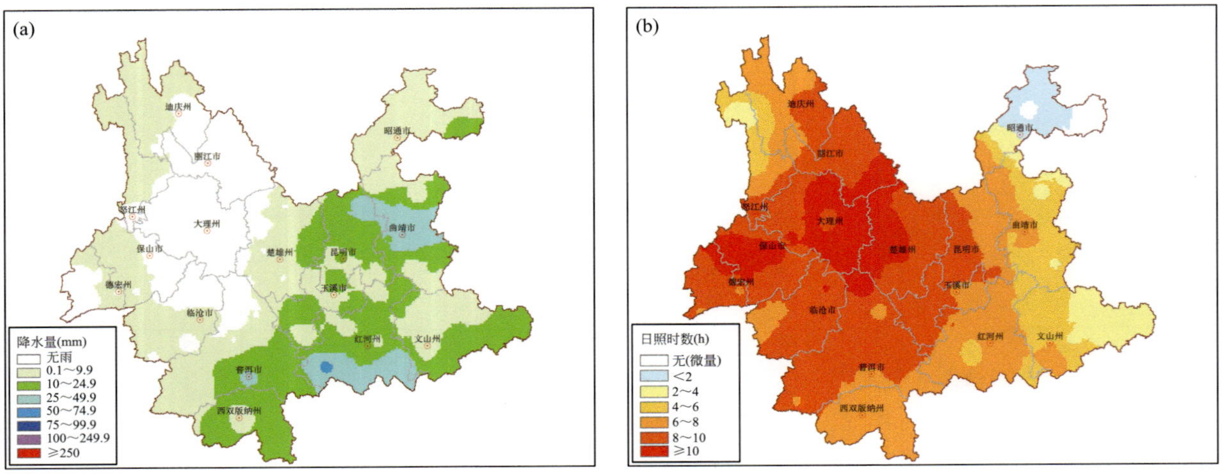

图 2.46.3　云南 2018 年 4 月 23—27 日累计降水量(a)和平均日照时数(b)

2.46.2　环流背景

(1)地面图

图 2.46.4 是 2018 年 4 月 23 日 14 时地面图和海平面气压场。图 2.46.5 是 2018 年 4 月 27 日 20 时地面图和海平面气压场。

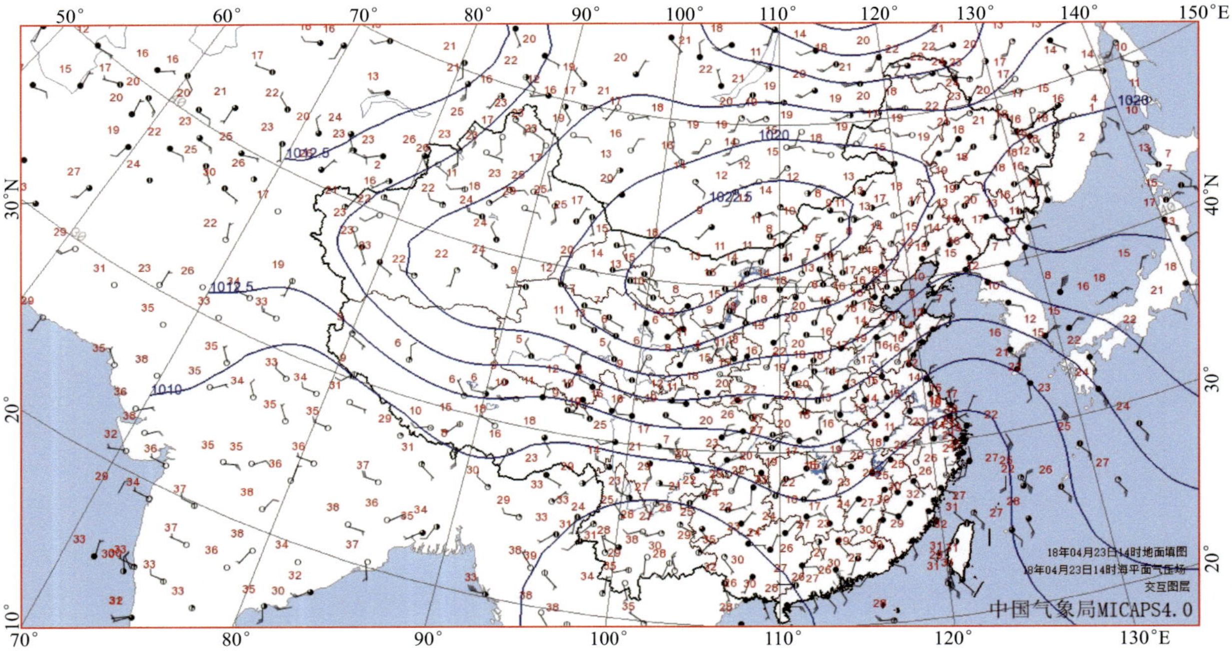

图 2.46.4　2018 年 4 月 23 日 14 时地面图和海平面气压场

(2)高空图

图 2.46.6 是 2018 年 4 月 23 日 08 时 850 hPa 高空图。图 2.46.7 是 2018 年 4 月 27 日 08 时 850 hPa 高空图。图 2.46.8 是 2018 年 4 月 23 日 08 时 500 hPa 高空图。图 2.46.9 是 2018 年 2 月 27 日 08 时 500 hPa 高空图。

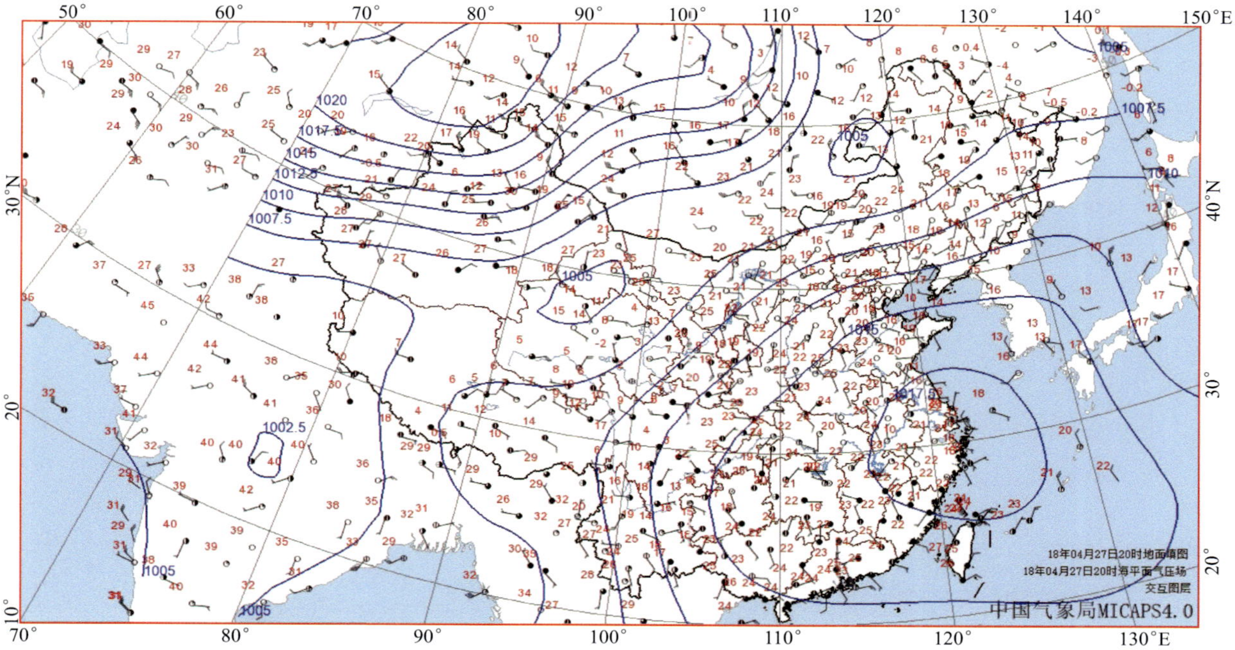

图 2.46.5　2018 年 4 月 27 日 20 时地面图和海平面气压场

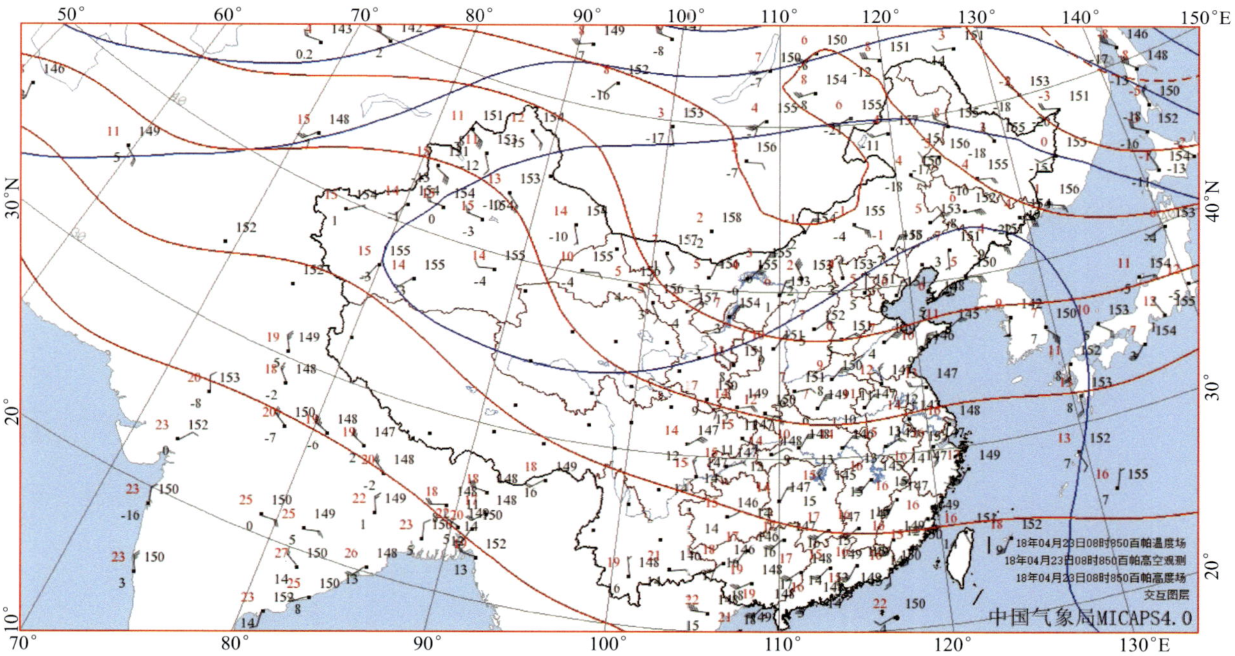

图 2.46.6　2018 年 4 月 23 日 08 时 850 hPa 高空图

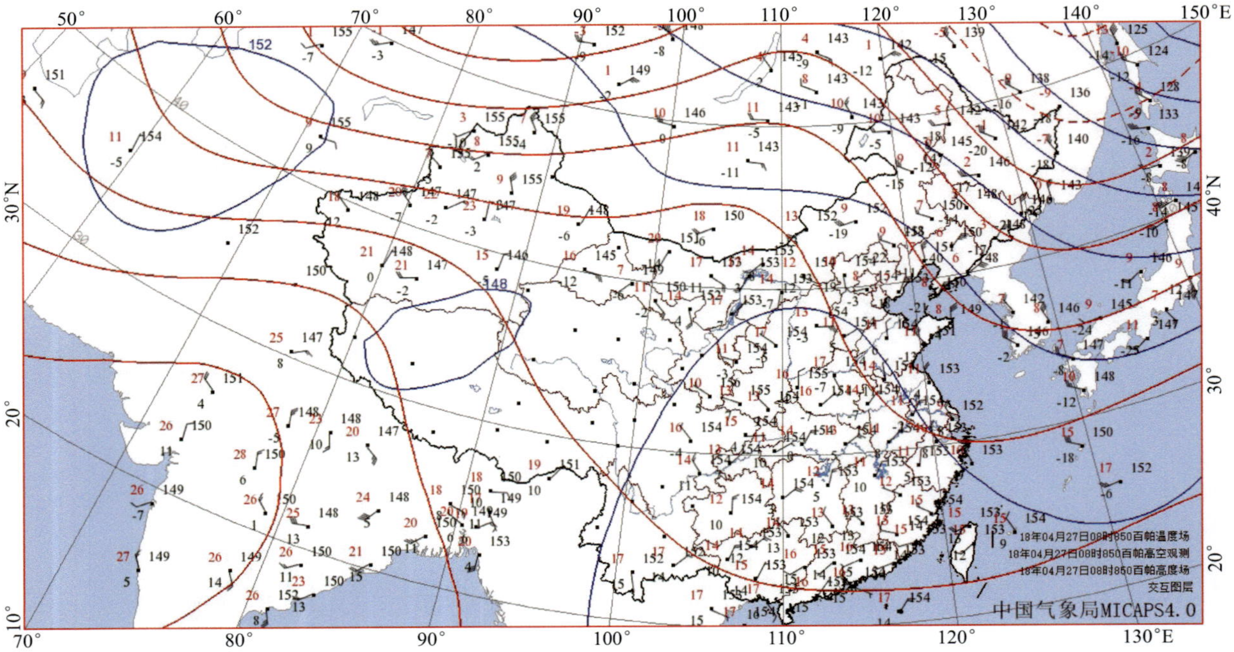

图 2.46.7　2018 年 4 月 27 日 08 时 850 hPa 高空图

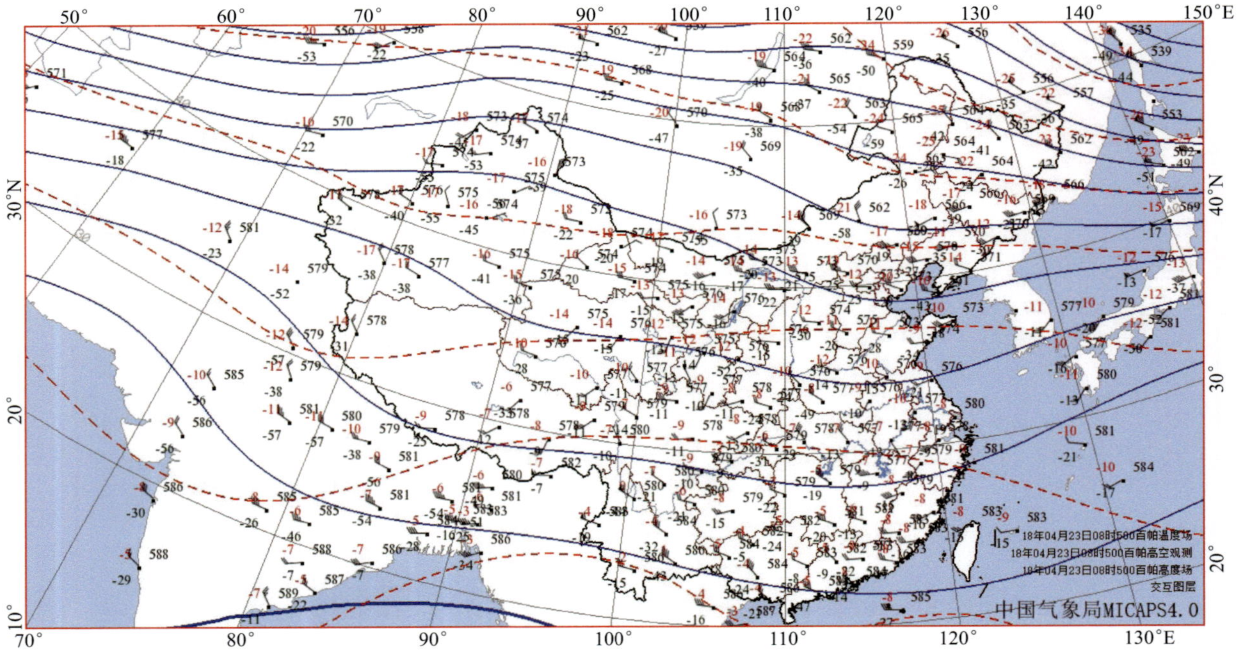

图 2.46.8　2018 年 4 月 23 日 08 时 500 hPa 高空图

2.46.3　卫星云图

图 2.46.10 是 2018 年 4 月 25 日 14 时、26 日 14 时卫星云图。

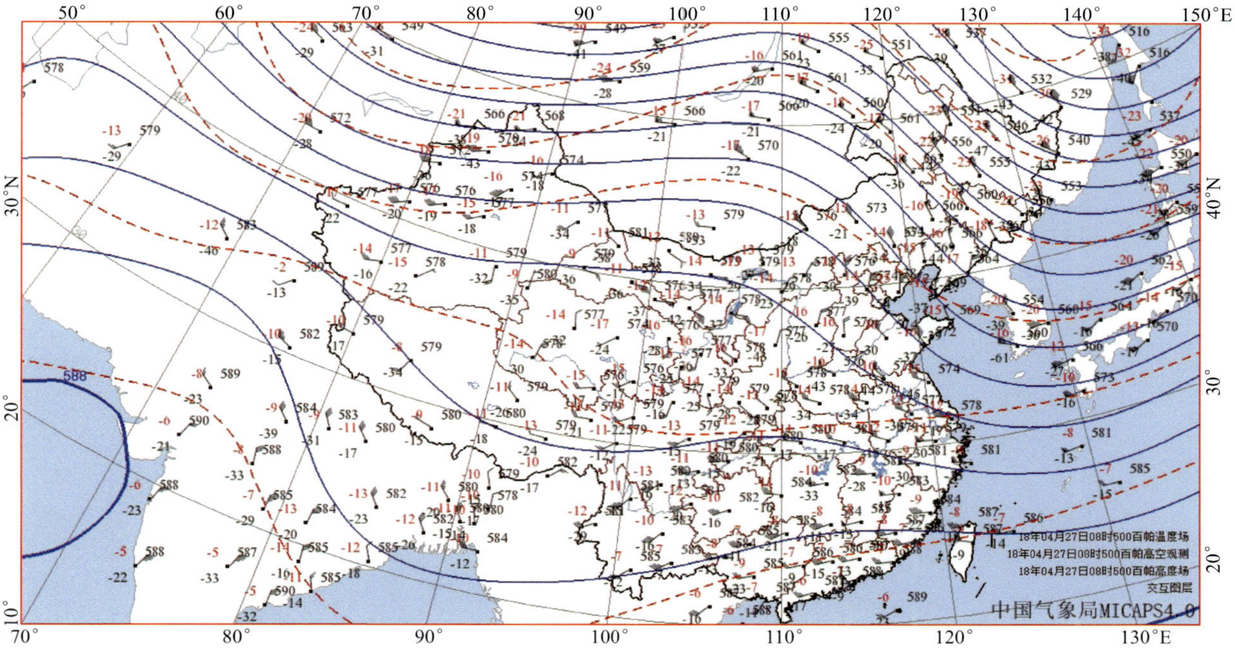

图 2.46.9　2018 年 4 月 27 日 08 时 500 hPa 高空图

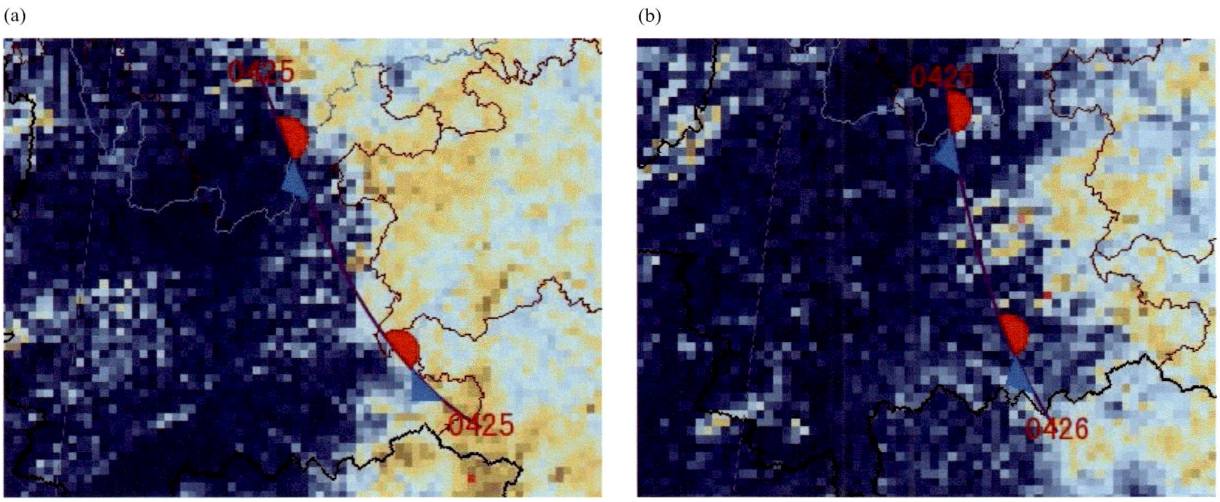

图 2.46.10　2018 年 4 月 25 日 14 时(a)、26 日 14 时(b)卫星云图

2.47　2018 年 11 月 4—7 日昆明准静止锋过程

2.47.1　过程概况

2018 年 11 月 4 日在云贵高原出现了昆明准静止锋天气系统，呈西北—东南向，贯穿四川、云南、贵州及广西四省(区)，锋面位于金阳、鲁甸、威宁、紫云及罗甸一线。5 日昆明准静止锋北段略南压，南段北抬，转为准东西向，锋面位于西昌、鲁甸、水城、普定及雷山一线。6 日昆明准静止锋北段维持，南段西南压，锋面位于普格、富源、兴义、凤山及柳城一线；7 日昆明准静止锋南段继续西南压，位于普格、巧家、

会泽、沾益、兴义及大新一线。之后，昆明准静止锋加强为冷锋，西进至哀牢山附近。11 月 4—7 日过程期间昆明准静止锋移动路径如图 2.47.1，活动范围见表 2.47.1。

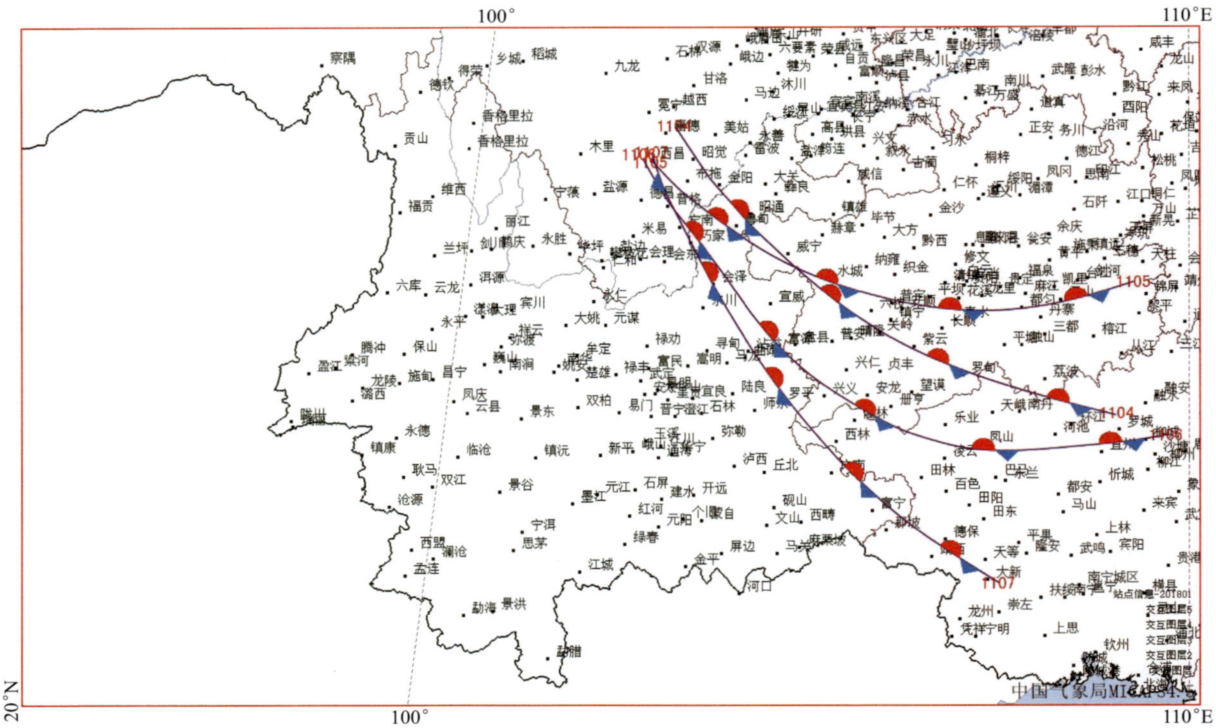

图 2.47.1　2018 年 11 月 4—7 日昆明准静止锋移动路径

表 2.47.1　2018 年 11 月 4—7 日昆明准静止锋位置

日期	昆明准静止锋位置
11 月 4 日	金阳—鲁甸—罗甸
11 月 5 日	西昌—鲁甸—雷山
11 月 6 日	普格—富源—兴义—柳城
11 月 7 日	普格—会泽—大新

受昆明准静止锋影响，11 月 4 日在滇东北出现日最高气温负变温区，最大变温在镇雄县，为 −11 ℃；5 日负变温大值区仍位于滇东北，最大变温在鲁甸，为 −7.8 ℃；6 日随着昆明准静止锋西南移，昭通南部、曲靖负变温幅度增大，最大变温在鲁甸，为 −6.1 ℃；7 日滇东北维持负变温，幅度减弱（图 2.47.2）。

受昆明准静止锋影响，2018 年 11 月 4—7 日（20 时—20 时）滇东北出现 5 mm 以内降水（图 2.47.3a）。

受昆明准静止锋和高原短波槽影响，2018 年 11 月 4—7 日云南总日照时数有 72 个县市不足 40 h，其中有 9 个县市少于 10 h（昭通 7 个、怒江 2 个），最少的是昭通盐津县，仅为 4.3 h，其次是绥江县和贡山县，分别为 5 h 和 5.5 h（图略）。与常年同期相比，有 17 县市日照时数偏少 20%以上，滇西有 3 个县市偏少 50%以上，贡山偏少最多，为 75.2%，昆明准静止锋影响区域内昭通大关偏少最多，为 43%。图 2.47.3b 是昆明准静止锋影响期间的平均日照时数。

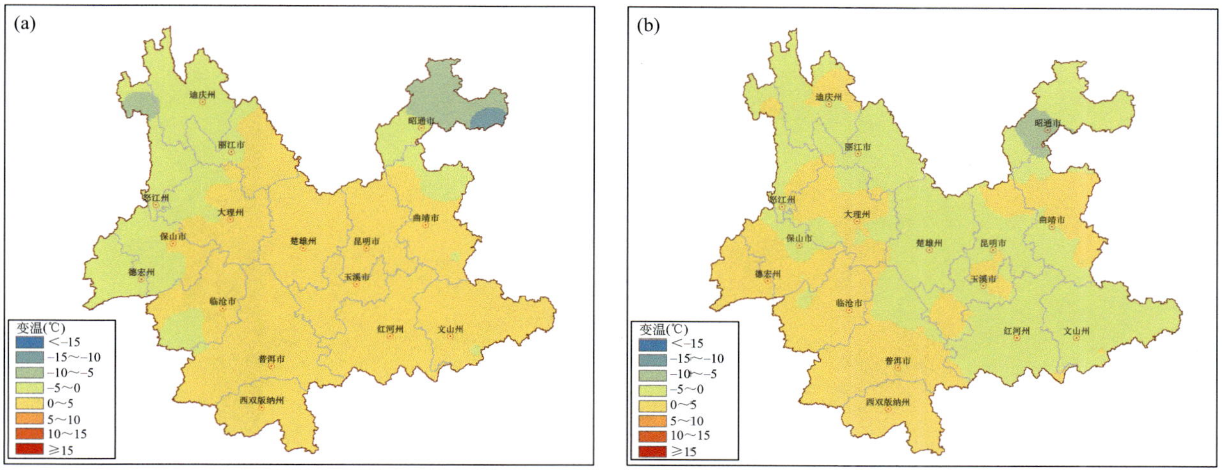

图 2.47.2　云南 2018 年 11 月 4 日(a)、5 日(b)最高气温 24 h 变温图

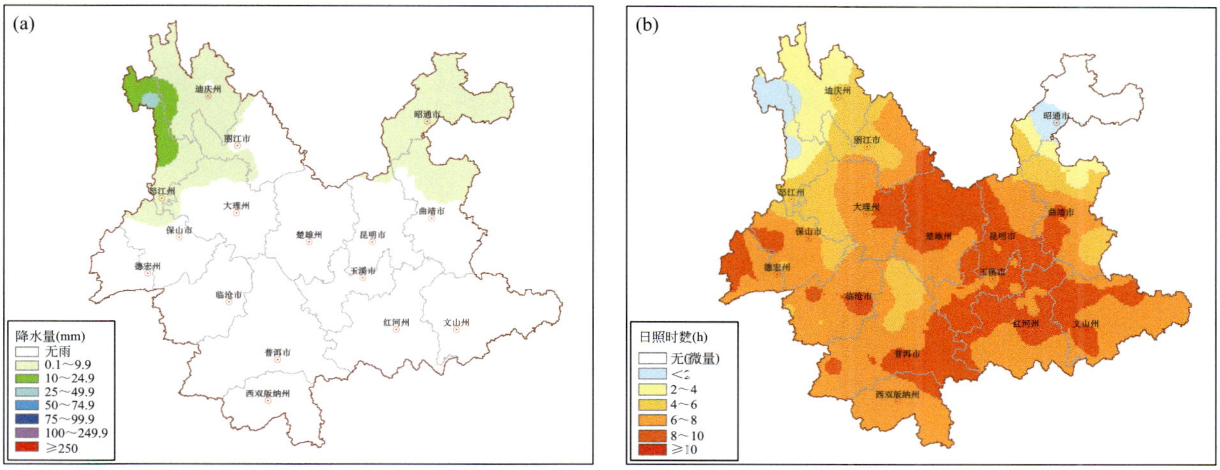

图 2.47.3　云南 2018 年 11 月 4—7 日累计降水量(a)和平均日照时数(b)

2.47.2　环流背景

(1)地面图

图 2.47.4 是 2018 年 11 月 4 日 14 时地面图和海平面气压场。图 2.47.5 是 2018 年 11 月 7 日 20 时地面图和海平面气压场。

(2)高空图

图 2.47.6 是 2018 年 11 月 4 日 08 时 850 hPa 高空图。图 2.47.7 是 2018 年 11 月 7 日 08 时 850 hPa 高空图。图 2.47.8 是 2018 年 11 月 4 日 08 时 500 hPa 高空图。图 2.47.9 是 2018 年 11 月 7 日 08 时 500 hPa 高空图。

2.47.3　卫星云图

图 2.47.10 是 2018 年 11 月 6 日 14 时、7 日 14 时卫星云图。

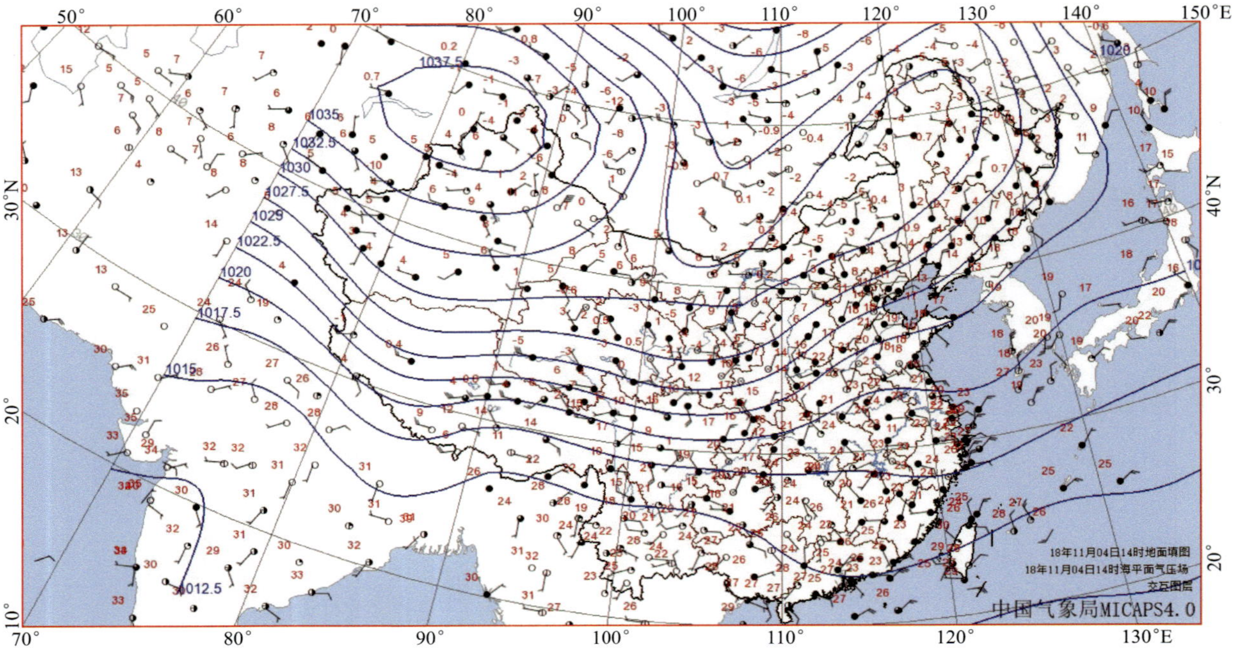

图 2.47.4　2018 年 11 月 4 日 14 时地面图和海平面气压场

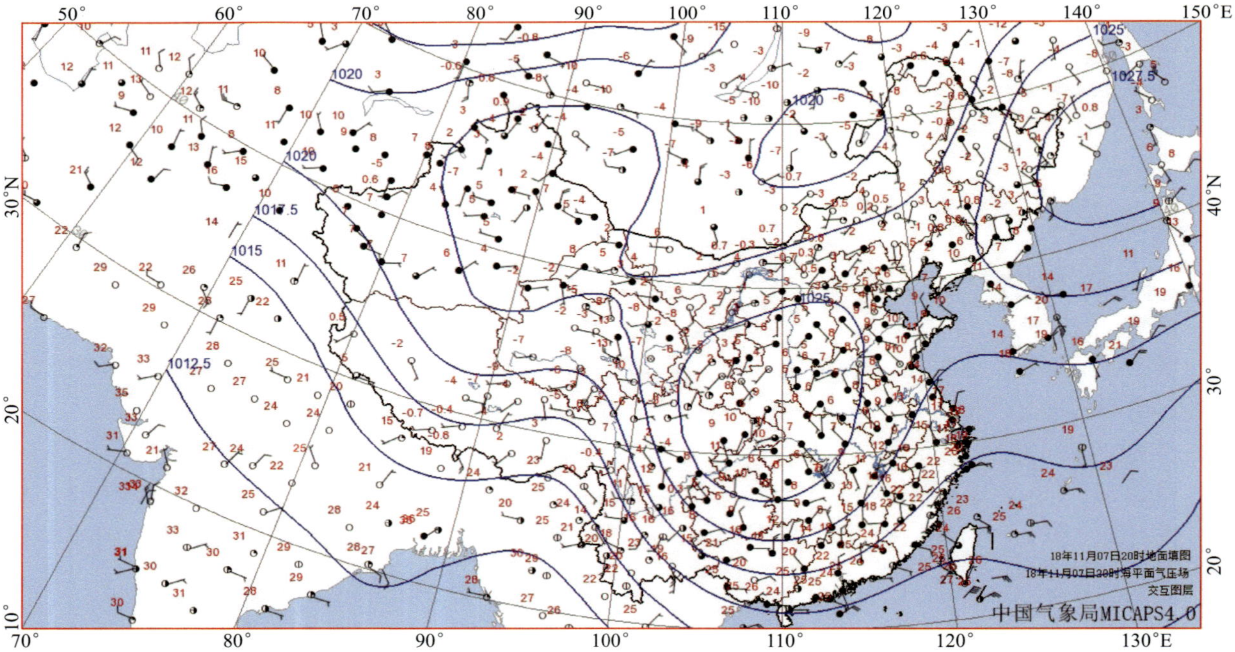

图 2.47.5　2018 年 11 月 7 日 20 时地面图和海平面气压场

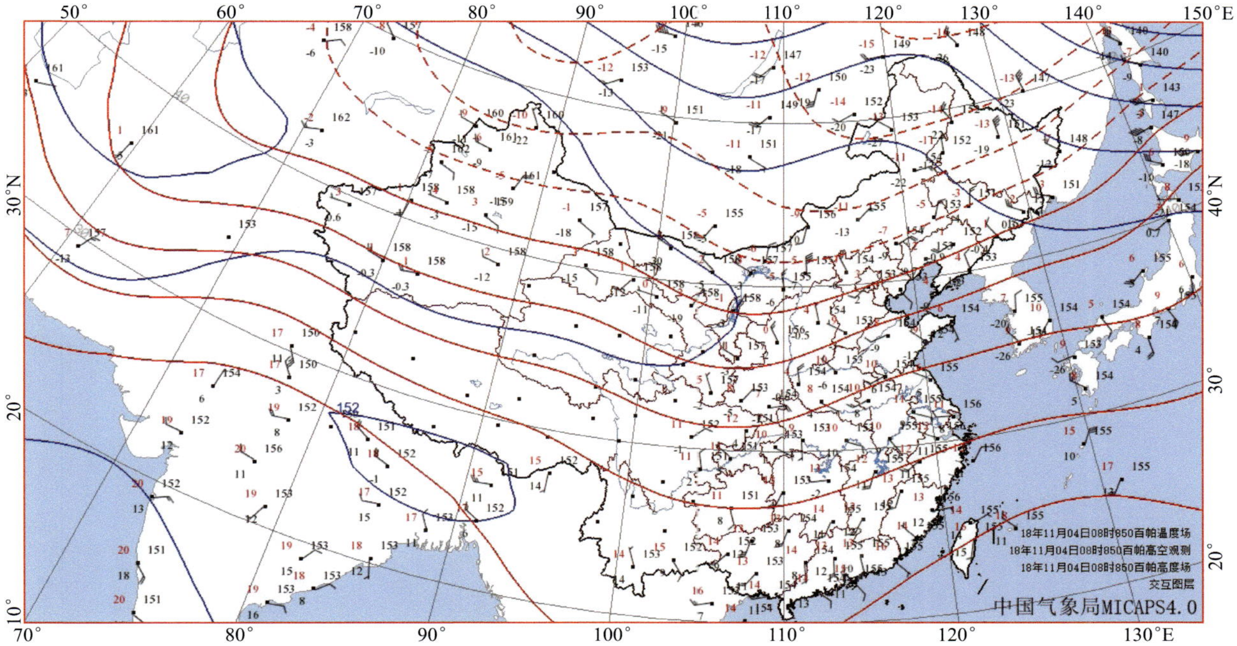

图 2.47.6　2018 年 11 月 4 日 08 时 850 hPa 高空图

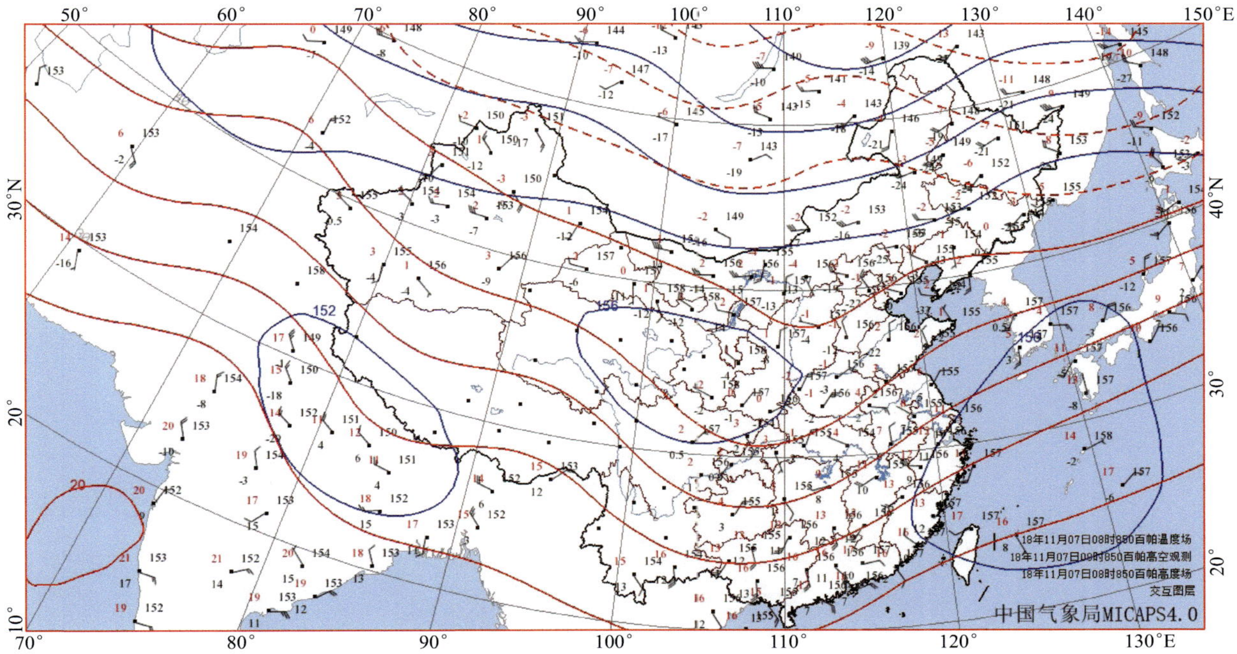

图 2.47.7　2018 年 11 月 7 日 08 时 850 hPa 高空图

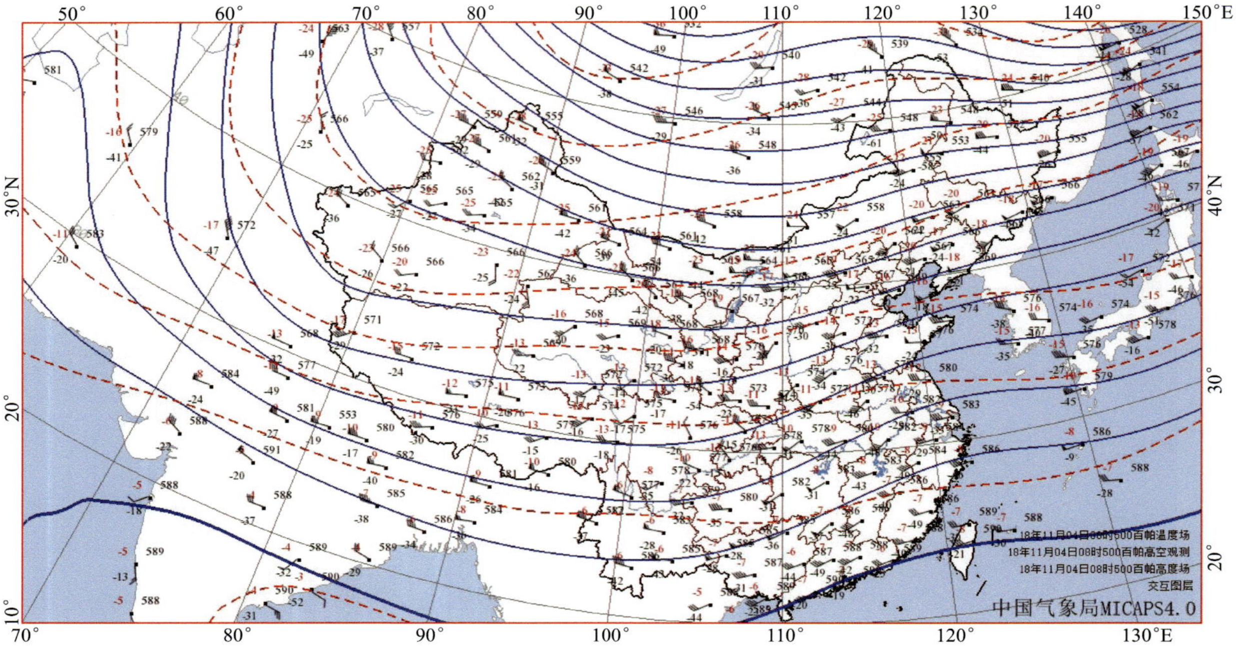

图 2.47.8　2018 年 11 月 4 日 08 时 500 hPa 高空图

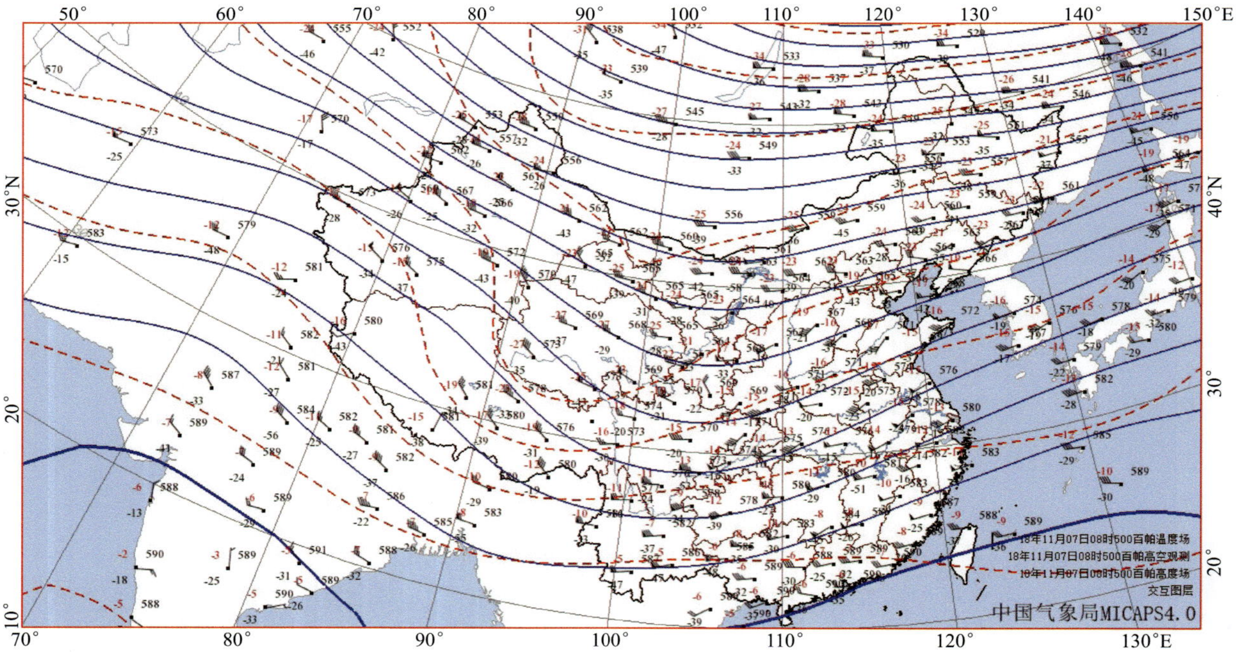

图 2.47.9　2018 年 11 月 7 日 08 时 500 hPa 高空图

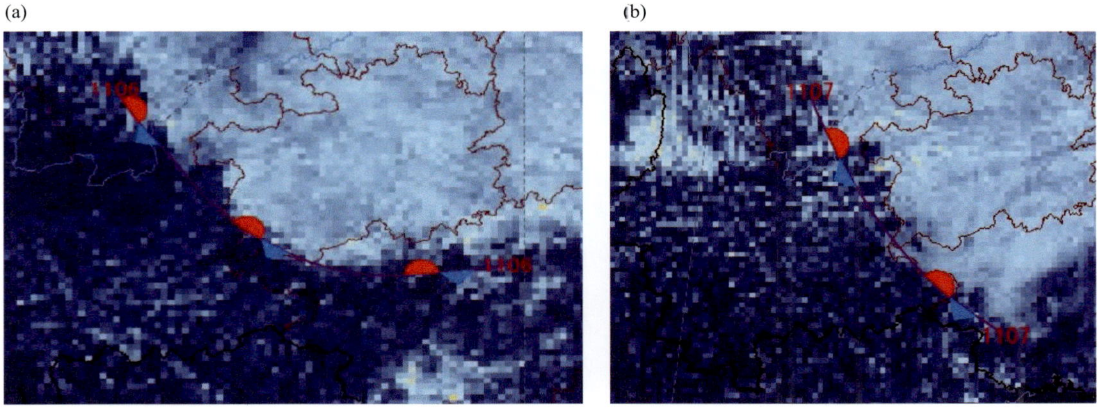

图 2.47.10　2018 年 11 月 6 日 14 时(a)、7 日 14 时(b)卫星云图

2.48　2018 年 11 月 9—21 日昆明准静止锋过程

2.48.1　过程概况

2018 年 11 月 9 日在云贵高原出现了昆明准静止锋天气系统，呈准南北向，贯穿四川、云南、贵州及广西四省(区)，锋面位于雷波、威宁、晴隆、田林及崇左一线；10 日，昆明准静止锋北段稍南压，南段北抬，呈准东西向，锋面位于昭觉、昭通、白云及锦屏一线；11 日昆明准静止锋转竖西进至 9 日位置附近；12 日昆明准静止锋继续西进至昭觉、沾益、罗平及广南一线；13 日昆明准静止锋再次东退至 9 日位置附近，14—20 日昆明准静止锋在此位置附近小幅摆动；21 日昆明准静止锋加强西进，位于会东、寻甸、陆良、丘北及麻栗坡一线。之后，昆明准静止锋加强为冷锋，西进至哀牢山附近。11 月 9—21 日过程期间昆明准静止锋移动路径如图 2.48.1，活动范围见表 2.48.1。

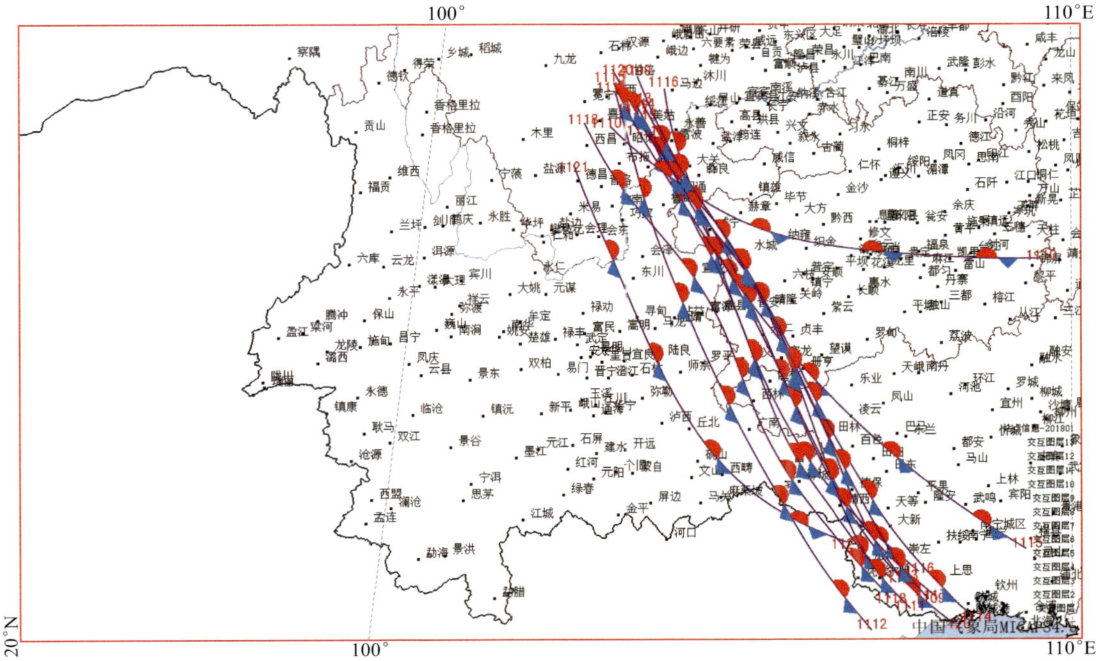

图 2.48.1　2018 年 11 月 9—21 日昆明准静止锋移动路径

表 2.48.1　2018 年 11 月 9—21 日昆明准静止锋位置

日期	昆明准静止锋位置
11 月 9 日	雷波—威宁—崇左
11 月 10 日	昭觉—昭通—锦屏
11 月 11 日	昭通—安龙—靖西
11 月 12 日	昭觉—沾益—广南
11 月 13 日	雷波—晴隆—德保
11 月 14 日	昭通—贞丰—上思
11 月 15 日	美姑—昭通—凌云—南宁
11 月 16 日	雷波—兴义—靖西
11 月 17 日	昭通—兴仁—靖西
11 月 18 日	布拖—宣威—富宁
11 月 19 日	昭通—兴义—龙州
11 月 20 日	昭通—兴仁—靖西
11 月 21 日	会东—寻甸—麻栗坡

受昆明准静止锋影响，11 月 9 日滇东北出现日最高气温负变温区，最大变温在昭通的威信，为 −11.7 ℃；10 日滇东北维持负变温，11 日滇东为弱的负变温区，12 日昭通、曲靖为弱的负变温区；13—14 日随着昆明准静止锋东退，云南东部开始升温，昭通北部维持负变温；15 日昆明准静止锋位置变化不大，但锋后冷空气加强，滇东转为负变温区，最大变温在彝良，为 −5.3 ℃；16—20 日滇东边缘气温随着昆明准静止锋摆动有小幅的升降；21 日随着昆明准静止锋明显增强西进，滇东降温明显，昭通、曲靖、文山、昆明均有降温幅度超过 10 ℃的县市，最大变温在鲁甸，为 −13.3 ℃。此次过程降温幅度大于 10 ℃的县市有 10 个，主要集中在昭通、曲靖市、昆明市和文山州 4 个州市(图 2.48.2)。

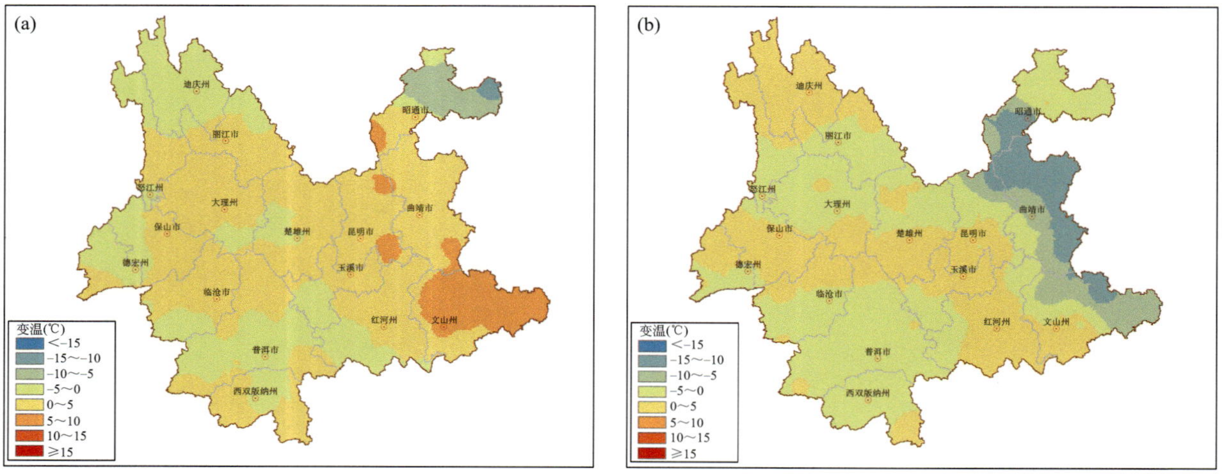

图 2.48.2　云南 2018 年 11 月 9 日(a)、21 日(b)最高气温 24 h 变温图

受昆明准静止锋和偏南气流影响，2018 年 11 月 9—21 日(20 时—20 时)滇东北、滇西北、滇南出现降水，总降水量共有 14 个县市超过 10 mm，其中绿春、金平、江城超过 25 mm，最大为绿春 55.1 mm。昆明准静止锋主要影响区域仅在昭通、文山有 10 个县市出现降水，其中 2 个县超过 10 mm，分别是盐津

13.4 mm 和绥江 10.1 mm(图 2.48.3a)。

受昆明准静止锋和偏南气流影响，2018 年 11 月 9—21 日云南总日照时数有 107 个县市少于 130 h，其中日照时数少于 100 h 的县市有 37 个，最少的是昭通镇雄县，仅为 13.3 h，其次是威信县和盐津县，分别为 14.1 h 和 14.3 h(图略)。与常年同期相比，有 6 个县市偏少 20%以上，其中镇雄偏少最多，为 65%。图 2.48.3b 是昆明准静止锋影响期间的平均日照时数。

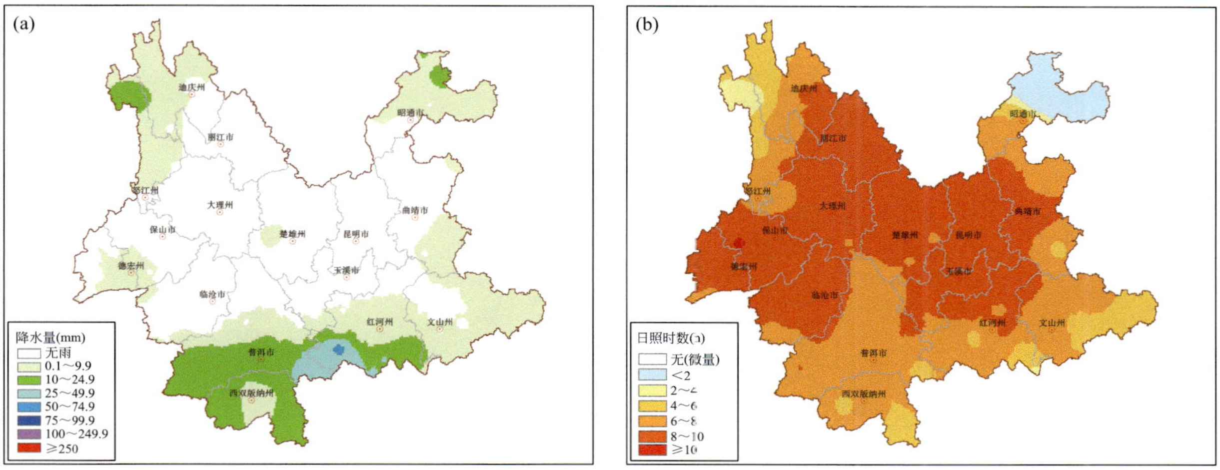

图 2.48.3　云南 2018 年 11 月 9—21 日累计降水量(a)和平均日照时数(b)

2.48.2　环流背景

(1)地面图

图 2.48.4 是 2018 年 11 月 9 日 14 时地面图和海平面气压场。图 2.48.5 是 2018 年 11 月 21 日 20 时地面图和海平面气压场。

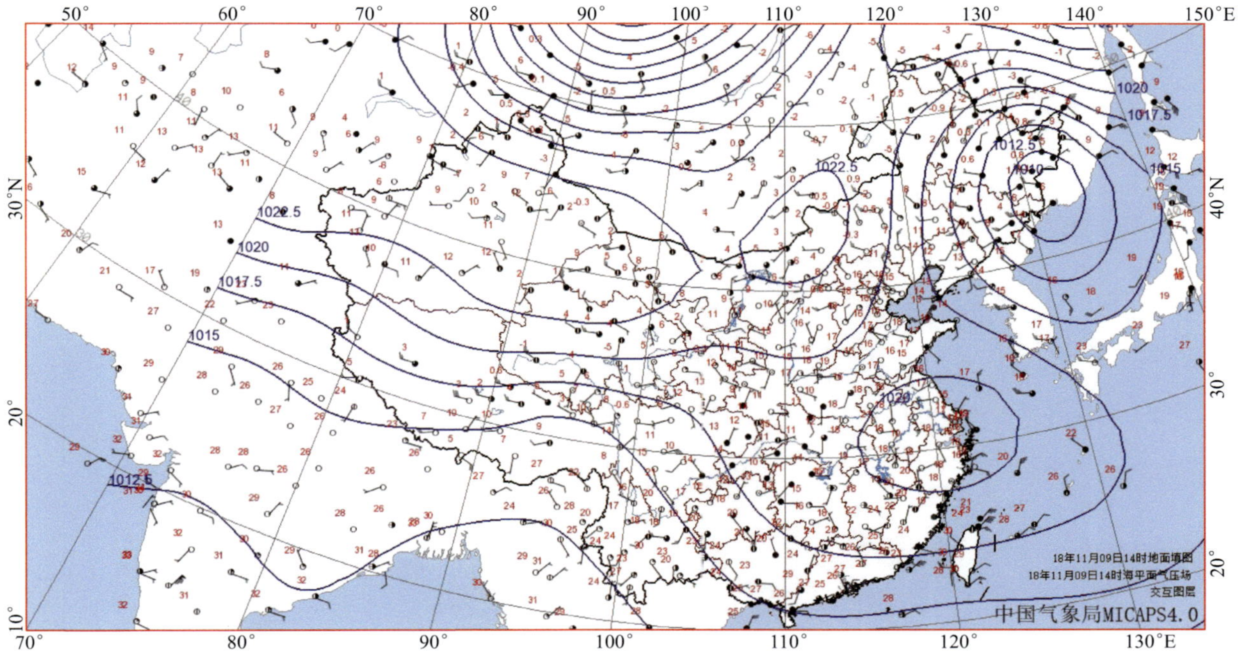

图 2.48.4　2018 年 11 月 9 日 14 时地面图和海平面气压场

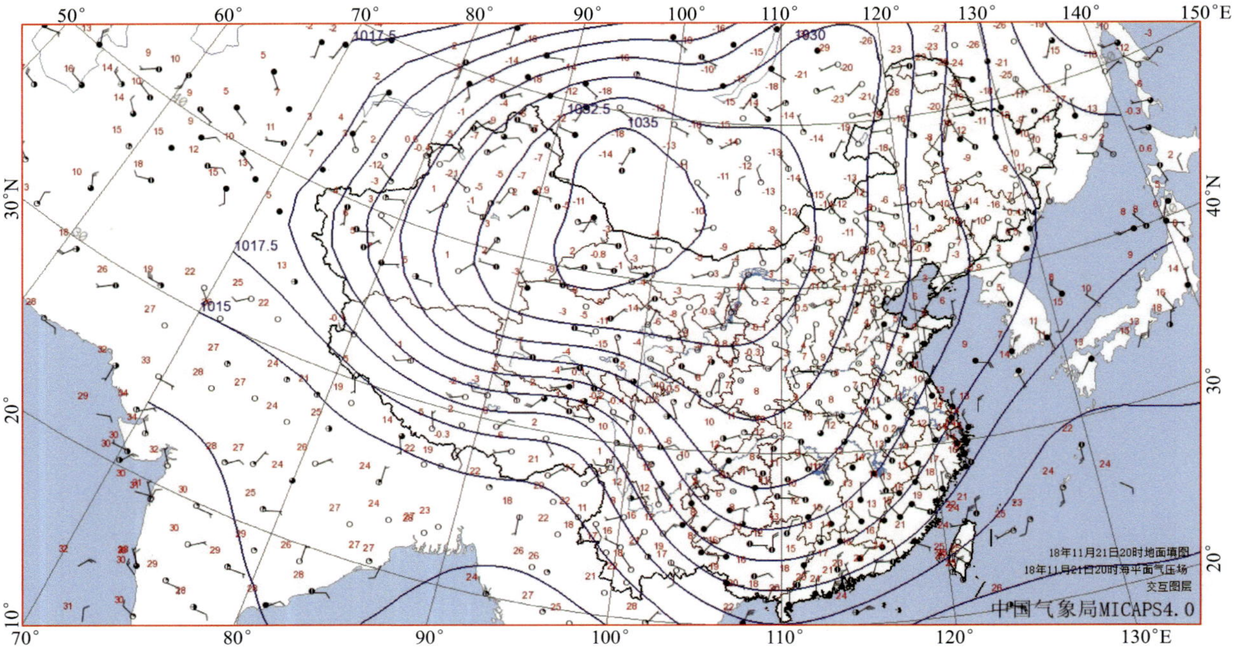

图 2.48.5　2018 年 11 月 21 日 20 时地面图和海平面气压场

(2)高空图

图 2.48.6 是 2018 年 11 月 9 日 08 时 850 hPa 高空图。图 2.48.7 是 2018 年 11 月 21 日 08 时 850 hPa 高空图。图 2.48.8 是 2018 年 11 月 9 日 08 时 500 hPa 高空图。图 2.48.9 是 2018 年 11 月 21 日 08 时 500 hPa 高空图。

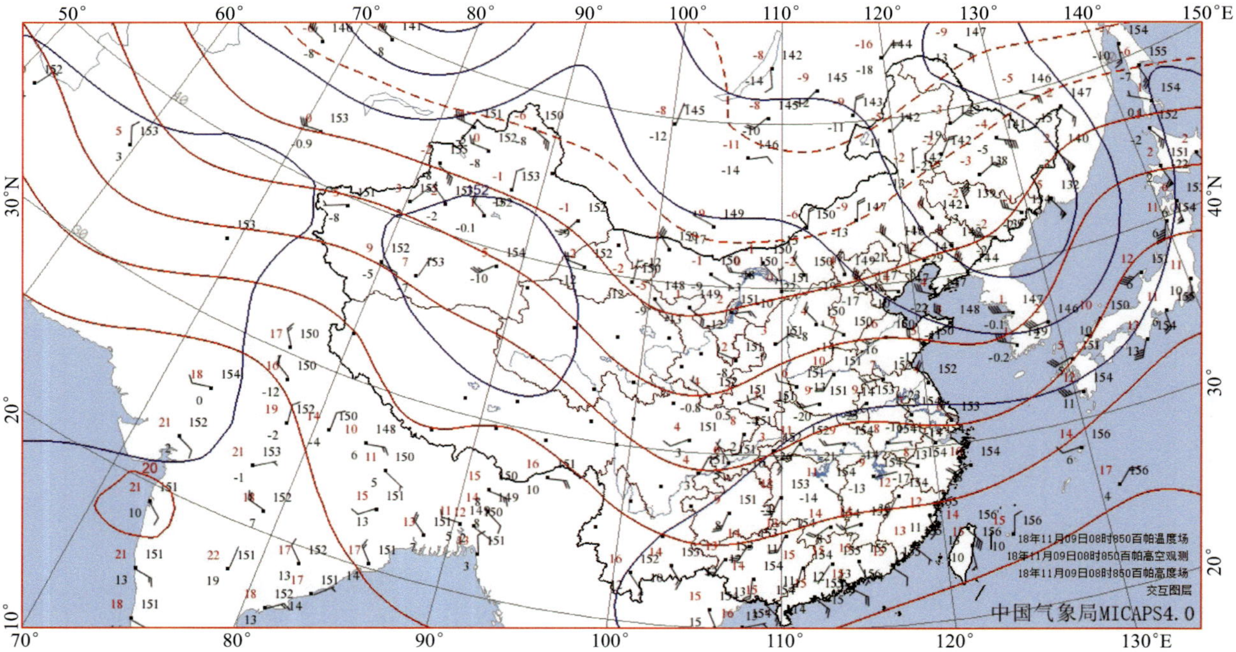

图 2.48.6　2018 年 11 月 9 日 08 时 850 hPa 高空图

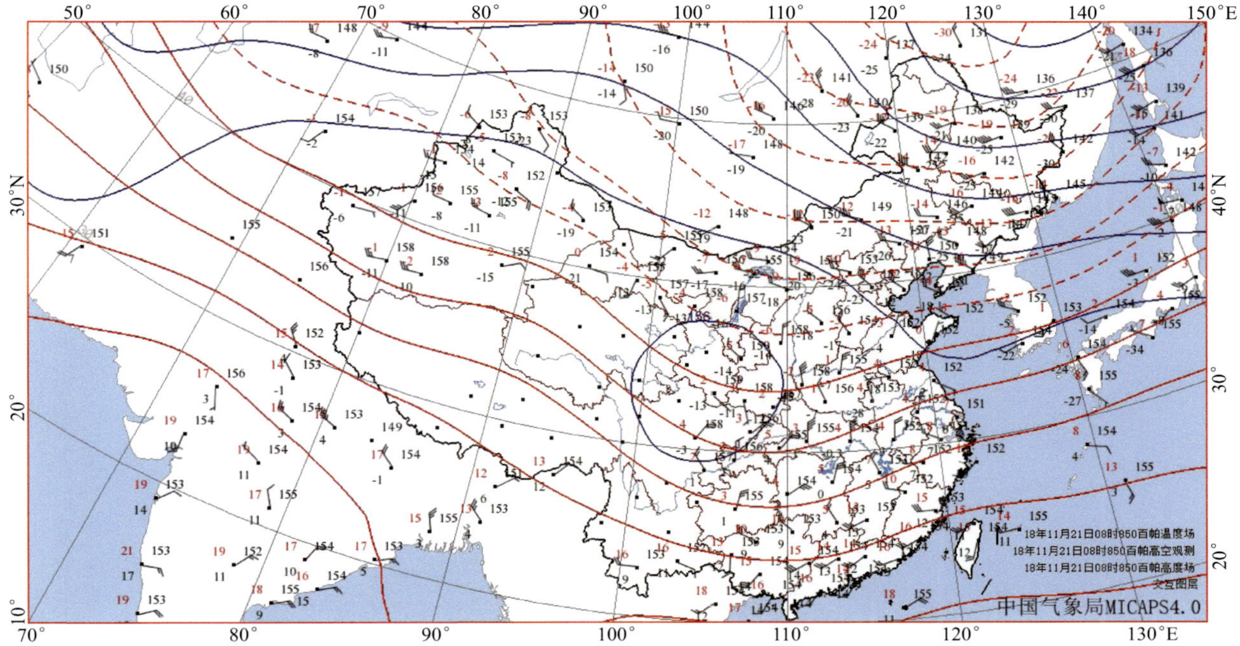

图 2.48.7　2018 年 11 月 21 日 08 时 850 hPa 高空图

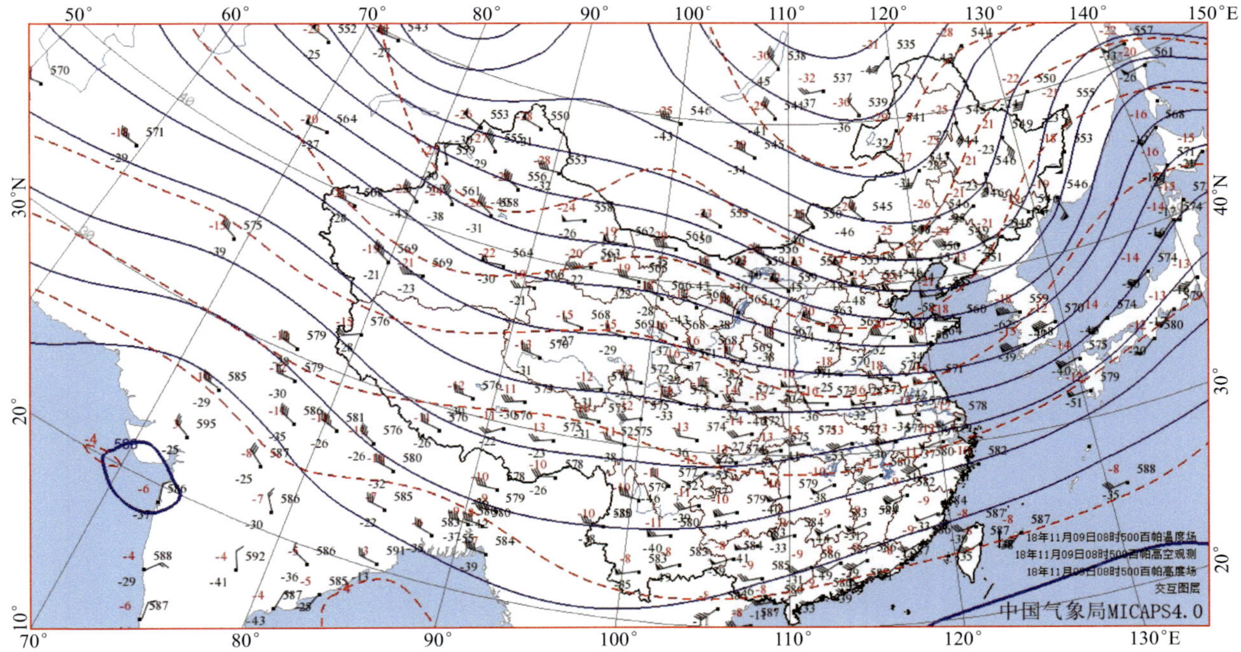

图 2.48.8　2018 年 11 月 9 日 08 时 500 hPa 高空图

2.48.3　卫星云图

图 2.48.10 是 2018 年 11 月 10 日 14 时、21 日 14 时卫星云图。

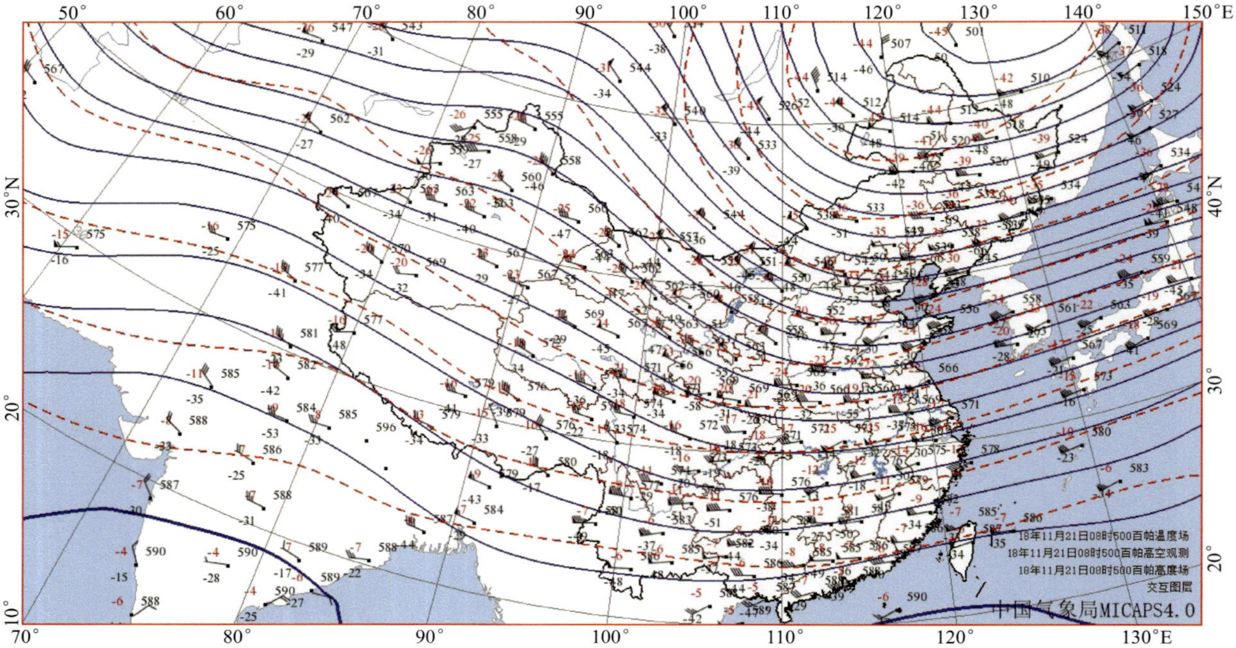

图 2.48.9　2018 年 11 月 21 日 08 时 500 hPa 高空图

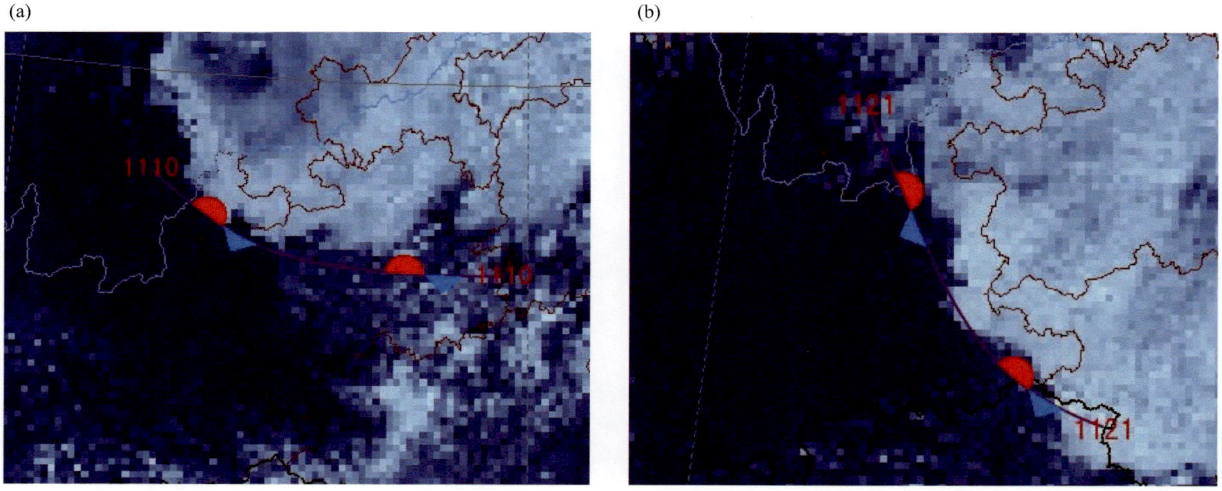

图 2.48.10　2018 年 11 月 10 日 14 时(a)、21 日 14 时(b)卫星云图

2.49　2018 年 11 月 29 日—12 月 1 日昆明准静止锋过程

2.49.1　过程概况

2018 年 11 月 29 日在云贵高原出现了昆明准静止锋天气系统，呈准东西向，贯穿四川、云南、贵州三省，位于美姑、大关、镇雄及金沙一线。30 日昆明准静止锋西南移，转为西北—东南向，位于布拖、鲁甸、晴隆、凌云及南宁一线。12 月 1 日昆明准静止锋北段东退，南段西进，锋面位于永善、彝良、安龙、德保及大新一线。之后，锋面减弱东退至贵州东部边缘地区。11 月 29 日—12 月 1 日过程期间昆明准静止锋移动路径如图 2.49.1，活动范围见表 2.49.1。

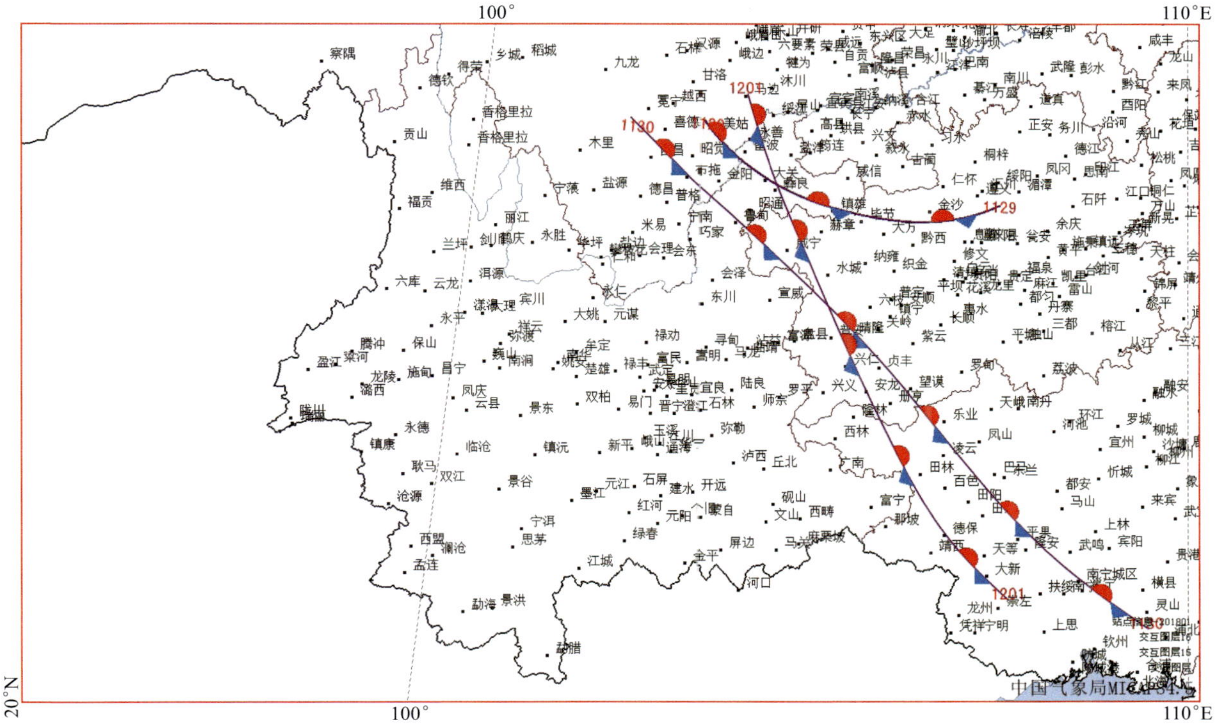

图 2.49.1　2018 年 11 月 29 日—12 月 1 日昆明准静止锋移动路径

表 2.49.1　2018 年 11 月 29 日—12 月 1 日昆明准静止锋位置

日期	昆明准静止锋位置
11 月 29 日	美姑—大关—金沙
11 月 30 日	布拖—鲁甸—凌云—南宁
12 月 1 日	永善—安龙—大新

受昆明准静止锋影响，11 月 29 日滇东北出现日最高气温负变温区，最大变温在彝良县，为 −7.7 ℃。30 日随着昆明准静止锋略南压，昭通南部降温幅度增大，最大变温在鲁甸县，为 −10.8 ℃，其次昭通，为 −10.7 ℃。12 月 1 日随着昆明准静止锋移出云南，滇东北转为正变温(图 2.49.2)。

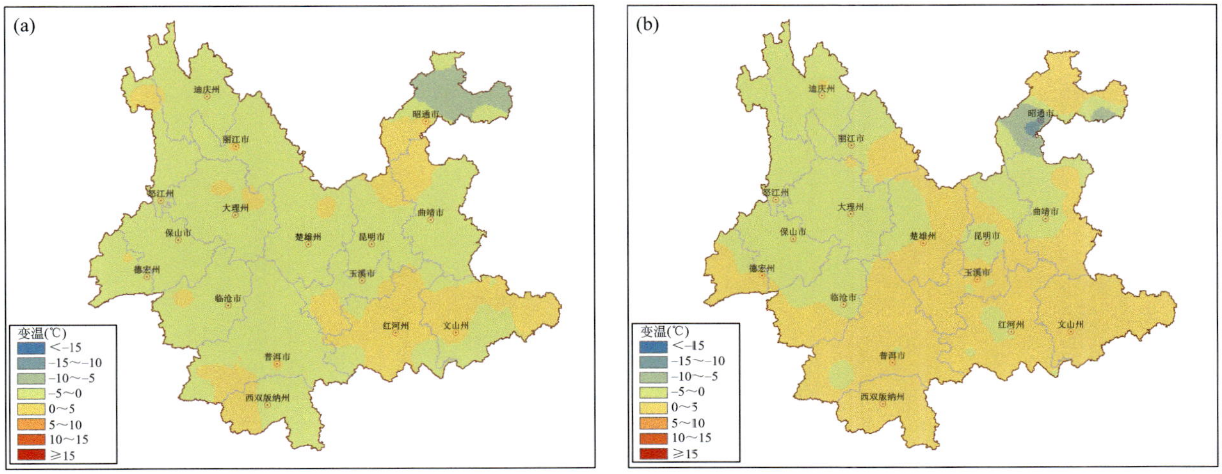

图 2.49.2　云南 2018 年 11 月 29 日(a)、30 日(b)最高气温 24 h 变温图

受昆明准静止锋影响，2018 年 11 月 29 日—12 月 1 日(20 时—20 时)除昭通的盐津、威信分别出现 0.3 mm 和 0.4 mm 降水外，云南其余站点无降水(图 2.49.3a)。

受此次昆明准静止锋影响，2018 年 11 月 29 日—12 月 1 日云南总日照时数有 41 个县市不足 30 h，其中昭通的绥江、盐津、威信、彝良、大关、镇雄 6 个县市少于 20 h，最少的是昭通绥江，仅为 6.2 h，其次是盐津县和威信县，分别为 10.1 h 和 12 h(图略)。与常年同期相比，全省日照时数偏多。图 2.49.3b 是昆明准静止锋影响期间的平均日照时数。

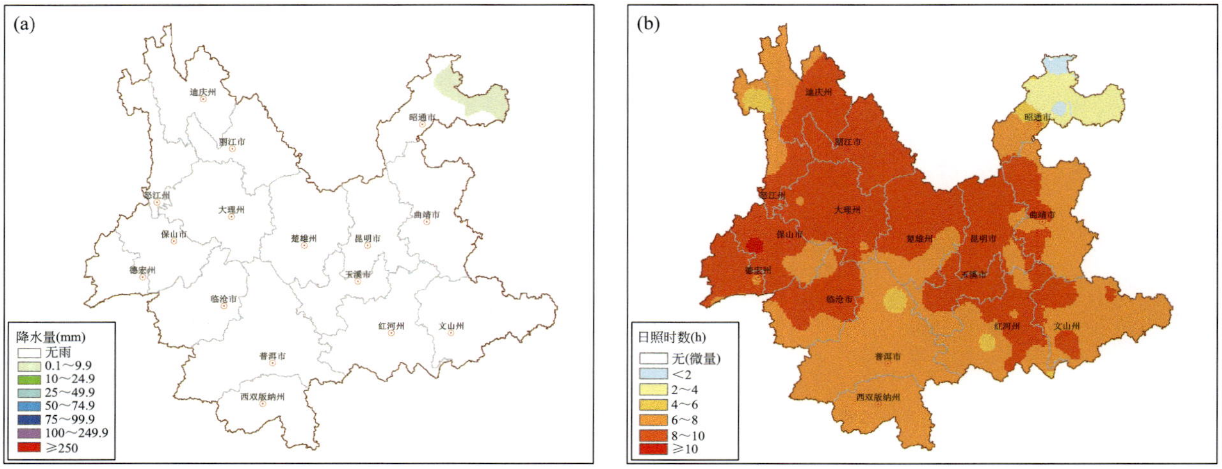

图 2.49.3　南 2018 年 11 月 29 日—12 月 1 日累计降水量(a)和平均日照时数(b)

2.49.2　环流背景

(1)地面图

图 2.49.4 是 2018 年 11 月 29 日 14 时地面图和海平面气压场。图 2.49.5 是 2018 年 12 月 1 日 20 时地面图和海平面气压场。

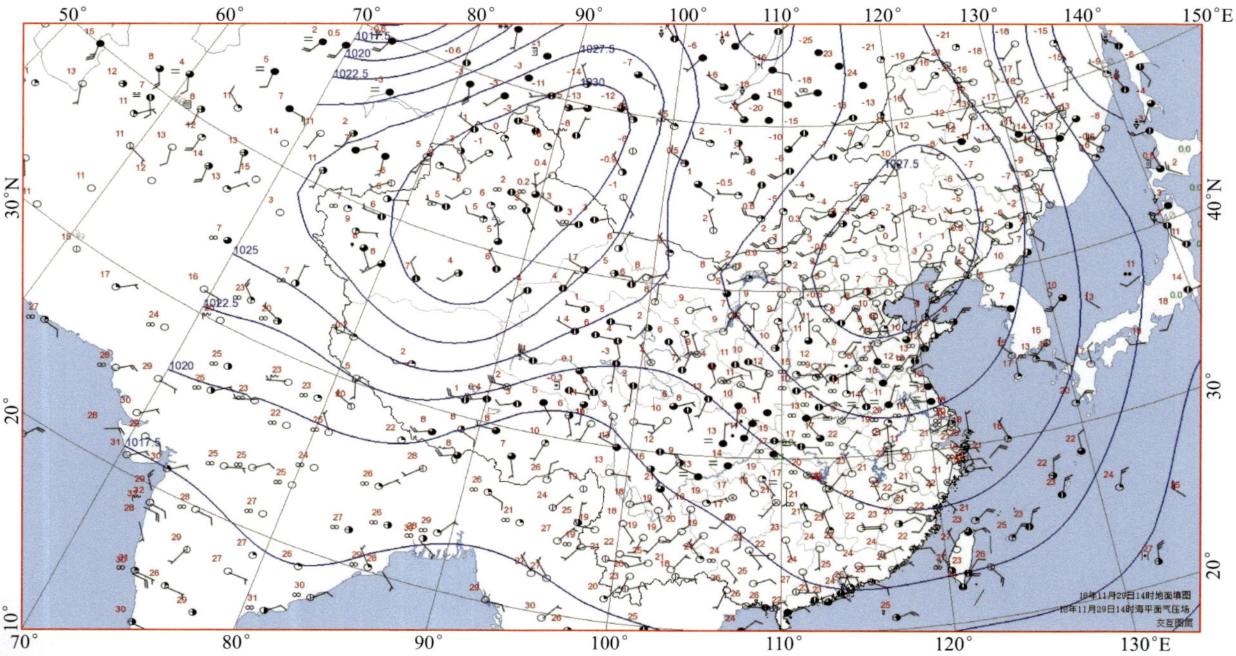

图 2.49.4　2018 年 11 月 29 日 14 时地面图和海平面气压场

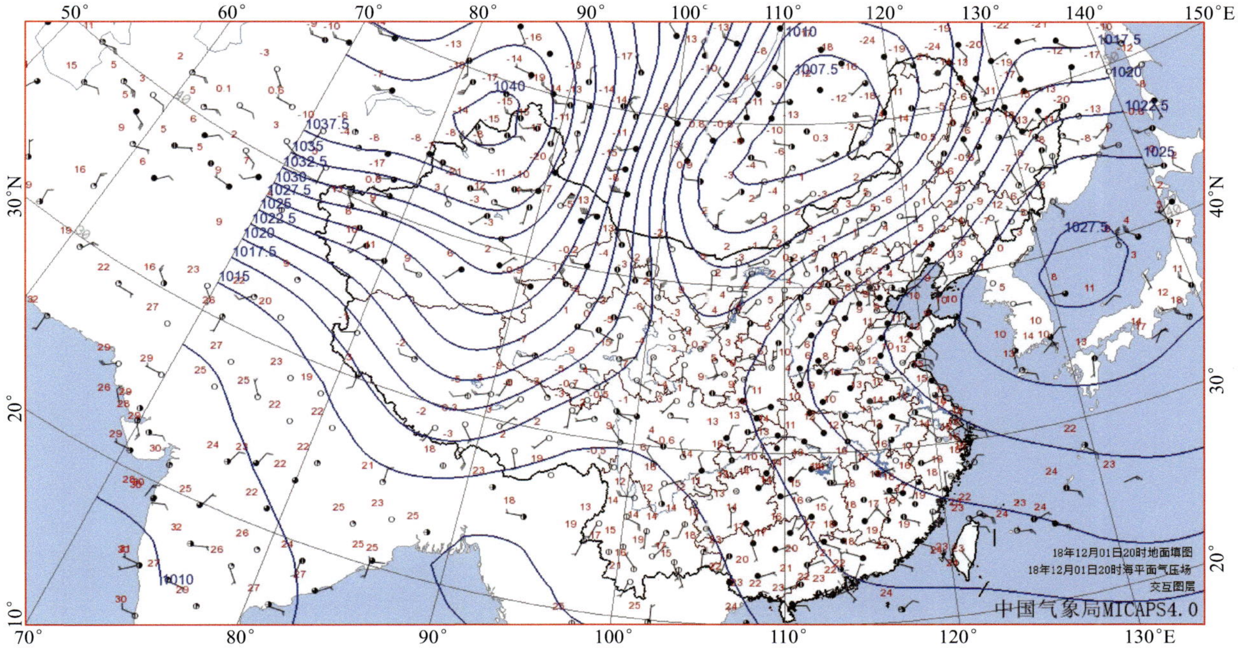

图 2.49.5　2018 年 12 月 1 日 20 时地面图和海平面气压场

（2）高空图

图 2.49.6 是 2018 年 11 月 29 日 08 时 850 hPa 高空图。图 2.49.7 是 2018 年 12 月 1 日 08 时 850 hPa 高空图。图 2.49.8 是 2018 年 11 月 29 日 08 时 500 hPa 高空图。图 2.49.9 是 2018 年 12 月 1 日 08 时 500 hPa 高空图。

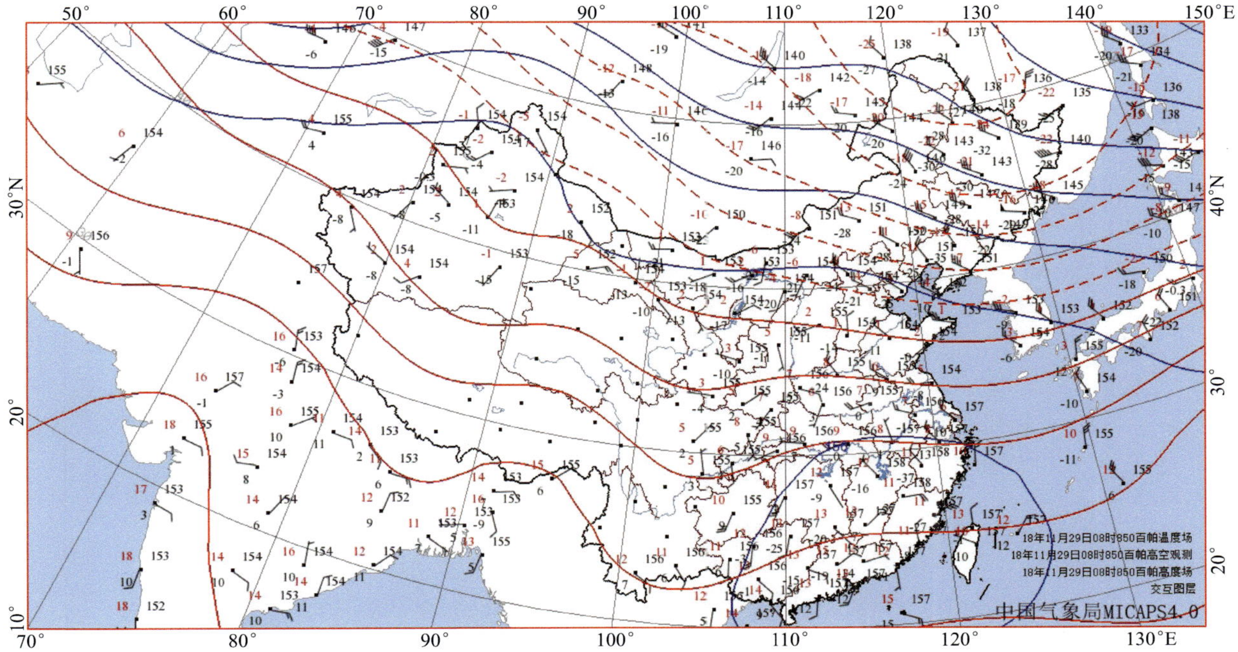

图 2.49.6　2018 年 11 月 29 日 08 时 850 hPa 高空图

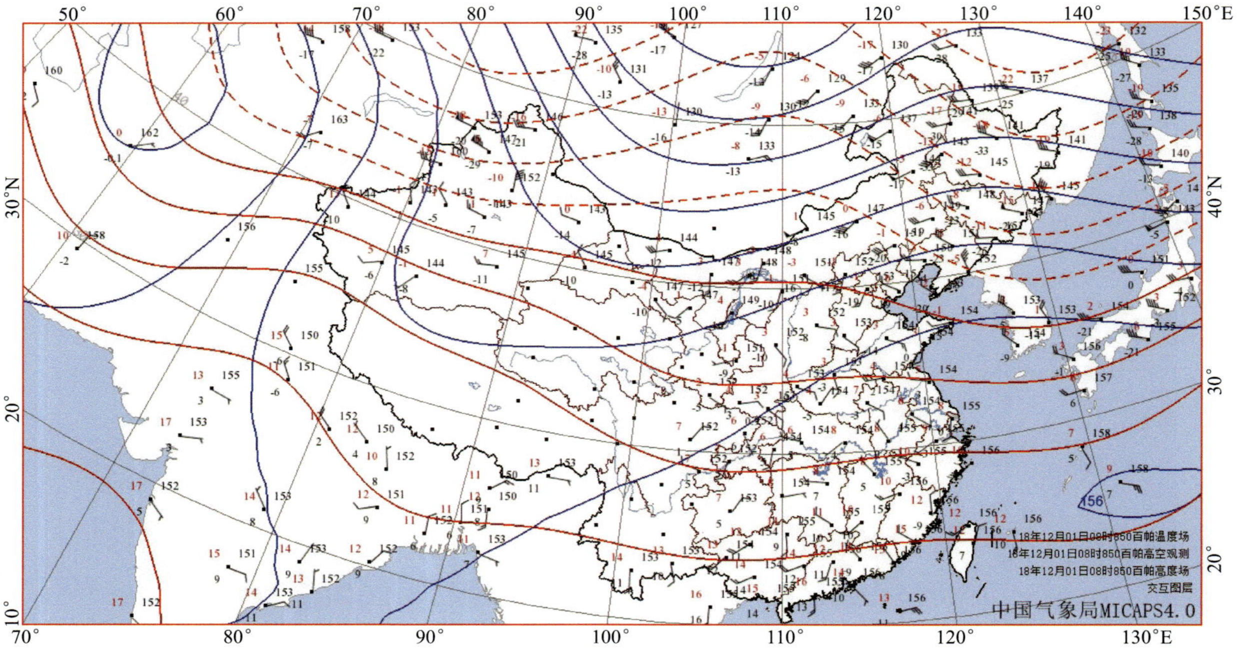

图 2.49.7　2018 年 12 月 1 日 08 时 850 hPa 高空图

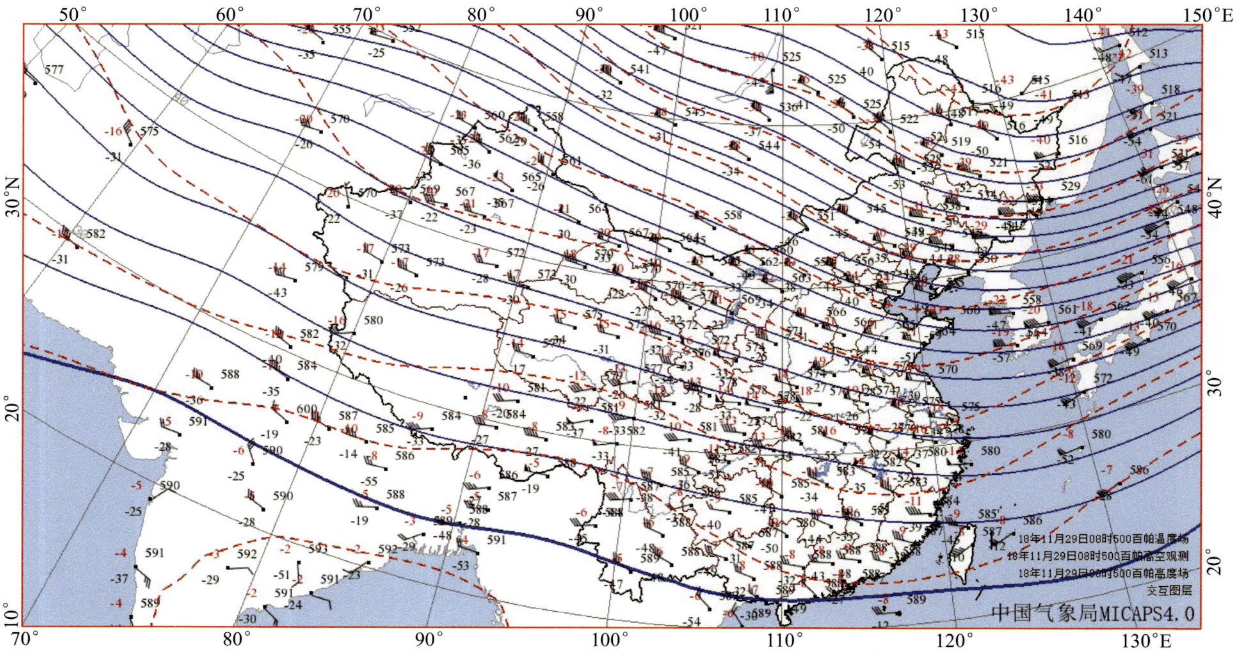

图 2.49.8　2018 年 11 月 29 日 08 时 500 hPa 高空图

2.49.3　卫星云图

图 2.49.10 是 2018 年 11 月 29 日 14 时、12 月 1 日 14 时卫星云图。

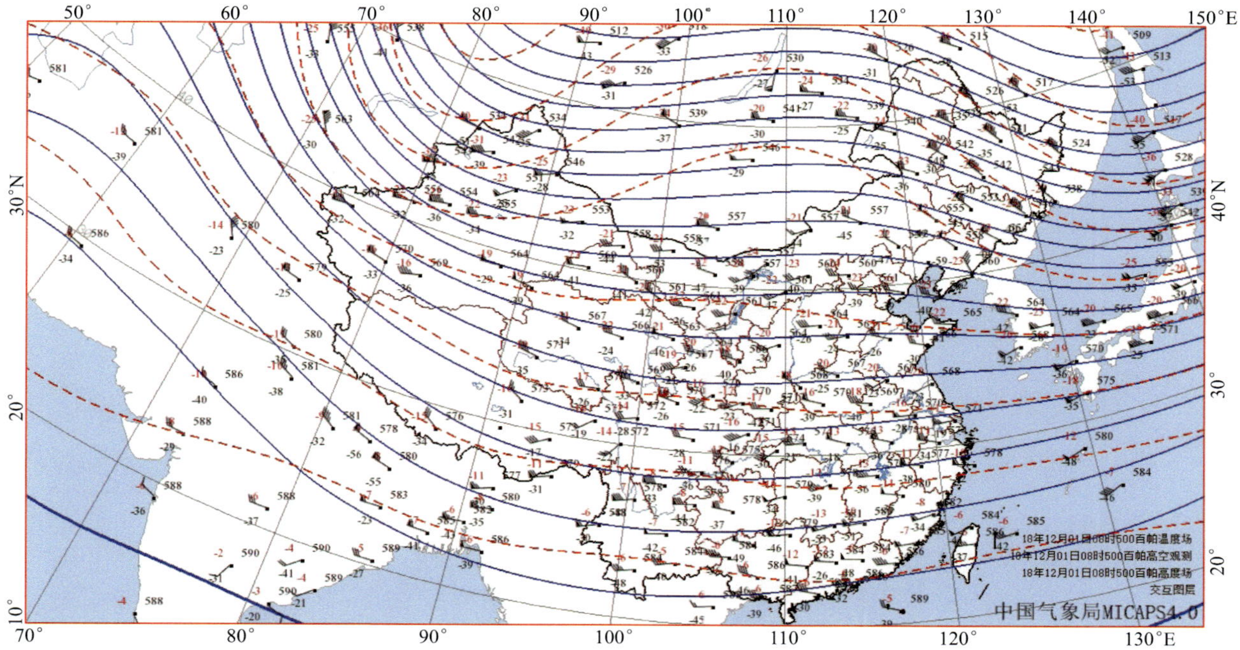

图 2.49.9　2018 年 12 月 1 日 08 时 500 hPa 高空图

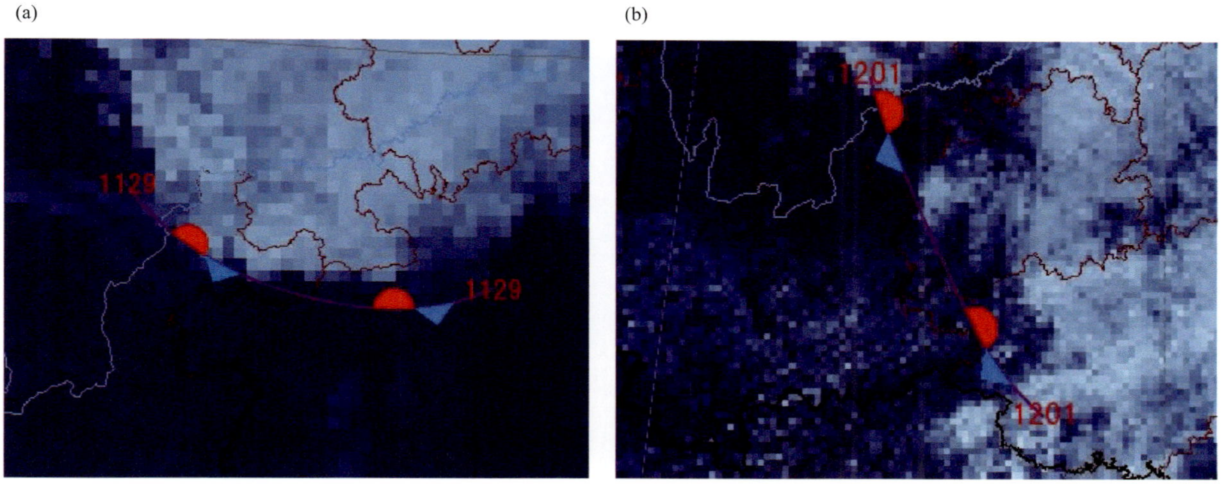

图 2.49.10　2018 年 11 月 29 日 14 时(a)、12 月 1 日 14 时(b)卫星云图

2.50　2018 年 12 月 3—17 日昆明准静止锋过程

2.50.1　过程概况

2018 年 12 月 3 日在云贵高原出现了昆明准静止锋天气系统，呈准东西向，贯穿四川、云南、贵州三省，锋面位于美姑、镇雄、修文、凯里、锦屏一线。4 日昆明准静止锋西南移，转为西北—东南向，位于雷波、威宁、贞丰、凌云及南宁一线。5 日昆明准静止锋北段稍南压，南段略东退，6 日昆明准静止锋西进至布拖、宣威、盘县、田林及武鸣一线。7 日昆明准静止锋略西进，8—10 日昆明准静止锋有小幅摆动。11 日昆明准静止锋西进至西昌、会泽、曲靖、师宗、丘北及麻栗坡一线。12 日昆明准静止锋加强继续西进

至会东、昆明、通海、个旧及金平一线。13 日锋面东退至美姑、昭通、威宁、兴义及广南一线。14—15 日昆明准静止锋维持少动，16 日昆明准静止锋增强西进至禄劝、昆明、华宁、个旧及河口一线，17 日昆明准静止锋减弱维持。之后，锋面减弱东退至贵州东部边缘地区。12 月 3—17 日过程期间昆明准静止锋移动路径如图 2.50.1，活动范围见表 2.50.1。

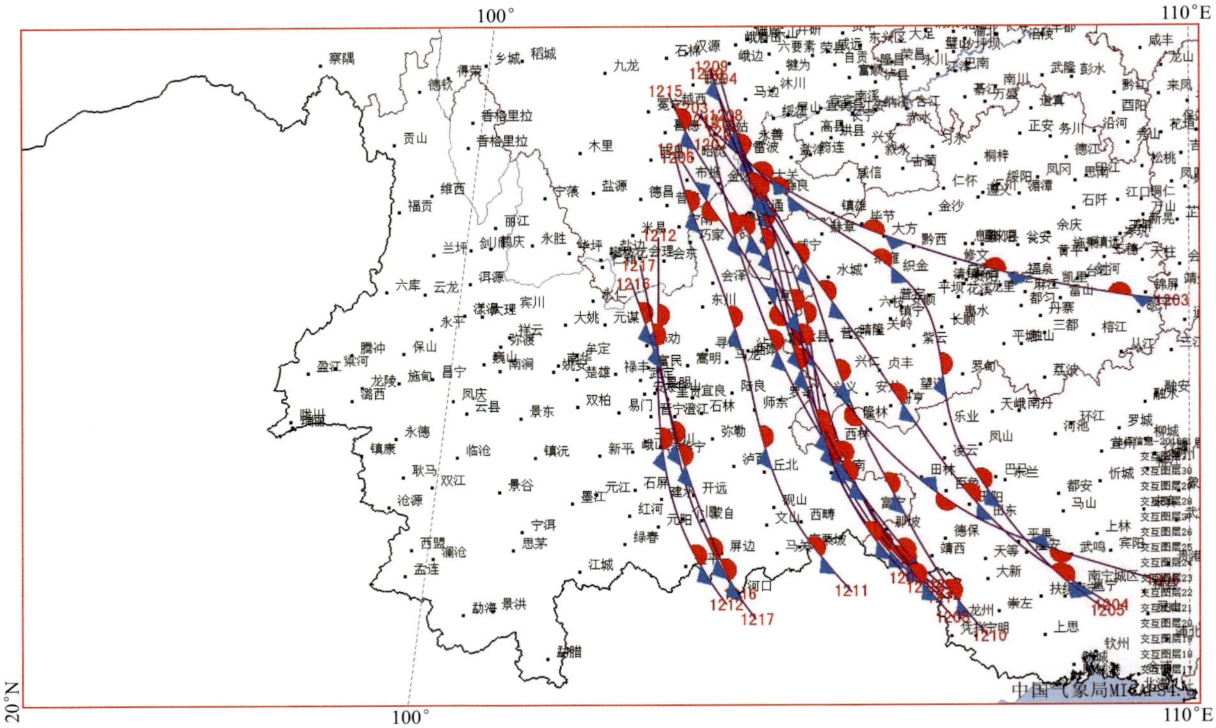

图 2.50.1　2018 年 12 月 3—17 日昆明准静止锋移动路径

表 2.50.1　2018 年 12 月 3—17 日昆明准静止锋位置

日期	昆明准静止锋位置
12 月 3 日	美姑—镇雄—锦屏
12 月 4 日	雷波—威宁—南宁
12 月 5 日	雷波—长顺—南宁
12 月 6 日	布拖—盘县—武鸣
12 月 7 日	鲁甸—富源—富宁
12 月 8 日	昭通—富源—富宁
12 月 9 日	雷波—盘县—广南
12 月 10 日	雷波—普安—靖西
12 月 11 日	西昌—曲靖—麻栗坡
12 月 12 日	会东—昆明—金平
12 月 13 日	美姑—威宁—广南
12 月 14 日	昭通—盘县—富宁
12 月 15 日	鲁甸—兴义—那坡
12 月 16 日	禄劝—华宁—河口
12 月 17 日	昆明—蒙自—河口

受昆明准静止锋影响，12 月 3 日滇东北为日最高气温负变温区，最大变温在威信县，为－5.2 ℃；4 日昭通北部转为弱正变温，负变温区略南移，5 日昭通北部再次转为负变温区；6 日随着昆明准静止锋西进，滇东北和滇东变温幅度增大，最大变温在昭通市和丘北县，为－10.7 ℃；7 日滇东南降温幅度增大，最大变温在广南，为－11.5 ℃；8—10 日随着昆明准静止锋的东西摆动，滇东气温有小幅升降；11 日随着昆明准静止锋加强西进，滇东变温幅度再次增大，最大变温在鲁甸，为－14.2 ℃；12 日强降温区随着昆明准静止锋西进至昆明附近地区，最大变温在马龙，为－10.9 ℃，其次寻甸，为－10.8 ℃；13 日云南升温明显，14—15 日昆明准静止锋东退，受西南暖湿气流影响，云南大部由弱的负变温转为正变温；16 日滇中以东再次出现明显负变温，最大变温在富源，为－13.8 ℃；17 日昆明准静止锋减弱，云南东部转为正变温区。此次过程降温幅度大于 10 ℃的县市有 14 个，主要集中在曲靖市、昆明市、玉溪市、红河州和文山州 5 个州市（图 2.50.2）。

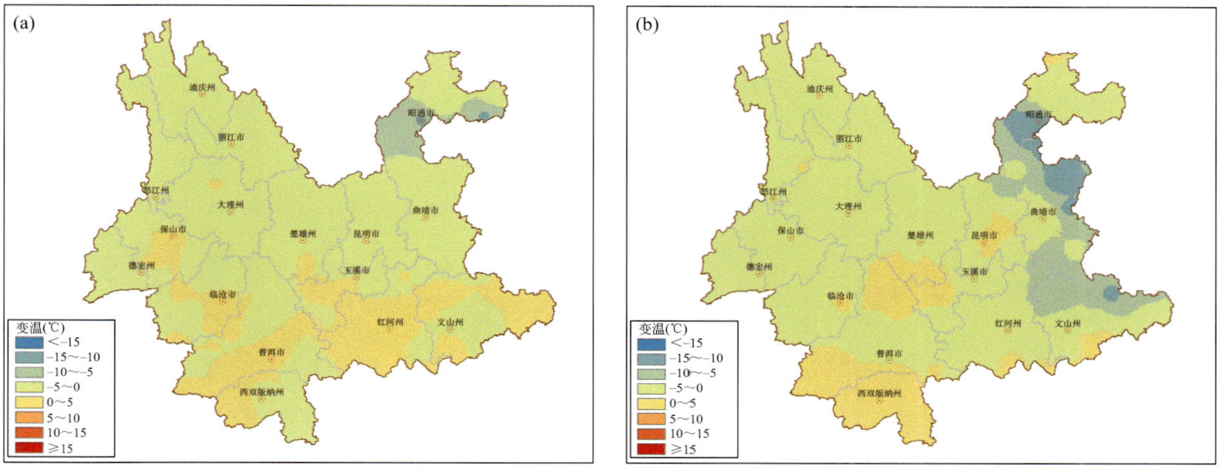

图 2.50.2　云南 2018 年 12 月 6 日(a)、11 日(b)最高气温 24 h 变温图

受昆明准静止锋和西南暖湿气流影响，2018 年 12 月 3—17 日（20 时—20 时）云南有 49 个县市总降水量大于 10 mm，其中在滇南边缘有 7 个县市大于 50 mm。昆明准静止锋主要影响区域（滇中及以东）有 28 个县市总降水量大于 10 mm，文山、红河共有 4 个县市大于 50 mm，金平县总降水量最大，为 124.7 mm，其次是绿春县，为 88.1 mm（图 2.50.3a）。

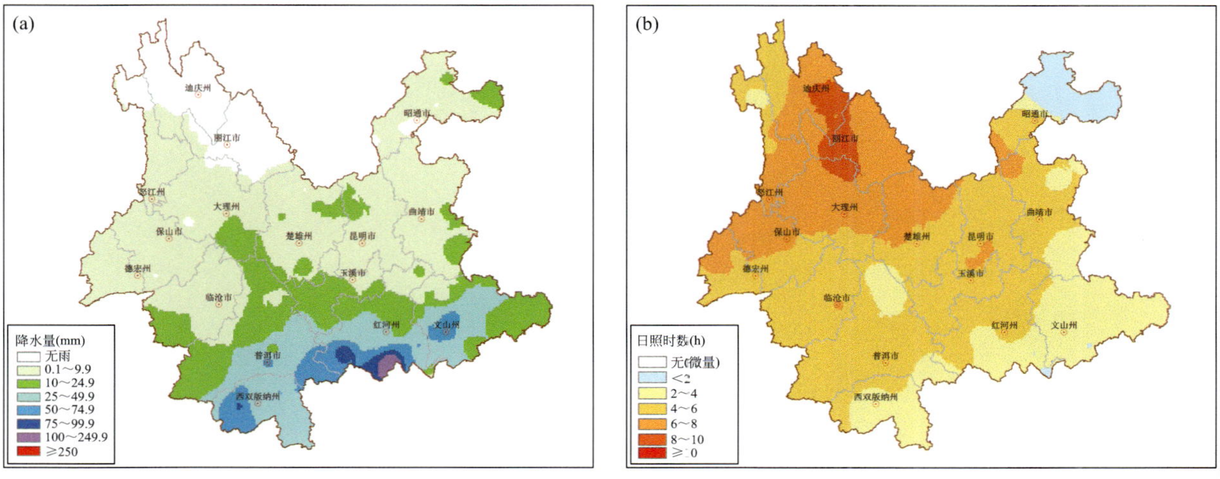

图 2.50.3　云南 2018 年 12 月 3—17 日累计降水量(a)和平均日照时数(b)

受昆明准静止锋和西南暖湿气流影响，2018 年 12 月 3—17 日云南全省总日照时数皆不足 140 h，其中日照时数少于 120 h 的县市有 114 个，最少的是昭通盐津县，为 11.6 h，其次是绥江县和威信县，分别为 17.9 h 和 18.3 h(图略)。与常年同期相比，有 32 个县市日照时数偏少 20%以上，麻栗坡、彝良偏少 50%以上，分别为 50.4%和 50.2%。图 2.50.3b 是昆明准静止锋影响期间的平均日照时数。

2.50.2 环流背景

(1)地面图

图 2.50.4 是 2018 年 12 月 3 日 14 时地面图和海平面气压场。图 2.50.5 是 2018 年 12 月 17 日 20 时地面图和海平面气压场。

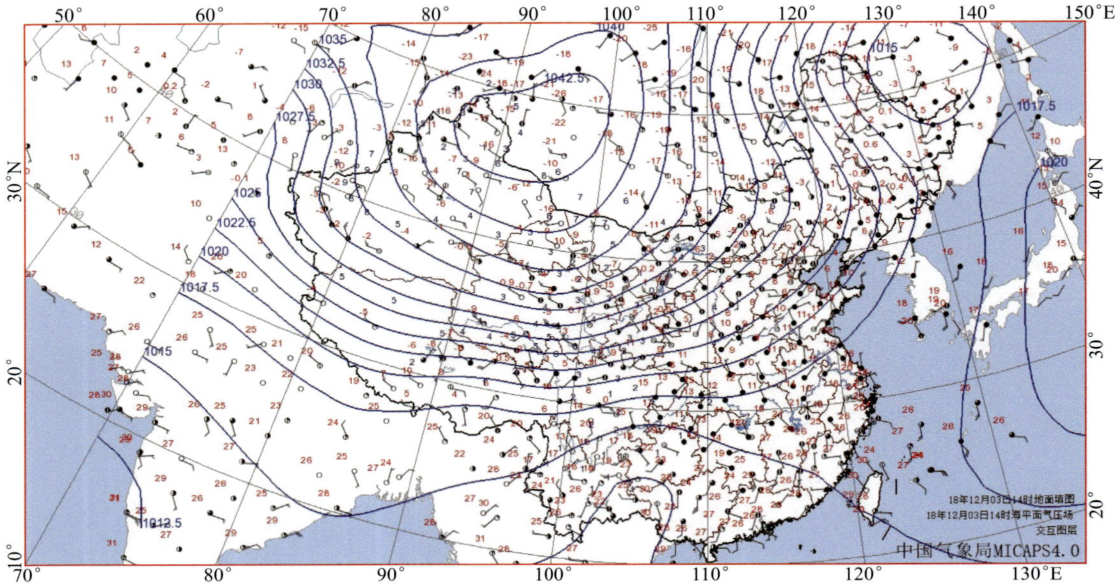

图 2.50.4　2018 年 12 月 3 日 14 时地面图和海平面气压场

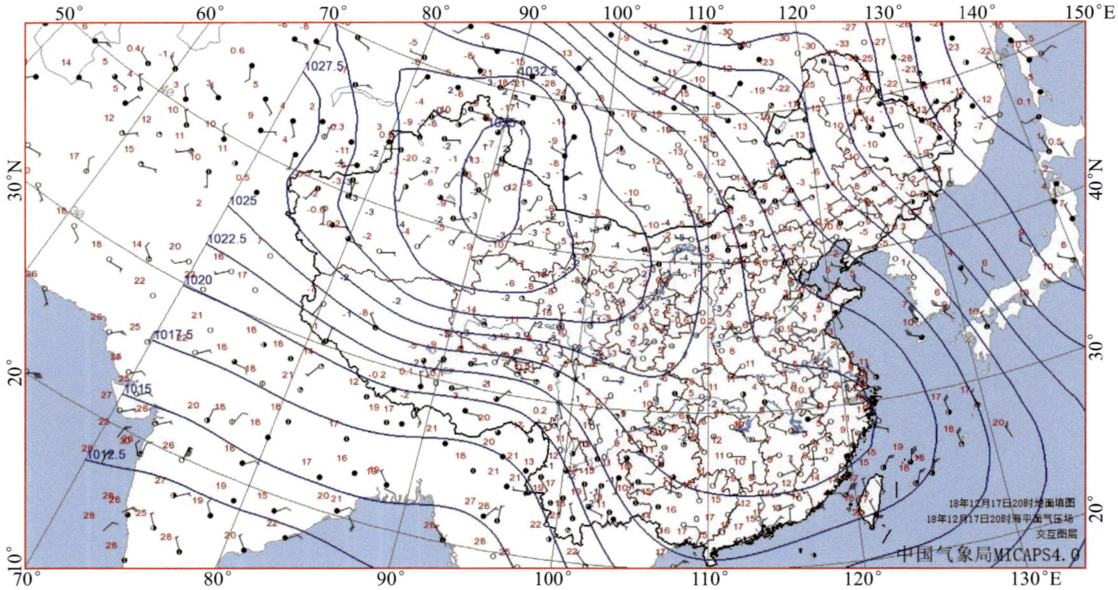

图 2.50.5　2018 年 12 月 17 日 20 时地面图和海平面气压场

（2）高空图

图 2.50.6 是 2018 年 12 月 3 日 08 时 850 hPa 高空图。图 2.50.7 是 2018 年 12 月 17 日 08 时 850 hPa 高空图。图 2.50.8 是 2018 年 12 月 3 日 08 时 500 hPa 高空图。图 2.50.9 是 2018 年 12 月 17 日 08 时 500 hPa 高空图。

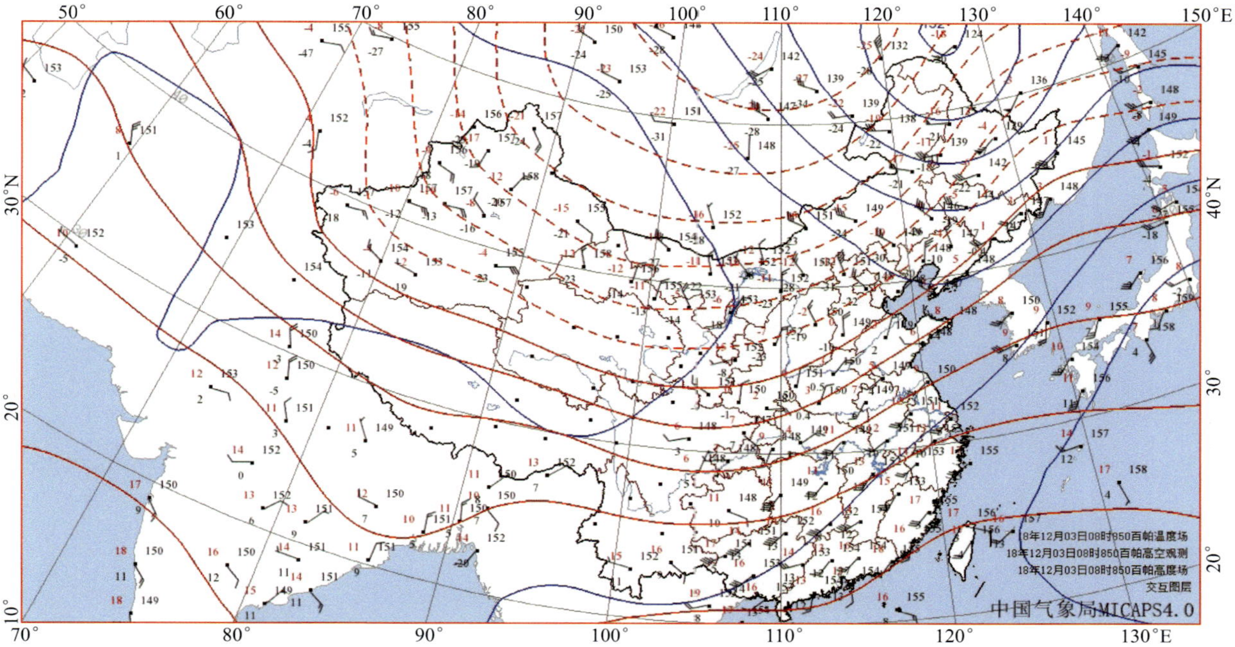

图 2.50.6　2018 年 12 月 3 日 08 时 850 hPa 高空图

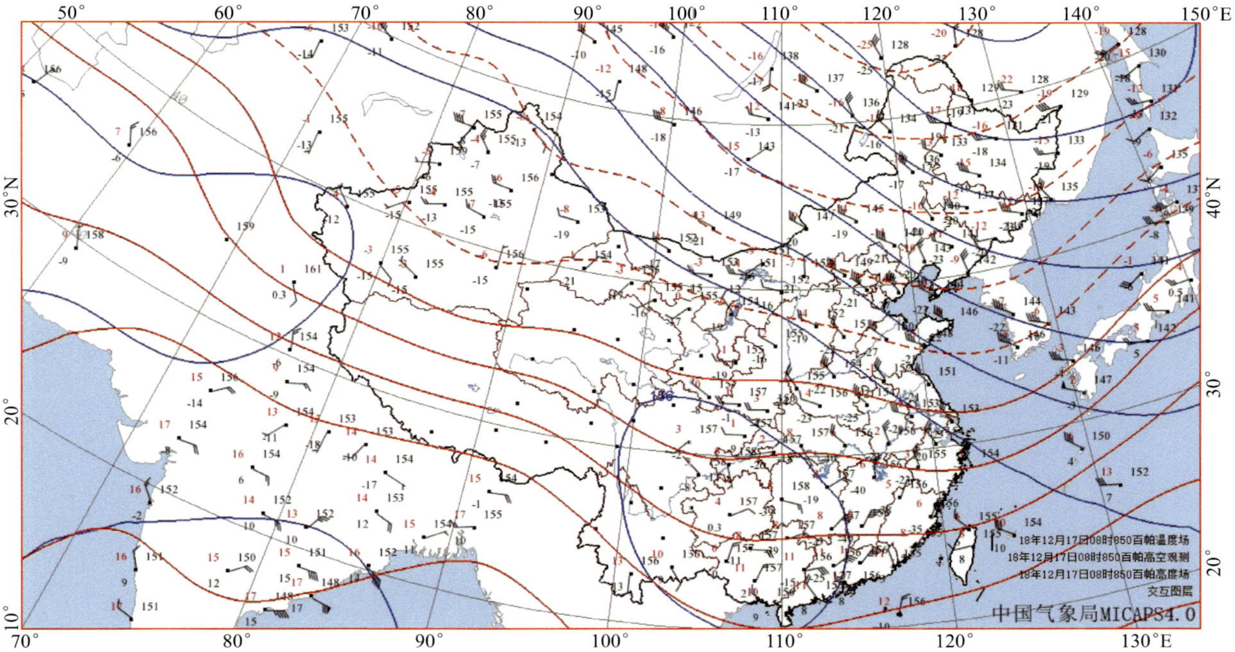

图 2.50.7　2018 年 12 月 17 日 08 时 850 hPa 高空图

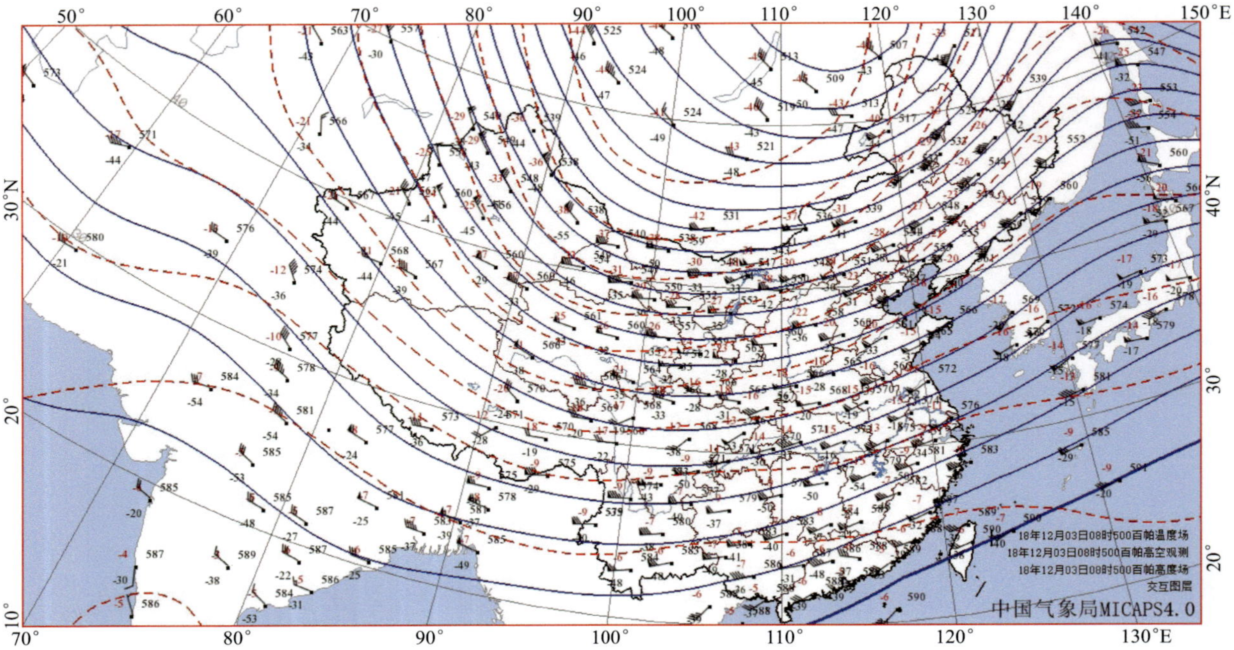

图 2.50.8　2018 年 12 月 3 日 08 时 500 hPa 高空图

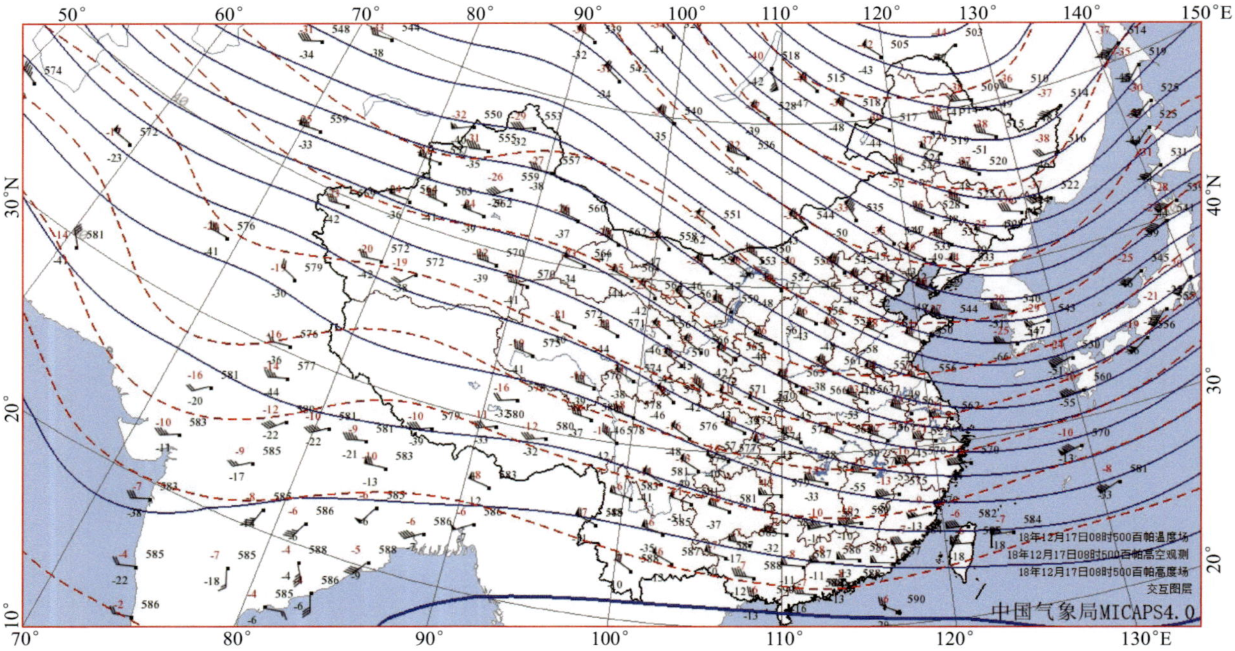

图 2.50.9　2018 年 12 月 17 日 08 时 500 hPa 高空图

2.50.3　卫星云图

图 2.50.10 是 2018 年 12 月 6 日 14 时、12 日 14 时卫星云图。

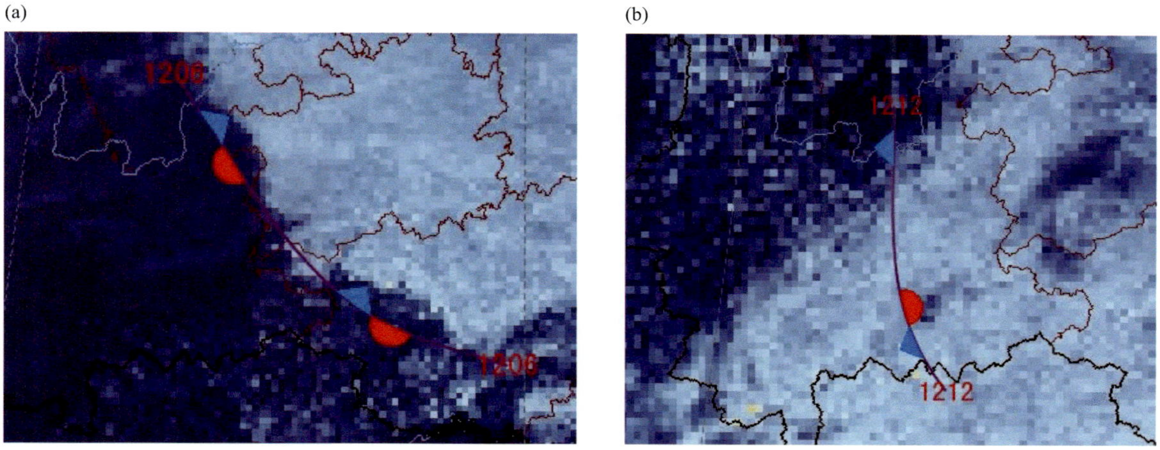

图 2.50.10　2018 年 12 月 6 日 14 时(a)、12 日 14 时(b)卫星云图

2.51　2018 年 12 月 21—28 日昆明准静止锋过程

2.51.1　过程概况

2018 年 12 月 21 日在云贵高原出现了昆明准静止锋天气系统，呈准南北向，贯穿四川、云南、贵州及广西四省(区)，锋面位于美姑、赫章、安顺、罗甸及贵港一线。22 日昆明准静止锋北段略东退，南段略西进，23 日昆明准静止锋北段维持，南段西伸，锋面位于美姑、昭通、富源、罗平、广南及那坡一线。24—27 日昆明准静止锋在滇东边缘与黔西、桂西之间摆动。28 日昆明准静止锋西进至西昌、巧家、马龙、丘北及麻栗坡一线。之后，昆明准静止锋加强为冷锋，西进至哀牢山附近地区。12 月 21—28 日过程期间昆明准静止锋移动路径如图 2.51.1，活动范围见表 2.51.1。

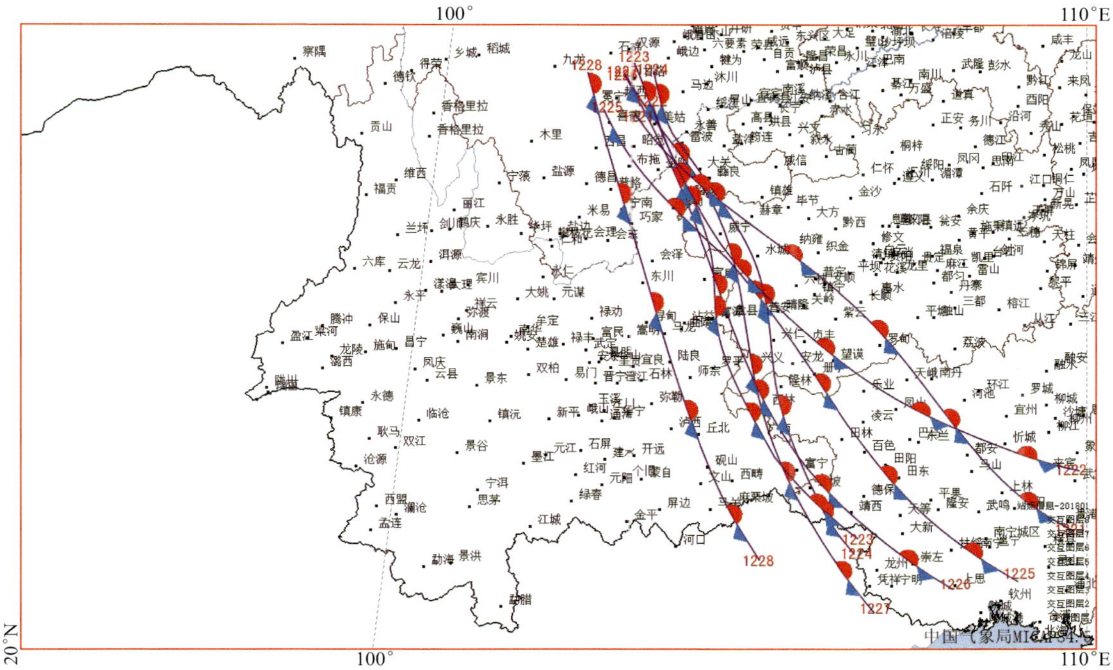

图 2.51.1　2018 年 12 月 21—28 日昆明准静止锋移动路径

表 2.51.1　2018 年 12 月 21—28 日昆明准静止锋位置

日期	昆明准静止锋位置
12 月 21 日	美姑—安顺—贵港
12 月 22 日	美姑—晴隆—来宾
12 月 23 日	美姑—富源—那坡
12 月 24 日	大关—兴仁—那坡
12 月 25 日	鲁甸—普安—南宁
12 月 26 日	昭通—盘县—那坡
12 月 27 日	雷波—兴义—凭祥
12 月 28 日	西昌—巧家—麻栗坡

受昆明准静止锋影响，12 月 21 日滇东北为日最高气温负变温区，最大变温在昭通镇雄，为－13.5 ℃；22 日维持负变温，变温幅度减弱；23 日滇东边缘降温幅度增大，最大变温在广南，为－7.6 ℃；24—27 日随着昆明准静止锋在滇东边缘来回摆动，云南东部气温有小幅升降；28 日随着昆明准静止锋增强西进，滇中以东降温明显，最大变温在宣威，为－14.2 ℃。此次过程降温幅度大于 10 ℃的县市有 6 个，主要集中在昭通市和曲靖市(图 2.51.2)。

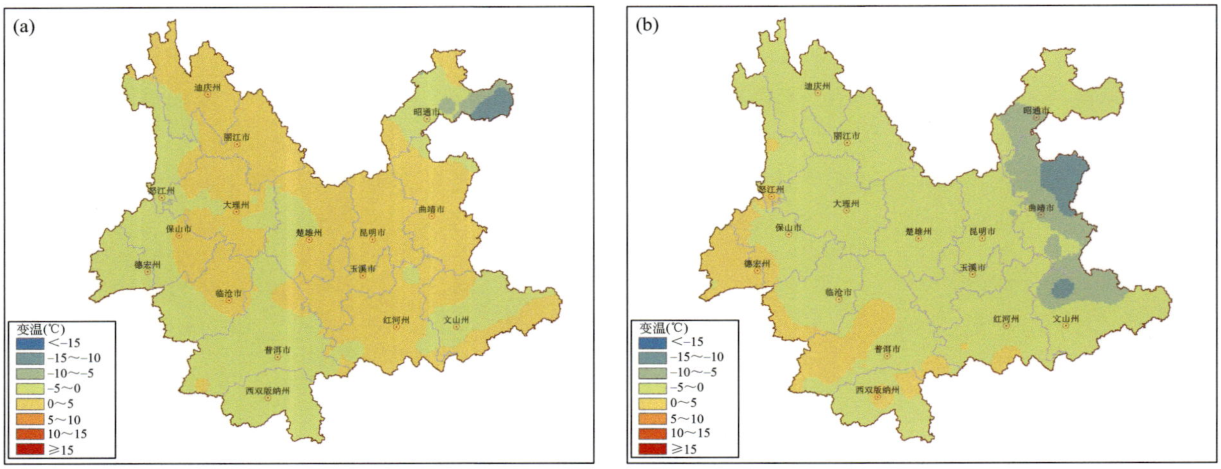

图 2.51.2　云南 2018 年 12 月 21 日(a)、28 日(b)最高气温 24 h 变温图

受昆明准静止锋影响，2018 年 12 月 21—28 日(20 时—20 时)滇东北和滇东边缘共有 10 个县市出现少量降水，总降水量最大在昭通盐津县，为 10.7 mm(图 2.51.3a)。

受昆明准静止锋影响，2018 年 12 月 21—28 日云南总日照时数全省皆不足 90 h，其中日照时数少于 60 h 的县市有 26 个，最少的是绥江县，仅为 0.6 h，其次是盐津县和大关县，分别为 4.1 h 和 5.6 h(图略)。与常年同期相比，有 7 个县市日照时数偏少 20%，其中 6 个县市日照时数偏少 50%，最少为绥江县，偏少 95%。图 2.51.3b 是昆明准静止锋影响期间的平均日照时数。

2.51.2　环流背景

(1)地面图

图 2.51.4 是 2018 年 12 月 21 日 14 时地面图和海平面气压场。图 2.51.5 是 2018 年 12 月 28 日 20 时地面图和海平面气压场。

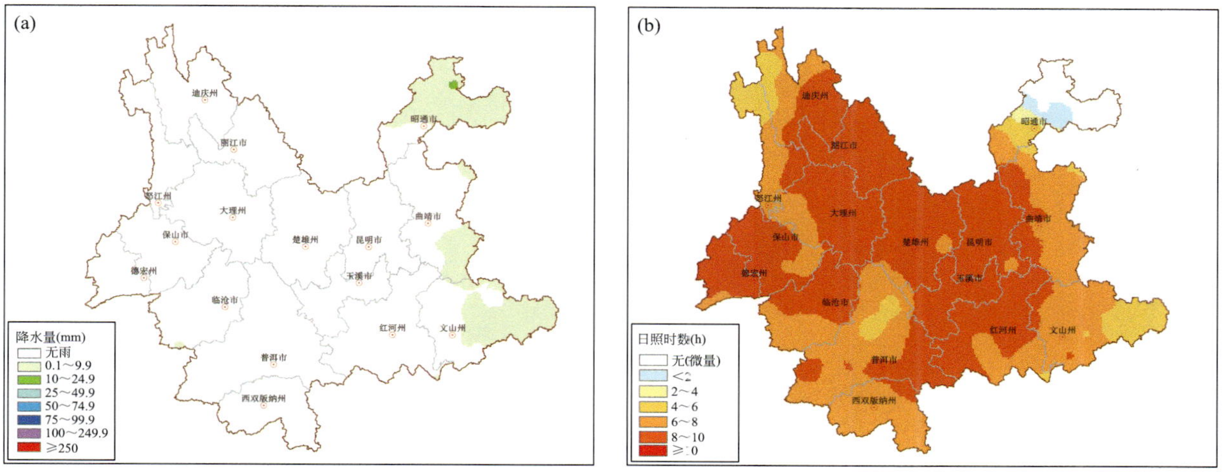

图 2.51.3　云南 2018 年 12 月 21—28 日累计降水量(a)和平均日照时数(b)

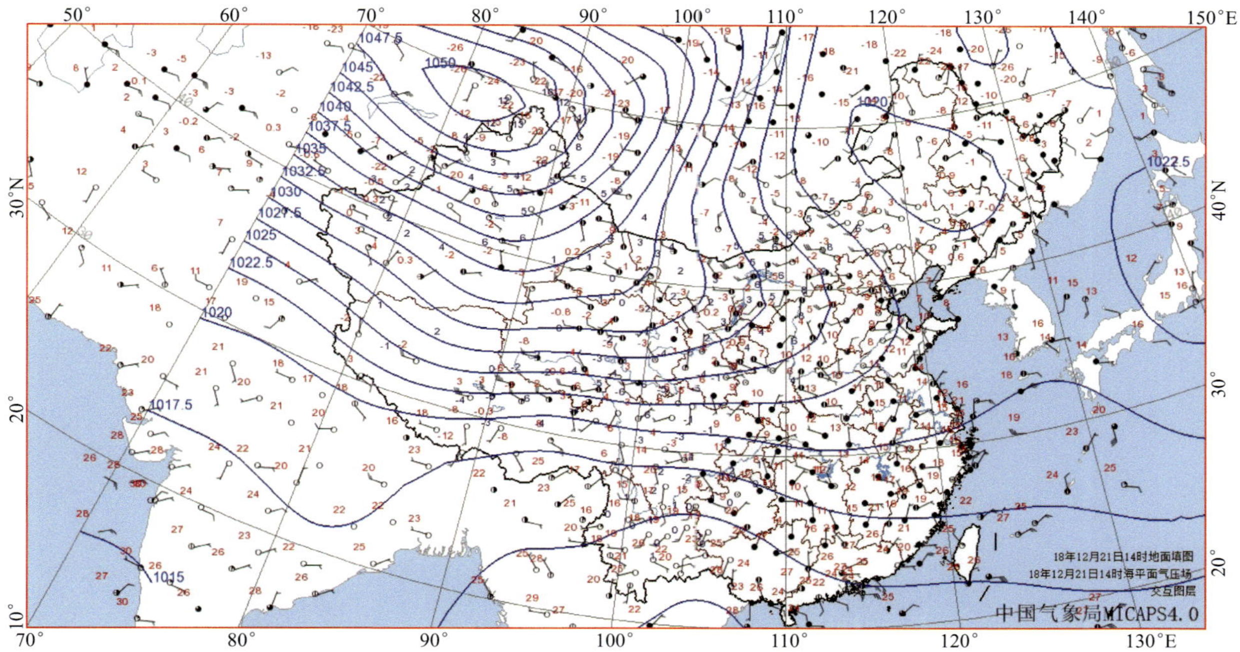

图 2.51.4　2018 年 12 月 21 日 14 时地面图和海平面气压场

(2)高空图

图 2.51.6 是 2018 年 12 月 21 日 08 时 850 hPa 高空图。图 2.51.7 是 2018 年 12 月 28 日 08 时 850 hPa 高空图。图 2.51.8 是 2018 年 12 月 21 日 08 时 500 hPa 高空图。图 2.51.9 是 2018 年 12 月 28 日 08 时 500 hPa 高空图。

2.51.3　卫星云图

图 2.51.10 是 2018 年 12 月 23 日 14 时、28 日 14 时卫星云图。

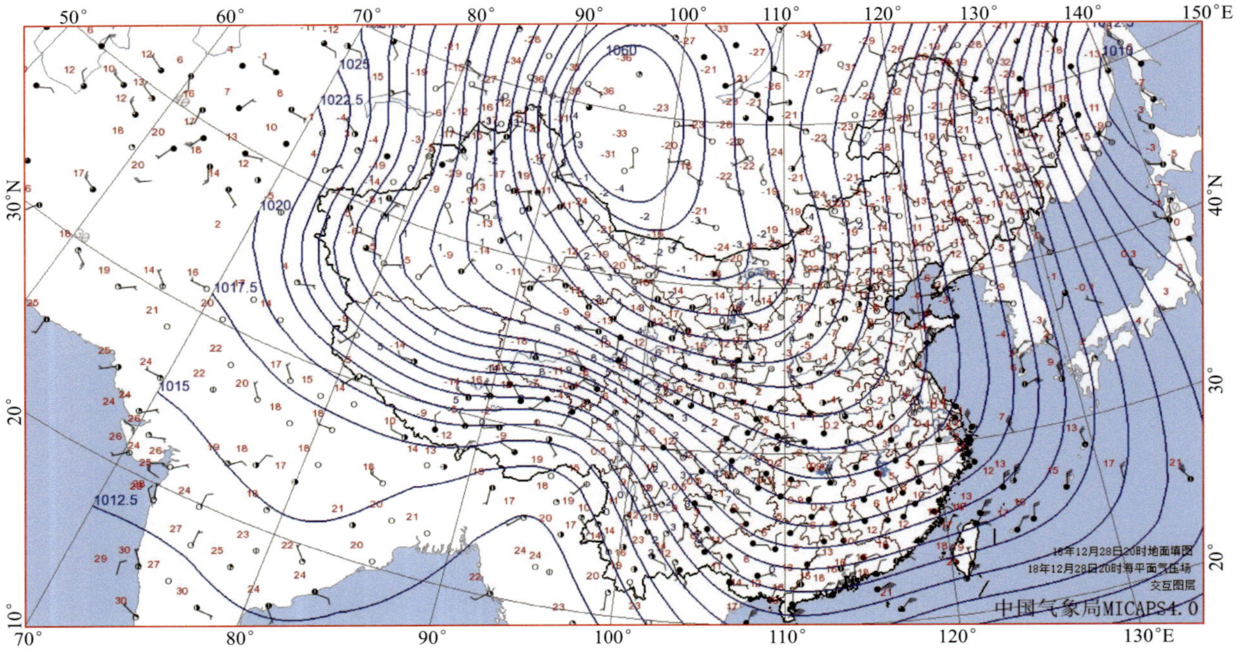

图 2.51.5 2018 年 12 月 28 日 20 时地面图和海平面气压场

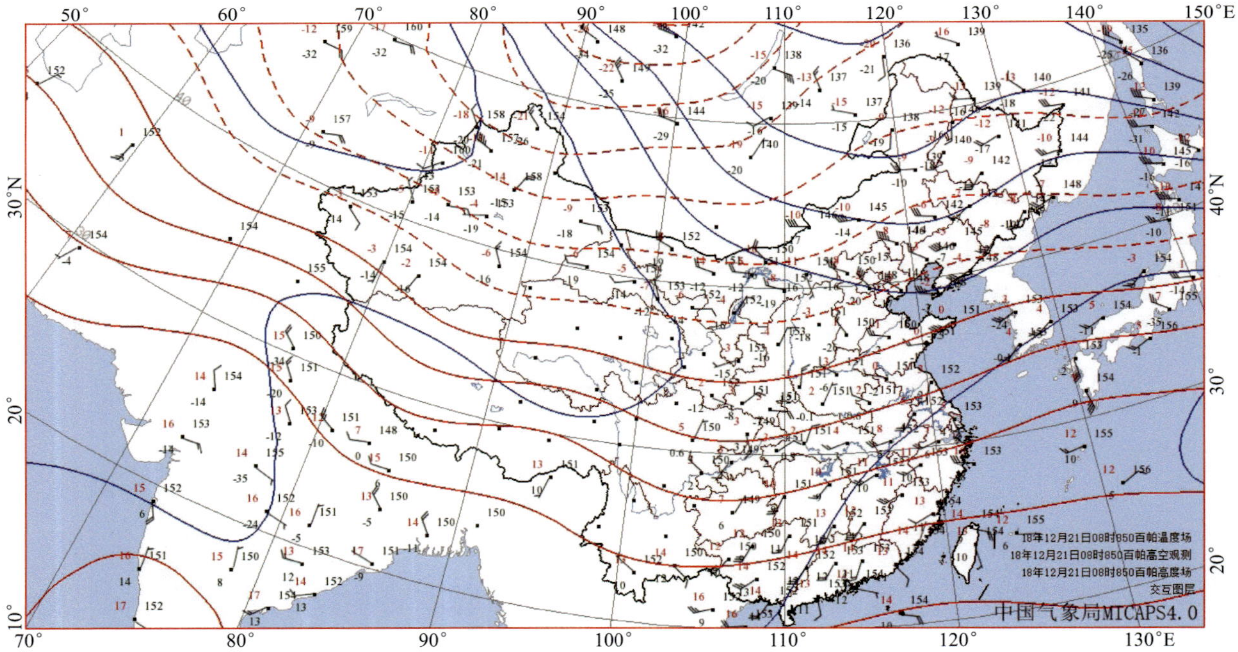

图 2.51.6 2018 年 12 月 21 日 08 时 850 hPa 高空图

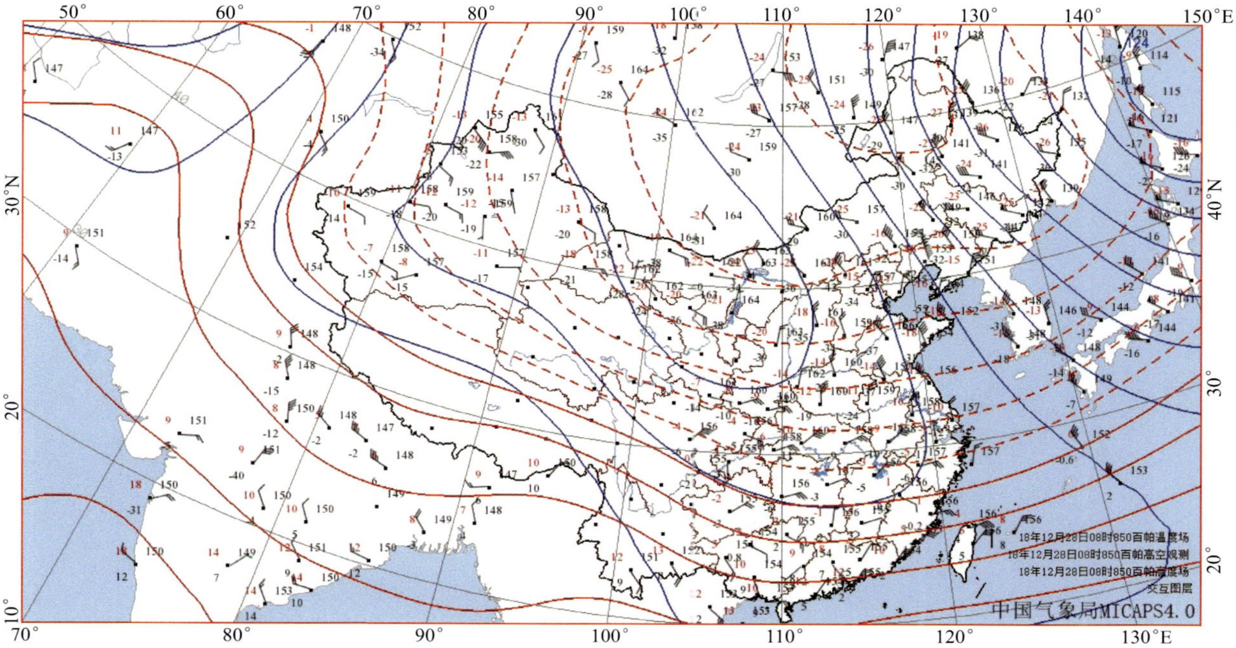

图 2.51.7　2018 年 12 月 28 日 08 时 850 hPa 高空图

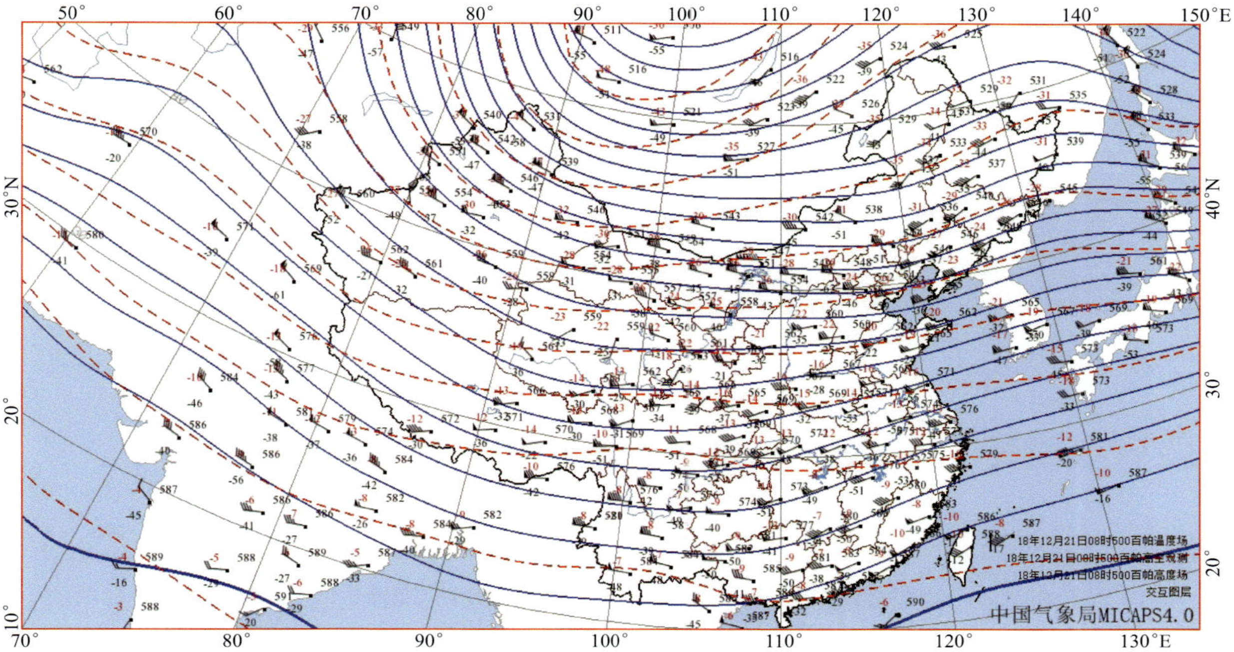

图 2.51.8　2018 年 12 月 21 日 08 时 500 hPa 高空图

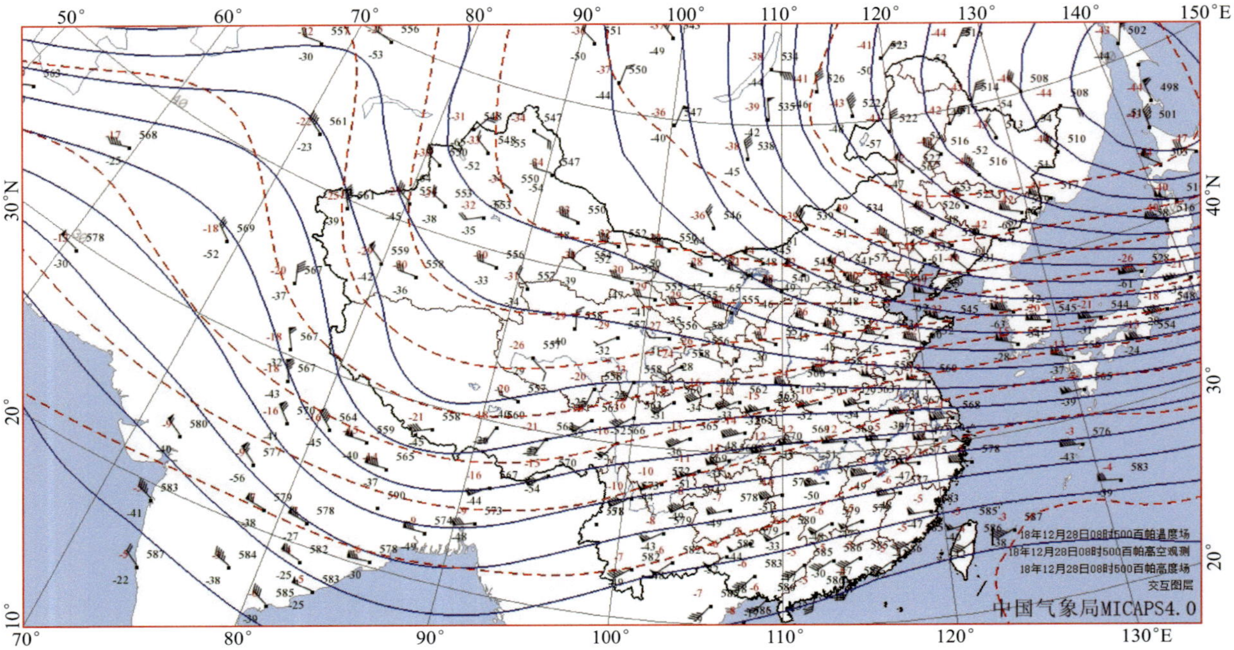

图 2.51.9 2018 年 12 月 28 日 08 时 500 hPa 高空图

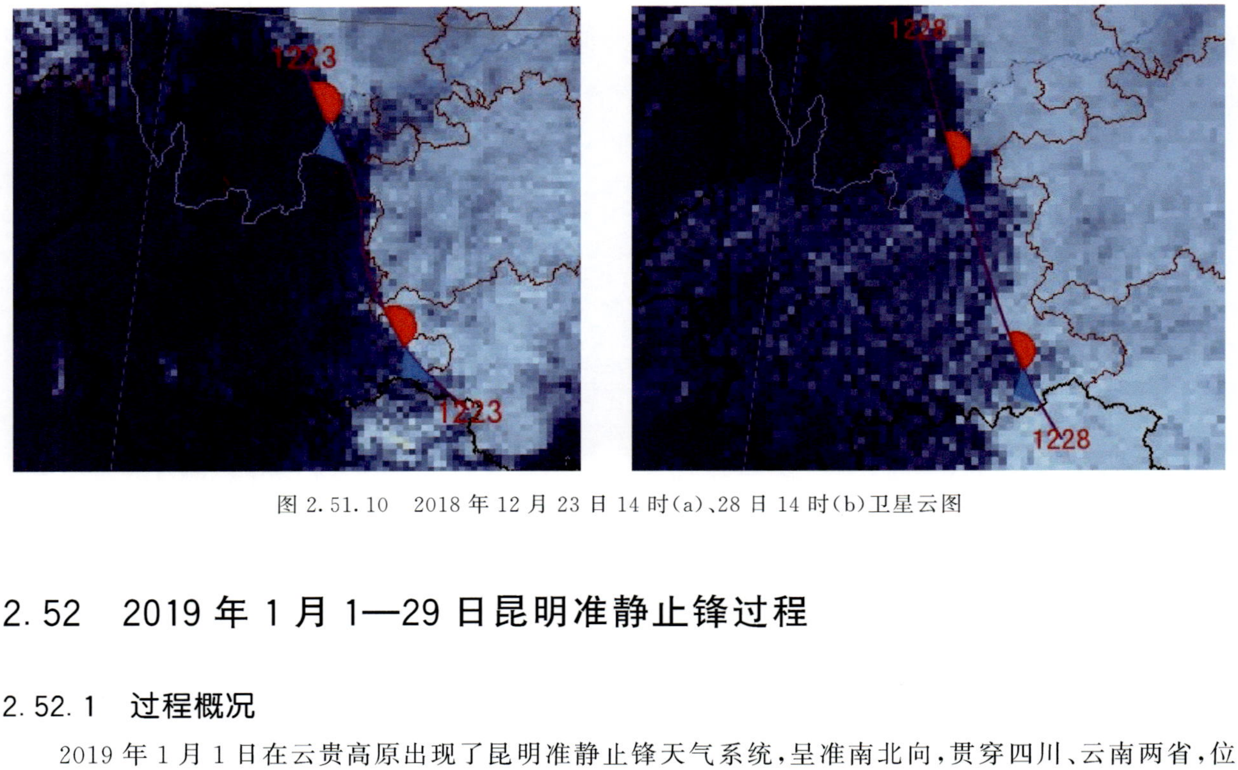

图 2.51.10 2018 年 12 月 23 日 14 时(a)、28 日 14 时(b)卫星云图

2.52 2019 年 1 月 1—29 日昆明准静止锋过程

2.52.1 过程概况

2019 年 1 月 1 日在云贵高原出现了昆明准静止锋天气系统，呈准南北向，贯穿四川、云南两省，位于普格、会泽、沾益、罗平及麻栗坡一线。2 日昆明准静止锋东退，位于美姑、昭通、宣威、富源、西林及那坡一线。3—7 日昆明准静止锋在美姑、威宁、兴仁、那坡及凭祥一线维持少动，8 日昆明准静止锋西进至会东、嵩明、丘北及西畴一线。9 日昆明准静止锋东退到滇东边缘，位于雷波、水城、兴仁、富宁及龙州一线。10—14 日昆明准静止锋在滇东边缘摆动。15 日昆明准静止锋再次西进至西昌、巧家、东川、马龙、

丘北及麻栗坡一线。16 日昆明准静止锋继续西进至会东、宜良、开远、屏边及河口一线。17 日东退回滇东边缘，18—19 日在滇东边缘摆动。20 日昆明准静止锋西进至布拖、会泽、沾益、罗平及广南一线。21 日继续西进至攀枝花、元谋、易门、石屏及金平一线，22 日减弱位置少变。23—24 日东退到滇东边缘，25 日西进至会东、寻甸、丘北及西畴一线，26—29 日再次东退至滇东、黔西、桂西一带摆动。30 日锋面减弱东退至贵州东部边缘地区。1 月 1—29 日过程期间昆明准静止锋移动路径如图 2.52.1，活动范围见表 2.52.1。

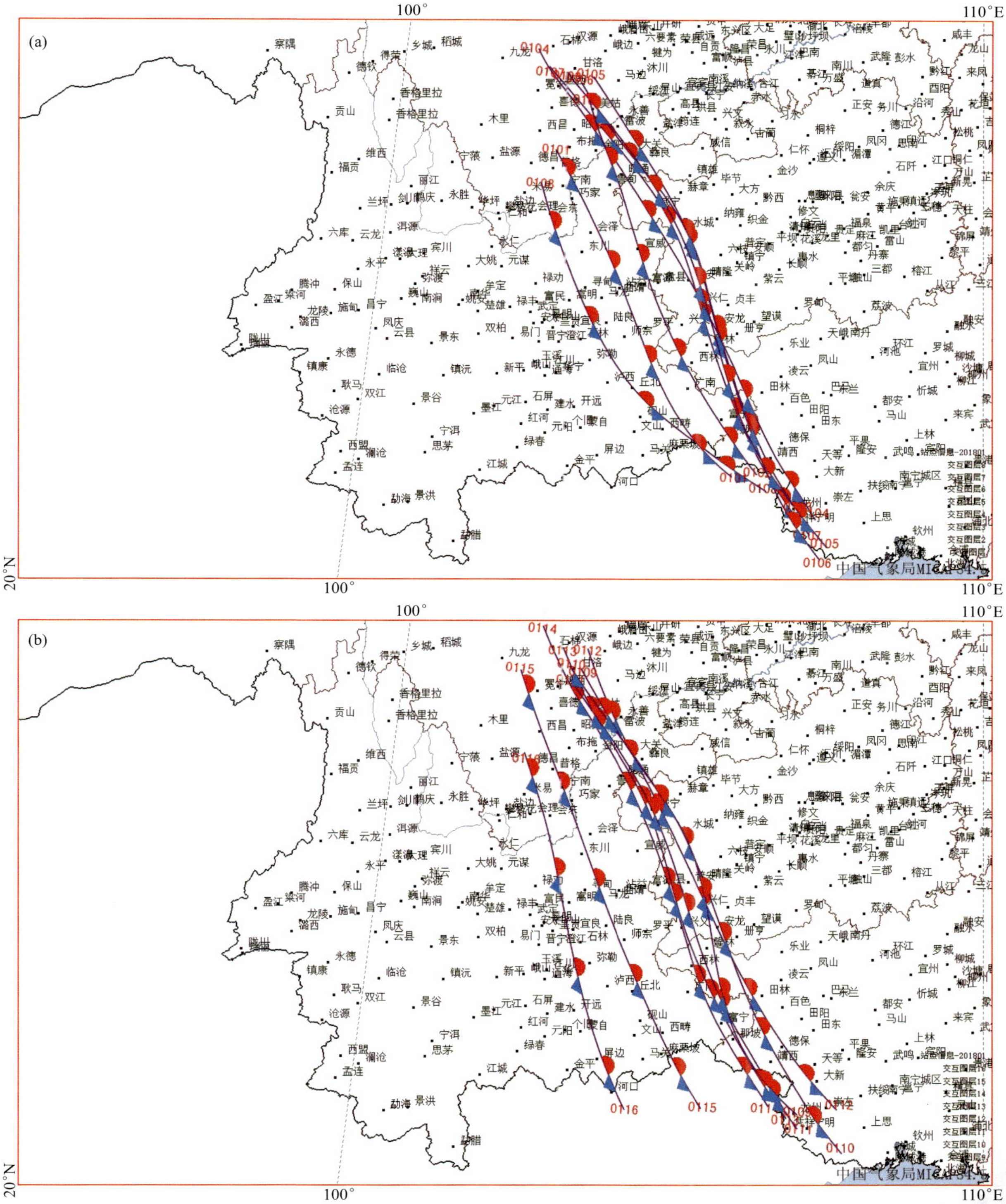

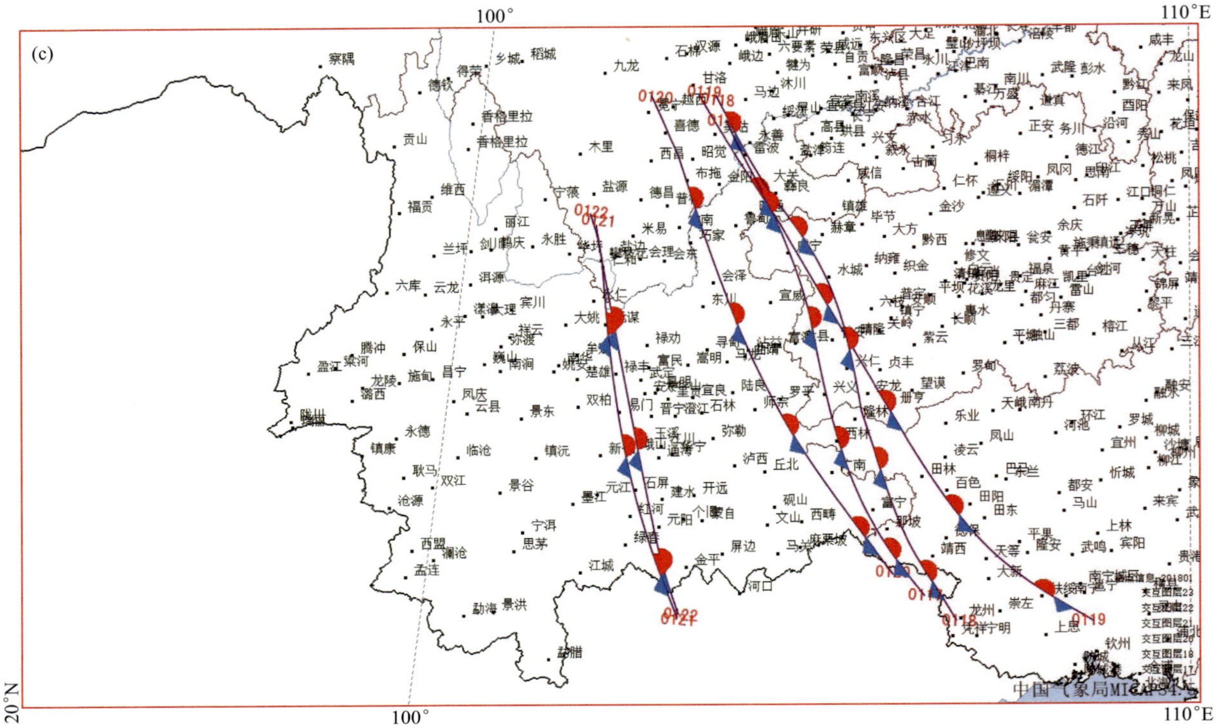

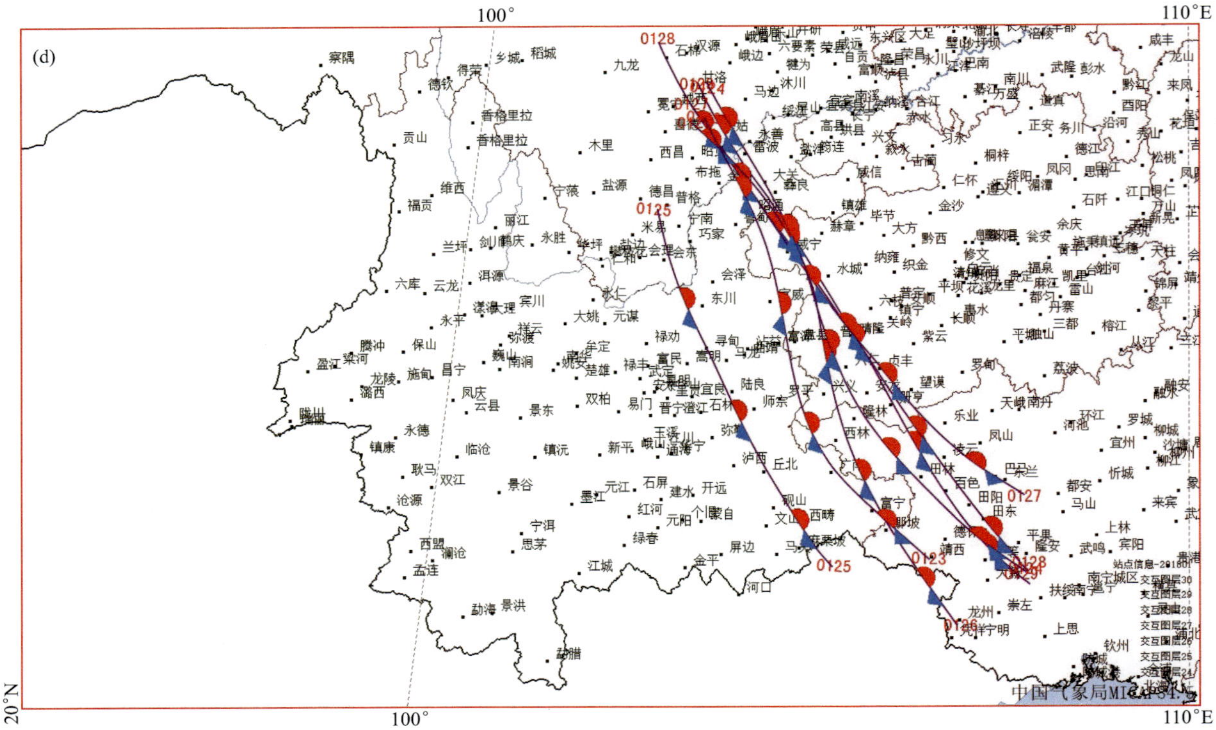

图 2.52.1　2019 年 1 月 1—29 日昆明准静止锋移动路径

(a)1 月 1—8 日;(b)1 月 9—16 日;(c)1 月 17—22 日;(d)1 月 23—29 日

表 2.52.1　2019 年 1 月 1—29 日昆明准静止锋位置

日期	昆明准静止锋位置
1 月 1 日	普格—沾益—麻栗坡
1 月 2 日	美姑—富源—那坡
1 月 3 日	雷波—兴仁—靖西
1 月 4 日	昭通—兴仁—靖西
1 月 5 日	雷波—兴仁—靖西
1 月 6 日	大关—安龙—凭祥
1 月 7 日	美姑—兴仁—龙州
1 月 8 日	会东—嵩明—西畴
1 月 9 日	雷波—兴仁—龙州
1 月 10 日	雷波—安龙—靖西
1 月 11 日	美姑—兴义—凭祥
1 月 12 日	大关—安龙—大新
1 月 13 日	昭通—兴义—富宁
1 月 14 日	昭通—兴义—富宁
1 月 15 日	西昌—东川—麻栗坡
1 月 16 日	会东—宜良—河口
1 月 17 日	雷波—兴义—富宁
1 月 18 日	雷波—兴仁—那坡
1 月 19 日	雷波—安龙—扶绥
1 月 20 日	布拖—沾益—广南
1 月 21 日	攀枝花—易门—金平
1 月 22 日	元谋—峨山—金平
1 月 23 日	昭通—富源—富宁
1 月 24 日	大关—普安—天等
1 月 25 日	会东—寻甸—西畴
1 月 26 日	昭通—兴义—那坡
1 月 27 日	美姑—晴隆—东兰
1 月 28 日	美姑—晴隆—田东
1 月 29 日	雷波—晴隆—天等

受昆明准静止锋影响，1 月 1 日滇中以东出现日最高气温负变温区，最大变温在富源县，为 −11.2 ℃；2 日随着昆明准静止锋东退，滇东降温幅度减弱；3—7 日在滇东有弱的气温升降；8 日随着昆明准静止锋西进和西南暖湿气流影响，云南大部为负变温，最大变温在滇东北的昭通和鲁甸，为 −12.9 ℃；9—14 日云南气温有小幅升降变化；15 日随着昆明准静止锋的西进，滇东降温幅度增大，最大变温在宣威市，为 −15.0 ℃。16 日锋面附近降温明显，锋后转为正变温；17—19 日表现为弱的正负变温；20 日云南大部再次转为负变温区，滇东降温幅度大，最大变温在昭通，为 −13.2 ℃；21 日滇中以东降温明显，最大变温在弥勒，−11.5 ℃；22—24 日云南大部为正变温区；25 日滇东再次转为负变温，最大变温在昭通，为 −11.8 ℃；26—29 日云南气温有小幅升降。此次过程降温幅度大于 10 ℃的县市有 32 个，主要集中在昭通市、曲靖市、昆明市、红河州、楚雄州和文山州 6 个州市（图 2.52.2）。

受昆明准静止锋和西南暖湿气流影响，2019 年 1 月 1—29 日（20 时—20 时）云南累计降水量有 91

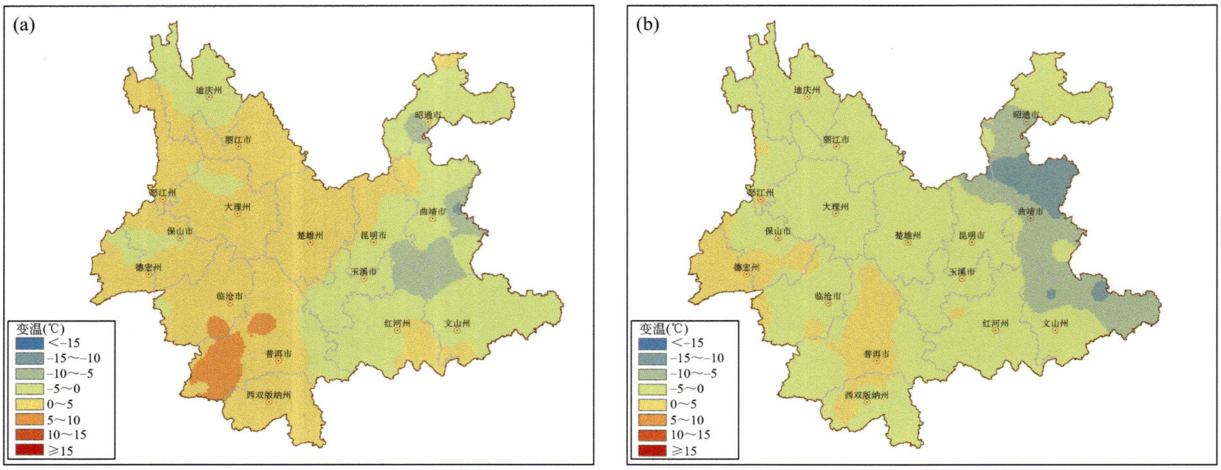

图 2.52.2 云南 2019 年 1 月 1 日(a)、15 日(b)最高气温 24 h 变温图

个县市超过 10 mm，其中有 52 个县市超过 50 mm，16 个县市超过 100 mm，超过 50 mm 的县市集中在中部、南部地区。昆明准静止锋主要影响区域(滇中及以东)有 14 个县市累计降水量大于 100 mm，红河州金平县总降水量最大，为 192.6 mm，其次绿春县，为 153.1 mm(图 2.52.3a)。

受昆明准静止锋和西南暖湿气流影响，2019 年 1 月 1—29 日云南总日照时数大部分地区小于 260 h，其中日照时数少于 200 h 的县市有 64 个，滇中以东有 40 个。滇中以东有 13 个县市总日照时数少于 100 h，大关、盐津、永善、威信 4 个县日照时数不足 13 h，最少的是大关县，仅为 10.6 h，其次是盐津县和永善县，分别为 11.4 h 和 11.5 h(图略)。与常年同期相比，有 13 个县市日照时数偏少 20%以上，其中大关、永善、盐津、彝良、威信、河口 6 个县市偏少 50%以上，永善偏少最多，为 76.3%。图 2.52.3b 是昆明准静止锋影响期间的平均日照时数。

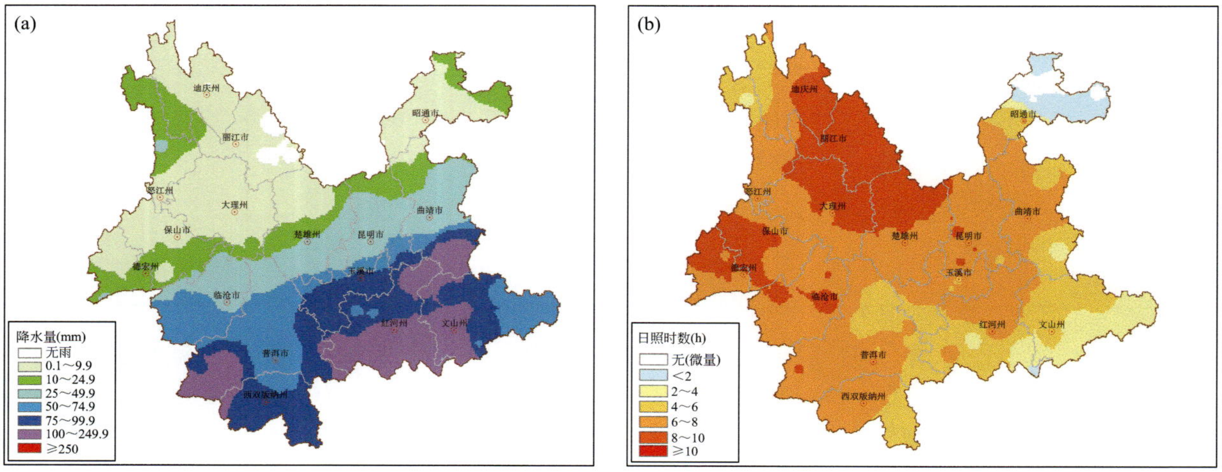

图 2.52.3 云南 2019 年 1 月 1—29 日累计降水量(a)和平均日照时数(b)

2.52.2 环流背景

(1)地面图

图 2.52.4 是 2019 年 1 月 1 日 14 时地面图和海平面气压场。图 2.52.5 是 2019 年 1 月 29 日 20 时地面图和海平面气压场。

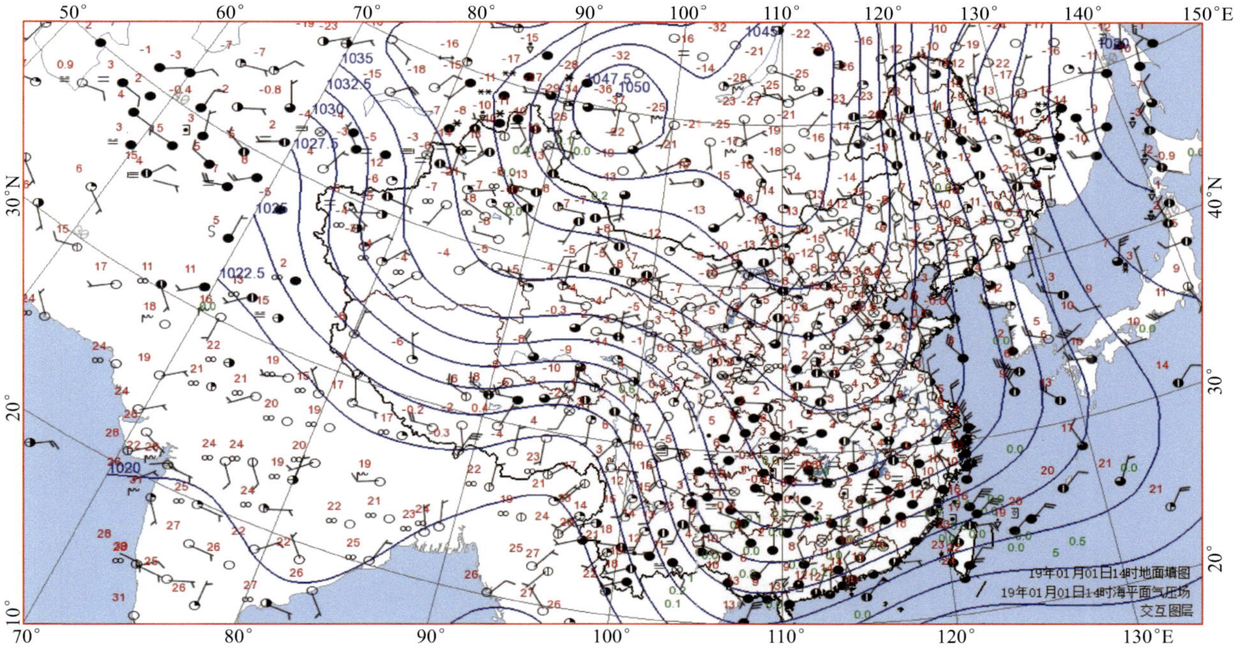

图 2.52.4　2019 年 1 月 1 日 14 时地面图和海平面气压场

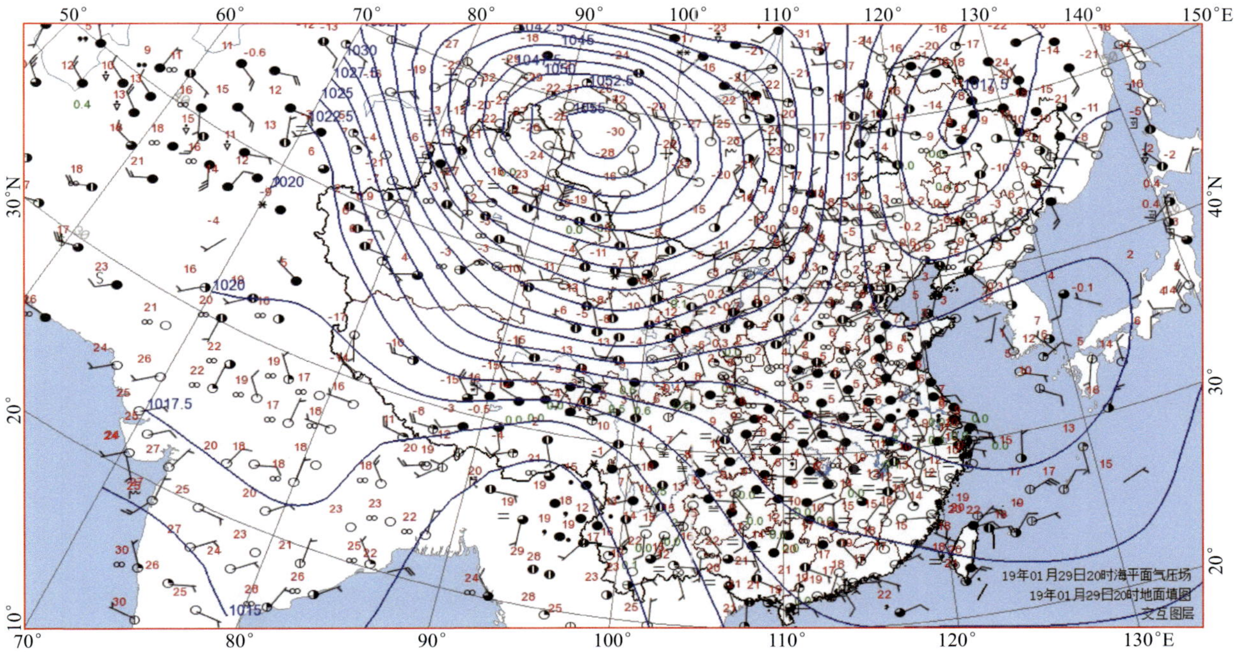

图 2.52.5　2019 年 1 月 29 日 20 时地面图和海平面气压场

(2)高空图

图 2.52.6 是 2019 年 1 月 1 日 08 时 850 hPa 高空图。图 2.52.7 是 2019 年 1 月 29 日 08 时 850 hPa 高空图。图 2.52.8 是 2019 年 1 月 1 日 08 时 500 hPa 高空图。图 2.52.9 是 2019 年 1 月 29 日 08 时 500 hPa 高空图。

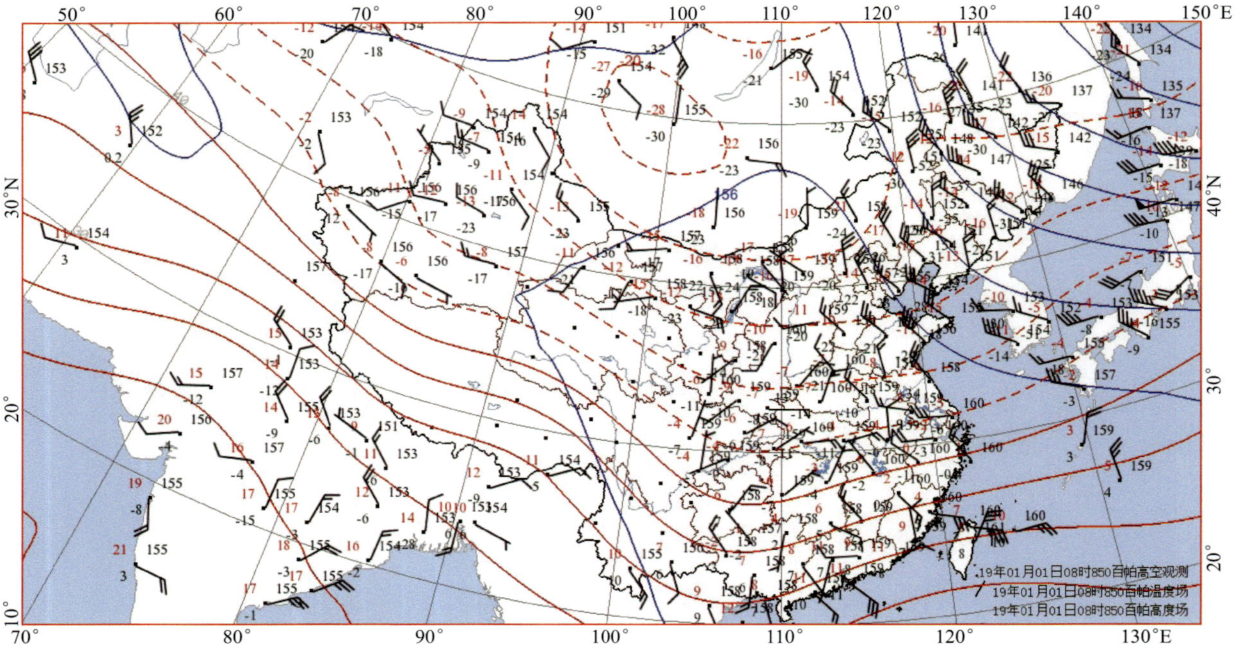

图 2.52.6　2019 年 1 月 1 日 08 时 850 hPa 高空图

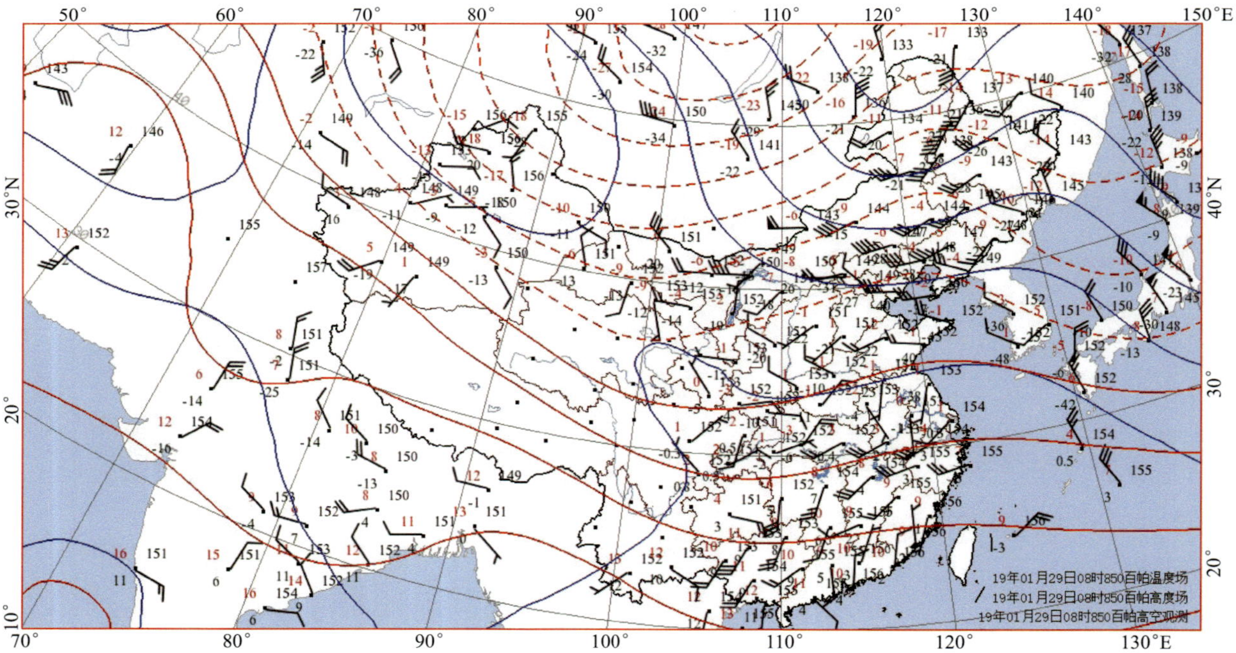

图 2.52.7　2019 年 1 月 29 日 08 时 850 hPa 高空图

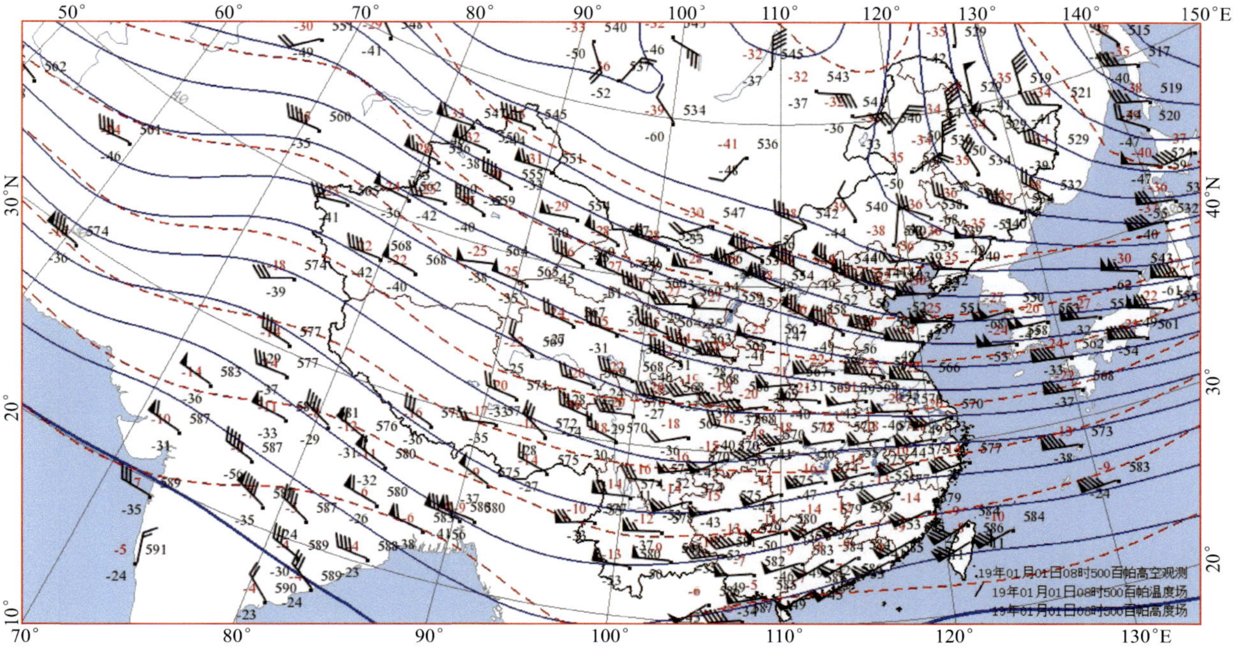

图 2.52.8　2019 年 1 月 1 日 08 时 500 hPa 高空图

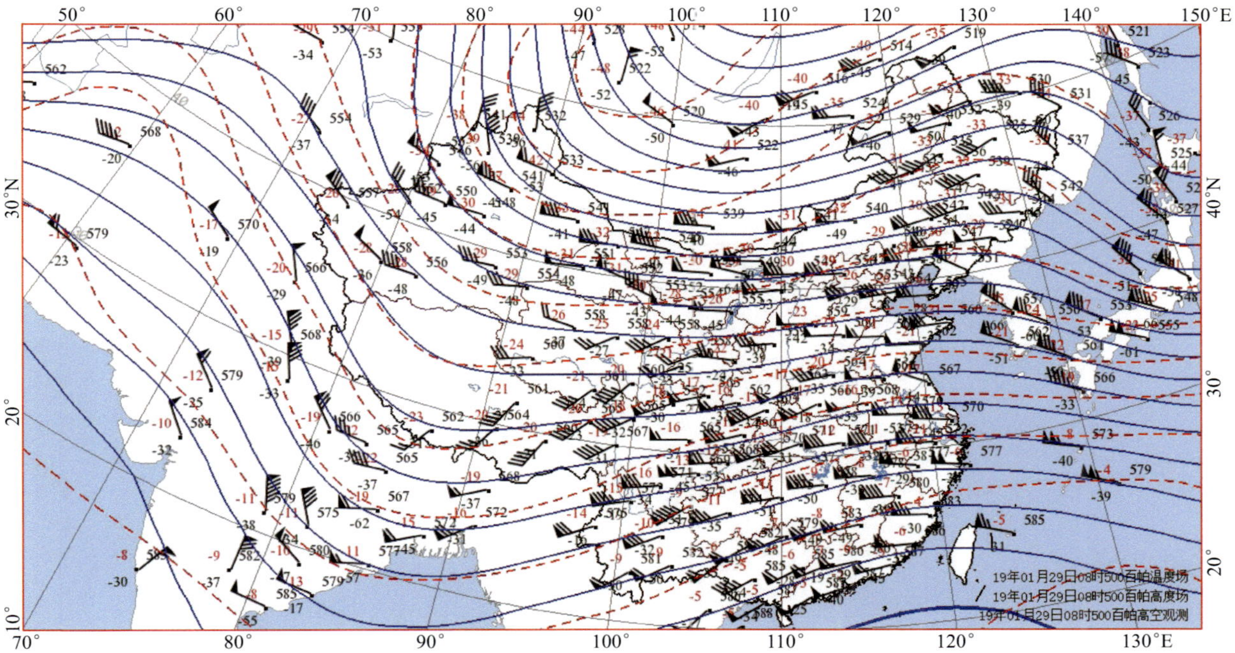

图 2.52.9　2019 年 1 月 29 日 08 时 500 hPa 高空图

2.52.3　卫星云图

图 2.52.10 是 2019 年 1 月 21 日 14 时、29 日 14 时卫星云图。

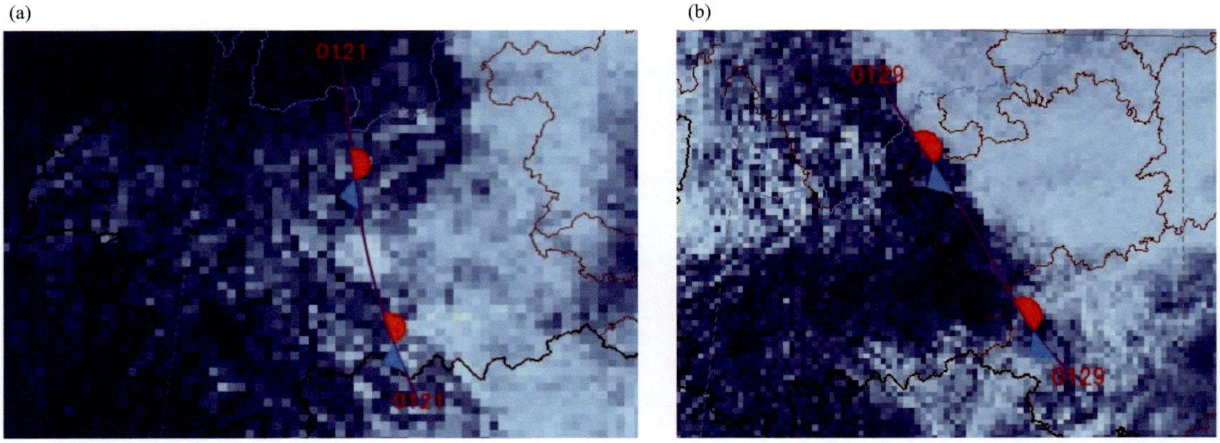

图 2.52.10　2019 年 1 月 21 日 14 时(a)、29 日 14 时(b)卫星云图

2.53　2019 年 1 月 31 日—2 月 1 日昆明准静止锋过程

2.53.1　过程概况

2019 年 1 月 31 日在云贵高原出现了昆明准静止锋天气系统，呈准南北向，贯穿四川、云南、贵州、广西四省(区)，锋面位于美姑、彝良、贞丰、田林及崇左一线。2 月 1 日昆明准静止锋北段略东退，南段西进，位于雷波、水城、安龙、那坡及凭祥一线。之后，锋面减弱消失。1 月 31 日—2 月 1 日过程期间昆明准静止锋移动路径如图 2.53.1，活动范围见表 2.53.1。

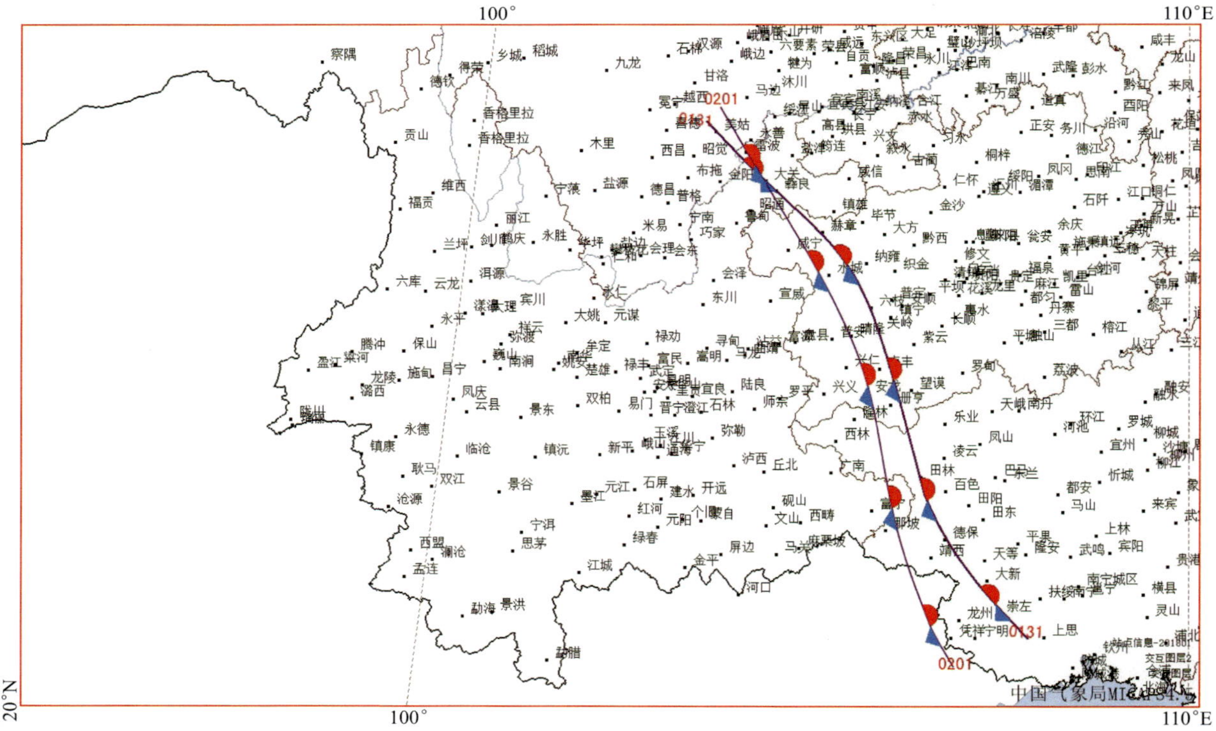

图 2.53.1　2019 年 1 月 31 日—2 月 1 日昆明准静止锋移动路径

表 2.53.1　2019 年 1 月 31 日—2 月 1 日昆明准静止锋位置

日期	昆明准静止锋位置
1 月 31 日	美姑—贞丰—崇左
2 月 1 日	雷波—安龙—那坡

受昆明准静止锋影响，1 月 31 日滇东北出现日最高气温负变温区，最大变温在罗平县，为－2.2 ℃；2 月 1 日滇东北大部转为正变温，滇东南出现弱的负变温，最大变温在西畴，为－2.2 ℃(图 2.53.2)。

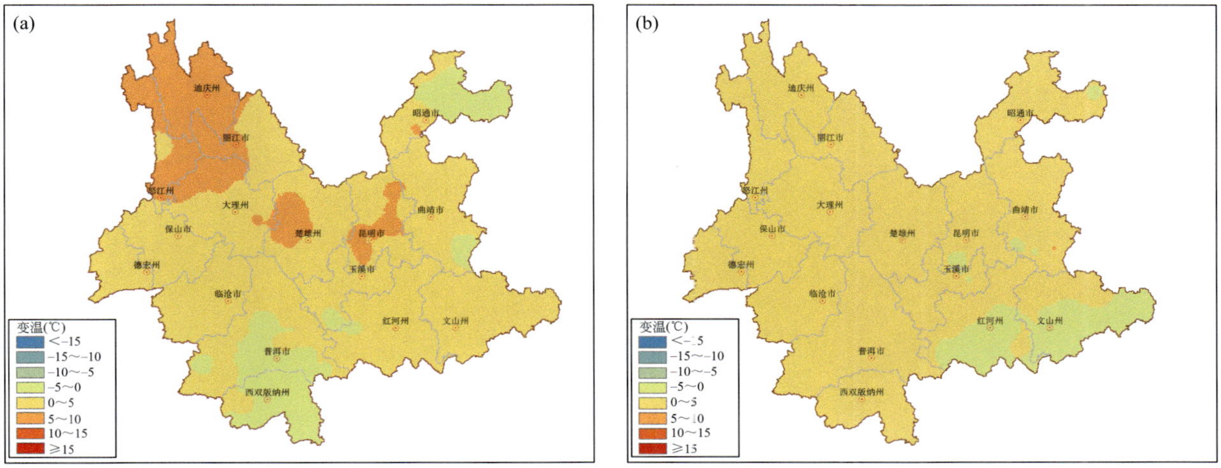

图 2.53.2　云南 2019 年 1 月 31 日(a)、2 月 1 日(b)最高气温 24 h 变温图

受昆明准静止锋影响，2019 年 1 月 31 日—2 月 1 日(20 时—20 时)仅在滇东北有 6 个县市出现降水，总降水量盐津 1.5 mm、威信 0.4 mm、绥江 0.1 mm。大关、镇雄及永善为微量降水(图 2.53.3a)。

受昆明准静止锋影响，2019 年 1 月 31 日—2 月 1 日云南总日照时数有 24 个县市不足 20 h，集中在滇东地区。昭通的威信、镇雄、绥江、盐津、永善 5 个县市日照时数为 0 h，大关、彝良、河口的日照时数在 7 h 以内(图略)。与常年同期相比，有 20 个县市日照时数偏少，其中有 10 个县市偏少 20%以上。日照时数为 0 h 的 5 个县市偏少 100%，大关和彝良分别偏少 82.4%和 56.9%。图 2.53.3b 是昆明准静止锋影响期间的平均日照时数。

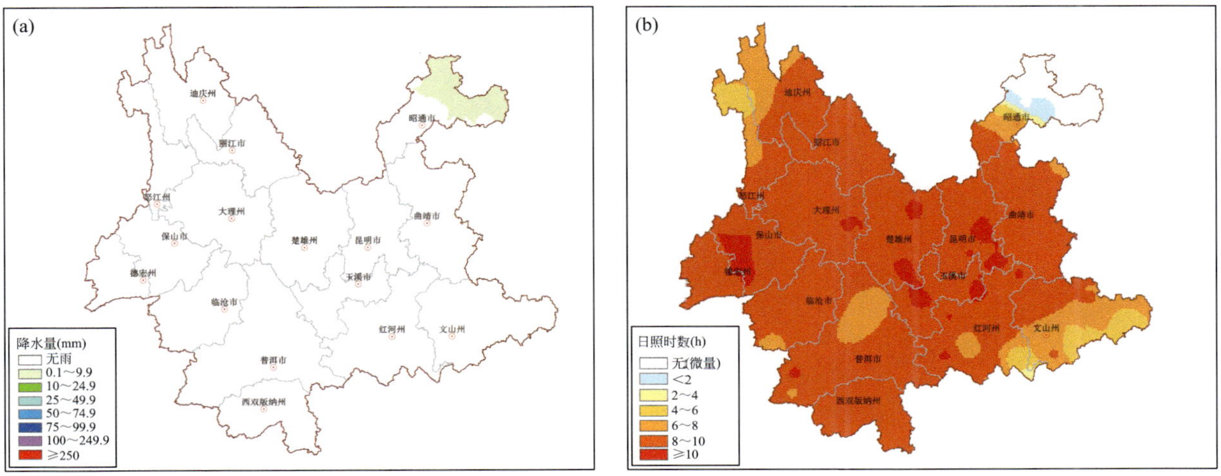

图 2.53.3　云南 2019 年 1 月 31 日—2 月 1 日累计降水量(a)和平均日照时数(b)

2.53.2 环流背景

(1)地面图

图 2.53.4 是 2019 年 1 月 31 日 14 时地面图和海平面气压场。图 2.53.5 是 2019 年 2 月 1 日 20 时地面图和海平面气压场。

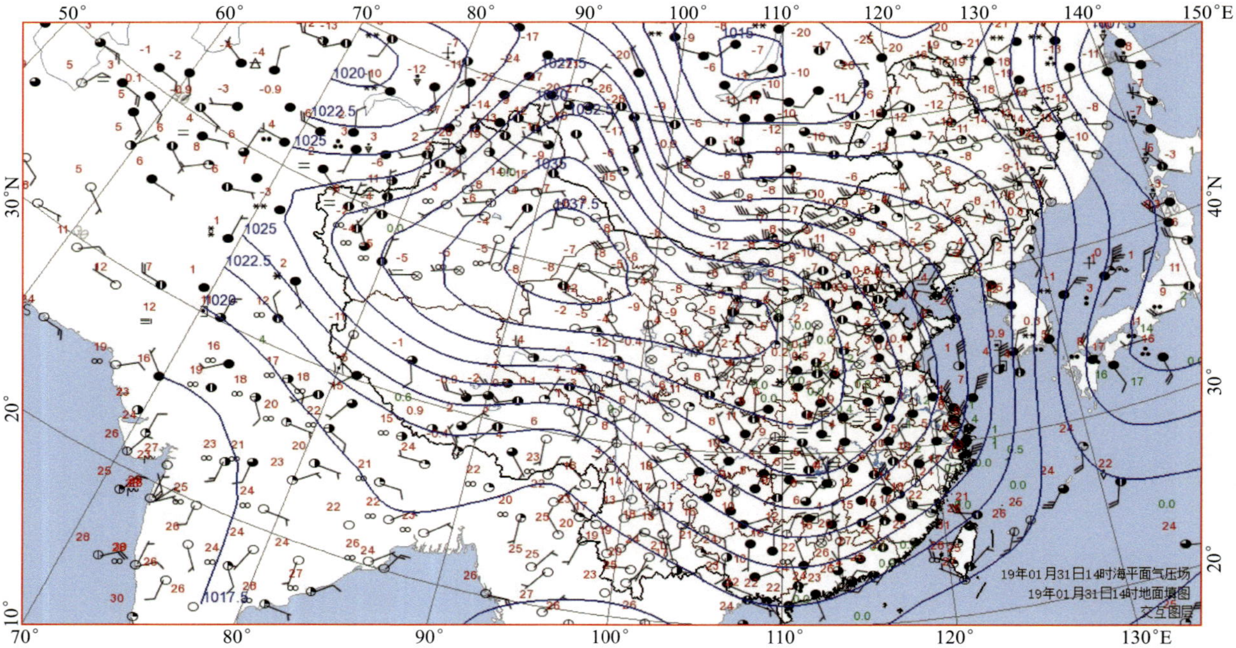

图 2.53.4 2019 年 1 月 31 日 14 时地面图和海平面气压场

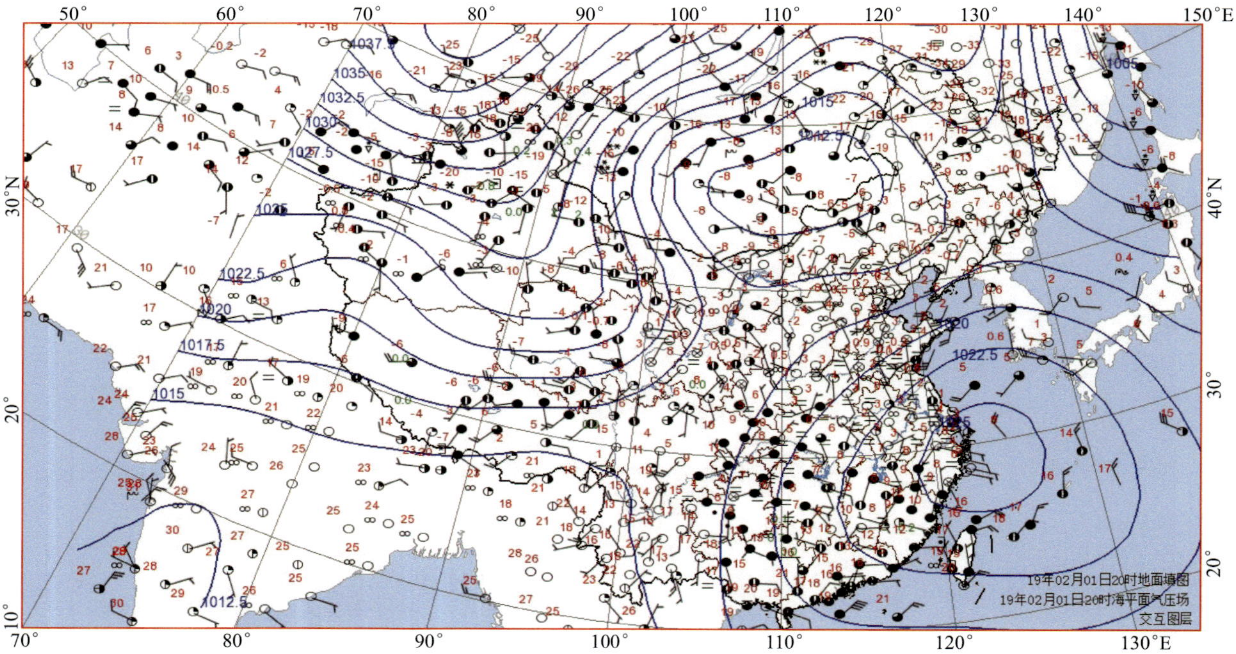

图 2.53.5 2019 年 2 月 1 日 20 时地面图和海平面气压场

(2)高空图

图 2.53.6 是 2019 年 1 月 31 日 08 时 850 hPa 高空图。图 2.53.7 是 2019 年 2 月 1 日 08 时 850 hPa 高空图。图 2.53.8 是 2019 年 1 月 31 日 08 时 500 hPa 高空图。图 2.53.9 是 2019 年 2 月 1 日 08 时 500 hPa 高空图。

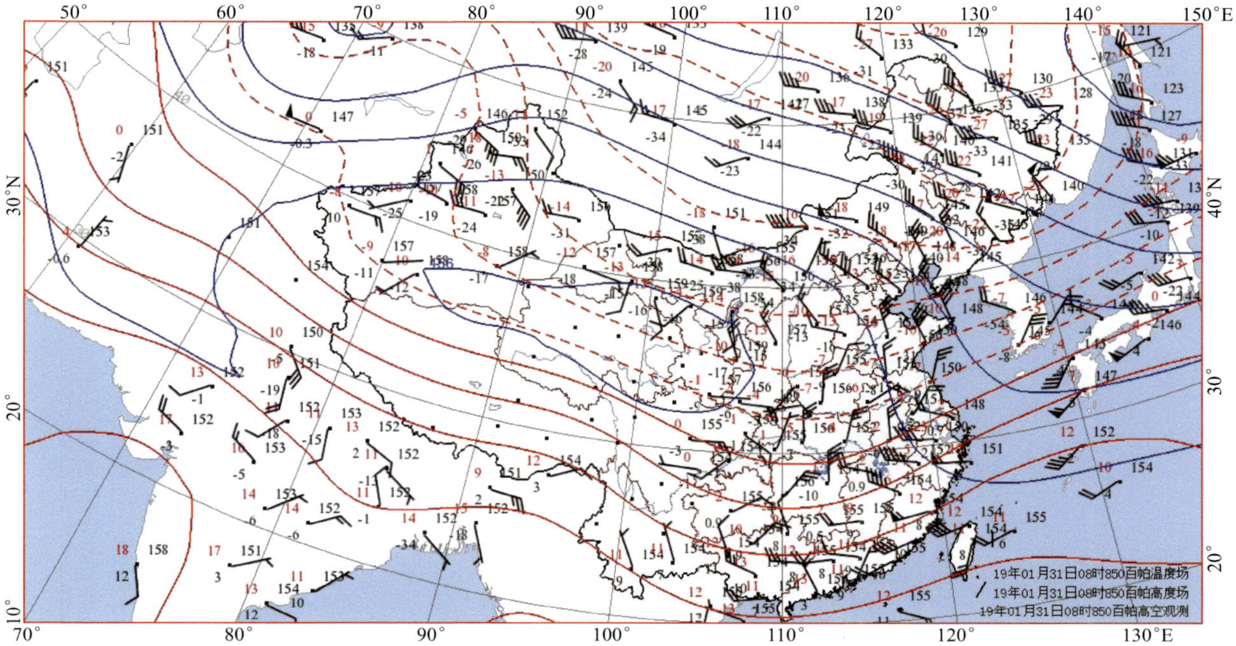

图 2.53.6　2019 年 1 月 31 日 08 时 850 hPa 高空图

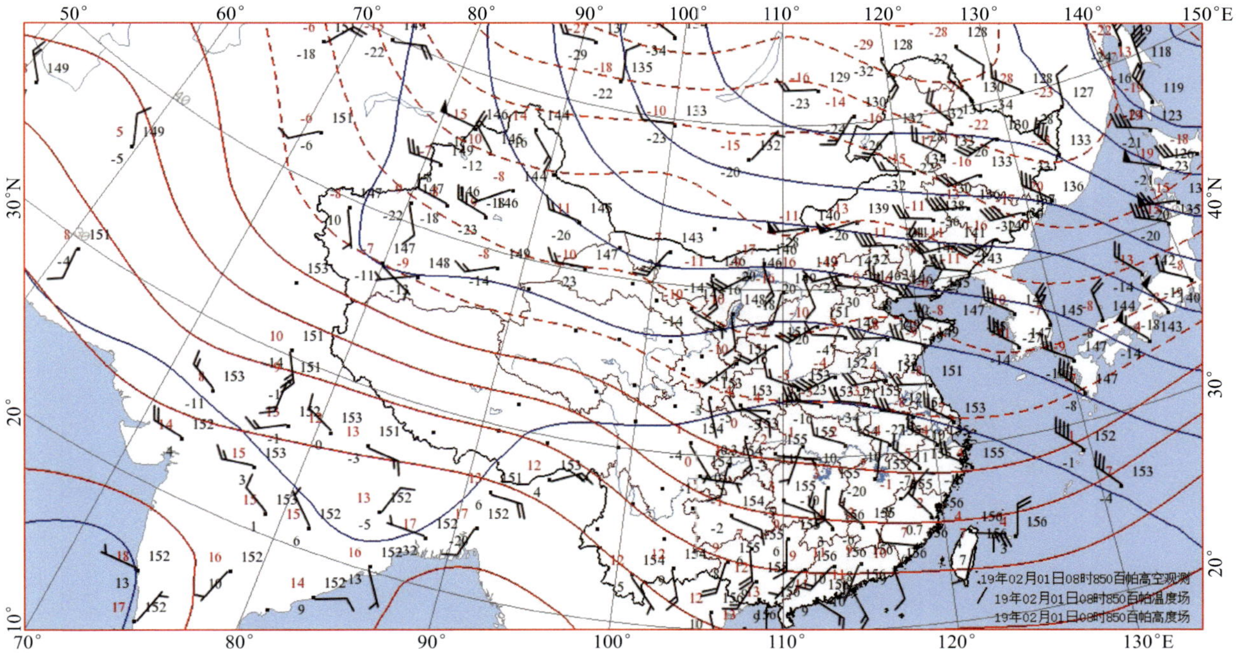

图 2.53.7　2019 年 2 月 1 日 08 时 850 hPa 高空图

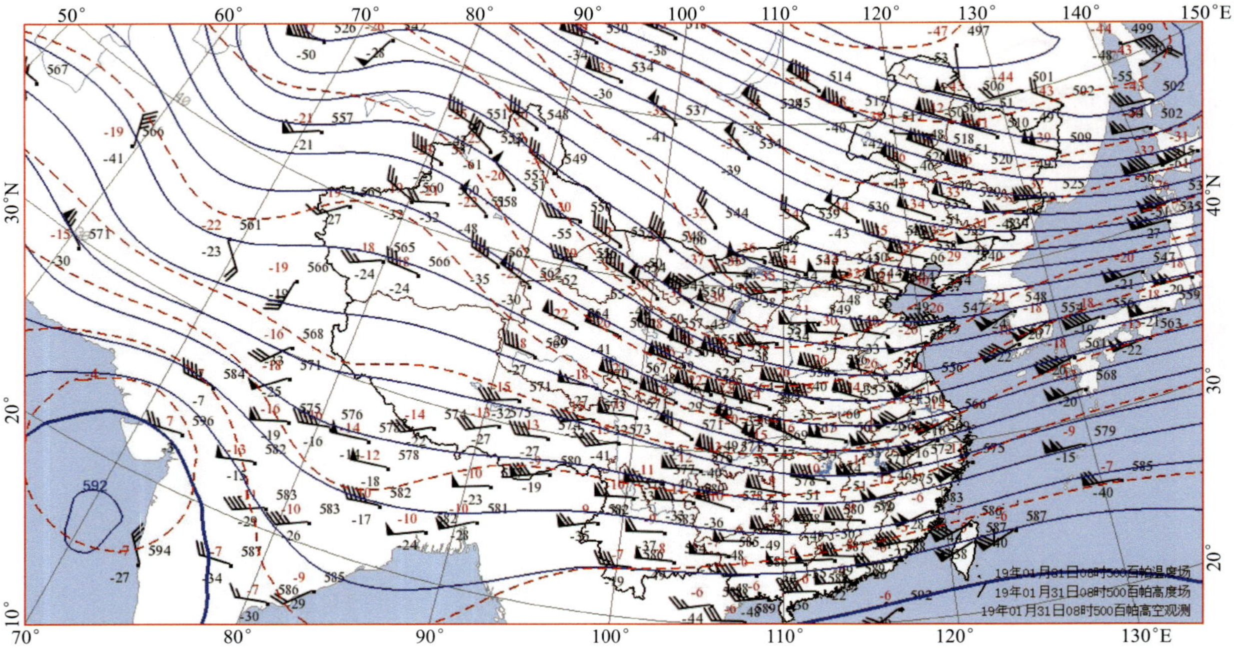

图 2.53.8 2019 年 1 月 31 日 08 时 500 hPa 高空图

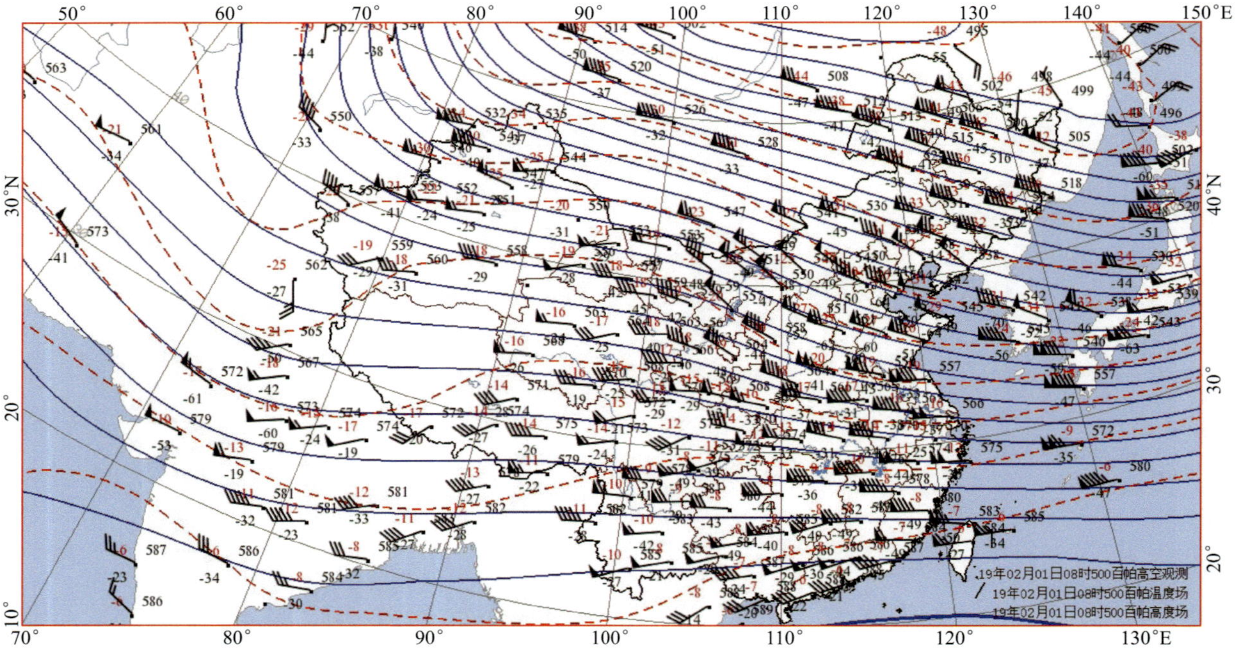

图 2.53.9 2019 年 2 月 1 日 08 时 500 hPa 高空图

2.53.3 卫星云图

图 2.53.10 是 2019 年 1 月 31 日 14 时、2 月 1 日 14 时卫星云图。

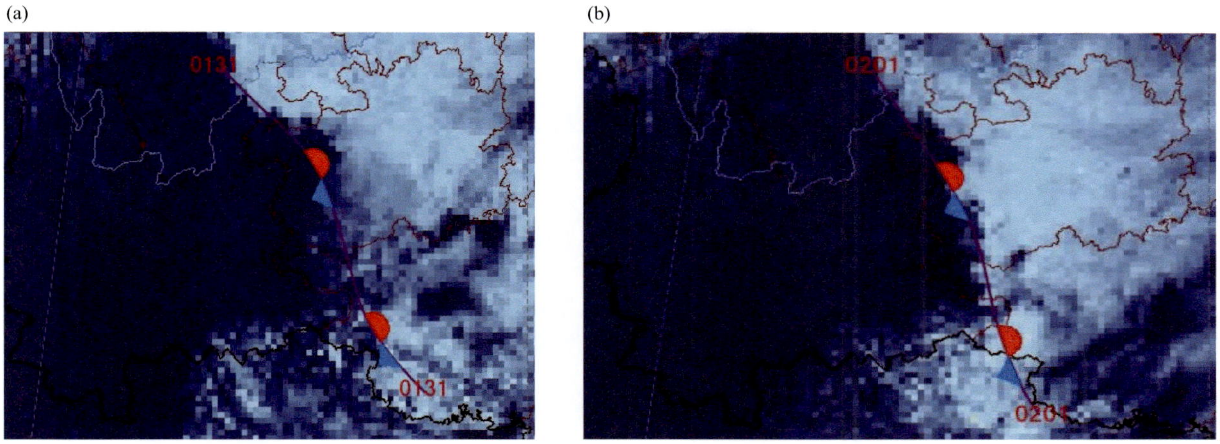

图 2.53.10　2019 年 1 月 31 日 14 时(a)、2 月 1 日 14 时(b)卫星云图

2.54　2019 年 2 月 3—4 日昆明准静止锋过程

2.54.1　过程概况

2019 年 2 月 3 日在云贵高原出现了昆明准静止锋天气系统，呈准东西向，贯穿四川、云南、贵州、广西四省(区)，锋面位于雷波、大关、贞丰及田阳一线。4 日昆明准静止锋维持少动。之后，锋面减弱消失。2 月 3—4 日过程期间昆明准静止锋移动路径如图 2.54.1，活动范围见表 2.54.1。

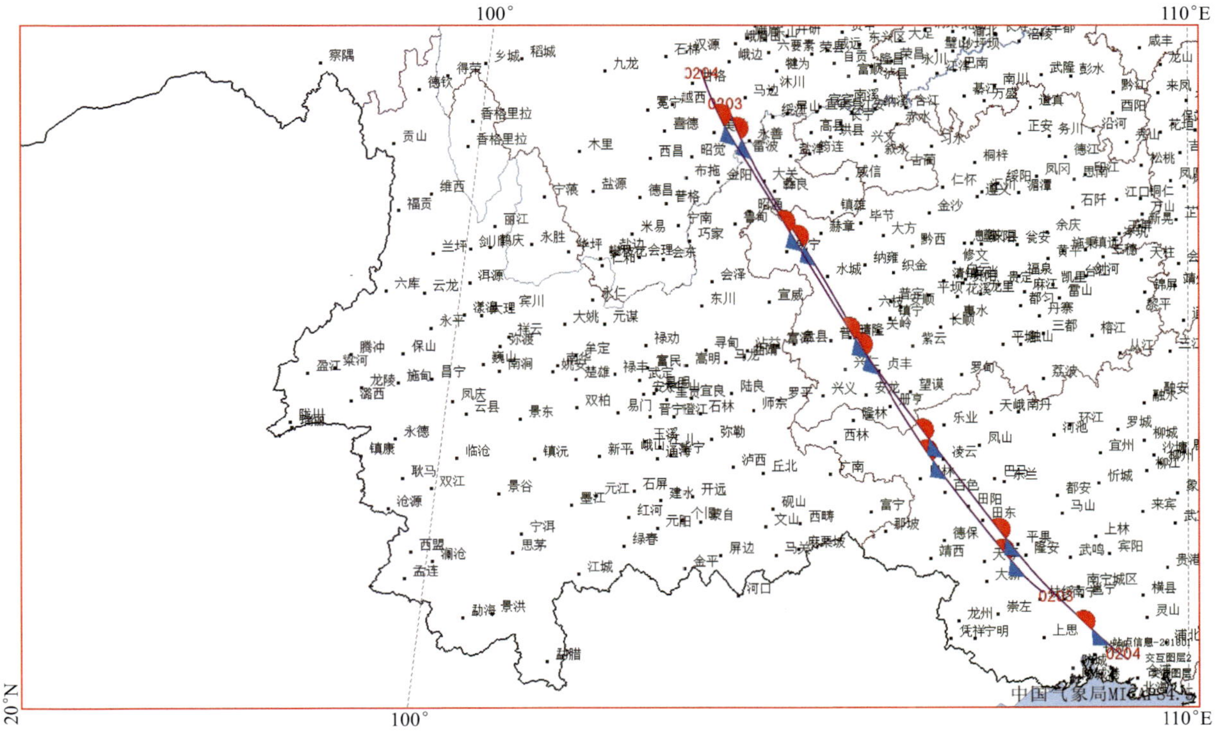

图 2.54.1　2019 年 2 月 3—4 日昆明准静止锋移动路径

表 2.54.1　2019 年 2 月 3—4 日昆明准静止锋位置

日期	昆明准静止锋位置
2 月 3 日	雷波—贞丰—田阳
2 月 4 日	雷波—贞丰—南宁

受昆明准静止锋影响，2 月 3 日滇东北出现日最高气温负变温大值区，最大变温在镇雄县，为 −17.5 ℃，4 日滇东北降温幅度减弱。降温幅度大于 10 ℃的县市有 3 个，分别为镇雄、大关、彝良（图 2.54.2）。

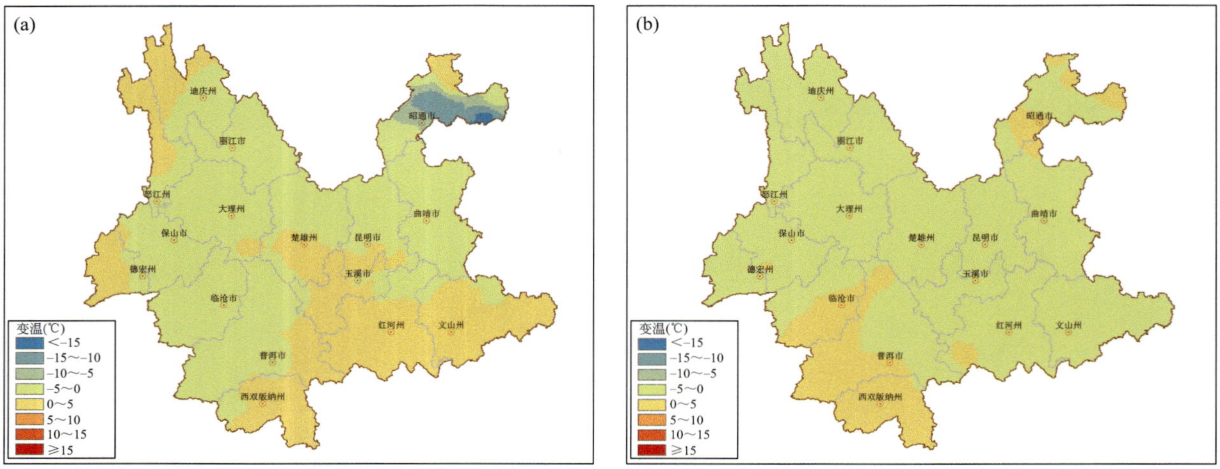

图 2.54.2　云南 2019 年 2 月 3 日(a)、4 日(b)最高气温 24 h 变温图

受昆明准静止锋影响，2019 年 2 月 3—4 日（20 时—20 时）云南仅在昭通的威信县出现 2.3 mm 降水（图 2.54.3a）。

受昆明准静止锋影响，2019 年 2 月 3—4 日滇东北的盐津、绥江、威信、永善、大关、镇雄、彝良 7 个县市日照时数不足 13 h，其中盐津、绥江、威信、永善不足 9 h，最少的是盐津，为 2 h，其次是绥江 5.1 h（图略）。与常年同期相比，滇东北有 2 个县市日照时数偏少，分别是绥江 92.3%、盐津 28.6%。图 2.54.3b 是昆明准静止锋影响期间的平均日照时数。

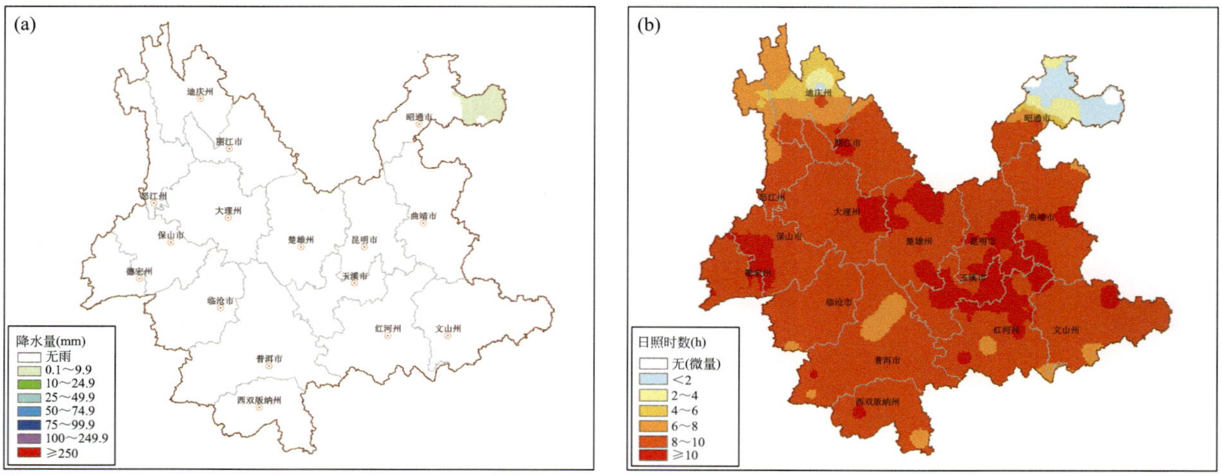

图 2.54.3　云南 2019 年 2 月 3—4 日累计降水量(a)和平均日照时数(b)

2.54.2 环流背景

(1)地面图

图 2.54.4 是 2019 年 2 月 3 日 14 时地面图和海平面气压场。图 2.54.5 是 2019 年 2 月 4 日 20 时地面图和海平面气压场。

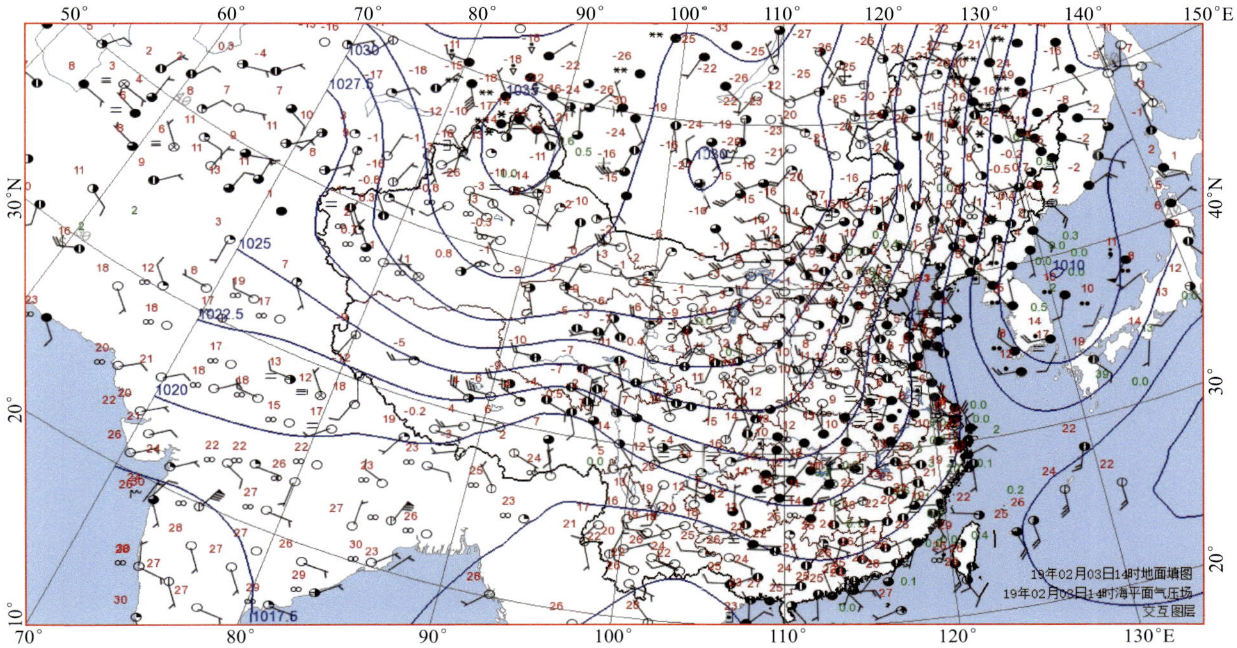

图 2.54.4 2019 年 2 月 3 日 14 时地面图和海平面气压场

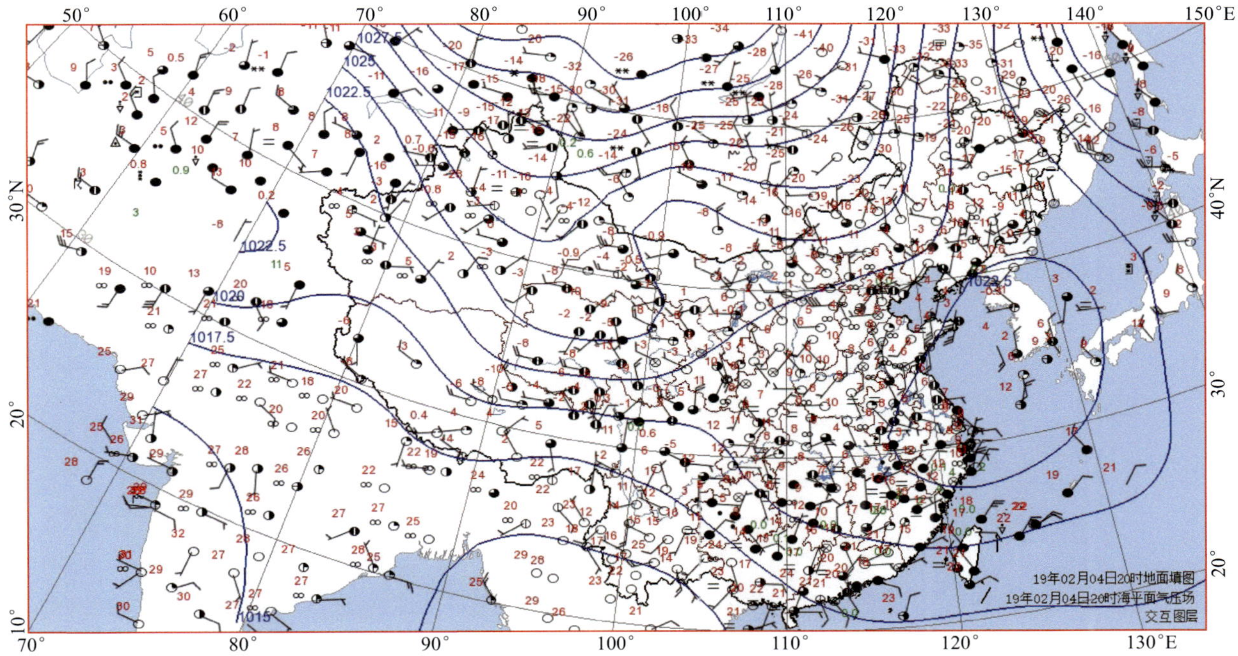

图 2.54.5 2019 年 2 月 4 日 20 时地面图和海平面气压场

(2)高空图

图 2.54.6 是 2019 年 2 月 3 日 08 时 850 hPa 高空图。图 2.54.7 是 2019 年 2 月 4 日 08 时 850 hPa 高空图。图 2.54.8 是 2019 年 2 月 3 日 08 时 500 hPa 高空图。图 2.54.9 是 2019 年 2 月 4 日 08 时 500 hPa 高空图。

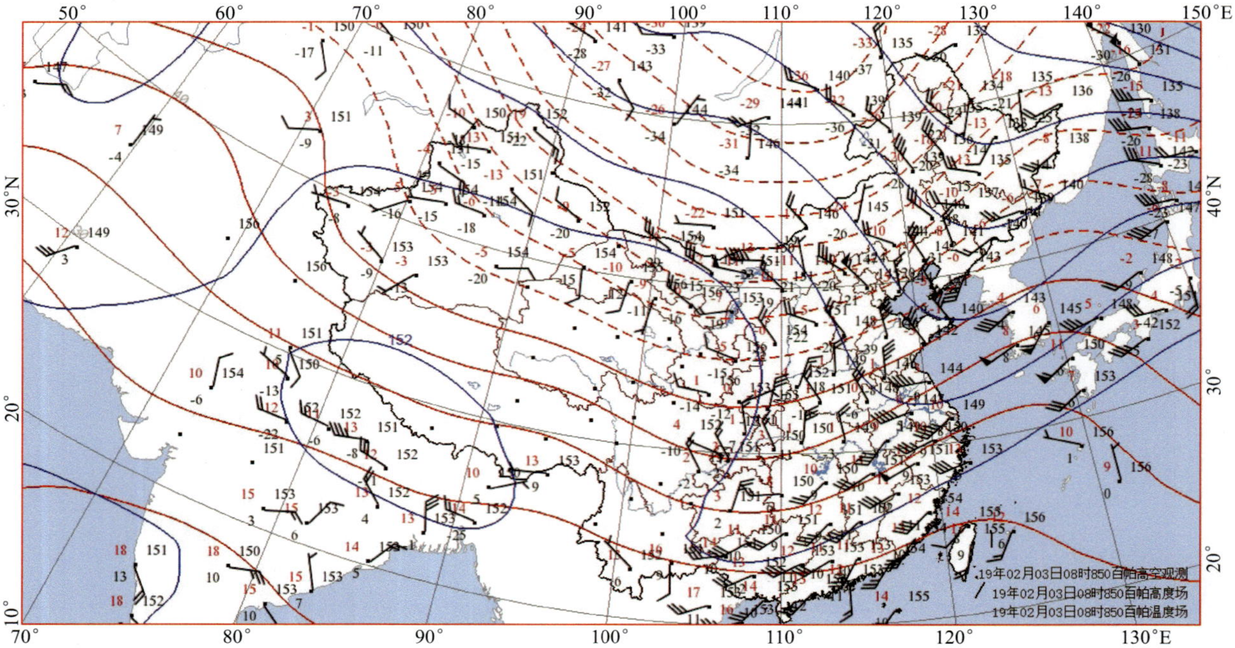

图 2.54.6　2019 年 2 月 3 日 08 时 850 hPa 高空图

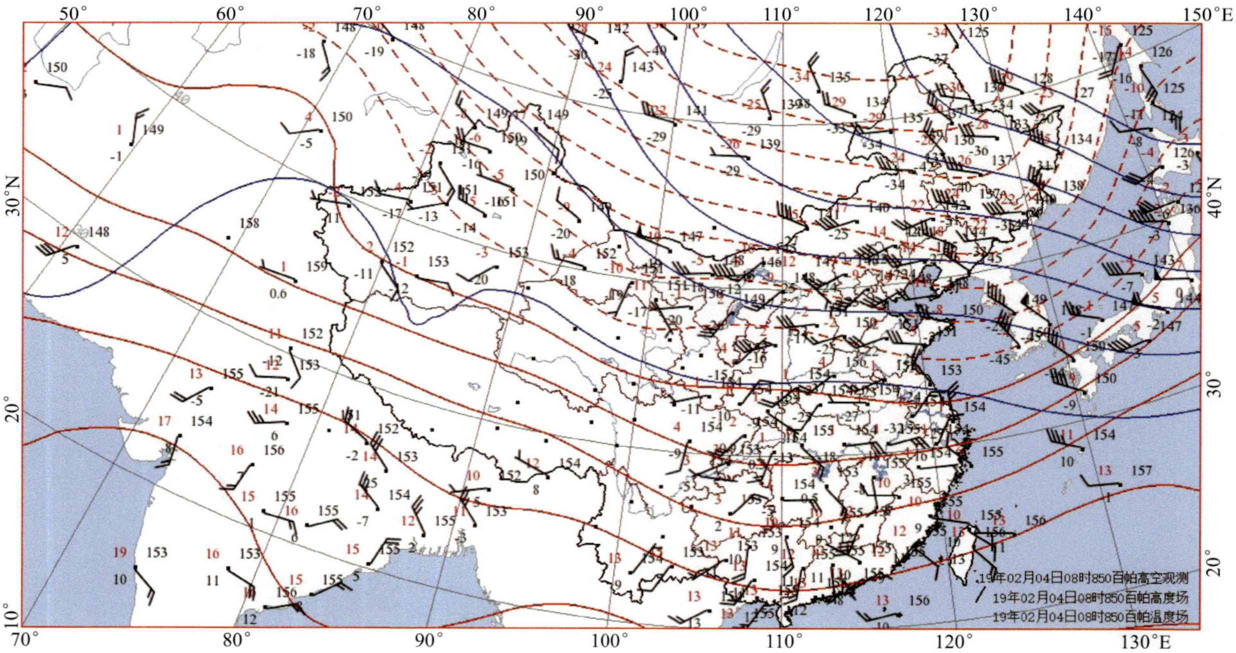

图 2.54.7　2019 年 2 月 4 日 08 时 850 hPa 高空图

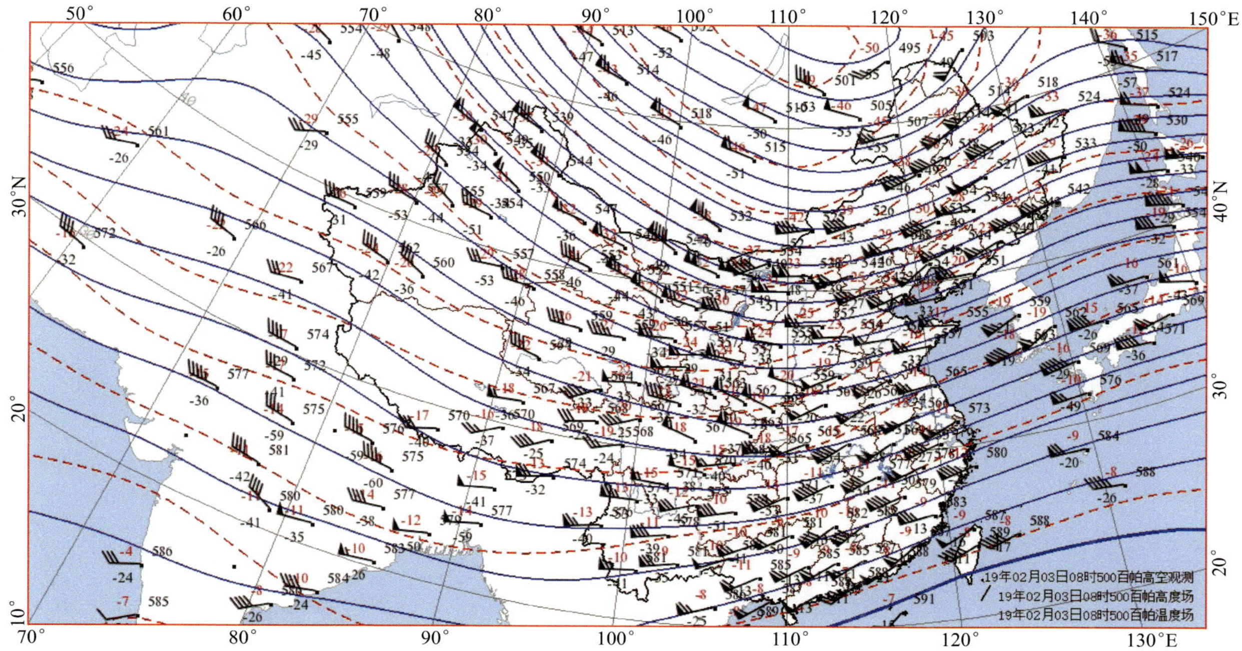

图 2.54.8　2019 年 2 月 3 日 08 时 500 hPa 高空图

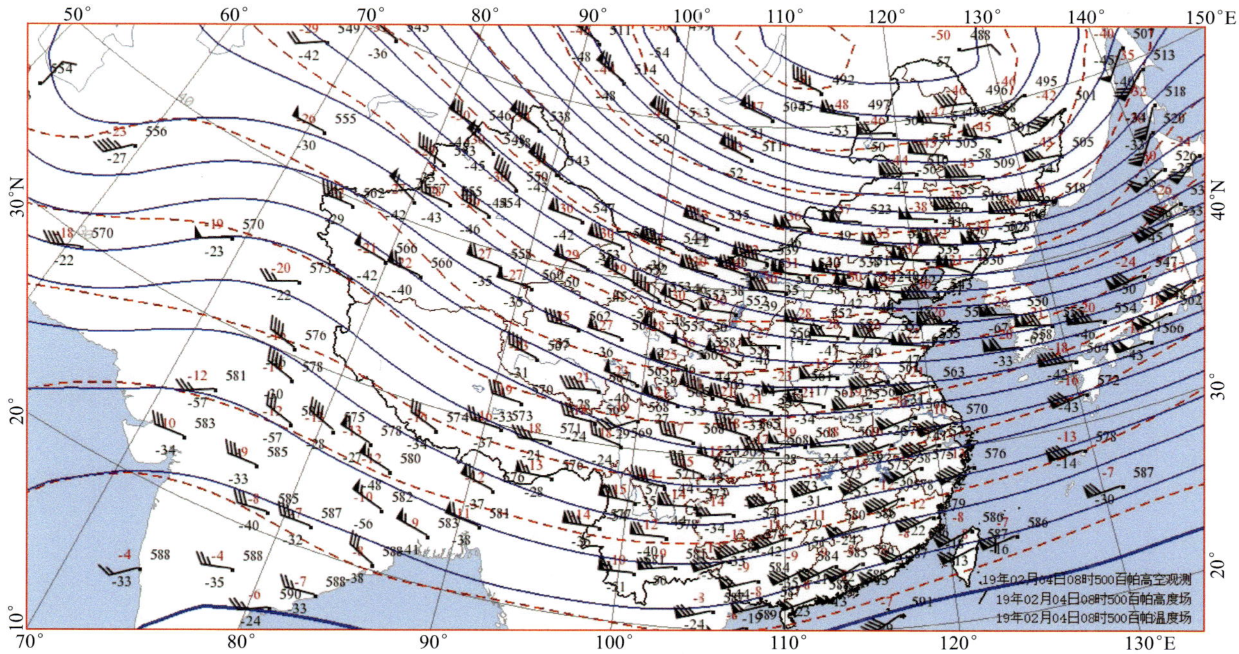

图 2.54.9　2019 年 2 月 4 日 08 时 500 hPa 高空图

2.54.3　卫星云图

图 2.54.10 是 2019 年 2 月 3 日 14 时、4 日 14 时卫星云图。

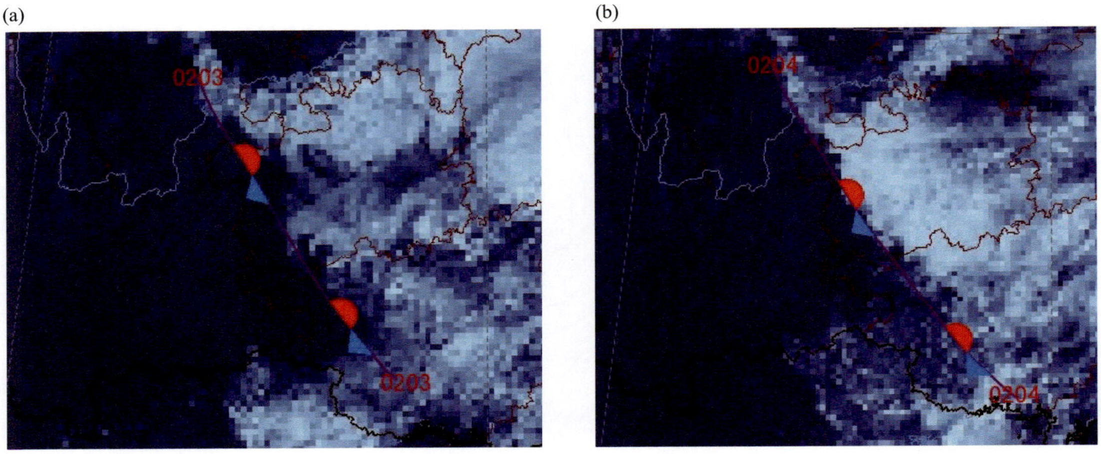

图 2.54.10　2019 年 2 月 3 日 14 时(a)、4 日 14 时(b)卫星云图

2.55　2019 年 2 月 8—28 日昆明准静止锋过程

2.55.1　过程概况

2019 年 2 月 8 日在云贵高原出现了昆明准静止锋天气系统，呈准南北向，贯穿四川、云南、贵州及广西四省(区)，位于永善、纳雍、南丹及武宣一线。9 日昆明准静止锋略西南移，位于雷波、水城、安龙、德保及崇左一线。10 日昆明准静止锋维持少动，11 日昆明准静止锋北段东退，南段西进，位于永善、彝良、富源、罗平及广南一线。12 日昆明准静止锋北段略南压，南段东退，位于美姑、彝良、水城、贞丰、田林及南宁一线。13—22 日昆明准静止锋在贵州西部、广西西部与滇东边缘摆动。23 日昆明准静止锋西进至巧家、东川、陆良、丘北及麻栗坡一线。24—28 日昆明准静止锋东退至滇东边缘至桂西、黔西附近摆动，28 日位于雷波、彝良、六枝、望谟、田林及德保一线。之后，锋面减弱东退至贵州东部边缘地区。2 月 8—28 日过程期间昆明准静止锋移动路径如图 2.55.1，活动范围见表 2.55.1。

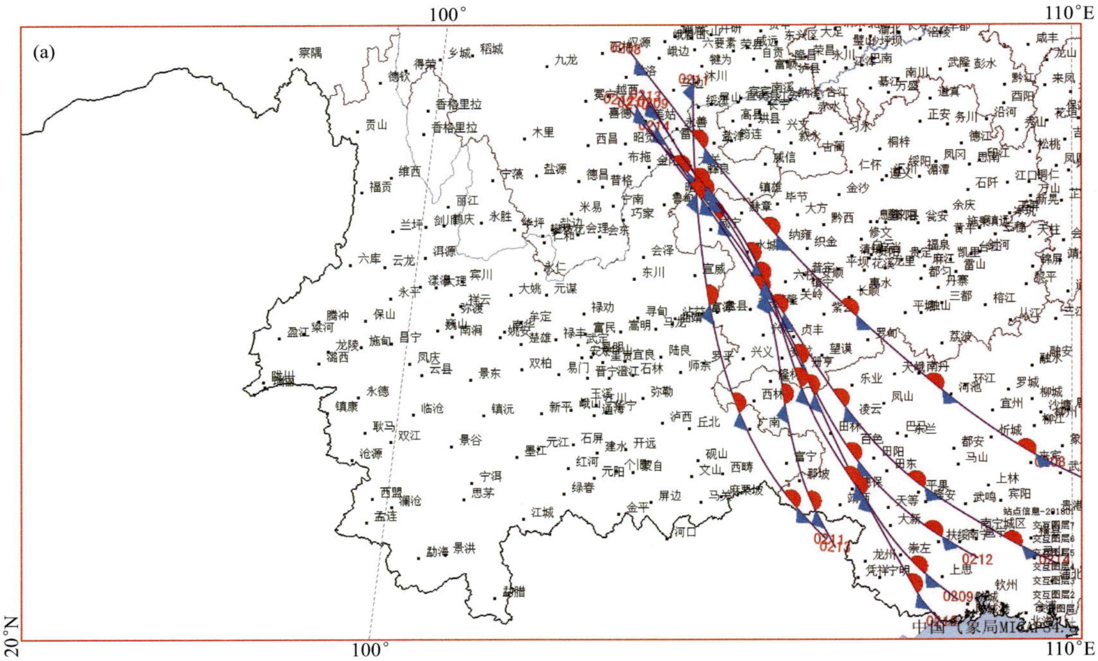

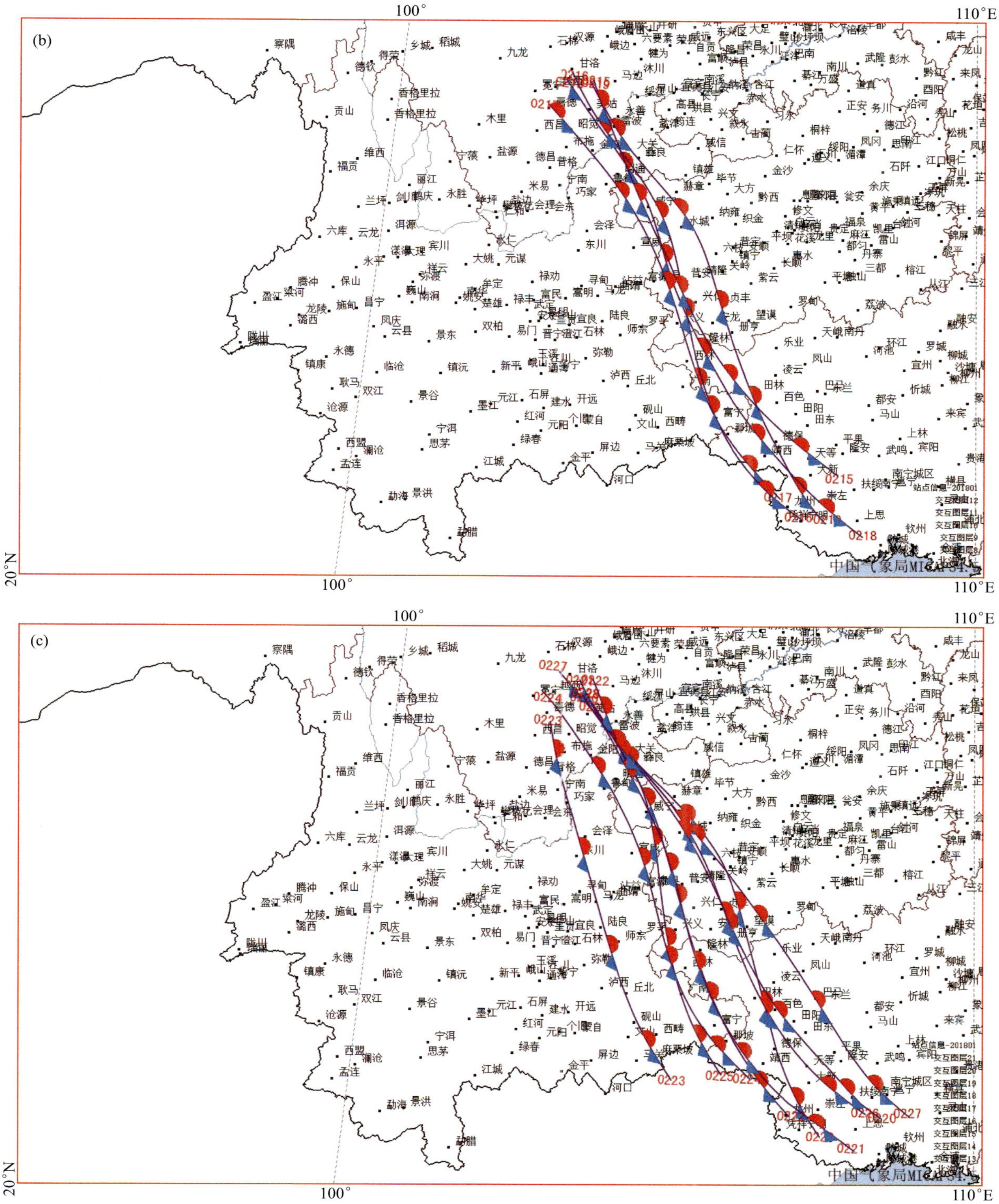

图 2.55.1　2019 年 2 月 8—28 日昆明准静止锋移动路径

(a)2 月 8—14 日;(b)2 月 15—19 日;(c)2 月 20—28 日

表 2.55.1 2019 年 2 月 8—28 日昆明准静止锋位置

日期	昆明准静止锋位置
2 月 8 日	永善—南丹—武宣
2 月 9 日	雷波—安龙—崇左
2 月 10 日	美姑—田林—崇左
2 月 11 日	彝良—富源—广南
2 月 12 日	美姑—贞丰—南宁
2 月 13 日	雷波—水城—那坡
2 月 14 日	美姑—凌云—南宁
2 月 15 日	雷波—兴仁—天等
2 月 16 日	美姑—兴义—那坡
2 月 17 日	昭觉—鲁甸—兴义—富宁
2 月 18 日	美姑—隆林—崇左
2 月 19 日	雷波—贞丰—德保
2 月 20 日	大关—贞丰—扶绥
2 月 21 日	雷波—普安—那坡
2 月 22 日	雷波—兴义—那坡
2 月 23 日	巧家—陆良—麻栗坡
2 月 25 日	昭觉—盘县—广南
2 月 24 日	雷波—盘县—广南
2 月 26 日	雷波—贞丰—天等
2 月 27 日	雷波—六枝—南宁
2 月 28 日	雷波—彝良—德保

受昆明准静止锋影响，8 日滇东北出现小范围的日最高气温负变温区，9 日变温幅度增大，最大变温在大关县，为－8.7 ℃；10 日昆明准静止锋后部冷空气增强，滇东北降温幅度再次增大，最大变温在镇雄县，为－17.2 ℃；11 日随着昆明准静止锋北段东退、南段西进，滇东北气温回升，曲靖、文山东部降温明显，最大变温在罗平县，为－12.3 ℃；12 日滇东北气温再次下降，滇东南气温回升；13—16 日云南东部边缘气温有小幅升降；17 日昆明准静止锋增强略西进，滇东降温明显，最大变温在罗平，为－16.8 ℃；18—21 日滇东地区有弱的升温；22 日开始滇东降温明显，至 23 日降温幅度进一步增大，最大变温在鲁甸，为－13.5 ℃；24—28 日滇东有小幅的气温升降。此次过程降温幅度大于 10 ℃的县市有 17 个，主要集中在昭通市、曲靖市和文山州（图 2.55.2）。

受昆明准静止锋和西南暖湿气流影响，2019 年 2 月 8—28 日（20 时—20 时）云南共有 55 个县市总降水量超过 10 mm，其中有 20 个县市超过 25 mm，2 个县市超过 100 mm，最大为怒江福贡县 167.2 mm，其次为贡山县 165.1 mm。昆明准静止锋主要影响区域（滇东）有 20 个县市总降水量超过 10 mm，文山、红河共有 5 个县市超过 25 mm，最大为西畴 39.8 mm，其余县市总降水量少于 10 mm（图 2.55.3a）。

受昆明准静止锋和西南暖湿气流影响，2019 年 2 月 8—28 日云南有 113 个县市总日照时数不足 200 h，其中日照时数少于 100 h 的县市有 11 个，最少的是威信县，仅为 13.6 h，其次为盐津县 18.2 h（图略）。与常年同期相比，有 49 个县市日照时数偏少，其中 10 个县市偏少 20％以上，偏少 50％以上的有威信、大关，分别是 61.3％、57.1％。图 2.55.3b 是昆明准静止锋影响期间的平均日照时数。

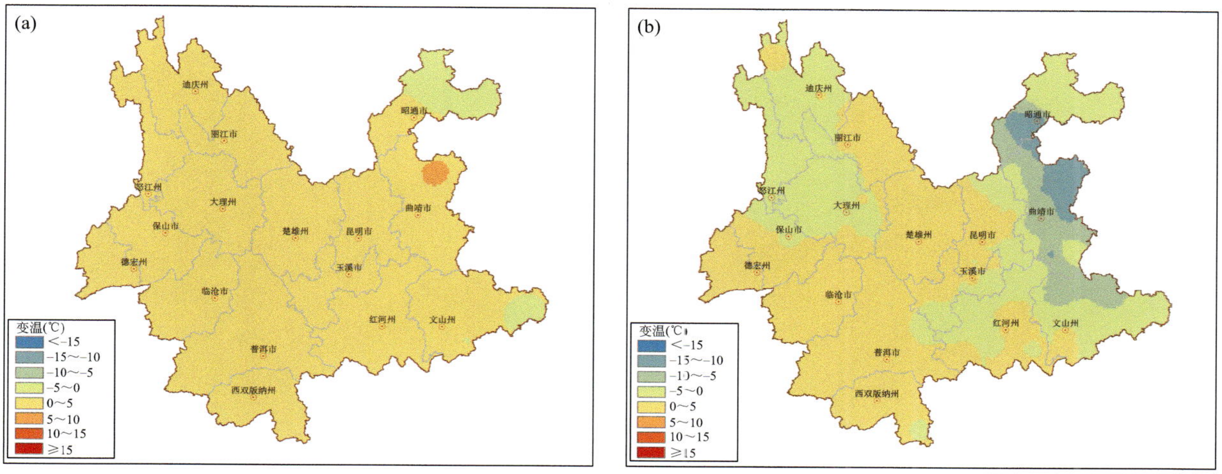

图 2.55.2　云南 2019 年 2 月 8 日(a)、23 日(b)最高气温 24 h 变温图

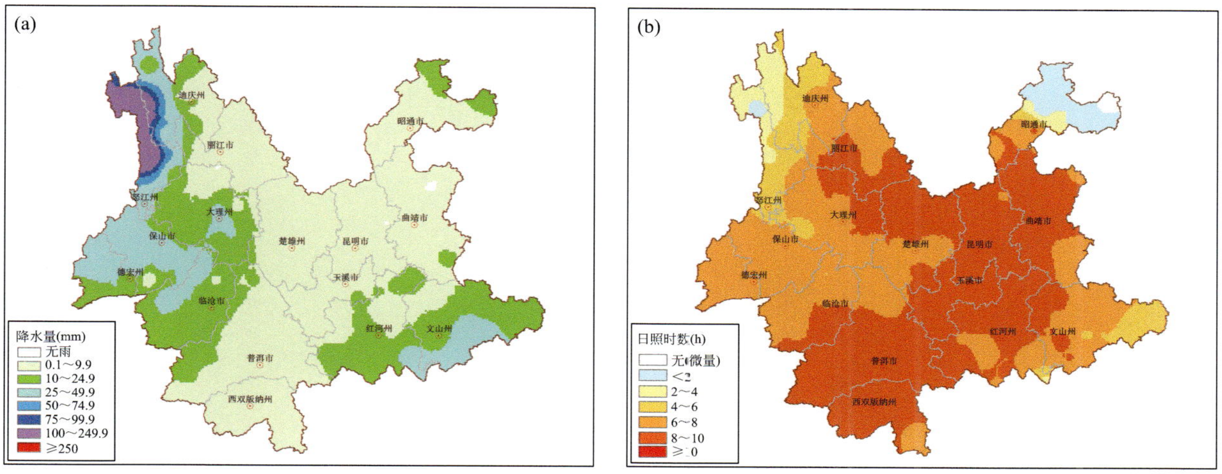

图 2.55.3　云南 2019 年 2 月 8—28 日累计降水量(a)和平均日照时数(b)

2.55.2　环流背景

(1)地面图

图 2.55.4 是 2019 年 2 月 8 日 14 时地面图和海平面气压场。图 2.55.5 是 2019 年 2 月 28 日 20 时地面图和海平面气压场。

(2)高空图

图 2.55.6 是 2019 年 2 月 8 日 08 时 850 hPa 高空图。图 2.55.7 是 2019 年 2 月 28 日 08 时 850 hPa 高空图。图 2.55.8 是 2019 年 2 月 8 日 08 时 500 hPa 高空图。图 2.55.9 是 2019 年 2 月 28 日 08 时 500 hPa 高空图。

2.55.3　卫星云图

图 2.55.10 是 2019 年 2 月 8 日 14 时、23 日 14 时卫星云图。

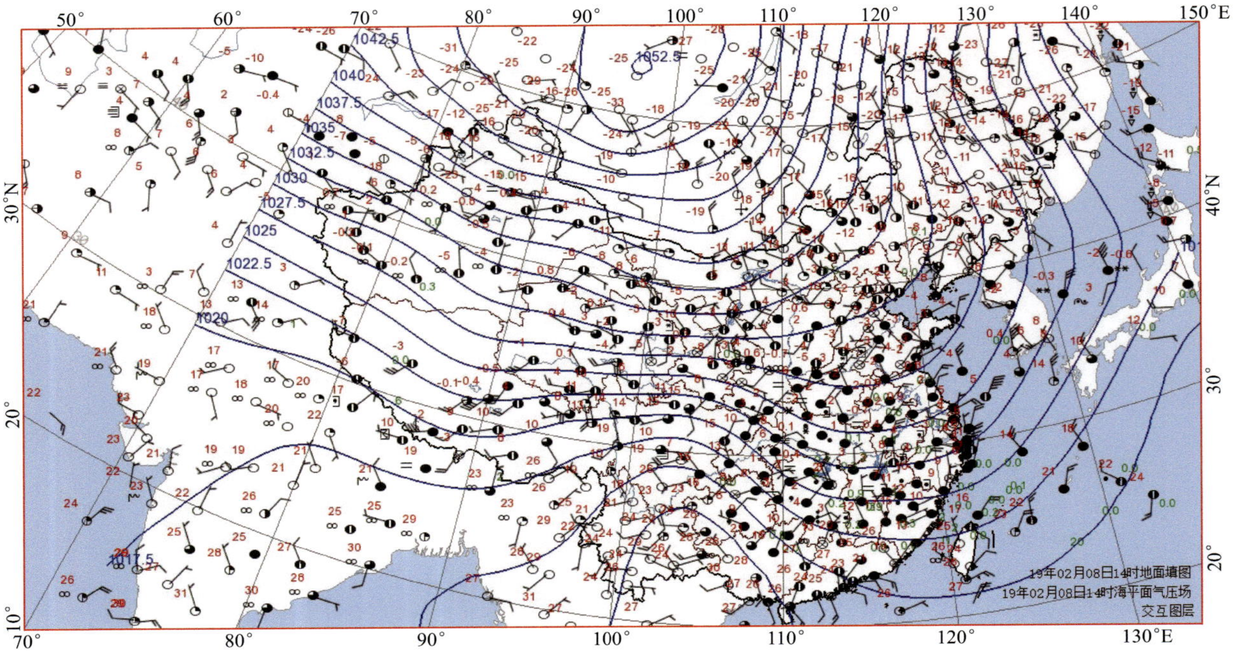

图 2.55.4　2019 年 2 月 8 日 14 时地面图和海平面气压场

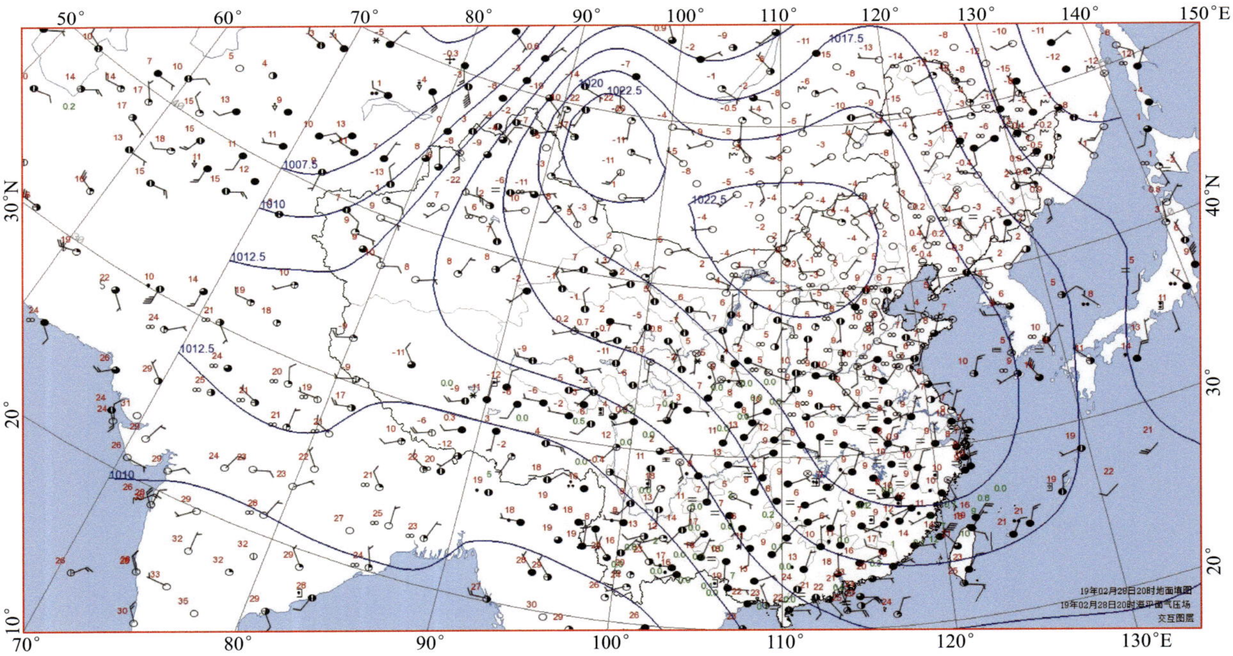

图 2.55.5　2019 年 2 月 28 日 20 时地面图和海平面气压场

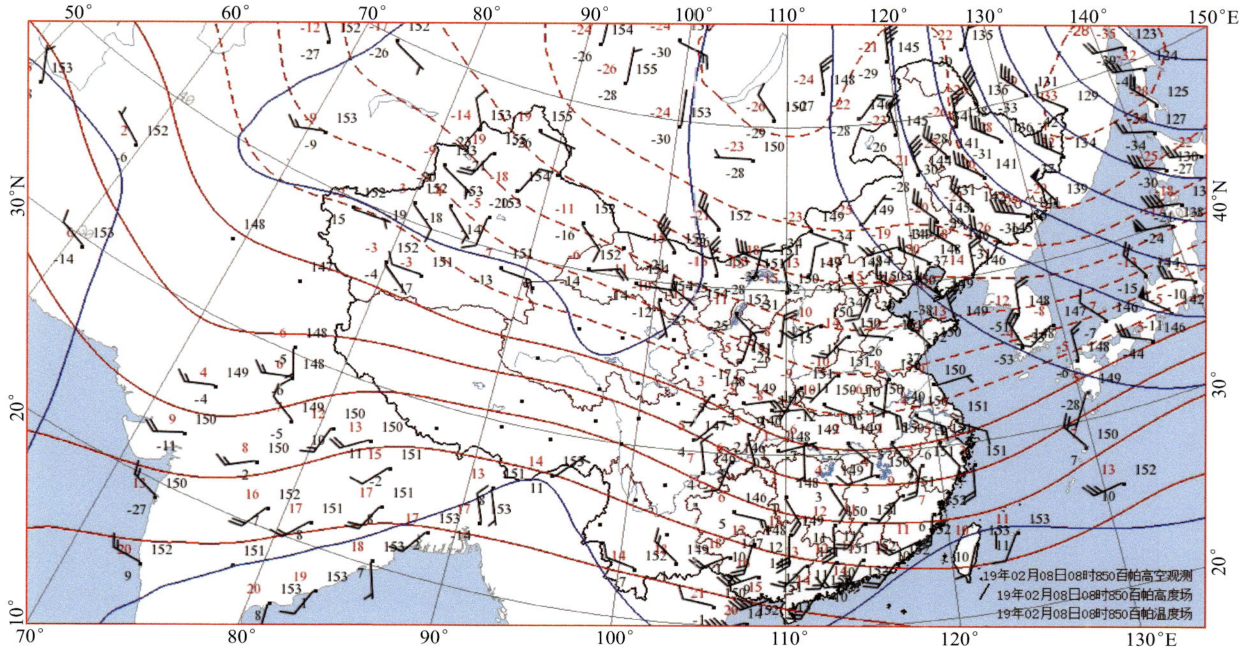

图 2.55.6　2019 年 2 月 8 日 08 时 850 hPa 高空图

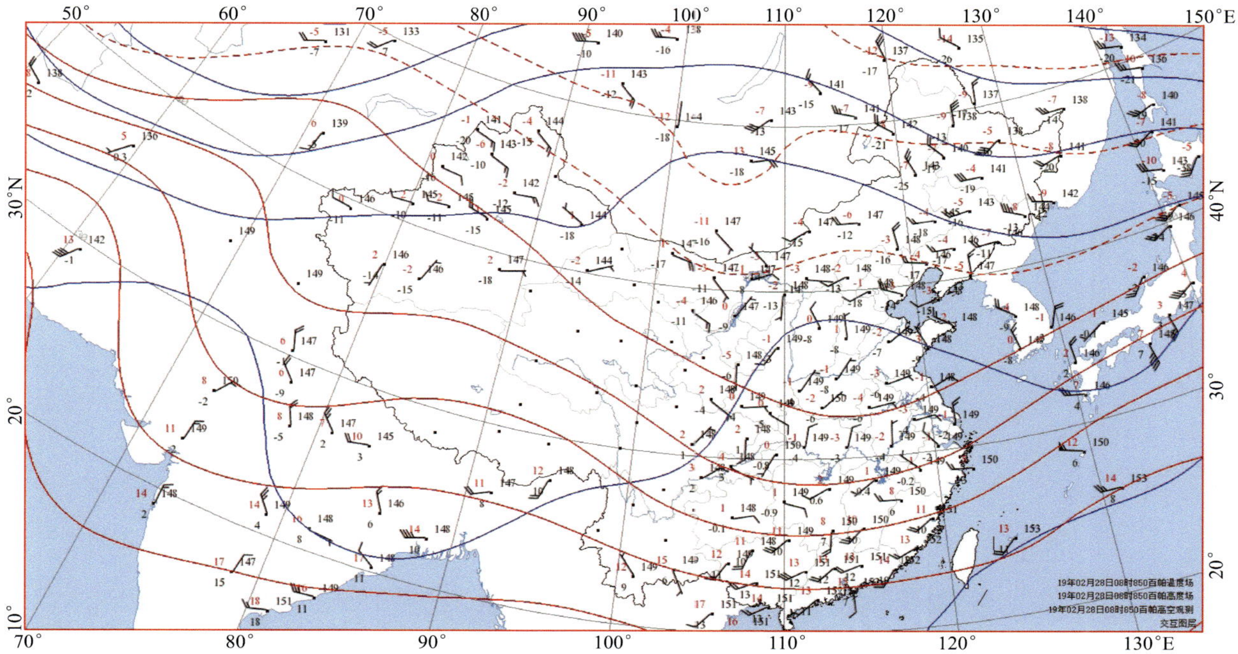

图 2.55.7　2019 年 2 月 28 日 08 时 850 hPa 高空图

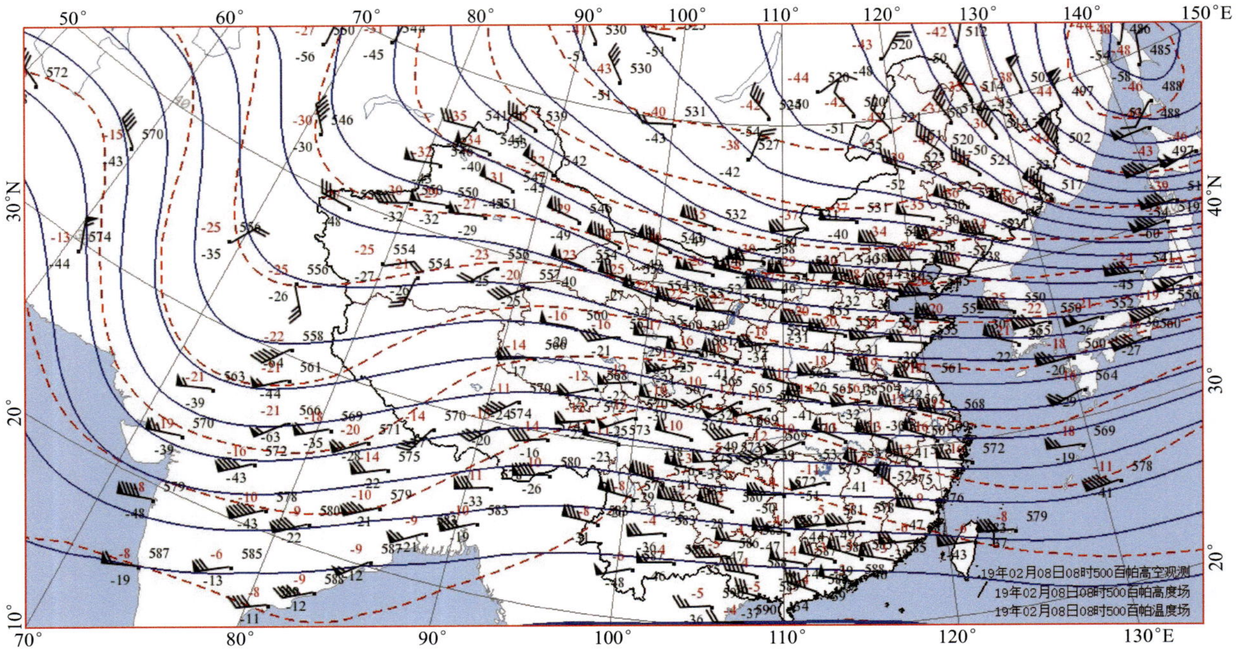

图 2.55.8　2019 年 2 月 08 日 08 时 500 hPa 高空图

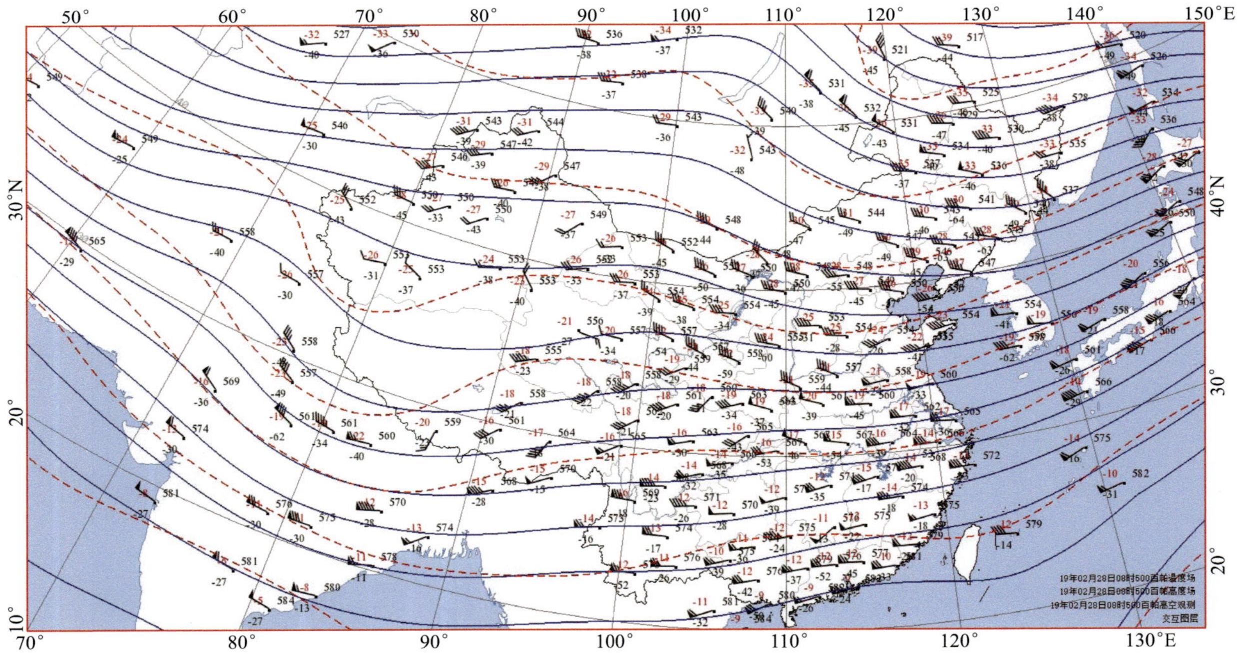

图 2.55.9　2019 年 2 月 28 日 08 时 500 hPa 高空图

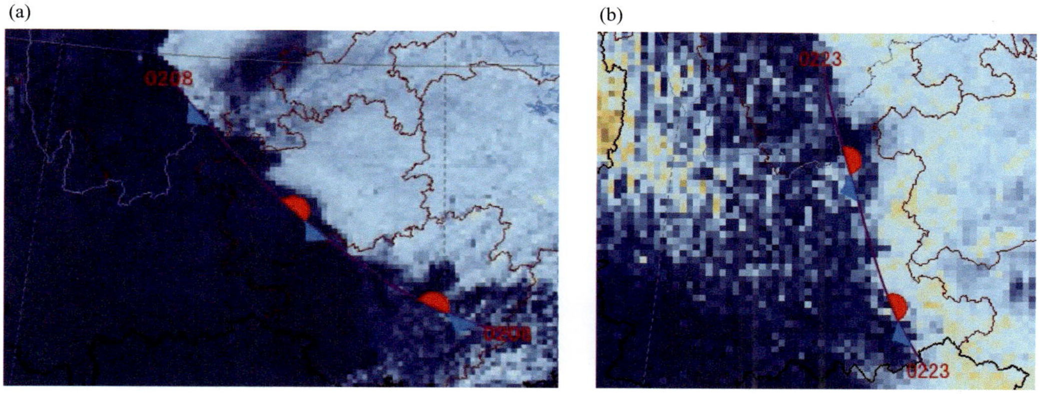

图 2.55.10　2019 年 2 月 8 日 14 时(a)、23 日 14 时(b)卫星云图

2.56　2019 年 3 月 5—18 日昆明准静止锋过程

2.56.1　过程概况

2019 年 3 月 5 日在云贵高原出现了昆明准静止锋天气系统，呈准南北向，贯穿四川、云南、贵州及广西四省(区)，位于布拖、宣威、隆林、百色及南宁一线。6 日昆明准静止锋增强西进，位于西昌、会泽、沾益、罗平及那坡一线。7 日昆明准静止锋减弱，8 日昆明准静止锋东退至昭通、水城、晴隆、田林及上思一线。9 日再次西进至普格、沾益、罗平、广南及那坡一线。10—11 日昆明准静止锋持续西进，11 日位于盐边、禄劝、昆明、华宁及河口一线。12—13 日东退，13 日退至美姑、昭通、盘县、隆林及天等一线。14 日昆明准静止锋再次西进至昆明附近，15 日略东退，16—18 日昆明准静止锋持续东退，18 日位于永善、彝良、兴义及富宁一线。之后，锋面减弱消失。3 月 5—18 日过程期间昆明准静止锋移动路径如图 2.56.1，活动范围见表 2.56.1。

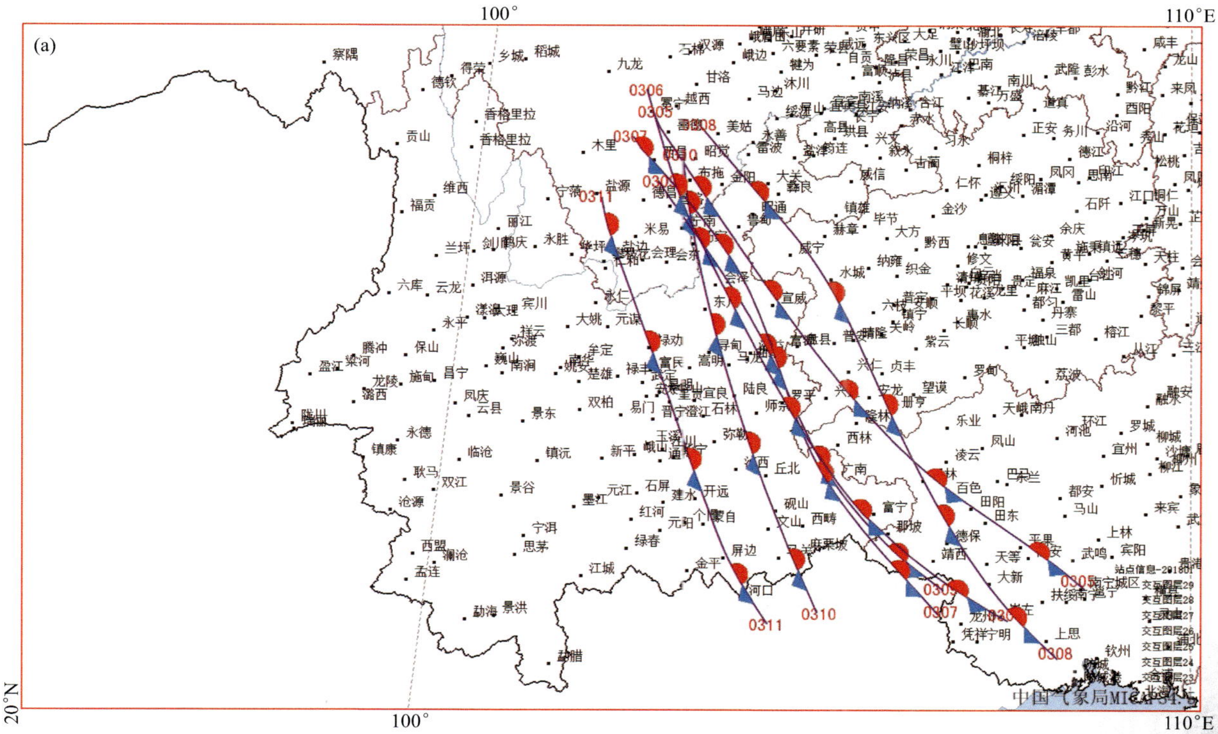

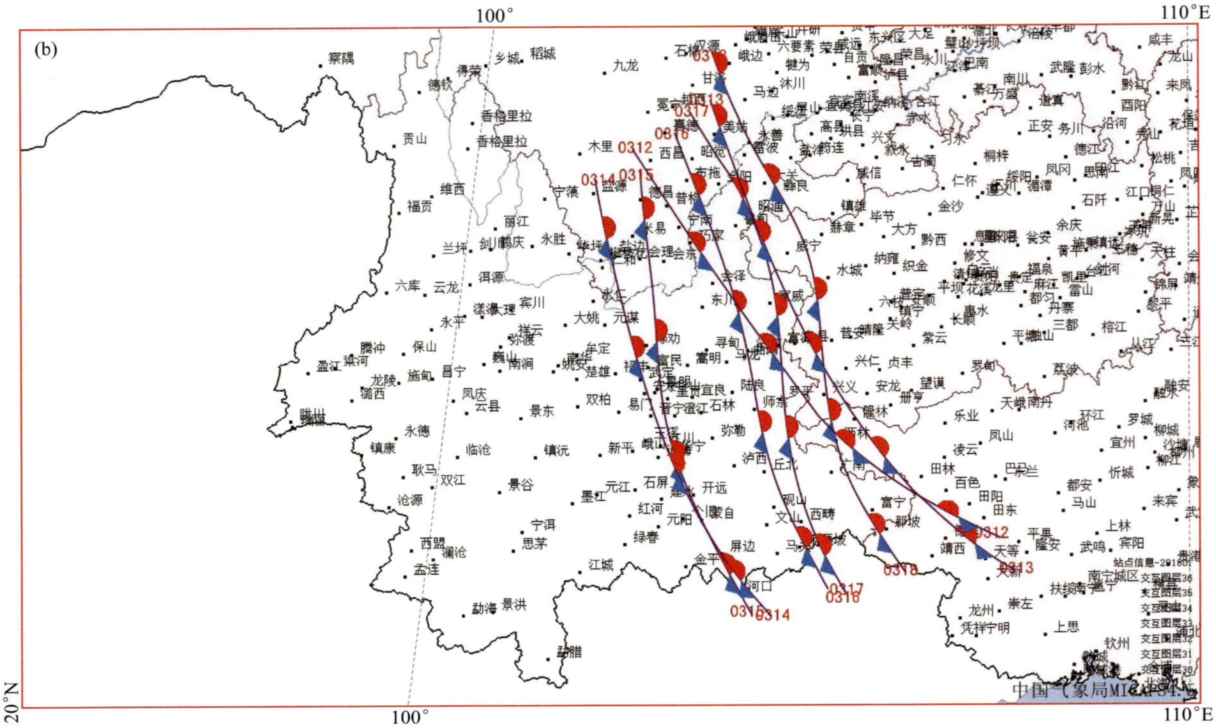

图 2.56.1　2019 年 3 月 5—18 日昆明准静止锋移动路径

(a)3 月 5—11 日；(b)3 月 12—18 日

表 2.56.1　2019 年 3 月 5—18 日昆明准静止锋位置

日期	昆明准静止锋位置
3 月 5 日	布拖—宣威—南宁
3 月 6 日	西昌—会泽—那坡
3 月 7 日	西昌—罗平—那坡
3 月 8 日	昭通—晴隆—上思
3 月 9 日	普格—沾益—那坡
3 月 10 日	巧家—东川—马关
3 月 11 日	盐边—昆明—河口
3 月 12 日	巧家—富源—田东
3 月 13 日	美姑—盘县—天等
3 月 14 日	攀枝花—安宁—河口
3 月 15 日	会理—昆明—河口
3 月 16 日	布拖—沾益—麻栗坡
3 月 17 日	昭通—富源—西畴
3 月 18 日	永善—兴义—富宁

受昆明准静止锋影响，3 月 5 日滇东北出现日最高气温负变温区，最大变温在昭通市，为－9.9 ℃；6 日随着昆明准静止锋增强西进，滇中以东降温明显，最大变温在罗平县，为－14.8 ℃；7—8 日云南气温回升；9 日滇东边缘再次出现明显降温，10—11 日负变温出现在锋面附近，幅度较小；12—13 日仅在滇东北为负变温，其余地区为正变温；14 日随着昆明准静止锋加强西进，滇中以东降温明显，最大变温在

宣威，为－13.9 ℃；15 日滇中以东仍为负变温区，降温幅度减弱，16—18 日滇中以东气温逐步回升。此次过程降温幅度大于 10 ℃的县市有 19 个，主要集中在昭通市、曲靖市、昆明市、红河州和文山州 5 个州市（图 2.56.2）。

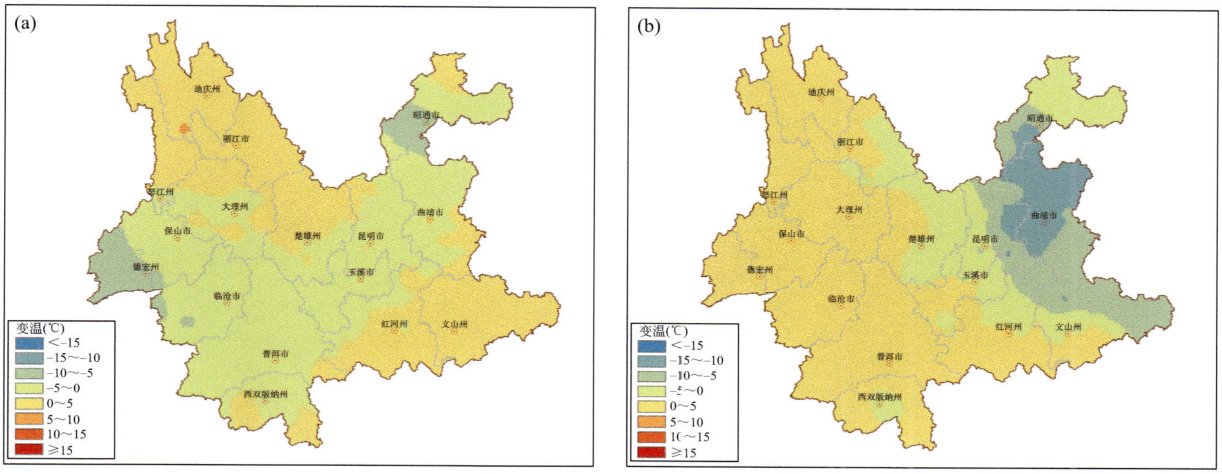

图 2.56.2　云南 2019 年 3 月 5 日(a)、14 日(b)最高气温 24 h 变温图

受昆明准静止锋和西南暖湿气流影响，2019 年 3 月 5—18 日（20 时—20 时）云南总降水量有 53 个县市大于 10 mm，其中大于 25 mm 的有 12 个县市，最大为福贡 125.9 mm，其次为贡山 74.5 mm。昆明准静止锋主要影响区域（滇中及以东）共有 27 个县市总降水量大于 10 mm，文山、曲靖、红河等共有 7 个县市大于 25 mm，最大为文山州马关县 59.4 mm（图 2.56.3a）。

受昆明准静止锋和西南暖湿气流影响，2019 年 3 月 5—18 日云南大部分地区总日照时数不足 140 h。日照时数少于 100 h 的县市有 49 个，其中昭通有 7 个县市日照时数少于 20 h，镇雄最少，为 8 h，其次为威信 8.4 h（图略）。与常年同期相比，有 35 个县市日照时数偏少 20%以上，9 个县市偏少 50%以上，偏少最多是镇雄，为 84.7%，其次是威信，为 75.4%。图 2.56.3b 是昆明准静止锋影响期间的平均日照时数。

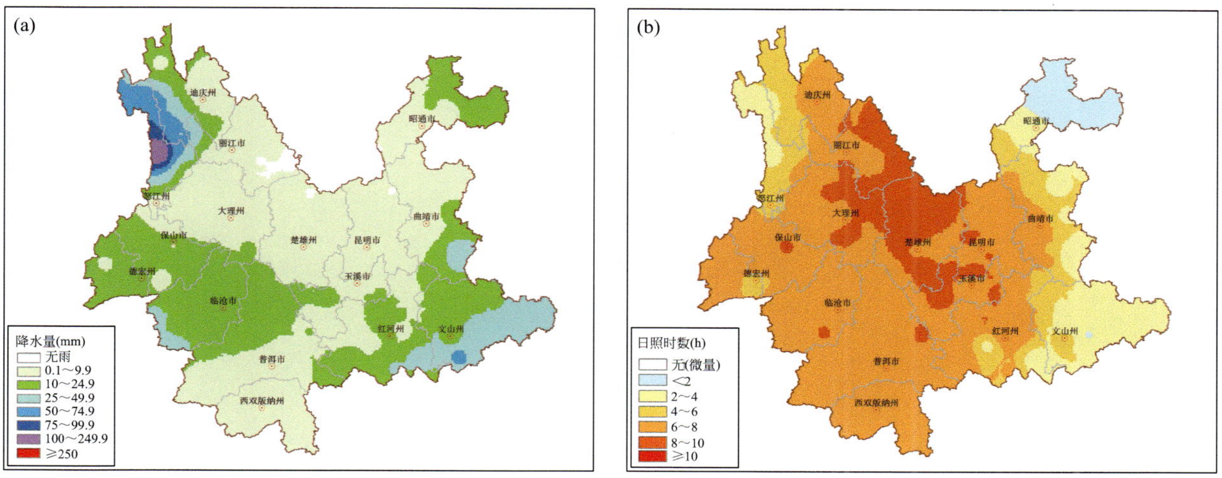

图 2.56.3　云南 2019 年 3 月 5—18 日累计降水量(a)和平均日照时数(b)

2.56.2 环流背景

(1)地面图

图 2.56.4 是 2019 年 3 月 5 日 14 时地面图和海平面气压场。图 2.56.5 是 2019 年 3 月 18 日 20 时地面图和海平面气压场。

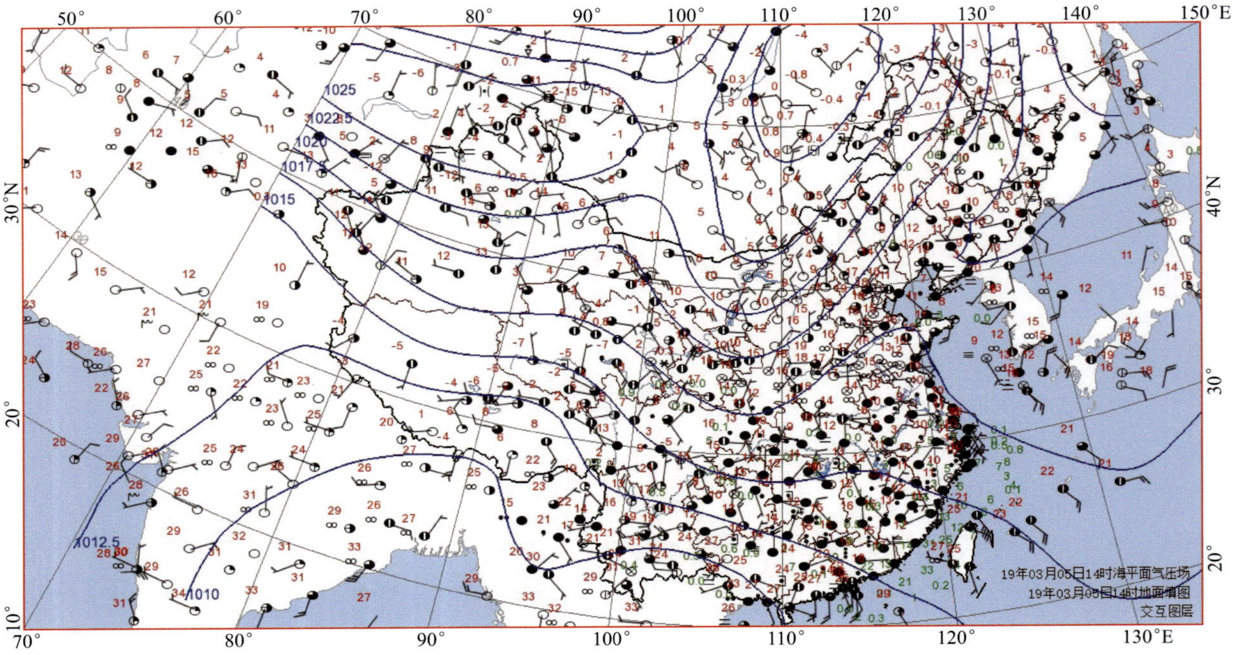

图 2.56.4 2019 年 3 月 5 日 14 时地面图和海平面气压场

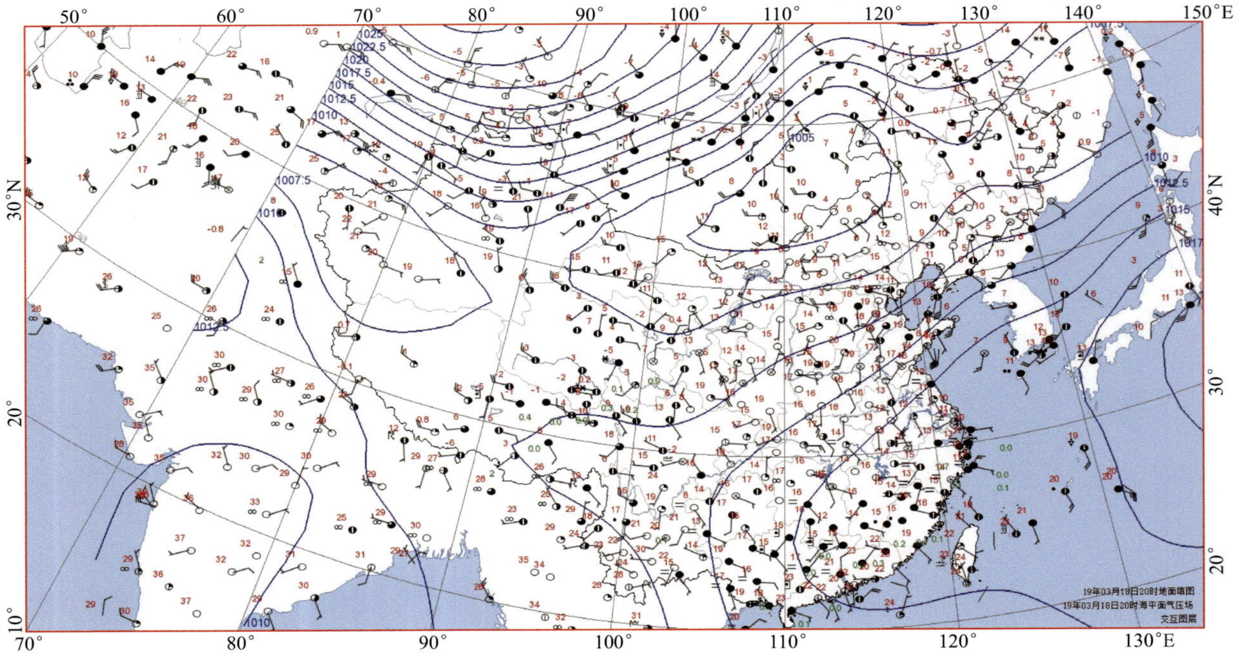

图 2.56.5 2019 年 3 月 18 日 20 时地面图和海平面气压场

(2)高空图

图 2.56.6 是 2019 年 3 月 5 日 08 时 850 hPa 高空图。图 2.56.7 是 2019 年 3 月 18 日 08 时 850 hPa 高空图。图 2.56.8 是 2019 年 3 月 5 日 08 时 500 hPa 高空图。图 2.56.9 是 2019 年 3 月 18 日 08 时 500 hPa 高空图。

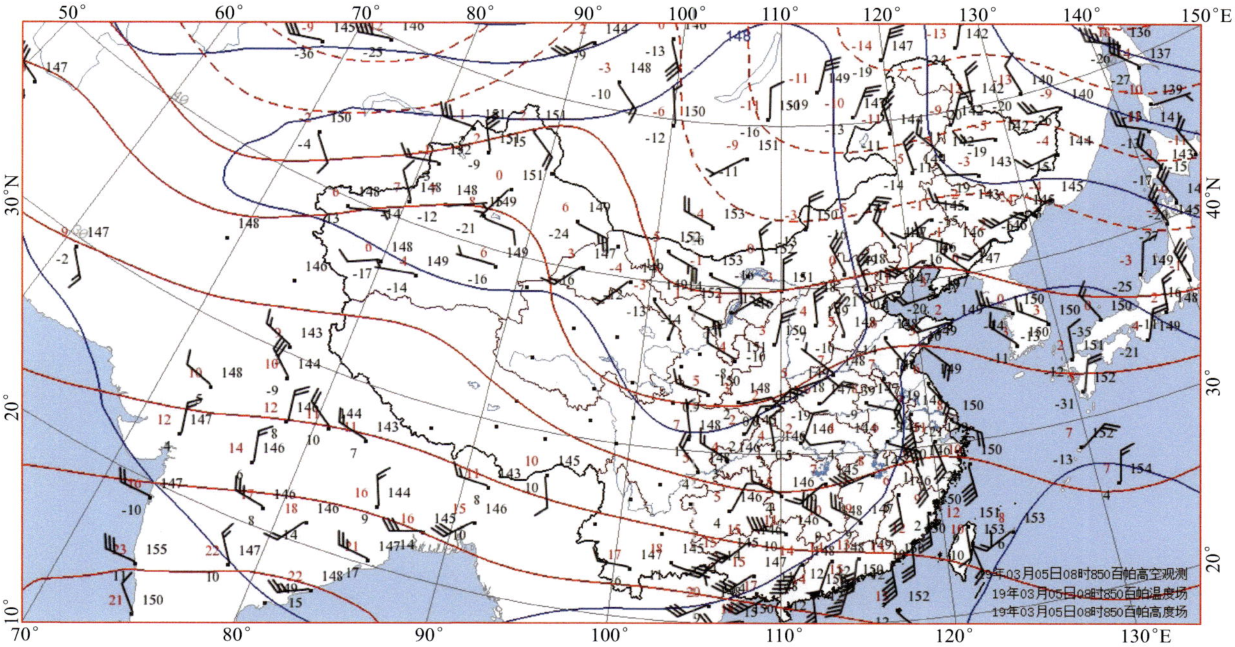

图 2.56.6　2019 年 3 月 5 日 08 时 850 hPa 高空图

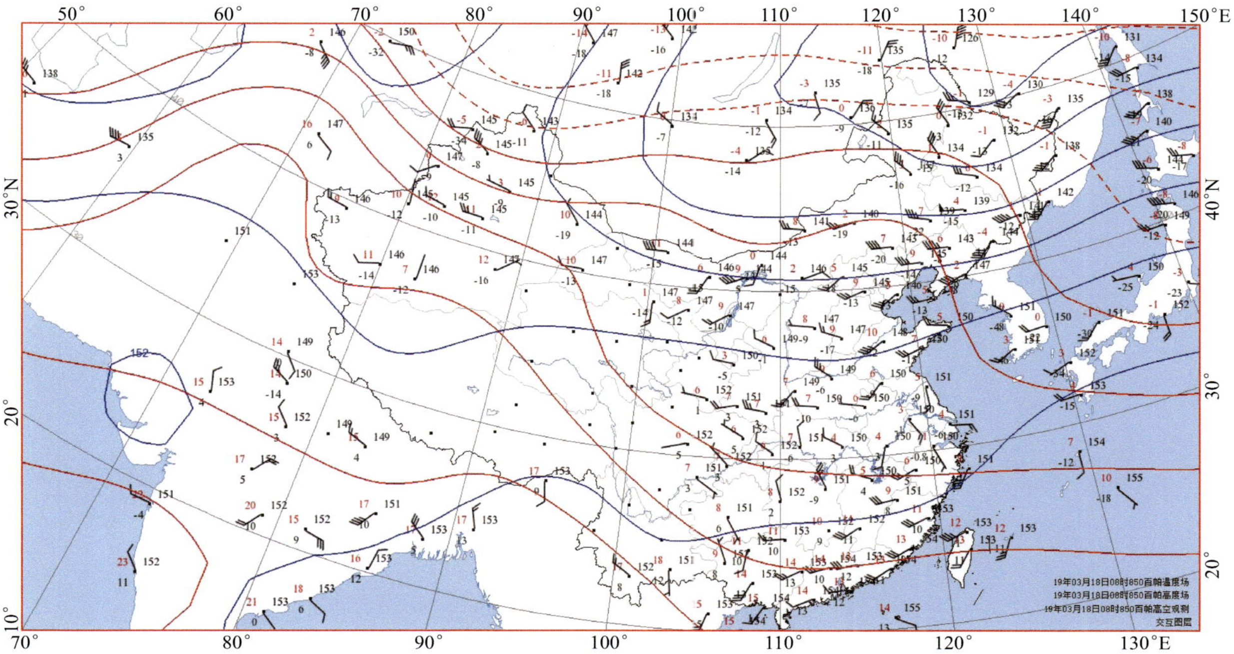

图 2.56.7　2019 年 3 月 18 日 08 时 850 hPa 高空图

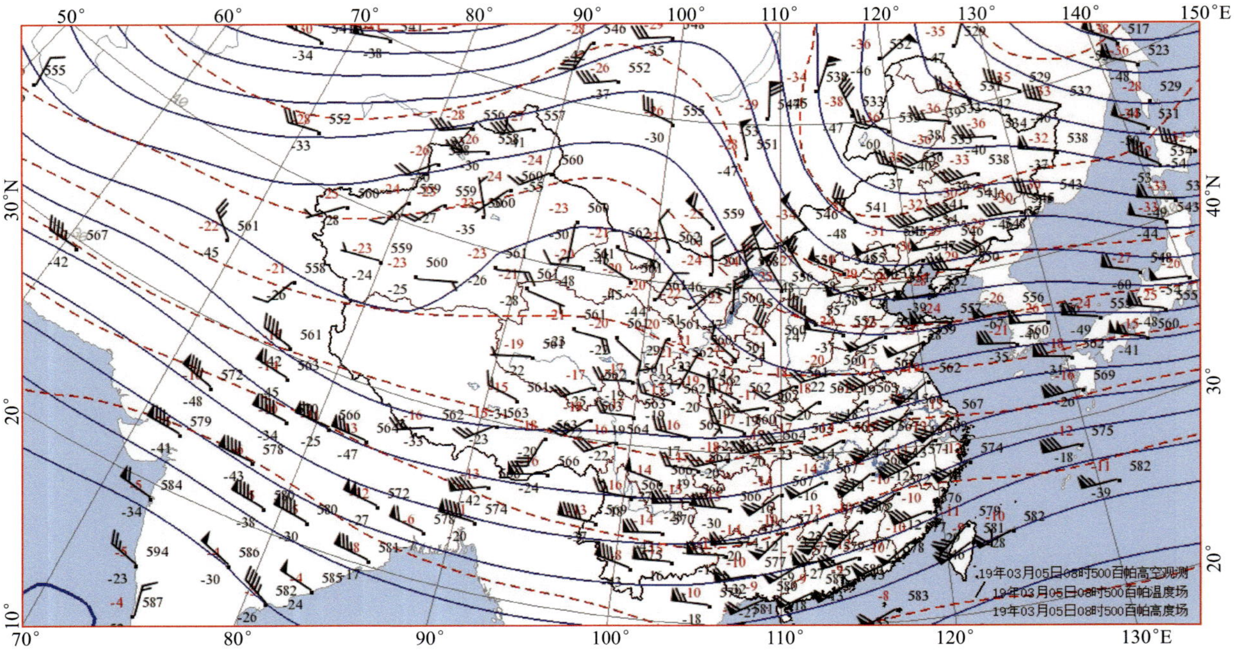

图 2.56.8　2019 年 3 月 5 日 08 时 500 hPa 高空图

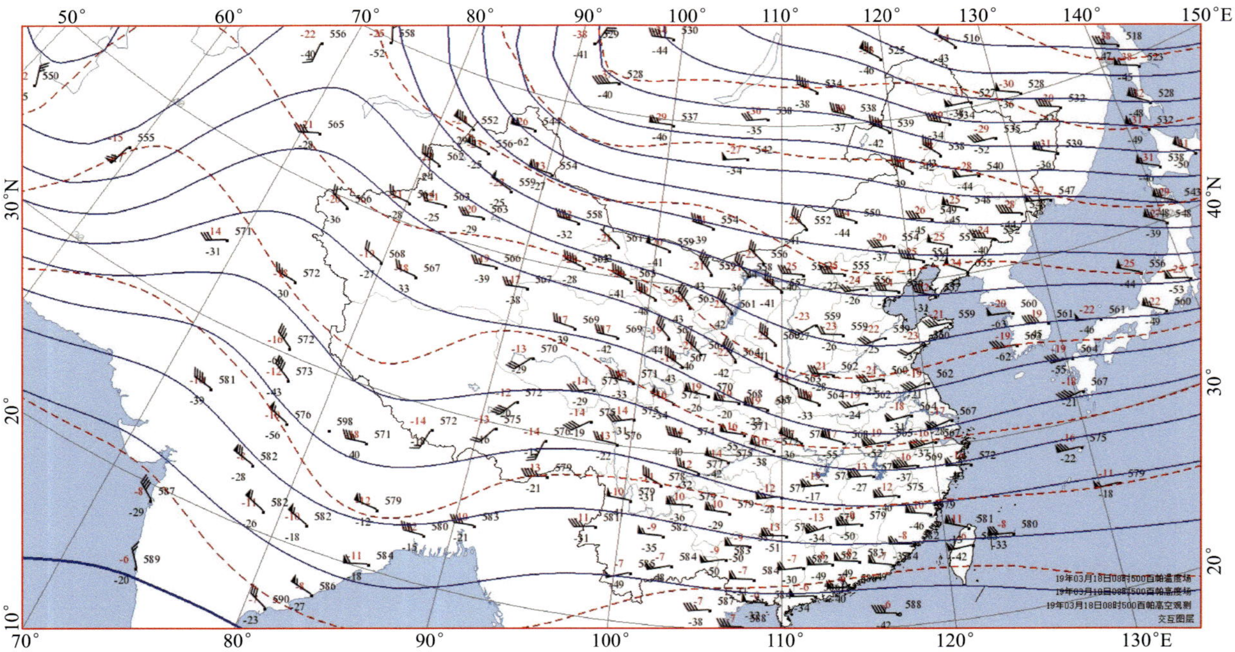

图 2.56.9　2019 年 3 月 18 日 08 时 500 hPa 高空图

2.56.3　卫星云图

图 2.56.10 是 2019 年 3 月 14 日 14 时、18 日 14 时卫星云图。

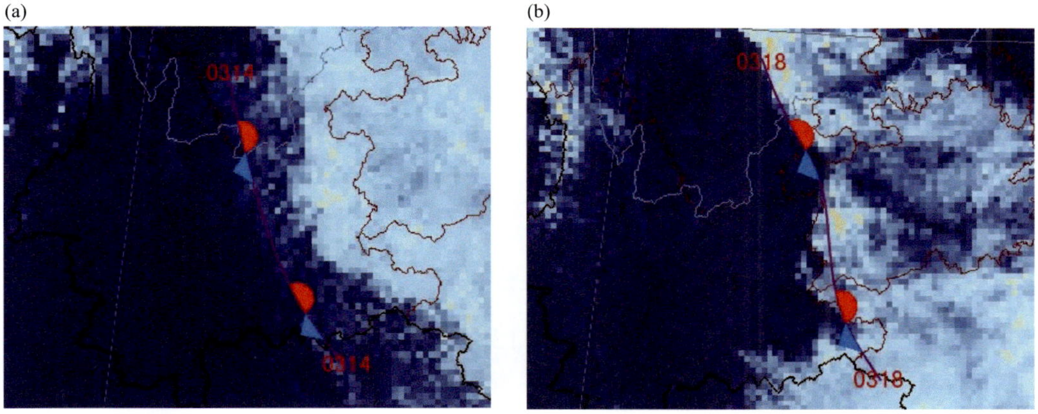

图 2.56.10　2019 年 3 月 14 日 14 时(a)、18 日 14 时(b)卫星云图

2.57　2019 年 3 月 22—26 日昆明准静止锋过程

2.57.1　过程概况

2019 年 3 月 22 日在云贵高原出现了昆明准静止锋天气系统，呈准南北向，贯穿四川、云南、贵州及广西四省(区)，位于美姑、昭通、威宁、晴隆、凌云及武鸣一线。23 日昆明准静止锋加强西进，位于会理、嵩明、弥勒、文山及马关一线。24 日昆明准静止锋减弱东退至美姑、鲁甸、富源、广南及那坡一线。25 日昆明准静止锋继续东退，位于雷波、彝良、兴义、西林及那坡一线。26 日昆明准静止锋减弱东退至永善、赫章、隆林及德保一线。之后，锋面减弱消失。3 月 22—26 日过程期间昆明准静止锋移动路径如图 2.57.1，活动范围见表 2.57.1。

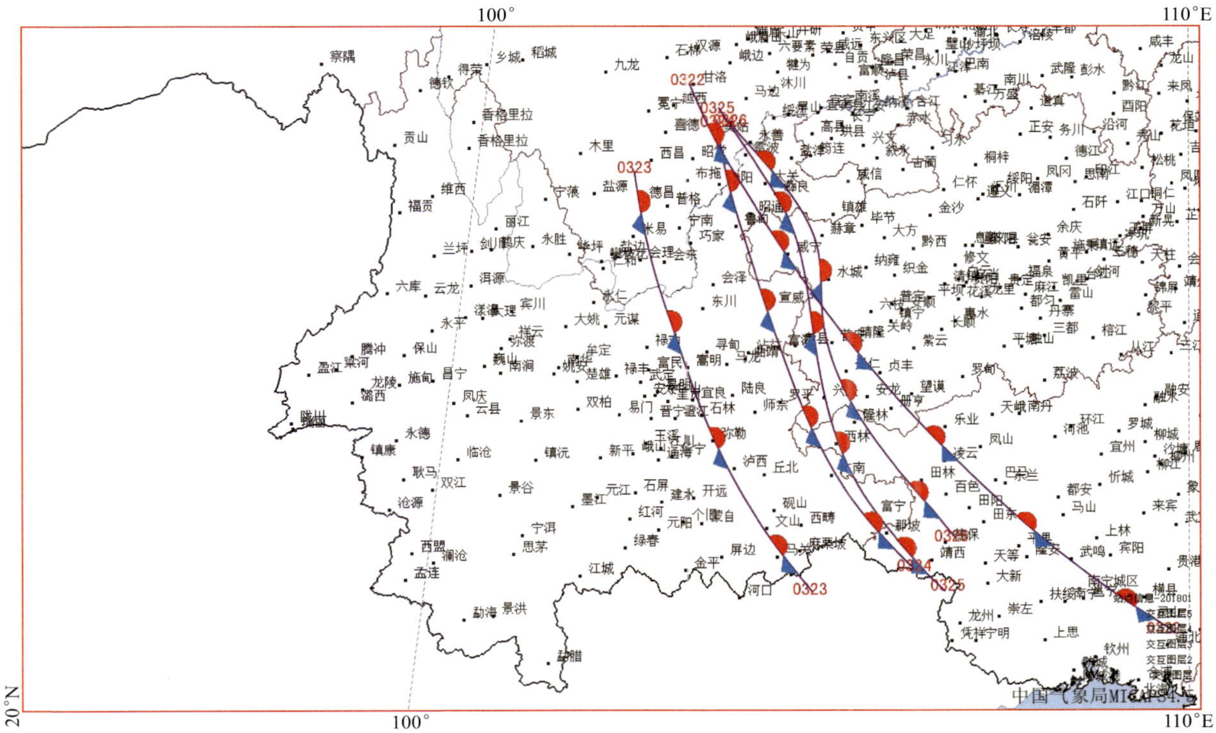

图 2.57.1　2019 年 3 月 22—26 日昆明准静止锋移动路径

表 2.57.1　2019 年 3 月 22—26 日昆明准静止锋位置

日期	昆明准静止锋位置
3 月 22 日	美姑—威宁—武鸣
3 月 23 日	会理—嵩明—马关
3 月 24 日	美姑—富源—那坡
3 月 25 日	雷波—兴义—那坡
3 月 26 日	永善—隆林—德保

受昆明准静止锋影响，3 月 22 日滇东北出现日最高气温负变温大值区，最大变温在镇雄县，为 −12.5 ℃；23 日随着昆明准静止锋增强西进，滇中以东为强负变温区，最大变温在会泽县，为 −16.3 ℃。24—26 日随着昆明准静止锋减弱东退，云南气温回升。此次过程降温幅度大于 10 ℃的县市有 18 个，集中在昭通市、曲靖市和文山州（图 2.57.2）。

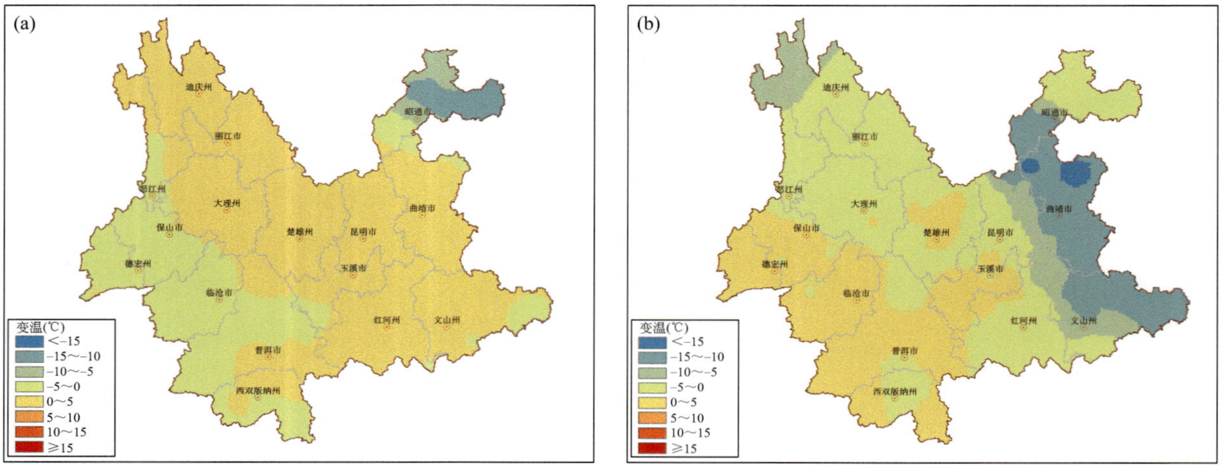

图 2.57.2　云南 2019 年 3 月 22 日(a)、23 日(b)最高气温 24 h 变温图

受昆明准静止锋和西风波动影响，2019 年 3 月 22—26 日（20 时—20 时）云南共有 54 个县市出现降水，其中滇西北有 3 个县市总降水量大于 20 mm，最大在福贡，为 43.8 mm。昆明准静止锋主要影响区域（滇中及以东）共有 26 个县市出现降水，总降水量均小于 10 mm，最大为昭通市威信县 9.6 mm（图 2.57.3a）。

受昆明准静止锋和西风波动影响，2019 年 3 月 22—26 日云南大部分县市总日照时数不足 50 h。其中日照时数少于 30 h 的县市有 15 个，集中于昭通市、文山州、红河州和曲靖市，盐津、威信、绥江日照时数在 10 h 以内，最少的是盐津县，仅为 3.8 h（图略）。与常年同期相比，有 21 个县市日照时数偏少，其中有 7 个县市偏少 20%以上，威信、盐津偏少 50%以上，分别是 70.5%和 70.3%。图 2.57.3b 是昆明准静止锋影响期间的平均日照时数。

2.57.2　环流背景

（1）地面图

图 2.57.4 是 2019 年 3 月 22 日 14 时地面图和海平面气压场。图 2.57.5 是 2019 年 3 月 26 日 20 时地面图和海平面气压场。

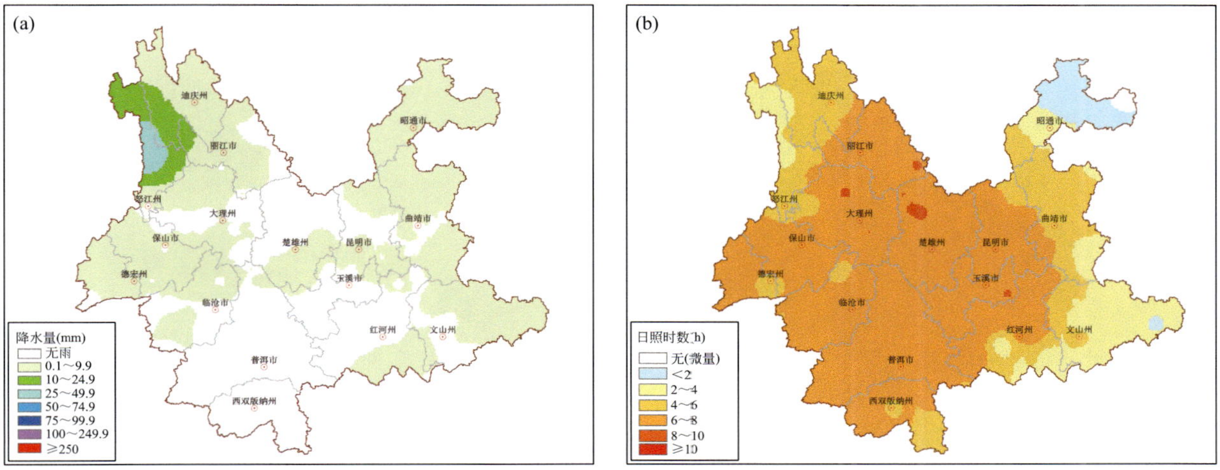

图 2.57.3　云南 2019 年 3 月 22—26 日累计降水量(a)和平均日照时数(b)

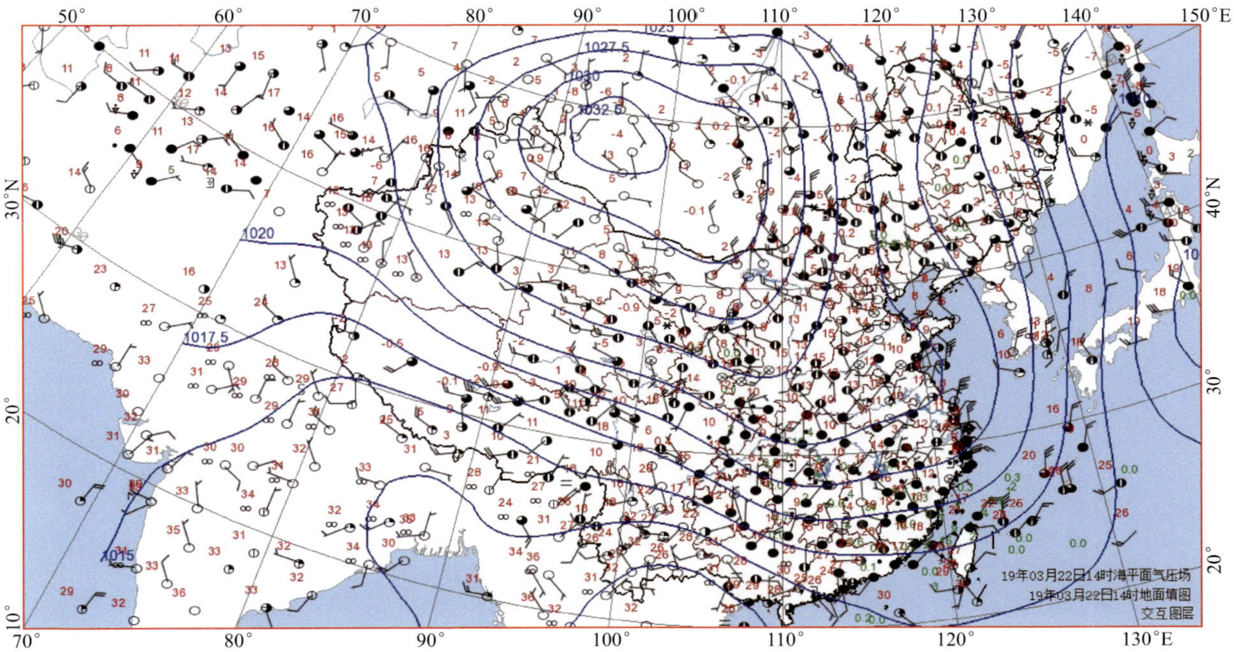

图 2.57.4　2019 年 3 月 22 日 14 时地面图和海平面气压场

(2)高空图

图 2.57.6 是 2019 年 3 月 22 日 08 时 850 hPa 高空图。图 2.57.7 是 2019 年 3 月 26 日 08 时 850 hPa 高空图。图 2.57.8 是 2019 年 3 月 22 日 08 时 500 hPa 高空图。图 2.57.9 是 2019 年 3 月 26 日 08 时 500 hPa 高空图。

2.57.3　卫星云图

图 2.57.10 是 2019 年 3 月 22 日 14 时、23 日 14 时卫星云图。

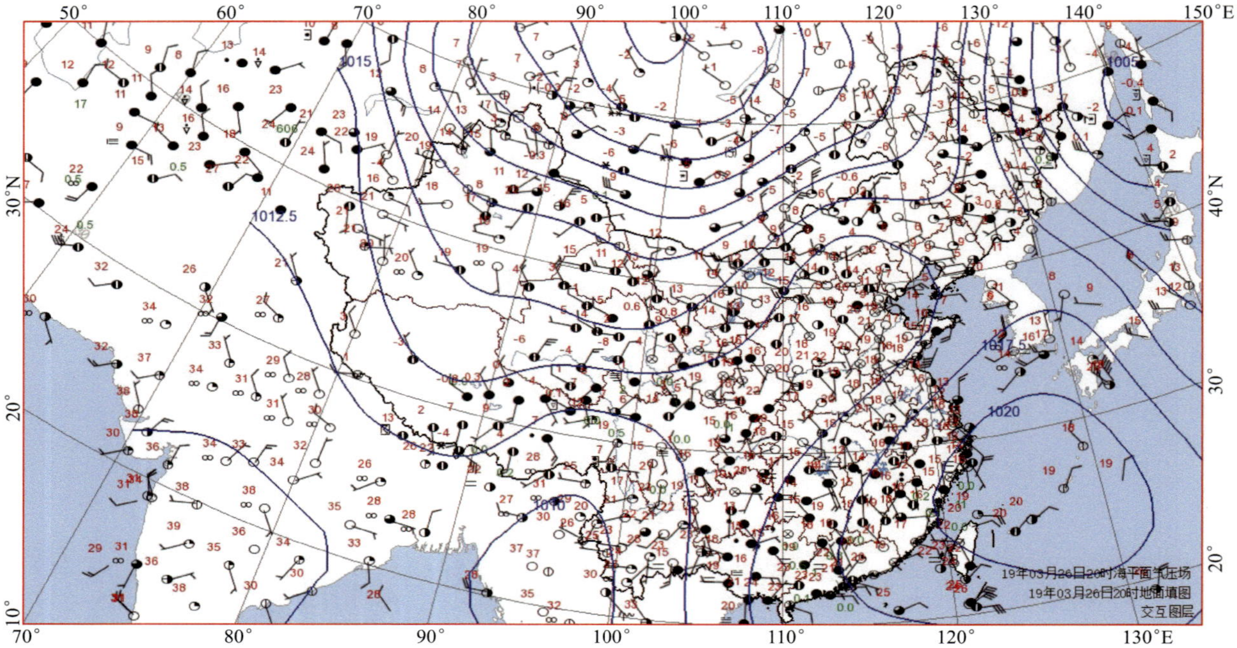

图 2.57.5　2019 年 3 月 26 日 20 时地面图和海平面气压场

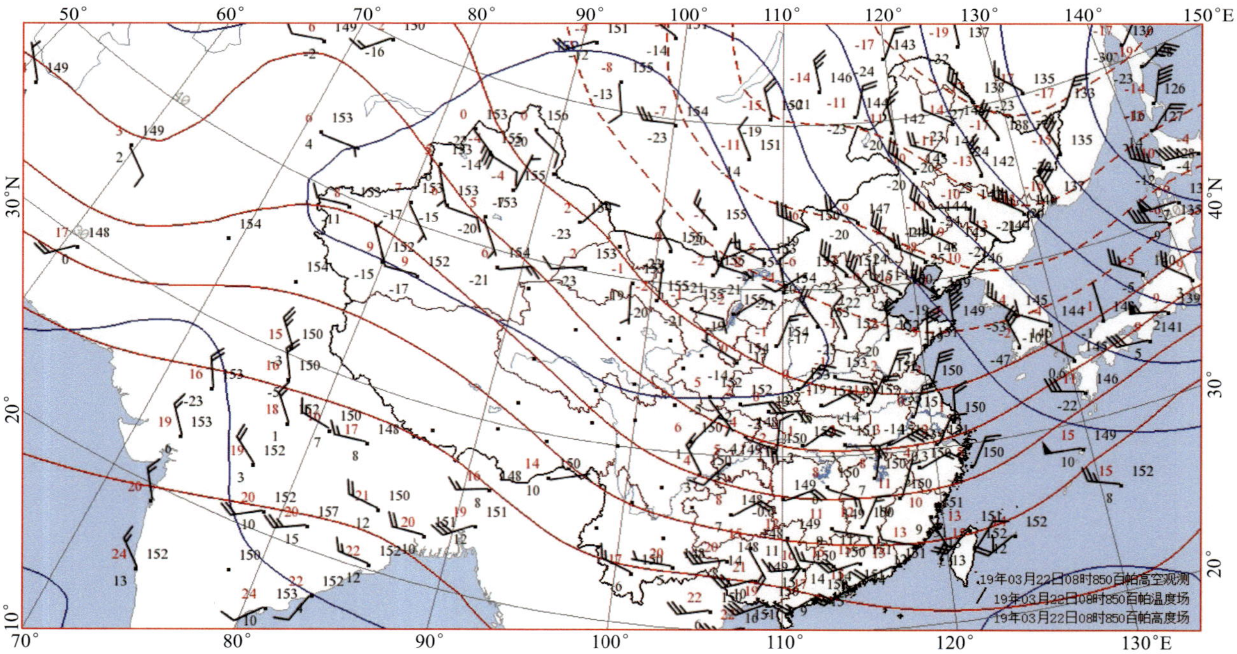

图 2.57.6　2019 年 3 月 22 日 08 时 850 hPa 高空图

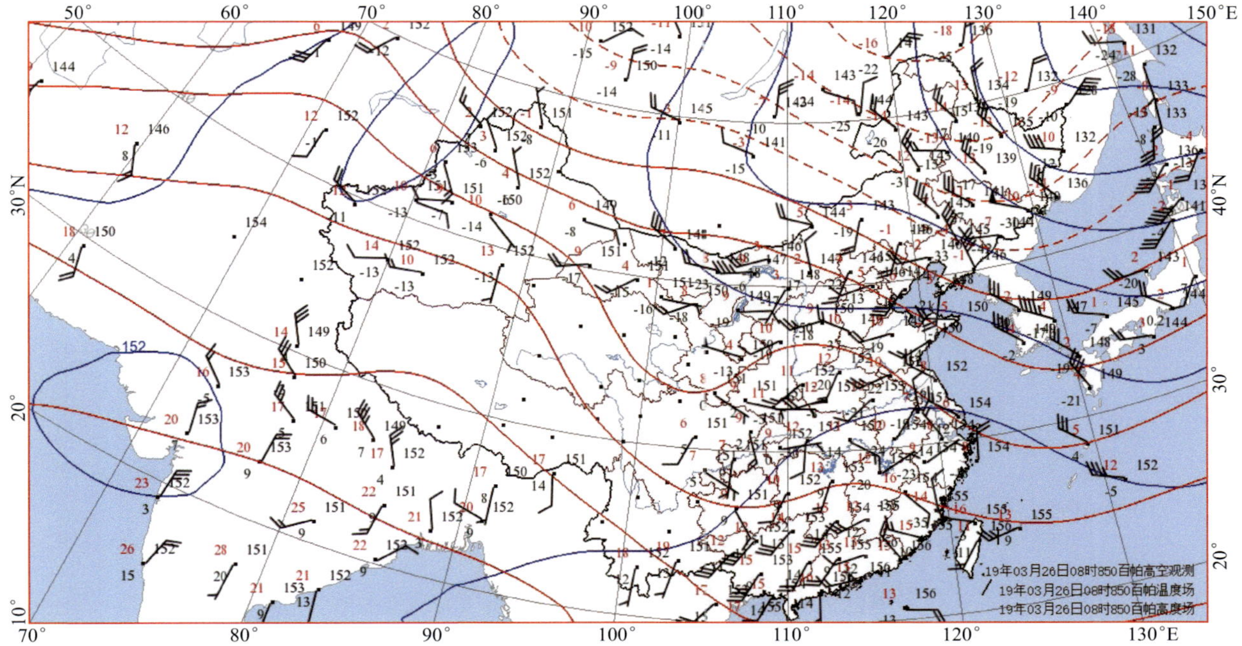

图 2.57.7　2019 年 3 月 26 日 08 时 850 hPa 高空图

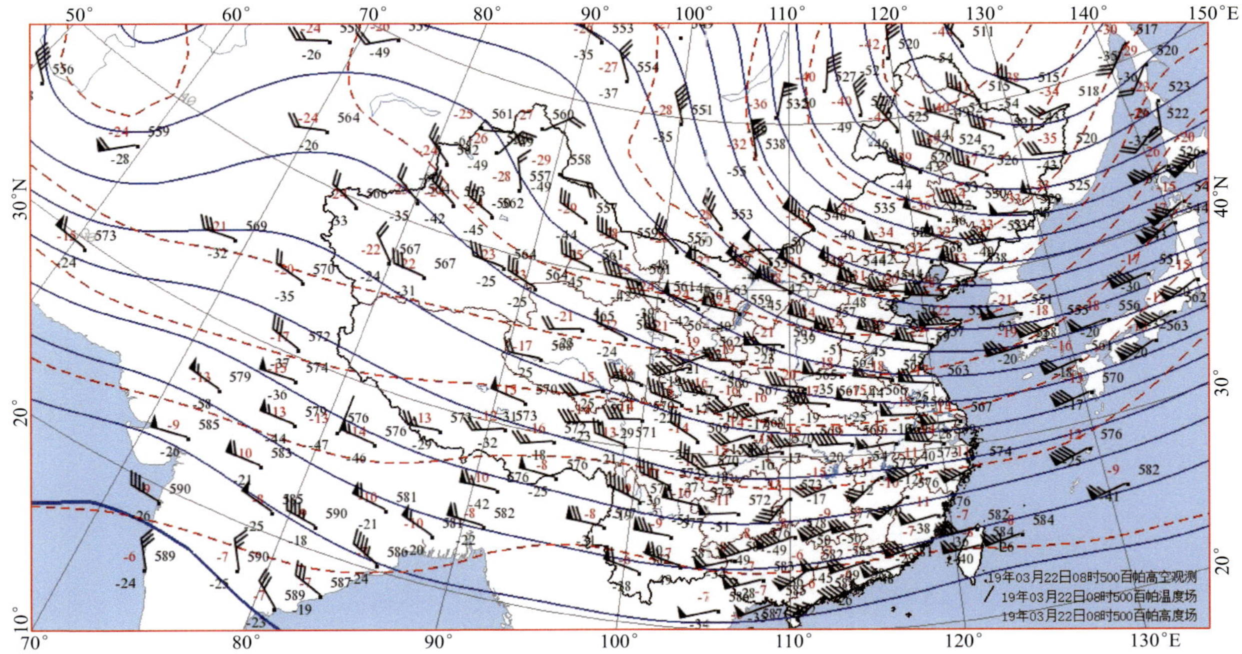

图 2.57.8　2019 年 3 月 22 日 08 时 500 hPa 高空图

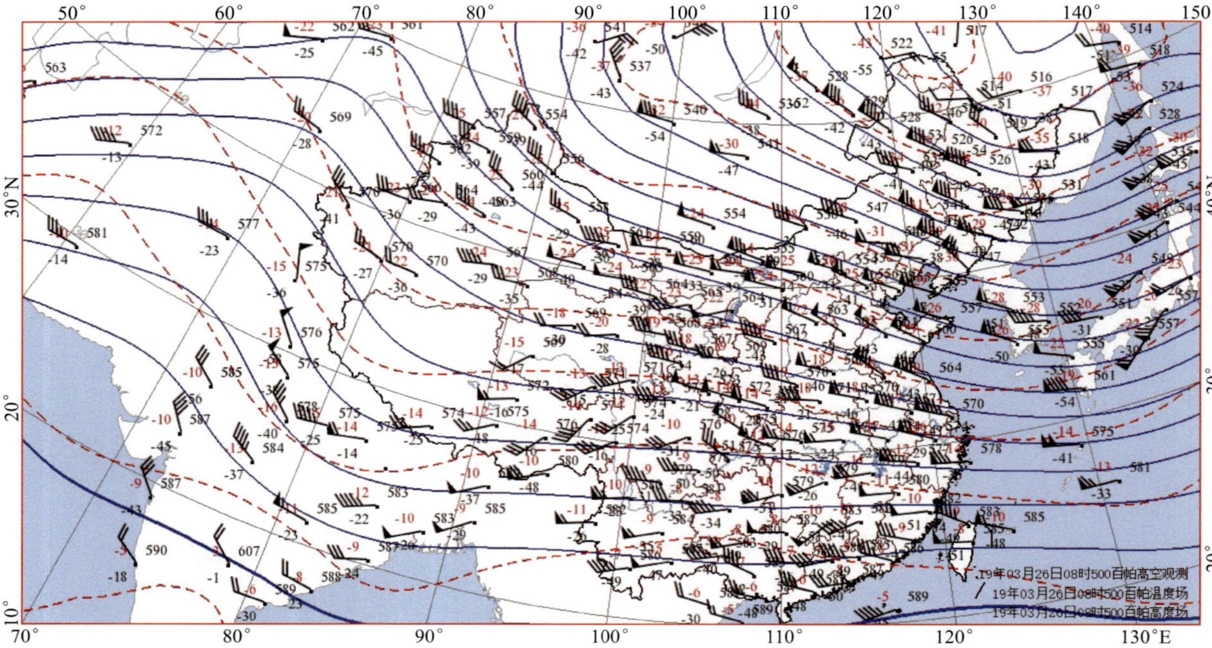

图 2.57.9 2019 年 3 月 26 日 08 时 500 hPa 高空图

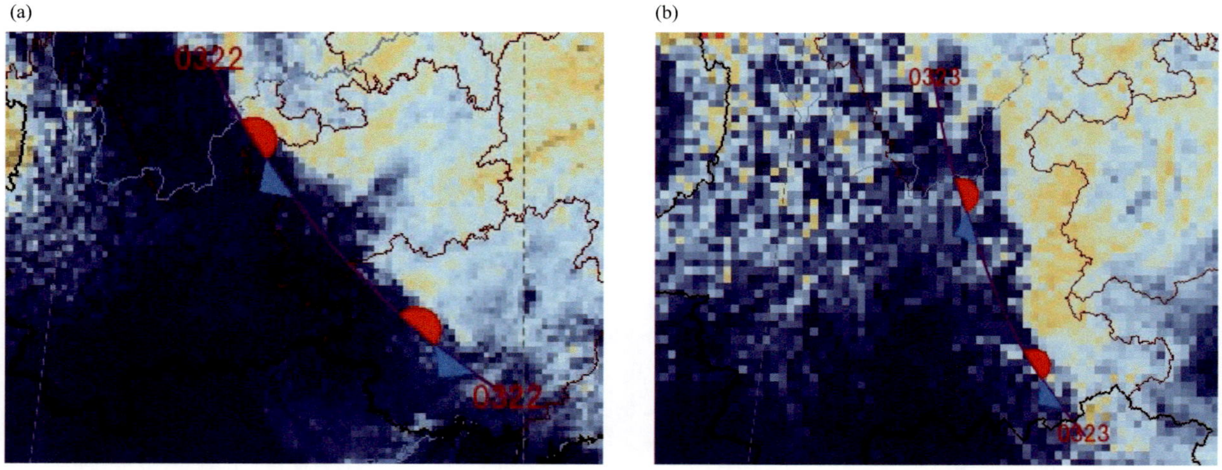

图 2.57.10 2019 年 3 月 22 日 14 时(a)、23 日 14 时(b)卫星云图

2.58 2019 年 3 月 31 日—4 月 5 日昆明准静止锋过程

2.58.1 过程概况

2019 年 3 月 31 日在云贵高原出现了昆明准静止锋天气系统，呈准南北向，贯穿四川、云南、贵州及广西四省(区)，位于西昌、会泽、富源、兴义及天等一线。4 月 1 日昆明准静止锋西进至普格、东川、陆良、丘北及西畴一线。2 日昆明准静止锋减弱东退至雷波、彝良、水城、安龙、百色及南宁一线。3 日昆明准静止锋加强西进至盐边、禄劝、昆明、华宁、屏边及河口一线。4 日昆明准静止锋东退至布拖、富源、西林及靖西一线。5 日昆明准静止锋再次加强西进至会东、嵩明、蒙自及河口一线。之后，锋面减弱消失。

3 月 31 日—4 月 5 日过程期间昆明准静止锋移动路径如图 2.58.1，活动范围见表 2.58.1。

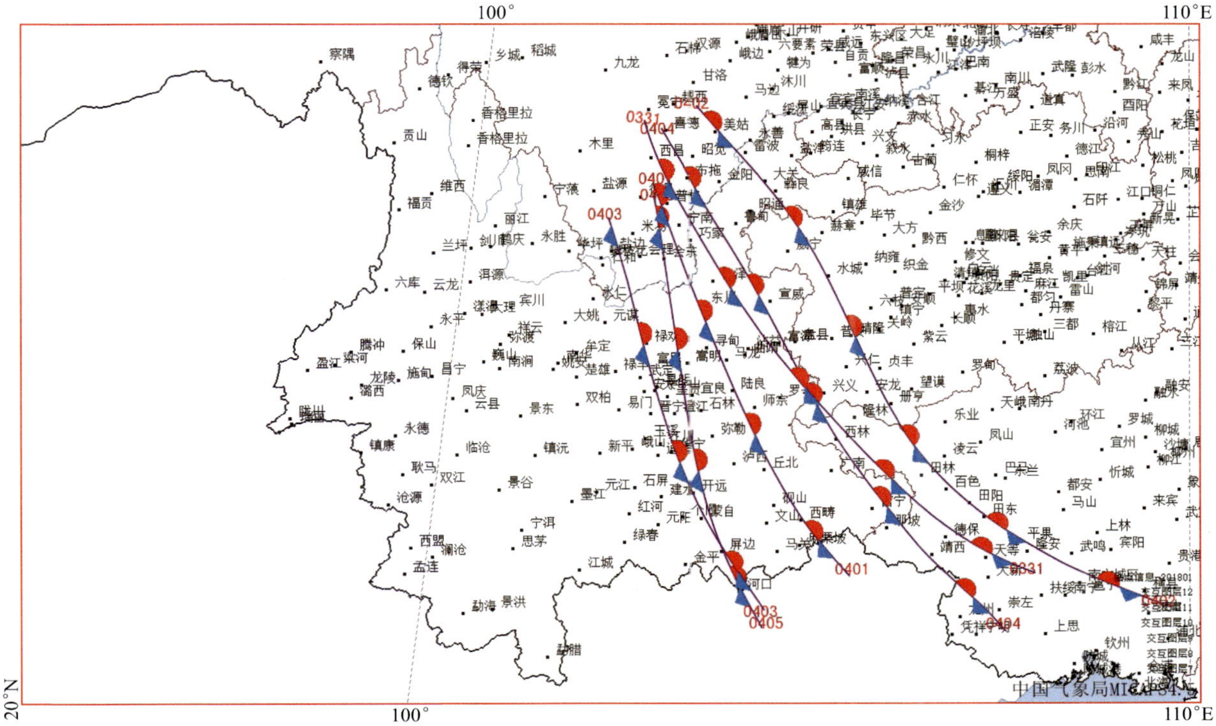

图 2.58.1　2019 年 3 月 31 日—4 月 5 日昆明准静止锋移动路径

表 2.58.1　2019 年 3 月 31 日—4 月 5 日昆明准静止锋位置

日期	昆明准静止锋位置
3 月 31 日	西昌—会泽—天等
4 月 1 日	普格—东川—西畴
4 月 2 日	雷波—水城—南宁
4 月 3 日	盐边—昆明—河口
4 月 4 日	布拖—富源—靖西
4 月 5 日	会东—嵩明—河口

受昆明准静止锋影响，3 月 31 日滇东北出现日最高气温负变温大值区，最大变温在镇雄县，为 −13.2 ℃；4 月 1 日随着昆明准静止锋增强西进，曲靖、文山降温幅度增大，最大变温在广南县，为 −12.5 ℃；2 日随着昆明准静止锋东退，滇东气温回升；3 日随着昆明准静止锋再次加强西进，滇中以东再次出现强降温，最大变温在罗平县，为 −13.5 ℃；4 日昆明准静止锋减弱，滇东大部气温回升；5 日随着昆明准静止锋西进，滇中到滇东南一线为负变温区，最大变温在丘北，为 −11.8 ℃。此次过程降温幅度大于 10 ℃的县市有 13 个，集中在昭通市、曲靖市和文山州（图 2.58.2）。

受昆明准静止锋和西风波动影响，2019 年 3 月 31 日—4 月 5 日（20 时—20 时）云南共有 54 个县市总降水量大于 10 mm，其中有 8 个县市大于 25 mm，最大为贡山 81.7 mm。昆明准静止锋主要影响区域（滇中及以东）共有 27 个县市总降水量大于 10 mm，其中 4 个县市大于 25 mm，文山州广南县最大，为 70.3 mm，其次为红河州金平县 51.3 mm（图 2.58.3a）。

受昆明准静止锋和西风波动影响，2019 年 3 月 31 日—4 月 5 日云南大部县市总日照时数不足

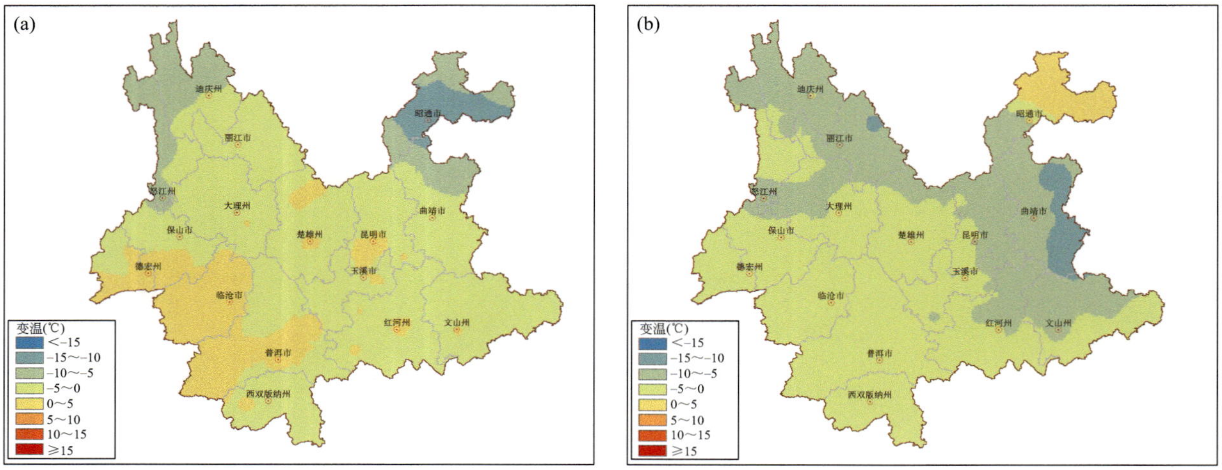

图 2.58.2　云南 2019 年 3 月 31 日(a)、4 月 3 日(b)最高气温 24 h 变温图

60 h,其中日照时数少于 50 h 的县市有 78 个,最少的是绥江县,为 15.1 h(图略)。与常年同期相比,有 40 个县市偏少 20%以上,德钦县偏少最多,为 64.3%,其次是鲁甸县 44.7%。图 2.58.3b 是昆明准静止锋影响期间的平均日照时数。

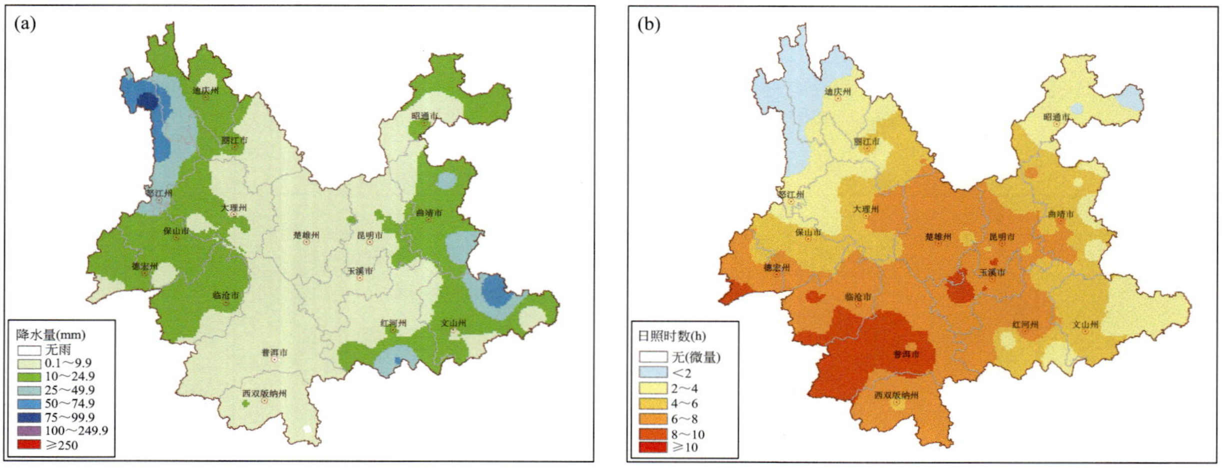

图 2.58.3　云南 2019 年 3 月 31 日—4 月 5 日累计降水量(a)和平均日照时数(b)

2.58.2　环流背景

(1)地面图

图 2.58.4 是 2019 年 3 月 31 日 14 时地面图和海平面气压场。图 2.58.5 是 2019 年 4 月 5 日 20 时地面图和海平面气压场。

(2)高空图

图 2.58.6 是 2019 年 3 月 31 日 08 时 850 hPa 高空图。图 2.58.7 是 2019 年 4 月 5 日 08 时 850 hPa 高空图。图 2.58.8 是 2019 年 3 月 31 日 08 时 500 hPa 高空图。图 2.58.9 是 2019 年 4 月 5 日 08 时 500 hPa 高空图。

2.58.3　卫星云图

图 2.58.10 是 2019 年 3 月 31 日 14 时、4 月 1 日 14 时卫星云图。

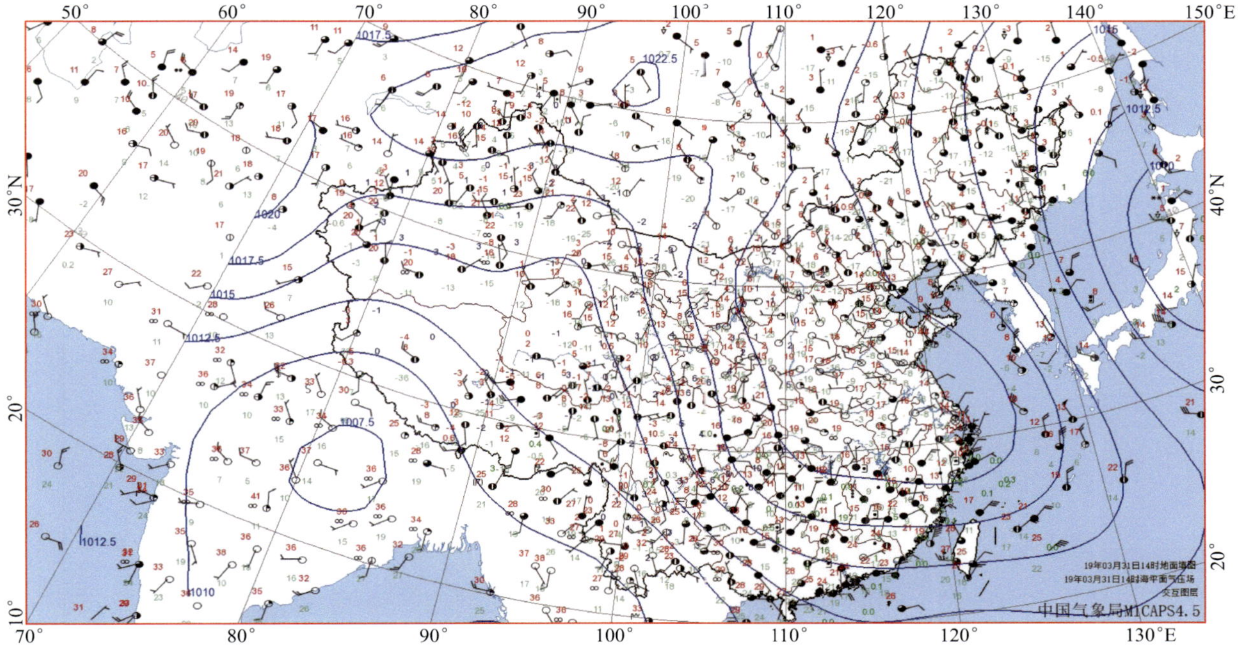

图 2.58.4　2019 年 3 月 31 日 14 时地面图和海平面气压场

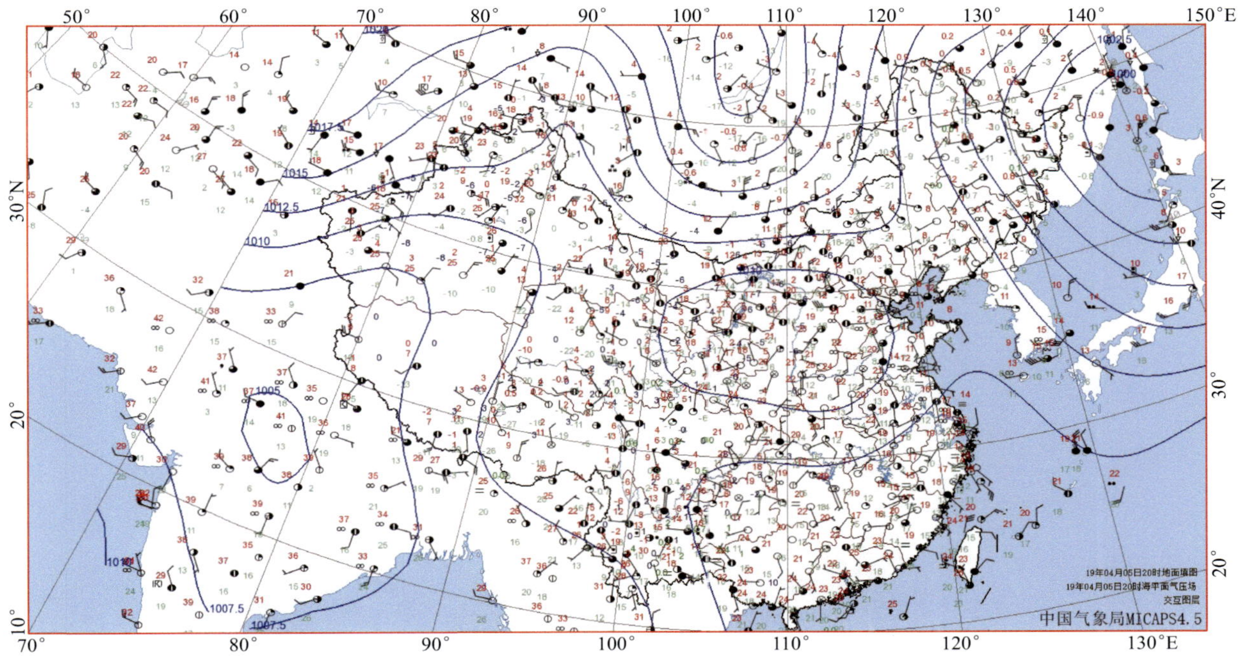

图 2.58.5　2019 年 4 月 5 日 20 时地面图和海平面气压场

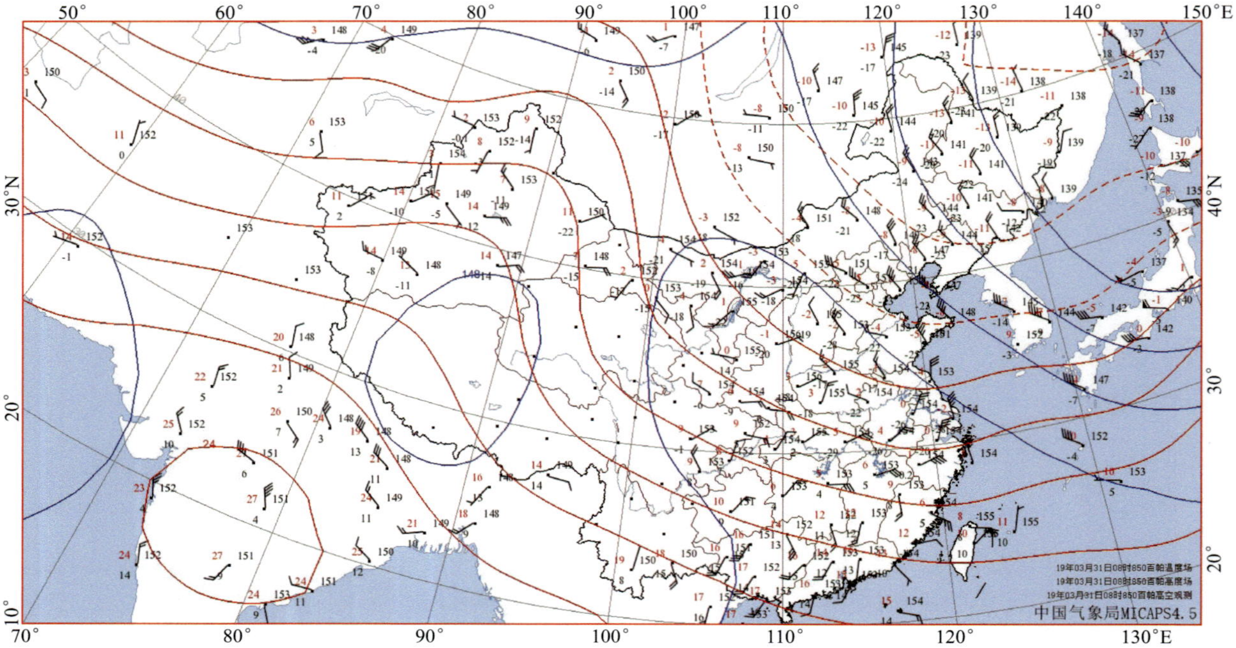

图 2.58.6　2019 年 3 月 31 日 08 时 850 hPa 高空图

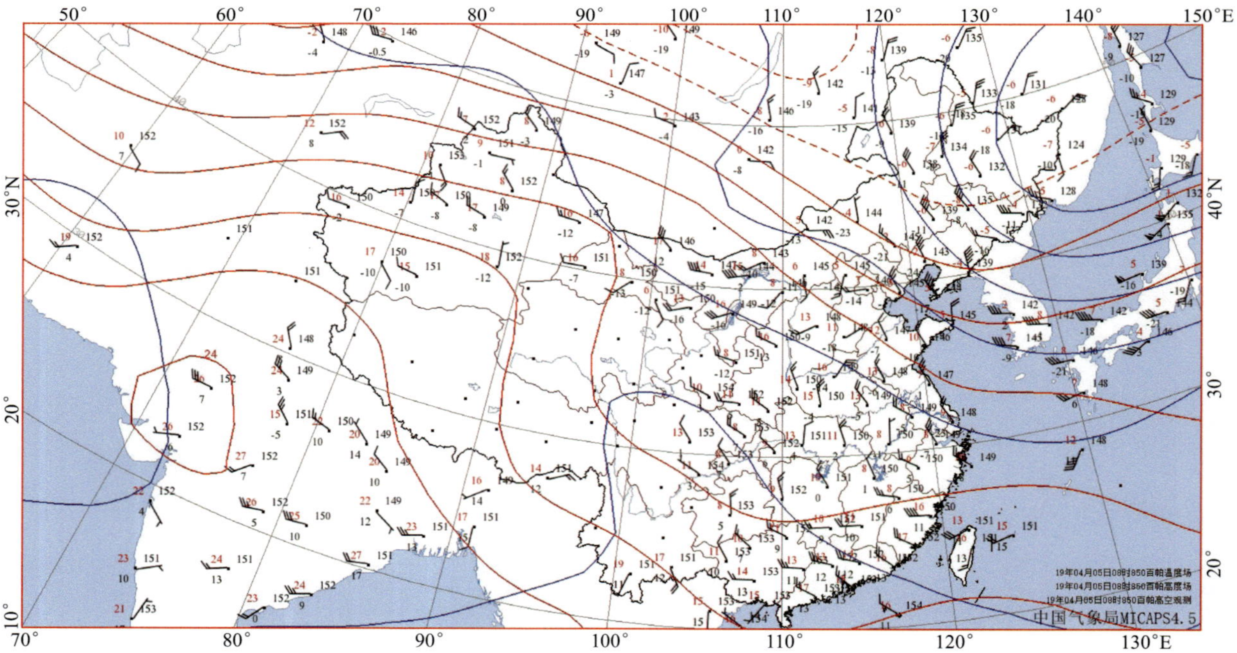

图 2.58.7　2019 年 4 月 5 日 08 时 850 hPa 高空图

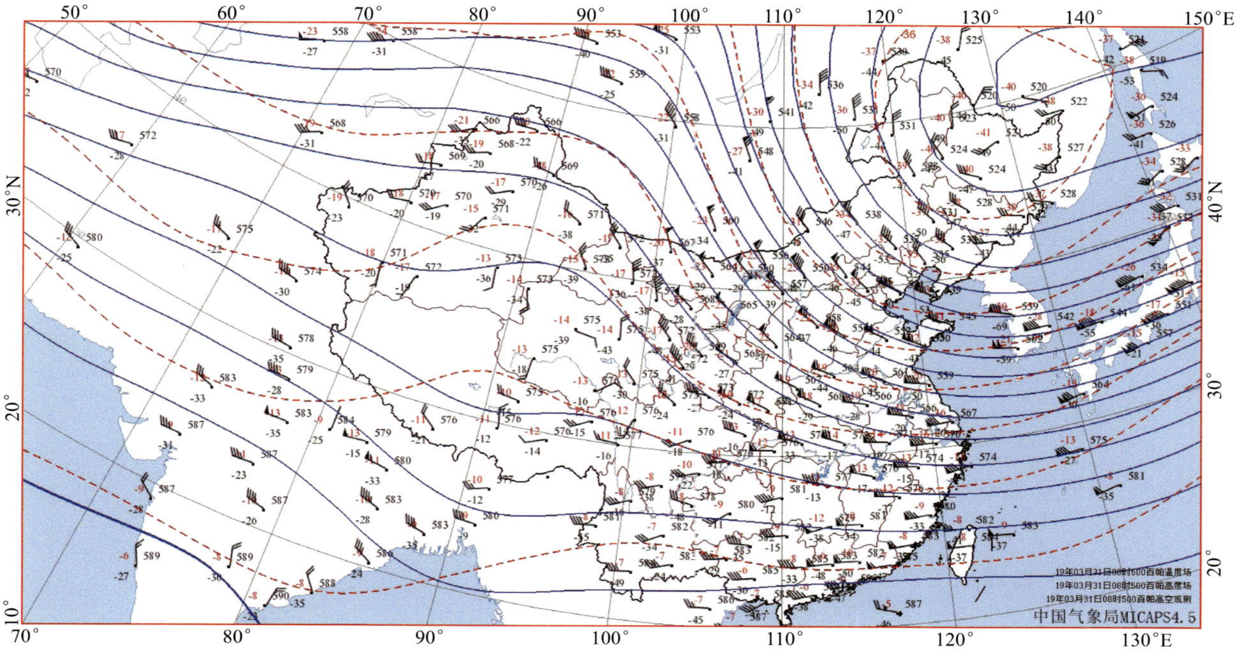

图 2.58.8　2019 年 3 月 31 日 08 时 500 hPa 高空图

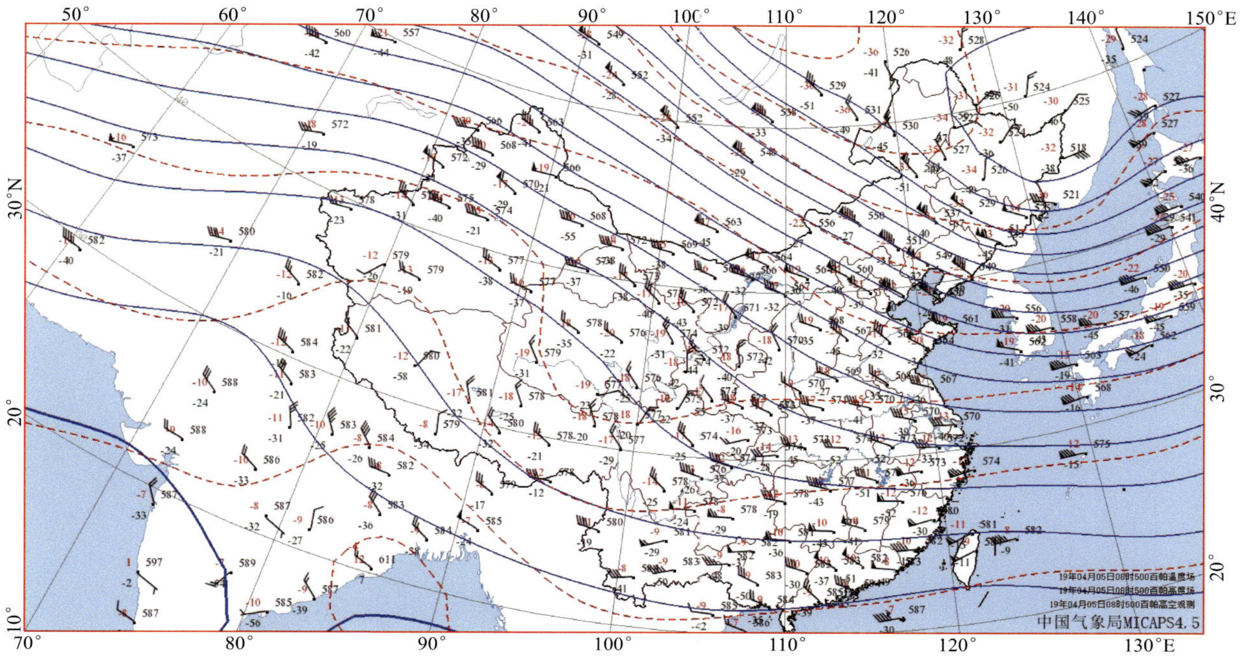

图 2.58.9　2019 年 4 月 5 日 08 时 500 hPa 高空图

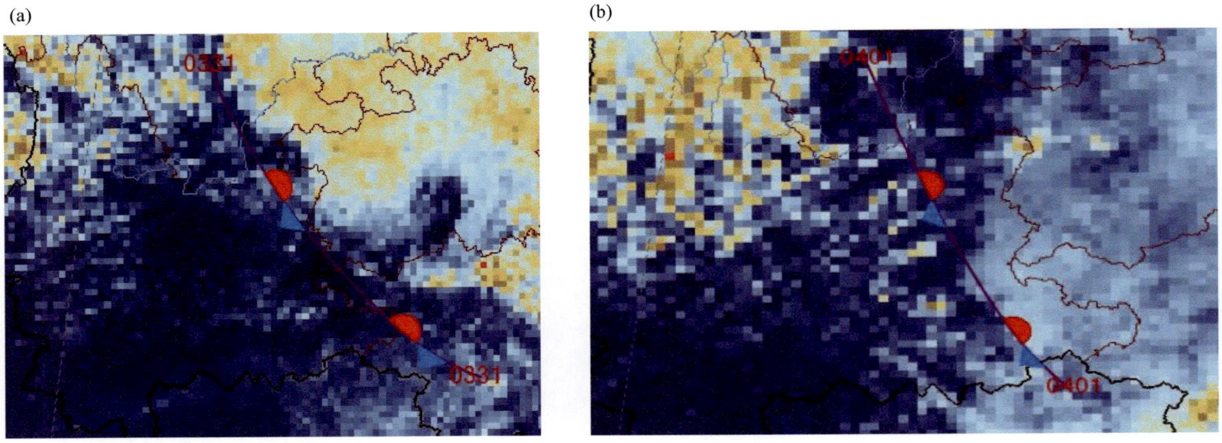

图 2.58.10　2019 年 3 月 31 日 14 时(a)、4 月 1 日 14 时(b)卫星云图

2.59　2019 年 4 月 14—16 日昆明准静止锋过程

2.59.1　过程概况

2019 年 4 月 14 日在云贵高原出现了昆明准静止锋天气系统，呈准西北—东南向，贯穿四川、云南、贵州及广西四省(区)，位于西昌、巧家、曲靖、广南及崇左一线。15 日昆明准静止锋北段东退，南段略西进，位于美姑、鲁甸、沾益、罗平及龙州一线。16 日昆明准静止锋加强西进，位于会理、嵩明、丘北及麻栗坡一线。之后，锋面减弱消失。4 月 14—16 日过程期间昆明准静止锋移动路径如图 2.59.1，活动范围见表 2.59.1。

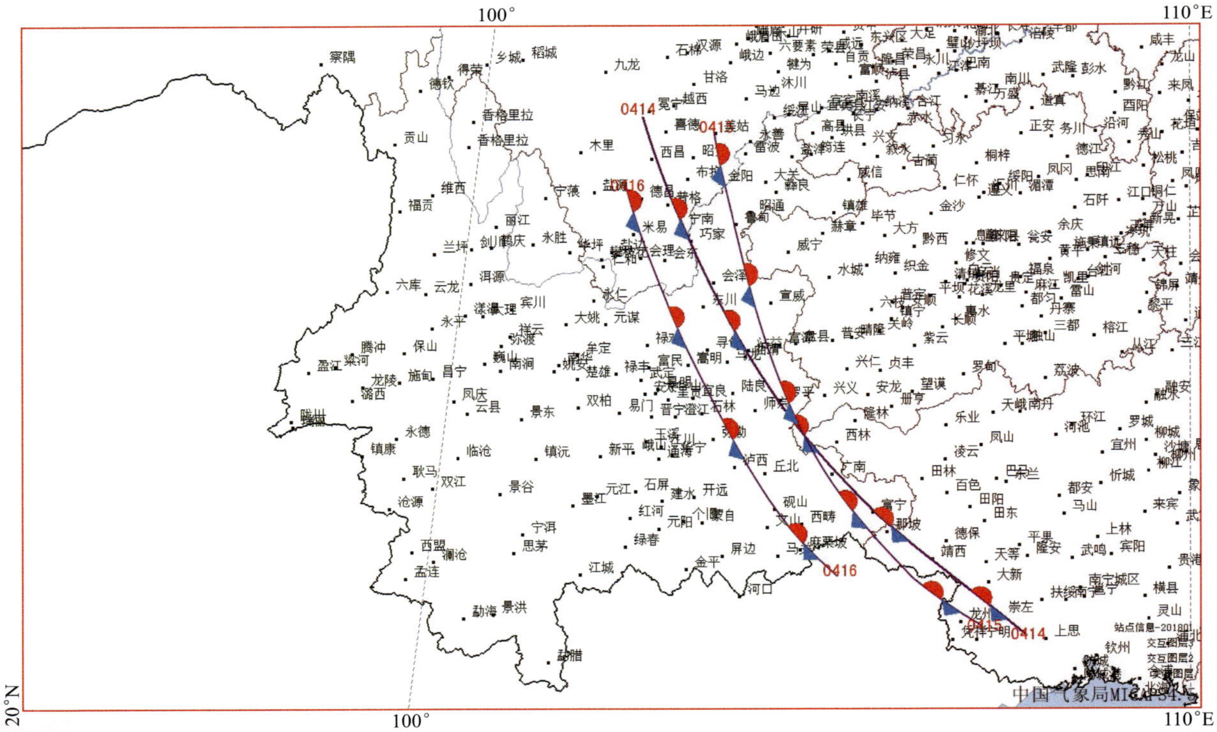

图 2.59.1　2019 年 4 月 14—16 日昆明准静止锋移动路径

表 2.59.1　2019 年 4 月 14—16 日昆明准静止锋位置

日期	昆明准静止锋位置
4 月 14 日	西昌—曲靖—崇左
4 月 15 日	美姑—沾益—龙州
4 月 16 日	会理—嵩明—麻栗坡

受昆明准静止锋影响，4 月 14 日滇东北出现日最高气温负变温大值区，最大变温在鲁甸县，为 －15.1 ℃；15 日昭通南部、曲靖气温回升。16 日随着昆明准静止锋西进，昆明、曲靖至文山一线为负变温区，最大变温在丘北，为－10.3 ℃。此次过程降温幅度大于 10 ℃的县市有 6 个，集中在昭通市、文山州（图 2.59.2）。

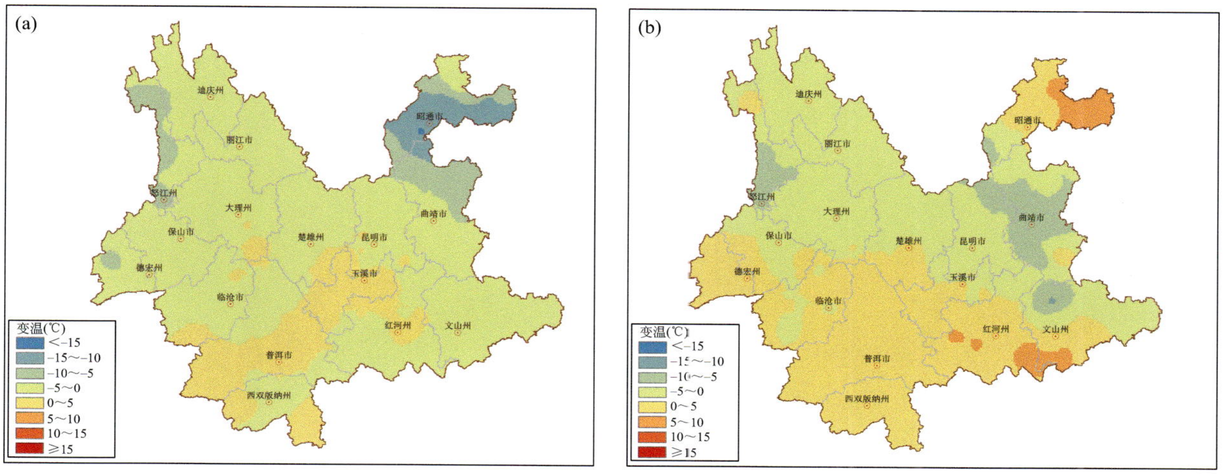

图 2.59.2　云南 2019 年 4 月 14 日(a)、16 日(b)最高气温 24 h 变温图

受昆明准静止锋影响，2019 年 4 月 14—16 日（20 时—20 时）滇中以东共有 64 个县市出现降水，其中有 10 个县市总降水量大于 10 mm，最大为文山州富宁县 47.7 mm，其次为广南县 29.2 mm（图 2.59.3a）。

受昆明准静止锋影响，2019 年 4 月 14—16 日云南有 45 个县市总日照时数不足 30 h，其中 23 个县市少于 20 h，盐津、绥江、广南、富宁、西畴 5 个县市不足 10 h，最少的是盐津县，为 1.9 h，其次是绥江 5.7 h（图略）。与常年同期相比，有 21 个县市偏少 20％以上，7 个县市偏少 50％以上，昭通偏少最多，为

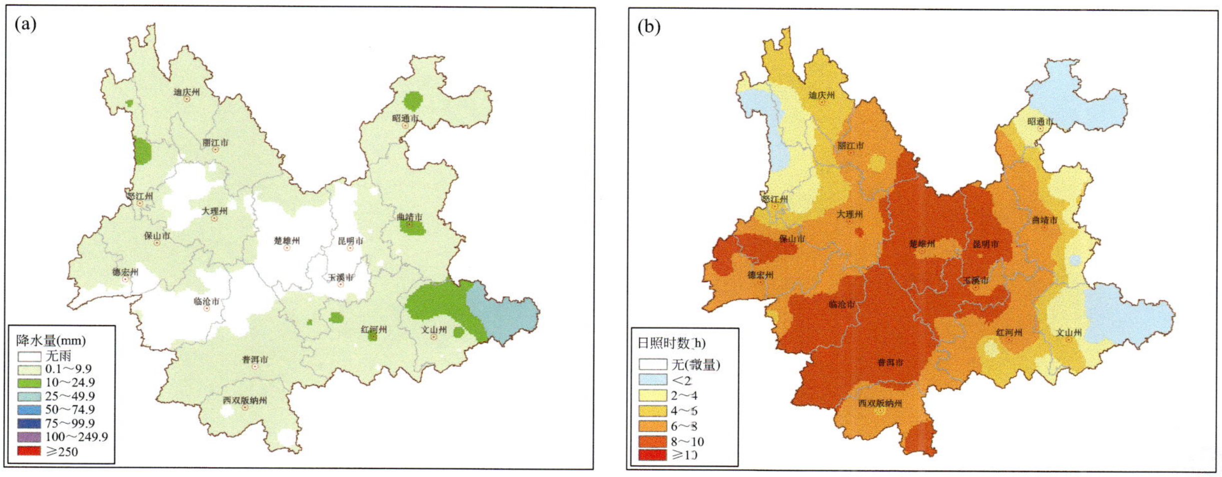

图 2.59.3　云南 2019 年 4 月 14—16 日累计降水量(a)和平均日照时数(b)

84.4%。图 2.59.3b 是昆明准静止锋影响期间的平均日照时数。

2.59.2 环流背景

(1)地面图

图 2.59.4 是 2019 年 4 月 14 日 14 时地面图和海平面气压场。图 2.59.5 是 2019 年 4 月 16 日 20 时地面图和海平面气压场。

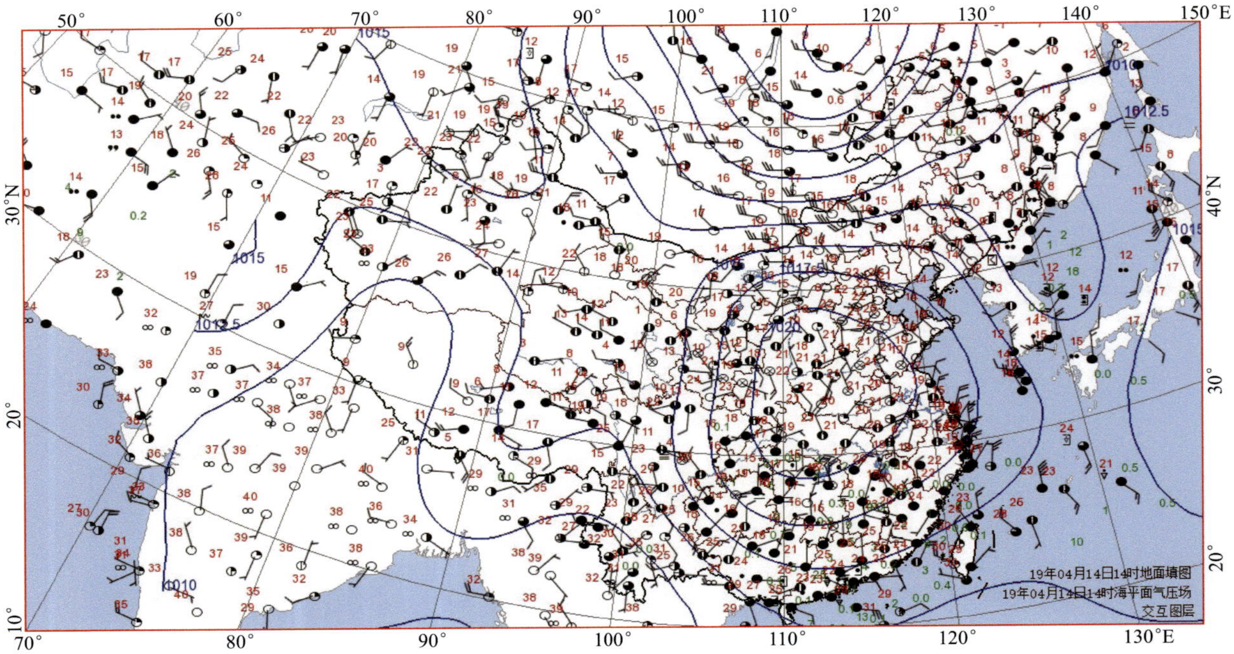

图 2.59.4 2019 年 4 月 14 日 14 时地面图和海平面气压场

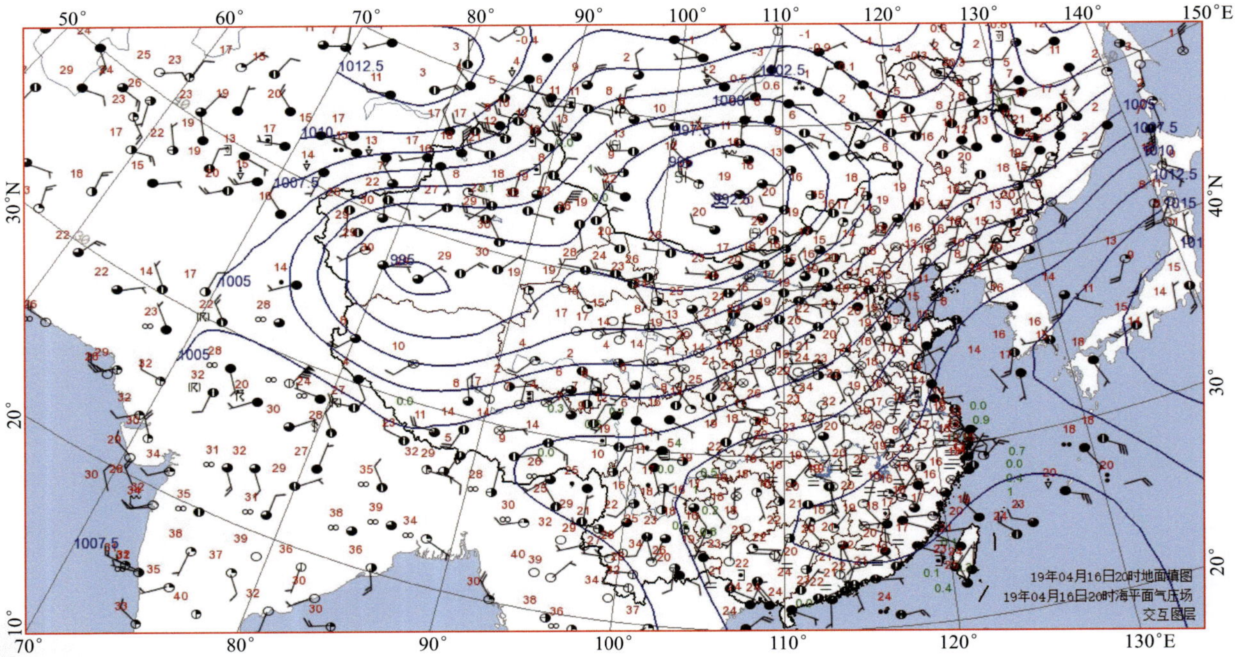

图 2.59.5 2019 年 4 月 16 日 20 时地面图和海平面气压场

（2）高空图

图 2.59.6 是 2019 年 4 月 14 日 08 时 850 hPa 高空图。图 2.59.7 是 2019 年 4 月 16 日 08 时 850 hPa 高空图。图 2.59.8 是 2019 年 4 月 14 日 08 时 500 hPa 高空图。图 2.59.9 是 2019 年 4 月 16 日 08 时 500 hPa 高空图。

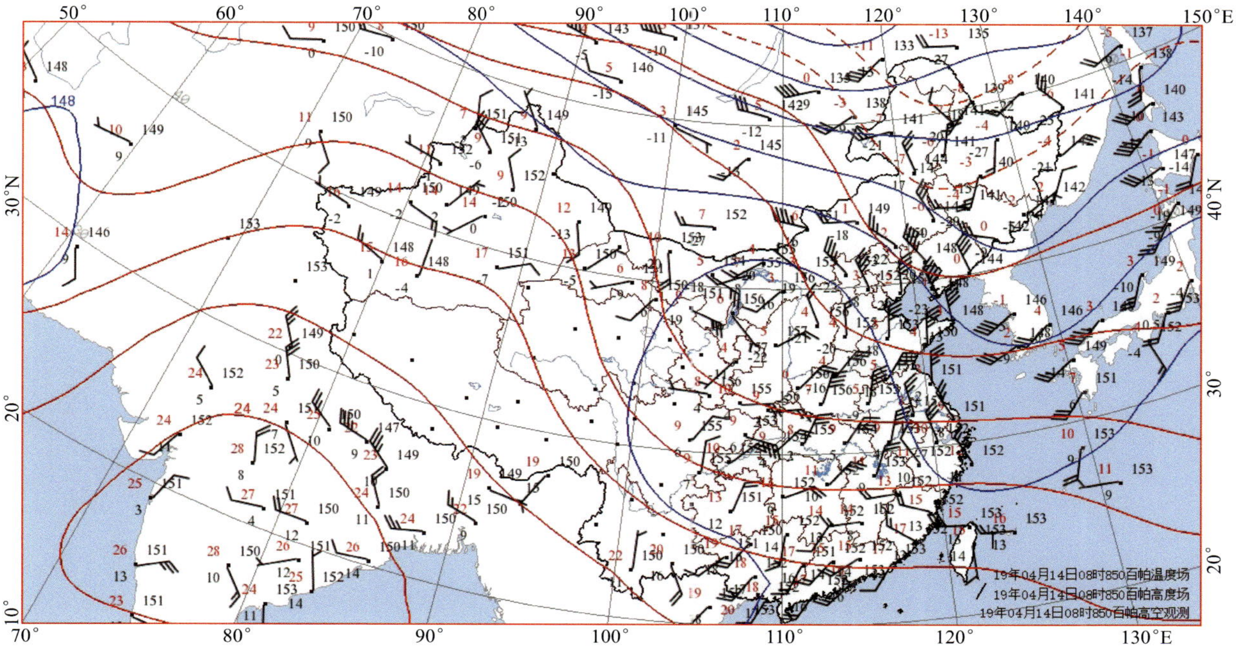

图 2.59.6　2019 年 4 月 14 日 08 时 850 hPa 高空图

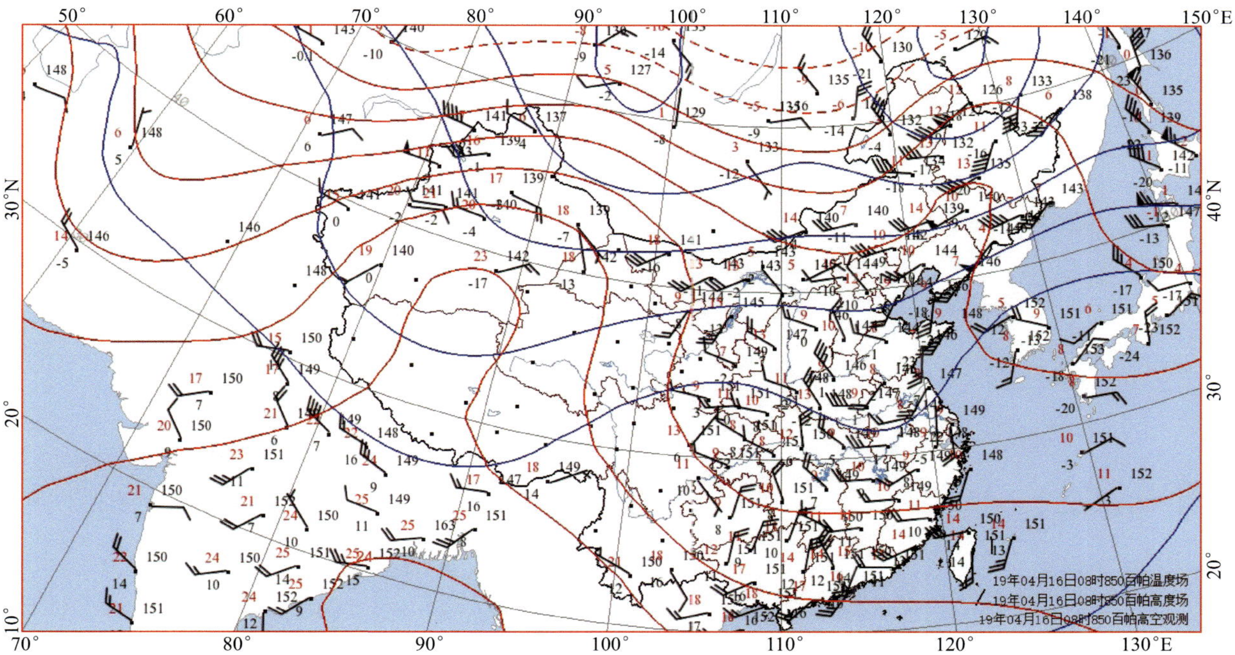

图 2.59.7　2019 年 4 月 16 日 08 时 850 hPa 高空图

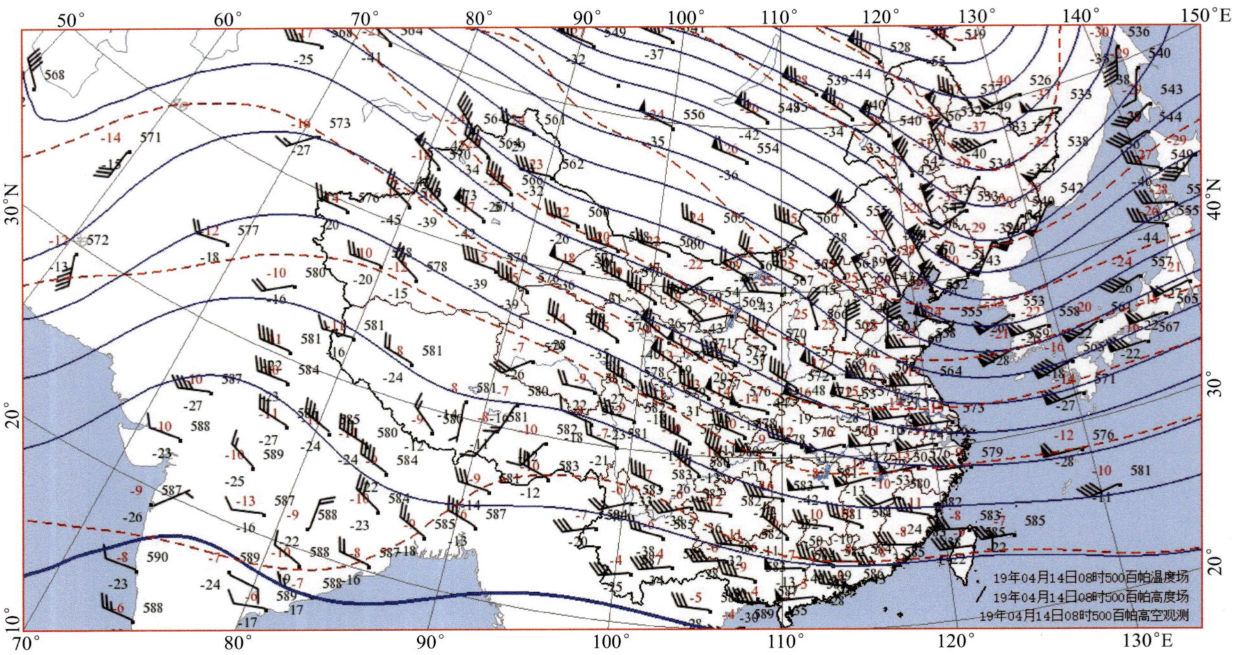

图 2.59.8　2019 年 4 月 14 日 08 时 500 hPa 高空图

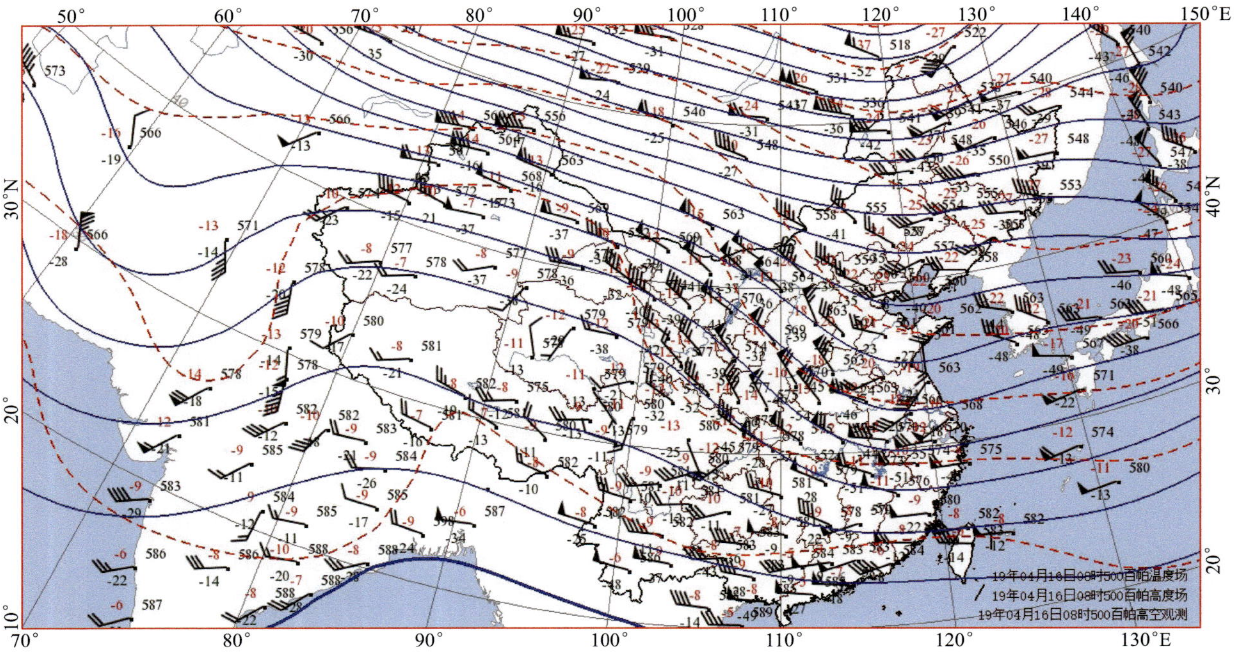

图 2.59.9　2019 年 4 月 16 日 08 时 500 hPa 高空图

2.59.3　卫星云图

图 2.59.10 是 2019 年 4 月 14 日 14 时、15 日 14 时卫星云图。

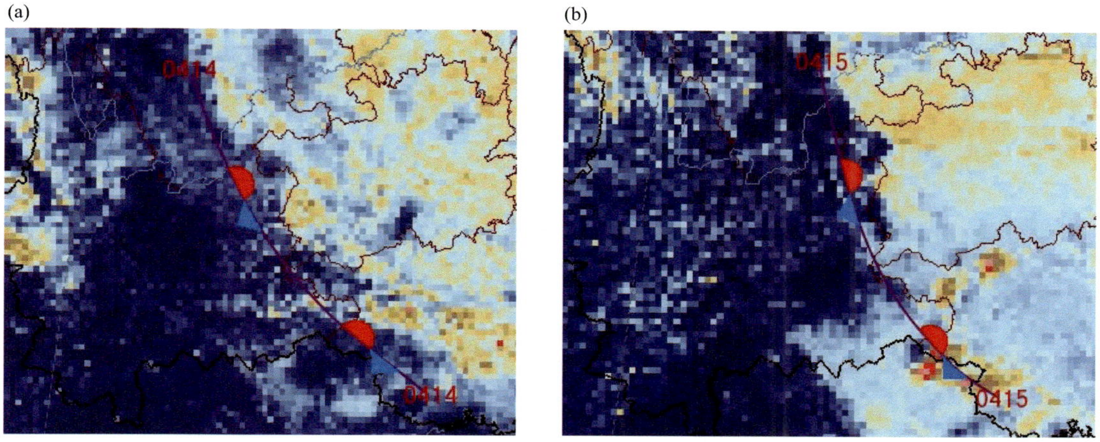

图 2.59.10　2019 年 4 月 14 日 14 时(a)、15 日 14 时(b)卫星云图

2.60　2019 年 4 月 28—30 日昆明准静止锋过程

2.60.1　过程概况

2019 年 4 月 28 日在云贵高原出现了昆明准静止锋天气系统，呈西北—东南向，贯穿四川、云南、贵州及广西四省(区)，锋面位于美姑、威宁、贞丰、田东及隆安一线。29 日昆明准静止锋西南移至会东、东川、罗平、西林及隆安一线。30 日昆明准静止锋继续向西推进至盐边、禄劝、弥勒、砚山及麻栗坡一线。5 月初，锋面在滇东边缘活动。4 月 28—30 日过程期间昆明准静止锋移动路径如图 2.60.1，活动范围见表 2.60.1。

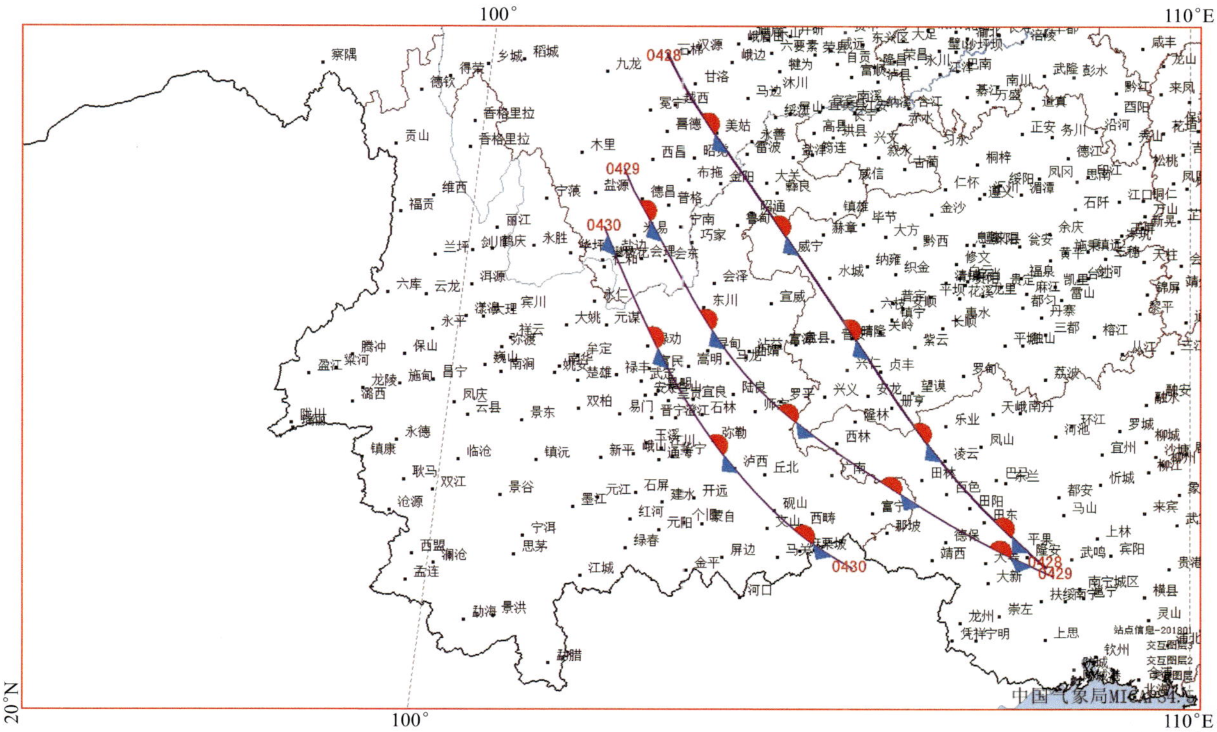

图 2.60.1　2019 年 4 月 28—30 日昆明准静止锋移动路径

表 2.60.1　2019 年 4 月 28—30 日昆明准静止锋位置

日期	昆明准静止锋位置
4 月 28 日	美姑—贞丰—隆安
4 月 29 日	会东—东川—隆安
4 月 30 日	盐边—禄劝—麻栗坡

受昆明准静止锋影响，4 月 28 日滇东北出现日最高气温负变温大值区，最大变温在盐津县，为－13.1 ℃；29 日随着昆明准静止锋西南移，滇东北强降温区稍西南移，最大变温在巧家县，为－12.7 ℃；30 日强降温区随着昆明准静止锋西移，位于昆明、曲靖、昭通等地，最大变温在寻甸县，为－7.5 ℃。此次过程降温幅度大于 10 ℃的县市有 8 个，均出现在昭通市(图 2.60.2)。

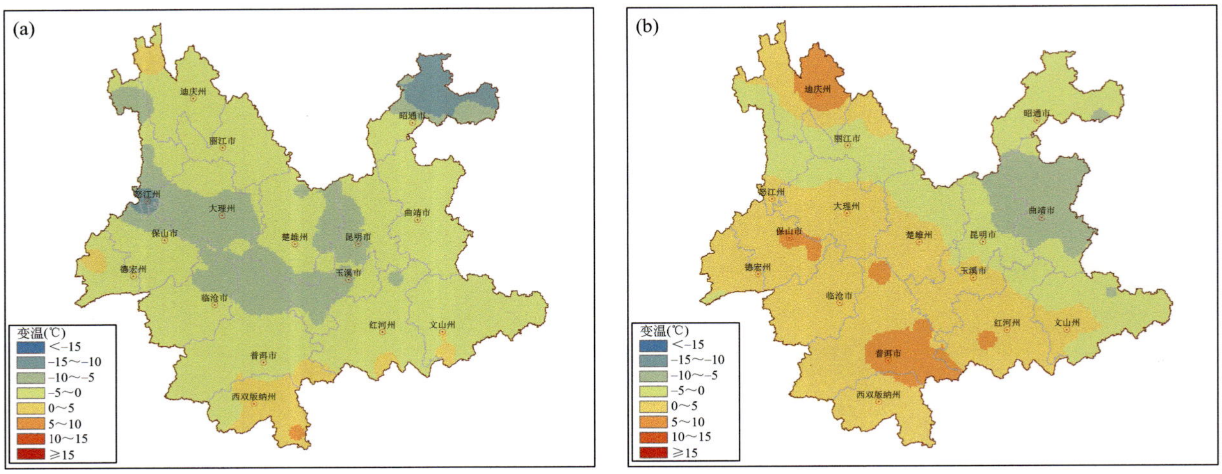

图 2.60.2　云南 2019 年 4 月 28 日(a)、30 日(b)最高气温 24 h 变温图

受昆明准静止锋影响，2019 年 4 月 28—30 日(20 时—20 时)滇中及以东地区有 36 个县市出现降水，其中有 13 个县市大于 10 mm，5 个县市大于 25 mm，最大为昭通市永善县 55.7 mm，其次为威信县 40.8 mm(图 2.60.3a)。

受昆明准静止锋影响，2019 年 4 月 28—30 日云南大部分县市总日照时数不足 30 h。其中日照时数少于 20 h 的县市有 41 个，日照时数不足 10 h 的有 6 个县市，滇西北有 3 个，昭通有 3 个(盐津、大关、绥江)，昭通最少的是盐津县，为 8.5 h(图略)。与常年同期相比，有 76 个县市偏少 20%以上，7 个县市

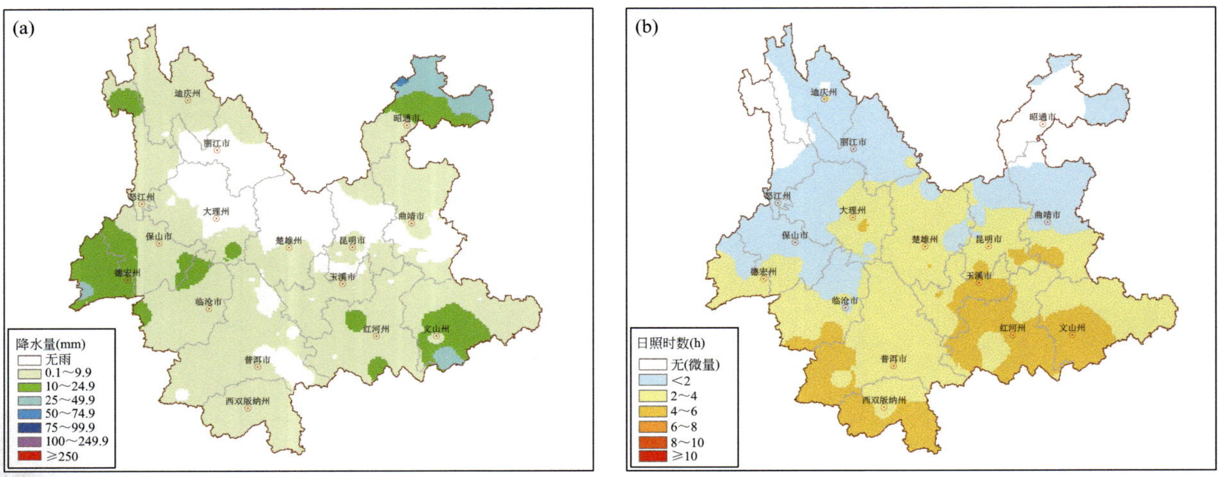

图 2.60.3　云南 2019 年 4 月 28—30 日累计降水量(a)和平均日照时数(b)

偏少50%以上，元阳县偏少最多，为62.9%。图2.60.3b是昆明准静止锋影响期间的平均日照时数。

2.60.2 环流背景

(1)地面图

图2.60.4是2019年4月28日14时地面图和海平面气压场。图2.60.5是2019年4月30日20时地面图和海平面气压场。

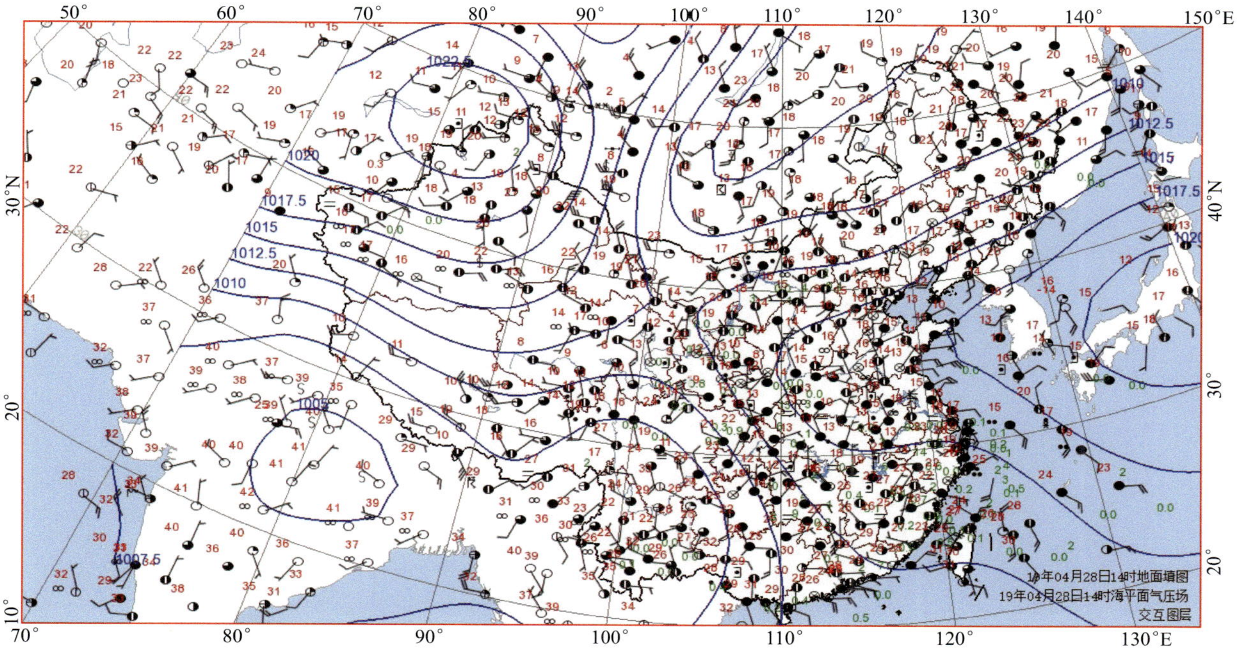

图2.60.4 2019年4月28日14时地面图和海平面气压场

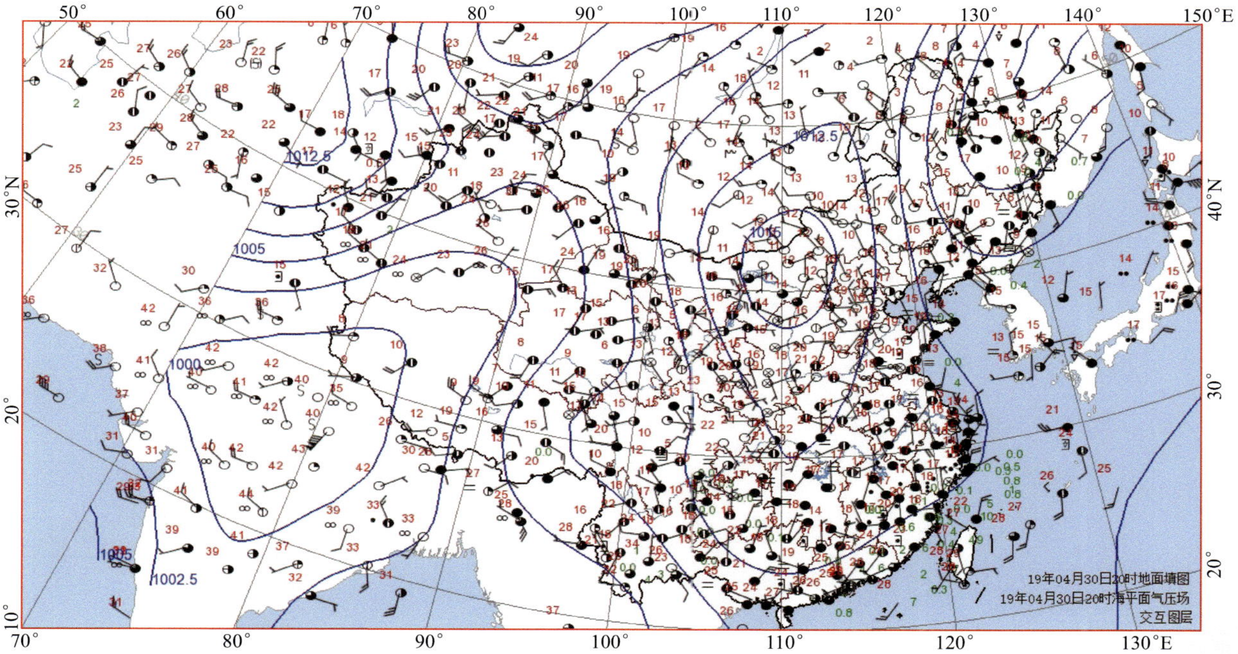

图2.60.5 2019年4月30日20时地面图和海平面气压场

(2)高空图

图 2.60.6 是 2019 年 4 月 28 日 08 时 850 hPa 高空图。图 2.60.7 是 2019 年 4 月 30 日 08 时 850 hPa 高空图。图 2.60.8 是 2019 年 4 月 28 日 08 时 500 hPa 高空图。图 2.60.9 是 2019 年 4 月 30 日 08 时 500 hPa 高空图。

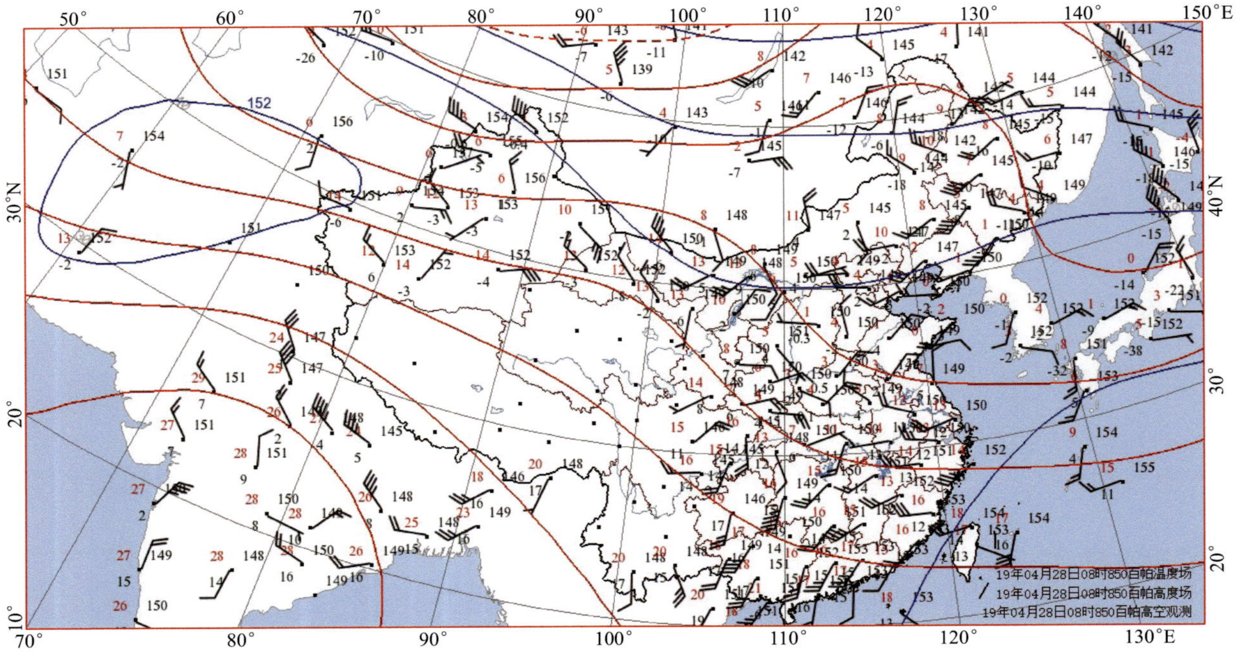

图 2.60.6　2019 年 4 月 28 日 08 时 850 hPa 高空图

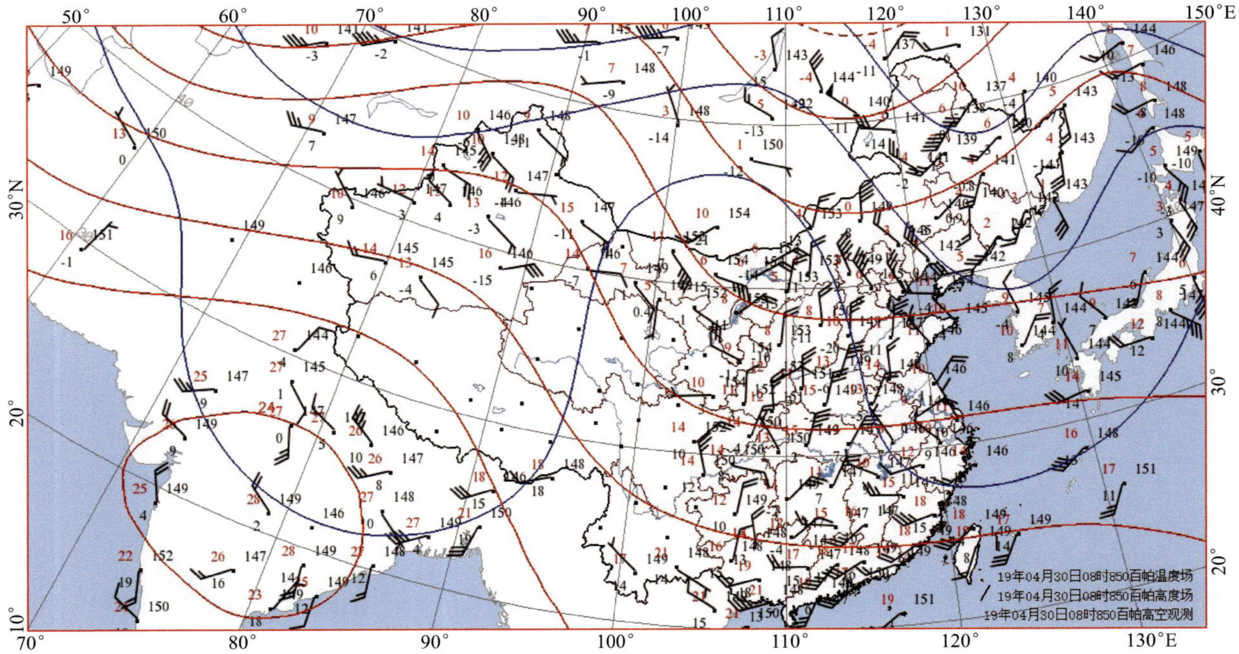

图 2.60.7　2019 年 4 月 30 日 08 时 850 hPa 高空图

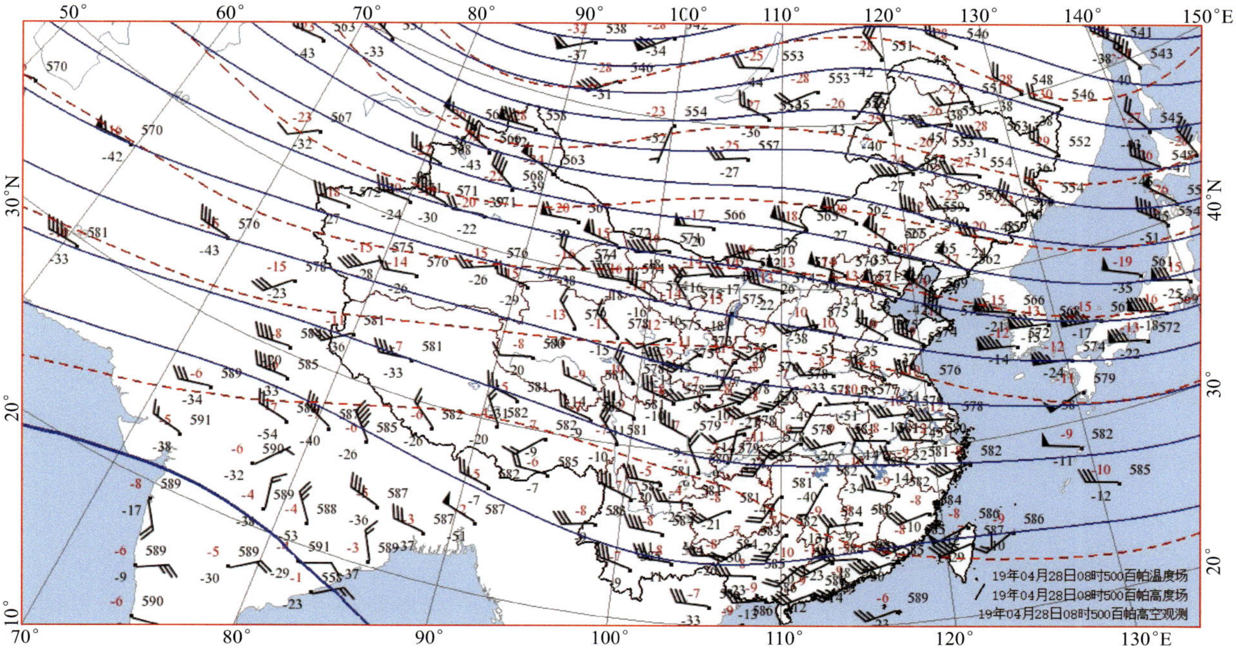

图 2.60.8　2019 年 4 月 28 日 08 时 500 hPa 高空图

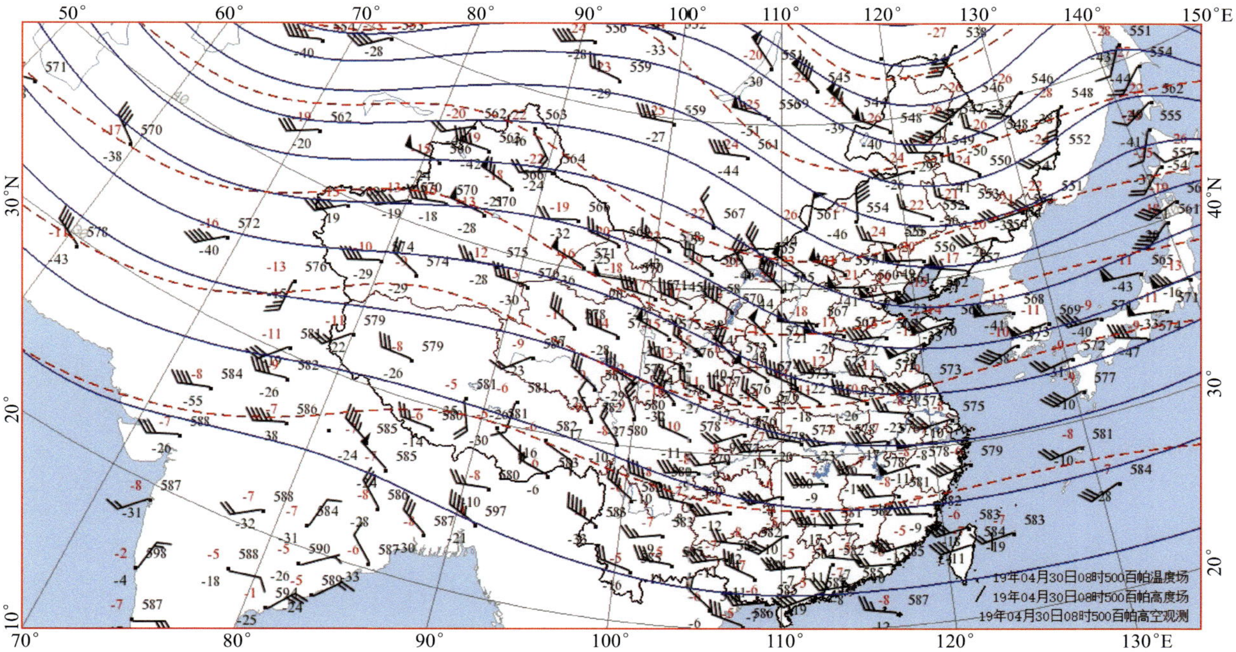

图 2.60.9　2019 年 4 月 30 日 08 时 500 hPa 高空图

2.60.3　卫星云图

图 2.60.10 是 2019 年 4 月 28 日 14 时、30 日 14 时卫星云图。

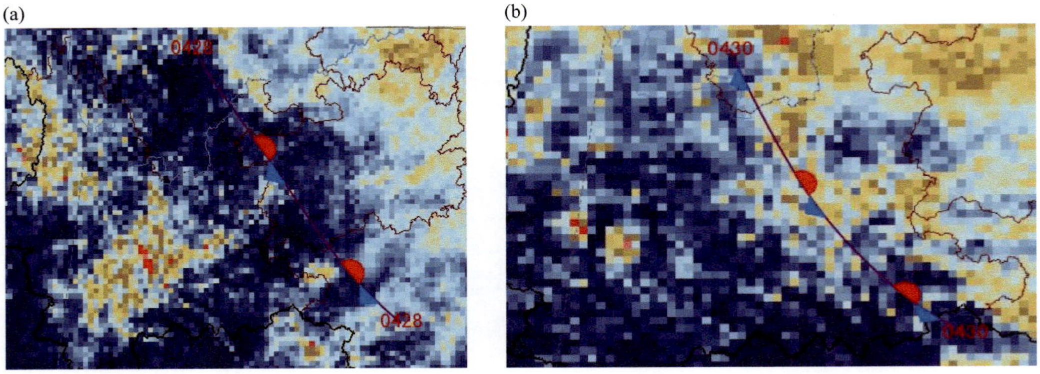

图 2.60.10　2019 年 4 月 28 日 14 时(a)、30 日 14 时(b)卫星云图

2.61　2019 年 11 月 1—10 日昆明准静止锋过程

2.61.1　过程概况

2019 年 11 月 1 日云贵高原出现了昆明准静止锋天气系统，呈准东西向，贯穿四川、云南、贵州三省，锋面位于冕宁、金阳、昭通、镇雄及桐梓一线。2 日昆明准静止锋转竖南下，位于布拖、沾益、罗平、广南及那坡一线。3 日昆明准静止锋西进至会理、嵩明、石林、文山及马关一线。4 日昆明准静止锋继续西进，位于米易、武定、玉溪、元阳及金平一线，5 日昆明准静止锋东退至布拖、沾益、罗平、广南及那坡一线。6 日昆明准静止锋维持少动，7 日昆明准静止锋增强西进，位于攀枝花、永仁、新平、红河及绿春一线。8 日昆明准静止锋东退，位于普格、东川、寻甸、丘北、砚山及麻栗坡一线。9 日昆明准静止锋略东退，位于布拖、会泽、曲靖、广南及那坡一线。10 日昆明准静止锋再次加强西进至华坪、楚雄、新平、红河及绿春一线。之后，锋面减弱消失。11 月 1—10 日过程期间昆明准静止锋移动路径如图 2.61.1，活动

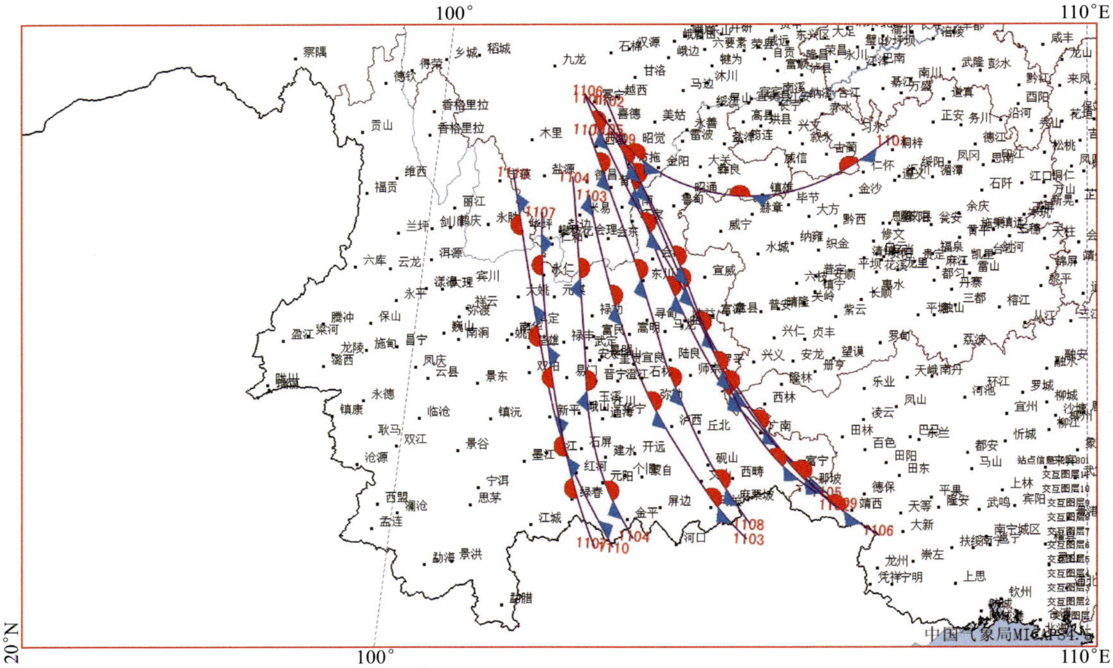

图 2.61.1　2019 年 11 月 1—10 日昆明准静止锋移动路径

范围见表 2.61.1。

表 2.61.1　2019 年 11 月 1—10 日昆明准静止锋位置

日期	昆明准静止锋位置
11 月 1 日	冕宁—昭通—桐梓
11 月 2 日	布拖—沾益—那坡
11 月 3 日	会理—嵩明—马关
11 月 4 日	米易—武定—金平
11 月 5 日	布拖—沾益—那坡
11 月 6 日	西昌—罗平—那坡
11 月 7 日	攀枝花—永仁—绿春
11 月 8 日	普格—寻甸—麻栗坡
11 月 9 日	布拖—曲靖—那坡
11 月 10 日	华坪—新平—绿春

受昆明准静止锋影响，11 月 1 日滇东北出现小范围日最高气温负变温区；2 日随着昆明准静止锋转竖西进，滇东大部为负变温区，最大变温在鲁甸县，为−10.6 ℃；3 日在锋面附近有小幅降温；4 日随着昆明准静止锋增强西进，滇中以东降温明显，最大变温在师宗县，为−6.7 ℃；5—6 日昆明准静止锋减弱，云南气温回升；7 日随着昆明准静止锋西进，滇中及以东再次出现负变温，日最高气温最大变温出现在丘北县，为−6.7 ℃。8—9 日降温范围逐渐缩小，滇东气温回升。10 日随着昆明准静止锋增强西进，滇中及以东再次出现明显降温，最大变温在富民县和东川县，为−9.7 ℃(图 2.61.2)。

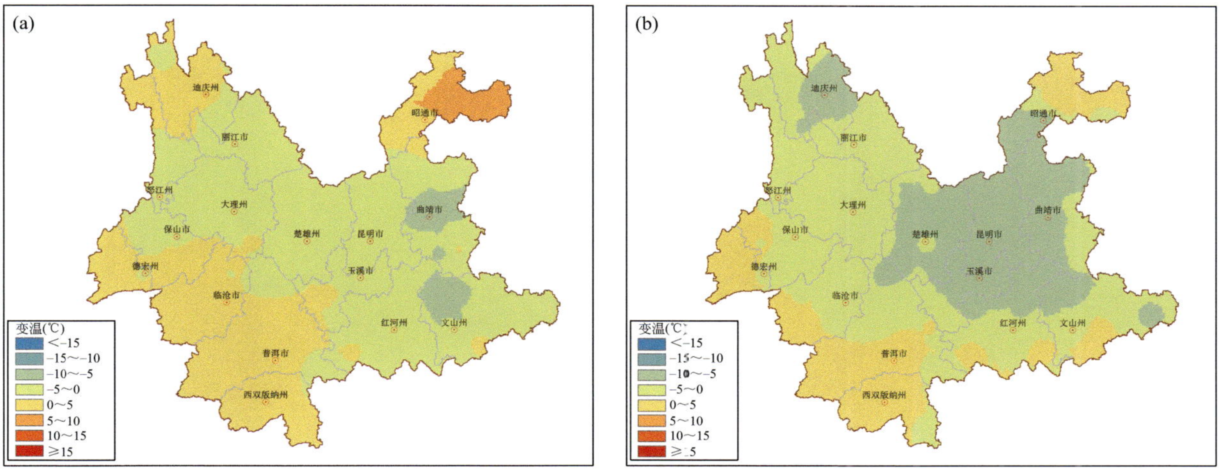

图 2.61.2　云南 2019 年 11 月 7 日(a)、10 日(b)最高气温 24 h 变温图

受昆明准静止锋和西南暖湿气流影响，2019 年 11 月 1—10 日(20 时—20 时)云南大部分地区出现降水，共有 48 个县市总降水量超过 10 mm，其中有 13 个县市超过 25 mm，最大为曲靖市师宗县 50.5 mm。昆明准静止锋影响区域(滇中及以东)共有 29 个县市总降水量超过 10 mm，5 个县市超过 25 mm(图 2.61.3a)。

受昆明准静止锋和西南暖湿气流影响，2019 年 11 月 1—10 日云南全省总日照时数不足 90 h，其中日照时数少于 50 h 的县市有 40 个，集中滇中以东地区。有 9 个县市总日照时数少于 20 h，主要集中在滇东北的昭通、滇东南的文山和红河州，大关、永善、盐津、绥江少于 10 h，最少的是大关县，仅为 1.1 h，其次为永善 5.3 h(图略)。与常年同期相比，有 39 个县市偏少 20%以上，13 个县市偏少 50%以上，大关偏少最多，为 96.5%。图 2.61.3b 是昆明准静止锋影响期间的平均日照时数。

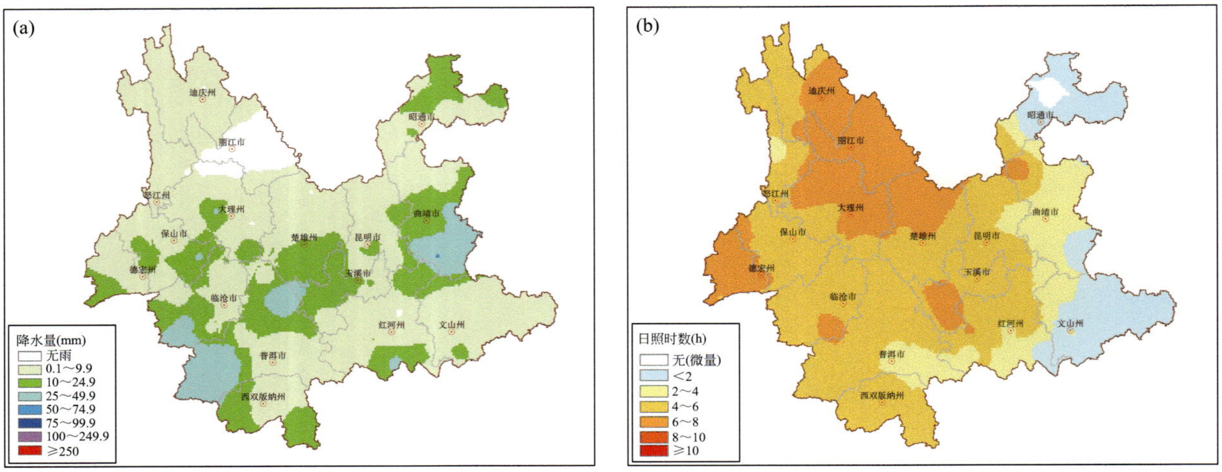

图 2.61.3　云南 2019 年 11 月 1—10 日累计降水量(a)和平均日照时数(b)

2.61.2　环流背景

(1)地面图

图 2.61.4 是 2019 年 11 月 1 日 14 时地面图和海平面气压场。图 2.61.5 是 2019 年 11 月 10 日 20 时地面图和海平面气压场。

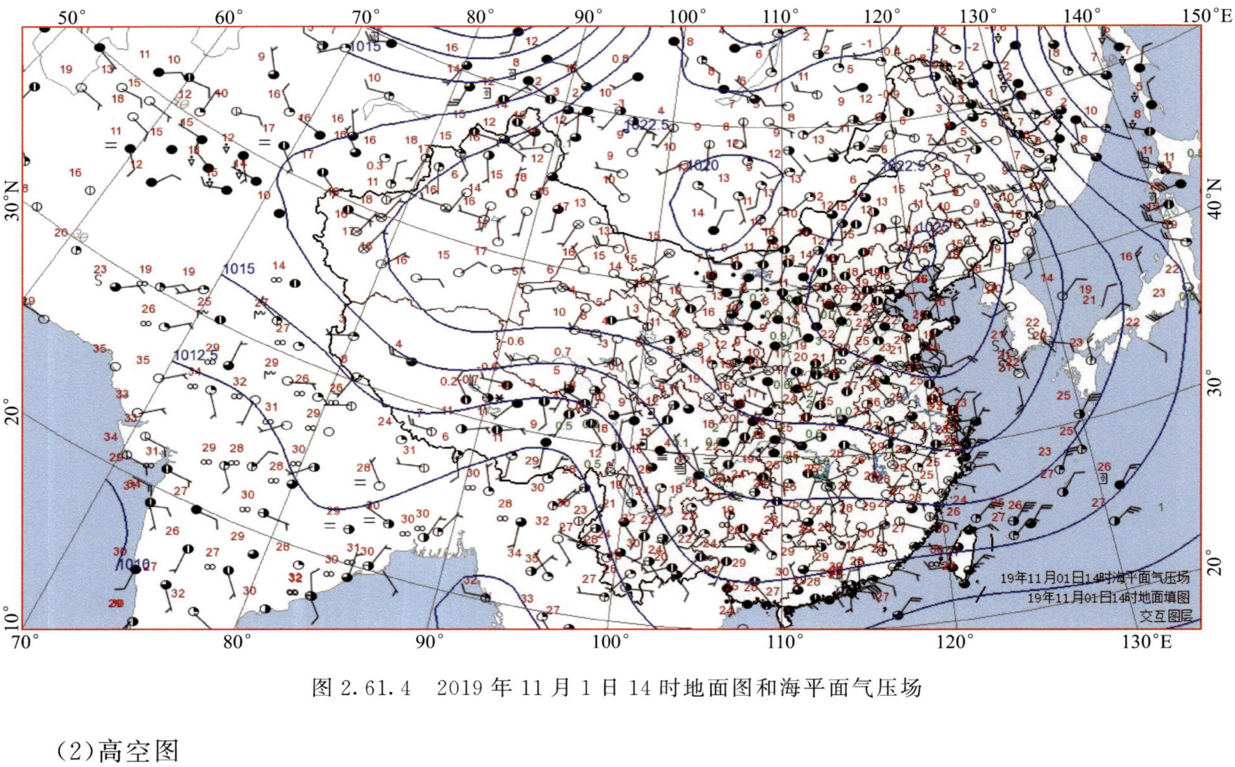

图 2.61.4　2019 年 11 月 1 日 14 时地面图和海平面气压场

(2)高空图

图 2.61.6 是 2019 年 11 月 1 日 08 时 850 hPa 高空图。图 2.61.7 是 2019 年 11 月 10 日 08 时 850 hPa 高空图。图 2.61.8 是 2019 年 11 月 1 日 08 时 500 hPa 高空图。图 2.61.9 是 2019 年 11 月 10 日 08 时 500 hPa 高空图。

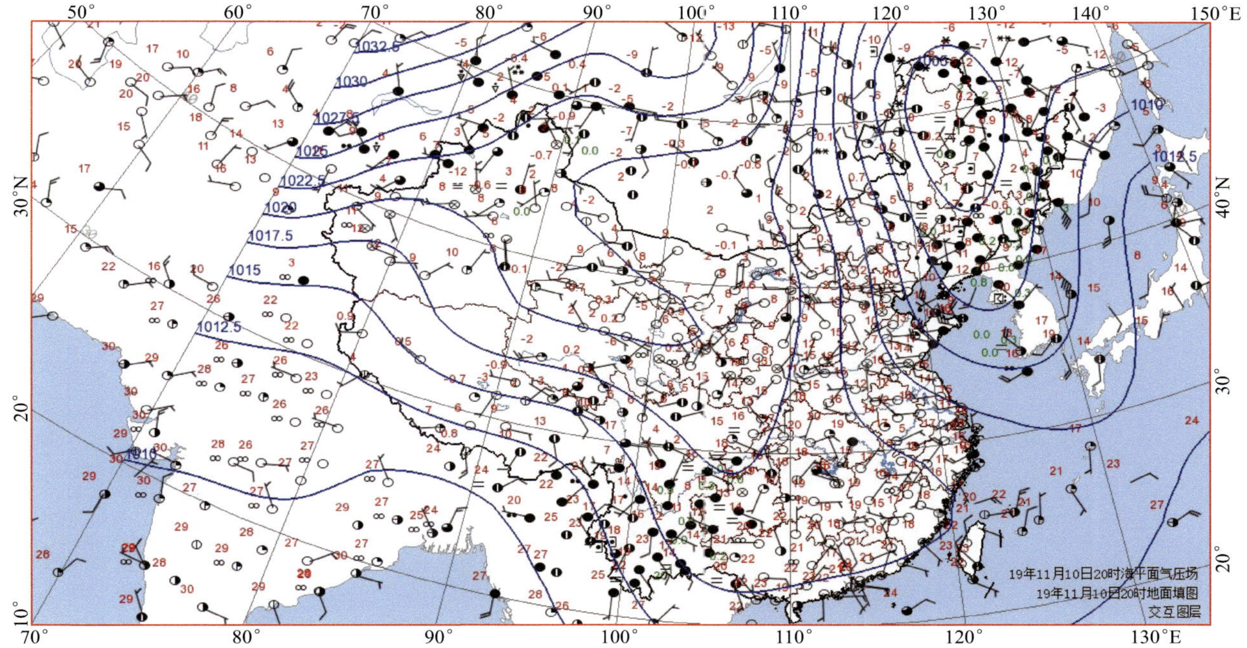

图 2.61.5　2019 年 11 月 10 日 20 时地面图和海平面气压场

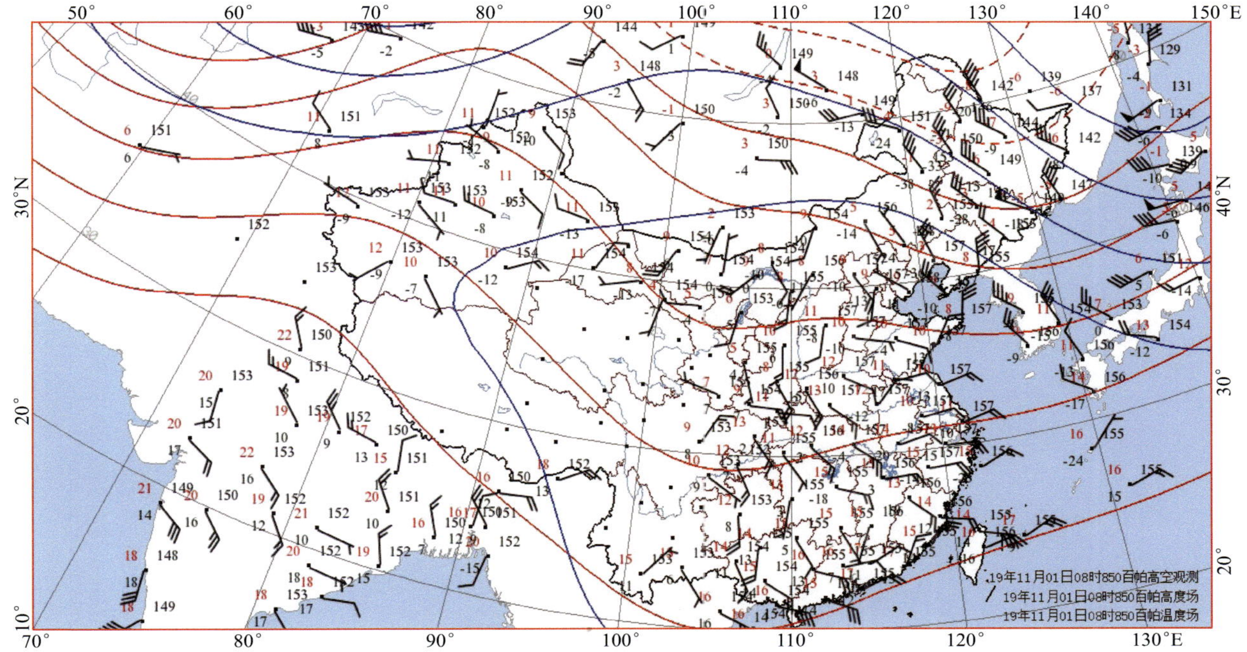

图 2.61.6　2019 年 11 月 1 日 08 时 850 hPa 高空图

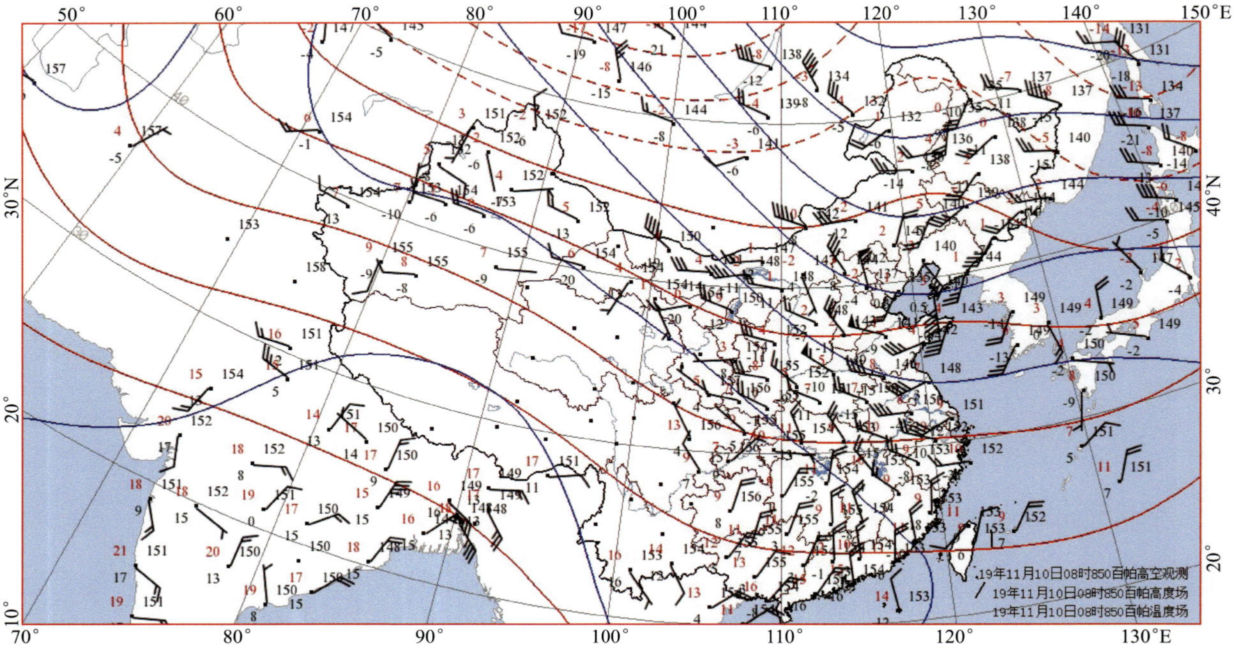

图 2.61.7　2019 年 11 月 10 日 08 时 850 hPa 高空图

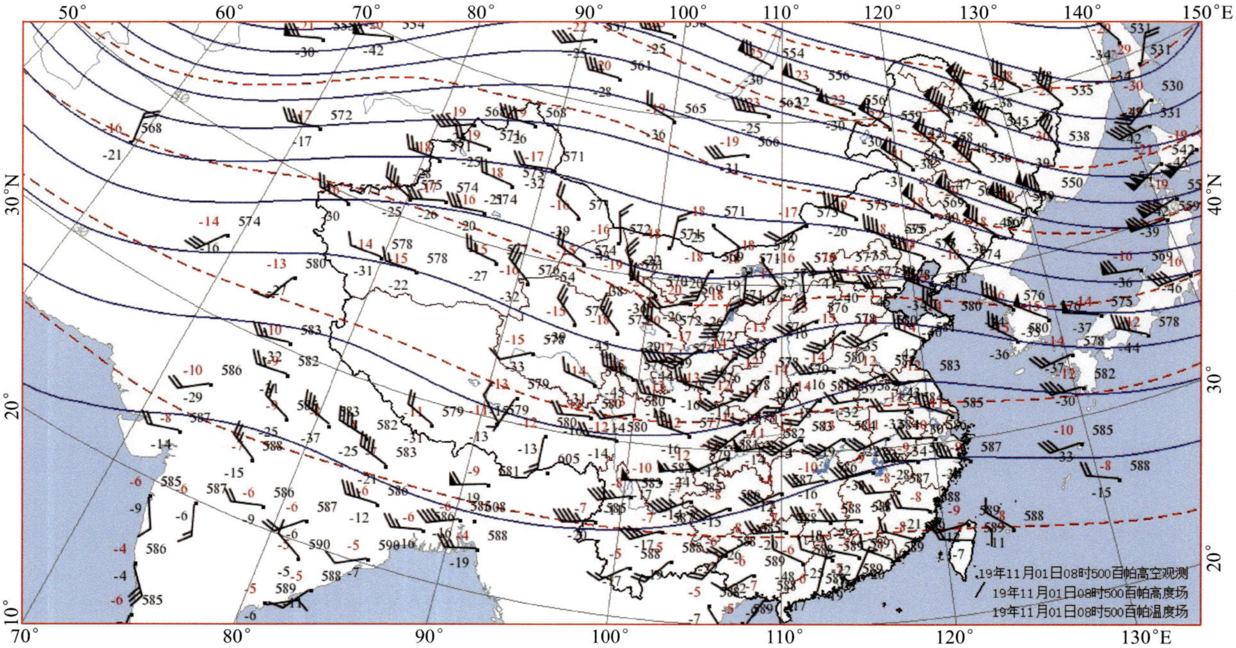

图 2.61.8　2019 年 11 月 1 日 08 时 500 hPa 高空图

2.61.3　卫星云图

图 2.61.10 是 2019 年 11 月 1 日 14 时、4 日 14 时卫星云图。

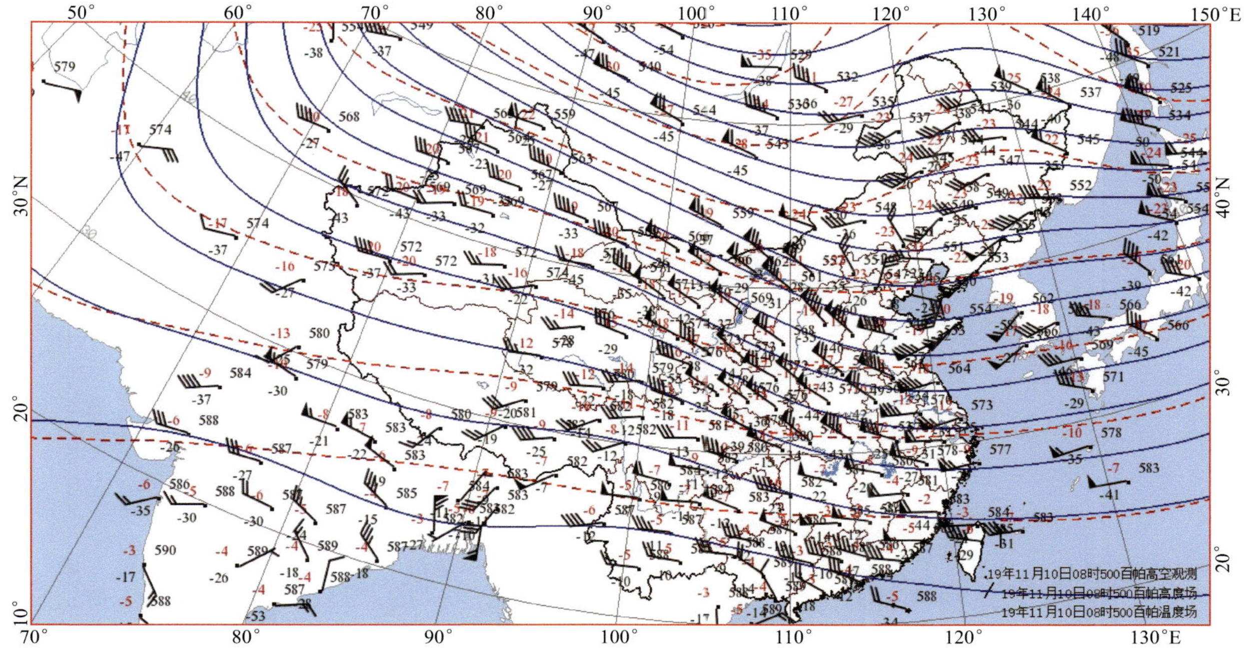

图 2.61.9　2019 年 11 月 10 日 08 时 500 hPa 高空图

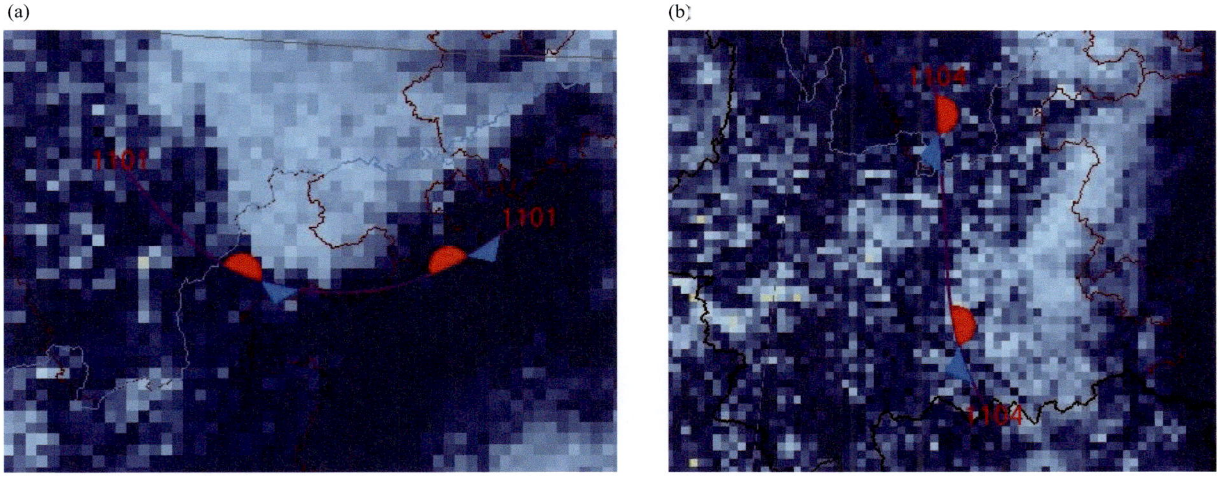

图 2.61.10　2019 年 11 月 1 日 14 时(a)、4 日 14 时(b)卫星云图

2.62　2019 年 11 月 17 日—12 月 1 日昆明准静止锋过程

2.62.1　过程概况

2019 年 11 月 17 日在云贵高原出现了昆明准静止锋天气系统，呈准南北向，贯穿四川、云南、贵州、广西四省(区)，位于昭觉、鲁甸、宣威、兴义及大新一线。18 日昆明准静止锋加强为冷锋，快速西进，位于宁蒗、大姚、双柏、新平及金平一线。19 日锋面减弱东退至布拖、普安、贞丰、天峨及河池一线。20 日昆明准静止锋北段东退，南段西进，位于金阳、昭通、宣威、富源、广南及那坡一线，21—23 日昆明准静止锋在滇东边缘略东退维持。24 日昆明准静止锋加强西南移，位于德昌、东川、曲靖、罗平、西林及天等一线。25 日昆明准静止锋继续加强西进至会理、禄丰、峨山、元阳及金平一线。26 日昆明准静止锋减弱东

退至美姑、威宁、兴义及德保一线。27—29 日昆明准静止锋在滇东边缘摆动。30 日昆明准静止锋位置少动。随着后部冷空气加强，12 月 1 日昆明准静止锋加强西进至米易、嵩明、弥勒、文山及马关一线。之后，昆明准静止锋加强为冷锋，向西越过哀牢山。11 月 17 日—12 月 1 日过程期间昆明准静止锋移动路径如图 2.62.1，活动范围见表 2.62.1。

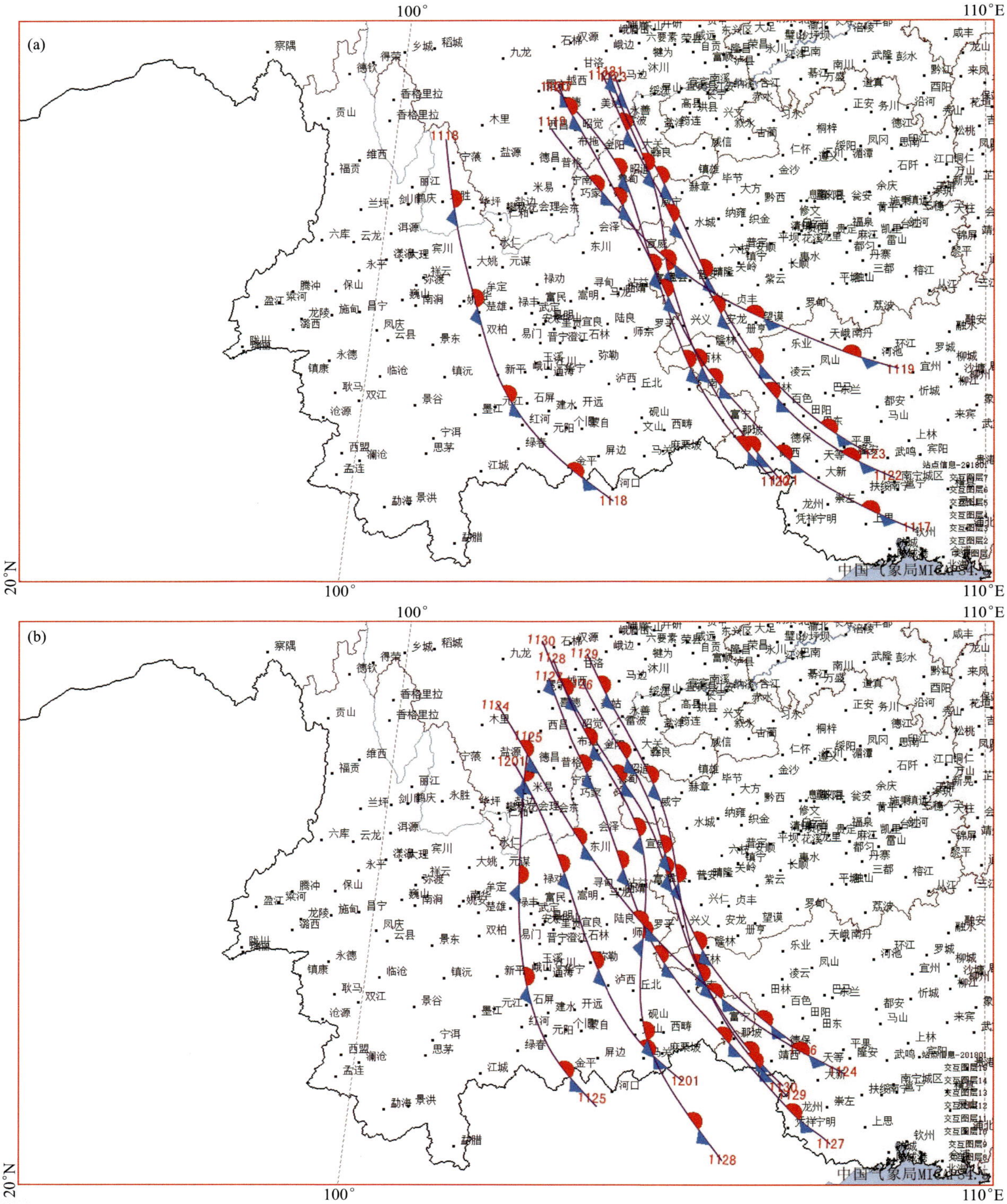

图 2.62.1　2019 年 11 月 17 日—12 月 1 日昆明准静止锋移动路径

(a)11 月 17—23 日；(b)11 月 24 日—12 月 1 日

表 2.62.1　2019 年 11 月 17 日—12 月 1 日昆明准静止锋位置

日期	昆明准静止锋位置
11 月 17 日	昭觉—宣威—大新
11 月 18 日	宁蒗—双柏—金平
11 月 19 日	布拖—贞丰—河池
11 月 20 日	金阳—宣威—那坡
11 月 21 日	永善—兴义—那坡
11 月 22 日	永善—安龙—隆安
11 月 23 日	永善—晴隆—平果
11 月 24 日	德昌—曲靖—天等
11 月 25 日	会理—峨山—金平
11 月 26 日	美姑—威宁—德保
11 月 27 日	布拖—沾益—龙州
11 月 28 日	金阳—宣威—砚山
11 月 29 日	永善—兴义—那坡
11 月 30 日	金阳—兴义—那坡
12 月 1 日	米易—嵩明—马关

受昆明准静止锋影响，11 月 17 日滇东北出现日最高气温负变温大值区，最大变温在镇雄县，为 −11.8 ℃；18 日随着昆明准静止锋增强西进，云南大部为负变温区，滇中及以东地区降温幅度较大，最大变温在曲靖市，为 −14.3 ℃；19—23 日随着昆明准静止锋减弱，云南气温回升；24 日滇东北再次出现强降温区，最大变温在昭通市，为 −14.8 ℃；25 日随着昆明准静止锋加强西进，滇中及以东地区负变温加强，最大变温在曲靖市，为 −10.0 ℃；26—29 日昆明准静止锋减弱，云南大部气温回升；30 日滇东北出现明显降温，1 日随着昆明准静止锋的增强西进，滇中及以东地区再次出现强降温区，日最高气温最大变温出现在富源县，为 −13.9 ℃。此次过程降温幅度大于 10 ℃的县市有 41 个，主要集中在昭通市、曲靖市、昆明市、玉溪市、红河州和文山州 6 个州市（图 2.62.2）。

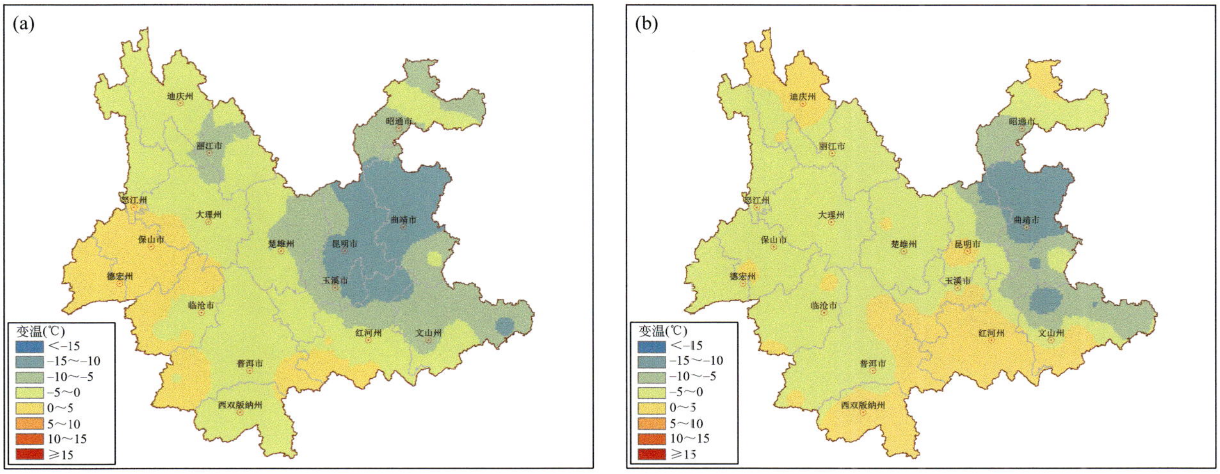

图 2.62.2　云南 2019 年 11 月 18 日(a)、12 月 1 日(b)最高气温 24 h 变温图

受昆明准静止锋影响，2019 年 11 月 17 日—12 月 1 日（20 时—20 时）云南共有 26 个县市出现降水，其中威信、盐津、罗平总降水量大于 10 mm，其余县市小于 10 mm，最大为昭通市威信县 26.1 mm（图 2.62.3a）。

受昆明准静止锋影响，2019 年 11 月 17 日—12 月 1 日云南有 34 个县市总日照时数不足 100 h。其中日照时数少于 50 h 的县市有 15 个，集中在昭通市、文山州、红河州和曲靖市，最少的是盐津县，仅为 1.3 h。盐津、威信、绥江、永善、大关 5 个县日照时数在 10 h 以内(图略)。与常年同期相比，有 31 个县市日照时数偏少，其中有 18 个县市偏少 20%以上，11 个县市偏少 50%以上，盐津偏少最多，为 93.7%。永善和绥江突破同期日照时数历史最少纪录。图 2.62.3b 是昆明准静止锋影响期间的平均日照时数。

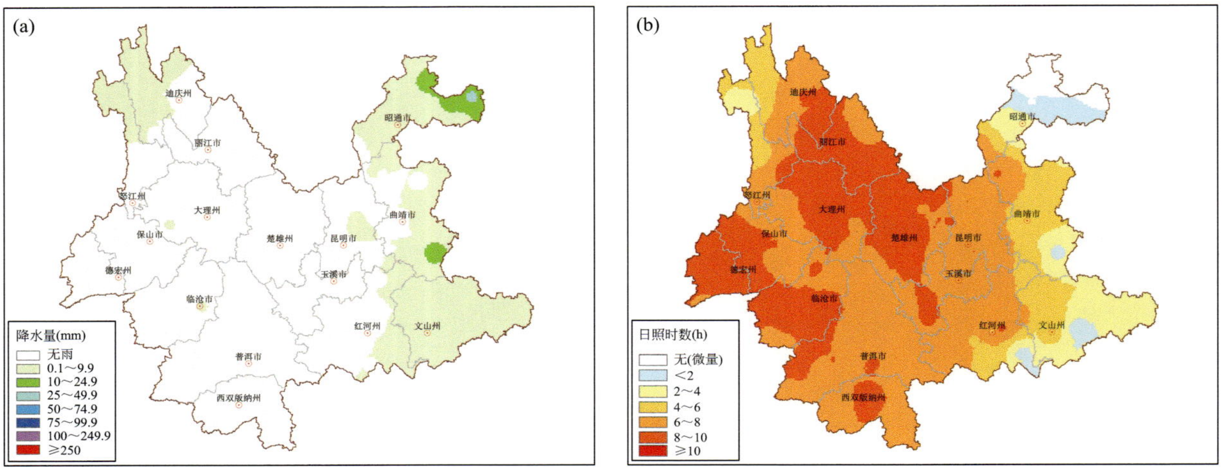

图 2.62.3　云南 2019 年 11 月 17 日—12 月 1 日累计降水量(a)和平均日照时数(b)

2.62.2　环流背景

(1)地面图

图 2.62.4 是 2019 年 11 月 17 日 14 时地面图和海平面气压场。图 2.62.5 是 2019 年 12 月 1 日 20 时地面图和海平面气压场。

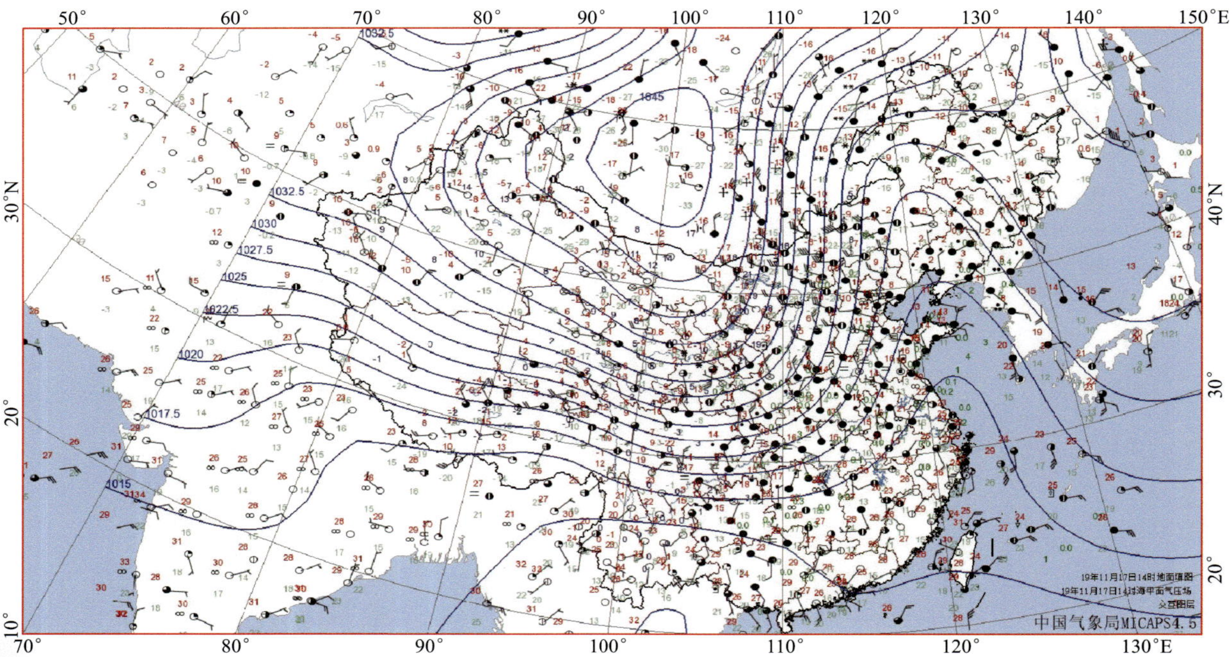

图 2.62.4　2019 年 11 月 17 日 14 时地面图和海平面气压场

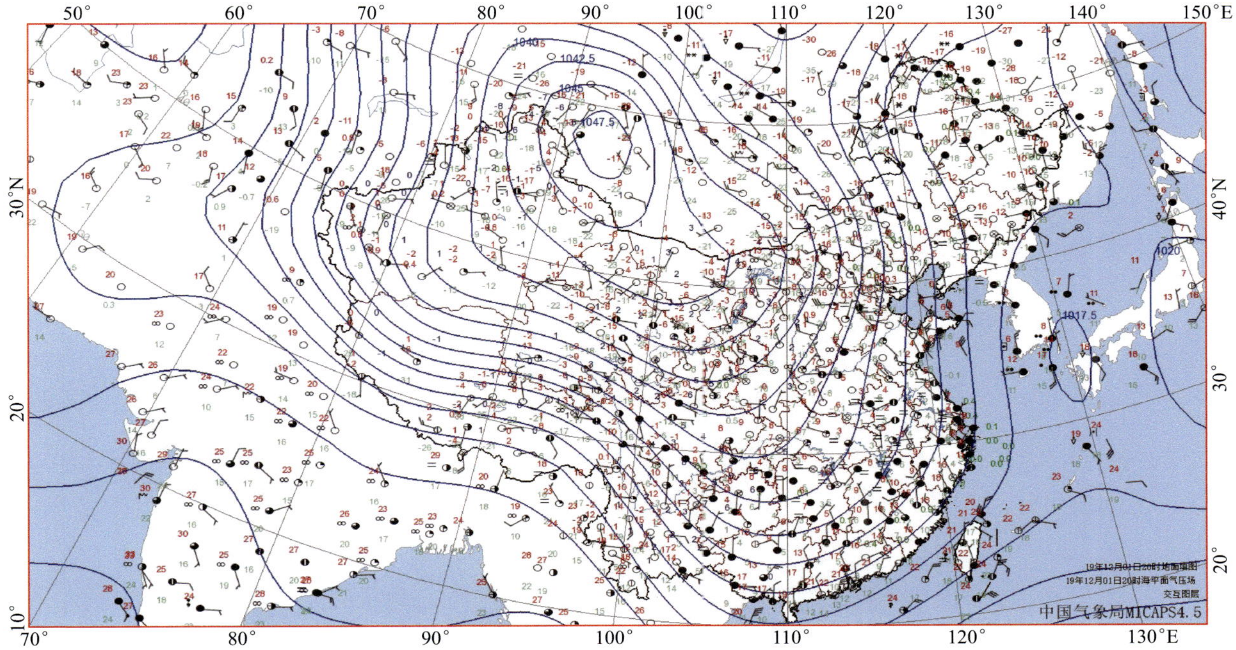

图 2.62.5　2019 年 12 月 1 日 20 时地面图和海平面气压场

(2)高空图

图 2.62.6 是 2019 年 11 月 17 日 08 时 850 hPa 高空图。图 2.62.7 是 2019 年 12 月 1 日 08 时 850 hPa 高空图。图 2.62.8 是 2019 年 11 月 17 日 08 时 500 hPa 高空图。图 2.62.9 是 2019 年 12 月 1 日 08 时 500 hPa 高空图。

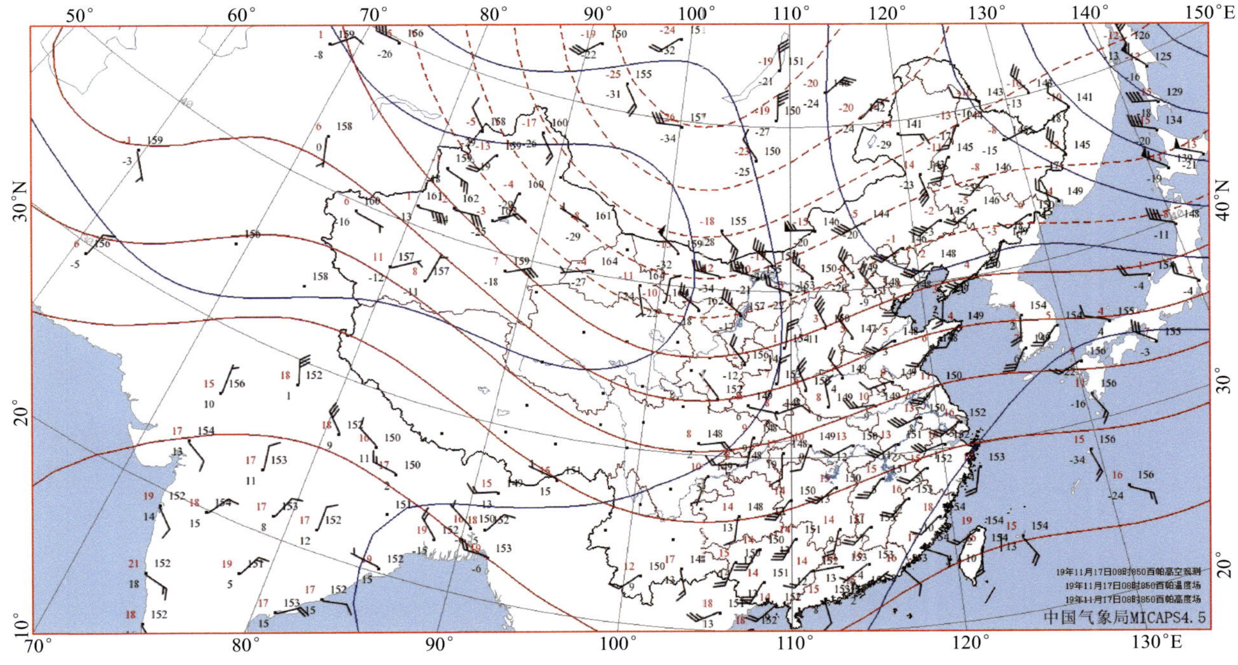

图 2.62.6　2019 年 11 月 17 日 08 时 850 hPa 高空图

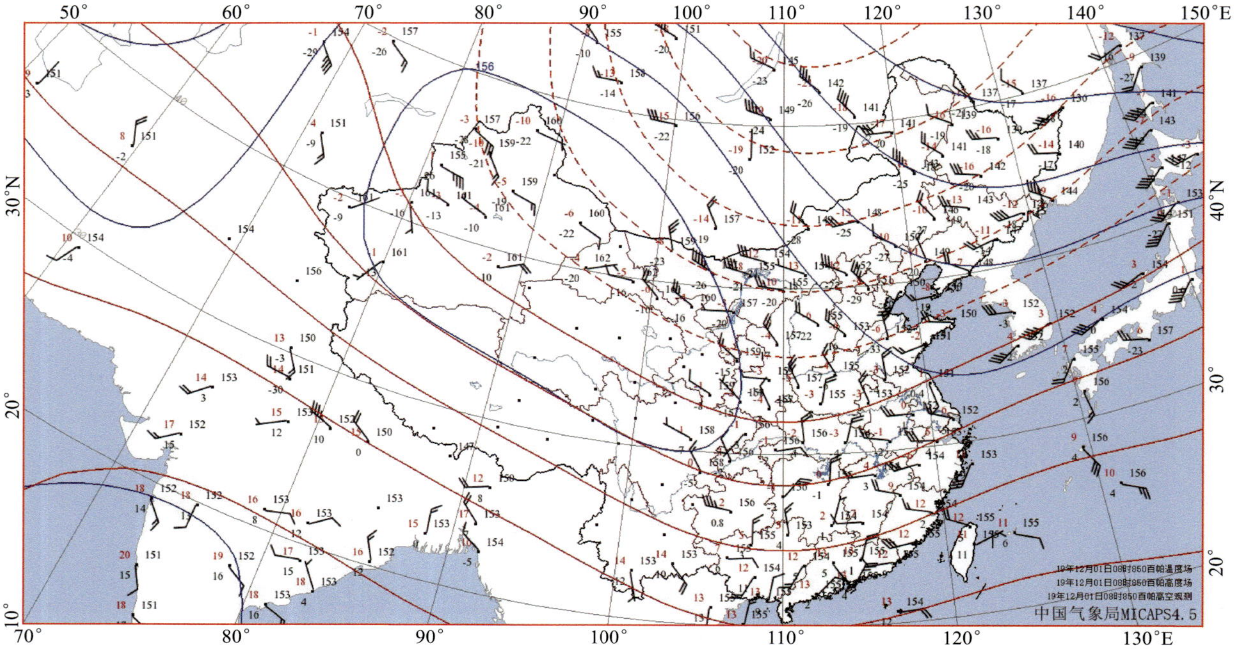

图 2.62.7　2019 年 12 月 1 日 08 时 850 hPa 高空图

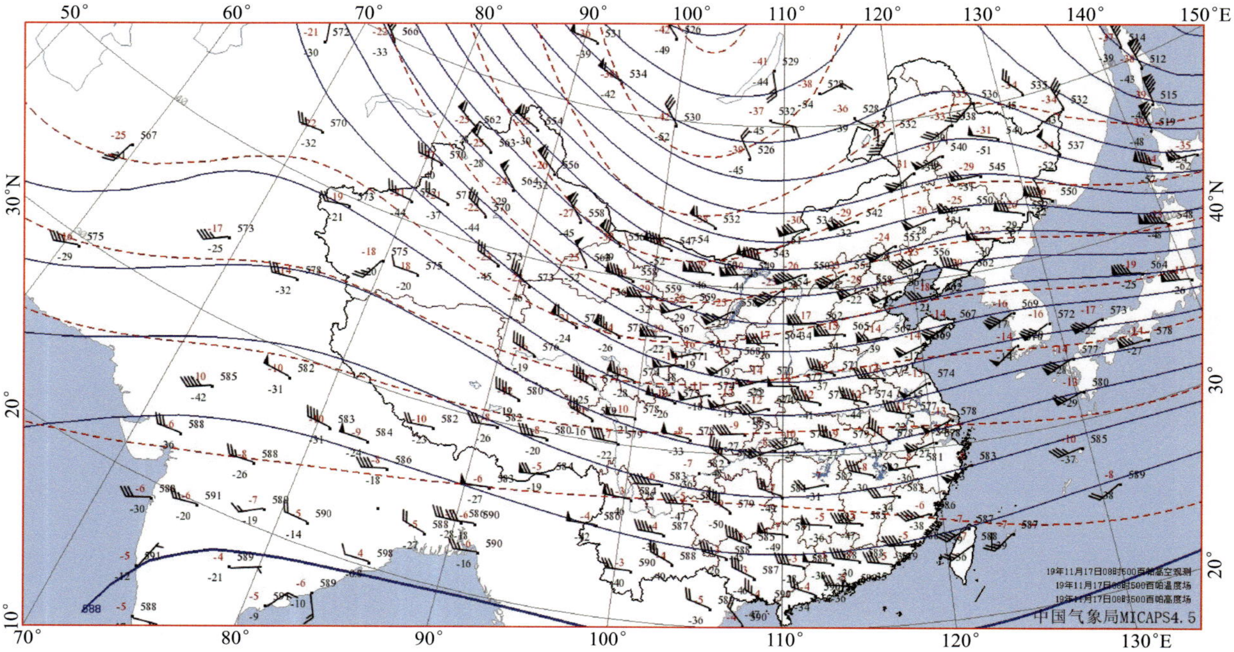

图 2.62.8　2019 年 11 月 17 日 08 时 500 hPa 高空图

2.62.3　卫星云图

图 2.62.10 是 2019 年 11 月 18 日 14 时、12 月 1 日 14 时卫星云图。

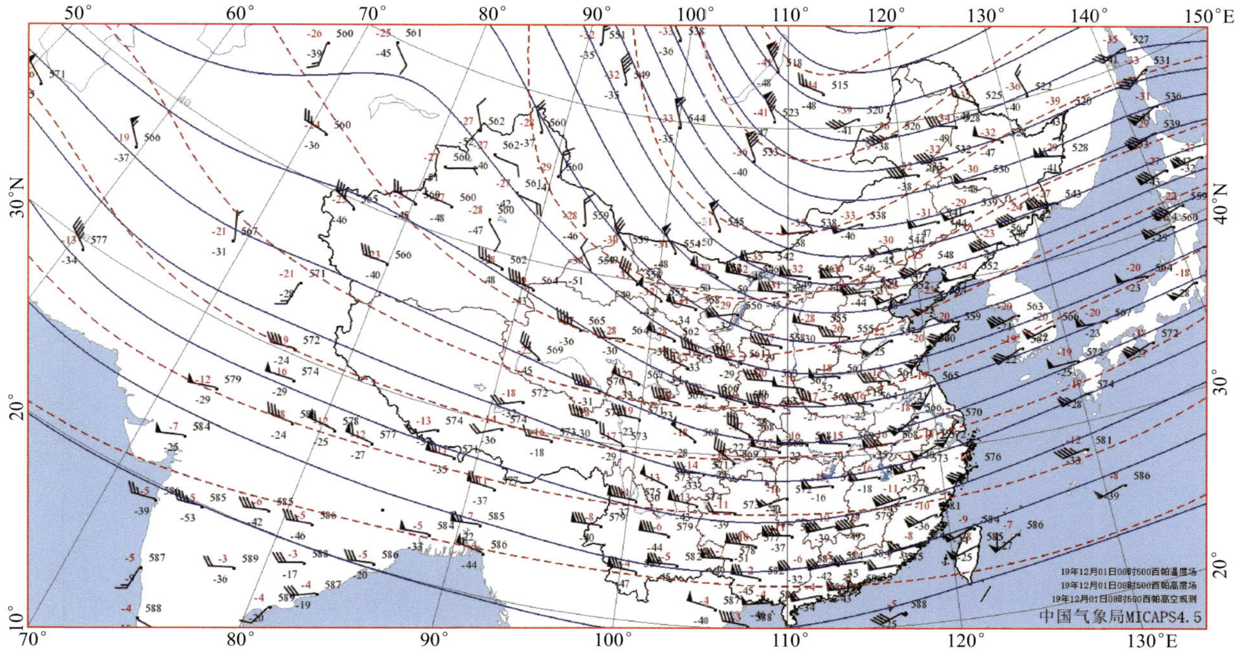

图 2.62.9　2019 年 12 月 1 日 08 时 500 hPa 高空图

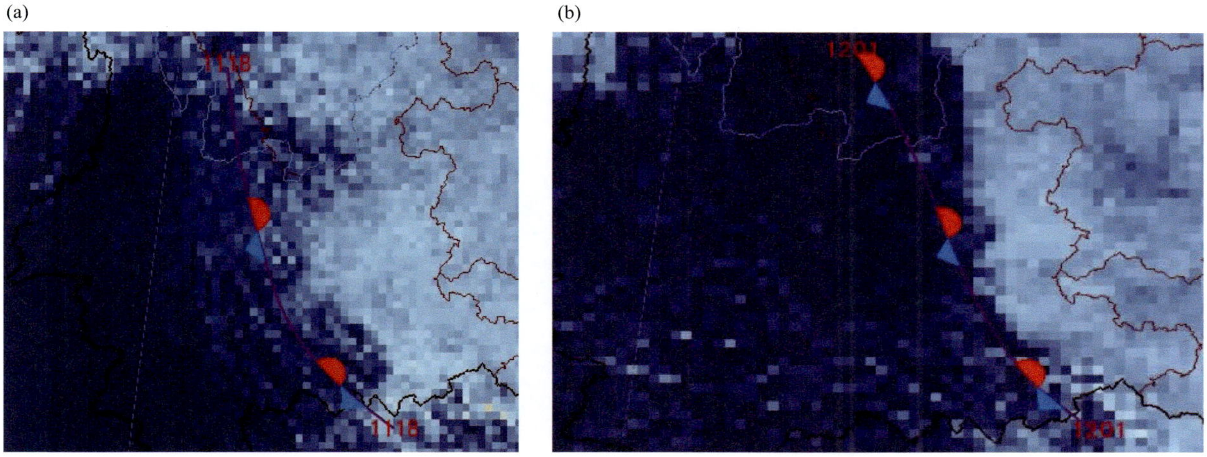

图 2.62.10　2019 年 11 月 18 日 14 时(a)、12 月 1 日 14 时(b)卫星云图

2.63　2019 年 12 月 17—31 日昆明准静止锋过程

2.63.1　过程概况

2019 年 12 月 17 日在云贵高原出现了昆明准静止锋天气系统，呈西北—东南向，贯穿四川、云南、贵州及广西四省(区)，锋面位于石棉、大关、水城、天峨及忻城一线。18 日昆明准静止锋增强西进南下，位于布拖、宣威、隆林、百色及武鸣一线。19 日昆明准静止锋转竖，呈准南北向，位于昭觉、沾益、师宗及麻栗坡一线。20—23 日昆明准静止锋缓慢东退。24 日昆明准静止锋稍西进，25 日昆明准静止锋北段维持，南段东退明显，位于雷波、彝良、水城、望谟及平果一线。26 日昆明准静止锋增强，快速西进至攀

枝花、武定、华宁、蒙自及屏边一线。27 日昆明准静止锋北段东退，南段西进，位于会理、禄丰、易门、红河及绿春一线。28—31 日锋面减弱东退至滇东边缘、黔西、桂西一线摆动。之后，锋面减弱东退至贵阳以东地区。12 月 17—31 日过程期间昆明准静止锋移动路径如图 2.63.1，活动范围见表 2.63.1。

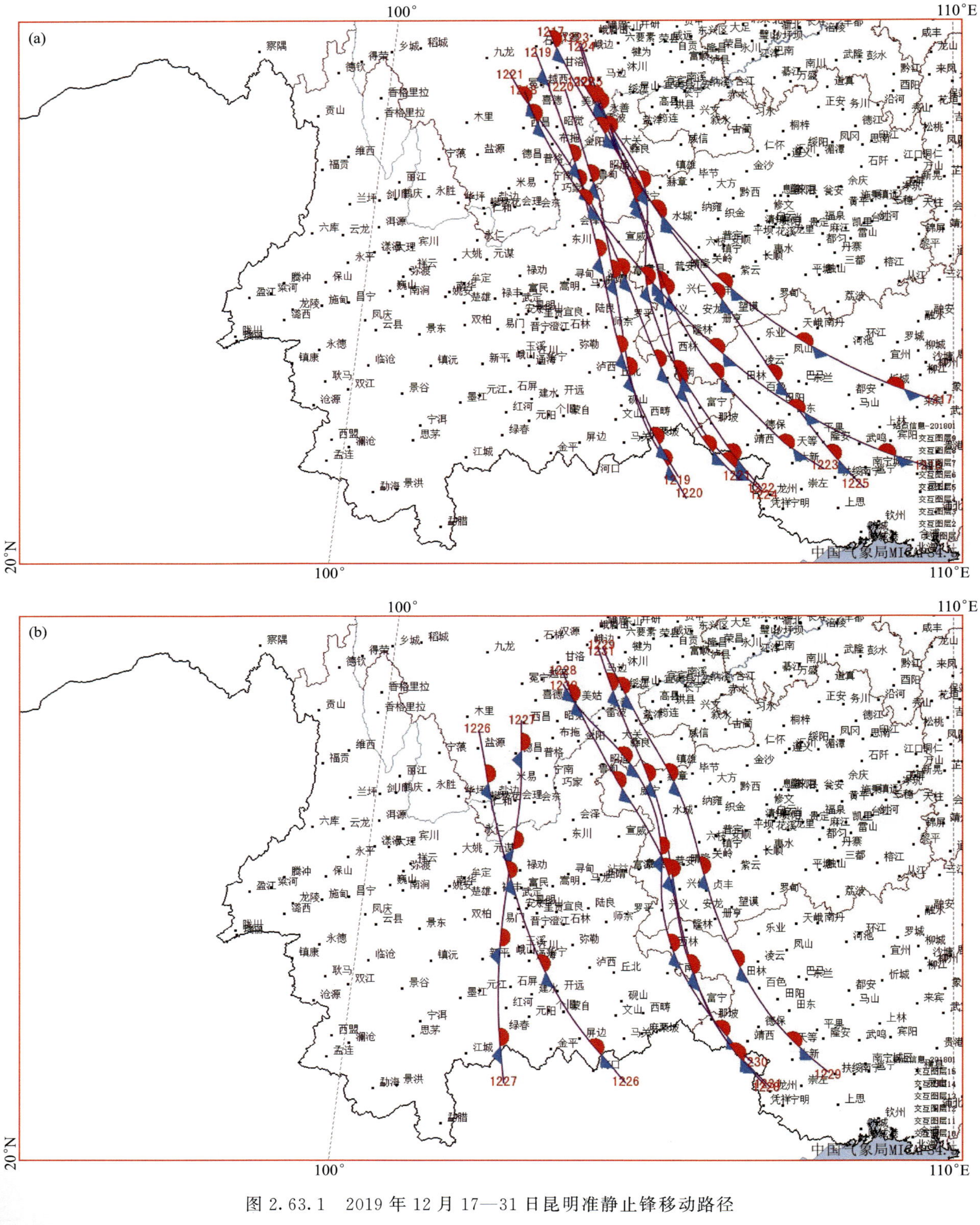

图 2.63.1　2019 年 12 月 17—31 日昆明准静止锋移动路径

(a)12 月 17—25 日；(b)12 月 26—31 日

表 2.63.1　2019 年 12 月 17—31 日昆明准静止锋位置

日期	昆明准静止锋位置
12 月 17 日	石棉—水城—忻城
12 月 18 日	布拖—隆林—武鸣
12 月 19 日	昭觉—沾益—麻栗坡
12 月 20 日	美姑—沾益—麻栗坡
12 月 21 日	布拖—富源—广南
12 月 22 日	永善—盘县—富宁
12 月 23 日	永善—隆林—天等
12 月 24 日	永善—兴义—富宁
12 月 25 日	雷波—水城—平果
12 月 26 日	攀枝花—武定—屏边
12 月 27 日	会理—易门—绿春
12 月 28 日	昭通—普安—那坡
12 月 29 日	盐津—贞丰—天等
12 月 30 日	美姑—兴义—那坡
12 月 31 日	马边—普安—那坡

受昆明准静止锋影响，12 月 17 日云南中部以北地区出现日最高气温负变温区，最大变温在镇雄县，为－13.0 ℃；18 日随着昆明准静止锋增强西进，负变温范围增大，降温幅度增强，最大变温出现在鲁甸，为－14.0 ℃；19 日昆明准静止锋稍减弱，负变温范围缩小，最大变温在文山富宁，为－11.4 ℃；20—21 日负变温范围进一步缩小，主要在滇东北、滇东南；22 日随着昆明准静止锋东退，云南大部转为正变温；23 日滇东北转为弱负变温，24 日负变温范围增大，最大变温在罗平，为－10.1 ℃，25 日随着昆明准静止锋减弱东退，负变温范围缩小；26 日随着昆明准静止锋增强西进，滇中及以东地区为强降温区，最大变温在鲁甸，为－15.8 ℃；27 日红河南部、玉溪降温幅度增大，昆明、曲靖、昭通一带气温回升，最大变温在蒙自和石屏，为－10.2 ℃；28—29 日滇东气温回升，30 日由于静止锋北段南压，滇东北出现降温区，最大变温在镇雄，为－12.8 ℃。31 日滇东气温回升。此次过程降温幅度大于 10 ℃的县市有 34 个，集中在昆明市、昭通市、曲靖市、文山州和红河州 5 个州市（图 2.63.2）。

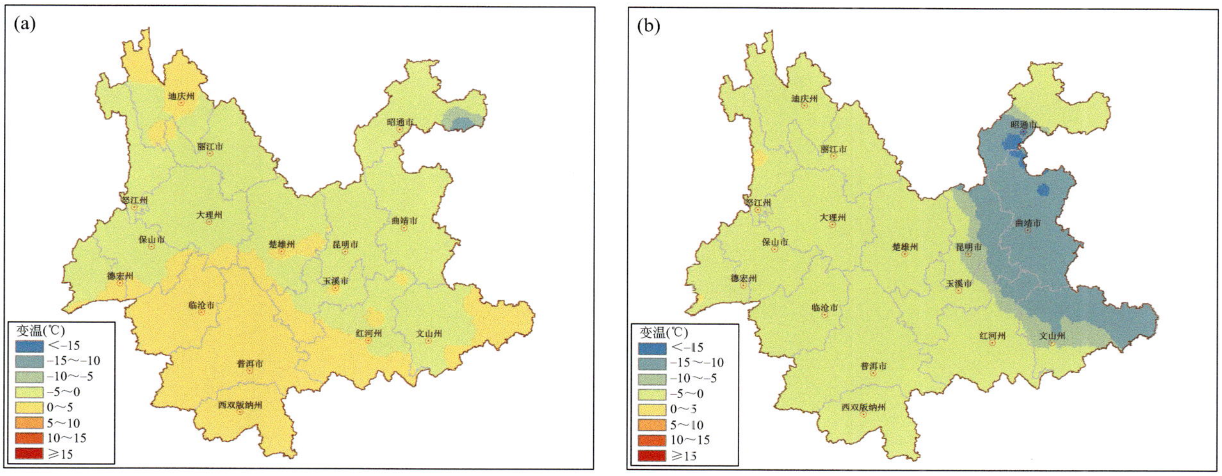

图 2.63.2　云南 2019 年 12 月 17 日(a)、26 日(b)最高气温 24 h 变温图

受昆明准静止锋和西南暖湿气流影响，2019 年 12 月 17—31 日（20 时—20 时）云南累计降水量共有 42 个县市大于 10 mm，集中在滇西、滇南地区，其中有 3 个县市大于 25 mm，最大降水量在红河州金

平县，为 52.1 mm，其次为绿春县 32.2 mm(图 2.63.3a)。

受昆明准静止锋和西南暖湿气流影响，2019 年 12 月 17—31 日云南有 107 个县市总日照时数不足 130 h，其中有 36 个县市不足 100 h。昆明准静止锋主要影响区域(滇中及以东)共有 26 个县市日照时数不足 100 h，其中有 8 个县市不足 50 h，威信、盐津、绥江不足 20 h，最少是威信，为 6.9 h，其次是盐津 10.1 h、绥江 17.2 h(图略)。与常年同期相比，有 36 个县市日照时数偏少，其中 5 个县市偏少 20%以上，威信偏少最多，为 64.1%，其次是盐津 46.6%。图 2.63.3b 是昆明准静止锋影响期间的平均日照时数。

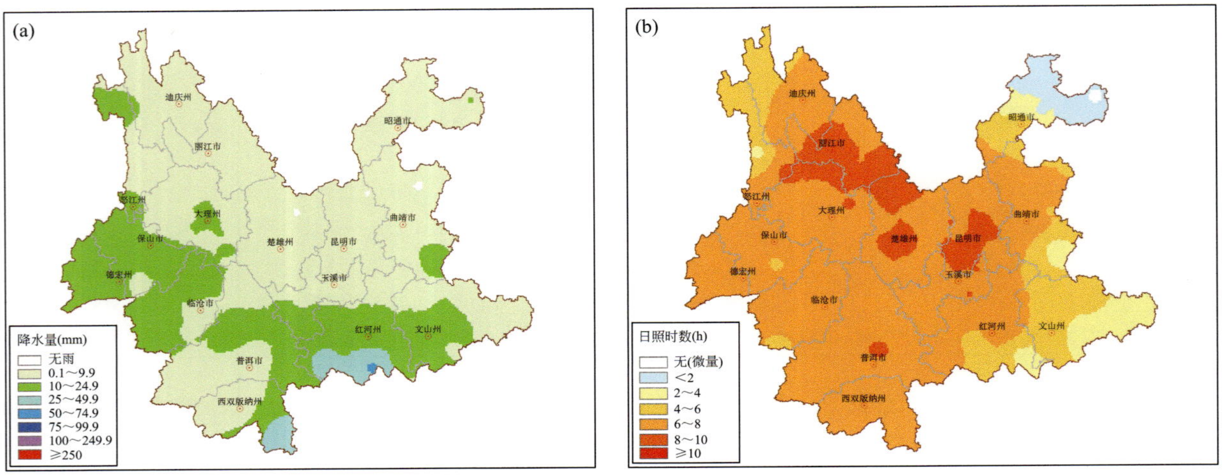

图 2.63.3 云南 2019 年 12 月 17—31 日累计降水量(a)和平均日照时数(b)

2.63.2 环流背景

(1)地面图

图 2.63.4 是 2019 年 12 月 17 日 14 时地面图和海平面气压场。图 2.63.5 是 2019 年 12 月 31 日 20 时地面图和海平面气压场。

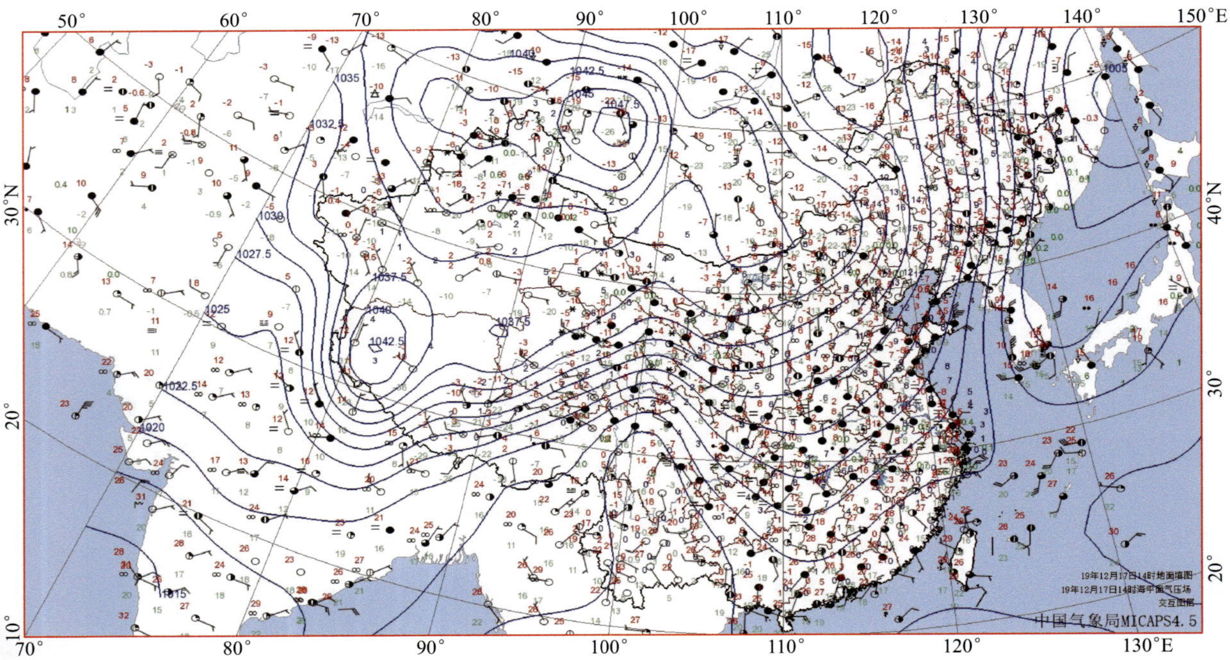

图 2.63.4 2019 年 12 月 17 日 14 时地面图和海平面气压场

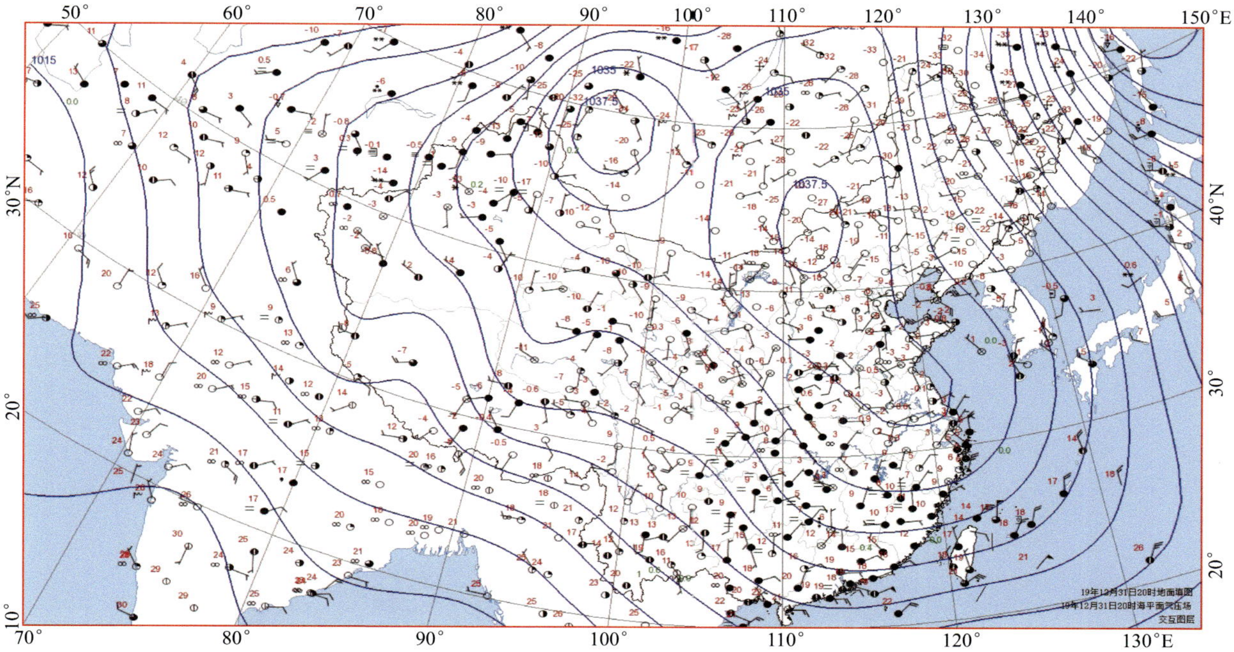

图 2.63.5　2019 年 12 月 31 日 20 时地面图和海平面气压场

(2)高空图

图 2.63.6 是 2019 年 12 月 17 日 08 时 850 hPa 高空图。图 2.63.7 是 2019 年 12 月 31 日 08 时 850 hPa 高空图。图 2.63.8 是 2019 年 12 月 17 日 08 时 500 hPa 高空图。图 2.63.9 是 2019 年 12 月 31 日 08 时 500 hPa 高空图。

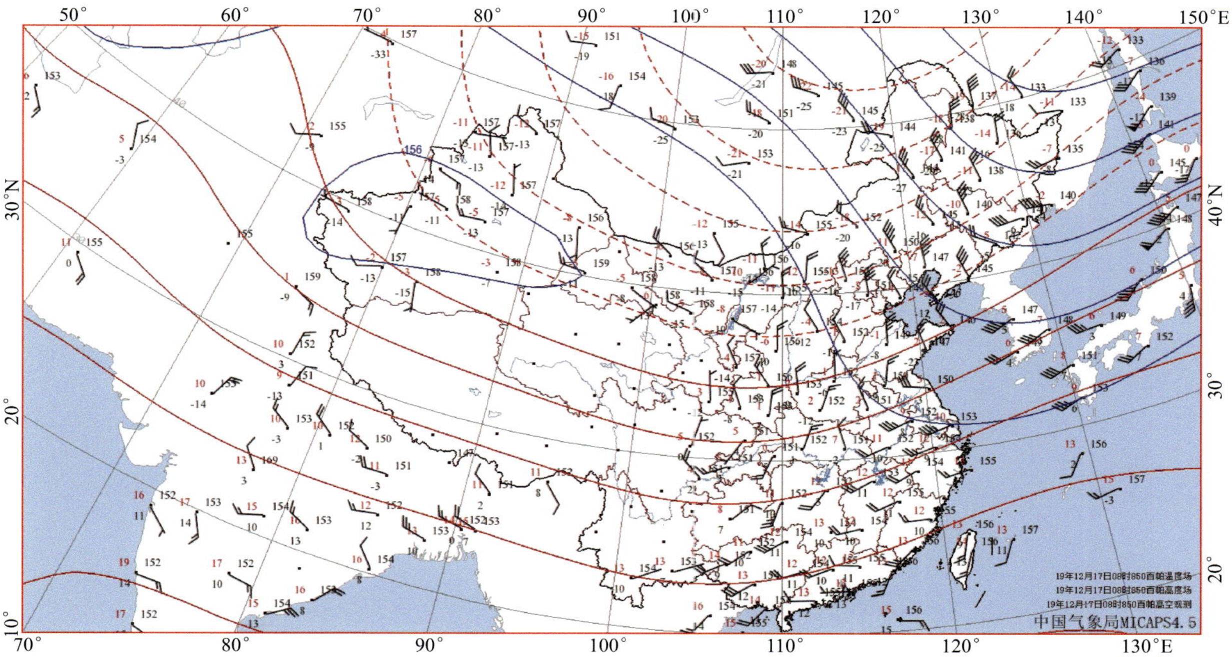

图 2.63.6　2019 年 12 月 17 日 08 时 850 hPa 高空图

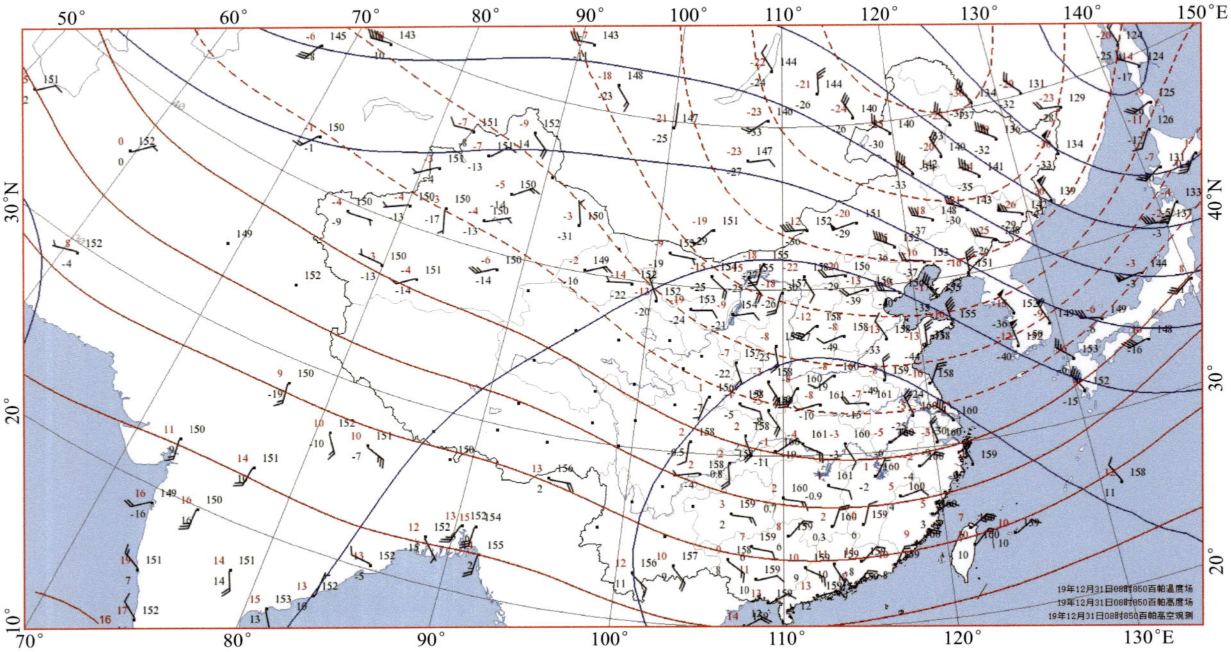

图 2.63.7 2019 年 12 月 31 日 08 时 850 hPa 高空图

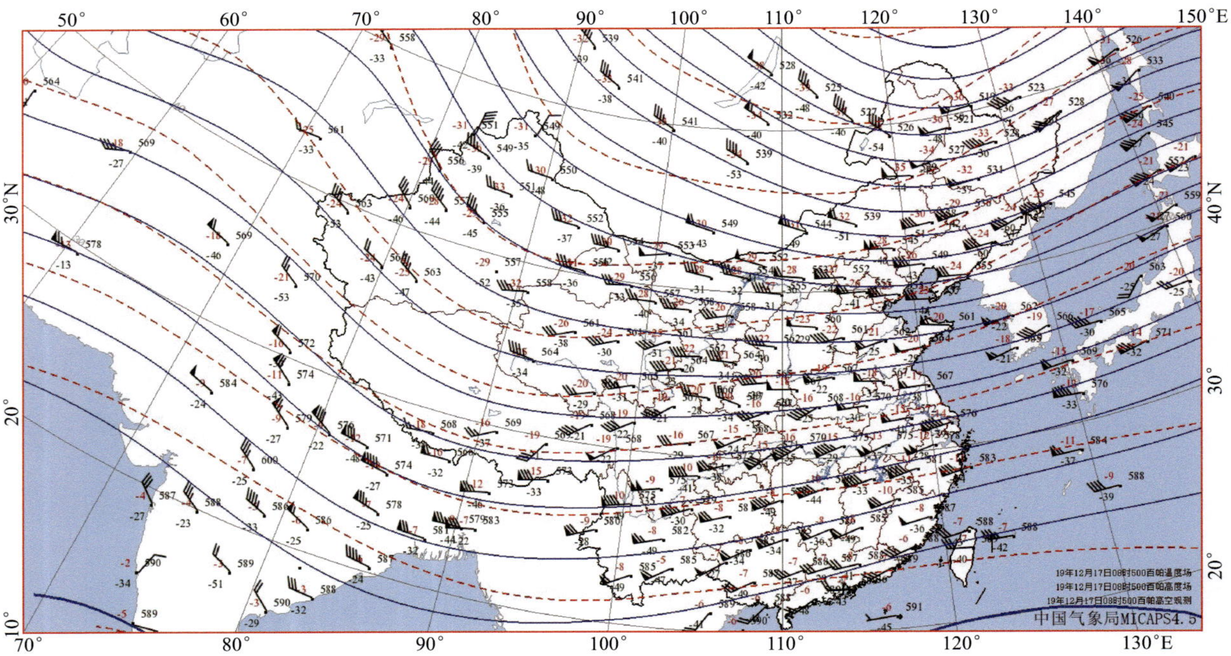

图 2.63.8 2019 年 12 月 17 日 08 时 500 hPa 高空图

2.63.3 卫星云图

图 2.63.10 是 2019 年 12 月 19 日 14 时、26 日 14 时卫星云图。

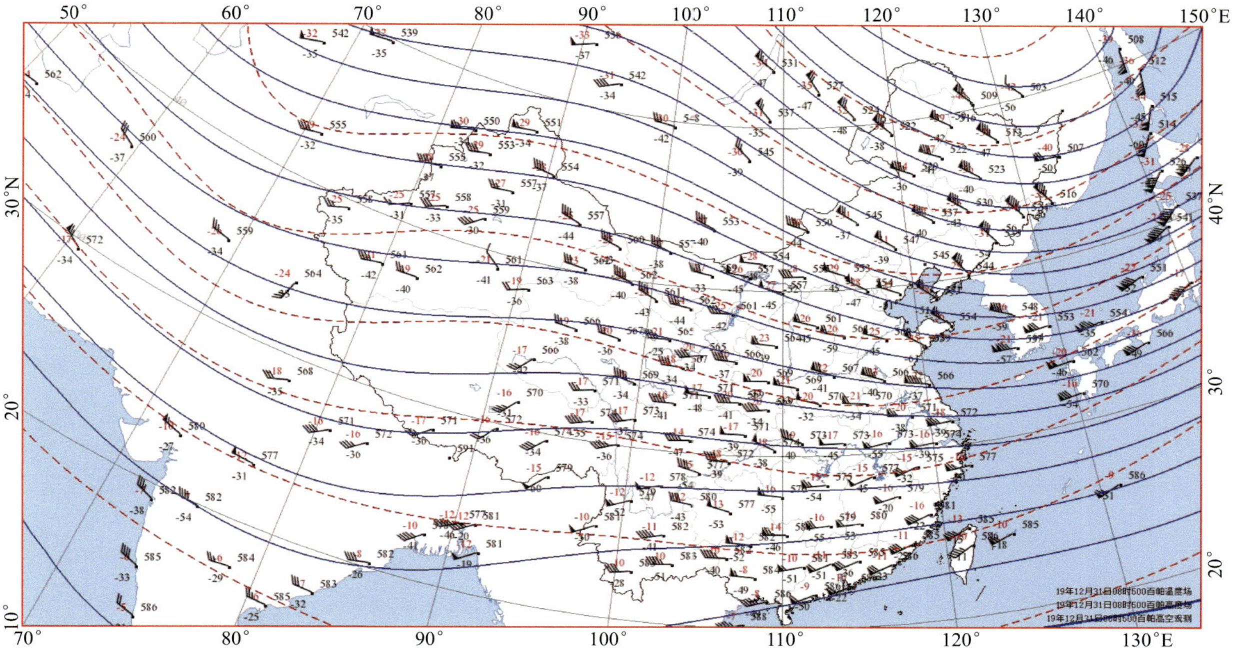

图 2.63.9　2019 年 12 月 31 日 08 时 500 hPa 高空图

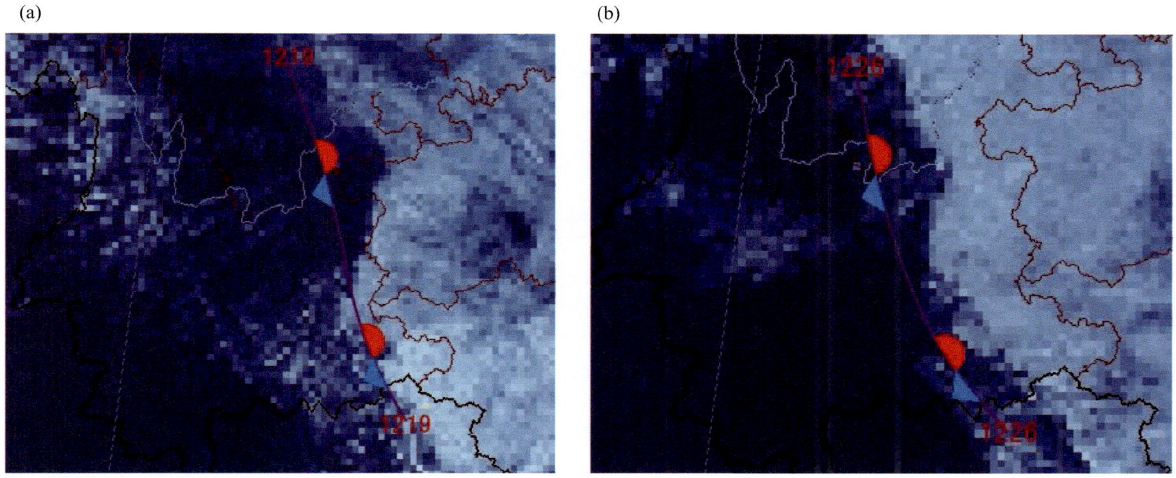

图 2.63.10　2019 年 12 月 19 日 14 时(a)、26 日 14 时(b)卫星云图

2.64　2020 年 1 月 2—4 日昆明准静止锋过程

2.64.1　过程概况

2020 年 1 月 2 日在云贵高原出现了昆明准静止锋天气系统，呈准南北向，贯穿四川、云南、贵州及广西四省(区)，位于雷波、彝良、晴隆、百色及隆安一线。3 日昆明准静止锋北段略东退，南段略西进，位于雷波、威宁、普安、田林及天等一线。4 日昆明准静止锋北段略南压，南段少动，位于金阳、威宁、晴隆、田林及崇左一线。之后，锋面减弱东退至贵州东部边缘地区。1 月 2—4 日过程期间昆明准静止锋移动路径如图 2.64.1，活动范围见表 2.64.1。

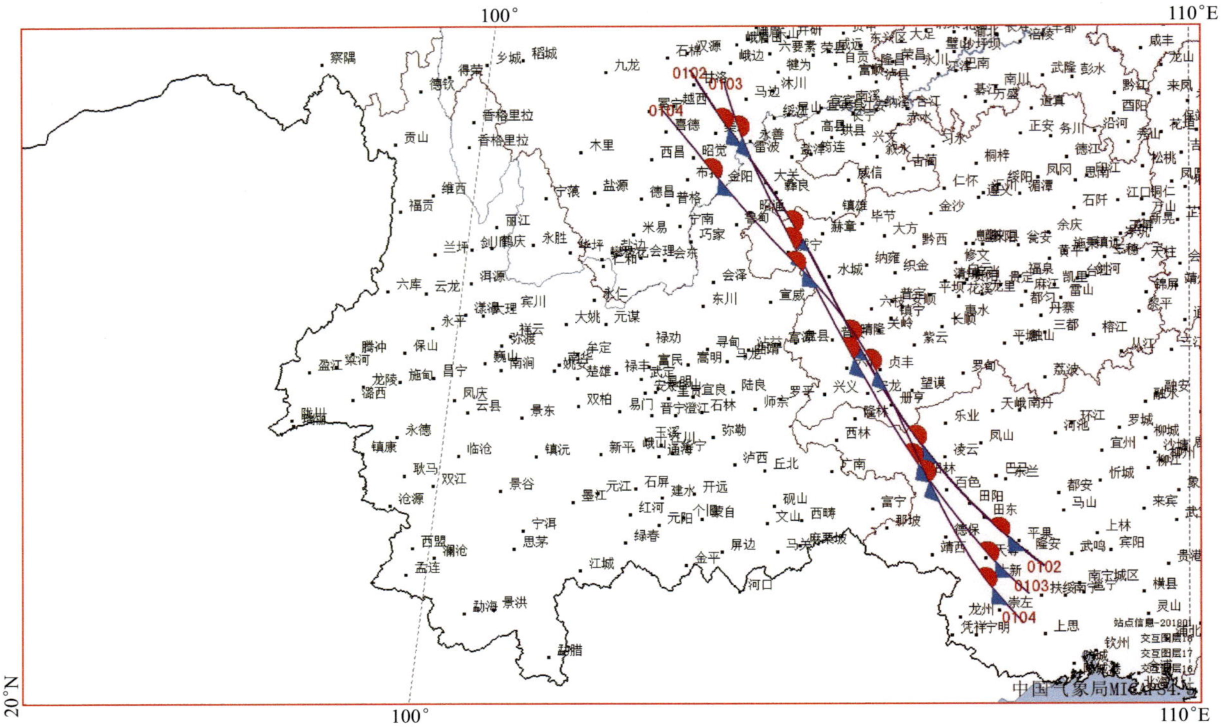

图 2.64.1　2020 年 1 月 2—4 日昆明准静止锋移动路径

表 2.64.1　2020 年 1 月 2—4 日昆明准静止锋位置

日期	昆明准静止锋位置
1 月 2 日	雷波—晴隆—隆安
1 月 3 日	雷波—普安—天等
1 月 4 日	金阳—晴隆—崇左

受昆明准静止锋影响，1 月 2 日滇东北出现日最高气温负变温区，最大变温在镇雄县，为－16.3 ℃；3 日滇东北降温幅度减弱，滇东有弱的负变温；4 日由于受南支槽影响，云南大部出现降温，昆明准静止锋影响区域滇东北负变温区略南移，最大变温在昭通的巧家县，为－10.9 ℃(图 2.64.2)。

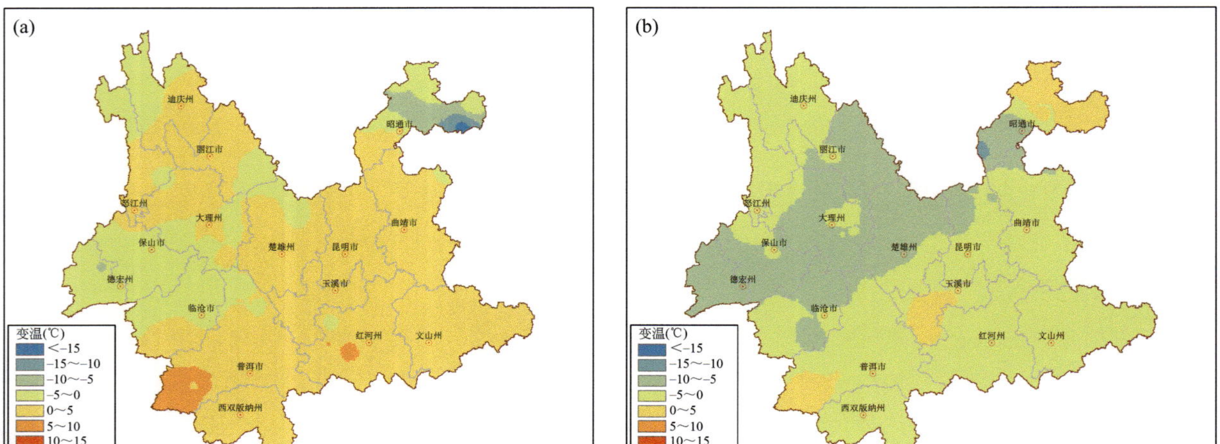

图 2.64.2　云南 2020 年 1 月 2 日(a)、4 日(b)最高气温 24 h 变温图

受昆明准静止锋和南支槽影响，2020 年 1 月 2—4 日(20 时—20 时)云南有 65 个县市总降水量大于 10 mm，其中有 18 个县市大于 25 mm，最大为福贡 44.5 mm。昆明准静止锋主要影响区域(滇东北)总降水量均小于 10 mm(图 2.64.3a)。

受昆明准静止锋和南支槽影响，2020 年 1 月 2—4 日云南有 82 个县市的总日照时数少于 20 h，有 33 个县市少于 10 h，最少的是昭通威信县、绥江县和盐津县，日照时数为 0 h，其次是耿马县和福贡县，分别为 3.5 h 和 3.9 h(图略)。与常年同期相比，有 86 个县市日照时数偏少 20%以上，41 个县市偏少 50%以上，威信、绥江和盐津偏少最多，为 100%。图 2.64.3b 是昆明准静止锋影响期间的平均日照时数。

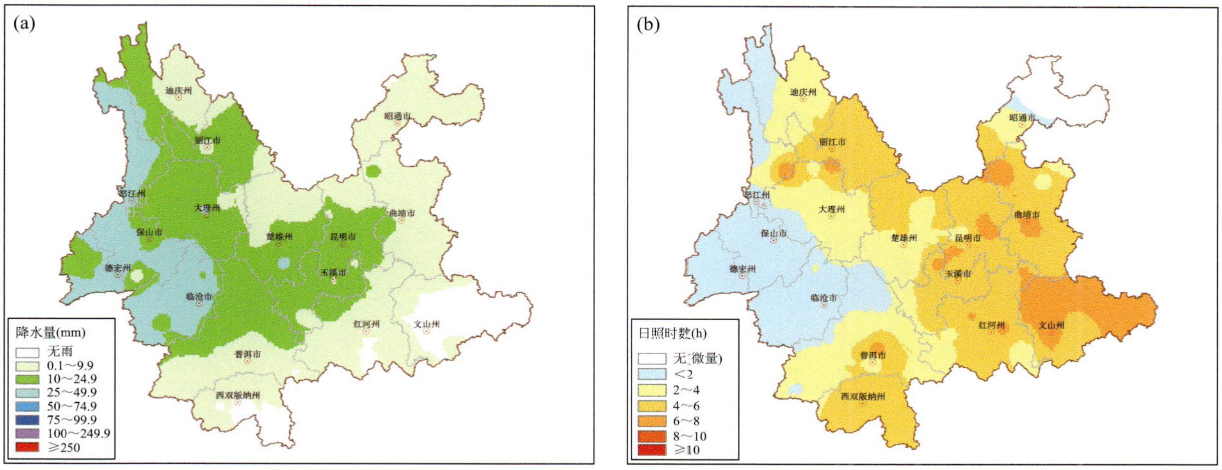

图 2.64.3　云南 2020 年 1 月 2—4 日累计降水量(a)和平均日照时数(b)

2.64.2　环流背景

(1)地面图

图 2.64.4 是 2020 年 1 月 2 日 14 时地面图和海平面气压场。图 2.64.5 是 2020 年 1 月 4 日 20 时地面图和海平面气压场。

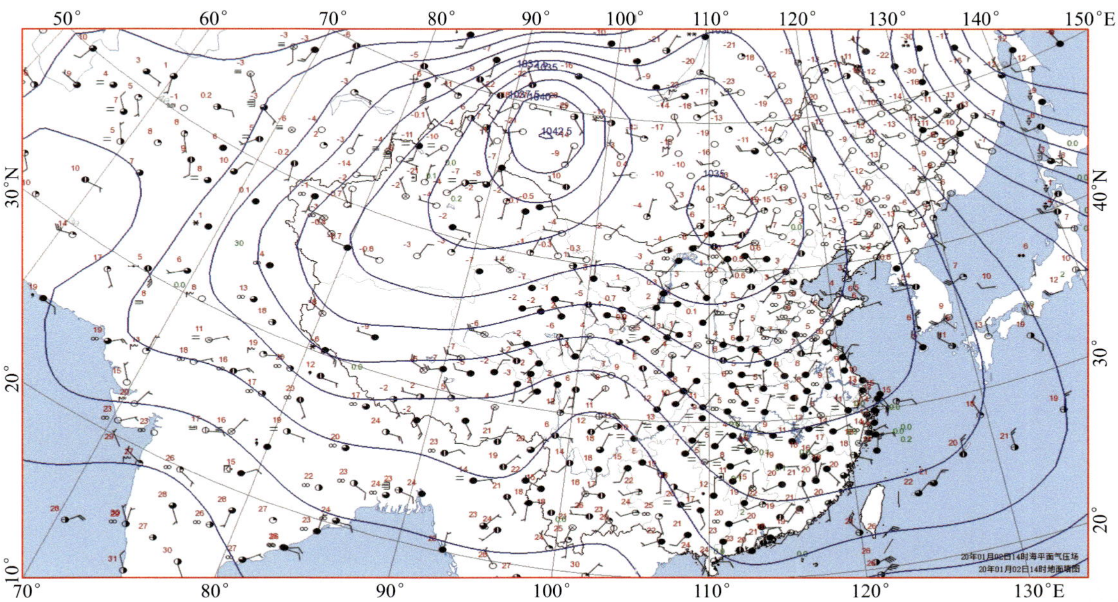

图 2.64.4　2020 年 1 月 2 日 14 时地面图和海平面气压场

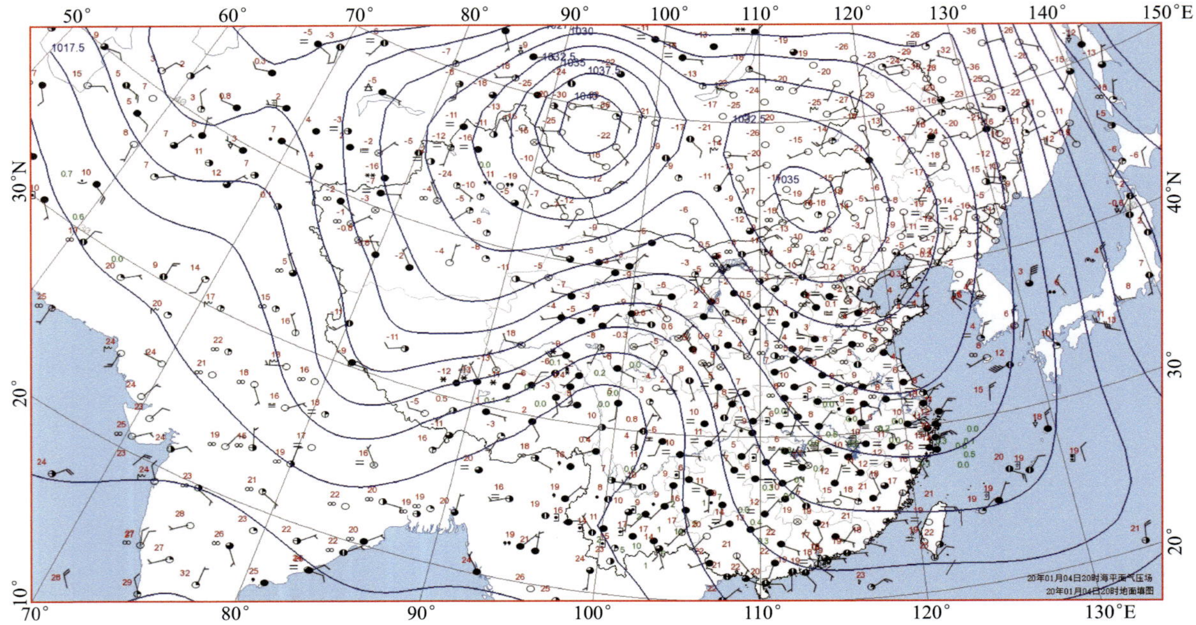

图 2.64.5　2020 年 1 月 4 日 20 时地面图和海平面气压场

(2)高空图

图 2.64.6 是 2020 年 1 月 2 日 08 时 850 hPa 高空图。图 2.64.7 是 2020 年 1 月 4 日 08 时 850 hPa 高空图。图 2.64.8 是 2020 年 1 月 2 日 08 时 500 hPa 高空图。图 2.64.9 是 2020 年 1 月 4 日 08 时 500 hPa 高空图。

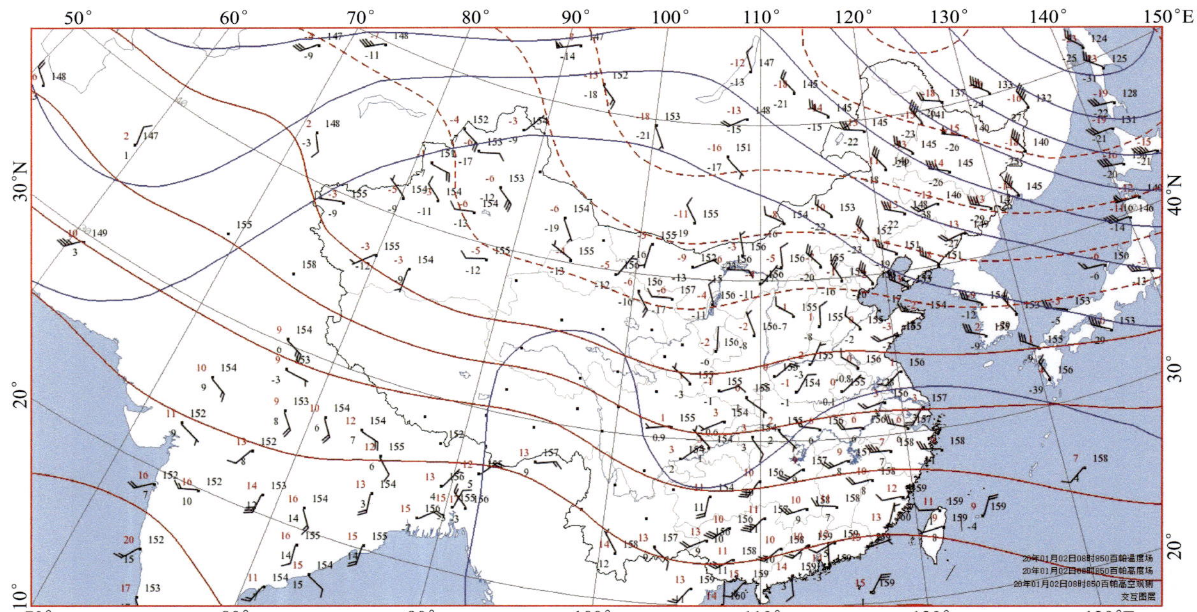

图 2.64.6　2020 年 1 月 2 日 08 时 850 hPa 高空图

2.64.3　卫星云图

图 2.64.10 是 2020 年 1 月 2 日 14 时、3 日 14 时卫星云图。

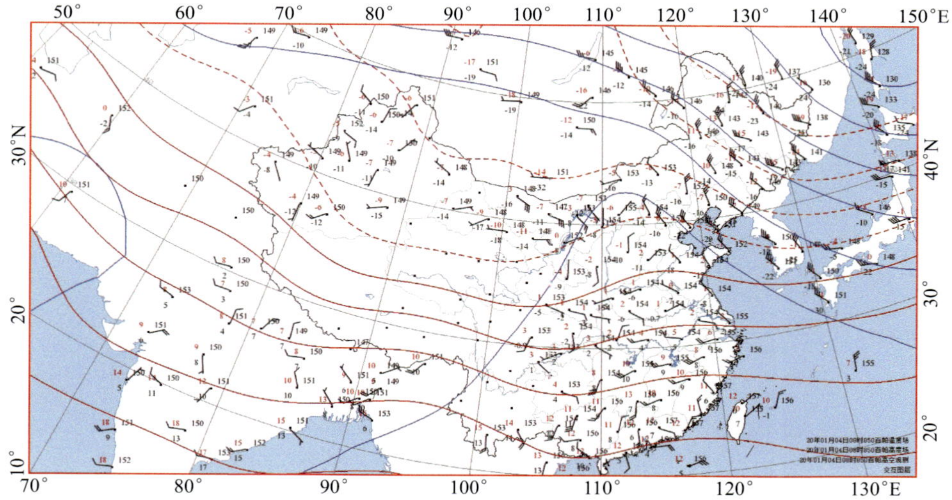

图 2.64.7　2020 年 1 月 4 日 08 时 850 hPa 高空图

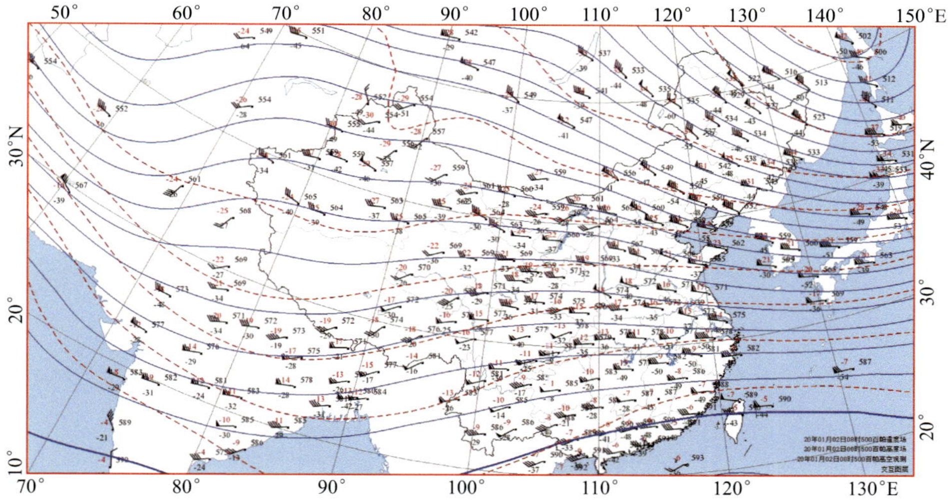

图 2.64.8　2020 年 1 月 2 日 08 时 500 hPa 高空图

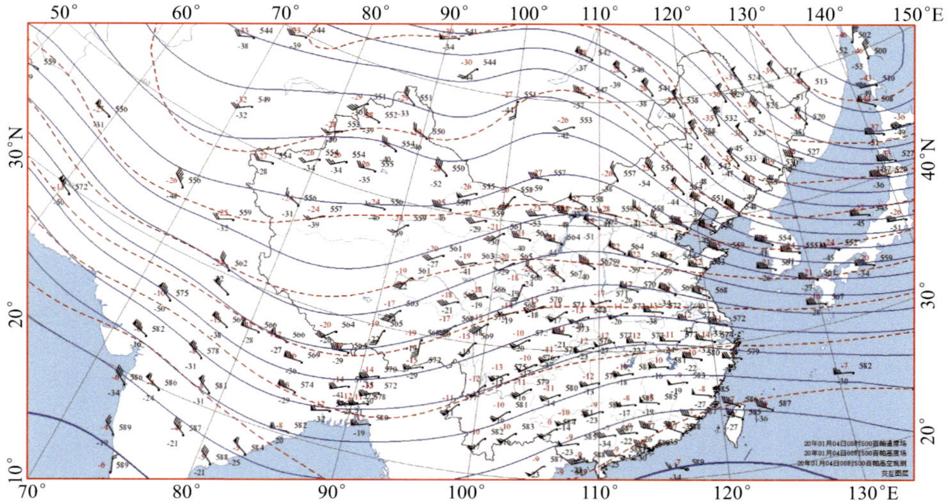

图 2.64.9　2020 年 1 月 4 日 08 时 500 hPa 高空图

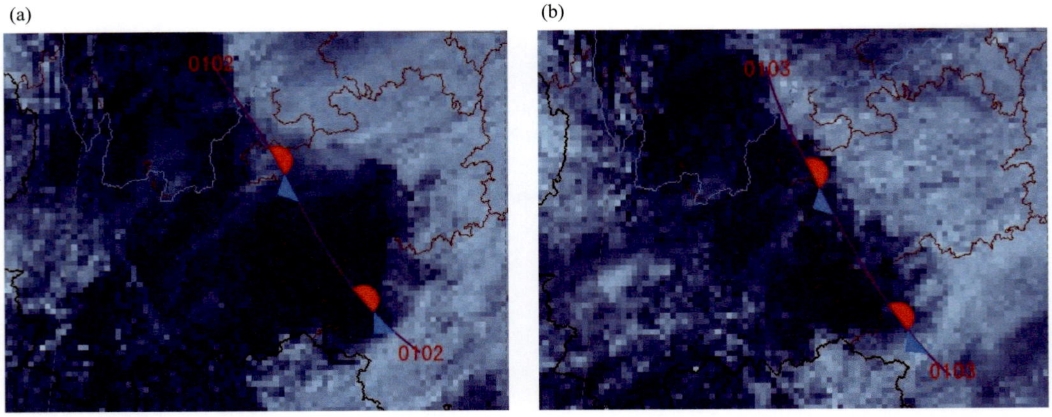

图 2.64.10　2020 年 1 月 2 日 14 时(a)、3 日 14 时(b)卫星云图

2.65　2020 年 1 月 8—11 日昆明准静止锋过程

2.65.1　过程概况

2020 年 1 月 8 日在云贵高原出现了昆明准静止锋天气系统，呈西北—东南向，贯穿四川、云南、贵州及广西四省(区)，位于雷波、大关、水城、关岭、乐业及南宁一线。9 日昆明准静止锋略东退维持，10 日昆明准静止锋略西进，位于美姑、威宁、贞丰、凌云及武鸣一线。11 日昆明准静止锋加强西移至会理、寻甸、丘北及麻栗坡一线。之后，锋面减弱东退至贵阳以东地区。1 月 8—11 日过程期间昆明准静止锋移动路径如图 2.65.1，活动范围见表 2.65.1。

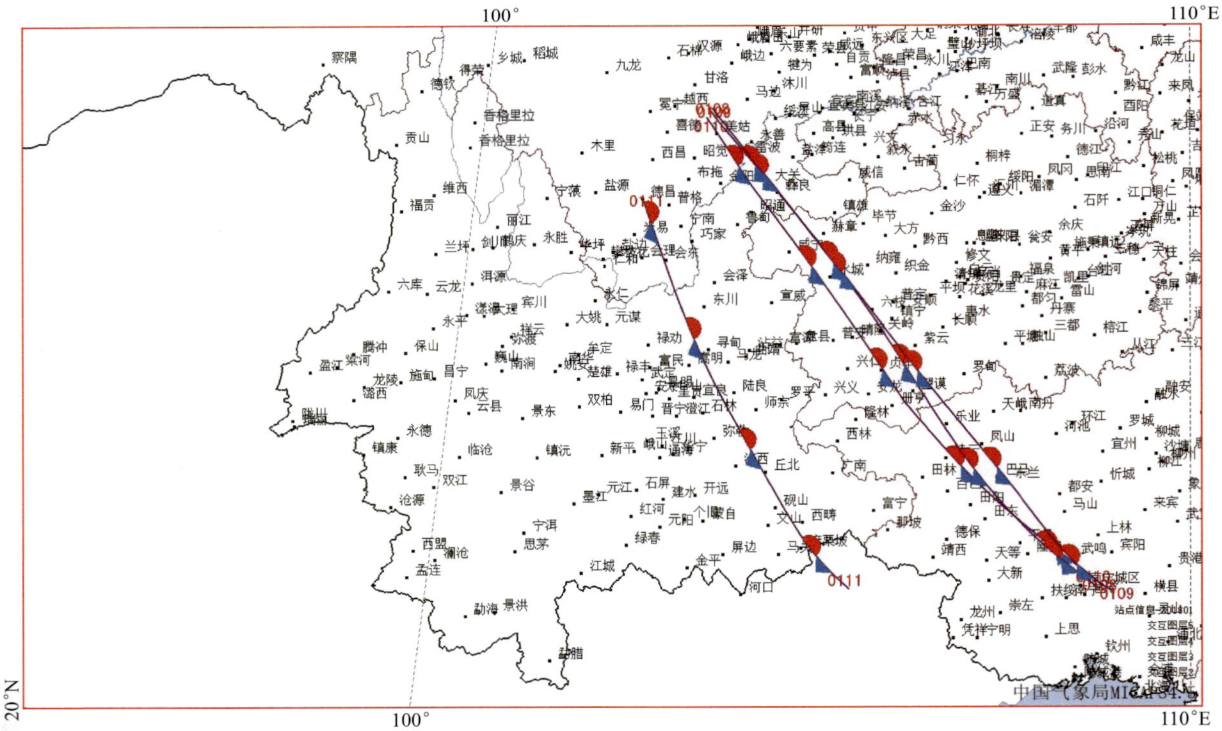

图 2.65.1　2020 年 1 月 8—11 日昆明准静止锋移动路径

表 2.65.1　2020 年 1 月 8—11 日昆明准静止锋位置

日期	昆明准静止锋位置
1 月 8 日	雷波—水城—南宁
1 月 9 日	雷波—水城—武鸣
1 月 10 日	美姑—贞丰—武鸣
1 月 11 日	会理—寻甸—麻栗坡

受昆明准静止锋影响，1 月 8 日滇东北出现日最高气温负变温区，最大变温在镇雄县，为−12.9 ℃；9 日滇东北气温回升；10 日受高空槽前西偏南气流影响，天空云量增多，云南大部为负变温区，滇东北也为负变温，最大变温在镇雄，为−3.4 ℃；11 日随着昆明准静止锋增强西进，滇中以东降温幅度加大，最大变温在滇东南的广南和富宁，为−11.9 ℃（图 2.65.2）。

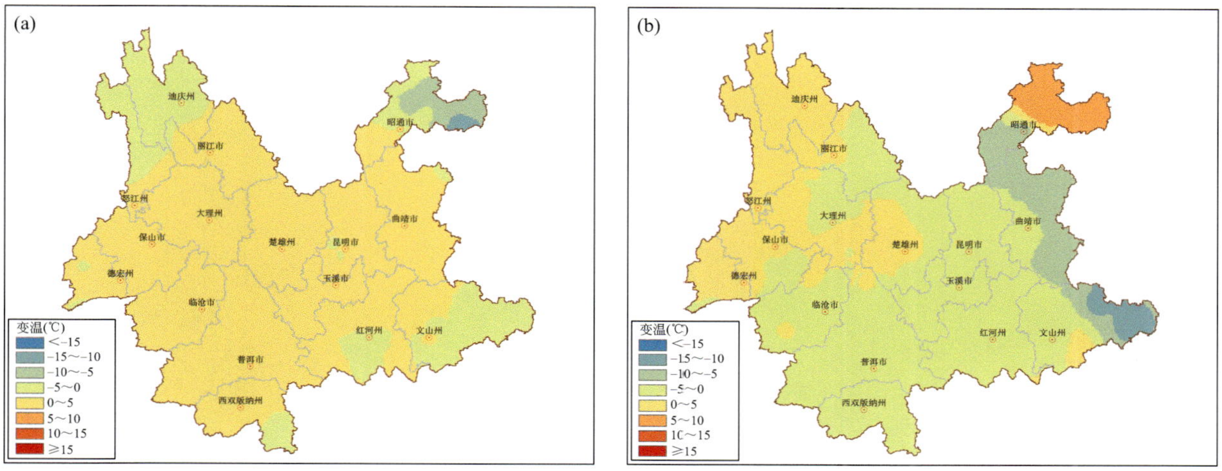

图 2.65.2　云南 2020 年 1 月 8 日(a)、11 日(b)最高气温 24 h 变温图

受昆明准静止锋和高空槽前西偏南气流影响，2020 年 1 月 8—11 日(20 时—20 时)云南共有 46 个县市出现降水，总降水量除滇西北有 2 个县市超过 10 mm 外，其余大部分县市小于 5 mm。昆明准静止锋主要影响区域(滇中及以东)有 17 个县市出现降水，总降水量不足 10 mm(图 2.65.3a)。

受昆明准静止锋和高空槽前西偏南气流影响，2020 年 1 月 8—11 日云南总日照时数少于 20 h 的县

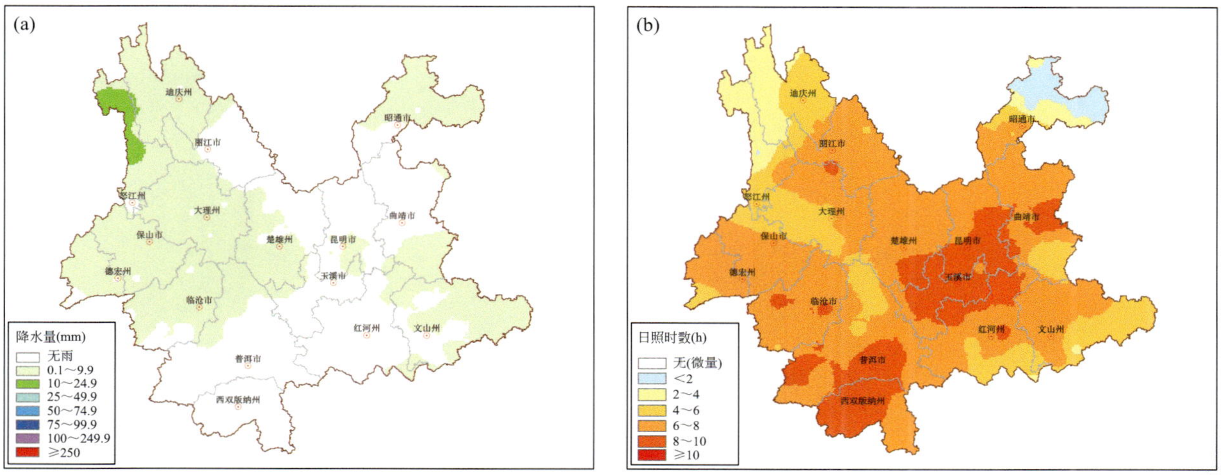

图 2.65.3　云南 2020 年 1 月 8—11 日累计降水量(a)和平均日照时数(b)

市有 12 个，集中在昭通、红河、文山地区。盐津日照时数最少，为 7 h，其次是威信和大关，分别为 10.6 h 和 10.9 h(图略)。与常年同期相比，有 38 个县市日照时数偏少，其中 7 个县市日照时数偏少 20%以上，都集中在滇西。图 2.65.3b 是昆明准静止锋影响期间的平均日照时数。

2.65.2 环流背景

(1)地面图

图 2.65.4 是 2020 年 1 月 8 日 14 时地面图和海平面气压场。图 2.65.5 是 2020 年 1 月 11 日 20 时地面图和海平面气压场。

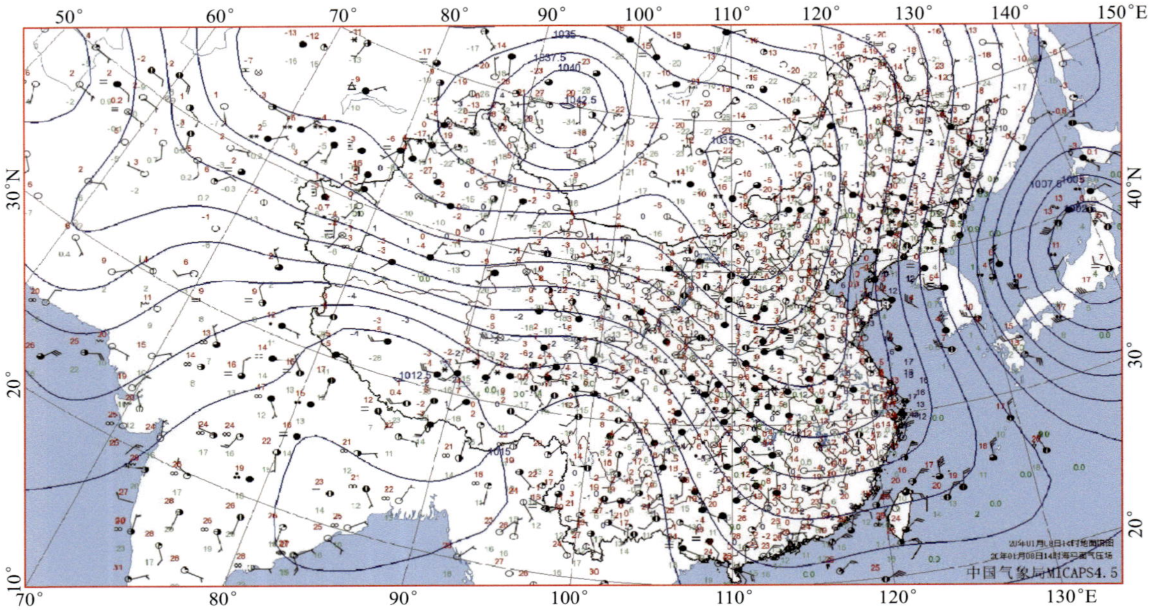

图 2.65.4 2020 年 1 月 8 日 14 时地面图和海平面气压场

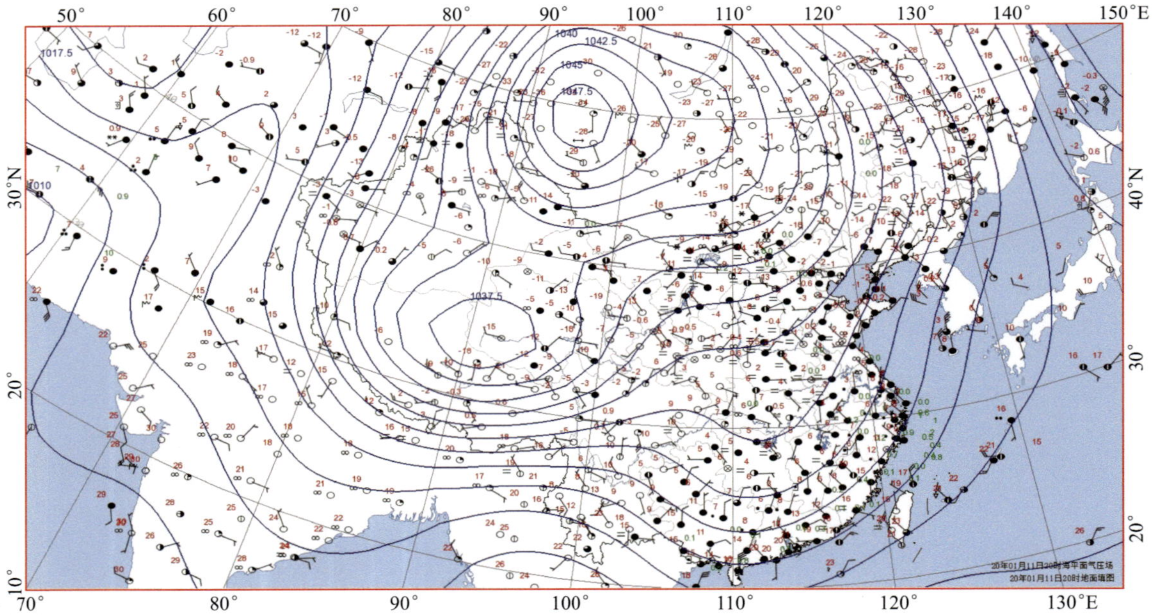

图 2.65.5 2020 年 1 月 11 日 20 时地面图和海平面气压场

(2)高空图

图 2.65.6 是 2020 年 1 月 8 日 08 时 850 hPa 高空图。图 2.65.7 是 2020 年 1 月 11 日 08 时 850 hPa 高空图。图 2.65.8 是 2020 年 1 月 8 日 08 时 500 hPa 高空图。图 2.65.9 是 2020 年 1 月 11 日 08 时 500 hPa 高空图。

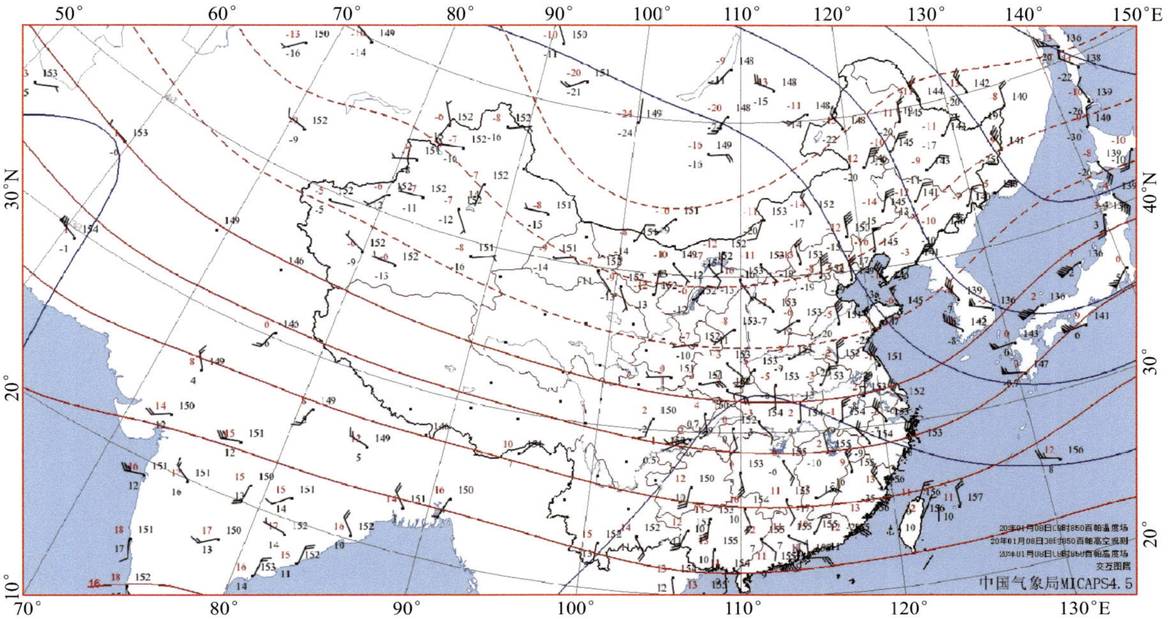

图 2.65.6　2020 年 1 月 8 日 08 时 850 hPa 高空图

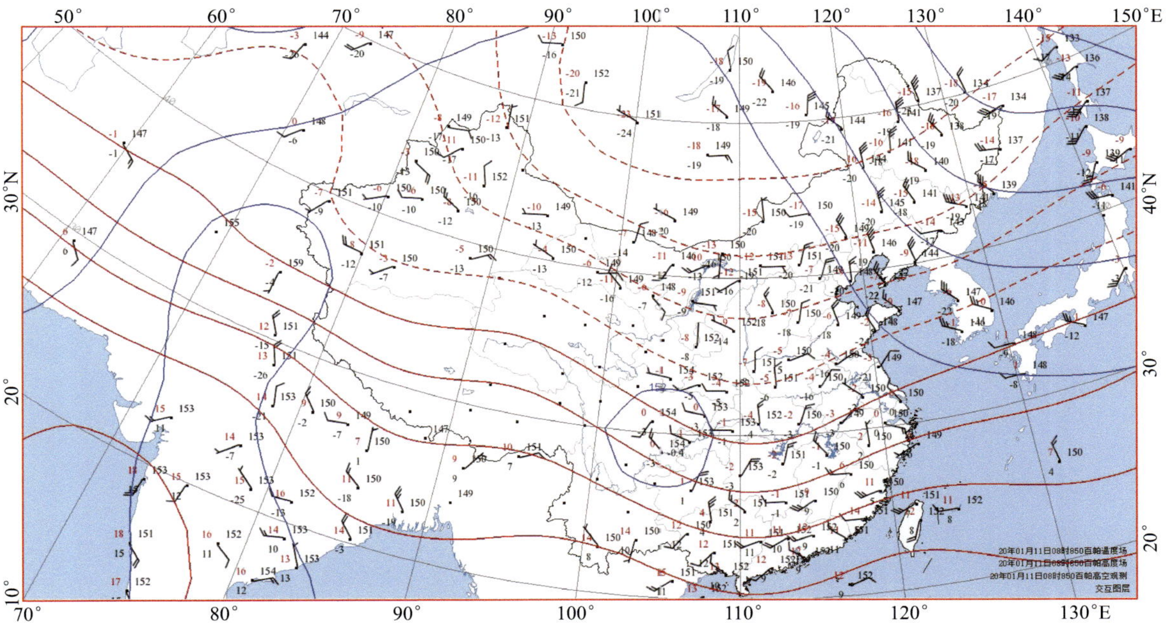

图 2.65.7　2020 年 1 月 11 日 08 时 850 hPa 高空图

2.65.3　卫星云图

图 2.65.10 是 2020 年 1 月 9 日 14 时、10 日 14 时卫星云图。

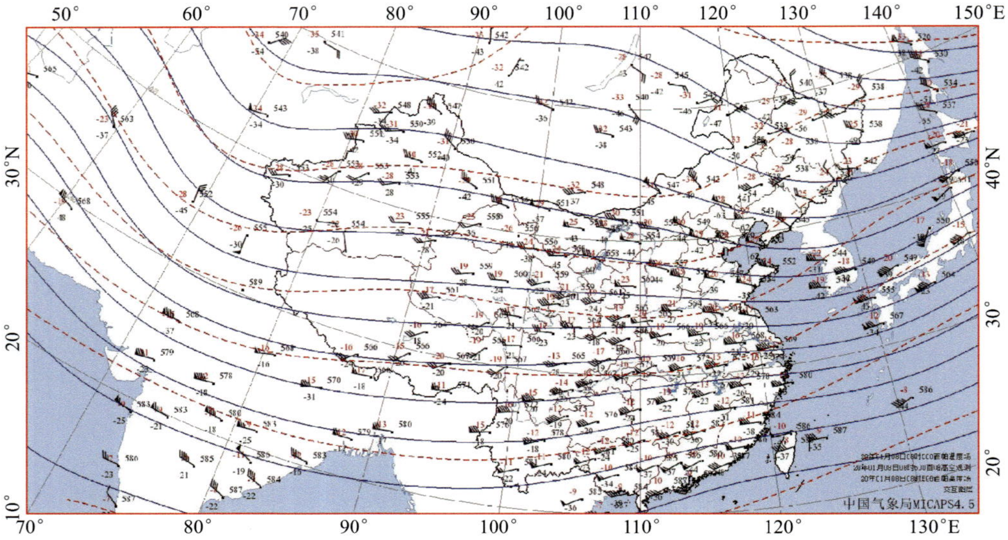

图 2.65.8　2020 年 1 月 8 日 08 时 500 hPa 高空图

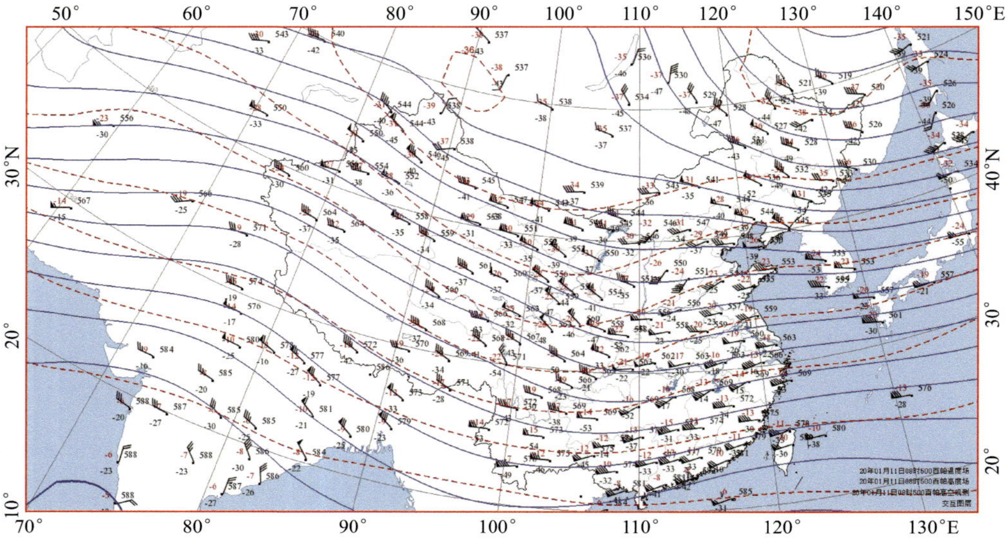

图 2.65.9　2020 年 1 月 11 日 08 时 500 hPa 高空图

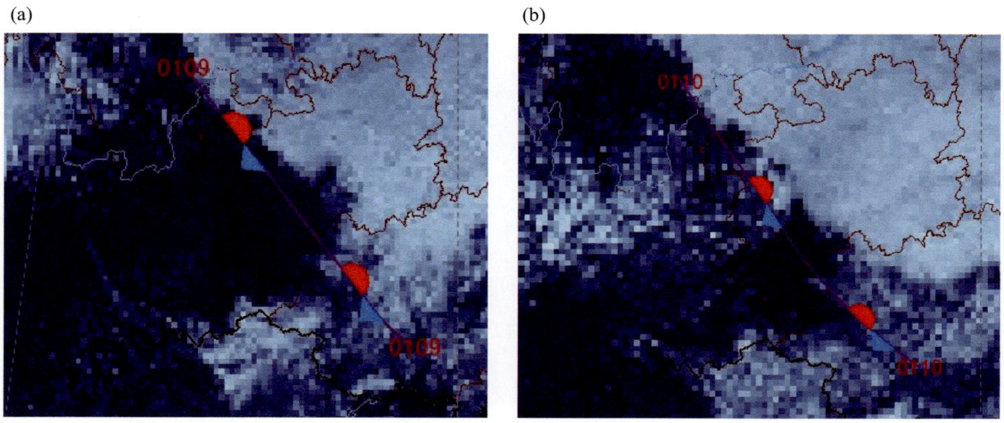

图 2.65.10　2020 年 1 月 9 日 14 时(a)、10 日 14 时(b)卫星云图

2.66 2020年1月13—20日昆明准静止锋过程

2.66.1 过程概况

2020年1月13日在云贵高原出现了昆明准静止锋天气系统，呈准南北向，贯穿四川、云南、贵州及广西四省(区)，位于雷波、大关、普安、那坡及凭祥一线。14日昆明准静止锋西进至金阳、鲁甸、宣威、罗平、广南及那坡一线。15日昆明准静止锋东退至13日位置附近，16日昆明准静止锋再次西进，位于会东、寻甸、陆良、丘北及西畴一线。17—18日昆明准静止锋东退，在昭通、宣威、罗平、广南和富宁一线。19日昆明准静止锋明显西进位于宁南、嵩明、开远、屏边及河口一线。20日昆明准静止锋东退回滇东边缘，位于美姑、威宁、普安、西林及凭祥一线。之后，锋面减弱东退至贵阳以东地区。1月13—20日过程期间昆明准静止锋移动路径如图2.66.1，活动范围见表2.66.1。

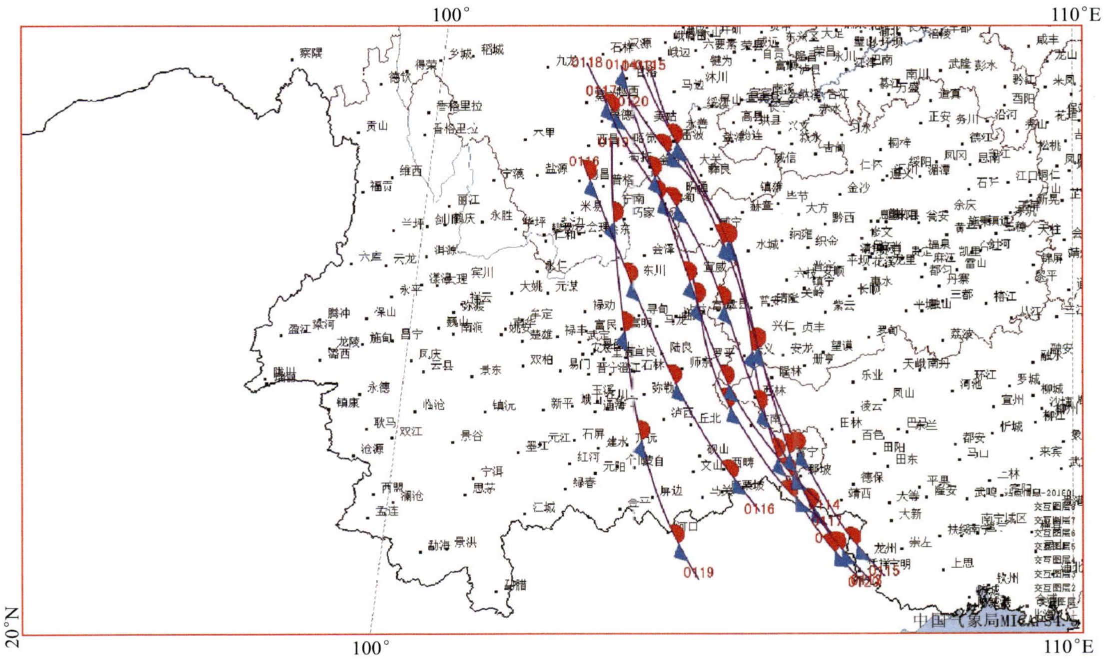

图2.66.1 2020年1月13—20日昆明准静止锋移动路径

表2.66.1 2020年1月13—20日昆明准静止锋位置

日期	昆明准静止锋位置
1月13日	雷波—普安—凭祥
1月14日	金阳—宣威—那坡
1月15日	雷波—隆林—那坡
1月16日	会东—寻甸—西畴
1月17日	昭觉—罗平—广南
1月18日	金阳—盘县—富宁
1月19日	宁南—嵩明—河口
1月20日	美姑—威宁—普安—凭祥

受昆明准静止锋影响，1月13日滇东北出现日最高气温负变温区，最大变温在彝良县，为−10.4 ℃；14日随着昆明准静止锋西伸，负变温区域向滇东扩大，最大变温在罗平县，为−11.6 ℃；15日云南气温

回升；16 日随着昆明准静止锋再次西进，滇中以东降温明显，日最高气温最大变温出现在富源县，为－14.8 ℃；17—18 日随着昆明准静止锋东退，云南气温升降幅度较小；19 日随着昆明准静止锋西进，滇中、滇东南降温明显，日最高气温最大变温出现在丘北县，为－16.1 ℃；20 日昆明准静止锋东退，云南气温回升明显。此过程降温幅度大于 10 ℃的县市有 11 个，主要集中在昭通市、曲靖市、文山州(图 2.66.2)。

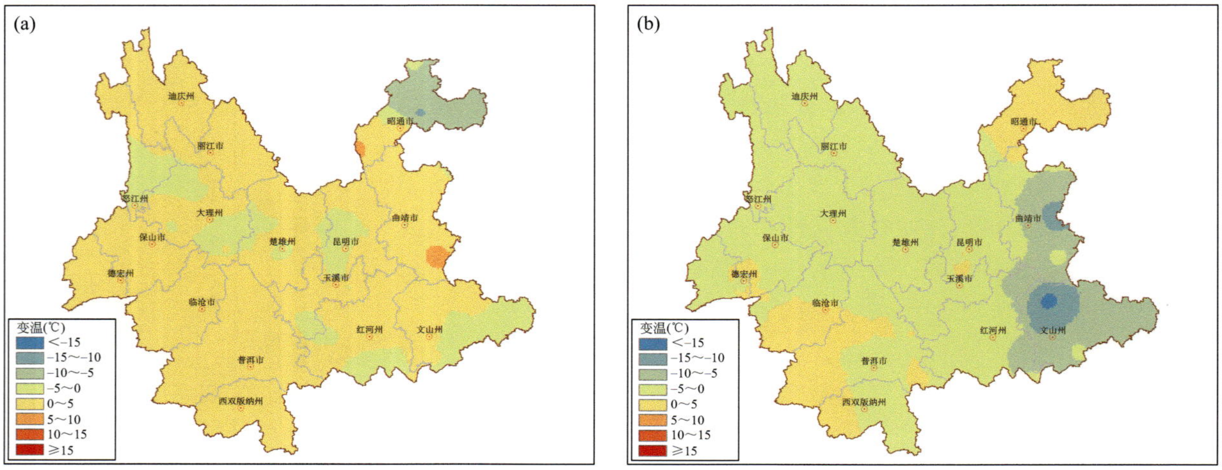

图 2.66.2　云南 2020 年 1 月 13 日(a)、19 日(b)最高气温 24 h 变温图

受昆明准静止锋影响，2020 年 1 月 13—20 日(20 时—20 时)在滇东北、滇东南有 10 个县市出现降水，总降水量仅有威信超过 10 mm，为 17.3 mm，其余县市均小于 10 mm(图 2.66.3a)。

受昆明准静止锋影响，2020 年 1 月 13—20 日云南总日照时数不足 30 h 的有 11 个县市，集中在昭通、红河、文山地区，最少的是威信县，仅为 5.7 h，其次是盐津县和绥江县，分别为 6.1 h 和 6.8 h，镇雄、河口、大关 3 个县日照时数也在 10 h 以内(图略)。与常年同期相比，有 9 个县市日照时数偏少，有 6 个县市偏少 20%以上，河口偏少最多，为 57%。图 2.66.3b 是昆明准静止锋影响期间的平均日照时数。

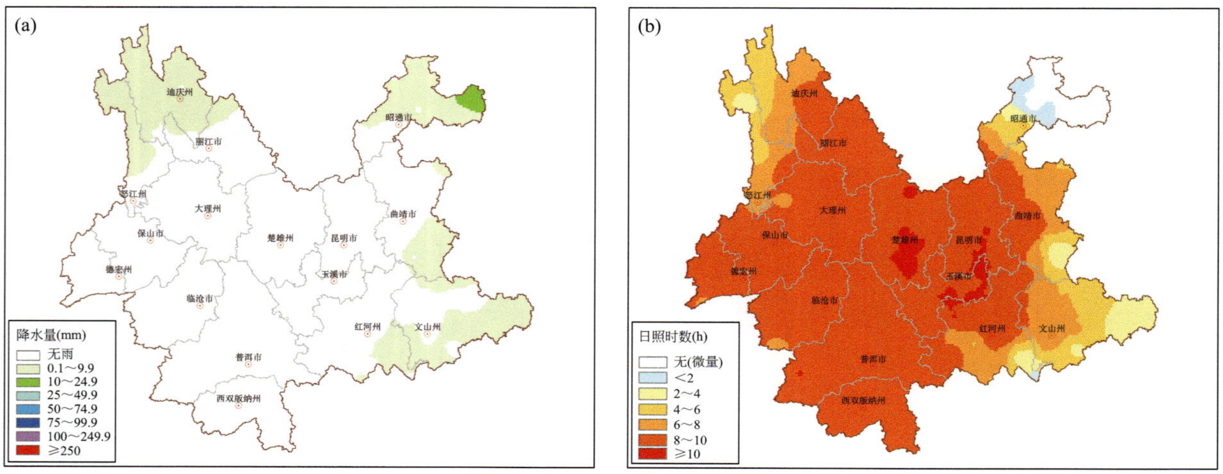

图 2.66.3　云南 2020 年 1 月 13—20 日累计降水量(a)和平均日照时数(b)

2.66.2　环流背景

(1)地面图

图 2.66.4 是 2020 年 1 月 13 日 14 时地面图和海平面气压场。图 2.66.5 是 2020 年 1 月 20 日 20 时地面图和海平面气压场。

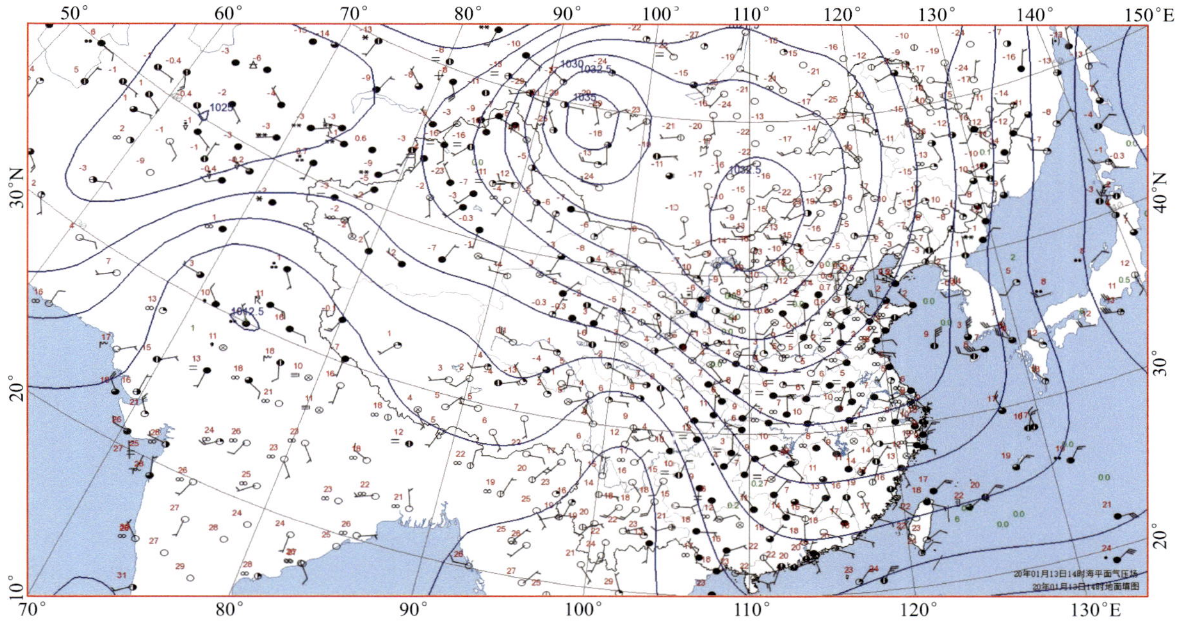

图 2.66.4　2020 年 1 月 13 日 14 时地面图和海平面气压场

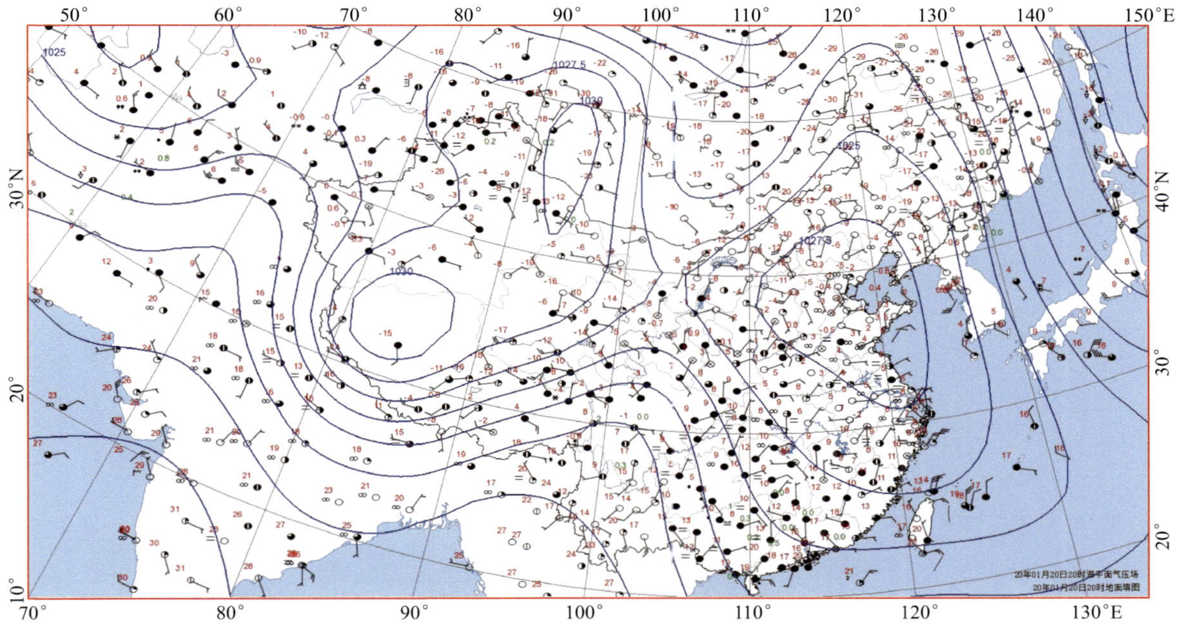

图 2.66.5　2020 年 1 月 20 日 20 时地面图和海平面气压场

(2)高空图

图 2.66.6 是 2020 年 1 月 13 日 08 时 850 hPa 高空图。图 2.66.7 是 2020 年 1 月 20 日 08 时 850 hPa 高空图。图 2.66.8 是 2020 年 1 月 13 日 08 时 500 hPa 高空图。图 2.66.9 是 2020 年 1 月 20 日 08 时 500 hPa 高空图。

2.66.3　卫星云图

图 2.66.10 是 2020 年 1 月 13 日 14 时、16 日 14 时卫星云图。

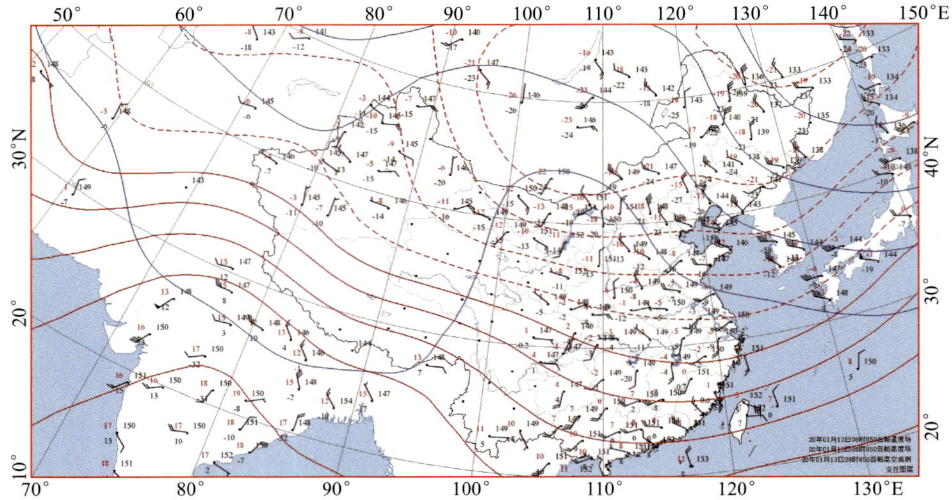

图 2.66.6　2020 年 1 月 13 日 08 时 850 hPa 高空图

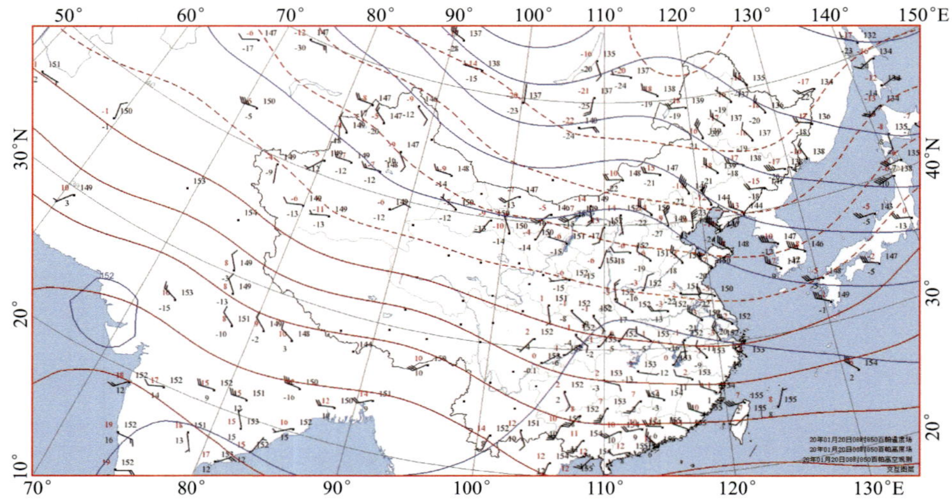

图 2.66.7　2020 年 1 月 20 日 08 时 850 hPa 高空图

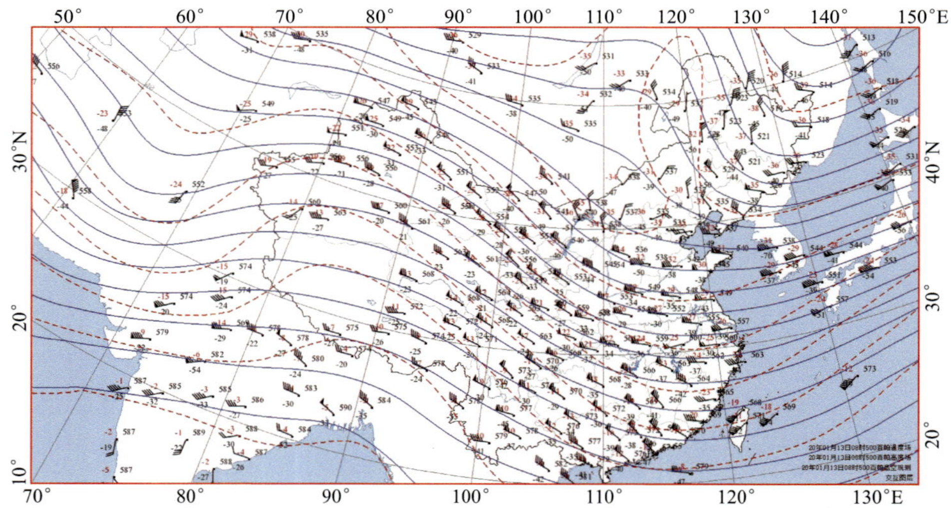

图 2.66.8　2020 年 1 月 13 日 08 时 500 hPa 高空图

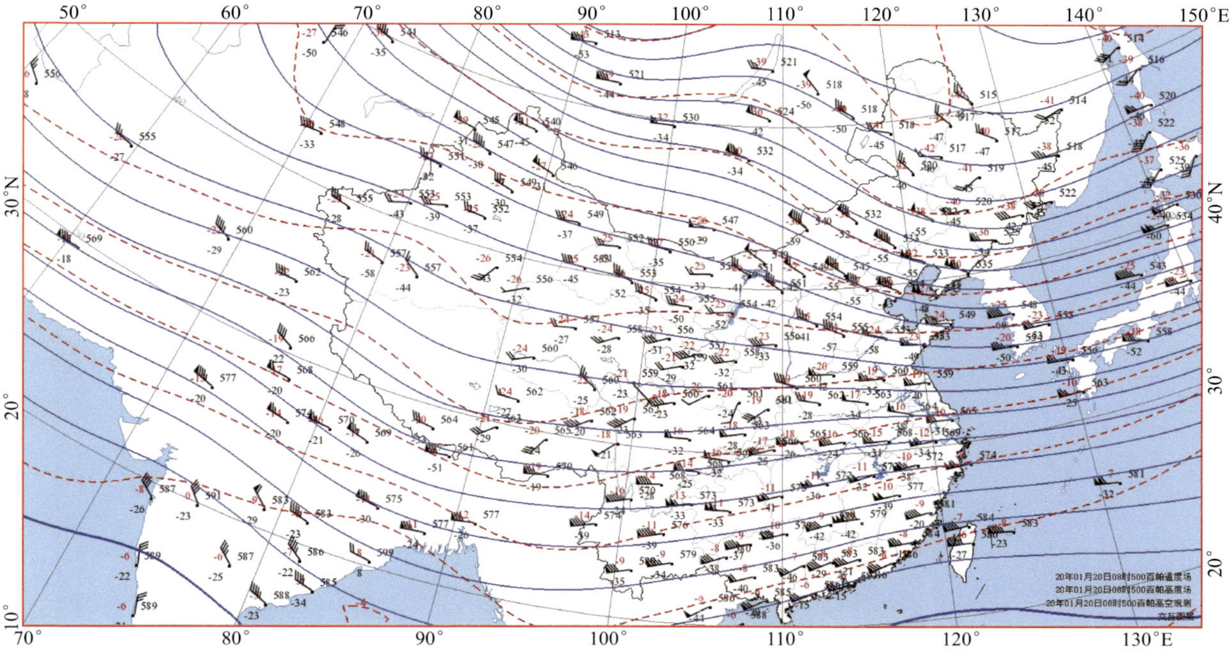

图 2.66.9　2020 年 1 月 20 日 08 时 500 hPa 高空图

(a)　　(b)

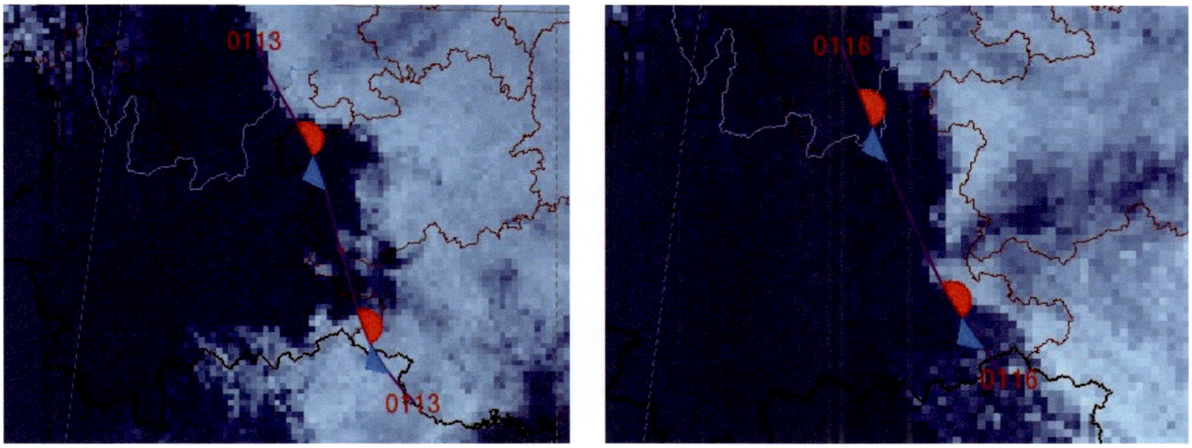

图 2.66.10　2020 年 1 月 13 日 14 时(a)、16 日 14 时(b)卫星云图

2.67　2020 年 1 月 22—24 日昆明准静止锋过程

2.67.1　过程概况

2020 年 1 月 22 日在云贵高原出现了昆明准静止锋天气系统，呈准东西向，贯穿四川、云南、贵州三省，位于雷波、彝良、纳雍、平坝、丹寨及锦屏一线。23 日昆明准静止锋西南移，位于越西、镇宁、都安及贵港一线。24 日昆明准静止锋增强西进，位于布拖、沾益、罗平、广南及那坡一线。之后，昆明准静止锋加强为冷锋，向西越过哀牢山。1 月 22—24 日过程期间昆明准静止锋移动路径如图 2.67.1，活动范围见表 2.67.1。

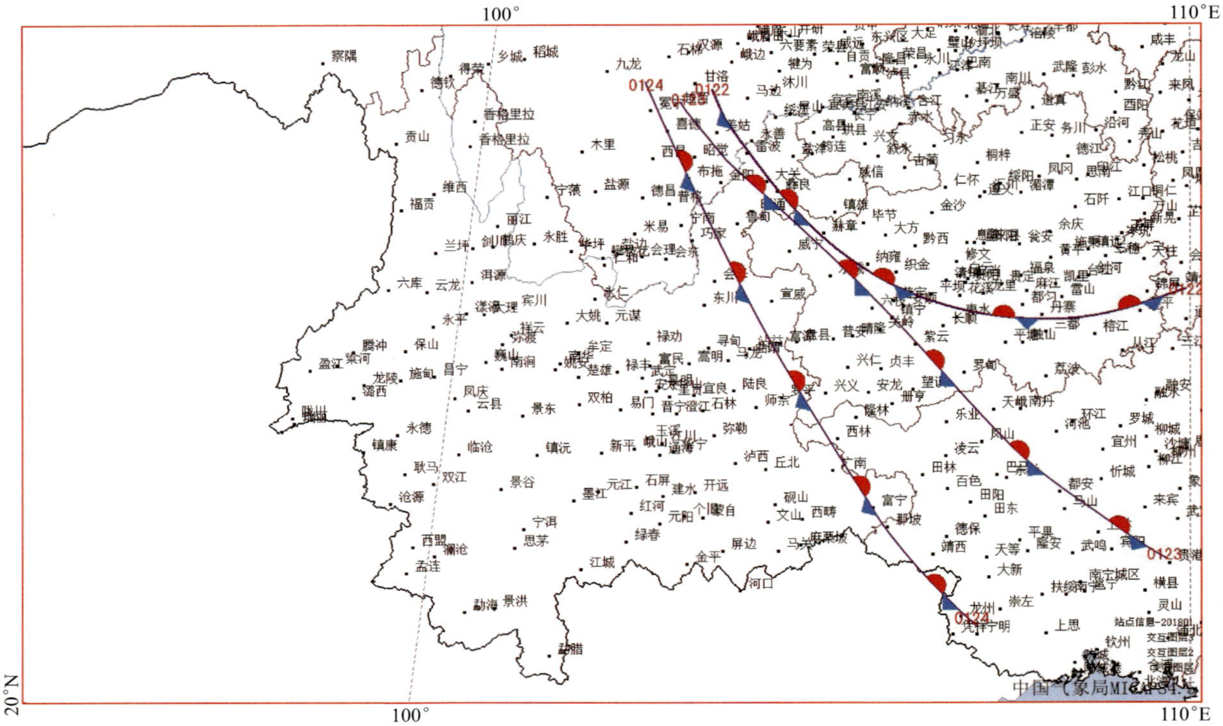

图 2.67.1　2020 年 1 月 22—24 日昆明准静止锋移动路径

表 2.67.1　2020 年 1 月 22—24 日昆明准静止锋位置

日期	昆明准静止锋位置
1 月 22 日	雷波—纳雍—锦屏
1 月 23 日	越西—镇宁—贵港
1 月 24 日	布拖—罗平—那坡

受昆明准静止锋影响，1 月 22 日滇东北出现小范围的日最高气温负变温区，最大变温在镇雄县，为 −4.9 ℃；23 日受高原波动和昆明准静止锋影响云南大部有弱的负变温；24 日随着昆明准静止锋增强西进，滇东降温幅度增大，日最高气温最大变温出现在昭通市，为 −10.3 ℃（图 2.67.2）。

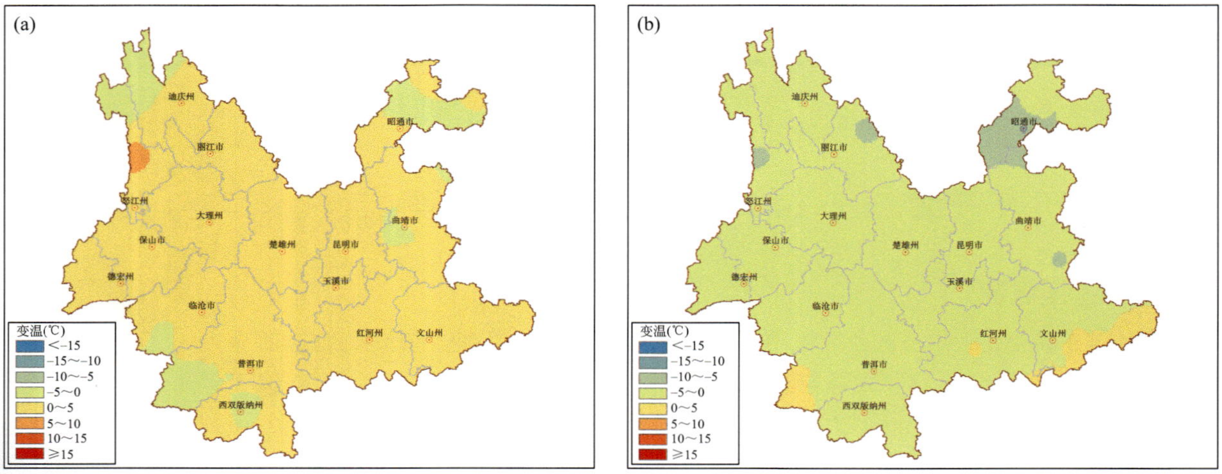

图 2.67.2　云南 2020 年 1 月 22 日（a）、24 日（b）最高气温 24 h 变温图

受昆明准静止锋影响，2020 年 1 月 22—24 日（20 时—20 时）在滇东北和滇东有 12 个县市出现小雨，最大降水量为绥江 10.1 mm，其余县市均小于 5 mm（图 2.67.3a）。

受昆明准静止锋影响，2020 年 1 月 22—24 日云南总日照时数有 39 个县市不足 30 h。其中日照时数少于 20 h 的县市有 14 个，昭通有 4 个县市日照时数少于 10 h，最少的是威信县和盐津县，为 0 h，其次是绥江县和大关县，分别为 0.1 h 和 0.6 h（图略）。与常年同期相比，有 11 个县市日照时数偏少 20% 以上，有 8 个县市偏少 50% 以上，威信和盐津偏少最多，为 100%，其次为绥江，偏少 98.1%。图 2.67.3b 是昆明准静止锋影响期间的平均日照时数。

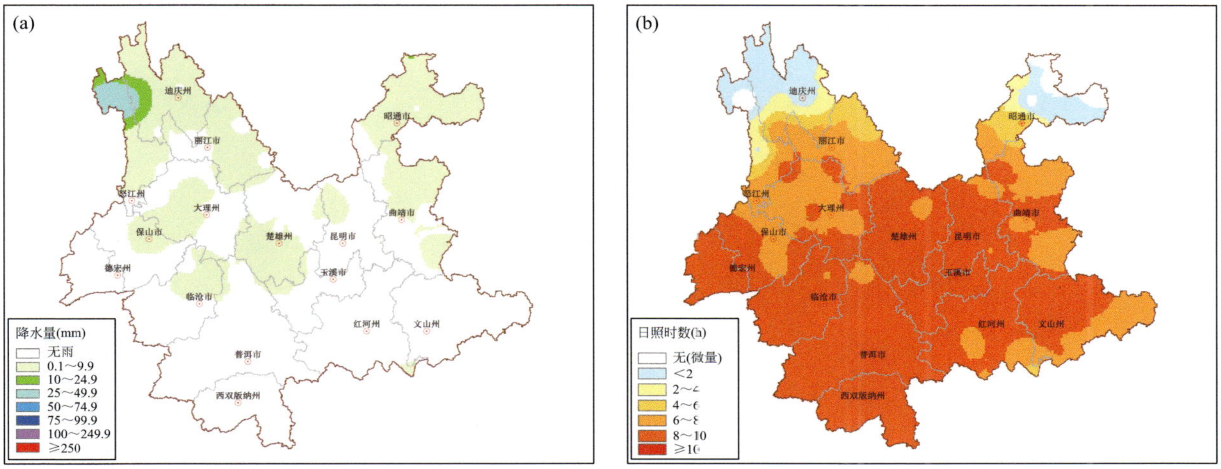

图 2.67.3　云南 2020 年 1 月 22—24 日累计降水量(a)和平均日照时数(b)

2.67.2　环流背景

（1）地面图

图 2.67.4 是 2020 年 1 月 22 日 14 时地面图和海平面气压场。图 2.67.5 是 2020 年 1 月 24 日 20 时地面图和海平面气压场。

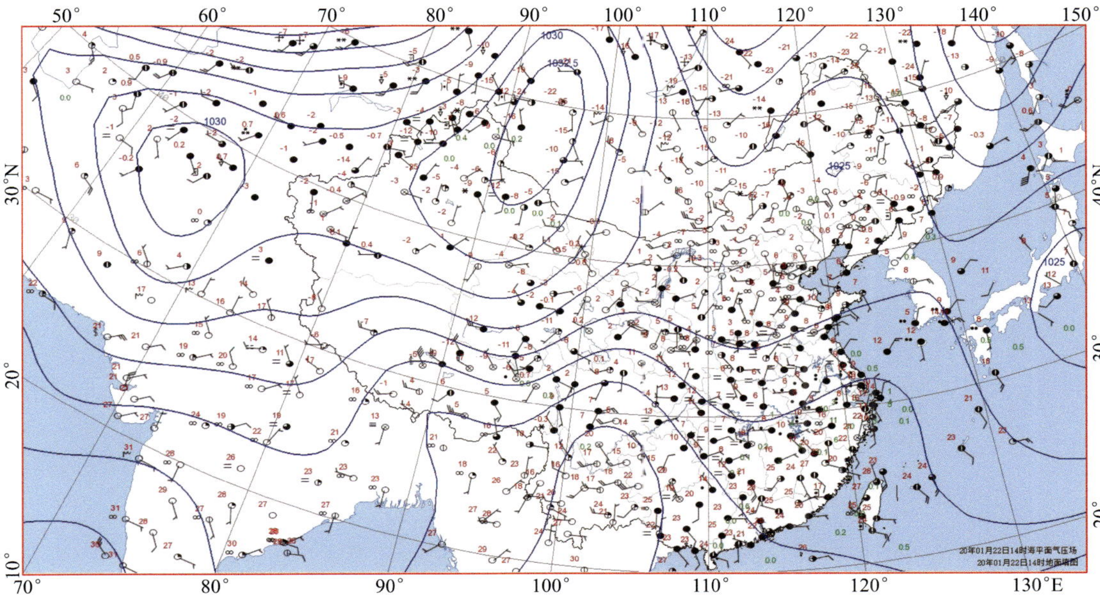

图 2.67.4　2020 年 1 月 22 日 14 时地面图和海平面气压场

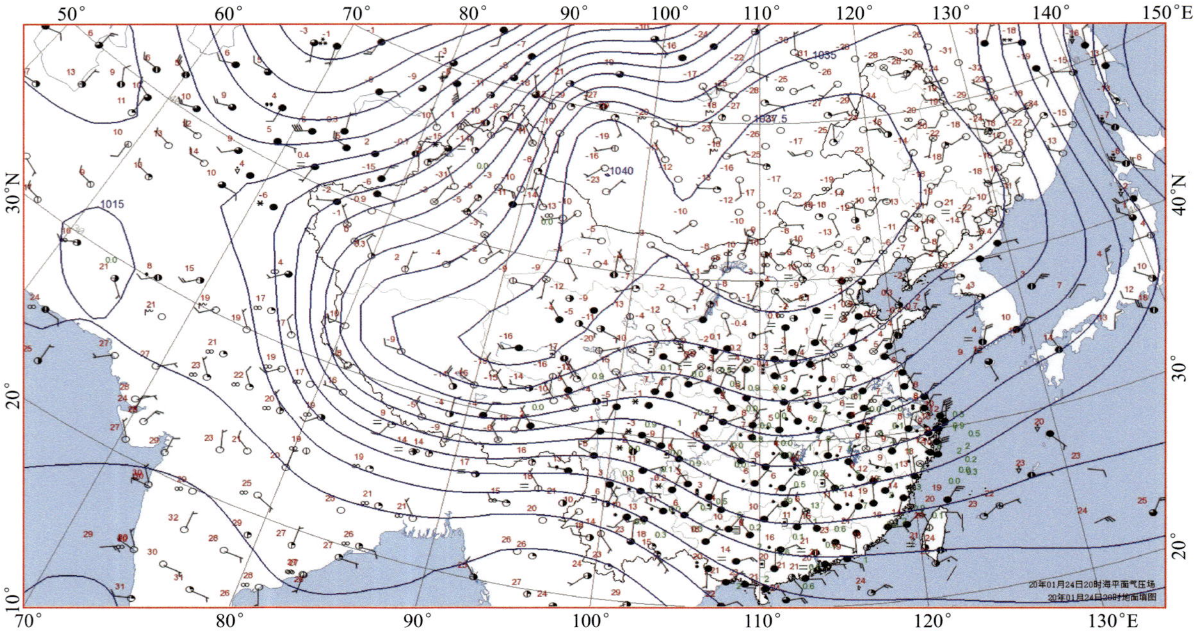

图 2.67.5　2020 年 1 月 24 日 20 时地面图和海平面气压场

(2)高空图

图 2.67.6 是 2020 年 1 月 22 日 08 时 850 hPa 高空图。图 2.67.7 是 2020 年 1 月 24 日 08 时 850 hPa 高空图。图 2.67.8 是 2020 年 1 月 22 日 08 时 500 hPa 高空图。图 2.67.9 是 2020 年 1 月 24 日 08 时 500 hPa 高空图。

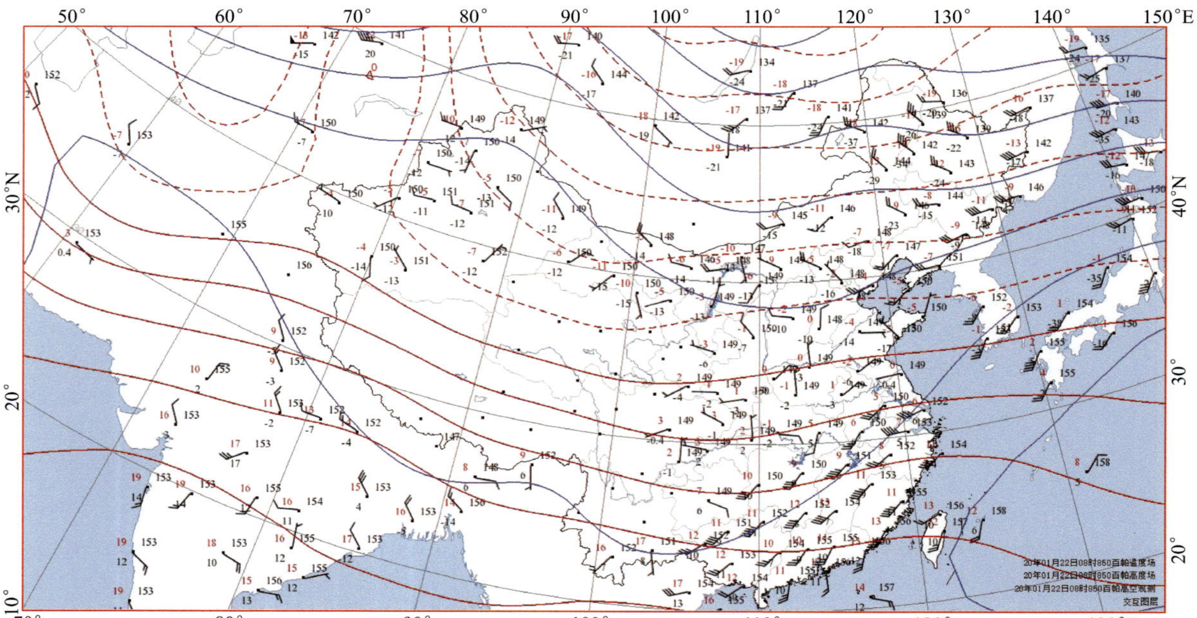

图 2.67.6　2020 年 1 月 22 日 08 时 850 hPa 高空图

2.67.3　卫星云图

图 2.67.10 是 2020 年 1 月 22 日 14 时、24 日 14 时卫星云图。

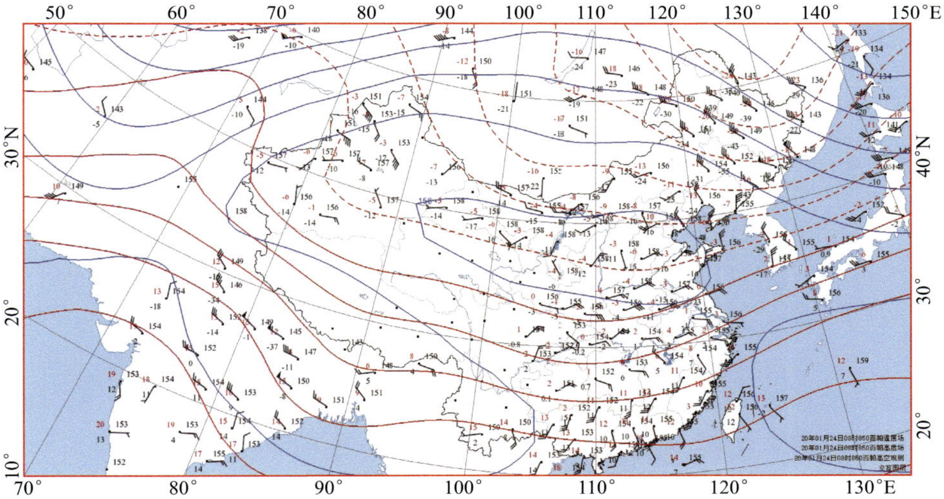

图 2.67.7　2020 年 1 月 24 日 08 时 850 hPa 高空图

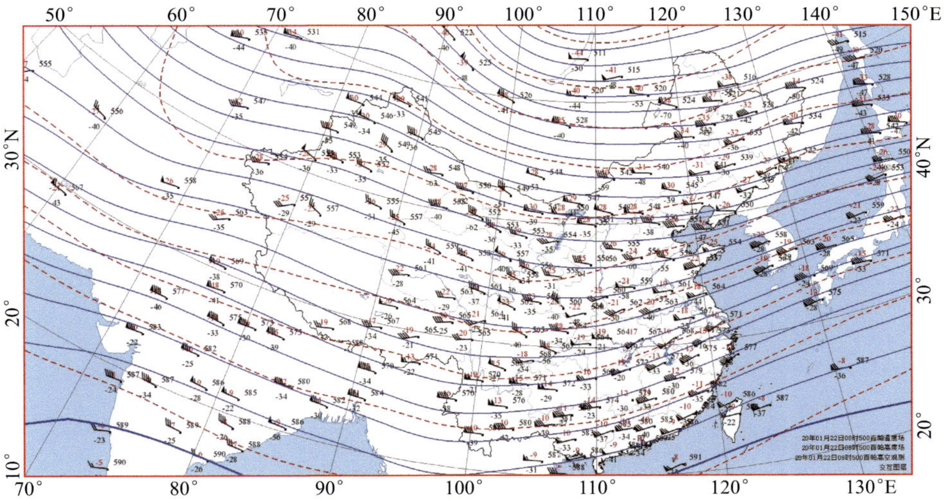

图 2.67.8　2020 年 1 月 22 日 08 时 500 hPa 高空图

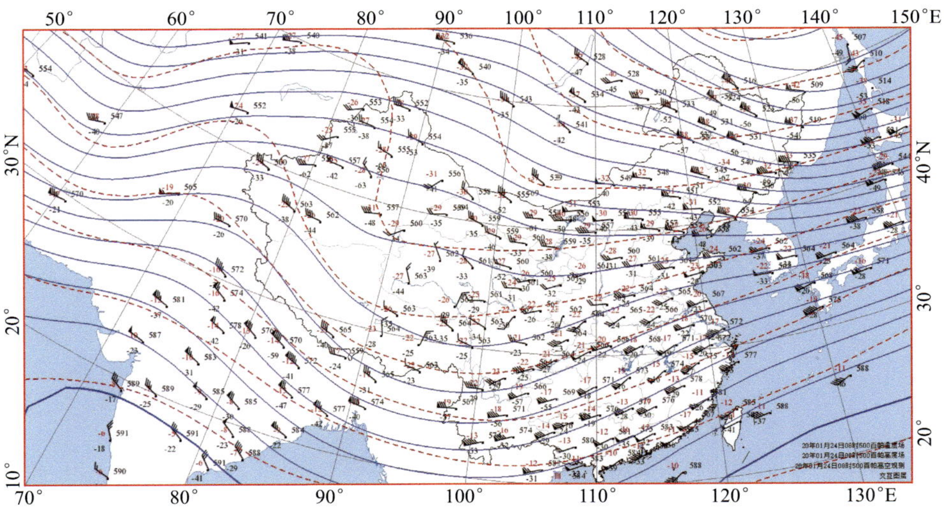

图 2.67.9　2020 年 1 月 24 日 08 时 500 hPa 高空图

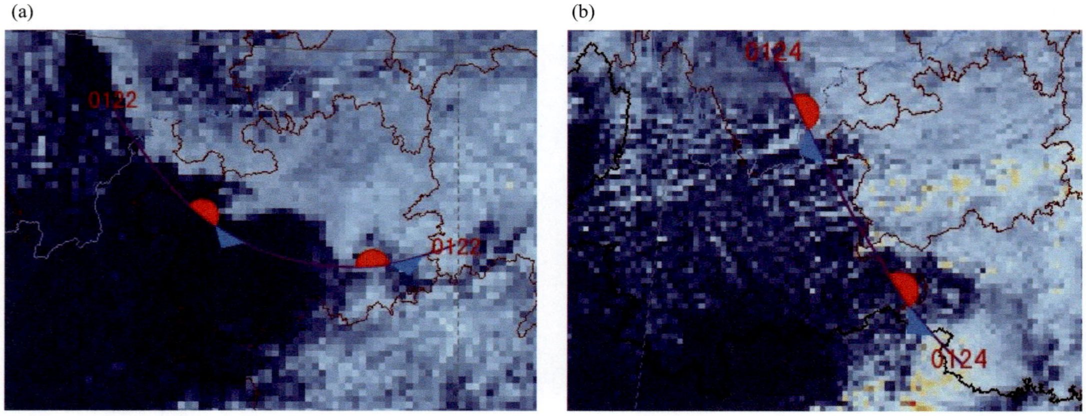

图 2.67.10　2020 年 1 月 22 日 14 时(a)、24 日 14 时(b)卫星云图

2.68　2020 年 1 月 27 日—2 月 8 日昆明准静止锋过程

2.68.1　过程概况

2020 年 1 月 27 日在云贵高原出现了昆明准静止锋天气系统，呈准南北向，贯穿四川、云南两省，位于昭觉、沾益、师宗、文山及马关一线。28 日昆明准静止锋西进至会理、宜良、弥勒及河口一线。29 日冷空气加强，锋面继续西进，位于华坪、楚雄、新平及绿春一线。30 日昆明准静止锋东退至会东、呈贡、开远、蒙自及河口一线。31 日锋面继续东退至金阳、鲁甸、盘县、隆林及天等一线。2 月 1 日昆明准静止锋略东退，2 日昆明准静止锋加强西进至布拖、宣威、富源、广南及那坡一线。3 日昆明准静止锋继续西进至会东、嵩明、弥勒、文山及麻栗坡一线。4—6 日昆明准静止锋东退到滇东边缘地区，7—8 日昆明准静止锋后部冷空气加强，逐渐向西推进，8 日位于布拖、巧家、陆良、文山及马关一线。之后，昆明准静止锋加强为冷锋，向西推进至哀牢山附近。1 月 27 日—2 月 8 日过程期间昆明准静止锋移动路径如图 2.68.1，活动范围见表 2.68.1。

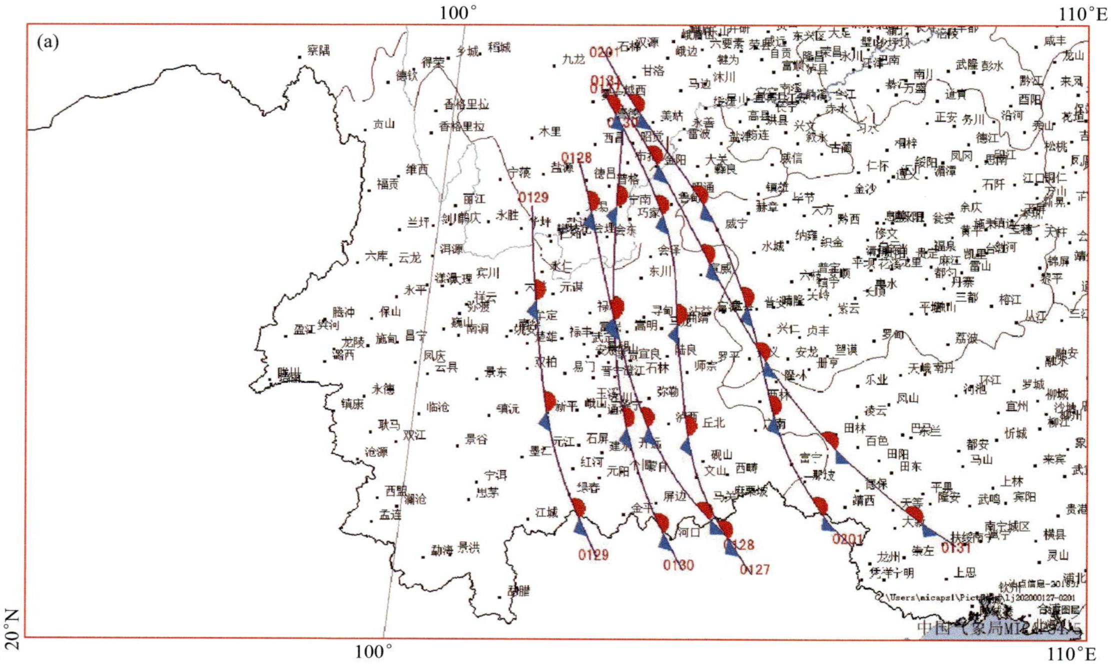

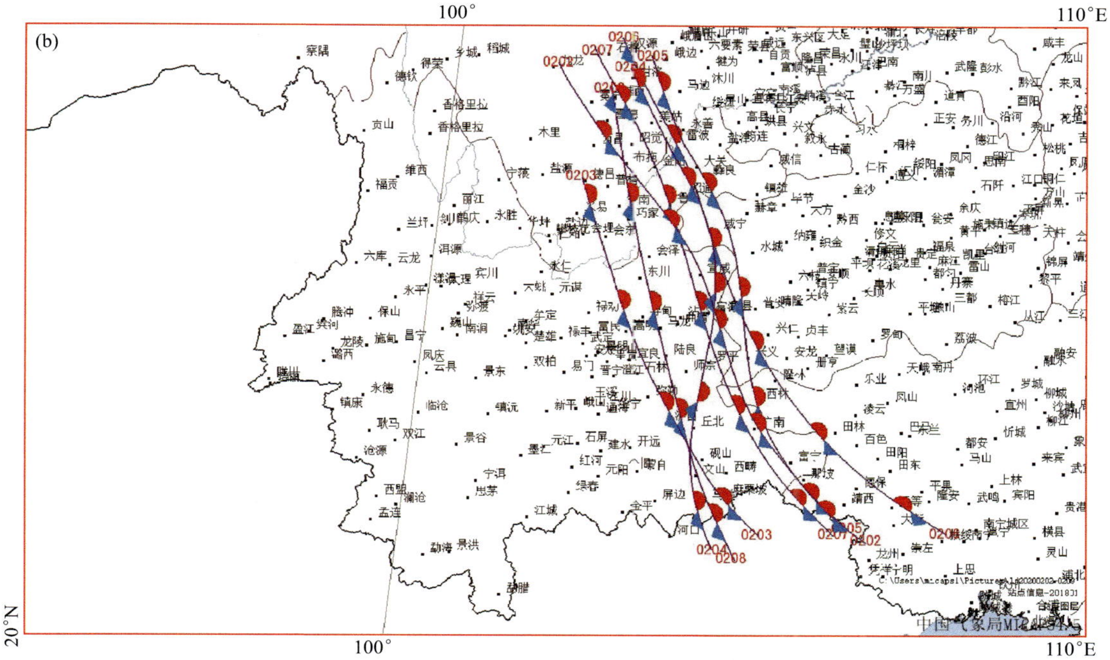

图 2.68.1　2020 年 1 月 27 日—2 月 8 日昆明准静止锋移动路径

(a)1 月 27 日—2 月 1 日；(b)2 月 2—8 日

表 2.68.1　2020 年 1 月 27 日—2 月 8 日昆明准静止锋位置

日期	昆明准静止锋位置
1 月 27 日	昭觉—师宗—马关
1 月 28 日	会理—宜良—河口
1 月 29 日	华坪—新平—绿春
1 月 30 日	会东—呈贡—河口
1 月 31 日	金阳—盘县—天等
2 月 1 日	美姑—兴义—那坡
2 月 2 日	布拖—富源—那坡
2 月 3 日	会东—嵩明—麻栗坡
2 月 4 日	美姑—威宁—马关
2 月 5 日	雷波—兴义—那坡
2 月 6 日	雷波—隆林—天等
2 月 7 日	金阳—富源—那坡
2 月 8 日	布拖—陆良—马关

受昆明准静止锋影响，1 月 27 日滇东北、滇东及滇东南边缘出现日最高气温负变温区，最大变温在彝良县，为−7.5 ℃；28 日受高空槽影响，天空云量增多，云南大部为负变温区，昆明准静止锋影响区域(滇中以东)降温幅度较大，最大变温在宣威，为−6.3 ℃；29 日锋面附近昆明、玉溪、红河一带为负变温区；30 日滇东北为负变温区，31 日—2 月 1 随着昆明准静止锋东退至滇东边缘，云南气温回升；2 月 2 日随着新的一股冷空气南下，滇东北再次出现负变温，最大变温在鲁甸，为−9.9 ℃；3 日滇中及以东地区降温明显，最大变温在富源，为−13.3 ℃；4 日云南气温回升，5—6 日在滇东北出现弱负变温；7—8 日随

着昆明准静止锋逐渐增强西进，云南负变温区由滇东扩展到滇中地区，最大变温在鲁甸，为－11.7 ℃。此次过程降温幅度大于 10 ℃的县市共有 8 个，集中在昭通市、曲靖市和文山州（图 2.68.2）。

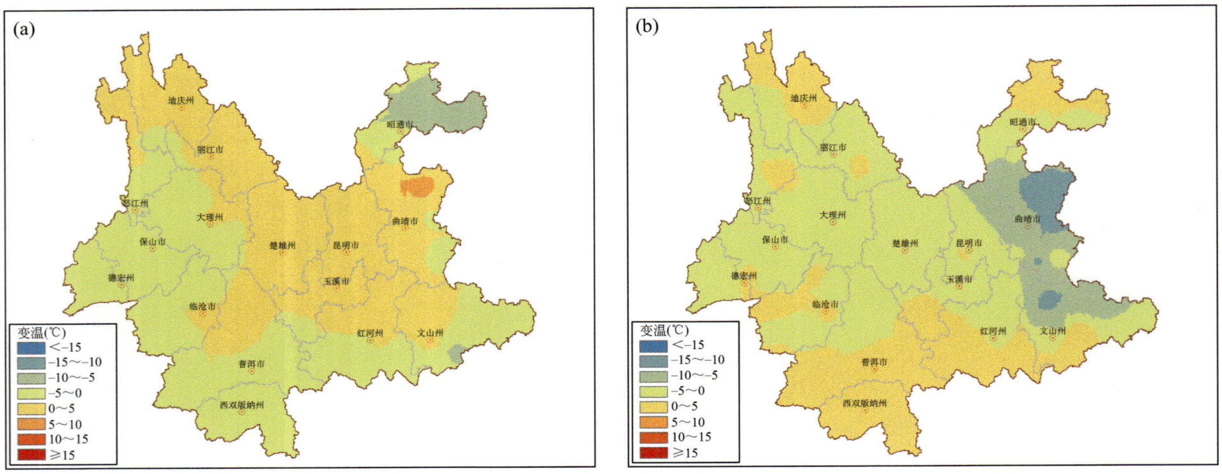

图 2.68.2　云南 2020 年 1 月 27 日(a)、2 月 3 日(b)最高气温 24 h 变温图

受昆明准静止锋和高空槽影响，2020 年 1 月 27 日—2 月 8 日（20 时—20 时）云南有 74 个县市出现降水，其中有 9 个县市总降水量超过 10 mm，最大为福贡 35.4 mm。昆明准静止锋主要影响区（滇中及以东）共有 48 个县市出现降水，其中有 7 个县市超过 10 mm，最大在威信县，为 20.6 mm。（图 2.68.3a）

受昆明准静止锋和高空槽影响，2020 年 1 月 27 日—2 月 8 日云南总日照时数少于 50 h 的县市有 22 个，盐津、大关、威信少于 10 h，最少的是盐津县，为 2.1 h，其次是大关县和威信县，分别为 4.9 h 和 5.4 h（图略）。与常年同期相比，有 40 个县市日照时数偏少 20％以上，其中有 9 个县市偏少 50％以上，盐津偏少最多，为 84.1％。图 2.68.3b 是昆明准静止锋影响期间的平均日照时数。

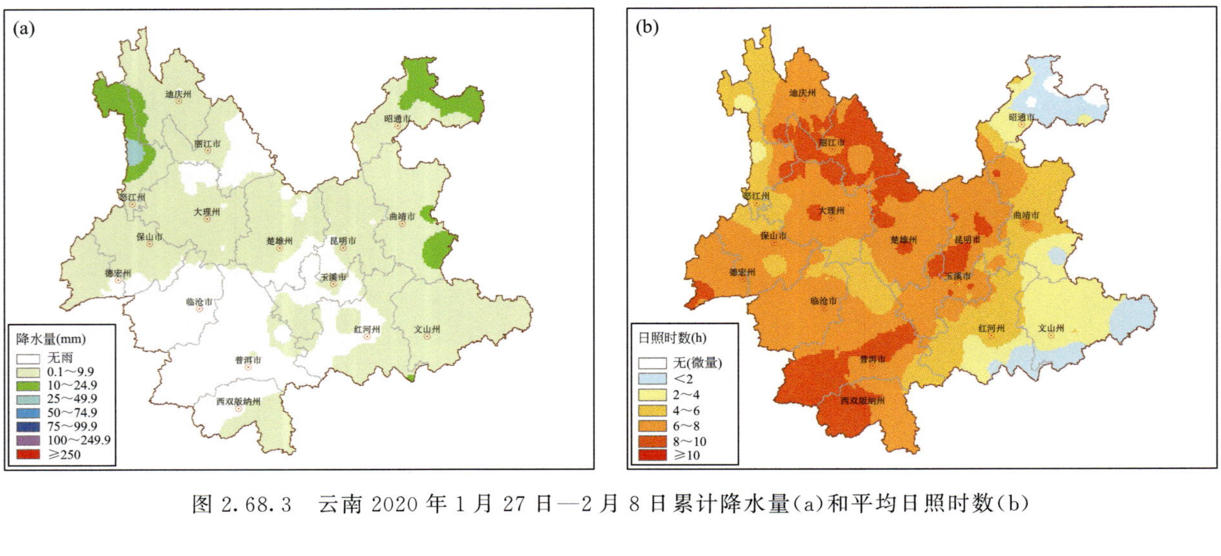

图 2.68.3　云南 2020 年 1 月 27 日—2 月 8 日累计降水量(a)和平均日照时数(b)

2.68.2　环流背景

（1）地面图

图 2.68.4 是 2020 年 1 月 27 日 14 时地面图和海平面气压场。图 2.68.5 是 2020 年 2 月 8 日 20 时

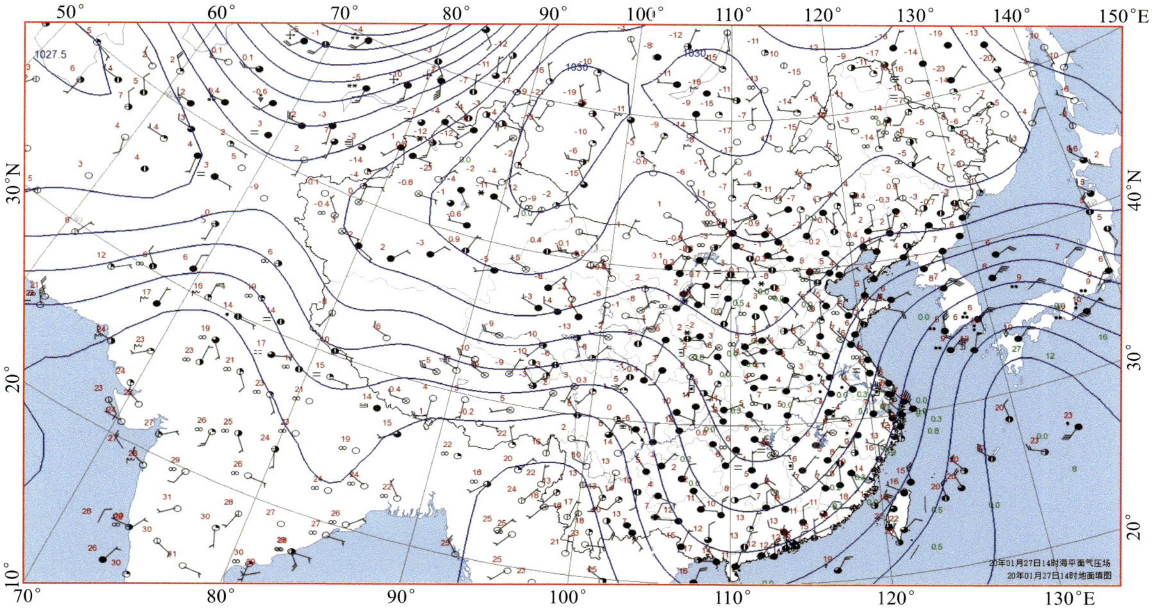

图 2.68.4　2020 年 1 月 27 日 14 时地面图和海平面气压场

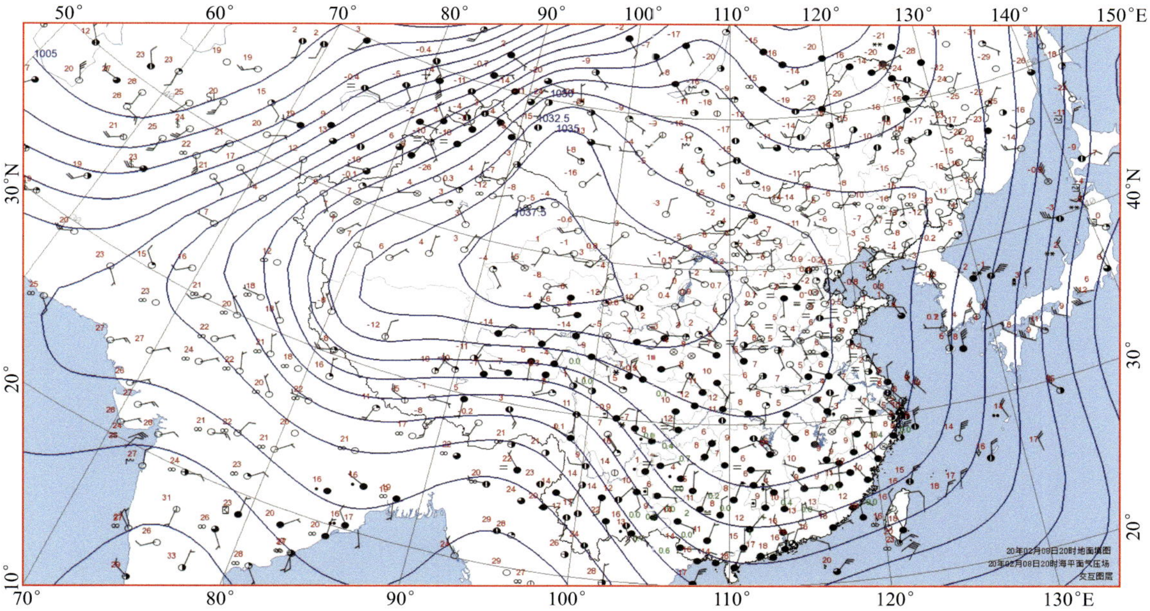

图 2.68.5　2020 年 2 月 8 日 20 时地面图和海平面气压场

地面图和海平面气压场。

(2)高空图

图 2.68.6 是 2020 年 1 月 27 日 08 时 850 hPa 高空图。图 2.68.7 是 2020 年 2 月 8 日 08 时 850 hPa 高空图。图 2.68.8 是 2020 年 1 月 27 日 08 时 500 hPa 高空图。图 2.68.9 是 2020 年 2 月 8 日 08 时 500 hPa 高空图。

2.68.3　卫星云图

图 2.68.10 是 2020 年 2 月 3 日 14 时、8 日 14 时卫星云图。

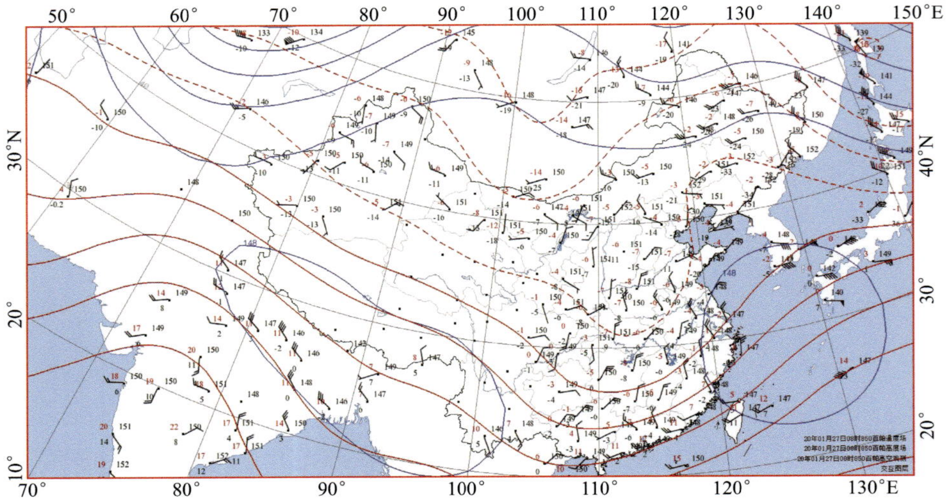

图 2.68.6　2020 年 1 月 27 日 08 时 850 hPa 高空图

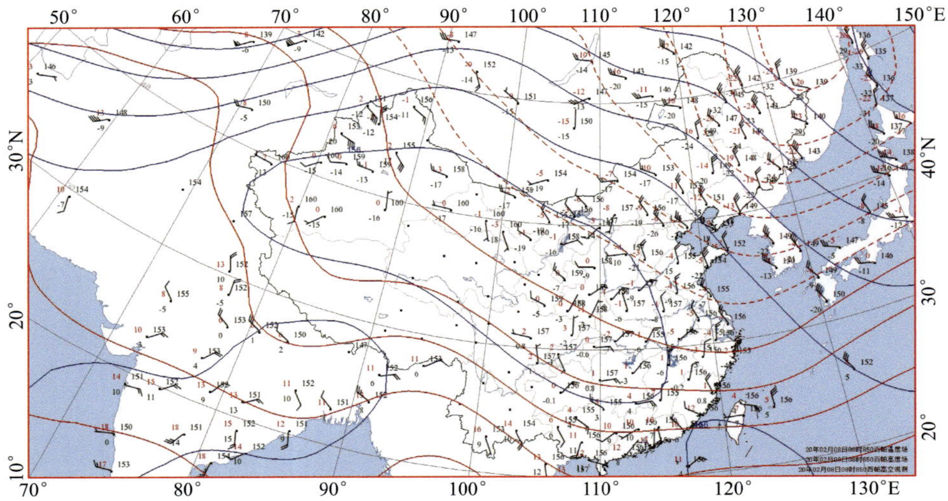

图 2.68.7　2020 年 2 月 8 日 08 时 850 hPa 高空图

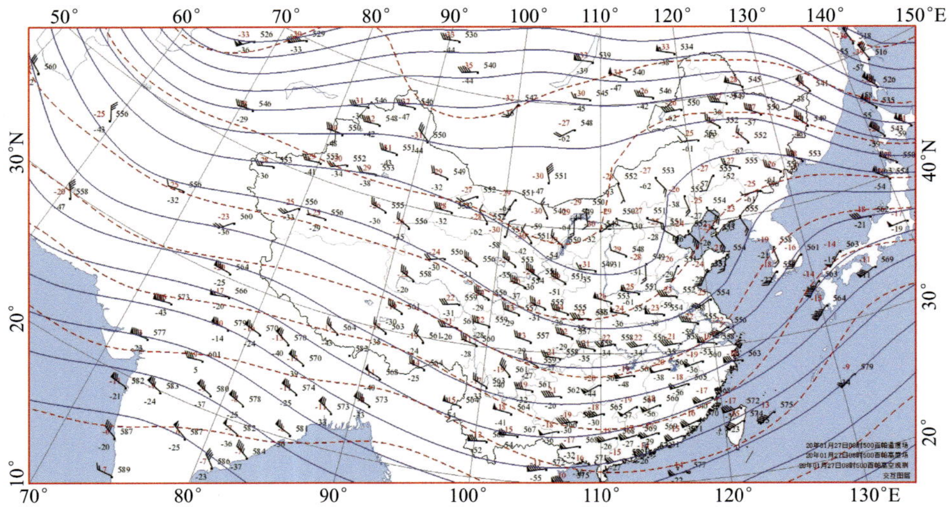

图 2.68.8　2020 年 1 月 27 日 08 时 500 hPa 高空图

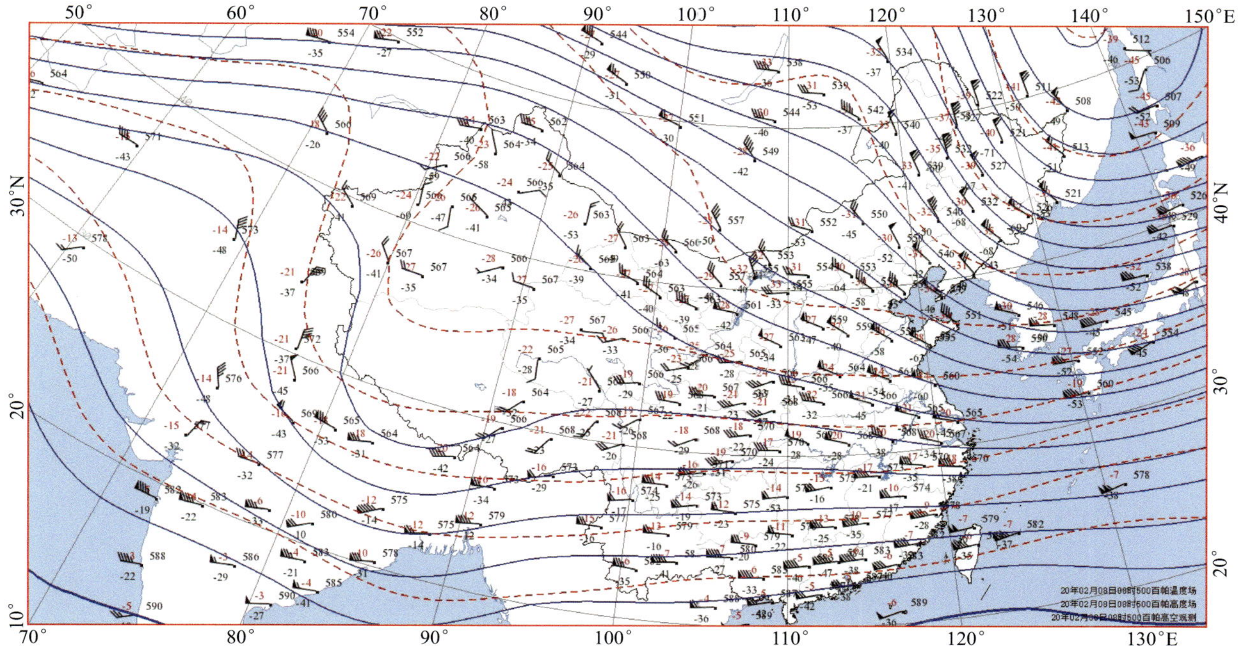

图 2.68.9　2020 年 2 月 8 日 08 时 500 hPa 高空图

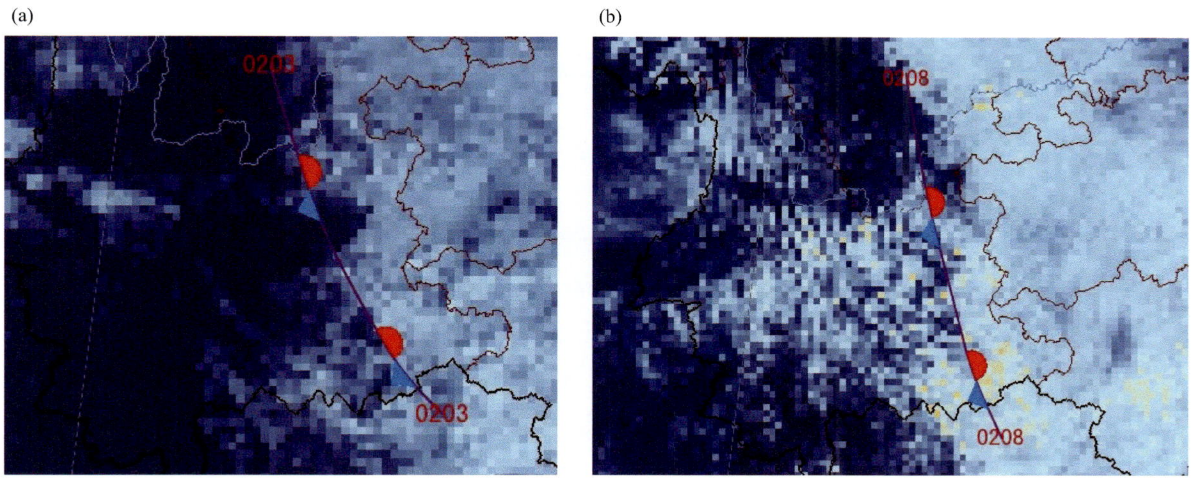

图 2.68.10　2020 年 2 月 3 日 14 时(a)、8 日 14 时(b)卫星云图

2.69　2020 年 2 月 20—22 日昆明准静止锋过程

2.69.1　过程概况

2020 年 2 月 20 日在云贵高原出现了昆明准静止锋天气系统，呈准南北向，贯穿四川、云南、贵州及广西四省(区)，位于雷波、大关、晴隆、百色及平果一线。21 日昆明准静止锋增强西进，位于宁南、东川、寻甸、陆良、丘北及麻栗坡一线。22 日昆明准静止锋东退，位于雷波、昭通、盘县、西林及那坡一线。之后，锋面减弱东退至贵阳以东地区。2 月 20—22 日过程期间昆明准静止锋移动路径如图 2.69.1，活动范围见表 2.69.1。

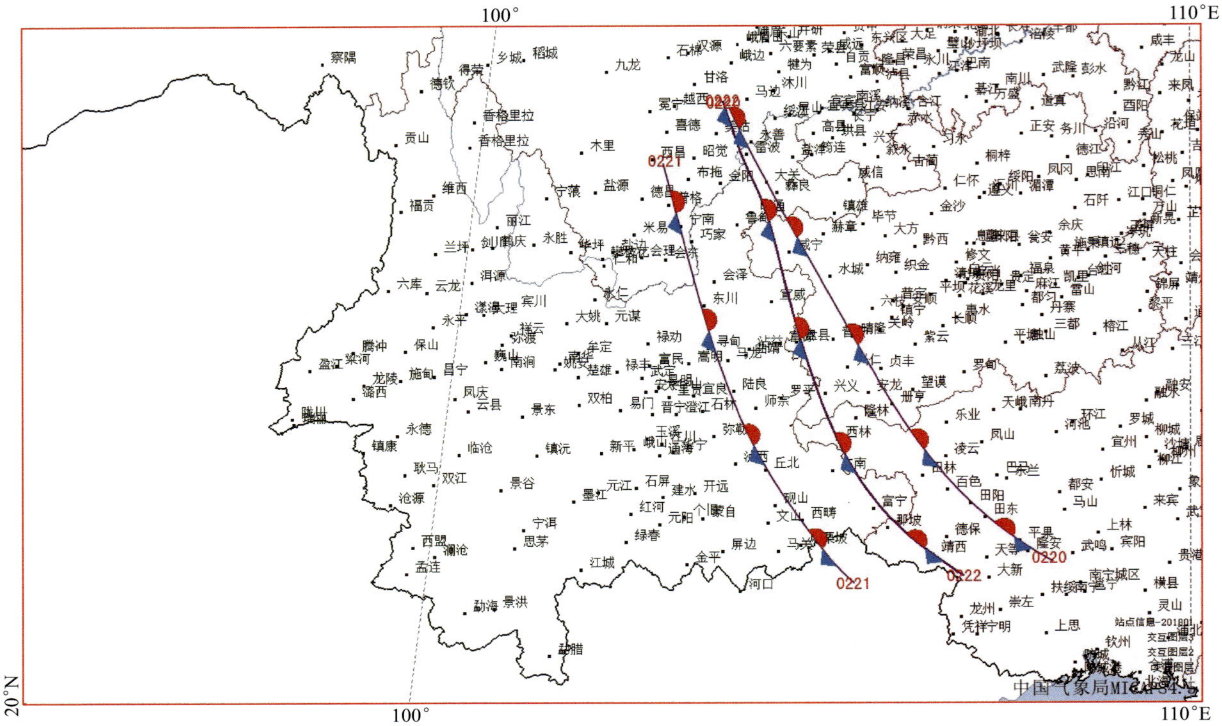

图 2.69.1　2020 年 2 月 20—22 日昆明准静止锋移动路径

表 2.69.1　2020 年 2 月 20—22 日昆明准静止锋位置

日期	昆明准静止锋位置
2 月 20 日	雷波—晴隆—平果
2 月 21 日	宁南—寻甸—麻栗坡
2 月 22 日	雷波—盘县—那坡

受昆明准静止锋影响，2 月 20 日滇东北出现日最高气温负变温区，最大变温在镇雄县，为−13.8 ℃；21 日随着昆明准静止锋的西进，降温区向南向西推进，最大变温在富源，为−11.5 ℃；22 日昆明准静止锋东退，云南气温回升，仅昭通北部为负变温区，最大变温在盐津，为−8.6 ℃(图 2.69.2)。

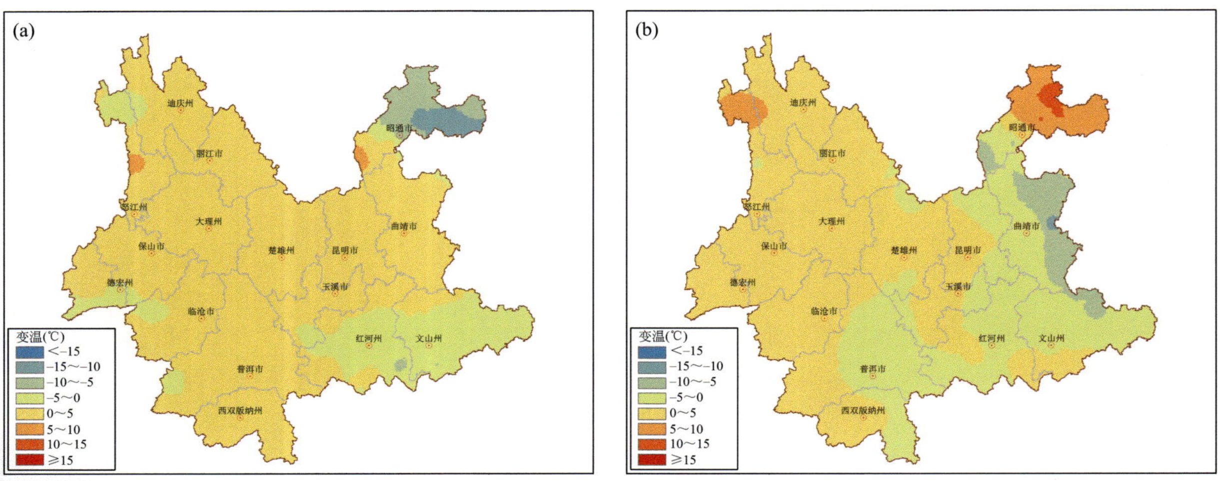

图 2.69.2　云南 2020 年 2 月 20 日(a)、21 日(b)最高气温 24 h 变温图

受昆明准静止锋影响，2020年2月20—22日（20时—20时）在滇东北、滇东南有9个县市出现少量降水，总降水量最大在昭通威信，为4.1 mm，其次为马关1.2 mm，其余县市少于1 mm（图2.69.3a）。

受昆明准静止锋影响，2020年2月20—22日云南总日照时数少于20 h的县市有19个，集中在红河、文山、昭通、曲靖地区。河口、江城、屏边、金平4个县不足10 h，最少的是河口县，仅为6.6 h（图略）。与常年同期相比，有35个县市日照时数偏少，有17个县市偏少20%以上，其中有5个县市偏少50%以上，江城偏少最多，为72%。图2.69.3b是昆明准静止锋影响期间的平均日照时数。

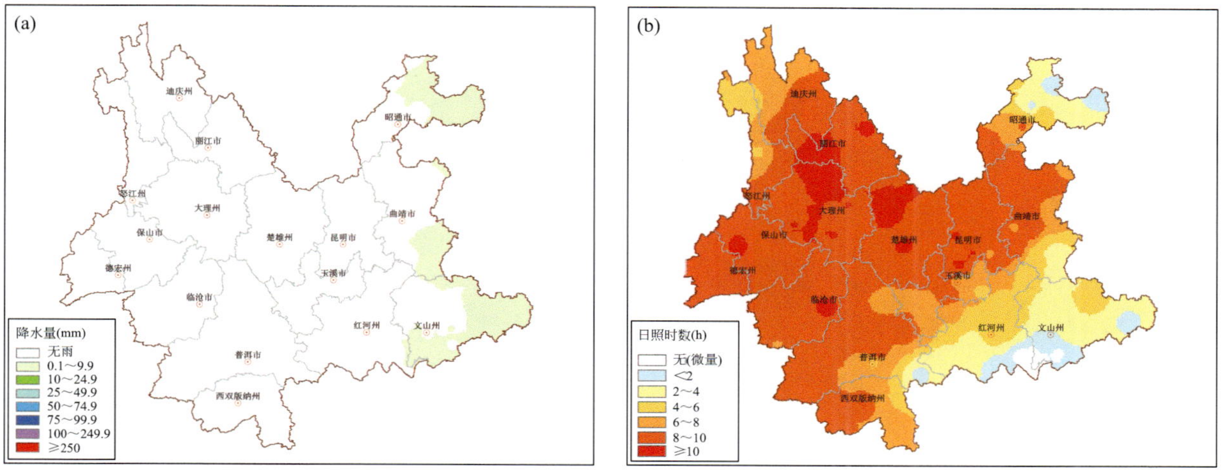

图2.69.3　云南2020年2月20—22日累计降水量(a)和平均日照时数(b)

2.69.2　环流背景

（1）地面图

图2.69.4是2020年2月20日14时地面图和海平面气压场。图2.69.5是2020年2月22日20时地面图和海平面气压场。

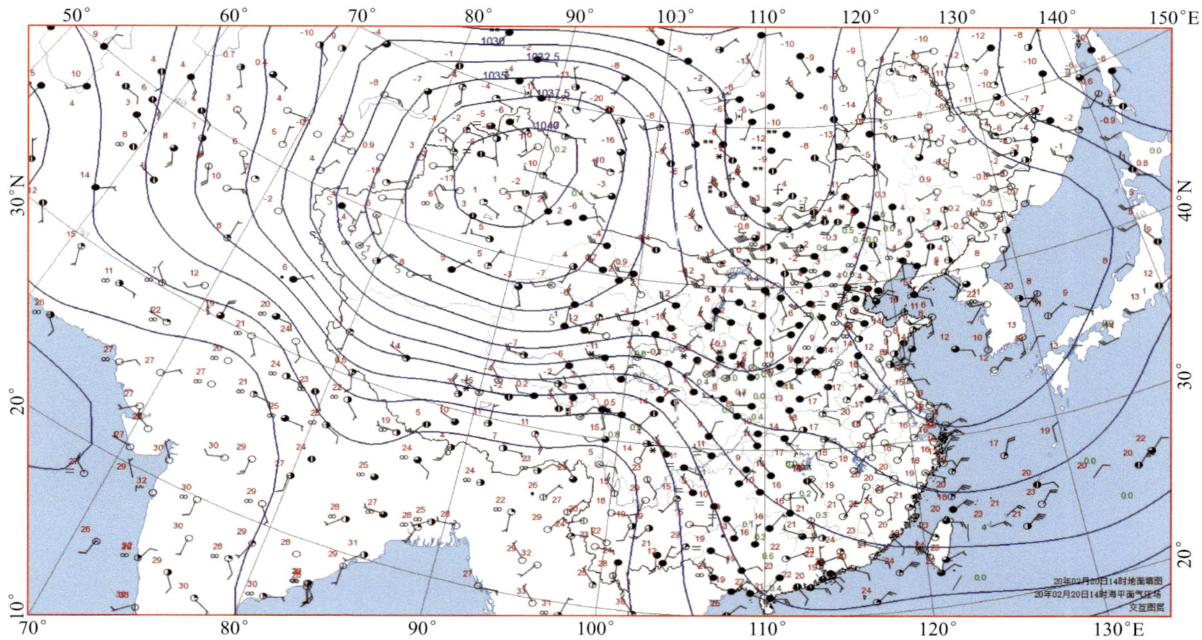

图2.69.4　2020年2月20日14时地面图和海平面气压场

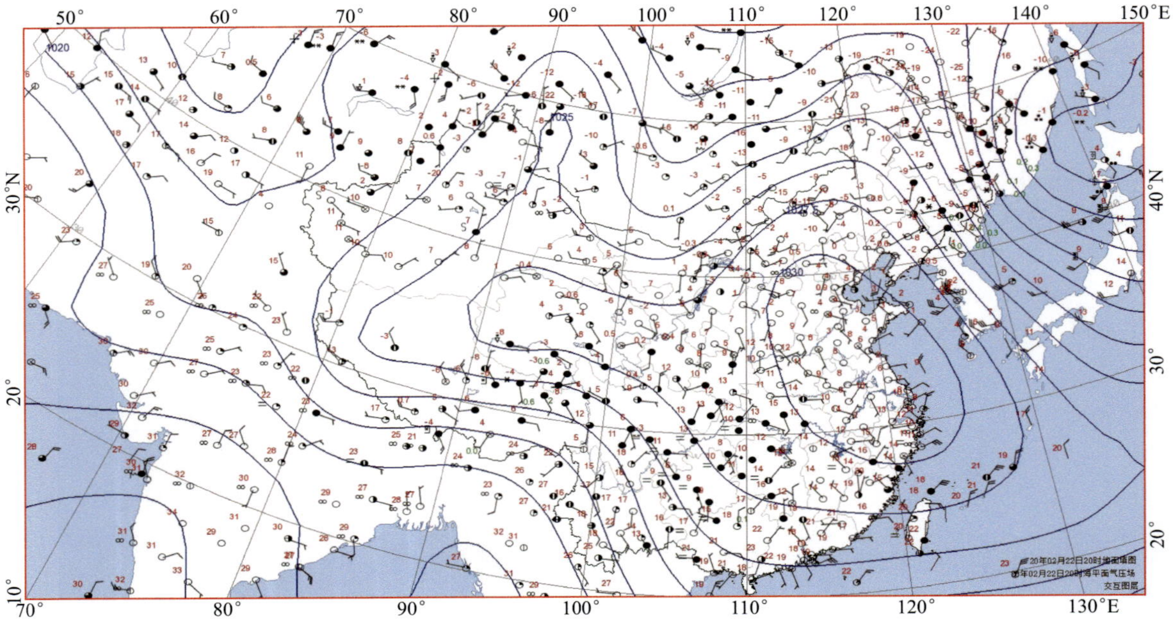

图 2.69.5　2020 年 2 月 22 日 20 时地面图和海平面气压场

(2)高空图

图 2.69.6 是 2020 年 2 月 20 日 08 时 850 hPa 高空图。图 2.69.7 是 2020 年 2 月 22 日 08 时 850 hPa 高空图。图 2.69.8 是 2020 年 2 月 20 日 08 时 500 hPa 高空图。图 2.69.9 是 2020 年 2 月 22 日 08 时 500 hPa 高空图。

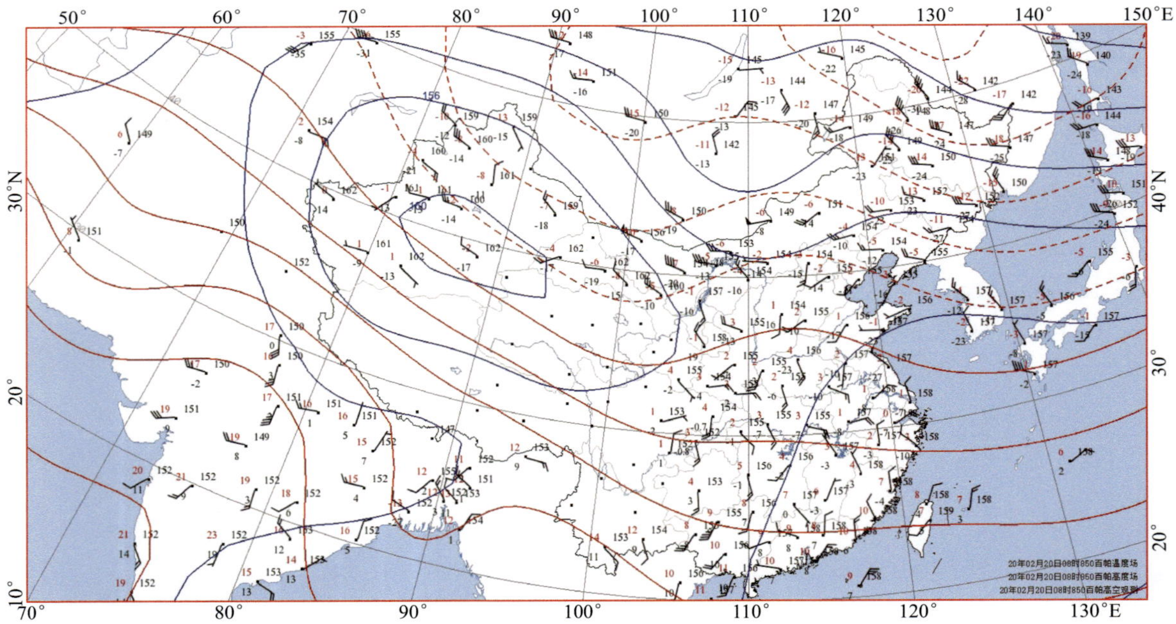

图 2.69.6　2020 年 2 月 20 日 08 时 850 hPa 高空图

2.69.3　卫星云图

图 2.69.10 是 2020 年 2 月 20 日 14 时、22 日 14 时卫星云图。

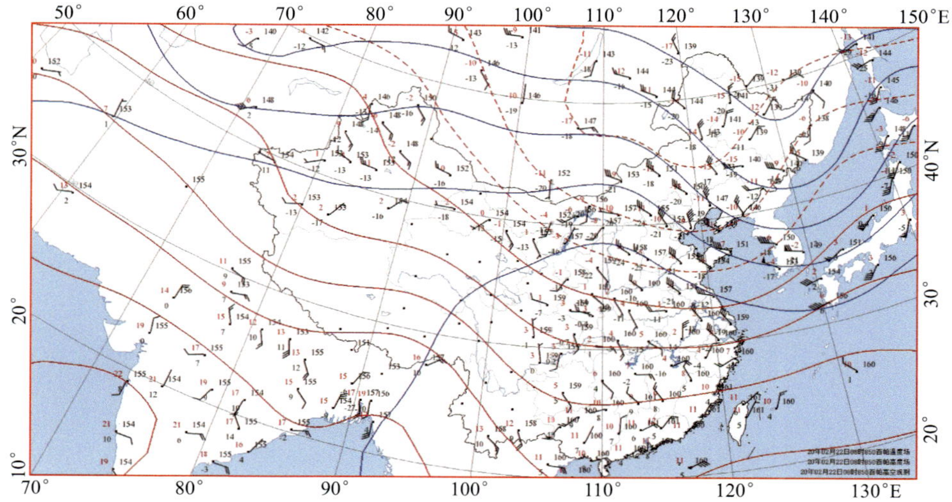

图 2.69.7　2020 年 2 月 22 日 08 时 850 hPa 高空图

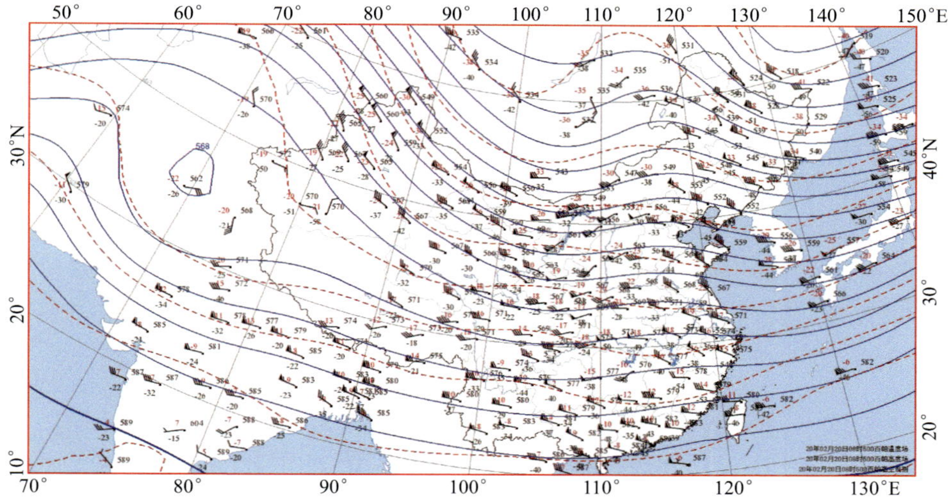

图 2.69.8　2020 年 2 月 20 日 08 时 500 hPa 高空图

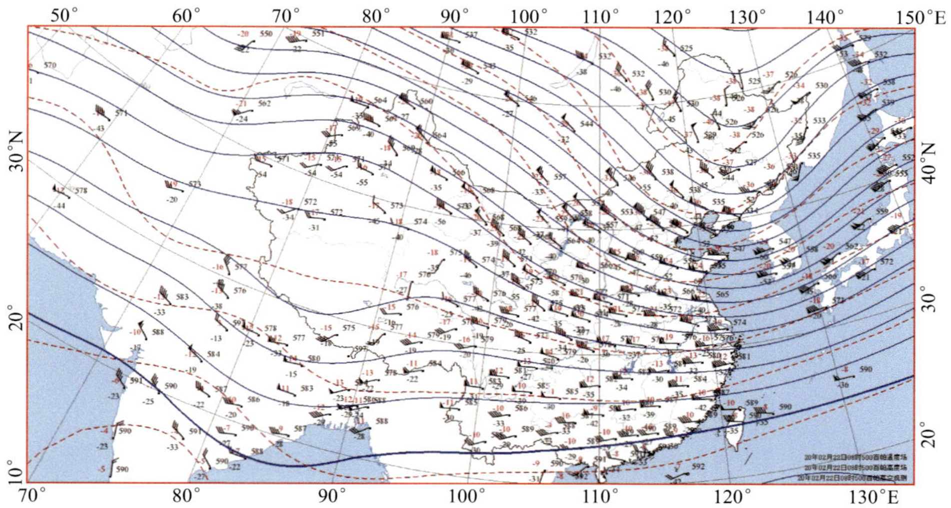

图 2.69.9　2020 年 2 月 22 日 08 时 500 hPa 高空图

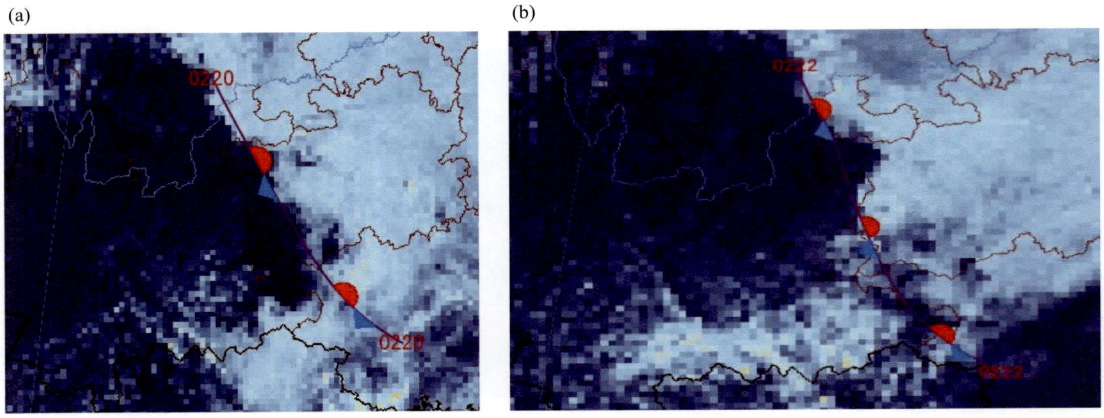

图 2.69.10　2020 年 2 月 20 日 14 时(a)、22 日 14 时(b)卫星云图

2.70　2020 年 3 月 1—3 日昆明准静止锋过程

2.70.1　过程概况

2020 年 3 月 1 日在云贵高原出现了昆明准静止锋天气系统，呈准南北向，贯穿四川、云南、贵州及广西四省(区)，位于雷波、昭通、富源、兴义、那坡及靖西一线。2 日昆明准静止锋略东退，位于雷波、水城、贞丰、凌云及扶绥一线。3 日昆明准静止锋西南移至金阳、鲁甸、宣威、西林、德保及扶绥一线。之后，昆明准静止锋加强为冷锋，向西推进至哀牢山附近。3 月 1—3 日过程期间昆明准静止锋移动路径如图 2.70.1，活动范围见表 2.70.1。

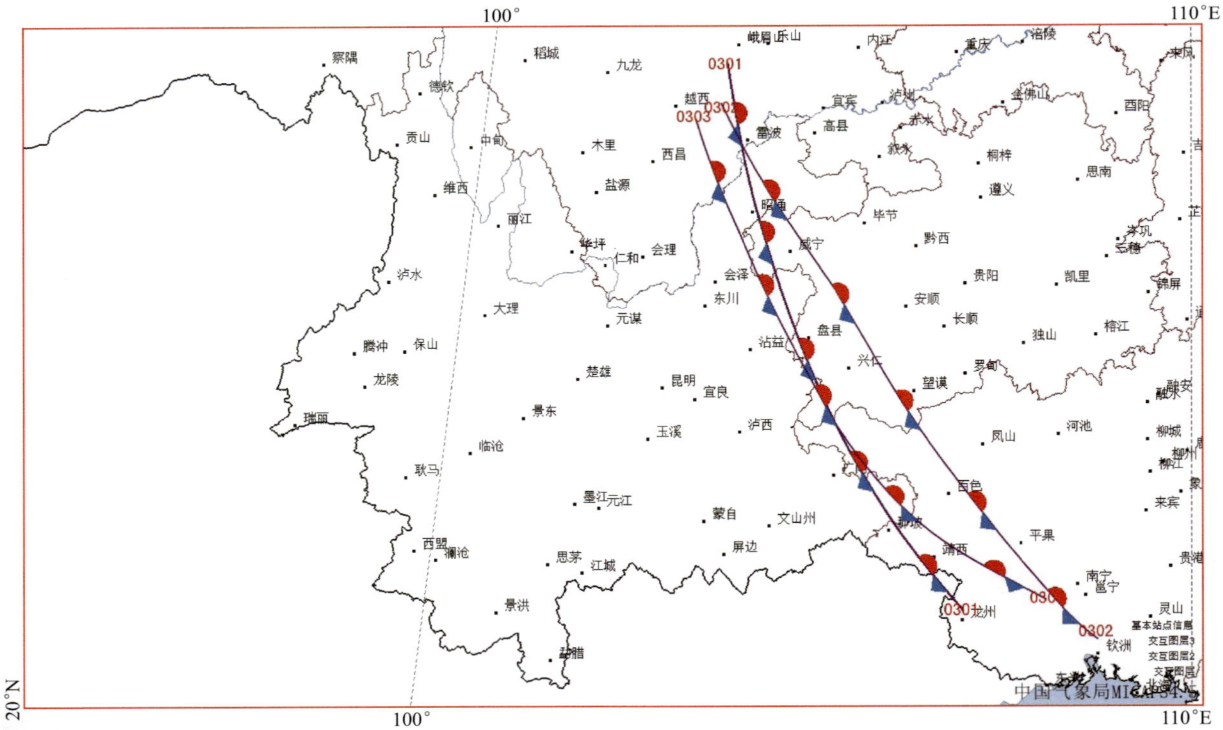

图 2.70.1　2020 年 3 月 1—3 日昆明准静止锋移动路径

表 2.70.1 2020 年 3 月 1—3 日昆明准静止锋位置

日期	昆明准静止锋位置
3 月 1 日	雷波—富源—靖西
3 月 2 日	雷波—贞丰—扶绥
3 月 3 日	金阳—宣威—扶绥

受昆明准静止锋影响，3 月 1 日滇东北出现日最高气温负变温区，最大变温在镇雄县，为−6.8 ℃；2 日滇东北维持较强负变温，最大变温在盐津县，为−10.2 ℃；3 日受西南暖湿气流和昆明准静止锋共同影响，云南大部为负变温区，滇东北气温降幅较大，最大变温在昭通市，为−13.7 ℃(图 2.70.2)。

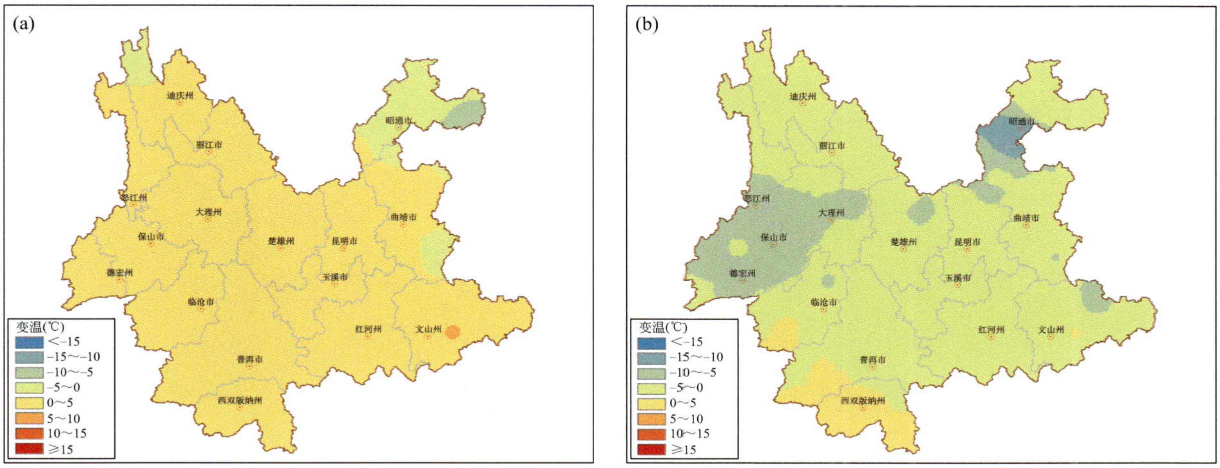

图 2.70.2 云南 2020 年 3 月 1 日(a)、3 日(b)最高气温 24 h 变温图

受昆明准静止锋和西南暖湿气流影响，2020 年 3 月 1—3 日(20 时—20 时)云南总降水量有 10 个县市大于 10 mm，最大在福贡为 29.4 mm。昆明准静止锋主要影响区域(滇中以东)有 5 个县市总降水量大于 10 mm，文山州广南县最大，为 26.2 mm(图 2.70.3a)。

受昆明准静止锋和西南暖湿气流影响，2020 年 3 月 1—3 日云南总日照时数有 11 个县市不足 20 h。盐津、威信少于 10 h，分别为 7.8 h 和 8.3 h(图略)。与常年同期相比，有 23 个县市日照时数偏少，有 6 个县市偏少 10%以上，屏边偏少最多，为 27.9%，其次为盐津，偏少 25%。图 2.70.3b 是昆明准静止锋影响期间的平均日照时数。

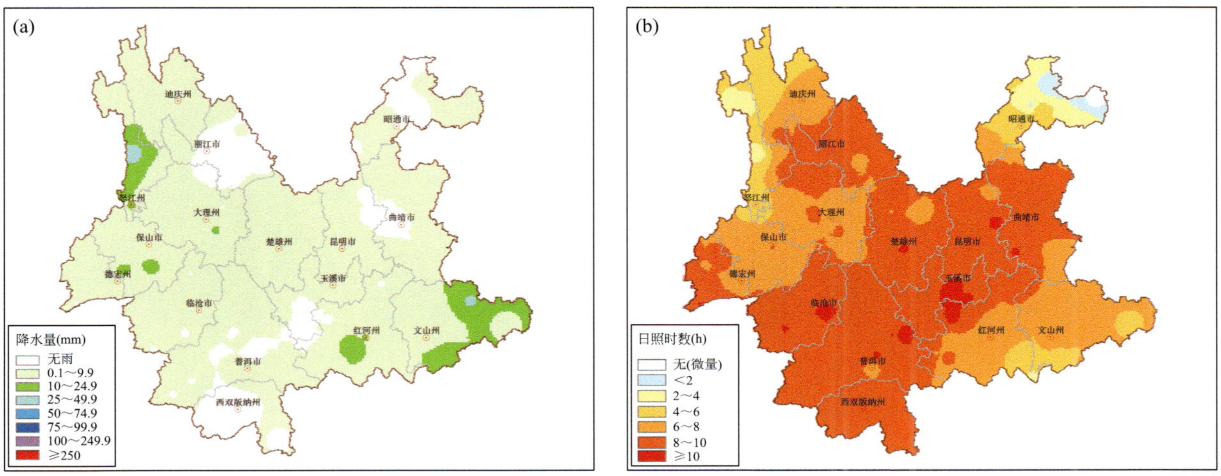

图 2.70.3 云南 2020 年 3 月 1—3 日累计降水量(a)和平均日照时数(b)

2.70.2 环流背景

(1)地面图

图 2.70.4 是 2020 年 3 月 1 日 14 时地面图和海平面气压场。图 2.70.5 是 2020 年 3 月 3 日 20 时地面图和海平面气压场。

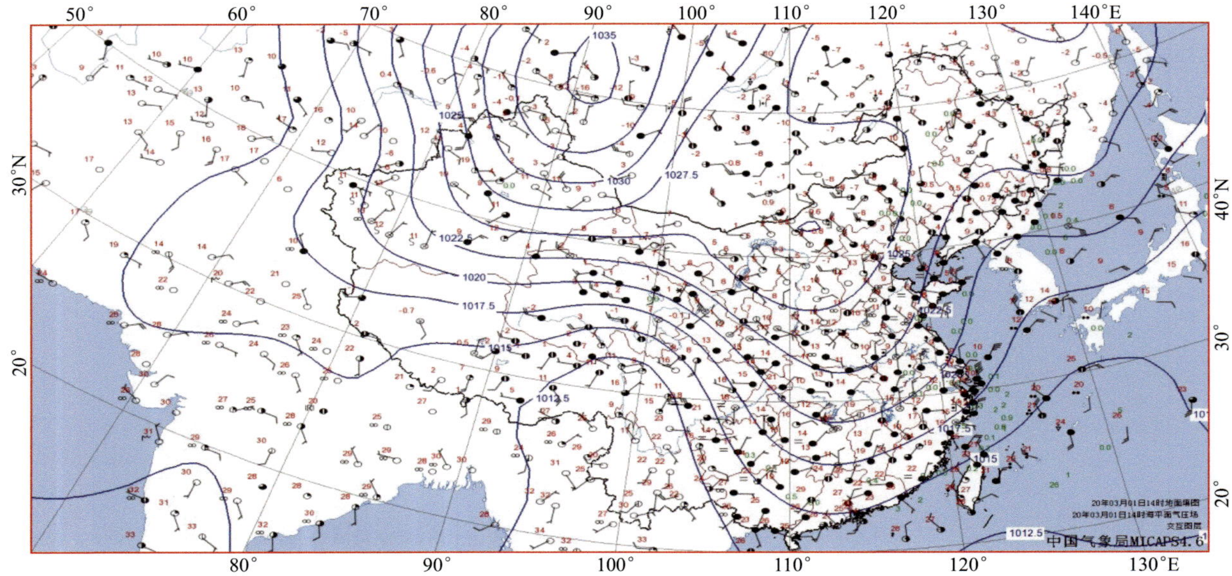

图 2.70.4 2020 年 3 月 1 日 14 时地面图和海平面气压场

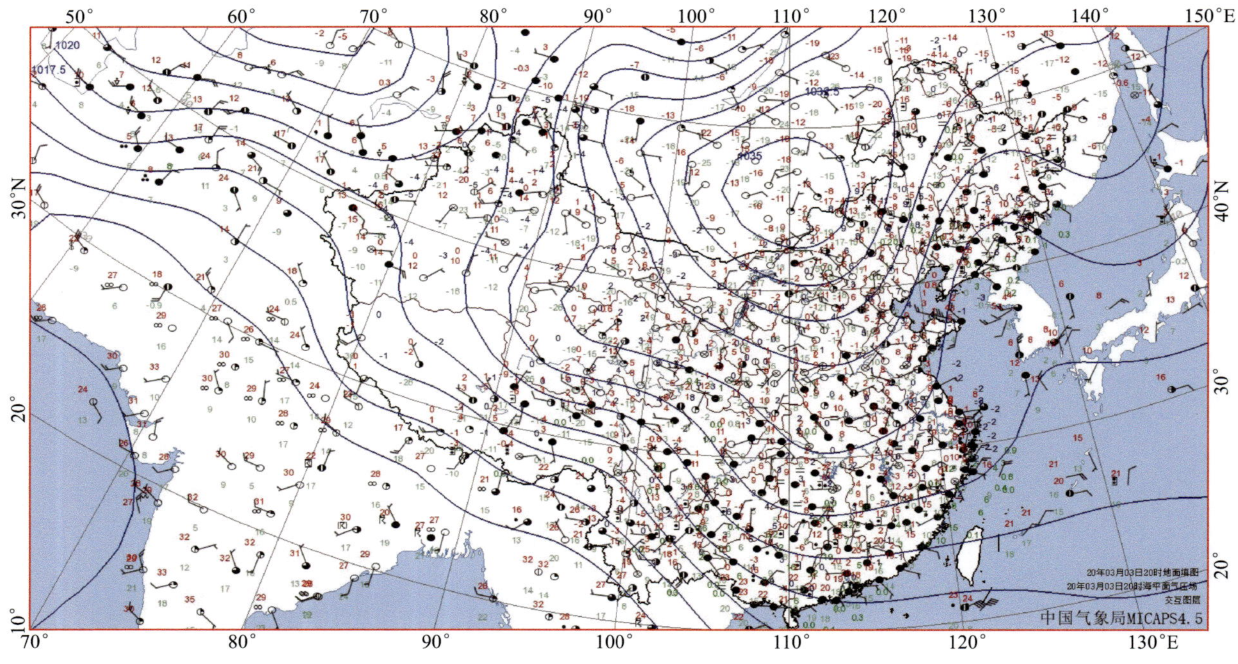

图 2.70.5 2020 年 3 月 3 日 20 时地面图和海平面气压场

(2)高空图

图 2.70.6 是 2020 年 3 月 1 日 08 时 850 hPa 高空图。图 2.70.7 是 2020 年 3 月 3 日 08 时 850 hPa

高空图。图 2.70.8 是 2020 年 3 月 1 日 08 时 500 hPa 高空图。图 2.70.9 是 2020 年 3 月 3 日 08 时 500 hPa 高空图。

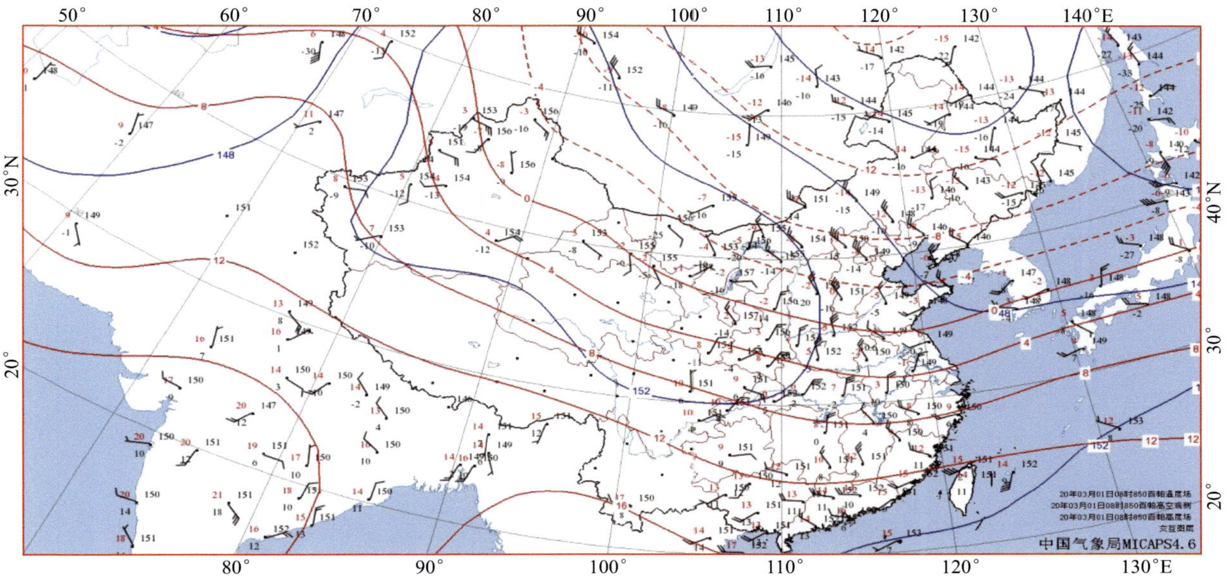

图 2.70.6　2020 年 3 月 1 日 08 时 850 hPa 高空图

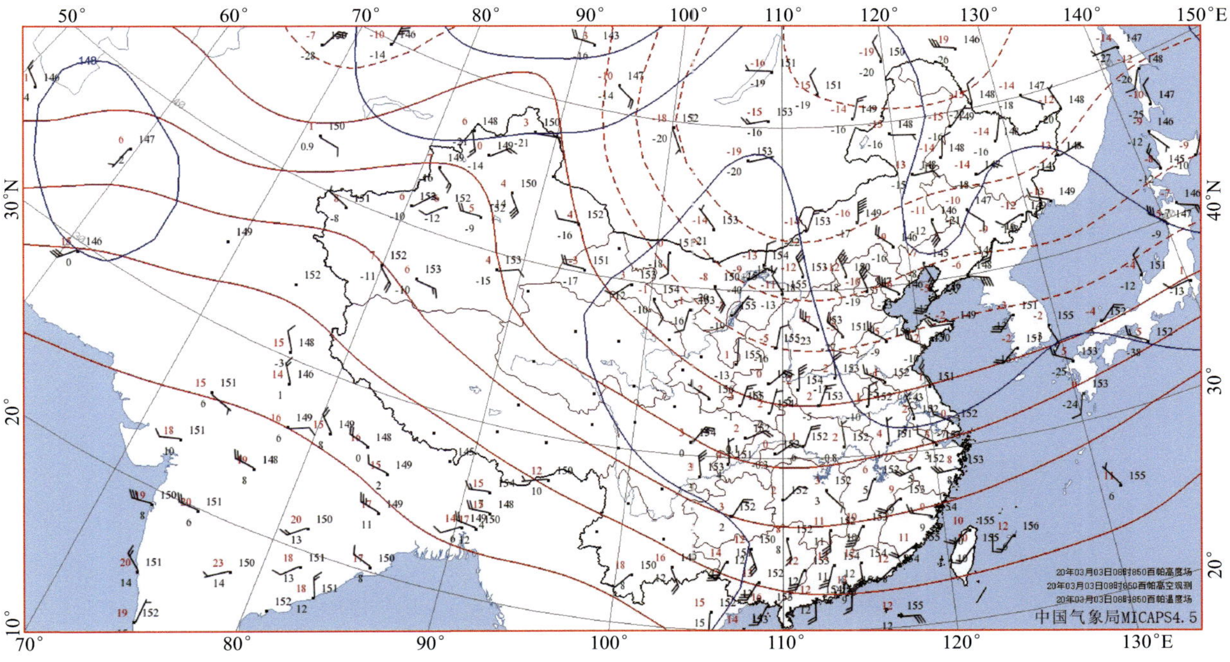

图 2.70.7　2020 年 3 月 3 日 08 时 850 hPa 高空图

2.70.3　卫星云图

图 2.70.10 是 2020 年 3 月 1 日 14 时、2 日 14 时卫星云图。

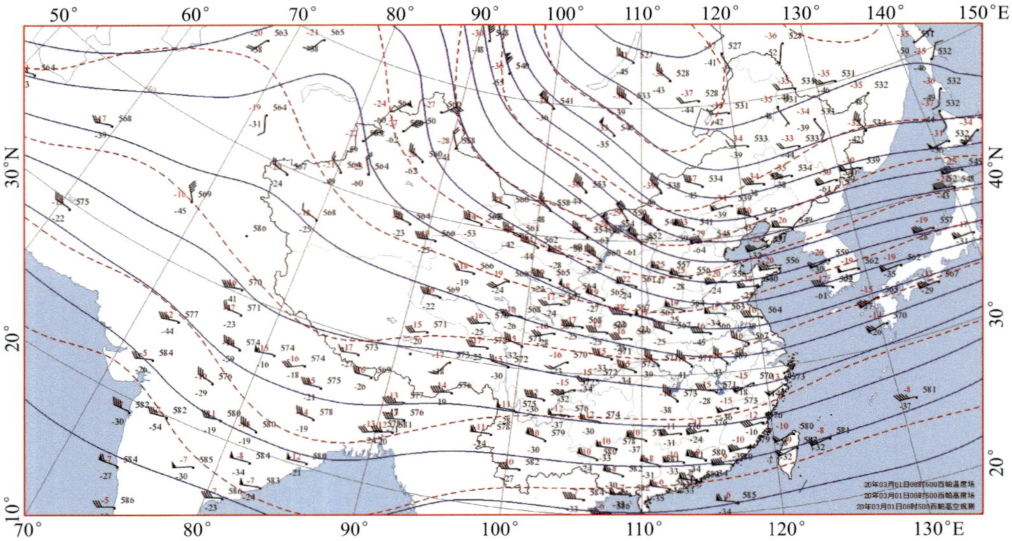

图 2.70.8　2020 年 3 月 1 日 08 时 500 hPa 高空图

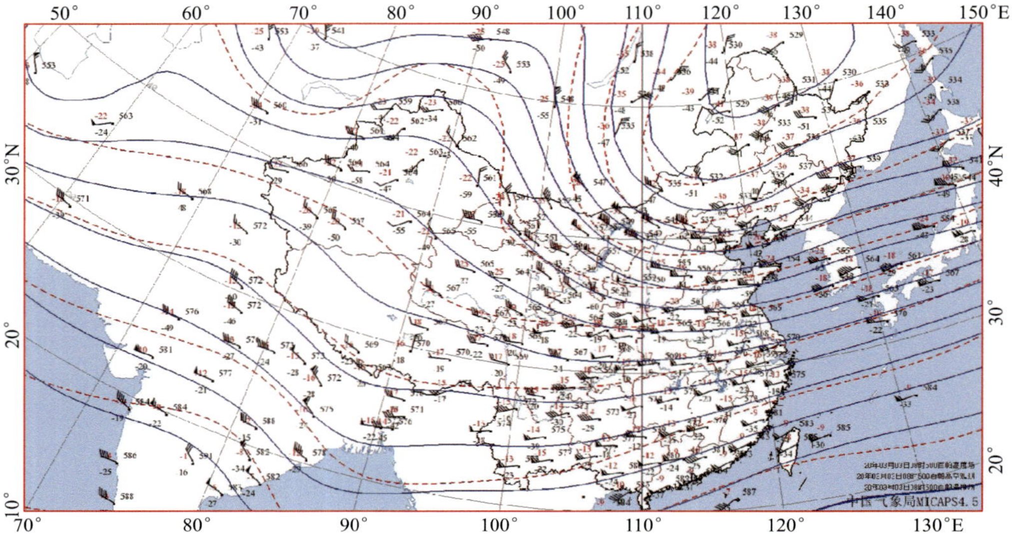

图 2.70.9　2020 年 3 月 3 日 08 时 500 hPa 高空图

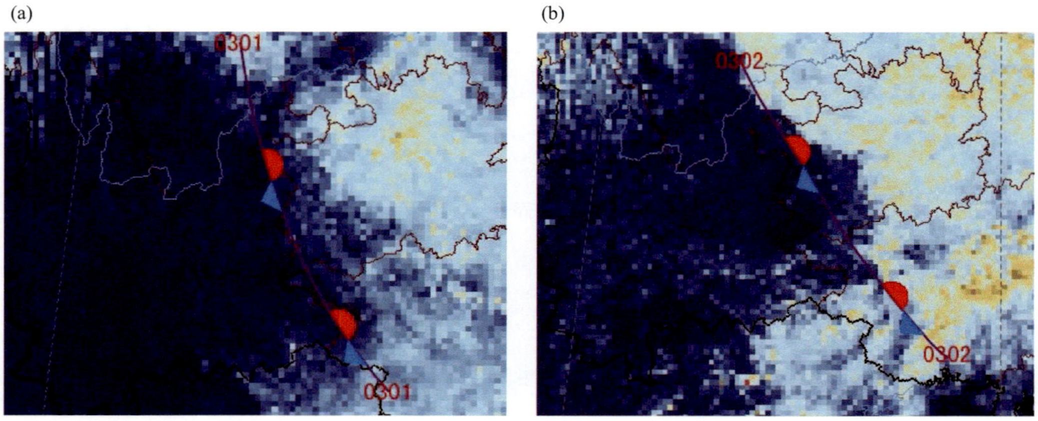

图 2.70.10　2020 年 3 月 1 日 14 时(a)、2 日 14 时(b)卫星云图

2.71 2020 年 3 月 13—19 日昆明准静止锋过程

2.71.1 过程概况

2020 年 3 月 13 日在云贵高原出现了昆明准静止锋天气系统，呈准南北向，贯穿四川、云南、贵州及广西四省（区），位于昭觉、沾益、广南、那坡及龙州一线。14 日昆明准静止锋略西进，位于布拖、巧家、东川、弥勒及马关一线。15—16 日昆明准静止锋东退，维持在昭通、宣威、兴义及富宁一线。17 日昆明准静止锋西进至普格、会东、嵩明、弥勒及马关一线。18 日昆明准静止锋东退至美姑、鲁甸、富源、广南及那坡一线。19 日昆明准静止锋再次西进，位于会东、昆明、华宁、个旧及金平一线。之后，锋面减弱消失。3 月 13—19 日过程期间昆明准静止锋移动路径如图 2.71.1，活动范围见表 2.71.1。

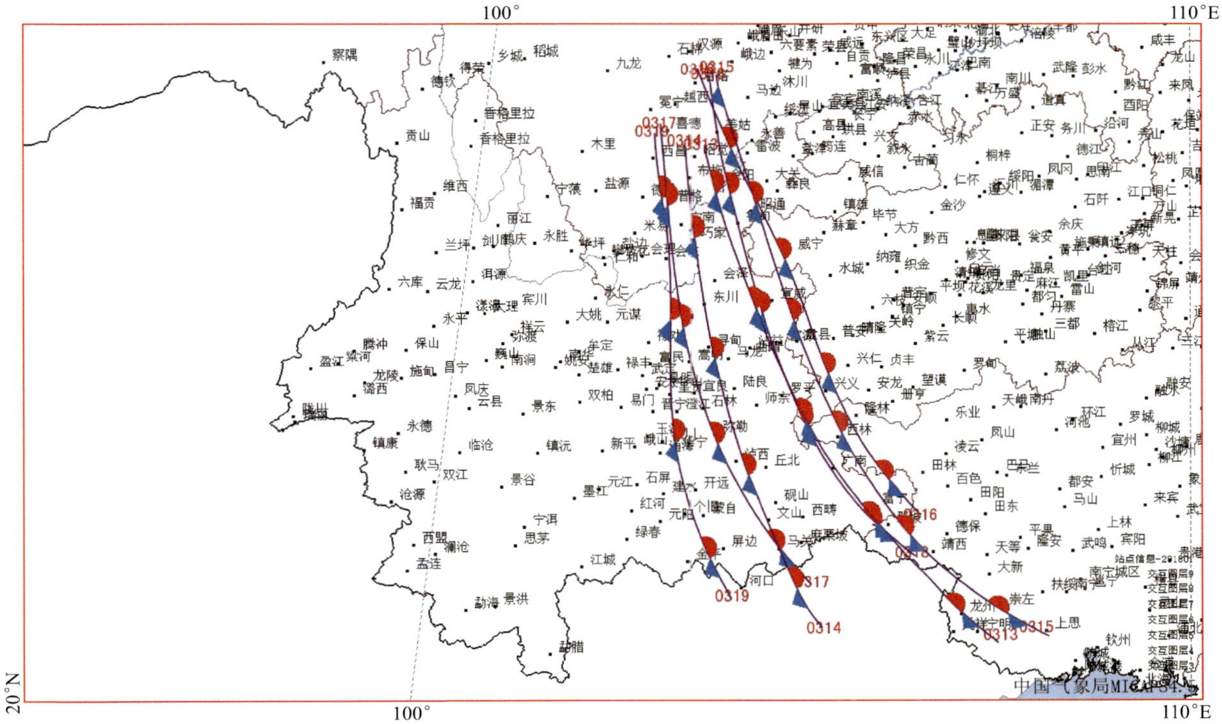

图 2.71.1 2020 年 3 月 13—19 日昆明准静止锋移动路径

表 2.71.1 2020 年 3 月 13—19 日昆明准静止锋位置

日期	昆明准静止锋位置
3 月 13 日	昭觉—沾益—龙州
3 月 14 日	布拖—东川—马关
3 月 15 日	昭通—兴义—崇左
3 月 16 日	昭通—兴义—富宁
3 月 17 日	普格—嵩明—马关
3 月 18 日	美姑—富源—那坡
3 月 19 日	会东—昆明—金平

受昆明准静止锋影响，3 月 13 日滇东北、滇东边缘出现日最高气温负变温区，最大变温在昭通，为－11.2 ℃；14 日随着昆明准静止锋西进，降温范围西进至昆明东部地区，最大变温在丘北，为－13.9 ℃；15—16 日随着昆明准静止锋东退，滇东气温回升；17 日随着昆明准静止锋的西进，昆明以东降温明显，最大变温在富源县，为－15.3 ℃；18 日云南气温回升，19 日滇中再次出现明显降温，最大变温在石林，为－7.5 ℃。此次过程降温幅度大于 10 ℃的县市有 15 个，主要集中在昭通市、曲靖市、昆明市、红河州和文山州 5 个州市(图 2.71.2)。

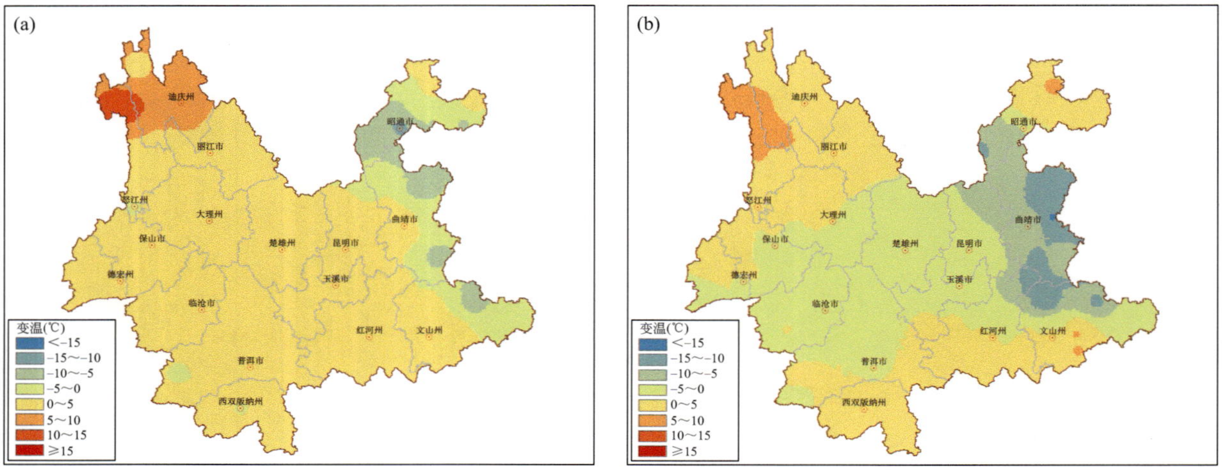

图 2.71.2　云南 2020 年 3 月 13 日(a)、17 日(b)最高气温 24 h 变温图

受昆明准静止锋影响，2020 年 3 月 13—19 日(20 时—20 时)滇中及以东有 44 个县市出现降水，有 7 个县市总降水量超过 10 mm，最大降水出现在河口，为 25.9 mm(图 2.71.3a)。

受昆明准静止锋影响，2020 年 3 月 13—19 日云南总日照时数有 25 个县市少于 50 h，富宁、盐津、河口、威信、贡山、罗平、大关、麻栗坡 8 个县市少于 20 h，最少的是富宁县，为 12.1 h，其次是盐津县和河口县，分别为 12.5 h 和 15.3 h(图略)。与常年同期相比，有 28 个县市日照时数偏少，有 17 个县市偏少 20%以上，富宁偏少最多，为 65.6%，其次为罗平，偏少 56.1%。图 2.71.3b 是昆明准静止锋影响期间的平均日照时数。

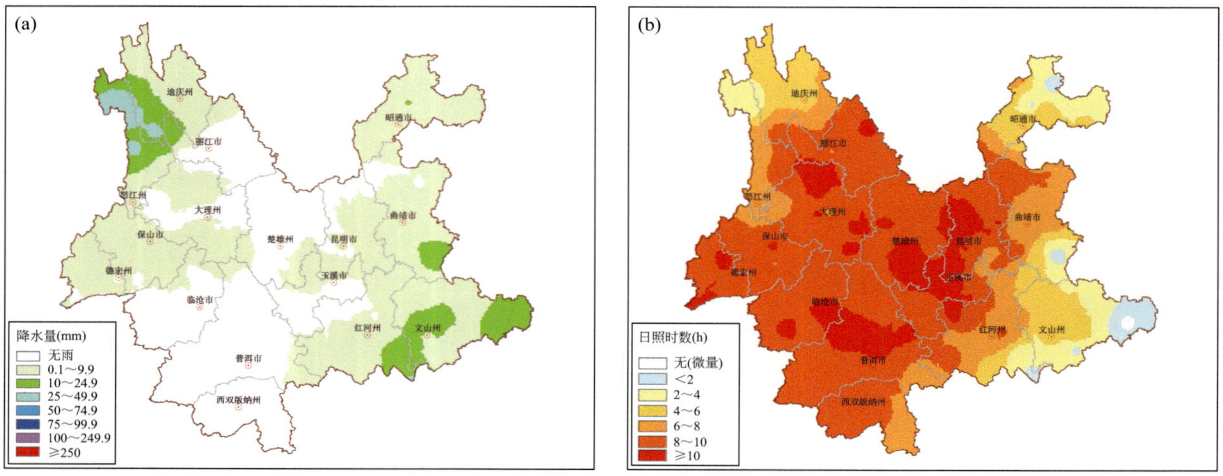

图 2.71.3　云南 2020 年 3 月 13—19 日累计降水量(a)和平均日照时数(b)

2.71.2 环流背景

(1)地面图

图 2.71.4 是 2020 年 3 月 13 日 14 时地面图和海平面气压场。图 2.71.5 是 2020 年 3 月 19 日 20 时地面图和海平面气压场。

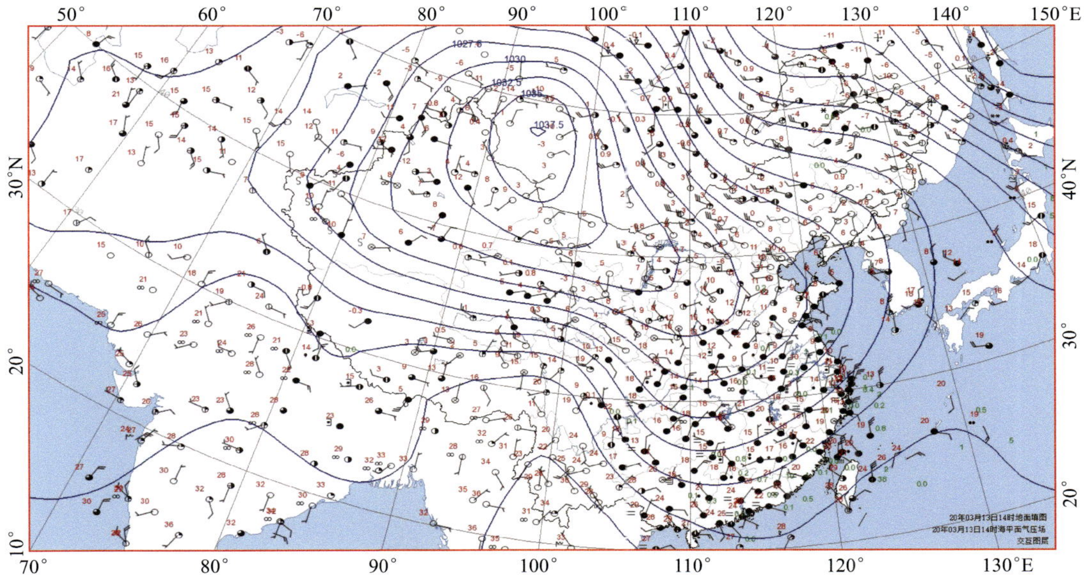

图 2.71.4 2020 年 3 月 13 日 14 时地面图和海平面气压场

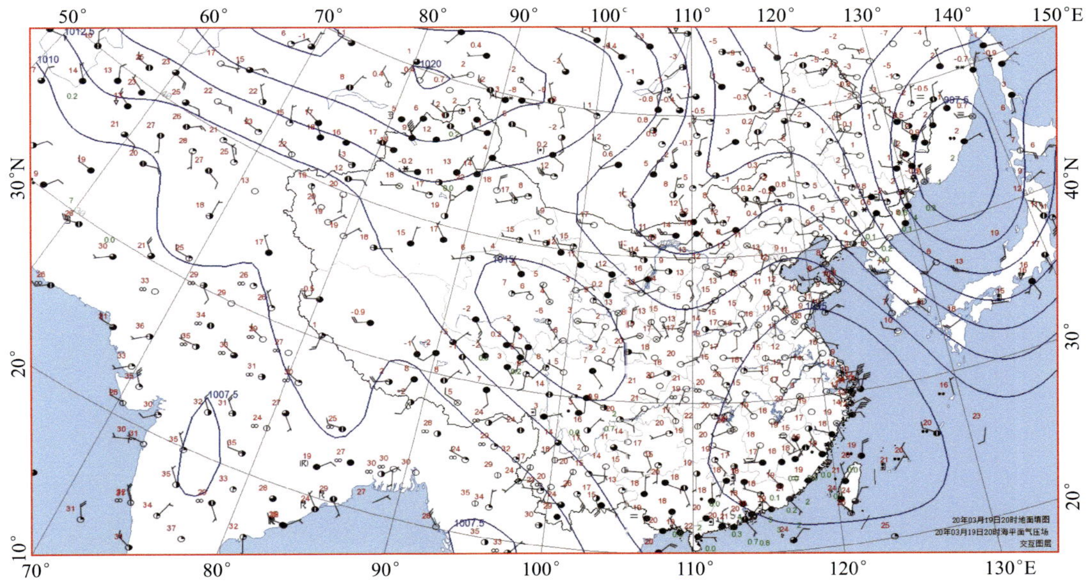

图 2.71.5 2020 年 3 月 19 日 20 时地面图和海平面气压场

(2)高空图

图 2.71.6 是 2020 年 3 月 13 日 08 时 850 hPa 高空图。图 2.71.7 是 2020 年 3 月 19 日 08 时 850 hPa 高空图。图 2.71.8 是 2020 年 3 月 13 日 08 时 500 hPa 高空图。图 2.71.9 是 2020 年 3 月 19 日 08 时 500 hPa 高空图。

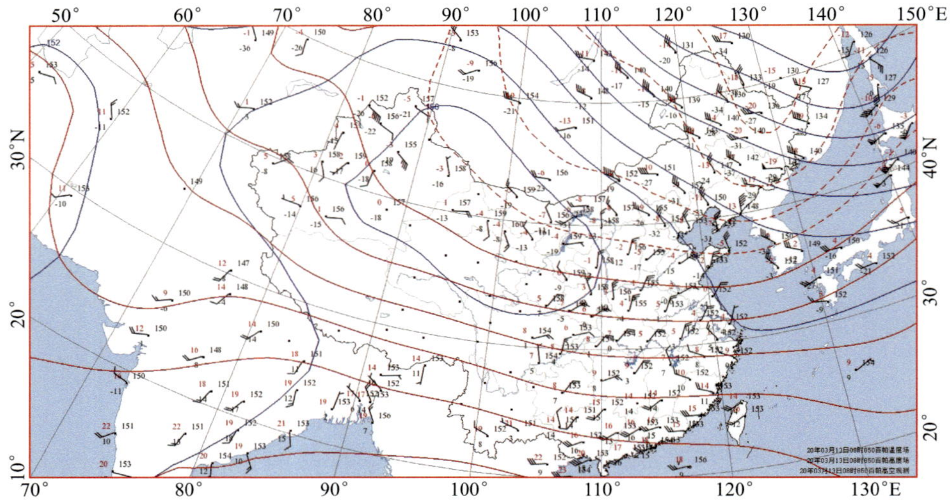

图 2.71.6 2020 年 3 月 13 日 08 时 850 hPa 高空图

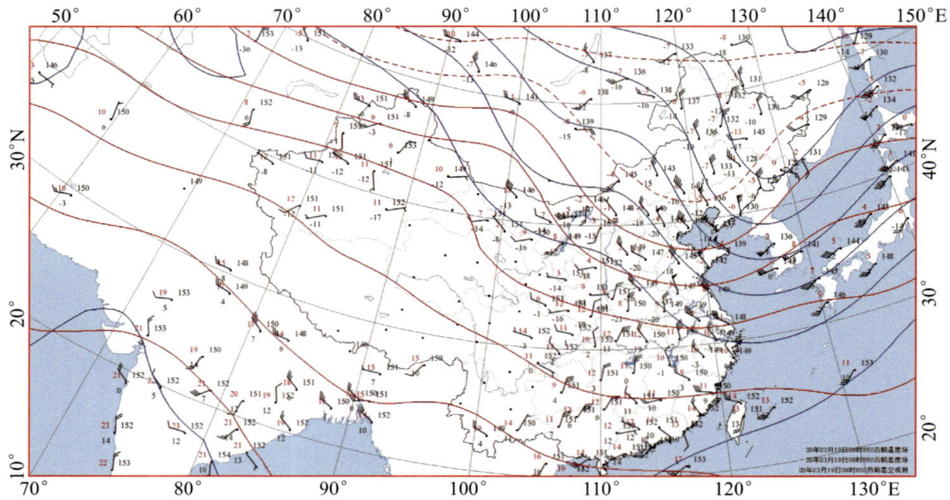

图 2.71.7 2020 年 3 月 19 日 08 时 850 hPa 高空图

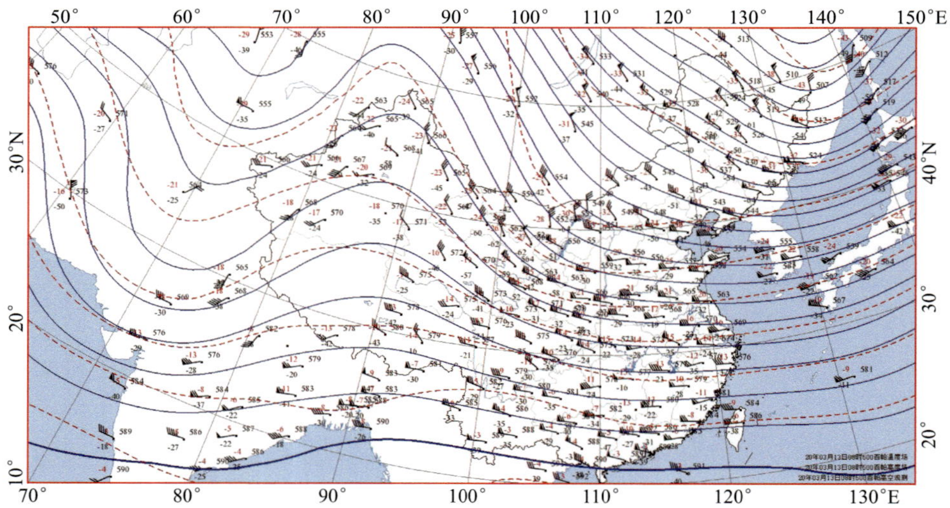

图 2.71.8 2020 年 3 月 13 日 08 时 500 hPa 高空图

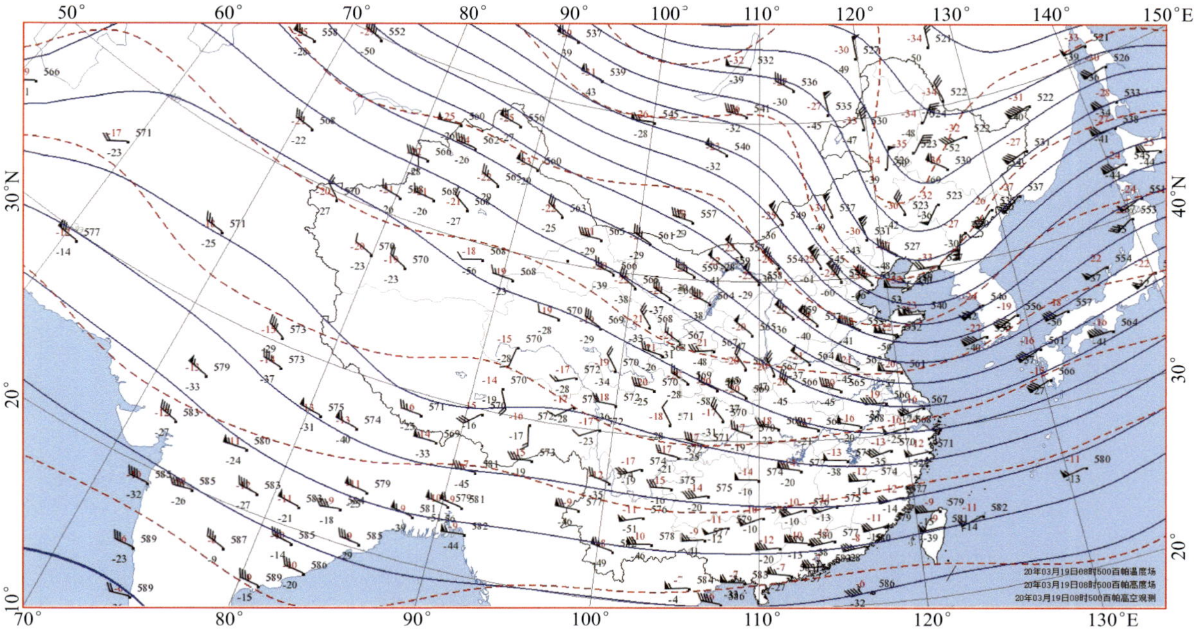

图 2.71.9 2020 年 3 月 19 日 08 时 500 hPa 高空图

2.71.3 卫星云图

图 2.71.10 是 2020 年 3 月 13 日 14 时、14 日 14 时卫星云图。

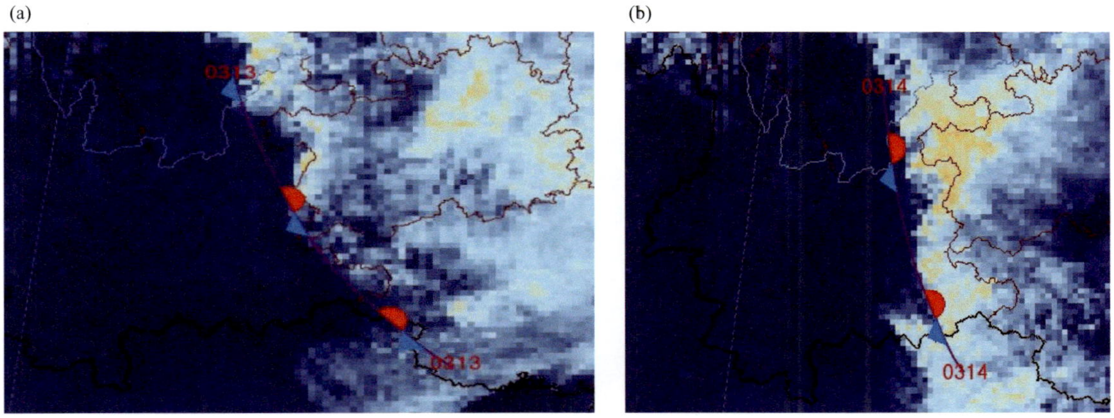

图 2.71.10 2020 年 3 月 13 日 14 时(a)、14 日 14 时(b)卫星云图

2.72 2020 年 3 月 27—30 日昆明准静止锋过程

2.72.1 过程概况

2020 年 3 月 27 日在云贵高原出现了昆明准静止锋天气系统，呈西北—东南向，贯穿四川、云南、贵州及广西四省(区)，位于美姑、大关、水城、长顺及融安一线。28 日昆明准静止锋西进，转为准南北向，位于雷波、昭通、富源、西林及那坡一线。29 日昆明准静止锋北段西进，南段少动，位于昭觉、富源、广南及那坡一线。30 日昆明准静止锋北段东退，南段略西进，位于永善、威宁、盘县、兴义及富宁一线。之后，锋面减弱消失。3 月 27—30 日过程期间昆明准静止锋移动路径如图 2.72.1，活动范围见表 2.72.1。

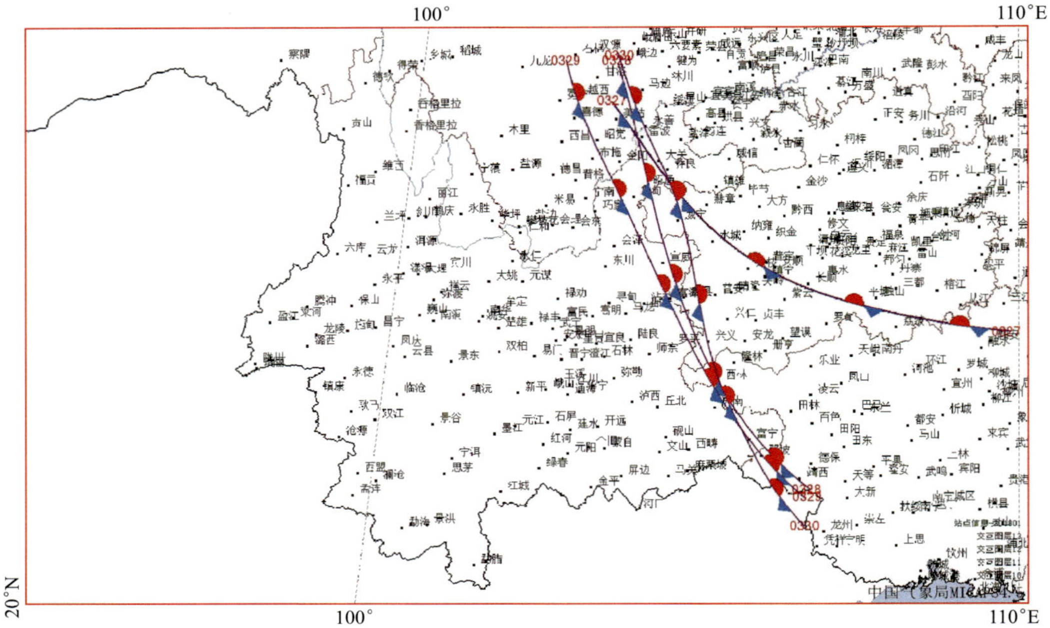

图 2.72.1　2020 年 3 月 27—30 日昆明准静止锋移动路径

表 2.72.1　2020 年 3 月 27—30 日昆明准静止锋位置

日期	昆明准静止锋位置
3 月 27 日	美姑—水城—融安
3 月 28 日	雷波—富源—那坡
3 月 29 日	昭觉—富源—那坡
3 月 30 日	永善—盘县—富宁

受昆明准静止锋影响，3 月 27 日滇东北出现日最高气温负变温区，最大变温在威信县，为－13.1 ℃；28 日随着昆明准静止锋西进转竖，滇东边缘降温明显，日最高气温最大变温出现在广南，为－12.0 ℃；29 日昭通附近降温明显，最大变温在鲁甸，为－14.4 ℃；30 日随着昆明准静止锋东退，云南气温回升，滇东南局部仍为负变温。此次过程降温幅度大于 10 ℃的县市有 10 个，主要集中在昭通市、曲靖市和文山州 3 个州市(图 2.72.2)。

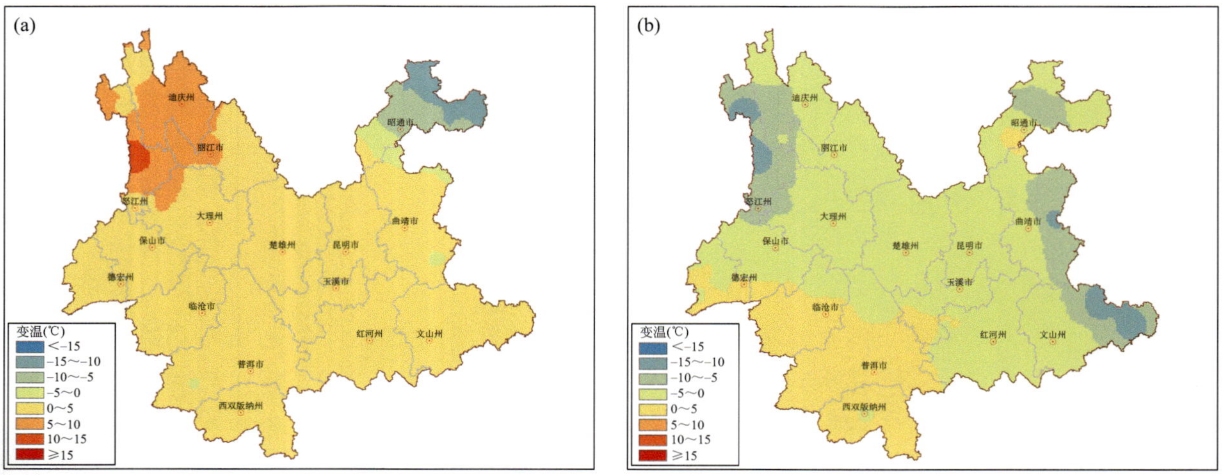

图 2.72.2　云南 2020 年 3 月 27 日(a)、28 日(b)最高气温 24 h 变温图

受昆明准静止锋影响，2020 年 3 月 27—30 日(20 时—20 时)滇东共有 8 个县市出现降水，总降水量最大在绥江，为 26 mm，其次是威信 13.9 mm，其余县市小于 7 mm(图 2.72.3a)。

受昆明准静止锋影响，2020 年 3 月 27—30 日云南总日照时数有 32 个县市不足 40 h，其中盐津、大关、威信 3 个县市少于 10 h，最少的是盐津县，仅为 6.1 h(图略)。与常年同期相比，有 12 个县市日照时数偏少，有 5 个县市偏少 20%以上，大关偏少最多，为 58.1%，其次为盐津，偏少 45.5%。图 2.72.3b 是昆明准静止锋影响期间的平均日照时数。

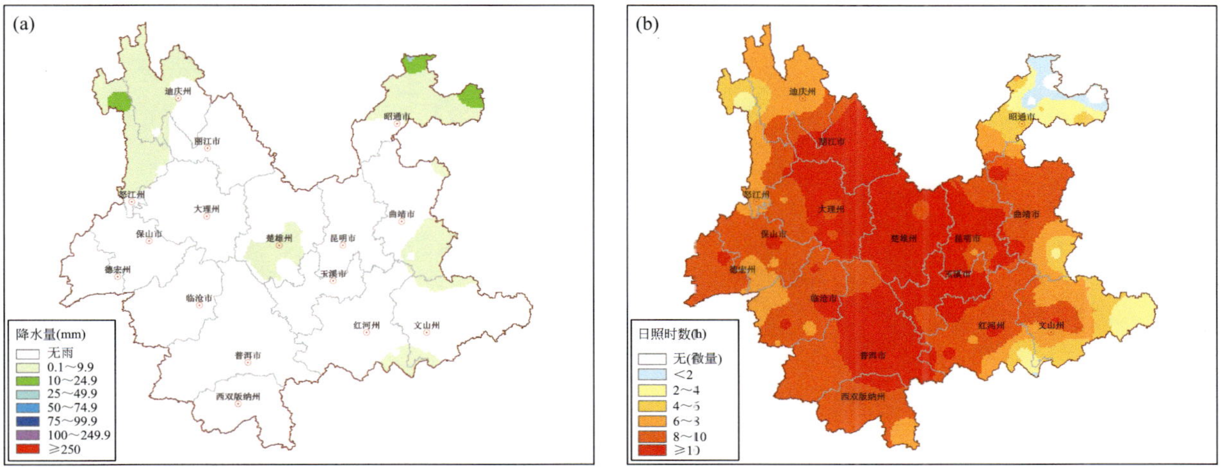

图 2.72.3　云南 2020 年 3 月 27—30 日累计降水量(a)和平均日照时数(b)

2.72.2　环流背景

(1)地面图

图 2.72.4 是 2020 年 3 月 27 日 14 时地面图和海平面气压场。图 2.72.5 是 2020 年 3 月 30 日 20 时地面图和海平面气压场。

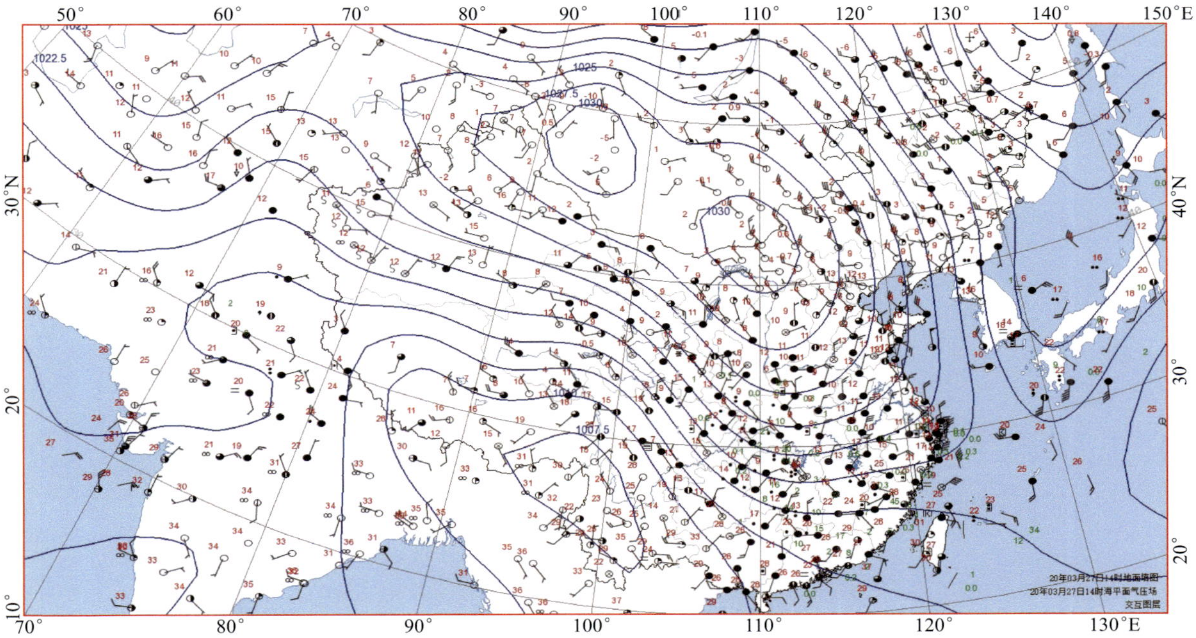

图 2.72.4　2020 年 3 月 27 日 14 时地面图和海平面气压场

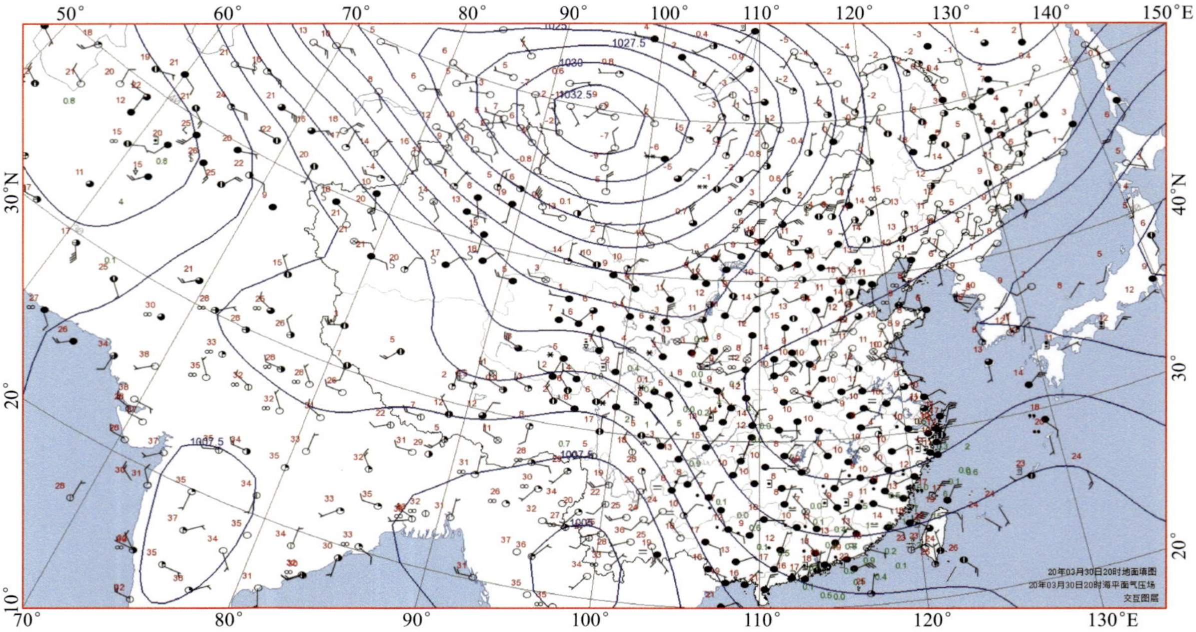

图 2.72.5　2020 年 3 月 30 日 20 时地面图和海平面气压场

(2)高空图

图 2.72.6 是 2020 年 3 月 27 日 08 时 850 hPa 高空图。图 2.72.7 是 2020 年 3 月 30 日 08 时 850 hPa 高空图。图 2.72.8 是 2020 年 3 月 27 日 08 时 500 hPa 高空图。图 2.72.9 是 2020 年 3 月 30 日 08 时 500 hPa 高空图。

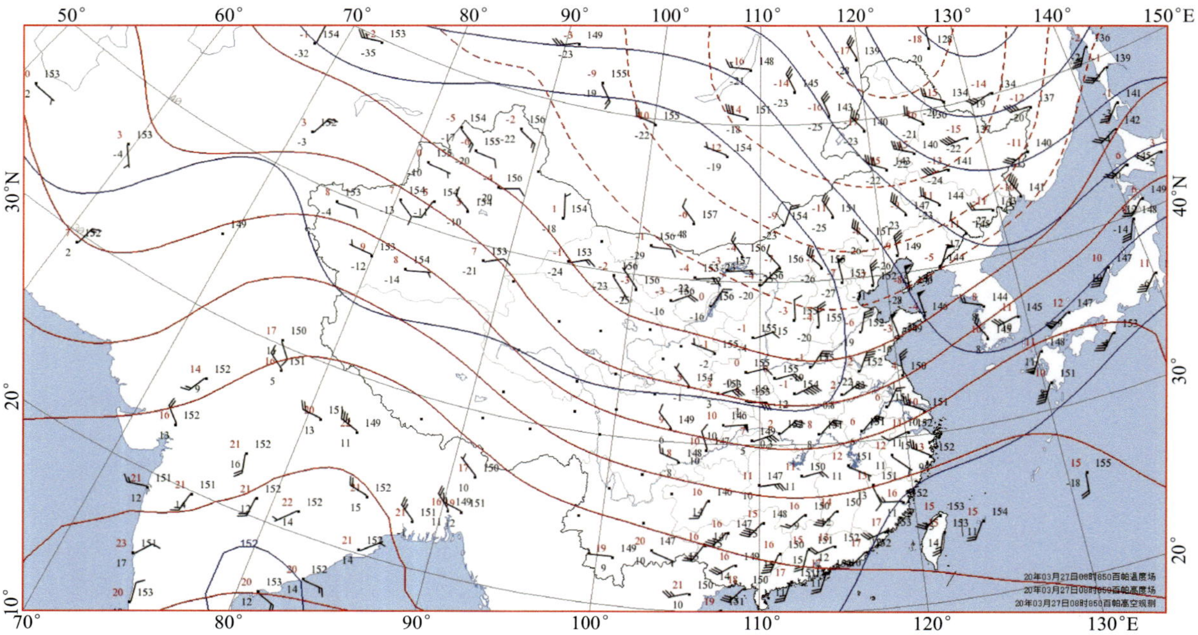

图 2.72.6　2020 年 3 月 27 日 08 时 850 hPa 高空图

2.72.3　卫星云图

图 2.72.10 是 2020 年 3 月 29 日 14 时、30 日 14 时卫星云图。

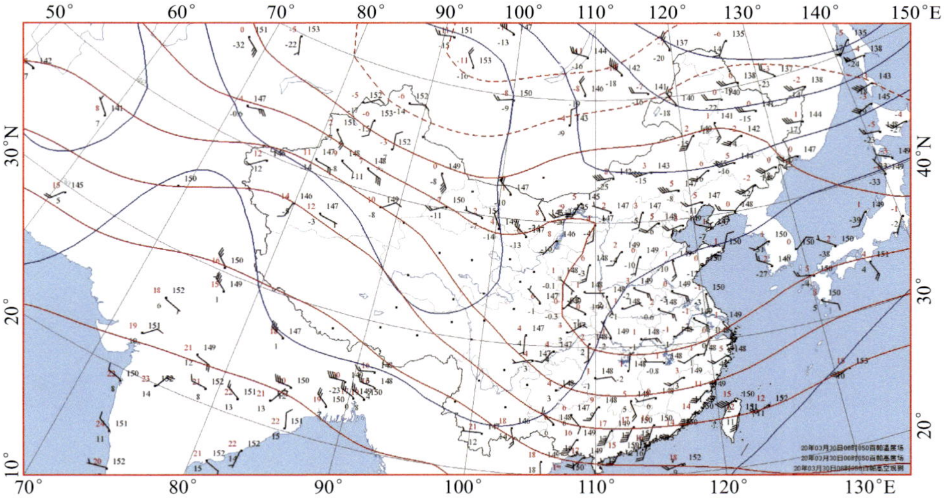

图 2.72.7 2020 年 3 月 30 日 08 时 850 hPa 高空图

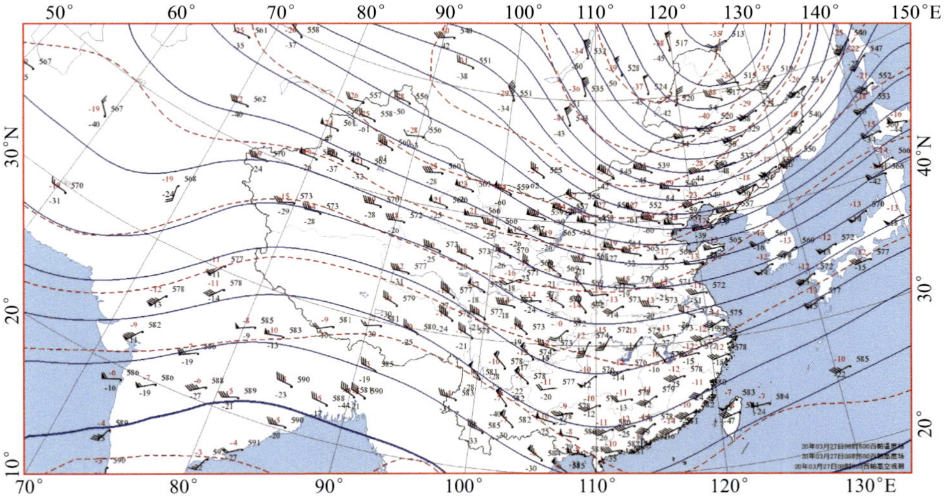

图 2.72.8 2020 年 3 月 27 日 08 时 500 hPa 高空图

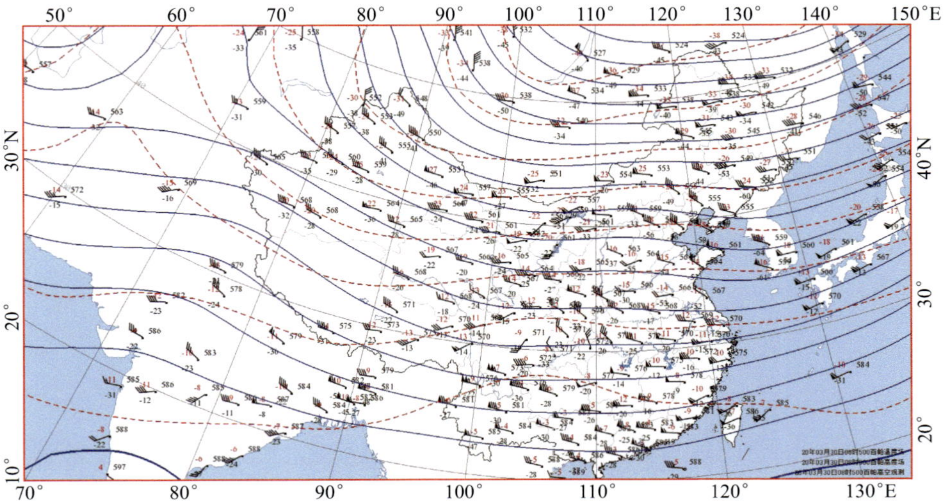

图 2.72.9 2020 年 3 月 30 日 08 时 500 hPa 高空图

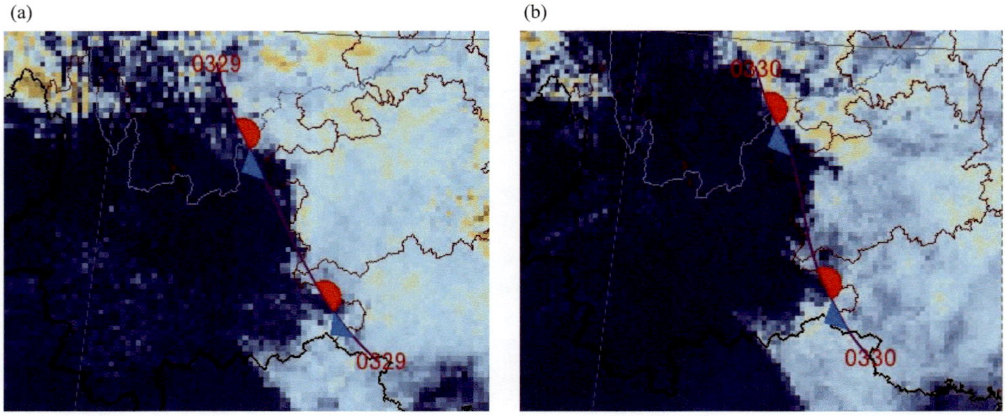

图 2.72.10　2020 年 3 月 29 日 14 时(a)、30 日 14 时(b)卫星云图

2.73　2020 年 4 月 2—8 日昆明准静止锋过程

2.73.1　过程概况

2020 年 4 月 2 日在云贵高原出现了昆明准静止锋天气系统，呈准南北向，贯穿四川、云南、贵州及广西四省(区)，位于美姑、昭通、宣威、盘县、西林及靖西一线。3 日昆明准静止锋维持少动，4 日昆明准静止锋增强快速西进至攀枝花、禄丰、峨山、元阳及金平一线。5 日昆明准静止锋北段东退，南段略西进，位于会东、禄劝、武定、峨山及绿春一线。6 日昆明准静止锋东退至布拖、巧家、嵩明、开远、屏边及河口一线。7 日昆明准静止锋略东退，8 日昆明准静止锋继续东退，位于昭觉、沾益、罗平、广南及那坡一线。之后，锋面减弱消失。4 月 2—8 日过程期间昆明准静止锋移动路径如图 2.73.1，活动范围见表 2.73.1。

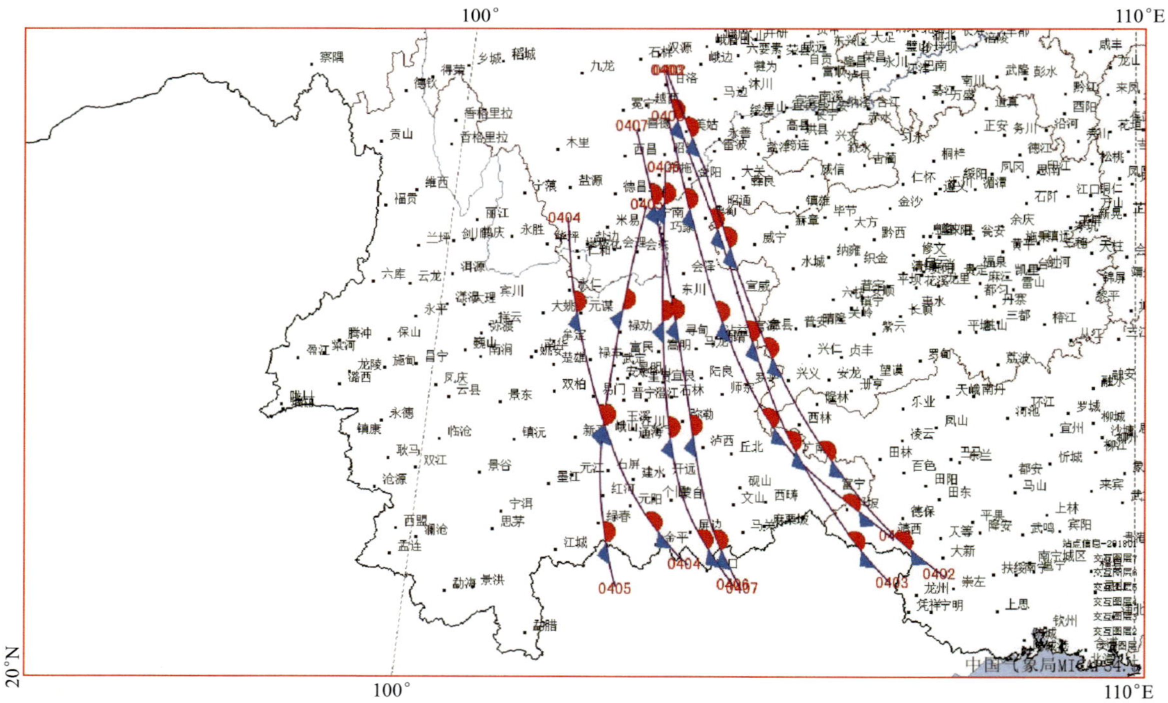

图 2.73.1　2020 年 4 月 2—8 日昆明准静止锋移动路径

表 2.73.1　2020 年 4 月 2—8 日昆明准静止锋位置

日期	昆明准静止锋位置
4 月 2 日	美姑—宣威—靖西
4 月 3 日	美姑—富源—广南
4 月 4 日	攀枝花—峨山—金平
4 月 5 日	会东—武定—绿春
4 月 6 日	布拖—嵩明—河口
4 月 7 日	巧家—寻甸—河口
4 月 8 日	昭觉—沾益—那坡

受昆明准静止锋影响，4 月 2 日在滇东北出现日最高气温负变温大值区，最大变温在大关县，为 −7.1 ℃；3 日降温减弱，4 日随着昆明准静止锋的西进，滇中以东降温明显，最大变温在丘北县，为 −14.7 ℃；5—8 日随着昆明准静止锋东退，云南气温逐渐回升。此次过程降温幅度大于 10 ℃的县市有 10 个，主要集中在曲靖市、昆明市、玉溪市、红河州和文山州 5 个州市(图 2.73.2)。

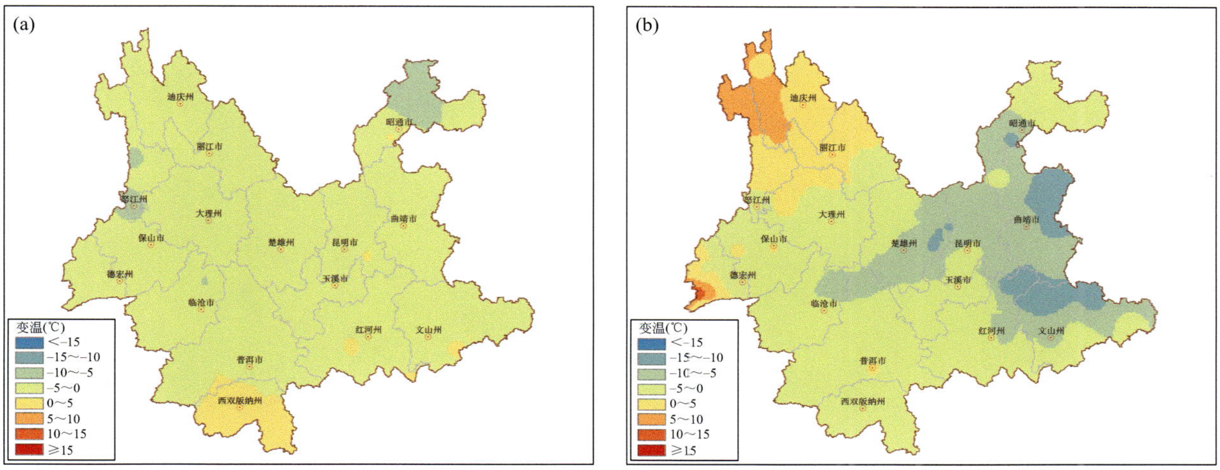

图 2.73.2　云南 2020 年 4 月 2 日(a)、4 日(b)最高气温 24 h 变温图

受昆明准静止锋和西南暖湿气流影响，2020 年 4 月 2—8 日(20 时—20 时)云南总降水量共有 35 个县市大于 10 mm，最大在贡山，为 41.0 mm。昆明准静止锋主要影响区域(滇中及以东)有 31 个县市总降水量大于 10 mm，其中有 13 个县市大于 20 mm。河口县总降水量最大，为 40.4 mm(图 2.73.3a)。

受昆明准静止锋和西南暖湿气流影响，2020 年 4 月 2—8 日云南总日照时数有 37 个县市少于 50 h。屏边、富宁、马关、河口、威信、罗平、大关 7 个县市少于 10 h，最少的是屏边县，仅为 0.1 h，其次是富宁县和马关县，分别为 3.4 h 和 4.9 h(图略)。与常年同期相比，有 30 个县市日照时数偏少 20%以上，有 11 个县市偏少 50%以上，屏边偏少最多，为 99.8%。屏边、富宁、马关、河口、罗平 5 个县市突破同期日照时数历史最少纪录。图 2.73.3b 是昆明准静止锋影响期间的平均日照时数。

2.73.2　环流背景

(1)地面图

图 2.73.4 是 2020 年 4 月 2 日 14 时地面图和海平面气压场。图 2.73.5 是 2020 年 4 月 8 日 20 时地面图和海平面气压场。

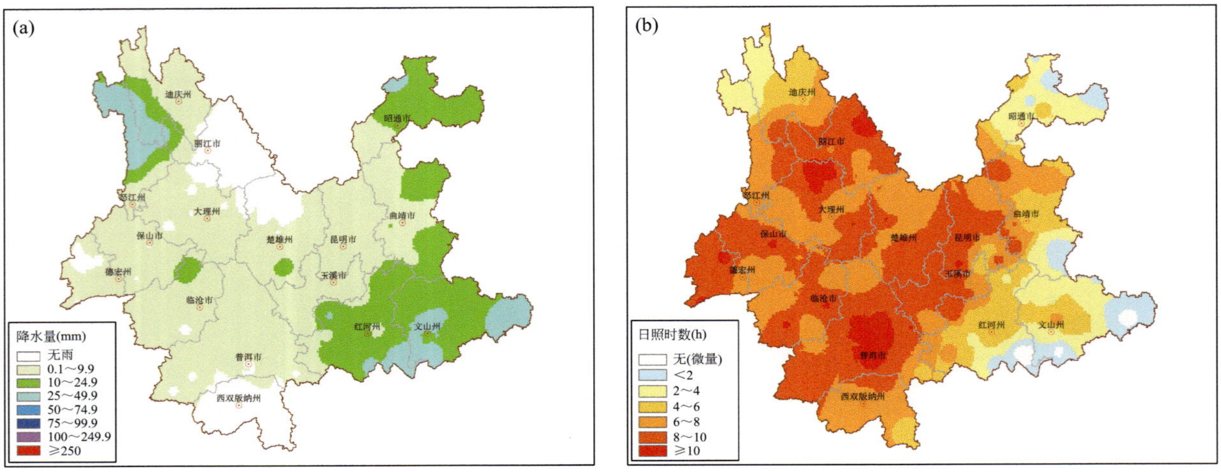

图 2.73.3　云南 2020 年 4 月 2—8 日累计降水量(a)和平均日照时数(b)

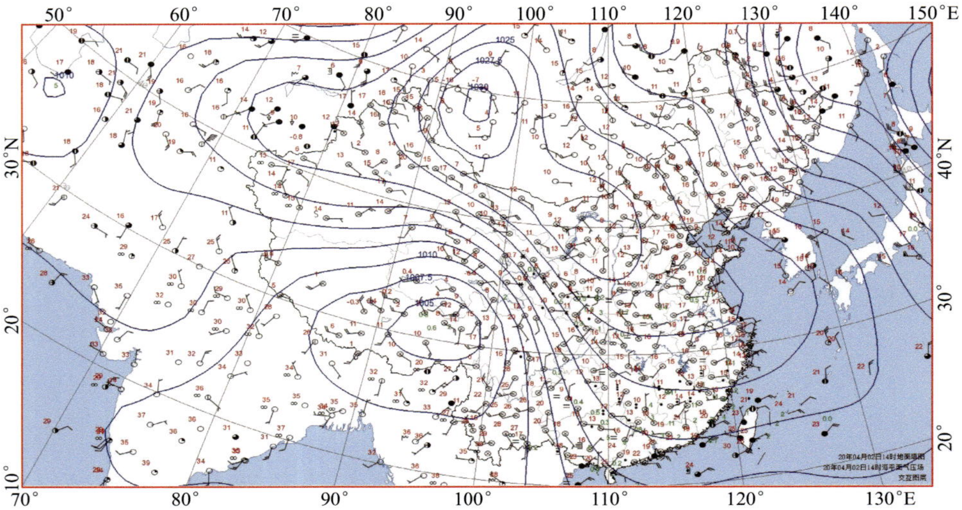

图 2.73.4　2020 年 4 月 2 日 14 时地面图和海平面气压场

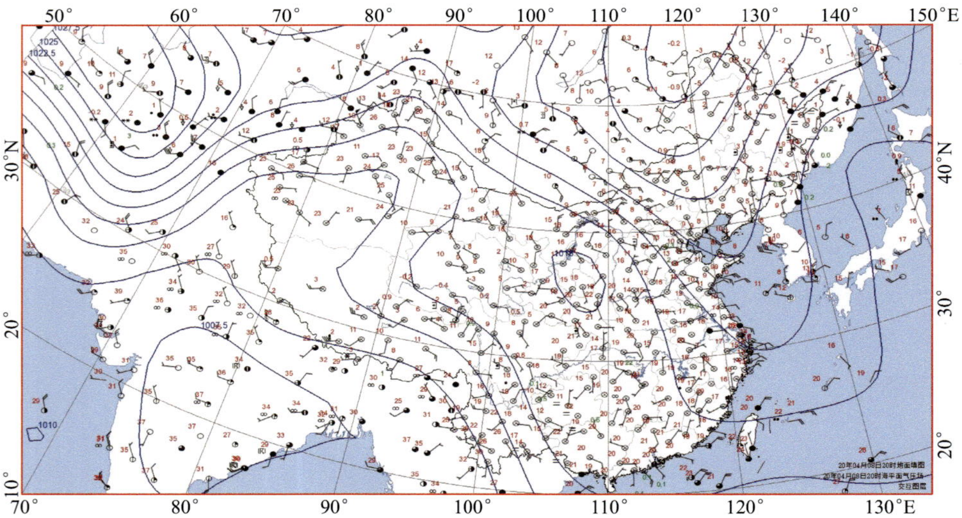

图 2.73.5　2020 年 4 月 8 日 20 时地面图和海平面气压场

(2)高空图

图 2.73.6 是 2020 年 4 月 2 日 08 时 850 hPa 高空图。图 2.73.7 是 2020 年 4 月 8 日 08 时 850 hPa 高空图。图 2.73.8 是 2020 年 4 月 2 日 08 时 500 hPa 高空图。图 2.73.9 是 2020 年 4 月 8 日 08 时 500 hPa 高空图。

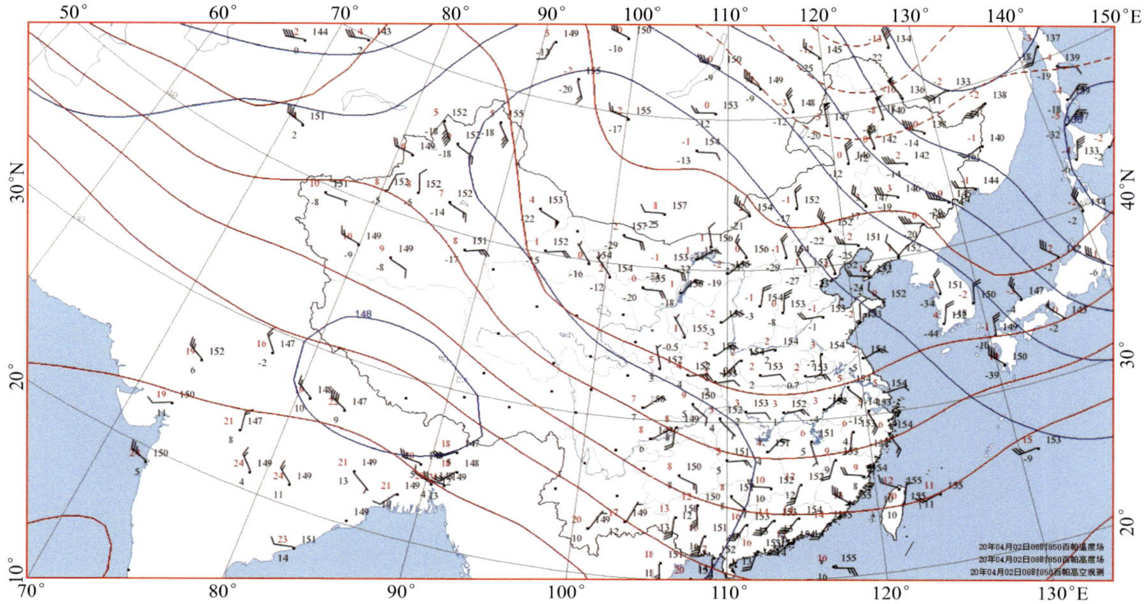

图 2.73.6　2020 年 4 月 2 日 08 时 850 hPa 高空图

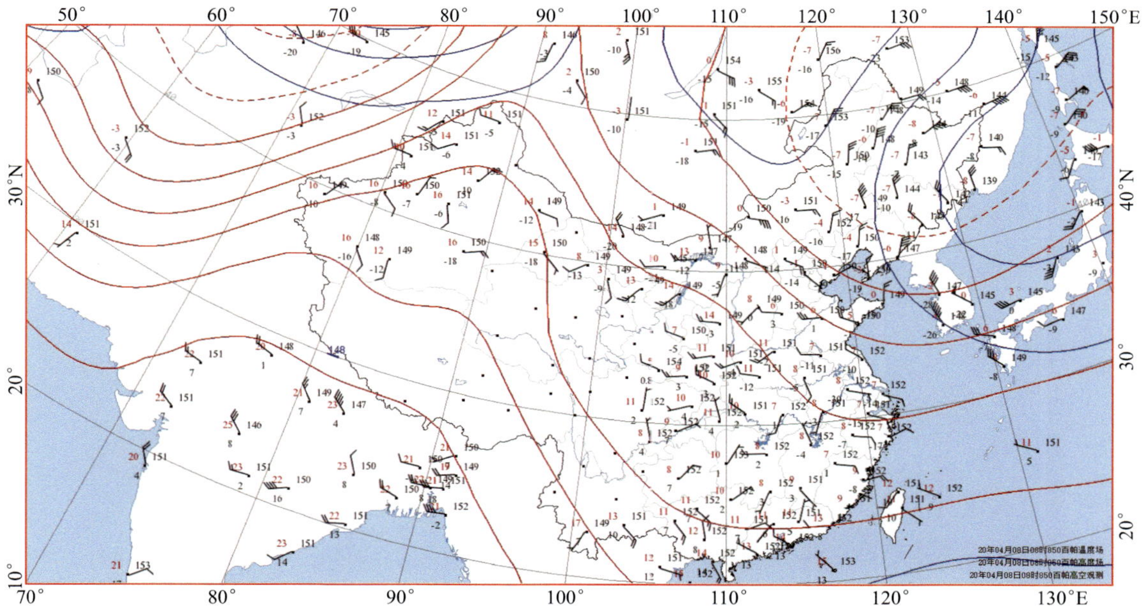

图 2.73.7　2020 年 4 月 8 日 08 时 850 hPa 高空图

2.73.3　卫星云图

图 2.73.10 是 2020 年 4 月 2 日 14 时、4 日 14 时卫星云图。

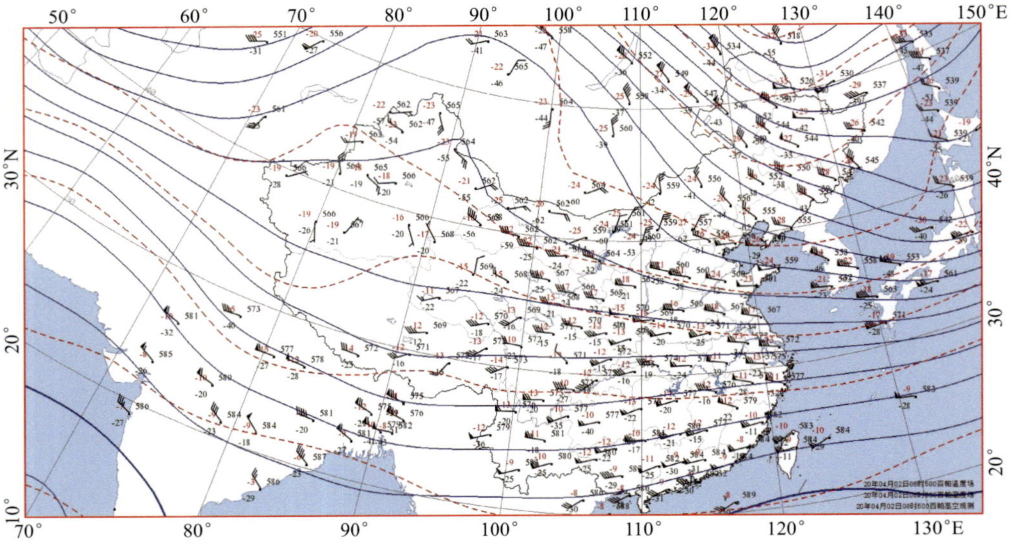

图 2.73.8　2020 年 4 月 2 日 08 时 500 hPa 高空图

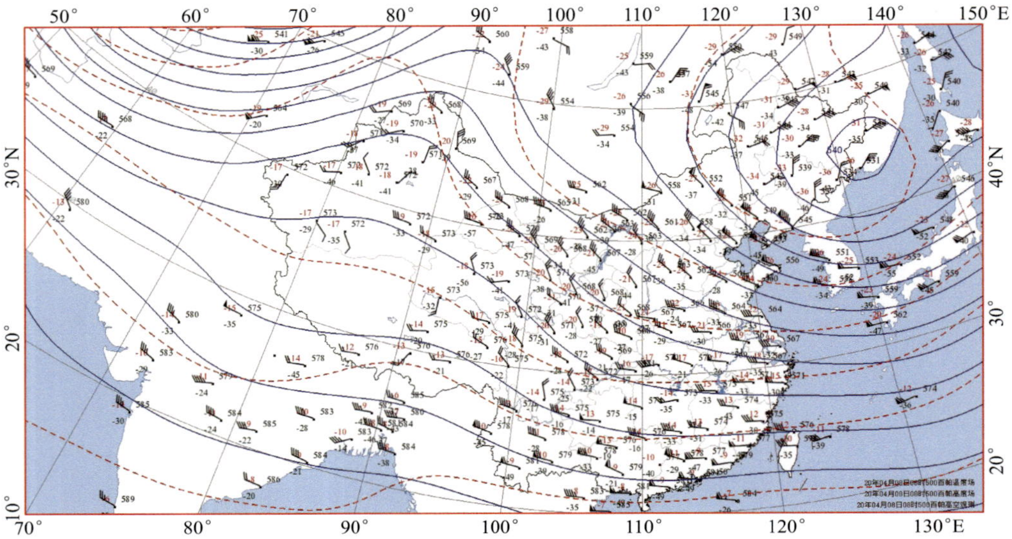

图 2.73.9　2020 年 4 月 8 日 08 时 500 hPa 高空图

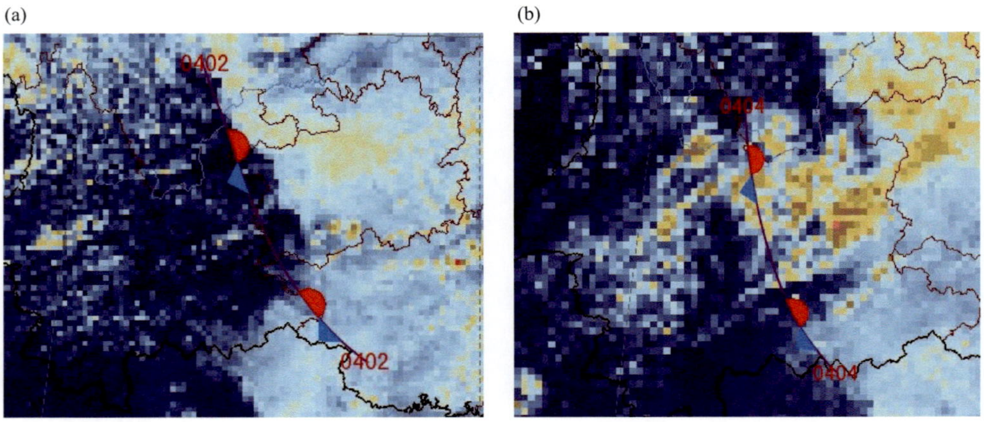

图 2.73.10　2020 年 4 月 2 日 14 时(a)、4 日 14 时(b)卫星云图

2.74 2020 年 4 月 19—23 日昆明准静止锋过程

2.74.1 过程概况

2020 年 4 月 19 日在云贵高原出现了昆明准静止锋天气系统，呈西北—东南向，贯穿四川、云南、贵州及广西四省（区），位于美姑、昭通、紫云、天峨及柳江一线。20 日昆明准静止锋略东退，21 日昆明准静止锋略西进至美姑、威宁、贞丰、凤山及武宣一线。22 日昆明准静止锋增强西进至布拖、会泽、陆良、砚山及麻栗坡一线。23 日昆明准静止锋继续西进，位于会理、昆明、澄江、开远及河口一线。之后，昆明准静止锋加强为冷锋，向西越过哀牢山。4 月 19—23 日过程期间昆明准静止锋移动路径如图 2.74.1，活动范围见表 2.74.1。

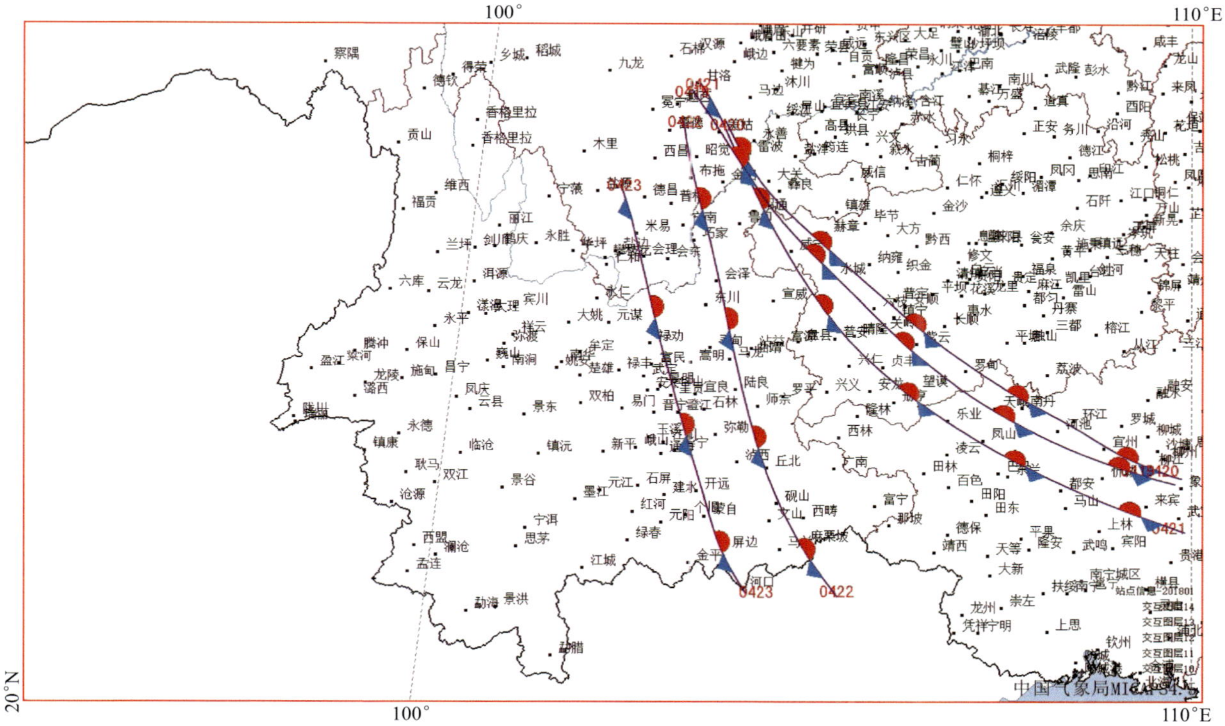

图 2.74.1 2020 年 4 月 19—23 日昆明准静止锋移动路径

表 2.74.1 2020 年 4 月 19—23 E 昆明准静止锋位置

日期	昆明准静止锋位置
4 月 19 日	美姑—紫云—柳江
4 月 20 日	雷波—罗甸—柳江
4 月 21 日	美姑—贞丰—武宣
4 月 22 日	布拖—陆良—麻栗坡
4 月 23 日	会理—昆明—河口

受昆明准静止锋影响，4 月 19 日滇东北出现小范围日最高气温负变温区，最大变温在绥江县，为 −3.7 ℃；20—21 日由于昆明准静止锋北段维持在滇东北，滇东北持续降温；22 日随着昆明准静止锋增强西进，滇东降温明显，日最高气温最大变温出现在富源县，为 −15.2 ℃；23 日昆明准静止锋继续西进，

强降温区向西推进至滇中，最大变温出现在会泽县，为－15.1 ℃。此次过程降温幅度大于 10 ℃的县市有 19 个，主要集中在曲靖市、昆明市、红河州和文山州 4 个州市(图 2.74.2)。

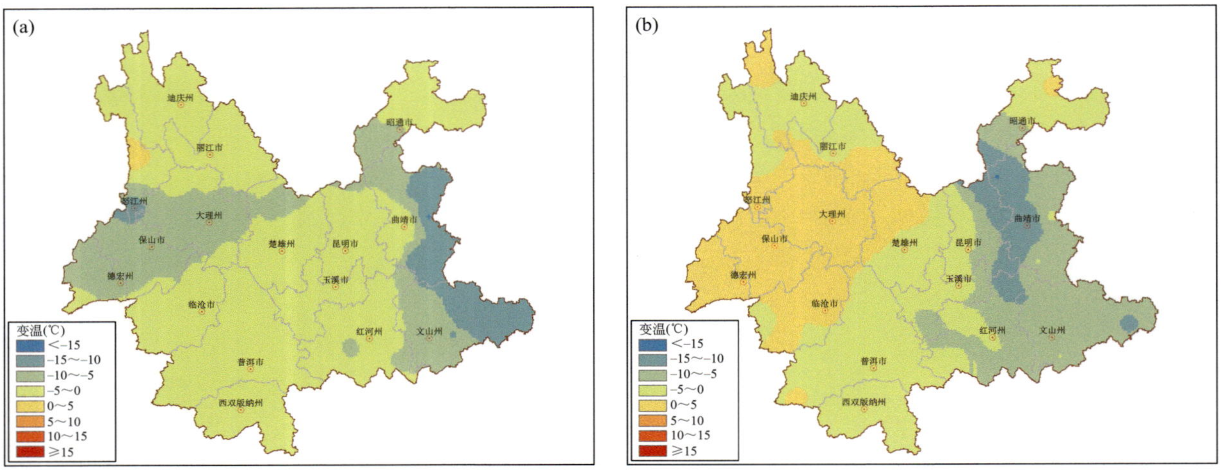

图 2.74.2　云南 2020 年 4 月 22 日(a)、23 日(b)最高气温 24 h 变温图

受昆明准静止锋和西南暖湿气流影响，2020 年 4 月 19—23 日(20 时—20 时)云南总降水量有 31 个县市大于 10 mm，其中 15 个县市大于 20 mm。昆明准静止锋主要影响区域(滇中及以东)有 23 个县市总降水量大于 10 mm，其中 12 个县市大于 20 mm。马关县总降水量最大，为 62.9 mm(图 2.74.3a)。

受昆明准静止锋和西南暖湿气流影响，2020 年 4 月 19—23 日云南总日照时数有 54 个县市不足 50 h。大关、威信、盐津、绥江、贡山 5 个县市少于 8 h，最少的是大关县，仅为 0 h，其次是盐津县和威信县，皆为 0.1 h(图略)。与常年同期相比，有 37 个县市日照时数偏少，其中有 15 个县市偏少 20%以上，5 个县市偏少 50%以上。大关偏少最多，为 100%，其次为威信，偏少 99.6%。绥江突破同期日照时数历史最少纪录。图 2.74.3b 是昆明准静止锋影响期间的平均日照时数。

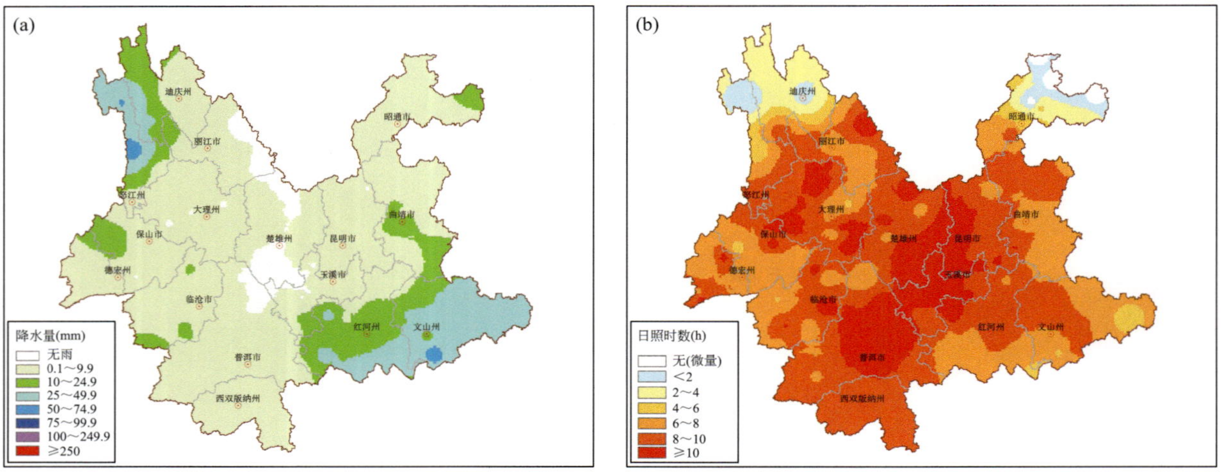

图 2.74.3　云南 2020 年 4 月 19—23 日累计降水量(a)和平均日照时数(b)

2.74.2　环流背景

(1)地面图

图 2.74.4 是 2020 年 4 月 19 日 14 时地面图和海平面气压场。图 2.74.5 是 2020 年 4 月 23 日 20

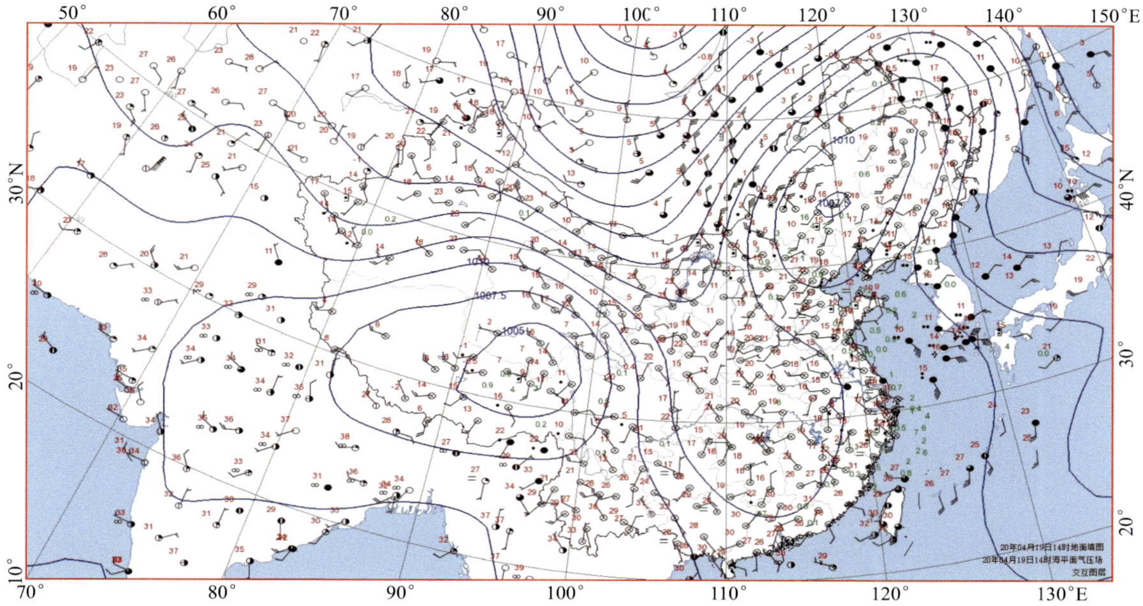

图 2.74.4　2020 年 4 月 19 日 14 时地面图和海平面气压场

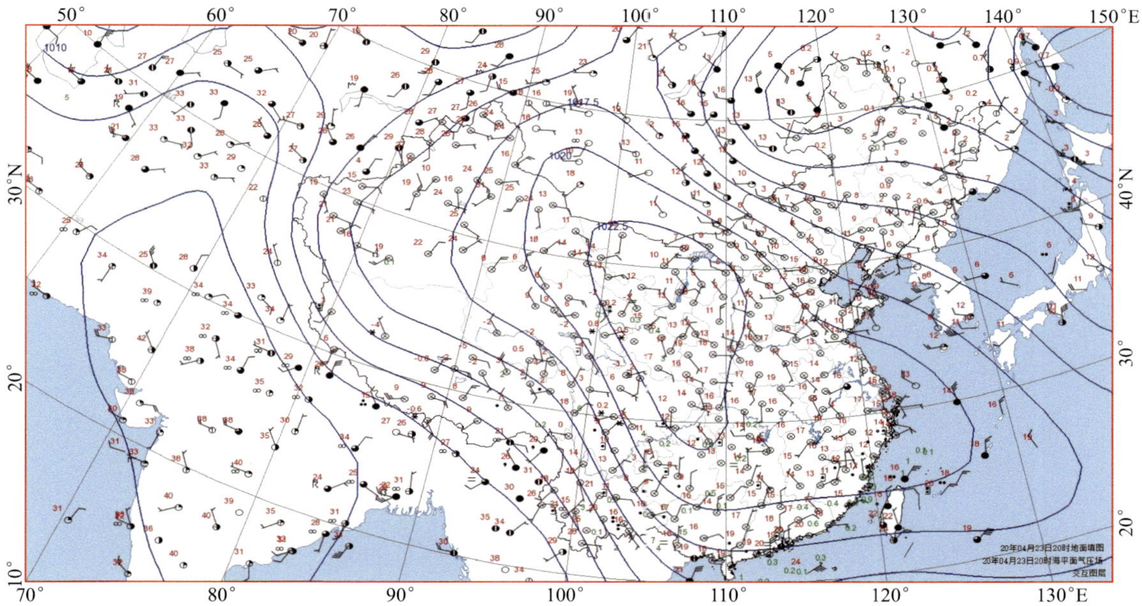

图 2.74.5　2020 年 4 月 23 日 20 时地面图和海平面气压场

时地面图和海平面气压场。

(2)高空图

图 2.74.6 是 2020 年 4 月 19 日 08 时 850 hPa 高空图。图 2.74.7 是 2020 年 4 月 23 日 08 时 850 hPa 高空图。图 2.74.8 是 2020 年 4 月 19 日 08 时 500 hPa 高空图。图 2.74.9 是 2020 年 4 月 23 日 08 时 500 hPa 高空图。

2.74.3　卫星云图

图 2.74.10 是 2020 年 4 月 21 日 14 时、22 日 14 时卫星云图。

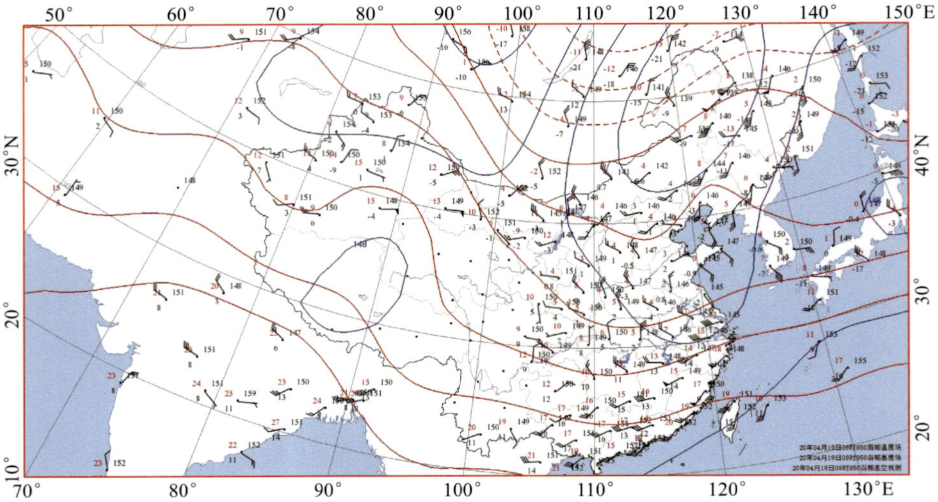

图 2.74.6　2020 年 4 月 19 日 08 时 850 hPa 高空图

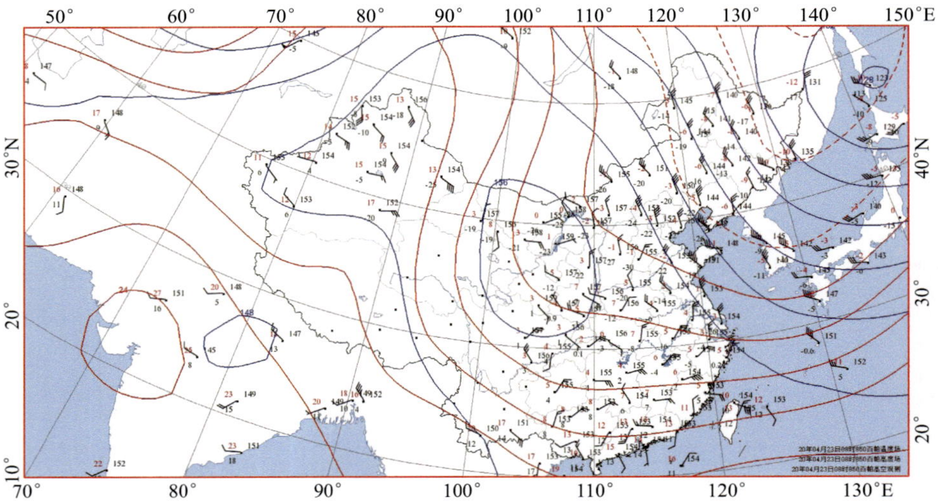

图 2.74.7　2020 年 4 月 23 日 08 时 850 hPa 高空图

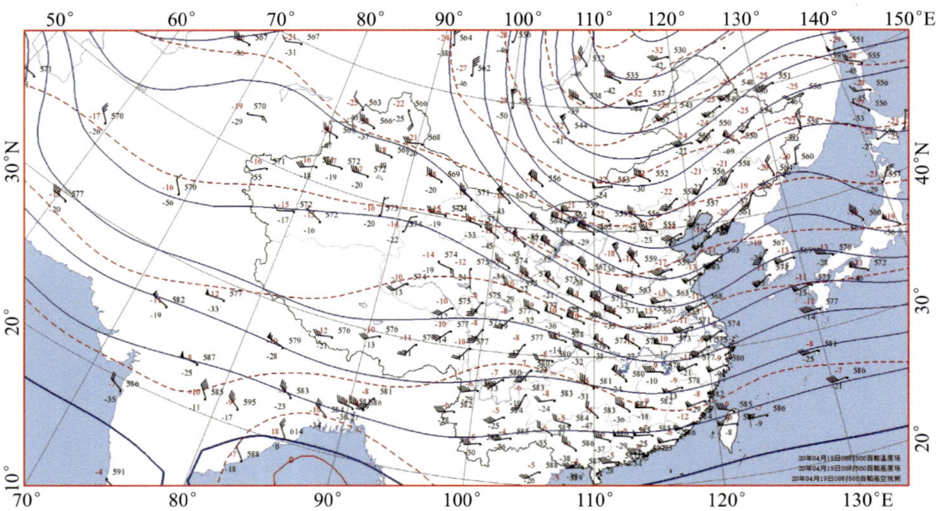

图 2.74.8　2020 年 4 月 19 日 08 时 500 hPa 高空图

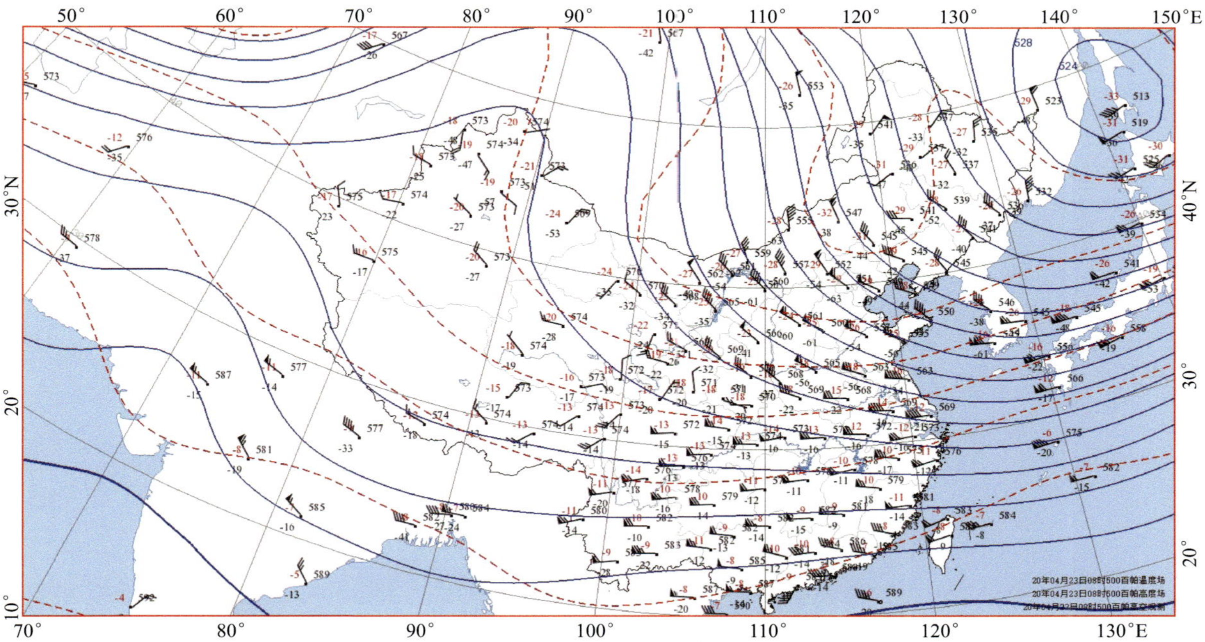

图 2.74.9　2020 年 4 月 23 日 08 时 500 hPa 高空图

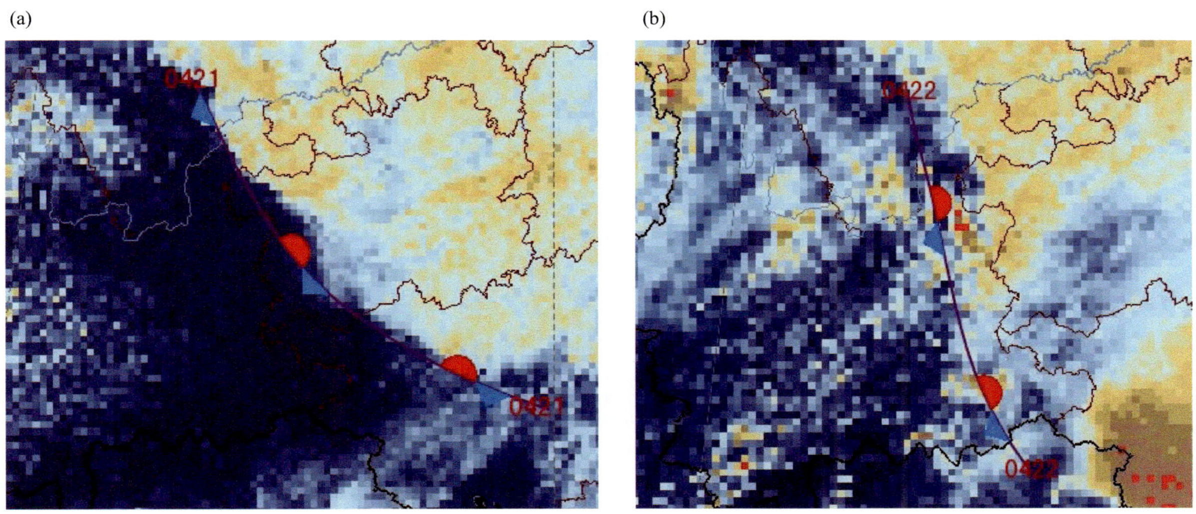

图 2.74.10　2020 年 4 月 21 日 14 时(a)、22 日 14 时(b)卫星云图

2.75　2020 年 11 月 5—6 日昆明准静止锋过程

2.75.1　过程概况

2020 年 11 月 1—3 日冷锋快速西移到哀牢山一带，4 日东退到昆明附近。5 日东退到金阳、鲁甸、盘县、兴义及靖西一线形成昆明准静止锋。6 日昆明准静止锋增强西进，位于宁南、东川、陆良、砚山、麻栗坡一线。之后，受冷高外围影响，锋面减弱消失。11 月 5—6 日过程期间昆明准静止锋移动路径如图 2.75.1，活动范围见表 2.75.1。

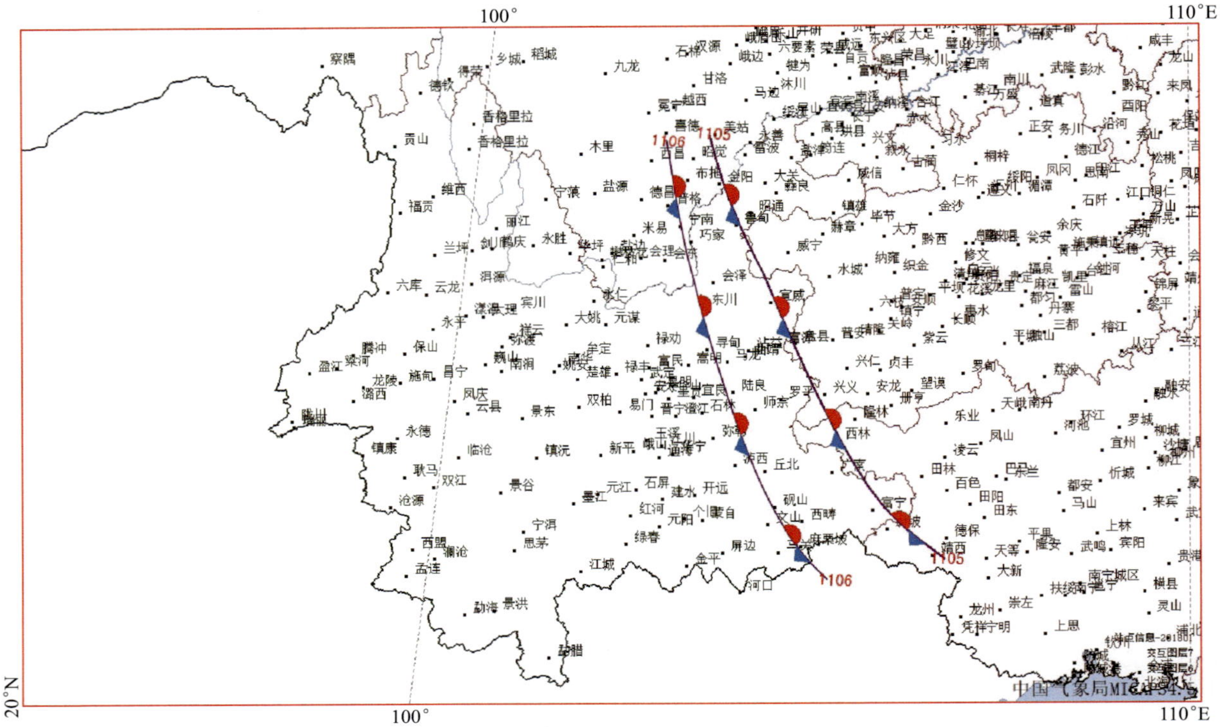

图 2.75.1　2020 年 11 月 5—6 日昆明准静止锋移动路径

表 2.75.1　2020 年 11 月 5—6 日昆明准静止锋位置

日期	昆明准静止锋位置
11 月 5 日	金阳—盘县—靖西
11 月 6 日	宁南—陆良—麻栗坡

由于前期影响云南的冷锋减弱东退，5 日云南大部气温回升；6 日随着昆明准静止锋增强西进，云南东部的昭通、曲靖、文山、红河一带降温明显，最大变温在富源县，为－9.2 ℃（图 2.75.2）。

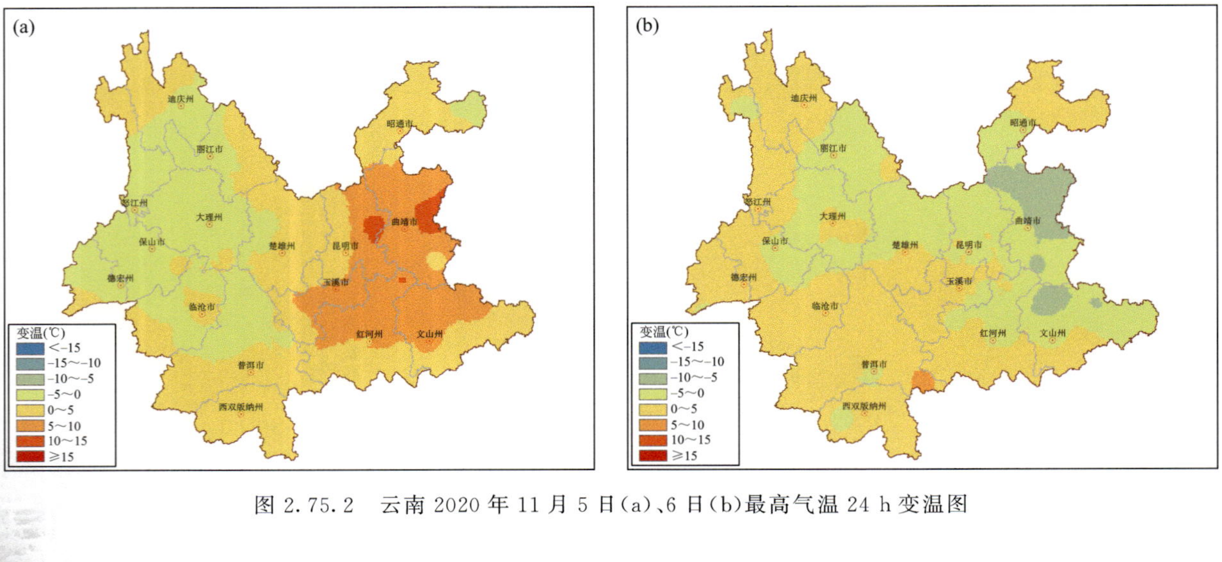

图 2.75.2　云南 2020 年 11 月 5 日(a)、6 日(b)最高气温 24 h 变温图

受昆明准静止锋影响，2020 年 11 月 5—6 日（20 时—20 时）在滇东北、滇东南出现小雨，总降水量最大在昭通绥江，为 8 mm（图 2.75.3a）。

受昆明准静止锋影响，2020 年 11 月 5—6 日云南总日照时数有 89 个县市不足 20 h。其中日照时数少于 10 h 的县市有 46 个。屏边、罗平、师宗、麻栗坡、马关、西畴、镇雄、彝良、大关 9 个县市日照时数为 0 h（图略）。与常年同期相比，有 64 个县市日照时数偏少 20%以上，36 个县市偏少 50%以上，日照时数为 0 h 的 9 个县市偏少 100%，其次为富宁，偏少 98.5%。图 2.75.3b 是昆明准静止锋影响期间的平均日照时数。

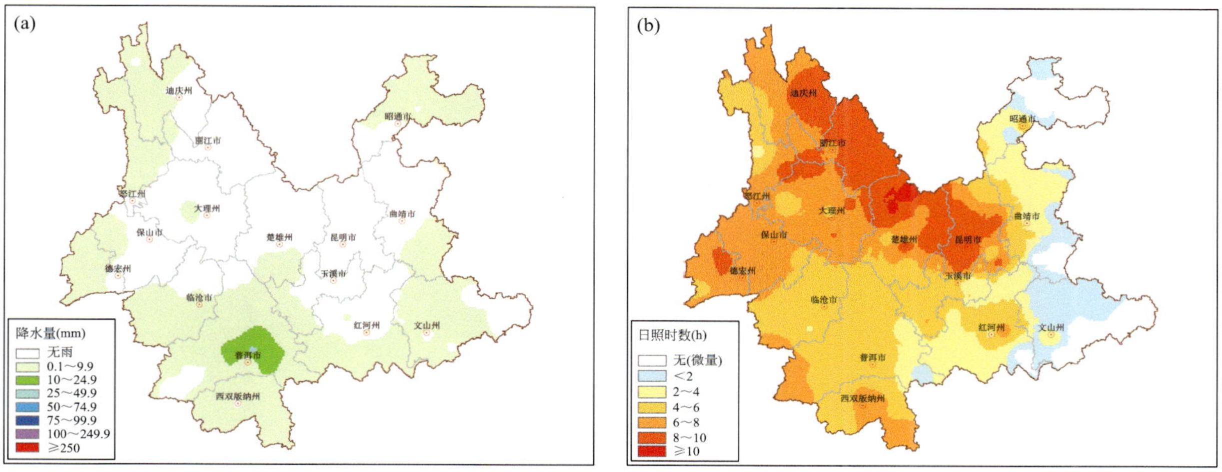

图 2.75.3　云南 2020 年 11 月 5—6 日累计降水量(a)和平均日照时数(b)

2.75.2　环流背景

（1）地面图

图 2.75.4 是 2020 年 11 月 5 日 14 时地面图和海平面气压场。图 2.75.5 是 2020 年 11 月 6 日 20 时地面图和海平面气压场。

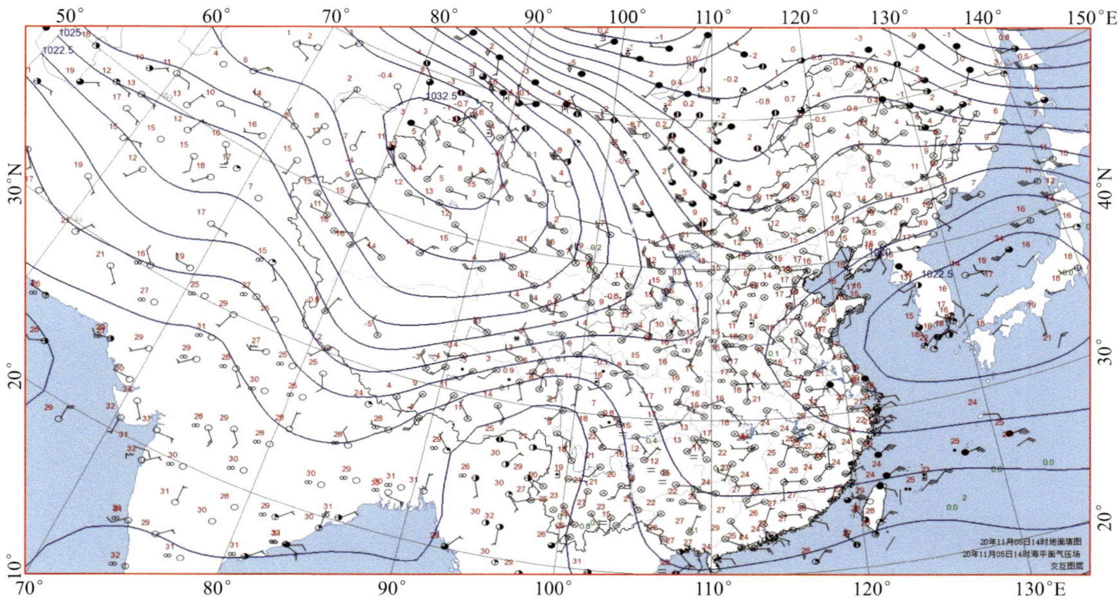

图 2.75.4　2020 年 11 月 5 日 14 时地面图和海平面气压场

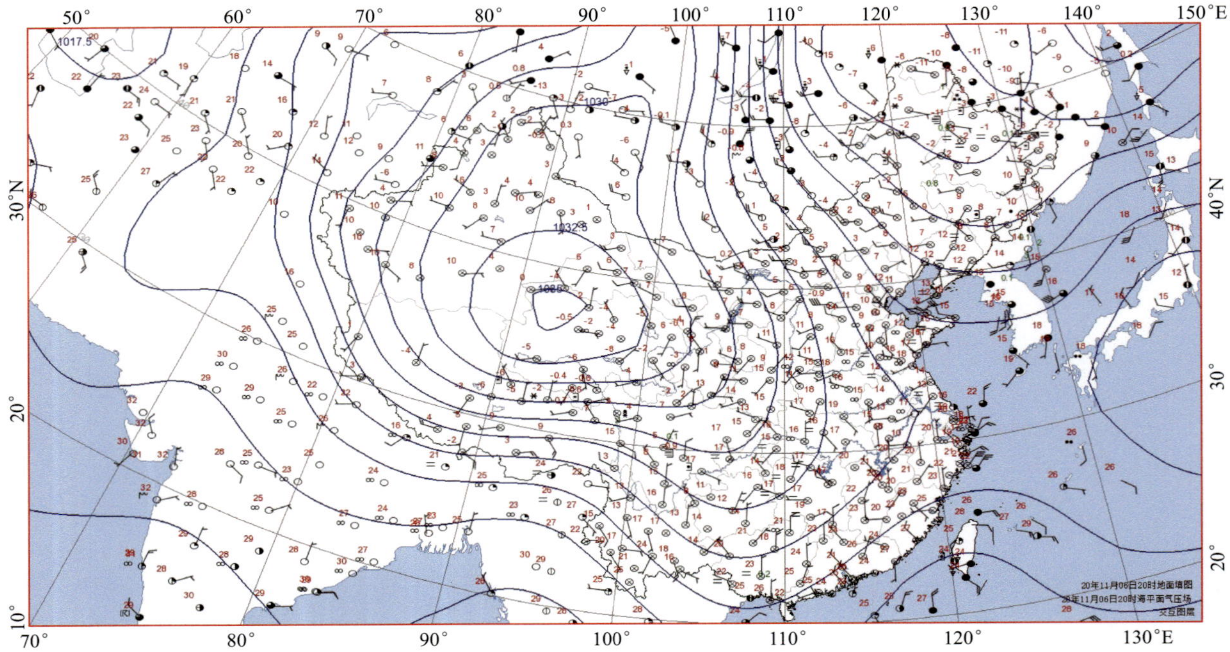

图 2.75.5　2020 年 11 月 6 日 20 时地面图和海平面气压场

(2)高空图

图 2.75.6 是 2020 年 11 月 5 日 08 时 850 hPa 高空图。图 2.75.7 是 2020 年 11 月 6 日 08 时 850 hPa 高空图。图 2.75.8 是 2020 年 11 月 5 日 08 时 500 hPa 高空图。图 2.75.9 是 2020 年 11 月 6 日 08 时 500 hPa 高空图。

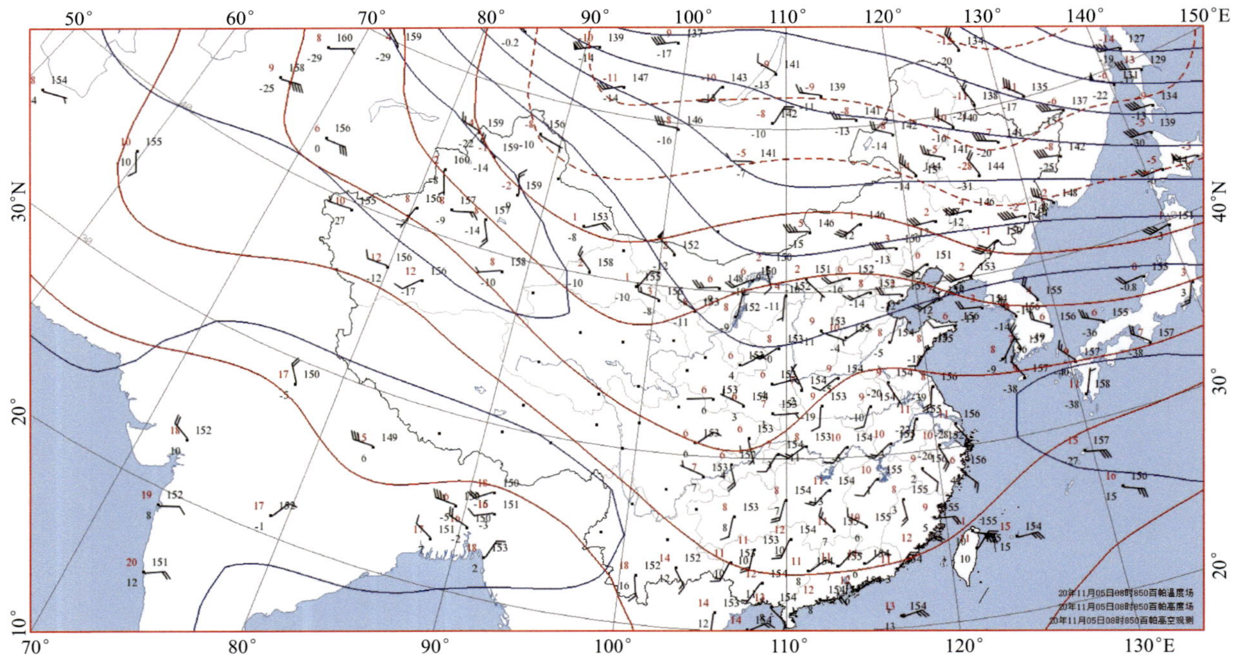

图 2.75.6　2020 年 11 月 5 日 08 时 850 hPa 高空图

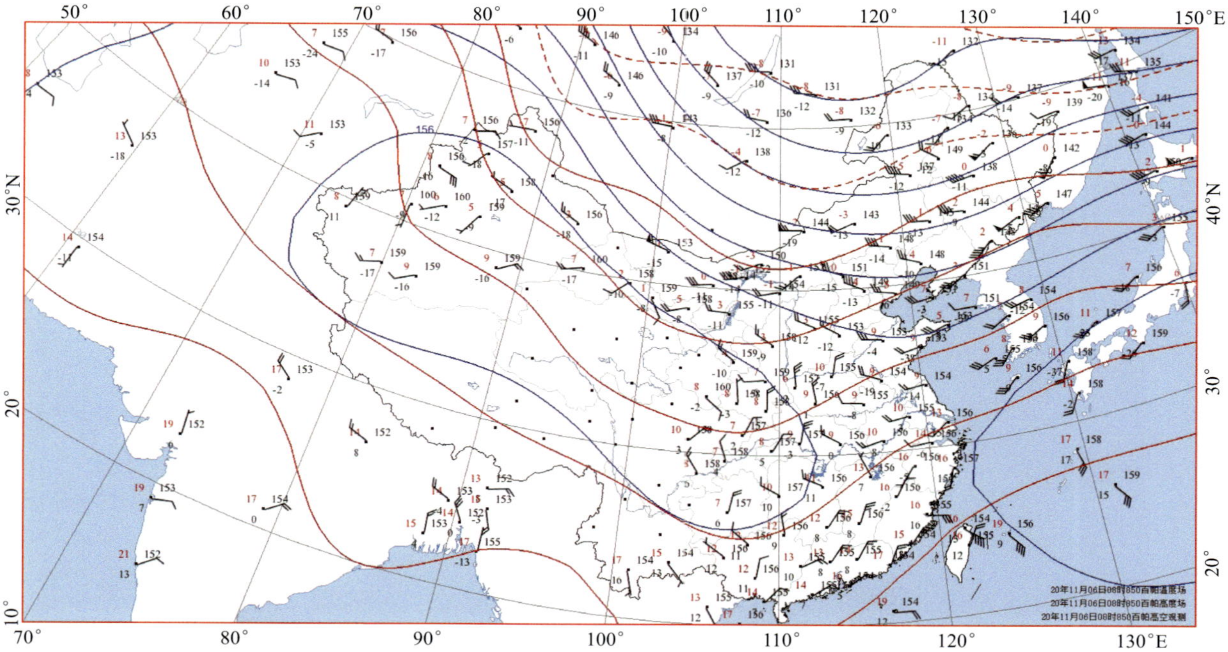

图 2.75.7　2020 年 11 月 6 日 08 时 850 hPa 高空图

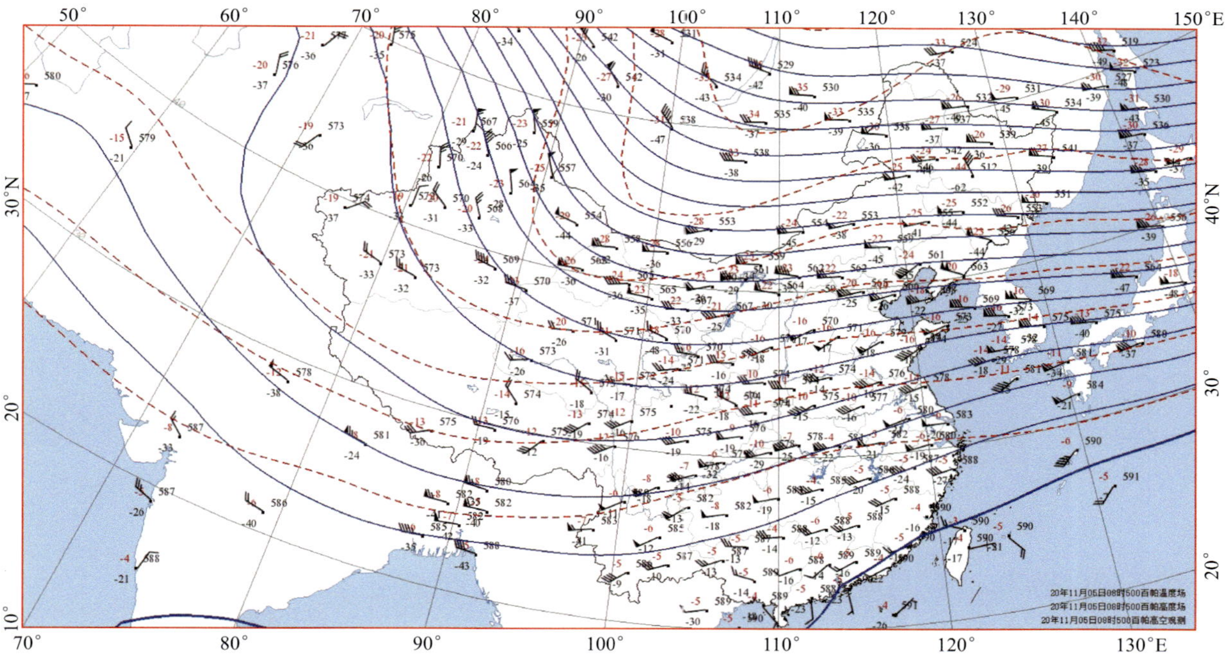

图 2.75.8　2020 年 11 月 5 日 08 时 500 hPa 高空图

2.75.3　卫星云图

图 2.75.10 是 2020 年 11 月 5 日 14 时、6 日 14 时卫星云图。

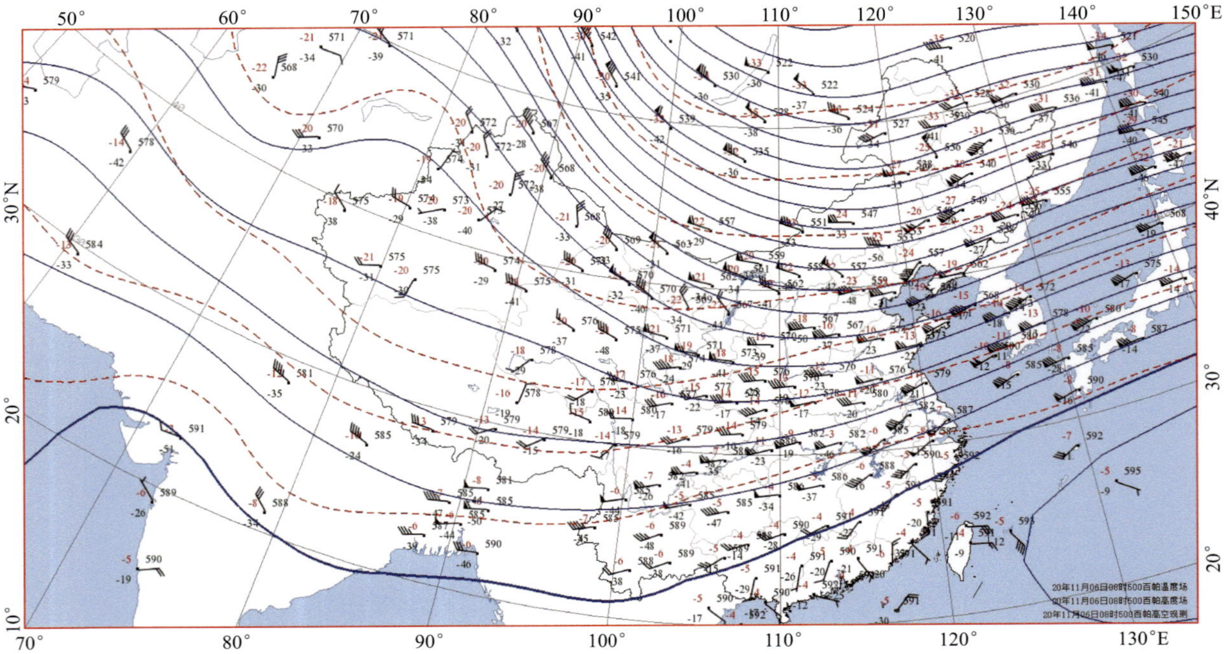

图 2.75.9 2020 年 11 月 6 日 08 时 500 hPa 高空图

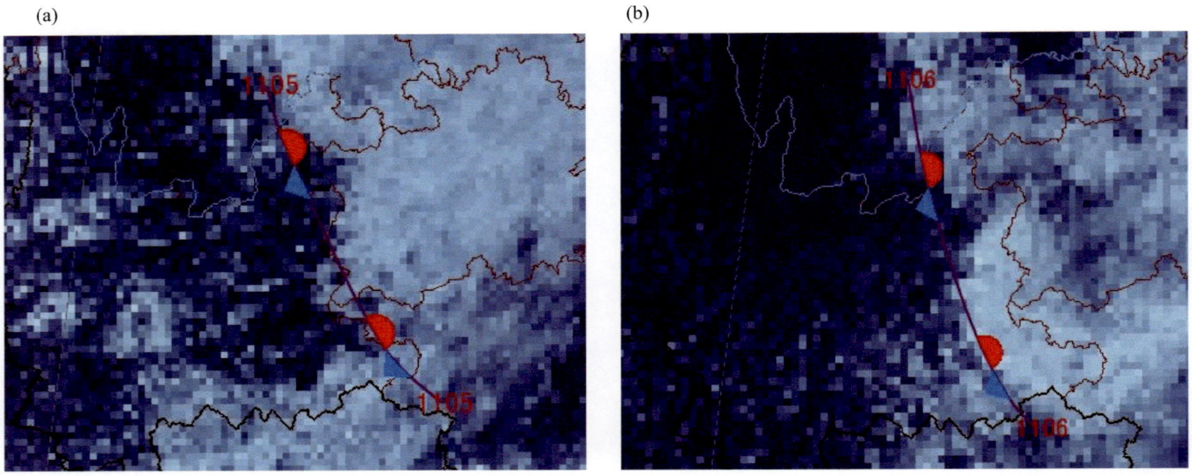

图 2.75.10 2020 年 11 月 5 日 14 时(a)、6 日 14 时(b)卫星云图

2.76 2020 年 11 月 21 日—12 月 18 日昆明准静止锋过程

2.76.1 过程概况

2020 年 11 月 21 日在云贵高原出现了昆明准静止锋天气系统，呈西北—东南向，贯穿四川、云南、贵州三省，位于美姑、彝良、赫章、平坝及榕江一线。22 日昆明准静止锋转竖西进，位于昭通、盘县、隆林、德保及大兴一线。23—25 日昆明准静止锋在滇东、黔西、桂西边缘维持少动。26 日昆明准静止锋开始增强西进，27 日西进至西昌、会理、昆明、华宁、开远、河口一线。28 日昆明准静止锋略东退，维持在嵩明至红河东部一线。11 月 29 日—12 月 1 日昆明准静止锋东退在滇东边缘地区摆动。12 月 2 日昆明准

静止锋再次加强西进，3 日西进至盐边、禄丰、峨山、石屏及绿春一线。4 日昆明准静止锋北段略东退，南段略西进。5—6 日昆明准静止锋东退至滇东边缘地区，7 日再次西进至昆明附近。8—17 日昆明准静止锋在滇东边缘至巧家、东川、弥勒及屏边一线之间摆动，18 日昆明准静止锋西进至会东、安宁、玉溪、石屏、绿春一线。之后，昆明准静止加强为冷锋，向西越过哀牢山。11 月 21 日—12 月 18 日过程期间昆明准静止锋移动路径如图 2.76.1，活动范围见表 2.76.1。

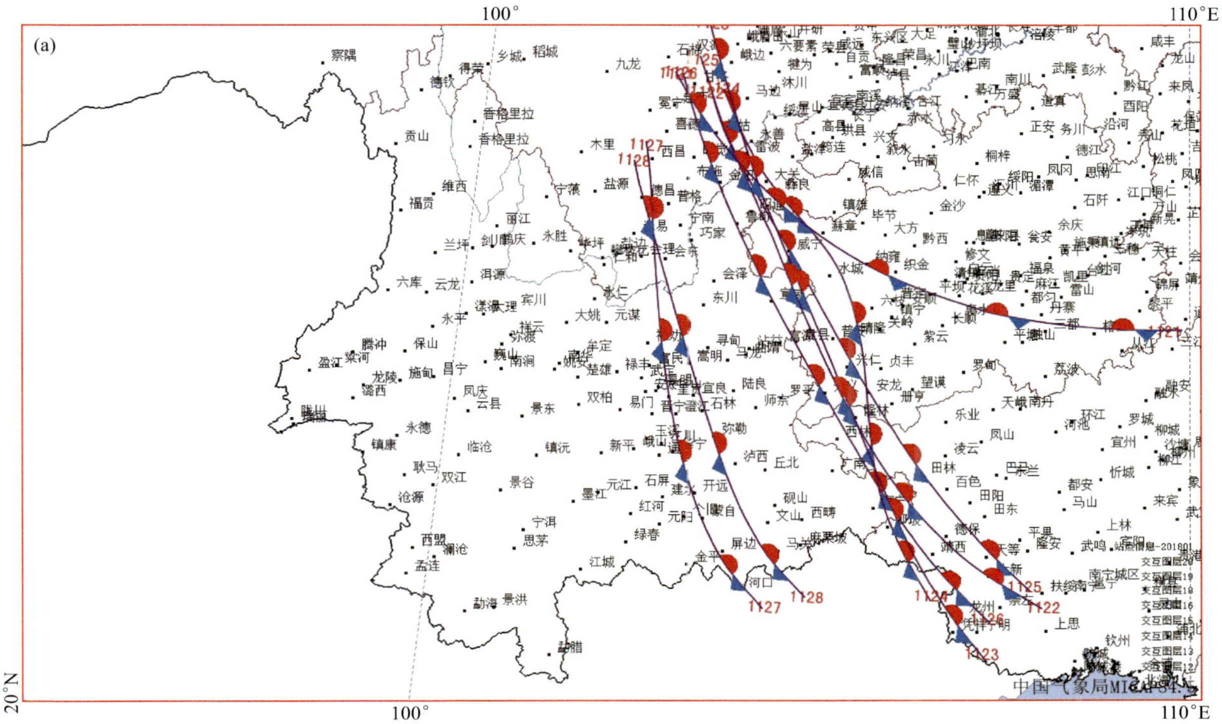

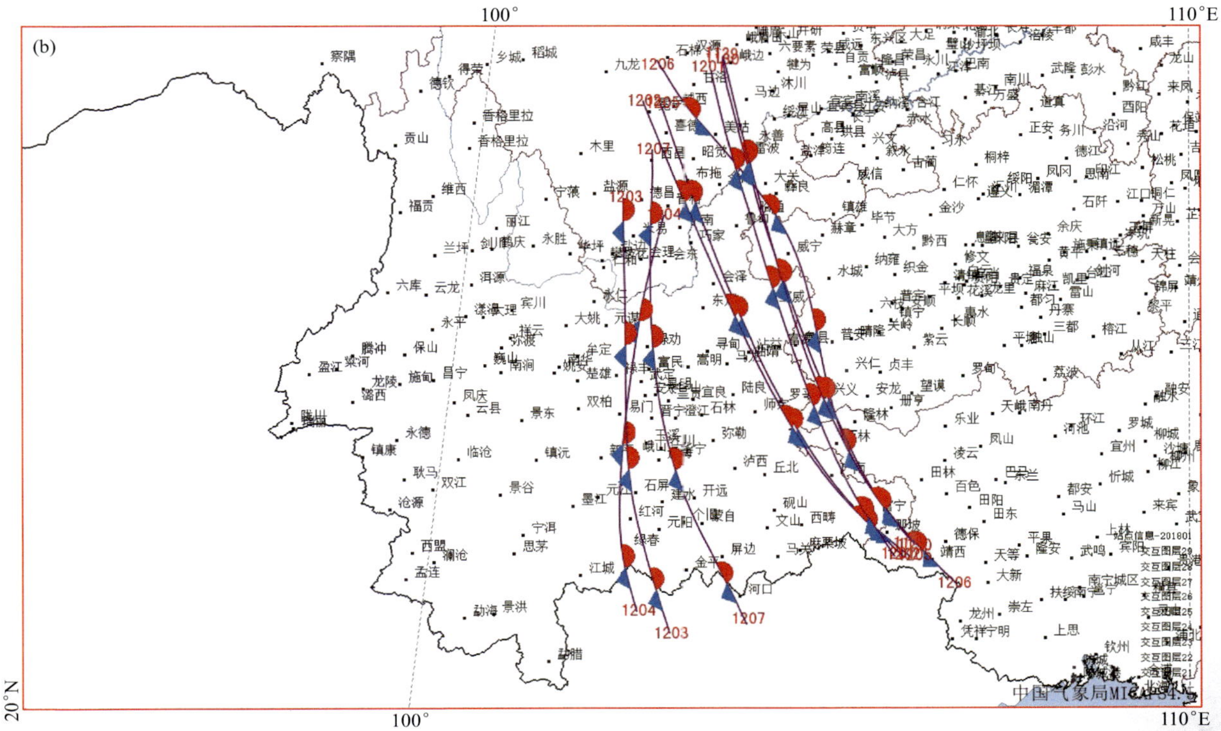

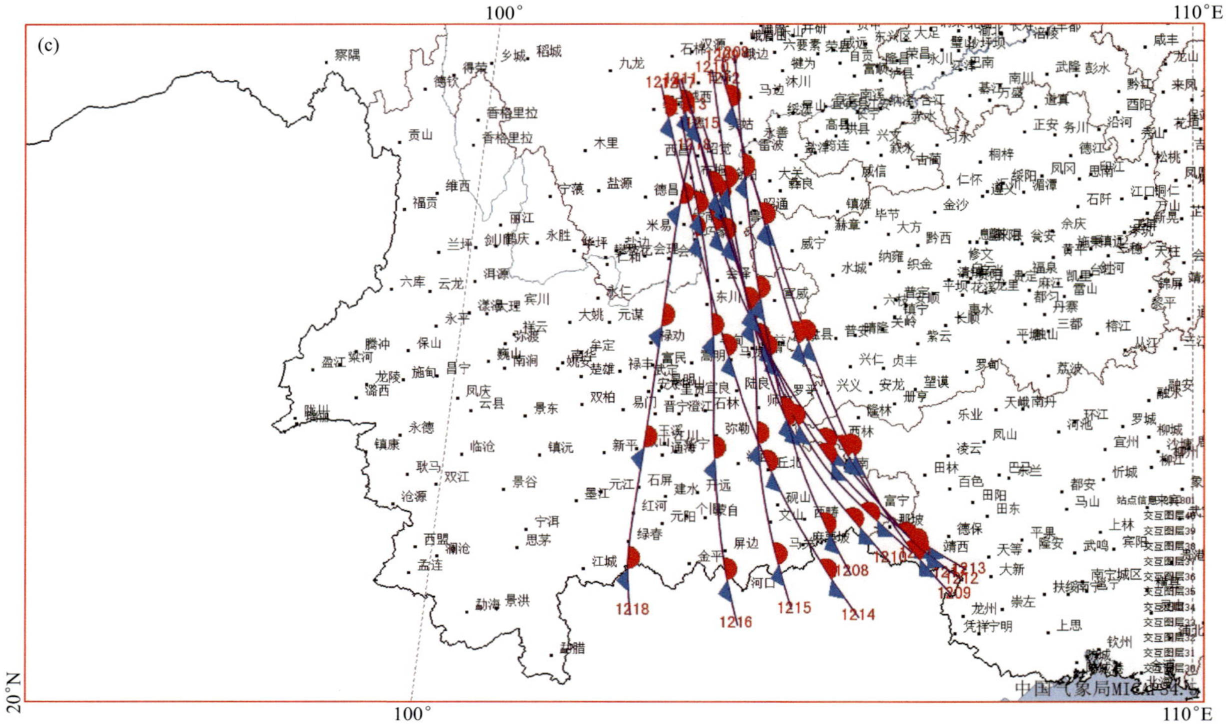

图 2.76.1　2020 年 11 月 21 日—12 月 18 日昆明准静止锋移动路径

(a)11 月 21—28 日；(b)11 月 29 日—12 月 7 日；(c)12 月 8—18 日

表 2.76.1　2020 年 11 月 21 日—12 月 18 日昆明准静止锋位置

日期	昆明准静止锋位置
11 月 21 日	美姑—赫章—榕江
11 月 22 日	昭通—盘县—大兴
11 月 23 日	雷波—隆林—凭祥
11 月 24 日	雷波—水城—那坡
11 月 25 日	美姑—普安—天等
11 月 26 日	金阳—兴义—靖西
11 月 27 日	会理—昆明—河口
11 月 28 日	会东—嵩明—马关
11 月 29 日	雷波—盘县—那坡
11 月 30 日	雷波—盘县—那坡
12 月 1 日	美姑—盘县—那坡
12 月 2 日	巧家—沾益—那坡
12 月 3 日	盐边—峨山—绿春
12 月 4 日	盐边—易门—绿春
12 月 5 日	布拖—沾益—那坡
12 月 6 日	美姑—兴义—靖西
12 月 7 日	会理—昆明—河口
12 月 8 日	雷波—罗平—西畴

续表

日期	昆明准静止锋位置
12 月 9 日	雷波—兴义—那坡
12 月 10 日	金阳—沾益—那坡
12 月 11 日	昭觉—沾益—富宁
12 月 12 日	雷波—盘县—那坡
12 月 13 日	昭觉—沾益—那坡
12 月 14 日	巧家—陆良—麻栗坡
12 月 15 日	金阳—师宗—马关
12 月 16 日	巧家—寻甸—屏边
12 月 17 日	布拖—沾益—那坡
12 月 18 日	会东—安宁—绿春

受昆明准静止锋影响，11 月 21 日滇东北出现日最高气温负变温区，最大变温在盐津县，为－8.5 ℃；22 日滇东北降温幅度增大，最大变温在镇雄县，为－10.3 ℃；23—25 日滇东气温有小幅升降；26—28 日随着昆明准静止锋西进，云南较强负变温自滇东扩大到滇中地区，日最高气温最大变温出现在会泽县，为－10.9 ℃；11 月 29 日—12 月 1 日云南出现小幅升温；12 月 2 日滇东再次出现明显降温，最大变温在鲁甸，为－11.1 ℃；3 日滇中以东降温明显，最大变温在寻甸，为－11.9 ℃；4 日降温幅度减弱，曲靖地区有小幅升温；5—6 日滇中以东气温回升；7 日昆明以东地区降温明显，最大变温在丘北，为－12.5 ℃；8—17 日滇东气温随着昆明准静止锋的东西摆动而起伏，8 日云南气温回升，9—10 日随着昆明准静止锋略加强西进，负变温区由滇东北扩大到滇东地区，11—13 日云南气温回升，14 日滇东气温再次下降，最大变温在宣威，为－17.1 ℃，15 日降温减弱，16 日滇东降温再次加强，17 日滇东有小幅升温；18 日滇中以东再次出现强降温，最大变温在沾益，为－18.5 ℃。此次过程降温幅度大于 10 ℃的县市有 40 个，主要集中在昭通市、曲靖市、昆明市、玉溪市、红河州和文山州 6 个州市（图 2.76.2）。

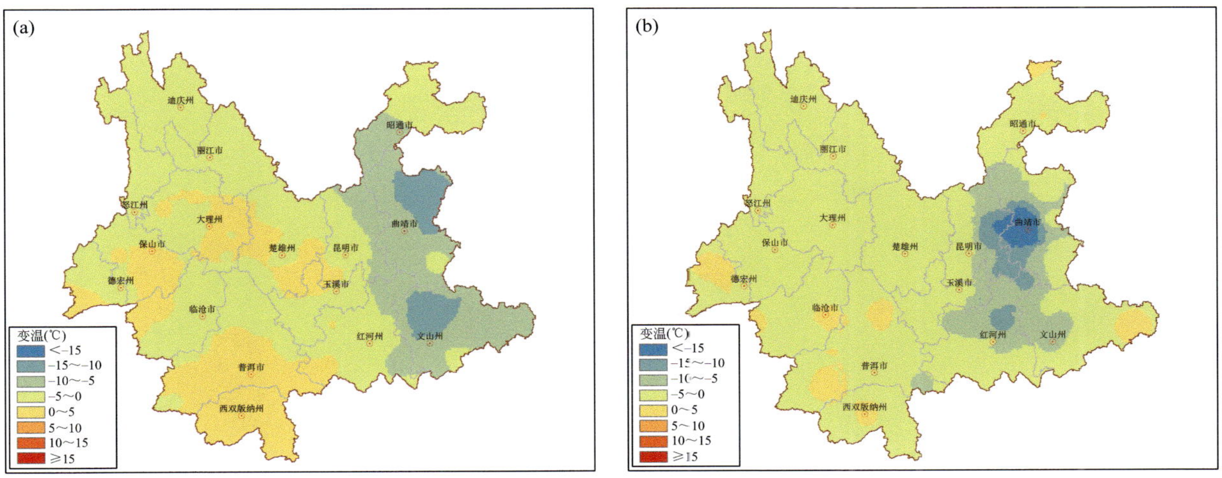

图 2.76.2　云南 2020 年 12 月 7 日（a）、18 日（b）最高气温 24 h 变温图

受昆明准静止锋影响，2020 年 11 月 21 日—12 月 18 日（20 时—20 时）滇中及以东有 10 个县市总降水量超过 10 mm，昭通有 3 个县市超过 30 mm，最大在绥江，为 49.3 mm（图 2.76.3a）。

受昆明准静止锋影响，2020 年 11 月 21 日—12 月 18 日云南总日照时数有 16 个县市在 100 h 以内。绥江、盐津、威信少于 10 h，最少的是绥江县，仅为 3.9 h（图略）。与常年同期相比，有 34 个县市日照时数偏少，有 15 个县市偏少 20%以上，7 个县市偏少 50%以上。绥江偏少最多，为 89.5%。图 2.76.3b 是昆明准静止锋影响期间的平均日照时数。

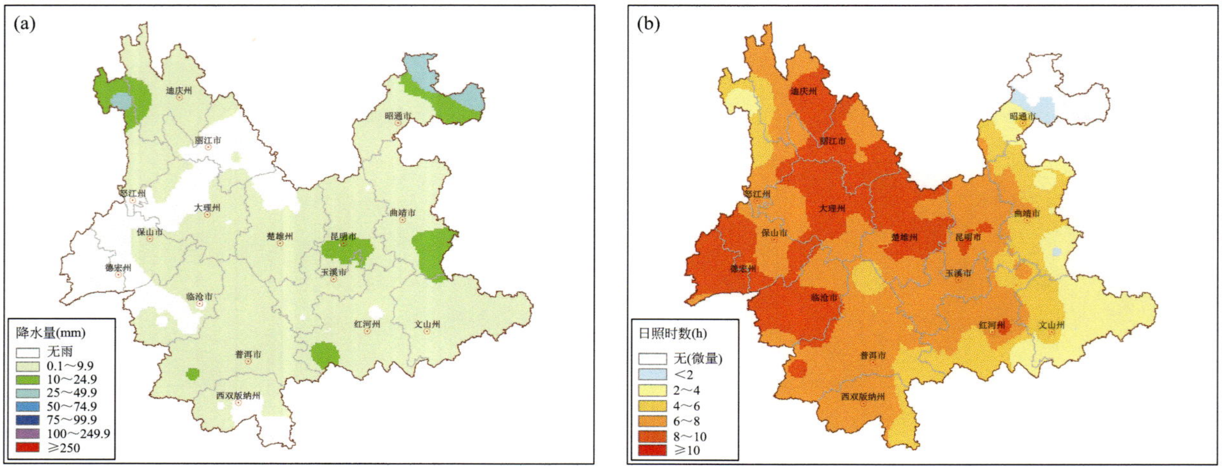

图 2.76.3　云南 2020 年 11 月 21 日—12 月 18 日累计降水量(a)和平均日照时数(b)

2.76.2　环流背景

(1)地面图

图 2.76.4 是 2020 年 11 月 21 日 14 时地面图和海平面气压场。图 2.76.5 是 2020 年 12 月 18 日 20 时地面图和海平面气压场。

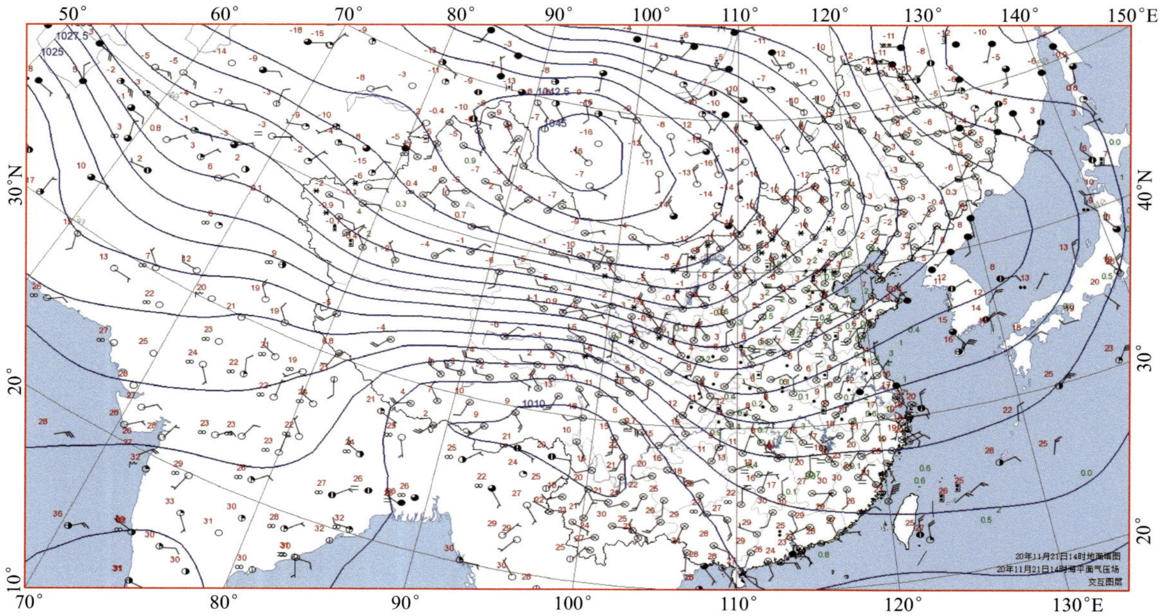

图 2.76.4　2020 年 11 月 21 日 14 时地面图和海平面气压场

(2)高空图

图 2.76.6 是 2020 年 11 月 21 日 08 时 850 hPa 高空图。图 2.76.7 是 2020 年 12 月 18 日 08 时 850 hPa 高空图。图 2.76.8 是 2020 年 11 月 21 日 08 时 500 hPa 高空图。图 2.76.9 是 2020 年 12 月 18 日 08 时 500 hPa 高空图。

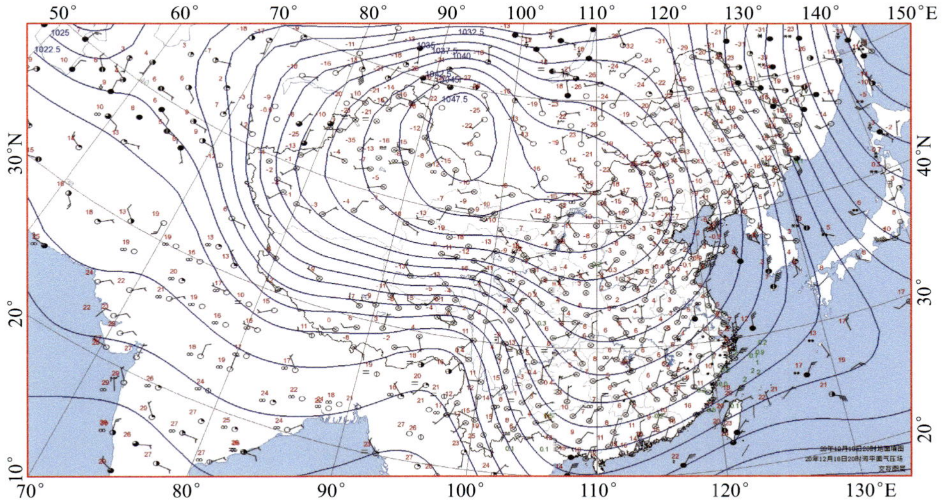

图 2.76.5　2020 年 12 月 18 日 20 时地面图和海平面气压场

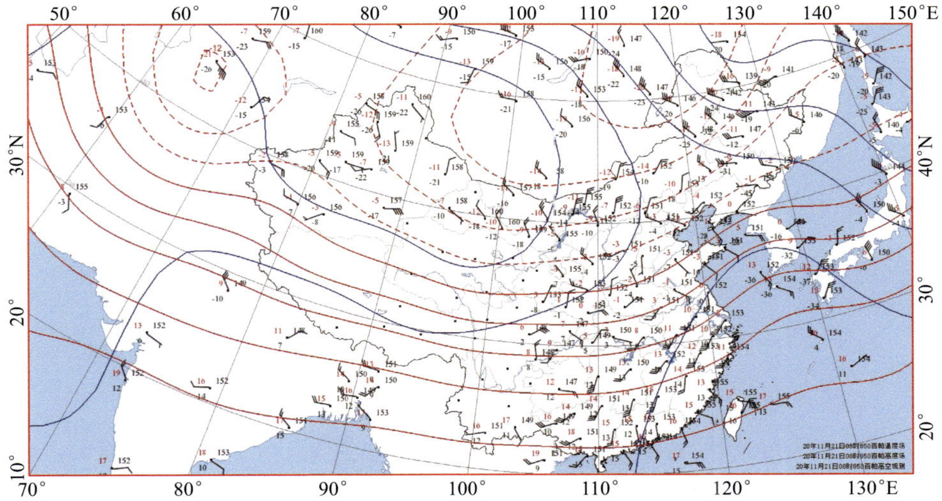

图 2.76.6　2020 年 11 月 21 日 08 时 850 hPa 高空图

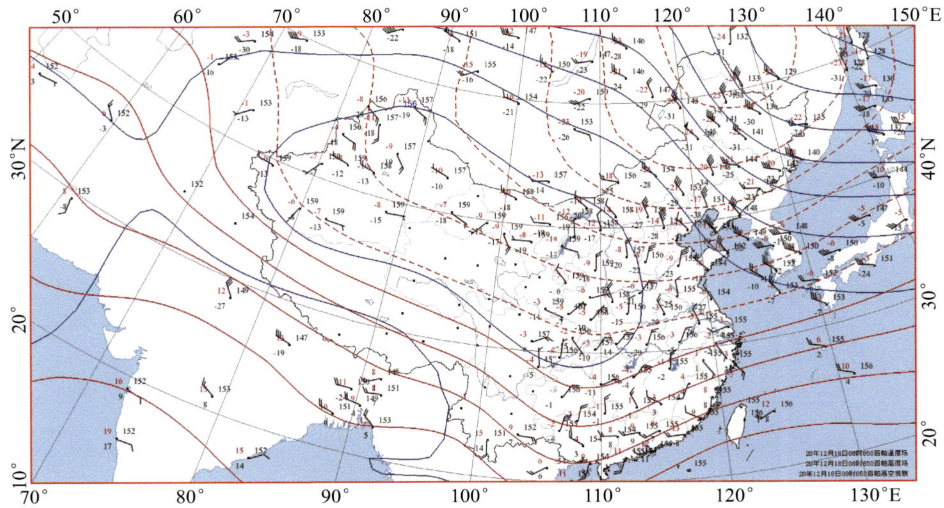

图 2.76.7　2020 年 12 月 18 日 08 时 850 hPa 高空图

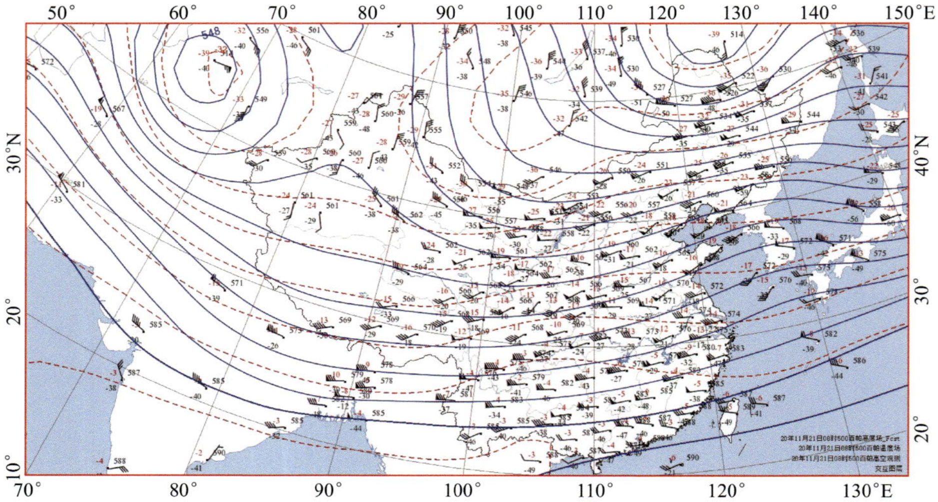

图 2.76.8　2020 年 11 月 21 日 08 时 500 hPa 高空图

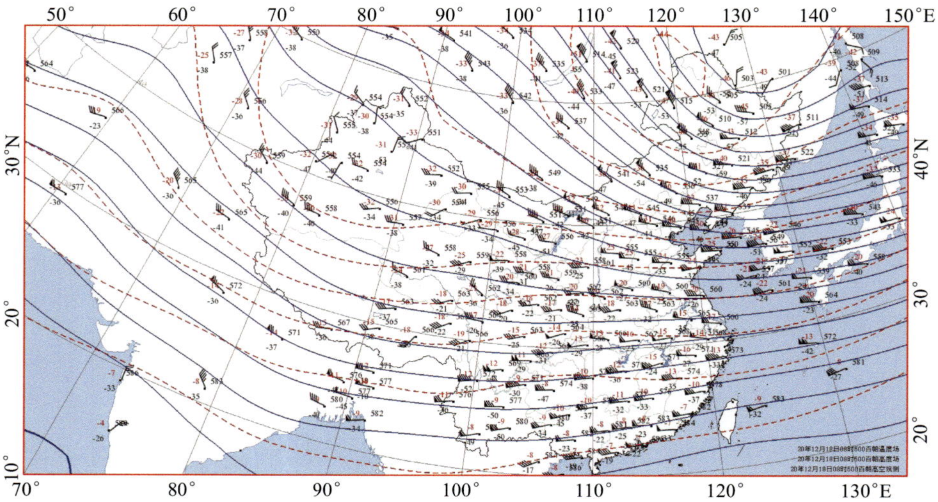

图 2.76.9　2020 年 12 月 18 日 08 时 500 hPa 高空图

2.76.3　卫星云图

图 2.76.10 是 2020 年 12 月 14 日 14 时、18 日 14 时卫星云图。

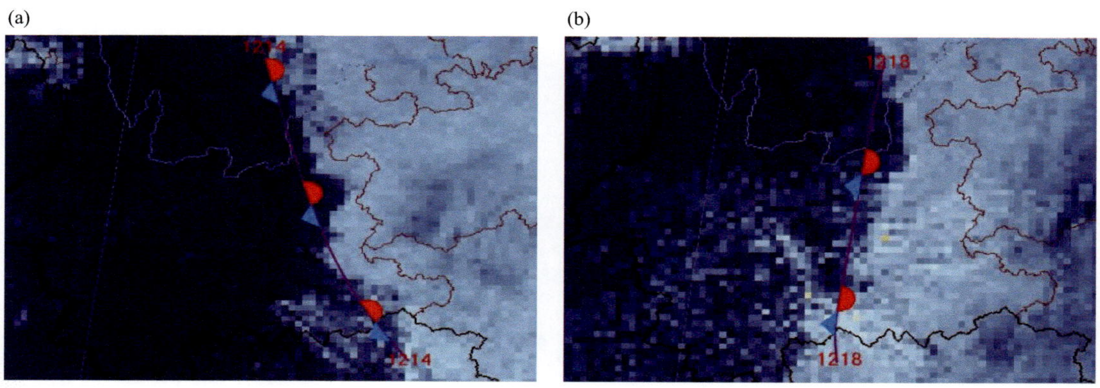

图 2.76.10　2020 年 12 月 14 日 14 时(a)、18 日 14 时(b)卫星云图

2.77 2020 年 12 月 23—29 日昆明准静止锋过程

2.77.1 过程概况

2020 年 12 月 23 日在云贵高原出现了昆明准静止锋天气系统，呈准南北向，贯穿四川、云南、贵州及广西四省(区)，位于布拖、沾益、罗平、广南及那坡一线。24 日昆明准静止锋维持少动，25 日昆明准静止锋东退至金阳、昭通、威宁、兴义及富宁一线。26 日昆明准静止锋继续东退，27 日昆明准静止锋北段略东退，南段西进，位于雷波、昭通、盘县、西林及靖西一线。28 日昆明准静止锋北段略南下，南段东退，位于美姑、威宁、晴隆、巴马及上林一线。29 日昆明准静止锋增强西南移至会东、东川、师宗、广南及那坡一线。之后，昆明准静止锋加强为冷锋，西推至哀牢山附近。12 月 23—29 日过程期间昆明准静止锋移动路径如图 2.77.1，活动范围见表 2.77.1。

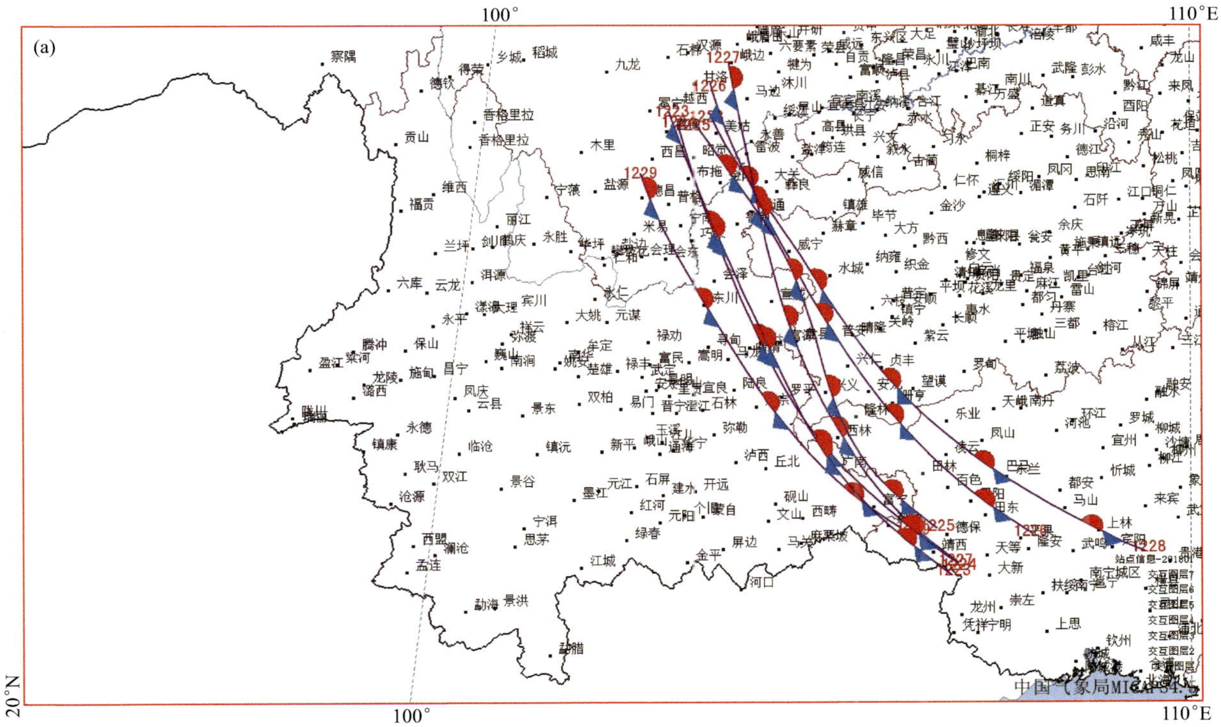

图 2.77.1 2020 年 12 月 23—29 日昆明准静止锋移动路径

表 2.77.1 2020 年 12 月 23—29 日昆明准静止锋位置

日期	昆明准静止锋位置
12 月 23 日	布拖—沾益—那坡
12 月 24 日	布拖—沾益—那坡
12 月 25 日	金阳—兴义—富宁
12 月 26 日	美姑—兴仁—平果
12 月 27 日	雷波—盘县—靖西
12 月 28 日	美姑—晴隆—上林
12 月 29 日	会东—东川—那坡

受昆明准静止锋影响，12 月 23 日滇东北出现日最高气温负变温区，最大变温在鲁甸县，为－8.0 ℃；24 日在滇东边缘有弱的负变温；25 日滇东北有弱的负变温，26 日滇东气温回升；27 日曲靖、文山出现负变温，最大变温在罗平，为－6.8 ℃；28 日随着新的一股冷空气南下，滇东北出现较强负变温，最大变温在镇雄，为－13.1 ℃；29 日随着昆明准静止锋北段西南移，负变温区西南移到昆明东部至文山东部边缘一线，最大变温在宣威，为 15.1 ℃(图 2.77.2)。

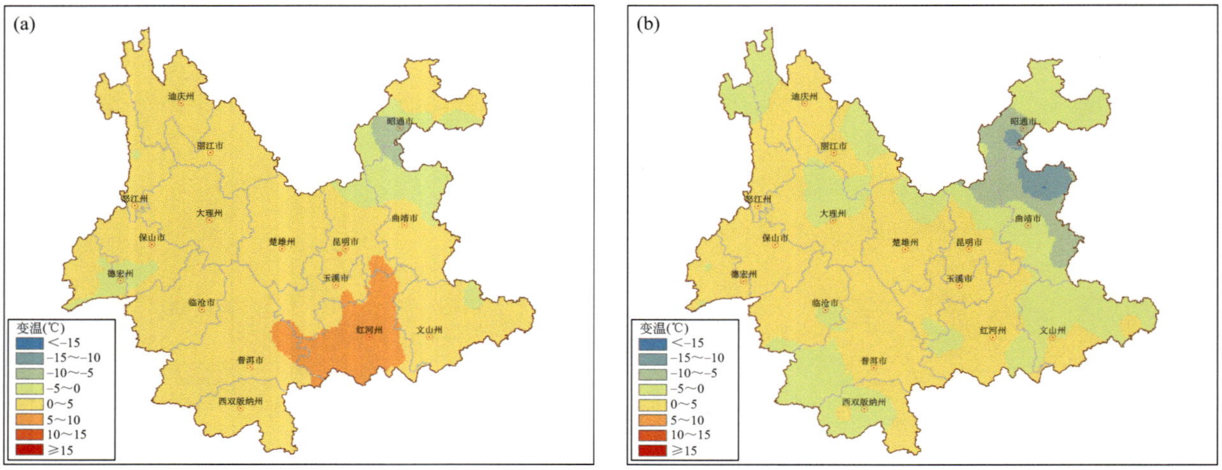

图 2.77.2　云南 2020 年 12 月 23 日(a)、29 日(b)最高气温 24 h 变温图

受昆明准静止锋影响，2020 年 12 月 23—29 日(20 时—20 时)滇东有 14 个县市出现降雨，总降水量均小于 10 mm，最大在威信，为 9.1 mm(图 2.77.3a)。

受昆明准静止锋影响，2020 年 12 月 23—29 日云南总日照时数少于 50 h 的县市有 28 个。威信、绥江、镇雄、盐津、永善、彝良、大关 7 个县市日照时数少于 9 h，最少的是威信县，为 1.2 h(图略)。与常年同期相比，有 13 个县市日照时数偏少，有 9 个县市偏少 20%以上，5 个县市偏少 50%以上，威信偏少最多，为 88.2%。图 2.77.3b 是昆明准静止锋影响期间的平均日照时数。

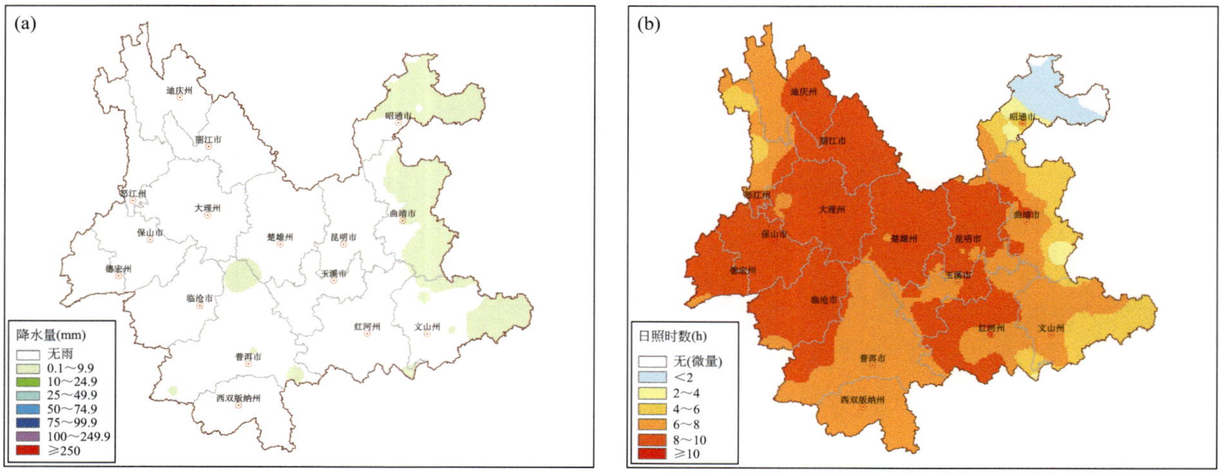

图 2.77.3　云南 2020 年 12 月 23—29 日累计降水量(a)和平均日照时数(b)

2.77.2　环流背景

(1)地面图

图 2.77.4 是 2020 年 12 月 23 日 14 时地面图和海平面气压场。图 2.77.5 是 2020 年 12 月 29 日

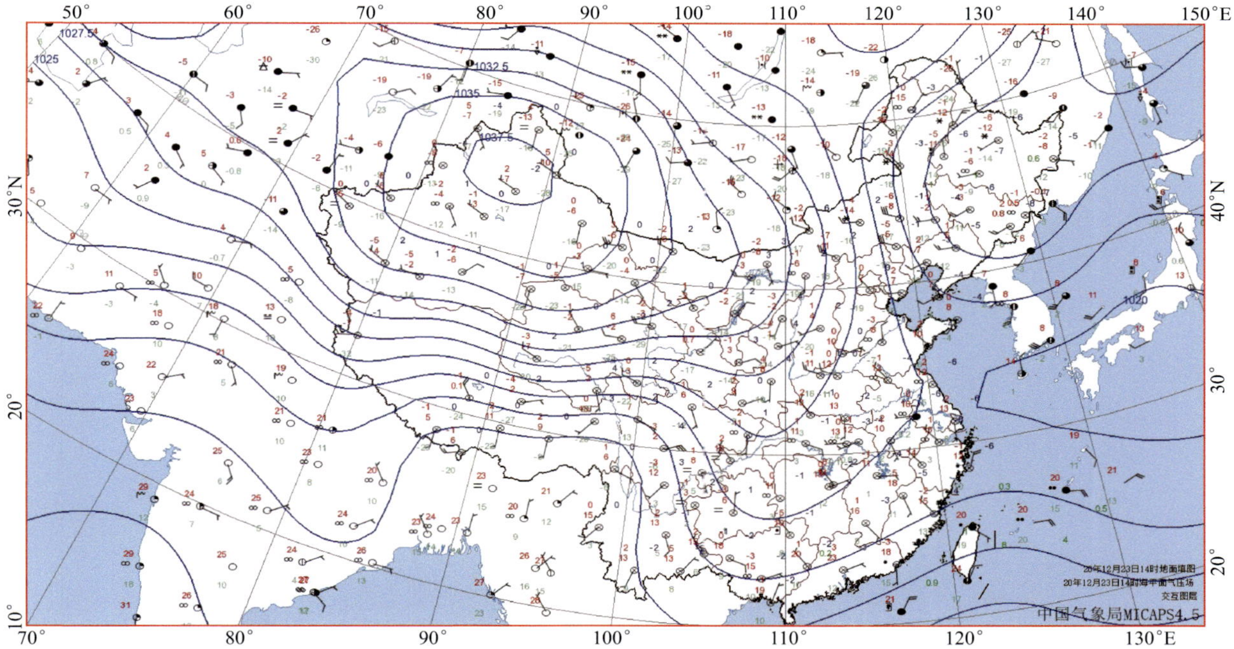

图 2.77.4　2020 年 12 月 23 日 14 时地面图和海平面气压场

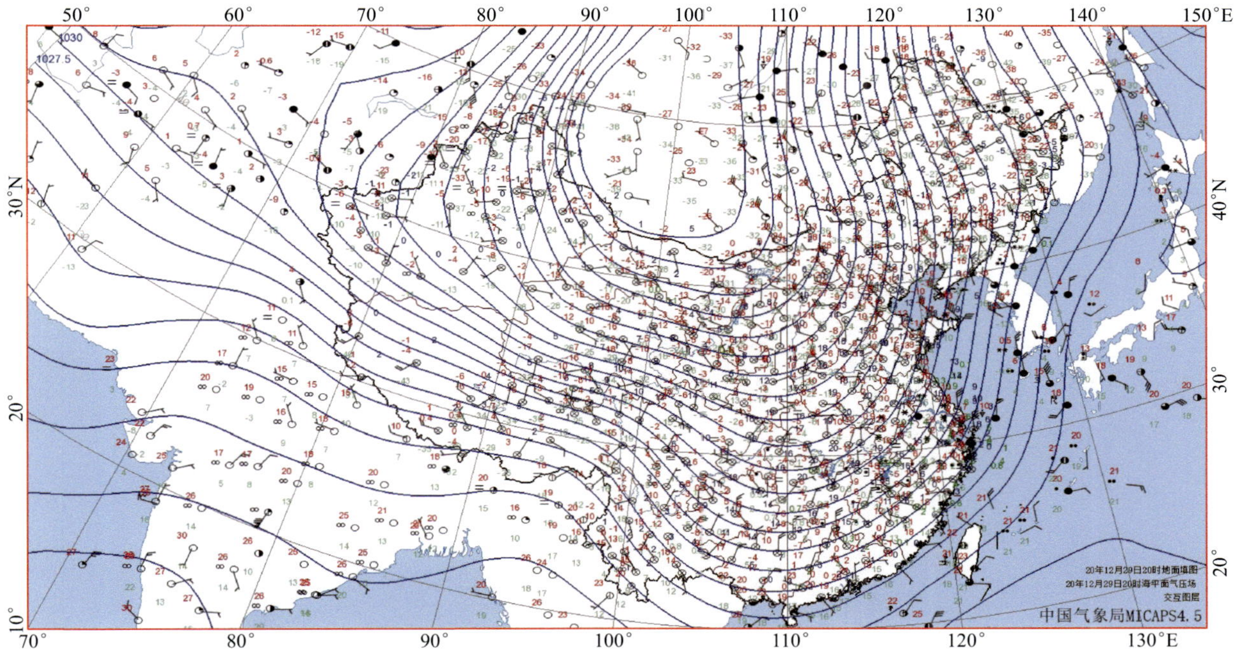

图 2.77.5　2020 年 12 月 29 日 20 时地面图和海平面气压场

20 时地面图和海平面气压场。

(2)高空图

图 2.77.6 是 2020 年 12 月 23 日 08 时 850 hPa 高空图。图 2.77.7 是 2020 年 12 月 29 日 08 时 850 hPa 高空图。图 2.77.8 是 2020 年 12 月 23 日 08 时 500 hPa 高空图。图 2.77.9 是 2020 年 12 月 29 日 08 时 500 hPa 高空图。

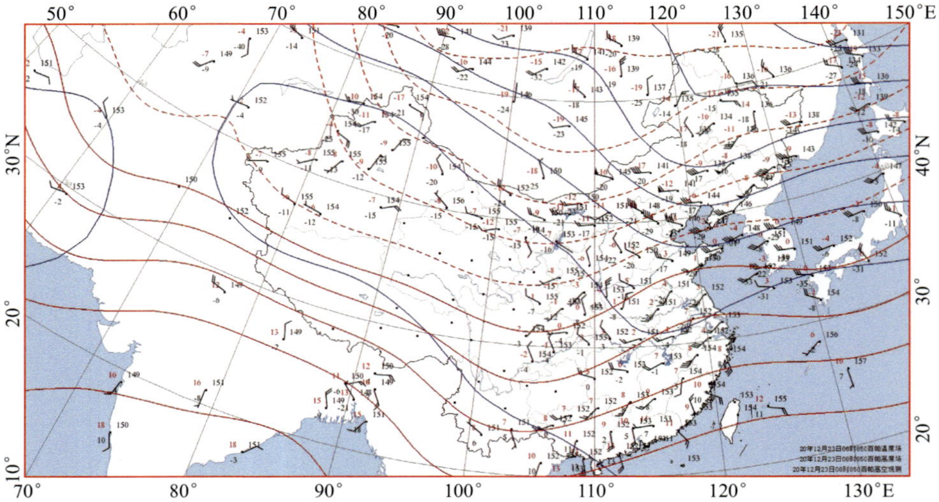

图 2.77.6　2020 年 12 月 23 日 08 时 850 hPa 高空图

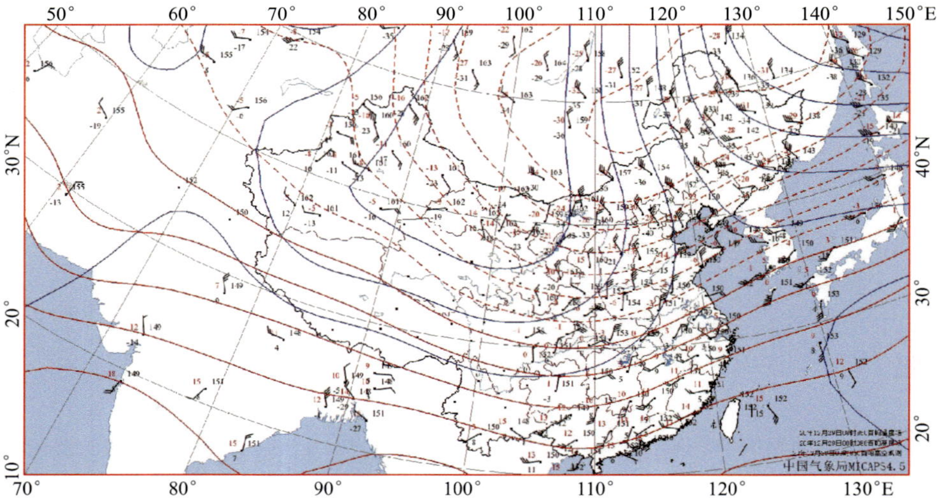

图 2.77.7　2020 年 12 月 29 日 08 时 850 hPa 高空图

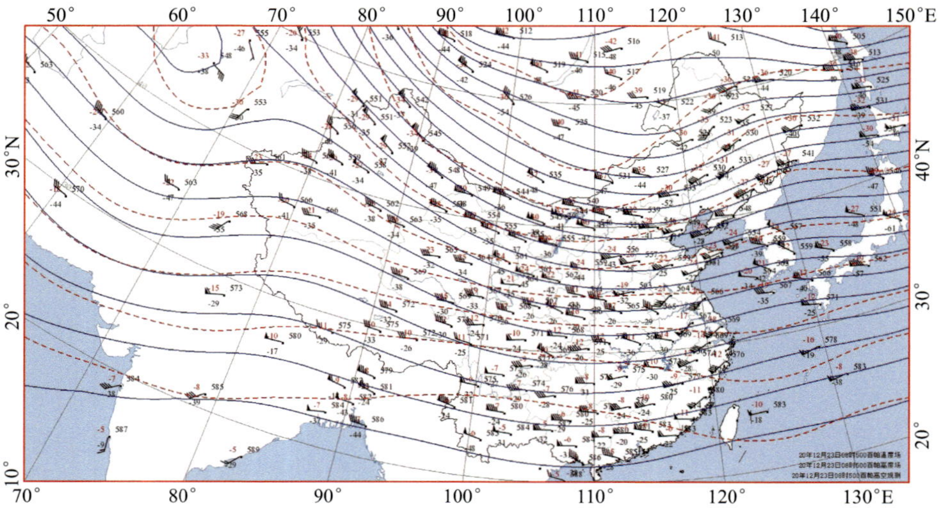

图 2.77.8　2020 年 12 月 23 日 08 时 500 hPa 高空图

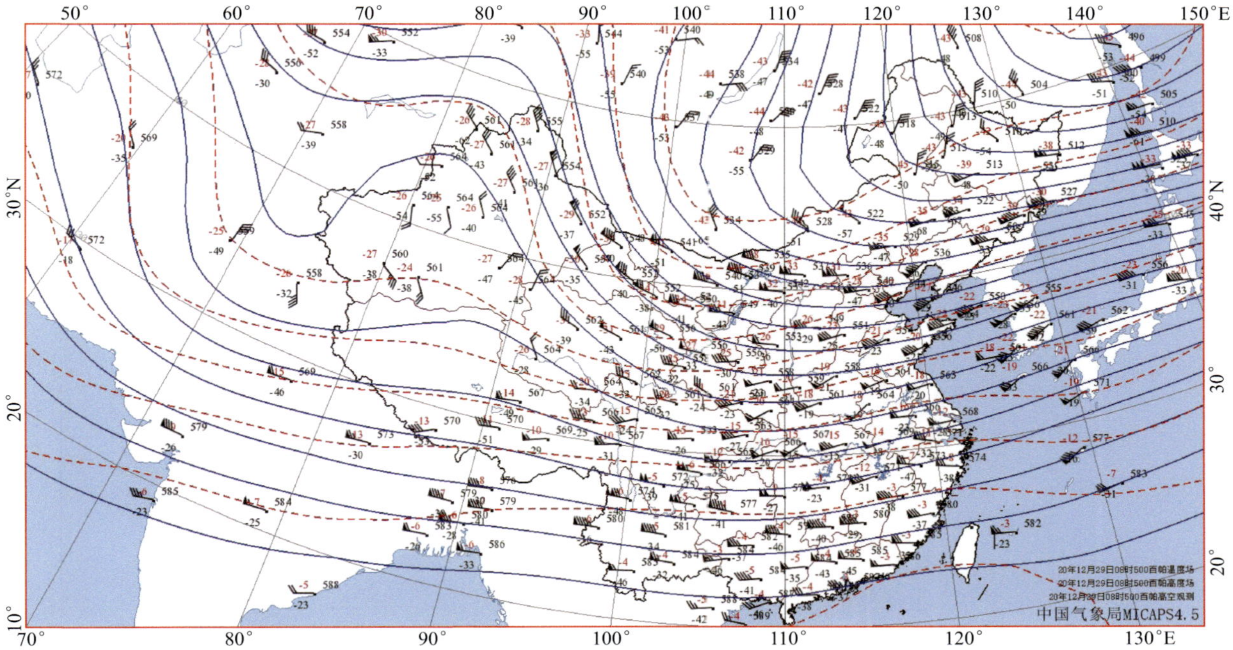

图 2.77.9　2020 年 12 月 29 日 08 时 500 hPa 高空图

2.77.3　卫星云图

图 2.77.10 是 2020 年 12 月 26 日 14 时、29 日 14 时卫星云图。

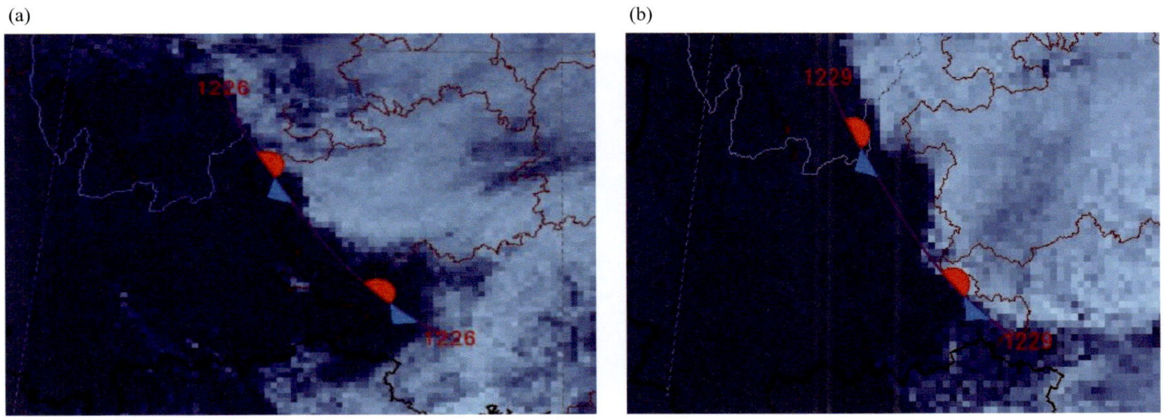

图 2.77.10　2020 年 12 月 26 日 14 时(a)、29 日 14 时(b)卫星云图